Als Objektivtypen werden für Projektionszwecke vorwiegend verwendet:

der *Zweilinser* für billigste Geräte (Abb. 599a); Bildwinkel bis etwa 1 : 3, Öffnung bis etwa $f/4$ (sämtliche Bildfehler nicht behoben),

das *Triplet* nach TAYLOR (Abb. 599b); Bildwinkel bis etwa 1 : 1,2, Öffnung bis etwa $f/2,7$ (gute bis sehr gute Korrektion sämtlicher angegebener Bildfehler auch bei voller Ausnutzung der Öffnung),

der *Petzvaltyp* (Abb. 599c); Bildwinkel bis etwa 1 : 2, Öffnung bis etwa $f/2$ (Fehler d und e nicht völlig zu beseitigen; Abnahme der Bildgüte mit dem Grade der Ausnutzung der Öffnung).

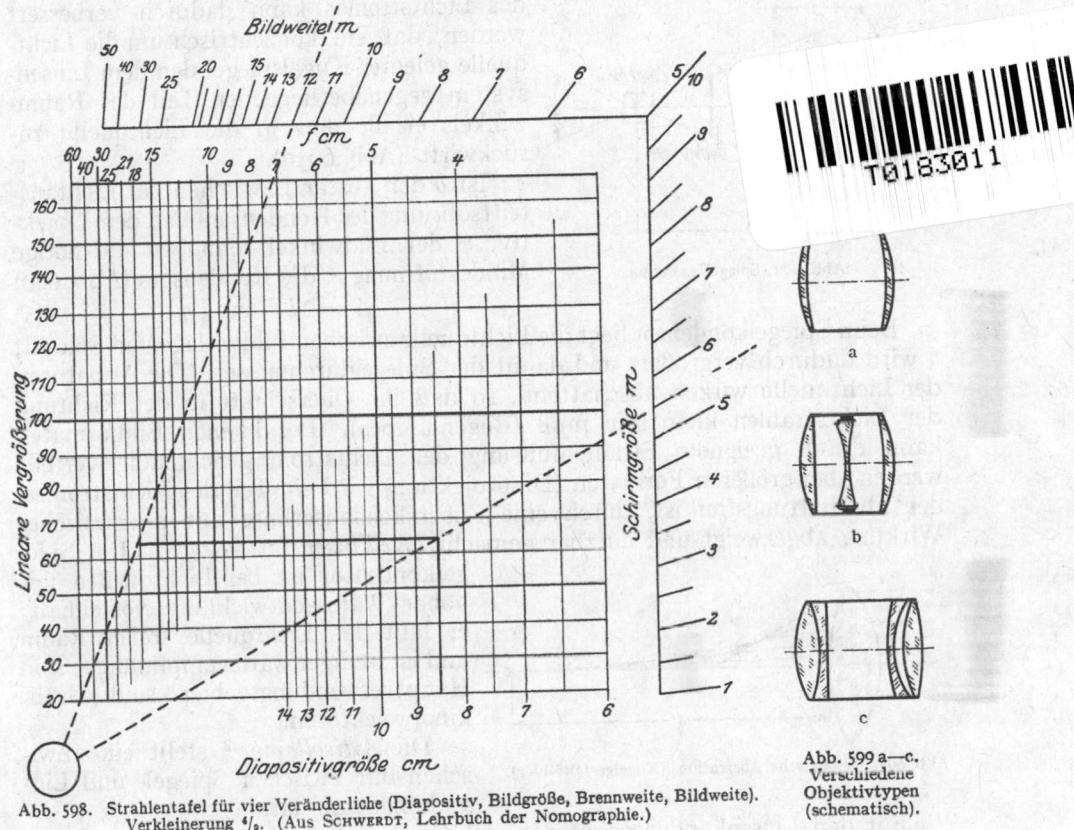

Abb. 598. Strahlentafel für vier Veränderliche (Diapositiv, Bildgröße, Brennweite, Bildweite). Verkleinerung 4/9. (Aus SCHWERDT, Lehrbuch der Nomographie.)

Abb. 599 a—c. Verschiedene Objektivtypen (schematisch).

Die Brennweite muß mindestens so groß sein, daß der für den einzelnen Typ höchstzulässige Bildwinkel nicht überschritten wird.

Für photographische Vergrößerungsapparate und besonders hochwertige Projektoren werden häufig hochkorrigierte Photoobjektive verwendet.

Mikroprojektion ist nur mit besonderen Instrumenten möglich; für sie ist in vollem Umfang die Abbésche Theorie maßgebend.

c) Beleuchtung durchsichtiger Bildvorlagen (Kondensor).

Die Lichtausbeute wird um so besser sein, je größer der Teil des von der Lichtquelle gelieferten Lichtstromes ist, welcher sowohl zur Beleuchtung der Bildvorlage als auch zur Abbildung herangezogen wird. Der Kondensor hat die Aufgabe, einen möglichst großen Anteil am Lichtstrom zu erfassen und durch die Bildvorlage hindurch in die freie Öffnung des Objektives zu werfen; er hat dort ein möglichst enggeschnürtes Bild der Lichtquelle zu entwerfen; das kann durch Spiegelung oder Brechung erfolgen.

Spiegelkondensor (Abb. 600). Eine spiegelnde, rotationselliptische Fläche entwirft von einer in einem Brennpunkte liegenden punktförmigen Lichtquelle ein aberrationsfreies Bild im zweiten Brennpunkt, der in der Objektivöffnung liegt.

Linsenkondensor (Abb. 603). Ein aus einer oder mehreren Linsen bestehendes System entwirft in der Objektivblende ein Bild der Lichtquelle. Die Ausnutzung

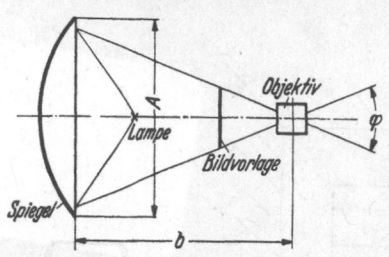

des Lichtstromes kann dadurch verbessert werden, daß ein konzentrisch um die Lichtquelle gelegter Kugelspiegel den dem Linsensystem gegenüberliegenden Teil des Raumwinkels erfaßt und in die Lichtquelle zurückwirft (Abb. 603d).

Ist b der Abstand zwischen der Lichtaustrittsöffnung des Kondensors und dem Objektiv, φ der Bildwinkel, dann ist die nötige Mindestöffnung A des Kondensors (Abb. 600)

Abb. 600. Spiegelkondensor.

$$A = 2\,b \cdot \tan g \tfrac{1}{2}\varphi. \qquad (5)$$

Beim Spiegelkondensor liegt die Lichtquelle zwischen Bildvorlage und Spiegel; b wird dadurch vergrößert und damit der Spiegeldurchmesser. Die Armaturen der Lichtquelle wirken abschattend, so daß ihr Querschnitt in der Richtung der Lichtstrahlen klein sein muß (Bogenlampen). Bei kleinen Bildformaten kann durch geeignete Strahlenführung der Lichtstrom gleichmäßig verteilt werden; bei größeren Formaten (Diaprojektion) wird ein Teil des Lichtstromes, der abschattungsfrei ist, durch eine Zusatzkondensorlinse mit prismatischer Wirkung abgezweigt und nutzbar gemacht *(Keillinseneinrichtung[1]).* Der Spie-

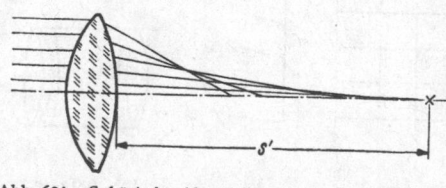

gelkondensor ist bei Lichtquellen mit hoher Wärmeentwicklung vorteilhaft; er läßt der Lichtquelle freien Raum und ist weniger wärmeempfindlich; sein Hauptverwendungsgebiet sind Großkinoprojektoren.

Die *Artisollampe* [2] stellt eine Zwischenstufe zwischen Spiegel- und Linsenkondensor dar.

Abb. 601. Sphärische Aberration (Kugelgestaltfehler).

Für den Linsenkondensor werden zur Zeit hauptsächlich Linsen mit Kugelflächen verwendet, weil sich diese am leichtesten genau und billig herstellen lassen. Der störendste Fehler bei Anwendung als Kondensor ist der *Öffnungsfehler* (sphärische Aberration, Abb. 601). Die den Rand durchsetzenden Strahlen werden stärker gebrochen, so daß deren Schnittpunkte mit der optischen Achse wesentlich näher an der Linse liegen als die der achsennahen Strahlen. Der Fehler ist von der dritten Potenz der Öffnung abhängig; es ist deshalb möglich, die (relativ zur Brennweite bestimmte) Öffnung der Linse dadurch herabzusetzen, daß der Kondensor aus mehreren Linsen entsprechend längerer Brennweite besteht, deren Fehlersumme einen kleineren Wert ausmacht.

Von der Möglichkeit, durch *nichtsphärische Flächen* (Rotationsellipsoide und -hyperboloide) diesen Fehler zu beheben, wird aus herstellungstechnischen Gründen nur vereinzelt Gebrauch gemacht.

[1] JOACHIM, H.: Handbuch der praktischen Kinematographie, Bd. 3, Teil 1, 179.
[2] JOACHIM, H.: Handbuch der praktischen Kinematographie, Bd. 3, Teil 1, 94.

HANDBUCH
DER MINERALCHEMIE

HANDBUCH

DER

MINERALCHEMIE

bearbeitet von

Prof. Dr. G. d'Achiardi-Pisa, Dr.-Ing. R. Amberg-Schwerte (Ruhr), Dr. F. R. von Arlt-Wien, Geh.-Rat Prof. Dr. M. Bauer-Marburg †, Prof. Dr. E. Baur-Zürich, Hofrat Prof. Dr. F. Becke-Wien, Dr. E. Berdel-Grenzhausen, Prof. Dr. F. Berwerth-Wien, Prof. Dr. G. Bruni-Padua, Hofrat Dr. F. W. von Dafert-Wien, Priv.-Doz. Dr. E. Dittler-Wien, Prof. Dr. M. Dittrich-Heidelberg †, Hofrat Prof. Dr. E. Donath-Brünn, Hofrat Prof. Dr. C. Doelter-Wien, Prof. Dr. L. Duparc-Genf, Betriebsleiter Dr.-Ing. K. Eisenreich-Schindlerswerk bei Bockau i. Sa., Priv.-Doz. Dr. K. Endell-Berlin, Prof. Dr. A. von Fersmann-Moskau, Prof. Dr. G. Flink-Stockholm, Priv.-Doz. Dr. R. von Görgey-Wien †, Dr. M. Goldschlag-Wien †, Priv.-Doz. Dr. B. Gossner-München, Prof. Dr. W. Heinisch-Brünn, Priv.-Doz. Dr. Henglein-Karlsruhe, Dr. K. Herold-Wien, Dr. M. Herschkowitsch-Jena, Priv.-Doz. Dr. A. Himmelbauer-Wien, Dr. H. C. Holtz-Genf, Prof. Dr. O. Hönigschmid-Prag, Prof. Dr. P. Jannasch-Heidelberg, Reg.-Rat Dr. L. Jesser-Wien, Priv.-Doz. Dr. A. Kailan-Wien, Prof. Dr. E. Kaiser-Gießen, Priv.-Doz. Dr. A. Klemenc-Wien, Prof. Dr. J. Koenigsberger-Freiburg i. Br., Prof. Dr. R. Kremann-Graz, Priv.-Doz. Dr. St. Kreutz-Krakau, Prof. Dr. A. Lacroix-Paris, Prof. Dr. A. Ledoux-Brüssel, Priv.-Doz. Dr. H. Leitmeier-Wien, R. E. Liesegang-Frankfurt a. M., Geh.-Rat Prof. Dr. G. Linck-Jena, Obercustos Dr. J. Loczka-Budapest †, Prof. Dr. M. Margosches-Brünn, Dr. R. Mauzelius-Stockholm, Prof. Dr. W. Meigen-Freiburg i. Br., Prof. R. J. Meyer-Berlin, Prof. Dr. St. Meyer-Wien, Dr. H. Michel-Wien, Prof. Dr. L. Moser-Wien, Prof. Dr. R. Nacken-Tübingen, Prof. Dr. R. Nasini-Pisa, Dir. Dr. K. Peters-Oranienburg-Berlin, Prof. Dr. W. Prandtl-München, Hofrat Prof. Dr. R. Pribram-Wien, Prof. Dr. G. T. Prior-London, Prof. Dr. K. Redlich-Prag, Dr. R. Rieke-Charlottenburg, Prof. Dr. A. Ritzel-Jena †, Prof. Dr. J. Samojloff-Moskau, Prof. Dr. R. Scharizer-Graz, Dr. M. Seebach-Leipzig, Prof. Dr. Hj. Sjögren-Stockholm, Prof. Dr. F. Slavík-Prag, Prof. Dr. H. Stremme-Berlin, Prof. Dr. St. J. Thugutt-Warschau, Prof. Dr. St. Tolloczko-Lemberg, Hofrat Prof. Dr. G. v. Tschermak-Wien, Prof. Dr. P. v. Tschirwinsky-Nowo-Tcherkassk, Dr. R. Vogel-Göttingen, Prof. Dr. J. H. L. Vogt-Trondhjem, Prof. Dr. R. Wegscheider-Wien, Prof. Dr. F. Zambonini-Turin, Dr. E. Zschimmer-Jena

herausgegeben

mit Unterstützung der K. Akademie der Wissenschaften in Wien

von

HOFRAT PROF. DR. C. DOELTER

Vorstand des Mineralogischen Instituts an der Universität Wien

VIER BÄNDE

MIT VIELEN ABBILDUNGEN, TABELLEN, DIAGRAMMEN UND TAFELN

SPRINGER-SCIENCE+BUSINESS MEDIA, B.V.

HANDBUCH
DER
MINERALCHEMIE

Unter Mitwirkung von zahlreichen Fachgenossen

herausgegeben

mit Unterstützung der K. Akademie der Wissenschaften in Wien

von

HOFRAT PROF. DR. C. DOELTER
Vorstand des Mineralogischen Instituts an der Universität Wien

BAND III

Erste Abteilung
Die Elemente und Verbindungen von: Ti, Zr,
Sn, Th, Nb, Ta, N, P, As, Sb, Bi, V und H

MIT 17 ABBILDUNGEN

SPRINGER-SCIENCE+BUSINESS MEDIA, B.V.

Copyright 1918 by Springer Science+Business Media Dordrecht

Ursprünglich erschienen bei Theodor Steinkopff 1918

Softcover reprint of the hardcover 1st edition 1918

Dresden und Leipzig

ISBN 978-3-642-49495-6   ISBN 978-3-642-49781-0 (eBook)
DOI 10.1007/978-3-642-49781-0

VORWORT.

Infolge der Kriegsereignisse hat sich das Erscheinen des Werkes in die Länge gezogen. Es war jedoch möglich, den ersten Teil des dritten Bandes zum Abschluß zu bringen. Dieser Teil enthält die Verbindungen des Titans, Zirkoniums, Zinns und des Thoriums sowie die zusammengesetzten Salze der Kieselsäure mit Titansäure und Zirkonsäure. Ferner enthält er die Salze der Elemente der fünften Vertikalreihe des periodischen Systems, namentlich Nitrate, Niobate, Tantalate, Phosphate, dann die Arsen- und Antimonverbindungen, endlich die hierher gehörigen Vanadinverbindungen.

Ich beginne ferner hier die erste und zweite Vertikalreihe mit dem Wasserstoff; die übrigen hierher gehörigen Elemente werden im zweiten Teile des dritten Bandes behandelt werden.

Für die Mitwirkung an der Redaktion sage ich Herrn Dr. H. Leitmeier auch an dieser Stelle meinen Dank.

Wien, Juni 1918.

C. DOELTER.

Inhaltsverzeichnis.

II*

Allgemeines über das Vorkommen der Elemente Ti, Zr, Sn und Th.

Von **C. Doelter** (Wien).

Diese Elemente kommen in der Natur als Mineralien im allgemeinen nicht vor, nur das Zinn wurde in gediegenem Zustande gefunden, ist jedoch sehr selten. Dagegen kommen Verbindungen, namentlich von Ti, Th und von Zr nicht selten vor, während Zinn nur wenige Verbindungen bildet. Es kommen sowohl Salze als auch Oxyde vor, erstere sind zumeist Doppelverbindungen, in welchen Ti mit Si und Zr, Zr mit Si, Ti, Th oder Zr mit Th und U auftreten. Reine Titanate kommen vor, dagegen scheinen reine Zirkoniate in der Natur nicht vorzukommen. Thorate und Uranate sind ebenfalls sehr selten. Überhaupt überwiegen Verbindungen, welche nicht eine Säure, sondern mehrere enthalten. Dann ist aber auch bemerkenswert, daß Tantal- und Niobsäure ebenfalls als Vertreter der genannten vierwertigen Elemente erscheinen, obgleich die Elemente Ta und Nb nicht in dieselbe Reihe des periodischen Systems fallen und auch in den Mineralien diese Metalle nicht vierwertig, sondern fünfwertig sind. Die Uranverbindungen wurden stets bei den Phosphaten und Vanadaten untergebracht. Was jedoch die Oxyde des Urans anbelangt, so weist sie die Verwandtschaft mit Th und Zr trotz der Stellung im periodischen System, z. T. zu diesen. Insbesondere die Verbindungen, welche wesentlich aus UO_2 bestehen, gehören vielleicht besser hierher; um jedoch die allgemeine Reihenfolge des periodischen Systems festzuhalten, wurde davon abgesehen.

Was die Oxyde anbelangt, so haben wir die isomorphe Gruppe der Oxyde des Si, Ti, Zr, Sn und Th; UO_2 scheint dimorph zu sein, denn obzwar regulär, kommt es in Mischungen mit ThO_2, ZrO_2 im tetragonalen System vor.

J. Beckenkamp[1]) hat die Beziehungen der Dioxyde der genannten Elemente erörtert, wobei er auch die bei Mineralien weniger in Betracht kommenden vierwertigen Elemente Ge, Ce, Er und Pb mit in den Kreis seiner Betrachtungen einbezieht.

Monoklin kristallisieren: ZrO_2, Rhombisch: SiO_2 und TiO_2. Tetragonal: TiO_2, SnO_2, ZrO_2, PbO_2, dann die Doppelverbindungen: $ZrO_2 . SiO_2$ und $ThO_2 . SiO_2$. Trigonal: SiO_2, SnO_2, ZrO_2. Regulär: $SiO_2 . ThO_2$. Durch die Arbeiten von Wyndham R. Dunstan und Maouat Jones, sowie durch die Synthesen von W. Hillebrand ist jedoch auch die Isomorphie von U, Th mit Zr in den Dioxyden erwiesen und die Auffindung des japanischen Naëgits bestätigt diese.

---

[1]) J. Beckenkamp, Z. Kryst. **42**, 448 (1907).

SiO_2 kommt in zwei trigonalen Arten Quarz und Tridymit (welch letztere aber von andern für pseudotrigonal [monoklin?] gehalten wird) vor. Dann tritt SiO_2 auch als Cristobalit, $\delta = 2,3$ tetragonal oder regulär auf.

Asmannit ist wohl identisch mit Tridymit (vgl. Bd. II, S. 190).

Die Beziehungen zwischen den' tetragonalen Formen der Dioxyde von Si, Ti, Ge, Zr, Sn, Er, Pb, Th lassen sich nach J. Beckenkamp auf folgende Art übersehen: Nennt man A_0 das Atomgewicht von 0, A_n das der obigen Elemente, nimmt man für diese Elemente die nach der Größe des Atomgewichts eingereihten Ordnungszahlen 1, 2, 3 . . . bis zur Zahl 7 für Erbium, so ist es nach ihm wahrscheinlich, daß zwischen letzterem und dem Blei ein noch unbekanntes Element mit der Ordnungszahl 8 einzuschalten wäre, und es erhalten Pb und Th die Ordnungszahlen 9 und 10. Die Quotienten

$$L_a = \frac{n}{A_n} \cdot A_0$$

sind für Si 0,5634, für Ti 0,664, für Sn 0,672, für Sn 0,672 und Pb 0,696. Ebenso wie die Ordnungszahlen steigen die Werte ·der kristallographischen Hauptachsen der Oxyde Rutil 0,664, Cassiterit 0,672, Plattnerit (PbO_2) 0,676.

Ferner steigen auf ähnliche Weise

$$V_m = \frac{A_n + 2A_0}{\delta},$$

also die Molekularvolumina, welche sind: für Rutil 19,1, für Zinnstein 21,6, für Plattnerit 22. Auch die Doppelverbindungen $ZrO_2 . SiO_2$ und $ThO_2 . SiO_2$ lassen sich in diese Reihe eingliedern, für Zirkon 19,9 und Thorit 30. Die Werte der Hauptachsen sind 0,640 für beide.

Aus dem Verhalten der Ausdehnungskoeffizienten und dem Verhalten von Tridymit und Cristobalit bei höherer Temperatur schließt J. Beckenkamp, daß eine dem Rutil entsprechende Elementarform des SiO_2 einen zwischen 0,563 und 0,577 liegenden Wert der Hauptachse haben müßte.

Ferner hat J. Beckenkamp die Beziehungen zwischen dem Atomgewichte und der Hauptachsenlänge bei den Dioxyden erörtert. Hauptachse und Molekularvolumen wachsen gleichzeitig. Vergleicht man die Hauptachsen und die Atomgewichte der Elemente, so findet ·man bei konstantem Werte der Ordnungszahlen die absolute Länge der tetragonalen Hauptachse umgekehrt proportional dem Atomgewichte.

S. Stevanović[1] erörtert die topischen Achsen χ und ω bei der genannten Gruppe. Da die Daten von großem Interesse sind, so seien sie hier wiedergegeben:

	M	δ	$M. V.$	$a : c$	χ	ω
TiO_2 (Rutil)	80,1	4,25	18,847	1 : 0,6441	3,081	1,9840
MnO_2 (Polianit) . . .	87,0	5,04	17,262	1 : 0,6647	2,960	1,969
$\left(\frac{ZrSi}{2}\right)O_2$ (Zirkon) . .	91,55	4,70	19,478	1 : 0,6404	3,122	1,999
SnO_2 (Zinnstein) . .	150,0	7,018	21,445	1 : 0,6726	3,608	2,136
$\left(\frac{ThSi}{2}\right)O_2$ (Thorit) . .	162,45	5,40	30,803	1 : 0,6402	3,176	2,310
PbO_2 (Plattnerit) . . .	238	8,5	28,106	1 : 0,6764	3,468	2,345

---

[1] S. Stevanović, Z. Kryst. **37**, 256 (1903).

Mit dem Steigen des Molekulargewichts zeigt sich Steigen der anderen Größen, wie Volumina, Achsenverhältnisse und der topischen Achsen; der Polianit, welcher überhaupt nicht in diese Gruppe gehört, zeigt ein abweichendes Verhalten, ebensowenig gehört hierher MoO_3, das S. Stevanović mit betrachtet.

Über die Beziehungen der Verbindungen von C, Si, Ti, Zr, Sn und auch Mn hat W. C. Brögger Betrachtungen angestellt, er bezeichnet sie als homöomorph; er ist nicht der Ansicht W. Retgers, daß Zirkon, Rutil und Zinnstein nicht isomorph seien, und weist auf die Homöomorphie der beiden Verbindungen mit Willemit und Phenakit hin. Rutil ist nach W. C. Brögger $(TiO) . TiO_3$, vgl. S. 18.

Anatas hat nach demselben Forscher eine ähnliche Formel wie Scheelit $(CaWO_4)$ und Fergusonit. Wulfenit $(PbMoO_4)$, Brookit haben dagegen Ähnlichkeit mit Columbit.[1]

Die Analysenmethoden zur Bestimmung und Trennung der Titansäure.

Von K. Peters (Atzgersdorf bei Wien).

Aufschließen: Man schmilzt das sehr fein gepulverte Mineral mit der zehnfachen Menge von saurem, schwefelsaurem Kali, oder wenn die Alkalien bestimmt werden sollen, mit saurem, schwefelsaurem Ammon, bis sich alle Titansäure gelöst hat. Die erkaltete Schmelze bringt man in eine große Menge kalten Wassers, worin sie sich nach längerer Zeit auflöst, wenn jede Erwärmung vermieden wird. J. Jones[2] schließt 2 g des Minerals mit 20 ccm Wasser und 20 ccm konzentrierter Schwefelsäure in einer Druckflasche durch zweistündiges Erhitzen auf 200° auf. Der Rückstand besteht fast aus reiner Kieselsäure. Um zu verhindern, daß die erhaltene Lösung gelatiniert, wird Wasser zugefügt, wobei man Sorge trägt, daß dieses nicht die heiße Flasche berührt. Verwendet man bei den folgenden Operationen Ammonsalze, so läßt sich in dem Mineral Kalium und Natrium bestimmen.

Das Aufschließen kann auch mit Fluorwasserstoffsäure unter Zusatz von konzentrierter Schwefelsäure vorgenommen werden. Mit Fluorwasserstoffsäure allein erhitzt, verflüchtigt sich Titansäure, dagegen nicht bei gleichzeitiger Anwesenheit von Schwefelsäure. (Unterschied von Kieselsäure.) Dieses Verhalten wird neuerdings von P. Truchot[3] bestätigt. Durch Schmelzen mit Fluorwasserstoff—Fluorkalium bildet sich Kaliumtitanfluorid, das in Wasser schwer, in Chlorwasserstoffsäure leicht löslich ist.

Die titanhaltigen Mineralien können auch durch Schmelzen mit basischen Stoffen, wie Alkalicarbonat (gegebenenfalls unter Zusatz von Salpeter), Alkalisuperoxyd oder Alkalihydroxyd aufgeschlossen werden. Die Schmelze wird mit kaltem Wasser aufgenommen und mit kaltem Wasser ausgewaschen. Die

---

[1] W. C. Brögger, D. Mineral. d. südnorw. Granitpegmatitgänge (Kristiania 1906), 122.

[2] J. Jones, Ch. N. **65**, 8 (1892).

[3] P. Truchot, Revue générale de chimie pure et appl. **8**, 173 (1905). — Chem. ZB. **76**, II, 75 (1905).

Titansäure bleibt als Alkalititanat unlöslich zurück. Dieses löst sich beim Erwärmen mit einem Überschuß von konzentrierter Chlorwasserstoffsäure auf.
Sicherer erhält man eine vollständig klare Auflösung, wenn man das Alkalititanat mit konzentrierter Chlorwasserstoffsäure bei gewöhnlicher Temperatur
unter häufigem Umrühren längere Zeit behandelt.

Gewichtsanalytische Bestimmung der Titansäure.[1] Aus den sauren Auflösungen der Titansäure wird diese am besten mit Ammoniak gefällt. Ein
großer Überschuß von Ammoniak ist zu vermeiden, da sonst Spuren von
Titansäure gelöst werden. Der voluminöse Niederschlag ist dem Tonerde-
hydrat ähnlich und schwindet auch beim Trocknen stark zusammen. Das
Auswaschen bewirkt man in der Hauptsache durch Dekantieren. Nach
K. Bornemann und H. Schirmeister[2] muß zur Erlangung genauer Werte
der Niederschlag vor dem Glühen mit salpetersäurehaltiger, konzentrierter
Schwefelsäure abgeraucht und bei Gegenwart von Alkalien in der zu fällenden
Lösung die Fällung mit Ammoniak wiederholt, oder der abgerauchte und
nicht zu stark geglühte Niederschlag wenigstens mit Wasser ausgelaugt werden.
Nach dem Trocknen wird zuerst vorsichtig im bedeckten Platintiegel erhitzt,
um Verluste zu vermeiden und schließlich mindestens 15 Minuten am Gebläse
geglüht und gewogen. Die Titansäure muß im gut bedeckten Tiegel gleich
nach dem Erkalten gewogen werden, weil sie Feuchtigkeit anzieht. Die geglühte Titansäure ist in Chlorwasserstoffsäure unlöslich. Soll die Titansäure
nach dem Fällen mit Ammoniak und Auswaschen wieder in Chlorwasserstoffsäure gelöst werden, was erforderlich ist, um sie noch von anderen Stoffen
zu trennen, so muß beim Fällen und Auswaschen jedes Erhitzen vermieden
werden.

Aus schwefelsauren Lösungen kann die Titansäure auch durch Kochen
vollständig gefällt und dadurch von vielen anderen Stoffen getrennt werden,
wenn die Lösung möglichst wenig freie Schwefelsäure enthält und hinreichend
verdünnt ist. Das Kochen muß unter Erneuerung des verdampften Wassers
mehrere Stunden lang fortgesetzt werden. Ist freie Schwefelsäure in größerer
Menge vorhanden, so ist die Lösung vor dem Verdünnen und Kochen so
lange mit Ammoniak zu versetzen, als der entstehende Niederschlag beim Umrühren der Flüssigkeit wieder verschwindet. Ist die Menge der Titansäure,
also auch die der Schwefelsäure bedeutend, so muß man nach dem Abfiltrieren
der durch Kochen gefällten Titansäure das Filtrat neuerlich mit Ammoniak
versetzen und nochmals kochen.

Die durch Kochen gefällte Titansäure kann mit heißem Wasser ausgewaschen werden. Nach dem Trocknen muß die Titansäure sehr stark geglüht werden, um die Schwefelsäure zu verjagen, was man zweckmäßig durch
Zusatz einiger Stückchen von kohlensaurem Ammon befördert.

Man kann auch die Titansäure, wie das Eisenoxyd aus sauren Lösungen
durch Kochen mit essigsaurem Naton oder essigsaurem Ammon fällen. Der
Niederschlag läßt sich sehr gut filtrieren und auswaschen.

Auch durch Kochen mit Natriumthiosulfat fällt die Titansäure vollständig.

Kolorimetrische Bestimmung der Titansäure nach A. Weller, siehe Bd. I, 576.

---

[1] H. Rose u. R. Finkener, Handbuch d. anal. Chem. 1871, II. — A. Classen,
Ausgewählte Methoden d. analyt. Chem. 1901, I.
[2] K. Bornemann u. H. Schirmeister, Metallurgie **7**, 711 (1910). — Chem. ZB.
82, I, 539 (1911).

Volumetrische Bestimmung der Titansäure. Diese wurde zuerst von Pisani[1]) vorgeschlagen und mehrfach abgeändert. Die Titansäure wird nach dieser Methode in salzsaurer bzw. schwefelsaurer Lösung mit Zink reduziert und die Lösung nach Entfernung des Zinks mit Kaliumpermanganat titriert. Da sich bei diesem Verfahren die Oxydationswirkung der Luft während der Abkühlung und der Titration nachteilig geltend macht, nimmt H. D. Newton[2]) die Reduktion und Abkühlung in einer Wasserstoffatmosphäre vor und erzeugt durch Zusatz von überschüssigem Ferrisalz eine dem Titansesquioxyd äquivalente Menge Ferrosalz. Die Reaktion zwischen den Salzen des Eisens und Titans findet hierbei nach folgender Gleichung statt:

$$Ti_2(SO_4)_3 + Fe_2(SO_4)_3 = 2 Ti(SO_4)_2 + 2 FeSO_4.$$

Die Titansäurelösung, die ungefähr 10 % konzentrierte Schwefelsäure enthält, wird in einem Kolben von etwa 100 ccm Inhalt mit eisenfreiem Zink versetzt. Der Hals des Kolbens wird mit einem Gummistopfen verschlossen, durch den ein Zuleitungsrohr und ein kleiner Scheidetrichter führt. Die Flüssigkeit, die dauernd durch eine Wasserstoffatmosphäre von der Luft abgeschlossen ist, wird schwach erwärmt, bis sich alles Zink gelöst hat. Nach dem Abkühlen läßt man durch den Scheidetrichter einen Überschuß von Ferrisulfatlösung einfließen und sogleich kaltes, frisch destilliertes Wasser, bis der Kolben bis zum Halse gefüllt ist. Der Kolben wird sodann in einen Literkolben geleert, mit kaltem Wasser nachgespült und mit $\frac{n}{10}$ Permanganat titriert. Der Faktor für metallisches Eisen, dividiert durch 0,698, gibt den Faktor für TiO_2. Andere Abänderungen der volumetrischen Bestimmung wurden von G. Gallo[3]) und F. W. Hinrichsen[4]) angegeben.

Trennung der Titansäure. Titansäure wird aus saurer Lösung durch Schwefelwasserstoff nicht gefällt; sie kann daher von allen durch Schwefelwasserstoff aus saurer Lösung fällbaren Elementen auf diese Weise getrennt werden. Der Schwefelwasserstoffniederschlag muß aber nach dem Fällen bald abfiltriert werden, weil sich bei längerem Stehen aus sehr verdünnten Titansäurelösungen auch bei gewöhnlicher Temperatur etwas Titansäure abscheiden kann. Bei Anwesenheit von Antimon und Zinn[5]) wird die Lösung mit Ammoniak neutralisiert, mit einem Überschuß von Schwefelammonium versetzt und längere Zeit im bedecken Kolben erwärmt. Die ungelöste Titansäure wird mit schwefelammoniumhaltigem Wasser ausgewaschen, getrocknet und nach starkem Glühen gewogen.

Aus dem Filtrat fällt man Schwefelzinn und Schwefelantimon durch Übersättigen mit verdünnter Schwefelsäure.

Hat man Spuren von Zinnoxyd von einer Titansäure zu trennen, welche durch Kochen aus einer schwefelsauren Lösung gefällt wurde, so braucht man nach der Behandlung des Niederschlags mit Schwefelammonium die filtrierte Lösung des Schwefelzinns nur abzudampfen und den Trockenrückstand bei

---

[1]) F. Pisani, Z. f. anal. Chem. 4, 419 (1865); 7, 112 (1868).
[2]) H. D. Newton, Z. anorg. Chem. 57, 278 (1908). — Z. f. anal. Chem. 47, 429 (1908).
[3]) G. Gallo, Z. f. anal. Chem. 47, 430 (1908).
[4]) F. W. Hinrichsen, Chem. Ztg. 31, 738 (1907). — Z. f. anal. Chem. 47, 430 (1908).
[5]) H. Rose und R. Finkener, a. a. O.

Luftzutritt zu glühen.   Man erhält Zinnoxyd.   Sind aber in der Lösung des Schwefelzinns in Schwefelammonium auch nur kleine Mengen von Chlorammon enthalten, so muß das Schwefelzinn aus der Lösung durch verdünnte Schwefelsäure gefällt werden.

Ist eine feste Verbindung der Titansäure mit den Oxyden des Zinns oder Antimons zu untersuchen, so wird sie am besten durch Schmelzen mit einem Gemenge von kohlensaurem Natron und Schwefel zerlegt.   Beim Behandeln der Schmelze mit Wasser bleibt Titansäure ungelöst zurück, die mit schwefelammoniumhaltigem Wasser ausgewaschen wird.   Die ausgewaschene und geglühte Titansäure enthält etwas Natron.   Um dieses zu entfernen, wird die geglühte Titansäure mit der 4—5fachen Menge Chlorammon in einem bedeckten Platintiegel erhitzt, bis alles Chlorammon verflüchtigt ist.   Dadurch wird das vorhandene Natron in Chlornatrium übergeführt, das sich durch Wasser ausziehen läßt.   Die ausgewaschene Titansäure wird getrocknet, geglüht und gewogen.   Aus der Lösung des Schwefelzinns oder Schwefelantimons in Schwefelnatrium fällt man die Sulfide durch Übersättigen mit verdünnter Schwefelsäure.

Nach G. Haas[1] bringt man das Gemisch von Zinndioxyd und Titandioxyd in eine trockne Röhre aus schwer schmelzbarem Glas von 15—20 cm Länge, leitet trocknen Wasserstoff hindurch, glüht $^1/_4$ Stunde lang über der Bunsenflamme und läßt im Wasserstoffstrom erkalten.   Die grau aussehende Masse wird mit Wasser in ein Becherglas gespült und die Röhre von den anhaftenden Teilen durch Betupfen mit verdünnter Chlorwasserstoffsäure und Nachspülen mit Wasser befreit.   Dann fügt man etwa 30 ccm Chlorwasserstoffsäure von 20 % hinzu und erhält die Flüssigkeit bei bedecktem Glase eine halbe Stunde lang in gelindem Kochen.   Nach dem Abkühlen wird filtriert und der Rückstand mit heißem Wasser ausgewaschen.

Zur Abscheidung des Zinns wird das Filtrat neutralisiert, schwach angesäuert und mit Schwefelwasserstoff gefällt.   Nachdem sich das Schwefelzinn in der Wärme abgesetzt hat, filtriert man ab, wäscht mit ammonacetathaltigem Wasser aus, trocknet und entfernt den Niederschlag so vollständig wie möglich vom Filter.   Schwefelzinn und Filterasche bringt man in die Reduktionsröhre und glüht von neuem im Wasserstoffstrome, wodurch das Schwefelzinn vollständig zu Zinn reduziert wird.   Zur Bestimmung des Zinns als Oxyd spült man das Metall mit etwas verdünnter Salpetersäure in einen geräumigen Porzellantiegel, verdampft zur Trockne, nimmt mit einigen Tropfen Salpetersäure und heißem Wasser auf, filtriert das Zinnoxyd ab, wäscht mit heißem Wasser aus, trocknet, glüht und wägt.

Die Titansäure, die bei der Behandlung mit Chlorwasserstoffsäure nach der ersten Reduktion zurückbleibt, glüht man nach L. Lévy[2] im Platintiegel zur Veraschung des Filters und schmilzt sie mit der ungefähr 10fachen Menge Kaliumcarbonat.   Die Schmelze wird mit etwa 200 ccm Wasser aufgeweicht und tropfenweise konzentrierte Schwefelsäure zugefügt, bis das saure Kaliumtitanat gelöst ist.   Nachdem man die Lösung mit Natriumcarbonat neutralisiert hat (wobei die Flüssigkeit aber nicht alkalisch reagieren darf, weil sonst der entstandene Niederschlag nicht so leicht wieder in Lösung zu bringen ist), versetzt man mit 2 g konzentrierter Schwefelsäure, verdünnt auf 400 ccm und

---

[1] G. Haas, Inaug.-Dissert. Erlangen. — A. Classen, a. a. O.
[2] L. Lévy, Journ. de Pharm. et Chim. **16**, 56 (1887). — A. Classen, a. a. O.

kocht 6 Stunden unter Ersatz des verdampfenden Wassers. Dieses Kochen geschieht am besten in einer mit einem Uhrglas oder einem umgestürzten Trichter bedeckten Porzellankasserole, weil die Flüssigkeit durch die ausgeschiedene Titansäure stößt. Die ausgeschiedene Titansäure wird abfiltriert, mit heißem Wasser gewaschen, getrocknet und geglüht. Um sicher zu sein, daß alle Titansäure abgeschieden ist, kann man das Filtrat messen und nach dem Zusatz von so viel Schwefelsäure, daß 0,5 % davon vorhanden sind, nochmals kochen.

Diese Methode läßt sich auch auf Substanzen anwenden, die ein Alkali, Magnesium, Zink, Aluminium oder Kupfer enthalten; Ferrisalze dürfen nicht zugegen sein.

Trennung der Titansäure von Uran. [1] Man übersättigt die saure Auflösung mit kohlensaurem Ammon, wodurch Titansäure gefällt wird, während das Uranoxyd gelöst bleibt; oder man scheidet die Titansäure aus der schwefelsauren Lösung durch anhaltendes Kochen.

Trennung der Titansäure von Kobalt, Zink, Eisen und Mangan. Man setzt zur sauern Auflösung eine Lösung von Weinsäure (kalkfrei), darauf übersättigt man mit Ammoniak, wodurch kein Niederschlag entsteht, wenn genügend Weinsäure zugesetzt wurde. Durch Zusatz von Schwefelammon fallen die oben genannten Metalle als Sulfide, während die Titansäure in Lösung bleibt. Man filtriert und wäscht mit schwefelammoniumhaltigem Wasser aus.

Ist im Filtrat außer Titansäure kein feuerbeständiger Bestandteil enthalten, so dampft man es zur Trockne und glüht bei Luftzutritt in einem gewogenen Platintiegel, bis alle flüchtigen Bestandteile verjagt, und die Kohle der Weinsäure vollständig verbrannt ist. Die Entfernung der Kohle gelingt oft nur beim Glühen am Gebläse.

Von Kobalt, Nickel, Zink und Mangan läßt sich die Titansäure auch durch Kochen der Lösung mit essigsaurem Natron trennen. Man versetzt die saure Lösung so lange mit kohlensaurem Natron, als sich der entstehende Niederschlag beim Umrühren wieder auflöst, fügt essigsaures Natron zu und kocht die Flüssigkeit einige Minuten. Die Titansäure wird vollständig gefällt und muß sogleich filtriert und mit kochendem Wasser ausgewaschen werden. Bei Gegenwart von Eisenoxyd reduziert man die Lösung durch Zusatz von schwefliger Säure (oder einer Lösung von schwefligsaurem Alkali), verdünnt mit sehr viel Wasser und kocht anhaltend. Während des Kochens setzt man von Zeit zu Zeit etwas schweflige Säure zu, so daß die Lösung fortwährend danach riecht. Ist der Eisengehalt bedeutend, so muß die gefällte Titansäure durch Abdampfen mit Schwefelsäure wieder gelöst und nochmals durch Kochen unter Zusatz von schwefliger Säure gefällt werden. Man kann das Eisenoxyd auch durch Schwefelwasserstoff reduzieren, den Überschuß davon durch Kochen vollständig (!) vertreiben, und sodann die Titansäure durch kohlensauren Baryt fällen.

Trennung geringer Mengen von Titansäure (Aluminium, Mangan, Kobalt, Nickel, Chrom, Kupfer und Vanadin) von viel Eisen nach **J. W. Rothe.** [2] Das Verfahren gründet sich auf die leichte Löslichkeit des Eisenchlorids bei Gegenwart von Chlorwasserstoffsäure in Äther, sowie auf die Unlöslichkeit des Titanchlorids unter diesen Umständen. Auch die übrigen genannten Elemente

---

[1] H. Rose und R. Finkener, a. a. O.
[2] J. W. Rothe, St. u. Eisen **13**, 333 (1893).

bleiben in der salzsauren Lösung zurück, nur Kobalt und Kupfer werden von dem Äther in geringen Mengen gelöst, lassen sich aber beim Schütteln der ätherischen Eisenlösung mit Salzsäure von $\delta = 1,104$ aus dieser wieder entfernen. Diese Säure wird mit der anderen salzsauren Lösung des Chlorids vereinigt. Die Lösung der Titansäure in Chlorwasserstoffsäure wird nach Abscheidung der Kieselsäure in einer Porzellanschale bis zum Entweichen von Chlorwasserstoffdämpfen eingeengt, darauf mit 10 ccm Chlorwasserstoffsäure versetzt und bei bedeckter Schale in der Siedehitze mit 2—2,5 ccm Salpetersäure ($\delta = 1,4$), die man vorsichtig tropfenweise zusetzt, oxydiert. Darauf dampft man die Lösung bis zur Sirupdicke oder bis zur Abscheidung des Eisenchlorids ein, um freies Chlor und Salpetersäure zu entfernen. Die Lösung, deren Volum etwa 10 ccm beträgt, ist nunmehr zur Abscheidung vorbereitet. Die Ätherbehandlung kann in einem gewöhnlichen Scheidetrichter von 200 ccm Inhalt oder bequemer in dem von Rothe angegebenen Apparat vorgenommen werden.

Bei Anwendung eines gewöhnlichen Scheidetrichters füllt man die Lösung in den Trichter und spült mit so viel Chlorwasserstoffsäure ($\delta = 1,124$) nach, daß das gesamte Volum ungefähr 55—60 ccm beträgt. Darauf gibt man 100 ccm Äther zu und schüttelt vorsichtig unter einem Wasserstrahl, um die eintretende lebhafte Erwärmung zu mäßigen. Nach einigen Minuten Schütteln läßt man 2—3 Minuten klären, wobei man durch Schwenken des Scheidetrichters bewirkt, daß die an den Wandungen etwa haften bleibenden Anteile der salzsauren Lösung zu Boden sinken. Man läßt dann den Trichter ruhig stehen; nach 5—10 Minuten wird die wäßrige Lösung, durch Öffnen des Hahnes in ein Becherglas, darauf die ätherische Eisenlösung in ein anderes abgelassen. Die wäßrige Lösung, die meist noch von Eisen deutlich gelb gefärbt ist, gießt man wieder in den Scheidetrichter zurück, spült das Becherglas mit etwas Salzsäure nach und wiederholt das Ausschütteln mit 100 ccm Äther. Zweimaliges Ausschütteln mit Äther genügt in der Regel. Die eisenfreie Lösung wird unter Hinzufügen der Chlorwasserstoffsäure, mit der man den Schütteltrichter nachgespült hat, am Wasserbade bis zur Vertreibung des Äthers erhitzt und dann in der Lösung die Titansäure und die anderen Elemente nach bekannten Methoden bestimmt.

Zum Gelingen der Trennung ist erforderlich, daß das Eisen als Chlorid vorhanden ist, und die zurückbleibende ätherische Salzlösung annähernd einen Gehalt von 21—22 % Chlorwasserstoff besitzt. Ferner dürfen suspendierte Stoffe, wie Kieselsäure, Kohlenstoff und Filterfasern nicht zugegen sein, weil sie die scharfe Trennung der ätherischen von der salzsauern Lösung erschweren.

Trennung der Titansäure von den Ceriterden und von Thoriumoxyd. Diese Basen werden aus schwach salzsauren Lösungen durch einen Überschuß von festem, schwefelsaurem Kali als Kaliumdoppelsulfate abgeschieden. Stark saure Lösungen werden vorher mit kohlensaurem Kali oder Kalihydrat so weit neutralisiert, daß kein bleibender Niederschlag entsteht.

Wurde die Titansäure durch Schmelzen mit saurem schwefelsaurem Kali aufgeschlossen, so laugt man die Schmelze nur mit so viel Wasser aus, als zur Lösung des sauren schwefelsauren Kalis nötig ist, und fügt dann einen Überschuß von festem schwefelsaurem Kali hinzu. Die ausgeschiedenen Kaliumdoppelsulfate werden mit einer kaltgesättigten Lösung von schwefelsaurem Kali gewaschen; sie sind frei von Titansäure und diese bleibt vollständig in Lösung, wenn jede Erwärmung vermieden wurde.

Trennung der Titansäure von den Yttererden. Aus einer verdünnten schwefelsauren Lösung kann die Titansäure durch Kochen gefällt werden und die Yttererden bleiben in Lösung. Zweckmäßig aber ist es, die Trennung wie von Kalk durch Kochen der mit essigsaurem Natron oder essigsaurem Ammon versetzten Lösung durchzuführen.

Trennung der Titansäure von Zirkonoxyd. Das Mineral wird durch Schmelzen mit Natriumcarbonat aufgeschlossen und der nach der Behandlung mit Wasser sich ergebende unlösliche Rückstand in der Wärme in ganz verdünnter Schwefelsäure gelöst. Das Filter mit den noch ungelösten Anteilen wird verbrannt, die Asche mit Fluorwasserstoffsäure und Schwefelsäure verdampft, der Rückstand mit heißer, verdünnter Schwefelsäure aufgenommen und das Filtrat mit der ersten Lösung vereinigt. Hierauf oxydiert man nach W. F. Hillebrand[1]) die konzentrierte Lösung, die nicht mehr als 1 %, Schwefelsäure enthalten darf, mit Wasserstoffsuperoxyd, versetzt mit einigen Tropfen einer Lösung von Natriumorthophosphat und läßt 24—48 Stunden in der Kälte stehen, wobei man, sofern die Titanfärbung schwächer wird, nochmals etwas Wasserstoffsuperoxyd zugibt. Die Zirkonerde, die sich als unreines Phosphat abscheidet, wird abfiltriert, ausgewaschen, geglüht und mit Natriumcarbonat geschmolzen. Die Schmelze wird mit Wasser ausgezogen, der Rückstand mit Kaliumbisulfat aufgeschlossen und in heißem Wasser und einigen Tropfen verdünnter Schwefelsäure gelöst. Die konzentrierte Lösung (20 ccm) fällt man nach dem Zufügen einiger Tropfen Wasserstoffsuperoxyds neuerlich mit Natriumphosphat. Man erhält nun reine Zirkonerde, die bei geringer Menge direkt als Phosphat gewogen wird; die gesamte Titansäure ist im Filtrat und wird nach F. A. Gooch (S. 11) bestimmt.

M. Dittrich und R. Pohl[2]) vereinigen, wenn eines der beiden Elemente gegenüber dem anderen in nur geringer Menge vorhanden ist, eine gewichtsanalytische mit einer kolorimetrischen Methode. Der im Filtrate von der Kieselsäure durch Fällung mit Ammoniak erhaltene Niederschlag enthält neben Eisen, Aluminium, Titan und Zirkon gegebenenfalls noch Mangan und Phosphorsäure. Zur Trennung wird der veraschte Niederschlag mit Ätznatron im Silbertiegel geschmolzen und die erhaltene Schmelze mit Wasser ausgelaugt. Dadurch gehen Aluminium und Phosphorsäure, an Natrium gebunden, in Lösung, während Eisen, Mangan, Titan und Zirkon als unlösliche Oxyde zurückbleiben. Diese werden durch Schmelzen mit Kaliumhydrosulfat in wasserlösliche Sulfate überführt, die Schmelze mit kaltem Wasser gelöst und das Eisen durch Einleiten von Schwefelwasserstoff reduziert. Zur filtrierten Lösung fügt man sodann Weinsäure (etwa das dreifache Gewicht der Summe der Oxyde), macht mit Ammoniak schwach alkalisch und bringt, wenn noch erforderlich, durch Zusatz von farblosem Schwefelammonium das Eisen vollständig zur Abscheidung. Nach einer halben Stunde wird der Niederschlag abfiltriert und ausgewaschen. Im Filtrat, das die Gesamtmenge von Zirkon und Titansäure enthält, wird die Weinsäure durch Erwärmen mit schwach angesäuerter Kaliumpersulfatlösung zerstört. Man dampft hierzu das Filtrat in einer Platinschale ein, säuert den Rückstand mit Schwefelsäure schwach an und fügt in der bedeckten Schale in mehreren Anteilen eine konzentrierte Lösung von 3—5 g

---

[1]) W. F. Hillebrand, Z. f. anal. Chem. **40**, 804 (1901).
[2]).M. Dittrich u. R. Pohl, Z. anorg. Chem. **43**, 236 (1905); Z. f. anal. Chem. **45**, 55 (1906).

Kaliumpersulfat hinzu. Nach dem letzten Zugeben erwärmt man einige Zeit
weiter und dampft zur Trockne. Man erhitzt die Schale unter Umrühren erst
ganz allmählich, bis schließlich die freie Schwefelsäure verjagt ist. Nach dem Erkalten löst man die erstarrte Masse in Wasser und etwas Chlorwasserstoffsäure
und fällt in der Siedehitze mit überschüssigem Ammoniak. Um den Niederschlag vollkommen alkalifrei zu erhalten, löst man ihn nochmals in Chlorwasserstoffsäure und fällt neuerlich mit Ammoniak. Titansäure und Zirkonoxyd werden nach starkem Glühen im Platintiegel gewogen. Zur kolorimetrischen Bestimmung der Titansäure schmilzt man den Glührückstand mit
Kaliumhydrosulfat, löst die Schmelze in kaltem Wasser und bestimmt nach
dem Zufügen von Schwefelsäure und Wasserstoffsuperoxyd das Titan nach
A. Weller.

Bestimmung des Titans neben Zirkon bei Gegenwart von Eisen und Mangan.
Nach M. Dittrich und S. Freund[1]) erfolgt die Abscheidung von Titan und
Zirkon und die gleichzeitige Trennung von Eisen und Mangan am einfachsten,
wenn man die durch Schwefelwasserstoff reduzierte und beinahe neutralisierte
Lösung unter Zugabe einer konzentrierten Lösung von 5—10 g Ammoniumsulfat im Kohlensäurestrome längere Zeit kocht. Die Ausführung der Trennung
erfolgt genau so, wie bei der Trennung mit Natriumacetat (S. 11) beschrieben.
Der Niederschlag wird mit heißem Wasser gut ausgewaschen, im Platintiegel
verascht und am Gebläse bis zu Gewichtsbeständigkeit geglüht. Die Bestimmung des Titans und Zirkons erfolgt in der gleichen Weise wie bei der
vorigen Trennung beschrieben. Im Filtrate kann das Eisen nach der Oxydation mit Wasserstoffperoxyd durch Ammoniak in der Hitze bestimmt werden.
Auch bei alleiniger Gegenwart des Titans neben Eisen ist es empfehlenswert, Ammoniumsulfat zur Trennung zu verwenden, da hierdurch die Fällung
in kürzerer Zeit als durch bloßes Auskochen erfolgt und das lästige Haften
der gefällten Titansäure an den Glaswänden nicht eintritt. Aluminium und
Phosphorsäure sind durch eine vorangegangene Natronschmelze zu entfernen.

Trennung des Titans von Zirkonium und Thorium. M. Dittrich und
S. Freund[2]) geben auch eine Methode zur Trennung mit Natrium- und
Ammoniumsalicylat an. Die Trennung wird im allgemeinen so ausgeführt,
wie mit Natriumacetat; über die Einzelheiten wird auf das Original verwiesen.

Trennung des Titans neben Thorium und Zirkonium von Eisen und Mangan.
Nach M. Dittrich und S. Freund[3]) wird die saure Lösung der Bisulfat-
schmelze mit Schwefelwasserstoff gesättigt, um aus dem Platintiegel stammendes
Platin zu entfernen und gleichzeitig das Eisen zu reduzieren. Die Lösung
wird in einem dreiviertel Liter fassenden Kolben aus Jenaer Glas filtriert, der
durch einen dreifach durchbohrten Stopfen verschlossen werden kann. Durch
zwei Öffnungen gehen Gaszu- und -ableitungsrohre, durch die dritte Bohrung
ist ein Tropftrichter eingeführt. Das saure Filtrat wird mit Natriumcarbonat
neutralisiert, wobei man die dunkle Färbung der Flüssigkeit durch das sich
bildende Ferrosulfid als Indikator benützt. Man setzt dann wieder einige
Tropfen Schwefelsäure zu, leitet zur vollständigen Reduktion des Eisens nach
Aufsetzen des Stopfens nochmals Schwefelwasserstoff ein und vertreibt diesen
schließlich, indem man zum Sieden erhitzt, während man mit Wasser ge-

[1]) M. Dittrich u. S. Freund, Z. anorg. Chem. **56**, 342 (1908).
[2]) M. Dittrich u. S. Freund, Z. anorg. Chem. **56**, 344 u. 346 (1908).
[3]) M. Dittrich u. S. Freund, Z. anorg. Chem. **56**, 348 (1908).

waschene Kohlensäure durchleitet, bis eine verdünnte ammoniakalische Lösung von Nitroprussidnatrium bei Einleiten der austretenden Dämpfe nicht mehr violett gefärbt wird, bis also sämtlicher Schwefelwasserstoff entfernt ist. In die heiße Flüssigkeit läßt man jetzt eine wäßrige Lösung von ungefähr 5 g Natriumacetat fließen und, wenn nötig, noch so viel Wasser, daß die Flüssigkeit 500—600 ccm beträgt. Unter weiterem Durchleiten von Kohlensäure und Ersetzen des verdampfenden Wassers wird 1—2 Stunden gekocht. Der Niederschlag wird nach dem Absitzen rasch filtriert, mit heißem Wasser gut ausgewaschen und mit Ammoniumcarbonat zur leichteren Entfernung der mitgerissenen Schwefelsäure erhitzt. Durch starkes Glühen am Gebläse bis zur Gewichtsbeständigkeit erhält man die Summe von Titanoxyd, Thoriumoxyd und Zirkonoxyd. Ist der geglühte Niederschlag nicht weiß oder hellgrau, so ist er noch eisenhaltig und die Fällung ist zu wiederholen. Das geglühte und gewogene Oxyd wird mit Natriumbisulfalt geschmolzen, die Schmelze in Wasser aufgelöst und in dieser Lösung die Titansäure kolorimetrisch nach A. Weller bestimmt.

Trennung der Titansäure von Beryllium und Aluminium. Sie geschieht durch Fällen der Titansäure aus der verdünnten schwefelsauren Lösung durch Kochen.

Auf die Löslichkeit der Tonerde und die Unlöslichkeit des Titansäurehydrats in genügend starker kochender Essigsäure gründet F. A. Gooch[1] folgendes Trennungsverfahren: Man versetzt die Tonerde und Titansäure enthaltende Lösung mit so viel Essigsäure, daß 7—11 Volumprozente Essigsäurehydrat vorhanden sind, und einer genügenden Menge essigsauren Natrons, um alle stärkeren Säuren in Natronsalze überzuführen. Die Flüssigkeit (400 ccm) wird nun rasch zum Sieden erhitzt und kurze Zeit bei dieser Temperatur gehalten. Der sich dann ausscheidende Niederschlag, der sich gut absetzt, wird auf einem genügend porösen Filter gesammelt und mit 7 %iger Essigsäure ausgewaschen. Um die letzten Reste Tonerde von der Titansäure zu trennen, schmilzt man nach dem Veraschen des Filters den Niederschlag mit kohlensaurem Natron, zieht die Schmelze mit kochendem Wasser aus und schmilzt den verbleibenden Rückstand nochmals mit einer geringen Menge von kohlensaurem Natron. Die Schmelze löst man im Tiegel mit konzentrierter Schwefelsäure unter gelindem Erwärmen und gießt die erhaltene klare Lösung nach dem Abkühlen in 100 ccm kaltes Wasser. Zur klarbleibenden Flüssigkeit fügt man weiter Ammoniak bis eben zur alkalischen Reaktion, und um den entstandenen Niederschlag wieder aufzulösen, eine Menge verdünnter Schwefelsäure, die 2,5 g reiner Säure entspricht. Die sich so ergebende klare Lösung wird nochmals der ursprünglichen Behandlung unterworfen, d. h. mit 20 g essigsaurem Natron und so viel Essigsäure versetzt, daß die Menge der letzteren 7—11 Volumprozente Essigsäurehydrat beträgt, und gekocht. Der ausgeschiedene Niederschlag wird mit 7 %iger Essigsäure und schließlich mit kaltem Wasser ausgewaschen, getrocknet, geglüht und gewogen.

Die Titansäure ergibt sich nach diesem Verfahren frei von Spuren der Tonerde.

Ist Eisenoxyd neben Tonerde und Titansäure vorhanden, so scheint das entstehende essigsaure Eisenoxyd die vollständige Ausfällung der Titansäure zu verhindern. Man entfernt in diesem Falle das Eisenoxyd, indem man in

---

[1] F. A. Gooch, Z. f. anal. Chem. **26**, 242 (1887).

die schwach alkalische, mit Weinsäure versetzte Lösung Schwefelwasserstoff einleitet, jedoch dafür Sorge trägt, daß die Flüssigkeit auch unmittelbar vor der Filtration noch ammoniakalisch ist. Das Filtrat säuert man mit Schwefelsäure an, verjagt den Schwefelwasserstoff durch Kochen und fügt zur heißen Lösung zur Zerstörung der Weinsäure so lange Permanganatlösung hinzu, bis sich reichlich braunes Manganoxydhydrat ausscheidet. Nachdem das gefällte Manganoxydhydrat mittels saurem, schwefligsaurem Ammon wieder in Lösung überführt und der Überschuß an schwefliger Säure weggekocht ist, kann die Trennung von Tonerde und Titansäure wie eben beschrieben bewirkt werden.

Th. M. Chatard[1]) hält es für zweckmäßig, nachdem das gefällte Manganoxydhydrat durch schweflige Säure wieder gelöst ist, mit Ammoniak schwach alkalisch zu machen, hierauf sofort Essigsäure im Überschuß hinzuzufügen und unter Zusatz von schwefliger Säure zu kochen. Das abgeschiedene Titansäurehydrat, dem noch etwas Aluminium beigefügt ist, wird mit Wasser ausgewaschen, dem schweflige Säure und etwas Essigsäure zugesetzt ist; vor der letzten Abscheidung der Titansäure ist vorhandenes Platin durch Fällung mit Schwefelwasserstoff zu entfernen.

Nach J. Cathrein[2]) fällt beim Einleiten von Schwefelwasserstoff in die schwach ammoniakalische mit Weinsäure versetzte Lösung auch ein Teil der Titansäure und es ist daher ratsam, das Eisen nach dem Zufügen von Wein- und säure durch Schwefelwasserstoff erst zu reduzieren und dann durch Ammoniak und nochmaliges Einleiten von Schwefelwasserstoff abzuscheiden.

Die Bestimmung der Titansäure neben Kieselsäure, Tonerde und Eisenoxyd kann nach W. F. Hillebrand zweckmäßig in folgender Art erfolgen[3]): Man scheidet aus der Schmelze mit Natriumcarbonat die Kieselsäure ab. Die salzsaure Lösung fällt man mit Ammoniak und bringt die Gesamtmenge von Tonerde, Eisenoxyd und Titansäure durch Schmelzen mit Kaliumbisulfat wieder in Lösung. In der mit Schwefelsäure versetzten Lösung der Schmelze reduziert man zunächst das Eisen mit Schwefelwasserstoff, entfernt den Schwefelwasserstoff durch Kochen im Kohlensäurestrom und titriert das Eisen mit Kaliumpermanganat. Die titrierte Lösung wird erforderlichenfalls bis auf ein Volumen unter 100 ccm eingedampft, und das Titan kolorimetrisch bestimmt.

Zur Trennung des Titans von Eisen und Aluminium erhitzt man nach Ch. Baskerville[4]) die neutralisierte Lösung der Chloride bei Gegenwart von schwefliger Säure einige Minuten lang zum Kochen. Die abgeschiedene Titansäure, die sich leicht filtrieren läßt, soll bereits bei einmaliger Fällung vollkommen frei von Eisen sein. W. F. Hillebrand fand bei Anwendung der Methode bestätigt, daß die Titansäure vollständig gefällt wird, dagegen enthielt sie stets eine geringe Menge Eisen. Ebenso gehen in den Niederschlag vorhandene Zirkonerde und Phosphorsäure.

Von **Chrom** scheidet man die Titansäure durch anhaltendes Kochen der schwefelsauren Lösung.

---

[1]) Th. M. Chatard, Z. f. anal. Chem. **40**, 799 (1901).
[2]) J. Cathrein, Z. Kryst. **6**, 243 (1882); **7**, 250 (1883).
[3]) W. F. Hillebrand, Bull. geol. Surv. U.S.A. (1897), 15 u. (1900) 67.
[4]) Ch. Baskerville, Z. f. anal. Chem. **40**, 804 (1901).

Eine schnelle und vollständige **Trennung des Titans vom Wolfram** wird nach Ed. Defacqz[1]) in folgender Weise erzielt: Man mengt das Gemisch der beiden Säuren mit 6 Teilen Kaliumnitrat und 1,5 Teilen Kaliumcarbonat und schmilzt 20—30 Minuten bei dunkler Rotglut im Platintiegel. Die Schmelze wird mit Wasser aufgeweicht und auf dem Wasserbade zur Trockne eingedampft. Man nimmt wieder mit Wasser auf und wäscht den unlöslichen Teil zuerst durch Dekantieren, nachher auf dem Filter mit einer verdünnten Ammoniumnitratlösung aus. Den unlöslichen Rückstand schmilzt man mit Kaliumhydrosulfat und bestimmt die Titansäure wie üblich.

Trennung der Titansäure von der Magnesia. Die Magnesia kann, wie die Ytererden, durch Kochen der schwefelsauren oder der mit essigsaurem Natron versetzten Lösung von der Titansäure getrennt werden. Auch kann man die Lösung mit Ammoniak übersättigen und so lange gelinde kochen, bis das freie Ammoniak verjagt ist; die Magnesia bleibt in Lösung.

Trennung der Titansäure von Kalk. Von Kalk kann die Titansäure durch Ammoniak getrennt werden. Die gefällte Titansäure muß beim Filtrieren möglichst gegen den Zutritt der Luft geschützt werden, damit sie nicht durch kohlensauren Kalk verunreinigt wird. Ist viel Kalk zugegen, ist es daher besser, wenn man nach der Fällung der Titansäure mit Ammoniak so lange kocht, bis das freie Ammoniak verjagt ist. Zweckmäßiger ist es aber, nach dem Zusatz von Ammoniak im geringen Überschuß die Lösung mit etwas Essigsäure anzusäuern, einige Minuten zu kochen und die gefällte Titansäure sogleich zu filtrieren und mit heißem Wasser auszuwaschen. Die Titansäure ist dann kalkfrei und läßt sich sehr gut filtrieren und auswaschen.

Aus schwefelsaurer Lösung läßt sich die Titansäure auch durch Kochen von der Kalkerde wie von anderen starken Basen trennen. Wenn man die Lösung hinreichend verdünnt, bleibt der Kalk in Lösung. Sollte die Titansäure eine Spur von Kalk enthalten, so kann man diese durch Auflösen der Titansäure in konzentrierter Schwefelsäure und nochmaliges Fällen durch Kochen entfernen.

Trennung der Titansäure von Strontium und Barium. In der chlorwasserstoffsauren Lösung kann man die Trennung durch Ammoniak wie von Kalk bewirken. Barium kann überdies auch durch Schwefelsäure abgeschieden werden, nur muß man jedes Erwärmen vermeiden und die Lösung nicht stark verdünnen. Das gefällte Bariumsulfat wird anfangs mit verdünnter Chlorwasserstoffsäure gewaschen. Wird ein Mineral, das Barium neben Titansäure enthält, mit Schwefelsäure oder schwefelsaurem Kali aufgeschlossen, so bleibt nach dem Auflösen der Schmelze Bariumsulfat vollständig ungelöst, Strontiumsulfat zum größten Teil. Das Auswaschen muß, solange Titansäure in Lösung geht, mit kaltem Wasser erfolgen. Von dem noch aufgelösten Strontium wird die Titansäure durch Fällen mit Ammoniak getrennt.

Zur Bestimmung des Titans und des Bariums zersetzt W. F. Hillebrand[2]) das Mineral mit Fluorwasserstoffsäure und Schwefelsäure und verdampft wiederholt, bis die erstere vollständig ausgetrieben ist. Selbst Spuren zurückbleibender Fluorverbindungen beeinträchtigen die Genauigkeit der Titansäurebestimmung. Die Sulfate werden mit verdünnter, mindestens 5 %iger Schwefelsäure aufgenommen, zum Kochen erhitzt, der Rückstand abfiltriert und

---

[1]) Ed. Defacqz, C. R. **123**, 823 (1896); A. Classen, a. a. O.
[2]) W. F. Hillebrand, Z. f. anal. Chem. **40**, 801 (1901).

ausgewaschen. Man schmilzt den Rückstand zur Zersetzung noch vorhandener Mineralien mit Natriumcarbonat, behandelt die Schmelze mit heißem Wasser, filtriert, löst den ausgewaschenen Rückstand in einigen Tropfen heißer verdünnter Chlorwasserstoffsäure und fällt aus dieser Lösung das Barium mit einem großen Überschuß von Schwefelsäure. Um Spuren von Calcium oder auch Strontium aus dem Bariumsulfat zu entfernen, löst man es in konzentrierter Schwefelsäure und scheidet es durch Verdünnen mit Wasser wieder ab. Sind dagegen größere Mengen von Strontium vorhanden, so führt man die Sulfate in Chloride über und bewirkt die Trennung mit chromsaurem Ammon.

Nachdem man das kleine Filtrat von dem Bariumsulfat verdampft und mit der Hauptlösung vereinigt hat, wird das Titan mit vollkommen fluorfreiem Wasserstoffperoxyd oxydiert und auf kolorimetrischem Wege bestimmt.

Trennung der Titansäure von den Alkalien. Zur Bestimmung der Alkalien muß das feingepulverte Mineral entweder in Chlorwasserstoffsäure gelöst werden, oder, wenn dies nicht möglich ist, der Aufschluß durch Schwefelsäure oder saures schwefelsaures Ammon bewirkt werden. Über den Aufschluß mit Schwefelsäure 1:1, verdünnt unter Druck, s. S. 13. Die Fällung der Titansäure erfolgt durch Ammoniak in chlorwasserstoffsaurer Lösung, durch Kochen oder durch Ammoniak in der schwefelsauren Lösung.

Titan.

Von C. Doelter (Wien).

Titan kommt in der Natur nicht in gediegenem Zustande als Element vor, sondern nur in Form von Verbindungen; es sind dies Oxyde, Titanate, Silicotitanate und Titanoniobate; auch ein Titanoborat, der Warwickit, kommt vor; auch kommt Titandioxyd in vielen Silicaten vor. Einige dieser zeigen sogar einen beträchtlichen Gehalt an Titansäure, z. B. Augite, Olivine. Ferner ist aus der Amphibolgruppe der titanhaltige Änigmatit zu nennen. Auch Eisenglanz (Fe_2O_3) enthält beträchtliche Mengen von TiO_2. Unter den Granaten ist der Melanit titanhaltig.

Höchst auffallend ist der hohe Titangehalt des in Eruptivgesteinen vorkommenden Magneteisens, so fand L. Ricciardi im Magneteisen aus Lava des Mte. Vultur 12,07 %. Kleine Mengen von Titan in manchen Analysen rühren indes auch von mechanischen Beimengungen der Titanmineralien her.

Wir werden zuerst die Oxyde, dann die Titanate und schließlich jene Salze behandeln, in welchen neben Si, Zr, Nb das Titandioxyd als wesentlicher Bestandteil vorkommt.

Titandioxyd (TiO_2).

Titandioxyd ist trimorph und kommt tetragonal in zwei Kristallarten, Rutil und Anatas, und dann in einer rhombischen Kristallart, dem Brookit vor.

Von diesen drei Arten ist der Rutil die bei allen Temperaturen und wohl auch Drucken stabilste; denn er kann sich sowohl bei hohen als auch niederen

Temperaturen bilden, ebenso bei gewöhnlichem Druck als auch bei höherem, wie sein Vorkommen beweist. Die übrigen Arten gehen daher auch in der Natur in den Rutil über; nur aus Dämpfen scheint sich Rutil bei niedrigerer Temperatur nicht zu bilden, wie die Versuche von P. Hautefeuille beweisen, welcher für die drei Arten bei aufsteigender Temperatur die Reihenfolge Anatas, Brookit, Rutil nachwies (vgl. S. 24).

Es dürfte ein ähnliches Verhältnis wie bei Calciumcarbonat vorliegen, indem die drei Arten bei niedrigerer Temperatur zum Teil ein gemeinschaftliches Stabilitätsfeld haben, bei höherer ist der Rutil die einzig stabile Form. Die größere Stabilität desselben äußert sich auch, wie bei Calciumcarbonat, bei Calcit, darin, daß Rutil die bei weitem in der Natur häufigste Art ist.

Über kristallographische und physikalische Beziehungen der drei Kristallarten hat sich G. Linck[1]) geäußert. W. J. Sollas[2]) nimmt das Kristallmolekül als TiO_2 an, wobei die Atome eine Bipyramide mit den Atomen von Ti an den Polecken bilden. Er berechnet den Durchmesser des Titanatoms mit 2,375, das Atomvolumen von Ti ist 13,4, das des Anatas 20,68; für Rutil erhält er 18,375; im Rutilmolekül sind die Atome, welche als Kugeln versinnlicht werden, bis zur Berührung zusammengezogen, sie bilden eine horizontale Schicht mit quadratischer Anordnung; im Brookit sind die Ti-Atome nicht ganz in Berührung miteinander und die dazu gehörigen Atome sind nicht mehr quadratisch, sondern rechteckig angeordnet, in einer zu (010) parallelen Ebene.

Betrachtungen über Atomvolumen und dessen Zusammenhang mit den Kristallparametern hatte bereits A. Schrauf[3]) angestellt; er kam zu dem Resultat, daß Anatas $Ti_{40}O_{80}$, Rutil $Ti_{22}O_{44}$ und Brookit $Ti_{43}O_{86}$ sei. Nach ihm wäre Anatas (TiO)O, Rutil $Ti<^O_O$.

Es mögen noch die wichtigeren Zahlen zum Vergleiche zusammengestellt werden.

	Anatas	Brookit	Rutil
Dichte	3,9	4,03—4,23	4,253
Ausdehnungskoeffizienten[4]) $\begin{cases} a \\ b \\ c \end{cases}$	$4,68 \times 10^{-6}$	$14,50 \times 10^{-6}$	$7,14 \times 10^{-6}$
	4,68 „	19,12 „	7,14 „
	8,19 „	22,00 „	9,19 „
Topische Parameter[4]) . . . $\begin{cases} a \\ b \\ c \end{cases}$	2,543 „	2,464 „	2,380 „
	2,543 „	2,930 „	3,257 „
	3,183 „	2,766 „	3,257 „
Atomvolumen[4])	20,6	19,97	18,4

Beziehungen zwischen Molekularvolumen und chemischer Zusammensetzung in dieser Gruppe erörterte auch G. T. Prior.[5])

Reines Titandioxyd kommt in der Natur nicht vor, da die Rutile eisen-

[1]) G. Linck, Z. Kryst. 26, 287 (1896).
[2]) W. J. Sollas, Proc. Roy. Soc. 80 A, 278 (1908).
[3]) A. Schrauf, Z. Kryst. 9, 475 (1884).
[4]) Zahlen nach W. J. Sollas l. c. Die Zahlen für Ausdehnungskoeffizienten und Atomvolumen nach A. Schrauf, siehe S. 21.
[5]) G. T. Prior, Min. Mag. 13, 217 (1903).

haltig sind; abgesehen von wahrscheinlich isomorphen Beimengungen von SiO_2 und SnO_2 kommt auch in fester Lösung $FeTiO_3$ vor und auf diese Weise wird der Übergang zu den Titanaten vermittelt, was besonders im Ilmenorutil und im Strüverit der Fall ist. Hier kommen, wohl auch als isomorphe Beimengungen, das Eisentantalat und (im Strüverit) das isomorphe Niobat vor.

Analysenmethoden.

Es sind selten spezielle Analysenmethoden für Rutil angegeben worden; gewöhnlich wird die bei Titaneisen und anderen Titanaten gebrauchte Methode verwendet. Als Aufschlußmittel wird zweifach schwefelsaures Kalium verwendet; die erhaltene Schmelze kann man in Wasser lösen, wobei die Kieselsäure zurückbleibt. Die Trennung von Eisenoxyd ist bereits S. 3 beschrieben worden, ebenso die von Mg, Mn.

Meistens kommt eine kleine Menge von SnO_2 im Rutil vor (Trennung s. S. 6).

Schwieriger ist die im Ilmenorutil vorkommende Tantalsäure zu trennen (vgl. S. 86).

Rutil (TiO_2).

Synonyma: Schorl rouge ou pourpre, spath adamantin brun-rougeâtre, roter Schörl, Titankalk, Sagenit, Crispit, Nigrin, Iserit, Ilmenorutil.
$a:c = 1:0,644154$ (Miller).

Analysenzusammenstellung.

Die Zahl der vorhandenen Rutilanalysen ist keine bedeutende.

Ältere Analysen.

	1.	2.	3.	4.	5.	6.	7.	8.
MgO	—	—	—	—	—	—	—	—
MnO	2	—	—	—	—	—	—	0,45
Fe_2O_3	14	1,53	1,55	1,96	0,72	2,40	14,2	—
TiO_2	84	98,47	97,60	97,96	98,47	96,75	86,2	89,49
Summe:	100	100,00	99,15	99,92	99,19	99,15	100,4	100,97

1. Von Ohlapian; Klaproth, Beitr. **2**, 238 (1797). Nach C. F. Rammelsberg.
2. Von Yrieux; anal. H. Rose, Pogg. Ann. **3**, 166 (1825).
3. Von Yrieux; anal. A. Damour, Ann. chim. phys. **10**, 414 (1844).
4. Von Gourdon; anal. Salvétat bei A. Virlet, Bull. Soc. géol. **3**, 25 (1846).
5. Villeneuve; anal. von demselben, wie oben.
6. Von Freiberg; anal. Kersten, Journ. prakt. Chem. **37**, 170 (1846).
7. Von Hohenthann; anal. H. Müller, Korr.-Bl. zool.-min. Ver. (Regensburg 1852), 75. — Journ. prakt. Chem. **58**, 183 (1853).
8. Nigrin von Bärnau; anal. C. F. Rammelsberg, Mineralchemie, S. 169.

Neuere Analysen.

	9.	10.	11.	12.	13.	14.
δ . . .	4,173	4,278	4,463	4,69	—	—
(MgO) . .	—	—	Spur	Spur	—	}0,32
(MnO) . .	—	—	Spur	Spur	—	1,41
FeO . .	}2,83{	6,23	17,35	36,31	}28,77{	1,41
Fe_2O_3 . .		3,88	5,40	8,25		28,57
TiO_2 . .	97,22	89,76	76,10	55,38	70,03	68,99
Summe:	100,05	99,87	98,85	99,94	98,80	99,73*)

9.—12. Von Vannes (Morbihan) aus Gneis; 9. betrifft einen frischen rotbraunen Rutilkern; 10. braungelber Rutil; 11. Rutil äußerlich ganz metallisch, fast wie Titaneisen aussehend, nur in ganz dünnen Splittern am Rande braun durchscheinend; 12. ausgesuchte, rein metallische Substanz, welche die Hülle eines im Innern noch eine geringe Menge gelbbrauner Rutilsubstanz zeigenden Kristalls gebildet hatte; anal. A. v. Lasaulx, Z. Kryst. **8**, 69 (1884).
13. u. 14. Von der Iserwiese, sog. Iserit; anal. V. Janovsky, Sitzber. Wiener Ak. **80**, 34 (1886). — *) Nb_2O_5 und SiO_2, 0,44 %.

	15.	16.	17.	18.
δ	4,288	5,294	5,294	4,249
(MnO) . . .	—	Spur	Spur	—
FeO	3,77	8,10	7,92	—
Fe_2O_3 . . .	—	—	—	6,68
SiO_2	1,37	—	—	—
TiO_2	94,93	90,78	90,80	91,96
SnO_2 . . .	—	1,32	1,38	1,40
H_2O . . .	0,71	—	—	—
Summe:	100,78	100,20	100,10	100,04

15. Von St. Peters Dome (Col.); anal. von L. G. Eakins bei W. B. Smith, Proc. Color. Sc. Soc. **2**, 175 (1887). — Ref. Z. Kryst. **17**, 417 (1890).
16. u. 17. Von Blacks Hill Dakota; anal. W. P. Headden, Am. Journ. **41**, 249 (1891).
18. Von West Cheyenne Canon; anal. F. A. Genth, Am. Journ. **44**, 381 (1892).

	19.	20.	21.	22.	23.	24.
Fe_2O_3 . .	2,61	2,62	2,64	1,40	1,35	1,39
TiO_2 . .	97,64	97,22	97,52	98,73	98,83	98,82
Summe:	100,25	99,84	100,16	100,13	100,18	100,21

19.—21. Von Graves Mts. (Georgia), anal. K. Pfeil, Inaug.-Dissert. (Heidelberg 1901) nach ZB. Min. etc. 1902, 144.
22.—24. Von Tavetsch; anal. wie oben.

	25.	26.
Fe_2O_3	10,40	2,25
SnO_2	2,12	3,98
TiO_2	86,53	93,45
Summe:	99,05	99,68

25. u. 26. Aus Brasilien; anal. L. Weiss u. H. Kaiser, Z. anorg. Chem. **65**, 345 (1909). Vgl. auch S. 20.

Analysen von Ilmenorutil.

Vom gewöhnlichen Rutil trennte N. v. Kokscharow den Ilmenorutil ab Über die Selbständigkeit desselben wurden verschiedene Meinungen geäußert, welche aber, da hier ja nicht die mineralogische Systematik in Betracht kommt, sondern die chemische Zusammensetzung, nicht weiter berücksichtigt werden können.[1])

Folgende Analysen wurden als solche von Ilmenorutil bezeichnet:

	1.	2.	3.
δ	5,133	4,70–4,71	4,70–4,71
(MgO)	—	0,04	—
(CaO)	—	0,22	0,28
(MnO)	0,77	Spur	—
FeO	10,18	11,58	11,68
Nb_2O_5	19,64	13,74	20,31
(Ta_2O_5)	—	0,43	—
SiO_2	1,37	0,23	0,05
TiO_2	66,90	73,78	67,68
SnO_2	0,89	—	—
Summe:	99,75	100,02	100,00

1. Von Miasc; anal. Hermann, in N. v. Kokscharow, Mater. z. Miner. Rußlands 5, 194 (1866).
2. Von Evje; anal. O. N. Heidenreich bei W. C. Brögger, Miner. d. südnorw. Granitpegmatitgänge (Kristiania 1906), 46.
3. Von Tvedestrand; anal. von demselben, ebenda.

W. C. Brögger berechnet aus seinen Analysen

	1.	2.
$\overset{II}{R}O$	0,0522	0,0757
$(Nb, Ta)_2O_5$ . . .	0,0522	0,0757
$\overset{II}{R}(MO_3)_2$ . . .	0,1044	0,1514
$\overset{II}{R}O$	0,1135	0,0915
$(Ti, Si)_2$ . . .	0,1135	0,0915
$\overset{II}{R}(Ti, Si)O_3$ . . .	0,2270	0,1830
$(TiO)O$	0,4063	0,3776
TiO_2	0,4063	0,3776
$(\overset{II}{Ti}O)\overset{IV}{Ti}O_3$ . . .	0,8126	0,7552

Wird $(\overset{II}{Ti}O)O$ als $\overset{II}{R}O$ ersetzend angenommen, so ergibt sich das Verhältnis

$[R(\overset{II}{Nb}, Ta)O_3]_2 : RTiO_3 = 1:10$ und für die zweite Analyse: 3 : 19.

W. C. Brögger betrachtet den Rutil als $(TiO)TiO_3$ und stellt den Ilmenorutil als das Zwischenglied von Rutil und Mossit, teils $(TiO)TiO_3$ und $FeTiO_3$, teils $Fe(NbO_3)_2$ enthaltend dar. An den Ilmenorutil schließt sich der Strüverit an, welcher bereits viel mehr Ta enthält (vgl. S. 27).

---

[1]) Siehe die Literatur bei W. C. Brögger, Mineral. d. südnorw. Granitpegmatitg. (Kristiania 1906).

G. T. Prior hat jedoch gefunden, daß die Bröggerschen Zahlen nicht genau seien, eine neue Bestimmung ergab für die drei Analysen:

TiO_2 53,04   54,50   54,50

Weitere Analysen von G. T. Prior ergaben:

	4	5	6
δ	5,14	4,64	—
(MgO) ...	—	Spur	—
(CaO) ...	Spur	0,11	—
FeO	10,56	12,29	9,73
TiO_2	53,04	54,57	54,06
Nb_2O_5 ...	21,73	32,15	36,21
Ta_2O_5 ...	14,70	—	—
Summe:	100,03	99,12	100,00

4. Von Miasc (Ilmengebirge); anal. G. T. Prior und F. Zambonini, Min. Mag. 15, 86 (1907).
5. Von Iveland (Norwegen); anal. ebenda.
6. Theoret. Zus.

G. T. Prior und F. Zambonini schließen auf die Formel:

$$FeO . (Nb, Ta)_2O_5 . 5 TiO_2,$$

welche sich mit der Formel des Strüverits (vgl. S. 27) gut vergleichen läßt. Man kann die beiden Mineralien als Salze von komplexen Titanniob- bzw. Titantantalsäuren auffassen, oder wegen ihrer kristallographischen Ähnlichkeit mit Mossit, Tapiolith als feste Lösungen von Rutil mit Tapiolith $Fe[(Ta, Nb)O_3]_2$ oder Mossit.

Der Name Ilmenorutil sollte nach den genannten auf die niobreichen Vorkommen beschränkt werden.

W. C. Brögger[1]) hat die kristallographischen Beziehungen zwischen Brookit, Pseudobrookit, Olivin und Columbit besprochen. Auf Grund der kristallographischen Ähnlichkeit gibt er dem Brookit die Formel $(Ti_2O_3)_2 . (TiO_3)_2$.

Die Konstitutionsformel des Brookits wird von Brögger jener des Olivins gleichgestellt. Zwischen den Achsenverhältnissen von Olivin, Brookit, Pseudobrookit, Olivin und Columbit, welche W. C. Brögger zusammenstellt, besteht eine Ähnlichkeit. Die Konstitutionsformel des Brookits ist ähnlich wie die des Olivins.

Rolle des Eisens im Rutil. In den älteren Analysen wurde das Eisen nur als Eisenoxyd bestimmt; nach den neueren Untersuchungen scheint aber Eisenoxydul vorzuliegen. Davon hängt es ab, ob man berechtigt ist, wie z. B. W. C. Brögger, anzunehmen, daß ein Eisentitanat vorliegt, wie es auch im Titaneisen neuestens angenommen wird, oder ob TiO_2 mit Fe_2O_3 gemengt ist.

Zur Entscheidung muß eine Trennung des Eisenoxyduls von Eisenoxyd vorgenommen werden, was in den meisten Fällen nicht geschehen ist, auch bei den Untersuchungen W. C. Bröggers nicht. Nur A. v. Lasaulx und J. V. Janovsky hatten diese Trennung vorgenommen und gefunden, daß der größte Teil des Eisens als Oxydul vorhanden war; es wäre möglich, daß die wenigen Prozente Eisenoxyd infolge von Zersetzung sich erklären ließen.

---

[1]) W. C. Brögger, Die Mineralien der Granit-Pegm.-Gänge Süd-Norw. (Kristiania 1906), 76.

2*

Die Frage müßte also durch Trennung beider Oxyde bei den Rutil-analysen entschieden werden.

Besonderes Interesse bietet die Analyse des sogenannten Iserits durch J. V. Janovsky, weil er ausdrücklich das Fehlen des Eisenoxyds betont. Die Atomquotienten sind:

$$Ti : Fe : O$$
$$2,0 : 1,0 : 5,12,$$

daher die Formel

$$FeTi_2O_5.$$

J. V. Janovsky deutet dies als saures Titanat, doch wird man besser schreiben: $(FeTiO_3) . TiO_2$. Er möchte für diesen Rutil einen besondern Namen wählen, Iserit, wegen seines sehr hohen Eisengehalts.

Chemische Formel. Aus den zum Teil unvollständigen Analysen geht hervor, daß ein ganz reiner oder nahezu reiner Rutil TiO_2 in der Natur nicht vorkommt; die Rutile sind feste Lösungen von TiO_2 mit $FeTiO_3$ vielleicht, auch Fe_2O_3; der Ilmenorutil ist eine Mischung von Titansäure mit Eisen-tantalat und Eisentitanat.

Seltene Bestandteile. Nach H. Ste. Claire Deville fand sich im Rutil von St. Yrieix 0,323 % Vanadinsäure sowie auch 0,486 % Molybdänsäure. Nach B. Hasselberg[1]) findet sich das Vanadin spektroskopisch in vielen schwedischen und auch in norwegischen und amerikanischen Rutilen, während Anatas (vom Binnental) keinen Vanadingehalt aufwies. Die vanadinhaltigen Rutile sind auch chromhaltig.

Zinn dürfte, wie aus den vollständigen Analysen hervorgeht, in allen Rutilen als isomorphe Beimengung vorhanden sein, kürzlich fanden G. Friedel und Th. Grandjean[2]) in einem Rutil von Vaux, Rhône 1,75 % SnO_2.

Chemische Eigenschaften.

Verhalten gegen Säuren. Da Titansäure überhaupt in Säuren unlöslich ist, so ist auch der Rutil unlöslich, nur heiße Schwefelsäure wandelt ihn langsam in Sulfat um.

Nach A. Kenngott zeigt Rutil alkalische Reaktion.

Vor dem Lötrohr ist Rutil unschmelzbar, mit Borax und Phosphorsalz gibt er dieselben Perlen, wie Anatas und Brookit, nämlich schmutzig-violette bzw. rote. Mit Soda schmilzt nach C. F. Rammelsberg der Rutil unter Brausen; die Perle erglüht beim Herausnehmen aus der Flamme und wird kristallin.

Löslichkeit. Nach E. F. Smith[3]) löst Schwefelmonochlorid, welches für viele Mineralien ein Lösungsmittel ist, auch den Rutil bei erhöhter Temperatur. Vgl. auch K. Bornemann u. H. Schirmeister.[4])

Ätzfiguren erhielt H. Traube[5]) mit Fluorkalium bei höherer Temperatur. In Säuren ist Rutil unlöslich. In Schmelzen von Kalihydrat, von Soda oder

[1]) B. Hasselberg, Bih. tell. Vet. Ak. Handl. **22**, I, N. 7 (1896) und **23**, I, N. 3 (1897). — Z. Kryst. **30**, 179 (1899).
[2]) G. Friedel u. Th. Grandjean, Bull. Soc. min. **32**, 52 (1909).
[3]) E. F. Shmíth, J. Am. chem. soc. **70**, 290 (1898). — Z. Kryst. **32**, 608 (1900).
[4]) K. Bornemann u. H. Schirmeister, Metallurgie **7**, 646; Chem. ZB. 1910, 18.
[5]) H. Traube, N. JB. Min. etc. Beil.-Bd. **10**, 471 (1895).

Kaliumsulfat wird Rutil angegriffen, doch liegen keine quantitativen Daten vor; die salzsaure Lösung, welche durch Schmelzen mit diesen Reagenzien erhalten wird, wird beim Kochen mit Zinn violett, bei starker Verdünnung rötlich. Vollständig zersetzt wird Rutil nach H. Traube, wenn man ihn mit der 3—4 fachen Menge von Fluorkalium schmilzt.

Physikalische Eigenschaften.

Dichte. 4,2—4,3; bei der Varietät Nigrin ist sie höher, nämlich 4,5—5,2. Durch Glühen in Wasserstoffgas steigt die Dichte nach einem Versuch von A. Des Cloizeaux und A. Damour[1] von 4,273 auf 4,365, was nach ihnen wohl mit Reduktion von etwas Dioxyd zu Metall zusammenhängen dürfte. Ob Rutil wie Zirkon seine Dichte nach dem Glühen verändert, ist nicht bekannt.

Brechungsquotienten. Da eine große Anzahl von Bestimmungen vorliegen, so sei nur die Literatur und die neueren Bestimmungen angeführt. Die einzelnen Werte finden sich bei K. Bärwald,[2] O. Mügge,[3] P. Ites,[4] G. Lincio.[5]

$$N_\alpha \text{ Linie } D = 1,6030 \text{ (nach P. Ites)}$$
$$N_\gamma \text{ Linie } B = 2,8894 \text{ (nach P. Ites)}$$

Doppelbrechung stark $N_\gamma - N_\alpha = 0,2864$.

Pleochroismus merklich, bei natürlichen Vorkommen verschieden. H. Traube, welcher verschieden gefärbte Rutile darstellte, wies nach, daß der Pleochroismus mit dem Eisengehalt zunimmt, und bei Gehalt an MnO sich mehr gelb und grün zeigt, während ein Gehalt an Cr_2O_3 sich schwarzgrün bis gelbbraun zeigt (vgl. S. 23).

Die Absorption wurde von P. Ites[6] erforscht, ebenso durch J. Königsberger,[7] während V. v. Agafanoff[8] die Durchlässigkeit in ultraviolettem Licht des Spektrums und den Pleochroismus in diesem gemessen hat. Er fand, daß ein 0,3 mm dicker Rutil bis zur Cadmiumlinie 3 durchlässig war.

Thermische Eigenschaften.

Ausdehnungskoeffizienten. Bestimmungen finden wir von R. Fizeau[9] und von A. Schrauf.[10]
In der Richtung der Hauptachse

$$\alpha = 9,19 \times 10^{-6} \qquad \frac{\Delta\alpha}{\Delta\Theta} = 0,225 \times 10^{-6} \text{ (Fizeau)},$$
$$\alpha = 9,943 \times 10^{-6} \text{ (Schrauf)}.$$

[1] A. Des Cloizeaux u. A. Damour, Ann. des mines 15, 447 (1849).
[2] K. Bärwald, Z. Kryst. 7, 168 (1883).
[3] O. Mügge, N. JB. Min. etc. 1889, I, 234.
[4] P. Ites, Inaug.-Dissert. (Göttingen 1903).
[5] O. Lincio, Acc. Torino 39, 995 (1904). — Ref. Z. Kryst. 42, 66 (1907).
[6] P. Ites, Inaug.-Dissert. (Göttingen 1903), 57.
[7] J. Königsberger, Habil.-Schrift (Freiburg 1909), 20. — Z. Kryst. 36, 620 (1902). — Ann. d. Phys. 28, 889 (1909).
[8] V. v. Agafanoff, Mém. soc. min. St. Petersbourg 39, 497 (1902) nach Ref. N. JB. Min. etc. 1904, II, 341.
[9] Nach K. Liebisch, Physik. Krist. (Leipzig 1891), 95.
[10] A. Schrauf, Z. Kryst. 9, 464 (1884).

In der Richtung zur Hauptachse

$$\alpha' = 7,14 \times 10^{-6} \qquad \frac{\Delta \alpha'}{\Delta \Theta} = 0,011 \times 10^{-6} \text{ (Fizeau)},$$

$$\alpha' = 7,192 \times 10^{-6} \text{ (Schrauf)}.$$

Thermisch positiv.[1]

Spezifische Wärme. Bestimmungen wurden von L. F. Nilson und O. Petterson[2]) an geglühtem Titandioxyd ausgeführt; es ergaben sich zwischen 100 und 0° die Werte 0,1784 und 0,1787; in Wasserdampf zwischen 440—0° erhielten sie 0,1919. Über Rutil als Mineral liegen keine Angaben vor. Über Bildungswärme siehe W. G. Mixter, Am. Journ. **27**, 229 (1908).

Schmelzpunkt. R. Cusack[3]) fand mit dem Meldometer von J. Joly 1560°. Mit dem optischen Pyrometer von L. Holborn und F. Kurlbaum fand K. Herold[4]) in meinem Laboratorium für den Eintritt der Dünnflüssigkeit zirka 1980° bei rascher Erhitzung; der wirkliche Schmelzpunkt dürfte aber weit niedriger liegen, da Rutil wie Quarz zuerst zähflüssig wird und erst bei höherer Temperatur sich ganz verflüssigt.

Elektrische Leitfähigkeit. Bei Zimmertemperatur ist Rutil Isolator. Versuche, welche ich bei höherer Temperatur unternahm, ergaben, daß nach meiner Methode (vgl. Bd. I, S. 713 ff.) unter 950° keine Leitfähigkeit zu beobachten war. Bei 1150° war der Widerstand, den eine Platte von 1 mm Dicke gab, nur 950° Ohm, was zeigt, daß bei hoher Temperatur Rutil viel stärker leitet, als Zinnstein.[5]

Die **Dielektrizitätskonstante** beträgt nach W. Schmidt[6]) nach der von P. Drude ausgearbeiteten Methode, an Platten parallel zur Achse 173, an solchen senkrecht zur Achse 89. Pulver von rotem Rutil von Snarum gibt 117. Der Rutil hatte von allen untersuchten Mineralien den höchsten Wert.

Farbe. Der reine Rutil wie er künstlich erhalten wird, ist farblos; in der Natur kommt nur gefärbter vor, rotbraun, rot, hyazinth-, blut- und koschenillerot auch schwarz; zersetzte sind mehr gelb bis braungelb. Strich gelbbraun.

Über den Farbstoff sind verschiedene Ansichten geäußert worden, J. W. Retgers[7]) sprach die Ansicht aus, daß Fe_2O_3 nicht das Färbemittel des Rutils sei, er denkt an ein besonderes Titanoxyd. H. Traube[8]) machte auf den Chromgehalt verschiedener Rutile aufmerksam (vgl. S. 21). Durch Versuche, bei welchen Fe_2O_3, Mn_2O_3, Cr_2O_3, und NiO mit reinem TiO_2 und Natriumwolframat zusammengeschmolzen wurden, stellte er schwach bräunliche oder hellgelblichgrüne, eisenhaltige Rutile dar, wobei die Farbe in scharf begrenzten Zonen wechselte. Wurde der Zusatz an Fe_2O_3 verstärkt, so entstanden opake, auch dunkelbraune und schwärzlichgrüne Rutile (Fe_2O_3-Gehalt 1,98). Bei 5,4% entstanden stark pleochroitische braunrote bis fast schwarze Rutile. Rutil mit wenig Mn ist gelblich und pleochroitisch, bei 3,01% Mn_2O_3 bildeten sich

[1]) H. de Sénarmont, C. R. **25**, 459 (1847). — A. Jannetaz, Bull. Soc. min. **15**, 138 (1892).

[2]) L. F. Nilson u. O. Petterson, Z. f. phys. Chem. **1**, 34 (1887).

[3]) R. Cusack, Proc. R. Dublin Acc. **4**, 399 (1897).

[4]) K. Herold, Unver.-Mitt.

[5]) C. Doelter, Sitzber. Wiener Ak. **119**, 73 (1910).

[6]) W. Schmidt, Ann. d. Phys. **9**, 919 (1902); **11**, 114 (1903).

[7]) J. W. Retgers, Z. f. phys. Chem. **16**, 622 (1895).

[8]) H. Traube, N. JB. Min. etc. Beil.-Bd. **10**, 472 (1895).

blauschwarze. Schwach. Cr-haltige Rutile waren hellgelblichgrün; bei 1,91 $\%$ entstanden pleochroitische, bräunliche Kristalle. NiO und CoO wurden nicht aufgenommen. Natürlicher schwarzer Rutil wurde bei hoher Temperatur teils tiefgrün, teils gelbbraun.

Weitere Versuche rühren von L. Wöhler und K. v. Kraatz-Koschlau[1]) her; sie benützten Ti_2O_3 als Färbungsmittel und erzeugten damit schwarze, in dünnen Prismen blauschwarz bis grünlichschwarze Rutile. Rote Rutile wurden nur mit Eisenoxyd erhalten. Vanadinzusatz war einflußlos, reine Rutile sind farblos.

Versuche durch Einwirkung von Strahlen liegen nicht vor.

H. Traube hat durch Glühen undurchsichtige, schwarze Rutile in tiefgrüne oder gelbbraune umgewandelt, wobei die grünen stark pleochroitisch waren.

Versuche, welche ich im Kurzschlußofen ausführte, ergaben tief schwarzbraune Kristalle, welche Dunkelfärbung offenbar auf die in diesem Kohleofen (siehe Bd. I, S. 625) vorhandenen reduzierenden Gase zurückzuführen ist.

Synthesen.

Es gibt eine große Menge von Synthesen des Rutils.

Synthesen durch Sublimation. G. A. Daubrée[2]) hat Titanchlorid bei Rotglut durch Wasserdampf zersetzt; um die Dämpfe des Chlorids durch die Röhre zu leiten, ließ er etwas Kohlensäure einleiten. Die Kristalle sollen jedoch angeblich rhombisch sein, was aber H. Ste. Claire Deville[3]) nicht bestätigen konnte, als er Fluor- oder Chlorwasserstoffgas durch eine Röhre, welche amorphes Titanoxyd enthielt, bei Rotglut streichen ließ. Es bildete sich dabei eine Zwischenreaktion, indem Titanfluorid und Wasserdampf entstanden, welche wie bei dem Daubréeschen Versuch Titandioxyd bildeten. Die Kristalle entsprachen dem Rutil. In einer reduzierenden Atmosphäre bildeten sich blaue Kristalle von $Ti_2O_3 . TiO_2$.

P. Hautefeuille[4]) hat systematisch die Entstehung der drei Arten des Titandioxyds verfolgt und alle hergestellt. Zur Erzeugung von Rutil verwendete er ein Gemenge von Kaliumtitanat und Kaliumchlorid, auf welches er trockene Luft mit HCl gemengt bei heller Rotglut streichen ließ, es bildeten sich kurze Prismen mit Endflächen. Dünne, blaue, prismatische Kristalle mit Endflächen wurden sowohl erzeugt durch Zersetzung des TiF_4 durch Wasserdampf, als auch, wie oben, durch Einwirkung von HCl-Gas auf ein Gemenge von Titandioxyd mit Kaliumfluorid. Tafelförmige Kristalle nach einer Prismenfläche (100) erhielt er, als ein geschmolzenes Gemenge von TiO_2 mit K_2SiF_6 durch HCl-Gas zersetzt wurde.

Die Varietät Sagenit wurde erhalten, als man bei dem letzten Versuch dem TiO_2 etwas Kieselsäure zusetzte. P. Hautefeuille hat bei verschiedenen Temperaturen während desselben Versuchs die drei Arten der Titansäure erhalten, wobei über 1040° sich Rutil bildete, während Brookit zwischen 800° und 1040° entstand; Anatas bildete sich unter 800°.

[1]) L. Wöhler u. K. v. Kraatz-Koschlau, Tsch. min. Mit. 18, 460 (1899).
[2]) G. A. Daubrée, C. R. 24, 227 (1849).
[3]) H. Ste. Claire Deville, C. R. 53, 161 (1862); N. JB. Min. etc. 1862, 79.
[4]) P. Hautefeuille, C. R. 57, 118 (1864); Ann. phys. chim. 4, 129 (1865); L'Instit. 1863, 226; Bull. Soc. chim. 5, 558.

Die von Ch. Friedel und Guérin[1]) befolgte Methode war eine ähnliche. Sie ließen Titanchlorid bei hoher Temperatur auf ein Gemenge von Titaneisen und Eisenoxyd oder Eisencarbonat bei hoher Temperatur einwirken. Nimmt man einen Überschuß an Titanchlorid, so verflüchtigt sich das Eisen als Chlorid und das Titan verwandelt sich in Dioxyd, welches als Rutil kristallisiert.

Wichtig ist der von P. Hautefeuille konstatierte Einfluß des Druckes bei der Bildung von Rutil oder Anatas unter der Einwirkung des Chlorwasserstoffs, da er fand, daß bei einem Druck von drei Atmosphären sich bei dem erwähnten Versuch Anatas bildete. Dieser entsteht auch bei gewöhnlichem Druck, wenn bei dem Versuch TiO_2 durch Titanschwefelsäure ersetzt wird, wie P. Hautefeuille und A. Perrey[2]) nachwiesen.

Synthesen aus Schmelzfluß. Die einfachste Methode besteht darin, daß man amorphe Titansäure schmilzt und erstarren läßt. Da das Kristallisationsvermögen des Rutils ziemlich groß ist, so braucht die Erstarrung keine ganz langsame zu sein. Darin unterscheidet sich auch Rutil von SiO_2. Im Kurzschluß-Kohleofen erhielt ich schwarzviolette bis schwarzbraune Rutilkristalle.

In früherer Zeit wendete man allgemein Schmelzmittel an, um das Titandioxyd zu schmelzen, so Borsäure, Phosphorsalz oder Natriumwolframat.

L. Ebelmen[3]) hat schon im Jahre 1851 Rutil auf diese Art dargestellt, indem er Borsäure als Schmelzmittel verwendete. Bessere Kristalle erhielt er, als er statt Borsäure Phosphorsalz nahm. In letzterem Versuche waren die erhaltenen Kristalle fast 1 cm lang und auffallenderweise goldgelb und durchsichtig $\delta = 4,283$.

G. Rose[4]) wiederholte diesen Versuch und stellte auch unter Zuhilfenahme von Borax Rutil her, wobei er sich des Lötrohrs bediente.

Br. Doss[5]) hat eine Reihe von ähnlichen Versuchen ausgeführt und auch die Möglichkeit der Entstehung von Anatas vermittelst des Phosphorsalzversuchs, welche A. Knop,[6]) G. Wunder,[7]) L. Ouvrard,[8]) R. Brauns[9]) bezweifelten, gezeigt. Letztere zeigten, daß sich bei der Reaktion mit Phosphorsalz nicht Anatas, sondern ein Titannatriumphosphat gebildet habe, welches in Rhomboedern kristallisiert. Br. Doss kam, ebenso wie P. Hautefeuille, zu dem Resultat, daß sich mit Phosphorsalz auch Anatas bilden kann, wenn man in der Oxydationsflamme operiert; es hängt von der Temperatur ab, ob Anatas (bei niedriger Temperatur) oder Rutil (bei hoher Temperatur) kristallisiert. Mit Borax erhielt Br. Doss nur Rutil, aber keinen Anatas. Brookit erhielt er nicht. Die Farbe der Rutile war verschieden, je nachdem man Titansäure oder natürlichen Rutil verwendete; in ersterem Falle waren die Kristalle grau, in letzterem gelb.

H. Ste. Claire Deville und A. Caron[10]) haben im Tontiegel bei Rotglut

---

[1]) Ch. Friedel u. Guérin, C. R. **82**, 509 (1876).
[2]) P. Hautefeuille u. A. Perrey, Ann. chim. et Phys. **21**, 419 (1890).
[3]) L. Ebelmen, C. R. **32**, 230 (1851); Ann. phys. chim. **33**, 34.
[4]) G. Rose, Mon.-Ber. Berliner Ak. 1867, 129, 450; Journ. prakt. Chem. **101**, 217; **102**, 385 (1867).
[5]) Br. Doss, N. JB. Min. etc. 1894, II, 147.
[6]) A. Knop, Ann. Chem. Pharm. **157**, 363 (1871).
[7]) G. Wunder, Journ. prakt. Chem. **4**, 339 (1871).
[8]) L. Ouvrard, C. R. **111**, 177 (1890).
[9]) R. Brauns, N. JB. Min. etc. 1892, II, 237; 1893, I, 89.
[10]) H. Ste. Claire Deville u. A. Caron, C. R. **46**, 764 (1858); L'Inst. 1858, 133.

amorphe Titansäure und Zinnoxyd geschmolzen; es bildet sich ein Zinnoxydul-titanat, welches durch die Kieselsäure des Tiegels zersetzt wird.

Eine Methode, welche bei Quarz so günstige Resultate ergeben hat, ist die der Verwendung von Natriumwolframat als Schmelzmittel. P. Hautefeuille[1]) hat durch wochenlange Behandlung der Titansäure in einer solchen Schmelze Rutilkristalle erhalten.

L. Michel[2]) hat im Graphittiegel bei ca. 1200° ein Gemenge von 1 Teil Titaneisen und 2 Teilen FeS_2 (Pyrit) erhitzt; es bildete sich Magnetkies mit zahlreichen Hohlräumen, in welchen Kristalle von Rutil angeschossen waren.

L. Bourgeois[3]) erhielt bei der Synthese von Titanaten, durch Schmelzen von Titansäure mit Chlorbarium, Rutil.

F. A. Genth[4]) erhielt zufällig Rutilkristalle, als er unreinen Rutil mit Kaliumbisulfat aufschloß, wobei das letztere sich in neutrales Salz umgesetzt hatte.

Bei ihren Untersuchungen der Färbung der Rutile haben L. Wöhler und K. v. Kraatz-Koschlau die Synthese des Rutils derart ausgeführt, daß sie in einem Rössler-Ofen Titansäure über frisch gefälltes (von anhängendem Ammoniumfluorid nicht befreites) Bariumfluorid schichteten und erhitzten (vgl. S. 23). H. Traube arbeitete im Fourquignon-Ofen nach der Methode Hautefeuilles.

Bildung auf nassem Wege. Da in der Natur jedenfalls sich häufig Rutil auf nassem Wege bildet, so war eine Synthese auch auf diesem Wege zu er-warten. Sie wurde von H. de Sénarmont[5]) bereits 1851 realisiert, und zwar durch Erhitzen von Titansäure in verschlossenem Rohr bei 200° in Gegenwart von Kohlensäure.

Zufällige Neubildungen. Th. Scheerer[6]) beobachtete in einem Hochofen-gestellstein Rutil. In neuester Zeit wies K. Endell[7]) nach, daß in Kristall-glasuren, welche 10,8—11,5% TiO_2 enthielten, sich Rutilnadeln gebildet hatten.

Kristallformen des Kunstrutils. Je nach seiner Entstehung zeigt Rutil ver-schiedene Kristallform. Die in Hochofengestellsteinen gefundenen zeigen Deuteroprismen mit Protopyramide. K. Endell sowie L. Ebelmen beob-achteten dünne Nadeln. Aus Borax und Phosphorsalz bildeten sich flächen-reichere Kristalle, welche die Flächen (100), (110), (111), (101), (556) und (335) zeigten. Br. Doss erhielt Zwillinge und Viellinge, auch die in der Natur vorkommenden pseudohexagonalen Sechslinge. Aus Schmelzfluß er-hielt P. Hautefeuille oktogonale Säulen; H. Ste. Claire Deville und Caron Prismen. L. Michel beobachtete bei seiner Synthese längliche Prismen (110), (110), (100). Die durch Einwirkung von Gasen gebildeten Kristalle P. Hautefeuilles zeigen (100), (110), (101). Bei Einwirkung von Kaliumtitanat auf HCl bildeten sich Prismen (100), (110). Bei Einwirkung von HCl auf Gemenge von TiO_2, KF und CaF_2 trat zu dem Prisma die

---

[1]) P. Hautefeuille, C. R. **90**, 868 (1880).
[2]) L. Michel, Bull. Soc. min. **16**, 37 (1893); C. R. **115**, 1020 (1892).
[3]) L. Bourgeois, C. R. **103**, 141 (1886).
[4]) F. A. Genth, Am. Phil. Soc. 1882, 400. — Ref.: Z. Kryst. **9**, 395 (1884).
[5]) H. de Sénarmont, Ann. chim. phys. 1851, 129.
[6]) Th. Scheerer, Bg- u. hütt. Z. **21**, 98 (1862).
[7]) K. Endell, Sprechsaal, **44**, 5 (1911).

Endfläche (101). Als die Schmelze von TiO_2 in K_2SiF_6 durch HCl zersetzt wurde, entstanden Tafeln mit vorwiegendem (100). (S. 23).

Die von F. A. Genth mit Kaliumbisulfat erhaltenen Kristalle (S. 25) zeigten (110), (100), (111), (101).

Paragenesis und Umwandlungen.

Rutil kommt selten in Eruptivgesteinen, sehr häufig in Schiefergesteinen, sowohl Gneisen, Glimmerschiefern, besonders in Amphiboliten als auch in Phylliten und Tonschiefern vor; ferner enthalten ihn manche Marmore und Dolomite, wohl als Kontaktprodukt; ferner tritt er in Pegmatitgängen auf.

Verwachsungen mit Eisenglanz sind häufig, auch mit Titaneisen und Magnetit. Merkwürdig sind die Verwachsungen mit dem dimorphen Brookit. Er kommt oft mit Quarz vor, auch als Einschluß. Merkwürdig ist ein Einschluß im Diamant nach H. Behrens.

Umwandlungen in Titanit kommen vor, aber auch der umgekehrte Prozeß wurde beobachtet, ferner kann er sich in Titaneisen umwandeln. Paramorphosen des wenig stabileren Anatas und Brookits in Rutil kommen vor.

Genesis.

Den synthetischen Versuchen zufolge wäre zu erwarten, daß Rutil sich bei hoher Temperatur auch in der Natur bilde, was jedoch selten ist. In den Eruptivgesteinen geht offenbar die Titansäure zumeist in die Silicate ein, wie das häufige Vorkommen von Titanaugiten beweist (siehe Bd. II bei Pyroxen). In hornblendeführenden Dioriten, Syeniten, dann in aus Eruptivgesteinen entstandenen Amphiboliten kommt er vor. Wahrscheinlich scheidet er sich aus Schmelzfluß nur bei rascher Abkühlung ab.

Das Vorkommen in Gängen und in kristallinen Schiefern weist auf Bildung bei niedrigerer Temperatur und höherem Druck. Nach den erwähnten Versuchen von P. Hautefeuille würde Druck die Stabilität des Rutils gegenüber Brookit begünstigen (vgl. S. 24). Jedenfalls gelten die Stabilitätsgrenzen, die man auf Grund der P. Hautefeuilleschen Versuche aufgestellt hat, nur für die Entstehung aus Gasen, denn in der Natur ist offenbar die auch bei gewöhnlicher Temperatur stabile Form der Rutil, was auch die erwähnten Paramorphosen beweisen. Die zwei andern Arten bilden sich wohl nur unter dem Einfluß besonderer Lösungsgenossen, welche jedoch unbekannt sind. Vielleicht ist sogar, entgegen den Versuchen von P. Hautefeuille, in der Natur der Brookit bei höherer Temperatur gebildet als der Rutil, da sich ersterer in Rutil umwandelt. Druck begünstigt auch die selbständige Ausscheidung der Titansäure, daher der Titanpyroxen unter dem Einfluß des Drucks sich in Rutil umsetzt.

Der früher erwähnte Versuch von H. de Sénarmont zeigt, daß Rutil sich aus wäßrigen Lösungen bei wenig erhöhter Temperatur bilden kann, wahrscheinlich haben wir eine Entstehungsart, welche der des Quarzes, mit welchem er oft vergesellschaftet ist, ähnelt, doch scheint Rutil sich oft durch Pneumatolyse zu bilden.

Strüverit.

Von G. d'Achiardi (Pisa).

Tetragonal: $a:c = 1:0,6456$.
Entdeckt von F. Zambonini[1]) und zu Ehren G. Strüvers benannt.

	1.	2.	3.	4.	5.
δ	5,59	5,25	5,30	—	—
(MgO) . . .	0,17	—	—	—	—
(CaO)	0,51	—	—	—	—
MnO	Spur	—	—	—	—
FeO	11,38	7,3	8,27	15,84	9,91
SiO_2	—	2,0	0,20	—	—
TiO_2	41,20	47,8	45,74	71,15	44,03
SnO_2	—	1,3	2,67	0,05	—
Nb_2O_5 . . .	} 46,96	6,2	6,90	—	23,03
Ta_2O_5		34,8	35,96	10,14	23,03
H_2O	—	0,4	0,50	—	—
Al_2O_3 . . . ,	—	—	—	1,80	—
	100,22	99,8	100,24	98,98	100,00

1. Von Craveggia (Piemont); anal. G. T. Prior, Min. Mag. 15, 62 (1908).
2. Von Black Hills (South Dakota); anal. R. C. Wells, Am. Journ. 185, 432 (1911).
3. Von Perak (Malayische Halbinsel); anal. S. J. Johnstone, Min. Mag. 16, 224 (1912).
4. Von Ampangabé (Madag.); anal. F. Pisani bei A. Lacroix, Bull. Soc. min. 35, 194 (1912).
5. Theoretische Zusammensetzung nach F. Zambonini.

Die theoretische Zusammensetzung, nach F. Zambonini, entspricht der Formel:

$$FeO \cdot (Ta, Nb)_2O_5 \cdot 4\,TiO_2 ,$$

wenn man (wie durch Experimente sich beweisen läßt) annimmt, daß Tantalsäure und Niobsäure in beiläufig gleicher Menge vorhanden sind. Man kann das Mineral für eine feste Lösung des Rutilmoleküls in dem tapiolithischen oder mossitischen Molekül halten. $\delta = 5,59$, daher jener einer Mischung von Rutil ($\delta = 4,18$) und Mossit ($\delta = 6,45$) im Gewichtsverhältnis von $2:3$ ziemlich nahe wäre (5,54).

Nach F. L. Hess und R. C. Wells[2]) wäre die theoretische Zusammensetzung für die amerikanischen Strüverite:

$$Fe(Ta, Nb_2)O_6 \cdot 6\,TiO_2 .$$

Unschmelzbar vor dem Lötrohr, wird von Kalibiumsulfat leicht angegriffen. **Härte** 6—6,5.

Kommt vor in kleinen, im Quarz oder Feldspat eingeschlossenen Massen, im Pegmatit von Craveggia im Vigezzotal (Piemont); von eisenschwarzer Farbe, in frischen Bruchstücken ziemlich glänzend, opak, als Pulver schwärzlich-grau.

---

[1]) F. Zambonini, R. Acc. Sc. fis. matem. Napoli (3) 13, 35 (1907); Min. Mag. 15, 62 (1908).
[2]) R. C. Wells, Am. Journ. 31, 432 (1911).

Ferner fand sich das Mineral in großen Mengen als Urbestandteil eines Pegmatitganges bei Blacks-Hill (S.-Dakota) mit Niobit eingewachsen in Mikroklin, Beryll, Muscovit, ebenso bei Perak in den Malayen-Staaten in Alluviallagen mit Zinnstein, Monazit, Topas, Turmalin, Zirkon und Pyrit.

Anatas.

Von M. Henglein (Karlsruhe).

Tetragonal holoedrisch: $a:c = 1:1,7771$.

Synonyma. Schorl bleu, Oktaedrit, Oisanit, Dauphinit, Titane anatase, pyramidales Titanerz.

Der Anatas ist meist indigoblau bis schwarz, auch rot, gelb oder braun und hat metallartigen Demantglanz. Die von A. Brezina als Wiserin bezeichneten Kristalle aus dem Binnental sind Anatase. Nach M. Bauer[1]) sind die Captivos genannten Vorkommen aus Brasilien, welche dort die Diamanten auf Seifen begleiten, Rutil—Anatas-Paramorphosen. Die von den Diamantwäschern als Favas (Bohne) bezeichneten kugeligen, abgerollten Geschiebe sind nach A. Damour[2]) TiO_2-Massen. E. Hussak[3]) untersuchte dieselben näher und gab ihnen den Namen Titanfavas. Wahrscheinlich sind sie nur abgerollte Captivos.

Chemische Zusammensetzung und Analysen des Anatas.

Der Anatas ist niemals bis jetzt ganz rein gefunden worden; man hat in den wenigen Analysen, welche vorliegen, stets einen Gehalt an Eisen angetroffen. Esmark[4]) hatte Chrom im Anatas vermutet; L. N. Vauquelin[5]) überzeugte sich zuerst, daß seine chemischen Eigenschaften mit denen des Rutils vollständig übereinstimmen.

Analysen.

	1.	2.
δ	3,857	3,8899
Fe_2O_3	1,11	0,25
TiO_2	98,36	99,75
SnO_2	0,20	—
	99,67	100,00

1. Anataskristall aus Brasilien; anal. A. Damour, Ann. chim. phys. **10**, 417 (1844).
2. Ebendaher; anal. H. Rose, Ann. d. Phys. **61**, 517 (1844).

---

[1]) M. Bauer, N. JB. Min. etc. 1891, I, 232.
[2]) A. Damour, Bull. Soc. min. **13**, 552 (1890).
[3]) E. Hussak, Tsch. min. Mit. **18**, 334 (1899).
[4]) R. J. Hauy, Min. **3**, 135 (1801).
[5]) L. N. Vauquelin, Ann. chim. phys. 1802, 72.

Von Titanfavas liegen zwei Analysen vor:

	3.	4.
δ	3,794	—
(CaO)	0,15	—
Al_2O_3	0,15	—
Fe_2O_3	0,10	—
TiO_2	98,98	98,86
V_2O_5	—	0,86
Glühverlust . .	0,77	0,53
	100,15	100,25

3. Blaugraue Titanfavas, Rio Cipó bei Diamantina, Minas Geraes in Brasilien; anal. W. Florence bei E. Hussak, Tsch. min. Mit. **18**, 336 (1899).
4. Gelbbraune Titanfavas, ebendaher; anal. von demselben ebendort.

J. P. O'Reilly[1]) bestimmte ein im gelben, fettigen Ton des Hügels Carrickgollagham bei Dublin mit Brookit vorkommendes schwarzes Mineral als Anatas mit der Dichte $\delta = 3,587$; eine Analyse von C. H. Warren ergab:

	5.
$(K_2O + Na_2O)$	0,12
(CaO)	2,16
(MgO)	4,42
FeO	10,40
MnO	Spur
Fe_2O_3	6,01
Al_2O_3	13,02
TiO_2	60,81
SiO_2	3,07
	100,01

Es liegt also nach J. P. O'Reilly wahrscheinlich ein Anatas vor, bei dem TiO_2 durch Al_2O_3 ersetzt ist.

Formel. TiO_2; nach G. T. Prior[2]) auf Grund des Vergleichs der Molekularvolumina: Ti_4O_8. Wenn auch der Anatas infolge des stetigen Gehalts an Fe_2O_3 bzw. FeO von einigen Autoren für ein Eisentitanat gehalten werden mag, so möchten wir doch diese Formel beibehalten; die Zusammensetzung wäre dann:

$$Ti = 61,15$$
$$O_2 = 38,85$$
$$\overline{100,00}$$

H. Rose[3]) wies nach, daß das Pulver des Anatas alle Eigenschaften der geglühten TiO_2 hat. Da die schwarzen Anatase beim Glühen, auch bei Luftzutritt, nicht entfärbt werden, nehmen L. Wöhler und K. v. Kraatz-Koschlau[4]) anorganische Färbung durch Titansesqui- oder -monoxyd infolge teilweiser Reduktion des Oxyds an.

---

[1]) J. P. O'Reilly, Proc. Roy. Dubl. Soc. **8**, 732 (1898).
[2]) G. T. Prior, Min. Soc. Lond. **13**, 220 (1903).
[3]) H. Rose, Pogg. Ann. **61**, 517 (1844).
[4]) L. Wöhler u. K. v. Kraatz-Koschlau, Tsch. min. Mit. **18**, 304—333,(1899).

J. W. Retgers[1]) erhitzte farblose Kristalle im Wasserstoffstrom und erhielt Blaufärbung, welche er einem niederen Titanoxyd, wahrscheinlich Ti_3O_5, zuschreibt; die durch Oxydieren entstehende rote Färbung soll durch ein zwischen dem blauen Ti_3O_5 und dem farblosen TiO_2 liegendes Oxyd veranlaßt werden.

Lötrohrverhalten. Unschmelzbar, dieselbe Perle wie bei Rutil. Löst man eine TiO_2-haltige Phosphorsalzperle in verdünnter HCl und gibt zu der Lösung ein Stückchen metallisches Zinn, so färbt sich dieselbe beim Erhitzen violett. Die eisenhaltige, blutrote TiO_2 Phosphorsalzperle gleicht derjenigen des Wolframits. Letzterer ist jedoch ziemlich leicht schmelzbar.

Löslichkeit. Anatas ist unlöslich in Säuren, außer in konzentrierter Schwefelsäure durch Erhitzen, sowie auch durch Schmelzen mit zweifach schwefelsaurem Kali und nachheriger Behandlung mit Wasser. Wird die Titansäure des Anatas mit Kohle gemengt und das Gemenge einem Strom von Chlorgas bei Rotglühhitze ausgesetzt, so erhält man flüssiges Titanchlorid.

Physikalische Eigenschaften.

Dichte. Außer den bei den Analysen angegebenen Dichtebestimmungen finden sich noch Angaben bei L. N. Vauquelin[2]) 3,857, F. Mohs[3]) 3,826, F. v. Kobell[4]) 3,82, A. Breithaupt[5]) 3,750, J. Ch. Marignac[6]) 3,87, C. Klein[7]) 3,83—3,97 am Anatas aus dem Binnental.

Durch Glühen wird die Dichte erhöht. H. Rose erhielt so die Werte 4,117—4,251.

Kohäsion. Spaltbarkeit nach 001 und 111, als denjenigen Flächen, die nach H. Baumhauer[8]) die geringste Netzdichtigkeit haben. Derselbe stellte Ätzfiguren (Ätzgrübchen) mit Ätzkali dar und beobachtete solche besonders auf den Flächen der ditetragonalen Pyramiden, was er ebenfalls auf geringe Netzdichtigkeiten derselben zurückführte.

Härte: 5,5—6.

Brechungsquotienten. Der mittlere Brechungsexponent wurde schon von D. Brewster[9]) zu 2,5 bestimmt. E. A. Wülfing[10]) gibt folgende Bestimmungen:

$$N_\alpha \qquad\qquad N_\gamma$$

$$Li = 2,5183 \qquad Li = 2,4523$$
$$Na = 2,5618 \qquad Na = 2,4886$$
$$Tl = 2,6066 \qquad Tl = 2,5262$$

Der Charakter der Doppelbrechung ist negativ; der Pleochroismus groß. Letzterer wurde bestimmt von C. Klein,[11]) O. Pohl,[12]) A. v. Lasaulx,[13]) und E. Weinschenk.[14])

[1]) J. W. Retgers, Z. f. phys. Chem. **16**, 622 (1895).
[2]) L. N. Vauquelin, Ann. chim. phys. **42**, 72 (1802).
[3]) F. Mohs, Naturgesch. des Mineralreichs **2**, 418 (1824).
[4]) F. v. Kobell, Charakteristik des Mineralsystems, 329.
[5]) A. Breithaupt, Grundzüge der Min., 248.
[6]) A. Des Cloizeaux, Min. II, 203 (1874).
[7]) C. Klein, N. JB. Min. etc. 1875, 346 u. 352.
[8]) H. Baumhauer, Z. Kryst. **24**, 575 (1895).
[9]) J. F. W. Herschel, Vom Licht, 652 (1831).
[10]) H. Rosenbusch, Physiogr. Ib, 54 (1905).
[11]) C. Klein, N. JB. Min. etc. 1875, 352.
[12]) O. Pohl, Tsch. min. Mit. **22**, 482 (1903).
[13]) A. v. Lasaulx, Z. Kryst. **8**, 74 (1884).
[14]) E. Weinschenk, Z. Kryst. **26**, 405 (1896).

V. v. Agafanoff[1]) fand für ultraviolettes Licht bei einer Dicke von 0,6 mm die Durchlässigkeit bis zur Cd-Linie 7.

J. Königsberger[2]) gibt das Maximum der Absorption im Ultraviolett bei ungefähr 0,380 μ an, wie bei Brookit und Rutil, womit sich die von ihm aufgestellte Regel bestätigt, daß dieselbe chemische Verbindung in ihren verschiedenen Modifikationen nur eine geringe Verschiebung, aber keine völlige Veränderung der Absorptionskurve zeigt.

Nach F. Beijerinck[3]) und nach E. Wartmann ist Anatas Nichtleiter der Elektrizität.

Die **Ausdehnungskoeffizienten** für die mittlere Temperatur von 40° sind nach den Beobachtungen von H. Fizeau[4]):

$$\alpha = 8,19 \times 10^{-6}$$

in der Richtung der Achse der Isotropie, und in der dazu senkrechten:

$$\alpha_1 = 4,68 \times 10^{-6}.$$

A. Schrauf[5]) bestimmte sie am brasilianischen Anatas zu:

$$\alpha = 6,6724 \times 10^{-6},$$
$$\alpha_1 = 2,8801 \times 10^{-6}.$$

Phosphoreszenz. N. v. Kokscharow[6]) beobachtete beim Erhitzen plötzliches und lebhaftes Phosphoreszieren mit rötlichgelbem Licht.

Bei Kristallen aus Wallis und der Dauphinée erhielt A. de Grammont[7]) ein deutliches Funkenspektrum des Titans.

J. Joly[8]) schreibt das schwarze Aussehen der spitzen Pyramiden von Anatas dessen Form und hohem Brechungskoeffizienten zu, vermöge welcher fast alles eintretende Licht durch wiederholte innere Reflexion an derselben Seite herausgeworfen wird. Die einzige Stelle, an der das Licht direkt durchgehen kann, ist ein schmaler Streifen um den Äquator des Kristalls. Hier kommt die eigentliche durchsichtige blaßblaue Farbe des Anatas zum Vorschein, dieselbe erhält man durch Eintauchen des Kristalls in Balsam oder flüssigen Schwefel.

Synthesen.

H. Rose[9]) stellte zuerst Anatas dar, indem er zeigte, daß die aus ihrer Auflösung in verdünnter H_2SO_4 mit Ammoniak gefällte pulverförmige TiO_2, nachdem sie ausgesüßt, getrocknet und durch eine Spiritusflamme kurze Zeit geglüht ist, eine Dichte von 3,897—3,934 hat und demnach Anatas ist.

Durch Glühen von Kohlenstickstofftitan im Wasserstoffstrom erhielt Fr. Wöhler[10]) Aggregate von diamantglänzenden, farblosen oder nelkenbraunen Kristallen.

[1]) V. v. Agafanoff, Mém. d. l. soc. min. Pétersbourg **9**, 497 (1902) u. N. JB. Min. etc. 1904 II, 342.
[2]) J. Königsberger, Habilit.-Schrift (B. G. Teubner 1900).
[3]) F. Beijerinck, N. JB. Min. etc. Beil.-Bd. **11**, 461 (1897).
[4]) Th. Liebisch, Physik. Kryst. 95 (1891).
[5]) A. Schrauf, Z. Kryst. **9**, 467 (1889).
[6]) N. v. Kokscharow, Mat. Min. Rußl. **1**, 45 (1853).
[7]) A. de Grammont, Bull. Soc. min. **18**, 228 (1895).
[8]) J. Joly, Proc. Roy. Dubl. Soc. **9**, 475 (1901); Z. Kryst. **37**, 309 (1903).
[9]) H. Rose, Ann. d. Phys. **61**, 508 (1844).
[10]) Fr. Wöhler, Ann. d. Phys. **78**, 401 (1849).

P. Hautefeuille[1]) stellte meßbare Anataskristalle dadurch dar, daß er Dämpfe von TiF_4 mittels einer Platinröhre bis in die Mitte einer andern Platinröhre leitete, durch welche er Wasserdämpfe streichen ließ bei einer Temperatur, welche die der Verflüchtigung von Cadmium nicht überstieg. Die Kriställchen hatten die Kombination (001), (111), das spez. Gew. 3,7—3,9 und violettblaue Farbe.

F. A. Genth[2]) fand nach Aufschließen von Rutil mit Kaliumbisulfat beim Lösen in Wasser neben mikroskopischen Rutilkristallen auch blaue pyramidale Anatase.

P. Hautefeuille und A. Perry[3]) erhielten deutliche Anataskristalle beim Erhitzen gefällter Titansäure in Chlorwasserstoffgas auf 700° unter einem Druck von 3 Atmosphären.

Die von G. Rose[4]). beim Übersättigen der Phosphorsalzperle mit künstlicher oder natürlicher TiO_2 erhaltenen tafelförmigen Anataskristalle wurden von A. Knop[5]) untersucht. Er fand, daß sie dem rhombischen System angehören, die Dichte 2,9 und die Zusammensetzung $P_2O_5 . 3TiO_2$ haben. Von G. Wunder[6]) wurden die Kristalle als $Ti_2Na(PO_4)_3$ und als würfelähnliche Rhomboeder bestimmt, ebenso von L. Ouvrard,[7]) der daneben auch reguläre Kristalle von TiP_2O_7 beobachtete.

B. Doss[8]) löste in der Reduktionsflamme eines Gasgebläses TiO_2 in Phosphorsalz auf und erhielt bei weiterem Erhitzen in der Oxydationsflamme ebenfalls würfelähnliche Rhomboeder von $Ti_2Na(PO_4)_3$; nach weiterem abwechselndem Reduzieren und Oxydieren verschwinden die Kristalle und man erhält eine farblose Perle. B. Doss löste nun weiter TiO_2 auf und wiederholte das Verfahren mehrmals. Nachdem in der Reduktionsflamme der Sättigungspunkt für die Oxydationsflamme überschritten war und die Perle in den weniger heißen Teil der Flamme gebracht wurde, tritt eine Trübung ein infolge der Ausscheidung der tetragonalen Grundpyramiden des Anatas. Nach den Untersuchungen von B. Doss muß also so lange TiO_2 zugesetzt werden, bis kein überschüssiges Natriummetaphosphat mehr in der Perle enthalten ist. Bei der Darstellung von Anatas darf die Temperatur nicht über Rotglut des Platindrahts hinausgehen; bei steigender Temperatur nehmen die Rutilkristalle überhand.

Weshalb zunächst die Rhomboeder des Titannatriumphosphats und erst im weiteren Verlauf Anatas bzw. Rutil sich bilden, erklärt B. Doss dadurch, daß das beim Erhitzen des Phosphorsalzes entstehende hexametaphosphorsaure Natron einige Zeit im Glühen erhalten wird, dann sich relativ mehr Phosphorsäure als Natron verflüchtigt, so daß man in dem Glas einen beträchtlichen Gehalt an pyro- und einen geringeren an orthophosphorsaurem Natron nachweisen kann. Der relative Gehalt der Perle an P_2O_5 besitzt eine ursächliche

[1]) P. Hautefeuille, Ann. chim. phys. **4**, 140 (1865); C. R. **57**, 148 (1863).
[2]) F. A. Genth, Am. Phil. Soc. 400 (1882).
[3]) P. Hautefeuille u. A. Perrey, Ann. chim. phys. **21**, 419 (1890); Z. Kryst. **21**, 388 (1893).
[4]) G. Rose, Monatsber. Ak. d. Wiss. Berlin 1867, 129, 450; Journ. prakt. Chem. **101**, 217; **102**, 385 (1867).
[5]) A. Knop, Ann. Chem. u. Pharm. **157**, 363 (1871).
[6]) G. Wunder, Journ. prakt. Chem. **4**, 339 (1871).
[7]) L. Ouvrard, C. R **111**, 177 (1890).
[8]) B. Doss, N. JB. Min. etc. 1894 II, 152.

Bedeutung für die Entstehung der verschiedenen kristallisierten Verbindungen. Ist der Gehalt an P_2O_5 groß (Maximum $69,59\,^0/_0$) so entstehen die Rhomboeder von $Ti_2Na(PO_4)_3$ (mit $52,7\,^0/_0$ P_2O_5); ist er gesunken, so kristallisiert die reine TiO_2 aus. Durch Zugabe von wenig entwässerter Soda zum Phosphorsalz erreichte B. Doss eine Herabsetzung des P_2O_5-Gehalts; die Rhomboeder von $Ti_2Na(PO_4)_3$ entstehen dann nicht mehr; es findet gleich eine massenhafte Bildung von Anatas bzw. Rutil statt.

Versuche, den Anatas mittels Borax künstlich darzustellen, waren ohne Erfolg; es wird nur Rutil erhalten. Die mit TiO_2 gesättigte Boraxperle kommt in der Spitze der Oxydationsflamme, bei deren Temperatur sich der Anatas bilden könnte, bereits zur kristallinen Erstarrung und nur in den heißeren Teilen der Flamme erhält man einen Schmelzfluß, in dem dann auch nur der Rutil sich zu bilden vermag.

Vorkommen und Genesis.

Anatas kommt vor auf Klüften im Granit, Quarzporphyr, Gneis, Chloritschiefer, in kristallinen Schiefern und Glimmerschiefern meist mit Bergkristall, Adular, Eisenglanz, Apatit, Titanit, Brookit und Rutil und ist als ein Umwandlungsprodukt titanhaltiger Mineralien anzusehen. Nach A. Lacroix[1] ist der im Gneis bei Vannes im Morbihan mit Rutil zusammen vorkommende Anatas so entstanden, daß zuerst Rutil durch Aufnahme von Eisen in Ilmenit und dieser dann durch Verschwinden des Eisens in Anatas umgewandelt worden ist.

R. Brauns[2] hält den Anatas für ein pneumatolytisches Produkt, gibt aber auch zu, daß durch Verwitterung aus titanhaltigem Augit, Titanit und Titaneisen Anatas entsteht.

Da auf sekundärer Lagerstätte an Fundorten der Favas sich häufig größere Rollstücke eines Perowskit-Magnetitgesteins finden und die reinen Perowskitfelspartien eine Umwandlung in Titanoxyd zeigen, so nimmt E. Hussak[3] an, daß das Muttergestein der Titanfavas ein Perowskitfels war, der höchstwahrscheinlich kleinere Partien intratellurischen Ursprungs in einem sehr basischen, dem Jacupirangit ähnlichen Eruptivgestein bildete.

Brookit.

Von M. Henglein (Karlsruhe).

Rhombisch $a:b:c = 0,84158:1:0,94439$.

Die Kristalle sind gewöhnlich tafelig nach (100) und vertikal gestreift; der durch das Vorherrschen der Pyramide (122) bedingte Typus ist von Shepard[4] nach seinem Fundort in Arkansas Arkansit benannt worden.

[1] A. Lacroix, Bull. Soc. min. 24, 425 (1901).
[2] R. Brauns, Chem. Min. (Leipzig 1896), 294, 296, 409.
[3] E. Hussak, Tsch. min. Mit. 18, 337 (1899).
[4] Shepard, Am. Journ. 2, 250 (1846).

Chemische Zusammensetzung und Analysen.

Analysen:

	1.	2.	3.	4.
δ	4,131	3,83	—	3,79
(Al_2O_3) . . .	—	Spuren	—	—
Fe_2O_3 . . .	1,41	4,50	1,36	1,00
SiO_2	—	—	0,73	—
TiO_2 . . .	98,59	94,09	99,36	96,50
U_2O_5 . . .	—	—	—	Spuren
Glühverlust . .	—	1,40	—	—
	100,00	99,99	101,45	97,50 [1])

	5.	6.	7.
δ	4,2	—	—
Fe_2O_3 . . .	3,28	1,43	1,48
TiO_2 . . .	94,31	98,78	98,77
Glühverlust . .	1,31	—	—
	98,90	100,21	100,25

1. Durchscheinender Kristall von Snowdon in Wales; zersetzt teils durch Schmelzen mit Na_2CO_3, teils durch Erhitzen mit H_4SO_4, teils durch Schmelzen mit schwefelsaurem Kali; anal. H. Rose, Ann. d. Phys. **61**, 515 (1844).

2. Uralischer Brookit, diamantglänzender Kristall; anal. R. Hermann, Journ. prakt. Chem. **46**, 403 (1849).

3. Brookit (Arkansit) von Hot-Spring-County in Arkansas; 1,0245 g aufgeschlossen mit Kaliumbisulfat; anal. A. Damour u. A. Des Cloizeaux, Ann. d. Min. **15**, 448 (1849).

4. Ebendaher; anal. R. Hermann, Journ. prakt. Chem. **50**, 200 (1850).

5. 0,451 g uralischer Brookit wurden mit 3 g saurem schwefelsaurem Kalk im Platintiegel geschmolzen, in H_2O gelöst, und die Lösung mehrere Stunden unter Zusatz von wenigen Tropfen Säure gekocht; anal. K. Romanowsky, Bg.- u. hütt. Z. 1853, 444.

6. u. 7. Arkansit vom Magnet Cove, Arkansas; gutes Material wurde aufgeschlossen durch Schmelzen mit einem großen Überschuß von Borsäureanhydrid und anal. K. Pfeil, Inaug.-Diss. (Heidelberg 1901). — Ref. in ZB. Min. etc. 1902, 143.

Formel. Es gilt dasselbe wie für Anatas; G. T. Prior [2]) stellt auf Grund des Vergleichs der Molekularvolumina für Brookit Ti_6O_{12} auf.

Lötrohrverhalten. Unschmelzbar in der Oxydationsflamme; beim Berühren mit der Flamme schmilzt Brookit ein wenig zu schwarzem Email. G. Spezia [3]) verstärkte die Wirkung des gewöhnlichen Leuchtgaslötrohrs durch Sauerstoff, wodurch alsdann TiO_2 leicht zu einem rötlichen Email schmilzt und sich gelb kristallinisch beschlägt. R. Cusack [4]) bestimmte den Schmelzpunkt zu 1560°. Mit Phosphorsalz erhält man im Reduktionsfeuer beim Erkalten eine violette Perle, die durch den Eisengehalt mehr oder weniger rötlich gefärbt wird.

---

[1]) Dazu 2,5% Gangart.
[2]) G. T. Prior, Min. Soc. Lond. **13**, 220 (1903).
[3]) G. Spezia, Atti d. R. Ac. d. Scienze di Torino. 1887, 22.
[4]) R. Cusack, Proc. Roy. Irish Ac. **4**, 399 (1891).

Physikalische Eigenschaften.

Brechungsquotienten. E. A. Wülfing[1]) gibt für Brookit von Tremadoc folgende Brechungsquotienten an:

	N_α	N_β	N_γ
Li . . .	2,5408	2,5418	2,6444
Na . . .	2,5832	2,5856	2,74114
Tl . . .	2,6265	—	—

Der Pleochroismus ist schwach.

Der Charakter der Doppelbrechung ist positiv; spitze Bisektrix $a = \gamma$.

Dichte. H. Rose[2]) bestimmte das spezifische Gewicht an 15 Kristallen, und erhielt bei den durchschelnenden Kristallen 4,131 und 4,128, bei den undurchsichtigen 4,167 und 4,165; durch Glühen bekam er nahezu das spez. Gewicht des Rutils. K. Romanowsky[3]) bestimmte die Dichte zwischen 4,1 und 4,2; die von R. Hermann angegebenen Dichten bei Analyse 2 und 4 hält er für unrichtig. A. Damour[4]) gibt für $\delta = 4{,}030 - 4{,}083$ an, N. v. Kokscharow[5]) 4,1389 und 4,1410.

Härte. Dieselbe liegt zwischen 5 und 6.

Nach F. Beijerinck[6]) ist Brookit Nichtleiter der Elektrizität.

Nach C. Doelter[7]) ist Brookit für X-Strahlen etwas mehr durchlässig als Rutil; in der Durchlässigkeitsskala wurde er vor 7 gestellt.

Für ultraviolettes Licht bei 0,45 mm Dicke des Präparats durchlässig bis zur Cd-Linie 6 nach V. Agafonoff.[8])

Das Maximum der Absorption im Ultraviolett bei ungefähr 0,380 μ, wie bei Rutil und Anatas wurde von J. Königsberger[9]) bestimmt.

Thermische Dilatation. Nach A. Schrauf[10]) sind die Dilatationskoeffizienten für mittlere Temperaturen 17,5° C und $\Delta t = 1°$ C:

$$\alpha_1 = 14{,}4938 \times 10^{-6}$$
$$\alpha_2 = 19{,}2029 \times 10^{-6}$$
$$\alpha_3 = 22{,}0489 \times 10^{-6}.$$

Dielektrizitätskonstante. An einem tafelförmigen, hellbraunen, durchsichtigen Brookit aus dem Tavetsch bestimmte W. Schmidt[11]) DC = 78 und an grauem unreinen Pulver von Arkansit DC = 12.

Löslichkeit. Brookit ist unlöslich in Säuren. Die Schmelze mit Kalihydrat oder Soda wird in HCl gelöst, beim Einkochen mit Stanniol wird sie violett und beim Verdünnen mit Wasser rot.

---

[1]) E. A. Wülfing, Physiogr. Rosenbusch 1b, 124 (1905).
[2]) H. Rose, Ann. d. Phys. **61**, 514 (1844).
[3]) K. Romanowsky, Bg.- u. hütt. Z. 1853, 444.
[4]) A. Damour, Ann. d. Min. **15**, 448 (1849).
[5]) N. v. Kokscharow, Mat. Min. Rußl. 1, 67 (1853).
[6]) F. Beijérinck, N. JB. Min. etc. Beil.-Bd. **11**, 461 (1897).
[7]) C. Doelter, N. JB. Min. etc. 1896 II, 92.
[8]) V. Agafonoff, N. JB. Min. etc. 1904, II, 342.
[9]) J. Königsberger, Habil.-Schrift, B. G. Teubner (1900).
[10]) A. Schrauf, Z. Kryst. **9**, 456 (1886).
[11]) W. Schmidt, Ann. d. Phys. **11**, 114 (1903).

3*

K. Busz[1]) stellte Ätzversuche mit geschmolzenem; saurem, schwefelsaurem Kali an und erhielt Ätzfiguren, welche in jeder Beziehung der rhombischen Symmetrie entsprachen; eine eigentümliche hemimorph erscheinende Ausbildung eines von ihm gemessenen Brookitkristalls ist demnach als eine zufällige anzusehen.

Synthese.

Brookit wurde zuerst von G. A. Daubrée[2]) durch Einleiten von Titanchlorid und Wasserdampf durch eine rotglühende Porzellanröhre als warzenförmige Masse, welche mit mikroskopischen Kristallspitzen bedeckt war, dargestellt, später[3]) durch Einwirkung von Titanchlorid auf glühenden Ätzkalk. P. G. Hautefeuille[4]) erhielt beim Zersetzen von TiF_4 durch Wasserdampf bei etwa 1000° C lavendelblaue, durchscheinende Kristalle, ferner durch Einwirkung eines dreifachen Stromes von SiF_4, HCl und H_2O-Dampf auf ein geschmolzenes Gemisch von CaF_2, KCl und TiO_2. Bei Zersetzung einer Schmelze von SiO_2, TiO_2 und Fluorkieselkalium durch Salzsäure im Kohlentiegel bei dunkler Rotglut erhielt er den schwarzen Arkansittypus. Wird die vorstehende Reaktion im Platintiegel unter Zutritt eines Luftstroms ausgeführt, so bilden sich hellgrüne, tafelige Kristalle. Die Bildungstemperatur des Brookits ist niedriger als für Rutil. Auf diesem sitzen die gebildeten Brookite, und diese werden von dem sich zuletzt bildenden Anatas bedeckt. B. Doss[5]) versuchte auch den Brookit künstlich in den Perlen herzustellen, da seine Bildungstemperatur zwischen der des Anatases und Rutils liegt. Wohl entstanden sowohl im Phosphorsalz als im Borax tafelförmige gelbe Kristalle, die in ihrem Formenhabitus sehr an Brookit erinnern. Es stellte sich aber heraus, daß sie Rutil sind. Wahrscheinlich sind die Temperaturübergänge bei der Wanderung von der Spitze zu den tieferen heißesten Teilen der Oxydationsflamme zu schroff; die Perle läßt sich nicht in einer gleichmäßig mittleren Temperatur bewahren, während die Extreme leichter eingehalten werden können.

Vorkommen und Genesis.

Für Brookit gilt im allgemeinen dasselbe wie für Anatas; die Bildung hängt von der Temperatur ab.

Pseudobrookit.

Von M. Henglein (Karlsruhe).

Kristallform: rhombisch.

$a:b:c = 0,981:1:1,108$; tafelig und vertikal gestreift, wie Brookit; dunkelbraun bis schwarz, in dünnen Täfelchen rötlich durchscheinend.

Der Pseudobrookit ist erst 1878 von A. Koch als selbständiges Mineral aufgestellt und für eine dimorphe Modifikation des Titaneisens gehalten worden.

[1]) K. Busz, N. JB. Min. etc. 1901, II, 138.
[2]) G. A. Daubrée, C. R. **29**, 227; **30**, 383 (1849).
[3]) Derselbe, C. R. **39**, 135 (1854).
[4]) P. G. Hautefeuille, C. R. **62**, 148 (1864). — Ann. chim. phys. **4**, 140 (1865).
[5]) B. Doss, N. JB. Min. etc. 1894, II, 165.

Chemische Zusammensetzung und Analysen.

Nach A. Cederström und E. Rimbach hat das Mineral die Zusammensetzung $2 Fe_2O_3 . 3 TiO_2$ mit $42,896\%$ TiO_2 und $57,104$ Fe_2O_3. A. Frenzel bestätigt die Formel durch seine Analyse. B. Doss berechnet die Formel Fe_2TiO_5; G. Lattermann $(FeO)_9\overset{III}{Fe_5}Mg(TiO_3)_{13}$. Dieses Mineral kann daher auch als Titanat angesehen werden.

In der Literatur finden sich folgende quantitative Analysen:

	1.	2.	3.	4.	5.
δ	4,98	—	4,39	—	4,63
MgO	4,28	4,53	—	—	—
Fe_2O_3	42,29	48,64	56,42	58,20	66,42
TiO_2	52,74	46,79	44,26	42,49	33,59
Glühverlust .	0,69	—	—	—	—
	100,00	99,96	100,68	100,69	100,01

	6a.	6b.	7a.	7b.
MgO	2,09	—	1,00	—
Fe_2O_3	54,24	56,37	56,45	57,65
TiO_2	41,27	42,89	41,46	42,35
SiO_2	1,66	—	1,29	—
	99,26	99,26	100,20	100,00

1. Pseudobrookit vom Arânyer Berg in Siebenbürgen; unrein und nur an 0,1 g zur Verfügung stehendem Material; anal. A. Koch, Tsch. min. Mit. 1, 331 (1878).

2. Pseudobrookit aus dem Nephelinit des Katzenbuckels im Odenwald; 2 mal analysiert und das Mittel genommen von G. Lattermann, Tsch. min. Mit. 9, 53 (1888).

3. Pseudobrookit aus dem Kjerulfin von Havredal, Bamle in Norwegen; mehrere Zoll lange Kristalle; anal. von A. Cederström, Z. Kryst. 17, 136 (1890).

4. Pseudobrookit vom Arânyer Berg in Siebenbürgen; sehr reines Material unter dem Mikroskop geprüft; anal. von E. Rimbach bei H. Traube, Z. Kryst. 20, 329 (1892).

5. Pseudobrookit, künstlich aus Chamottesteinen von Sulfatöfen der Sodafabrik Hermania in Schönebeck; anal. von B. Doss, Z. Kryst. 20, 569 (1892).

6a. und b. Pseudobrookit vom Arânyer Berg in Siebenbürgen; nach der Hilgerschen Vorschrift [Ber. Dtsch. Chem. Ges. 23, 460 (1890)]; anal. von A. Frenzel, Tsch. min. Mit. 14, 127 (1895); MgO und SiO_2 betrachtet er als Verunreinigung (Analyse a); Analyse b nach Abrechnung der Beimengungen.

7a. und b. Pseudobrookit vom Arânyer Berg in Siebenbürgen; aus 0,287 g gutem Material; anal. von H. Traube bei A. Frenzel, Tsch. min. Mit. 14, 129 (1895).

Lötrohrverhalten und Löslichkeit. Vor dem Lötrohr ist der Pseudobrookit schwer schmelzbar; in der Phosphorsalzperle erhält man die Titaneisenreaktion, eine blutrote Färbung. Von Säuren wird er nur sehr schwer angegriffen. Nach B. Doss löst verdünnte Flußsäure den Pseudobrookit bei längerer Behandlung vollständig. G. Lattermann erhielt durch kochende Schwefelsäure Ausscheidung eines grünlichweißen, kristallinen Pulvers, welches Schwefelsäure, Eisen und Titan enthält und in Salzsäure gelöst wird. In einer Schmelze von saurem-schwefelsaurem Kali geht er vollkommen in Lösung, desgleichen in einem Gemenge von Schwefelsäure und Flußsäure (2 : 1) oder von Schwefelsäure und Salzsäure.

Synthese.

Der in den Chamotteziegeln der Sulfatöfen von der Sodafabrik Schöne-beck entstandene Pseudobrookit, hat sich neben Kristallen von Eisenglanz wahrscheinlich durch eine Wechselzersetzung von $FeCl_3$ und $TiCl_4$ mit Wasserdampf gebildet nach der Gleichung:

$$TiCl_4 + 2FeCl_3 + 5H_2O = Fe_2TiO_5 + 10HCl,$$

wenn wir die von B. Doss aufgestellte Formel annehmen.

Titansesquioxyd (Ti_2O_3).

Von C. Doelter (Wien).

Anhangsweise möge diese Verbindung, welche zwar nicht selbständig, aber als Beimengung in Mineralien vorkommt, erwähnt werden; sie dürfte in manchen Rutilen als Färbemittel vorkommen und entsteht bei der Synthese des Rutils manchmal. Das Sesquioxyd ist isomorph mit Al_2O_3 und Fe_2O_3, doch sind, was Dichte, topische Parameter anbelangt, Abweichungen zu kon-statieren, welche nach P. Groth[1]) auf ungenauen Bestimmungen beruhen. Früher wurde angenommen, daß das ganze Titan im Ilmenit als Ti_2O_3 vor-handen ist, während die Untersuchungen von W. König und v. d. Pfordten[2]) und besonders von W. Manchot[3]) zeigten, daß Ferrotitanat vorliege.

Das Ti_2O_3 wurde von L. Ebelmen,[4]) dann von Ch. Friedel und Guérin[5]) hergestellt; diese ließen bei hoher Temperatur einen Strom von Wasserstoff und von Titanchlorid auf amorphe Titansäure einwirken. Die Kristalle sind dem Titaneisen und dem Eisenglanz sehr ähnlich.

Man erhält auch das Oxyd durch Reduktion von Rutil mit Kohlenoxyd. Ditrigonal-skalenoedrisch. Achsenverhältnis nach Ch. Friedel und Guérin: $a:c = 1:1,316$. Dichte: 4,601.

Salze der Titansäure.

Wir unterscheiden reine Titanate, Silicotitanate, Silicozirkonotitanate, Titanoniobate bzw. Niobo-Titanate (z. T. mit etwas Zirkonsäure). Die An-ordnung wurde hier beibehalten. Eine Trennung der einzelnen Gruppen macht gewisse Schwierigkeiten, und ist die Einteilung mehr eine künstliche von provisorischem Charakter; namentlich die Trennung von den Silico—Zirkoniaten ist nicht leicht, es werden diese, soweit sie Titan enthalten, darin eingereiht.

Innerhalb der Gruppen wurde die Reihenfolge nach dem Atomgewicht der Metalle, soweit das durchführbar war, gewählt.

---

[1]) P. Groth, Chem. Krist. 1906, I, 98.
[2]) W. König u. v. d. Pfordten, Ber. Dtsch. Chem. Ges. **22**, 1485 (1889).
[3]) W. Manchot, Z. anorg. Chem. **74**, 79 (1912).
[4]) L. Ebelmen nach R. Abegg, Handbuch d. anorg. Chem. III, 2, 410 (1909).
[5]) Ch. Friedel u. Guérin, C. R. **82**, 509 (1876).

Titanate.

Von **F. Zambonini** (Palermo).

Knopit.

Regulär: Würfelige Kristalle, manchmal {100} {111} im Gleichgewicht (P. Holmquist).[1]

Dieses Mineral wurde von P. Holmquist beschrieben und benannt.

Analysen. P. Holmquist hat folgende Analysen bekannt gemacht:

	1. $\delta = 4,110$	2. $\delta = 4,288$	3. $\delta = 4,288$	4. $\delta = 4,21$
Na_2O	0,29	—	—	0,79
K_2O	0,75	0,39	1,68	0,38
MgO	0,19	0,35	0,32	—
CaO	26,84	32,22	32,84	33,32
MnO	0,31	—	—	—
FeO	3,23	5,15	4,94	4,19
Y_2O_3	0,06	—	—	—
Ce_2O_3	5,80	4,46	4,42	6,81
SiO_2	1,29	—	—	—
TiO_2	58,74	56,30	54,52	54,12
ZrO_2	0,91	—	—	—
H_2O	1,00	0,30	0,92	0,21
	99,41	99,17	99,64	99,82

1. Kristalle {100} {111} von Långörsholmen bei Alnö.
2. u. 3. Würfelige, schwarze, metallglänzende Kristalle derselben Lokalität.
4. Kristalle von Norrvik.

Formel. Die Analysen entsprechen nicht völlig der Formel $RO \cdot TiO_2$, weil die Basen überschüssig sind. C. F. Rammelsberg[2] berechnete für 1. die Formel $8(3RTiO_3 + RTi_2O_5) + Ce_2O_3$, für das Mittel von 2.—4. dagegen $41 RTiO_3 + Ce_2O_3$. Nach P. v. Groth[3] ist es wahrscheinlich, daß das Cer als vierwertig das Titan vertritt.

Chemisch-physikalisches Verhalten.[4] Der Knopit ist vor dem Lötrohr unschmelzbar; das Pulver leuchtet beim Glühen. Dichte 4,11—4,29. Härte zwischen 5—6. Die schwarzglänzenden Kristalle zeigen, obschon undeutlich, die optischen Verhältnisse des Perowskits.

Paragenetische Verhältnisse. Der Knopit ist als eine Kontaktbildung anzusehen; sie kommt im kristallinischen Kalkstein und in einer nephelin- und serpentinführenden Breccie im Gebiete des Nephelinsyenits der Insel Alnö vor.

---

[1] P. Holmquist, Geol. F. F. **16**, 73 (1894).
[2] C. F. Rammelsberg, II. Supplement zur Mineralchemie (Leipzig 1895), 171.
[3] P. v. Groth, Chem. Krist. (Leipzig 1908), II, 233.
[4] Nach P. Holmquist.

Perowskit.

Rhombisch (?), pseudokubisch:

$$a:b:c = 1:1:0,7071 \text{ (approx.) (H. L. Bowman).[1]}$$

Die Perowskitkristalle sind meist von würfeliger, selten von oktaedrischer Gestalt; die Ätzfiguren und die optischen Eigenschaften zeigen aber, daß das Mineral zweiachsig und sehr wahrscheinlich rhombisch ist, wie schon A. Des Cloizeaux,[2] N. v. Kokscharow,[3] H. Baumhauer,[4] E. Mallard[5] u. a. vermutet haben und H. L. Bowman vor kurzem sehr vollständig gezeigt hat.

Analysen. Unter den vorliegenden Analysen kann man folgende wiedergeben:

	1.	2.	3.	4.	5.	6.	7.
(MgO) ..	Sp.	0,11	—	Sp.	Sp.	—	
CaO ..	39,20	36,76	40,83	40,23	39,61	39,80	41,47
FeO ..	2,06	4,79	0,58	0,85	1,44	0,91	
TiO$_2$ ..	58,96	59,00	58,85	59,28	59,17	59,39	58,66
	100,22	100,66	100,26	100,36	100,22	100,10	100,13

	8.	9.	10.	11.	12.
(MgO) .	—	Sp.	—	—	—
CaO ..	38,35	40,69	39,00	37,40	39,00
FeO ..	2,07	—	—	—	—
TiO$_2$ ..	58,66	58,67	60,00	60,10	61,30
	99,08	99,36	99,00	97,50	100,30

1. Achmatowsche Grube; anal. Jacobson bei H. Rose, Pogg. Ann. **62**, 596 (1844).
2. Distrikt von Statoúst (Achmatowsche Grube ?); anal. Brooks bei H. Rose, Pogg. Ann. **62**, 596 (1844).
3. Schischimsker Berge, Ural; anal. Popoff, Russ. Berg-Journal **3**, 300 (1876).
4. u. 5. Findelengletscher bei Zermatt; anal. A. Damour, Ann. min. **6**, 512 (1854).
6. Rympfischwäng am Findelengletscher; anal. A. Brun, Z. Kryst. **7**, 389 (1882).
7. Val Malenco; anal. F. Mauro, R. Acc. d. Linc. **4**, 210 (1880).
8. Oberwiesenthal; anal. A. Sauer, Z. Dtsch. geol. Ges. **37**, 448 (1885).
9. Emarese, Aostatal; anal. F. Millosevich, R. Acc. d. Linc. [5ª] **10**, 1. sem. 209 (1901).
10. Künstliche Kristalle; anal. P. Hautefeuille, Ann. chim. phys. **4**, 154 (1865).
11. u. 12. Künstliche Kristalle; anal. L. Bourgeois, Bull. Soc. min. **9**, 248 (1886).

Formel. Schon die ersten Analysen von Jacobson und Brooks (unter der Leitung H. Roses ausgeführt) stellten die Formel CaTiO$_3$ fest. Ein kleiner Teil des Calciums ist häufig durch Ferroeisen ersetzt.

Chemisch-physikalisches Verhalten. Vor dem gewöhnlichen Lötrohr schmilzt der Perowskit nicht; im Fletcherschen Lötrohr mit Sauerstoff schmilzt er aber zu einem gelblichen Glase (G. Spezia).[6] Der Perowskit wird durch

---

[1] H. L. Bowman, Min. Mag. **15**, 156 (1908).
[2] A. Des Cloizeaux, Manuel de Min. **2**, 214 (1893).
[3] N. v. Kokscharow, Mater. Min. Rußland **8**, 39 (1878).
[4] H. Baumhauer, Z. Kryst. **4**, 187 (1880).
[5] E. Mallard, Bull. Soc. min. **5**, 233 (1882).
[6] G. Spezia, Atti Acc. Sc. Torino **22**, 419 (1887).

kochende Schwefelsäure zersetzt. Dichte 4,017 (Achmatowsche Grube) nach G. Rose[1]); 4,037 (Findelengletscher) nach A. Damour; 3,974 Rympfischwäng nach A. Brun; 3,95—4,10 (künstliche Kristalle) nach L. Ebelmen.[2]) Härte 5—6. Farbe von hellgelb bis zu schwarz. Der Glanz ist diamantartig, bisweilen metallisch. Optisch zweiachsig; $2V = 90°$ (app.); negative Mittellinie (α) senkrecht auf (100). Starke Dispersion der Achsen; um die positive Mittellinie $\varrho > v : \gamma - \alpha = 0,017$ (H. L. Bowman). Ziemlich deutliche Spaltbarkeit nach den scheinbaren Würfelflächen.

Synthese. Der Perowskit wurde zuerst von L. Ebelmen[2]) durch Erhitzen von TiO_2, $CaCO_3$ und Alkalicarbonat bis zur Verflüchtigung des Alkalis dargestellt. P. Hautefeuille[3]) erhielt kleine, doppelbrechende Pseudowürfel durch Erhitzen einer Mischung von $CaCl_2$, SiO_2 und TiO_2 in einem feuchten Strom von Luft oder CO_2 oder auch HCl. L. Bourgeois[4]) stellte Oktaeder und Skelette von Perowskit dar, durch Stehenlassen einer basischen Silicatschmelze mit CaO und TiO_2 im viscosen Zustande während längerer Zeit. Durch Zusammenschmelzen von $CaCO_3$ und TiO_2 mit $BaCl_2$ erhielt L. Bourgeois[5]) stark doppelbrechende Pseudooktaeder (Anal. 11 u. 12). P. Holmquist[6]) hat zwei leichtflüssige Sodaschmelzen von $CaCO_3$ und TiO_2 gemischt und kleine pseudokubische oder pseudooktaedrische Perowskitkristalle erhalten, welche die optischen Eigenschaften der natürlichen Kristalle zeigen.

Paragenetische Verhältnisse. Der Perowskit kommt in den Chlorit- und Talkschiefern und in den Serpentingesteinen vor. Er findet sich ferner häufig in den Melilith—Nephelin- und Leucitbasalten, und seltener in andern Eruptivgesteinen. In diesen gehört er zu den ältesten Ausscheidungen.

Umwandlungen. Der Perowskit ist meist unzersetzt: A. Sauer[7]) fand ihn aber bei Oberwiesenthal mit einem leukoxenartigen Ring versehen. Der Perowskit von Catalão, Brazil, zeigt nach E. Hussak[8]) einen frischen Kern, von einem grünlichen, stark lichtbrechenden Aggregat umhüllt, welches aus reinem Titandioxyd (wahrscheinlich Anatas) besteht.

Ilmenitgruppe.

Die Ilmenitgruppe umfaßt die zur rhomboedrischen Klasse des trigonalen Kristallsystems gehörenden Metatitanate der zweiwertigen Elemente Fe, Mn, Mg, Pb, sowie ihre festen Lösungen mit dem Eisenoxyd. Man kann unterscheiden:

1. Geikielith: vorwiegend aus $MgTiO_3$ bestehend, mit $FeTiO_3$ und Fe_2O_3 in fester Lösung.
2. Pyrophanit: „ „ $MnTiO_3$.
3. Crichtonit: nahezu reines $FeTiO_3$.

[1]) G. Rose, Reise Ural u. Altai **2**, 128, 477 (1842).
[2]) L. Ebelmen, C. R. **32**, 710 (1851).
[3]) P. Hautefeuille, C. R. **59**, 732 (1864).
[4]) L. Bourgeois, Ann. chim. phys. **29**, 474 (1883).
[5]) L. Bourgeois, C. R. **103**, 141 (1886).
[6]) P. Holmquist, Bull. of the geol. Inst. Upsala **3**, 36 (1896).
[7]) A. Sauer, Z. Dtsch. geol. Ges. **37**, 445 (1885).
[8]) E. Hussak, N. JB. Min. etc. **2**, 297 (1894).

4. Ilmenit: feste Lösungen von $FeTiO_3$ und Fe_2O_3, häufig auch wechselnde Mengen $MgTiO_3$ enthaltend. Die an der Geikielithverbindung reicheren Mischkristalle werden Pikroilmenit[1]) genannt.

5. Senait: feste Lösungen der drei Titanaten $FeTiO_3$, $MnTiO_3$ und $PbTiO_3$.

Geikielith.

Trigonal (rhomboedrische Klasse):

$$a:c = 1:1,370 \text{ (P. v. Sustschinskij).[2])}$$

Dieses Mineral wurde von A. Dick[3]) im Edelsteinsande von Rakwana bestimmt und benannt.

Analysen. Unter den vorhandenen Analysen können wir folgende wiedergeben:

	1.	2.	3.	4.	5.	6.
MgO . .	28,73	28,95	27,90	28,50	25,79	24,66
FeO . .	3,81	2,03	5,44	6,34	10,09	12,14
Fe_2O_3 . .	—	7,75	2,77	1,93	0,25	—
TiO_2 . .	67,74	61,32	64,41	63,77	63,94	64,03
	100,28	100,05	100,52	100,54	100,07	100,83

Alle Analysen wurden an Ceyloner Material ausgeführt. Analytiker: von 1. A. Dick[4]); von 2. F. Kaeppel[5]); von 3—6 T. Crook und M. B. Jones.[6]) Letztere haben auch einige leukoxenisierte Varietäten analysiert.[7])

Formel. Die Analysen zeigen, daß der Geikielith eine feste Lösung der drei Verbindungen $MgTiO_3$, $FeTiO_3$ und Fe_2O_3 ist, von welchen die letztere manchmal fehlt.

Chemisch-physikalisches Verhalten. Vor dem Lötrohre schmilzt der Geikielith nicht; von kalter HF wird er gelöst, während heiße, konzentrierte HCl ihn langsam zersetzt. Das spez. Gewicht schwankt zwischen 3,97 und 4,11 je nach dem Eisengehalt; die Härte beträgt 6. Der Geikielith ist gewöhnlich mattschwarz; die sehr dünnen Splitter sind purpurrot durchscheinend. Weniger magnetisch als Pikroilmenit und noch weniger als Ilmenit. Die Doppelbrechung ist stark und negativ. Das Mineral zeigt Spaltbarkeit nach {$10\bar{1}1$} und Absonderung nach der Basis.

Synthese. Das Magnesiummetatitanat wurde schon von L. Ebelmen[8]) künstlich dargestellt; später wurde er von P. Hautefeuille[9]) durch Erhitzen von TiO_2, $MgCl_2$ und etwas NH_4Cl, dann von L. Bourgeois[10]) in hexagonalen,

---

[1]) A. Lacroix (Minéralogie de la France et de ses Colonies 3, 284) hat die Benennung Picrocrichtonit vorgeschlagen; da aber die betreffenden Mineralien fast immer Fe_2O_3 enthalten, so ist die Bezeichnung Picroilmenit passender.

[2]) P. Sustschinskij, Z. Kryst. 37, 59 (1902).

[3]) A. Dick, Min. Mag. 10, 145 (1893).

[4]) A. Dick, Min. Mag. 10, 146 (1893).

[5]) F. Kaeppel, Z. Kryst. 37, 60 (1902).

[6]) T. Crook u. B. M. Jones, Min. Mag. 14, 161 (1906).

[7]) Das Material der Analyse 4 ist dasselbe der Analyse 1, welche also als nicht genau zu betrachten ist.

[8]) Man vgl. C. Friedel, Bull. Soc. chim. 5, 202 (1863).

[9]) P. Hautefeuille, Ann. chim. phys. [4] 4, 167 (1865).

[10]) L. Bourgeois, Bull. Soc. min. 15, 194 (1892).

optisch einachsigen, negativen Blättchen, durch Schmelzen von $MgCl_2$ und TiO_2 erhalten.

Paragenetische Verhältnisse. Der Geikielith kommt zusammen mit Zirkon, Korund, Turmalin, Pleonast, Pikroilmenit, Ilmenit, Rutil, Fergusonit in den Edelsteinsanden der Distrikte Balangoda und Rakwana auf Ceylon vor, welche aus der Zersetzung granitischer Gesteine stammen.

Pyrophanit.

Trigonal (rhomboedrische Klasse):

$$a : c = 1 : 1,3692 \text{ (A. Hamberg).[1]}$$

Dieses seltene Mineral wurde von G. Flink und A. Hamberg auf der Grube Harstigen bei Pajsberg entdeckt und von dem letzteren untersucht und benannt.

Analyse. Nur eine einzige, von A. Hamberg ausgeführte Analyse ist bekannt:

MnO	46,92
Fe_2O_3	1,16
Sb_2O_3	0,48
SiO_2	1,58
TiO_2	50,49
	100,63

Formel. Die Hambergsche Analyse stimmt ziemlich gut mit der Formel $MnTiO_3$ überein.

Chemisch-physikalisches Verhalten.[2] Der Pyrophanit wird durch Abdampfen mit wäßriger Schwefelsäure gelöst. Die Härte ist derjenigen des Apatits ungefähr gleich. Spez. Gew. 4,537 (4,6 an den künstlichen Kristallen nach L. Bourgeois.[3]) Der Pyrophanit ist stark metallglänzend und mit tief roter Farbe durchsichtig; die negative Doppelbrechung ist sehr stark ($N_\omega = 2,4810$, $N_\varepsilon = 2,21$ für Na-Licht). Gute Spaltbarkeit nach zwei Rhomboedern $\{02\bar{2}1\}$ und $\{10\bar{1}2\}$ (nach letzterem weniger vollkommen); A. Hamberg hat auch Absonderung nach der Basis beobachtet.

Synthese. Durch Schmelzen von $MnCl_2$ mit TiO_2 in Rotglut hat L. Bourgeois[4] schöne, gelbbraune, optisch negativ einachsige, hexagonale Tafeln von $MnTiO_3$ erhalten.

Paragenetische Verhältnisse. Der Pyrophanit wurde zuerst auf der Grube Harstigen zusammen mit Ganophyllit, Granat, Manganophyll gefunden. Später hat O. Derby[5] ihn auch im Queluzit genannten Gestein von Minas Geraes erkannt.

Crichtonit.

Trigonal (rhomboedrische Klasse). Spitzrhomboedrische oder tafelige Kristalle, in den Winkeln dem Ilmenit nahestehend. Der Crichtonit wurde

[1] A. Hamberg, Geol. För. Förk. **12**, 600 (1890).
[2] Nach A. Hamberg.
[3] L. Bourgeois, Bull. Soc. min. **15**, 194 (1892).
[4] Nach A. Hamberg.
[5] O. Derby, Am. Journ. **25**, 215 (1908).

von J. L. Bournon[1]) entdeckt und benannt, aber gewöhnlich mit dem Ilmenit vereinigt. A. Lacroix[2]) hat mit vollem Recht vorgeschlagen, das nahezu reine Ferrometatitanat vom Ilmenit zu trennen und mit dem alten Bournon-schen Namen zu belegen.

Analysen. Man kann folgende erwähnen:

	1.	2.	3.	4.	5.
MgO . . .	—	—	—	0,79	1,25
CaO . . .	—	—	—	0,06	—
MnO . . .	—	—	—	1,36	—
FeO . . .	46,53	49,88	47,42	44,32	45,83
Fe$_2$O$_3$ . . .	1,20	—	—	—	—
TiO$_2$ . . .	52,27	50,12	52,58	52,50	52,73
	100,00	100,00	100,00	99,03	99,81

1. Crichtonit aus dem Oisans; anal. Ch. de Marignac.[3])
2. u. 3. Crichtonit (sog. Iserin) aus der Iserwiese; anal. H. Rose[4]); das Material von 2 schwach, jenes von 3 stark magnetisch.
4. Sundsvale; anal. P. Tschernik.[5])
5. Vom Helenengletscher, Ruwenzori-Gebirge; anal. L. Colomba.[6])

Formel. Die fünf wiedergegebenen Analysen führen übereinstimmend zur Formel FeTiO$_3$.

Physikalische Eigenschaften. Für die analysierten Crichtonite wurden folgende Werte für das spez. Gewicht gefunden: 4,727 (1), 4,755 (4), 4,760 (2), 4,681 (3). Die zwei letzten Bestimmungen rühren von G. Rose[7]) her. Härte zwischen 5 und 6. Die Farbe ist schwarz. Für sonstige Eigenschaften vergleiche man beim Ilmenit.

Synthese. L. Bourgeois[8]) hat durch Schmelzen von Eisenchlorür mit Titansäure schwarze, oktaederähnliche Kristalle von FeTiO$_3$ erhalten.

Paragenetische Verhältnisse. Der ursprüngliche Crichtonit wurde in den Anatasvorkommen vom Oisans, auf den Klüften des Aplit, zusammen mit Quarz, Albit, Anatas gefunden. Es handelt sich wahrscheinlich um eine hydro-thermale Bildung.

Arizonit.

Wahrscheinlich monoklin

$$a:b:c = 1,88:1:2,37; \quad \beta = 125^0 \quad (F.\ E.\ Wright).[9])$$

Dieses bis jetzt seltene Mineral wurde von Ch. Palmer[10]) unweit Hackberry, Arizona, entdeckt und beschrieben.

---

[1]) J. L. Bournon, Catal. coll. min. 1813, 420.
[2]) A. Lacroix, Minéralogie de la France et de ses Colonies 3, 284.
[3]) Ch. Marignac, Ann. chim. phys. 14, 50 (1845).
[4]) H. Rose, Pogg. Ann. 3, 167 (1825).
[5]) P. Tschernik, Journ. soc. phys.-chim. russe 34, 457 (1904).
[6]) L. Colomba, Z. Kryst. 50, 512 (1912).
[7]) G. Rose, Pogg. Ann. 9, 289 (1827).
[8]) L. Bourgeois, Bull. Soc. min. 15, 194 (1892).
[9]) F. E. Whright, Am. Journ. Sc. 28, 353 (1909).
[10]) Ch. Palmer, Am. Journ. Sc. 28, 353 (1909).

Analyse. Die einzige bekannte Analyse wurde von Ch. Palmer ausgeführt, und ergab folgende Resultate:

$$
\begin{array}{lr}
\text{FeO} & 0,70 \\
\text{Fe}_2\text{O}_3 & 38,38 \\
\text{SiO}_2 \ (\text{unl.}) & 1,02 \\
\text{TiO}_2 & 58,26 \\
\text{TiO}_2 \ (\text{unl.}) & 0,56 \\
\text{H}_2\text{O (unter 110}^0) & 0,18 \\
\text{H}_2\text{O (über 110}^0) & 1,02 \\
\hline
& 100,12
\end{array}
$$

Formel. Aus seiner Analyse hat Ch. Palmer die Formel $Fe_2O_3 . 3 TiO_2$ oder $Fe_2Ti_3O_9$ hergeleitet. Der Arizonit ist also ein Ferrimetatitanat. Nach Ch. Palmer ist der sog. Iserin als ein Gemisch von Ilmenit und Arizonit anzusehen, und der von J. Mackintosh[1]) analysierte brasilianische Titaneisensand war vielleicht unreiner Arizonit.

Chemisch-physikalisches Verhalten. Der Arizonit wird durch heiße, konzentrierte Schwefelsäure völlig zersetzt. Härte = 5—6; Dichte = 4,25. Das Mineral ist von tief stahlgrauer Farbe; die dünnsten Splitter sind tiefrot durchscheinend.

Umwandlungen. Bei der Verwitterung geht nach und nach der Arizonit in ein Netzwerk von Anatasaggregaten über, wobei die Farbe gleichzeitig braungelb wird.

Paragenetische Verhältnisse. Der Arizonit kommt mit Gadolinit in einem Pegmatitgang unweit Hackberry, Arizona, vor. Nähere Angaben über Entstehung usw. fehlen.

Ilmenit.

Trigonal (rhomboedrische Klasse):

$$a : c = 1 : 1,385 \ (\text{N. v. Kokscharow}).[2])$$

Synonyma. Titaneisen, Menaccanit.

Analysen. Im Hintzeschen Handbuch[3]) werden nicht weniger als hundert Analysen zusammengestellt; wir werden hier nur die typischsten und vollständigeren, besonders aus neuerer Zeit, mit Bestimmung von FeO und Fe_2O_3 wiedergeben.

	1. $\delta = 4,943$	2. $\delta = 5,041$	3.	4.	5. $\delta = 4,910$
MgO	—	1,10	1,10	Sp.	—
MnO	—	Sp.	—	0,32	—
FeO	8,90	0,11	—	6,87	8,04
Fe$_2$O$_3$	80,63	93,50	93,62	79,14	70,39
SiO$_2$	—	—	—	0,11	—
TiO$_2$	10,47	5,67	5,67	12,82	21,58
	100,00	100,38	100,39	99,26	100,01

[1]) J. Mackintosh, Am. Journ. Sc. **29**, 342 (1885).
[2]) N. v. Kokscharow, Mat. Min. Russ. **6**, 355 (1870).
[3]) C. Hintze, Handbuch der Min. (Leipzig 1876), I.

1. Snarum; anal. C. F. Rammelsberg, Mineralchemie 1875, 156.
2. u. 3. Snarum; anal. G. Doby u. G. Melczer, Z. Kryst. **39**, 540 (1904).
4. Batum; anal. P. Tschernik, Verh. d. kais. russ. min. Ges. **41**, 315 (1903).
5. Tvedestrand; anal. G. Doby u. G. Melczer.

	6.	7. $\delta = 4{,}98$	8.	9. $\delta = 4{,}916$	10.
MgO	—	—	0,37	—	—
CaO	—	—	0,21	1,79	1,34
MnO	—	—	1,36	0,02	—
FeO	11,95	10,48	8,26	11,26	23,86
Al_2O_3	—	—	0,36	1,44	—
Fe_2O_3	66,08	68,42	66,32	63,55	55,31
SiO_2	—	—	1,63	1,40	1,20
TiO_2	21,58	21,09	21,11	20,60	18,40
	99,61	99,99	99,62	100,06	100,11

6. Tvedestrand; anal. G. Doby u. G. Melczer.
7. Lusangazi, Rhodesia; anal. ?, Bull. Imp. Inst. London **2**, 73 (1904).
8. Skewsbrough, Papa Stour (Shetland); anal. F. Heddle, Min. Mag. **3**, 41 (1879).
9. Vanlup, Mainland in Hillswickness (Shetland); anal. F. Heddle, Min. Mag. **3**, 29 (1879).
10. Ben More, Argyllshire (Schottland); anal. F. Heddle, Min. Scotland. **1**, 92 (1901).

	11. $\delta = 4{,}6$	12. $\delta = 4{,}986$	13.	14. $\delta = 4{,}908$	15. $\delta = 4{,}86$
MgO	—	0,50	—	—	—
CaO	—	—	—	1,01	1,46
MnO	—	0,25	—	2,34	0,20
FeO	32,38	22,39	1,07	29,01	15,40
Al_2O_3	—	—	—	—	—
Fe_2O_3	53,36	53,71	52,67	43,06	41,87
SiO_2	0,50	—	—	2,07	0,70
TiO_2	13,31	23,72	46,42	23,67	40,40
	99,55	100,57	100,16	101,16	100,03

11. Adamstown, Pa.; anal. Knerr u. E. Brunner, Journ. Am. Chem. Soc. **6**, 413 (1884).
12. Lichtfield (sog. Washingtonit); anal. C. F. Rammelsberg, Pogg. Ann. **104**, 522 (1858).
13. Kragerö?; anal. v. Gerichten, N. JB. Min. etc. 1873, 643.
14. Anguston-Bruch bei Aberdeen; anal. F. Heddle, Min. Scotland. **1**, 92 (1901).
15. Ben Crois, Argyllshire; anal. F. Heddle, Min. Scotl. **1**, 92 (1901).

	16. $\delta = 4{,}431$	17.	18. $\delta = 4{,}614$	19. $\delta = 4{,}852$	20. $\delta = 4{,}2$	21. $\delta = 4{,}659$	22.
MgO	—	—	0,08	0,35	1,73	0,29	3,16
CaO	—	0,08	—	—	—	—	0,55
MnO	—	—	—	—	—	—	0,28
FeO	33,16	15,72	28,84	19,70	4,90	27,96	31,16
Fe_2O_3	30,21	34,51	20,88	33,91	32,11	24,95	22,22
SiO_2	—	—	—	—	1,16	—	0,60
TiO_2	35,66	49,68	49,68	47,68	59,20	48,12	41,96
	99,03	99,99	99,48	101,64	99,10	101,32	99,95 [1]

[1]) 0,02 P_2O_5.

16. Brixlegg; anal. A. Cathrein, Z. Kryst. **6**, 249 (1881).
17. u. 18. Kragerö; anal. G. Doby u. G. Melczer, Z. Kryst. **39**, 540 (1904).
19. Miasc; anal. G. Doby u. G. Melczer.
20. Rio Janeiro; anal. J. Mackintosh, Am. Journ. **29**, 342 (1885).
21. Röslau bei Wunsiedel; anal. A. Hilger, N. JB. Min. etc. **2**, 38 (1892).
22. Ekersund; anal. H. Tamm, G. F. F. **2**, 46 (1874).

	23.	24.	25.	26.	27.	28.	29.
		$\delta = 4,09$	$\delta = 4,791$				
MgO	3,03	—	0,19	1,14	4,35	4,40	—
CaO	—	0,42	0,45	—	—	—	—
MnO	—	—	1,40	—	—	—	—
FeO	33,72	15,75	21,91	39,51	34,12	33,95	35,70
Fe_2O_3	19,55	18,83	14,99	14,10	14,06	14,18	13,22
SiO_2	—	3,28	6,34	—	—	—	1,01
TiO_2	44,50	60,80	54,23	45,77	46,78	46,92	49,85
H_2O	—	1,75	1,33	—	—	—	—
	100,80	100,83	100,84	100,52	100,69[1])	100,75[2])	99,78

23. Fürtschlagl (Tirol); anal. A. Cathrein, Z. Kryst. **12**, 44 (1881).
24. u. 25. Småland (Hydroilmenit); anal. C. W. Blomstrand, Z. Kryst. **4**, 521 (1880).
26. Ekersund; anal. C. F. Rammelsberg, Mineralchemie 1875, 152.
27. u. 28. Kydland bei Ekersund; anal. R. Stören, Z. prakt. Geol. 1901, 183.
29. Cloncurry River, Queensland; anal. A. Liversidge, J. Roy. Soc. N. S. W. **29**, 316 (1895).

	30.	31.	32.	33.	34.	35.
	$\delta = 4,70$	$\delta = 4,683$				$\delta = 4,543$
MgO	1,54	1,89	1,38	Sp.	—	—
CaO	—	—	—	0,10	0,18	0,14
MnO	Sp.	—	—	3,43	—	—
FeO	40,50	42,59	40,22	39,63	42,55	43,04
Al_2O_3	—	—	—	—	0,12	0,20
Fe_2O_3	12,32	11,18	9,76	6,92	2,23	2,06
SiO_2	—	—	—	—	3,67	2,98
TiO_2	46,21	45,03	48,61	48,03	50,85	51,20
H_2O	—	—	—	0,14	—	—
	100,57[3])	100,69	99,97	98,25	99,60	99,62

30. Frauenberg bei Heubach; anal. Th. Petersen, Sitzber. Bayr. Ak. 1873, 146.
31. Taufstein; anal. R. Wedel, J. preuß. geol. L.A. **11**, 118 (1890).
32. Franklin, N. C.; anal. F. A. Genth, Miner. North Carol. 1891, 32.
33. Kragerö bei Fredrikstad; anal. G. Wallin bei W. C. Brögger, Die Mineralien der südnorw. Granit-Pegmatitgänge 1906, 39. Die Analyse ist mit den Korrekturen C. W. Blomstrands (bei W. C. Brögger) wiedergegeben.
34. u. 35. Stepanowka, Podolien; anal. F. Kovář, Z. Kryst. **31**, 525 (1899).

---

[1]) 0,60 Al_2O_3, 0,78 unlösl.
[2]) 0,53 Al_2O_3, 0,77 unlösl.
[3]) Cr_2O_3 Sp.

	36. $\delta = 4,67$	37. $\delta = 4,68$	38. $\delta = 4,45$	39. $\delta = 4,44$	40.
MgO . .	5,33	5,33	8,68	12,06	11,63
CaO . .	—	—	0,23	—	3,14
MnO . .	—	—	0,20	—	5,17
FeO . .	33,08	31,11	27,81	23,70	17,78
Al_2O_3 . .	—	—	2,84	—	
Fe_2O_3 . .	8,08	10,07	9,13	12,83	9,87
SiO_2 . .	0,14	Sp.	0,76	0,53	1,12
TiO_2 . .	52,73	52,64	49,32	51,92	50,65
H_2O . .	—	—	0,20	0,50	—
	99,36	99,15	100,10[1]	101,54	99,36

36. u. 37. Carter Mine, N. C.; anal. F. Keller, Journ. Am. Phil. Soc. **23**, 42 (1885).
38. Elliot Co, Kent; anal. J. Diller, Am. Journ. **32**, 121 (1886).
39. Magnolia, Colo.; anal. M. C. Whitaker, Z. Kryst. **32**, 604 (1899).
40. Ben Bhreac, Sutherl.; anal. F. Heddle, Min. Mag. **5**, 152 (1883).

	41.	42. $\delta = 4,436$	43. $\delta = 4,25$	44. $\delta = 4,17$
MgO	12,10	11,85	14,18	15,56
MnO	—	—	—	—
FeO	27,05	26,50	24,40	16,57
Fe_2O_3	7,05	6,91	5,43	10,17
TiO_2	53,79	52,69	56,08	57,64
Rückst. . . .	—	2,07	—	—
	99,99	100,02	100,09	99,94

41. u. 42. Du Toit's Pan, Kimberley; anal. E. Cohen, N. JB. Min. etc. 1877, 696.
43. u. 44. Balangoda, Ceylon (Pikroilmenit); anal. T. Crooks u. B. M. Jones, Min. Mag. **14**, 165 (1906).

	45. $\delta = 4,345$	46.	47.	48. $\delta = 4,699$
MgO	15,97	—	4,44	0,82
MnO	1,10	15,15	2,60	—
FeO	24,15	30,25	25,44	35,99
Fe_2O_3	1,87	3,92	8,94	—
SiO_2	0,37	—	—	1,25
TiO_2	57,29	50,68	41,64	63,31
	100,75	100,00	83,06	101,37

45. Layton's Farm, N.Y. (Pikroilmenit); anal. H. W. Foote, Z. Kryst. **28**, 597 (1897).
46. Rocroi; anal. C. Klement, Tsch. min. Mit. N. F. **8**, 15 (1886). Diese Varietät stellt das Analogon zum Prikroilmenit dar und verdient mit einem besonderen Namen versehen zu werden.
47. Pelotas am Rio Grande (Brasilien); anal. L. Azéma, Bull. Soc. min. **34**, 29 (1911). Der Rest war Titanit.
48. Bedford, Va.; anal. G. M. Peek. Diese Varietät enthält einen beträchtlichen Überschuß an TiO_2.

---

[1] Cr_2O_3 0,74; $K_2O + Na_2O$ 0,19.

Formel. C. G. Mosander[1]) betrachtete den Ilmenit als eine „isomorphe Mischung" von $FeTiO_3$ und Fe_2O_3; er konstatierte die Gegenwart des Magnesiums im Mineral, und nahm an, daß das Ferroeisen durch Mn, Mg, Ca ersetzbar ist. C. G. Mosander stützte seine Ansicht auf die durch G. Rose[2]) erwiesene kristallographische Verwandtschaft zwischen Ilmenit und Eisenglanz. Eine ganz abweichende Ansicht wurde von H. Rose[3]) vertreten. H. Rose wollte den Isomorphismus zwischen einem Salz und einem Oxyd nicht gelten lassen, und betrachtete den Ilmenit als eine Mischung der zwei Oxyde Fe_2O_3 und Ti_2O_3. Die H. Rosesche Ansicht wurde sofort von J. J. Berzelius[4]) und R. Hermann[5]) bekämpft, weil der Magnetismus des Ilmenits zugunsten des Vorhandenseins von Ferroeisen spricht. Auf Grund neuer und zahlreicher Analysen konnte C. F. Rammelsberg[6]) die nahezu konstante Anwesenheit des Magnesiums im Ilmenit beweisen, was nach ihm die Präexistenz von Ferroeisen im Mineral wahrscheinlich macht, besonders wenn man bedenkt, daß der Mg-Gehalt sehr bedeutend sein kann (wie dies für den Ilmenit von Layton's Farm N. Y. der Fall war), was mit der Mosanderschen Ansicht in Einklang steht, während dies bei der Annahme, daß der Ilmenit eine isomorphe Mischung der Oxyde Fe_2O_3 und Ti_2O_3 sei, völlig unerklärt bleibt.

Th. Scheerer[7]) glaubte einen Beweis für die Gegenwart von Ti_2O_3 in der blauen Farbe gefunden zu haben, die das Mineral beim Kochen mit H_2SO_4 annimmt.

Der von Ch. Friedel und J. Guérin[8]) gelieferte Beweis der Isomorphie von Ti_2O_3 und Fe_2O_3 wurde von P. Groth[9]) u. a. als eine Bestätigung der H. Roseschen Auffassung betrachtet, obwohl Ch. Friedel selbst auf die Tatsache hingewiesen hatte, daß das Achsenverhältnis des Ilmenits nicht zwischen dem des Hämatits und Titansesquioxyds liegt, wie man erwarten sollte, wenn Ilmenit eine isomorphe Mischung von Fe_2O_3 und Ti_2O_3 wäre.

Die Analysen der nur Fe, Ti und O enthaltenden Varietäten können keine Entscheidung bringen, weil beide Annahmen die gleiche Anzahl von Atomen ergeben; wenn aber Ti_2O_3 im Ilmenit vorhanden ist, so mußte es doch gelingen, dasselbe zu isolieren. Zu diesem Zwecke stellten Th. König und O. von der Pfordten[10]) eingehende Versuche über das Verhalten von Ilmenit in reduzierenden Gasströmen an, und zwar in Wasserstoff und in Schwefelwasserstoff. Das Resultat der Versuche war, daß es unmöglich ist, auf chemischem Wege das Vorhandensein von Ti_2O_3 im Mineral nachzuweisen oder dasselbe zu isolieren; sie zeigten auch, daß die bis damals geltend gemachten chemischen Gründe, welche für die Rosesche Hypothese sprechen sollten, keine besondere Beweiskraft besitzen. Die Untersuchungen von Th. König und von der Pfordten waren wirklich entscheidend; sie blieben aber leider nahezu vollkommen unbeachtet.

---

[1]) C. G. Mosander, Pogg. Ann. **19**, 219 (1830).
[2]) G. Rose, Pogg. Ann. **9**, 286 (1827).
[3]) H. Rose, Pogg. Ann. **62**, 123 (1844).
[4]) J. Berzelius, Jahresber. **25**, 368 1845.
[5]) R. Hermann, J. pr. Ch. **43**, 50 (1848).
[6]) C. F. Rammelsberg, Pogg. Ann. **104**, 503 (1858).
[7]) Th. Scheerer, Pogg. Ann. **64**, 489 (1845).
[8]) Ch. Friedel u. J. Guérin, C. R. **82**, 509 (1876).
[9]) P. Groth, Tabell. Übers. Min. 1889, 40.
[10]) Th. König u. O. v. d. Pfordten, Ber. Dtsch. Chem. Ges. **22**, 1494 (1889).

Die Entdeckung des Pyrophanits lieferte eine neue Stütze für die Mo-sandersche Auffassung, weil er, wie A. Hamberg[1]) betonte, nicht als eine Mischung der Sesquioxyde des Titans und Mangans gedeutet werden kann, weil beide Oxyde Mn_2O_3 und Ti_2O_3 sehr unbeständig sind, und jener sich ebenso leicht reduziert, wie dieser sich oxydiert.

Zur Rammelsbergschen Analyse des Mg-reichen Ilmenits von Layton's Farm hatte P Groth bemerkt, daß das Material kristallographisch nicht sicher gestellt war und unrein gewesen sein mochte. S. L. Penfield u. H. W. Foote[2]) haben die Analyse an einem Kristall wiederholt und die Resultate C. F. Rammels-bergs bestätigt; seitdem wurde die Mosandersche Auffassung allgemein an-genommen. Neuerdings hat W. Manchot[3]) gezeigt, daß der Ilmenit beim Er-hitzen mit konz. Kalilauge, bzw. HCl oder verdünnter H_2SO_4, keine Spur Wasser-stoff entwickelt, so daß alles Titan als Titandioxyd anwesend ist. Der Ilmenit verhält sich gegen konzentrierte Schwefelsäure wie eine Mischung von TiO_2 und $FeSO_4$; die resultierende dunkelblaue Substanz, deren Bildung schon Th. Scheerer beobachtet hatte, entwickelt mit konzentrierter KOH keinen H, und muß daher eine Ferroverbindung der Titansäure darstellen.

In den Pikroilmeniten ist die Menge des Mg-Metatitanats viel bedeutender als dies gewöhnlich der Fall ist.

Chemisch-physikalisches Verhalten. Vor dem Lötrohre schmilzt der Ilmenit in der Oxydationsflamme nicht; G. Spezia[4]) hat gefunden, daß das Mineral vor dem Fletcherschen Lötrohre mit warmer Luft in der Oxydationsflamme nicht, in der Reduktionsflamme dagegen leicht zu metallisch schwarzer Masse schmilzt. Nach E. Zalinski[5]) ist der Ilmenit von Egersund durch 70 stündige Behandlung in HF löslich; es bleibt aber etwas Eisenfluorid FeF_3 als weiß-licher Niederschlag zurück. Auch beim Kochen mit konzentrierter HCl löst sich der fein gepulverte Ilmenit langsam.

Das Funkenspektrum wurde von A. de Gramont[6]) untersucht; es ist sehr ähnlich dem des Eisenglanzes, aber die Ti-Linien sind im Rot und Blau gut sichtbar. Über das Verhalten in Knallgasflamme sehe man A. Brun.[7])

Der Ilmenit ist ein guter Leiter der Elektrizität; nach F. Beijerinck[8]) wechselt am Ilmenit vom Binnenthal der Widerstand mit der Temperatur. J. Koenigsberger[9]) beobachtete regelmäßiges Anwachsen der Leitfähigkeit mit der Temperatur und fand, daß zwei Modifikationen α und β zu unterscheiden sind, welche bei 215° einen Umwandlungspunkt haben.

Schwach oder auch nicht magnetisch; B. Bavink[10]) fand an Scheiben von Miasc eine ausgeprägte Singularität der Basisebene mit Rücksicht sowohl auf die Magnetisierbarkeit im allgemeinen, wie im besondern auf die Hysteresis. Die zur Hauptachse senkrechte Komponente β des erregten spezifischen Moments ist bedeutend größer als die zur Hauptachse parallele Komponente γ;

[1]) A. Hamberg, Geol. F. F. **12**, 604 (1890).
[2]) S. L. Penfield u. H. W. Foote, Z. Kryst. **28**, 596 (1897).
[3]) W. Manchot (u. B. Heffner), Z. anorg. Chem. **74**, 79 (1912).
[4]) G. Spezia, Atti R. Acc. Sc. Torino **22**, 419 (1887).
[5]) E. Zalinski, ZB. Min. etc. 1902, 648.
[6]) A. de Gramont, Bull. Soc. min. **18**, 230 (1895).
[7]) A. Brun, Z. Kryst. **39**, 203 (1904).
[8]) F. Beijerinck, N. JB. Min. etc. Beil.-Bd. **11**, 453 (1897).
[9]) J. Koenigsberger, Ann. d. Phys. **32**, 260 (1910).
[10]) B. Bavink, N. JB. Min. etc. Beil.-Bd. **19**, 425 (1904).

mit der Feldstärke (von ca. 40 bis 400 C.G.S.) wächst das Verhältnis $\gamma : \beta$ von etwa $\frac{1}{30}$ bis $\frac{1}{5}$. Während γ absolut frei von Hysteresis ist, zeigt β eine ungewöhnlich große Hysteresis. Die Dichte wechselt zwischen 4,5 und 5,3, und nimmt mit dem Eisenoxydgehalt zu.[1]) Härte 5—6. Die Farbe ist eisenschwarz; der Strich ist nach Schröeder van der Kolk[2]) hellbraun mit deutlich violettem Stich.

Synthese. Nach G. Rose[3]) bildet Ilmenitpulver mit Borax, in der inneren Lötrohrflamme geschmolzen, mikroskopische, hexagonale Tafeln, meist zu dreien zwillingsartig durchwachsen, einem sechsstrahligen Sterne gleichend. L. Bourgeois[4]) erhielt durch Schmelzen von TiO_2 mit $FeCl_2$ bei Rotglut schwarze, undurchsichtige, magnetische Kristalle von oktaederähnlichem Aussehen, welche die Kombination der Basis mit einem Rhomboeder darstellen. W. Bruhns[5]) erhitzte fein gepulvertes, metallisches Eisen mit wenig geglühtem Eisenoxyd und amorpher Titansäure gemengt, 24 Stunden lang im Platinrohr mit HF bei 270—300° C, und erhielt kleine, schwarze, metallglänzende, hexagonale Blättchen mit deutlicher Titanreaktion. In allen diesen Fällen ist es nicht vollkommen sicher, daß die erhaltenen Kriställchen wirklich Ilmenit gewesen sind, weil Analysen oder andere genügende Angaben fehlen. Noch ungenügender charakterisiert sind die von Morozewicz[6]) bei seinen Schmelzversuchen dargestellten Gebilde.

Paragenetische Verhältnisse. Der Ilmenit kommt häufig in zahlreichen Eruptivgesteinen vor, wie Granite, Syenite, Diorite, Diabase, Gabbro, Augitporphyrite, Melaphyre, Basalte usw.; er gehört zu den ältesten Ausscheidungen aus den Gesteinsmagmen. In schieferigen Gesteinen, wie Gneise, Glimmerschiefer, Amphibolite usw. ist der Ilmenit ebenfalls sehr verbreitet. Die Bildungsbedingungen des Minerals sind daher sehr wechselnd.

Umwandlungen. Der Ilmenit wandelt sich sehr häufig in eine weißliche, gelbliche oder bräunliche, meist trübe Substanz um, welche von C. W. Gümbel[7]) Leukoxen, von A. v. Lasaulx[8]) Titanomorphit genannt wurde. Man hat sie sehr verschieden gedeutet, bis A. Cathrein[9]) zeigte, daß es sich um Titanit handelt. Die Umwandlungsrinden des Ilmenits werden gewöhnlich aber mit Unrecht als Titanit betrachtet; sie bestehen auch aus andern Mineralien. So fand Popoff,[10]) daß der Ilmenit vom Berge Schischim im Ural sich in Perowskit umgewandelt, jener von Hof dagegen in Anatas (J. Diller[11]).

H. Rosenbusch[12]) hat die Umwandlung des Ilmenits der phyllitischen Gesteine in eisenreiche Carbonate beschrieben: die im Ilmenit enthaltene Titansäure wird als Rutil abgeschieden.

---

[1]) Die kristallographische Konstante c nimmt dagegen nach G. Doby u. G. Melczer, Z. Kryst. **39**, 540 (1904), ab.
[2]) Schroeder van der Kolk, ZB. Min. etc. 1901, 80.
[3]) G. Rose, Monatsber. Ak. Berlin 1867, Juli, 11.
[4]) L. Bourgeois, Bull. Soc. min. **15**, 194 (1892).
[5]) W. Bruhns, N. JB. Min. etc. **2**, 65 (1889).
[6]) J. Morozewicz, Tsch. min Mit. N. F. **18**, 113, 179 (1898).
[7]) C. W. Gümbel, Die paläolithischen Eruptivgesteine des Fichtelgebirges (München 1874), 22.
[8]) A. v. Lasaulx, N. JB. Min. etc. 1879, 568.
[9]) A. Cathrein, Z. Kryst. **6**, 244 (1882).
[10]) Popoff, Russ. Berg-Journ. **3**, 300 (1876).
[11]) J. Diller, N. JB. Min. etc. **1**, 187 (1887).
[12]) H. Rosenbusch, Mikrosk. Phys. der Mineralien, 1905, 82.

F. ZAMBONINI, TITANATE.

Senait.

Trigonal (rhomboedrische Klasse):

$$a:c = 1:1,385 \ (\text{E. Hussak}).[1]$$

Dieses seltene Mineral wurde von J. Da Costa Sena in den diamantführenden Sanden von Diamantina gefunden, von E. Hussak und G. T. Prior[2] untersucht und benannt.

Analysen. Die vorliegenden Analysen sind folgende:

	1.	2.	3.	4.	5.	6.
MgO . . .	0,49 ⎱	7,81	0,29	0,35	Sp.	
MnO . . .	7,00 ⎰		10,29	10,55	17,64	17,52
FeO . . .	4,14	—	26,90	27,04	21,86	22,12
PbO . . .	10,51	11,43	10,95	10,77	9,81	9,43
Fe_2O_3 . .	20,22	25,16	—	—	—	—
TiO_2 . . .	57,21	56,11	52,32	51,90	50,93	49,71
ZrO_2 . . .	—	—	Sp.	Sp.	0,72	0,96
SnO_2 . . .	0,11	—				
	99,68	100,51	100,75	100,61	100,96	99,74

1. u. 2. Von Dattas; anal. G. T. Prior[3] (Körner).
3. u. 4. Von Dattas; anal. E. Reitinger[4] (Kristalle).
5. u. 6. Von Curralinho; anal. E. Reitinger.[4]

Formel. Die zwei ersten Analysen G. T. Priors führten zu keinem befriedigenden Resultat; unter der Annahme, daß das gesamte Eisen als FeO, das Mangan als MnO_2 anwesend sind, wurde von G. T. Prior vorläufig die Formel $(\text{Fe, Pb})\text{O} . 2(\text{Ti, Mn})\text{O}_2$ berechnet. Die an frischem Material von E. Reitinger ausgeführten Analysen haben zur Formel $\overset{II}{R}TiO_3$ der Ilmenitgruppe geführt: $\overset{II}{R}$ ist Fe, Mn, Pb.

Chemisch-physikalisches Verhalten. Der Senait schmilzt vor dem Lötrohr nicht; er wird von HF, kochender H_2SO_4, sowie durch Schmelzen mit $KHSO_4$ zersetzt. Die Farbe ist schwarz, der Glanz halbmetallisch; die dünnen Splitter sind durchsichtig mit ölgrüner bis grünlichbrauner Farbe. Die Härte ist etwas höher als 6; das spez. Gewicht frischer Kristalle ist 5,501 (Körner und zersetzte Kristalle besitzen niedrigere Werte). Der Senait ist nicht magnetisch.

Delorenzit.

Rhombisch: $a:b:c = 0,3375:1:0,3412$ (F. Zambonini.)[5]

Die Kristalle dieses seltenen Minerals, welches ich in den Pegmatiten von Craveggia, Vigezzotal (Piemont) entdeckte, ähneln jenen des Polykrases sehr.

---

[1] E. Hussak, Z. Kryst. **37**, 575 (1903).
[2] E. Hussak u. G. T. Prior, Min. Magaz. **12**, 30 (1898).
[3] G. T. Prior, Min. Magaz. **12**, 32 (1898).
[4] E. Reitinger, Z. Kryst. **37**, 576, 578 (1903).
[5] F. Zambonini, Z. Kryst. **45**, 76 (1908).

Analyse. Nachdem ich die qualitative Zusammensetzung des Minerals festgestellt hatte, unternahm J. S. Štěrba die weitere, gründliche chemische Untersuchung des Delorenzits. J. S. Štěrba fand, daß das Mineral vorwiegend aus Ti, Y und U besteht; kleinere Mengen von Sn und Fe sind auch anwesend. Auf Thorium wurde ganz besonders geprüft, aber mit negativem Erfolge; jedenfalls ist seine völlige Abwesenheit nicht sicher, weil die analytischen Methoden nicht genau genug sind, um dieses Element in kleinen Spuren zu charakterisieren. Das erhaltene TiO_2 wurde von J. S. Štěrba sehr sorgfältig auf einen Niobgehalt im Vergleiche mit synthetischen Mischungen von TiO_2 und Nb_2O_5 geprüft; aus seinen Versuchen schließt er, daß das TiO_2 zweifelhafte Spuren von Nb_2O_5 enthielt. Das Yttriumoxyd war von goldgelber Farbe, und in HCl aufgelöst, zeigte es keine Absorptionslinien und war cerfrei. Wegen Mangels an Material konnte der Oxydationszustand des Urans und des Eisens nicht festgestellt werden. Es wurde angenommen, daß das Uran als UO_2, das Eisen als FeO anwesend gewesen sind. Die von J. S. Štěrba erhaltenen Resultate sind folgende:

$$
\begin{array}{ll}
\text{FeO} & 4{,}25 \\
Y_2O_3 & 14{,}63 \\
TiO_2 & 66{,}03 \\
SnO_2 & 4{,}33 \\
UO_2 & \underline{9{,}87} \\
& 99{,}11
\end{array}
$$

Formel. Aus der Analyse J. S. Štěrbas habe ich die Formel $2FeO . UO_2 . 2Y_2O_3 . 24TiO_2$ berechnet, und den Delorenzit als eine Verbindung von Metatitanaten $2FeTiO_3 . U(TiO_3)_2 . 2Y_2(TiO_3)_3 . 7(TiO)TiO_3$ aufgefaßt. Daß der Delorenzit sehr wahrscheinlich aus Metatitanaten besteht, geht aus der Ähnlichkeit hervor, welche er mit dem Polykras, d. h. mit einer Verbindung von Metatitanaten und -Niobaten, zeigt.

Chemisch-physikalisches Verhalten. Vor dem Lötrohre ist der Delorenzit unschmelzbar; das Pulver wird von Kaliumbisulfat zersetzt. Das Mineral ist stark radioaktiv. Die Härte ist 5—5,5; das spez. Gewicht beträgt ca. 4,7. Die Farbe ist schwarz, manchmal oberflächlich heller; in den dünnen Splittern wird der Delorenzit hellkastanienbraun. Der Bruch zeigt lebhaften Pech- und Harzglanz.

Paragenetische Verhältnisse. Der Delorenzit ist ein Übergemengteil der Pegmatite von Craveggia, in welchen er zusammen mit Beryll, Spessartin, Turmalin, Strüverit, Columbit, Ilmenit vorkommt.

Yttrokrasit.

Von diesem Mineral, welches von J. J. Barringer entdeckt und von W. E. Hidden und C. H. Warren[1]) untersucht und benannt wurde, ist ein einziger, wahrscheinlich rhombischer Kristall gefunden worden, welcher zirka 60 g wog.

---

[1]) W. E. Hidden u. C. H. Warren, Z. Kryst. **43**, 18 (1907).

Analyse. Die von C. H. Warren ausgeführte Analyse ergab:

MgO	Sp.
CaO	1,83
MnO	0,13
PbO	0,48
Fe_2O_3	1,44
$(Y, Er)_2O_3$ . . .	25,67
Ce_2O_3 usw. . . .	2,92
CO_2	0,68
SiO_2	Sp.
TiO_2	49,72
ThO_2	8,75
UO_2	1,98
WO_3	1,87
Nb_2O_5	Nachgewiesen
Ta_2O_5	Sp.
UO_3	0,64
H_2O	4,36
H_2O hygrosk. . . .	0,10
	100,57

Formel. W. E. Hidden und C. H. Warren haben aus den vorstehenden Zahlen die Formel $6H_2O . \overset{II}{R}O . 3\overset{III}{R_2O_3} . \overset{IV}{R}O_2 . 16TiO_2$ berechnet; $\overset{II}{R}O$ ist vorwiegend Kalk, $\overset{III}{R_2O_3}$ Yttriumerden und $\overset{IV}{R}O_2$ hauptsächlich Thoriumoxyd. Nach meiner Ansicht[1]) kann die Zusammensetzung des Yttrokrasits ähnlich jener des Delorenzits in folgender Weise aufgefaßt werden: $\overset{II}{R}TiO_3$. $Th(TiO_3)_2 . 3Y_2(TiO_3)_3 . 2TiO(TiO_3)$. Das Wasser ist sicher sekundärer Natur.

Chemisch-physikalisches Verhalten. Vor dem Lötrohre schmilzt der Yttrokrasit nicht, durch Flußsäure wird er leicht zersetzt. Die Härte ist 5,5—6; das spez. Gewicht ist 4,804. Im Innern des Kristalls erscheint das Mineral von schwarzer Farbe und zeigt lebhaften Pech- und Harzglanz.

Paragenetische Verhältnisse. Der Yttrokrasit wurde gegenüber dem Barringer Hill, im Burnet Co., Texas, in einem Gebiet gefunden, wo körniger Granit und Pegmatit in großen Mengen vorkommt. Es handelt sich wahrscheinlich um einen akzessorischen Gemengteil des Pegmatits.

Silicotitanate.

Von F. Zambonini[2]) (Palermo).

Narsarsukit.

Tetragonal, wahrscheinlich bipyramidal.

$$a : c = 1 : 0,5235 \text{ (G. Flink)}.[3])$$

Dieses Mineral wurde zu Narsarsuk (Süd-Grönland) von G. Flink entdeckt und beschrieben.

---

[1]) F. Zambonini, Z. Kryst. **45**, 81 (1908).
[2]) Zwei Minerale sind von H. Leitmeier behandelt.
[3]) G. Flink, Meddel. om Grönland **24**, 154 (1899).

Analysen. Die einzig bekannte Analyse verdanken wir Chr. Christensen[1]); das ihm zur Verfügung stehende Material war reichlich und erlaubte eine erschöpfende chemische Untersuchung. Die Resultate Chr. Christensens sind folgende:

Na_2O	16,12
MgO	0,24
MnO	0,47
Al_2O_3	0,28
Fe_2O_3	6,30
SiO_2	61,63
TiO_2	14,00
F_2	0,71
H_2O	0,29
	100,04
$- O = F_2$	0,30
	99,74

Formel. G. Flink nahm an, daß die Sesquioxyde mit F und HO eine zweiwertige Gruppe FeF bilden, welche ein Molekül Na_2 substituiert; ferner vereinigte er Kiesel- und Titansäure. Unter diesen Voraussetzungen berechnete er für das Mineral die Formel $Na_2Si_7O_{15}$, welche in Übereinstimmung mit den Anschauungen F. W. Clarkes[2]) über den Neptunit, $Na_6FeFTi_2Si_{12}O_{32}$ geschrieben wurde.

Ich glaube, daß auch die empirische Formel des Narsarsukits ziemlich einfach zu deuten ist, wie dies auch für den Leukosphenit und den Lorenzenit möglich ist. Nach meiner Ansicht ist der kleine Wassergehalt zu vernachlässigen, wie dies von G. Flink selbst für den Leukosphenit (mit 0,31 % H_2O) und den Lorenzenit (mit einer größeren Wassermenge, nämlich 0,77 %) getan wurde. Es wäre wirklich ganz willkürlich, die 0,29 % H_2O des Narsarsukits als wesentlich, die 0,77 % des Lorenzenits dagegen als unwesentlich zu betrachten. Was das Fluor betrifft, so muß es sehr wahrscheinlich, wie ich durch theoretische Betrachtungen und Hinweis auf neuere chemische Untersuchungen an andern Mineralien gezeigt habe,[3]) den Sauerstoff der Kieseloder der Titansäure ersetzen. Nehmen wir an, daß das Titan an Ferrieisen gebunden ist, was durch das einfache Verhältnis $Fe_2O_3 : TiO_2 = 1 : 4$ bestätigt

wird, so können wir die Narsarsukitformel $6Na_2Si_4O_9 \cdot (\overset{III}{Fe}O)_2\overset{IV}{Ti}_4O_9$ schreiben;

wir haben es ebenfalls mit einem Salze der Säure $H_2\overset{IV}{X}_4O_9(X = Si, Ti$ und eventuell Zr) zu tun, wie dies für den Benitoit, den Lorenzenit, den Leukosphenit der Fall ist.

Chemisch-physikalisches Verhalten. Der Narsarsukit wird nur von Flußsäure zersetzt; vor dem Lötrohre schmilzt er leicht zu einem blasigen Glas von derselben Farbe wie das ungeschmolzene Mineral. Dichte = 2,751 bei 20° C (G. Flink). Härte wenig über 7. Spaltbarkeit vollkommen parallel dem Prisma {110}. Die Farbe des Narsarsukits ist honiggelb bis rötlichbraun; bei beginnender Verwitterung geht die Farbe in ockergelb über, während stark

---

[1]) Chr. Christensen, Meddel. om Grönland **24**, 158 (1899).
[2]) F. W. Clarke, Bull. geol. Surv. U.S. Nr. 125, 97 (1895).
[3]) F. Zambonini, Atti R. Accad. delle Scienze Fis. e Mat. di Napoli 1908 [2ᵃ] **14**, Nr. 1, besonders S. 67.

zersetzte Kristalle graubraun sind. Die Doppelbrechung ist positiv. Brechungs-exponenten nach G. Flink:

	Li	Na	Tl
N_ω	1,5492	1,5532	1,5576
N_ε	1,5801	1,5842	1,5861 .

Genesis. Die Bildungsverhältnisse des Narsarsukits sind jenen des Lorenzenits, des Leukosphenits usw. ähnlich. Das Mineral wurde reichlich, besonders in dem südlichen Teile des Plateaus von Narsarsuk, zusammen mit Quarz, Mikro-klin, Albit, Ägirin, Graphit, Elpidit, Epididymit, Taeniolith gefunden. Er ist eines der ältesten Mineralien jenes Vorkommens.

Neptunit.

Monoklin prismatisch: $a:b:c = 1,3164:1:0,8075;\ \beta = 115^0 18'$ (G. Flink).[1]

Der Neptunit wurde unter einigen Mineralien von Narsarsuk (Süd-Grön-land) von G. Flink als neu erkannt und beschrieben. Der Neptunit von San Benito Co., Kalifornien, wurde vorläufig Carlosit benannt (G. D. Louder-back).[2]

Analysen. Folgende Analysen sind bekannt:

	1.	2.	3.
Na_2O	9,26	9,63	9,56
K_2O	4,88	5,71	5,08
MgO	0,49	—	1,44
CaO	—	0,71	1,56
MnO	4,97	5,32	0,85
FeO	10,91	10,23	11,69
SiO_2	51,53	51,93	52,87
TiO_2	18,13	17,45	17,82
	100,17	100,98	100,87

1. Narsarsuk: anal. G. Flink.[1]
2. Narsarsuk: anal. O. A. Sjöström.[3]
3. San Benito Co.: anal. W. M. Bradley.[4]

Formel. Aus seiner Analyse berechnete G. Flink die Formel $R_2^{\,I}R^{\,II}TiSi_4O_{12}$, welche von O. A. Sjöström und W. M. Bradley bestätigt wurde. F. W. Clarke[5] schlug folgende Konstitutionsformel vor:

$$Ti \begin{cases} SiO_3-(Na,\ K) \\ SiO_3 \\ SiO_3 \\ SiO_3-(Na,\ K). \end{cases} (Fe,\ Mn)$$

Der Neptunit scheint also das Salz einer komplexen Titankieselsäure zu sein. Es ist aber zu erwähnen, daß G. Flink auf die Tatsache hingewiesen hat,

[1] G. Flink, Geol. Fören. F. **15**, 196 (1893). — Z. Kryst. **23**, 346 (1894).
[2] G. D. Louderback, Un. Calif. Pub. **5**, 9, 152 (1907).
[3] O. A. Sjöström, Geol. Fören. F. **15**, 393 (1893).
[4] W. M. Bradley, Z. Kryst. **46**, 516 (1909).
[5] F. W. Clarke, U. S. Geol. Surv. Bull. Nr. 125, 97 (1895).

daß Fe + Mn und TiO_2 im Verhältnis 1 : 1 stehen, so daß man den Neptunit als ein Doppelsalz betrachten kann, welches der Formel (Fe, Mn, Mg, Ca)TiO_3 . (Na, K)$_2Si_4O_9$ entspricht. Zugunsten dieser Flinkschen Ansicht, welche er später [1] verlassen hat, spricht die Tatsache, daß Salze der Säure $H_2 \overset{IV}{X_4} O_9 (\overset{IV}{X} = Si, Ti$ und eventuell Zr) in Mineralien enthalten sind, welche wie Narsarsukit, Lorenzenit, Leukosphenit, Benitoit den Neptunit begleiten. [2]

Chemisch-physikalisches Verhalten. Vor dem Lötrohre schmilzt der Neptunit ziemlich leicht zu einer schwarzen Kugel; das Mineral wird von Säuren (mit Ausnahme der Flußsäure) nicht angegriffen (G. Flink). Dichte = 3,234 (G. Flink). Härte = 5—6. Die Farbe ist schwarz; nur sehr kleine Kristallindividuen, sowie auch dünne Splitter sind tief blutrot durchscheinend. Der Pleochroismus ist stark: $\mathfrak{a}$ gelb, $\mathfrak{b}$ und $\mathfrak{c}$ tief bräunlichrot. Über die optischen Eigenschaften vgl. man W. E. Ford. [3]

Paragenetische Verhältnisse. Der Neptunit kommt zu Narsarsuk in den pegmatitischen Gesteinen vor, und er ist wahrscheinlich als eine pneumatolytische Bildung anzusehen. Was den Neptunit von San Benito Co. betrifft, so siehe man bei Benitoit.

Rinkit.

Monoklin: $a : b : c = 1,5688 : 1 : 0,2922; \quad \beta = 91^0 12^3/_4'$ (J. Lorenzen). [4]

Der Rinkit wurde im Eläolith–Syenit von Kangerdluarsuk von K. J. V. Steenstrup gefunden, von J. Lorenzen untersucht und zu Ehren des Direktors des dänisch-grönländischen Handels Dr. Rink benannt.

Analyse. Nur eine einzige Analyse ist bekannt; sie wurde von J. Lorenzen ausgeführt.

Na_2O	8,98
CaO	23,26
FeO	0,44
Y_2O_3	0,92
(Ce, Ca, Di)$_2O_3$ . . .	21,25
SiO_2	29,08
TiO_2	13,36
F	5,82
	103,11
O äq. 2F	2,45
	100,66

Formel. Was die Ansicht über die Stellung des Rinkits im Mineralsystem betrifft, vergleiche man bei Mosandrit und Johnstrupit. J. Lorenzen berechnete die Formel $2 \overset{II}{R} \overset{IV}{R} O_3 + NaF (\overset{II}{R} = $ Ce, La, Di, Y, Fe, Ca, $\overset{IV}{R} = $ Si, Ti), auf welche er jedoch kein besonderes Gewicht legte; W. C. Brögger [5] schlug die Formel $[F_8Ti_4]Na_9Ca_{11}Ce_3(SiO_4)_{12}$, P. Groth [6] die andere $Na_3Ca_4Ce_2(Si,Ti)_6O_{19}F_3$.

[1]) G. Flink, Meddel. om Grönl. **24**, 121 (1899).
[2]) G. D. Louderback, Un. Calif. Pub. **5**, 9, 152 (1907).
[3]) W. E. Ford, Z. Kryst. **46**, 321 (1909).
[4]) J. Lorenzen, Z. Kryst. **9**, 248 (1884).
[5]) W. C. Brögger, Z. Kryst. **16**, 87 (1890).
[6]) P. Groth, Tabellarische Übersicht der Mineralien 1889, 128.

vor. Die Lorenzensche Analyse ist unvollständig, weil auf Zirkonium nicht geprüft wurde; sie steht aber trotzdem in gutem Einklang mit der allgemeinen Formel des Mosandrits und Johnstrupits. Aus der Analyse folgen die Verhältnisse $8\,(Ca, Na_2)O \cdot (Ce, La, Di, Y)_2 O_3 \cdot 9,2\,(Si,Ti)O_2$. Man hat also $\overset{II}{R}\,\overset{III}{R_2}(Si,Ti)O_6 \cdot 7\,\overset{II}{R}O \cdot 8,2\,(Si,Ti)O_2$. Im letzten Silicat ist das Verhältnis $\overset{II}{R}O : SiO_2$ nicht $1:1$, sondern $1:1,17$, was nicht allzu sehr vom theoretischen Werte der Metasilicate abweicht; übrigens beruht die Abweichung wenigstens zum Teil auf der Nichtberücksichtigung des Zr-Gehalts.[1]

Chemisch-physikalisches Verhalten. (Nach J. Lorenzen). Der Rinkit schmilzt vor dem Lötrohre recht leicht zu einer schwarzen, glänzenden Kugel, unter starkem, sehr lange sich fortsetzendem Aufblähen. Selbst durch verdünnte Säuren wird das Mineral leicht zersetzt. Die Härte ist 5, das spez. Gewicht 3,46 (K. J. V. Steenstrup).

Paragenetische Verhältnisse. Der Rinkit kommt in den Eläolithsyeniten, Tinguaiten, Alkalitrachyten und Phonolithen vor (H. Rosenbusch).[2] Was die Bildungsbedingungen betrifft, siehe das beim Mosandrit und Johnstrupit Gesagte.

Molengraaffit.

Von H. Leitmeier (Wien).

Rhombisch.

Chemische Zusammensetzung.

Na_2O	10,30
K_2O	0,60
MgO	2,38
CaO	19,00
MnO	2,72
FeO	2,07
Al_2O_3	3,75
Fe_2O_3	0,95
SiO_2	28,90
TiO_2	27,70
H_2O	1,00
	99,37

Das zur Analyse verwendete Material wurde aus einem Gemenge von Molengraaffit und Ägirin durch Ausziehen des letzteren durch den Elektromagneten gewonnen, eine Methode, die bei dem Eisengehalte beider Minerale nicht sehr günstig war. Das Mineral hat H. A. Brouwer[3] entdeckt und beschrieben, während die Analyse F. Pisani in Paris ausgeführt hat.

---

[1] Das Zirkonium besitzt ein viel höheres Atomgewicht als das Titan, so daß der Mol-Quotient der als Titandioxyd betrachteten Summe $TiO_2 + ZrO_2$ erniedrigt werden muß. Ein Teil des Sauerstoffs ist auch im Rinkit durch Fluor ersetzt.

[2] H. Rosenbusch, Mikroskopische Physiographie der Mineralien und Gesteine 1, 293 (1905).

[3] H. A. Brouwer, ZB. Min. etc. 1911, 129.

Chemisch steht dieses Mineral nahe dem Yttrotitanit. Es ist vor dem Lötrohre leicht zu einem braunen Email schmelzbar; es wird von Salzsäure zersetzt.

Physikalische Eigenschaften.

Dichte und Härte sind vom Autor nicht angegeben. Der Charakter der Doppelbrechung ist positiv. Die Brechungsquotienten, nach der Schroeder van der Kolkschen Methode bestimmt, sind:

$$N_\varepsilon = 1,735 \qquad N_\omega = 1,770.$$

Der Pleochroismus ist schwach.

Vorkommen. Der Molengraaffit wurde in Lujauriten aus den Pilandsbergen nordöstlich von Rustenberg in Transvaal entdeckt, wo er mit Mikroklin, Nephelin, Katapleit (pseudomorph nach einem Eukolitminerale), Ägirin, Calcit, Fluorit, Analcim und Pektolith zusammen vorkommt.

Der Molengraaffit wandelt sich bei der Verwitterung in Titanit um und es wurden Pseudomorphosen nach diesem Minerale gefunden.

Joaquinit.[1]

Rhombisch.

Zu den Silicotitanaten gehört auch der Joaquinit, den G. D. Louderback[2] vom Joaquinrücken in der Diablokette, San Benito, Kalifornien, beschrieben hat. Es existiert keine quantitative Analyse und es ist nur bekannt, daß dieses Mineral Si, Ti, Ca und etwas Fe enthält. Es kommt an dem genannten Fundorte in honiggelben Kristallen mit Benitoit zusammen vor.

Titanit.

Monoklin prismatisch:

$a:b:c = 0,7547:1:0,8543; \quad \beta = 119^0 43'$ (A. Des Cloizeaux).[3]

Synonyma. Sphen, Semelin, Ledererit, Leukoxen, Titanomorphit.

Analysen. Unter den vorhandenen Titanitanalysen sind nur sehr wenige, welche als wirklich genau anzusehen sind. Man kann folgende erwähnen:

	1.	2.	3.	4.	5.
CaO . . .	28,08	25,41	25,62	21,75	29,11
Fe_2O_3 . .	—	—	—	—	1,61
SiO_2 . . .	31,28	32,97	33,26	34,87	29,45
TiO_2. . .	40,42	41,62	41,12	43,41	38,33
Glühverl. .	—	—	—	—	0,60
	99,78	100,00	100,00	100,03	99,10

1. u. 2. Lampersdorf; anal. A. Cathrein, Z. Kryst. **6**, 254 (1881).
3. Alpbachtal bei Brixlegg; anal. A. Cathrein, Z. Kryst. **6**, 251 (1881).

---

[1] Von H. Leitmeier.
[2] G. D. Louderback, Bull. Dep. Geol. Univ. California **5**, 376 (1909) und L. J. Spenzer, Min. Mag. **15**, 423 (1910).
[3] A. Des Cloizeaux, Man. Minér. 1862, 145.

4. Hosensack Station, Pa.; anal. Knerr u. Smith, Am. Chem. J. **6**, 411 (1885).
5. Statesville, N. C.; anal. F. A. Genth, Am. Phil. Soc. **23**, 46 (1886).

	6.	7.	8.	9.
CaO . . .	29,59	27,51	22,54	26,19
Fe_2O_3 . . .	1,86	—	Sp.	—
SiO_2 . . .	30,10	30,87	34,57	32,47
TiO_2 . . .	38,12	42,43	44,92	40,75
Glühverl. . .	0,66	0,36	—	0,59
	100,33	101,17	102,03	100,00

6. Laacher See; anal. C. Busz, N. JB. Min. etc. Beil.-Bd. **5**, 339 (1887).
7. Eisbruckalp (Tirol); anal. C. Busz (Ibid. 334).
8. Wildkreuzjoch (Tirol); anal. C. Busz (Ibid. 338).
9. Schwarzenstein (Zillertal); anal. J. Lemberg, Z. Dtsch. geol. Ges. **40**, 648 (1888).

	10.	11.	12.	13.	14.	15.
			$\delta = 3,457$		$\delta = 3,49-3,51$	
MgO . .	—	—	Sp.	0,40	—	28,35
CaO . . .	27,90	28,26	28,26	28,08	28,50	
MnO . . .	Sp.	1,72	—	—	—	1,89
FeO . . .	—	—	0,73	—	1,16	
SiO_2 . . .	29,12	30,08	30,84	30,10	32,09	31,53
TiO_2 . . .	42,09	39,55	39,35	40,82	37,06	35,48
Glühverl. . .	0,37	0,32	0,57	0,54	0,66	0,36
	99,48	99,93	99,75	99,94	99,47	97,61

10. St. Gotthard; anal. K. Busz, N. JB. Min. Beil.-Bd. **5**, 336 (1887).
11. Val Maggia; anal. K. Busz, N. JB. Min. Beil.-Bd. **5**, 335 (1887).
12. Magnet Cove; anal. F. A. Genth, Am. Journ. **41**, 398 (1891).
13. Georgetown, D. C.; anal. F. W. Clarke, Proc. U. S. Mus. 1885, 352.
14. Grenville, Canada; anal. J. Harrington, N. JB. Min. Beil.-Bd. **5**, 341 (1887).
15. Rothenkopf; anal. R. Soltmann, Z. Kryst. **25**, 618 (1896).

	16.	17.	18.	19.	20.	21.
			$\delta = 3,520$			
CaO . . .	29,79	29,73	27,45	27,90	20,70	27,14
MnO . . .	—	Sp.	—	—	8,90	—
SiO_2 . . .	33,05	33,38	31,29	30,10	31,90	32,10
TiO_2 . . .	37,10	38,51	42,22	42,00	38,50	40,00
Glühverl. . .	0,36	—	—	—	—	—
	100,30	101,62	100,96	100,00	100,00	99,24

16. Tümmelbachtal bei Prägraten; anal. R. Soltmann.
17. Geschiebe der Passer oberhalb Meran; anal. R. Soltmann.
18. Pfunders, Tirol; anal. J. Bruckmoser, Sitzber. Wiener Ak. **116**, Abt. I, 1653 (1907).
19 u. 20. Künstliche Kristalle; anal. P. Hautefeuille, Ann. chim. phys. **4**, 154 (1865).
21. Künstliche Kristalle; anal. L. Michel, C. R. **115**, 830 (1892).

Greenovit.

Den Titanit von St. Marcel (Aostatal) hatte P. A. Dufrénoy[1]) auf Grund einer unrichtigen Analyse von Caccarié als ein Mangantitanat beschrieben; die unten wiedergegebenen Analysen von A. Delesse und Ch. de Marignac zeigten aber, daß es sich um eine manganhaltige Titanitvarietät handelt.

	1.	2.	3.
	$\delta = 3,483$		
CaO	24,30	23,60	27,65
MnO	3,80	2,90	—
FeO	Sp.	Sp.	0,76
Mn_2O_3	—	—	0,76
SiO_2	30,40	29,80	32,26
TiO_2	42,00	43,00	38,57
	100,50	99,30	100,00

1. u. 2. St. Marcel; anal. A. Delesse.[2])
3. St. Marcel; anal. Ch. de Marignac.[3])

Grothit.

Zu Ehren P. Groths benannte J. D. Dana[4]) den von P. Groth[5]) untersuchten Titanit aus dem Syenit des Plauenschen Grundes bei Dresden, welcher Sesquioxyde enthält. Ein verwandtes Mineral ist der Alshedit W. C. Blomstrands.[6]) Für alle Titanite mit einem nicht allzu hohen Sesquioxydgehalt (besonders Al_2O_3 und Fe_2O_3, sowie auch Y_2O_3) kann man den Namen Grothit anwenden. Als Beispiele der chemischen Zusammensetzung der Grothite können folgende Analysen dienen:

	1.	2.	3.	4.	5. $\delta = 3,59$	6. $\delta = 3,36$	7.	8.	9.
Na_2O .	—	—	—	—	0,86}	0,70	0,58	—	—
K_2O .	—	—	—	—	0,27}				
MgO .	—	0,84	—	—	0,50	0,48	0,32	0,32	0,25
CaO .	31,34	23,98	22,38	22,25	24,38	21,06	20,51	23,93	26,09
MnO .	1,02	0,93	—	—	—	0,98	0,82	—	0,40
FeO .	—	2,11	—	—	3,84	—	—	—	Sp.
Al_2O_3 }	2,44	1,68	4,79	—	—	3,41	3,47	2,61	2,81
Y_2O_3 }		—	0,88	—	0,59	2,78	2,57	—	} 3,07
Ce_2O_3 ·	—	—	—	—	2,57	—	—	—	
Fe_2O_3 ·	5,83	—	3,13	5,63	—	4,25	3,61	7,84	5,77
SiO_2 .	30,51	30,92	31,37	31,20	30,22	28,26	30,61	30,92	30,89
TiO_2 .	31,16	40,07	37,45	40,92	34,78	36,61	35,86	34,44	30,58
ZrO_2 .	—	—	—	—	0,18	—	—	—	—
SnO_2 ·	—	—	—	—	—	0,47	0,38	—	—
H_2O ·	—	—	—	—	0,31	1,20	1,89	0,20	0,86
	102,30	100,53	100,00	100,00	98,50	100,20	100,62	100,26	100,72

[1]) F. A. Dufrénoy, C. R. **11**, 234 (1840).
[2]) A. Delesse, Ann. min. **6**, 325 (1844).
[3]) Ch. de Marignac, Ann. chim. phys. **14**, 47 (1845).
[4]) J. D. Dana, Min. 1868, 386.
[5]) P. Groth, N. JB. Min. 1866, 44.
[6]) W. C. Blomstrand, Minnesskr. Fys. Sällsk. Lund 1878, 7.

1. Plauenscher Grund; anal. P. Groth.[1])
2. Plauenscher Grund; anal. C. Hintze.[2])
3. Waldheim; anal. Schmöger.[3])
4. Arendal; anal. Rosales.[4])
5. Eukolit-Titanit genannte Varietät[5]) von Stockö (Langesundfjord); anal. G. Lind-ström.[6])
6. Alshedit von Slättåkra, Kirchspiel Alsheda, Småland; anal. W. C. Blom-strand.[7])
7. Ibidem.
8. Monroe, Michigan; anal. C. Busz.[8])
9. Syenit von Biella; anal. F. Zambonini.[9])

	10. $\delta = 3{,}617$	11.	12.	13.	14. $\delta = 3{,}51$
MgO	—	—	—	0,29	—
CaO	26,85	25,40	26,42	22,55	25,27
MnO	0,50	0,30	0,40	—	—
FeO	—	—	—	—	1,33
Al_2O_3	2,90	2,21	2,59	2,55	2,98
Fe_2O_3	Sp.	0,28	4,91	1,35	—
SiO_2	34,67	36,79	35,50	30,58	28,84
TiO_2	35,46	35,39	30,40	41,41	41,35
Glühverl.	—	—	—	0,12	—
	100,38	100,37	100,22	98,85	99,77

10. u. 11. Shinnes, Sutherland; anal. F. Heddle, Min. Mag. 5, 100 (1882).
12. Ben Bhreck bei Tongue; anal. F. Heddle, Min. Mag. 5, 148 (1882).
13. Renfrew, Kanada; anal. C. Busz, N. JB. Min. etc. Beil.-Bd. 5, 341 (1887).
14. Sierra de Ejutla, Mexiko; anal. H. Lenk, Z. Kryst. 33, 655 (1900).

Keilhauit (Yttrotitanit).

A. Erdmann[10]) nannte Keilhauit einen an Sesquioxyden (besonders an Al_2O_3 und Y_2O_3) reichen Titanit von Buö, bei Arendal. Th. Scheerer[11]) schlug den Namen Yttrotitanit vor, welcher von C. Hintze (Handbuch der Mineralogie, 2, 1632 (1897), als passend bezeichnet ist, was nicht richtig ist, weil es „Yttro-titanite" gibt, welche mehr Al als Y enthalten. Ich glaube daher dem Namen Keilhauit den Vorzug geben zu müssen. Analysen:

[1]) P. Groth, N. JB. Min. 1866, 44.
[2]) C. Hintze, Miner. 2, 1638 (1896).
[3]) H. Credner, Z. Dtsch. geol. G. 27, 205 (1875).
[4]) Rosales, Pogg. Ann. 62, 253 (1844).
[5]) Th. Scheerer, Bg.- u. hütt. Z. 7, 389 (1853). Die analysierten Kristalle wurden von W. C. Brögger, Z. Kryst. 16, 515 (1890) untersucht.
[6]) G. Lindström, Z. Kryst. 16, 516 (1890).
[7]) C. W. Blomstrand, Minneskr. Fys. Sällsk. Lund 1878, 7.
[8]) C. Busz, N. JB. Beil.-Bd. 5, 342 (1887).
[9]) F. Zambonini, Z. Kryst. 40, 246 (1905).
[10]) A. Erdmann, Öfv. Akad. Handl. Stockholm 1844, 355.
[11]) Th. Scheerer, Pogg. Ann. 63, 459 (1844).

	1.	2.	3.	4.	5.	6.
K_2O	—	—	—	0,60	—	—
BeO	—	—	0,52	—	—	—
MgO	—	—	—	0,94	—	—
CaO	18,92	18,68	19,56	20,29	17,15	25,03
MnO	—	—	0,28	—	—	—
FeO	—	—	6,87	—	—	—
Al_2O_3	6,09	5,90	8,03	5,45	6,24	—
Mn_2O_3	0,67	0,86	—	—	—	—
Fe_2O_3	6,35	6,48	—	6,75	5,90	1,12
Y_2O_3	9,62	9,74	4,78	8,16	12,08	6,27
Ce_2O_3	0,32	0,63	—	—	—	—
SiO_2	30,00	29,45	31,33	29,48	28,50	30,81
TiO_2	29,01	28,14	28,04	26,67	27,04	36,63
H_2O	—	—	—	0,54	3,59	1,13
	100,98	99,88	99,41	98,88	100,50	100,99

1. u. 2. Arendal; anal. A. Erdmann.
3. Arendal; anal. D. Forbes.[1]
4. u. 5. Buö; anal. C. F. Rammelsberg.[2]
6. Narestö; anal. C. F. Rammelsberg.[3]

Formel. Im Jahre 1844 stellte H. Rose[4]) als Resultat der unter seiner Leitung ausgeführten Titanitanalysen die Formel $\dot{C}a^3\ddot{S}i + \ddot{T}i^3\ddot{S}i$, oder, wenn wir der Kieselsäure die Formel SiO_2 geben, $\dot{C}a^2\ddot{S}i + \ddot{T}i^2\ddot{S}i$ fest, in welcher alles Titanoxyd als Base betrachtet wurde. J. Berzelius[5]) äußerte gelegentlich der Besprechung der Arbeit H. Roses die Meinung, daß eine solche Formel theoretisch wenig annehmbar wäre, und schlug eine andere $2\dot{C}a\ddot{S}i + \dot{C}a\ddot{T}i^3$ vor. C. W. Blomstrand[6]) kehrte zur Anschauung H. Roses zurück und hielt es für wahrscheinlicher, daß das Titanoxyd als Base wirke, weil sein saurer Charakter sehr schwach ist. Er betrachtete den Titanit als ein Silicat von Calcium und Titanyl TiO:

$$\begin{array}{l} Si \dfrac{O_2 \cdot TiO}{O_2 \cdot Ca.} \end{array}$$

Die meisten Forscher haben aber angenommen, daß das Titan die Rolle eines Anions spielt: P. Groth[7]) hat selbst die Vermutung geäußert, daß Ti und Si sich im Titanit gegenseitig ersetzen, während man gewöhnlich sagt, daß das Verhältnis $SiO_2 : TiO_2$ ein festes, d. h. 1 : 1 ist.

Was die sesquioxydhaltigen Titanite betrifft, so suchte P. Groth[8]) ihre Zusammensetzung durch die Annahme zu erklären, daß sie Mischungen der zwei Verbindungen $CaTiSiO_5$ und $(Al, Y)_2 SiO_5$ seien; C. W. Blomstrand nahm an, daß die Komplexe Al_2O_2, Fe_2O_2 usw. das Titanyl ersetzen können, so daß die allgemeine Formel des Titanits wäre: $2(\overset{II}{R}, \overset{III}{R_2O_2}, TiO)O . SiO_2$; $\overset{II}{Fe}$ und $\overset{II}{Mn}$ ersetzen natürlich teilweise das Calcium.

[1]) D. Forbes, Edinb. N. Phil. Journ. **1**, 62 (1855).
[2]) C. F. Rammelsberg, Pogg. Ann. **106**, 296 (1859).
[3]) C. F. Rammelsberg, Ergänzungsh. z. Mineralch. (Leipzig 1886), 269.
[4]) H. Rose, Pogg. Ann. **62**, 253 (1844).
[5]) J. Berzelius, Årsberättelse 1845, 275.
[6]) C. W. Blomstrand, Denkskr. k. phys. För. i Lund 1878.
[7]) P. Groth, Tableau systém. des mineraux 1904, 160.
[8]) P. Groth, Tabell. Übers. Min. 1882, 118.

Nach meiner Ansicht ist es anzunehmen, daß Ti und Si in den sesquioxyd-freien Titaniten im Verhältnis 1 : 1 stehen. Es ist wahr, daß einige Analysen abweichende Verhältnisse zeigen, aber sie hängen nur von analytischen Fehlern oder vom unreinen, analysierten Material ab. Das Verhältnis CaO : (SiO$_2$ + TiO$_2$) muß immer 1 : 2 sein; nun findet man in den Analysen, welche SiO$_2$: TiO$_2$ nicht im Verhältnis 1 : 1 zeigen, ganz verschiedene Zahlen, was die Unrichtig-keit der Analysen zeigt.

Ich habe schon gezeigt,[1]) daß die C. W. Blomstrandsche Hypothese gut mit den Analysen der sesquioxydhaltigen Titanite übereinstimmt, was nicht der Fall für die P. Grothsche Deutung ist. Es erscheint mir aber wenig wahrscheinlich, besonders auf Grund der in den letzten Jahren erschienenen Arbeiten über die Chemie des Titans, Zirkoniums und Zinns, daß das Titan im Titanit die Rolle eines Kations spielt, wie dies C. W. Blomstrand annahm. Das Titan hat eine große Neigung, komplexe Anionen zu bilden, und daher erscheint es wahrscheinlicher, daß der Titanit das Calciumsalz einer komplexen Titankieselsäure sei. Die Formel des Titanits wäre dann als TiO = SiO$_4$. Ca zu deuten. Was die Elemente Al, Fe, Ce, Y betrifft, so glaube ich, daß sie ebenfalls zum Anion gehören, und die zweiwertige Gruppe TiO in der Form zweier einwertiger Gruppen RO ersetzen. Die meisten und besonders die besten Analysen der sesquioxydhaltigen Titanite stehen in gutem Einklang mit meinen Ansichten.

Nach O. Hauser[2]) sollte die Auffindung des Uhligits eine vollkommene Aufklärung über die Titanit–Keilhauit–Zirkelitgruppe erbracht haben, und zwar in dem Sinne, wie sie bereits früher von P. Groth vermutet wurde. Ich muß nur bemerken, daß die bekannten Analysen die P. Grothsche Meinung nicht stützen, und ferner, daß die Verwandtschaft von Zirkelit und Uhligit mit Titanit, Grothit und Keilhauit sehr wahrscheinlich nur scheinbar ist. Es ist nicht zu vergessen, daß der Titanit Ti und Si im festen Verhältnis 1 : 1 ent-hält, während Zirkelit und Uhligit Zr, Ti und eventuell auch Th im wechselnden Verhältnis zeigen; auch die Deutung der Analysen dieser Mineralien ist nicht sicher, weil andere mögliche Deutungen nicht ausgeschlossen sind, solange man die wahre Rolle der verschiedenen Bestandteile nicht festgestellt hat.

Chemisch-physikalisches Verhalten. Die Titanite schmelzen vor dem Löt-rohre ziemlich schwer; nach G. A. Kenngott[3]) werden die gefärbten Varietäten vor dem Lötrohre gelb, bisweilen klarer als vorher, um bei beginnendem Schmelzen wieder dunkler zu werden. Schwefelsäure zersetzt in der Wärme alle Titanite. Nach J. Bruckmoser[4]) dauert die Zersetzung mit Salzsäure bei gewöhnlicher Temperatur ziemlich lange und nur ein Teil der Titansäure geht in Lösung; bei höherer Temperatur verläuft die Zersetzung rascher und geht fast sämtliches Titan in Lösung. Die zurückgebliebene Kieselsäure, nach der Methode von G. Tschermak untersucht, enthält beim Knickpunkt 13,60 % H$_2$O (J. Bruckmoser), was der Säure H$_2$Si$_2$O$_5$ (ber. 12,98 % H$_2$O) ent-spricht.

---

[1]) F. Zambonini, Rend. R. Acc. d. Linc. **15**, 291, 1. sem. (1906).
[2]) O. Hauser, Z. anorg. **63**, 340 (1909).
[3]) G. A. Kenngott, N. JB. Min. etc. 1867, 435.
[4]) J. Bruckmoser, Sitzber. Wiener Ak. **116**, Abt. I, 1653 (1907).

Nach R. Cusak[1]) liegt der Schmelzpunkt des Titanits bei 1127—1142° C (die Bestimmung geschah mittels des Jolyschen Meldometers). A. Brun[2]) hat dagegen für einen schönen, grünen Kristall 1210° C gefunden; C. Doelter[3]) bekam ungefähr 1230° C.

Das Pulver des Titanits reagiert nach G. A. Kenngott[4]) stark alkalisch vor und nach dem Glühen. J. Lemberg[5]) hat gefunden, daß Lösungen von Natriumcarbonat oder von Natriummetasilicat keine Einwirkung auf den Titanit ausüben; der Titanit vom Schwarzenstein tauschte dagegen bei 170 stündiger Behandlung mit $MgSO_4$-Lösung bei 200° einen Teil seines Ca gegen Mg und H_2O aus.

Die Dichte wurde schon bei den verschiedenen Varietäten angegeben. Härte 5 oder etwas darüber am eigentlichen Titanit; selbst höher als 6 am Keilhauit.

Die Farbe wechselt sehr; die Titanite sind meist gelb, grün, selten hellbraun; der Greenovit ist rosenrot, die Grothite gewöhnlich braun, der Keilhauit ist braun, bräunlichschwarz bis schwarz. Deutlicher Pleochroismus bei den tiefer gefärbten Kristallen. Die positive Doppelbrechung ist sehr stark; die Dispersion der optischen Achsen $\varrho > v$ sehr bedeutend. Sehr stark ist auch die Dispersion der Brechungsexponenten.[6]) Die Ebene der optischen Achsen ist {010}; die spitze, positive Mittellinie weicht nur wenig von der Normale zu {102}.

Der Titanit ist pyroelektrisch; nach G. Hankel[7]) werden einfache, ringsum ausgebildete Kristalle beim Erkalten an den Enden der b-Achse positiv, in der Richtung [001] negativ.

Deutliche Spaltbarkeit nach {110}; nach {111} am Greenovit und am Keilhauit. Häufig ist eine Absonderung nach {221} zu beobachten. Weitere unvollkommene Spaltbarkeiten wurden beschrieben.

Synthese. Unter den von J. J. Ebelmen hinterlassenen Präparaten waren auch, wie F. Fouqué und A. Michel-Lévy[8]) berichten, grünlichgelbe, säulige Titanitkristalle. P. Hautefeuille[9]) stellte durch Schmelzen von SiO_2 und TiO_2 oder Rutilstücken mit einem Überschusse von $CaCl_2$ dünne, nach {110} prismatische Kristalle (Dichte 3,45) dar (Anal. 19. 20); durch Beimischung von $MnCl_2$ erhielt er rosenrote Kristalle. Bei seinen Untersuchungen über die Synthese des Perowskits erhielt L. Bourgeois[10]) aus sauren Silicatschmelzen auch Titanit, auch als Perowskit mit den Bestandteilen des Melilith zusammengeschmolzen wurde; die Umschmelzung von Titanit ergab Perowskit und $CaSiO_3$ und scheint Titanit in der Schmelze instabil. Ebenfalls nach {110} prismatische Kristalle bildeten sich nach L. Michel[11]) beim Erhitzen eines Gemenges von Titaneisen, Calciumsulfid und Kieselsäure mit Kohle (Anal. 21). Kristalle von demselben Habitus bestimmte P. Sustschinsky[12]) in einer

[1]) R. Cusak, Proc. Irish Ac. (3) **4**, 399 (1897).
[2]) A. Brun, Archives Soc. sc. phy. nat. Genève **13**, 352 (1902).
[3]) C. Doelter, Tsch. min. Mit. **22**, 316 (1903). — Vgl. Bd. I, 962.
[4]) G. A. Kenngott, N. JB. Min. etc. 1867, 435.
[5]) J. Lemberg, Z. Dtsch. geol. Ges. **40**, 648 (1888).
[6]) An den verschiedenen Varietäten und selbst an Kristallen mit gleicher Zusammensetzung wurden bedeutend abweichende Werte erhalten. Zahlreiche Bestimmungen hat K. Busz, N. JB. Min. etc. Beil-Bd. **5**, 333 (1887) ausgeführt.
[7]) G. Hankel, Sächs. Ges. Wiss. Leipzig **12**, 551 (1882).
[8]) F. Fouqué et A. Michel-Lévy, Synthèse min. et roches 1882, 178.
[9]) L. Hautefeuille, Ann. chim. phys. (4) **4**, 154 (1865).
[10]) L. Bourgeois, Ann. chim. phys. **19**, (1883). — Thèse prés. (Paris 1883), 42.
[11]) L. Michel, Bull. Soc. min. **15**, 254 (1892).
[12]) P. Sustschinsky, Z. Kryst. **38**, 266 (1903).

kristallinischen Masse, welche E. van der Bellen durch Schmelzen einer innigen Mischung von Kreide, Quarz und norwegischem Rutil in der Formel $CaO . TiO_2 . SiO_2$ entsprechenden Gewichtsverhältnissen in einem Glasschmelzofen bei ca. 1400⁰ hergestellt hatte.

Paragenetische Verhältnisse. Der Titanit kommt als Übergemengteil in den verschiedensten Gesteinen vor. In den granitodioritischen und foyaitischen Tiefengesteinen gehört er zu den frühesten Ausscheidungen; dies ist auch für den Titanit der Trachyte, Phonolithe, Andesite usw. der Fall. Sekundärer Natur ist er nach H. Rosenbusch[1]) in den gabbroperidotitischen und basaltischen Gesteinen, sowie in den Amphiboliten, Chloritschiefern, Prasiniten usw.; in diesen Fällen stellt der Titanit ein Umwandlungsprodukt des Ilmenits und des titanhaltigen Magnetits dar. In den Gneisen, Glimmerschiefern und körnigen Kalken der Gneisformation verdankt der Titanit vielleicht seine Entstehung aus wäßrigen Lösungen.

Umwandlungen. Der Titanit ist mannigfachen Umwandlungen unterworfen. Gewöhnlich bildet sich aus dem Mineral Calcit: ziemlich häufig ist die Umwandlung in Rutil oder in Anatas. Im Phonolith des Klein-Priesener (Böhmen) Steinbruchs fand K. Schneider[2]) eine Mischung von Perowskit, Calcit, etwas Rutil und Pyrit an der Stelle zersetzter Titanitkristalle.

Astrophyllit.

Rhombisch: $a:b:c = 1,0098:1:4,7556$ (W. C. Brögger).[3])

Der Astrophyllit wurde von P. C. Weibye[4]) auf der Insel Låven (Langesundfjord) entdeckt, aber für braunen Glimmer gehalten, bis Th. Scheerer[5]) die Selbständigkeit des Minerals, welches er beschrieb und benannte, erkannte.

Analysen. Folgende Analysen sind bekannt:

	1.	2.	3.	4. $\delta=3,324$	5. $\delta=3,334$	6.	7. $\delta=3,375$	8.
Na_2O	2,24	4,02	3,69	2,51	3,86	2,77	2,54	3,63
K_2O	3,18	2,94	0,65	5,82	5,96	5,78	5,01	5,42
MgO	1,64	2,72	0,05	1,27	1,90	0,92	0,30	0,13
CaO	2,11	1,86	0,95	1,13	1,63	1,26	0,42	0,22
MnO	12,63	12,68	10,59	9,90	10,01	11,96	3,48	5,52
FeO	21,40	18,06	25,21	23,58	23,56	21,76	26,10	29,02
Al_2O_3	3,02	3,46	3,47	4,00	1,88	0,98	0,70	Sp.
Fe_2O_3	7,97	8,05	8,51	3,75	9,27	2,53	6,56	3,73
SiO_2	32,21	32,35	33,71	33,23	33,19	33,02	34,68	35,23
TiO_2	8,24	8,84	8,76	7,09	7,96	11,11	13,58	11,40
ZrO_2	—	—	—	4,97	—	3,65	2,20	1,21
Ta_2O_5	—	—	—	—	—	—	0,80	0,34
H_2O	4,41	4,53	4,85	1,86	—	3,47	3,54	4,18
F	—	—	—	—	—	0,97	—	—
	99,05	99,51	100,44	99,11	99,22	100,18	99,91	100,03

[1]) H. Rosenbusch, Mikrosk. Phys. Min. 1905, 296.
[2]) K. Schneider, N. JB. Min. etc. 1889¹, 90.
[3]) W. C. Brögger, Z. Kryst. **16**, 204 (1890).
[4]) P. C. Weibye, N. JB. Min. etc. 1849, 772.
[5]) Th. Scheerer, Bg.- u. hütt. Z. **13**, 240 (1854).

1. Langesundfjord; anal. Th. Scheerer.[1]
2. 　　　　　"　　　　　"　　K. Meinecke.[2]
3. 　　　　　"　　　　　"　　Sieveking.[3]
4. 　　　　　"　　　　　"　　F. Pisani.[4]
5. 　　　　　"　　　　　"　　C. F. Rammelsberg.[5]
6. Eikaholmen, Langesundfjord; anal. H. Bäckström.[6]
7. El Paso Co., Colorado; anal. G. A. König.[7]
8. St. Peters Dome (Region des Pike's Peak) Colorado; anal. L. G. Eakins.[8]

Formel. Als wirklich genau und brauchbar können nur die Analysen 6—8 gelten. G. A. König berechnete aus seiner Analyse die Formel $H_8(K, Na)_4$ $(Fe, Mn)_9 \overset{III}{Fe_2} Ti_4 Si_{13} O_{52}$, während W. C. Brögger aus der Analyse H. Bäckströms die Formel $H_{10}(K, Na)_8 (Fe, Mn, Ca, Mg)_{20} (Fe, Al)_2 [Zr.Ti(OH.F)_2] \overset{IV}{Ti_5} Si_{22} O_{88}$ ableitete; W. C. Bröggger zeigte ferner, daß die Zusammensetzung des Astrophyllits, abgesehen von weniger bedeutenden substituierenden Beimischungen, durch die Formel $\overset{II}{R_4} \overset{I}{R_4} Ti(SiO_4)_4$ eines Orthosilicats ausgedrückt werden kann. Zu demselben Resultat gelangte auch L. G. Eakins. Th. Scheerer, C. F. Rammelsberg u. a. hatten den Astrophyllit als aus Metaverbindungen von SiO_2, TiO_2 und ZrO_2 bestehend betrachtet, aber die besten Analysen, wie W. C. Brögger bemerkt, stimmen nicht mit dieser Deutung überein. P. Groth[9] machte auf die Ähnlichkeit aufmerksam, welche zwischen dem Astrophyllit und den Metasilicaten besteht, er schlug die Formel $H_4(K, Na)_2 (Fe, Mn, Ca, Mg)_5 (Si, Ti, Zr)_7 O_{22}$ vor, später[10] in $(K, Na, H)_4 (Fe, Mn)_4 TiSi_4 O_{16}$ umgewandelt.

Auch H. Bäckström hat versucht, seine Analyse zu deuten, und er hat zwei mögliche Formeln aufgestellt: $(A) = (K, Na, H)_9 (Fe, Mn, Ca, Mg)_9 \overset{III}{(Fe, Al)}$ $[(Ti, Zr).(O.F_2)]_3 [SiO_4]_9$ und $(B) = (K, Na)_4 (Fe, Mn, Ca, Mg)_9 [(Fe, Al)OH]$ $[(Ti, Zr)(OH,F)_2]_3 [Si_2O_7]_5$. Die Verbindung A ist ein Orthosilicat, die Verbindung B ein Orthodisilicat. Die Analysen von H. Bäckström und G. A. König stimmen mit der Formel B gut, nicht aber mit der Deutung A überein, so daß H. Bäckström mit Recht die Deutung B als die wahrscheinlichere bezeichnet. Nur weitere Studien über die Rolle des Wasserstoffs und des Titans können die Frage aufklären.

Chemisch-physikalisches Verhalten. Der Astrophyllit schmilzt vor dem Lötrohre leicht; in Säuren (außer in Flußsäure) ist er schwer oder nicht löslich.[11] Dichte = 3,32—3,38, Härte = 3—4. Die Farbe ist bronzerotbraun bis goldgelb oder lebhaft orangegelb. Der Pleochroismus ist sehr deutlich,

---

[1] Th. Scheerer, Pogg. Ann. **122**, 113 (1864).
[2] K. Meinecke, Pogg. Ann. **122**, 113 (1864).
[3] Th. Scheerer, Pogg. Ann. **122**, 113 (1864).
[4] F. Pisani C. R. **56**, 846 (1863).
[5] C. F. Rammelsberg, Mineralch. 1875, 674.
[6] H. Bäckström, Z. Kryst. **16**, 209 (1890).
[7] G. A. König, Z. Kryst. **1**, 425 (1878).
[8] L. G. Eakins, Am. Journ. Sc. **42**, 35 (1891).
[9] P. Groth, Tabell. Übers. Min. 1889, 126. Nach W. C. Brögger aber ist der Astrophyllit eine gänzlich isolierte, selbständige Spezies, ohne Verwandtschaft weder mit den Glimmermineralien, noch mit der Pyroxengruppe.
[10] P. Groth, Chem. Krist. **2**, 263 (1908).
[11] Dies gilt für den norwegischen Astrophyllit; der Astrophyllit aus Colorado wird durch HCl und H_2SO_4 unschwer zersetzt.

die positive Doppelbrechung ist stark. Vollkommene, glimmerartige Spaltbarkeit nach {100}. Weitere Angaben sehe man bei H. Rosenbusch.[1])

Paragenetische Verhältnisse (nach H. Rosenbusch). Der Astrophyllit tritt in den Gesteinen der Alkalimagmen auf, besonders in den Eläolithsyeniten und in den pulaskitischen Alkalisyeniten. Nach W. C. Brögger gehört der Astrophyllit zu den ersten Phasen der Gangbildung (Phase der magmatischen Erstarrung); er bildete sich unter Mitwirkung pneumatolytischer Prozesse.

Benitoit.

Ditrigonal-pyramidal nach B. Ježek,[2]) ditrigonal bipyramidal nach A. F. Rogers,[3]) C. Palache,[4]) C. Hlawatsch,[5]) G. D. Louderback.[6])

$$a:c = 1:0,7353 \quad \text{(B. Ježek)}.$$

Der Benitoit, welcher als Schmuckstein Verwendung gefunden hat, wurde im Jahre 1907 von Hawkins und Sanders in San Benito Co., Kalifornien, entdeckt und von G. D. Louderback[7]) benannt und beschrieben.

Analysen. Die vorliegenden Analysen sind die drei folgenden, welche W. C. Blasdale[8]) ausgeführt hat:

	1.	2.	3.
BaO . . .	36,34	36,31	37,01
SiO_3 . . .	43,56	43,79	43,61
TiO_2 . . .	20,18	20,00	19,50
	100,08	100,10	100,12

1. und 2. beziehen sich auf die blaue, 3. auf die weiße Varietät.

Formel. Aus den Analysen W. C. Blasdales folgt die Formel $BaTiSi_3O_9$. W. C. Blasdale selbst betrachtete das Mineral als ein saures Titanosilicat, E. H. Kraus[9]) dagegen als ein mit Beryll isomorphes Metasilicat $Ba_2Ti_2(SiO_3)_6$. Ich bin der Meinung, daß der Benitoit das Bariumsalz der Säure $H_2Si_4O_9$ darstellt, in welcher ein Atom Si durch ein Atom Ti ersetzt ist.[10])

Chemisch-physikalisches Verhalten. Der Benitoit schmilzt vor dem Lötrohre zu einem durchsichtigen Glas, er ist unlöslich in Salzsäure, wird aber von HF angegriffen. Die Dichte ist $= 3,64—3,67$ (G. D. Louderback), $3,65—3,67$ (B. Ježek). Härte $= 6\frac{1}{4}—6\frac{1}{2}$. Die Farbe ist gewöhnlich hell- bis dunkelblau, meist mit einem schwachen violetten Ton; viel seltener sind farblose Kristalle.

---

[1]) H. Rosenbusch, Mikrosk. Phys. der Miner. 1905, 174.
[2]) B. Ježek, Bulletin intern. de l'Acad. des Sciences de Bohême **14**, 213 (1909).
[3]) A. F. Rogers, Science **28**, 616 (1908). A. F. Rogers hatte auch auf die Möglichkeit hingewiesen, daß der Benitoit zur trigonal-pyramidalen Klasse gehört.
[4]) C. Palache, Z. Kryst. **46**, 379 (1909).
[5]) C. Hlawatsch, ZB. Min. etc. 1909, 293.
[6]) G. D. Louderback, Univ. of. Calif Publ. **5**, Nr. 23, 331 (1909).
[7]) G. D. Louderback; Univ. of Calif. Publ. **5**, Nr. 9, 149 (1907).
[8]) W. C. Blasdale, Univ. of Calif. Publ. **5**, Nr. 23, 331 (1909) und **5**, Nr. 9, 149 (1907).
[9]) E. H. Kraus, Science **27**, 710 (1908).
[10]) Übrigens hat schon W. C. Blasdale, Science **28**, 233 (1909), die Krausssche Formel kritisiert und die Meinung geäußert, daß das Titan im Benitoit nicht als basischer Bestandteil vorhanden ist.

Ich habe auch hellgrünliche Kristalle gesehen. Die Doppelbrechung ist ziemlich stark und positiv: $N_\omega = 1,756$, $N_\varepsilon = 1,802$ für die D-Linie (C. Hlawatsch).

Genesis. Nach G. D. Louderback kommt der Benitoit in einer Zone von schmalen Natrolithgängen vor, welche ein linsenförmiges, schieferiges Gestein durchkreuzen, welches im Serpentin eingeschlossen ist. In den körnigen Natrolithaggregaten eingebettet finden sich Benitoit, Neptunit und Anatas. Es handelt sich sehr wahrscheinlich um hydrothermale Bildungen.

Leukosphenit.

Monoklin: $a:b:c = 0,5813:1:0,8501$; $\beta = 93^0 23'$ (G. Flink).[1]

Dieses sehr seltene Mineral wurde zu Narsarsuk (Süd-Grönland) von G. Flink entdeckt und beschrieben.

Analyse. Eine einzige Analyse wurde von R. Mauzelius[2] ausgeführt, welchem nur 0,5238 g Substanz zur Verfügung standen; die erhaltenen Resultate sind folgende:

$$
\begin{array}{lr}
Na_2O & 11,14 \\
K_2O & 0,56 \\
BaO & 13,75 \\
SiO_2 & 56,94 \\
TiO_2 & 13,20 \\
ZrO_2 & 3,50 \\
H_2O & 0,31 \\
\hline
& 99,40
\end{array}
$$

Formel. Unter Vernachlässigung des geringen Wassergehalts berechnete G. Flink aus diesen Zahlen die empirische Formel[3] $BaO . 2 Na_2O . 2 (Ti, Zr)O_2 . 10 SiO_2$. Er rechnete ferner TiO_2 und ZrO_2 zu den basischen Bestandteilen, und betrachtete den Leukosphenit als ein Dimetasilicat $BaNa_4(TiO)_2(Si_2O_5)_5$. P. Groth[4] nahm wieder an, daß das Titan (und das Zirkonium) die Rolle eines Anions spielt, und schrieb die Formel $BaNa_4Ti_2Si_{10}O_{27}$. Das Verhältnis $BaO : Na_2O$ steht 1 : 2 sehr nahe, so daß an ein isomorphes Ersetzen von Ba und Na_2 kaum zu denken ist; es ist auch sehr wahrscheinlich, daß das Titan mit dem Natrium (und Kalium) verbunden ist, weil das Verhältnis $TiO_2 : (Na, K)_2O$ 1 : 1 ist. Unter diesen Voraussetzungen kann man den Leukosphenit als ein Doppelsalz $BaSi_4O_9 . 2 Na_2TiSi_3O_9$ betrachten.

In Einklang mit meiner Ansicht steht die auffallende, kristallographische Verwandtschaft, welche zwischen dem Leukosphenit und dem trigonalen Benitoit $BaTiSi_3O_9$ besteht. Der Leukosphenit ist ausgeprägt hypohexagonal $((110):(1\bar{1}0) = 60^0 16')$; ferner stehen die Winkel $(001):(011) = 40^0 19'$ und $(001):(221) = 38^0 59'$ des Leukosphenits dem Winkel $(0001):10\bar{1}1) = 40^0 12'$ des Benitoits sehr nahe.

---

[1] G. Flink, Meddel. om Grönland, **24**, 137 (1899).
[2] R. Mauzelius, Meddel. om Grönland, **24**, 144 (1899).
[3] Die genauen Verhältnisse sind $SiO_2 : TiO_2 + ZrO_2 : BaO : Na_2O + K_2O = 10:2,04: 0,94:1,97$.
[4] P. v. Groth, Chemische Kristallographie (Leipzig 1908), II, 263.

Chemisch-physikalisches Verhalten. Der Leukosphenit wird nur von Flußsäure zersetzt; vor dem Lötrohre dekrepitiert er und schmilzt mit einiger Schwierigkeit zu einer dunkeln Kugel. Die Dichte ist 3,05 (R. Mauzelius), die Härte 6,5. Die Farbe ist weiß, oft mit einem blaugrauen Ton; deutliche Spaltbarkeit parallel {010}. Über die optische Eigenschaft siehe bei G. Flink.

Genesis. Der Leukosphenit kam an einer einzigen Stelle in Narsarsuk in einer losen Masse Elpiditnadeln zusammen mit Epididymit, Albit, Polylithionit, vor. Wahrscheinlich handelt es sich um eine pneumatolytische Bildung.

Tschewkinit.

Derbes, amorphes, zuerst im Ilmengebirge bei Miasc gefundenes, von G. Rose [1]) beschriebenes Mineral.

Analysen. Die wichtigsten bekannten Analysen sind folgende:

	1.	2.	3.	4.	5.	6.	7.	8.	9.
δ . . .	4,530	4,55	4,26	4,363	4,4	4,33	4,38	—	—
BeO . .	—	—	—	—	2,15	—	—	—	—
Na_2O . .	0,12	—	—	—	0,32	—	—	—	—
MgO . .	0,22	—	0,27	1,48	0,64	0,06	0,04	—	—
CaO . .	3,50	3,25	4,40	4,67	5,48	0,55	0,48	0,60	1,10
MnO . .	0,83	0,75	0,38	0,25	—	4,05	5,24	3,30	7,20
FeO . .	11,21	9,17	7,96	9,02	5,56	6,91	5,92	8,20	4,40
UO . .	—	2,50	—	—	—	—	—	—	—
Al_2O_3. .	—	—	7,72	4,29	—	3,60	3,65	3,35	7,00
Fe_2O_3 . .	—	—	—	—	5,63	1,88	2,89	1,91	2,08
$(Y,Er)_2O_3$.	—	3,45	—	3,00	—	1,82	1,64	—	—
La_2O_3 ⎫					4,96	$19,72^2)$	$17,16^2)$	—	—
Ce_2O_3 ⎬	47,29	22,80	38,38	23,10	11,89	20,05	19,08	22,67	33,13
Di_2O_3 ⎭					15,38	—	—	—	—
SiO_2 . .	21,04	20,68	19,03	19,63	23,28	20,21	21,49	18,60	22,60
TiO_2 . .	20,17	16,07	20,86	19,00	21,16	18,78	18,99	19,30	16,10
ZrO_2 . .	—	—	—	—	2,29	—	—	—	—
Ta_2O_5 . .	—	—	—	—	—	0,08	0,08	—	—
ThO_2 . .	—	20,91	—	14,40	—	0,85	0,75	0,83	0,57
H_2O . .	—	0,42	1,30	1,16	1,90	0,94	2,06	—	—
$(La,Di)_2O_3$	—	—	—	—	—	—	—	21,83	5,51
	104,38	100,00	100,30	100,00	100,64	99,50	99,47	100,59	99,60

1. Miasc; anal. H. Rose.[3])
2. Miasc; anal. R. Hermann.[4])
3. Kanjamalai Hil. Salem Distrikt;[5]) anal. A. Damour.[6])

---

[1]) G. Rose, Pogg. Ann. **48**, 551 (1839).
[2]) $La_2O_3 + Di_2O_3$.
[3]) H. Rose, Pogg. Ann. **62**, 591 (1844).
[4]) R. Hermann, Bull soc. nat. Moscau **39**, 57 (1866).
[5]) Als Fundort wurde früher Coromandel genannt: die wahre Lokalität hat Mallet (Rec. G. Surv. India **25**, 123, 1892) angegeben.
[6]) A. Damour, Bull. Soc. géol. **19**, 550, 1862.

4. Kanjamalai Hill; anal. R. Hermann.[1]
5. Nelson Co., Virginia; anal. R. C. Price.[2]
6. Bedford Co., Virginia; anal. L. G. Eakins.[3]
7. Bedford Co., Virginia; anal. L. G. Eakins.[3]
8. Itrongahy, Madagaskar; anal. F. Pisani, C. R. 155, 672 (1912).
9. Westlich von Ambositra; anal. F. Pisani, C. R. 155, 672 (1912).

Formel. C. F. Rammelsberg[4]) und A. Des Cloizeaux[5]) haben die Cermetalle als zweiwertig betrachtet und die Formel $\overset{II}{R}(Si, Ti)O_3$ aufgestellt. Zu demselben Resultat gelangt auch A. Damour, unter Nichtberücksichtigung des Aluminiumgehalts. Aus der Priceschen Analyse folgt die Formel

$$(Ca, Fe)_3(Di, Ce, La, Fe)_2(Si, Ti)_5O_{15}.$$

Jedenfalls ist die Zusammensetzung des Tschewkinit jener des Yttrotitanits analog, wie es schon J. D. Dana,[6]) R. Hermann u. a. vermuteten und auch jetzt gewöhnlich angenommen wird.

Chemisch-physikalisches Verhalten. Wird der Tschewkinit im Platintiegel geglüht, so dekrepitiert er sehr wenig, aber er bläht sich ganz außerordentlich auf (H. und G. Rose): er zeigt eine sehr starke Feuererscheinung wie Gadolinit, aber nicht bei allen Stücken des Minerals kann dieselbe wahrgenommen werden (H. Rose). Vor dem Lötrohr schmilzt der Tschewkinit zu einer schwarzen Kugel: durch heiße HCl wird er zersetzt. Dichte = 4,20—4,55. Der ursprüngliche Tschewkinit mit Dichte = 4,53 hat nach dem Glühen eine Dichte = 4,615, nach dem Schmelzen eine noch höhere 4,717 (H. Rose), Härte ca. 5; Farbe schwarz; Strich dunkelbraun. Die mikroskopische Untersuchung zeigt, daß die Tschewkinite meist nicht homogen sind.

Paragenetische Verhältnisse. Der Tschewkinit kommt in granitischen Gesteinen vor und ist wahrscheinlich ein Umwandlungsprodukt anderer Mineralien.

Borotitanat.

Warwickit.[7])

Von G. d'Achiardi (Pisa).

Synonym. Enceladit.
Kristallform. Rhombisch:

$$a:b:c = 0,977:1:? \quad (A.\ Des\ Cloizeaux).[8]$$

[1]) R. Hermann, Journ. prakt. Chem. 105, 332 (1868).
[2]) R. C. Price, Am. Chem. Journ. 10, 38, (1888).
[3]) L. G. Eakins, Am. Journ. 42, 37 (1891).
[4]) C. F. Rammelsberg, Mineralchemie 1860, 887.
[5]) A. Des Cloizeaux, Minér. 1862, 153.
[6]) J. D. Dana, Am. Journ. 18, 253 (1854).
[7]) Warwickit wird von manchen Autoren zu den Boraten gestellt (z. B. von J. D. Dana), von andern zu den Titanaten. Der Herausgeber ist der Ansicht, daß derselbe als Borotitanat, analog den Borosilicaten zu betrachten ist, und stellt ihn daher zu den Titanaten.   C. Doelter.
[8]) A. Des Cloizeaux, Man. de Min. 2, 16 (Paris 1874).

Analysen.

Ältere Analysen.

	1.	2.	3.
MgO	22,20	36,80	34,41
(CaO)	1,30	—	0,38
FeO	10,59	7,02	14,23
(Al_2O_3) . . .	13,84	2,21	9,44
B_2O_3	—	27,80	18,96
TiO_2	28,20	23,82	18,68
SiO_3	18,50	1,00	1,16
(H_2O)	7,35	—	2,80
	101,98	98,65	100,06

1. Von Warwick (Enceladit); anal. T. S. Hunt, Am. Journ. **34**, 313 (1838); **36**, 85 (1839).
2. Ebenda; anal. J. L. Smith, Am. Journ. **8**, 432 (1874).
3. Von Edenville, Orange Co. (N.Y.); anal. J. E. Whithfield, Bull. geol. Surv. U.S. **64**, 40 (1890).

Neuere Analysen.

	1.	Spinell	Magnetit	2.	3.	4.
MgO . . .	35,71	−1,26	—	34,45	38,63	44,65
FeO . . .	9,15	—	−1,95	7,20	8,07	—
(Fe_2O_3) . .	4,76	−0,42	−4,34	—	—	—
(Al_2O_3) . .	2,91	−2,91	—	—	—	—
B_2O_3 . .	21,29	—	—	21,29	23,87	25,81
TiO_2 . . .	24,86	—	—	24,86	27,87	29,54
SiO_2 . . .	1,39	—	—	1,39	1,56	—
	100,07			89,19	100,00	100,00

1.—3. Von Amity (N.Y.); anal. W. M. Bradley, Am. Journ. **27**, 179 (1909).
4. Theoretische Zusammensetzung.

Formel. Aus den letzteren Analysen berechnet W. M. Bradley die Formel:

$$(Mg, Fe)_3 TiB_2 O_8,$$

welche er schreibt:

Man kann auch schreiben:

$$Mg(BO_2)_2 . Mg_2 TiO_4$$

und es demnach betrachten als ein Metaborotitanat des Magnesiums.

Warwickit von Warwick wurde 1838 von C. U. Shepard[1]) beschrieben, dann als ein Fluortitanat des Eisens und des Mangans (mit etwas Yttrium) bestimmt.

T. St. Hunt[2]) hat ein Mineral von Warwick als Enceladit beschrieben; es ist nichts anderes als ein zersetzter und unreiner Warwickit. Später haben G. J. Brush und T. L. Smith[3]) es untersucht und die Formel

$$6\,MgO \cdot FeO \cdot TiO_2 \cdot 3\,B_2O_3$$

aufgestellt.

J. E. Whitfield[4]) nimmt einen Spinellgehalt von Warwickit an, dessen reines Material wäre:

$$4\,RO \cdot TiO_2 \cdot B_2O_3 \,.$$

Vor kurzem hat W. M. Bradley[5]) dieses Mineral wieder untersucht, sowie das Material aus der Sammlung von G. J. Brush aus Amity (N.Y.). Er konnte den Magnetit und den Spinell, welche es verunreinigen, nicht ganz entfernen. Er berechnet nach Abzug dieser letzteren die prozentuale Zusammensetzung.

Chemische und physikalische Eigenschaften.

Vor dem Lötrohre unschmelzbar, färbt mit H_2SO_4 getränkt die Flamme blaßgrün. Phosphorsalz gibt in der Oxydationsflamme eine gelbe Perle in der Hitze, welche nach Erkaltung farblos wird. In der Reduktionsflamme auf Kohle mit Zinn erhitzt, gibt es Violettfärbung, von Titansäure herrührend.

Mit konzentrierter Salzsäure und Zinn entsteht eine violette Lösung.

Dichte 3,35—3,62. Härte 3—4.

Farbe. Bronze-kupferfarbig bis schwarz.

Glanz. Auf Spaltflächen perlmutterartig.

Vorkommen. Als Begleiter des Warwickits erscheinen: Spinell, Magneteisen, Chondrodit, Serpentin. Er wurde auch in einem Kontaktmarmor an der Grenze von Kalk und Granit gefunden.

Analysenmethoden zur Bestimmung und Trennung des Niobs und Tantals.[6])

Von K. Peters (Oranienburg-Berlin).

Aufschließen. Einige der Niob- und Tantal-haltigen Mineralien, wie der Tyrit und der Euxenit lassen sich durch konzentrierte Schwefelsäure vollständig zersetzen.

Man erhitzt die sehr fein gepulverte Substanz in einer Platinschale längere Zeit mit einem Überschuß von konzentrierter Schwefelsäure, die man von Zeit

[1]) C. U. Shepard, Am. Journ. **34**, 313 (1838); **30**, 85 (1839).
[2]) T. St. Hunt, Am. Journ. **2**, 30 (1846).
[3]) G. J. Brush u. T. L. Smith, Am. Journ. **8**, 432 (1874).
[4]) J. E. Whitfield, Bull. geol. Surv. U.S. **64**, 40 f. (1890).
[5]) W. M. Bradley, Am. Journ. **27**, 179 (1909).
[6]) Anm. des Herausgebers: Da ein Teil der im Nachstehenden behandelten Mineralien nicht unbeträchtliche Mengen von Tantal enthält, ist die analytische Bestimmung des Tantals und seine Trennung von andern Elementen bereits hier behandelt.

zu Zeit nach vorherigem Erkalten vorsichtig mit etwas Wasser vermischt. Läßt sich kein unzersetztes Pulver mehr wahrnehmen, und sind die ausgeschiedenen Metallsäuren weiß geworden, so raucht man den größten Teil der Schwefelsäure ab, behandelt den Rückstand mit wenig Wasser, um die gebildeten Sulfate aufzulösen und scheidet nach Zusatz von viel Wasser die Niob- und Tantalsäure durch Kochen vollständig ab. Zweckmäßig reduziert man vor dem Verdünnen das Eisenoxyd durch einen Überschuß von schwefliger Säure, weil sich sonst mit den Metallsäuren etwas Eisenoxyd abscheiden könnte. Nach dem Filtrieren und Auswaschen wird der Niederschlag geglüht, zweckmäßig unter Zusatz von einigen Stückchen kohlensaurem Ammon, bis alle Schwefelsäure ausgetrieben ist, und das Gewicht beständig bleibt. Die Metallsäuren werden wie unten angegeben untersucht und getrennt.

Tantalit wird durch Säuren nur sehr wenig angegriffen, selbst durch anhaltendes Erhitzen mit konzentrierter Schwefelsäure läßt er sich nicht zersetzen. Yttrotantalit, Columbit und Samarskit werden beim Erhitzen mit Schwefelsäure stark angegriffen, aber auch nicht vollständig zersetzt.

Die beste Methode, diese Mineralien zu zersetzen, ist die, vermittels Kaliumbisulfat, die J. J. Berzelius zuerst empfohlen hat. Das feingeschlämmte Pulver wird mit der achtfachen Menge des Salzes in einem geräumigen Platintiegel so lange geschmolzen, bis sich alles in dem schmelzenden Salze aufgelöst hat. Die geschmolzene Masse wird wiederholt mit Wasser in einer Platinschale ausgekocht und die ungelöst gebliebenen Metallsäuren filtriert und ausgewaschen. Sie enthalten noch beträchtliche Mengen von Eisenoxyd, sowie Zinnoxyd und Wolframsäure, wenn diese vorhanden sind. Man schmilzt sie mit der sechsfachen Menge von gleichen Teilen kohlensauren Natrons und Schwefel in einem bedeckten Porzellantiegel, behandelt die geschmolzene Masse mit Wasser und wäscht den Rückstand mit sehr verdünntem Schwefelammonium aus. Aus der Lösung fällt man durch verdünnte Schwefelsäure Schwefelzinn und Schwefelwolfram, die man längere Zeit bei Luftzutritt glüht. Das Filtrat dampft man ein und glüht die trockene Masse, um zu sehen, ob noch geringe Spuren von Wolframsäure darin enthalten sind, was indessen selten der Fall ist. Die so von Zinn und Wolfram befreite Tantal- und Niobsäure ist durch Schwefeleisen schwarz gefärbt; man übergießt sie mit stark verdünnter kochender Schwefelsäure, wäscht das gelöste Eisen aus und schmilzt wieder mit Kaliumbisulfat, um das Natron zu entfernen. [1]

Man kann auch bei der Analyse von Niobiten und Tantaliten das Mineral im Platintiegel mit vier Teilen Kaliumbisulfat und zwei Teilen Schwefelsäure allmählich bis zur beginnenden Rotglut erhitzen, läßt dann erkalten, bevor sämtliche Schwefelsäure vertrieben ist, setzt nochmals zwei Teile Schwefelsäure hinzu und erhitzt von neuem. Man erhält eine durchsichtige Flüssigkeit, die man in eine große Platinschale gießt. Die erkaltete, rissig gewordene Masse behandelt man wiederholt mit siedendem Wasser, filtriert, neutralisiert das Filtrat teilweise mit Ammoniak, kocht einige Minuten, um die Fällung der Niob- und Tantalsäure zu vervollständigen, filtriert den Niederschlag ab, wäscht ihn aus, digeriert ihn 24 Stunden mit Schwefelammonium und wäscht ihn mit kalter 5 %iger Chlorwasserstoffsäure. Man erhält so einerseits Niob- und Tantalsäure, die nur noch Kieselsäure und Titansäure enthalten und

---

[1] H. Rose u. R. Finkener, Handb. d. anal. Ch. **2**, 335 (1871).

andererseits eine Flüssigkeit, in der sich das Eisen, Mangan, Zinn, Zirkon usw. befindet.[1])

Tantalite (australischen und amerikanischen Ursprungs) lassen sich dadurch aufschließen, daß das feingepulverte Mineral in schmelzendes Kaliumsulfat gegeben und so lange erhitzt wird, bis ein gleichmäßiger Fluß ohne dunkle Schlieren entsteht. Nach dem Erkalten wird die Schmelze mit heißem, schwefelsäurehaltigem Wasser ausgelaugt und zur kochenden Lösung schweflige Säure (20—30 ccm) zugesetzt. Man muß so viel schweflige Säure zusetzen, bis der Niederschlag sein milchiges Aussehen verloren hat und flockig wird. Es wird sodann 20—30 Minuten im kochenden Zustand erhalten. Unter diesen Umständen fällt alles Zinn in Form von Metazinnsäure mit den Metallsäuren aus; man filtriert und wäscht den Niederschlag mit heißer, schweflige Säure enthaltender Schwefelsäure bis zum Verschwinden der Eisenreaktion aus. Das Filtrat, das die übrigen Elemente außer Tantal, Niob, Titan und Zinn enthält, wird nach den bekannten Verfahren der quantitativen Analyse verarbeitet.[2]) Fluorwasserstoffsäure wirkt auf Yttrotantalite, besonders auf Samarskit und Euxenit von Nordkarolina so rasch und heftig ein, wie Chlorwasserstoffsäure auf Calcit. Wenn feingepulverter Samarskit mit dem gleichen Volumen Wasser befeuchtet und mit dem doppelten Gewichte rauchender Fluorwasserstoffsäure behandelt wird, erfolgt die Einwirkung in der Kälte in wenigen Sekunden unter geringem Aufschäumen und die Zersetzung ist in 5—10 Minuten beendet; wenn erforderlich, unterstützt man die Einwirkung durch kurzes Erwärmen auf dem Wasserbade.

Die Schale wird im kochenden Wasserbade gehalten, um die überschüssige Säure abzurauchen; der Inhalt der Schale wird sodann mit 30—40 g Wasser (auf 5 g Mineral) behandelt, filtriert und sorgfältig ausgewaschen, wobei man, wenn nötig, 1—2 Tropfen Fluorwasserstoffsäure zusetzt. Das Mineral wird auf diese Weise in zwei Teile getrennt: Das Filtrat, das die Metallsäuren neben Eisen und Mangan enthält, und den unlöslichen Rückstand, der die Erden neben Uran aufweist.[3])

Auch durch Schmelzen mit Kalihydrat können die Niob- und Tantalhaltigen Mineralien aufgeschlossen werden. In westaustralischen Tantalerzen, die größtenteils durch eine vollständige Abwesenheit von Titan, jedoch einen verschiedenen und bisweilen großen Gehalt an Kassiterit ausgezeichnet sind, wird der Gehalt an Metallsäuren bei Anwendung dieser Methode und Abwesenheit merklicher Mengen von Titansäure bis auf 0,1 % verläßlich sein. Man schmilzt das gepulverte Mineral mit sechs Teilen Kalihydrat im Silber- oder Nickeltiegel bei niederer Rotglut zu einer in kaltem Wasser vollständig löslichen Masse, abgesehen von den Carbonaten des Eisens, Yttriums usw., die ihrerseits bei nachfolgendem Ansäuern mit etwas Chlorwasserstoffsäure rasch aufgelöst werden. Bei Mangantantalit ist der Aufschluß in 10 Minuten, bei Eisentantalit, Euxenit, Antimontantalit in 20 Minuten, bei Kassiterit in 45—60 Minuten vollständig. Für die Bestimmung von Tantal, Niob und Zinn sind Nickeltiegel zu empfehlen; die Abnutzung ist bei so niederer Temperatur nicht groß und das Nickel, das in Lösung geht, verhindert in keiner Weise die Ausfällung von reinem Tantal, Niob und Zinn. Für die

[1]) C. Chesneau, C. R. 149, 1132 (1909); Chem. ZB. 80 I, 570 (1909).
[2]) L. Weiß u. M. Landecker, Z. anorg. Chem. 64, 65 (1909).
[3]) W. Crookes, Select Methods in Chem. Anal. 141 (London 1905).

Bestimmung des Eisens, Mangans, Yttriums usw. werden die Mineralien immer im Silbertiegel geschmolzen, der bei dunkler Rotglut nur langsam angegriffen wird; dabei fallen die Niederschläge von Tantal- und Niobsäurehydrat mit Silberchlorid und Schuppen von metallischem Silber, und ebenso ist der Niederschlag von Zinnsulfid mit Silbersulfid gemischt. Bei Gegenwart von Antimon wird dieses Element mit Tantal und Niob beim Kochen der verdünnten, mit Chlorwasserstoffsäure angesäuerten Lösung ausgefällt. Es wird vom Niederschlag durch Behandlung mit Schwefelammonium und neuerliches Schmelzen der überbleibenden Metalloxyde, Wiederholen der Fällung und Digestion getrennt.

Das beim Schmelzen mit Ätzkali lästige Überkriechen der Schmelze über den Rand des Tiegels wird dadurch verhindert, daß man in ein Stück Asbestpappe ein kreisrundes Loch von solcher Größe schneidet, daß beim festen Hineinpressen des Tiegels der Boden nur ungefähr 6 mm durchragt. Erhitzt man einen kleinen so hergerichteten Tiegel mit einem kleinen Bunsenbrenner auf die erforderliche Temperatur, so kommt der Boden und der Inhalt zur dunkeln Rotglut, während der Rand zu kalt ist, um ein Überkriechen der Schmelze zu gestatten. Zu beachten ist ferner, daß der Tiegeldeckel deutlich nach unten gewölbt ist, so daß Teile der Schmelze, die verspritzen, gegen die Mitte des Tiegeldeckels rinnen, von wo sie in die Schmelze tropfen und nicht teilweise an der innern, teilweise an der äußern Seite des Tiegels herunterlaufen.

Es lassen sich nach diesem Verfahren Niob- und Tantalhaltige Mineralien, wie komplex sie auch zusammengesetzt sein mögen, in einfacher Weise aufschließen. Indessen macht die Anwesenheit von Titan, während sie die Resultate für Tantal nicht berührt, die Trennung des Niobs ungenau; es wird dann der Niobgehalt zu niedrig, der Titangehalt entsprechend höher gefunden. Es scheint, daß beim Ansäuern einer verdünnten Lösung der gemischten Kalium-Titanate, -Niobate und -Tantalate bis zu dem Punkte, bei dem Niob und Tantal als Hydrat ausfällen sollten, ein lösliches Doppelchlorid von Titan und Niob gebildet wird und nur ein Teil des Niobs ausfällt.[1]

Tantalite und Columbite lassen sich auch durch Schmelzen mit $2^{1}/_{4}$—3 Teilen Kaliumcarbonat aufschließen. Die aufs feinste gepulverten Mineralien werden in einem Stahltiegel mit Kaliumcarbonat innig gemengt. Der Stahltiegel kommt in einen größeren Graphittiegel, und der Zwischenraum wird fast bis zum oberen Rand des Stahltiegels dicht mit Holzkohlenpulver ausgestampft. Der Stahltiegel wird mit einem übergreifenden Deckel verschlossen und der freigebliebene Raum des Graphittiegels mit größeren Stücken von Holzkohle vollständig angefüllt, so daß der Deckel des äußeren Tiegels gerade noch darüber geht. Der Tiegel wird jetzt mit einem Griffinschen Radialgasbrenner langsam zur Rotglut erhitzt, damit die Kohlensäure entweichen kann, solange die Masse noch porös ist. Nach dem Abkühlen gelingt es gewöhnlich, den Inhalt des Stahltiegels mühelos als kompaktes Stück herauszubekommen; der obere Teil der Schmelze ist gelblichweiß, während die untere Schicht eine schwarze Masse bildet. Bei einem Zinngehalt des Minerals ist das Innere des Stahltiegels verzinnt. Ein Teil des Zinns bildet häufig eine schwammige metallische Masse, die mit dem schwarzen Bodensatz gemischt ist.

---

[1] Ed. S. Simpson, Bull. geol. Surv. West. Austr. **23**, 72 (1906); Ch. N. **99**, 243 (1909).

Der ganze Inhalt des Tiegels wird nun für 25 g Mineral mit ungefähr 500 g Wasser behandelt, wobei das Kalium-Tantalat und -Niobat rasch in Lösung geht, während das schwarze sandige Material, mit etwas Zinn gemischt, sich rasch absetzt. Die klare Lösung wird abgegossen, der Rückstand mit Wasser angerührt, und durch ein Filter gegossen, wobei man das schwarze Material nicht aufs Filter bringt. Das Auswaschen wird fortgesetzt, bis alles Lösliche ausgezogen ist; man erhält so eine klare, gelb oder braun gefärbte Lösung, die fast alle Tantal- und Niobsäure neben Spuren von Eisen und Mangan enthält, aber frei von Zinn, Antimon, Blei und andern Schwermetallen ist. Ferner einen schwarzen, kristallinischen, sandigen Rückstand, der fast alles Eisen, Mangan und andere Basen enthält, vermischt mit etwas der Metalle, die durch Kohlensäure reduzierbar sind, obwohl sich der größte Teil dieser Metalle mit den Wänden des Stahltiegels legiert.

Die Lösung mißt bei 25 g Mineral samt den Waschwässern ungefähr 1 Liter; es werden einige Cubikzentimeter Schwefelkaliumlösung zugesetzt und gut durchgerührt. Dadurch wird die Flüssigkeit schwarz. Etwas mehr Chlorwasserstoffsäure als dem angewendeten Kaliumcarbonat äquivalent ist (80 bis 100 ccm), wird mit heißem Wasser in einem 3—4 Liter enthaltenden Becherglas auf etwa 1 Liter verdünnt und die schwarze Lösung unter beständigem Umrühren eingegossen. Es tritt eine lebhafte Entwicklung von Kohlendioxyd und Schwefeldioxyd ein und die Metallsäuren scheiden sich als weißer, flockiger Niederschlag ab. Das Becherglas wird auf einem Wasserbade erhitzt, bis sich die ausgefällten Säuren absetzen; dann wird abkühlen gelassen, der klare Teil, der etwa $^5/_7$ der Menge bildet, abgegossen, der Niederschlag wiederholt mit heißem Wasser aufgerührt und durch Dekantieren gewaschen, bis das letzte Waschwasser mit Silbernitrat keine Trübung gibt. Die Niob- und Tantalsäure scheidet sich in der Regel gut ab, aber bisweilen ist langes Erwärmen am Wasserbade notwendig, um sie dazu zu bringen. (Ein Auswaschen auf dem Filter beschleunigt die Arbeit nicht, da der Niederschlag am Filter Risse bekommt und nicht ausgewaschen wird.) Schließlich werden die Säuren auf das Filter gebracht, bei 100° getrocknet und gepulvert. Sie bilden ein weißes, weiches Pulver, das sich fast augenblicklich in Fluorwasserstoffsäure oder Oxalsäure löst. Dieser Zustand ist daher zur Trennung der Niob- und Tantalsäure voneinander sehr geeignet. Die Waschwässer, die sich beim Dekantieren der ausgefällten Säuren ergeben, sind nicht vollständig blank, sondern immer opaleszierend. Sie enthalten eine geringe Menge der Metallsäuren. (Der Verlust betrug in einem Falle bei Anwendung von 20 g Columbit 0,038 g der geglühten Säuren, entsprechend 0,19 % des angewendeten Minerals. Um diese zu erhalten, mußten die ganzen Waschwässer in einer Platinschale mit einem geringen Überschuß von Schwefelsäure zur Trockne eingedampft, der Rückstand mit Wasser aufgenommen und durch Kochen ausgefällt werden.)

Der schwarze, sandige, beim Auflösen der Kaliumcarbonatschmelze in Wasser zurückbleibende Rückstand ist ein Gemisch von Eisenoxydul, Manganoxydul, Eisen, Zinn, Zirkonoxyd, Kieselsäure usw. Er oxydiert sich rasch an der Luft und es ist ratsam, das Alkalitantalat-Niobat so rasch als möglich auszuwaschen, sonst bildet sich ein ockerfarbiger Niederschlag, der durchs Filter geht. Der gewaschene Niederschlag wird mit Chlorwasserstoffsäure (1:1 verdünnt) übergossen, worin sich der schwarze Teil sofort löst. Die saure Flüssigkeit wird samt dem weißen Rückstand in einer Porzellanschale zur Trockne eingedampft, mit verdünnter Chlorwasserstoffsäure aufgenommen und der unlösliche weiße Rückstand abfiltriert, gewaschen, getrocknet und geglüht. (Der geglühte Rückstand betrug 5—7 % des angewendeten Middleton Columbits.) Er wird mit Fluorwasserstoffsäure unter Zusatz von Schwefelsäure abgeraucht; die Gewichtsabnahme wird als Kieselsäure in Rechnung gestellt. Der von der Kieselsäure befreite Rückstand wird mit Kaliumcarbonat im Platintiegel am Gebläse aufgeschlossen, die erkaltete Schmelze mit Wasser digeriert, wobei ein weißer Rückstand ungelöst bleibt. Dieser wird abfiltriert, gewaschen, getrocknet und verascht. Dieser Rückstand wird mit Natriumbisulfat geschmolzen, wobei er vollständig in Lösung geht; die Schmelze ist in Wasser klar löslich. Diese Lösung gibt mit Ammoniak einen gallertigen Niederschlag, der sich rasch in Oxalsäure auflöst; die mit Chlorwasserstoffsäure angesäuerte Lösung färbt Curcumapapier stark orange und besteht wenigstens der Hauptmenge nach aus Zirkonoxyd. Die Lösung, die beim Lösen der Kaliumcarbonatschmelze entsteht, enthält Tantalsäure und Niobsäure, neben der geringen Menge Titansäure, die in dem Mineral enthalten ist.[1]

Abscheidung und Bestimmung der Tantalsäure.

Aus einer alkalischen Lösung kann die Tantalsäure durch Schwefelsäure, besonders beim Erhitzen, vollständig gefällt werden. Die ausgeschiedene schwefelsaure Tantalsäure wird nach dem Auswaschen, wodurch sie einen Teil ihrer Schwefelsäure verliert, so lange stark geglüht, bis sich ihr Gewicht nicht mehr vermindert; um die Verflüchtigung der Schwefelsäure zu befördern, legt man vor dem Glühen ein Stückchen kohlensaures Ammon auf die Tantalsäure.

Frisch gefällte Tantalsäure kann in andern Säuren, namentlich Chlorwasserstoff- und Salpetersäure, wenn auch nur schwierig, aufgelöst werden. Aus diesen sauren Lösungen wird die Tantalsäure durch Zusatz von Ammoniak bis zur alkalischen Reaktion vollständig ausgeschieden, auch wenn die Lösung sehr viel freie Säure enthält, da die Gegenwart von Ammonsalzen die Fällung nicht hindert. Durch verdünnte Schwefelsäure kann dagegen die Tantalsäure bei Gegenwart von Chlorwasserstoff- oder Salpetersäure nicht vollständig abgeschieden werden. Die Lösung enthält auch nach längerem Kochen noch eine geringe Menge von Tantalsäure, die daraus durch Ammoniak gefällt wird.[2]

Abscheidung und Bestimmung der Niobsäure.

Aus alkalischen Lösungen wird die Niobsäure wie die Tantalsäure durch verdünnte Schwefelsäure gefällt, mit der sie eine unlösliche Verbindung liefert. Um vollständige Fällung zu erreichen, vermeidet man einen unnötigen Überschuß von Schwefelsäure, verdünnt die Lösung mit viel Wasser und kocht einige Zeit. Es bleiben nur selten und in geringerem Maße, als dies bei der Tantalsäure der Fall ist, unbedeutende Spuren aufgelöst, die dann durch Ammoniak vollständig ausgeschieden werden können. Der ausgewaschene Niederschlag wird wie die Tantalsäure in Niobsäure übergeführt und als Nb_2O_5 gewogen.

Auch durch Chlorwasserstoffsäure wird die Niobsäure aus alkalischen Lösungen gefällt und zwar auch beim Überschuß dieser Säure vollständig, wenn sie nicht damit gekocht wird. Kocht man aber die gefällte Niobsäure mit einem Überschuß von Chlorwasserstoffsäure, so kann sie sich beim Hinzu-

---

[1] W. B. Giles, Ch. N. **99**, 25 (1909).
[2] H. Rose u. R. Finkener, a. a. O. 330.

fügen von Wasser auflösen. Aus diesen Lösungen wird sie durch Ammoniak vollständig gefällt. Salpetersäure fällt die Niobsäure ebenfalls aus alkalischen Lösungen, ohne indessen beim Kochen etwas aufzulösen.[1]

Gemeinsame Abscheidung und Bestimmung von Tantal- und Niobsäure.

0,2—1 g des Minerals werden mit 5—10 g Kaliumbisulfat geschmolzen und wie S. 74 angegeben behandelt. Der Rückstand von Kieselsäure, Niobsäure und Tantalsäure wird auf dem Filter mit warmer, verdünnter Fluorwasserstoffsäure gelöst. Zu dieser Lösung werden in einer Platinschale 10 ccm konzentrierte Schwefelsäure zugegeben und eingedampft, bis schwere Nebel entweichen. Es werden nochmals einige Kubikzentimeter Schwefelsäure zugegeben und das Abdampfen bis zum Entweichen der Schwefelsäurenebel wiederholt. Man läßt jetzt abkühlen, in kaltes Wasser fließen, wäscht die Platinschale gut aus, gibt bis zum Volumen von 500 ccm Wasser zu, kocht einige Minuten, filtriert, wäscht mit kochendem Wasser aus, bis nur mehr schwache Schwefelsäurereaktion auftritt. Der Rückstand wird am Gebläse 10 Minuten scharf geglüht und gewogen. Dies ergibt das Gewicht von $Nb_2O_5 + Ta_2O_5$.[2]

Veraschung der Niob- und Tantalhydroxydniederschläge.

Es ist notwendig, das Filter im Trockenschrank gut zu trocknen, den Niederschlag soviel wie möglich vom Filter zu entfernen, dieses für sich auf dem Porzellandeckel mit Zuhilfenahme von Ammonnitrat zu veraschen und es erst dann mit dem Niederschlage zu vereinigen. Auf diese Weise erhält man Nb_2O_5, das in der Hitze gelb ist und beim Erkalten einen gelben Stich besitzt. Ta_2O_5 ist in der Hitze und in der Kälte weiß und TiO_2 heiß dunkelgelb, kalt schwach hellgelb. Man erkennt schon geringe Mengen von Titansäure in der Tantalsäure dadurch, daß letztere sich beim Erhitzen citronengelb färbt und beim Erkalten nie rein weiß wird.

Verascht man die Hydrate mit dem Filter zusammen, so findet leicht Reduktion statt. Diese reduzierten Oxyde sind von blauschwarzer bis tiefschwarzer Farbe; sie werden weder von Salpetersäure noch Ammonnitrat in kurzer Zeit wieder zum weißen Oxyd oxydiert.[3]

Trennung des Niobs von Tantal.

Verfahren von J. Marignac. Man löst die vorgereinigten Hydrate der Erdsäuren in möglichst wenig Fluorwasserstoffsäure, erhitzt zum Kochen, filtriert, gibt zur kochenden Lösung auf 1 Teil Pentoxyd 0,25 Teile Kaliumfluorid und läßt erkalten. Scheidet sich hierbei kein K_2TaF_7 aus, so engt man die Lösung durch Kochen so weit ein, daß 7 ccm der Lösung 1 g Pentoxyd enthalten. Beim Erkalten scheidet sich K_2TaF_7 in feinen Nadeln aus, das mit Wasser gewaschen wird, bis das Waschwasser auch nach 2 stündigem Stehen mit Galläpfeltinktur nicht mehr orangerot, sondern rein schwefelgelb gefällt wird.

[1] H. Rose u. R. Finkener, a. a. O. 339.
[2] F. D. Metzger u. C. E. Taylor, Z. anorg. Chem. **62**, 383 (1909).
[3] L. Weiß u. M. Landecker, a. a. O. 80.

Das Filtrat und das Waschwasser wird mit mehr Kaliumfluorid versetzt und eingeengt. Man fährt so fort, bis sich den Nadeln des K_2TaF_7 Blätter von K_2NbOF_5, H_2O beizumischen beginnen. Bei weiterem Eindampfen erhält man schließlich nur K_2NbOF_5, H_2O. [1])

Für die Ausführung dieses Verfahrens ist folgende Vorschrift empfehlenswert: 1—2 g des Minerals werden mit 3—16 g Kaliumbisulfat geschmolzen und die Schmelze wie bei der Trennung der Metallsäuren von Eisen angegeben (S. 90), behandelt. Das ausgeschiedene Tantal und Niob wird abfiltriert und auf dem Filter in warmer, verdünnter Fluorwasserstoffsäure gelöst. Es wird ungefähr das Gewicht der angewandten Probe an Kaliumfluorid zugesetzt und am Wasserbade abgedampft, bis die Masse beim Erkalten eben erstarrt. Man löst in möglichst wenig heißem Wasser und läßt kristallisieren. Das Tantal kristallisiert als Kaliumtantalfluorid in Form von Nadeln, das Niob als Kaliumnioboxyfluorid in Form von Blättchen. Diese Kristalle müssen sorgfältig, wenn nötig unter Benutzung einer Lupe, untersucht werden, ob Nadeln oder Blättchen oder beide da sind. Die erste Kristallisation besteht fast immer aus Nadeln, ist also frei von Niob. Sind keine Blättchen vorhanden, so wird durch ein kleines Filter filtriert, das Filtrat in einer Platinschale aufgefangen und die Kristalle sparsam mit Wasser nachgewaschen, das mit Fluorwasserstoffsäure schwach angesäuert ist und 1 g Kaliumfluorid auf 100 ccm enthält. Das Filtrat wird genau wie vorher zur Trockne verdampft, in siedendem Wasser aufgenommen usw., die Nadeln, wenn sie frei von Blättchen sind, durch das gleiche Filter abfiltriert, das für die erste Kristallisation benutzt wurde. Dieses Verfahren wird fortgesetzt, bis eine Kristallisation erhalten wird, die aus einem Gemisch von Nadeln und Blättchen besteht. Ist dies erreicht, so wird allmählich eine kleine Menge des Waschwassers (1—2 ccm auf einmal) unter Rühren zugegeben, bis sich die Blättchen wieder auflösen. Die Nadeln werden wie zuvor abfiltriert und sparsam mit Waschwasser ausgewaschen. Das Filtrat soll nun alles Niob, die Kristalle auf dem Filter alles Tantal enthalten. Das Tantalsalz wird mit heißem Wasser unter Zusatz einiger Tropfen Fluorwasserstoffsäure vom Filter gelöst. Der Zusatz von Fluorwasserstoffsäure ist nötig, um die Bildung einer unlöslichen Tantalverbindung zu verhindern. Es wird nun sowohl zur Niob- wie zur Tantallösung Schwefelsäure zugesetzt und eingedampft, bis Schwefelsäure abraucht, um das Fluor zu entfernen und dann mit einer großen Menge Wasser gekocht. Niob bzw. Tantal werden als wasserunlösliche Hydroxyde gefällt; man filtriert, wäscht mit heißem Wasser, trocknet, verascht, glüht und wägt. [2])

Das Abdampfen der Fluoridlösungen muß mit großer Sorgfalt ausgeführt werden, denn wenn zu weit eingedampft wird, werden die Salze, besonders das Tantal leicht zersetzt und wasserunlöslich. Wenn nicht genug weit eingedampft wird, so bleibt zuviel Fluorwasserstoffsäure zurück, was zur Folge hat, daß das Niob nicht in Blättchen, sondern in Form von Prismen kristallisiert, die schwer von den Nadeln des Tantalsalzes zu unterscheiden sind.

Die durch Zersetzung des Kaliumfluoroxyniobats mittels Schwefelsäure erhaltene Niobsäure enthält bis zu 3 % Kaliumsulfat; man schmilzt sie mit 5 Teilen Ammoniumsulfat und 5 Teilen Schwefelsäure, nimmt die Schmelze mit siedendem Wasser auf, neutralisiert teilweise mit Ammoniak, kocht einige

---

[1]) J. Marignac, Ann. chim. phys. **8**, 63 (1866).
[2]) F. D. Metzger u. C. E. Taylor, a. a. O. 390.

Minuten, um die Fällung vollständig zu machen und glüht schließlich bei heller Rotglut.[1]

Ed. S. Simpson löst die gemischten feuchten Hydrate in mit Fluorwasserstoffsäure angesäuertem Wasser und fraktioniert nach dem Hinzufügen von Kaliumfluorid durch Eindampfen. In der Flüssigkeit, aus der die letzte Tantalfraktion abgeschieden wird, sind für 1 ccm der Flüssigkeit 2 mg Ta_2O_5 zulässig.[2]

Verfahren von C. F. Rammelsberg. Man schmilzt die gereinigten Metallsäuren bei gelinder Hitze mit 2—3 Teilen Kaliumfluorid, zieht die erkaltete Schmelze mit viel Wasser aus und kocht unter Zusatz von etwas Fluorwasserstoffsäure. Aus dieser Lösung wird das Kaliumtantalfluorid wie bei der Marignacschen Methode abkristallisiert.[3]

Verfahren von H. Rose. Das Gemenge beider Säuren wird zuerst mit Natriumhydrat im Silbertiegel geschmolzen, die Schmelze mit Wasser aufgeweicht und die Lösung vom Ungelösten abgegossen. Dieses löst sich nach der Entfernung des überschüssigen Natriumhydrats vollständig in heißem Wasser auf. Zur erkalteten Lösung wird so viel von der zuerst abgegossenen Lauge hinzugefügt, daß dadurch noch keine Abscheidung der Natronsalze entsteht. Man leitet sodann durch die Lösung Kohlensäure. Dadurch werden beide Säuren vollständig gefällt, so daß im Filtrat durch Übersättigung mit Schwefelsäure keine Trübung entsteht. Den feuchten Niederschlag kocht man in einer Platinschale zuerst mit einer verdünnten Lösung von Natriumhydrat (wozu man einen Teil der erhaltenen Mutterlauge nehmen kann), gießt die Lösung ab und kocht dann das Ungelöste mit einer sehr verdünnten Lösung von Natriumcarbonat so oft, bis die abfiltrierte Flüssigkeit durch Übersättigung mit verdünnter Schwefelsäure keinen Niederschlag und kaum noch eine Opaleszenz zeigt. Es wird dadurch das saure niobsaure Natron aufgelöst, während das saure tantalsaure Natron ungelöst bleibt. Nach dem Auslaugen muß letzteres mit Kaliumbisulfat geschmolzen werden, um es von Natron zu befreien. Aus den filtrierten Lösungen wird durch Übersättigen mit verdünnter Schwefelsäure und Kochen die Niobsäure gefällt.[4]

Verfahren von L. Weiß u. M. Landecker. Schmilzt man Niobsäure mit Natriumcarbonat und Natriumnitrat unter Einhaltung der bei der Trennung der Metallsäuren vom Titan angegebenen Vorsichtsmaßregeln zusammen, so erhält man eine weiße Schmelze, die sich leicht in heißem Wasser löst. Leitet man in diese Lösung Kohlensäure ein, so bleibt sie auch bei stundenlangem Einleiten klar.

Eine ebenso bereitete Tantalschmelze ist in heißem Wasser viel schwerer löslich; es bleibt ein kristallinischer Rückstand, der sich erst bei Zugabe von mehr Wasser und Kochen der Flüssigkeit löst. Man hat also ein Mittel, den größeren Teil des Tantals vom Niob zu trennen.

Leitet man nun in die Tantallösung Kohlensäure ein, so erhält man nach einiger Zeit einen weißen Niederschlag, der alles Tantal enthält; die überstehende Flüssigkeit zeigt sich frei von Tantal. Um eine quantitative Abscheidung zu erlangen, darf man nur so viel Natriumcarbonat nehmen, als

---

[1] G. Chesneau, C. R. **149**, 1132 (1909).
[2] Ed. S. Simpson, a. a. O.
[3] C. F. Rammelsberg, Journ. prakt. Chem. **107**, 343 (1869); Ann. d. Chem. **144**, 64 (1871).
[4] H. Rose u. R. Finkener, a. a. O. 339.

notwendig ist, um die Schmelze dünnflüssig zu erhalten. Die Natriumnitrat-
menge richtet sich nach der Menge der angewendeten Substanz (für 0,2 g nie
mehr als eine Messerspitze voll). Dies hat auch den Vorteil, daß nur eine
kaum merkbare Menge Platin in Lösung geht.

Das Natriumnitrat darf nie völlig in Nitrit übergeführt werden, da sonst
die Fällung versagt; in diesem Falle bilden sich noch während des Schmelzens
rasch erstarrende gelbe Krusten, die ganze Masse erstarrt bald zu einem gelben,
strahlig-kristallinischen Kuchen und ist für die Trennung nicht geeignet.

Die Schmelze löst man mit warmem Wasser, so daß der liegende Tiegel
gerade mit Wasser bedeckt ist; man erwärmt etwas und filtriert von nicht gelöstem Natriumtantalat, das man mit warmer Natriumbicarbonatlösung auswäscht, in wasserstoffperoxydhaltiger Schwefelsäure löst und mit schwefliger
Säure als Tantalhydrat fällt.

In das Filtrat, das alles Niob als Niobat und den Rest des Tantals enthält, leitet man nach völligem Erkalten einen regelmäßigen Strom von Kohlensäure. Nach genau 50 Minuten beginnt die erste Flockenbildung, die nach
einigen Minuten zunimmt und gewöhnlich nach $1/2$ Stunde beendet ist. Man
kocht nun kurz auf und läßt den Niederschlag über Nacht absetzen; er ist
dann leicht filtrierbar und wird wie oben weiter behandelt.

Diese Trennung hängt sehr von der angewendeten Temperatur beim
Schmelzen, der Menge des benutzten Natriumcarbonats, der Wassermenge,
der Temperatur der Lösung usw. ab. Es gelingt erst bei einiger Übung, gute
Resultate zu erhalten. Man darf nie in der Wärme Kohlensäure einleiten;
auch bei Anwendung von zu viel Natriumcarbonat erhält man zu niedere Ergebnisse und das Tantal fällt nicht weiß, sondern in Form eines gelben
schleimigen Niederschlags. [1]

Bei diesem Verfahren können erhebliche Fehler auftreten, besonders werden
die Resultate mit steigendem Nitratzusatz sehr viel schlechter; es ist besser,
diesen ganz zu unterlassen, da man durch bloße Carbonatschmelze eine
genügend glatte Auflösung der Oxyde erreicht. Es dürfen keine Anionen vorhanden sein, die eine Koagulation der Sole hervorrufen können, z. B. Sulfat-,
Chlorid-, Sulfit- oder Nitration. Ferner wird die Trennung nur möglich sein,
wenn etwa 1 Stunde nach dem Abscheiden der Tantalsäure durch Kohlensäure
filtriert wird. Wichtig ist auch, daß die Trennung in nicht zu konzentrierter
Flüssigkeit vorgenommen wird, da die Sole nur bei ziemlicher Verdünnung
beständig sind. Bei Beachtung dieser Gesichtspunkte gibt die Methode brauchbare Resultate. [2]

Verfahren von W. E. von John. Das von Kieselsäure befreite Gemisch
von Tantal- und Niobsäure (siehe S. 27) wird mit Kalihydrat geschmolzen,
die Schmelze mit Wasser gelöst, mit verdünnter Schwefelsäure ausgefällt und
gekocht, um vollständige Fällung zu bewirken. Man filtriert, löst den Niederschlag in Fluorwasserstoffsäure, fügt etwas Kaliumfluorid hinzu und kocht
einige Minuten; man verdünnt die Lösung mit Wasser und wiederholt das
Kochen. Alles Tantal wird als praktisch unlösliches Kaliumoxyfluorid ($K_4Ta_4O_5F_{14}$)
abgeschieden, das Niob bleibt in Lösung. Der Rückstand wird mit kaltem
Wasser gewaschen, bis Galläpfeltinktur keinen roten Niederschlag erzeugt, reine

[1] L. Weiß u. M. Landecker, a. a. O. 91.
[2] O. Hauser u. A. Levite, Z. f. angew. Ch. 25, 100 (1912).

konzentrierte Schwefelsäure zugefügt und mäßig erwärmt, bis alle Fluorwasserstoffsäure entfernt ist. Dabei bildet sich Ta_2O_5 und $KHSO_4$; man filtriert und
entfernt das Kaliumbisulfat durch wiederholtes Waschen mit Wasser; dann wird
geglüht und gewogen.[1])

Maßanalytische Bestimmung von Niob bei Gegenwart von Tantal.

Das nach S. 84 erhaltene Gemenge von Niob- und Tantalsäure wird
mit 5 g Kaliumbisulfat geschmolzen, 10 ccm konzentrierte Schwefelsäure zugefügt und bis zur vollständig klaren Lösung erhitzt. Die Lösung wird in
ein Becherglas gegossen, der Tiegel mit 30 ccm konzentrierter Schwefelsäure
ausgespült und abkühlen gelassen (eine Trübung zeigt, daß der Aufschluß der
Oxyde unvollständig war). Es werden 2 g Bernsteinsäure unter Rühren zugefügt und dann ungefähr 20 ccm einer gesättigten wäßrigen Lösung von
Bernsteinsäure in feinem Strahl zugegossen, indem dabei, um die Lösung der
Bernsteinsäure zu begünstigen, die Flüssigkeit beständig in Bewegung gehalten
wird. Dann wird allmählich Wasser bis zu einem Volumen von 200 ccm,
unter ständigem Rühren, zugesetzt, auf 75° erwärmt und durch einen Joneschen
Reduktor geleitet.

Dieser Reduktor besteht aus einem 25 cm langen Rohr von 2 cm Durchmesser, das mit amalgamiertem Zink gefüllt ist.

Die Amalgamierung des Zinks wird in folgender Weise ausgeführt: 0,5 g
Quecksilber wird in 25 ccm konzentrierter Salpetersäure gelöst, auf 250 ccm
verdünnt, und mit dieser Lösung 600 g gesiebtes Zink einige Minuten ge-
schüttelt. Das amalgamierte Zink wird zuerst mit Wasser, dann mit verdünnter
Schwefelsäure gewaschen und bis zur Verwendung unter Wasser aufbewahrt.

Der Reduktionsapparat wird mit amalgamiertem Zink gefüllt, 200 ccm
5%iger, auf 75° erwärmter Schwefelsäure durchfließen gelassen; diese Säure
wird weggegossen und der Apparat wieder mit 20%iger, auf 75° erwärmter
Schwefelsäure gefüllt. Die Nioblösung wird durch den Apparat geschickt und
zuerst mit 50 ccm 20%iger Schwefelsäure und dann mit 200 ccm 5%iger
Schwefelsäure nachgespült. Die reduzierte Lösung, die tief braun gefärbt ist,
wird mit einer gestellten Kaliumpermanganatlösung titriert. Diese ganze Operation wird in einer Kohlensäureatmosphäre ausgeführt. Bei der Titration geht
die Farbe der Lösung zuerst von braun in grün über, dann durch mehrere
Töne von blau hindurch bis zur Entfärbung. Der Endpunkt ist erreicht, wenn
die Lösung die charakteristische Farbe des Kaliumpermanganats angenommen
hat. Der Endpunkt ist sehr scharf. Nach jeder Bestimmung werden einige
Zentimeter der Zinkschicht entfernt und durch frisches Zink ersetzt; dies ist
notwendig, weil sich sonst der Apparat durch eine Schichte von feinverteiltem
Zink verstopft.

1 ccm $^1/_{10}$-n. $KMnO_4$-Lösung = 0,007052 g Nb_2O_5.

Bei der maßanalytischen Bestimmung des Niobs hat ein Zinngehalt des
Gemisches der Erdsäuren keinen Einfluß auf die Bestimmung des Niobs, das
Tantal darf aber nicht direkt aus der Differenz berechnet werden, sondern es
muß auch der Gehalt an SnO_2 abgezogen werden.[2])

[1]) W. E. von John, Ch. N. **100**, 154 (1909).
[2]) F. D. Metzger u. C. E. Taylor, Z. anorg. Chem. **62**, 383 (1909).

6*

Trennung der Niob- und Tantalsäure von den Metalloxyden und Erden.

Die Niob- und Tantalsäure gehören mit der Kieselsäure zu den wenigen Oxyden, die durch Erhitzen mit konzentrierter Schwefelsäure oder durch Schmelzen mit Kaliumbisulfat nicht aufgelöst werden und können dadurch von fast allen Oxyden des Silbers, Kupfers, Urans, Eisens, Mangans, Thoriums, von den Cerit- und Yttererden, sowie von Berylliumoxyd, Magnesiumoxyd und Calciumoxyd getrennt werden.   Man erhitzt das feinverteilte Mineral in einer Platinschale mit einem großen Überschuß eines Gemisches von zwei Volumen konzentrierter Schwefelsäure und 1 Volumen Wasser längere Zeit bis zum Kochen; wenn das Wasser verdampft ist und die Schwefelsäure abzurauchen beginnt, läßt man die Schmelze erkalten, setzt dann vorsichtig unter stetigem Umrühren allmählich wieder etwas Wasser zu und erhitzt von neuem.   Man wiederholt dies so lange, bis keine unzersetzte Substanz mehr zu bemerken ist; dann raucht man die freie Schwefelsäure vollständig ab, und behandelt den Rückstand nach dem Erkalten mit Wasser; die Metallsäuren bleiben ungelöst und werden nach dem Auswaschen wie angegeben geglüht und gewogen.

In den meisten Fällen ist es aber zweckmäßiger, die Mineralien durch längeres Schmelzen mit der ungefähr sechsfachen Menge Kaliumbisulfat zu zersetzen, weil manche durch das Erhitzen mit der Schwefelsäure nur wenig angegriffen werden, weil sich das Schmelzen leichter ausführen läßt und die Zerlegung meistens sicherer bewirkt wird.   Die beim Auflösen der Schmelze in Wasser zurückbleibenden Metallsäuren werden wie die durch Schwefelsäure abgeschiedenen behandelt.

In der von den Metallsäuren abfiltrierten Flüssigkeit sind gewöhnlich noch kleine Mengen Niob- und Tantalsäure enthalten, die sich in den meisten Fällen nach annähernder Neutralisation der Lösung mit Kalihydrat oder Ammoniak durch Kochen abscheiden lassen.

Die aus eisenhaltigen Verbindungen abgeschiedenen Metallsäuren enthalten noch Eisenoxyd, das sich durch verdünnte Säuren nicht ausziehen läßt; man kann die Metallsäuren mit Schwefelammonium digerieren, oder wenn sie auch Zinnoxyd oder Wolframsäure enthalten, mit Schwefel und Natriumcarbonat schmelzen.   Das Eisenoxyd verwandelt sich dadurch in Eisensulfid, das man am besten mit sehr verdünnter kochender Schwefelsäure auflöst.   Nimmt man hierzu Chlorwasserstoffsäure, so löst sich mit dem Eisen auch etwas von den Metallsäuren auf, was bei Anwendung von Schwefelsäure weniger zu befürchten ist; indessen sind auch bei Anwendung von Schwefelsäure Verluste nicht zu vermeiden.

Auch durch Schmelzen mit der ungefähr fünffachen Menge von Kaliumcarbonat läßt sich die Trennung in vielen Fällen bewirken; man darf dann aber nicht unterlassen, den in Wasser ungelöst gebliebenen und ausgewaschenen Rückstand mit Schwefelsäure zu erhitzen, den Überschuß fast vollständig abzurauchen und die Masse mit Wasser zu behandeln, wobei die durch das Schmelzen mit Kaliumcarbonat etwa nicht ausgezogenen Metallsäuren ungelöst zurückbleiben.[1]

Die Niob- und Tantalsäure lösen sich (ebenso wie die Titansäure) in gefälltem oder getrocknetem, jedoch nicht geglühtem Zustande leicht in wasser-

---

[1] H. Rose u. R. Finkener, a. a. O. 331 u. 341.

stoffperoxydhaltigen Säuren; Niobsäure löst sich sogar leichter als Titansäure; Tantalsäure wiederum schwerer als letztere, jedoch ist die Löslichkeit immerhin eine sehr große.

Diese Lösungen des Niobs und Tantals sind zum Unterschied von der Pertitansäurelösung farblos; sie enthalten aber auch höhere Oxydationsstufen dieser Elemente, da sie durch keines der Fällungsmittel niedergeschlagen werden, das bei Abwesenheit von Wasserstoffperoxyd die Niob- und Tantalsäure sofort ausfällt.

Das Wasserstoffperoxyd löst sogar die Erdsäuren, die mit irgend einem Fällungsmittel abgeschieden wurden, sehr rasch und vollständig auf, wenn gleichzeitig Ammoniak, Natriumhydroxyd, Natriumcarbonat, Ammoniumchlorid, Natriumphosphat oder irgend eine Säure zugegen ist. Aus diesen Lösungen sind die Erdsäuren erst dann wieder fällbar, wenn das Wasserstoffperoxyd zerstört ist; sei es durch Kochen oder mit Hilfe eines Reduktionsmittels.

Die Trennung geschieht folgendermaßen: Die mit Kaliumbisulfat hergestellte Schmelze der unreinen Tantal- und Niobsäure wird mit heißem Wasser ausgekocht; in dieser Flüssigkeit sind nun als Niederschläge enthalten: Tantal- bzw. Niobsäure, gegebenenfalls Zinnsäure, Bleisulfat, Bariumsulfat, Strontiumsulfat, und wenn in größerer Menge vorhanden, auch Calciumsulfat; die Fällung ist jedoch keine vollständige, denn die Lösung enthält einen nicht unbeträchtlichen Teil der Erdsäuren, ferner die löslichen Sulfate der andern Elemente.

Zu der stark sauren Flüssigkeit (wenn sich durch zu langes Schmelzen die gesamte Schwefelsäure verflüchtigt hat, ist es notwendig, mit Schwefelsäure stark anzusäuern) gibt man schweflige Säure, bis die Flüssigkeit deutlich danach riecht und erwärmt.

Es fällt auf diese Art Niob- und Tantalsäure quantitativ aus, frei von Eisen, Mangan usw.

Bei der Mineralanalyse kommt die Trennung der Niob- und Tantalsäure von Titan, Eisen, Mangan, Blei und Zink fast einzig und allein in Betracht. Die Trennung von Titansäure wird später besonders besprochen.

Enthalten die Erdsäuren Elemente, die unlösliche Sulfate bilden, so befinden sich diese im Niederschlag, also bei den Erdsäuren; um sie zu trennen, hat man nur nötig, die Erdsäuren vermittelst warmer Schwefelsäure und Wasserstoffperoxyd herauszulösen. Ein Zusatz von Alkohol um Bleisulfat quantitativ abzuscheiden, ist ohne jeden Einfluß auf die Löslichkeit der Erdsäuren in obiger Säuremischung.

Über die Trennung von Zinn siehe weiter unten.

Bei der Fällung der Erdsäuren aus sauren Lösungen mit Schwefeldioxyd ist folgendes zu beachten: Am vorteilhaftesten arbeitet man in schwefelsaurer Lösung; die Menge der zuzugebenden schwefligen Säure richtet sich nach dem Aussehen des Niederschlags. Sobald sich dieser zusammenballt und flockig wird, so ist die Fällung quantitativ; wurde jedoch zu wenig schweflige Säure zugesetzt, ist die Fällung nicht vollständig, und der Niederschlag geht durchs Filter.

Man gibt also in die erwärmte Flüssigkeit tropfenweise schweflige Säure, bis der Niederschlag flockig wird und sich zu Boden setzen will; man erhitzt die Flüssigkeit nicht zum Kochen, sondern höchstens bis zum Siedepunkt, weil sich der Niederschlag viel schneller absetzt, wenn die Flüssigkeit nicht ins Wallen geriet.[1]

---

[1] L. Weiß u. M. Landecker, Z. anorg. Chem. **64**, 72 (1909).

Trennung des Niobs und Tantals von Zirkonoxyd und Titansäure.

Die Trennung kann durch wiederholtes Schmelzen mit Kaliumbisulfat bewirkt werden; es löst sich beim Behandeln der Schmelze mit kaltem Wasser mit der Titansäure und dem Zirkonoxyd etwas von den Metallsäuren auf, die später mit gefällt werden.[1]   Diese Mengen können bei geringem Titangehalt vernachlässigt werden, steigen aber bei größerem Titangehalt.[2]

Da die Niob- und Tantalsäure durch Schmelzen mit Kaliumcarbonat und Behandeln der geschmolzenen Masse mit Wasser aufgelöst werden, die Titansäure und Zirkonoxyd aber ungelöst bleiben, so kann man die Trennung auch auf diese Weise ausführen.   Die in Wasser unlösliche Verbindung der Titansäure oder Zirkonerde mit Kali erhitzt man ohne sie vorher zu glühen mit konzentrierter Schwefelsäure, raucht den Überschuß fast vollständig ab und behandelt den Rückstand mit kaltem Wasser.   Bleibt hierbei eine geringe Menge von Niob- und Tantalsäure, die durch das Schmelzen mit Kaliumcarbonat und nachheriges Auslaugen nicht aufgelöst worden war, ungelöst zurück, so löst sich diese, wenn sie rein ist, nach dem Auswaschen in einer Auflösung von Kalihydrat leicht und vollständig auf.

Hat man Metallsäuren durch Schwefelsäure ausgeschieden, so kann man sie nach dem Auswaschen in noch feuchtem Zustande durch gelindes Erwärmen mit Kalihydrat auflösen, was sehr leicht geschieht, und sie dadurch von etwa mitgefällter Titansäure oder Zirkonerde trennen.

Trennung des Niobs und Tantals von Titan.

Durch genaues Neutralisieren einer kalten Lösung von Kaliumnioboxyfluorid mit Ammoniak und Erhitzen zum Sieden wird Niob vollständig ausgefällt, während Titan in Lösung bleibt.[3]   Nach zweimaliger Fällung der Titansäure beträgt der Gehalt des Oxyds weniger als 0,02 %; bei direktem Ausfällen aus heißer Lösung kann der Titansäuregehalt nicht unter 0,5 % gebracht werden.[4]

Durch andauerndes Kochen unter Ersatz des verdampfenden Wassers von Lösungen von Kaliumnioboxyfluorid entsteht ein unlösliches saures Salz, das frei von Titan ist.[5]   Dadurch wird der Titangehalt bis auf 0,05 % des Gesamtoxyds reduziert.[4]

Die Niob- und Tantalsäure kann von der Titansäure auch durch Schmelzen des Gemisches mit Natriumcarbonat unter Zusatz von Natriumnitrat getrennt werden.   Zur Aufschließung von 0,3—0,4 g der Säuren schmilzt man so viel Natriumcarbonat zur klaren Flüssigkeit, daß der Platintiegel bis zur Höhe von 1 cm mit geschmolzenem Natriumcarbonat bedeckt ist, setzt die zu trennenden Säuren zu und entfernt das Gebläse, um Verluste zu vermeiden; hat sich die Schmelze nach einigen Sekunden wieder beruhigt, so erhitzt man aufs neue mit dem Gebläse und zwar am besten so, daß die Spitze der Gebläse-

---

[1] H. Rose u. R. Finkener, a. a. O. 332 u. 340.
[2] A. A. Noyes, Ch. N. 93, 134 (1906).
[3] E. Demarçay, C. R. 100, 740 (1885).
[4] R. D. Hall, Am. Journ. Chem. Soc. 26, 1235 (1904).
[5] G. Krüss u. L. F. Nilson, Ber. Dtsch. Chem. Ges. 20, 1676 (1887).

flamme die Ränder des Tiegeldeckels zum Rotglühen bringt, damit die daran haftenden Teile der Schmelze in Fluß kommen.

Sind die Metallsäuren vom Natriumcarbonat aufgelöst ($^1/_2$ Minute), so entfernt man das Gebläse wieder und wirft je nach der Menge der vorhandenen Säuren einige Kristalle von Natriumnitrat (höchstens eine gute Messerspitze voll) auf die Schmelze, bedecke sogleich wieder und erhitze mit der langen Gebläseflamme, die den Rand des Deckels berührt, etwa 8—10 Sekunden, daß also noch unverändertes Natriumnitrat vorhanden sein muß. Der ganze Prozeß ist in 1—1$^1/_2$ Minuten beendet.

Zur erkalteten Schmelze bringt man in den Tiegel Wasser und erwärmt mit einer kleinen Flamme; die Schmelze löst sich so sehr schnell; man spült die Lösung in ein Becherglas und filtriert. Das Filtrat enthält nur sehr wenig Titan.

Leitet man in dieses nicht zu konzentrierte Filtrat in der Kälte Schwefelwasserstoff, so bildet sich sofort ein grauweißer Niederschlag, der nach einiger Zeit voluminös wird und alles noch gelöste Titan enthält, während die Flüssigkeit völlig titanfrei ist. Das Auswaschen des Niederschlags muß mit Natriumsulfidlösung geschehen.

Die beiden Titanniederschläge — Metatitanat und Schwefelwasserstoffniederschlag — behandelt man auf dem Filter mit warmer Schwefelsäure, der ungefähr 5 ccm 3$^0/_0$iges Wasserstoffperoxyd (aus Perhydrol bereitet) zugesetzt sind, vereinigt beide Lösungen, reduziert die Pertitansäure mit schwefliger Säure und fällt mit Ammoniak als Titanhydrat.

Das Schwefelwasserstoffiltrat, das die Niob- und Tantalsäure enthält, kocht man bis zum Verjagen des überschüssigen Schwefelwasserstoffs, säuert mit Schwefelsäure an und prüft mit Wasserstoffperoxyd auf etwa noch vorhandenes Titan. Sollte dieses bei unrichtiger Ausführung der Schmelze noch vorhanden sein, so muß man die gefällten Säuren nochmals dem Trennungsverfahren unterwerfen.

Das titanfreie Filtrat (man überzeugt sich, daß eine geringe Gelbfärbung mit Wasserstoffperoxyd nicht von Eisen herrührt [1])) versetzt man mit schwefliger Säure, erwärmt, läßt den ausfallenden Niederschlag absitzen und filtriert.

Die Trennung des Niobs und Tantals vom Titan gelingt auch durch Schmelzen mit Cyankali und Kalihydrat.

Zur Ausführung dieses Verfahrens schmilzt man sechs Teile Cyankali mit einem Teile Kalihydrat im Silbertiegel zusammen. Die flüssige Schmelze sieht gewöhnlich etwas dunkel aus durch abgeschiedenen Kohlenstoff. Hat das Schäumen der Schmelze aufgehört, so gibt man das Gemisch der Erdsäuren hinzu; die Schmelze braust auf und wird etwas schwerer flüssig; man erhitzt noch eine halbe Minute und läßt erkalten.

Die grauweiße Schmelze wird im Tiegel mit heißem Wasser übergossen; sie löst sich leicht heraus und wird in ein Becherglas gespült; man darf nicht übersehen, den Tiegel auszuspülen, da die Titansäure hartnäckig an seinen Wandungen festhaftet.

---

[1]) H. D. Hall u. E. F. Smith, Proc. Am. Phil. Soc. **44**, 204 (1905); Journ. Am. Chem. Soc. **27**, 1396 (1905), geben an, daß Niob mit Wasserstoffperoxyd selbst eine gelbgrüne, nicht wie bei reinen Titanlösungen strohgelbe Färbung gibt, die einem Gehalt von 0,10—0,15$^0/_0$ Titansäure entsprechen würde.

Alsdann verdünnt man mit dem gleichen Volumen heißen Wassers und kocht einmal auf, da das Kaliumtantalat nicht sehr leicht löslich ist (bei Kaliumniobat ist das Kochen unnötig).

Das grauweiße Metatitanat wird abfiltriert, mit Schwefelsäure und Wasserstoffperoxyd gelöst, mit schwefliger Säure reduziert und mit Ammoniak gefällt.

Das Filtrat, das Kaliumniobat und -Tantalat enthält, säuert man mit Chlorwasserstoffsäure an und prüft mit Wasserstoffperoxyd auf Titan. Bei Einhalten der angegebenen Vorsichtsmaßregeln tritt nicht leicht eine Titanfärbung auf. Für gewöhnlich ist diese Titanfärbung so unbedeutend, daß sie vernachlässigt werden kann.

Man kann aber auch, um ganz sicher zu gehen, die Erdsäuren mit schwefliger Säure fällen und die Schmelze wiederholen.

Was nun die Fällung des Niobats und Tantalats betrifft, so verwendet man in diesem Falle stets Chlorwasserstoffsäure, um etwa gelöstes Silber als Silberchlorid auszufällen, koche man bis zur völligen Vertreibung der Blausäure und löse mit Wasserstoffperoxyd die gefällten Säuren auf. Das Silberchlorid kann dann abfiltriert werden. [1]

Kolorimetrische Bestimmung des Titans neben Niob und Tantal.

Diese beruht auf der Titration einer Lösung, die Titan und Niob in der niederen Oxydationsstufe, also als Nb_2O_3 und TiO_2, enthält, mit Kaliumpermanganat. Auf diese Weise werden beide Elemente in die höhere Oxydationsstufe (Nb_2O_5 und TiO_3) überführt und das Titan kolorimetrisch bestimmt, während Tantal, das kein niederes Oxyd gibt, aus der Differenz gefunden wird. Zur Ausführung wird das Gemisch der drei Säuren in Fluorwasserstoffsäure gelöst und der Überschuß davon am Wasserbade verjagt. Die so erhaltenen Fluoride werden in konzentrierter Chlorwasserstoffsäure gelöst, mit der gleichen Säure in einen 100 ccm-Kolben gespült (Gesamtmenge ungefähr 50 ccm) und $^3/_4$ Stunden lang mit amalgamiertem Zink und einem Stück Platinblech in einer Kohlensäureatmosphäre bei 80^0 reduziert. Die reduzierte Lösung wird nach vollständigem Erkalten mit frisch ausgekochtem kaltem Wasser auf ungefähr 350 ccm verdünnt und mit Kaliumpermanganat titriert. Zu dieser Lösung wird Ammoniak im geringen Überschuß zugefügt, der entstehende Niederschlag in Schwefelsäure eben gelöst und auf genau 500 ccm aufgefüllt. Das Titan wird mit Wasserstoffperoxyd in je 50 ccm dieser Lösung kolorimetrisch bestimmt. [2] Das Verfahren ist sehr ungenau und liefert nur bei kleinen Titangehalten Näherungswerte. Eine Fehlerquelle liegt möglicherweise darin, daß sich die Fluoride bei der Behandlung im Wasserbade teilweise verflüchtigen. [3]

G. Chesneau [4] schmilzt 1 g des Gemisches von Niob-, Tantal- und Titansäure mit 5 g Kaliumbisulfat und 10 g Schwefelsäure, bis klare Lösung erreicht ist, läßt etwas abkühlen, setzt 10 ccm konzentrierte Schwefelsäure zu, gießt das Ganze in ein heißes Gemisch von 20 ccm Schwefelsäure und 20 ccm Wasser, läßt erkalten, verdünnt mit Wasserstoffperoxyd auf 100 ccm und ver-

[1] L. Weiß u. M. Landecker, a. a. O. 78.
[2] T. B. Osborne, Am. Journ. **30**, 328 (1885).
[3] C. H. Warren, Ch. N. **94**, 299 (1906).
[4] G. Chesneau, C. R. **149**, 1132 (1909).

gleicht den Farbenton der Flüssigkeit mit Typlösungen von Titansäure, die in gleicher Weise bereitet worden sind. Der Fehler übersteigt, wenn man von 1 g Oxydgemisch ausgeht, 0,5 % nicht.

Trennung des Niobs und Tantals von Silicium.

Man schmilzt das Mineral mit Kaliumbisulfat und kocht die ausgekühlte Schmelze mit Wasser. Der unlösliche Rückstand wird mit heißem Wasser gut ausgewaschen, darauf einige Male mit heißem, gelbem Schwefelammonium, dann wieder mit heißem Wasser und verdünnter Schwefelsäure und schließlich wieder mit heißem Wasser. Der Rückstand, der aus Kieselsäure, Tantalsäure und Niobsäure besteht, wird geglüht und gewogen.

Der geglühte Rückstand wird mit Natriumhydrat im Silbertiegel geschmolzen; die erkaltete Schmelze in kaltem, verdünntem Natriumhydrat aufgelöst und durch einen Goochtiegel filtriert. Durch wiederholtes Auswaschen mit verdünntem Natriumhydrat wird die Kieselsäure als Natriumsilicat entfernt. Das auf dem Filter befindliche Natriumtantalat und -Niobat wird einige Male mit warmem Wasser gewaschen, bis das Filtrat bei Hinzufügen von verdünnter Schwefelsäure keinen Niederschlag mehr gibt. Dieses zweite Filtrat ist infolge der Anwesenheit von etwas Natriumhydrat nicht ganz klar und es bilden sich mikroskopische Kristalle von Natriumhexatantalat und -Niobat in der Lösung; durch Hinzufügen von verdünnter Schwefelsäure wird das Tantal und Niob ausgefällt und einige Minuten gekocht. Dann wird filtriert, geglüht und als $Ta_2O_5 + Nb_2O_5$ gewogen. Die Differenz ergibt SiO_2.[1]

Trennung des Niobs und Tantals von Zinn.

Die Metallsäuren werden bei der Analyse gemeinschaftlich mit dem Zinn abgeschieden; durch Digerieren mit Schwefelammonium löst sich nicht alles Zinn auf. Man schmilzt einige Zeit mit der sechsfachen Menge von gleichen Teilen Natriumcarbonat und Schwefel in einem Porzellantiegel und zieht die erkaltete Schmelze mit Wasser aus. Die ungelöst zurückbleibenden Metallsäuren enthalten etwas Natron, von dem sie durch Schmelzen mit Kaliumbisulfat befreit werden. Im Schwefelnatrium löst sich auch eine geringe Menge der Metallsäuren auf, die beim Übersättigen der Lösung mit Schwefelsäure mit dem Zinnsulfid vollständig abgeschieden wird, wenn man einige Zeit kocht. Reduziert man nach dem Wägen das SnO_2 durch Erhitzen im Wasserstoffstrom und löst das metallische Zinn in Chlorwasserstoffsäure auf, so bleiben die Metallsäuren ungelöst zurück.[2]

Trennung des Niobs von Wolfram.

Eine gewogene Menge des Oxydgemisches wird mit Kaliumcarbonat (nicht Natriumcarbonat, weil die Kalisalze leichter löslich sind) geschmolzen. Die Schmelze wird in 150 ccm Wasser gelöst und die Lösung mit Magnesia-

---

[1]) W. E. v. John, Ch. N. 100, 154 (1909).
[2]) H. Rose u. R. Finkener, a. a. O. 332 u. 341.

mischung im Überschuß versetzt. Nach mehrstündigem Rühren wird der Niederschlag abfiltriert, 5—6 mal mit dem Fällungsmittel ausgewaschen, getrocknet und verascht. Der Rückstand wird mit Kaliumsulfat geschmolzen, mit Wasser ausgekocht, abfiltriert, ausgewaschen, verascht und als Nb_2O_5 gewogen. Die Differenz ist WO_3.

Eine Lösung, die unbekannte Mengen von Niob- und Wolframsäure enthält, wird mit Mercuronitratlösung und dann in geringem Überschuß mit Salpetersäure versetzt. Darauf wird frisch gefälltes Quecksilberoxyd zugefügt und die Lösung 5 Minuten lang gekocht; sobald sich der Niederschlag abgesetzt hat, wird abfiltriert und mit siedendem Wasser gewaschen, getrocknet, verascht und gewogen. Das so erhaltene Gemisch von Nb_2O_5 und WO_3 wird nach der beschriebenen Methode getrennt. Die Methode gibt sehr gute Resultate und ist wahrscheinlich auch bei der Trennung von Tantalsäure und Wolframsäure anwendbar.[1]

Trennung des Tantals und Niobs von Wolfram und Zinn.

Nach E. F. Smith gelingt die Trennung nur durch mehrmaliges Schmelzen mit Natriumcarbonat und Schwefel, wobei geringe Mengen von Niob und Tantal verloren gehen. Eine Reinigung mit Schwefelammonium gelingt nicht.[2]

Trennung des Niobs und Tantals von Eisen.

Es werden 1—2 g Mineral mit 8—16 Teilen Kaliumbisulfat zusammengeschmolzen, die Schmelze mit Wasser ausgekocht, das Filtrat mit heißem Wasser gewaschen, bis das Wasser nur mehr schwache Schwefelsäurereaktion gibt. Jetzt wird auf dem Filter mehrere Male mit heißem, gelbem Schwefelammonium gewaschen (jedesmal mit 15—20 ccm), wobei man auf dem Filter so gut als möglich durchrührt, um die Wirkung zu erhöhen. Zuerst wird zur Entfernung des Schwefelammoniums mit Wasser gewaschen, dann mit verdünnter Schwefelsäure, um das Eisensulfid zu entfernen, dann mit heißem Wasser, um die Schwefelsäure zu verdrängen. Der Rückstand auf dem Filter soll rein weiß sein und noch mehr Kieselsäure, Niobsäure und Tantalsäure enthalten. (Dieser Rückstand muß auf dem Filter in warmer, verdünnter Fluorwasserstoffsäure löslich sein; ein dunkel gefärbter Rückstand zeigt an, daß der Aufschluß nicht vollständig war und er muß wie zuvor geschmolzen und weiter behandelt werden.[3]

Eine andere Trennung stützt sich auf das verschiedene Verhalten von Eisenoxyd und den beiden Säuren zur Oxalsäure und Weinsäure. Aus der Lösung der frisch gefällten Niob- und Tantalsäure in Oxalsäure fällt nach Zusatz von einigen Tropfen Weinsäure durch Schwefelammonium nur das Eisen. Es erweist sich als vorteilhaft, in die erwärmte ammoniakalische Lösung

[1] M. H. Bedford, Journ. Am. Chem. Soc. **27**, 1216 (1905); Chem. ZB. **76** II, 1717 (1905).
[2] E. F. Smith, Proc. Am. Philos. Soc. **44**, 151 (1905); Chem. ZB. **76** II, 1160 (1905).
[3] F. D. Metzger u. C. E. Taylor, Z. anorg. Chem. **62**, 391 (1909).

Schwefelwasserstoff bis zur Sättigung einzuleiten. Das auf diese Weise erzeugte Eisensulfid läßt sich bedeutend besser filtrieren als das durch Schwefel-ammonium direkt gefällte. Bei Anwesenheit von wenig Eisen oder wenn die zu fällende Flüssigkeit zu warm ist, bleibt ein Teil des Eisensulfids im Schwefel-ammonium mit grüner Farbe gelöst; ein Stehen über Nacht läßt auch diese gelösten Anteile völlig ausfallen. Die Methode bewährt sich aufs beste, wenn es sich nur um eine quantitative Entfernung des Eisens handelt; soll jedoch in der gleichen Probe Niob und Tantal voneinander getrennt werden, so bietet die Zerstörung der Oxalsäure und Weinsäure manche Unannehmlichkeit. Eine Oxydation mit Kaliumpermanganat bringt einen weiteren lästigen Bestand-teil mit sich und das Eindampfen und Verglühen des Rückstands ist nur schwierig ohne Verluste durchführbar und nötigt zu einer neuen Aufschließung des Rückstands.

In diesem Falle ist die beschriebene Methode der Ausfällung der Erd-säuren aus schwefelsaurer Lösung durch Zusatz von schwefliger Säure sehr zu empfehlen.[1])

Zur Bestimmung der Alkalien und des Fluors in den Niob- und Tantal-haltigen Mineralien werden die gleichen Methoden wie bei den Silicaten angewendet.

Titanoniobate und Silicotitanoniobate.

Von F. Zambonini (Palermo) und G. T. Prior (London).

Epistolit.

Von F. Zambonini (Palermo).

Monoklin: $a:b:c = 0,803:1:1,206$; $\beta = 105°15'$ (O. B. Böggild)[2])

Dieses seltene Mineral wurde von G. Flink[3]) in der Umgebung von Julianehaab (Süd-Grönland) gesammelt und von O. B. Böggild beschrieben und benannt ($\dot{\epsilon}\pi\iota\sigma\tau o\lambda\dot{\eta}$ = Brief, weil das Mineral flache, rektanguläre Blättchen von weißer Farbe bildet).

Analyse. Die einzige bekannte Analyse wurde von Chr. Christensen[4]) ausgeführt; das Mineral wurde mit Natriumcarbonat geschmolzen und die Schmelzmasse mit Salpetersäure behandelt. Die Mischung von Kiesel-, Niob- und Titansäure wurde geglüht und gewogen; ferner wurde das Silicium mit HF und H_2SO_4 verjagt und durch den Gewichtsverlust bestimmt. Die Be-stimmung des Titans geschah auf kolorimetrischem Wege. Die salpetersaure Lösung enthielt etwas Niobsäure, welche zum größten Teil bei Siedehitze ausfiel; der Rest wurde mit den Alkalien bestimmt. Die Analyse ergab:

[1]) L. Weiß u. M. Landecker, a. a. O. 69.
[2]) O. B. Böggild, Meddel. om Grönland **24**, 183 (1900).
[3]) G. Flink, Meddel. om Grönland **14**, 247, 257 (1898).
[4]) Chr. Christensen, Meddel. om Grönland **24**, 188 (1900).

$$
\begin{array}{lr}
\text{Na}_2\text{O (mit Sp. von K}_2\text{O)} & 17,59 \\
\text{MgO} \ldots \ldots \ldots & 0,13 \\
\text{CaO} \ldots \ldots \ldots & 0,77 \\
\text{MnO} \ldots \ldots \ldots & 0,30 \\
\text{FeO} \ldots \ldots \ldots & 0,20 \\
\text{SiO}_2 \ldots \ldots \ldots & 27,59 \\
\text{TiO}_2 \ldots \ldots \ldots & 7,22 \\
\text{Nb}_2\text{O}_5 \ldots \ldots \ldots & 33,56 \\
\text{H}_2\text{O} \ldots \ldots \ldots & 11,01 \\
\text{F} \ldots \ldots \ldots & 1,98 \\
\hline
& 100,35 \\
\text{O äq. 2F} & 0,83 \\
\hline
& 99,52
\end{array}
$$

Formel. O. B. Böggild berechnete aus der vorstehenden Analyse die approximative Formel $19\text{SiO}_2 . 4\text{TiO}_2 . 5\text{Nb}_2\text{O}_5 . (\text{Ca, Mg, Fe, Mn})\text{O} . 10\text{Na}_2\text{O} . 21\text{H}_2\text{O} . 4\text{NaF}$. Später habe ich[1]) gezeigt, daß das Wasser des Epistolits nicht zur Konstitution gehört, was mir gestattete, aus der Analyse Chr. Christensens die vereinfachte Formel $10\text{SiO}_2 . 3\text{Nb}_2\text{O}_5 . 2\text{TiO}_2 . 7\text{Na}_2\text{O} + 7\text{H}_2\text{O}$ ca. abzuleiten, in welcher eine kleine Sauerstoffmenge durch Fluor ersetzt ist; in Na_2O wurden FeO, MgO, MnO, CaO mitberechnet. Über die Rolle des Titans und des Niobs wissen wir nichts, was die Interpretation der Formel stark erschwert. Sehr einfach kann man sie $\text{Na}_7\text{Ti}(\text{NbO}_4)(\text{SiO}_4)_6 . 3,5\text{H}_2\text{O}$ schreiben, doch halte ich es für wahrscheinlicher, daß das Titan das Silicium vertritt, wie dies in andern niobhaltigen Silicaten der Fall ist; vereinigen wir TiO_2 und SiO_2, so wird die Epistolitformel $\text{Na}_{10}\text{Nb}_4\text{Si}_9\text{O}_{33} . 10\text{H}_2\text{O}$ ca. Man könnte den Epistolit als das Natriumsalz einer komplexen Niobkieselsäure betrachten; es ist aber nach meiner Ansicht vielleicht wahrscheinlicher, daß es sich um ein Doppelsalz von einem Silicat (und Titanat) und einem Niobat handelt; unter dieser Voraussetzung könnte man die Epistolitformel folgendermaßen ausdrücken: $3\text{Na}_2(\text{Si, Ti})_3\text{O}_7 . 2\text{Na}_2(\text{NbO}_3)_2 . 10\text{H}_2\text{O}$ ca.

Chemisch-physikalisches Verhalten. Spez. Gewicht 2,885, Härte 1—1,5 (O. B. Böggild). Die Spaltbarkeit nach {001} ist sehr vollkommen. Die Doppelbrechung ist stark (für Flächen $\|(001) = 0,0297) : 2V =$ ca. 80° (O. B. Böggild).

Das Verhalten des Epistolit bei verschiedenen Temperaturen und Dampfdrucken habe ich[1]) untersucht. Der Epistolit gibt über Schwefelsäure (Dichte 1,835) bei 22° eine bedeutende Wassermenge ab:

nach	1	5	22	55	95	143 Stunden
Gewichtsverlust	0,66	1,17	1,57	1,83	1,95	1,83%

Beim Stehen an feuchter Luft wird sehr schnell nicht nur das entwichene, sondern noch 0,74% mehr Wasser aufgenommen.

Die Entwässerung bei steigender Temperatur im feuchten Luftstrome findet folgendermaßen statt:

bei	65	120	170	195	240	310	345	390	400°
Gewichtsverlust	1,23	2,90	6,35	7,16	7,92	8,86	9,10	9,40	9,47%.

Das Gesamtwasser beträgt 10,52%. Die Entwässerungskurve ist eine kontinuierliche, sie zeigt keinen deutlichen Knick und man kann daher

[1]) F. Zambonini, Atti R. Accad. Scienze Fis. e Mat. di Napoli (2ª) **14**, Nr. 1, 69 (1908).

nicht von Konstitutionswasser reden. Bis nahezu 170⁰ geht das Wasser schneller fort, als dies bei höherer Temperatur der Fall ist; die Verminderung der Beschleunigung, mit welcher das Wasser fortgeht, ist nicht sprungweise, sondern allmählich; ferner steht das bei 120⁰ bzw. 170⁰ entwichene Wasser in keinem einfachen Verhältnis zu der gesamten Wassermenge, was ganz natürlich erscheint, wenn man bedenkt, daß die Wassermenge, welche bei einer gegebenen Temperatur vom Mineral ausgetrieben wird, von dem Druck des Wasserdampfes im Entwässerungsraume stark beeinflußt wird. Bei 130⁰ im trockenen Luftstrome habe ich einen Gewichtsverlust von 6,18% beobachtet. Der so zum Teil entwässerte Epistolit kann durch Stehen an feuchter Luft eine bedeutende Wassermenge wieder aufnehmen:

$$\text{nach} \quad 14 \quad 86 \quad 206 \quad 326 \text{ Stunden}$$
$$\text{wieder aufgenomm. Wasser} \quad 3,20 \quad 3,42 \quad 3,50 \quad 3,50\%.$$

Der bei 390⁰ im feuchten Luftstrome erhitzte Epistolit absorbiert eine kleinere Wassermenge:

$$\text{nach} \quad 16 \quad 89 \quad 401 \quad 720 \quad 929 \text{ Stunden}$$
$$\text{wieder aufgenomm. Wasser} \quad 0,99 \quad 1,14 \quad 1,50 \quad 1,56 \quad 1,58\%.$$

Paragenetische Verhältnisse. Der Epistolit wurde an vier verschiedenen Lokalitäten in der Umgebung von Julianehaab in den Pegmatitgängen und im körnigen Albit des Nephelinsyenits gefunden; es handelt sich wahrscheinlich um eine pneumatolytische Bildung.

Dysanalyt.

Von **F. Zambonini** (Palermo).

Regulär: Würfelige oder oktaëdrische Kristalle.

Analysen. Folgende Analysen liegen vor:

	1.	2.	3.
	$\delta = 4{,}13$	$\delta = 4{,}21$	$\delta = 4{,}18$
Na_2O	3,50	4,37	—
K_2O	Sp.	—	—
MgO	Sp.	—	0,74
CaO	19,36	25,60	33,22
MnO	0,42	0,23	—
FeO	5,70	9,22	5,66[1]
Al_2O_3	Sp.	—	—
Y_2O_3	—	—	5,42
Ce_2O_3	5,58	2,80	0,10
SiO_2	2,31	2,21	0,08
TiO_2	40,57	50,93	44,12
Nb_2O_5	22,73	4,86	4,38
Ta_2O_5	—	—	5,08
Magnetit	—	—	0,73
F	Sp.	—	—
	100,17	100,22	99,53

[1] Fe_2O_3.

1. Vogtsburg; anal. A. Knop, Z. Kryst. **1**, 284 (1877).
2. Vogtsburg; anal. O. Hauser, Z. anorg. Chem. **60**, 237 (1908).
3. Magnet Cove; anal. F. W. Mar, Am. Journ. Sc. **40**; 403 (1890).

Formel. Nach Abrechnung der Kieselsäure berechnete A. Knop aus seiner Analyse die Formel $6\,RTiO_3 . RNb_2O_6$, wenn $2\,Ce = 3\,R$ angenommen werden. F. W. Mar kam dagegen zur Formel $23\,RO . 2\,R_2O_3 . R_2O_5 . 20\,RO_2$. Auf Grund einer erneuten Untersuchung des Dysanalyt von Vogtsburg kam O. Hauser zum Resultat, daß der sogenannte „Dysanalyt" von Vogtsburg keine selbständige Mineralspezies, vielmehr einen durch Einschlüsse stark verunreinigten Perowskit darstellt. Auf Rechnung von Einschlüssen kommen wahrscheinlich nach O. Hauser auch die geringen Gehalte an Niobsäure und Ceriterden, die es aber in keinem Falle rechtfertigen würden, das Vorkommen vom Perowskit abzutrennen. Der hohe Niobsäuregehalt der Knopschen Analysen dürfte auf die Mängel der von diesem Forscher angewandten Analysenmethoden ganz oder teilweise zurückzuführen sein. Nach meiner Ansicht sind die Schlußfolgerungen O. Hausers zu weitgehende. Es ist wohl wahrscheinlich, daß die Knopsche Niobsäurebestimmung ungenau ist; dies genügt aber nicht, um den Dysanalyt mit dem Perowskit zu vereinigen und Niobsäure und Ceriterden als Verunreinigungen zu betrachten. Durch die mikroskopische Untersuchung hat O. Hauser in seinem Material Niobate oder Cermineralien nicht identifiziert; dieselben wurden von A. Ben Saude[1]) im Dysanalyt von Magnet Cove nicht gefunden. Einen Niobgehalt habe ich[2]) qualitativ mit Sicherheit an den kleinen Kristallen vom Monte Somma konstatiert. Es ist noch zu erwähnen, daß der vollkommen reine Knopit (siehe S. 39) $4,4—6,8\,^0/_0\ Ce_2O_3$ enthält und daß P. Holmquist[3]) Mischkristalle der Verbindungen $Na_2O.Nb_2O_5$, $2\,CaO.Nb_2O_5$, $3\,Ce_2O_3.2\,Nb_2O_5$ in mimetischen Würfeln, dem Perowskit und dem Dysanalyt entsprechend, dargestellt hat. Es scheint mir also berechtigt, den Dysanalyt als eine feste Lösung von $CaTiO_3$ mit den Holmquistschen Verbindungen zu betrachten.

Chemisch-physikalisches Verhalten. Der Dysanalyt ist vor dem Lötrohre unschmelzbar. Dichte $4,13—4,21$; Härte $4—5$ (O. Hauser). Farbe eisenschwarz bis rotbraun; metallglänzend bis matt. Die Kristalle von Magnet Cove sind optisch anomal, analog dem uralischen Perowskit (A. Ben Saude)[1]); jene von Vogtsburg verhalten sich vollständig isotrop nach O. Hauser, optisch zweiachsig nach J. Söllner (Zentralblatt, Mai 1912).

Paragenetische Verhältnisse. Der Dysanalyt wurde von K. H. J. Butzengeiger im Kaiserstuhl, zwischen Oberbergen und Vogtsburg entdeckt, von F. A. Walchner[4]) für kubische Titansäure, von A. Breithaupt[5]) für Perowskit gehalten. A. Knop fand den Niob und Ceriterdengehalt. Später wurde mit dem Dysanalyt der Perowskit von Magnet Cove identifiziert (F. W. Mar), und neuerdings habe ich das Mineral am Monte Somma gefunden. An allen drei Lokalitäten kommt der Dysanalyt in metamorphosierten Kalksteinen vor, und stellt daher eine Kontaktbildung dar.

---

[1]) A. Ben Saude, Gekrön. Preisschr. (Göttingen 1882), 18.
[2]) F. Zambonini, Rendiconti R. Acc. Sc. Fis. Mat. Napoli 1908, 134.
[3]) P. Holmquist, Bull. of the geol. Inst. Upsala **3**, 228 (1896).
[4]) F. A. Walchner, Zeitschr. Min. **1**, 516 (1825).
[5]) A. Breithaupt, Min. 1847, 774.

Umwandlungen. Der Dysanalyt von Magnet Cove wandelt sich in eine gelblichbraune bis graue Substanz um, welche nach G. A. Koenig[1]) die Dichte 3,681 und folgende Zusammensetzung besitzt:

MgO	2,72
CaO	0,80
Fe_2O_3	7,76
TiO_2	82,82
H_2O	5,50
	99,60

Diese Substanz ist sehr wahrscheinlich nichts anderes als eine Mischung von Eisenhydroxyd und kolloidem Titandioxyd. G. H. Koenig hat sie Hydrotitanit benannt.

Pyrochlor.

Von G. T. Prior (London).

Synonyma: Hydrochlor, Fluorchlor.[2]) Regulär. Kommt meist in Oktaedern vor.

Chemische Zusammensetzung und Analysen.

Ältere Analysen.

	1.	2.	3.
δ	4,359	4,220	4,228
Na_2O	5,01	5,31	3,12
MgO	0,22	—	0,19
CaO	14,21	10,93	15,94
FeO	1,84 (+UO)	5,53	10,03
Ce_2O_3	7,00	5,50	7,30
ThO_2	7,56	4,96	—
TiO_2	10,47	5,38	13,52
Nb_2O_5	53,19	58,27	47,13
F	—	3,75	2,90
Glühverlust	—	1,53	1,39
	99,50	101,16	101,52

1. Pyrochlor von Miasc, im Ural; anal. von C. F. Rammelsberg, Ber. Ak. 1871, 183.
2. Pyrochlor von Brevig, Norwegen; anal. wie oben.
3. Pyrochlor von Fredriksvärn, Norwegen; anal. wie oben.

[1]) G. H. Koenig, Proc. Acad. Philad. 1876, 82.
[2]) R. Hermann, Journ. prakt. Chem. **50**, 186—187 (1850).

Neuere Analysen.

	4.	5.	6.	7.	8.	9.
δ	4,353	4,446	4,348	4,354	4,21	4,955
Na_2O	3,44	4,99	6,29	3,35	3,15	2,35
K_2O	1,41	0,60	0,37	0,87	—	—
MgO	—	—	—	Spur	Spur	Spur
CaO	16,75	18,13	16,20	14,05	6,00	10,62
MnO	—	—	—	—	Spur	—
FeO	4,20	1,14	1,10	2,52	6,32	—
Fe_2O_3	—	—	—	—	0,26	—
Y_2O_3	—	—	—	⎫	—	—
Er_2O_3	—	—	—	⎬ 0,56	—	0,46
Ce_2O_3	3,99	4,36	5,03	2,16	12,34	5,90
Di_2O_3	—	—	—	1,94	0,63	—
La_2O_3	—	—	—	1,23	0,71	—
UO	—	—	—	2,63	—	—
U_2O	—	—	—	—	8,33	—
ZrO_2	2,90	4,90	2,58	Spur	—	4,65
ThO_2	0,41	—	—	4,28	Spur	Spur
TiO_2	3,70	—	2,85	8,32	4,20	9,11
Nb_2O_5	58,83	63,64	65,29	56,01	26,22	30,70
Ta_2O_5	—	—	—	—	27,39	33,03
F	4,34	4,31	4,08	2,77	1,90	2,17
H_2O	0,78	0,47	0,44	—	1,45	1,37
	100,75	102,54	104,23	100,69	98,90	100,36
$-O$ für F_2	1,83	1,81	1,72	—	—	0,91
	98,92	100,73	102,51	—	—	99,45

(In column 7, Y_2O_3 and Er_2O_3 are braced together with the single value 0,56.)

4. Pyrochlor von Alnö; anal. P. J. Holmquist, Geol. För. Förh., 15, 588 (1893).

5. Pyrochlor von Alnö; anal. wie oben.

6. Pyrochlor vom gleichen Fundort; anal. P. J. Holmquist, Bull. geol. Inst. Upsala 3, 253 (1896).

7. Pyrochlor vom Ural; anal. K. v. Chroustschoff, Verh. d. kais. russ. min. Ges. 31, 415 (1894).

8. Pyrochlor aus dem Flußbett des Tschoroch, Kaukasus; anal. G. P. Tschernik, Ann. geol. min. russ. 5, 196 (1902).

9. Pyrochlor von Sundsvall, Schweden; anal. G. P. Tschernik, Journ. phys. chem. russe 36, 457 und 712 (1904).

Formeln und Zusammensetzung.

Pyrochlor ist vorwiegend ein Niobat und Titanat mit Fluorid von Calcium, Natrium und Cerfummetallen. Durch den Mangel genauer Methoden für die Trennung der seltenen Erden und metallischen Säuren sind die älteren Analysen dieses und der andern Niobate von geringem Nutzen für die Aufstellung einer chemischen Formel. Die oben gegebenen neueren Analysen sind wahrscheinlich auch nicht ganz befriedigend in bezug auf die Trennung der metallischen Säuren. Die synthetischen Experimente von P. J. Holmquist[1] könnten

---

[1] P. J. Holmquist, l. c. (Anal. 6) 228.

zu der Annahme berechtigen, daß das Mineral hauptsächlich aus einem Niobat und Fluorid von Kalk und Natron besteht, welches folgende Zusammensetzung hat: $CaNb_2O_6 \cdot NaF$. Die Resultate der Analysen decken sich aber gar nicht genau mit dieser Formel. Die letzte Analyse (Nr. 9) stimmt genauer mit einer wahrscheinlichen Formel $3\,CaNb_2O_6 \cdot NaF$ überein, wobei ein Teil von $Ca_2Nb_4O_{12}$ (i. c. $2CaNb_2O_6$) vielleicht isomorph durch ein Titanat des Ceriummetalls ersetzt ist $Ce_2Ti_4O_{11}$ (siehe unter Euxenit S. 105).

Das im Pyrochlor, sowie in andern Niobaten und Tantalaten enthaltene Wasser ist wahrscheinlich sekundär, ein Resultat der Veränderungen, die das Mineral isotrop [1]) gemacht haben.

Lötrohrverhalten und Reaktion. Zeigt beim Glühen das Phänomen der Erglimmungserscheinung und wird gelblich grün. (Daher der Name des Minerals von πύρ Feuer und χλωρός Grün). Die meisten Stücke werden genügend durch Schwefelsäure und Chlorwasserstoffsäure zersetzt, um die blaue Farbe, infolge von Reduktion von Niobsäure mit Zinn, zu geben.

Physikalische Eigenschaften.

Muschliger Bruch. Härte 5—5,5, Dichte meist 4,2—4,4. Glanz glasig bis harzig. Farbe braun bis tief rötlichbraun, fast schwarz. Streifen und Pulver hellbraun. Durchsichtig in dünnen Flocken; das unveränderte Mineral gelb und doppelbrechend, das veränderte braun und isotrop. Das von Pyrochlor und andern Mineralien, die seltene Erden enthalten, gezeigte Phänomen der Erglimmungserscheinung, scheint nicht von dem Ausscheiden von Helium abzuhängen, wie W. Ramsay [2]) meint, sondern von der Verwandlung aus dem amorphen in den kristallinischen Zustand.[3])

Synthese. Durch Zusammenschmelzen von Calciumchlorid, Niobsäure und Natronfluorid erhielt P. J. Holmquist oktaedrische Kristalle von der Zusammensetzung $NaCaNb_2O_6F$.

Vorkommen. Pyrochlor kommt im Nephelinsyenit von Fredricksvärn (wo er zuerst von Tank beschrieben wurde), Laurvik und den Inseln des Langesundfjords vor, wo er sich dem Nephelin, schwarzer Hornblende, Zirkon, Natronorthoklas und Magnetit zugesellt. Andere Lokalitäten werden in den Analysen (S. 90) erwähnt. Ein dem Pyrochlor ähnliches oktaedrisches Mineral kommt in dem Syenit von Pikes Peak in Colorado vor.

Blomstandit, Betafit und Samiresit.

Dem Pyrochlor eng verwandt, sich von demselben jedoch durch den starken Gehalt an Uranium und das Fehlen von Alkalien unterscheidend, sind die Minerale: Blomstrandit, Betafit und Samiresit. In physikalischen Eigen-

[1]) W. C. Brögger, Min. Südnorw. Granitpeg (Kristiania 1906), 102.
[2]) W. Ramsay, Proc. Roy. Soc. **62**, 325 (1898).
[3]) Th. Liebisch, Sitzber. Berl. Ak. **20**, 350 (1910).

schaften ähneln sie dem Pyrochlor.   Der Original-Blomstrandit aus Schweden
war massiv, der Blomstrandit von Madagaskar und die andern beiden Minerale
kommen in regelmäßigen Oktaedern vor.

Chemische Zusammensetzung und Analysen.

	1.	2.	3.	4.
δ	4,17	4,74	4,17	5,24
K_2O	—	—	—	0,30
MgO	0,16	0,20	0,40	—
CaO	3,45	4,00	3,45	—
MnO	0,04	0,50	—	—
FeO	3,33	1,35	—	1,06
PbO	—	—	—	7,35
Al_2O_3 . . .	0,11	—	2,10	0,74
Fe_2O_3 . . .	—	—	2,87	—
$(Y, Er)_2O_3$ . .	—	0,30	0,90	—
$(Ce, La, Di)_2O_3$.	—	2,50	0,60	0,20
Bi_2O_3	0,12	0,40	—	—
TiO_2	10,71	10,80	18,30	6,70
SnO_2	—	0,30	0,30	0,10
ThO_2	—	—	1,30	—
UO_2	23,68	18,10	26,60 (U_2O_3)	21,20
Nb_2O_5 . . .⎫	49,76	23,30	34,80	45,80
Ta_2O_5 . . .⎭		28,50		3,70
H_2O	7,96	9,60	7,60	12,45
	99,32	99,85	99,22	99,60

1. Blomstrandit von Nohl, Schweden; anal. G. Lindström, Geol. För. Förh.
2, 162 (1874).

2. Blomstrandit von Tongafeno, Madagaskar; anal. F. Pisani bei A. Lacroix,
Bull. Soc. min. **35**, 87 (1912).

3. Betafit von Ambolotora, Madagaskar; anal. wie oben,

4. Samiresit von **Samiresy**, Madagaskar; anal. wie oben.

Äschynit.[1]

Von **G. T. Prior** (London).

Synonyma: Dystomes Melan-Erz (Mohs, Min. 459, 1839).

Orthorhombisch. $a:b:c = 0,48665:1:0,67366$ [nach N. v. Kokscharov,
Min. Russl. **3**, 384 (1858)].

---

[1] Der kristallographisch dem Äschynit nahestehende Polymignit folgt nach unserer
Einteilung bei den Titano-Zirkoniaten.   (Der Herausgeber.)

Chemische Zusammensetzung und Analysen.

Analyse.		1.	2.	3.
δ	. . . . .	5,230	5,168	5,142
CaO	. . . .	2,75	2,50	2,50
FeO	. . . .	3,17	3,34	4,24
Al_2O_3	. . . .	—	—	Spur
Y_2O_3	. . .	} 1,12	3,10	4,59
Er_2O_3	. . .			
Ce_2O_3	. . . .	18,49 }		
La_2O_3	. . . .	} 5,60 }	19,41	19,58
Di_2O_3	. . . .			
SiO_2	. . . . .	—	—	Spur
TiO_2	. . . .	21,81	21,20	22,51
SnO_2	. . . .	0,18	—	Spur
ThO_2	. . . .	15,75	17,55	15,52
Nb_2O_5	. . . .	29,64	32,51	23,74
Ta_2O_5	. . . .	—	—	6,91
Glühverlust	. .	1,07	—	—
		99,58	99,61	99,59

1. Äschynit von Miasc, Ural; anal. von C. Marignac, Bibl. Univ. **29**, 282 (1867).
2. Äschynit von Miasc, Ural; anal. von C. F. Rammelsberg, Z. Dtsch. Geol. Ges. **29**, 815, 1877.
3. Äschynit von Hitterö, Norwegen; anal. von G. P. Tschernik, Bull. Acad. Sci. St. Pétersbourg **2**, Nr. 4, 389 (1908).

Formel und Zusammensetzung.

Äschynit ist hauptsächlich ein Niobat und Titanat (Thorat) der Cerium-metalle, Calcium und Eisen. Aus den bei Pyrochlor (S. 96) angegebenen Gründen kann man dem Mineral keine bestimmte Formel anweisen. Wenn, wie wahr-scheinlich,[1] die Thorerde Ceriumerde enthielt, so stimmen die Resultate ziemlich genau mit einer Kombination des Metaniobats

$$(Ca, Fe) Nb_4O_{12} \text{ (i. e. } 2 (Ca, Fe) Nb_2O_6)$$

mit einem Titanat (Thorat) von Cerium $Ce_2(Ti, Th)_4O_{11}$ überein (s. Euxenit S. 105).

Lötrohrverhalten und Reaktionen. Schmilzt vor dem Lötrohr und ändert die Farbe von Schwarz in Braun. Zersetzt sich in Schwefelsäure genügend, um die blaue Reaktion für Niobsäure mit Zinn zu geben.

Physikalische Eigenschaften.

Muschliger Bruch. Brüchig. Härte 5—6. Dichte 4,93—5,17. Glanz halbmetallisch bis harzig. Farbe schwarz, durchscheinend und bräunlichgelb in dünnen Flocken. Strich dunkelgrau bis gelblichbraun.

Vorkommen. Äschynit kommt im Nephelinsyenit zu Miasc im Ural vor. Ein einziger Kristall aus einer Pegmatitader zu Königshain in Schlesien, von Woitschach[2] als kristallographisch dem Äschynit ähnlich beschrieben, könnte eventuell Blomstrandin sein, da keine chemischen Eigenschaften ge-geben wurden.

[1] W. C. Brögger, Min. Südnorw. Granitpeg. (Kristiania 1906), 103.
[2] G. Woitschach, Abh. Naturf. Ges. Görlitz **17**, 182 (1881).

Euxenit-Polykras.
Von G. T. Prior (London).

Die spezifische Identität des Euxenits und Polykras wurde von W. C. Brögger [1]) entdeckt, welcher diese Minerale für Teile einer Serie hält, in welcher das Verhältnis (Nb, Ta)$_2$O$_5$: TiO$_2$, zwischen 1 : 2 (Euxenit) und 1 : 6 (Polykras), schwankt.

Orthorhombisch:

$$a:b:c = 0,3789:1:0,3527 \text{ (nach W. C. Brögger, l. c. S. 86).}$$

Euxenit kommt in stengligen, prismatischen Kristallen, gewöhnlich mit einer braunen Zersetzungsschicht bedeckt vor; Polykras in dünnen, schwarzen, tafelförmigen zu (010), zu der Vertikalachse verlängerten Kristallen vor. Obzwar die Kristalle der beiden Mineralien im Habitus so verschieden sind, so sind die Fundamentalwinkel (111) : ($\bar{1}$11) und (110 : 1$\bar{1}$0), soweit sich dies durch Messungen an ziemlich unvollkommenen Kristallen berechnen läßt, bei beiden die gleichen.

Analysenmethoden.

Für die Zersetzung des Euxenits und anderer Tantalate und Niobate wurden zwei Methoden angewandt. Diejenige von Lawrence Smith [2]) besteht in der Digestion des sehr fein gepulverten Minerals in rauchender Flußsäure. Der Vorteil dieser Methode ist, daß man sofort die Trennung der metallischen Säuren und löslichen Fluoride von den unlöslichen Fluoriden erreicht, sie hat jedoch den Nachteil, daß das Mineral äußerst fein gerieben sein muß, und daß bei der Digestion ein Verlust an Fluorid vorkommen kann. Die zweite und zumeist angewandte Methode besteht im Schmelzen des Minerals mit Natrium- oder Kaliumbisulfat. Man nimmt die Schmelze in kaltem Wasser auf und fügt etwas Schwefelsäure hinzu. Die ursprünglich angenommene Idee, daß man so eine ziemlich befriedigende Trennung zwischen der löslichen Titansäure und der unlöslichen Niob- und Tantalsäure erzielen könne, hat sich längst als ein Irrtum erwiesen.[3])

In dieser, gut mit Wasser verdünnten Flüssigkeit, werden die mit etwas Zirkonoxyd gemischten metallischen Säuren durch langandauerndes Kochen gefällt.

Für die Trennung und Bestimmung dieser Säuren hat man sich früher auf die kolorimetrische Bestimmung von Titan mit Wasserstoffsuperoxyd, sowie auf die Trennung des Tantals von Niobium nach Marignacs Methode (die von den verschiedenen Löslichkeiten der Kaliumdoppelfluoride abhängt) verlassen. Eine Methode für die Trennung des Titans von Tantal und Niob, die erst kürzlich angewandt wurde,[4]) stützt sich auf die verschiedene Flüchtigkeit der Chloride. Das Mineral wird in einem Verbrennungsrohr im Chlorstrom, welches durch warmes Schwefelchlorid durchgeleitet worden ist, erhitzt; hierdurch wird das Titanchlorid herausgetrieben und in Wasser aufgenommen, während die Niobchloride und das Tantalchlorid auf dem Rohr ein Sublimat bilden.

Solche Methoden jedoch, welche bekanntermaßen unvollkommen sind, wurden kürzlich durch ein viel befriedigenderes Vorgehen ersetzt, welches von

[1]) W. C. Brögger, Die Minerale d. Südnorw. Granitpeg. 1906, 82.
[2]) Lawrence Smith, Orig. Researches i. Min. and Chem. 350.
[3]) G. T. Prior, Mineral. Mag. 15, 80 (1908).
[4]) L. Hess u. R. C. Wells, Am. Journ. 31, 438 (1911).

der Löslichkeit der Titansäure in basisch salizylsaurem Ammoniak abhängt. Eine eingehende Beschreibung einer Blomstrandinanalyse nach dieser Methode geben O. Hauser und H. Herzfeld.[1] Nach dieser Methode wird der Niederschlag der metallischen Säuren und von Zirkonoxyd mit einer 10% Mannit und 20% Ätzkali enthaltenden Lösung aufgelöst. Nachdem Blei und Eisen durch Schwefelammonium gefällt wurden, wird die Lösung reichlich mit Schwefelsäure behandelt und stehen gelassen, wobei dann der größte Teil der Niob- und Tantalsäure sich absetzt, und die Titansäure in dem Filtrat mit Ammoniak gefällt ist. Um eine vollständige Trennung zu erreichen, werden beide Niederschläge mit heißem basisch salizylsaurem Ammoniak extrahiert. Nun ist die Titansäure aufgelöst und die Niob- und Tantalsäure im Rückstand werden von dem Zirkonoxyd durch Schmelzung mit Ätzkali und Extraktion mit kaltem Wasser getrennt. Die Niob- und Tantalsäure des Filtrats können getrennt werden, indem man durch die Lösung Kohlendioxyd leitet, wobei die Niobsäure fällt. Eine noch genauere Methode besteht in der Reduktion der Niobsäure mit Zinn oder Zink und Titrieren mit hypermangansaurem Kali[2] (s. S. 83).

In dem Hauptfiltrat von den metallischen Säuren, nachdem man das Zinn durch Schwefelwasserstoff abgeschieden hat, werden die seltenen Erden, Uran und Eisen, durch doppelte Fällung mit Ammoniak von Kalk und Magnesium getrennt. Der Niederschlag wird in Salzsäure gelöst und die Erden werden vom Eisen und Uran durch Fällung mit Oxalsäure getrennt, wobei man acht haben muß, nicht zu viel von dem Reagens zu nehmen, da Zirkonerde löslich ist. Der Oxalsäureniederschlag wird mit einer gesättigten Lösung von Ammoniumoxalat digeriert. Das Filtrat enthält alle Thorerde mit wenig Yttrium und Zirkonium, der Rückstand die Ceriumerde und den größten Teil des Yttriums. Wenn man das Filtrat mit konzentrierter Salzsäure behandelt, so werden die ganze Thorerde und ein Teil des Yttriums gefällt. Nachdem man sie in Sulfate verwandelt hat, wird die Thorerde endlich von dem Yttrium durch Fällung mit einer konzentrierten Kaliumjodatlösung und Salpetersäure getrennt.[3] In dem Filtrat von dem Niederschlage mit Salzsäure wird das Zirkonium von dem Yttrium durch Fällung mit einer konzentrierten Kalisulfatlösung getrennt. Die Oxalate von Cerium und Yttrium, welche nach Digerieren mit Ammoniumoxalat als Rückstand blieben, werden geglüht und die Oxyde in Salpetersäure aufgelöst. Dann werden die Ceriumerden von der Yttriumerde durch Fällen mit Kalisulfat getrennt. Für die Trennung der einzelnen Teile der zwei Gruppen werden verschiedene Methoden fraktionierter Fällung und Kristallisation angewandt.[4] In einer gewöhnlichen Analyse jedoch, wo die Menge des Materials beschränkt ist, ist es besser, statt eines Versuchs zur Trennung der einzelnen Teile der Gruppen, die Äquivalente der beiden Gruppen durch Umwandlung der Oxyde in Sulfate zu bestimmen.

In dem Filtrate von der Fällung der Erden mit Oxalsäure wird Eisen von Uran und etwas Zirkonium durch Fällung mit Schwefelammonium in der mit Ammoniumcarbonat gesättigten Flüssigkeit getrennt. Das Zirkonium kann von dem Uran durch Fällen mit Natronthiosulfat geschieden werden.

[1] O. Hauser u. H. Herzfeld, ZB. Min. etc. 1910, 758.
[2] F. D. Metzger u. C. E. Taylor, Columbia School Mines Quart. **30**, 323 (1909).
[3] R. Meyer, Chem. Z. **34**, 306 (1910).
[4] C. R. Böhm, Darstellung d. seltenen Erden, (Leipzig 1905).

Chemische Zusammensetzung und Analysen.

Ältere Analysen.

	1.	2.	3.	4.	5.	6.	7.
δ	5,00	4,672	5,103	—	—	4,972	4,98
Na_2O	—	—	0,82	—	—	—	0,29
K_2O	—	—	—	—	—	—	0,52
MgO	—	—	—	3,92	—	—	0,22
CaO	—	—	1,36	1,63	—	—	3,53
MnO	—	—	—	—	—	—	0,60
FeO	1,38	3,49	3,25	2,54	2,72	0,45	2,76
PbO	—	—	—	—	—	—	0,92
Al_2O_3	—	—	—	5,41	—	—	0,60
Ce_2O_3	3,17	2,26	3,50	8,43	2,61	2,94	3,07
Er_2O_3	3,40	9,06	7,30	—	7,53	8,84	6,45
Y_2O_3	27,48	16,63	14,60	13,20	23,32	23,62	13,06
SiO_2	—	—	—	—	—	—	3,33
TiO_2	21,16	23,49	20,03	34,96	26,59	29,09	25,24
SnO_2	—	—	—	—	—	—	0,55
ThO_2	—	—	—	—	—	—	3,51
UO_2	4,78	8,55	12,12	7,75	7,70	5,62	8,45
Nb_2O_5	35,09	34,59	33,39	18,37	20,35	25,16	22,82
Ta_2O_5	—	—	—	—	4,00	—	—
H_2O	2,63	3,47	2,40	2,87	4,02	3,00	4,71
	99,09	101,54	98,77	99,08	98,84	98,72	100,63

Neuere Analysen.

	8.	9.	10.	11.	12.	13.
δ	—	—	—	—	4,975	5,27
MgO	—	—	—	—	—	0,13
CaO	—	0,68	—	—	0,44	3,89
FeO	2,87	2,47	—	1,18	—	—
PbO	—	0,46	1,07	—	—	—
Al_2O_3	—	—	3,71	0,06	—	0,66
Fe_2O_3	—	0,18	1,58	2,81	—	4,32
Y_2O_3	27,55	21,23			3,24	3,90
Er_2O_3	—	—			} 11,20	14,41
Ce_2O_3	—	—	} 35,34	} 28,33		2,22
La_2O_3	—	—			8,53	1,83
Di_2O_3	—	—			0,55	—
SiO_2	—	1,01	0,19	—	0,48	—
TiO_2	29,31	28,51	17,35	—	7,03	—
ZrO_2	—	—	—	18,17	33,31	19,24
ThO_2	—	—	1,30	1,76	—	—
UO_2	13,77	19,47	4,37 (U_3O_8)	—	Spur	—
Nb_2O_5	19,48	19,37	33,56	12,66	11,11 (U_2O_3)	10,72 (U_3O_8)
H_2O	5,18	4,46	1,91	31,69	22,20	39,08
unlösl.	—	0,12	—	3,01	0,93	0,21
	98,16	97,96	100,38	99,67	99,02	100,61

1. Euxenit von Alve, Norwegen; anal. C. F. Rammelsberg, Sitzber. Berliner Akad. 1871, 428.

2. Euxenit (möglicherweise Blomstrandin) von Mörefjær, Norwegen; anal. wie oben.

3. Euxenit von Eitland, Norwegen; anal. wie oben.

4. Euxenit (eventuell Blomstrandin) von Hitterö, Norwegen; anal. C. J. Jehn, Inaug.-Dissert. Jena 1871, 25.

5. Polykras von Hitterö, Norwegen (Kristalle); anal. C. F. Rammelsberg, Sitzber. Berliner Akad. 1871, 425.

6. Polykras von Hitterö (derb) wie oben.

7. Polykras (event. Blomstrandin) von Slättåkra, Småland, Schweden; anal. C. W. Blomstrand, Minnesskrift Fys. Sällsk. Lund. Nr. 3, 19 (1878).

8. Polykras von Henderson Co., Nord-Carolina; anal. Hidden u. Mackintosh, Am. Journ. **41**, 423 (1891).

9. Polykras von Grenville Co., Süd-Carolina; anal. wie oben.

10. Euxenit (Blomstrandin?) von Arendal, Norwegen; anal. W. Prandtl, Ber. Dtsch. Chem. Ges. **34**, 1064 (1901).

11. Euxenit von Eitland, Norwegen; anal. W. Prandtl, Inaug.-Diss. München 1901, 14.

12. Euxenit? aus dem Flußbett des Tschoroch, Kaukasus; anal. G. P. Tschernik, Ann. Geol. Min. Russ. **5**, 196 (1902).

13. Euxenit (Blomstrandin?) von Transvaal (? Svaziland); anal. L. A. Aars, Inaug.-Diss. Freiburg i. Breisgau 1905, 27.

	14.	15.	16.	17.	18.	19.
δ	—	—	5,37	—	—	—
K_2O	—	0,09	—	—	—	—
Na_2O	0,40	0,18	—	—	—	—
MgO	—	0,06	0,35	0,08	—	0,14
CaO	0,48	1,08	1,02	0,85	0,97	0,66
MnO	—	0,16	0,34	—	—	—
FeO	—	1,13	Spur	1,37	1,89	4,94
PbO	—	0,63	—	0,43	—	0,46
Al_2O_3	—	Spur	0,76	Spur	—	—
Fe_2O_3	3,63	—	—	—	—	—
Y_2O_3	} 28,43	27,73	15,76	27,32	28,47	25,42
Er_2O_3			9,27			
Ce_2O_3			1,82			
La_2C_3	} —	2,20 }	1,73 }	2,45	2,05	2,58
Di_2O_3						
SiO_2	—	0,17	—	—	—	—
TiO_2	24,93	25,68	30,43	24,43	26,45	31,45
ZrO_2	—	Spur	—	—	—	—
SnO_2	—	0,18	—	0,11	—	0,13
ThO_2	—	3,58	1,76	4,60	3,20	3,80
UO_2	9,08	5,83	6,69 (U_2O_3)	5,64	5,28	5,49
WO_3	—	—	—	Spur	—	0,09
Nb_2O_5	30,71	27,64	4,35	29,00 }	} 30,21	20,72
Ta_2O_5	—	1,27	23,10	1,01 }		
H_2O	2,63	2,55	2,82	2,87	2,01	3,88
	100,29	100,16	100,20	100,16	100,53	99,76

14. Euxenit von Karra-Akunpuak, Grönland; anal. C. Christensen bei O. B. Böggild, Min. Grönlandica. (Kjöbenhavn 1905), 15.

15. Euxenit von Alve, Tromsö, Norwegen; anal. C. W. Blomstrand bei W. C. Brögger, Min. Südnorw. Granitpeg. etc. 1906, 89.

16. Euxenit von Cooglegong, West-Australien; anal. E. S. Simpson, Austr. Assoc. Rep. 1909, 310.

17. Euxenit von Eitland, Norwegen; anal. O. Hauser u. F. Wirth, Ber. Dtsch. Chem. Ges. **42**, 4443 (1909)

18. Euxenit von Arendal; anal. wie oben.

19. Euxenit (Blomstrandin?) von Sätersdal; anal. wie oben.

	20.	21.	22.	23.	24.
δ	—	4,862	4,62	4,98—5,01	4,79
K_2O	—	—			
MgO	—	—	0,13	—	—
CaO	—	2,27	0,04	—	0,25
FeO	2,04	1,10	0,56	1,60	1,90
PbO	0,96	—	4,79	—	2,25
Al_2O_3	—	1,30	0,64	0,33	—
Fe_2O_3	—	—	—	—	1,65
Y_2O_3	22,01	18,38	} 24,68	2,06	} 17,80
Er_2O_3	—	—			
Ce_2O_3	—	2,44		36,17	
La_3O_3	6,93	—	} 2,52		} 2,20
Di_2O_3	—	—			
SiO_2	—	—	—	0,53	—
TiO_2	17,45	19,10	31,05	45,74	23,10
ZrO_2	—	—	—	2,83	—
SnO_2	0,07	—	0,13	—	—
ThO_2	2,04	1,54	3,32	—	2,80
UO_2	7,91	16,40	5,95	2,73 (U_3O_8)	14,70
WO_3	0,11	—	—		
Nb_2O_5	28,20	33,70	20,81	4,65	29,30
Ta_2O_5	9,35	—			3,95
H_2O	2,21	4,00	3,99	2,80	—
	99,28	100,23	CO_2 0,08	99,44	99,90
			N+He 0,06		
			98,75		

20. Polykras von Süd-Carolina; anal. wie oben.

21. Euxenit von Ambolotora, Madagaskar; anal. F. Pisani bei A. Lacroix, Bull. Soc. min. **33**, 321 (1910).

22. Euxenit (Blomstrandin?) von Sätersdal; anal. H. Lange, Z. f. Naturwiss. **82**, 1 (1910).

23. Euxenit? von Brevig, Norwegen; anal. K. A. Hofmann, Ber. Dtsch. Chem. Ges. **43**, 2631 (1910).

24. Euxenit von Samiresy, Madagaskar; anal. F. Pisani bei A. Lacroix, Bull. Soc. min. **35**, 91 (1912).

Formeln und Zusammensetzung.

Euxenit (Polykras) ist hauptsächlich ein Niobat und Titanat der Yttrium-metalle und des Urans mit Kalk und Eisen. Man kann für das Mineral keine definitive Formel bestimmen. Als Resultate der Analyse kann man im allgemeinen eine Zusammensetzung (in sehr verschiedenen Verhältnissen) von Metaniobaten und Metatitanaten, wie $Ca(NbO_3)_2$, $Y(NbO_3)_3$, $UO . (NbO_3)_2$, $Y_2(TiO_3)_3$ usw. annehmen. Es ist aber schwer verständlich, wie so verschiedenartige Moleküle in verschiedenem Verhältnisse Kristalle derselben Form hervorbringen können. Eine andere Hypothese, und zwar eine durch die Resultate der letzten Analysen, die in bezug auf die Trennung der metallischen Säuren verläßlicher sind, gestützte, ist, daß diese Mineralien hauptsächlich aus einem Titanat der Yttrium- (und Cerium-) Metalle $Y_2Ti_4O_{11}$ in Kombination mit den Niobaten

$$(Ca, Fe)_2Nb_4O_{12} \quad (i.\ e.\ 2(Ca, Fe)Nb_2O_6) \quad und \quad UO.Nb_2O_6$$

bestehen.

Daß nach dieser Hypothese alle die Moleküle mehr oder weniger genau mit dem Columbittypus $R_2''Nb_4O_{12}$ (i. e. $2R''Nb_2O_6$) übereinstimmen, würde gewissermaßen eine Erklärung der auffallenden kristallographischen Verwandtschaft zwischen Euxenit (und den orthorhombischen Titanoniobaten im allgemeinen) und Columbit geben, auf die W. C. Brögger (l. c. S. 87, 113, 149, 154) hingewiesen hat.

Euxenit ist gewöhnlich radioaktiv und enthält Helium.[1] Die vermutete Gegenwart von Germanium in Euxenit[2] wurde von G. Lincio[3] geleugnet, welcher aus seinen Untersuchungen den Schluß zieht, daß das Element nur in Schwefelsalzen vorkommt (s. S. 111). Das angenommene Vorkommen einer neuen Erde — Euxenerde — in einem sogenannten Euxenit von Brevig[4] wurde durch spätere Untersuchungen an Zirkonoxyd von verschiedenem Vorkommen von O. Hauser und F. Wirth[5] nicht bestätigt.

Lötrohrverhalten und Reaktion. Schmilzt nicht vor dem Lötrohr. Manche Varietäten zeigen Erglühungserscheinung. Wird durch Schwefelsäure genügend angegriffen, um die blaue Reaktion für Niobsäure mit Zinn zu geben.

Physikalische Eigenschaften. Muschliger Bruch. Brüchig. Härte 5—6,5. Dichte 4,6—5,4. Glasiger bis harziger Glanz. Farbe schwarzbraun, durchscheinend in dünnen Flocken mit rotbrauner Farbe. Streifen rötlichbraun bis graubraun.

Vorkommen. Euxenit kommt in Norwegen in Pegmatitadern in Alve auf der Insel Tromsö, in verschiedenen Lokalitäten zwischen Tvedestrand und Arendal, in Eitland und Hitterö usw. vor. Andere Fundorte für Euxenit und Polykras werden unter den Analysen (S. 103) erwähnt. Polykras kommt auf der Insel Hitterö zusammen mit Xenotim und Zirkon in pegmatitischen Adern vor. Er soll auch in Canada in dem Stadtgebiet von Calvin, Nipissing, Ontario gefunden worden sein.

Blomstrandin und Priorit.

Von **G. T. Prior** (London).

Unter dem Namen Blomstrandin und Priorit hat W. C. Brögger[6] verschiedene Mineralien unterschieden, welche sich als Titanoniobate von Yttrium-

[1] Anal. 22 (l. c. S. 13) auch B. B. Boltwood, Am. Journ. **23**, 77 (1907).
[2] G. Krüss, Berl. Dtsch. Chem. Ges. **21**, 131 (1888).
[3] G. Lincio, ZB. Min. etc. 1904, 142.
[4] K. A. Hofmann u. W. Prandtl, Ber. Dtsch. Chem. Ges. **34**, 1064 (1901).
[5] O. Hauser u. F. Wirth, Ber. Dtsch. Chem. Ges. **43**, 1807 (1910).
[6] W. C. Brögger, Min. Südnorweg. Granitpeg. 1906, 98.

metallen erwiesen; in der chemischen Zusammensetzung wird sie dem Euxenit, aber kristallographisch dem Titanoniobat der Ceriummetalle, Äschynit näherstehend. Chemisch unterscheidet W. C. Brögger den Blomstrandin und Priorit, ebenso wie den Euxenit und Polykras durch die Verschiedenheit der Verhältnisse $(Nb, Ta)_2O_5 : TiO_2$ von $1:2$ (Priorit) zu $1:6$ (Blomstrandin).

Orthorhombisch. $a:b:c = 0,4746:1:0,6673$ (nach W. C. Brögger l. c. S. 106).

Die Kristalle sind tafelförmig nach (010) und unterscheiden sich dadurch im Habitus von den, nach der Vertikalachse verlängerten prismatischen Äschynitkristallen. W. C. Brögger hat auf eine nahe kristallographische Verwandt. schaft zwischen Blomstrandin (Priorit) und Euxenit (Polykras) hingewiesen.

Chemische Zusammensetzung und Analysen.

Analysen.

δ	1.	2.	3.	4.
	4,996	4,82—4,93	4,91	5,00
K_2O	—	0,19	0,18	—
Na_2O	—	0,22	0,90	—
CaO	4,12	1,02	1,80	1,04
MgO	0,22	0,04	0,15	0,28
MnO	0,19	0,27	0,30	0,16
FeO	5,63	1,48	1,43	1,73
PbO	—	0,06	0,84	0,35
ZnO	—	—	0,09	—
Al_2O_3	—	—	—	1,36
$(Ce, La, Di)_2O_3$	4,32	1,97	2,48	4,69
$(Y, Ce)_2O_3$	17,11	28,76	25,62	26,66
SiO_2	2,12	0,38	0,40	—
TiO_2	21,89	32,91	27,39	34,07
ZrO_2	—	Spur	1,33	0,50
SnO_2	0,29	0,12	0,18	0,20
ThO_2	0,61	7,69	4,28	7,93
UO_2	0,49	4,01	5,35	3,24
WO_3	—	—	—	Spur
UO_3	2,14	—	—	—
Nb_2O_5	36,68	17,99	23,35	15,08
Ta_2O_5	—	0,89	1,15	1,30
H_2O	3,69	1,88	2,56	0,96
	99,50	99,88	99,78	99,55

1. Priorit von Embabaan-Distrikt, Svaziland; anal. G. T. Prior, Min. Mag. **12**, 97 (1899).

2. Blomstrandin von Hitterö, Norwegen; anal. C. W. Blomstrand bei W. C. Brögger, l. c. S. 99.

3. Blomstrandin von Arendal, Norwegen; anal. wie oben.

4. Blomstrandin von Miask, Ural; anal. O. Hauser u. H. Herzfeld, ZB. Min. etc. 1910, 756.

In chemischer Zusammensetzung und physikalischen Eigenschaften unterscheiden sie sich nicht vom Euxenit.

Derbylit[1]) (Lewisit, Mauzeliit).

Von G. T. Prior (London).

Orthorhombisch. $a:b:c = 0,96612:1:0,55025$ (nach E. Hussak).[2])

Kommt vor in zarten prismatischen und in kreuzförmigen Zwillingskristallen.

Chemische Zusammensetzung und Analysen.

Analysen.

δ	4,530
K_2O	0,28
Na_2O	0,76
CaO	0,32
FeO	32,10
Al_2O_3	3,17
SiO_2	3,50
TiO_2	34,56
Sb_2O_5	24,19
Glühverlust	0,50
	99,38

Anal. (G. T. Prior, l. c. S. 178).

Das Mineral ist vorwiegend ein Titanat und Antimonat von Eisen. Wenn man die Kieselsäure, Aluminium und die Alkalien als von Unreinheit herstammend, betrachtet, so ist die einfachste, durch die Analyse gegebene Formel:

$$3\,FeTi_2O_5 \cdot Fe_3Sb_2O_8 \,.$$

Lötrohrverhalten und Reaktion. Unlöslich in Säuren; zersetzt sich im Schmelzen mit Kaliumbisulfat.

Physikalische Eigenschaften. Muschliger Bruch. Brüchig. Härte 5. Dichte 4,53. Harziger Glanz. Tiefschwarze Farbe, in dünnen Scheiben dunkelbraun durchscheinend.

Vorkommen. Derbylit wurde zuerst im zinnoberhaltigen Kies zu Tripuhy, Minas Geraes, Brasilien, gefunden. Er kommt dort in dem mit Itabirit zusammen vorkommenden Glimmerschiefer vor.

Man kennt noch zwei andere, dort vorkommende Titano-Antimonate: die zwei eng verwandten, wenn nicht gar identischen Minerale Lewisit und Mauzeliit. Diese Minerale kommen in regelmäßigen Oktaedern vor. Lewisit ist von honiggelber Farbe und hat 5,5 Härte. Mauzeliit ist dunkelbraun und hat die Härte 6—6,5. Die Zusammensetzung dieser geben folgende Analysen:

---

[1]) Dieses Titano-Antimonat wird am besten hier eingeschaltet. (D. Herausgeber).
[2]) E. Hussak, Min. Mag. 11, 176 (1897).

	1.	2.	3.
δ	4,95	4,95	5,11
Na₂O . . .	0,99	1,06	2,70
K₂O . . .	—	—	0,22
MgO . . .	—	—	0,11
CaO . . .	15,93	15,47	17,97
MnO . . .	0,38	—	1,27
FeO . . .	4,55	6,79	0,79
PbO . . .	—	—	6,79
TiO₂ . . .	11,35	11,70	7,93
Sb₂O₅ . . .	67,52	65,52	59,25
F . . .	—	—	(3,63)
H₂O . . .	—	—	0,87
	100,72	100,54	101,53
		—O für F₂	1,53
			100,00

$$\delta \quad 4{,}95 \quad 4{,}95 \quad 5{,}11$$
$$Na_2O \quad 0{,}99 \quad 1{,}06 \quad 2{,}70$$
$$K_2O \quad - \quad - \quad 0{,}22$$
$$MgO \quad - \quad - \quad 0{,}11$$
$$CaO \quad 15{,}93 \quad 15{,}47 \quad 17{,}97$$
$$MnO \quad 0{,}38 \quad - \quad 1{,}27$$
$$FeO \quad 4{,}55 \quad 6{,}79 \quad 0{,}79$$
$$PbO \quad - \quad - \quad 6{,}79$$
$$TiO_2 \quad 11{,}35 \quad 11{,}70 \quad 7{,}93$$
$$Sb_2O_5 \quad 67{,}52 \quad 65{,}52 \quad 59{,}25$$

1. u. 2. Lewisit von Tripuhy, Ouro Preto, Brasilien; anal. G. T. Prior, Min. Mag. 11, 80 (1895).

3. Mauzeliit von Jakobsberg, Schweden; anal. R. Mauzelius, Geol. För. Förh. 17, 313 (1895).

Marignacit.

Von H. Leitmeier (Wien).

Regulär oktaedrisch.

Chemische Zusammensetzung.

. . . . .	4,13
Na₂O	2,52
K₂O	0,57
MgO	0,16
CaO	4,10
MnO	Spuren
FeO	0,02
Al₂O₃	Spuren
Fe₂O₃	0,50
Y₂O₃	5,07
Er₂O₃	Spuren
Ce₂O₃	13,33
Di₂O₃	Spuren
La₂O₃	Spuren
SiO₂	3,10
TiO₂	2,88
SnO₂	Spuren
ThO₂	0,20
WO₃	Spuren
Nb₂O₅	55,22
Ta₂O₅	5,86
H₂O	6,40
	·99,93

S. Weidman und V. Lehner,[1]) die Entdecker und Analytiker des Minerals, bezeichnen es als eine Varietät des Pyrochlors, die sich von diesem durch den nicht unbeträchtlichen Gehalt an Kieselsäure unterscheidet und die außerdem kein Fluor enthält. Letzteres wäre nach der Ansicht der beiden Forscher hier durch H_2O ersetzt. Nach der Art wie das Mineralpulver, das zur Analyse verwendet worden war, von dem begleitenden Feldspate und Quarz getrennt war, kann es als ausgeschlossen erscheinen, daß die Kieselsäure nur auf einer Verunreinigung des Materials beruht. Durch diesen Gehalt an SiO_2 vermuten die beiden Autoren Verwandtschaft mit den Silicotitanaten. Nach meiner Ansicht dürfte es sich wohl um eine (vielleicht isomorphe) Beimengung eines Silicotitanats zu Pyrochlor handeln.

In Säuren außer Fluorsäure unlöslich, vor dem Lötrohre unschmelzbar; gibt mit Kaliumbisulfat eine Schmelze.

Physikalische Eigenschaften.

Das spezifische Gewicht ist 4,13, also etwas geringer, als das des Pyrochlors. Die Härte ist die gleiche wie bei Pyrochlor: 5—5,5. Das Mineral ist hell bis dunkelbraun gefärbt und durchscheinend. Die Lichtbrechung ist hoch und es wurde anomale Doppelbrechung gefunden.

Vorkommen. Der Marignacit tritt in den präkambrischen quarzführenden Pegmatiten des nordzentralen Teiles von Wisconsin auf und wird von Quarz, Alkalifeldspat und Akmit begleitet. In diesem Pegmatit kommen noch, wenn auch nicht als direkte Begleitmineralien vor: Lepidomelan, Lithionglimmer, Pyroxene, Rutil, Flußspat und mehrere Zirkonmineralien.

Wiikit (und Loranskit).

Von H. Leitmeier (Wien).

Rhombisch.

Die wahre Natur dieser Mineralien steht noch nicht fest; wahrscheinlich gibt es eine größere Reihe einander sehr ähnlicher Mineralien, die teilweise kristallisiert, teilweise dicht sind.

L. H. Borgström,[2]) der das Vorkommen dieser Mineralien genau beschrieb, hält dafür, daß man im Ganzen acht Typen unterscheiden könne, die äußerlich verschieden wären und einen abweichenden Wassergehalt, sowie verschiedene Dichten besitzen.

Typus a	Typus b	Typus c	Typus d
gelb; $\delta = 3,844$ $H_2O = 10,77\%$ Spuren von Scandium.	gelblichgrau; $\delta = 3,78$ $H_2O = 11,14\%$ Scandiumgehalt etwas höher.	dunkelgrau; $\delta = 4,02$ $H_2O = 6,99\%$ Scandiumgehalt etwas höher als b.	schwarz; $\delta = 3,95$ $H_2O = 8,09\%$ Scandiumgehalt unter 0,01.

Typus e	Typus f	Typus g	Typus h
schwarz; $\delta = 4,817$ $H_2O = 4,30\%$ Scandiumgeh. ähnlich.	schwarz; $\delta = 4,666$ $H_2O = 5,09\%$ Scandiumgeh. fast 1%.	dunkelbraun; $\delta = 4,55$ $H_2O = 4,59\%$ etwas scandiumhaltig.	$\delta = 4,23$ $H_2O = 6,96\%$

Typus d, f und g tritt in deutlichen Kristallen auf. Die Typen a, c, d bilden eine Gruppe, die L. H. Borgström Wiikit nennt, sie enthalten Uran; die Typen d, f, g, die yttriumreich sind, nennt er Loranskit.

[1]) S. Weidman u. V. Lehner, Am. Journ. **23**, 287 (1907).
[2]) L. H. Borgström, Geol. Fören. Förh. **32**, 1525 (1910).

Analysen.

	1.	2.
δ	4,85	—
CaO	—	4,86
FeO	—	7,51
Al_2O_3	—	0,74
Sc_2O_3	1,17	
Fe_2O_3	15,52	—
Yttererden	7,64 }	
Ceriterden	2,55 }	9,06
Mn_3O_4		1,28
SiO_2	16,98	8,75
TiO_2	—	29,58
ThO_2	5,51	—
$TiO_2 + ZrO_2$	23,36	—
UO_2	—	1,86
UO_3	3,56	7,37
Nb_2O_5	—	23,67
$Ta_2O_5 + Nb_2O_5$	15,91	—
Schwefelwasserstofffällung	—	1,06
Glühverlust	5,83	11,06
	98,03	101,80

1. Wiikit von Impilako am Ladogasee in Finnland; anal. W. Crookes, Z. anorg. Chem. **61**, 349 (1909).
2. Wiikit vom gleichen Fundorte; anal. P. Holmquist bei L. H. Borgström, Geol. Fören. Förh. **32**, 1525 (1910).

Diese Analysen weichen bedeutend voneinander ab.
Analyse 1 führt auf die Formel $FeTiSiO_5$.
Nach L. H. Borgström: Schmilzt vor dem Lötrohr, durch Säuren schwach angreifbar; das Mineral ist heliumhaltig. Der mittlere Betrag an Gasen, den das Mineral enthält, war auf 100 g 15,6 ccm, und diese bestehen aus Helium mit etwas Wasserstoff, Kohlendioxyd und Neon.
Die Analysen sind nur provisorische.

Germanium.

Von Richard Pribram (Wien).

Vorkommen. Auf einem Spatgange der Grube „Himmelsfürst" zu St. Michaelis bei Freiberg fand man im Jahre 1885 beim Anfahren eines Gangkreuzes 460 m unter Tage ein anscheinend neues, reiches Silbererz von ungewöhnlichem Ansehen, das einige Ähnlichkeit mit Silberkies aufwies. Stahlgraue, winzige Kriställchen von metallischem Glanze bedeckten in äußerst dünner Schicht unedle Erze, vorwiegend Eisenglanz und Markatit.

A. Weisbach[1] untersuchte das Vorkommen mineralogisch und erkannte in demselben eine neue Mineralspezies, die er „Argyrodit" benannte. Auf Veranlassung von A. Weisbach prüfte Th. Richter das Mineral vor dem

---

[1] A. Weisbach, N. JB. Min. etc. 1886, 67—71. Über das Vorkommen berichtet auch E. W. Neubert, JB. f. d. Berg- und Hüttenwesen im Kgr. Sachsen 1886, 84.

Lötrohre, fand darin als Hauptbestandteile Silber (72,5 %) und Schwefel, außerdem aber eine geringe Menge Quecksilber, was insofern bemerkenswert ist, als das letztere Metall sich bis dahin auf den Freiberger Erzgängen niemals gezeigt hatte. Irgend welche Anzeichen für die Gegenwart eines unbekannten Stoffes fand Th. Richter nicht.[1])

Mehrfache Analysen, die dann Clemens Winkler[2]) vornahm, ergaben je nach Reinheit des Materials einen Gehalt von 73—75 % Silber, ferner 17—18 % Schwefel, aber nicht mehr als 0,21 % Quecksilber, sowie minimale Mengen von Eisen und Arsen, somit einen Verlust von 6—7 %, als dessen Ursache er das Vorhandensein eines bis dahin unbekannten, dem Antimon in mancher Beziehung ähnlichen, von demselben aber doch scharf unterscheidbaren Elements erkannte, dem er den Namen „Germanium" beilegte.

Daß der Argyrodit ein Sulfosalz sein müsse, stand für Clemens Winkler im Hinblick auf den ganzen Habitus des Minerals von vornherein außer Frage. Es war daher zu erwarten, daß das gesuchte Element darin eine ähnliche Rolle spielte, wie Arsen und Antimon in verwandten, den Argyrodit stets begleitenden Mineralien. Mancherlei Ähnlichkeiten des Argyrodits mit dem Antimonglanz führten dazu, das neue Element anfangs für das von D. Mendelejeff[3]) vorhergesagte Ekaantimon zu halten, das im periodischen System zwischen Antimon und Wismut stehen sollte. Diese Vermutung erwies sich als irrig und ebenso konnte die Annahme D. Mendelejeffs, es könne Ekacadmium vorliegen, nicht bestätigt werden.

Vorkommen des Germaniums in Mineralien. — Die Hoffnungen, die man an ein reichliches Auftreten des Erzes geknüpft hatte, wurden allerdings nicht erfüllt. Das Vorkommen auf der Grube „Himmelsfürst", das sich auf dem erwähnten Gang anfangs auf eine Länge von 12 m erstreckte, wobei die Mächtigkeit des Ganges teilweise bis zu 40 cm betrug, war nur ein vorübergehendes, der Argyrodit trat meist nur als dünner Überzug auf Eisenspat, Schwefelkies, Rotgültigerz, Glaserz auf, war nach einiger Zeit abgebaut und hat sich an dieser Stelle bis jetzt nicht wieder gezeigt. Später stellte sich heraus, daß das von A. Breithaupt[4]) im Jahre 1821 auf Simon Bogners Neuwerk bei Freiberg in Sachsen gefundene und als „Plusinglanz" bezeichnete Mineral mit Argyrodit identisch sei. Von einem Plusinglanz aus dem Werner-Museum des Freiberger Bergamts, der vor dem Jahre 1817 auf der Grube „Bescheert Glück" bei Freiberg gefunden wurde, unterschied es sich, wie F. Kolbeck[5]) feststellte, nur durch das Fehlen von Quecksilber. Er enthielt 76,2 % Ag und 6,18 % Ge. A. Breithaupt hielt den Plusinglanz für monoklin, was auch A. Weisbach ursprünglich für den Argyrodit annahm.

Erst durch O. S. Penfield[6]) wurde nach Auffinden des zuerst als „Canfieldit" bezeichneten bolivischen Vorkommens, an besser ausgebildeten

[1]) Clemens Winkler, Ber. Dtsch. Chem. Ges. **32**, 307 und **39**, 4528 (O. Brunck, Nekrolog auf Clemens Winkler).
[2]) C. Winkler, Ber. Dtsch. Chem. Ges. **19**, 210 (1886).
[3]) D. Mendelejeff, Ann. Chem. Suppl. **8**, 133—229.
[4]) A. Breithaupt, Vollst. Charakteristik des Mineralsystems, 3. Aufl. 1832, 277.
[5]) F. Kolbeck u. A. Frenzel, Tsch. min. Mit. **19**, 244 (1909) und JB. f. d. Berg- u. Hüttenwesen im Kgr. Sachsen 1900, 27 u. 61; ferner ZB. Min. etc. 1908, 331—333.
[6]) O. S. Penfield, Canfieldite a new Germanium mineral. Am. Journ. **46**, 107—113. (1893). — Abstract. Min. Mag. **10**, 336. — On Argyrodite and a new Sulfostannate of Silver from Bolivia. Am. Journ. **47**, 451—454. — Abstract. Min. Mag. **11**, 40. Beide Arbeiten vereint unter dem letzteren Titel in Z. Kryst. **23**, 240—248 (1894).

Kristallen die tesserale Natur des Minerals erkannt. Da A. Weisbach für den Argyrodit später auch das reguläre System zugab, wurde der Name Canfieldit für den bolivianischen Argyrodit fallen gelassen und auf ein Mineral übertragen, das physikalisch mit dem Argyrodit übereinstimmt, in welchem aber Zinn das Germanium teilweise vertritt.

Über einen andern zinnführenden Argyrodit berichteten G. T. Prior und J. Spencer.[1]) Derselbe stammte von Aullagas[2]) in Bolivien und erwies sich identisch mit dem von A. Damour[3]) 1854 erwähnten kristallisierten „Brogniardit“. Im Franckeit,[4]) einem bolivianischen Bleisulfostannat-Antimonit $2PbSnS_3Pb_3(SbS_3)_3$, ist ein Teil des Sn durch Ge ersetzt; derselbe enthält nach Clemens Winkler $0,1\%$ Ge.

K. v. Chroustschoff[5]) fand Germanium im Samarskit (bis $1,5\%$), Tantalit ($0,02\%$), Fergusonit, Niobit ($0,03\%$) und Spuren auch im Gadolinit.

Da fast alle vierwertigen Elemente, wie Silicium, Titan, Zirkon, Zinn, Blei, Thorium in der Natur zusammen mit Niob und Tantal vorkommen, so prüften Gerhard Krüss und L. T. Nilson,[6]) bei Gelegenheit der Untersuchung des Fergusonits von Arendal, ob in dem Gemisch der aus dem Minerale erhaltenen Kaliumdoppelfluoride auch Kaliumgermaniumfluorid enthalten sei, konnten aber die Anwesenheit desselben nicht konstatieren. Dagegen gelang es G. Krüss,[7]) Germanium im Euxenit, bei Verarbeitung größerer Mengen desselben nachzuweisen, doch betrug die Menge nur ungefähr $0,1\%$, so daß dieses Vorkommen bis jetzt nur theoretisches Interesse besitzt, insofern daraus zu schließen wäre, daß Germanium imstande ist Titan zu vertreten. Dies gab Veranlassung, noch andere Titanmineralien, Rutil, Yttrotitanit, Wöhlerit usw. auf Germaniumgehalt zu prüfen, doch scheint das Resultat durchwegs negativ gewesen zu sein. Bezüglich des Yttrotitanits (Keilhauit) von Arendal heben Paul Kiesewetter und G. Krüss[8]) dies ausdrücklich hervor. Im Gegensatze zu den Angaben von G. Krüss und K. v. Chroustschoff (l. c.) konnte G. Lincio[9]) weder im Euxenit noch im Samarskit irgend welche Spuren von Germanium auffinden und betont, daß dasselbe bis jetzt bloß in Mineralien von der Zusammensetzung der Sulfosalze sicher nachgewiesen sei.

---

[1]) G. T. Prior u. J. Spencer, Stanniferous Argyrodite from Bolivia; the Identity of the so called „Crystallised Brogniardite“ with Argyrodite-Canfieldite. Min. Mag. **12**, Nr. 54, 5—14 (London 1898). — N. JB. Min. etc. 1899, II, 12.

[2]) Aullagas liegt nahe der Stadt Colquechaca, in der Provinz Choyanta Dep. Potosi, östlich von dem großen See Aullagas und nördlich von der Stadt Potosi.

[3]) A. Damour, Notice sur la Brogniardite nouvelle espèce minérale Ann. d. Mines 1849 (IV) XVI, 227 und 1854 (V) VI, 146.

[4]) Das Vorkommen des zinnführenden Argyrodits ist in Bolivia sehr ausgedehnt. Die reichen Silberminen wurden von H. Reck, Petermanns geogr. Mitt. 1867, 247 und R. Peele jun., Enginiering and Mining Journ. **57**, 78—100 (New York 1894), auch Z. prakt. Geol. 1894, 215 beschrieben. Vgl. auch A. W. Stelzner, N. JB. Min. etc. 1893 II, 114 und Z. Dtsch. geol. Ges. **49**, 89 (1897), sowie A. Frenzel, N. JB. Min. etc. 1893 II, 125.

[5]) K. v. Chroustschoff, Journ. Soc. Phys. Chim. Russe **24**, 130 (1892), auch N. JB. Min. etc. 1894 II, 229.

[6]) G. Krüss u. L. T. Nilson, Oefvers. af k. Swenska Vetenskaps Akad. Förhandlingar 1887 und Ber. Dtsch. Chem. Ges. **20**, 1696 (1887).

[7]) G. Krüss, Ber. Dtsch. Chem. Ges. **21**, 132 (1888).

[8]) G. Krüss, Ber. Dtsch. Chem. Ges. **21**, 2312 (1888).

[9]) G. Lincio, ZB. Min. etc. 1904, 142—149.

In neuester Zeit haben G. Urbain und A. del Campo[1]) das Vorkommen von Germanium in der Blende von Los Picos de Europa, in einer türkischen und einer mexikanischen Blende nachgewiesen. Daraufhin wurden 64 Blenden verschiedener Herkunft mittels der Bogenspektren geprüft; davon zeigten 38 unzweideutig das Spektrum des Germaniums; 5 davon in Mengen, daß alle Strahlen · beobachtet werden konnten. (Webb. City, Stollberg bei Aachen, Türkei, Raibl in Kärnten und Mexiko.) Die an Germanium reichen Blenden erwiesen sich auch reich an Gallium.[2])

Untersuchung. Um Mineralien schnell auf Germanium zu prüfen, erhitzt man sie nach K. Haushofer[3]) mit Schwefelwasserstoff. Es entsteht so ein weißes kristallinisches Sublimat von Germaniumsulfid, welches durch Schwefelsäure in eine nicht kristallinische Masse verwandelt wird. Mit Salpetersäure erhitzt geht das Sulfid langsam in weißes GeO_2 über, welches in Wasser und verdünnter Salpetersäure löslich ist. Diese Lösung scheidet dann beim Eindampfen das kristallinische GeO_2 wieder aus.

Selbstverständlich kann auch der Weg der spektroskopischen Untersuchung zur Orientierung über das Vorhandensein von Germanium gewählt werden, doch ist zu bemerken, daß Germanium und seine Verbindungen der nicht leuchtenden Flamme keine Färbung erteilen. Im Funkenspektrum sieht man deutlich eine Linie im Orange, eine im Gelb, vier im Violett, und zwölf im Blau.

Gustav Kobb,[4]) welcher als erster die Wellenlängen bestimmte, hat für dieselben folgende Werte angegeben:

6336		5209		4742 breit, diffus
6020	sehr stark	5177,5	breit, diffus	4684,5 scharf, schwach
5832	sehr stark	5134	" "	4291 diffus, schwach
5255,5		5131	" "	4260,5 " "
5228,5		4813	" "	4225,5
				4178

M. A. De Gramont[5]) hat bei direkter Prüfung des Argyrodits zwei breite Linien als charakteristisch festgestellt:

Ge_α — 6020 im Orange;

Ge_β — 5891 im Gelb zwischen den beiden Natriumlinien. Außerdem treten auch bei schwacher Dispersion noch 6 Nebenlinien hervor. In eingehender Weise haben F. Exner und E. Haschek[6]) das Spektrum des Germaniums untersucht; sie fanden im Bogenspektrum 27 und im Funkenspektrum 56 Linien. Die kräftigsten derselben sind in nachstehender Tabelle zusammengestellt:

---

[1]) G. Urbain u. A. del Campo, C. R. **149**, 602—603 (1909).
[2]) In einer aus dem K. K. Hofmuseum in Wien entnommenen Blende, welche der Direktor der mineralog. Abteilung, Reg.-R. Prof. Dr. Berwerth, dem Verfasser dieses zur Verfügung stellte, konnte neben Zn, Pb, Ga und Al auch Ge nachgewiesen werden. Als Fundort war Los Picos de Europa (Spanien) angegeben.
[3]) K. Haushofer, Sitzber. Bayr. Ak. 1887 I, 133.
[4]) Gustav Kobb, Journ. prakt. Chem. [2] **34**, 206. — Pogg. Ann. [2] **29**, 670 (1886).
[5]) M. A. De Gramont, Analyse spectrale directe des Minéraux Bul. Soc. Min. **18**, 171 (1895).
[6]) F. Exner u. E. Haschek, Die Spektren der Elemente bei normalem Druck. Leipzig u. Wien, Franz Deuticke, 1911 und 1912.

Wellenlängen	Bogen-Intensität [1]	Funken-Intensität [1]
2592,64	20	15 $\bar{u}$ r
2651,28	30	15 $\bar{u}$
2651,69	20	15 $\bar{u}$
2691,50	20	15
2709,70	30	20 $\bar{u}$
2754,69	30	20 $\bar{u}$ r
3039,22	50	20 $\bar{u}$
3269,62	20	10 r
4179,20	—	20
4226,76	—	50 r

In seiner ersten Notiz über die Entdeckung des Germaniums erwähnt Clemens Winkler,[2]) daß der Argyrodit beim Erhitzen unter Luftabschluß, am besten im Wasserstoffstrome, ein schwarzes, kristallinisches, ziemlich leicht flüchtiges und zu braunroten Tropfen schmelzbares Sublimat liefere, welches außer wenig Schwefelquecksilber, hauptsächlich Germaniumsulfid enthält. Dieses ist eine Sulfosäure, löst sich leicht in Schwefelammonium und erscheint bei seiner Wiederabscheidung durch HCl als ein, in reinem Zustande schneeweißer, in Ammoniak leicht löslicher Niederschlag, der bei Gegenwart von Arsen oder Antimon mehr oder minder gelb gefärbt erscheint. Beim Erhitzen im Luftstrome, beim Erwärmen mit Salpetersäure oder beim Behandeln mit andern Oxydationsmitteln, läßt sich das Sulfid in weißes, bei Rotgluthitze nicht flüchtiges, in Kalilauge lösliches Oxyd überführen; die alkalische Lösung gibt, nach dem Ansäuern, mit Schwefelwasserstoff die charakteristische weiße Fällung von Sulfid. Starke Verdünnung verhindert oder verzögert diese Fällung. Da das Germanium zu derjenigen Gruppe von Elementen gehört, welche in alkalischen Schwefelmetallen lösliche Sulfide bilden, so gesellt es sich bei dem gewöhnlichen analytischen Gange zum Arsen, Antimon und Zinn. Hat man es mit diesen als Sulfosalz in Lösung, so verdünnt man nach C. Winkler[3]) die letztere zum Zwecke der vorzunehmenden Trennung auf ein bestimmtes Volum, bestimmt an einem, mit der Pipette abgehobenen und in Abzug zu bringenden Teile der Flüssigkeit durch Kochen mit überschüssiger Normalschwefelsäure und Rücktitrieren mit Normalalkali die zur Neutralisation der gesamten Flüssigkeit erforderliche Schwefelsäure, fügt diese hinzu und läßt das Ganze bedeckt 12 Stunden lang stehen.

Man filtriert die ausgeschiedenen Sulfide von Arsen, Antimon und Zinn ab, engt das Filtrat stark ein, fügt Ammoniak und Schwefelammonium und nach dem Erkalten sehr reichlich Schwefelsäure zu und vervollständigt schließlich die Ausfällung des Germaniumsulfids durch Einleiten von Schwefelwasserstoff. Die Filtration dieses Sulfids bietet keine Schwierigkeit, wohl aber das Waschen desselben; Wasser, auch wenn es mit Schwefelwasserstoff gesättigt ist, wirkt überaus lösend; dagegen kann man den Niederschlag mit verdünnter,. mit Schwefelwasserstoff gesättigter Chlorwasserstoffsäure oder Schwefelsäure fast ohne Verlust auswaschen und muß dann nur für Verdrängung dieser Säuren Sorge tragen. Am besten dient hierzu mit Schwefel-

---

[1]) Die Intensitäten wachsen mit der Zahl. $\bar{u}$ = umgekehrt, r = Verwaschen nach Rot.
[2]) Clemens Winkler, Ber. Dtsch. Chem. Ges. **19**, 211 (1886).
[3]) Clemens Winkler. Journ. prakt. Chem. **34**, 228 (1886).

wasserstoff gesättigter Alkohol, den man schließlich durch Äther verdrängt, worauf im Vakuum getrocknet wird. Zum Zwecke der Wägung kann man dann das weiße Sulfid durch Rösten, Behandeln mit Salpetersäure und Glühen, in Oxyd überführen.

Quantitative Bestimmung des Germaniums. Für diese hat S. L. Penfield[1] folgendes Verfahren verwendet: Der Argyrodit (ungefähr 2 g) wird mittels konzentrierter Salpetersäure auf dem Wasserbade oxydiert, was sich in 1—2 Stunden erreichen läßt. Man dampft die überschüssige Säure ab, nimmt den Rückstand mit durch Salpetersäure angesäuertem Wasser auf, fällt das Silber durch Ammonthiocyanat und filtriert. Im Filtrat findet sich das Germanium zusammen mit solchen Säuren, die mit demselben keine flüchtigen Verbindungen bilden.

Man kann deshalb, ohne Verlust befürchten zu müssen, in einer Platinschale abdampfen; die vorhandene Salpetersäure reicht völlig hin, um das Ammoniumthiocyanat zu zerstören und der Überschuß der durch die Oxydation gebildeten Schwefelsäure wird schließlich durch Erhitzen ausgetrieben. Den so erhaltenen Rückstand bedeckt man mit etwas starkem Ammoniak, in welches Schwefelwasserstoff eingeleitet wird. Hierbei wird das GeO_2 zersetzt, in Sulfosalz übergeführt und geht in Lösung, während die übrigen Metalle ungelöst bleiben.

Das Germanium haltende Filtrat wird in einem gewogenen Platintiegel auf dem Wasserbade zur Trockne gebracht, der Rückstand mit Salpetersäure oxydiert, der Überschuß von Salpetersäure abgeraucht, der Platintiegel in einen Porzellantiegel gestellt, bei allmählich gesteigerter Hitze geglüht und nach dem Erkalten das Germanium als GeO_2 gewogen.

Ein anderer Gang der Analyse, wo jeder Bestandteil in einer Portion bestimmt werden kann, ist folgender: Lösung des Minerals in Salpetersäure, Fällen des Silbers mit Chlorwasserstoffsäure, des Schwefels mit Bariumnitrat, Entfernung des Überschusses von Chlor und Barium in einer Operation mit Silbernitrat und Schwefelsäure, Entfernung des Silbers mit Ammoniumthiocyanat und Bestimmung des Germaniums im Filtrat wie früher angegeben.

Das GeO_2 erwies sich bei S. L. Penfields Analysen frei von Arsen, Antimon und Zinn. Sind diese Elemente aber vorhanden, so kann man sie nach dem bereits angegebenen Verfahren von C. Winkler abtrennen. Ähnlich wie S. L. Penfield verfahren auch G. T. Prior und L. J. Spencer.[2]

Die durch längeres Digerieren des Argyrodits mit Salpetersäure erhaltene Lösung wird zur Trockene verdampft, und der Rückstand mit heißem Wasser behandelt. Die unlösliche Metazinnsäure (die noch etwas Ge, Ag und Fe enthält) wird auf einem Filter gesammelt, mit Ammoniak versetzt und Schwefelwasserstoff so lange eingeleitet, bis die Sulfide von Zinn und Germanium gelöst sind, wobei Silber und Eisen im Rückstande bleiben. Das Zinn wird durch Neutralisation mit Schwefelsäure als Sulfid gefällt, in Oxyd übergeführt und in dieser Form gewogen, während man das Germanium, das in der Lösung bleibt, durch Abdampfen und Behandeln des Rückstandes mit Salpetersäure in Oxyd überführt. Nach dem Wägen des Zinnoxyds, das noch etwas Germanium enthalten kann, wird im Wasserstoffstrom reduziert, wobei etwa

---

[1] S. L. Penfield, Z. Kryst. **23** (3) 243 (1894).
[2] G. T. Prior u. L. J. Spencer, l. c.

8*

vorhandenes Germanium als metallisches Sublimat erhalten wird. Das reduzierte Zinn wird als Metall gewogen.

In dem ersten Filtrate von der Metazinnsäure wird, wie bei S. L. Penfield, das Silber mit Salzsäure gefällt und der Schwefel mit Bariumnitrat bestimmt.

Bevor man aber das Filtrat vom Silberniederschlage eindampft, muß die Chlorwasserstoffsäure durch Silbernitrat entfernt werden, da sonst beim Abdampfen, infolge der Flüchtigkeit des Germaniumchlorids, Verluste entstehen können. Gleichzeitig wird der Überschuß des Bariums durch Schwefelsäure gefällt. Die übrige Behandlung erfolgt wie bei S. L. Penfield, also Entfernung des Silberüberschusses durch Ammoniumthiocyanat, Eindampfen zur Trockne, Behandeln mit Ammoniak, in das Schwefelwasserstoff eingeleitet wird. Die Lösung, welche das Germaniumsulfid enthält, wird vom vorhandenen Eisensulfid abfiltriert, eingedampft, mit Salpetersäure oxydiert und das Germanium als GeO_2 gewogen.

V. M. Goldschmidt[1]) löst das Mineral in Salpetersäure, bestimmt in dieser Lösung das Silber als Chlorid, Kupfer und Quecksilber elektrolytisch. Eisen und Zink werden mit Schwefelammonium vom Germanium und Zinn getrennt und sowohl die Summe der Oxyde als auch das Eisenoxyd allein bestimmt. In einer Portion, deren Silbergehalt durch Rhodanammonium[2]) entfernt wird, ermittelt man die Summe von $GeO_2 + SnO_2$.

Zur Bestimmung des Zinns kann man den Argyrodit direkt (in einem Schiffchen) im Wasserstoffstrome glühen; der größte Teil des Germaniums wird dabei als metallisches Sublimat erhalten.

Das mit Silber zurückbleibende nicht flüchtige Zinn wird durch Abdampfen mit Salpetersäure in unlösliches SnO_2 übergeführt und durch Dekantieren mit heißem Wasser vom Silbernitrat und einer geringen Menge von GeO_2 befreit. Sodann wird das SnO_2 in Ammoniak und Schwefelammonium gelöst, durch Zusatz von Schwefelsäure als Sulfid gefällt, dieses in Oxyd übergeführt und, um die letzten, noch anhaftenden Spuren von Germanium zu entfernen, im Wasserstoffstrom reduziert und als Metall gewogen.

Handelt es sich um eine rasche Bestimmung des Gehalts an Germanium, so kann man auch so vorgehen, daß man das fein gepulverte Mineral in einem Porzellanschiffchen in ein schwer schmelzbares Glasrohr oder noch besser in ein Rohr aus Quarzglas bringt und in einem Strome von trockenem Wasserstoff glüht. Das Germanium sublimiert und kann durch Lösen in Salpetersäure und Glühen des Oxyds von etwa mitsublimierten Arsenspuren befreit werden. Allerdings können bei diesem Verfahren minimale Mengen von Germanium noch in dem Silberrückstand im Schiffchen zurückgehalten werden. Will man auch diese noch gewinnen, so benutzt man zur Abtrennung eine der oben beschriebenen Methoden.

Analysenresultate für Argyrodite.

Die Analysen der Argyrodite[3]) von verschiedenen Fundorten führten zu folgenden Ergebnissen:

[1]) V. M. Goldschmidt, Z. Kryst. **45**, 552 (1908).
[2]) Wegen der bereits erwähnten Flüchtigkeit des Germaniumchlorids muß die Anwendung von HCl vermieden werden.
[3]) Da Argyrodit das einzige Mineral ist, welches Germanium in größeren Mengen enthält, so wurden die Analysen bereits hier gebracht, obgleich Argyrodit unter die Sulfosalze eingerechnet ist (siehe Bd. IV). Anm. d. Herausgebers.

	1.	2.	3.
Ag	74,72	76,23	75,55
Ge	6,93	6,18	6,64
S	17,13	17,50	16,97
Hg	0,31	—	0,34
Sb	—	0,36	—
Fe	0,66	0,33}	0,24
Zn	0,22	— }	
Summe	99,97	100,60	99,74

1. Argyrodit von der Grube Himmelsfürst bei Freiberg. Erste Analyse von C. Winkler, Journ. prakt. Chem. **34**, 188 (1886).
2. A. Breithaupts Plusinglanz, F. Kolbeck, ZB. Min. etc. 1908, 331—333.
3. Argyrodit von Freiberg aus der Sammlung G. J. Brush, analysiert von S. L. Penfield, Z. Kryst. **23**, 245 (1894).

	4.	5.	6.	7.
Ag	76,05	74,20	74,10	75,67
Ge	6,55	4,99	1,82	6,55
S	17,04	16,45	16,22	17,15
Sn	—	3,36	6,94	0,10
Fe	0,13	0,68	0,21	0,03
Zn	0,20	—	—	0,11
Cu	—	—	—	0,03
Hg	—	—	—	0,08
As	—	—	—	0,05
H_2O	—	—	—	0,18
Summe	99,97	99,68	99,29	99,95

4. Argyrodit von Potosi, Bolivia, nach S. L. Penfield (Mittel aus drei Analysen), Z. Kryst. **23**, 3 (1894) und Am. Journ. **46**, 112 (1893).
5. Zinnführender Argyrodit von Aullagas, Bolivia, nach C. T. Prior und L. J. Spencer, Miner. Magaz. **12**, 5—14 (1898) und N. JB. Min. etc. 1099 II, 13.
6. Canfieldit von La Paz, Bolivia, analysiert von S. L. Penfield, Z. Kryst. **23**, 247 (1894).
7. Argyrodit von Colquechaca, Bolivia, untersucht von V. M. Goldschmidt, Z. Kryst. **45**, 553 (1908).

Formel. C. Winkler berechnete nach den Resultaten seiner Analyse für den Argyrodit die Formel $3 Ag_2S . GeS_2$. S. L. Penfield gelangte dann auf Grund seiner Untersuchungen des Argyrodits von Potosi zu der Formel $4 Ag_2SGeS_2$, einer Formel, die auch F. Kolbeck aus einer von Th. Döring durchgeführten Analyse des Freiberger Argyrodits (Plusinglanz) abgeleitet hatte.

Hebt man aus der früher gegebenen Tabelle die Werte für Silber, Germanium und Schwefel heraus, so erhält man folgende Zusammenstellung:

	Atomgew.	Winkler	Penfield	Kolbeck	für $3 Ag_2GeS_2$ berechnet	für $4 Ag_2SGeS_2$ berechnet
		gefunden				
Ag . .	107,7	74,72	76,05	76,23	73,56	76,52
Ge . .	72,32	6,93	6,55	6,18	8,23	6,42
S . .	32	17,13	17,04	17,50	18,21	17,06

S. L. Penfield sprach die Ansicht aus, daß auch C. Winklers Zahlen der Formel Ag_8S_6Ge besser entsprechen, und um die Unsicherheit zu beseitigen, hat er ein besonders ausgezeichnetes Stück Freiberger Argyrodits aus der Brushschen Sammlung einer sorgfältigen Untersuchung unterzogen. Er fand als Mittel aus zwei gut stimmenden Analysen die Zahlen, welche in der Tabelle (S. 117) sub 3. angeführt sind.

Diese Zahlen stimmen mit den von C. Winkler gefundenen in bemerkenswerter Weise überein, nur ist der Silbergehalt etwas höher, jener des Eisens und Zinks etwas niedriger. S. L. Penfield führt den Gehalt an diesen letzteren Metallen auf beigemengten Pyrit und Sphalerit zurück, welche gemeinsam mit Argyrodit vorkommen. Bezüglich des Quecksilbers, dessen Vorkommen sonst niemals in Freiberg beobachtet wurde, nimmt S. L. Penfield an, daß es etwas Silber vertrete.

Rechnet man nun die Analysenresultate in der Weise um, daß man so viel Schwefel abzieht als nötig wäre, um Pyrit und Sphalerit zu bilden und ersetzt man das Quecksilber durch die äquivalente Silbermenge, so erhält man:

	Bolivia Penfield	Freiberg Winkler	Freiberg Penfield	Berechnet für $4\,Ag_2S,\ GeS_2$
Ag . . .	76,33	76,39	76,48	76,52
Ge . . .	6,57	7,05	6,69	6,42
S	17,10	16,56	16,83	17,06

Nach dieser Zusammenstellung wird man der Ansicht S. L. Penfields, daß die Formel $4\,Ag_2S \cdot GeS_2$ die richtigere ist, wohl zustimmen können. Es mag noch bemerkt werden, daß auch V. M. Goldschmidts Untersuchung des Argyrodits von Colquechaca zu derselben Formel geführt hat. Wenn man bei den Zahlen der Analyse 7, FeS_2, ZnS und As_2S_3 als Verunreinigungen abzieht und Cu sowie Hg mit dem Ag zusammenzählt, so erhält man:

$$(AgCuHg) = 8,000$$
$$(GeSn) = 1,038$$
$$S = 6,050$$

also die Penfieldsche Formel Ag_8GeS_6 oder $4\,Ag_2S \cdot GeS_2$, die auch von S. L. Penfield für das Sulfostannat von La Paz in Bolivia zugrunde gelegt wird; in diesem Mineral tritt Sn isomorph mit dem Ge auf und die beiden Metalle sind ungefähr in dem Verhältnis 12:5 zugegen (Analyse 6.).

	Gefunden	Berechnet für Ag_8SnGeS_6
Ag	74,10	74,43
Ge	1,82	1,83
Sn	6,94	7,18
S	16,22	16,56

Für den Argyrodit von Aullagas berechnen C. T. Prior und L. J. Spencer die Formel:

$$5\,(4\,Ag_2SGeS_2) + 2\,(4\,Ag_2SSnS_2),$$

welche erfordert:

	Ag	Ge	Sn	S
Berechnet:	75,65	4,59	2,89	16,87
Gefunden:	74,20	4,99	3,36	16,45

Endlich möge noch der Argyrodit von Chocaya (Franckeit, Gruben-feld Las Animas) Erwähnung finden, der in einer aus dem Nachlaß von A. W. Stelzner[1]) stammenden Abhandlung, bei Gelegenheit einer ausführlichen Schilderung der Zinnlagerstätten von Bolivia besprochen wird. C. Winkler fand in diesem Mineral:

Pb	50,57
S	21,04
Sn	12,34
Sb	10,51
Fe	2,48
Zn	1,22
Ge	0,1

Aus den im vorhergehenden angeführten Untersuchungen ergibt sich, daß das Vorkommen des Germaniums doch nicht gar so selten sein dürfte, wie es anfangs den Anschein hatte und durch die Arbeiten von G. Urbain, M. Blondel und Obiedow[2]) ist in neuester Zeit namentlich die Aufmerksamkeit auf die Blenden gelenkt worden. Da das Studium des Germaniums ungeachtet der wertvollen und eingehenden Arbeiten C. Winklers doch noch lange nicht als abgeschlossen betrachtet werden kann, so erscheint es wünschenswert nach Mineralien zu suchen, welche dasselbe in etwas größerer Menge enthalten. Es ist deshalb wohl nicht überflüssig, im Anschlusse an die mitgeteilten analytischen Methoden, auch noch jener Verfahrungsweisen zu gedenken, welche für die Verarbeitung größerer Mengen' germaniumhaltiger Mineralien in Anwendung gezogen worden sind.

Die erste Angabe von C. Winkler[3]) bezieht sich naturgemäß auf Argyrodit.

1. Das möglichst fein zerriebene Mineral wird mit dem gleichen Gewicht eines Gemenges von gleichen Teilen kalzinierter Soda und Schwefelblumen innig gemengt, am besten in einem Graphittiegel der Schmelzung bei mäßiger Rotglut unterworfen. In dem Maße, als der Tiegelinhalt einschmilzt, werden weitere Anteile des Gemenges nachgetragen und das Ganze noch eine Stunde im glühenden Fluß erhalten. Bei Anwendung von 2 kg Erz erfordert eine Schmelzung 4 Stunden Zeit. Den dünnflüssigen Tiegelinhalt gießt man in einen vorgewärmten Mörser aus, läßt etwas erkalten und pulverisiert noch warm. Aus dem hygroskopischen Pulver geht bei wiederholtem Auskochen mit Wasser das Germanium als Natriumsulfogermanat zum größten Teil in Lösung; immerhin ist es gut, den Rückstand nochmals mit Soda und Schwefel zu schmelzen und den wäßrigen Auszug dieser Schmelze der obigen Lösung zuzufügen, um die letzten Reste von Germanium nicht zu verlieren.

Aus den vereinigten Lösungen fällt man durch Zusatz von nur so viel Schwefelsäure, daß die Flüssigkeit noch schwach sauer reagiert, die Sulfide von Arsen und Antimon, läßt absitzen, filtriert[4]) und setzt jetzt so lange Salz-

---

[1]) A. W. Stelzner, Bol. d. Soc. nac. Miner. de Santiago Ano X. Now. de 1893 Nr. 62, 256 und Z. Dtsch. geol. Ges. **49**, 140—142 (1910).
[2]) G. Urbain, M. Blondel u. Obiedow, C. R. **150**, 1758—60 (1910).
[3]) C. Winkler, Journ. prakt. Chem. **34**, 190 (1886).
[4]) Etwa mit ausgefallenes weißes Germaniumsulfid kann man durch vorsichtiges Abrösten des Schwefelniederschlags als unreines Oxyd gewinnen und einer· späteren Schmelzung beigeben.

säure oder Schwefelsäure hinzu, bis eine klare Probe der Flüssigkeit durch weiteren Säurezusatz nicht mehr getrübt wird. Man leitet sodann Schwefelwasserstoff bis zur Sättigung ein und läßt das voluminöse, weiße GeS_2 sich absetzen. Dieser Niederschlag läßt sich leicht filtrieren, darf jedoch nicht mit Wasser oder Salzlösungen ausgewaschen werden, da sonst Verluste entstehen. Am besten wäscht man mit H_2S-haltigem Wasser, dem etwas HCl oder H_2SO_4 zugesetzt wird. Die Säure verdrängt man mit $90\,^0/_0$ Alkohol, der vorher mit H_2S gesättigt war. Bei Anwendung von HCl als Fällungsmittel ist möglichste Entsäuerung anzustreben, damit beim Trocknen des Niederschlags kein Verlust durch Verflüchtigung von Germaniumchlorid entsteht. Das trockene, lockere Germaniumsulfid wird in kleinen Partien abgeröstet, mit konzentrierter Salpetersäure erwärmt, das erhaltene Oxyd nach Abrauchen des Säureüberschusses stark geglüht, wobei Dämpfe von H_2SO_4 entweichen; den Rest der hartnäckig anhaftenden H_2SO_4 entfernt man durch wiederholtes Digerieren mit konzentriertem Ammoniak, Eintrocknen und Glühen. (Die weitere Behandlung des Oxyds wie bei 2., s. unten.)

2. In einem zweiten Verfahren C. Winklers[1]) wird bei der Verarbeitung die Schwerlöslichkeit des Kaliumgermaniumfluorids verwertet. Ein Gemenge von 5 Teilen feingepulvertem Argyrodit, 6 Teilen Kalisalpeter und 3 Teilen Kaliumcarbonat verteilt man in kleine Papierpatronen und wirft diese, die jedesmalige schwache Verpuffung abwartend, eine nach der andern in einen in Rotglut befindlichen, geräumigen hessischen Tiegel. Zuletzt erhitzt man einige Zeit zur hellen Rotglut und gießt dann die völlig flüssige Masse in ein angewärmtes eisernes Gefäß aus. Nach dem Erkalten trennt man von dem ausgeschiedenen regulinischen Silber ab, kocht die alkalische Salzschmelze mit Wasser aus, filtriert vom ungelöst bleibenden Eisenoxyd ab und dampft die Lösung unter Zusatz von 7 Teilen H_2SO_4 ab, bis alle Salpetersäure verjagt ist. Die erhaltene saure Salzmasse löst man in kaltem Wasser; der größte Teil des Germaniums setzt sich dabei als Oxyd ab. Nach erfolgter Filtration fällt man die Lösung mit Schwefelwasserstoff, wobei man einen aus Arsen- und Germaniumsulfid bestehenden Niederschlag erhält, den man abröstet, und unter Zusatz von NO_3H glüht. Das Oxyd fügt man dem ersterhaltenen zu, löst in Fluorwasserstoffsäure, filtriert, wenn nötig, und versetzt die klare Flüssigkeit mit Fluorkalium. Es scheidet sich dann das Germanium als K_2GeF_6 aus. Dieses unlösliche Kaliumgermaniumfluorid kann man durch Schmelzen mit Kaliumcarbonat und Schwefel in lösliches Sulfosalz überführen, aus dessen Lösung das Sulfid in bereits angegebener Weise durch Übersättigen mit H_2SO_4 und Einleiten von H_2S gefällt wird. Das Sulfid wird durch Rösten mit H_2SO_4, schließlich unter Ammoniakzusatz in Oxyd übergeführt, das dann reduziert wird. Kleine Mengen desselben reduziert man im Wasserstoffstrom, größere mit Kohle. Man mengt in letzterem Falle das Oxyd mit $12—15\,^0/_0$ Stärkemehl, erhitzt das Gemenge in einer Porzellanreibschale auf dem Wasserbade, verwandelt es durch Kneten mit siedendem Wasser in einen plastischen Teig, den man zu klaren Kugeln formt. Diese werden nach dem Trocknen in einem Tiegel mit Holzkohlenpulver geschichtet und etwa eine Stunde voller Rotgluthitze ausgesetzt. Nach dem Erkalten entfernt man die dem Regulus anhaftende Kohle durch Abspülen mit Wasser,

---

[1]) C. Winkler, Journ. prakt. Chem. **36**, 185 (1887).

bringt das Germanium in einen Porzellantiegel, überschichtet es mit gepulvertem Boraxglas und erhitzt im Gasofen zum Schmelzen. So erhält man das Germanium als zusammengeschmolzene spröde Masse, die auch bei sehr vorsichtigem Zerschlagen des Tiegels zu zerklüften pflegt. Der benutzte Borax enthält noch zuweilen nicht unbedeutende Mengen von Germaniumoxydul, welche am besten für spätere Schmelzungen aufbewahrt werden.

Für die Isolierung des Germaniums aus Blenden haben G. Urbain, M. Blondel und Obiedow[1]) folgendes Verfahren benutzt: Das pulverisierte Erz wird mit dem gleichen Gewicht konzentrierter H_2SO_4 behandelt, der Überschuß derselben verjagt, der Rückstand mit Wasser aufgenommen (etwas Ge bleibt im unlöslichen Rückstand) und nun nach und nach mit Na_2S-Lösung behandelt, bis die Flüssigkeit kein Germanium mehr enthält.

Aus den erhaltenen Sulfiden läßt sich das Zink der Hauptmenge nach durch Behandlung mit Schwefelsäure herauslösen, doch darf die Konzentration derselben nicht unter 15% betragen.

Die zurückbleibenden Sulfide können kalziniert werden, doch muß das wegen der Flüchtigkeit des Germaniumsulfids in einer kräftig oxydierenden Atmosphäre geschehen. Die Oxydation läßt sich aber auch durch Behandlung mit Salpetersäure erreichen; die erhaltene Lösung dampft man ein und erhält so einen Rückstand, bestehend aus Oxyden und Nitraten. In dem einen, wie in dem andern Falle wird das Germanium durch Behandeln mit Schwefelsäure in Lösung gebracht. Die stark saure Lösung fällt man mit Schwefelwasserstoff, behandelt die Sulfide wie vorher und fällt dann nach dem Konzentrieren die erhaltene Lösung nochmals mit Schwefelwasserstoff. Dieser Niederschlag enthält nun die gesamte Germaniummenge, nebst etwas Arsen und Molybdän.

Man kann auch so vorgehen, daß man die Lösung teilweise mit Ammoniak fällt. Das Germanium sammelt sich in den ersten Niederschlägen, die für sich wieder in Schwefelsäure gelöst werden. Wenn man nach dem Erkalten einen Überschuß an Ammoniak zufügt und filtriert, so erhält man beim Kochen das Germanium in stark angereichertem Zustand.

Die aus der stark sauren Lösung gefällten Sulfide werden mit nicht überschüssigem Ammoniak behandelt. Die Sulfide von Germanium und Arsen, noch verunreinigt mit etwas Molybdän, lösen sich sofort. Die ammoniakalische, gelbliche Lösung neutralisiert man vorsichtig mit Säure. Wenn man sorgfältig arbeitet, gelingt es, alles Arsen und Molybdän sukzessive zu fällen und das Germanium in der farblos gewordenen Lösung zu erhalten. Dasselbe wird dann aus stark saurer Lösung vollständig, mit weißer Farbe, und wie die genannten Forscher angeben, auch ganz rein als Sulfid gewonnen, dessen weitere Verarbeitung wohl am besten nach dem Winklerschen Verfahren erfolgen kann.

Aus 550 g einer mexikanischen Blende gelang es, etwa 5 g reines Germanium zu erhalten.

---

[1]) G. Urbain, M. Blondel u. Obiedow, C. R. **150**, 1758—60 (1910). — Chem. ZB. **81** II, 870 (1910).

Analysenmethoden zur Bestimmung und Trennung des Zirkonoxyds.

Von K. Peters (Atzgersdorf bei Wien).

Aufschließen. Zirkonoxyd ist in Chlorwasserstoffsäure unlöslich, in konzentrierter Schwefelsäure oder einer Mischung von zwei Teilen konzentrierter Schwefelsäure mit einem Teil Wasser bei längerem Erhitzen löslich. Ist es nicht sehr fein verteilt, so ist es zweckmäßiger, durch längeres Schmelzen mit saurem schwefelsaurem Kali aufzuschließen. Der Aufschluß gelingt auch durch Fluorwasserstoff—Fluorkalium.[1]

Soll sich beim Aufschließen kein Silicium und Titan verflüchtigen, so arbeitet man zweckmäßig mit saurem schwefelsaurem Natron, das ebenso gut aufschließt wie saures schwefelsaures Kali und die Bildung des schwerlöslichen Kaliumzirkonsulfats vermeidet.[2]

Euxenit von Brevig kann[3] durch wiederholtes Abrauchen mit konzentrierter Schwefelsäure gänzlich aufgeschlossen werden.

Abscheidung und Bestimmung des Zirkonoxyds.[4] Zirkonoxyd wird aus seinen Lösungen durch Ammoniak vollständig gefällt, auch wenn bedeutende Mengen von Ammonsalzen vorhanden sind. Der Niederschlag ist voluminös wie gefällte Tonerde und läßt sich auf die gleiche Weise wie diese auswaschen, indem man ihn vorher auf dem Filter etwas antrocknen läßt. Durch starkes Glühen des ausgewaschenen und getrockneten Niederschlags, was anfangs mit Vorsicht geschehen muß, erhält man ZrO_2, das gewogen wird. (Beim Erhitzen des Hydrats zeigt sich oft ein Erglimmen.)

Durch Kalihydrat wird Zirkon ebenfalls vollständig gefällt, da aber der dadurch erhaltene Niederschlag immer Kali enthält, das sich durch Auswaschen nicht entfernen läßt, so tut man gut, ihn in Chlorwasserstoffsäure wieder aufzulösen und das Zirkon durch Ammoniak zu fällen.

Das Zirkonoxyd läßt sich auch auf die Weise abscheiden, daß man die Lösung durch Kalihydrat möglichst neutralisiert und dann so viel einer heiß gesättigten Lösung von schwefelsaurem Kali hinzufügt, daß beim Erkalten eine kleine Menge dieses Salzes auskristallisiert. Der Niederschlag ist Kaliumzirkonsulfat von wechselnder Zusammensetzung; in reinem Wasser ist er ein wenig löslich, weshalb man dem Waschwasser etwas Ammoniak oder Kali zusetzen muß. Nach dem Waschen kann man den Niederschlag mit Kalihydrat kochen, es bleibt Zirkonhydrat zurück.

Die Zirkonerde wird bei gewöhnlicher Temperatur aus sauren Lösungen durch kohlensauren Baryt nicht vollständig ausgefällt.

Trennung des Zirkonoxyds von andern Substanzen. In sauren Auflösungen kann man Zirkon durch Schwefelwasserstoff von allen Metallen trennen, die dadurch als Sulfide gefällt werden. Da das Zirkonoxyd bei Gegenwart von Weinsäure durch Ammoniak und Schwefelammonium nicht ausgeschieden wird,

---

[1] J. Ch. Marignac, Ann. chim. phys. **60**, 260 (1860).
[2] L Weiß, Z. anorg. Chem. **65**, 178 (1909).
[3] H. A. Hofmann, Ber. Dtsch. Chem. Ges. **43**, 2631 (1910).
[4] H. Rose u. R. Finkener, Handb. d. anal. Chem. 1871, II, 328; A. Classen, Ausgew. Methoden d. anal. Chem. 1901.

so kann man es wie Titansäure dadurch von den meisten Metallen trennen, namentlich von Eisen, Mangan, Zink und Kobalt. Zur Bestimmung des Zirkons verdampft man das Filtrat in der Platinschale zur Trockne, glüht zur Zerstörung der Weinsäure und verbrennt die letzten Kohlenreste nach dem Befeuchten mit Ammoniumnitrat. Die Zirkonerde bleibt als solche zurück.

Trennung des Zirkonoxyds von der Titansäure s. Bd. III, S. 9.

Zur Abscheidung der **Kieselsäure** aus Zirkonlösungen ist[1]) Eindampfen der salzsauren Lösung zur vollständigen Trockne unnötig und unvorteilhaft, weil dabei auch ein Teil des Zirkonchlorids unlöslich wird. Es ist besser, die Hauptmenge der Kieselsäure durch Erwärmen unlöslich zu machen, abzufiltrieren, das Zirkonchlorid durch Glühen in ZrO_2 überzuführen und die beigemengte Kieselsäure durch Fluorwasserstoffsäure unter Zusatz von Schwefelsäure zu entfernen. Nach E. Wedekind[2]) werden beim Abrauchen mit Fluorwasserstoffsäure Verluste an Zirkonoxyd vermieden, wenn eine genügende Menge von Schwefelsäure vorhanden ist. Die 20 fache Menge konzentrierter Schwefelsäure und die 45 fache Menge Fluorwasserstoffsäure bilden die obere bzw. untere Grenze. Ein direktes Bestimmen der Kieselsäure in natürlichem Zirkon durch Abrauchen mit Fluorwasserstoffsäure unter Zusatz von Schwefelsäure führt nicht zum Ziele, da Gewichtsbeständigkeit eintritt, bevor alle Kieselsäure verflüchtigt ist.

Zur **Trennung des Zirkoniums von Eisen** kocht man die fast neutrale Lösung mit überschüssigem Natriumthiosulfat kurze Zeit und glüht dann den mit Schwefel gemengten Zirkonniederschlag. Nach F. Wöhler wird die Lösung mit Ammoniak und Schwefelammonium gefällt und so lange digeriert, bis alles Eisen in Sulfid umgesetzt ist; nach dem Absetzen des Niederschlags wird die klare Lösung durch ein Filter gegossen und der Niederschlag mit mäßig konzentrierter schwefliger Säure ausgezogen. Diese löst das Eisensulfid auf; das farblos zurückbleibende Zirkonhydrat wird auf dem schon benutzten Filter gesammelt und mit Wasser, dem etwas schweflige Säure zugesetzt ist, gewaschen. Nach E. Hanriot[3]) ist das Salzsäure-Ätherverfahren (s. Bd. III, S. 7 u. 8) anwendbar, wobei Zirkonchlorid in der wäßrigen Lösung bleibt. Ch. Baskerville[4]) fällt Zirkonhydroxyd aus nahezu neutraler Lösung der Chloride mit schwefliger Säure und kocht 5 Minuten. Die Fällung erfolgt augenblicklich und der Niederschlag läßt sich leicht filtrieren. Der Niederschlag wird vieroder fünfmal mit heißem Wasser ausgewaschen. Das Eisen bleibt vollständig in Lösung. Die gleiche Methode kann für die Trennung des Zirkons von Aluminium angewandt werden.

H. Geisow und P. Horkheimer[5]) gründen auf die Eigenschaft des Zirkonsuperoxyds, wasserlösliche Alkalisalze zu bilden, folgende Trennung: Man gibt zu einer verdünnten Lösung der beiden Salze (30 ccm) die etwa 3—4 fache Menge käuflichen Wasserstoffsuperoxyds (100 ccm) und versetzt dieses Gemisch mit der 10—12 fachen Menge des zur Fällung von Eisen nötigen Alkalis (30 ccm aluminiumfreie Lauge von $\delta = 1{,}25—1{,}3$). Nach entsprechendem Verdünnen (auf 250 ccm) und $^1/_2$ stündigem Stehenlassen unter

---

[1]) F. P. Venable, J. Amer. Chem. Soc. **16**, 469 (1894); Chem. ZB. **65**, II, 299 (1894).
[2]) E. Wedekind, Ber. Dtsch. Chem. Ges. **44**, 1753 (1911).
[3]) E. Hanriot, Bull. Soc. chim. **7**, 161 (1892).
[4]) Ch. Baskerville, Am. Chem. Journ. **16**, 475 (1894); Chem. ZB. **65**, II, 299 (1894).
[5]) H. Geisow u. P. Horkheimer, Z. anorg. Chem. **32**, 372 (1894).

Eiskühlung wird durch ein gehärtetes Filter filtriert. Der Niederschlag, der alles Eisen enthält, wird gewaschen, in Chlorwasserstoffsäure gelöst und nochmals mit Ammoniak gefällt; das Filtrat wird nach dem Ansäuern zur Zerstörung des Wasserstoffsuperoxyds auf dem Wasserbade erwärmt (zweckmäßig unter Zusatz einiger Tropfen schwefliger Säure) und zur vollständigen Abscheidung der Zirkonerde mit Ammoniak gefällt. Die Ammoniakniederschläge werden getrocknet, geglüht und als ZrO_2 bzw. Fe_2O_3 gewogen.

A. Gutbier und G. Hüller[1]) gründen ein Trennungsverfahren auf die Tatsache, daß Eisenoxyd beim Erhitzen im Wasserstoffstrom zu metallischem Eisen reduziert wird, während sich Zirkonoxyd unter diesen Bedingungen nicht verändert. Zur Ausführung der Trennung wird die Lösung, die Eisenoxyd und Zirkonoxyd enthält, in der Hitze durch überschüssiges Ammoniak ausgefällt. Es wird so lange über dem Asbestdrahtnetz erwärmt, bis der Geruch nach Ammoniak nicht mehr zu bemerken ist und die über dem Niederschlage stehende Flüssigkeit klar wird. Dann wird mehrmals mit heißem Wasser dekantiert, schließlich der Niederschlag auf das Filter gebracht, ausgewaschen, und bei 105° getrocknet. Das Filtrat wird samt dem Waschwasser auf dem Wasserbade zur Trockne eingedampft, mit einigen Tropfen stark verdünnter Säure aufgenommen, neuerlich mit Ammoniak gefällt und wie oben beschrieben behandelt; der hierbei entstehende Niederschlag wird auf ein besonderes Filter gebracht und nach dem Auswaschen ebenfalls bei 105° getrocknet.

Die getrockneten Filter werden vom Niederschlag möglichst befreit, für sich in der Platinspirale verascht und die Asche zu dem in einem gewogenen Porzellantiegel befindlichen Niederschlage gegeben. Der Tiegel wird jetzt bis zur Gewichtsbeständigkeit geglüht und somit das Gewicht von $Fe_2O_3 + ZrO_2$ festgestellt. Die Oxyde werden dann in der Achatreibschale möglichst fein zerrieben, in ein tariertes Platinschiffchen eingewogen und in einem Strom von gereinigtem Wasserstoff erhitzt, wobei die Temperatur zum Schluß bis zur Rotglut gesteigert wird. Nach dem Erkalten im Wasserstoffstrom wird das Schiffchen gewogen und die Reduktion wiederholt, bis Gewichtsbeständigkeit eintritt. Aus der Gewichtsdifferenz, die der an Eisen gebundenen Sauerstoffmenge entspricht, läßt sich so einfach der Eisengehalt des Oxydgemisches berechnen.

M. Wunder und B. Jeanneret[2]) gründen eine Trennung des Zirkons von Eisen und Aluminium auf die Beobachtung, daß reines Zirkonoxyd gegen schmelzendes Natriumcarbonat und verdünnte, heiße Chlorwasserstoffsäure völlig beständig ist. Man schmilzt die Oxyde von Eisen, Aluminium und Zirkon mit etwa 6 g Natriumcarbonat im Platintiegel, nimmt die Schmelze mit Wasser auf, kocht nach Zusatz von etwa 1 g Natriumcarbonat einige Minuten und filtriert. Am Filter bleibt das gesamte Eisen und Zirkon; bei Gegenwart von viel Aluminium (und eventuell Chrom) wird das Filter verascht und die Schmelze wiederholt. Aus dem Filtrate fällt man das Aluminium durch überschüssiges Ammoniumnitrat. Der Niederschlag von Eisen und Zirkon wird mit heißer Chorwasserstoffsäure (1:1 verdünnt) behandelt, wobei das Eisen quantitativ in Lösung geht; die zurückbleibende Zirkonerde wird im Platintiegel bis zur Gewichtsbeständigkeit geglüht und gewogen.

[1]) A. Gutbier u. G. Hüller, Z. anorg. Chem. **32**, 92 (1894).
[2]) M. Wunder u. B. Jeanneret, Z. f. anal. Chem. **50**, 733 (1911).

Trennung des Zirkonoxyds von Uran. Diese Trennung läßt sich dadurch bewirken, daß man die zirkonhaltige neutrale Lösung durch eine konzentrierte Lösung von schwefelsaurem Kali fällt und den Niederschlag mit einer kalt gesättigten Lösung dieses Salzes wäscht.

Trennung des Zirkonoxyds von Thoriumoxyd, den Cerit- und Yttererden. Oxalsäure und oxalsaures Ammon erzeugen in chlorwasserstoffsaurer oder salpetersaurer Lösung von Zirkonoxyd sofort einen Niederschlag. In schwefelsaurer Lösung tritt die Fällung erst nach einiger Zeit ein.[1]) Die Niederschläge lösen sich aber stets in einem Überschuß des Fällungsmittels wieder auf. Da alle seltenen Erden in Oxalsäure unlösliche oder wenigstens schwerlösliche Oxalate bilden, geschieht die Trennung dieser Erden von der Zirkonerde am besten mittels Oxalsäure. Man neutralisiert die Lösung so weit mit Ammoniak als dies geschehen kann, ohne daß ein bleibender Niederschlag entsteht, und setzt dann Oxalsäure und oxalsaures Ammon im Überschuß hinzu, weil sonst mit dem Zirkon Ytterderden aufgelöst bleiben könnten. Die Oxalate filtriert man nach längerem Stehen und wäscht sie mit Wasser aus, das etwas Oxalsäure enthält, weil bei Anwendung von reinem Wasser das Waschwasser trüb durchs Filter geht. Aus der Flüssigkeit kann das Zirkonoxyd durch Ammoniak gefällt werden.

Man kann auch die Trennung auf die Weise bewirken, daß man zur Lösung Weinsäure setzt und darauf Ammoniak im Überschuß. Es scheiden sich die seltenen Erden als Tartrate aus; nach 24 Stunden filtriert man den Niederschlag und wäscht ihn mit einer nicht zu verdünnten Lösung von weinsaurem Ammon aus. Zur Bestimmung des Zirkons verdampft man das Filtrat in der Platinschale zur Trockne, glüht zur Zerstörung der Weinsäure und verbrennt die letzten Kohlenreste nach dem Befeuchten mit Ammonnitrat. Der Rückstand besteht aus reiner Zirkonerde, wenn die Lösung keine andern feuerbeständigen Substanzen enthielt. Es ist jedoch immer gut, den Rückstand durch Erhitzen mit Schwefelsäure oder durch Schmelzen mit saurem schwefelsaurem Kali aufzuschließen und aus der Lösung das Zirkon durch Ammoniak zu fällen.

Nach M. Delafontaine[2]) kann man die Substanz, die Zirkonoxyd und Thoriumoxyd enthält, mit dem doppelten Gewichte von saurem Kaliumfluorid schmelzen und die Schmelze mit kochendem Wasser ausziehen, das einige Tropfen Fluorwasserstoffsäure enthält. Dabei geht das Zirkon als Kaliumzirkonfluorid in Lösung. Aus der Lösung wird die Zirkonerde durch Ammoniak gefällt.

Trennung des Zirkonoxyds von Berylliumoxyd. Man versetzt die nicht zu stark verdünnte Lösung mit einem Überschuß einer konzentrierten Lösung von Kalihydrat, wodurch das Berylloxyd aufgelöst wird, während das Zirkonoxyd ungelöst bleibt. Hierbei muß man Erwärmung und eine zu lange Digestion vermeiden. Das ausgewaschene Zirkonhydrat wird zur Entfernung des Kalis in Chlorwasserstoffsäure gelöst und wieder durch Ammoniak gefällt.

Trennung des Zirkonoxyds von Aluminiumoxyd. Das Aluminiumoxyd wird wie Beryll durch einen Überschuß einer Lösung von Kalihydrat vom Zirkonoxyd getrennt. Man erhitzt die mit Kalihydrat versetzte Lösung bis zum

---

[1]) R. Ruer, Z. f. anorg. Chem. **42**, 87 (1904).
[2]) M. Delafontaine, Ch. N. **75**, 230 (1897).

Kochen, läßt die Zirkonerde absetzen und kocht sie, nachdem man die überstehende klare Flüssigkeit abgegossen hat, nochmals mit einer neuen Lösung von Kalihydrat, um sicher alle Tonerde aufzulösen. Nach E. Wedekind[1]) läßt sich die Tonerde niemals völlig mit Alkalihydrat ausziehen.

Nach J. Th. Davis[2]) wird die chlorwasserstoffsaure Lösung (die in 100 ccm etwa 0,1 g ZrO_2 enthält) mit Natriumcarbonat versetzt, bis ein bleibender Niederschlag entsteht. Dieser wird in möglichst wenig verdünnter Chlorwasserstoffsäure gelöst und Natriumjodat zugefügt. Die Lösung wird ungefähr 15 Minuten erhitzt; man läßt 12 Stunden stehen, filtriert, wäscht mit kochendem Wasser, löst in Chlorwasserstoffsäure, fällt schließlich mit Ammoniak, filtriert, wäscht, glüht und wägt. Eisen muß vor der Fällung mit Natriumjodat aus dem Gemisch von Zirkonerde und Tonerde nach dem Salzsäure-Ätherverfahren oder durch Natriumthiosulfat abgeschieden werden. Scandium bleibt bei der Fällung mit Natriumjodat gelöst.[3]) Thorium, seltene Erden und Titansäure dürfen nicht zugegen sein, da sie durch Natriumjodat in der schwach sauren Lösung ausfallen.

Trennung des Zirkoniums von Gallium.[4]) Die kochende Lösung wird mit einem Überschuß von Kaliumcarbonat versetzt. Der Niederschlag von Zirkonerde erfordert langes Auswaschen und hält Spuren von Galliumoxyd zurück, die durch Wiederauflösen des Niederschlags in Chlorwasserstoffsäure und neuerliches Ausfällen mit Kaliumcarbonat ausgezogen werden. Zwei oder drei Behandlungen mit kochendem Kaliumcarbonat genügen in der Regel; das Galliumoxyd wird von den Kalisalzen durch Übersättigen mit Chlorwasserstoffsäure, nachheriges Fällen mit Ammoniak und langes Kochen getrennt, oder genauer mit Cuprihydrat. Nur geringe Spuren von Zirkonerde gehen in die alkalische Lösung; diese werden vom Gallium durch Kaliumcarbonat am Ende der Analyse abgeschieden.

Trennung des Zirkonoxyds von der Magnesia, .den alkalischen Erden und den Alkalien. Man fällt das Zirkon aus der sauren Lösung durch Ammoniak. Bei Gegenwart von alkalischen Erden oder Magnesia hat man die bei der Trennung der Titansäure von diesen Basen vermittelst Ammoniak angegebenen Vorsichtsmaßregeln (s. Bd. III, S. 3) zu beachten.

Zirkonium.

Von C. Doelter (Wien).

In der Natur kennen wir Oxyde des Zirkoniums, teils in reinem Zustande, wie das Zirkoniumdioxyd, teils in Verbindung mit dem analog zusammengesetzten Siliciumdioxyd; ferner haben wir Salze, in welchen ZrO_2 als Säure auftritt, jedoch gibt es keine reinen Zirkoniate, sondern nur Salze, in denen neben ZrO_2 auch SiO_2, TiO_2, ThO_2, sowie $Nb_2O_5(Ta_2O_5)$ auftreten, also Silicozirkoniate, Titanozirkoniate, Silicotitanozirkoniate und komplexe Salze, in denen die genannten vierwertigen Elemente Si, Ti, Zr, Th, und endlich auch das

[1]) E. Wedekind, Ber. Dtsch. Chem. Ges. **43**, 293 (1910).
[2]) J. Th. Davis, Am. Chem. Journ. **11**, 26 (1899).
[3]) H. A. Hofmann, Ber. Dtsch. Chem. Ges. **43**, 2631 (1910).
[4]) W. Crookes, Select Methods in Chem. Anal. 1905, 151.

sechswertige Nb einander isomorph vertreten. Wir behandeln die Oxyde zuerst, später die Salze.

Ein Teil der hierher gehörigen Salze gehört kristallographisch zu den Pyroxenen und wurden auch als Zirkonpyroxene bezeichnet, so Rosenbuschit, Låvenit, Wöhlerit (siehe Bd. II, unter Pyroxen).

Die Zirkonerde hat wie die Tonerde eine amphotere Stellung und kann sie sowohl als Basis als auch als Säure auftreten. Künstlich hat man mehrere Zirkoniate dargestellt. L. Bourgeois[1]) stellte die Zirkoniate $MgZrO_3$ und $CaZrO_3$ aus Schmelzfluß von ZrO_2 mit den Chloriden des Mg und des Ca dar.

Oxyde des Zirkoniums.

Hierher gehören die Verbindungen ZrO_2 und $ZrSiO_4$. Ersteres ist wahrscheinlich dimorph, da außer dem kristallisierten Baddeleyit noch ein zweites faseriges Zirkonoxyd mit abweichenden physikalischen Eigenschaften vorkommt. Über die Konstitution des Silicium–Zirkoniumdioxyds herrschen verschiedene Ansichten.

Zirkonoxyd. I. Baddeleyit.

Monoklin, $a:b:c = 0,9871:1:0,5441$ (E. Hussak). $\beta = 81^\circ 14' 30''$.

Synonym: Brazilit.

Analyse. Es existiert eine erste Analyse, ausgeführt an dem von E. Hussak entdeckten Vorkommen von Jacupiranga in Brasilien, von C. W. Blomstrand,[2]) welche folgende Zahlen ergab:

Alkalien	0,42
(MgO)	0,10
(CaO)	0,55
(Al_2O_3)	0,43
(Fe_2O_3)	0,41
SiO_2	0,70
ZrO_2	96,52
Glühverlust	0,39
Summe	99,52

Später wurde noch ein zweites Vorkommen von scharfen Kristallen mit vielen Flächen gefunden, welches durch G. S. Blake und G. F. H. Smith[3]) untersucht wurde; die Analyse ergab:

δ	5,72—5,82
(CaO)	0,06
(Fe_2O_3)	0,82
SiO_2	0,19
ZrO_2	98,90
H_2O	0,28
Summe	100,25

[1]) L. Bourgeois, in E. Frémys Encyclop. chim. (Paris 1884), II, 137.
[2]) E. Hussak, Tsch. min. Mit. **18**, 339 (1899). — N. JB. Min. etc. 1893[1], 89.
[3]) G. S. Blake u. G. F. H. Smith, Min. Mag. **17**, 378 (1907).

Chemische Eigenschaften. Vor dem Lötrohr sehr schwer schmelzbar, auf Kohle geglüht, werden selbst die ganz dunklen Kristalle farblos und es bildet sich auf der Oberfläche ein kleines schwarzes Schlackenkügelchen. In Borax schmelzbar, sowohl in der Oxydations- als auch in der Reduktionsflamme in der Hitze schwach gelbliche, kalt farblose Perle.

In Säuren unlöslich, konzentrierte Schwefelsäure greift selbst feinstes Pulver nur sehr schwer an. Durch $KHSO_4$ wird der Baddeleyit aufgeschlossen, dagegen wird er durch Ätznatronschmelze oder durch ein Gemenge von Kalium- und Natriumcarbonat kaum angegriffen.

Physikalische Eigenschaften. Härte = 6—7. Dichte δ = 5,5—6,0. Starke Lichtbrechung und Doppelbrechung. Ebene der optischen Achsen ist die Symmetrieebene. Farbe hellgelb, hellbraun, rötlich- und dunkelbraun bis eisenschwarz. Deutlich pleochroïtisch. Strich weiß bis bräunlichweiß.

M. Mayer und B. Havas[1]) bestimmten den kubischen Ausdehnungskoeffizienten 3α von ZrO_2 mit 2,1 pro Grad in Millimetern ($278,5 . 10^{-7}$). Vgl. auch R. Lehmanns Bestimmungen an geschmolzenem Zirkonoxyd, welche den Wert 0,251 ergeben.[2])

II. Derbes Zirkonoxyd (Zirkonglaskopf u. Zirkonfavas.[3])

Die zweite Art von Zirkonoxyd, von der zuerst angenommen wurde, daß es sich nur um eine faserige Varietät des Baddeleyits handele, findet sich in Geröllen des Rio Verdinho in Brasilien; diese führen den Namen „Favas". Andere Zirkonoxydmassen finden sich als dicke Krusten auf zersetztem Augitsyenit der Serra de Caldas.

Nach E. Hussak haben sie jedoch mit dem Baddeleyit nichts zu tun, sind also namentlich wegen der verschiedenen physikalischen Eigenschaften eine zweite Art des Zirkonoxyds.

Zirkonoxydglaskopf hat große Ähnlichkeit mit den Favas und ist ebenfalls strahlig-kristallinisch, er bildet aber nicht allseitig gerundete Rollsteine, sondern ist stets auf derbes Zirkonoxyd aufgewachsen und überzieht dieses mit einer ungemein zähen Schicht. Das derbe Material ist durch Al_2O_3, TiO_2 und SiO_2 verunreinigt, welche Bestandteile nur zum geringen Teile chemisch gebunden sind, man kann jedoch die Verunreinigungen durch Kochen nur zum Teil entfernen, bei einem Versuche wurden von 12% Verunreinigungen die Hälfte entfernt.

Analysenmethode nach J. Reitinger.[4]) Dieser gibt zwei Analysenmethoden an: 1. Mit Kieselsäurebestimmung. 2. Ohne Bestimmung der Kieselsäure.

1. Die Aufschließung erfolgt mit Natriumcarbonat, wie bei den Analysen der Silicate (vgl. Bd. I, 562). Der nach Eindampfen mit HCl verbleibende Rückstand besteht aus SiO_2 und ZrO_2; dieser wird mit HF behandelt, wobei sich die Kieselsäure löst; der nicht flüchtige Rückstand wird mit Kaliumbisulfat aufgeschlossen. Aus der erhaltenen Lösung wird, da kein Titan vorhanden ist, kalt mit Ammoniak und Schwefelammon gefällt; der geglühte Niederschlag

---

[1]) M. Mayer u. B. Havas, Sprechsaal **44**, 188, 207, 220 (1911).
[2]) R. Lehmann, Inaug.-Dissert. (München 1908).
[3]) Es fehlt ein Name für dieses Mineral, doch scheint gegenwärtig die Abgrenzung gegenüber dem Baddeleyit keine präzise zu sein.
[4]) E. Hussak u. J. Reitinger, Z. Kryst. **37**, 568 (1903).

ist reines ZrO_2. In der beim Aufschließen erhaltenen Lösung, welche nach Fällung des Zirkondioxyds verbleibt, wird Tonerde durch Ammon gefällt.

Die salzsaure Lösung der Sodaschmelze wird zunächst durch Schwefelwasserstoff von Platin befreit, dann zweimal zur Trockne eingedampft. Es entsteht ein säureunlöslicher Rückstand, welcher geglüht und gewogen, dann mit Schwefelsäure und Flußsäure behandelt, geglüht und gewogen wurde; es war dies ein kleiner Rest von SiO_2.

Der kleine bei der Flußsäurebehandlung unlöslich verbliebene Rest wird mit $KHSO_4$ aufgeschlossen und mit der salzsauren Lösung vereint; in dieser waren noch zu bestimmen Zr, Ti, Fe, Mn und eventuell Al. Davon waren 99% ZrO_2, welches aus der durch Eindampfen konzentrierten Lösung mit 35%igem H_2O_2 abgeschieden werden. Aus dem Filtrate wird Al und Ti mittels Thiosulfat abgeschieden, im Reste werden Fe und Mn nach den gewöhnlichen Methoden bestimmt. Der Thiosulfatniederschlag wird mit Ätznatron von Al_2O_3 befreit, dann in konzentrierter HCl gelöst und die Titansäure kolorimetrisch bestimmt.

2. Das Mineralpulver wird mit Schwefelsäure befeuchtet, mit der sechsfachen Menge von saurem Kaliumfluorid geschmolzen; dann mit mäßig konzentrierter Schwefelsäure erwärmt. Der Tiegelinhalt wird in eine Schale mit Wasser gespült, und in warmem Wasser gelöst. Nach Oxydation des Eisens werden alle Metalle kalt mit Ammon und Schwefelammon gefällt und wieder mit Salzsäure gelöst. Die vom Alkalimetall befreite Lösung wird durch Eindampfen konzentriert, das Zirkondioxyd mittels Hydroperoxyd gefällt, und wie in 1. bestimmt. Diese Methode hat den Vorteil, daß man das Zirkonoxyd in einer Fällung und frei von SiO_2 erhält.

Analysenmethode nach L. Weiss.[1]) Die qualitative Untersuchung ergab die Anwesenheit von Fe, Al, Ti, Si und eine Spur von Wasser.

Die Aufschließung erfolgt mit Natriumbisulfat; feinstes Pulver wird mit einem 4—5fachen Überschuß von Mononatriumsulfat sehr lange geschmolzen, und von Zeit zu Zeit Bisulfat zugegeben, damit stets saure Reaktion vorhanden ist, die Schmelze wird mit Wasser gelöst, aus der Lösung durch H_2S Platin gefällt, das Filtrat zur Trockne eingedampft, und dann wird auf 110° erhitzt, wieder mit Wasser behandelt, die Kieselsäure abfiltriert, der Rückstand mit wenig Natriumbisulfat aufgeschlossen und die Lösung mit dem Filtrat der Kieselsäure vereinigt.

Aus der Lösung wird Fe durch Schwefelammonium gefällt; die Trennung von Al geschieht in der bekannten Weise (vgl. Bd. I, 567).

Das Filtrat von Eisen und Aluminium wird in einer Platinschale eingedampft und der Rückstand geglüht, bis er weiß geworden ist, dann wird er mit Natriumbisulfat aufgeschlossen, nach Lösen in Wasser mit Perhydrol versetzt und das Zirkonoxydhydrat mit Ätznatronlösung gefällt, wobei Titan in Lösung bleibt. Die Salz- oder Salpetersäurelösung des ZrO_2 wird mit Ammoniak gefällt, der Niederschlag nach dem Glühen gewogen. Das Titan wird miterhitzt, mit HCl angesäuert und mit Ammoniak gefällt, oder auch kolorimetrisch bestimmt (s. Bd. I, S. 576).

Analysenmethode von E. Wedekind. Man kann das sehr fein gepulverte Material durch wiederholtes Abrauchen in mäßig konzentrierter Schwefelsäure aufschließen, besser jedoch durch Schmelzen mit einem 8—9fachen

---

[1]) L. Weiss, Z. anorg. Chem. **65**, 198 (1910). (Vgl. S. 130.)

Überschuß von Kaliumbisulfat. Der Glühverlust wird besonders bestimmt; die Schmelze wird in kochendem Wasser gelöst und durch H_2S von Platin (aus dem Tiegel) befreit. Das Filtrat wird dann mit Weinsäure versetzt und das Eisen mit Ammoniumsulfid gefällt. Das Filtrat von Schwefeleisen wird nach Ansäuern mit 4—5 g Kaliumpersulfat versetzt, um die Weinsäure zu zerstören. Die Schwefelsäure wird verjagt, filtriert und Zirkonium und Titan mit Ammoniak gefällt; die Oxyde werden mit Bisulfat aufgeschlossen, das Ti wird kolorimetrisch bestimmt (Analysen 14—19).

Analysenresultate von Zirkonoxydfavas.[1]

	1.	2.	3.	4.	5.	6.	6a.
δ . .	4,85	4,85	5,245	5,538	4,892	5,116	—
CaO . .	—	—	—	Spur	—	—	—
MnO . .	Spur	—	—	Spur	—	—	0,21
Al_2O_3 . .	0,90	0,85	0,64	0,40	3,04	0,70	0,13
Fe_2O_3 .	1,10	1,06	2,76	0,92	5,01	3,50	0,37
SiO_2 . .	15,35	15,49	1,94	0,48	8,03	2,05	0,59
TiO_2 . .	0,51	0,50	0,61	0,48	0,70	0,56	—
ZrO_2 . .	81,64	81,75	93,18	97,19	82,88	92,87	96,84
H_2O . .	0,63	0,63	0,47	0,38	0,72	0,52	0,98
Summe:	100,13	100,28	99,60	99,85	100,38	100,20	99,12

1. Hellbraune Zirkonoxydfavas; anal. J. Reitinger, Z. Kryst. **37**, 566 (1903).
2. Braunes Stück; anal. wie oben.
3. Dunkelgraues Stück; anal. wie oben.
4. Dicke Krustenbildungen mit Glaskopfstruktur; anal. wie oben.
5. Hellbraune Favas; anal. L. Weiss, Z. anorg. Chem. **65**, 178 (1910). Analysenmethode siehe unten.
6. Schiefergraue Favas; anal. L. Weiss, ebenda.
6a. Zirkonfavas; anal. G. T. Prior, R. Brit. Mus. 1889.

	7.	8.	9.	10.	11.	12.	13.
(Al_2O_3) .	1,17	3,99	3,07	0,84	0,93	0,54	0,51
(Fe_2O_3) .	2,73	7,01	9,03	3,78	3,54	3,03	2,84
SiO_2 . .	2,73	1,57	6,21	5,89	5,87	3,06	1,35
TiO_2 . .	Spur	Spur	0,12	0,74	0,96	0,69	0,76
ZrO_2 . .	92,07	84,96	80,54	87,99	88,97	93,12	95,46
H_2O . .	0,88	1,04	2,01	0,54	0,51	0,07	Spur
Summe	99,58	98,57	100,98	99,78	100,78	100,51	100,92[2]

7. Gewöhnliche dichte Bruchstücke; anal. L. Weiss, Z. anorg. Chem. **65**, 192 (1910).
8. Wie oben.
9. Rotes zerreibliches Material; anal. wie oben.
10. Hellrotes hartes Material; anal. wie oben.
11. Schwachrotes hartes Material; anal. wie oben.
12. Graues dichtes Material; anal. wie oben.
13. Zirkonglaskopf; anal. wie oben.

Die Dichte dieses Materials schwankt zwischen 4,4—5,3. Das Handelsprodukt hat 4,9. Strich braun. Härte etwa 7.

Weitere Analysen stammen von E. Wedekind.[3]

---

[1] Die Analysen 4. und 7. stellt L. Weiss zum Baddeleyit.
[2] Im Original ist die Summe mit 101,22 angegeben.
[3] E. Wedekind, Ber. Dtsch. Chem. Ges. **43**, 270 (1910).

Analysenresultate.

	14.	15.	16.	17.	18.	19.
(Fe_2O_3) . . .	3,22	4,00	—	4,07	4,07	10,26
SiO_2 (frei) . .	0,43	—	1,72	2,50	2,26	—
TiO_2	0,98	1,59	1,2	3,12	3,07	1,35
ZrO_2	94,12	93,43	97,97	88,40	88,19	74,48
Silicat (Gangart)	1,98	0,5 [1])	0,1	3,39	3,37	14,08
Summe	100,73	99,52	100,99	101,48	100,96	100,17

14. u. 15. Schwarze rindenartige Glasköpfe von Poço de Caldas (S. Paõlo).
16. Glaskopf, mechanisch von Eisen befreit.
17. u. 18. Grauer Bruchstein.
19. Geröllstein.

Handelsprodukte. Da Zirkonoxyd in neuerer Zeit technische Verwertung, namentlich zu Tiegelmaterial findet (vgl. S. 133), so wurden auch die unreinen Bruchsteine analysiert. Solche Analysen finden sich u. a. bei L. Weiss,[2]) dann bei R. Bayer.[3])

Chemische Eigenschaften. Die Analyse 4 bezieht sich auf fast reines Material und ergibt die Formel ZrO_2 mit kleinen Beimengungen der isomorphen SiO_2, TiO_2 sowie von Verunreinigungen an Al_2O_3, Fe_2O_3.

Radioaktivität. Die Angaben über Radioaktivität des natürlichen Zirkonoxyds stimmen untereinander nicht ganz überein. A. v. Antropoff fand in dem von E. Wedekind[4]) untersuchten Zirkonoxyd Helium, Argon. Beim Glühen entwickeln sich Gase. Die Untersuchung von 11,402 g ergaben:

	Beim Glühen ccm	Bei Erhitzung mit verdünnter Schwefelsäure ccm
CO_2	13,90	1,48
H_2	1,20	0,80
N_2	1,51	0,02
He	0,084	
$A + N_2$ . . .	0,15	

E. Wedekind hat keine Radioaktivität gefunden, oder äußerst minimale. Dagegen konnte A. Gockel[5]) feststellen, daß Proben aus dem Wedekindschen Vorrat aktiv sind (0,0322—0,0371 Urankaliumsulfateinheiten; auch die daraus hergestellten Präparate waren radioaktiv), wahrscheinlich liegt, wie bei radioaktiven Zirkonen eine isomorphe Beimengung von ThO_2 vor, wenn auch E. Wedekind betont, daß er kein Thorium gefunden, denn solche minimalen Mengen sind ja schwer nachzuweisen.

Die **Dichte** des natürlichen Zirkonoxyds schwankt, wie aus den Daten für Baddeleyit und für Zirkonoxydglaskopf ersichtlich ist. Für künstliches Zirkonoxyd ergeben sich untereinander ziemlich gleiche Werte, falls man die Zahlen[6]) für kristallisiertes Oxyd vergleicht:

Nordenskjöld. . 5,71—5,742   Ruer 5,66
Troost u. Ouvrard. 5,726   Lehmann 5,75

[1]) Silicat und freie Kieselsäure.
[2]) L. Weiss, l. c.
[3]) R. Bayer, Z. f. angew. Chem. **23**, 485 (1909).
[4]) E. Wedekind, l. c. 270.
[5]) A. Gockel, Chem. Ztg. 1909, Nr. 126.
[6]) Siehe R. Abegg, Handbuch der anorg. Chem. III, **2**, 505 (Leipzig 1909).

Von den natürlichen sind die schiefergrauen dichten schwerer bis 5,245, die braunen leichter (zirka 4,85), was mit dem SiO_2- und Al_2O_3-Gehalt zusammenhängt, die größte Dichte zeigt Analyse 4, welche auch den größten ZrO_2-Gehalt aufweist.

Synthesen.

Bereits im Jahre 1861 hat A. E. Nordenskjöld[1]) durch Zusammenschmelzen von ZrO_2 mit Borax in einem Porzellanofen tetragonale Kristalle erhalten, deren Dichte 5,71 betrug, und die ein Achsenverhältnis $a:c=1:1,0061$ hatten. A. Knop[2]) erhielt ebenfalls aus Zirkonerde und Borax im Schmelzfluß ähnliche Kristalle. Ferner hat G. Wunder[3]) durch Zusammenschmelzen von ZrO_2 mit Borax rhombische oder monokline Kriställchen erhalten, die vielleicht mit dem Baddeleyit übereinstimmen, während er in der Phosphorsalzperle tetragonale Kristalle, welche vielleicht mit der zweiten Art übereinstimmen, erhielt, aber auch rhombische oder monokline an Brookit erinnernde.

Im Jahre 1882 erschien eine Arbeit von A. Michel-Lévy u. L. Bourgeois[4]) über die Kristallform des Zirkons und der Zinnsäure, in der nachgewiesen wurde, daß, wenn man natürlichen Zirkon mit Natriumcarbonat zusammenschmilzt, ein kristallisiertes Zirkonoxyd erhalten wird, welches mit Platin (durch Angriff des Platintiegels) verunreinigt ist. Sie erhielten je nach der angewandten Temperatur und je nach der Menge von Natriumcarbonat zweierlei Kristalle. Bei heller Rotglut und bei Anwendung von zwei Teilen Natriumcarbonat gegenüber einem Teil ZrO_2 erhielten sie hexagonale Tafeln, welche an Tridymit erinnerten, optisch negativ und teils pseudohexagonal-rhombisch, deren $\delta = 4,9$ war, und die vielleicht eine dritte Art der Zirkonerde darstellen. Bei Anwendung einer zehnfachen Menge von Natriumcarbonat zeigten sich bei Weißglut Kristalle, welche rechtwinklige Durchkreuzungen von Prismen waren und die nach ihnen mit den von A. E. Nordenskjöld erzeugten vergleichbar sind.

Nach einer ganz andern Methode erhielten P. Hautefeuille u. A. Perey[5]) Zirkonoxydkristalle von wahrscheinlich rhombischer Form, welche doppelbrechend waren, und die sie mit Gips- oder Harmotomkristallen vergleichen. Sie erhitzten gefällte Zirkonerde im Chlorwasserstoffgas unter dem Drucke von drei Atmosphären, bei 600° C. Sie sind der Ansicht, daß Zirkonoxyd dimorph ist.

W. Florence[6]) erhielt in der Borax- und Phosphorsalzperle ähnliche Kriställchen wie G. Wunder und wie A. Knop; die in der Boraxperle erzeugten Kriställchen waren würfelförmig.

J. Morozewicz[7]) hat bei Zerlegung des Gesteins Mariupolit Zirkon extrahiert, aus welchem er durch Schmelzen mit Soda und Auslaugung mit Wasser Zirkonerde in der hexagonalen Form darstellte, ähnlich der Modifikation, die A. Michel-Lévy und L. Bourgeois erhalten hatten; das kristalline Zirkonoxyd entsteht beim Schmelzen.

Kristallform des künstlichen Zirkondioxyds. Wie auch in der Natur kommt das künstliche Oxyd in drei Formen, in einer monoklinen, einer hexa-

[1]) A. E. Nordenskjöld, Öfv. Vit. Akad. För. Stockholm 1860, 450. — Pogg. Ann. 114, 625 (1861).
[2]) A. Knop, Ann. Chem. 159, 33.
[3]) G. Wunder, Journ. prakt. Chem. 1870, I, 475.
[4]) A. Michel-Lévy u. L. Bourgeois, Bull. Soc. min. 5, 136 (1882).
[5]) P. Hautefeuille u. Perey, Ann. chim. phys. 21, 419 (1890).
[6]) W. Florence, N. JB. Min. etc. 1898, II, 127.
[7]) J. Morozewicz, Anz. Krakauer Akad. 1909, 207. — Ref. Chem. ZB. 1909, 1967.

gonalen und einer tetragonalen, vor. A. E. Nordenskjöld erhielt die Formen (110), (111) oder (201); A. Knop (100), (110), (101), (011).

Nach L. Troost und Ouvrard[1]) ist das ZrO_2 mit TiO_2 isomorph, nicht aber mit ThO_2. (?)

Genesis und Vorkommen.

In Brasilien kommt das Zirkonoxyd teils in Geröllen, teils in mächtigen Gängen vor, welche in Syeniten auftreten, vielleicht mit Nephelinsyenit in Beziehung zu bringen sind. E. Hussak, welcher jedoch die neueren groß-artigen Massen nicht kannte, glaubt, daß der Baddeleyit und die Favas durch Zersetzung von Zirkon ($ZrSiO_4$) entstanden seien, er vergleicht diese Um-wandlung mit der Malakonbildung aus Zirkon. Ein triftiger Grund gegen eine primäre Entstehung aus dem Magma liegt eigentlich nicht vor; es könnte sich vielleicht um eine magmatische Ausscheidung handeln.

Verwendung des Zirkondioxyds.

Das natürliche Zirkonoxyd, welches als Glaskopf und in der dichten Varietät in Brasilien in großen Massen vorkommt, findet in letzterer Zeit namentlich zur Herstellung von Gefäßen aus Zirkonglas Verwendung. Obgleich auf diesen Gegenstand hier nicht ausführlich eingegangen werden kann, so möge über dessen Darstellung einige Worte gesagt werden.

L. Weiss und R. Lehmann[2]) haben Untersuchungen an geschmolzenem Zirkonoxyd ausgeführt und gefunden, daß seine große Widerstandsfähigkeit gegen Hitze und chemische Einflüsse es zur Herstellung von Tiegeln und Ofenmaterialien sehr geeignet erscheinen lasse. Tiegel aus 9 Tl. ZrO_2 und 1 Tl. MgO sind dazu sehr günstig; Gemenge mit Ton sind schwierig her-stellbar. Darüber hat auch F. Zschimmer berichtet (vgl. Bd. I, S. 859). Aus ZrO_2, Alkalien und SiO_2 lassen sich Gläser herstellen, auch ohne Kieselsäure.

R. Bayer[3]) fand, daß sehr gute Mischungen aus gallertartigem Zirkon-oxydhydrat mit rohem oder gereinigtem ZrO_2 und etwas Stärkekleister her-stellbar sind. Die Masse schmolz bei 2300° noch nicht.

R. Rieke[4]) verwendet das brasilianische Rohmaterial, welches er mit HCl reinigt, und fügt Stärkekleister und Weizenmehl hinzu.

Weitere physikalische Untersuchungen an Zirkonglas (Z-Geloxyd) rühren von F. Thomas[5]) her. Vgl. auch C. R. Böhm.[6]) Den Erweichungspunkt fand K. Herold in meinem Laboratorium mit 2100°; den Moment des Flüssig-werdens bestimmte er mit 2300°.[7])

Zirkon ($ZrO_2 . SiO_2$).

Synonyma: Hyazinth, Silex circonius, Zirkonit, Jargon. Malakon ist der Name für einen zersetzten Zirkon.[8]) Achsenverhältnis $a : c = 1 : 0{,}640373$ nach Kupffer.

[1]) L. Troost u. Ouvrard, C. R. **102**, 1422 (1886).
[2]) L. Weiss u. R. Lehmann, Z. anorg. Chem. **65**, 178 (1909).
[3]) R. Bayer, Z. f. angew. Chem. **23**, 483 (1909).
[4]) R. Rieke, Z. f. angew. Chem. **23**, 1019 (1909).
[5]) F. Thomas, Chem. ZB. 1912, Nr. 4, 25.
[6]) R. Böhm, Chem. ZB. **35**, 1261 (1911).
[7]) Unver. Mitt.
[8]) Andere Varietätsnamen siehe unten S. 136.

Analysenresultate.

Bei der Anordnung der Analysen wurde nach Varietäten vorgegangen.

Farbloser (weißer) Zirkon und Azorit.

	1.	2.	3.	4.	5.	6.	7.	8.
δ . .		4,388		4,655			Spur	Spur
(Fe_2O_3)	—	—	—	0,35	1,08	—		
SiO_2 .	32,99	33,56	35,30	33,11	33,86	33,90	33,05	33,81
ZrO_2 .	67,01	65,06	66,30	66,82	64,25	64,80	66,71	66,32
H_2O .	—	—	—	0,43	—	—		
Summe	100,00	98,62	101,60	100,71	99,19	98,70	99,76	100,13

1. Theor. Zusammensetzung.
2. Vom Laacher See, farblos, wasserhell, aus Sanidinitauswürflingen; anal. K. v. Chroustchoff, Tsch. min. Mitt. **7**, 439 (1886).
3. Azorit, farblos; anal. A. Osann, N. JB. Min. etc. 1888, I, 126.
4. Von Figline (Toscana), farblos bis rötlichgelb; anal. A. Corsi [1]), Bull. Com. geol. **2**, 125 (1881); Z. Kryst. **6**, 281 (1882).
5—8. Von Ceylon, farblos; anal. M. H. Cochran, Ch. N. **25**, 305 (1872).

Analysen von Hyazinth.

	9.	10.	11.	12.
δ	—	—	—	4,602—4,625
(MgO) . .	—	—	—	—
(CaO) . .	—	—	—	—
(Fe_2O_3) . .	—	0,62	2,04	Spur
SiO_2 . . .	33,48	33,23	32,87	33,70
ZrO_2 . . .	67,16	66,03	64,25	67,30
Summe	100,64	99,88	99,16	101,00

9. Hyazinth von Espailly bei Le Puy (irrtümlich Expailly); anal. J. Berzelius, Ak. Vet. Ak. Handl. Stockholm 1824; Pogg. Ann. **4**, 131 (1825).
10. Von ebenda; C. W. Nylander, N. JB. Min. etc. 1870, 488.
11. Von Ceylon, hellgelb; anal. M. H. Cochran, Ch. N. **25**, 305 (1872).
12. Von Greenville (Canada); anal. St. Hunt, Am. Journ. **12**, 214 (1851); C. F. Rammelsberg, Mineralchemie (Leipzig 1875), 171.

Gelbe Zirkone.

	13.	14.	15.	16.
δ	4,469	4,503	4,445	4,675
(Fe_2O_3) . . .	—	—	—	0,43
SiO_2 . . .	33,90	34,55	33,64	32,99
ZrO_2 . . .	65,13	63,89	65,34	66,62
H_2O . . .	—	—	—	0,14
Summe	99,03	98,44	98,98	100,18

13. Blaßgelbes Geschiebe aus der Murg (Baden); anal. K. v. Chroustchoff, Tsch. min. Mitt. **7**, 428 (1886).
14. Weißgelber Zirkon aus Granitgrus, Beucha; anal. von demselben, ebenda, 433.
15. Weingelber Zirkon aus kaolinisiertem Granitporphyr, von Altenbach; anal. von demselben, ebenda, **7**, 435.
16. Von N. South-Wales, in goldführenden Flußsanden, blaßrot; anal. von Helms bei A. Liversidge, The Min. of N. S.-Wales. (Sidney 1882).

[1]) Es ist aus der Arbeit nicht mit Sicherheit zu entnehmen, ob die Analyse an ganz farblosem oder gelblichem Zirkon ausgeführt wurde.

Beccarit, grüner Zirkon.

	17.
δ	4,654
CaO	3,62
Al_2O_3	2,52
SiO_2	30,30
ZrO_2	62,16
H_2O	0,32
Summe	98,92

17. Gelbgrüner Zirkon aus Ceylon; anal. A. Grattarola, Atti. Soc. Tosc. **4**, 177 (1879); Ref. Z. Kryst. **4**, 398 (1880). Ich konstatierte in einem grünen Zirkon von Ceylon Spuren von Fe und Cr.

Braungelbe, braune und rotbraune Zirkone.

	18.	19.	20.	21.	22.	23.
δ	3,985	—	—	—	4,35	—
(MgO)	0,34	—	—	—	0,09	MnO 0,28
(CaO)	2,14	—	—	—	0,42	1,15
Fe_2O_3	2,96	Spur	2,85	0,90		
Y_2O_3	3,47	—	—	—	—	—
Ce_2O_3	Spur	—	—	—	—	—
SiO_2	29,16	34,56	32,53	33,61	32,44	29,68
SnO_2	0,57	—	—	—	—	—
ZrO_2	55,28	66,76	64,05	64,40	65,76	64,94
ThO_2	2,06	—	—	—	0,46	3,86
H_2O	5,024	—	—	—	—	—
Summe	101,004	101,32	99,43	98,91	99,17	99,91[1])

18. Von Königshain (Schlesien) aus Pegmatit, dunkelbraunrot, zersetzt;[2]) anal. G. Woitschach, Abh. naturf. Ges. zu Görlitz **17**, 141; Z. Kryst. **7**, 87 (1883).

19. Von Frederiksvärn, braun; anal. Wackernagel, nach C. F. Rammelsberg, Mineralchemie, (Leipzig 1875), 171.

20 u. 21. Von Norwegen, dunkelbräunlichgelb; anal. M. H. Cochran, Ch. N. **25**, 305 (1872).

22. Aus dem Syenit von Sundsvale (Schweden); anal. G. Tschernik, J. russ. phys.-chem. Ges. 1904, 712; auch N. JB. Min. etc. 1905, I, 384.

23. Von Alnö aus Nephelinsyenit; anal. P. Holmquist bei G. Högboom, Geol. Fören Verh. **17**, 100 (1895); Z. Kryst. **28**, 506 (1897).

	24.	25.	26.	27.	28.
δ	—	4,695	4,7	4,065	4,538
(MgO)	—	—	—	8,93	0,30
Fe_2O_3	1,91	—	—	—	9,20
SiO_2	32,44	33,42	33,69	28,00	29,70
ZrO_2	65,32	67,31	—	60,00	60,98
H_2O	—	—	—	3,47	—
Summe	99,67	100,73[3])	—	100,40	100,18

---

[1]) Spur TiO_2. Das Eisen als FeO bestimmt.
[2]) Dieser Zirkon könnte vielleicht unter Malakon einzureihen sein.
[3]) Mit Spur von CuO.

24. Von Miasc aus Nephelinsyenit; anal. M. Reuter nach C. F. Rammelsberg, l. c. 171.

25. Von Süd-Australien, dunkelbraune Geschiebe; anal. J. Loczka bei A. Schmidt, Z. Kryst. **19**, 511 (1891).

26. Helle, fleischrötliche Geschiebe von Jagersfontain; anal. A. Knop, Oberr. geol. Ver. **22**, 2 (1889).

27. Von Pikes-Peak bei El Paso, dunkelgraubraun; anal. G. A. König, N. JB. f. Min. etc. 1877, 203.

28. Von ebenda, schwarzbraun; anal. G. A. König, Proc. Ac. Philadelphia 1877, 11; Z. Kryst. **1**, 432 (1877).

	29.	30.	31.	32.
δ . . .	4,507	4,543—4,607	4,595	4,7
Fe_2O_3 .	3,23	0,67	2,02	0,79
SiO_2 . .	31,83	33,70	34,07	35,26
ZrO_2 .	63,42	65,30	63,50	63,33
H_2O . .	1,20	0,41	0,50	0,36 (Rückstand)
Summe	99,68	100,08	100,09	99,74

29. Von Mars-Hill, Madison; anal. W. Genth, Am. Journ. **40**, 116 (1890).

30. Von Buncombe, No-Carolina, braun; anal. Chandler nach C. F. Rammels-berg, Mineralchemie, 171.

31. Von Reading, Penns., schokoladebraun; anal. Wetherill, Am. Journ. **15**, 443 (1853).

32. Von Litchfield, Maine, hellbraun; anal. W. Gibbs, Pogg. Ann. **71**, 559 (1871).

Folgende Analysen sind mir von Herrn Prof. P. Tschirwinsky mitgeteilt worden, welchem ich dafür meinen Dank ausspreche:

	33.	34.	35.
δ	4,79	4,56	4,54
(MgO) . . .	—	Spur	—
(CaO) . . .	Spur	—	—
(MnO) . . .	—	—	Spur
Fe_2O_3 . . .	0,02	1,26	3,25
SiO_2	33,04	34,52	30,64
TiO_2	—	Spur	—
ZrO_2 . . .	66,14	63,31	65,67
H_2O	—	—	0,59
Summe	99,20	99,09	100,15

33. Graue Kristalle von Borneo; anal. G. P. Tschernik, Trav. soc. imp. Nat. St. Pétersbourg **6**, 49 (1912).

34. Von ebenda, braune Kristalle; anal. wie oben.

35. Malakon, v. d. Roschowquelle (Ilmen); anal. G. P. Tschernik, Trav. soc. imp. Natur. St. Pétersbourg, **5**, 35 (1911).

Da der Wassergehalt sehr gering ist, so gehört dieser Zirkon nicht zum Malakon.

Malakon, Erdmannit, Örstedtit, Auerbachit.

Der Malakon, ursprünglich für eine besondere Mineralart gehalten, ist wohl ein zersetzter Zirkon; auffallend ist die stärkere Radioaktivität (siehe S. 42). Es existieren mehrere alte Analysen.

	36.	37.	38.	39.
δ	4,2	3,903	3,629	—
(MgO) . .	—	0,11	2,05	—
(CaO) . .	—	0,39	2,61	3,93
$Al_2O_3 + BeO$	—	—	—	—
Fe_2O_3 . .	—	0,41	FeO 1,14	3,47
Y_2O_3 . .	—	0,34	—	—
SiO_2 . . .	33,43	31,31	19,71	24,33
SnO_2 . .	—	—	—	0,61
ZrO_2 . .	65,97	63,40	68,96 [1]	57,42
H_2O . .	0,70	3,03	5,53	9,53
Summe	100,10	98,99	100,00	99,29

36. Erdmannit von Frederiksvärn; anal. Berlin, Pogg. Ann. **88**, 162 (1853).
37. Malakon von ebenda; anal. Th. Scheerer, ebenda, **62**, 436 (1844).
38. Örstedtit von ebenda: anal. P. Forchhammer, ebenda, **35**, 630 (1835).
39. Malakon von Rosendal; anal. A. E. Nordenskjöld, ebenda **122**, 615 (1864).

	40.	41.	42.
δ	4,2	—	—
(MgO) . . .	—	—	0,70
(CaO) . . .	—	2,99	0,41
MnO	—	0,03	—
Fe_2O_3 . . .	1,03	3,43	4,93
Y_2O_3 . . .	—	4,55	} 0,09
Ce_2O_3 . . .	36,17	—	
SiO_2 . . .	—	29,67	22,53
ZrO_2 . . .	61,53	49,04	67,78
SnO_2 . . .	—	0,10	—
U_3O_8	—	—	0,33
H_2O . . .	1,18	9,07	1,84
Summe	99,91	98,88	98,61 [2]

40. Auerbachit von Mariupol; anal. J. Morozewicz, Russ. Min. Ges. 39 (1902); Tsch. min. Mitt. **21**, 242 (1902).
41. Von Mukden (Mandschurei); anal. G. Tschernik, Notizbl. Petersb. Min. Ges. **44**, 507 (1907). — Chem. ZB. 1908, II, 192.
42. Von Hitteroe; anal. E. St. Kitchin u. W. G. Winterson, Proc. chem. soc. **22**, 251 (1906). — Journ. chem. soc. London **89**, 1568. — Chem. ZB. 1908, II, 291.

Die Verfasser berechnen eine Zusammensetzung $3 ZrO_2 . 2 SiO_2$.

Eine unvollkommene Analyse eines Malakons von demselben Fundort ergab 32,3 % SiO_2 und 60,5 % ZrO_2; anal. A. C. Cumming, Journ. chem. Soc. **93**, 350 (1908), daher sich die Formel $ZrO_2 . SiO_2$ ergibt.

Cyrtolith.

Der Cyrtolith scheint durch einen Genalt an SnO_2, ThO_2 sowie Y und Ce ausgezeichnet zu sein, so daß es gut ist, ihn vom Malakon abzusondern.

[1]) Mit TiO_2.   [2]) Im Original 98,57.

	43.	44.	45.	46.	47.	48.	49.	50.
δ . . .	3,29	—	3,99	3,85—3,97			4,258	
(Na_2O) . .	—	0,89	—	—	—	—		
(MgO) . .	1,10	Spur	Spur	—	—	—	Spur	Spur
CaO . . .	5,06	5,85	—	—	—	—	Spur	Spur
Fe_2O_3 . .	Spur	1,51[1]	2,57	3,65	3,63[1]	3,60	0,70	0,63
Ce_2O_3 . .	3,98	Spur	—	2,24	1,80	2,19		
$E_2O_3+Y_2O_3$	8,49	10,93	—				0,60	0,65
SiO_2 . . .	27,66	26,93	27,90	26,29	(26,38)	(26,48)	30,38	30,66
ZrO_2 . . .	41,78	41,17	66,93	61,33	61,00	60,00	61,38	(60,89)
SnO_2 . . .	—	—	—	0,35[3]	0,70[3]	0,35		
U_2O_3 . .	—	—	—	—	1,94	2,83	UO_2 4,82	4,70
H_2O . . .	12,07	12,55	2,19	4,58	4,55	4,55	2,42	2,47
Summe	100,14	100[2]	99,59	98,44	100	100	100,30	100,00

43. Von Ytterby; anal. A. E. Nordenskjöld, Geol. Fören **3**, 229 (1876); Z. Kryst. **1**, 384 (1877). Zersetzter Zirkon..

44. Anderbergit von ebenda; anal. C. W. Blomstrand, Z. Kryst. **15**, 83 (1889). Zersetzter Zirkon.

45. Von Rockport, Mass.; anal. Cooke, Am. Journ. **43**, 228 (1867).

46 bis 48. Von ebenda; anal. W. J. Knowlton, Am. Journ. **44**, 224 (1867); (Das Cer als CeO angegeben).

49 u. 50. Von Monte Antero, Colorado; anal. F. A. Genth und S. L. Penfield, Am. Journ. **44**, 387 (1892); Z. Kryst. **23**, 597 (1894)

Weitere Analysen beziehen sich auf einen wasserhaltigen, zersetzten und wohl unreinen Cyrtolith.

	51.	52.	53.
δ	3,70	3,60	3,64
(Na_2O)	0,46	0,50	0,42
(K_2O)	0,20	0,10	0,17
(MgO) . . .	0,13	0,11	—
(CaO) . . .	1,99	1,93	2,15
(MnO) . . .	0,47	0,57	0,33
Fe_2O_3 . . .	5,53	5,97	4,86
Y_2O_3 . . .	2,27	2,48	3,13
$(Di, La)_2O_3$ . .	0,19	} 1,20[3]	0,60[4]
Ce_2O_3 . . .	0,06		
Er_2O_3 . . .	4,77	4,76	4,55
SiO_3 . . .	20,06	20,64	19,21
ZrO_2[5] . . .	} 47,99	47,81	} 51,00
SnO_2		0,03	
Ta_2O_5		0,71	
(P_2O_5) . . .	1,64	1,75	0,93
H_2O . . .	12,87	12,00	12,97
(F)	0,25	0,42	0,42
Summe	100,04[5]	100,98	100,74

51 bis 53. Cyrtolith mit Limonit und Phosphat verunreinigt, aus Granit von Devil's Head Mt. (Pikes Peak Region); anal. W. F. Hillebrand, Proc. Color. Soc. **3**, 44 (1888); nach C. Hintze, Mineral. I, 2. Hälfte, 1661.

[1] FeO.   [2] CuO 0,17.   [3] Mit Spur von CuO.
[4] Inkl. ThO_2.   [5] Dazu 1,16% ThO_2.

Tachyaphaltit und Alvit.

Von diesen zwei Zirkonvarietäten zeichnet sich die erste durch hohen Gehalt an Thorium aus, und vermittelt den Übergang zum Naëgit (S. 150), welcher durch großen Gehalt an Nb, Ta und Y sich wieder unterscheidet.

Eine ältere Analyse des Alvits stammt von Forbes aus dem Jahre 1855, Journ. prakt. Chem. **66**, 445.

	54.	55.
δ	3,6	—
(MgO)	—	1,05
CaO	—	2,44
(MnO)	—	0,27
Al$_2$O$_3$	1,85	BeO + Al$_2$O$_3$: 14,73
Fe$_2$O$_3$	3,72	5,51
(PbO)	—	0,45
Y$_2$O$_3$	—	1,03
Ceroxyde	—	3,27
SiO$_2$	34,58	26,10
ZrO$_2$	38,96	32,48
ThO$_2$	12,32	—
Metallsäure	—	2,78
H$_2$O . . . . . , .	8,49	8,84
Summe	99,92	98,95[1])

54. Tachyaphaltit von Frederiksvärn; anal. Berlin, Pogg. Ann. **88**, 162 (1853).
55. Alvit von Alve; anal. G. Lindström bei A. E. Nordenskjöld, Geol. Fören, Stockholm **9**, 28 (1887); Z. Kryst. **15**, 97 (1889).

Formel des Zirkons.

Was nun die Konstitution des Zirkons anbelangt, so kann die Formel ZrO$_2$. SiO$_2$ geschrieben werden, d. h. entweder als isomorphe Mischung von Oxyden aufgefaßt werden, oder aber, wie es ebenfalls namentlich frühei geschah, als Zirkonsilicat. Ich schließe mich der erstgenannten Ansicht an, welche durch die Analogie der Elemente Zr und Si und durch die Isomorphie der Elemente Zr und Si und ihrer Dioxyde, welche ja sehr wahrscheinlich ist, gestüzt wird.

Das Verhältnis ZrO$_2$ zu SiO$_2$, welches nach der Formel ZrO$_2$. SiO$_2$ ca. 67,01 : 32,99 sein sollte, entspricht in vielen Fällen diesem, aber es gibt auch nicht wenig Fälle, in welchem es nicht unbeträchtlich davon abweicht. Allerdings betreffen diese zum Teil zersetzte Zirkone (Malakone, Cyrtolithe), einige bemerkenswerte Abweichungen lassen sich jedoch nicht auf Zersetzung allein zurückführen. So Analyse 16 mit dem Verhältnis 27 : 41, der Beccarit (S. 135), ferner Nr. 22 mit 30 : 65, 27 mit 28 : 60, auch die Analysen 38, 39, 44 (für letztere wollte C. W. Blomstrand eine besondere Formel aufstellen).[2]) Auffallend ist auch der stark thoriumhaltige Tachyaphaltit, während der Alvit, welcher allerdings auch noch andere Bestandteile, wie BeO und Ceroxyde

[1]) Spur von UO$_2$.
[2]) Bereits G. Rose, Pogg. Ann. **107**, 602 (1859) stellte für Auerbachit die Formel 2ZrO$_2$. 3SiO$_2$ auf.

in merklichen Mengen enthält, ein Verhältnis $ZrO_2 : SiO_2$ zeigt, welches nahe 5 : 9 ist. Es ist daher nicht ausgeschlossen, daß es Zirkone gibt, welche viel mehr SiO_2 enthalten, als es dem Verhältnis 1 : 1 entspricht. Faßt man Zirkon als isomorphe Mischungen von SiO_2 und ZrO_2 auf, so wäre dies auch zu erwarten. .

Da es mir gelang (siehe unten S. 141), die Mischung $ZrO_2 . 2SiO_2$, welche ganz ähnliche Eigenschaften wie der Zirkon hat, herzustellen, so ist diese Auffassung die wahrscheinlichere.

Eine weitere Frage ist die, welche Rolle das Eisenoxyd in den Zirkonen spielt. In manchen Zirkonen kommt Fe_2O_3 in nicht geringen Mengen vor, so fand G. A. König in dem von El Paso 9,20 (Anal. 28 Pikes Peak) und stellte die Formel auf: $Fe_2^{III}Si_{10}Zr_{10}O_{48}$. In keinem Zirkon fehlt Eisen ganz. Ob nur eine feste Lösung oder ob ein Eisenzirkoniat vorliegt, ist unentschieden; auch ist anscheinend eine Trennung von Ferro- und Ferrieisen nicht versucht worden. Vielleicht liegt ähnliches wie bei Titaneisen vor ($FeTiO_3$).

ThO_2 und SnO_2 sind als isomorphe Vertreter des ZrO_2 aufzufassen, während bezüglich der Ceroxyde und der Yttererde die Sache nicht so einfach liegt. Vielleicht kann man sie als Vertreter des Eisenoxyds auffassen, doch kann auch eine feste Lösung eines Silicats oder Zirkoniats von Ce bzw. Y vorliegen.

W. C. Brögger [1]) schreibt die Formel des Zirkons ähnlich wie die des Rutils, also $(ZrO) . SiO_3$. Er faßt also Rutil als Titanat, Zirkon als Silicat auf. Das wäre aber nur dann bewiesen, wenn das Verhältnis von Zirkonsäure zu Kieselsäure stets 1 : 1 wäre, was nicht immer der Fall zu sein scheint (S. 139). In Übereinstimmung mit P. J. Holmquist wäre dann nach Brögger die Zirkonformel:

$$O = Zr\left\langle{O \atop O}\right\rangle Si = O.$$

In manchen mineralogischen Werken werden die verschiedenen wasserhaltigen Zirkonvarietäten einfach als zersetzte Zirkone aufgefaßt; es ist aber auch möglich, daß sie sich durch weitere Unterschiede von dem eigentlichen Zirkon unterscheiden; so enthalten manche stark wasserhaltige Zirkone einen bedeutenden Gehalt an Yttrium und auch an Thorium, was vielleicht kein Zufall ist. C. W. Blomstrand [2]) hat für den Cyrtolith die Formel $R_3Y_2Zr_9(SiO_4)_{12}$ aufgestellt. Auch C. F. Rammelsberg [3]) schrieb für Malakon die Formeln

$$3(SiO_2 . ZrO_2) . H_2O \quad \text{und} \quad (SiO_2 . ZrO_2) . H_2O.$$

Jedenfalls ist der Wassergehalt ein schwankender, weshalb es nicht angeht, Formeln aufzustellen. Der Cyrtolith wie der Tachyaphaltit (Anal. 44, 54) haben zum Teil einen auffallend geringen ZrO_2-Gehalt.

Wenn man die Analysen durchsieht, so findet man, daß die stark wasserhaltigen zumeist jene sind, welche am meisten Ytter- und Cererden, Thorerde, Uran enthalten. Die Rolle des Thoriums und des Urans ist die von Vertretern des Zirkoniums, während dies bei den erstgenannten Erden sich anders verhält. Auf Grund des Vorkommens solcher Erden (auch CaO, MgO treten

---

[1]) C. W. Brögger, Die Mineralien der südnorw. Granit-Pegmat-Gänge (Kristiania 1906) 123.

[2]) C. W. Blomstrand, Sver. Vet.-Ak. Handl. Stockholm 12, II, 1 (1886).

[3]) C. F. Rammelsberg, l. c. 72.

ja, wenn auch in geringen Mengen auf) hat C. W. Blomstrand [1]) auch ZrO_2 als Basis betrachtet, gestützt auf die Ansicht, daß ZrO_2 keine Säureeigenschaft trage, was jedoch unrichtig ist.

Diese letztere Frage tritt auch bei den Silico-Zirkoniaten auf (S. 155).

F. Zambonini [2]) hat die Frage nach der Formel des Malakons durch Studium der Entwässerung wieder aufgenommen und fand, daß die Entwässerungskurve eine kontinuierliche sei, er meint, daß das Wasser gelöstes, in fester Lösung befindliches sei. Nur wenige Malakone entsprechen der Formel $ZrSiO_4 . H_2O$, die meisten zeigen weniger Wasser, was er als Mischungen von Malakon und Zirkon deutet. Die Formel wäre nach ihm $ZrSiO_4 . n H_2O$.

Anderbergit ist nach Zambonini ein wohl definiertes Mineral, ein Malakon, dessen Zr teilweise durch Y und etwas Fe, Ca, Na ersetzt ist; nach ihm entspricht die Formel C. W. Blomstrands den Analysen.

Der Alvit soll nach demselben Autor die Formel $(Zr, Be)SiO_4 . n H_2O$ haben, wobei er annimmt, daß in Einklang mit S. Tanatar ein vierwertiges Beryllium existiert, welches Zr vertritt.

Andere isomorphe Mischungen der Dioxyde des Siliciums und des Zirkoniums. Die Frage, ob außer der Mischung von beiden Oxyden, wie sie im Zirkon vorliegt, noch andere isomorphe Mischungen möglich sind, läßt sich nur auf synthetischem Wege entscheiden. Bisher sind keine andern Mischungen herstellbar gewesen und in der Natur finden sie sich ebenfalls nicht. Wenn die Darstellung verschiedener isomorpher Mischungen von SiO_2 und ZrO_2 nicht gelingt, so wäre die Ansicht, daß im natürlichen Zirkon nicht eine isomorphe Mischung, sondern ein Silicat vorliegt, die wahrscheinlichere.

Um diese Frage zu lösen, habe ich [3]) einige Versuche mit Mischungen: $ZrO_2 . 2SiO_2$ und $3(ZrO_2) . 2(SiO_2)$ unternommen; namentlich in dem letzteren

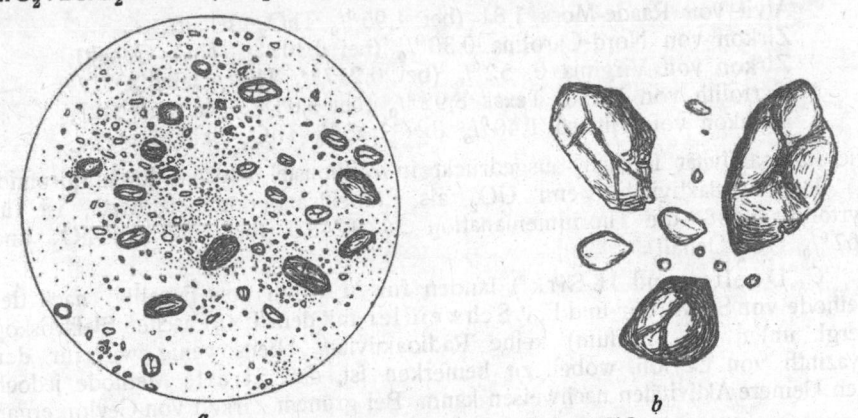

a   b

Fig. 1. Künstlicher Zirkon. $3ZrO_2 . 2SiO_2$.

Falle bildeten sich deutliche Zirkonkristalle, von faßähnlichem Aussehen (s. Fig.1), wie sie in den kristallinen Schiefern vorkommen. Demnach ist wohl die Wahrscheinlichkeit vorhanden, daß auch Zirkone von anderer Zusammensetzung als $ZrO_2 . SiO_2$ existenzfähig sind.

---

[1]) C. W. Blomstrand, siehe unter 1., auch Z. Kryst. **15**, 83 (1889).
[2]) F. Zambonini, Atti R. Acc. Napoli **14** (1908).
[3]) C. Doelter u. E. Dittler, Sitzber. Wiener Ak. **121**, 910 (1912).

Chemische Eigenschaften.

Verhalten vor dem Lötrohr. Der Zirkon ist vor dem Lötrohr unschmelzbar, er ist eines der am schwersten schmelzbaren Mineralien. Ich fand den Schmelzpunkt mit ungefähr 2000⁰.[1] Im Knallgasgebläse schmilzt er und gibt beim Schmelzbeginn ein oberflächliches weißes Email.[2]

Wenn man Zirkonpulver mit Soda oder mit Ätzkali schmilzt und dann mit Salzsäure kocht, so färbt die verdünnte Flüssigkeit Curcumapapier orange. Nach Fr. v. Kobell[3] kann man Zr dadurch konstatieren, daß, wenn man die genannte salzsaure Lösung zur Trockne eindampft und dann mit gesättigter Kaliumsulfatlösung kocht, sich weiße Zirkonerde niederschlägt.

Löslichkeit. In Säuren ist Zirkon unlöslich. Als Aufschlußmittel eignen sich außer Alkalicarbonaten Kaliumbisulfat und besonders nach Ch. de Marignac[4] und Hornberger[5] Fluorkalium oder KHF_2.

Ätzfiguren, ähnlich wie bei Rutil, erhielt H. Traube[6] mit Fluorwasserstoff–Fluorkalium. C. Doelter und E. Hussak[7] schmolzen Zirkon mit Basalt und erzielten einen breiten Korrosionsrand um die Zirkone.

Radioaktivität des Zirkons.

Bei Betrachtung dieser Eigenschaften muß man zwischen den zersetzten Zirkonen und den unveränderten unterscheiden. Der Malakon, der Alvit, der Cyrtolith zeigen die stärkste Aktivität. Diese enthalten meistens Thorium, dann Cerium, auch vereinzelt Ta und Nb. In älteren Analysen wurden die in kleinen Mengen enthaltenen Elemente nicht bestimmt. R. J. Strutt[8] fand in folgenden Zirkonen Radioaktivität:

Alvit von Raade-Moss 1,81 (bei 4,95 % ThO_2-Gehalt),
Zirkon von Nord-Carolina 0,30 % (bei 0,307 % ThO_2-Gehalt),
Zirkon von Virginia 0, 52 % (bei 0,217 % ThO_2-Gehalt),
Cyrtolith von Llano, Texas 8,98 % (bei 5,05 % ThO_2-Gehalt),
Malakon von Hitterö 1,40 % (bei 1,15 % ThO_2-Gehalt).

Die Radioaktivität ist hier ausgedrückt in Millionstel Prozent Radiumbromid.

Die Totalaktivität, wenn UO_2 als Einheit angenommen wird, ist für Cyrtolith 0,468, die Thoriumemanation zu 1248,0 (bei 5,05 % ThO_2 und 3,67 % UO_2-Gehalt).

C. Doelter und H. Sirk[9] fanden für Hyazinth von Espailly, nach der Methode von St. Meyer und E. v. Schweidler mit dem Exnerschen Elektroskop (vergl. unten bei Thorium) keine Radioaktivität, ebensowenig wie für den Hyazinth von Ceylon, wobei zu bemerken ist, daß Strutts Methode jedoch auch kleinere Aktivitäten nachweisen kann. Bei grünem Zirkon von Ceylon ergab

[1] Unveröff. Mitt.
[2] G. Spezia, Z. Kryst. **14**, 503 (1888). — A. Damour, Phil. Mag. **28**, 334 (1864).
[3] Fr. v. Kobell, Tafeln z. Best. d. Mineralien 1901, 108.
[4] Ch. de Marignac, Ann. chim. phys. (3) **60**, 261 (1860); Ann. Chem. u. Pharm. **116**, 359 (1866).
[5] Hornberger, Ann. Chem. u. Pharm. **181**, 232 (1876).
[6] H. Traube, N. JB. Min. etc., Beil.-Bd. **10**, 475 (1895).
[7] C. Doelter u. E. Hussak, N. JB. Min. etc. 1884, I, 43.
[8] R. J. Strutt, Proc. Roy. Soc. **73**, 191 (1904); **76** A, 88, 312 (1905).
[9] C. Doelter u. H. Sirk, Sitzber. Wiener Ak. **119**, 181 (1911).

sich in Minuten für den Spannungsabfall $M = 5,5$ und $5,6$ gegen $L = 16,2$, wenn L die Zeit für die sogenannte natürliche Leitfähigkeit der Luft ist, wobei die Leitfähigkeit einer Uranylnitratlösung von $\delta = 1,23$, $M = 1,5$ ist.

Roter Zirkonsand von Chile ergab $M = 9,1$ gegen $L = 16,2$ (bei leerer Schale). Brauner Zirkonsand von Lauterbach ergab $M = 7,6$ und $7,5$. Diese Sande waren jedoch unrein, ebenso ist Zirkon von N.-Carolina verunreinigt, so daß von unzersetzten, reinen Zirkonen nur der grüne von Ceylon radioaktiv erscheint. Die Radioaktivität ist wohl durch Beimengungen verursacht.

Zu etwas anderen Resultaten bezüglich der Radioaktivität des Zirkons gelangte A. Piutti,[1]) er untersuchte eine größere Zahl von Zirkonen und fand besonders den Zirkon vom Vesuv als stark radioaktiv. Nur in drei Zirkonen war Proportionalität zwischen Radioaktivität, Heliumgehalt und Dichte.

Im Zirkon aus Sanidinit vom Vesuv konnte Helium nachgewiesen werden.

Bei weiteren Untersuchungen fand R. J. Strutt[2]) folgende Zahlen:

$$\begin{array}{ll} \text{Zirkon vom Ural} & 865 \times 10^{-12} \\ \text{\quad" von Nord-Carolina} & 658 \times 10^{-12} \\ \text{\quad"\quad" Brevig} & 139 \times 10^{-12} \\ \text{\quad"\quad" Kimberley} & 74,8 \times 10^{-12} \end{array}$$

Diese Zahlen bezeichnen die Mengen von Radium pro Gramm, ausgedrückt in Grammen. (Vgl. auch C. Gockel, Chem. Ztg. 1909, Nr. 26).

A. C. Cumming[3]) fand, daß bei Behandlung eines radioaktiven Malakons mit Salzsäure radioaktive Substanz in Lösung geht, während das eigentliche Mineral nicht mehr radioaktiv ist, Uran konnte er nicht finden.

Heliumgehalt. Nach R. J. Strutt[4]) enthält Zirkon $0,12$ ccm per 100 g, Malakone von Hitteröe enthalten neben Helium auch Argon.

Die Zirkone verursachen die in der Petrographie bekannte Erscheinung, welche in Biotiten, Cordieriten und einigen andern Mineralien als pleochroitische Höfe schon seit langer Zeit bekannt ist. Man glaubte, daß hier eine Färbung durch Kohlenwasserstoffe vorliege. Durch die Untersuchungen von J. Joly,[5]) welcher nachwies, daß gewöhnlich ein radioaktives Zirkonkorn (hier und da ist es auch ein Korn von Rutil) vorhanden ist, welches durch seine Emanation die Färbung verursacht, was durch die Übereinstimmung der Breite der Höfe (Halos) mit der Reichweite der α-Strahlen des Radiums bewiesen ist, wissen wir jetzt, daß die Färbung durch Radiumstrahlen bewirkt wird.[6]) O. Mügge[7]) gelang es, durch Auflegen eines Radiumsalzes künstlich solche Höfe zu erzeugen. Man kann auch nachweisen, daß die Strahlen des Radiums Glas, sowie manche Mineralien, z. B. Steinsalz, genau so weit färben, wie dies in den pleochroitischen Höfen der Fall ist.

[1]) A. Piutti, Gazz. chim. ital. **40**, 435; Le Radium **7**, 142; Chem. ZB. 1910, 832.
[2]) R. J. Strutt, Proc. Roy. Soc. **78**A, 152 (1907).
[3]) A. C. Cumming, Journ. chem. Soc. London **93**, 350 (1908).
[4]) R. J. Strutt, Proc. Roy. Soc. **80**A, 593 (1908). — E. St. Kitchin u. W. C. Winterson, l. c.
[5]) J. Joly, Phil. Mag. 1907, 381; 1910, 327. — J. Joly u. Fletcher, ebenda 1910, 630.
[6]) Vgl. auch C. Doelter u. H. Sirk, Sitzber. Wiener Ak. **119**, 1099 (1910).
[7]) O. Mügge, ZB. Min. etc. 1909, 71, 113, 142.

Physikalische Eigenschaften.

Dichte. Von den physikalischen Eigenschaften ist bei Zirkon besonders die Dichte von Interesse, weil sich die verschiedenen Zirkone in bezug auf diese Eigenschaft sehr verschieden verhalten.

Schon im Jahre 1864 hatte A. Damour[1]) die Beobachtung gemacht, daß die Dichten der verschiedenen Zirkone zwischen 4,043 und 4,674 schwanken; dann hatte derselbe Forscher beobachtet, daß Zirkon durch Glühen seine Dichte vergrößert, ohne daß die chemische Zusammensetzung sich ändert. Eine noch ältere Beobachtung rührt von L. Svanberg[2]) her. A. H. Church[3]) erhielt ähnliche Resultate wie A. Damour. Damit steht im Zusammenhang das durch H. de Sénarmont, sowie von A. Des Cloizeaux konstatierte, verschiedene Brechungsvermögen der leichteren und schwereren Zirkone. Diese Frage wurde dann durch S. Stevanovič[4]) und durch R. Köchlin[5]) genauer erforscht. Ersterer unterscheidet Zirkone von $\delta = 4,1$, solche mit $\delta = 4,7$, und intermediäre. R. Köchlin machte sehr viele Bestimmungen und zeigte, daß bezüglich der Häufigkeit ein Maximum bei 4,2, ein anderes bei 4,6 liegt, ein Minimum dagegen bei 4,3 und bei 4,35. Er fand ferner, daß die leichten weicher, die schwereren härter als Quarz sind. Eine ähnliche Scheidung ergibt sich wenigstens annähernd für die Farbe. Von 32 Steinen, die leichter als 4,3 waren, sind 29 grün; von 68 Steinen schwerer als 4,3, waren nur 7 grün. Aus Beobachtungen von K. Hlawatsch, welcher bei einem Zirkon von $\delta = 4,44$ Zonenbau fand, schließt R. Köchlin auf isomorphe Mischung aus leichteren und schweren Zirkonen. S. Stevanovič fand, daß Zirkon mit $\delta = 4,3$, welcher zweiachsig war, durch Glühen einachsig und gleichzeitig schwerer wird ($\delta = 4,7$).

Ich halte es nicht für ausgeschlossen, daß sich die grünen Steine doch chemisch (vielleicht auch durch Heliumgehalt oder durch andere seltene Elemente) unterscheiden. Gerade der grüne ceylonische Zirkon ist in neuerer Zeit nicht analysiert worden; er ist auch von den reinen Zirkonen jener, der am stärksten radioaktiv ist.

Brechungsquotient. Der Brechungsquotient wechselt mit der Dichte. Für schwere Zirkone (Dichte zirka 4,7) fanden H. de Sénarmont (I) sowie Sanger (II):

I

$N_\omega = 1,192$ (für Rot)
$N_\varepsilon = 1,97$

II

$N_\omega = 1,9236–1,9313$ (für Gelb)
$N_\varepsilon = 1,9682–1,9931$.

E. Tornow fand nach S. Stevanovič.[6])

Linie C (Wellenlänge 6563) $N_\omega = 1,91778$, $N_\varepsilon = 1,97298$
Linie D (Wellenlänge 5616) $N_\omega = 1,93015$, $N_\varepsilon = 1,98320$
Linie F (Wellenlänge 4862) $N_\omega = 1,94279$, $N_\varepsilon = 1,99612$.

---

[1]) A. Damour, C. R. **58**, 159 (1864).
[2]) L. Svanberg, Berzelius' Jahrbuch **27**, 295, 317 (1847).
[3]) A. H. Church, Ch. N. **20**, 234 (1884); Geol. Mag. **2**, 322 (1875).
[4]) S. Stevanovič, Z. Kryst. **37**, 249 (1903).
[5]) R. Köchlin, Tsch. min. Mit. **22**, 371 (1903).
[6]) Nach S. Stevanovič, Z. Kryst. **37**, 249 (1903).

Für Zirkone mit $\delta =$ zirka 4 fand S. Stevanović [1]

$$\text{Vor dem Glühen:} \quad \begin{cases} N_{Na} = 1{,}8259 \\ N_{Li} = 1{,}8163 \end{cases}$$

$$\text{Nach starkem Glühen:} \quad \begin{cases} N_{Na} = 1{,}7914 \\ N_{Li} = 1{,}7872 \, . \end{cases}$$

Doppelbrechung positiv.

Der olivengrüne Zirkon von Ceylon, $\delta = 4{,}654$, von G. Grattarola,[2] Beccarit genannt (S. 135), ist optisch zweiachsig, er ergab an einem Prisma für Natriumlicht

$$N_\alpha = 1{,}9272 \text{ (ber.)} \quad N_\beta = 1{,}9277 \quad N_\gamma = 1{,}9820$$
$$2\,E = 19^0\,44'\,10'' \quad\quad\quad 2\,V = 10^0\,10'\,28''.$$

Optische Anomalien sind nicht selten, so beobachtete G. Grattarola Sektorenteilung, S. Stevanović [3] fand geglühten grünen Zirkon zweiachsig (siehe die Literatur in C. Hintzes Mineralogie).[4]

Pleochroismus schwach.

Absorptionsspektrum. — H. Becquerel [5] fand für uranhaltige Zirkon im Spektrum eine Anzahl von Linien, deren stärkste bei $\lambda = 654{,}5$ für das ordinäre Spektrum war, dagegen für das extraordinäre keine besonders starke. A. H. Church [6] teilt mit, daß nach Messungen von C. A. Mac-Munn bei Ceyloner Zirkonen bei $\lambda = 689{,}5$ bis $\lambda = 484$ die stärksten Linien liegen. V. v. Agafanoff [7] fand, daß Zirkonplatten für ultraviolette Strahlen bis zu den Cadmiumlinien 7, 8, 9 durchlässig sind.

Phosphoreszenz. Henneberg beobachtete Phosphoreszenz beim Glühen brauner Zirkone, die dadurch farblos wurden. Die nicht phosphoreszierenden veränderten ihre Farbe nicht. G. Spezia glaubt nicht an den Zusammenhang der Phosphoreszenz mit der Farbe. A. H. Church [8] sah an grünen Steinen beim Schleifen orangegelbes Licht, bei goldfarbigen in der Gasflamme orangefarbige Phosphoreszenz, während Hahn bei Erwärmung grünes Licht beobachtete, das bei hellen Kristallen stärker als bei undurchsichtigen war.

Unter Einwirkung von Röntgenstrahlen beobachtete K. Keilhack[9] bei Zirkon von Frederiksvärn Phosphoreszenz, am stärksten bei solchen von Kimberley.

Mit Radium zeigen namentlich die geglühten Zirkone Luminiszenz. (Unv. Beobachtung.)

Elektrische Eigenschaften. Nach W. Schmidt [10] Nichtleiter der Elektrizität. Die Dielektrizitätskonstante fand er senkrecht zur Achse 12,8, parallel 12,6. Zirkon ist nach L. Graetz [11] für elektrische Wellen fast regulär.

---

[1] Der bestimmte Brechungsquotient stand dem Werte von ω nahe, ohne damit identisch zu sein, l. c. 249.

[2] G. Grattarola, Ann. Soc. Toscana. Pisa 4. Mai 1890; Z. Kryst. **23**, 170 (1894).

[3] S. Stevanović, l. c.

[4] C. Hintze, Handb. d. Mineralogie (Leipzig 1898) I, 1632.

[5] H. Becquerel, Ann. chim. phys. **14**, 170 (1898); Z. Kryst. **18**, 331 (1891).

[6] A. H. Church, Ch. N. **85**, 270 (1898); Z. Kryst. **42**, 387 (1907).

[7] Nach C. Hintze, l. c. 1634.

[8] A. H. Church, l. c.

[9] K. Keilhack, Z. Dtsch. geol. Ges. **50**, 133 (1898).

[10] W. Schmidt, Ann. d. Phys. **9**, 919 (1902).

[11] L. Graetz, Z. Kryst. **42**, 502 (1907).

Ausdehnungskoeffizient. Für 40° fand R. Fizeau [1]) den Zuwachs

$$\text{pro Grad: } \frac{\varDelta\alpha}{\varDelta\Theta} = 0,0114 \times 10^{-6},$$

$$\frac{\varDelta\alpha'}{\varDelta\Theta} = 0,0191 \times 10^{-6}$$

Spezifische Wärme. Nach H. Kopp beträgt sie zwischen 21—51° im Mittel 0,132.

Farbe. Die Färbung des an und für sich farblosen und wasserhellen Zirkons bietet hier mehr Interesse als bei den meisten andern Mineralien, besonders wegen ihres Zusammenhangs mit der Radioaktivität.

Man unterscheidet namentlich rote und braune einerseits, grüne und grüngelbe andererseits.

Wichtig sind die Farbenveränderungen unter dem Einfluß verschiedener Einwirkungen:

Einwirkung des Lichts. Nach Th. Wolf,[2]) G. vom Rath[3]) und Fr. Sandberger[4]) verändern sich Zirkone vom Laacher See unter der Einwirkung des Sonnenlichts, indem sie heller werden. G. F. Richter[5]) fand, daß hyazinthrote Körner sich bräunten; ähnliches beobachtete L. Michel[6]) für Hyazinthe von Espailly.

Im Bogenlicht beobachtete ich wenig Veränderung.[7])

Im ultravioletten Licht der Quecksilberlampe war Erblassen zu beobachten.

Veränderung durch Glühen. Wie so viele andere gefärbte Mineralien entfärben sich namentlich braune und rote Zirkone (Hyazinthe), manche werden zwar nicht ganz farblos, sondern bedeutend heller; nur der gelbgrüne, welcher ja ein vielfach anderes Verhalten zeigt, bleibt unverändert. Im Sauerstoff erhitzt, wird Hyazinth hell, ebenso in CO_2, in reduzierenden Gasen behält er einen braunen Stich, wird aber auch heller. Die Temperatur, bei welcher Entfärbung in Luft eintritt, beträgt zirka 700°.

Veränderung durch Radiumstrahlen. Tiefbraune oder rote Zirkone verändern ihre Farbe nicht; hellere nehmen eine intensivere Farbe an. Entfärbt man Zirkone durch Glühen ganz oder teilweise und setzt sie dann der Radiumstrahlung aus, so nehmen sie ihre frühere Farbe wieder an; manchmal allerdings erreichen sie nicht ganz die frühere Farbenintensität, sondern bleiben heller[8]) (Fig. 2).

Die Veränderung der tiefroten Hyazinthe ist nur eine geringe, während sie, wenn sie nach dem Glühen bei zirka 700° entfärbt waren,[9]) ihre frühere Farbe wieder annehmen; sogar mit einem sehr schwachen Radiumpräparat gelang es K. Simon[10]) die frühere Farbe wieder zu erhalten. Sauerstoff scheint die Veränderung etwas zu hindern. Geringfügig ist dagegen die Veränderung der grünen Zirkone, welche mehr gelbgrün wurden, während ein blaugrüner mehr bläulich wurde. Diese Zirkone haben ein stabileres Färbemittel.[9])

[1]) Nach K. Liebisch, Phys. Kryst. (Leipzig 1891) 95.
[2]) Th. Wolf, Z. Dtsch. geol. Ges. **20**, 27 (1868).
[3]) G. vom Rath, Pogg. Ann. **113**, 291 (1861).
[4]) Fr. Sandberger, N. JB. Min. etc. 1845, 113.
[5]) G. F. Richter, Pogg. Ann. **24**, 386 (1832).
[6]) L. Michel, Bull. Soc. min. **9**, 215 (1886).
[7]) C. Doelter, Das Radium und die Farben (1910).
[8]) W. Hermann, Z. anorg. Chem. **60**, 308 (1908).
[9]) C. Doelter, Sitzber. Wiener Ak. **117**, 1278 (1908).
[10]) K. Simon, N. JB. Min. etc. **26**, 749 (1908).

Der farblose Zirkon von Pfitsch verändert sich mit schwachem Radium-präparat nicht (R. Brauns),[1] mit einem stärkeren Präparat jedoch wird er bräunlich und nähert sich den natürlich gefärbten;[2] wahrscheinlich rührt daher die Färbung nicht von Beimengungen her; um darüber Gewißheit zu haben, müßte man allerdings ein ganz reines Präparat den Radiumstrahlen unterwerfen. Um zu konstatieren, ob auch die Zirkonerde sich durch diese Be-strahlung verfärbe, habe ich einen künstlich dargestellten Zirkon, sowie auch chemisch reine Zirkonerde, welche mir Herr Dr. K. Peters zur Verfügung stellte, mit $1/2$ g Radium bestrahlt. Hierbei zeigten sowohl die Zirkonerde als auch der künstliche Zirkon einen deutlichen Stich ins Violette, verhielten sich also genau so wie der weiße Zirkon von Pfitsch.

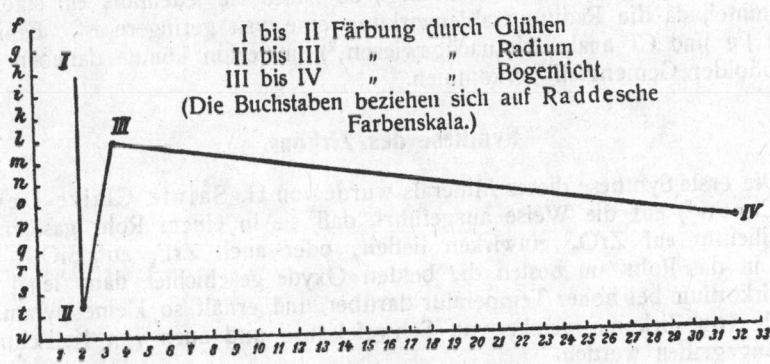

I bis II Färbung durch Glühen
II bis III   „   „   Radium
III bis IV   „   „   Bogenlicht
(Die Buchstaben beziehen sich auf Raddesche Farbenskala.)

Fig. 2.

Ultraviolette Strahlen mit einer Bogenlampe erzeugt, hatten auf die durch Radiumstrahlen nach Entfärbung durch Glühen wieder gefärbten eine starke Wirkung, indem die Zirkone dann heller wurden (Fig. 2).

Das Färbemittel der Zirkone.

Über den Farbstoff wurden sehr verschiedene Meinungen geäußert. Man kann in dieser Hinsicht grüne und rote bzw. braune nicht zusammenwerfen, sondern muß diese beiden Arten, welche, wie wir gesehen haben, sich ja vielfach unterscheiden, trennen. Die roten und braunen Zirkone haben, wie die vorhin erwähnten Untersuchungen mit Radium und durch Erhitzen zeigen, ein viel labileres Färbemittel als die grünen.

Was das erstere anbelangt, so war auch hier die Ansicht früher vor-herrschend, daß das Färbemittel organische Substanz sei. Diese Ansicht war namentlich durch L. Wöhler und K. v. Kraatz-Koschlau[3] vertreten wor-den, nachdem sie Stickstoff und eine andere unbestimmbare organische Sub-stanz darin gefunden hatten. G. Spezia[4] schloß aus Erhitzungsversuchen, daß jedenfalls auch Eisenverbindungen an der Färbung beteiligt seien.

[1] R. Brauns, ZB. Min. etc. 1907, 721.
[2] C. Doelter u. M. Sirk, Sitzber. Wiener Ak. 119, 1099 (1910).
[3] L. Wöhler u. K. v. Kraatz-Koschlau, Tsch. min. Mit. 18, 304, 447 (1899).
[4] G. Spezia, Accad. R. Torino 34, 638 (1899).

10*

Durch meine Versuche mit Radium [1]) ist die Ansicht, daß organische Substanz das Färbemittel sei, widerlegt; es liegt wahrscheinlich ein kolloides Färbemittel vor, das durch elektrolytische Zerstäubung entsteht und welches in der Hitze unbeständig wird. Es dürfte sich, da auch die weißen Zirkone durch Radiumstrahlen gefärbt werden, wohl kaum um Eisen handeln, sondern der färbende Bestandteil durch Elektrolyse der Zirkonsubstanz selbst sich bilden oder einer stets mit ZrO_2 verbundenen Beimengung. Es dürfte wohl anzunehmen sein, daß in der Natur die Färbung durch die radioaktiven Bestandteile des Zirkons selbst zustande kommt, sei es, daß es isomorph beigemengtes ThO_2 oder UO_2 ist, oder als Einschluß vorhandene radioaktive Substanz.

Was die grünen Zirkone anbelangt, so haben sie jedenfalls ein stabileres Färbemittel, da die Radiumstrahlenwirkung eine weit geringere ist. Es ist in diesen Fe und Cr analytisch nachgewiesen,[2]) immerhin könnte daneben noch ein kolloider Gemengteil vorkommen.

Synthese des Zirkons.

Die erste Synthese dieses Minerals wurde von H. Sainte Claire-Deville und Caron[3]) auf die Weise ausgeführt, daß sie in einem Rohr gasförmiges Fluorsilicium auf ZrO_2 einwirken ließen, oder auch ZrF_4 auf SiO_2. Man bringt in das Rohr am besten die beiden Oxyde geschichtet, dann leitet man Fluorzirkonium bei hoher Temperatur darüber und erhält so kleine pyramidale Kristalle von Zirkon, welche von Schwefelsäure und auch von Kalischmelze nicht angegriffen werden.

P. Hautefeuille und Perrey[4]) haben auf dem Wege des Schmelzflusses Zirkon hergestellt, indem sie die Dioxyde von Si, Zr mit der sechsfachen Menge von Lithiummolybdat durch sechs Monate zwischen 700—1000° behandelten.

Diese Kristalle wurden später auch von S. Stevanović[5]) untersucht, wobei eine gute Übereinstimmung mit den Winkeln natürlicher Kristalle erhalten wurde; die Winkel stimmen sogar besser mit den berechneten überein, als die der natürlichen Vorkommen,

$$\delta = 4,706.$$

Zirkon kristallisiert nach W. E. Gürtler aus $NaBO_2$-Schmelze (D.R.P.) 18200; Chem. ZB. 1907[1], 1518.

Ferner hat K. v. Chroustschoff[6]) Zirkon auf wäßrigem Wege dargestellt, indem er in einer Stahlbombe ähnlich der Röhre von C. Friedel und E. Sarasin (vgl. Bd. I, 615), aber mit einem etwas abgeänderten Verschluß ein Gemenge von Kieselsäuregel, von Tonerdegel und von Zirkonsäuregel

---

[1]) Das Radium und die Farben (Dresden 1910), 39; Sitzber. Wiener Ak. 117, 1282 (1908), auch 121 (1912).
[2]) L. Wöhler u. K. v. Kraatz-Koschlau, l. c.; W. Hermann, Z. anorg. Chem. 60, 388 (1908).
[3]) H. Sainte-Claire Deville u. Caron, C. R. 32, 625 (1851); 46, 764 (1858); 52, 780 (1861); auch Journ. prakt. Chem. 53, 121 (1853).
[4]) P. Hautefeuille u. Perrey, C. R. 107, 1000 (1888).
[5]) S. Stevanović, Z. Kryst. 37, 253 (1903).
[6]) K. v. Chroustschoff, N. JB. Min. etc. 1892 II, 235; Bull. Acad. St. Pétersbourg 35, 343 (1892).

durch 2—6 Stunden zur beginnenden Rotglut erhitzte, wobei er zum Teil eine wasserhaltige Verbindung, zum Teil bei einem weiteren Versuche Zirkonkristalle erhielt, teils pyramidale, teils säulenförmige.

Die bei beiden Versuchen erhaltenen Produkte zeigten folgende Zusammensetzung:

	1.	2.		3.	
Al_2O_3	—	23,76	Al	12,688	$Si + Zr = 1,0191$
SiO_2	32,84	53,65	Si	25,040	
					$Al + H = 1,4443$
ZrO_2	67,17	14,54	Zr	10,726	
H_2O	—	7,86	O	50,483	
	100,01	99,81		—	

1. Analyse des dargestellten Zirkonminerals.
2. Analyse eines bei niedrigerer Temperatur erhaltenen wasserhaltigen Produkts, welcher einem Zirkonpyrophyllit entspricht.
3. Berechnung der Analyse 2.

Umwandlung des Zirkons. Wegen der großen Stabilität und seiner schweren Zersetzbarkeit, ist dieses Mineral zu Umsetzungen wenig veranlagt. Die Wirkung der Atmosphärilien besteht in der Hydratisierung, wobei Entstehung eines Kolloids bewirkt wird.

Solche zersetzte Zirkone, die aber auch gewisse chemische Verschiedenheiten zeigen, wie aus den Analysen ersichtlich ist, sind namentlich der Malakon, ferner der norwegische Alvit, der Örstedtit, der Ostranit, der Anderbergit aus Schweden, der russische Auerbachit und der Cyrtolith. Der Malakon wurde früher wohl abgetrennt.

Genesis des Zirkons.

Von Vorkommen des Zirkons ist wohl das häufigste das in Eruptivgesteinen. Entprechend dem geringen Gehalt an Zirkonium der Magmen ist auch das Vorkommen ein spärliches, nur selten kommt er in etwas größerer Menge vor, dafür ist er als spärlicher Nebengemengteil recht häufig. Er kommt weniger in stark basischen (femischen) Magmen vor, als in den theralitischen, nephelinhaltigen. Dies erklärt sich vielleicht dadurch, daß diese mehr Mineralisatoren enthalten. Dieser Umstand dürfte auch die von H. Rosenbusch und E. Wülfing gemachte Wahrnehmung erklären, daß er in Tiefengesteinen häufiger ist, als in Effusivgesteinen. Aus den Synthesen geht hervor, daß Zirkon aus einer Schmelze glasig erstarrt, ähnlich wie Quarz; aus trockener Schmelze kristallisiert Zirkon nicht, nur in Hohlräumen fand ich Zirkon. Entsprechend den synthetischen Versuchen dürfte Zirkon nur mit Hilfe von Kristallisatoren in der Natur entstehen. Ob in der Natur das Lithiummolybdat oder ein ähnliches Salz, vielleicht Wolframat, vorkommt, läßt sich nicht entscheiden. Die Verhältnisse dürften ähnlich sein wie bei Quarz.

Das Vorkommen in Sanden stammt ursprünglich aus Graniten und Gneisen; die in vulkanischen Sanden vorkommenden Zirkone stammen aus Tuffen. In den Sommabomben kommt Zirkon jedenfalls durch Mitwirkung von

Kristallisatoren zu stande. Er kommt hier, wie am Laacher See in Sanidiniten vor; möglicherweise spielt bei der Ausscheidung das Sanidinsilicat eine Rolle.

Der Zirkon der Schiefergesteine stammt aus Eruptivgesteinen und dieser hat daher dieselbe Entstehung.

Das Vorkommen in Pegmatiten, wie in Südnorwegen, im Ural, sowie in Nord-Carolina und auch andern Orten dürfte vielleicht einer Ausscheidung aus einem Silicatmagma unter Mitwirkung von Wolframaten und Molybdaten seine Entstehung verdanken. Es wäre durch Versuche festzustellen, inwieweit das Silicatmagma hier, wie auch bei den Sanidiniten, welche vorhin erwähnt wurden, die Rolle eines Mineralisators spielt, etwa wie dies für den Quarz bei den Versuchen von P. Quensel mit Oligoklas der Fall war (siehe Bd. II, 45).

Ferner wäre noch die Möglichkeit von durch Pneumatolyse gebildetem Zirkon in Erwägung zu ziehen, wie sie W. C. Brögger [1]) für die genannten Zirkone der südnorwegischen Pegmatite in Anspruch nimmt. Man könnte hierbei an die Synthese von H. St. Claire-Deville (S. 48) durch Fluor denken.

Noch wäre als besonderes Vorkommen der Zirkon zu erwähnen, welcher in Drusen und Spalten von Chloritgesteinen auftritt, wie z. B. in Pfitsch. Das Zusammenvorkommen mit Chlorit scheint überhaupt kein seltenes. Diese Bildungsart dürfte wahrscheinlicherweise eine solche sein, wie sie bei den Synthesen von K. v. Chroustchoff war: Bildung aus heißen wäßrigen Lösungen unter Druck.

Naëgit.
Von C. Doelter (Wien).

Dieses von T. Wada aufgestellte Mineral ist quadratisch, wohl isomorph mit Zirkon, weshalb ich den Naëgit hierher stelle. Es existieren zwei Analysen dieses seltenen Körpers, welcher aus den Zinnseifen von Naëgi in der japanischen Provinz Mino stammt. In der ersteren von T. Tamura [2]) war das Zr übersehen worden, weshalb ich diese unbrauchbare Analyse nicht anführe. Eine weitere Analyse stammt von Prof. Haga,[3]) welche ich wiedergebe, doch ist leider der Analysengang in der Originalarbeit nicht angegeben:

$$\delta \ \ . \ . \ . \ . \ \ 4{,}091$$

$$Y_2O_3 \ . \ . \ . \ . \ \ 9{,}12$$
$$Nb_2O_5(Ta_2O_5) \ . \ . \ \ 7{,}69$$
$$UO_3 \ . \ . \ . \ . \ \ 3{,}03$$
$$SiO_2 \ . \ . \ . \ . \ \ 20{,}58$$
$$ZrO_2 \ . \ . \ . \ . \ \ 55{,}30$$
$$ThO_2 \ . \ . \ . \ . \ \ 5{,}01$$
$$\overline{ 100{,}73}$$

Die Analyse zeigt bedeutende Abweichungen von jenen des Zirkons, insbesondere ist SiO_2 in geringeren Mengen vorhanden.

---

[1] W. C. Brögger, Die Mineralien der südnorweg. Granit-Pegmatitgänge (Kristiania 1906) 25.

[2]) T. Wada, Min. of Japan (Tokyo 1904), 49.

[3]) T. Wada, Beitr. z. Miner. von Japan, Nr. 2, (Tokyo 1906), 23.

Eine weitere chemische Untersuchung wäre wohl zu wünschen. Von chemischen Eigenschaften ist nichts mitgeteilt. Von physikalischen Eigenschaften wird $\delta = 4,091$ und die Härte mit $7^1/_2$ angegeben. Die Ähnlichkeit der Kristallwinkel läßt eine isomorphe Beziehung zu Zirkon vermuten; wahrscheinlich liegt eine isomorphe Mischung von ZrO_2, SiO_2, ThO_2, UO_2 vor, doch läßt sich ohne weitere Untersuchung die Rolle des Nb, Ta, Y nicht ersehen, wie sich auch keine Formel aufstellen läßt. Stark radioaktiv.

Silico-Zirkoniate.

Analysenmethoden für Låvenit, Eudialyt, Jonstrupit, Katapleit.

Von Rob. Mauzelius (Stockholm).

Reiner **Låvenit** kann wie folgt analysiert werden. Das Mineral wird mit Salzsäure zersetzt, die Kieselsäure abgeschieden und die Lösung mit Ammoniak, dem man behufs Mitfällung des Mangans etwas Wasserstoffsuperoxyd zugesetzt hat, gefällt. In dem Filtrate werden Calcium und Natrium bestimmt. Die Fällung wird in verdünnter Schwefelsäure gelöst, die Lösung bis zum Vertreiben des Säureüberschusses eingedampft und die Masse mit schwefelsäurehaltigem Wasser aufgenommen und gekocht. Der Rückstand wird mit der unreinen Kieselsäure vereinigt und geglüht. Die Lösung wird nach Oxydation des Eisens mit Na-Acetat gefällt, in Salzsäure aufgenommen und mit Ammoniak wieder gefällt. Aus den vereinigten Filtraten wird das Mangan mit Schwefelammonium und zuletzt der Rest des Calciums gefällt. Die mit Ammoniak erhaltene Fällung wird geglüht, und nach Wägen der Oxyde [$ZrO_2 + Fe_2O_3 +$ etwas TiO_2] mit Bisulfat aufgeschlossen. In der Lösung wird TiO_2 kolorimetrisch bestimmt und das Eisen, nach vorangegangener Reduktion mit Schwefelwasserstoff, durch Titration mit Kaliumpermanganat bestimmt. Die Zirkonerde wird aus der Differenz gefunden. Die unreine Kieselsäure wird mit Fluorwasserstoffsäure und Schwefelsäure abgeraucht und der Rückstand gewogen, mit Bisulfat geschmolzen, die Schmelze mit Wasser und Wasserstoffsuperoxyd aufgenommen und aus der Lösung werden TiO_2, Pb_2O_5 und ZrO_2 voneinander getrennt.

Das Wasser wird nach Ludwig-Sipöcz[1] bestimmt. In der Schmelze wird das Fluor und die Kieselsäure nach der Methode von Berzelius-Rose in der Ausführung von S. L. Penfield und J. C. Minor[2] getrennt.

Die in der Hauptanalyse beschriebene Bestimmung der Kieselsäure ergibt einen etwas zu niedrigen Wert.

Der Låvenit wurde von P. T. Cleve analysiert. Sein Material war aber von Zirkon verunreinigt und dadurch der Analysengang etwas komplizierter. Er ist von P. T. Cleve in „Die Mineralien der Syenitpegmatitgänge der

[1] Ludwig-Sipöcz, Dieses Handb. II, 110.
[2] S. L. Penfield u. J. C. Minor, Am. Journ. **47**, 388 (1894).

südnorwegischen Augit- und Nephelinsyenite von W. C. Brögger «[1]) ausführlich beschrieben.

Eudialyt wird mit Salzsäure zersetzt, die Kieselsäure abgeschieden, die Lösung mit Ammoniak und etwas Wasserstoffsuperoxyd gefällt, in dem Filtrate bestimmt man das Calcium, das Magnesium und die Alkalien. Die Kieselsäure wird gewogen, mit Fluorwasserstoff und Schwefelsäure abgeraucht, der Rückstand mit etwas Bisulfat aufgeschlossen, und die Tantalsäure abgeschieden. Aus dem Filtrate wird mit Ammoniak ein geringer Niederschlag erhalten, der mit der ersten Ammoniakfällung vereinigt wird, nach Lösen in Salzsäure wird gekocht, filtriert und bei passender Konzentration mit Oxalsäure gefällt. Die Oxalate der Erden werden abfiltriert, geglüht und gewogen. Das Filtrat wird mit Weinsäure versetzt, mit Schwefelwasserstoff reduziert, mit Ammoniak neutralisiert und das Eisen neben Mangan mit Schwefelammonium gefällt und dann abgetrennt. Das weinsäurehaltige Filtrat wird eingetrocknet und geglüht, der Rückstand mit Bisulfat aufgeschlossen, die Schmelze in Wasser und etwas Salzsäure gelöst und filtriert. Aus der Lösung werden Zirkonerde und Titansäure mit Ammoniak gefällt und gewogen. In dem Filtrate wird der Rest des Calciums bestimmt. Die Oxyde $ZrO_2 + TiO_2$ werden durch Schmelzen mit Bisulfat nochmals in Lösung gebracht und das Titan kolorimetrisch bestimmt. Die gewogenen seltenen Erden löst man in Salzsäure. ThO_2 wird neben etwas TiO_2 mittels Natriumhypersulfit abgeschieden und das letztere kolorimetrisch ermittelt. Aus dem Filtrate der Hyposulfitfällung werden die Erden herausgefällt und nach der Kaliumsulfatmethode in Cerit- und Yttererden geteilt. Die Äquivalentgewichte der beiden Teile bestimmt man, indem man die Oxyde in wasserfreie Sulfate überführt.

Das Wasser wird nach Ludwig-Sipöcz bestimmt. Zur Bestimmung des Chlors löst man das Mineral in verdünnter Salpetersäure, verdünnt noch mit Wasser und filtriert. In der Lösung wird das Chlor mit $AgNO_3$ gefällt.

Jonstrupit und **Mosandrit** können wie der Eudialyt analysiert werden. Doch sind einige Abänderungen notwendig. Erstens gebietet der Fluorgehalt dieser Minerale, daß man das Fluor vor der Ammoniakfällung durch Abrauchen mit Schwefelsäure entfernt, um lästigen Komplikationen zu entgehen. Zweitens enthält der Jonstrupit Tonerde, die von der Zirkonerde mit Äznatron getrennt werden muß. Ferner muß die Oxydationsstufe des Cers bestimmt werden. Fluor, Wasser und Kieselsäure wie bei dem Låvenit.

Diese Minerale sind von H. Bäckström analysiert und der Analysengang ist von ihm geschildert.

Der **Katapleit** wird mit Salzsäure zersetzt, die Kieselsäure abgeschieden, gewogen und auf ihre Reinheit mit $HFl + H_2SO_4$ geprüft. Die Lösung wird mit Ammoniak zweimal gefällt. Die Fällung von $ZrO_2 + Fe_2O_3$ wird geglüht, mit Bisulfat aufgeschlossen und gelöst, und das Eisen nach Reduktion mit Schwefelwasserstoff titriert. Aus dem Filtrate der Zirkonerde bestimmt man Calcium und Alkalien wie gewöhnlich. In den calciumreichsten Varietäten dürfte ein dreimaliges Fällen der Zirkonerde (mit Acetat) notwendig sein. Da der Katapleit keine flüchtige Substanz außer Wasser enthält, kann dieses als Glühverlust bestimmt werden.

---

[1]) W. C. Brögger, Z. Kryst. **16**, 344 (1890).

Elpidit.

Von F. Zambonini (Palermo).

Rhombisch: $a:b:c = 0,5101:1:0,9781$ (G. Flink).[1]

Dieses Mineral wurde zu Narsarsuk (Süd-Grönland) von G. Lindström entdeckt, und von demselben[2]) und G. Nordenskjöld[3]) beschrieben.

Analyse. Die einzige vorliegende Analyse wurde von G. Lindström ausgeführt und ergab folgende Resultate:

$$Na_2O \dots \dots \dots 10,41$$
$$K_2O \dots \dots \dots 0,13$$
$$CaO \dots \dots \dots 0,17$$
$$FeO \dots \dots \dots 0,14$$
$$CuO \dots \dots \dots Sp.$$
$$SiO_2 \dots \dots \dots 59,44$$
$$TiO_2 \dots \dots \dots Sp.$$
$$ZrO_2 \dots \dots \dots 20,48$$
$$H_2O \ (15-100^0) \dots 3,89$$
$$H_2O \ (100^0 - Glühen) \dots 5,72$$
$$Cl \dots \dots \dots \underline{0,15}$$
$$100,53$$

Formel. Die Analyse entspricht sehr gut der Formel $Na_2O.ZrO_2.3H_2O$. $6SiO_2$, welche von G. Lindström vorgeschlagen wurde. Diese empirische Formel wurde später sehr verschieden gedeutet. F. W. Clarke[4]) schrieb sie $Zr(Si_3O_8)_2(OH)_2Na_2H_4$, P. Groth[5]) $H_6Na_2ZrSi_6O_{18}$, G. Flink betrachtete dagegen den Elpidit als ein Umwandlungsprodukt eines wasserfreien Minerals $Na_2Si_2O_5 + Zr(Si_2O_5)_2$, welches sekundär Wasser aufgenommen hätte. F. Zambonini,[6]) welcher die Dehydratation des Elpidits eingehend untersuchte, schloß sich G. Flink nicht an und zeigte, daß emailweiße Kristallgruppen, welche sich unter dem Mikroskop ganz homogen und durchsichtig erwiesen, dieselbe Menge Wasser enthielten, wie die von G. Lindström analysierte Varietät; an einem andern Stück von emailweißen Kristallen fand F. Zambonini $9,65\%$ H_2O. Der Elpidit, welcher ferner eine regelmäßige Einwirkung auf das polarisierte Licht zeigt, ist also mit Sicherheit ein wohldefiniertes Mineral und nicht ein zersetztes, ursprünglich wasserfreies Silicat. Nach F. Zambonini enthält der Elpidit weder Konstitutions- noch Kristallwasser, sondern nur gelöstes Wasser, und daher ist die Formel des Minerals $Na_2ZrSi_6O_{15}.3H_2O$ zu schreiben; die Wassermenge entspricht nur approximativ 3 Mol., weil sie vom Dampfdruck in der das Mineral umgebenden Luft abhängt. Zirkon- und Siliciumdioxyd stehen im Elpidit in einem festen Verhältnis, nämlich 6:1 (5,9:1 nach der Analyse G. Lindströms). Dies zeigt nach F. Zambonini, daß an eine isomorphe Vertretung von Zr und Si im Elpidit kaum zu denken ist;

[1]) G. Flink, Meddel. om Grönl. **24**, 146 (1899).
[2]) G. Lindström, Geol. Fören. För. **16**, 330 (1894).
[3]) G. Nordenskjöld, Geol. Fören. För. **16**, 336 (1894).
[4]) F. W. Clarke, Bull. geol. Surv. U.S. Nr. 125, 76 u. 105 (1895).
[5]) P. Groth, Tableau systématique des minéraux 1904, 161.
[6]) F. Zambonini, Atti R. Accad. Scienze Fis. e Mat. di Napoli [2ª], **14**, Nr. 1, 59 (1908).

vielmehr ist der Elpidit, wie der Katapleit, als das Natriumsalz einer komplexen Zirkonkieselsäure zu betrachten.

Chemisch-physikalisches Verhalten. Der Elpidit löst sich in Fluorwasserstoffsäure, nicht aber in Chlorwasserstoff- oder Schwefelsäure (G. Lindström). Die Dichte der weißen, reineren Varietät ist 2,524, der roten, unreineren 2,594 (G. Lindström), O. B. Böggild[1]) fand 2,591. Die Härte ist etwa gleich der des Quarzes; die rötliche Varietät ist etwas härter.

Der Elpidit ist weiß bis ziegelrot, gewöhnlich etwas emailähnlich; klare, durchsichtige Kristalle sind sehr selten und sehr klein. Die Brechungsexponenten sind nach G. Flink $N_\alpha = 1,5600$, $N_\beta = 1,5650$, $N_\gamma = 1,5739$, $\gamma - \alpha = 0,0139$ (gelbes Licht). Aus diesen Werten folgt $2V = 75^0\,12'$, während O. B. Böggild $2V_\alpha = 89^0\,40'$ fand.

Das Verhalten des Elpidits bei verschiedenen Temperaturen und Dampfdrucken hat F. Zambonini[2]) untersucht. Die Wassermenge des Elpidits hängt ziemlich stark vom Dampfdruck ab, welcher in der Umgebung des Minerals herrscht. Über H_2SO_4 von der Dichte 1,835 läßt der an Zimmerluft getrocknete Elpidit nahezu 1% H_2O entweichen:

Nach	1	5	46	94	166 St.
Gewichtsverlust	0,41	0,60	0,94	1,02	$0,97\%$.

Durch Stehen an feuchter Luft nimmt der über H_2SO_4 getrocknete Elpidit eine größere Menge Wasser auf, als er abgegeben hatte:

nach	9	24	96	167	265 St.
ist der Überschuß über das urspr. Gewicht	0,72	0,80	0,90	1,07 ·	$1,00\%$.

Die Entwässerung bei steigender Temperatur im feuchten Luftstrome findet statt, wie es aus folgenden Angaben hervorgeht:

bei	65	115	175	205	250	262^0
Gewichtsverlust	0,86	4,03	6,60	7,99	8,88	$9,17\%$.

Das Gesamtwasser beträgt $9,80\%$. Bei 262^0 wird also der Elpidit nahezu vollkommen entwässert. Bis zu einer nicht allzu hohen Temperatur wird die Durchsichtigkeit der Elpiditblättchen von der Wasserabgabe nicht beeinflußt. Diese Tatsache und der kontinuierliche und regelmäßige Verlauf der Entwässerung zeigt, daß das gesamte Wasser des Elpidits in derselben Form vorhanden ist und daß es weder Konstitutions- noch Kristallwasser sein kann, weil die Hydrate ein anderes Verhalten bieten.

Der bei 115^0 erhitzte Elpidit kann durch Stehen an feuchter Luft einen Teil des abgegebenen Wassers wieder aufnehmen:

nach	15	39	87	231 St.
wieder aufgenommenes Wasser	1,57	1,80	2,01	$1,97\%$.

In dem bei 250^0 erhitzten Elpidit hat man:

nach	16	70	135	183	303	375	447	573 St.
wieder aufgen. Wasser	1,60	1,74	2,18	2,30	2,49	2,69	2,77	$2,73\%$.

---

[1]) O. B. Böggild, Meddel. om Grönl. **33**, 161 (1906).
[2]) F. Zambonini, Atti R. Accad. Scienze Fis. e Mat. di Napoli [2ª], **14**, Nr. 1, 59 (1908).

Selbst der $^3/_4$ Stunden lang auf einen großen Meckerbrenner erhitzte Elpidit kann einen kleinen Teil des entwickelten Wassers absorbieren:

nach	.	.	.	.	24	74	506	730	1034 St.
wieder aufgen. Wasser					0,52	0,6[1]	0,95	1,24	1,24 $^0/_0$.

Die Wassermenge, welche im Mineral bei erreichtem Gleichgewicht an feuchter Luft enthalten ist, ist um so kleiner, je höher die Erhitzungstemperatur war. Der bei 115° erwärmte Elpidit wird endlich ca. $2^1/_2$ Mol. H_2O, der bei 250° erhitzte $2H_2O$ enthalten.

Paragenetische Verhältnisse. Der Elpidit ist ein häufiges Mineral zu Narsarsuk (Süd-Grönland), und stellt wahrscheinlich eine pneumatolytische Bildung dar.

Katapleit.

Monoklin, pseudohexagonal:
$$a:b:c = 1,7329:1:1,3618: \quad \beta = 90^0\,11^1/_2{}' \quad \text{(W. C. Brögger}[1]).$$

Der Katapleit wurde von P. C. Weibye [2]) auf der Insel Låven entdeckt, von A. Sjögren näher untersucht und mit P. C. Weibye zusammen [3]) beschrieben. Eine 1882 gefundene Varietät erwies sich nahezu calciumfrei und wurde von W. C. Brögger [4]) Natronkatapleit genannt.

Analysen. Die elf bekannten Analysen sind die folgenden:

	1.	2.	3.	4.	5.	6.
Na_2O . . .	10,83	10,06	8,93	8,10	7,59	9,74
CaO . . .	3,61	4,66	5,31	5,82	3,45	5,21
(FeO) . . .	0,63	0,49	0,22	0,17	—	} 1,02
(Al_2O_3) . . .	0,45	1,40	—	—	—	
SiO_2 . . .	46,83	46,52	44,20	44,07	39,78	41,56
ZrO_2 . . .	29,81	29,33	31,82	32,18	40,12	32,53
H_2O . . .	8,86	9,05	9,26	9,26	9,24	9,35
Summe:	101,02	101,51	99,74	99,60	100,18	99,41

	7.	8.	9.	10.	11.
Na_2O . . .	15,05	14,94	14,09	15,01	14,80
CaO . . .	0,81	0,87	—	0,93	0,17
(FeO) . . .	0,10	0,10	0,71	0,29	—
(Al_2O_3) . . .	—	—	—	0,42	—
SiO_2 . . .	43,92	44,04	44,70	41,27	44,08
ZrO_2 . . .	30,80	30,94	30,85	32,60	31,83
H_2O . . .	9,24	9,24	9,07	9,31	9,12
Summe:	99,92	100,13	99,38	99,83	100,00

1.—6. Calciumnatriumkatapleit vom Langesundfjord: 1.—2. anal. A. Sjögren;[5]) 3 u. 4. anal. M. Weibull;[6]) 5. anal. C. F. Rammelsberg;[7]) 6. anal. G. Forsberg.[8])

[1]) W. C. Brögger, Z. Kryst. **16**, 437 (1890).
[2]) P. C. Weibye, N. JB. Min. etc. 1849, 524 u. 770.
[3]) P. C. Weibye ú. A. Sjögren, Kgl. Sv. Vet. Akad. Handl. 1849, 99.
[4]) W. C. Brögger, Geol. Fören. För. **7**, 427 (1884).
[5]) A. Sjögren, Pogg. Ann. **79**, 229 (1850).
[6]) M. Weibull, Geol. Fören. För. **7**, 272 (1884).
[7]) C. F. Rammelsberg, Mineralchemie 1875, 677.
[8]) W. C. Brögger, Z. Kryst. **10**, 509 (1885).

7.—11. Natriumkatapleit: 7 u. 8. Klein Arö, Langesundfjord; anal. P. T. Cleve;[1]) 9. Narsarsuk; anal. G. Flink;[2]) 10. Klein Arö; anal. G. Forsberg;[3]) 11. Igalikos; anal. G. Flink.[4])

Formel. Aus seinen Analysen berechnete schon A. Sjögren die richtige Formel $(Na_2, Ca)O . ZrO_2 . 3SiO_2 . 2H_2O$, welche von den späteren Untersuchungen bestätigt wurde.[5])

A. Sjögren, C. F. Rammelsberg[6]) u. a. haben das Wasser des Katapleits als Kristallwasser, W. C. Brögger[7]) dagegen als zur Konstitution zugehörig betrachtet, und letztere Ansicht wurde allgemein angenommen. Ich habe aber schon gezeigt,[8]) daß die wenigen Versuche W. C. Bröggers nicht sichere Schlüsse gestatten, und daß seine Berechnungen unrichtig sind, so daß die Konstitutionsformel W. C. Bröggers und alle die andern, welche dieselben Unterschiede in der Rolle des Wassers zugrunde legen, nur auf einem Rechenfehler beruhen. — Es ist daher nutzlos, sie hier wiederzugeben.

Auf Grund meiner später zu erwähnenden Versuche glaube ich, daß das Wasser nicht zur Konstitution zugehört: es ist vielmehr als gelöst zu betrachten. Die Katapleitformel ist daher $Na_2ZrSi_3O_9 . 2H_2O$ zu schreiben. Alle bekannten Analysen zeigen ein festes Verhältnis $ZrO_2 : SiO_2 = 1 : 3$; es ist daher an einem isomorphen Ersetzen von Zr und Si im Katapleit nicht zu denken. Es ist nach meiner Ansicht wahrscheinlich, daß das Zirkonium mit dem Silicium ein Komplexanion bildet, während weniger wahrscheinlich sein dürfte, daß das Zirkonium die Rolle eines Kations spielt, wie dies C. W. Blomstrand,[9]) A. Sjögren[10]) u. a. angenommen haben. Entsprechend seiner Stellung im periodischen System ist das Zirkonium ein sehr schwach elektropositives Element, und da sein Oxyd (ZrO_2) an den Grenzen zwischen Säure und Basis steht, muß das Zirkonium eine große Tendenz zur Bildung komplexer Ionen haben. Bekanntlich haben R. Ruer,[11]) A. Rosenheim und A. Frank[12]) und besonders W. Mandl[13]) zahlreiche Komplexverbindungen des Zr dargestellt, in welchen das Zr zu komplexen Anionen gehört. Ich denke daher, daß der Natriumkatapleit sehr wahrscheinlich das Natriumsalz einer Säure $H_2(ZrSi_3O_9)$ mit nahezu 2 Mol. gelösten Wassers ist. Im Calciumnatriumkatapleit ist auch die entsprechende Ca-Verbindung enthalten.[14])

[1]) P. T. Cleve, Z. Kryst. **16**, 456 (1890).
[2]) G. Flink, Medd. Grönland **24**, 102 (1899).
[3]) G. Forsberg, Z. Kryst. **10**, 509 (1885).
[4]) G. Flink, Z. Kryst. **23**, 359 (1894).
[5]) Die abweichenden Analysen G. Forsbergs (Z. Kryst. **16**, 456, 1890) sind unrichtig.
[6]) C. F. Rammelsberg, Z. geol. Ges. **38**, 506 (1886).
[7]) W. C. Brögger, Z. Kryst. **16**, 457 (1890).
[8]) F. Zambonini, Atti R. Acc. Sc. fis. mat. Napoli (2) **14**, Nr. 1, 55 (1908).
[9]) C. W. Blomstrand, Bih. Vet. Ak. Handl. Stockholm **12** II, Nr. 9, 1 (1886).
[10]) A. Sjögren, Geol. Fören. För. **7**, 269 (1884).
[11]) R. Ruer, Z. anorg. Ch. **42**, 87 (1904) und **46**, 449 (1905) (R. Ruer u. M. Levin).
[12]) A. Rosenheim u. A. Frank, Ber. Dtsch. Chem. Ges. **38**, 812 (1906); **40**, 803 (1907).
[13]) W. Mandl, Z. anorg. Ch. **37**, 262 (1903).
[14]) Die von verschiedenen Forschern vorgeschlagenen Formeln sind folgende:
$Na_2SiO_3 + ZrO_2 . 2SiO_2 + 2H_2O$, A. Sjögren.
$Na_{10}Ca_2Zr_9Si_{27}O_{81} + 18$ aq, C. F. Rammelsberg.
$R_4Zr_4(O_3SiO)_{12} + 8$ aq, C. W. Blomstrand.
$H_2SiO_3 . Na_2SiO_3 . [Zr(OH_2)]SiO_3$, W. C. Brögger.
$Na_2Zr(OH)_2Si_2O_6$, F. W. Clarke (Bull. U. S. Geol. Surv. Nr. 127, 76, 1895).
$Na_2SiO_3 . H_4Zr(SiO_4)_2$, G. Flink.
P. Groth (Tabl. syst. min. 1904, 160) hat auch die Möglichkeit ausgesprochen,

Chemisch-physikalisches Verhalten. Vor dem Lötrohr schmilzt das Mineral zu einem weißen Email; es gelatiniert mit Salzsäure.

Wie W. C. Brögger sehr eingehend gezeigt hat, ist der Katapleit bei gewöhnlicher Temperatur monoklin-pseudohexagonal und wird bei höherer Temperatur (ca. 140° C. für die von W. C. Brögger untersuchten Kristalle) trigonal, wahrscheinlich trapezoedrisch. Am Natriumkatapleit von Narsarsuk hat G. Flink für die Umwandlungstemperatur sehr verschiedene Werte erhalten. Nach G. Flink werden die dickeren Kristalle (Typus I) bei 120° einachsig, die dünneren Kristalle (Typus II) waren bei 200° noch nicht vollkommen einachsig, während die Kristalle eines dritten Typus schon bei 10—20° umgewandelt waren: ein Kristall war zum Teil schon bei gewöhnlicher Temperatur einachsig. H. Steinmetz[1]) fand als Umwandlungstemperatur einiger Kristalle von Narsarsuk 35—40° und beobachtete eine sehr kleine Volumänderung bei dem Umwandlungspunkt. O. B. Böggild[2]) hat weitere, wichtige Versuche angestellt. Die Umwandlung beginnt nach ihm im Typus I bei 110° und ist bei 130° vollständig; im Typus II beginnt sie dagegen bei 160° und wird nur bei 230° vollkommen. Unter den Kristallen des dritten Typus gibt es solche, welche sich bei 10—20° umwandeln; andere dagegen werden nur bei 30—40° einachsig. Die Kristalle eines vierten, von O. B. Böggild beschriebenen Typus, sind bei gewöhnlicher Temperatur zum Teil einachsig, zum Teil zweiachsig und polysynthetisch; bei ca. 50° werden alle einachsig.

Härte 5—6. Dichte 2,79—2,81; A. Sjögren (Calciumnatriumkatapleit), 2,743 G. Flink (Natriumkatapleit von Narsarsuk). O. B. Böggild hat die Dichte der Kristalle von Narsarsuk, welche zu den Typus I und III gehören, bei verschiedenen Temperaturen bestimmt:

	Typus I	Typus II
bei 17° C	2,764	2,751
30	2,763	2,745
40	2,704	2,710
50	2,763	2,739
60	2,762	2,739
70	2,761	2,739

Im ersten Falle bleibt die Dichte nahezu unverändert, weil die Kristalle des ersten Typus nur bei ca. 120° C. einachsig werden; beim Typus III ist eine Abnahme der Dichte unter 40° zu bemerken, was mit dem Umwandlungspunkt der Kristalle des Typus III in Verbindung steht.

Der Calciumkatapleit ist gelbbraun bis rötlich; der Natriumkatapleit von Klein-Arö ist graublau, jener von Narsarsuk ist meist sehr hellbräunlich, bisweilen grünlich (wegen Ägirineinschlüsse).

Die Doppelbrechung ist positiv und ziemlich stark: $\gamma - \alpha = 0,0364$ Na-Licht nach O. B. Böggild für den Na-Katapleit von Narsarsuk. Hauptbrechungsexponenten: $N_\alpha = 1,5905$, $N_\beta = 1,5921$, $N_\gamma = 1,6269$ (Na-Licht O. B. Böggild. $2E = 60°$ W. C. Brögger (Na-Katapleit von Langesundfjord):

---

daß das Zirkonium das Silicium ersetzt, und unter dieser Voraussetzung die Formel $Na_2[Si(OH)_2]_2Si_2O_7$ berechnet. Es ist aber zu bemerken, daß das Verhältnis $ZrO_2 : SiO_2$ immer 1:3 gefunden wurde, was die Annahme eines isomorphen Ersetzens wohl unwahrscheinlich macht.

[1]) H. Steinmetz, Z. phys. Ch. **52**, 464 (1905).
[2]) O. B. Böggild, Medd. om Grönland **33**, 111 (1906).

$2E = 30^0$ G. Flink, $41^0 3'$ (Na-Licht) O. B. Böggild (Na-Katapleit von Narsarsuk). Über die Orientierung der Ebene der optischen Achsen vergleiche man O. B. Böggild.[1])

Vollkommene Spaltbarkeit nach dem pseudohexagonalen vorherrschenden Prisma.

Das Verhalten des Katapleits bei verschiedenen Temperaturen hat zuerst M. Weibull[2]) untersucht. Er fand, daß der größte Teil des Wassers des Ca-Na-Katapleit schon bei 260^0 entweicht; bei 300^0 enthält das Mineral nur $3,37\%$ H_2O. W. C. Brögger[3]) fand am Natriumkatapleit von Klein-Arö, daß beim Erhitzen des Pulvers längere Zeit bis 220^0 nur $1,66\%$ entwichen war; beim weiteren Erhitzen, eine Stunde bei ungefähr 270^0, waren noch $5,44\%$ (im ganzen $7,10\%$) entwichen. Die letzten $2,16\%$ konnten nur durch Erhitzen über dem Gebläse vollständig ausgetrieben werden. Weitere Versuche habe ich[4]) ausgeführt.

Am Kalknatronkatapleit von „Brevik", welcher ganz frisch war, habe ich folgenden Verlauf der Entwässerung bei steigender Temperatur im feuchten Luftstrome gefunden:

	bei 110⁰	175⁰	218⁰	270⁰	290⁰	325⁰	375⁰	420—425⁰
Gewichtsverl.	0,22	0,70	1,80	3,83	6,19	7,17	7,90	8,33%.

Das Gesamtwasser beträgt $9,73\%$. Die Gleichgewichte bei den verschiedenen Temperaturen werden nur langsam erreicht. Der Verlauf der Entwässerung ist ganz kontinuierlich: das Wasser des Calciumnatriumkatapleits ist weder Konstitutions-, noch Kristallwasser, es ist als gelöstes Wasser anzusehen.

Sehr schöne Kristalle des Natriumkatapleits von Narsarsuk (Typus I von G. Flink und O. B. Böggild) enthielten $9,36\%$ H_2O ($8,97\%$ berechnet). Die Entwässerung bei steigender Temperatur und im feuchten Luftstrome findet, wie aus folgenden Zahlen hervorgeht, statt:

	bei 130⁰	176⁰	214⁰	270
Gewichtsverl.	0,18	0,50	1,74	8,29%.

Der Natriumkatapleit, Typus I, gibt sein Wasser bei viel niedrigerer Temperatur ab, als dies beim Breviker Calciumnatriumkatapleit der Fall ist. Ferner entweicht die Hauptmenge des Wassers beim Na-Katapleit in einem ziemlich kleinen Temperaturintervall, und man könnte daher glauben, daß das Wasser Konstitutionswasser ist. Ein solcher Schluß wäre aber unzutreffend. Wenn die große Beschleunigung der Entwässerung beginnt, hat der Natriumkatapleit schon wenigstens $1,74\%$ H_2O abgegeben; diesen beträchtlichen Teil des gesamten Wassers kann man nicht als unwesentlich betrachten, weil das Mineral nach Abzug jener Wassermenge nur eine bedeutend kleinere Menge Wasser enthalten würde, als die Katapleitformel verlangt. Man kann daher das bis ca. 200^0 abgegebene Wasser nicht von jenem trennen, welches bei höherer Temperatur fortgeht. Es ist noch zu erwähnen, daß man dem Natriumkatapleit wenigstens einen Teil seines Wassers entziehen kann, ohne daß seine Kristalle ihre Durchsichtigkeit verlieren.

---

[1]) O. B. Böggild, Medd. om Grönland **33**, 114 (1906).
[2]) M. Weibull, Geol. Fören. För. **7**, 272 (1884).
[3]) W. C. Brögger, Z. Kryst. **16**, 457 (1890).
[4]) F. Zambonini, Atti R. Accad. Sc. fis. mat. Napoli (2) **14**, Nr. 1, 54 (1908).

Der bei 270⁰ erhitzte Katapleit kann durch Stehen an feuchter Luft einen Teil des abgegebenen Wassers wieder aufnehmen:

nach 24 48 144 264 306 Stunden
wieder aufgenommenes Wasser 1,53 1,60 1,71 1,83 1,77%.

Die Wiederaufnahme des Wassers geht also sehr schnell vor sich, nach den ersten 24 Stunden dagegen sehr langsam.

Paragenetische Verhältnisse. Der Katapleit kommt in den Pegmatitgängen der Eläolithsyenite vor und stellt ein pneumatolytisches Mineral dar.

Umwandlungen. W. C. Brögger,[1]) hat auf Låven (Langesundfjord) vollständige Pseudomorphosen von Zirkon nach Katapleit entdeckt und beschrieben. Sie bilden dünne, dicht gruppierte, hellgelbe Tafeln, welche im Analcim eingewachsen sind. Die Tafeln bestehen teils ausschließlich aus Zirkonkristallen, teils aus solchen mit einem Kern von einem braunen, amorphen, unbestimmten Mineral; Fluorit, Ägirin usw. sind auch reichlich anwesend. Der Zirkon entsteht aus dem Katapleit unter Verlust des Wassers und des Natriumdisilicats $Na_2Si_2O_5$:

$$Na_2ZrSi_3O_9 . 2H_2O \longrightarrow ZrSiO_4 + Na_2Si_2O_5 + 2H_2O.$$
Katapleit Zirkon

W. C. Brögger[2]) hat beobachtet, daß der Katapleit bei der Zersetzung matt, weniger hart und sehr bröckelig wird; das Mineral erscheint stellenweise von staubartigen, mehligen Zersetzungsprodukten unbekannter Zusammensetzung erfüllt.

Låvenit.

Monoklin prismatisch;
$a:b:c = 1,0963:1:0,7151; \beta = 110^0 17^1/_2'$ (W. C. Brögger).[3])

Dieses Mineral wurde von W. C. Brögger und H. Reusch 1875 in den Syenitpegmatitgängen der Insel Låven entdeckt und zuerst für Mosandrit gehalten; später hat W. C. Brögger[4]) ihre wahre Natur erkannt.

Analysen. Abgesehen von einer unvollständigen Analyse, sind folgende zwei bekannt:

	1.	2.
Na_2O	10,77	11,23
CaO	9,70	6,93
MnO	5,59	7,30
FeO	—	3,02
Fe_2O_3	4,73	0,78
SiO_2	29,63	29,17
TiO_2	2,35	2,00
ZrO_2	28,79	28,90
Ta_2O_5 mit etwas Nb_2O_5	5,20	4,13
H_2O	—	0,65
Glühverlust	2,24	—
F	—	3,82
Unlöslicher Zirkon	—	3,08
	99,00	101,01
O äq. 2F	—	1,60
		99,41

[1]) W. C. Brögger, Z. Kryst. **16**, 105 (1890).
[2]) W. C. Brögger, Z. Kryst. **16**, 455 (1890).
[3]) W. C. Brögger, Z. Kryst. **50**, 339 (1890).
[4]) W. C. Brögger, Geol. Fören. För. **7**, 598 (1885).

1. Klein-Arö (dunkle Varietät); anal. P. T. Cleve.[1]
2. Klein-Arö (sehr dunkle Kristalle); anal. P. T. Cleve.[1]

Formel. Aus der Analyse 2 berechnete W. C. Brögger die Formel $6[(Mn, Fe)(Ca, Na_2)Si_2O_6] 2\frac{1}{2}[ZrSi_2O_6] . 2[(Na_2)_2Zr_2F_4O_4) 1\frac{1}{2}[Na_2, H_2)_2(Zr, Ti)_2O_6]$ und betrachtete den Låvenit als ein Glied der Pyroxengruppe. P. Groth[2]) schlug dagegen die Formel $Na[ZrO . F](Mn, Ca, Fe)(SiO_3)_2$ eines manganhaltigen Pektoliths vor, in welchem ein Atom Na durch die Gruppe [ZrOF] ersetzt ist. Die wahre Deutung der Analysen ist noch sehr unklar, und weitere Untersuchungen über die chemische Zusammensetzung des Minerals wären sehr erwünscht.

Chemisch-physikalisches Verhalten. Der Låvenit schmilzt vor dem Lötrohre ziemlich leicht zu einer braunen Schlacke (P. T. Cleve); er wird von Salzsäure zersetzt. Dichte = 3,51 helle, 3,547 dunkle Varietät vom Langesundfjord nach P. T. Cleve; 3,526 für den Låvenit der Serra de Tinguà (Brasilien) nach F. Graeff.[3]) Härte = 6. Der Farbe nach können zwei Låvenitvarietäten unterschieden werden; die eine ist hellgelb oder hessonitgelb, die andere dunkel rotbraun bis schwarzbraun. Die Doppelbrechung ist sehr stark, negativ; der Pleochroismus stark an der dunklen Varietät. Ziemlich vollkommene Spaltbarkeit nach {100}.

Paragenetische Verhältnisse. Der Låvenit kommt in den Alkalisyenitpegmatiten, Eläolithsyeniten, Sanidiniten, Tinguaiten, Alkalitrachyten und Phonoliten vor. Er gehört nach W. C. Brögger zu der Phase der magmatischen Erstarrung; seine Bildung fand aber unter Mitwirkung der Mineralisatoren statt.

Umwandlungen. Die Zersetzungen und Umwandlungen des Låvenits vom Langesundfjord hat W. C. Brögger[4]) ausführlich untersucht. Nach W. C. Brögger sind die hellgelben Varietäten wenigstens zum Teil kein ursprüngliches Mineral; die Doppelbrechung ist bedeutend geringer, bisweilen ganz schwach, und das Mineral erinnert in den Dünnschliffen an Orthit, welcher in seiner metamiktischen Umwandlung begriffen ist. Nach W. C. Brögger ist wahrscheinlich das Verhältnis des hellen Låvenits als aus ähnlichen Vorgängen herrührend zu erklären.

W. C. Brögger hat auch vollständig zersetzte Låvenitkristalle gefunden, welche vorwiegend aus farblosem oder tief violettblau gefärbtem Fluorit bestehen, welcher eine Art Grundmasse bildet. In dieser Fluoritgrundmasse liegen zerstreut Zirkonkriställchen, Magnetitfetzen und sehr reichlich strahlige Prismen eines gelben Minerals, welches W. C. Brögger für ein eisenarmes Glied der Ägirinreihe hält. Diese Zersetzung des Låvenits ist jener von Mosandrit, Katapleit usw. analog und nach W. C. Brögger ist sie kaum sekundär, vielmehr gehört sie einem späteren Abschnitte der Gangbildung selbst, wahrscheinlich der Zeit der Leukophanbildung, an.

---

[1]) P. T. Cleve, Z. Kryst. **16**, 343 (1890).
[2]) P. Groth, Tabell. Übers. Miner. 1889, 128.
[3]) F. Graeff, N. JB. Min. etc. **2**, 246 (1887).
[4]) W. C. Brögger, Z. Kryst. **16**, 348 (1890).

Eudialyt und Eukolit.

Trigonal: $a:c = 1:2,1116$ (H. Miller)[1].

Der Eudialyt wurde im Eläolithsyenit des Julianehaabdistriks (Süd-Grönland) zuerst gefunden, von F. Stromeyer[2] genau untersucht und benannt. Den Eukolit, zuerst von Scheel bei Barkevik (Langesundfjord) entdeckt, hat Th. Scheerer[3] als neu erkannt, beschrieben und benannt.

Analysen. L. Gruner[4] war der erste, welcher den Zirkoniumgehalt des Eudialyts bestimmte: die erste vollständige Analyse verdanken wir F. Stromeyer.[2] Die chemische Zusammensetzung des norwegischen Eukolits wurde schon von Th. Scheerer festgestellt. Die wichtigsten Analysen sind folgende:[5]

	1.	2.	3.	4.	5.	6.	7.	8.
Na_2O	15,90	13,23	14,18	13,29	11,59	11,17	8,80	10,50
K_2O	—	0,62	—	0,43	—	0,11	1,24	0,43
(MgO)	0,15	—	—	0,11	—	—	—	—
CaO	10,57	10,51	9,12	14,77	9,66	12,11	10,63	10,61
MnO	0,42	1,00	2,74	0,37	2,35	3,60	0,52	2,04
FeO	5,54	6,23	6,70	4,37	6,83	3,90	7,28	6,65
Y_2O_3	—	—	—	—	—	0,32	—	—
Ce_2O_3					2,49			
Di_2O_3 }	2,27	2,48	3,05	—	—	4,80	4,07	5,19
La_2O_3					1,11			
SiO_2	48,63	49,76	50,39	51,83	45,70	45,15	48,88	46,54
ZrO_2	14,49	14,12	12,40	11,45	14,22	12,51	15,17	15,74
Nb_2O_5	—	—	0,41	—	—	3,52	—	—
Ta_2O_5				0,39 (?)	2,35			
Cl	1,04	1,45	1,29	1,42	1,11	0,55	1,57	1,44
H_2O	1,91	1,24	0,26	1,88	1,83	2,11	2,50	1,77
	100,92	100,64	100,54	100,31	99,24	99,85	100,66	100,91

Eudialyt.

1. Kangerdluarsuk; anal. J. Lorenzen.[6]
2. Kangerdluarsuk; anal. C. F. Rammelsberg.[7]
3. Narsarsuk; anal. Chr. Christensen.[8]
4. Arkansas; anal. F. H. Genth.[9]

---

[1] H. Miller, Phil. Mag. **16**, 477 (1830).
[2] F. Stromeyer, Götting. Gel. Anz. 1819 (1948).
[3] Th. Scheerer, Pogg. Ann. **72**, 561 (1847).
[4] L. Gruner, Gibb. Ann. **13**, 491 (1803).
[5] Pfaff (Schweigg. Journ. **28**, 97, 1820; **29**, 1, 1820) glaubte im grönländischen Eudyalit ein neues Oxyd (Tantalin genannt) entdeckt zu haben: er identifizierte es aber mit SiO_2.
[6] J. Lorenzen, Min. Mag. **5**, 63 (1882).
[7] C. F. Rammelsberg, Mineralchemie 1895, 448.
[8] Chr. Christensen in O. B. Böggild, Mineralogia groenlandica 1905, 495.
[9] F. A. Genth, Am. Journ. **41**, 397 (1891).

Eukolit.

5. Barkevik; anal. A. Damour.[1])
6. Barkevik; anal. P. T. Cleve.[2])
7. Brevik; anal. C. F. Rammelsberg.[3])
8. Arö; anal. C. F. Rammelsberg.[4])

Formel. Es ist zurzeit nahezu unmöglich, eine sichere Formel für den Eudialyt und den Eukolit zu berechnen, weil wir nichts über die Rolle des Chlors, des Wasserstoffes und, was noch störender ist, des Zirkoniums wissen. Was dieses Element betrifft, welches einen Hauptbestandteil des Eudialyts und des Eukolits darstellt, so haben W. C. Blomstrand[5]) und W. C. Brögger[6]) ZrO_2 als basischen Bestandteil betrachtet, während P. Groth[7]) die isomorphe Vertretung des Zr und des Si annahm, und C. F. Rammelsberg[8]) sich für keine der zwei Ansichten entschloß. Nach W. C. Brögger ist der Eukolit (wie auch der Eudialyt) ein Metasilicat (wesentlich von Eisen, Mangan, Calcium und Natrium mit Zirkonium), bei welchem kleine Mengen durch entsprechendes Metaniobat und eine Chlorzirkonylverbindung $Na_2ZrO_2Cl_2$ ersetzt sind: nach P. Groth sind die in Rede stehenden Mineralien Salze der Säure $H_2(Si, Zr)_2O_5$. Auch L. Colomba[9]) hat für den Eudialyt die Formel $\overset{\text{II IV}}{R}X_2O_5$ angenommen und das Mineral in Verbindung mit dem Senait (welchem er dieselbe Formel zuschrieb) gestellt, aber es ist zu bemerken, daß dem Senait mit Sicherheit die Formel $\overset{\text{II IV}}{R}XO_3$ zukommt.

Chemisch-physikalisches Verhalten. Eudialyt und Eukolit schmelzen vor dem Lötrohre zu einem grünlichen Glase; mit Salzsäure gelatinieren sie. Dichte: 2,904 F. Stromeyer, 2,906 A. Damour,[10]) 2,85 J. Lorenzen, 2,928 C. F. Rammelsberg, 2,898 A. Lévy[11]) für den Eudialyt von Kangerdluarsuk; 2,804—2,833 J. F. Williams[12]) für jenen von Magnet Cove; 3,01 Th. Scheerer, 3,007 A. Damour, 3,104 P. T. Cleve, 2,908—3,081 C. F. Rammelsberg für den norwegischen Eukolit; 2,624—2,663 J. F. Williams für den Eukolit von Magnet Cove. Härte 5—6. Farbe rot bis braun; Glasglanz. Der Eudialyt ist optisch positiv, der Eukolit dagegen optisch negativ; W. Ramsay[13]) hat auch nahezu isotrope Glieder gefunden.

Deutliche Spaltbarkeit nach {0001}. Der Eudialyt ist nach E. Jannettaz[14]) thermisch negativ; das Achsenverhältnis der elliptischen Schmelzfigur ist 1,13.

---

[1]) A. Damour, Phil. Mag. **13**, 391 (1857).
[2]) P. T. Cleve, Z. Kryst. **16**, 503 (1890).
[3]) C. F. Rammelsberg, Z. geol. Ges. **38**, 500 (1886).
[4]) C. F. Rammelsberg, Mineralchemie, Ergänzungsheft 1894, 447.
[5]) C. W. Blomstrand, Bih. Vet. Ak. Handb. Stockholm **12** II, Nr. 9, 1 (1886).
[6]) W. C. Brögger, Z. Kryst. **16**, 504 (1890).
[7]) P. Groth, Tabell. Übersicht der Min. 1889, 143.
[8]) C. F. Rammelsberg hat auch versucht, die Analysen als Orthosilicate, wobei ZrO_2 als Base genommen ist, zu berechnen.
[9]) L. Colomba, Rivista ital. di min. **38**, 75 (1909).
[10]) A. Damour, C. R. **43**, 1197 (1853).
[11]) A. Lévy, Desc. Coll. Heuland **1**, 412 (1838).
[12]) J. F. Williams, Am. Journ. **40**, 457 (1890).
[13]) W. Ramsay, Bull. Soc. géol. Finnland **3**, 43 (1890).
[14]) E. Jannettaz, Bull. soc. min. **15**, 136 (1892).

J. Thomsen[1]) hat gefunden daß der Eudialyt von Kangerdluarsuk durch Glühen 940 ccm Gas (CO_2 100, H 750, CO 30, N 60) pro 1000 g Mineral entwickelt.

Paragenetische Verhältnisse. Eudialyt und Eukolit kommen in den Eläolithsyeniten vor, und gehören dann zu den alten Gemengteilen. Jünger dagegen sind sie in den pegmatitischen Gängen der Eläolithsyenite (H. Rosenbusch.)[2]) Ihre Bildung findet durch Mitwirkung der Agents minéralisateurs während der magmatischen Erstarrung statt.

Lorenzenit.

Rhombisch $a:b:c = 0,6042 : 1 : 0,3592$ (G. Flink.)[3])

Dieses sehr seltene Mineral wurde zu Narsarsuk (Süd-Grönland) von G. Flink entdeckt und beschrieben.

Analyse. Eine einzige Analyse wurde von R. Mauzelius[4]) ausgeführt, welcher nur 0,5727 g zur Analyse verwenden konnte.

Na_2O	17,12
K_2O	0,37
SiO_2	34,26
TiO_2	35,15
ZrO_2	11,92
H_2O	0,77
	99,59

Formel. Unter Vernachlässigung des geringen Wassergehaltes berechnete G. Flink aus diesen Zahlen die Formel $Na_2O . 2(Ti, Zr)O_2 . 2SiO_2$. Er nahm ferner an, daß das Titan und das Zirkonium die Rolle eines Kations spielen, und deutete den Lorenzenit als ein Natriumtitanyldiorthosilicat $Na_2(TiO)_2Si_2O_7$. P. Groth[5]) stellte den Lorenzenit unter die polykieselsauren Salze und schrieb die Lorenzenitformel $Na_2(\frac{9}{11}Ti, \frac{2}{11}Zr)_2Si_2O_9$. In Einklang mit P. Groth, bin ich der Ansicht, daß Ti und Zr im Lorenzenit die Rolle eines Anions spielen, was durch die Existenz von kristallisierten Polysilicaten und Zirkonaten der einwertigen Metalle bestätigt wird, welche noch saurer als der Lorenzenit sind. Es ist sehr wahrscheinlich, daß ein festes, einfaches Verhältnis zwischen $TiO_2 + ZrO_2$ und SiO_2 besteht. Die einzige vorhandene Analyse liefert $TiO_2 + ZrO_2 : SiO_2 = 1 : 1,06$, d. h. 1 : 1; ferner sind einige künstliche Verbindungen bekannt, welche Si und Ti, oder Si und Zr in festen Verhältnissen enthalten. Ich glaube daher, daß der Lorenzenit sehr wahrscheinlich als ein Doppelsalz $Na_2(Ti, Zr)_4O_9 . Na_2Si_4O_9$ zu betrachten ist.

---

[1]) J. Thomsen, Bull. Ac. tc. Danemark 1904, 53.
[2]) H. Rosenbusch, Mikr. Phys. Min. (Stuttgart) 1905, I, 120.
[3]) G. Flink, Meddel. om Grönl. **24**, 130 (1899).
[4]) R. Mauzelius, Meddel. om Grönl. **24**, 135 (1899).
[5]) P. Groth, Chemische Kristallographie (Leipzig 1908), II, 226.

Chemisch-physikalisches Verhalten. Der Lorenzenit ist nur von Flußsäure zersetzbar. Vor dem Lötrohre schmilzt er leicht zu einer schwarzen Kugel. Die Dichte ist = 3,42 (R. Mauzelius), die Härte beträgt wenig über 6. Der Lorenzenit besitzt einen starken Diamantglanz; die Kristalle sind farblos, bräunlich oder mit einem Stich ins Violette; manchmal sind die Enden schwarz, und die Dunkelfärbung wird durch unbestimmbare Einschlüsse hervorgerufen. Über die optischen Eigenschaften siehe bei G. Flink.

Genesis. Der Lorenzenit fand sich spärlich an einer Fundstelle zu Narsarsuk als sekundäre Bildung mit Ägirin, Mikroklin, Albit, Arfvedsonit, Elpidit, Rhodochrosit, Epididymit, Polylithionit. Ich glaube, daß der Lorenzenit ein pneumatolytisches Mineral ist; ich möchte erinnern, daß Natrium(Kupfer)-polysilicate als Seltenheit in den Vesuvfumarolen beobachtet wurden.[1]

Rosenbuschit.

Monoklin $a:b:c = 1,1687:1:0,9776$; $\beta = 101^0 \, 47'$ (W. C. Brögger).[2]

Dieses seltene Mineral wurde von W. C. Brögger in den pegmatitischen Bildungen der Alkalisyenite und Eläolithsyenite des Langesundfjords entdeckt.

Analysen. Die einzige bekannte richtige Analyse verdanken wir P. T. Cleve,[3] welcher erhielt (die Fluorbestimmung rührt von H. Bäckström her):

Na_2O	9,93
CaO	24,87
(MnO)	1,39
(Fe_2O_3)	1,00
Cerytoxyde (?) . . .	0,33
SiO_2	31,36
TiO_2	6,85
ZrO_2	20,10
F	5,83
	101,66
O äq. 2 F	2,45
	99,21

Formel. P. T. Cleve nahm an, daß das Fluor mit dem Zirkonium eine Verbindung $ZrOF_2$ bildet, und berechnete für den Rosenbuschit die Formel $3Na_2ZrO_2F_2 \cdot 9CaSiO_3 \cdot TiO \cdot TiO_3$. W. C. Brögger modifizierte die Auffassung P. T. Cleves und erhielt die Formel $6CaSiO_3 \cdot 2Na_2ZrO_2F_2 \cdot Ti(SiO_3)(TiO_3)$; er betrachtete das Mineral als einen Zirkon-Pektolith.

Chemisch-physikalisches Verhalten.[4] Der Rosenbuschit schmilzt recht leicht vor dem Lötrohre; von Salzsäure wird er leicht zersetzt. Dichte = 3,30

---

[1] F. Zambonini, Mineralogia vesuviana (Napoli 1910) 354: Lithidionit und Neocyanit.
[2] W. C. Brögger, Z. Kryst. **16**, 378 (1890).
[3] P. T. Cleve, Z. Kryst. **16**, 382 (1890).
[4] Nach W. C. Brögger.

(W. C. Brögger), 3,315 (P. T. Cleve); Härte zwischen 5—6. Der Rosen-buschit bildet radialstrahlige Massen, deren einzelne Nadeln nach der Symmetrie-achse verlängert sind und Spaltbarkeit nach mehreren Flächen der Zone [010] zeigen. Die Farbe ist hellorangegrau; die Doppelbrechung ist stark.

Paragenetische Verhältnisse. Der Rosenbuschit ist ein in den Eläolith-syeniten vorkommendes Mineral, welches zu der Phase der magmatischen Er-starrung und zu den frühen Ausscheidungen gehört. Seine Bildung fand nach W. C. Brögger unter Mitwirkung besonderer „Agents minéralisateurs" statt. Begleitende Mineralien sind besonders Ägirin, Flußspat, Låvenit, Mosandrit, und Eukolit.

Mosandrit und Johnstrupit.

Monoklin: $a : b : c = 1,6229 : 1 : 1,3911$; $\beta = 93^0\,4^1/_4{}'$ (W. C. Brögger [1]).

Der Mosandrit wurde von A. Erdmann auf Låven (Langensundfjord) entdeckt und zu Ehren C. G. Mosanders benannt. W. C. Brögger beschrieb die 1888 bei Barkevik gefundenen Kristalle mit Endflächen unter dem Namen Johnstrupit (zu Ehren von Fr. Johnstrup); die Unterschiede zwischen Mosandrit und Johnstrupit genügen nicht, um sie als zwei verschiedene Mineralien zu betrachten.

Analysen. Abgesehen von einer alten Analyse N. J. Berlins,[2] kennen wir eine einzige Analyse des Mosandrits und des Johnstrupits, beide von H. Bäckström ausgeführt.

	Mosandrit von Låven	Johnstrupit von Barkevik	Mol.-Verh.	
Na_2O	2,44	6,67	0,108	
K_2O	0,38	0,12	0,001	
MgO	0,63	1,63	0,040	0,044
CaO	22,53	27,76	0,495	
MnO	0,45	Sp.	—	
Al_2O_3	—	1,52	0,015	
Fe_2O_3	0,56	0,50	0,003	0,061
Y_2O_3	3,52	1,11	0,005	
$(Ce, La, Di)_2O_3$ . .	10,45	12,71	0,038	
SiO_2	30,71	30,50	0,506	
TiO_2	5,33	7,57	0,095	
ZrO_2	7,43	2,84	0,023	0,632
CeO_2	6,34	0,80	0,005	
ThO_2	0,34	0,79	0,003	
H_2O	7,70	1,41		
F	2,06	5,98	0,315	
	100,87	101,91		
abzüglich O äq. 2F	0,86	2,50		
	100,01	99,41		

[1] W. C. Brögger, Z. Kryst. **16**, 87 (1890).
[2] N. J. Berlin, Pogg. Ann. **88**, 156 (1853).

Formel. Schon J. D. Dana[1]) und A. Des Cloizeaux[2]) hatten auf die kristallographischen Ähnlichkeiten hingewiesen, welche zwischen Mosandrit und Zoisit bestehen; W. C. Brögger[3]) glaubte, daß Mosandrit, Johnstrupit und der nahe verwandte Rinkit unzweifelhaft der Epidotfamilie angehören. Er suchte diese Verwandtschaft in den chemischen Formeln auszudrücken, und so berechnete er für Mosandrit und Johnstrupit die Formeln:

$$\left[\begin{matrix}F_2 \\ (\overset{.}{O}H)_6\end{matrix}\right\}\overset{IV}{R_4}\right]\overset{III}{R_2}\overset{II}{R_{10}}\overset{I}{R_{14}}[SiO_4]_{12} \quad bzw. \quad \left[\begin{matrix}(F_2)_3 \cdot \overset{IV}{R_3} \\ F \cdot \overset{III}{R}\end{matrix}\right\}\right]\overset{III}{R_2} \cdot \overset{II}{R_{13}}\overset{I}{R_8}[SiO_4]_{12}.$$

P. Groth[4]) betrachtete zuerst die genannten Mineralien als Metasilicate und er reihte sie den monoklinen Pyroxenen an; die von P. Groth für den Johnstrupit vorgeschlagene Formel ist $Na_3 Ca_8 Ce_2 (F, OH)_7 (SiO_3)_9$. Was den Mosandrit betrifft, so war P. Groth geneigt, die höhere Oxydationsstufe des Cers und den Wassergehalt durch einen Umwandlungsprozeß zu erklären. Später schloß sich P. Groth[5]) der Bröggerschen Ansicht an, während C. Hintze[6]) und A. Lacroix[7]) Mosandrit, Johnstrupit und Rinkit mit den monoklinen Pyroxenen anhangweise vereinigten.

Nach meiner Ansicht zeigen Mosandrit, Johnstrupit und Rinkit so viele kristallographische Ähnlichkeiten mit dem Pektolith und dem Rosenbuschit, daß alle diese Mineralien als Glieder einer natürlichen und gut charakterisierten Gruppe zu betrachten sind. Um dies zu beweisen, ist es genügend, die Achsenverhältnisse der genannten Mineralien zu vergleichen, wie dies in der folgenden Tabelle getan wird.

Rosenbuschit[8]) . . . . . . $a : b : c = 0,9350 : 1 : 0,9776; \quad \beta = 101^{\circ} 47'$

Pektolith[8]) . . . . . . $\quad\quad\quad = 0,8912 : 1 : 0,9864; \quad \beta = 95 \quad 20$

Johnstrupit[9]) (und Mosandrit) $\quad = 0,8114 : 1 : 1,3911; \quad \beta = 93 \quad 4^{1}/_4$

Rinkit[10]) . . . . $\quad\quad\quad = 0,7844 : 1 : 1,4610; \quad \beta = 91 \quad 12^{3}/_4$

Man hat also eine sehr regelmäßige, morphotropische Reihe. Alle die genannten Mineralien zeigen ferner deutliche Spaltbarkeit und Zwillingsbildung nach {100}.

---

[1]) J. D. Dana, Manual of Miner. 4. ed. 1854.

[2]) A. Des Cloizeaux, Manuel de Minéralogie 1862, 531.

[3]) W. C. Brögger, Z. Kryst. **16**, 87 (1890).

[4]) P. Groth, Tabellarische Übersicht der Mineralien 1889, 128.

[5]) P. Groth, Tableau systématique des minéraux 1904, 123.

[6]) C. Hintze, Handbuch der Mineralogie **2**, 1140 (1894).

[7]) A. Lacroix, Minéralogie de la France etc. **1**, 540 (1894).

[8]) Das vorherrschende Prisma des Pektoliths und des Rosenbuschits wurde als {110} und nicht, wie gewöhnlich, als {540} angenommen.

[9]) Als {110} wurde das Prisma {210} der Bröggerschen Aufstellung gewählt, welches gewöhnlich neben {100} vorherrscht.

[10]) Das Verhältnis $a : b : c$ J. Lorenzens wurde in $\frac{1}{2}a : b : 5c$ umgewandelt.

Es ist sehr leicht, die Johnstrupitanalyse auf die allgemeine Pyroxenformel zu reduzieren. Mit aller Wahrscheinlichkeit gehört das Wasser nicht zu den ursprünglichen Bestandteilen des Minerals; was das Fluor betrifft, so ersetzt es einen Teil des Sauerstoffs, wie dies am Låvenit, Hiortdahlit usw. der Fall ist. Aus der Analyse folgen die Verhältnisse $10\,RO.\,0{,}95\,R_2O_3.\,9{,}81\,SiO_2$. Nehmen wir an, daß die Sesquioxyde das Tschermaksche Alumosilicat $\overset{II\ III}{R\,R_2}\,SiO_6$ bilden, so hat man für den Johnstrupit die sehr einfache Formel

$$9\,R\,SiO_3.\,\overset{II\ III}{R\,R_2}\,SiO_6.^{1)}$$

Chemisch-physikalisches Verhalten. Der Mosandrit gibt, im Kolben erhitzt, reichlich Wasser ab. Vor dem Lötrohre schmilzt er ziemlich leicht und bläht sich dabei zu einer bräunlichgrünen oder weißlichen Perle auf. In Salzsäure löst sich der Mosandrit unter Ausscheidung von SiO_2 zu einer dunkelroten Lösung, welche beim Erhitzen Chlor abgibt und gelblich wird (W. C. Brögger).

Das spezifische Gewicht des frischen Johnstrupits ist 3,29, des Mosandrits 3,00 nach W. C. Brögger. Härte = 4. Die Farbe des Johnstrupits ist bräunlichgrün, des Mosandrits tief rötlichbraun. Die veränderten Varietäten sind gelblich.

Paragenetische Verhältnisse. Mosandrit und Johnstrupit wurden in den nephelinsyenitischen Pegmatitgängen der südwestlichen Grenzzone des Augit-syenitgebiets Süd-Norwegens gefunden. Beide Mineralien gehören nach W. C. Brögger der ersten Phase der Gangbildung (Phase der magmatischen Erstarrung) an und haben sich durch die Mitwirkung besonderer „Agents minéralisateurs" gebildet.

Umwandlungen. Der Mosandrit ist sehr selten frisch, meist ist er mehr oder weniger zersetzt, und schließlich ist von der ursprünglichen Substanz nichts mehr zu sehen. Wie W. C. Brögger gefunden hat, wandelt sich der Mosandrit in eine braune Grundmasse um, welche wahrscheinlich aus Hydroxyden der Cermetalle besteht: in dieser Grundmasse liegen zerstreut reichliche Fluoritkörnchen, geringe Mengen von Kalkspat und reichlichem Ägirin. W. C. Brögger glaubt, daß dieser Umwandlungsprozeß keine eigentliche Verwitterung ist, sondern daß er einer späteren Epoche der Gangbildung angehört. Ich teile vollkommen die Bröggersche Ansicht.

Anhang. G. Tschernik[2]) hat die Analyse eines der Mosandritfamilie sehr nahestehenden Minerals aus Norwegen (wahrscheinlich Langesundfjord) veröffentlicht. Er fand:

---

[1]) Genauer $0{,}95\,(\overset{II}{R}O,\ \overset{III}{R_2}O_3.\,SiO_2).\,9{,}05\,RO.\,8{,}86\,SiO_2$; das Verhältnis $RO:SiO_2$ ist also $1:0{,}98$, d. h. praktisch $1:1$. Aus der Mosandritanalyse sind keine sicheren Schlüsse zu ziehen, weil das Mineral, wie schon P. Groth richtig vermutete, stark verändert ist. Der Mosandrit unterscheidet sich vom Johnstrupit hauptsächlich durch einen größeren Zirkoniumgehalt, wenn man von der eingetretenen Umwandlung absieht.

[2]) G. Tschernik, Bull. Acad. Imp. Sc. St. Petersburg [6]. **3**, 903 (1909).

Na_2O	1,92
K_2O	0,21
MgO	1,32
CaO	12,75
MnO	0,22
FeO	2,22
Al_2O_3	3,25
Fe_2O_3	0,25
Y_2O_3	0,79
$(Ce, La\ usw.)_2O_3$	20,80
SiO_2	37,19
TiO_2	5,13
ZrO_2	3,82
CeO_2	5,58
ThO_2	0,70
H_2O	2,32
F	2,45
	100,92
abzüglich O äq. 2F	1,03
	99,89

$$Ce_2O_3 : La_2O_3 : Pr_2O_3 : Na_2O_3 = 4 : 2 : 1 : 2.$$

Das Mineral ist nach G. Tschernik weder Mosandrit, noch Johnstrupit oder Rinkit. Härte 4—5. Dichte 2,986. Es wird von den Säuren leicht zersetzt; vor dem Lötrohre schmilzt es leicht und leuchtet wie die Gadolinite. Die Farbe ist rotbraun mit einem Stich ins Gelb.

Wöhlerit.

Monoklin: $a:b:c = 1,0536:1:0,7088$; $\beta = 108°57'$ (C. Morton).[1]

Dieses seltene Mineral wurde 1843 von Th. Scheerer[2] auf mehreren Inseln des Langesundfjords entdeckt, beschrieben und benannt.

Analysen. Alle bekannten Analysen beziehen sich auf Material aus dem Langesundfjord.

	1.	2.	3.	4.	5.
Na_2O . . .	8,08	7,63	7,78	7,50	7,67
MgO . . .	0,42	0,71	—	0,12	0,16
CaO . . .	26,08	24,98	26,18	26,95	26,78
MnO . . .	1,55	1,52	} 2,50 {	1,00	0,57
FeO . . .	2,12	1,28		1,26	0,70
Fe_2O_3 . . .	—	—	—		
Ceritoxyde . .	—	—	—	0,48	Spur
				0,66	Spur
SiO_2 . . .	30,62	29,16	28,43	30,12	30,11
TiO_2	—	—	—	0,42	—
ZrO_2 . . .	15,17	12,72	19,63	16,11	18,25
Nb_2O_5 . . .	14,47	11,58	14,41	12,85	12,80
H_2O . . .	0,24	0,33	—	0,74	0,26
F	—	—	—	2,98	2,80
	98,75	99,91	98,93	101,19	100,10
			O äq. 2F	1,24	1,18
				99,95	98,92

[1] C. Morton, Z. Kryst. **16**, 355 (1890).   [2] Th. Scheerer, Pogg. Ann. **59**, 327 (1843).

1. Anal. Th. Scheerer.
2. Anal. R. Hermann, Bull. soc. Nat. Moscou **38**, 465 (1865).
3. Anal. C. F. Rammelsberg, Monatsber. Berl. Ak. **36**, 599 (1871).
4. Anal. P. T. Cleve, Z. Kryst. **16**, 360 (1890).
5. Anal. G. Tschernik, Bull. Acad. Imp. Sc. St. Petersburg [6], **3**, 903 (1909).

Formel. C. F. Rammelsberg[1]) erklärte Wöhlerit und Bronzit für isomorph; die Verwandtschaftsbeziehungen des Wöhlerits zu den gewöhnlichen Pyroxenen wurden später von W. C. Brögger[2]) eingehend erforscht; W. C. Brögger betrachtete den Wöhlerit als ein Glied der Pyroxengruppe. Schon A. Des Cloizeaux[3]) hat den Wöhlerit als eine Metaverbindung angesehen; er schrieb die Formel $(\dot{C}a, \dot{N}a)(\dot{S}i, \dot{N}b, \dot{Z}r)$. C. F. Rammelsberg[4]) schlug die Formel

$$2(NaNbO_3 . 2R\overset{II}{N}b_2O_6) + (Na_2(Si, Zr)O_3 . 4\overset{II}{R}(Si, Zr)O_3) \text{ vor; W. C. Brögger}$$

die andere $6[Ca, Na_2)_2Si_2O_6] . 1[(Na_2, H_2)_2Zr_2F_4O_4] . 1[Ca(Mg, Fe, Mn)(Zr, Ti, Si)_2O_6]$ $\frac{2}{3}[CaNb_2O_6]$. Man kann einfacher sagen, daß der Wöhlerit eine feste Lösung von Metasilicaten, -zirkonaten und -niobaten des Calciums und des Natriums ist, in welcher ein kleiner Teil des Sauerstoffs durch das Fluor ersetzt ist.

Chemisch-physikalisches Verhalten. Vor dem Lötrohr schmilzt der Wöhlerit in starker Glühhitze zu einem gelblichem Glase: von konzentrierter Salzsäure wird er, besonders in der Wärme, leicht aufgeschlossen. Dichte = 3,41 (Th. Scheerer), 3,442 (P. T. Cleve). Härte sehr nahe 6 (an frischen Kristallen).

Die Farbe ist gewöhnlich lebhaft honiggelb, wachsgelb, weingelb bis schwefelgelb, selten bräunlichgelb oder farblos. Was die optischen Eigenschaften betrifft, so sehe man W. C. Brögger (a. a. O.).

Paragenetische Verhältnisse. Der Wöhlerit kommt in den pegmatitischen Gängen der Insel des Langesundfjords (Süd-Norwegen) und der Insel Tamara, einer der Losinseln vor.[5]) Er gehört zu den früh ausgebildeten Gangmineralien.

Uhligit.

Kubisch: Reguläre Oktaeder mit untergeordneten Würfelflächen. Häufig kommen Spinellzwillinge vor (F. Tannhäuser).[6]).

Analyse. Die von O. Hauser[7]) ausgeführte Analyse ergab:

CaO	19,00
Al_2O_3	10,50
Fe_2O_3	Sp.
TiO_2	48,25
ZrO_2	21,95
Nb_2O_5	Sp.
	99,70

[1]) C. F. Rammelsberg, Mineralchem. 1875, 679.
[2]) W. C. Brögger, Z. Kryst. **16**, 363 (1890).
[3]) A. Des Cloizeaux, Man. de Minéralogie 1862, 162.
[4]) C. F. Rammelsberg, Die chemische Natur der Mineralien 1886, 84.
[5]) A. Lacroix, Les syénites néphéliniques de l'Archipel de Los etc. 1911, 59.
[6]) F. Tannhäuser, Z. anorg. Chem. **63**, 341 (1909).
[7]) O. Hauser, Z. anorg. Chem. **63**, 340 (1909).

Formel. O. Hauser betrachtet den Uhligit als einen aluminiumhaltigen Zirkelit und das tesserale Äquivalent der dreiwertige Elemente enthaltenden Titanite, und schreibt die Formel des Uhligits $\left\{\begin{matrix}(Ti, Zr)O_5 Ca\\(Ti, Al)O_5 Al\end{matrix}\right\}$. In Wirklichkeit folgt aus der Analyse O. Hausers die Formel $3,3 Ca(Ti, Zr)_2 O_5 . Al_2 TiO_5$.[1])

Chemisch - physikalisches Verhalten. Die Härte ist 5—6, die Spaltbarkeit nach {100} ist leidlich gut ausgeprägt. An den Kanten sind die Kristalle gelblichbraun bis dunkelbraun durchscheinend; der Strich ist grau mit einem Stich ins Braune (F. Tannhäuser).

Paragenetische Verhältnisse. Der Uhligit wurde in einem stark meta-morphosierten Nephelingesteine entdeckt, welches J. Uhlig im jungvulkanischen Gebiet des ostafrikanischen Grabens, am Ufer des Magadsees gesammelt hatte. Das Mineral wurde dann von O. Hauser untersucht und benannt.

Zirkelit.

Tesseral: Reguläre Oktaeder mit polysynthetischer Zwillingsbildung und immer nach einer Fläche tafelig (E. Hussak).[2])

Analysen. Die chemische Zusammensetzung des Zirkelits wurde von G. T. Prior festgestellt, welcher folgende Resultate erhielt:[3])

MgO	0,22
CaO	10,79
FeO	7,72
(Y_2O_3)?	0,21
Ce_2O_3	2,52
TiO_2	14,95
ZrO_2	52,89
ThO_2	7,31
UO_2	1,40
Glühverlust	1,02
	99,03

Formel. Aus seinen Zahlen berechnete G. T. Prior die Formel $\overset{II}{R}(Zr, Ti, Th)_2 O_5$, welche der Analyse ziemlich gut entspricht. P. Groth[4]) betrachtete den Zirkelit als eine dem Titanit analoge Verbindung, welcher bekanntlich durch Schmelzen eine kubische Modifikation liefert. Derselben Ansicht ist auch O. Hauser.[5]) Ich habe diese Frage bei dem Titanit behandelt (vgl. S. 64).

Chemisch - physikalisches Verhalten. Der Zirkelit bleibt im Kölbchen unverändert; vor dem Lötrohre schmilzt er schwer an den Kanten. Durch

---

[1]) Man vergleiche darüber bei dem Titanit.
[2]) E. Hussak und G. T. Prior, Min. Magaz. **11**, 80 (1895).
[3]) G. T. Prior, Min. Magaz. **11**, 180 (1897). G. T. Prior veröffentlichte in der oben erwähnten Arbeit eine vorläufige Analyse des Minerals.
[4]) P. Groth, Tableau systématique des minéraux 1904, 160.
[5]) O. Hauser, Z. anorg. Chem. **63**, 340 (1909).

rauchende HF wird er zersetzt, sowie durch Schmelzen mit Kaliumbisulfat. Härte über 5; Dichte 4,708—4,741. Farbe schwarz.

Paragenetische Verhältnisse. Der Zirkelit wurde von E. Hussak im zersetzten Magnetit-Pyroxenit von Jacupiranga, S. Paulo in Brasilien, zusammen mit Baddeleyit, Perowskit usw. entdeckt und in Verbindung mit G. T. Prior beschrieben und benannt.

Polymignit.

Von G. T. Prior (London).

Rhombisch: $a:b:c = 0,71213 : 1 : 0,51207$ (nach W. C. Brögger).[1]

Chemische Zusammensetzung und Analysen.

	1.	2.
δ	4,77—4,85	6,337
(K_2O)	0,77	—
(Na_2O) . . .	0,59	1,47
MgO	0,16	0,42
CaO	6,98	5,31
MnO	1,32	0,73
FeO	2,08	0,77
(PbO)	0,39	—
(Al_2O_3) . . .	0,19	Spur
(Fe_2O_3) . . .	7,66	—
Y_2O_3 . . . . }	2,26	21,56
Er_2O_3 . . . . }		
Ce_2O_3 . . .	5,91	5,17
La_2O_3 . . . . }	5,13	—
Di_2O_3 . . . . }		
ThO_2	3,92	
SiO_2	0,45	Spur
TiO_2	18,90	1,26
ZrO_2	29,71	14,50
SnO_2	0,15	Spur
Ta_2O_5	1,35	42,17
Nb_2O_5	11,99	6,37
H_2O	0,28	Spur
	100,09	99,73

1. Polymignit von Fredriksvärn, Norwegen; anal. C. W. Blomstrand bei W. C. Brögger, l. c. 391.
2. Polymignit? von Sibirien?; anal. G. P. Tschernik, Bull. Akad. Sc. St. Petersburg **2**, Nr. 1, 89 (1908).

Der Polymignit ist kristallographisch und physikalisch dem Äschynit nahestehend,[2] da er jedoch viel Zirkon enthält, gehört er nach dem hier eingeschlagenen Vorgange als Titano—Zirkonat hierher. (Der Herausgeber.)

---

[1] W. C. Brögger, Z. Kryst. **16**, 387 (1890).
[2] Frankenheim, Pogg. Ann. **95**, 372 (1855) und W. C. Brögger, l. c. 392.

Zinn (Sn).

Allgemeines.

Von C. Doelter (Wien).

Obgleich Zinn in der Natur kein seltener Körper ist, so ist doch die Zahl der in der Natur vorkommenden Verbindungen des Zinns eine geringfügige. Zinn kommt als Seltenheit in gediegenem Zustand dann im Zinnkies, Argyrodit unter den Schwefelverbindungen vor, hauptsächlich jedoch als Dioxyd im Zinnstein. Ferner kann es als Anion mit Silicium auftreten, wie im Stockesit, einem Silicostannat.

Das Stannoborat oder Borostannat Nordenskjöldin wird bei den Boraten betrachtet, ebenso Hulsit.

Ferner kommt Sn in kleinen Mengen als Vertreter von Ti, Si und Zr vor, so in Rutilen (vgl. S. 18), in Zirkonen (vgl. S. 134 u. ff.) und auch in den Salzen des Ti, in Silicozirkoniaten u. a.

Bestimmung des Zinns in Mineralien.

Von L. Moser (Wien).

Das weitaus wichtigste Erz für die Gewinnung des Zinns und mithin auch für die Analyse ist der Zinnstein SnO_2 (Zinndioxyd); er ist gewöhnlich mit Eisen und Mangan, seltener mit Wolfram und Titan verunreinigt. Der Zinnstein zeichnet sich in analytischer Hinsicht durch seine vollkommene Unlöslichkeit in allen Säuren aus[1]) und es muß daher das Aufschließen desselben auf feurig-flüssigem Wege durchgeführt werden.

Der **qualitative Nachweis** des Zinns kann in einfacher Weise mit dem Lötrohr auf der Kohle erfolgen, indem man das fein gepulverte Erz mit Soda und Cyankalium mischt und in der Reduktionsflamme erhitzt, wobei dann Metallkügelchen von Zinn erhalten werden, ohne daß es zur Bildung eines oxydischen Beschlages auf der Kohle kommen würde. Die Kügelchen werden gesammelt, mit warmem Wasser abgespült und in Salzsäure gelöst. Die gebildeten Stannoionen gehen durch Zusatz einiger Tropfen Quecksilberchloridlösung in Stanniionen über, wobei das Merkurichlorid zum Merkurochlorid reduziert wird (weißer seidenartiger Niederschlag), oder bei größerem Überschuß von Stannoionen kann die Reduktion sogar bis zu metallischem Quecksilber verlaufen (grauer bis schwarzer Niederschlag).

Ebenfalls charakteristisch für die Gegenwart von Stannoion ist die Bildung von dunkelbraunem Stannosulfid, welches bei Zusatz von Schwefelwasserstoffwasser zur Zinnchlorürlösung erfolgt. In Alkalipolysulfiden ist der Niederschlag unter Entstehen von Sulfostannat leicht löslich; aus dieser

---

[1]) Nach einer Beobachtung von O. Brunck sollen manche Zinnsteine in äußerst fein gepulvertem Zustande durch heiße Salzsäure beträchtlich angegriffen werden. Die Erfahrungen des Verfassers stehen mit dieser Bemerkung im Einklange; wird jedoch der Zinnstein vorher stark geglüht, so löst Salzsäure nur Spuren desselben auf.

Lösung fällt H·-Ion (verdünnte Salz- oder Schwefelsäure) das schmutziggelbe Stannisulfid aus.

Färbt man die Borax- oder Phosphorsalzperle durch Zusatz von Cuprisalz grün und fügt man nun eine Spur metallischen Zinns hinzu und erhitzt mit der Reduktionsflamme, so bildet sich Kupferoxydul, das durch seine rote Färbung ausgezeichnet ist.

Eine andere rasch ausführbare Probe beruht auf dem Prinzipe, daß naszierender Wasserstoff Reduktion zu Metall bewirkt. Der Cassiterit wird in einem kleinen Porzellanschälchen mit verdünnter Schwefelsäure und einigen Körnchen granuliertem Zink bei mäßiger Wärme in Berührung gebracht, wobei sich das Mineral zufolge Reduktion mit einem Zinnhäutchen überzieht, das ein graues, bleiähnliches Aussehen hat. Durch schwaches Reiben mit einem weichen Leder oder mit der Hand wird die Oberfläche des Minerals wieder glänzend, wobei zugleich jener eigentümliche Geruch auftritt, der entsteht, wenn Zinn mit den Fingern gerieben wird.

Die **quantitative Bestimmung** des Zinns im Zinnstein geschieht nach dem Aufschließen des Minerals gewöhnlich als Zinndioxyd SnO_2 auf gravimetrischem Wege oder es kann die Bestimmung des erhaltenen Stannoions maßanalytisch erfolgen. Von größter Bedeutung ist die Operation des Aufschließens, welche in verschiedener Weise zur Ausführung gelangen kann.

Nach dem ältesten, von H. Rose angegebenem Verfahren, wird der feinst gepulverte Zinnstein mit der dreifachen Menge wasserfreier Soda und der dreifachen Menge Schwefel innig gemischt und das Gemenge bei gelinder Rotglut im bedeckten Porzellantiegel geschmolzen, wobei ein großer Teil des überschüssigen Schwefels verdampft. Nach dem vollständigen Erkalten wird der Tiegelinhalt in ein Becherglas gebracht und das gebildete Natriumsulfostannat durch Zusatz von warmem Wasser in Lösung gebracht, während bei Vorhandensein von anderen Metallen, wie z. B. Eisen, Mangan, diese als Sulfide ungelöst zurückbleiben und durch Filtration getrennt werden können. Durch Zusatz von verdünnter Salz- oder Schwefelsäure bis zur sauren Reaktion wird dann das Zinn aus dem sulfoalkalischem Filtrate in Form des gelben Stannisulfides ausgefällt und nach dem Trocknen durch Erhitzen und starkes Glühen in Zinndioxyd SnO_2 übergeführt und als solches zur Wägung gebracht. Ein Nachteil dieser Methode ist die langsame Filtration des Zinnsulfides und seine Neigung, in den kolloiden Zustand überzugehen.

H. Augenot[1]) bewirkt die Aufschließung durch Natriumsuperoxyd. Man erhitzt 0,625 g des Erzes mit 7 g Natriumperoxyd in einem Eisentiegel bis zum Schmelzen, nimmt die erkaltete Schmelze mit Wasser auf und füllt in einem Meßkolben auf 250 ccm auf. Nach Filtration von 200 ccm Flüssigkeit werden diese mit Schwefelsäure (1:2) bis zur schwach sauren Reaktion versetzt und 5 Minuten zum Kochen erhitzt, wobei das Zinn als Metazinnsäure ausfällt. Der Niederschlag wird filtriert, mit heißem Wasser, dem ein wenig Ammonnitrat zugesetzt ist, sorgfältig gewaschen und durch Glühen in SnO_2 übergeführt und gewogen. Die Auswage entspricht unter diesen Bedingungen 0,5 g des eingewogenen Erzes.

Die am häufigsten ausgeführte Zinnprobe besteht in einem schmelzenden Reduzieren mit Cyankalium. Enthält das Erz nur wenig erdige Beimengungen,

---

[1]) H. Augenot, Journ. Am. Chem. Soc. **20**, 687 (1898).

so kann sie direkt ausgeführt werden. Enthält der Zinnstein metallische Beimengungen, so ist ein vorhergehendes Schlämmen zu empfehlen, ist viel Eisen und Mangan vorhanden, so wird vorerst geröstet, dann mit heißer Salzsäure behandelt, um diese Metalle in Lösung zu bringen; Kieselsäure und Wolframsäure bleiben hierbei ungelöst, doch kann letztere durch wiederholtes Waschen des Rückstandes mit heißer Ammoniakflüssigkeit ebenfalls in Lösung gebracht werden. Der Rückstand, welcher nun aus Zinndioxyd und Gangart besteht, wird samt dem Filter geglüht und kann nun für die Cyankaliumprobe, die heute in der von Levol angegebenen Modifikation ausgeführt wird, Verwendung finden. Ein Chamottetiegel, dessen Boden mit Cyankalium ausgestampft ist, wird mit 2—3 g Erzprobe gefüllt und diese mit einer dicken Schicht Cyankalium bedeckt. Die Reduktion wird am besten in einer Muffel bei mäßiger Rotglut vorgenommen, wobei metallisches Zinn und Kaliumcyanat neben Kohlenoxyd entstehen. Die Hauptmenge Cyankalium wird nun durch längeres Erhitzen zum Verdampfen gebracht; dieser Prozeß darf jedoch nur so weit getrieben werden, daß das am Boden befindliche Metall stets mit einer Schicht von Cyankalium bedeckt ist. Um die Reduktion sicher vollkommen zu gestalten, fügt man vorteilhaft nochmals etwas Cyankalium hinzu und arbeitet in der früher angegebenen Weise. Durch häufiges Umschwenken und schwaches Aufstoßen des Tiegels gelingt es, die einzelnen Körnchen des Metalles zu einem Regulus zu vereinigen. Nach vollständigem Erkalten wird die Schmelze in heißem Wasser gelöst, das Metall gut abgewaschen (mit Wasser und Alkohol), getrocknet und gewogen.

Zu bemerken wäre hierbei, daß der erhaltene Metallregulus manchmal gringe Mengen fremder Metalle enthalten kann; will man den ganz genauen Zinngehalt der Probe wissen, so löst man die Metallkugel in Salzsäure im Kohlendioxydstrome auf und bestimmt das erhaltene Stannoion am besten auf maßanalytischem Wege. Man setzt zur Lösung Seignettesalz und einen Überschuß von Natriumbicarbonat hinzu und titriert mit $n/_{10}$-Jodlösung unter Zugabe von Stärke als Indikator bis zur bleibenden Blaufärbung. Es entspricht 1 Sn . . . 2 J.

Gediegen Zinn.

Von C. Doelter (Wien).

Polymorph. In der Natur tetragonal. $a:c = 1:0,3857$.

Sichere Analysen fehlen. Eine Analyse von bolivianischem Vorkommen ist nicht ganz sicher auf Zinn natürlichen Ursprungs zu beziehen.

δ	7,502	
Fe	0,20	0,19
Cu	Spur	0,09
As	0,17	Spur
Sn	78,75	79,52
Pb	20,42	19,71
Unlöslich	1,12	0,49
	100,66	100,00

Aus Seifen des Flusses Tipuani (Bolivia); anal. D. Forbes, Phil. Mag. **29**, 129 (1865) und **30**, 142 (1866).

Chemisch-physikalische Eigenschaften. [1]

Dehnbar und hämmerbar. Härte 2. **Dichte:**

6,969	Nach	C. F. Rammelsberg,
7,196	„	J. Pohl (aus Schmelzfluß erstarrt),
7,293	„	W. W. Miller,
7,2795	„	C. F. Rammelsberg,
7,299	„	Brisson (gewalzt),
7,373	„	H. Ste. Claire-Deville (langsam erstarrt),
6,56	„	Ch. O. Trechmann (rhombisches Zinn),
5,751	„	E. Cohen bei 18⁰ (graues Zinn),
7,287	„	E. Goldschmidt (tetragonal aus Schmelzfluß),
7,28	„	Jäger u. A. Diesselhorst (gegossen),
7,284	„	W. Gede.

Schmelzpunkt.

231,7⁰	Nach	R. Callendar u. Griffith,
231,9	„	C. T. Heycock u. Neville,
231,9	„	Waidner,
231,83	„	L. Holborn u. F. Henning.

Siedepunkt. Höher als 2200⁰. Nach H. v. Wartenberg.

Spezifische Wärme.

Zwischen 186—79 ⁰	0,0486	Nach	U. Behn,
„ 17—100	0,0556	„	H. Schimff,
„ 16—197	0,5876	„	A. Spring.

Bei 16,8⁰ 0,053978. Nach W. Gede, Phys. Z. **4**, 104 (1902),

„ 22,1⁰ 0,056235,

„ 18—0⁰ graues Zinn 0,05895. Nach A. Wigand, Ann. Phys. **22**, 64 (1907),
weißes Zinn 0,5417.

Für 19—0⁰ weißes Zinn 0,05382,
graues Zinn 0,04962. Nach J. N. Brönstedt, Z. f. Elektroch. **19**, 114 (1912).

„ 100—17⁰ 0,0556. Nach A. Schimpff, Z. f. phys. Chem. **71**, 257 (1910).

Für tiefe Temperaturen gelten folgende Werte:

Zwischen 19,7⁰ u. −186,7⁰ 0,0502 Nach Th. W. Richards u. F. G. Jackson, Z. f. phys. Chem. **70**, 414 (1910).

Zwischen Zimmertemperatur und Siedepunkt des Sauerstoffs:

0,0498 Nach H. E. Schmitz, Proc. Roy. Soc. **72**, 177 (1904).

Zwischen 14⁰ u. −190⁰ 0,0530. Nach C. Forch u. P. Nordmeyer, Ann. Phys. **40**, 423 (1906).

Löslichkeit. In verdünnter Salzsäure löslich, ebenso in verdünnter Sapeter-
säure und konzentrierter Schwefelsäure.

---

[1] Literatur siehe in Landolt-Börnsteins Tabellen.

Vorkommen und Genesis.

Manches, was als natürliches Zinn ausgegeben wurde, ist vielleicht nicht
solches, sondern künstliches (vgl. S. 174). Aus den unzweifelhaften Vorkommen
läßt sich nicht oft ein Schluß auf die Genesis ziehen, weil das Zinn aus
Seifen stammt und zwar meistens aus Goldseifen, auch aus Platinseifen, wie
in N. S.-Wales. Das Zusammenvorkommen mit Gold läßt auf eine analoge
Bildung schließen.

Von Interesse ist das Vorkommen von Zinn in vulkanischen Ex-
halationen auf der Insel Volcano und auf Stromboli, wie sie A. Bergeat[1])
hervorgehoben hat.

Synthese.

Man kann sowohl aus Schmelzfluß als auch aus Lösungen Zinnkristalle
herstellen. In der Natur scheint nur die tetragonale Kristallart vorzukommen,
außerdem existieren noch andere Arten, insbesondere eine rhombische Form.
Zwei weitere Modifikationen unterscheiden sich durch Dichte und Löslichkeit.

Das tetragonale Bankazinn wandelt sich in der Kälte, wie Fritsche
zuerst fand, in eine andere Art um.

Tetragonales Zinn entsteht bei rascher Abkühlung aus Schmelzfluß
wie W. W. Miller,[2]) J. Stolba,[3]) sowie H. v. Foullon[4]) fanden. Aus Lösungen
erhielten es W. W. Miller durch Elektrolyse aus wäßriger Zinnchlorürlösung,
ebenso durch Reduktion des Zinns aus dieser Lösung. Auch J. Stolba hatte
solche erhalten, indem er eine Platinschale, deren Außenseite mit Paraffin umgeben war, und welche ein Zinkblech und verdünnte Salzsäure enthielt, in eine
Porzellanschüssel stellt, in welcher sich eine verdünnte Lösung von Zinnchlorür
befand, so daß die beiden Flüssigkeiten dasselbe Niveau hatten.

In einem andern Falle wurde ein Zinnstab in konzentrierte wäßrige Zinnchlorürlösung gestellt.

Das rhombische Zinn findet sich als Neubildung in Zinnöfen. So
fand es Ch. O. Trechmann[5]) in einer arsenreichen Schlacke. H. v. Foullon[6])
fand dieselbe Modifikation aus Schlacken eines Zinnschmelzofens bei Maria-
schein (Böhmen), welche nach qualitativer Untersuchung von A. Cobenzl
noch Spuren von Fe, Cu und C enthielten, sie dürfte bei langsamer Abkühlung
und starker Unterkühlung entstanden sein.

Die Umwandlungen des gewöhnlichen technischen Zinns durch Temperaturunterschiede, durch Druck und Erschütterung, besonders die spontane Umwandlung des weißen Zinns in graues, sowie die Polymorphie des Zinns
überhaupt sind von großem Interesse, doch würde die Verfolgung dieses
Gegenstands zu weit von unserm Zwecke wegführen, weshalb hier nicht weiter

---

[1]) A. Bergeat, Z. prakt. Geol. 1899, 43.
[2]) W. W. Miller, Phil. Mag. **22**, 263 (1843); Pogg. Ann. **58**, 660 (1843).
[3]) J. Stolba, Böhm. Ges. d. Wiss. 1873, 333; Journ. prakt. Chem. **96**, 178 (1885).
[4]) H. v. Foullon, J. k. k. geol. R.A. **34**, 382 (1884).
[5]) C. O. Trechmann, Min. Mag. (Min. soc. London) **3**, 186 (1880); Z. Kryst. **5**,
625 (1881).
[6]) H. v. Foullon, l. c.

auf diesen Gegenstand eingegangen werden soll. Es sei auf folgende Abhandlungen verwiesen: E. Cohen und G. van Eijk, Physikalisch-chemische Studien am Zinn;[1] On the enantiotiopy of tin.[2] E. Cohen, Physikalisch-chemische Studien am Zinn.[3] J. H. van't Hoff, Zinn, Gips und Stahl vom physikalisch-chemischen Standpunkt.[4] K. Schaum, Über hylotrop-isomere Körperformen.[5]

Die Umwandlungen des Zinns und das Studium seiner chemisch-physikalischen Eigenschaften verdanken wir namentlich den Arbeiten von E. Cohen, diese sind hauptsächlich in der Z. f. phys. Chem. erschienen.

Zinnoxyd (SnO₂).

Zinnstein.

Von M. Henglein (Karlsruhe).

Kristallform: Tetragonal holoedrisch; $a:c = 1:0,6723$.

Synonyma: Zinnerz, Kassiterit, Visirerz, Holzzinn, Holzzinnerz, Nadelzinnerz, Zinngraupen, Zinnsand.

Das Zinnerz ist neben Zinnkies fast das einzige Zinnmineral von Bedeutung; für die Zinngewinnung kommt es ausschließlich in Betracht. Es tritt in der Natur teils kristallisiert, teils in strahligen und radialfaserigen mikrokristallinen Aggregaten auf, ferner in derben mehr oder weniger feinkörnigen Massen.

Zinnstein ist isomorph mit Rutil, Zirkon und Thorit. Nach C. Doelter[6] kommt SnO₂ vielleicht auch in einer dem Anatas und dem Brookit ähnlichen Form vor. Nach A. Michel-Lévy und L. Bourgeois[7] kann man aus Schmelzfluß eine hexagonale Form erhalten.

Chemische Zusammensetzung und Analysenresultate.

Wir besitzen eine größere Anzahl von Analysen; Erzanalysen sind hier nicht mit angeführt.

Die ersten Analysen stammen von T. O. Bergmann,[8] F. Gmelin[9] und M. H. Klaproth[10]); sie stellten wesentlich den Zinngehalt fest.

---

[1] E. Cohen u. C. van Eijk, Z. f. phys. Chem. **30**, 601 (1899); **33**, 57 (1900); **35**, 588 (1900); **36**, 513 (1901); **48**, 244 (1904); **50**, 225 (1905); **60**, 224 (1910).
[2] E. Cohen u. C. van Eijk, K. Akad. van Wetensch. Amst. 1898.
[3] E. Cohen, Z. f. phys. Chem. **33**, 57 (1900); **35**, 508 (1900); **36**, 513 (1901).
[4] J. H. van't Hoff, (München 1901).
[5] K. Schaum, Ann. d. Chem. **308**, 18 (1899).
[6] C. Doelter, Phys.-Chem. Min. (Leipzig 1905), 35.
[7] A. Michel-Lévy u. L. Bourgeois, C. R. **94**, 1365 (1892).
[8] T. O. Bergmann, Opuscull. **2**, 439 (1780).
[9] F. Gmelin, Ann. d. Chem. **2**, 124 (1786).
[10] M. H. Klaproth, Beiträge, **2**, 245 (1797).

Ältere Analysen:

δ	1.	2.	3.	4.
	—	6,753	6,862	—
CuO	—	—	—	0,78
Al_2O_3	—	—	1,200	—
Mn_2O_3	0,80	—	—	—
Fe_2O_3	1,40	2,41	6,628	2,04
SiO_2	—	0,84	2,215	—
SnO_2	93,60	95,26	89,427	88,95
Ta_2O_5	2,40	—	—	8,78
	98,20	98,51	99,470	100,55

1. Zinnstein von Finbo bei Fahlun; anal. J. Berzelius, Abhandl. **4**, 164 (1815).
2. Zinnstein aus Goldsanden von Wicklow in Irland; anal. W. Mallet, Phil. Mag. **37**, 394 (1851).
3. Nierenförmiges, bräunliches Holzzinn von Xeres in Mexiko; mit Na_2CO_3 und Schwefel aufgeschlossen und analysiert C. Bergemann, N. JB. Min. etc. 1857, 395.
4. Zinnerz von Pennikoja; anal. A. E. Nordenskjöld, Fin. Min. 1863, 26.

δ	5.	6.	7.
	7,021	—	—
Al_2O_3	—	0,73	—
Mn_2O_3	Spuren	—	2,78
Fe_2O_3	2,69	1,02	4,49
SiO_2 u. unlösl. Rückstand	} 5,51	6,48	—
SnO_2	91,80	91,81	88,04
$CaCO_3$	—	—	4,30
	100,00	100,04	99,61

5. Schwarzes Zinnerz aus den Sanden des Flusses Tipuani in Bolivia; anal. D. Forbes, Phil. Mag. **30**, 141 (1865).
6. Braunes Zinnerz von demselben Fundort; anal. ebenda S. 140.
7. Zinnerz von Zinnwald; anal. Petersen, Jahresb. **9**, 20 (1866).

	8.
δ	6,4
Sn	76,805
WO_3	0,020
Fe	2,177
O	19,534
Ag	0,015
Pb	0,250
H_2O	1,737
	100,538

8. Zinnerz von der Ostseite des Titicacasees, Bolivien; auf Gängen in Prismen kristallisiert, zusammen mit Silbermineralien; anal. Ph. Kroeber, Phil. Mag. **30**, 141 (1865).

Neuere Analysen:

	9.	10.	11.	12.	13.
δ	—	—	6,609	6,956	6,280
MgO	—	—	0,03	0,02	—
CaO	—	0,41	0,24	0,28	—
Fe_2O_3	8,08	0,12	3,42	1,45	4,18
SiO_2	—	0,19	0,76	—	verloren
SnO_2	91,92	98,74	94,89	95,18	92,54
Ta_2O_5	—	—	0,24	—	—
Glühverlust . .	—	—	—	0,22	0,38
Rückstand . .	—	—	—	2,84	—
	100,00	99,46	99,97	99,99	97,10

9. Zinnerz mit niedrigem spez. Gewicht von Monte Feital, Sierra d'Estrella in Portugal; anal. C. Winkler bei A. Breithaupt, N. JB. Min. etc. 1872, 820.

10. Sehr dunkel gefärbter Kristall von Schlaggenwald; anal. F. Becke, Tsch. min. Mit. 1877, 260.

11. Zinnerz von Irish Creek, Rockbridge County, Virginia; anal. W. G. Brown, Am. Chem. Journ. **6**, 185 (1883). — Ref. in Z. Kryst. **10**, 314 (1885).

12. Hellbraunes, durchsichtiges Zinnerz von Kings Co. Nord-Carolina; anal. J. D. Bruce bei F. P. Dunnington, Chem. News 1884, 1301 u. Z. Kryst. **11**, 436 (1886).

13—19. Rotes Zinnerz von Durango in Mexiko; anal. bei F. A. Genth, Proc. Am. Phil. Soc. **24**, 29 (1887).

	14.	15.	16.	17.	18.	19.
δ	—	6,594	6,911	6,535	6,714	6,712
CuO	Spur	—	0,07	—	0,11	—
Al_2O_3 . . .	Spur	—	—	2,11	Spur	—
Fe_2O_3 . . .	4,12	5,62	5,82	5,45	11,56	12,73
SiO_2	2,70	0,23	1,07	0,66	0,57	0,52
SnO_2	92,84	93,98	93,01	92,09	86,99	86,81
Glühverlust .	0,34	0,24	0,27	0,07	0,20	0,34
	100,00	100,07	100,24	100,38	99,43	100,40

	20.	21.	22.	23.	24.	25.
δ	6,581	6,160	6,219	6,509	6,199	6,496
ZnO . . .	0,57	3,05	2,96	1,89	2,43	2,71
CuO	Spur	Spur	Spur	0,16	0,20	0,09
Al_2O_3 . . .	1,25	9,85	10,34	4,56	5,80	3,18
Fe_2O_3 . . .	4,58	1,31	1,55	0,22	0,10	0,20
SiO_2	0,44	0,35	0,30	0,24	0,55	0,43
SnO_2	92,26	84,20	84,30	92,50	89,90	93,13
Glühverlust. .	0,26	0,39	0,57	0,26	0,40	0,32
	99,36	99,15	100,02	99,83	99,38	100,06

20. Zinnerz von Guanajuato; anal. bei F. A. Genth, Proc. Am. Phil. Soc. **24**, 29 (1887).

21.—25. Gelbes Zinnerz von Durango in Mexiko; anal. bei F. A. Genth, ebenda.

12*

	26.	27.	28.	29.	30.
δ	—	—	—	6,91	—
CaO	—	—	—	0,50	—
FeO	—	—	0,12	—	—
Mn_2O_3 . . .	—	—	—	0,03	—
Fe_2O_3	?	?	—	0,86	0,53
SiO_2	1,76	2,36	—	—	—
TiO_2	—	—	—	—	0,53
SnO_2	94,70	82,99	99,90	94,00	98,94
WO_3	0,92	1,14	0,11	—	—
Unlösl. Rückst.					
$(Ta_2O_5$ u. $Nb_2O_5)$	—	—	—	4,64	—
	97,38	86,49	100,13	100,03	100,00

26. u. 27. Zinnerz aus Nord-Carolina; anal. Dabney bei F. A. Genth, Min. Nord-Carol. 1891, 35.

23. Wachsgelber Kristall von Perak, Siam; anal. von W. Kohlmann, Z. Kryst. 24, 363 (1895).

29. Zinnstein von Niriella, Ceylon; anal. W. R. Dunstan, N. JB. Min. etc. 1906, I, 166.

30. Zinnerz von Altenberg i. Sa.; anal. M. Dittrich bei J. Königsberger u. O. Reichenheim, N. JB. Min. etc. 1906, II, 31.

	31.	32.	33.	34.
MgO	0,35	—	—	—
CaO	—	0,20	—	—
FeO	6,63	—	0,61	—
PbO	0,25	—	—	—
Al_2O_3	4,60	—	—	—
Fe_2O_3	—	0,15	—	0,17 incl. Al_2O_3
SiO_2	1,0	—	—	0,13
TiO_2	5,46	—	—	0,44
SnO_2	81,3	97,98	97,63	99,33
Ta_2O_5	—	—	1,76	—
Rückstand (meist				
Nb_2O_5 u. $Ta_2O_5)$.	—	1,55	—	—
	99,59	99,88	100,00	100,17 [1])

31. Zinnerz von Bautshi, Nord-Nigeria; kleine, lose Stücke mit geringen Mengen Granat, Rutil, Magnetit und Topas verwachsen; N. JB. Min. etc. 1907, I, 79.

32. Zinnerz von Madagaskar; ebenda S. 81.

33. Tantalithaltiger Zinnstein aus Seifen, von Greenbushes, West-Australien; anal. E. G. Simpson, N. JB. Min. etc. 1, 369 (1911).

34. Einschlußfreie Bruchstücke aus der Umgebung von 100 eines sehr schön ausgebildeten Kristalls von Schlaggenwald; anal. R. J. Meyer bei Th. Liebisch, Sitzber. Berliner Ak. 1911, 422.

G. Eberhard[2]) hat spektrographisch nachgewiesen, daß Zinnstein zu den an Scandium reichsten Mineralien gehört; ferner hat er noch im Bogenspektrum folgende Elemente neben Zinn gefunden[3]): Aluminium, Calcium, Kupfer, Eisen, Niobium, Silicium, Titan, Wolfram sehr leicht sichtbar;

[1]) Dazu 0,10% seltene Erden.
[2]) G. Eberhardt, Sitzber. Berliner Ak. 1908, 851; 1910, 404.
[3]) Bei Th. Liebisch, ebenda 1911, 419.

Gallium, Indium (nur beim Vorkommen von Zinnwald), Mangan, Chrom, Kalium, Molybdän, Strontium, Tantal, Zirkonium mehr oder weniger deutlich sichtbar. Magnesium war nicht mit Sicherheit nachweisbar.

Formel. Überblickt man die Analysen, so erkennt man, daß stets ein Eisengehalt vorhanden ist, allerdings in sehr verschiedener Quantität und teilweise nur in Spuren. Es scheint demnach nicht angebracht zu sein, das Eisen in der Formel zu berücksichtigen. Die Zusammensetzung des Zinnerzes wäre dann:

$$
\begin{array}{lr}
Sn & 78,82 \\
O_2 & 21,18 \\
\hline
& 100,00
\end{array}
$$

und die Formel SnO_2.

Lötrohrverhalten. Zinnerz bleibt beim Erhitzen im Glaskölbchen unverändert; in der Platinpinzette ist es unschmelzbar und erteilt der Flamme keine Färbung. Auf Kohle geben nur wenige Vorkommen einen weißen Zinnoxydbeschlag und metallisches Zinn. Erst durch Schmelzen mit Soda oder noch besser mit neutralem oxalsauren Kali oder Cyankalium erhält man Zinnkugeln. Deutlich kann man das reduzierte, jedoch nicht blanke Metall erkennen, wenn man die Schmelze aus der Kohle herauskratzt, in einem Achatmörser zerreibt und dann schlämmt. Auf dem Boden bleibt das plattgedrückte Zinn liegen, welches, auf Kohle genommen und mit dem Lötrohr angeblasen, den weißen Zinnoxydbeschlag liefert, der mit Kobaltsolution eine blaugrüne Färbung annimmt. Mit Borax erhält man zuweilen schwache Eisenfärbung, mit Soda und Salpeter schwache Manganreaktion.

Durch die von R. Bunsen angegebene Perlenreaktion sind auch die geringsten Spuren von Zinnoxyd nachweisbar. Man bringt die Probe in eine schwach von Kupfer himmelblau gefärbte Boraxoxydationperle und berührt sie abwechselnd mit der Lötrohrflamme; die Perle wird dann mit rubinroter Farbe durchsichtig.

Die quantitative Bestimmung des Zinns mit Hilfe des Lötrohrs geschieht nach C. F. Plattner[1]) dadurch, daß man trockenen, fein pulverisierten Zinnstein in einem bedeckten mit Kohle ausgefütterten Tontiegel unter Zusatz von trockener Soda und Boraxglas etwa 10 Minuten lang schmilzt. Schneller und sicherer gelingt die Reduktion des reinen Zinnsteins, wenn sie in kleinen von Th. Richter[2]) vorgeschlagenen Porzellantiegeln mit Hilfe von Cyankalium vorgenommen wird. Kurz vor Beendigung des Schmelzens sucht man die einzelnen Zinnkörner durch Klopfen zu einem Korn zu vereinigen; dann löst man die Salzmasse mit heißem Wasser heraus und wägt das getrocknete Zinnkorn.

Physikalische Eigenschaften.

Brechungsquotienten. Doppelbrechung und Brechungsvermögen sind hoch. Th. Liebisch[3]) fand, daß in den gefärbten Schichten des Zinnsteins die Doppelbrechung größer als in den schwach gefärbten Zonen ist. U. Grubenmann[4]) gibt vom Zinnstein von Schlaggenwald an:

[1]) C. F. Plattner-Kolbeck, Probierkunst 1907, 474.
[2]) Ebenda 1907, 475.
[3]) Th. Liebisch, ebenda **18**, 416 (1911).
[4]) H. Rosenbusch, Physiogr. **16**, 55 (1905).

	Rot	Gelb	Grün
$N_\alpha =$	1,9793	1,9966	2,0115
$N_\gamma =$	2,0799	2,0934	2,1083

J. Locke[1]) vom Zinnstein von Zinnwald:

	Li	Na
$N_\alpha =$	1,9765	1,9923
$N_\gamma =$	2,0748	2,0911

Der Charakter der Doppelbrechung ist positiv.

Pleochroismus. H. T r a u b e,[2]) H. v. F o u l l o n,[3]) A. P e l i k a n,[4]) und A. A r z r u n i,[5]) beobachteten Pleochroismus; derselbe ist schwach und im Dünnschliff nicht wahrzunehmen. A. L a c r o i x[6]) beschreibt stark pleochroitische Kristalle von Hin-Boun in Indochina.

Farbe. Da reines Zinnoxyd weiß ist, schrieb man die gewöhnliche gelbe, braune bis schwarze Farbe dem Gehalt an Eisen zu. F. B e c k e[7]) fiel auf, daß ein sehr dunkel gefärbter Kristall nur 0,12% Fe_2O_3 enthielt. A. D i t t m a n n[8]) erhitzte zur Ermittlung der färbenden Substanz im Zinnstein Präparate von Ehrenfriedersdorf i. Sa. ca. 2 Stunden lang auf Rotglut, wobei die einzelnen Flecken des Minerals heller wurden; schließlich entfärbten sich die Kristalle vollständig. Er schließt daraus, daß die Pigmentierung nicht durch Fe bedingt sei, da man sonst erwarten müsse, daß durch Steigerung der Oxydationsstufe beim Erhitzen dunklere Farben entstehen. Ein Destillat organischer Verbindungen konnte ebenfalls nicht nachgewiesen werden.

Härte. Die Härte liegt zwischen 6 und 7.

Dichte. Wie schon aus den bei den Analysen angegebenen Bestimmungen ersichtlich, schwankt δ innerhalb weiter Grenzen; man kann sagen zwischen 6,8—7,1. F. Z i r k e l[9]) nimmt für Holzzinn, das bis zu 9% Fe enthält, $\delta = 6,3$—6,4 an.

Thermische Konstanten. Nach H. F i z e a u[10]) sind die thermischen Ausdehnungskoeffizienten in der Richtung der kristallographischen Hauptachse $\alpha = 3,92 \times 10^{-6}$, in der dazu senkrechten Richtung $\alpha' = 3,21 \times 10^{-6}$; die Dilatation ist somit eine positive.

Der Zuwachs für 1⁰

$$\frac{\Delta \alpha}{\Delta \Theta} = 0,0119 \times 10^{-6} \quad \text{und} \quad \frac{\Delta \alpha'}{\Delta \Theta} = 0,0076 \times 10^{-6}.$$

Auf Flächen parallel zur Achse der Isotropie erhielt H. de S é n a r m o n t[11]) verlängerte isothermische Rotationsellipsoide. Nach E. J a n n e t t a z[12]) ist das

[1]) J. Locke, ebenda.
[2]) H. Traube, N. JB. Min. etc. Beil.-Bd. **10**, 475 (1895).
[3]) H. v. Foullon, Verh. geol. R.A. 1884, 144.
[4]) A. Pelikan, Tsch. min. Mit. **16**, 28 (1897).
[5]) A. Arzruni, Z. Kryst. **25**, 470 (1896).
[6]) A. Lacroix, Min. France, 1901, III, 219.
[7]) F. Becke, Tsch. min. Mit. 1874, 266.
[8]) A. Dittmann, Diss. (Heidelberg 1910).
[9]) F. Zirkel, Elemente d. Min. 1901, 487.
[10]) Th. Liebisch, Phys. Kryst. 1891, 95 u. 103.
[11]) H. de Sénarmont, ebenda, 145.
[12]) E. Jannetaz, ebenda, 149.

Verhältnis der Quadratwurzeln aus den Wärmeleitungsfähigkeiten in den Richtungen senkrecht und parallel zur kristallographischen Hauptachse + 0,79.

Schmelzversuche. Die Wirkung der gewöhnlichen Lötrohrflamme suchte G. Spezia[1]) dadurch zu verstärken, daß er erwärmte Luft und Sauerstoff anwandte. Er erhielt so im Reduktionsfeuer abgerundete Kanten und einen weißen Beschlag auf der Pinzette, welcher bald aus mikroskopischen Nadeln mit spitzpyramidalen Enden, bald aus parallel verwachsenen Pyramiden bestand.

Den Schmelzpunkt von Zinnstein bestimmte R. Cusack[2]) mittels des Jolyschen Meldometers zu 1127°.

Elektrische Eigenschaften. Nach F. v. Kobell[3]) ist Zinnstein Nichtleiter der Elektrizität. Die von F. Beijerinck[4]) und andern Autoren beobachtete Leitfähigkeit des Zinnstein rührt nach J. Koenigsberger und O. Reichenheim[5]) von dunkleren Partien einer leitenden Substanz her. Diese Autoren betrachten reines durchsichtiges SnO_2 als Nichtleiter der Elektrizität; sie fanden für dunklen Zinnstein bei der Messung mit Gleichstrom und Wechselstrom keinen Unterschied, konnten jedoch die Temperaturkurve nur zwischen −74 und 133° verfolgen; sie erhielten stets geringe spezifische Widerstände.

C. Doelter[6]) untersuchte eine parallel zur Achse geschnittene Zinnsteinplatte, welche in einer Ecke einen undurchsichtigen Fleck, im übrigen hellgelbe bis rötliche Farbe zeigte, auf Leitfähigkeit. Durch Glühen wurde sie nur wenig heller; der schwarze Teil erleidet durch Erhitzen über 1300° keine Veränderung. Der Widerstand ist bei 360° C 3350 und sinkt bei 850° auf wenige Ohm herab; bei hohen Temperaturen ist die Leitfähigkeit eine bedeutende. Die Versuche ergaben:

Temp.	Ω	Temp.	Ω
360°	3550	1000°	9,8
400	3000	1060	5,0
500	1060	1150	1,7
600	2510	1200	1,2
700	1050	1300	0,96
800	102	1410	0,85
900	29	1430	0,85

bei Abkühlung:

Temp.	Ω	Temp.	Ω
1270°	0,980	1010°	1,6888
1200	1,105	930	2,677
1080	1,488	780	55,80

Polarisation wurde von C. Doelter nicht beobachtet. Bei 1200° erhielt er keinen meßbaren Polarisationsausschlag. Er hält es für wahrscheinlich, daß im Zinnstein Elektronenleitung und nicht Ionenleitung vorhanden ist; es ist

[1]) G. Spezia, Atti d. R. Acc. d. Scien. di Tor. **22**, (1887). — Z. Kryst. **14**, 502 (1888).
[2]) R. Cusack, Proc. Roy. Irish Ac. **4**, 399 (1897) und Z. Kryst. **31**, 284 (1899).
[3]) F. v. Kobell, Münch. Anz. 1850, 89 und N. JB. Min. etc. Beil.-Bd. **11**, 461 (1897).
[4]) F. Beijerinck, N. JB. Min. etc. Beil.-Bd. **11**, 461 (1897).
[5]) J. Koenigsberger u. O. Reichenheim, N. JB. Min. etc. 1906, II, 32.
[6]) C. Doelter, Sitzber. Wiener Ak. **119**, Abt. I, 70 (1910) und Z. anorg. Chem. **67**, 392 (1910).

jedoch nicht ausgeschlossen, daß bei hohen Temperaturen letztere auftritt. Die Depolarisation ließe sich durch Reststrom erklären.

Nach Th. Liebisch[1]) erweisen sich zwei Metallelektroden des Indikatorkreises unter gleichen Versuchsbedingungen nur dann als Wellenanzeiger, wenn die Elektroden auf Pyramidenflächen von Zinnstein gesetzt wurden; standen sie mit Prismenflächen in Berührung, so blieben sie unwirksam. Dies Verhalten ist auf den Schichtenbau der Kristalle zurückzuführen. Ein dunkelgrauer Kern eines Zinnsteinkristalls von Selangor wird von einer von (110) und (100) begrenzten gelblichen Hülle umgeben, dessen Querschnitt nach der frei ausgebildeten Endigung zunimmt, so daß er hier unmittelbar von den Pyramiden (111) und (101) begrenzt wird. Nur der dunkle und ziemlich scharf abgegrenzte Kern ist stark negativ thermoelektrisch gegen Kupfer; die helle Umhüllung bleibt unwirksam und die thermoelektrische Kraft wächst mit der Intensität der Färbung. Ebenso verhielten sich ähnliche Kristalle aus dem Erzgebirge und von Cornwall.

Die **Dielektrizitätskonstante** konnte W. Schmidt[2]) am Zinnstein von Altenberg der großen Leitfähigkeit wegen nicht ermitteln.

Beim Annähern von Zinnerz sendet nach E. Richat[3]) ein phosphoreszierender Schirm N- oder N_1-Strahlen aus, je nachdem die Achse senkrecht oder parallel zum Schirm liegt. V. Agafanoff[4]) fand Zinnstein für ultraviolettes Licht durchlässig bis zur Cadmiumlinie 6 bei 0,72 mm Dicke. Im Funkenspektrum erhielt A. de Grammont[5]) deutlich alle Zinnlinien.

Löslichkeit.

Zinnstein ist unlöslich in Säuren; das geglühte Pulver ist nur durch gelindes Schmelzen mit Kaliumhydroxyd löslich zu machen.

Synthese des Zinnstein.

Durch Schmelzen von Zinnstein im Tontiegel erhielt M. H. Klaproth[6]) an den Wänden hellbraune nadelige Kristalle.

In den Schlacken von Zinnöfen und beim Glockenguß wurden mehrfach künstliche Kristalle von Zinnstein beobachtet. So fand Trömer[7]) nach einem Glockenguß im Flammofen der Dresdener Geschützgießerei in den Poren einer Metallmasse an der Sohle des Ofens stark glänzende Nadeln von der Kombination (110) (111), welche farblos durchsichtig oder grau bis schwarz waren. Beim Zusammenschmelzen von Schlacken aus dem Gießofen der Bronzegeschütze zu Woolwich bemerkte F. A. Abel[8]) in einer Höhlung lange glänzende, vierseitig gestreifte Prismen, welche er für Zinnstein hielt.

L. Bourgeois[9]) beobachtete in der Schlacke eines Glockengusses im Gemenge mit Cupritkriställchen nadelige Kristalle von Zinnerz mit der Kom-

[1]) Th. Liebisch, Sitzber. Berliner Ak. 1911, 414.
[2]) W. Schmidt, Ann. d. Phys. **9**, 934 (1902).
[3]) E. Richat, C. R. **138**, 1396 (1904).
[4]) V. Agafanoff, Russ. min. Ges. **39**, 497 (1902) und N. JB. Min. 1904, II, 342.
[5]) A. de Grammont, Bull. Soc. min. **18**, 233 (1895).
[6]) M. H. Klaproth, Beitr. 1797, II, 249.
[7]) Trömer, Journ. prakt. Chem. **37**, 380 (1846).
[8]) F. A. Abel, N. JB. Min. etc. 1859, 815.
[9]) L. Bourgeois, Bull. Soc. min. **11**, 58 (1888).

bination (110) (100) (111) (101), sowie häufige Zwillingsbildung nach (101), seltener nach (301). Ähnliche Nadeln stellte er aus einer Schmelze von Zinn oder Zinnoxyd mit überschüssigem Kupferoxyd im Porzellantiegel dar.

G. vom Rath[1]) fand auf tasmanischen Zinnschlacken flächenreiche einfache und Zwillingskristalle mit den Formen: (101) (110) (100) (210) und (501).

Nach J. H. L. Vogt[2]) entstehen bis zentimetergroße Kristalle, auch Zwillinge nach (101) im Herde eines Flammofens, in welchem reines Zinn oxydiert wird, durch Eindringen des SnO_2 in die Poren und Spalten des aus porösem, feuerfestem Material bestehenden Herdes. N. Gärtner beobachtete eine derartige Zinnsteinbildung in dem Zinnoxyd-Raffineriewerk zu Thalgau bei Salzburg. A. Arzruni[3]) hat diese künstlichen Zinnsteinkristalle beschrieben; er gibt die Formen (100) (110) (101) an. S. Stevanović[4]) fand noch die Form (431) und unsicher (410); das spezifische Gewicht gibt er zu 6,992—7,044 bei 16⁰ an.

Die Brechungsquotienten an diesem künstlichen Zinnerz wurden ebenfalls von A. Arzruni[3]) bestimmt und zwar

	Li	Na	Tl
N_α	1,9850	1,9965	2,0093
N_γ	2,0817	2,0931	2,1045

Auch Pleochroismus hat er beobachtet.

G. A. Daubrée[5]) erhielt durch Einleiten der Dämpfe von H_2O und $SnCl_4$ durch eine rotglühende Porzellanröhre oder durch Einwirken von $SnCl_4$-Dämpfen auf Kalk kleine Kristalle, die er anfangs als eine rhombische Modifikation des SnO_2 ansprach. H. Ste. Cl. Deville[6]) erhielt schöne Cassiteritkristalle, indem er einen Strom hydrochlorsauren Gases auf amorphes Zinnoxyd einwirken ließ. Die Analyse dieses künstlichen Zinnsteins ergab:

$$
\begin{array}{ll}
Sn & 78,7 \\
O_2 & 21,3 \\
\hline
& 100,00
\end{array}
$$

Auch durch Zersetzung des Zinnchlorürs durch H_2O erhielt er viele und schöne Kristalle, den vorigen ähnlich.

Durch Auflösen von SnO_2 in der Boraxperle erzeugte G. Wunder[7]) prismatische Kristalle, darunter Zwillinge nach (101). Die Kristalle werden um so größer, je höherer Temperatur die Perle bei der Kristallbildung ausgesetzt wurde. Die in der Phosphorsalzperle erhaltenen Kristalle sah er als eine dem Anatas isomorphe Modifikation an. Es stellte sich aber heraus, daß ein phosphorsaures Zinn—Natrium entstand, dem die Formel $SnNa_2 (PO_4)_2$ zukommt.[8])

---

[1]) G. vom Rath, Sitzber. d. niederrh. Ges. f. Natur-Heilk. **44**, 283 (1887).
[2]) J. H. L. Vogt, Z. Kryst. **31**, 279 (1899).
[3]) A. Arzruni, Z. Kryst. **25**, 469 (1896).
[4]) S. Stevanović, Z. Kryst. **37**, 256 (1903).
[5]) G. A. Daubrée, C. R. **29**, 227 (1849); **39**, 153 (1854) und N. JB. Min. etc. 1849, 712.
[6]) H. Ste. Cl. Deville, C. R. **53**, 161 (1861) und N. JB. Min. etc. 1862, 79.
[7]) G. Wunder, Journ. prakt. Chem. **2**, 206 (1870).
[8]) Derselbe, Journ. prakt. Chem. **4**, 340 (1871).

H. Traube[1]) stellte pfirsichblütrote Kriställchen von chromhaltigem Zinn-
stein dar. W. P. Headden[2]) beschreibt aus alten Schlacken der Trethellan Tin
Works in Truro in Cornwall eine dem Holzzinn ähnliche Masse von der
Zusammensetzung:

Sn	76,97
As	Spur
Fe	0,09
Co.	0,06
O	22,55
Cu	0,24
	99,91

Entstehung und Paragenesis.

Zinnstein ist in seinen primären Vorkommen ein typisches Gang-, in seinen
sekundären ein typisches Seifenmineral. Die Zinnsteingänge sind fast immer
an Granite gebunden und charakterisiert durch das Vorkommen der Elemente
Sn, Si, F, Cl, B, P, S mit Wo, Cu, As, Bi, Li, Be bisweilen auch Mo, V, Nb, Ta,
Ti, Zr, Ur, während Pb, Zn, Sb, Ag, Ni, Co usw. fehlen, oder doch nur in auffallend geringen Mengen angetroffen werden.[3])

Die Granite führen häufig unter ihren normalen Gemengteilen lithion-
haltigen Glimmer und Zinnstein, zuweilen auch nach F. Sandberger[4]) Silicate
mit Zinngehalt. Die Ausscheidungen des Zinnsteins in Graniten sind jedoch
nicht als eine sekundäre Imprägnation des Granits anzusehen; sie sind entweder aus granitischem Magma auskristallisiert, oder die Zinnsäure wurde durch
pneumatolytische Prozesse dem Magma vor oder während der Erstarrung zugeführt. Die Hypothesen von F. Sandberger, wonach die Zinnsteingänge
durch Lateralsekretion aus dem Nebengestein entstanden sind, und die von
G. Bischoff,[5]) wonach der Feldspat des Granits durch seine Zersetzung das
Lösungsmittel für den Zinnstein liefert, lassen sich nicht mehr aufrecht erhalten, zumal sie die Herkunft der unten erwähnten charakteristischen Begleitmineralien nicht deuten können.

Manche der Zinnsteingänge nehmen völlig den Charakter von Pegmatiten
an; auch die eigentlichen Zinnerz führenden Quarzgänge können als saure
Abweichungen vom Pegmatittypus aufgefaßt werden. Nur wenige Vorkommen
(Mexico und Bolivien) sind an saure Ergußsteine, Liparite und Trachyte ge-
knüpft. Wichtig ist die Anwesenheit von Fluor- und Borsilicaten (Topas,
Lithionit, Fluorit, Turmalin, Axinit), sowie von fluorhaltigen Phosphaten (Apatit,
Herderit u. a.). Den genetischen Zusammenhang der fluor- und borhaltigen
Zinnerzgänge mit sauren Eruptivgesteinen erörterte schon A. Daubrée;[6]) zahl-
reiche spätere Forschungen konnten ihn nur bestätigen. In den verschiedensten
Gegenden tritt Zinnstein in engster räumlicher Beziehung zu solchen Graniten
auf, welche nach A. Bergeat[7]) nachweisbar nach Abschluß einer Gebirgs-
faltung in meist paläozoische Schichten gepreßt wurden und diese kontakt-

[1]) H. Traube, N. JB. Min. etc. Beil.-Bd. 10, 474 (1895).
[2]) W. P. Headden, Am. Journ. Soc. 5, 96 (1898).
[3]) J. H. L. Vogt, Z. prakt. Geol. 1894, 458.
[4]) F. Sandberger, Untersuch. über die Erzgänge I, 1882; II, 1885, 172.
[5]) G. Bischoff, Lehrb. d. chem. phys. Geol. 3, 811 (1866).
[6]) A. Daubrée, Ann. d. Min. 20, 65 (1841).
[7]) A. Bergeat, Die Erzlagerstätten II, 2, 920 (1906).

metamorph veränderten, wie sie am besten aus dem Erzgebirge und in den Vogesen bekannt geworden sind. Solche Granitmassen werden von Gängen saurer, untergeordnet auch basischer Gesteine umschwärmt. Chemisch stehen die ersteren in engster Beziehung zu den Graniten und werden bald als granitische Ganggesteine, bald als Quarzporphyre, Felsitporphyre und Felsite bezeichnet. Die Zinnsteinlagerstätten sind vorzugsweise an die Peripherie der Granitstöcke selbst gebunden und treten in diesen oder in ihrem Kontakthof auf; sie setzen auch aus den Graniten in die Schieferhülle ein.

Die unzweifelhaften Beziehungen des Zinnerzabsatzes zu den Spaltenbildungen sprechen nach A. Bergeat dafür, daß dort, wo sich die Erze ansiedelten, die Eruptivgesteine bereits starr gewesen sein müssen. In Cornwall hat man beobachtet, daß Zinnerzgänge noch saure Ganggesteine, welche den Granit ihrerseits durchsetzen und als Nachschübe der Eruption des letzteren betrachtet werden müssen, durchqueren.

Die Zinnerzgänge sind als endomorphe und exomorphe Kontakterscheinungen aufzufassen, die nach F. Beyschlag, P. Krusch und J. H. L. Vogt[1]) allerdings auch gelegentlich durch jüngere Granit- und Quarzporphyrgänge, also von Nachschüben des Hauptmagmas begleitet, zum Teil auch durchsetzt werden. Hieraus, sowie aus dem auffallenden Reichtum an Fluor- und Bormineralien haben G. A. Daubrée und E. de Beaumont schon geschlossen, daß die Zinnsteingänge durch Emanationsprozesse, die an die sauren Eruptivmagmen gebunden sind, entstanden, daß sie eine besondere Art pneumatolytischer Kontakterscheinungen sind. Dabei sind Fluor und Bor die Träger der mineralbildenden Prozesse, und es ist anzunehmen, daß Zinnstein, sowie die bor- und fluorhaltigen Begleitmineralien durch auf Gangklüften zirkulierende Verbindungen, wesentlich des Fluors (HFl, SnF_4) gebildet worden sind. Das Zinnerz bildete sich nach der Formel

$$SnFl_4 + 2H_2O = SnO_2 + 4HF.$$

F. Beyschlag, P. Krusch und J. H. L. Vogt nehmen an, daß das Fluor von nur sehr wenig Chlor begleitet war, welches nicht nur im Apatit, sondern auch in den Glimmern einiger Zinnerzgänge in geringer Menge nachgewiesen wurde.

Die auf Gangspalten zirkulierenden Verbindungen greifen das Nebengestein chemisch an. Die freiwerdende Flußsäure zerstört den Feldspat; an seine Stelle treten die Zinnsäure als Zinnstein, Quarz, Topas und vielleicht noch andere Mineralien der Zinnerzformation. Die so umgewandelten Gesteine nennt man Greisen oder Zwitter, wenn sie aus Granit hervorgingen, während solche, die aus nichtgranitischen Gesteinen entstanden sind, nur als Zwitter bezeichnet werden, die Umwandlungen sind von K. Dalmer[2]) an dem Altenberger Granitstock genauer untersucht worden. Pseudomorphosen von Zinnstein nach Feldspat sind von verschiedenen Vorkommen bekannt, auch solche nach Quarz.[3])

Der Granit dieses Stockes ist ein Albitgranit, der als ursprünglichen Gemengteil auch Topas führt; er wird in den verschiedensten Richtungen von

---

[1]) F. Beyschlag, P. Krusch und J. H. L. Vogt, Lagerst. nutzb. Min. 1, 414 (Stuttgart 1910).

[2]) K. Dalmer, Chem. ZB. 1891, I, 82.

[3]) G. Tschermak, Sitzber. Wiener Ak. **49**, 377 (1864).

zahlreichen Spalten durchzogen, an deren Seiten die Umwandlung des Granits in zinnführendes Zwittergestein stattgefunden hat. Diese Umwandlung besteht in einer Verdrängung des Feldspats durch Topas und grünen fluorhaltigen Glimmer, ferner in einer Imprägnation des Gesteins mit Zinnstein und andern Erzen. Umwandlung und Imprägnation sind erst nach der Festwerdung des Granits erfolgt, aber noch zu einer Zeit, als die tiefern Teile der Gangmasse noch heiß waren und Gase emanierten. Diese drangen auf Spalten in den bereits verfestigten Granit und sein Nebengestein ein und zersetzten sie unter Bildung von Mineralien, wie etwa die Fumarolen der Jetztzeit das angrenzende vulkanische Gestein.

Viele der auf den Gangklüften zirkulierenden Verbindungen überschreiten schon bei einer relativ niedrigen Wärme die sogenannte „kritische" Temperatur. Diese liegt nach F. Beyschlag, P. Krusch und J. H. L. Vogt[1]) für CO_2 und HCl unter 100^0, für H_2S, SO_2, CO, NH_3 zwischen 100 und 200^0, für CS_2, PCl_3 $SiCl_4$ zwischen 200 und 300^0, für H_2O, $SiBr_4$ $SnCl_4$, $TiCl_4$ zwischen 300 und 400^0. Bei einer Temperatur über 500^0, bei der die Mineralien gebildet wurden, ist kein Unterschied mehr zwischen dem gasförmigen und flüssigen Zustand anzunehmen. Sollten wirklich auch wäßrige Lösungen vorhanden gewesen sein, so haben doch sicher Dämpfe und Gase eine wesentliche Rolle bei der Gangfüllung und der Greisenbildung gespielt.

Von der reinen Zinnerzformation finden auch Übergänge zur Kupfererzformation statt, wofür die Vorkommen von Cornwall ein typisches Beispiel bieten. Auch mit der kiesigblendigen Bleierzformation bestehen Beziehungen. Der eiserne Hut von Gängen dieser Formation wurde sogar schon auf Zinnerz abgebaut, so daß man von einem zinnernen Hut der Silber—Bleierzgänge gesprochen hat.[2]) Ein Mischtypus zwischen einer Zinnerz- und einer Kupfererzformation wurde von A. W. Stelzner[3]) von dem Hochplateau von Bolivien beschrieben. G. Steinmann[4]) beobachtete abseits von liparitischen oder dacitischen Eruptivgesteinen, an deren nächste Nähe die Silber—Zinnerzgänge sonst allgemein geknüpft sind, fast nur reine Zinnsteingänge in silurischen Schiefern. Er hält es für zweifellos, daß jene dem gleichen Herde entstammen, wie die normalen Silber—Zinnerzgänge, daß eine ursprüngliche Differenzierung in der Lösung erfolgte. Die reinen Zinnerzgänge erscheinen als die äußersten Ausläufer der Erzgangformation, die mit der Entfernung von dem Ursprungsherde an Zinn reicher, an andern Erzen ärmer werden.

Was die paragenetischen Verhältnisse der Bor-, Fluor- und Phosphormineralien anlangt, so hat man auf den Zinnerzgängen eine fast regelmäßige Sukzession derselben beobachtet. Quarz und Lithionglimmer wurden zuerst gebildet, dann folgen Topas, Zinnstein und Wolframit, zuletzt erst Flußspat und Scheelit nebst Uranglimmer. Gewisse Mineralien können noch weiter wachsen, während andere ihr Wachstum bereits begonnen haben; mehrere können gleichzeitig auskristallisieren, so daß die Sukzessionsperioden übereinandergreifen. R. Beck[5]) stellt dies anschaulich graphisch in folgender Weise dar:

[1]) F. Beyschlag, P. Krusch u. J. H. L. Vogt, Die Lagerstätten nutzb. Min. 1, 415 (1910).
[2]) P. W. Charpentier, Min. Geogr. d. chursächs. Landes, 1778, 101.
[3]) A. Bergeat, Z. Dtsch. geol. Ges. 49, 51 (1897).
[4]) G. Steinmann, ebenda, 59, 7 (1907).
[5]) R. Beck, Erzlagerstätten, 1909, I, 255.

	1	2	3	4	5	6	7	8
Molybdänglanz	▬							
Lithionglimmer	▬	▬						
Quarz . .		▬	▬	▬	▬			
Topas . . .		▬	▬	▬	▬			
Wolframit .			▬	▬	▬			
Zinnstein .			▬	▬	▬			
Arsenkies .				▬	▬			
Flußspat . .					▬			
Apatit . .					▬			
Eisenspat .						▬		
Gilbertit . .							▬	
Chlorit . .								▬

Calcium-Stannosilicat, Stockesit.

Von C. Doelter (Wien).

Rhombisch (bipyramidal oder holoedrisch); $a:b:c = 0,3463:1:0,8033$.

Analysen.

Es existieren nur die Analysen von A. Hutchinson, dem Entdecker des Minerals; die zwei Analysen differieren sehr bezüglich des Zinngehalts, doch bemerkt der Verfasser selbst, daß die erste Analyse darin nicht zuverlässig sei; ebenso betrachtet er einen Natrongehalt von $1,3\%$ als nicht sicher zum Mineral gehörig und ebenso einen Eisenoxydgehalt von $0,7\%$. Als der wirklichen Zusammensetzung entsprechend betrachtet er die Zahlen unter 1., während die unter 2. angeführten der theoretischen Zusammensetzung entsprechen sollen.

	1.	2.
CaO	13,45	13,27
SiO_2	43,1	42,65
SnO_2	33,3	35,55
H_2O	8,6	8,53
	98,45	100,00

Von „Roscommon Cliff", bei St. Just (Cornwall); anal. A. Hutchinson, Z. Kryst. **34**, 350 (1901); Min. Mag. **12**, 274 (1900); Phil. Mag. **48**, 480 (1889).

Formel.

Der Verfasser stellt die Formel auf

$$CaO . SnO_2 . 3 SiO_2 . 2 H_2O.$$

Daraus ergibt sich: $H_4CaSnSi_3O_{11}$.

A. Hutchinson vergleicht das Mineral mit dem Katapleit (siehe S. 155), welchem er die Formel $H_4Na_2ZrSi_3O_{11}$ gibt, wobei er bemerkt, daß nach C. F. Rammelsberg, W. C. Brögger sowie nach J. D. Dana das Zirkoniumoxyd die Rolle einer Basis spielt, während es nach P. Groth die Rolle einer Säure als Ersatz der Kieselsäure vertritt. A. Hutchinson hat einige Versuche über den Wassergehalt ausgeführt, welche jedoch nicht als entscheidend aufzufassen sind. $1,90\%$ H_2O entweichen bei 200^0, 6% bei 350^0 und der Rest über 350^0 bei Rotglut. Er schließt daraus, daß das Wasser nicht vollständig als Kristallwasser vorhanden ist. Um die Frage zu entscheiden, wäre es nötig, die Entwässerungskurve vollständig aufzunehmen. Nach dem Beispiel des Katapleits, welchen F. Zambonini (vgl. dessen Ausführungen S. 155) untersucht hat, könnte man jedoch folgern, daß es sich auch im Stockesit um gelöstes Wasser handelt, so daß dann die Formel lauten würde: $CaSnSi_3O_9 . n H_2O$.

Man kann dann annehmen, daß es sich um eine komplexe Zinnkieselsäure handelt, und daß das Zinn als Vertreter des Siliciums erscheint.

Die Formel wäre dann

$$Ca(Sn, Si)_4O_9 . 2 H_2O,$$

welche Formel A. Hutchinson als weniger wahrscheinlich bezeichnet.

Letzterer nimmt dagegen an, daß ein Teil des Wassers Kristallwasser, zum Teil Konstitutionswasser sei; er schreibt

$$H_2(Sn, Si)_2O_5 . Ca(Sn, Si)_2O_5 . H_2O,$$

in welchem Fall ein saures Metasilicat vorliegen würde, oder auch

$$H_2CaSnSi_3O_{10} . H_2O,$$

was ein Trisilicat anzeigen würde. Wäre jedoch alles Wasser als Konstitutionswasser gedacht, so käme man nach A. Hutchinson zu der Formel:

$H_4CaSi_2O_7 . SnSiO_4$ (Verbindung eines Metasilicats mit einem Orthosilicat) oder

$$H_4Ca(SnSi)_4O_{11},$$

was einem Salz einer Tetrakieselsäure entspräche. Er bezeichnet letztere Hypothese als die wahrscheinlichste.

Meiner Ansicht nach ist eher die Annahme einer Zinnkieselsäure die wahrscheinlichste.

Eigenschaften. In konz. HCl unlöslich; vor dem Lötrohr unschmelzbar. In der Phosphorsalzperle ergibt sich ein Kieselskelett. Bei dunkler Rotglut im Glasrohr erhitzt, entweicht nur Wasser.

Spaltbar nach (110) und nach (010). Härte 6. Dichte 3,185. Glasglanz, auf (010) Perlmutterglanz. Farblos und durchscheinend.

Der optische Achsenwinkel für Na-Licht $2V = 69^1/_2{}^0$. Für Tl-Licht um 20' höher. $2E = 134^0$. Die Brechungsquotienten sind

$$N_\alpha = 1,609, \qquad N_\beta = 1,6125, \qquad N_\gamma = 1,619.$$

Kommt mit Axinit zusammen vor.

Cerium.

Von C. Doelter (Wien).

Allgemeines.

Obgleich Cerium in einer nicht geringen Zahl von Mineralien vorkommt (ihre Zahl dürfte vielleicht hundert erreichen), so ist doch Cerium kein mineralbildendes Element, weil es mit Ausnahme des Cerits immer kleinere Mengen von Cerium sind, in welchen es vorkommt, und weil kein Mineral vorwiegend aus Cerium besteht.

Cerium tritt als Oxyd Ce_2O_3 in Mineralien auf; man hat in einigen Fällen auch das Vorhandensein von Ceriumdioxyd, CeO_2, vermutet.

Die wichtigsten Cermineralien sind Silicate, Titanate, Carbonate und Phosphate.

Von Carbonaten sind zu nennen Parisit, Synchysit, Bastnäsit, Kordylit und Ankylit (vgl. Bd. I, S. 525).

Von den wichtigsten Cersilicaten nenne ich vor allem den Cerit, dann Gadolinit, Orthit, Beckelith, Thalinit, Rowlandit.

Von Phosphaten sind zu erwähnen: Monazit, Xenotim.

Von Tantalaten und Niobaten: Yttrotantalit, Fergusonit, Hjelmit, Samarskit, Annerödit, Koppit.

Von Titanaten, Silicotitanaten, Silicozirkoniaten, Titanoniobaten: Knopit, Yttrokrasit, Rinkit, Grothit, Kailhauit (Yttrotitanit), Dysanlyt, Pyrochlor, Blomstrandin (Priorit), Äschinit, Euxenit (Polykras), Blomstrandit, Marignacit.

Von Oxyden: Zirkon (namentlich die wasserhaltigen Varietäten).

Die Analysenmethoden zur Bestimmung und Trennung der seltenen Erden.

Von K. Peters (Atzgersdorf bei Wien).

Mit dem Namen „seltene Erden" bezeichnet man die Oxyde einer Reihe von Elementen, die einander so nahe stehen, daß sie mit wenigen Ausnahmen keine grundsätzlichen Unterschiede in ihrem physikalischen und chemischen Verhalten zeigen.

In den Mineralien, die seltene Erden enthalten, kommen niemals einzelne Glieder der Gruppe vor, sondern stets eine große Anzahl. Doch findet sich in einigen Mineralien eine Anzahl der seltenen Erden in überwiegender Menge, während die andern in viel geringerer Menge vorkommen. Dieses gruppenweise Vorkommen hat zur Unterscheidung von Ceriterden und Yttererden oder Gadoliniterden geführt. Zu den Ceriterden zählt man die Oxyde von Lanthan, Cer, Praseodym, Neodym und Samarium, zu den Yttererden die Oxyde von Skandium, Yttrium, Europium, Gadolinium, Terbium, Dysprosium, Holmium, Erbium, Thulium, Aldebaranium (Neoytterbium) und Cassiopeium (Lutetium).

Außerdem werden zu den seltenen Erden noch das Thoriumoxyd und das Zirkoniumoxyd gerechnet.

Abscheidung und Bestimmung der seltenen Erden.

Im Analysengang werden zuerst Kieselsäure und die Metallsäuren abgeschieden und die erhaltene Lösung mit Schwefelwasserstoff gefällt. Der Niederschlag wird abfiltriert, im Filtrat der überschüssige Schwefelwasserstoff weggekocht und nach Zusatz einer genügenden Menge von Ammoniumchlorid kochend mit kohlensäurefreiem Ammoniak gefällt. Der Niederschlag wird abfiltriert und bei Gegenwart von viel Kalk die Ammoniakfällung wiederholt. Der ausgewaschene Niederschlag wird wieder in Chlorwasserstoffsäure gelöst und die Lösung auf dem Wasserbad möglichst weit eingedampft. Der Rückstand wird nach Zusatz einiger Tropfen rauchender Chlorwasserstoffsäure in Wasser gelöst, die Lösung filtriert und mit Oxalsäure gefällt. Dabei ist zu beachten, daß die Lösung nicht zu stark sauer ist, da die Oxalate der seltenen Erden zum Teil in Mineralsäuren nicht vollständig unlöslich sind.

Auf Grund ausgeführter Löslichkeitsbestimmungen ergibt sich folgende Arbeitsweise als zweckmäßig:[1]

Der Abdampfrückstand der seltenen Erden wird in $^1/_4$ bis $^1/_2$ n-Chlorwasserstoffsäure gelöst, so daß auf 1 g der Erden ungefähr 60 ccm Flüssigkeit kommen. Zur Fällung genügen 40—50 ccm einer kalt gesättigten Oxalsäurelösung. Die Fällung wird in der Wärme bei etwa 60° vorgenommen. Sie wird schnell kristallinisch und praktisch quantitativ, wenn man 12 Stunden stehen läßt. In Lösung bleibt nur das Zirkon, dessen Oxalat im Überschuß der Oxalsäure löslich ist. Der Niederschlag wird mit warmem Wasser, dem einige Tropfen Oxalsäure zugesetzt sind, ausgewaschen und dann durch Verglühen in Oxyd übergeführt; dieses wird gewogen.

Bei Gegenwart von Phosphorsäure, also z. B. bei der Analyse von Monazit und Xenotim ist die Fällung stets phosphorsäurehaltig. In diesem Fall wird nach dem Stehen über Nacht die klare Flüssigkeit durch ein Filter gegossen und das Oxalat mit Oxalsäure unter häufigem Umrühren am Wasserbad mehrere Stunden digeriert; dann wird durch das vorher benützte Filter filtriert, gewaschen und geglüht. Erweist sich das Oxyd trotz dieser Behandlung als phosphorsäurehaltig, so ist es nochmals in Chlorwasserstoffsäure zu lösen und die Fällung mit Oxalsäure zu wiederholen.

W. Gibbs[2]) bringt die Oxalate der Ceriterden direkt zur Wägung. Um das Trocknen des Filters vor und nach dem Sammeln des Niederschlags zu vermeiden, verfährt er in folgender Weise. Die neutrale Lösung der Ceriterden wird mit Schwefelsäure oder Chlorwasserstoffsäure schwach angesäuert und so weit verdünnt, daß sie 2 g Oxyd im Liter enthält. Die Lösung wird dann zum Kochen erhitzt und eine heiße Lösung von Oxalsäure oder oxalsaurem Ammon unter Umrühren hinzugesetzt. Beim Erkalten scheidet sich das Oxalat in grobkristallinischer Form ab. Der Niederschlag wird abfiltriert und mit kochendem Wasser gewaschen. Das Waschen gelingt sehr rasch. Das Filter wird dann durchgestoßen und das Oxalat sorgfältig in einen Tiegel gespült. Hierauf wird das Wasser im Tiegel verdampft und der Niederschlag bei 100° getrocknet. Da die Atomgewichte von Lanthan und Didym dem des Cers sehr nahe liegen, entsteht kein merklicher Fehler, wenn man die

---

[1]) O. Hauser u. F. Wirth, Z. f. anal. Chem. **47**, 389 (1908).
[2]) W. Crookes, Select Methods in Chemical Analysis (London 1905), 55.

gemischten Oxalate als Ceroxalat mit drei Molekülen Kristallwasser in Rechnung stellt.

Abscheidung mit Fluorwasserstoffsäure.[1]) In vielen Mineralien kommen seltene Erden als Nebenbestandteile in geringer Menge vor. In diesem Fall macht die Fällung mit Oxalsäure Schwierigkeiten. Es empfiehlt sich dann, die seltenen Erden mit Fluorwasserstoffsäure abzuscheiden. Zu diesem Zweck wird die mit Ammoniak erhaltene Fällung in einer Platinschale mit Fluorwasserstoffsäure zur Trockne eingedampft. Der Rückstand wird mit verdünnter Fluorwasserstoffsäure digeriert. Die ungelöst gebliebenen unreinen Fluoride der seltenen Erden werden im Hartgummitrichter abfiltriert und mit schwach fluorwasserstoffhaltigem Wasser ausgewaschen. Der Niederschlag wird in der Platinschale mit Schwefelsäure abgeraucht, die erhaltenen Sulfate in Chlorwasserstoffsäure gelöst, die Lösung zur Trockne eingedampft und der Rückstand mit einigen Kubikzentimetern einer Oxalsäurelösung erwärmt. Hierbei scheiden sich die Oxalate der seltenen Erden ab, während die Verunreinigungen in Lösung gehen.

Abscheidung der seltenen Erden in Uranmineralien. Die seltenen Erden werden bei Gegenwart eines Überschusses von Uranylsalz mit Oxalsäure nicht vollständig gefällt, da sie unter Bildung von Salzkomplexen in Uranyloxalsäure gelöst werden.[2]) Nimmt man aber zur Abscheidung einen reichlichen Überschuß von Ammonoxalat, so ist die Fällung vollständig.

Das Mineral wird in Salpetersäure gelöst, durch Eindampfen das Unlösliche abgeschieden und die Lösung mit Schwefelwasserstoff gefällt; das Filtrat wird eingedampft und in einen Überschuß von neutralem Ammonkarbonat gegossen. Bei längerem Stehen scheiden sich Eisen- und Aluminiumhydroxyd, Calciumcarbonat und ein Teil der seltenen Erden ab, während Uran, der größte Teil des Thoriums und etwas Yttererden in Lösung bleiben. Die Fällung wird in der üblichen Weise auf seltene Erden verarbeitet, indem man diese mit Oxalsäure abscheidet. Die uranhaltige Lösung wird mit Chlorwasserstoffsäure übersättigt und eingedampft. Im Rückstand werden die Ammonsalze abgeraucht, dann wird mit etwas Chlorwasserstoffsäure aufgenommen, mit Wasser auf etwa 50 ccm verdünnt und mit einem Gemisch von Ammonoxalat und Oxalsäure gefällt. Der Niederschlag wird nach 24 Stunden abfiltriert und mit dem durch Ammoncarbonat gefällten Anteil vereinigt.

Trennung der seltenen Erden.

Wie bei der Abscheidung und Bestimmung der seltenen Erden angegeben, gelingt die Trennung von den durch Schwefelwasserstoff fällbaren Elementen ohne Schwierigkeit. Von den Erdalkalien, dem Magnesiumoxyd und den Alkalien werden die seltenen Erden durch Fällung mit kohlensäurefreiem Ammoniak in der Wärme getrennt. Bei Anwesenheit von Magnesiumoxyd muß die Lösung eine genügende Menge Ammoniumchlorid enthalten, damit das Magnesium in Lösung bleibt. Die Trennung von den übrigen Basen gelingt mittels Oxalsäure.

---

[1]) M. Dittrich, Ber. Dtsch. Chem. Ges. **41**, 4373 (1908).
[2]) O. Hauser, Z. f. anal. Chem. **47**, 677 (1908). — R. J. Meyer u. O. Hauser, Die Analyse der seltenen Erden und Erdsäuren (Stuttgart 1912), 237.

13

Besondere Schwierigkeiten bereitet jedoch die Trennung der seltenen Erden untereinander.

Da alle seltenen Erden einander sehr ähnlich sind, kann die Trennung nur in wenigen Fällen in einer Operation erreicht werden. Meistens ist eine Fraktionierung erforderlich, bevor man zu einem vollständig einheitlichen Körper gelangt.

Die Mittel, um die Reinheit der erhaltnen Oxyde zu kontrollieren und die Fraktionierung zu verfolgen, sind folgende:[1])

1. Die Bestimmung des Atomgewichts des betreffenden Elements.

2. Die Färbung der Oxyde oder der Lösungen.

3. Die spektroskopische Prüfung; diese umfaßt die Beobachtung:

   a) des Funken- oder Bogenspektrums;
   b) des Absorptionsspektrums;
   c) des Flammenspektrums;
   d) des Phosphoreszenzspektrums.

Zur Bestimmung des Atomgewichts löst man eine gewogene Menge des Oxyds in einem Platintiegel in Salpetersäure. Man fügt dann zur Lösung einen Überschuß von Schwefelsäure und verdampft vorsichtig zur Trockne. Nach dem Erhitzen im Luftbad auf 450^0[2]) bis zur Gewichtsbeständigkeit wird das gebildete Sulfat gewogen. Die Gewichtszunahme entspricht $3SO_3$ für M_2O_3.

Auch die Analyse des Oxalats[3]) kann zur Bestimmung des Atomgewichts benutzt werden. Man verglüht das gewogene Oxalat und wägt das erhaltene Oxyd. Eine zweite gewogene Probe des Oxalats (etwa 0,5 g) wird in $12^0/_0$iger Schwefelsäure gelöst und mit Kaliumpermanganat titriert. Aus den erhaltenen, auf 100 Teile Oxalat bezogenen Zahlen läßt sich das Verhältnis $M_2O_3 : 3C_2O_3$ und daraus M berechnen. Diese Methode ist unabhängig vom Kristallwasser des Oxalats, wenn nur beide Bestimmungen mit einer Durchschnittsprobe ausgeführt werden.

Die den reinen Oxyden zukommenden Färbungen sind: Ceroxyd weiß mit gelblichem Stich, Praseodymoxyd, wie es beim Glühen von Oxalat erhalten wird, schwarzbraun, Neodymoxyd lichtblau, Samariumoxyd schwach gelb, Europiumoxyd schwach rosa, Terbiumoxyd TbO_2 oder Tb_4O_7 schwarz (die Gegenwart dieses Oxyds erteilt den Terbinerden die gelbe Färbung, die um so dunkler ist, je mehr das Terbium angereichert ist), Tb_2O_3 ist farblos; Holmiumoxyd rosa(?), Erbiumoxyd rosa; alle übrigen Oxyde sind weiß gefärbt.

Absorptionsspektren geben Praseodym, Neodym, Samarium, Europium, Dysprosium, Holmium, Erbium, Thulium.

Die hauptsächlichsten Operationen, die bisher zur Trennung der seltenen Erden angewendet wurden, sind folgende[4]):

1. Die Bildung der Kalium- und Natriumdoppelsulfate.

Diese Zerlegung beruht auf der verschiedenen Löslichkeit der Alkalidoppelsulfate in einer Lösung der Alkalisulfate. In dieser Beziehung lassen sich die seltenen Erden in drei Untergruppen einteilen:

---

[1]) P. Truchot, Les Terres Rares (Paris 1898), 241.
[2]) O. Brill, Z. anorg. Chem. **47**, 464 (1905).
[3]) B. Brauner, Ch. N. **71**, 233 (1895); Z. anorg. Chem. **34**, 103, 207 (1903).
[4]) P. Truchot, Les Terres Rares (Paris 1898), 244.

a) Erden, die sehr schwer lösliche Doppelsulfate bilden: die Ceriterden, Skandium und Zirkonium. Das Kaliumdoppelsulfat des Thoriums ist schwer, das Natriumdoppelsulfat leicht löslich.

b) Terbinerden, die Doppelsulfate mittlerer Löslichkeit bilden.

c) Ytteerden im engern Sinn, die leicht lösliche Doppelsulfate bilden.

2. Die Bildung unlöslicher Formiate (Methode von A. Cleve).

3. Geeignetes Erhitzen der Nitrate, durch das die einen Salze in lösliche, kristallisierbare, andere in unlösliche basische Nitrate und wieder andere in Oxyde umgewandelt werden (Methode von H. Debray).

4. Fraktionierte Fällung der Hydroxyde durch verdünntes Ammoniak (Methode von Lecoq de Boisbaudran).

5. Fraktionierte Kristallisation der Ammoniumdoppelnitrate aus salpetersaurer Lösung (Methode von C. Auer von Welsbach).

6. Fällung der basischen Nitrate durch Hinzufügen von Oxyd zur heißen Nitratlösung (Oxydverfahren von C. Auer von Welsbach).

7. Bildung von Acetylacetonaten und Äthylsulfaten (Methoden von G. Urbain).

Die Trennung des Thoriumoxyds von den Cerit- und Ytteerden ist S. 216, die Trennung des Zirkonoxyds von Thoriumoxyd, den Cerit- und Ytteerden S. 125 beschrieben.

Bestimmung und Trennung des Cers.

Die Bestimmung des Cers in gemischten seltenen Erden läßt sich am einfachsten und sichersten auf maßanalytischem Wege durchführen.

Titration mit Wasserstoffperoxyd.[1]) Die gelb gefärbten Cerisalzlösungen werden bei Gegenwart freier Säure durch Wasserstoffperoxyd zu farblosen Ceroverbindungen reduziert, gemäß der Gleichung:

$$2\,Ce(SO_4)_2 + H_2O_2 = Ce_2(SO_4)_3 + H_2SO_4 + O_2 \quad \text{oder:}$$
$$2\,Ce(NO_3)_4 + H_2O_2 = Ce_2(NO_3)_6 + 2\,HNO_3 + O_2 \,.$$

Die vollendete Reduktion der Cerilösung läßt sich leicht durch den Eintritt vollkommener Entfärbung erkennen. Der etwa zugesetzte Überschuß von Wasserstoffperoxyd kann mit Kaliumpermanganat zurücktitriert werden.

Um dieses Verfahren auch für die Bestimmung des Cers in Cerosalzen bzw. in Gemischen mit Thor-, Lanthan-, und Didymverbindungen zur Anwendung bringen zu können, ist es erforderlich, zunächst die Cerosalze in Ceriverbindungen überzuführen.

Dies gelingt dadurch, daß man die mit möglichst wenig Schwefelsäure angesäuerte Lösung mit überschüssigem Ammoniumpersulfat einige Minuten zum Kochen erhitzt.

Die Oxydation wird bei der quantitativen Bestimmung zweckmäßig wie folgt vorgenommen:

Die Cerosalzlösung wird zunächst mit möglichst wenig verdünnter Schwefelsäure angesäuert; darauf fügt man in der Kälte Ammoniumpersulfat hinzu und erhitzt 1—2 Minuten zum Sieden; alsdann kühlt man durch Ein-

---

[1]) G. v. Knorre, Z. f. angew. Chem. (1897) 685, 717; Ber. Dtsch. Chem. Ges. **33**, II, 1924 (1900).

tauchen in kaltes Wasser auf 40—60° ab, fügt eine neue Menge Persulfat hinzu und erhitzt wieder einige Minuten zum Sieden; endlich setzt man nach abermaligem Abkühlen auf 40—60° ein drittes Mal Persulfat zu und erhitzt nun 10—15 Minuten zum Sieden; dabei ist es zweckmäßig, gegen Schluß des Siedens mit etwas mehr verdünnter Schwefelsäure anzusäuern, um das überschüssige Persulfat möglichst vollständig zu zerstören. Zur Oxydation von 0,2—0,3 g Cer genügen etwa 3 g Ammoniumpersulfat; das Salz wird für sich in Wasser gelöst und vor dem erstmaligen Aufkochen etwa die Hälfte, das zweite und dritte Mal je der vierte Teil von der Persulfatlösung der zu oxydierenden Flüssigkeit zugesetzt.

Nach vollständigem Erkalten läßt man zu der nunmehr alles Cer in Form von Cerioxyd enthaltenden Flüssigkeit aus der Bürette verdünnte titrierte Wasserstoffperoxydlösung fließen, bis eben Entfärbung eingetreten ist, und titriert dann den geringen Überschuß von Wasserstoffperoxyd sofort mit Permanganat zurück.

Zur Berechnung der Resultate dienen die beiden Gleichungen:

1. $2 CeO_2 + H_2O_2 = Ce_2O_3 + H_2O + O_2$,

2. $5 H_2O_2 + 2 KMnO_4 + 3 H_2SO_4 = K_2SO_4 + 2 MnSO_4 + 8 H_2O + 5 O_2$.

Statt des Ammoniumpersulfats kann auch Wismuttetroxyd (Bi_2O_4) verwendet werden.[1]) Der Vorteil dieser Abänderung liegt darin, daß sie von der schwer zu bemessenden Schwefelsäure unabhängig macht.

Für die Ausführung empfiehlt sich nachstehende Vorschrift: 25—30 ccm der Cersalzlösung werden in einem Meßkolben von 110 ccm Inhalt mit dem gleichen Volumen konzentrierter Salpetersäure vermischt. Nach dem vollständigen Erkalten (zu beschleunigen durch Einstellen des Kolbens in kaltes Wasser) wird für je 0,1 g Cer etwa 2—2,5 Wismuttetroxyd unter Umschwenken in mehreren Anteilen eingetragen und schließlich der Kolbeninhalt nach einhalbstündigem Stehen mit Wasser bis zur Marke ergänzt und gut durchgemischt. Man läßt 1—2 Stunden absitzen und gießt dann die tiefgelb gefärbte Flüssigkeit, ohne den Bodensatz von überschüssigem Wismuttetroxyd aufzurühren durch ein trocknes Faltenfilter in ein ebensolches Gefäß ab.

100 ccm des Filtrats werden mit der gleichen Menge Wasser verdünnt und aus einer Bürette Wasserstoffperoxyd von bekanntem Wirkungswert bis zur vollständigen Entfärbung der Flüssigkeit einfließen gelassen. Der geringe Überschuß von Wasserstoffperoxyd wird schließlich durch Titration mit Kaliumpermanganat zurückgemessen.

Titration mit Kaliumpermanganat.[2]) Die Cerlösung, die das Cer als Chlorid, Nitrat oder Sulfat enthalten kann, muß annähernd neutral sein, was durch Eindampfen oder durch Neutralisieren mit Natriumkarbonat bis zum Auftreten einer Trübung erreicht wird. Man füllt nun die trübe Lösung im Meßkolben bis zu einem Volumen auf. Gut ausgeglühte Magnesia wird mit Wasser milchig verrieben, diese Suspension im Erlenmeyerkolben auf 60—70° erhitzt und mit 25—30 ccm einer $1/10$—$1/20$ n-Kaliumpermanganatlösung vermischt. Hierauf läßt man aus einer Bürette die Cerlösung unter dauerndem Umschütteln tropfenweise zufließen. Die Farbe des entstehenden

[1]) A. Waegner u. E. Müller, Ber. Dtsch. Chem. Ges. **36**, I, 282 (1903).
[2]) R. J. Meyer u. A. Schweitzer, Z. anorg. Chem. **54**, 104 (1907). — R. J. Meyer, u. O. Hauser, Die Analyse der seltenen Erden und Erdsäuren (Stuttgart 1912), 244.

Niederschlags ist zunächst braun, dann heller, zuletzt gelb. Man läßt von Zeit zu Zeit absetzen und titriert, bis die überstehende Flüssigkeit gerade farblos geworden ist. Im letzten Stadium vollzieht sich die Titration verhältnismäßig langsam. Der Umschlag ist aber sehr scharf. Setzt sich der Niederschlag nicht gut ab und zeigt die Flüssigkeit eine gelbliche Färbung, so ist der Zusatz von Magnesiumoxyd zu steigern.

Nach der Gleichung:

$$3 Ce_2 O_3 + 2 KMnO_4 + H_2O = 6 CeO_2 + 2 KOH + 2 MnO_2$$

zeigt ein Molekül Permanganat 3 Atome Cer an.

Bei Gegenwart andrer Erden fallen die Resultate etwas zu hoch aus; der Fehler beträgt etwa $1-2\%$ des wahren Wertes. Wahrscheinlich ist dieser Mehrbetrag die Folge einer geringen Peroxydbildung der Didymkomponenten.

Zur Trennung des Cers von den übrigen Ceriterden wurden verschiedene Methoden ausgearbeitet, die jedoch viel zeitraubender als die maßanalytischen Bestimmungen und auch ungenauer sind, da das abgeschiedene Ceroxyd einerseits nie völlig frei von andern seltenen Erden erhalten wird, anderseits größere oder kleinere Mengen von Cer in Lösung bleiben. Diese Methoden sind folgende[1]):

1. Methode von O. Popp.[2]) Man neutralisiert die Lösung annähernd, ohne daß eine bleibende Fällung eintritt, versetzt mit einer genügenden Menge Natriumacetat und einem Überschuß von Natriumhypochlorit. Beim Erwärmen trübt sich die Lösung, und wenn einige Zeit gekocht wird, fällt das Cer als basisches Acetat. Es wird heiß filtriert und mit einer Lösung von essigsaurem Natrium gewaschen. Der erhaltene Niederschlag ist noch nicht frei von den übrigen Ceriterden, er muß daher wieder aufgelöst und die Fällung mehrere Male wiederholt werden.

2. Methode von H. Sainte-Claire Deville.[3]) Die Lösung der seltenen Erden wird mit einem Überschuß von verdünnter Kalilauge versetzt und Chlor eingeleitet. Lanthan- und Didymoxyd gehen in Lösung, während Cerdioxyd zurückbleibt.

Die Methode wurde zur Analyse des Parisits angewendet.

3. Methode von H. Robinson.[4]) Die Lösung der Nitrate wird zur Trockne eingedampft und der Rückstand erhitzt, bis die braune Masse hellgelb geworden ist. Nach dem Erkalten wird mit kochender verdünnter Salpetersäure ausgezogen, wobei das Cer als basisches Nitrat zurückbleibt, während die übrigen Erden in Lösung gehen.

4. Methode von W. Gibbs.[5]) Wird die Lösung von Cer, Didym und Lanthan mit dem gleichen Volumen Salpetersäure versetzt und mit Bleisuperoxyd einige Minuten gekocht, die tief orangerote Lösung zur Trockne eingedampft und so hoch erhitzt, daß ein Teil der Säure entweicht, so lassen sich mit kochendem Wasser, das mit Salpetersäure angesäuert ist, nur Lanthan und Didym ausziehen, während das ganze Cer als basisches Nitrat ungelöst bleibt. Im Filtrat wird das Blei durch Schwefelwasserstoff gefällt, worauf

---

[1]) J. Herzfeld u. O. Korn, Chemie der seltenen Erden (Berlin 1901), 172.
[2]) O. Popp, Ann. d. Chem. **131**, 360 (1864).
[3]) A. Damour u. H. Sainte-Claire Deville, C. R. **59**, 272 (1864).
[4]) H. Robinson, Proc. Roy. Soc. **37**, 150 (1884); Ch. N. **50**, 251, 272, 284 (1884).
[5]) W. Gibbs, Am. Journ. **37**, 352 (1864); Z. f. anal. Chem. **3**, 396 (1864).

Lanthan und Didym zusammen als Oxalate gefällt werden können, die bei richtig geleiteter Ausführung vollständig cerfrei sind. Der Rückstand am Filter löst sich leicht in rauchender Salpetersäure. Aus der genügend verdünnten Lösung kann nach dem Ausfällen des Bleis mit Schwefelwasserstoff das Cer mit Oxalsäure gefällt und nach dem Glühen als CeO_2 gewogen werden oder das Oxalat wird in Sulfat verwandelt und als solches gewogen.

5. Methode von H. L. Pattinson und D. Clark.[1]) Diese Forscher gründeten eine Trennungsmethode auf die Tatsache, daß sich Cerchromat nach dem Trockendampfen auf 110° zersetzt und Ceroxyd als unlösliches Pulver zurückbleibt, während Didym- und Lanthanchromat bei der gleichen Behandlung unverändert bleiben.

Das Gemenge von Cer-, Didym- und Lanthanoxyd wird in der Wärme mit einer wäßrigen Lösung von Chromsäure behandelt, bis vollständige Lösung eintritt. Die Chromsäure muß nicht vollständig schwefelsäurefrei sein. Die erhaltene Lösung wird zur Trockne eingedampft und auf ungefähr 110° erhitzt. Es wird heißes Wasser zugesetzt, das Lanthan- und Didymchromat löst, während Ceroxyd zurückbleibt, das abfiltriert wird. Das erhaltene Ceroxyd ist ein gelblichweißes Pulver, das in Säuren fast vollständig unlöslich ist, aber durch Schmelzen mit Kaliumbisulfat in Lösung gebracht werden kann.

6. Methode von M. H. Debray.[2]) Man schmilzt die gemischten Nitrate mit 8—10 Teilen Kaliumnitrat in einer Porzellanschale; die geschmolzene Masse wird auf einer Temperatur von 300—350° erhalten; dabei zersetzt sich das Cernitrat und bildet ein gelbliches Pulver von Ceroxyd, das etwas Salpetersäure zurückhält, während Didym- und Lanthannitrat unter diesen Umständen selbst bei 350° nicht merklich zersetzt werden. Wenn das Entweichen von nitrosen Dämpfen nach einigen Stunden aufhört, wird das Heizen unterbrochen. Die erkaltete Masse läßt sich leicht aus der Schale entfernen und das Ceroxyd findet sich im untern Teil angesammelt. Die Schmelze wird in Wasser gelöst, wobei ein gelbliches Pulver zurückbleibt, das nur mehr Spuren von Didym enthält. Nur bei nicht gelungner Trennung ist der Niederschlag rötlich gefärbt. Es empfiehlt sich, den Niederschlag mit etwas verdünnter Salpetersäure zu waschen, die etwas basisches Didymnitrat auflöst, das sich mit dem Ceroxyd abscheidet, wenn die Schale an einigen Stellen zu hoch erhitzt wurde. Dies ist aber von wenig Belang, da das bei der ersten Operation erhaltene Ceroxyd immer eine Reinigung erfordert. Es kann dadurch von Didym befreit werden, daß es wieder in Nitrat verwandelt wird und ein zweites Mal mit 8—10 Teilen Kaliumnitrat geschmolzen wird. Zu diesem Zweck wird das Ceroxyd mit 50 volumprozentiger Schwefelsäure behandelt, die alles auflöst, wenn die Flüssigkeit genügend sauer ist. Das so erhaltene Cero-Cerisulfat wird mit schwefliger Säure reduziert und mit Oxalsäure gefällt. Das Ceroxalat wird durch Kochen mit Salpetersäure in Nitrat verwandelt. Die zweite Schmelze gibt ein gelbes Pulver, das weder Didym noch Lanthan enthält.

Die Nitrate von Didym und Lanthan, die mit dem großen Überschuß von Kaliumnitrat zurückbleiben, werden eingedampft und bei 350—400° geschmolzen. Die zurückgebliebene Spur von Cernitrat, die bei der früheren Operation zurückgeblieben ist, wird vollständig zerstört und es bildet sich

---

[1]) H. L. Pattinson u. D. Clark, Ch. N. **16**, 259 (1867). — W. Crookes, a. a. O., S. 58.

[2]) M. H. Debray, C. R. **96**, 828 (1883). — W. Crookes, a. a. O., S. 59.

eine kleine Menge von basischem Didymnitrat. Aber die Hauptmenge des Didyms bleibt mit dem Lanthan als lösliches Nitrat.

Auf diese Art gelingt es, ein Ceroxyd zu erhalten, das frei von Didym und Lanthan ist und anderseits eine Gemenge dieser zwei Erden ganz frei von Cer.

7. Methode von G. Wyrouboff und E. Verneuil.[1]) Die Nitratlösung wird bis zur Sirupdicke eingedampft, dann wird in Wasser gelöst (150 ccm auf 0,5 g Oxyd), gekocht, 1 ccm einer 5%igen Ammonsulfatlösung hinzu- gefügt und der Niederschlag sogleich abfiltriert, ausgewaschen und stark geglüht; er enthält 90% des Gesamtcers.

Das Filtrat versetzt man in der Wärme mit 0,05 g Ammoniumpersulfat und 1 ccm einer 50%igen Natriumacetatlösung und kocht so lange, bis die Flüssigkeit klar ist. Der Niederschlag wird abfiltriert, gewaschen und stark geglüht. Man erhält so den Rest des Cers. Bei geringem Cergehalt muß man mehrere Gramm des gemischten Oxyds in Arbeit nehmen, den erhaltenen Niederschlag wieder auflösen und nach obigem Verfahren nochmals behandeln.

Trennung des Neodyms und Praseodyms.

Es ist keine Methode bekannt, um Praseodym und Neodym in Gemischen mit andern Erden gewichtsanalytisch oder maßanalytisch zu bestimmen.

Die spektralanalytische Bestimmung ist noch zu wenig ausgebildet, um sichere Resultate zu liefern.

In reinen Neodym- oder Praseodymlösungen lassen sich mit Hilfe von Vergleichslösungen von bekanntem Gehalt oder mit Hilfe der Vierordtschen Doppelspaltmethode[2]) die Gehalte an Neodym und Praseodym genügend genau bestimmen.

Diese Methoden wurden auch zur Bestimmung von Neodym und Praseo- dym in Mineralien angewandt;[3]) da jedoch mehrfach beobachtet wurde, daß die Absorptionsspektren durch die Gegenwart von farblosen Erden beeinflußt werden, sind alle Bestimmungen von Neodym, Praseodym und andern bunten[4]) Erden, die in Mineralanalysen angeführt werden, mit Vorsicht aufzunehmen.

Trennung des Lanthans vom Didym.

Seit der Zerlegung des Didyms durch C. Auer von Welsbach[5]) in seine Bestandteile Neodym und Praseodym wird der Name Didym als Sammel- name für das Gemenge der beiden Elemente gebraucht.

In diesem Sinn ist die Bezeichnung „Didym" bei den folgenden Trennungs- methoden aufzufassen.

[1]) G. Wyrouboff u. E. Verneuil, C. R. **128**, 1331 (1899); Chem. Ztg. 1899, 469.
[2]) G. u. H. Krüss, Kolorimetrie und quantitative Spektralanalyse. (Hamburg und Leipzig) 1909.
[3]) Muthmann u. Stützel, Ber. Dtsch. Chem. Ges. **32**, 2653 (1899). — B. Brauner, Proc. Chem. Soc. 14, 71 (1897/98).
[4]) Als bunte Erden werden jene bezeichnet, deren Lösungen ein Absorptions- spektrum geben.
[5]) C. Auer von Welsbach, Sitzber. Wiener Ak. II. Abt. 317 (1885); Monatsh. f. Ch. **6**, 477 (1885).

Die salpetersaure Lösung von Lanthan und Didym[1]) wird in einer Schale mit flachem Boden bis zur Trockne eingedampft. Die trockene Masse ist matt rosarot. Wird die Schale während einiger Minuten auf 400—500⁰ erhitzt, so schmilzt die Masse und stößt nitrose Dämpfe aus. Die Schale wird vom Feuer genommen bevor die Zersetzung vollständig ist und heißes Wasser zugesetzt. Es löst sich Lanthannitrat, und basisches Didymnitrat bleibt in Form grauweißer Flocken zurück. Man läßt einige Stunden stehen, kocht auf und filtriert; ist die Lösung noch schwach rosenrot gefärbt, so muß die Operation wiederholt werden, bis eine farblose Flüssigkeit erhalten wird, die didymfreies Lanthannitrat enthält. Durch Eindampfen und starkes Glühen des Rückstands erhält man Lanthanoxyd. Das Didymoxyd kann auch durch Glühen des basischen Nitrats bestimmt werden.

Dieses Verfahren gründet sich auf die Tatsache, daß sich Didymnitrat vor dem Lanthannitrat zersetzt und basisch wird. Es müssen einige Vorsichtsmaßregeln beobachtet werden. Der Boden der Schale, die das Gemisch der Nitrate enthält, darf nicht zu stark erhitzt werden, auch dürfen keine zu großen Mengen in Arbeit genommen werden, da sich sonst am Boden der Schale eine dicke Schicht bildet, die sich ungleichmäßig zersetzt. Es ist besser, die Operation einigemal zu wiederholen, als zu stark zu erhitzen, um die Oxyde auf einmal zu trennen. Die ersten Anteile des Didymoxyds geben mit Schwefelsäure gelöst und eingedampft rotviolette Kristalle, mit Spuren von nadelförmigen weißen von Lanthansulfat. Die letzten Anteile geben ein weniger gefärbtes Sulfat von der gleichen Kristallform; die Nadeln des Lanthansulfats sind zahlreicher. Die oben erwähnte farblose Lösung gibt schließlich mit Schwefelsäure die für das Lanthansulfat charakteristischen Kristalle. Bei Anwendung dieser Methode erhält man einen zu hohen Didymgehalt und dementsprechend einen zu niedern Lanthangehalt.

Cl. Winkler[2]) stellte fest, daß beim Abscheiden des Cers aus seinen Chloridlösungen mit Quecksilberoxyd und Kaliumpermanganat das Didym mitfällt, während das Lanthan in Lösung bleibt.

Man löst die gemischten Oxyde, die durch Glühen der Oxalate erhalten werden, in heißer Chlorwasserstoffsäure, verdampft fast zur Trockne, nimmt mit kaltem Wasser auf, fügt eine geringe Menge auf nassem Wege bereitetes Quecksilberoxyd zu und läßt unter beständigem Rühren eine schwache Lösung von Kaliumpermanganat zutropfen, so lange, als dessen Farbe noch verschwindet. Sobald sich der hellbraune Niederschlag rein abgesetzt hat, gießt man die überstehende Flüssigkeit durch ein Filter ab und wäscht den Rückstand durch Dekantieren.

Um das Didym, das mit dem Cer durch Fällung mit Permanganat in den Niederschlag geht, zu erhalten, wird dieser mit Chlorwasserstoffsäure wieder gelöst. Nachdem gut geglüht wurde, um das Quecksilber zu vertreiben, wird die Chloridlösung bei Gegenwart von Schwefelsäure zur Trockne eingedampft, das zurückbleibende Sulfat in Wasser gelöst und Kaliumsulfat zugesetzt. Nach 24 Stunden sind die Kaliumdoppelsulfate von Cer und Didym, die in Kaliumsulfat unlöslich sind, abgeschieden.

[1]) A. Damour u. H. Sainte-Claire Deville, C. R. **59**, 270 (1864). — W. Crookes, Select Methods in Chemical Analysis (London 1905), 60.
[2]) Cl. Winkler, Z. f. anal. Chem. **4**, 417 (1865). — W. Crookes, Select Methods in Chemical Analysis (London 1905), 61.

Der Niederschlag wird dann in Wasser gelöst und die Sulfate in Oxalate verwandelt, die nach dem Glühen Cer- und Didymoxyd geben; diese werden in der gewöhnlichen Weise getrennt.

Im Filtrat, das das Lanthan enthält, wird zuerst das Quecksilber mit Schwefelwasserstoff abgeschieden, dann das Lanthan als Oxalat gefällt und geglüht. Das Lanthanoxyd enthält nur sehr wenig Didym.

Lanthan und Didym lassen sich auch durch die verschiedene Löslichkeit ihrer Sulfate trennen. Durch Behandeln der gemischten Sulfate mit Wasser von 5° wird eine gesättigte Lösung erhalten, die beim Erwärmen auf 30° Lanthansulfat abscheidet, während Didymsulfat gelöst bleibt. Durch zwei- bis dreimalige Wiederholung können die Salze ganz rein erhalten werden. Lanthansulfat ist farblos, während das Didymsulfat schön rosenrot gefärbt ist.

Trennung von Cer, Didym, Samarium und Lanthan.[1]

Das feingepulverte Mineral z. B. Cerit wird mit konzentrierter Schwefelsäure zu einem dicken Brei verrührt und der Überschuß der Schwefelsäure abgeraucht; es bleibt eine weiße oder blaßgraue Masse zurück. Diese wird mit kaltem Wasers digeriert, filtriert und der Rückstand mit kaltem Wasser gut ausgewaschen.

Im Filtrat werden die seltenen Erden nebst etwa vorhandenem Kalk und Wismuth durch Oxalsäure gefällt. Es ist bisweilen ratsam, die so erhaltenen Oxalate zu verglühen und den Rückstand mit verdünnter Salpetersäure auszukochen, wodurch die Oxyde von Didym, Samarium und Lanthan in Lösung gehen und die Hauptmenge des Cers ungelöst zurückbleibt; diese Methode ist aber nicht einwandfrei, da das Ceroxyd viel Didym und wahrscheinlich auch Lanthan und Samarium zurückhält. Besser ist es, die getrockneten Oxalate mit konzentrierter Salpetersäure zu erhitzen bis sich alles löst, und abkühlen zu lassen, oder zu verdünnen, wobei sich didym- und samariumreiche Oxalate abscheiden, während die Lösung viel Cer- und Lanthanoxalat enthält.

Für die allgemeine Trennung der Erden ist es indessen gut, wie folgt zu verfahren: die getrockneten Oxalate werden mit konzentrierter Salpetersäure gekocht bis sie vollständig zersetzt sind, trocken gedampft und bei möglichst niederer Temperatur, bei der nitrose Dämpfe entweichen, geschmolzen. Der Rückstand wird mit Wasser digeriert, abfiltriert und gewaschen. Der unlösliche Rückstand von blaßgelber Farbe besteht aus Ceroxyd und basischem Cernitrat mit wenig Didym, während das Filtrat Lanthan, Didym und Samarium enthält. Die Schmelze muß mit den Erden des Filtrats einigemal wiederholt werden, um alles Cer abzuscheiden, während das erhaltene basische Cernitrat zur Abscheidung des Rests vom Didym durch Wiederbehandeln mit Salpetersäure und neuerliches Schmelzen wie oben behandelt wird.

Die Gegenwart von Didym gibt sich durch die braune Farbe des Oxyds oder durch das Absorptionsspektrum der Lösung zu erkennen. Um das Didym und die andern Nitrate von der letzten Spur Cer zu befreien, werden sie mit der drei- bis vierfachen Menge von Kaliumnitrat sehr vorsichtig geschmolzen, bei einer Temperatur, die zur schwachen Zersetzung eben hinreicht.

Die Trennung des Lanthans, Didyms und Samariums voneinander ist sehr mühsam, und die Menge dieser Erden, die man in einigermaßen reinem

---

[1] W. Crookes, Select Methods in Chemical Analysis (London 1905), 62.

Zustand erhält, ist gering im Vergleich zur aufgearbeiteten Menge. Die Lösung der gemischten Nitrate wird vollständig neutralisiert, so weit verdünnt, daß sie 1% an Oxyden enthält und sehr verdünntes Ammoniak (0,2 g NH_3 im Liter) zugefügt. Die zuerst gebildeten Niederschläge sind reich an Samarium und enthalten viel Didym; diesen folgen solche von Didym mit etwas Lanthan und Samarium; die letzten Niederschläge bestehen fast ganz aus Lanthan. Man erhält so drei Fraktionen von Hydraten, die wieder jede für sich durch neuerliche Fällung fraktioniert werden; die erste auf Samarium, die zweite auf Didym und die dritte auf Lanthan. Die Fällung jeder Fraktion muß 50—100 mal wiederholt werden.

Die Trennung der letzten Spuren des Didyms vom Samarium kann nur durch fraktionierte Fällung erreicht werden. Die zweite Fraktion der Hydrate, die hauptsächlich Didym enthält, wird von den geringen Samarium- und Lanthanmengen durch Schmelzen mit Kaliumnitrat in der oben für Spuren von Cer beschriebenen Weise von Samarium getrennt; um das Lanthan abzuscheiden, werden die Oxalate in warmer konzentrierter Salpetersäure gelöst und abkühlen gelassen, wobei das Didymoxalat fast lanthanfrei ausfällt. Nach mehrfacher Wiederholung bleiben die letzten Spuren von Lanthan in Lösung.

Um die kleine Menge Didym aus der Lanthanfraktion abzuscheiden, muß die Fällung mit Ammoniak fortgesetzt werden; das schließlich erhaltene Lanthanoxyd soll rein weiß sein; eine Spur von gelblicher Färbung deutet auf einen Gehalt an Didym.

Da der Cerit geringe Mengen von Yttererden enthält, müssen diese von Cer, Lanthan, Didym und Samarium getrennt werden. Man bereitet kalte Lösungen der Sulfate und fügt so viel feingepulvertes Kaliumsulfat hinzu, bis ein Teil ungelöst bleibt. Man läßt dann einige Tage unter häufigem Umrühren stehen, filtriert und wäscht mit einer gesättigten Kaliumsulfatlösung. Die Filtrate enthalten die Yttererden; zu ihrer vollständigen Abscheidung empfiehlt es sich, die Fällung mit Kaliumsulfat drei- bis viermal zu wiederholen. Die unlöslichen Rückstände, welche die Kaliumdoppelsulfate von Cer, Didym usw. enthalten, werden mit Natronlauge erwärmt, filtriert, gut gewaschen, in Salpetersäure gelöst und mit Oxalsäure gefällt. Die Oxalate geben beim Glühen die Erden — Lanthan von rein weißer Farbe, Didym von tief schokoladebrauner, Samarium von blaßbrauner Farbe.

Bestimmung des Skandiums.[1]

Das Skandium ist eines der wenigen Elemente in der Reihe der seltenen Erden, das sich durch spezielle Reaktionen, die denen des Thoriums verwandt sind, von den andern Erden unterscheidet. Die sehr geringen Mengen Skandium, die in gewissen Gadoliniten, Yttrotitaniten und Euxeniten vorkommen, lassen sich nicht ohne weiteres bestimmen; vielmehr muß die Erde schon in angereicherter Form vorliegen. Bisher sind direkte Bestimmungen nur in den skandiumhaltigen Wolframiten des Erzgebirges ausgeführt worden. Die Skandiumbestimmung in diesen Mineralien geschieht nach R. J. Meyer in folgender Weise:

---

[1] G. Eberhard, Sitzber. Berliner Ak. **38**, 851 (1908); **40**, 404 (1910). — R. J. Meyer; Z. anorg. Chem. **60**, 134 (1908); **71**, 65 (1911). — R. J. Meyer u. H. Winter, Z. anorg. Chem. **67**, 398 (1910). — R. J. Meyer u. O. Hauser, Analyse der seltenen Erden und Erdsäuren (Stuttgart 1912), 247 und 251.

Das Wolframit wird fein gepulvert, mit Soda unter Zusatz von etwas Salpeter aufgeschlossen und die Schmelze mit siedendem Wasser ausgelaugt. Die zurückbleibenden Eisenmanganoxyde enthalten das Skandiumoxyd. 100 g dieses Oxydrückstands werden in 300—400 ccm konzentrierter Chlorwasserstoffsäure gelöst. Man saugt die dunkelrote Lösung von der ausgeschiedenen Kieselsäure ab und wäscht letztere mit sehr verdünnter Chlorwasserstoffsäure aus. Das Filtrat wird siedend mit 5 g festem Natriumsilicofluorid allmählich versetzt, wobei sich ein schleimiger weißer Niederschlag abscheidet, der im wesentlichen aus Skandium- und Thoriumfluorid besteht. Man setzt das Sieden einige Zeit fort, saugt den Niederschlag ab und wäscht ihn mit heißem Wasser aus. Die Fluoride werden in einer Platinschale durch Erhitzen mit konzentrierter Schwefelsäure in Sulfate übergeführt. Letztere werden in Wasser gelöst, worauf die filtrierte Lösung mit Ammoniak in der Siedehitze gefällt wird (Entfernung des Calciums). Die so erhaltenen Hydroxyde enthalten noch kleine Mengen Yttererden, die man durch Fällung mit Natriumthiosulfat entfernen kann. Zu diesem Zweck werden die Hydroxyde in Chlorwasserstoffsäure gelöst, der Überschuß der Säure wird durch Eindampfen auf dem Wasserbad entfernt, der Rückstand mit Wasser aufgenommen und die siedende Lösung mit Natriumthiosulfat gefällt. Der Niederschlag enthält nun nur Skandium und Thorium in Form der basischen Thiosulfate. Diese werden durch Kochen mit Chlorwasserstoffsäure zersetzt und die vom Schwefel abfiltrierte Lösung wird nun nach annäherndem Neutralisieren mit Oxalsäure gefällt. Das durch Glühen erhaltene Oxyd muß rein weiß aussehen. Das gewogene Oxyd enthält meist 4—5% Thoriumoxyd. Will man diese Verunreinigung entfernen, so löst man das Oxyd in etwas konzentrierter Salpetersäure, dampft die Lösung auf dem Wasserbad ein, nimmt den Rückstand mit Wasser auf und gießt die Lösung langsam unter Rühren und Erwärmen in 25 ccm einer 20%igen Lösung von neutralem Ammoniumtartrat,[1]) wobei sich alles klar löst. Die Lösung wird sofort in der Kälte mit konzentriertem Ammoniak übersättigt und dann zum Sieden erhitzt, bis sich der entstandene Niederschlag von Ammoniumskandiumtartrat absetzt. Man saugt heiß ab, kocht den Niederschlag noch einmal mit einer verdünnten Lösung von Ammoniumtartrat aus und verglüht ihn schließlich zu Oxyd. Man erhält so reines Skandiumoxyd, während das Thorium, das aus weinsaurer Lösung mit Ammoniak nicht gefällt wird, im Filtrat bleibt.

Auf die geschilderte Weise kann man die Erdgemenge aus Mineralien in allen Fällen auf Skandium prüfen.

Die bei den Analysenmethoden zur Trennung des Thoriums von den seltenen Erden angegebene Methode mit Jodsäure (Bd. III, S. 220) ermöglicht auch die Trennung des Skandiums vom Thorium.[2]) Thorerde und Skandinerde begleiten einander in allen Mineralien, aus denen Skandium bisher isoliert werden konnte. Skandiumjodat bleibt in stark salpetersaurer Lösung ebenso wie die andern Erden gelöst, während Thoriumjodat ausfällt. Im Gange der quantitativen Analyse eines Minerals gestaltet sich die Trennung und Bestimmung folgendermaßen:

Die mit Oxalsäure abgeschiedenen Erden werden in der üblichen Weise in ihrer Gesamtheit in Form der Oxyde bestimmt. Man löst sie darauf in

[1]) R. J. Meyer u. H. Goldenberg, Nernst-Festschrift 1912.
[2]) R. J. Meyer, Z. anorg. Chem. 71, 65 (1911).

Chlorwasserstoffsäure, dampft zur Trockne ein, nimmt mit Wasser auf und fällt Thorium und Skandium in der Siedehitze mit Ammoniumthiosulfat. Diese Fällung muß zur vollständigen Entfernung der Cerit- und Yttererden nach der Zersetzung des Niederschlags mit Chlorwasserstoffsäure wiederholt werden. Nunmehr wird der Thiosulfatniederschlag mit Salpetersäure zersetzt. Man wäscht den abgeschiedenen Schwefel aus und dampft das Filtrat, das Thorium und Skandium enthält, ein. Der Rückstand wird mit wenig Wasser und einigen Tropfen Salpetersäure aufgenommen und auf etwa 5 ccm verdünnt. Man setzt nun, je nach der Menge des ausfallenden Niederschlags 5—10 ccm der Jodatlösung I (15 g KJO_3, 50 ccm Salpetersäure $\delta = 1,4$ und 100 ccm Wasser) und dann 10—20 ccm der Jodatlösung II (4 g KJO_3, 100 ccm verdünnte Salpetersäure und 400 ccm Wasser) zu, digeriert $^1/_4$ Stunde bei 60—80 ° und läßt die Fällung stehen, bis der Niederschlag vollständig abgesetzt ist. Man filtriert nun das Thoriumjodat ab, wäscht es mit Lösung II aus und spritzt es dann mit Wasser vom Filter in ein Becherglas. Hier wird das Jodat durch Kochen mit Ammoniak zersetzt, worauf das Thoriumhydroxyd abfiltriert, sorgfältig bis zum Verschwinden der Jodatreaktion ausgewaschen und mit dem Filter getrocknet und geglüht wird (ThO_2). Das Filtrat von Thoriumjodat wird in der Siedehitze stark mit Ammoniak übersättigt, worauf man das abgeschiedene Skandiumhydroxyd in der gleichen Weise behandelt und das Oxyd zur Wägung bringt, wie vorher das Thoriumhydroxyd.

Zerlegung der seltenen Erden in Gruppen.

Da die quantitative Trennung der einzelnen Cerit- und Yttererden mit großen Schwierigkeiten verbunden ist, wird man sich bei Mineralanalysen, für die keine größern Mengen von Untersuchungsmaterial zur Verfügung stehen und die in verhältnismäßig kurzer Zeit ausgeführt werden sollen, im allgemeinen begnügen müssen, die Gesamtmenge der seltenen Erden durch Fällung mit Oxalsäure zu bestimmen. Die Fällung wird in der oben angegebenen Weise vorgenommen, das Oxalat getrocknet, geglüht und gewogen. Man erhält auf diese Weise das Gesamtgewicht der Cerit- und Yttererden. Die gewogenen Oxyde werden in Chlorwasserstoffsäure gelöst und mit Kaliumsulfat gefällt.

Die Sättigung mit Kaliumsulfat wird für analytische Zwecke am besten in folgender Weise vorgenommen. In Flaschen von 200—300 ccm Inhalt wird eine heiß gesättigte Lösung von Kaliumsulfat filtriert. Beim Erkalten scheidet sich am Boden eine festhaftende Kruste von Kaliumsulfat aus, während die Flaschen mit kalt gesättigter Kaliumsulfatlösung gefüllt sind.

Aus einer derartig hergerichteten Flasche wird ein Teil der Lösung abgegossen und die Lösung der seltenen Erden eingefüllt; die Flasche sodann mit Kaliumsulfatlösung vollständig angefüllt, dicht verschlossen und mit dem Halse nach abwärts 24 Stunden stehen gelassen.

Es scheiden sich die Ceriterden als Kaliumdoppelsulfate aus und da die Lösung infolge der Kruste von Kaliumsulfat an der Flüssigkeitsoberfläche mit Kaliumsulfat gesättigt bleibt, ist die Abscheidung möglichst vollständig und gleichmäßig.

Es wird jetzt filtriert, das Filtrat mit Ammoniak gefällt, der Niederschlag ausgewaschen bis einige Tropfen des Waschwassers beim Verdampfen keinen merklichen Rückstand hinterlassen, in möglichst wenig Chlorwasserstoffsäure gelöst und mit oxalsaurem Ammon gefällt. Das Oxalat wird nach 12 Stunden abfiltriert, gewaschen, geglüht, gewogen und als „Yttererden" in Rechnung gestellt. Die Gesamtmenge der seltenen Erden abzüglich der Yttererden ergibt die „Ceriterden".

In den Ceriterden kann maßanalytisch das Cer bestimmt werden, so daß in der Analyse angeführt werden: 1. CeO_2, 2. sonstige Ceriterden und 3. Yttererden.

Von den Yttererden wird zweckmäßigerweise eine Atomgewichtsbestimmung ausgeführt und das Atomgewicht in der Analyse angeführt. Da die einzelnen Yttererden ziemlich verschiedene Atomgewichte haben, läßt das Atomgewicht eines Gemisches immerhin einen Schluß auf die Zusammensetzung zu.

Ist das Mineral zirkonhaltig, so bleibt dieses im Filtrat der ersten Oxalsäurefällung und wird dort bestimmt.

Bei einem Thoriumgehalt des Minerals findet sich das Thorium in der ersten Oxalsäurefällung, wo es nach einer der bei den Analysenmethoden des Thoriums angegebenen Methode abgeschieden wird. Die Bestimmung der Cerit- und Yttererden wird dann im Filtrat der Thoriumbestimmung vorgenommen.

Blei, Pb.

Von C. Doelter (Wien).

Blei kommt nur in wenigen selbständigen Sauerstoffverbindungen in der Natur vor, dagegen sehr häufig verbunden mit Schwefel, Antimon oder Arsen. Die Bleiverbindungen, mit Schwefel oder mit Schwefel und den genannten Elementen, dann die selteneren mit Se, Te usw. werden bei den Sulfiden und Analogen behandelt werden, bzw. bei den Sulfosalzen (s. Bd. IV). Außerdem kommt Blei noch in Carbonaten, namentlich in Cerussit vor, dann auch in Silicaten, welche allerdings ziemlich selten sind, ferner in Wolframaten, Chromaten, Vanadaten, Phosphaten, sowie auch in Sulfaten, seltener als Haloid.

Die wichtigsten Bleimineralien sind: Gediegen Blei, die Oxyde: Bleiglätte, Plattnerit, Mennige; die Sulfide und Sulfosalze: Bleiglanz, Kupferbleiglanz, Silberwismutglanz, Zinkenit, Skleroklas, Berthierit, Plagionit, Jamesonit, Dufrenoysit, Boulangerit, Freieslebenit, Bournonit, Nadelerz, Jordanit, Skleroklas, Meneghinit, Geokronit, dann Tellurblei und Selenblei. Von Carbonaten sind zu nennen: Cerussit, Hydrocerussit und Phosgenit (Bd. I, S. 509ff.); von Silicaten die seltenen Mineralien: Ganomalit, Barysilit, Alamosit, Melanotekit, Kenthrolith, Roeblingit, Nasonit, Molybdophyllit. Unter den Sulfaten sind zu nennen: Leadhillit, Lanarkit, Brochantit, Anglesit, Linarit, Caledonit; Chromate sind Rotblei (Krokoit), Phönizit, Vauquelinit; als Molybdat ist der Wulfenit zu nennen, ein Wolframat ist der Stolzit. Unter den Phosphaten sind zu erwähnen: Pyromorphit und Bleigummi; unter den Arseniaten der Mimetesit, Kampylit und Beudantit, Carminit und Polysphärit. Vanadate des Bleis sind der Vanadinit, Descloizit und der Endlichit. Ein antimonigsaures Salz ist Nadorit. Zu den arsenigsauren gehören: Heliophyllit und Ochrolith.

Blei kommt oft in kleinen Mengen in Uranmineralien vor, was wohl mit dessen Umwandlung, welche Blei liefert, zusammenhängt. Endlich sind zu erwähnen die Haloidverbindungen des Bleis, der Cotunnit, dann die Oxychloride Matlockit, Mendipit, Penfieldit, Laurinit, der kupferhaltige Percylith, der jodhaltige Schwarzembergit, sowie der Caracolit.

Analysenmethode der Bleioxyde.

Von **L. Moser** (Wien).

Der **qualitative** Nachweis von Blei in einem Erze oder Hüttenprodukte kann mit Anwendung ganz geringer Substanzmengen in der Weise erbracht werden, daß man mit calcinierter Soda innig mischt, die Mischung durch einen Tropfen Wasser befeuchtet und auf der Kohle vor dem Lötrohr mit der Reduktionsflamme erhitzt. Bei Anwesenheit von Blei erhält man dieses als Metallkorn, während ein geringer Anteil sich als Bleioxyd in Form eines mattgelben Beschlages auf der Kohle festsetzt. Das Metallkorn wird aus dem Kohlengrübchen entfernt, mit Wasser abgewaschen, in den Achatmörser gebracht und flach geschlagen. Man löst es in wenig Salpetersäure, verdünnt die Lösung mit Wasser und kann nun einige Reaktionen auf nassem Wege ausführen.

Durch Zusatz einiger Tropfen verdünnter Schwefelsäure fällt ein weißer Niederschlag aus, der aus Bleisulfat $PbSO_4$ besteht. Da dieses besonders in salpersäurehaltigem Wasser ganz beträchtlich löslich ist, setzt man vorteilhaft bei der Fällung etwas Alkohol (95%) zu, wodurch die Empfindlichkeit der Reaktion bedeutend erhöht wird. Das Bleisulfat ist in einer Lösung von Natriumacetat oder auch in Ammontartarat bei Gegenwart von Ammoniak leicht löslich, unter Bildung einer organischen Komplexverbindung. (Charakteristisch!)

Wird die Bleinitratlösung mit Wasser verdünnt und leitet man Schwefelwasserstoffgas ein, so bildet sich schwarzes Bleisulfid. Enthält die Lösung Cl'-Ionen, so fällt bisweilen ein roter Niederschlag von Bleisulfochlorid Pb_2SCl_2 aus, der wenig beständig ist und durch Wasserzusatz in schwarzes Sulfid übergeht.

Durch Zusatz von Natriumacetat zur Bleinitratlösung bei Gegenwart von Kaliumbichromat fällt gelbes Bleichromat $PbCrO_4$, das in Laugen und Säuren leicht löslich ist.

Kaliumjodid scheidet einen gelben Niederschlag von Bleijodid PbJ_2 ab, der im Überschuß des Jodions unter Bildung von Komplexionen K_2PbJ_4 löslich ist.

Verdünnte Salzsäure bewirkt Bildung von schwerlöslichem weißen Bleichlorid $PbCl_2$, das in heißem Wasser löslich ist.

Die **quantitative** Bestimmung des Bleis, welche früher in Hüttenbetrieben ausschließlich auf trocknem Wege ausgeführt wurde, ist heute wegen der nicht sehr genauen Resultate vielfach durch den nassen Weg verdrängt worden. Handelt es sich bloß um geringere Genauigkeit, dann wird man die Bleibestimmung auf trocknem Wege wegen der raschen Ausführbarkeit vorziehen. Das Prinzip, nach welchem oxydische Erze auf diese Weise untersucht werden, besteht in einem reduzierenden Schmelzen, wobei ein Bleikorn erhalten wird, das dann zur Wägung gebracht werden kann. Bei Gegenwart von Antimon, Arsen oder Zink sind diese Stoffe im Bleiregulus zum Teil enthalten, zum andern Teil bewirken sie einen größeren Bleiverlust zufolge ihrer Flüchtigkeit, welcher $0,5-5\%$ vom wahren Bleigehalte betragen kann. Aus diesem Grunde kann nur dann angeraten werden, die trockne Probe auszuführen, wenn der Gehalt des Erzes an Fremdmetallen ein sehr kleiner ist.

Es werden zirka 5 g des oxydischen Erzes in einem Tonscherben oder in einer Tüte mit 5 Teilen Pottasche, 1 Teil Mehl und 1 Teil Borax innig gemischt, dann folgt eine Decke von Kochsalz. Der bedeckte Tiegel wird im Muffelofen vorerst gelinde, dann bis zur Rotglut erhitzt, wobei die Masse schmilzt, was meistens nach 15—20 Minuten der Fall ist. Die Schmelze wird nun in eine mit Graphit bestrichene, gußeiserne Form gegossen und hier erstarren gelassen. Nach vollständigem Erkalten wird der Bleiregulus von der Schlacke durch Klopfen und Bürsten befreit, mit heißem Wasser und Alkohol gewaschen und gewogen.

Enthält das Erz viel Schwefel und Arsen, dann wird Eisen in Form von Draht oder Band dem Flußmittel hinzugefügt, oder man befreit das Erz vom Schwefel durch ein dem Schmelzen vorhergehendes Totrösten.

Bleiglätten, welche Arsen, Antimon, Wismut, Kupfer, häufig auch Zinn und Eisen enthalten, werden mit der 5—6fachen Menge gleicher Teile Soda und Schwefel im bedeckten Tiegel aufgeschlossen, die erkaltete Schmelze mit Wasser ausgelaugt und filtriert. Der Rückstand besteht aus den Sulfiden von Blei, Kupfer, Wismut und Eisen, während die Lösung Arsen, Zinn und Antimon in Form ihrer Sulfosalze enthält. Der Rückstand wird in verdünnter Salpetersäure (1 : 4) gelöst und die Lösung unter Zusatz von Schwefelsäure, vorerst am Wasser- dann am Sandbade eingedampft, bis sich SO_3-Dämpfe entwickeln. Nach dem Erkalten wird mit Wasser verdünnt und vom Bleisulfat abfiltriert. Das Waschen desselben geschieht vorerst mit verdünnter Schwefelsäure und schließlich wird die letztere durch 3 maliges Waschen mit Alkohol (95 %) verdrängt. Das Bleisulfat wird samt dem Filter bei möglichst niedriger Temperatur im Porzellantiegel erhitzt und schließlich schwach geglüht. Wird die Glühoperation zu lang ausgedehnt, so verwandelt sich ein Teil des Sulfates in Bleioxyd. Durch Abrauchen mit verdünnter Schwefelsäure kann dieser Fehler wieder behoben werden. Um sicher zu sein, daß man nicht zu stark erhitzt, bringt man den Tiegel in einen größern Tiegel, so daß beide Tiegelböden beiläufig 1 cm voneinander entfernt sind, und nun kann der größere Tiegel, der als Luftbad dient, unbekümmert auf starke Rotglut gebracht werden, ohne daß Zersetzung des Bleisulfats eintritt. Zur Prüfung auf Reinheit kann man das Sulfat nach der Wägung mit einer Lösung von Natriumacetat erwärmen, es muß sich ohne Rückstand lösen.

Eine einfache und rasche Bleibestimmung, z. B. bei Mennige, wird derart ausgeführt, daß man diese in Salzsäure löst und die Abscheidung des Bleis aus der Lösung durch Zugabe von reinem Zink bewirkt. Man löst 0,5 g der Probe in 25 ccm Salzsäure (25 %) unter Erwärmen, verdünnt nach erfolgter Lösung mit Wasser, fügt 1 g reines Zink hinzu und erwärmt im Wasserbade bis zur vollständigen Lösung des Zinks, wobei sich das Blei als Schwamm abscheidet. Das Ende der Reaktion erkennt man dadurch, daß man ein Stück Magnesiumband in die Flüssigkeit bringt, das vollkommen blank bleiben muß. Der Bleischwamm wird mit einem Glasstabe zusammengedrückt, abfiltriert, mit heißem Wasser und schließlich mit Alkohol gewaschen, getrocknet und gewogen.

Auch die elektrolytische Bestimmung des Bleis als Superoxyd PbO_2 wird vielfach angewendet. Bedingung für gutes Ausfallen des Niederschlags ist die Gegenwart von freier Salpetersäure, dagegen müssen Cl'-Ionen und womöglich auch SO_4''-Ionen ausgeschlossen sein. Man arbeitet mit Akkumulatorenstrom (0,05 Amp. pro 100 cm²), die Spannung braucht nicht mehr wie 2 Volt betragen. Vorteilhaft ist es, wenn die Anode eine rauhe Oberfläche besitzt, wodurch ein gutes Haften des Niederschlags erzielt wird. Es kann so das Blei von geringen Mengen Cu, Zn, Fe, Ni, Co, Mn und Sb getrennt werden.

Gediegenes Blei.

Von C. Doelter (Wien).

Dieses Mineral ist sehr selten, da manche Vorkommen sich als künstliche erwiesen, welche aus Schmelzen stammen.

Analysen von unzweifelhaft natürlichem Blei fehlen. Als Hüttenprodukt ist es nicht selten, doch sind mehrere Vorkommen Legierungen, z. B. aus der Marienhütte (Oberschlesien) Pb_2Fe, aus der Königsberger Hütte, Pb_1Ag_5; es ist leicht kristallisiert aus Schmelzen zu erhalten, wenn man die obere Decke der eben an der Oberfläche erstarrten Schmelze durchstößt, und diese abfließen läßt.

R. Durocher[1] erhielt Kristalle durch Reduktion von $PbCl_2$ mit Schwefelwasserstoff bei Rotglut. Aus wäßrigen Lösungen erhält man es nach F. Wöhler,[2] wenn man Blei in eine von reinem Wasser überlagerte Lösung des Nitrats oder Acetats taucht. Allgemein bekannt ist die Zersetzung von Bleinitrat durch den elektrischen Strom. Wie sich in der Natur gediegen Blei bildet, ist nicht festgestellt; wahrscheinlich entsteht es aus Bleiglanz, wie aus der Paragenesis zu schließen ist, und kann aus diesem reduziert sein.

Physikalisch-chemische Eigenschaften. Härte 1—2. Dichte der natürlichen Vorkommen 11,37. Brechungsquotient für Rot 1,97, für Natriumlicht 2,01.

Schmelzpunkt. In verdünnter Salpetersäure löslich. Charakteristische Reaktionen sind unten angeführt.

Bleidioxyd (PbO_2). Plattnerit.

Tetragonal, $a:c:1 = 0,67643$ nach E. F. Ayres.[3]

Analyse. Nach Lösung in Salzsäure wird' Blei nach den gewöhnlichen Methoden bestimmt (näheres siehe darüber S. 206).

R. Plattner untersuchte ein Bleioxyd von Leadhills und fand 86,2% Blei. Auch eine Spur von Schwefelsäure fand sich vor (vgl. C. F. Rammelsberg).[4] Die theoretische Zusammensetzung ist nach demselben:

$$Pb \ . \ . \ . \ . \ . \ . \ . \ 86,6$$
$$O \ . \ . \ . \ . \ . \ . \ . \ 13,4$$

[1] R. Durocher, C. R. **32**, 823 (1851).
[2] F. Wöhler, Ann. Chem. Pharm. **85**, 253 (1853).
[3] E. F. Ayres, Am. Journ. **43**, 411 (1892).
[4] C. F. Rammelsberg, Mineralchemie (Leipzig 1875), 175.

Neuere Analysen.

	1.	2.	3.	4.
ZnO	—	0,07	0,07	—
Al_2O_3	—	0,28	—	—
Fe_2O_3 . . .	1,12	5,69	5,86 (Fe,Al)	1,20
SiO_2	1,62	2,68	3,00*	0,82
PbO_2	96,63	90,99	91,03	96,13
(Pb berechnet) .	(83,69)	—	—	(83,20)
Cu	—	—	—	0,14
Ag	—	—	—	Spur
	99,37	99,71	99,96	98,29

Sämtliche Analysen sind an dem Vorkommen von You Like (Idaho, U.S. Am.) ausgeführt und zwar 1. von H. A. Wheeler, Am. Journ. **38**, 79 (1889); 2. und 3. anal. J. D. Hawkins, ebenda **38**, 165; endlich 4. von W. Yeates, ebenda **43**, 109 (1892). * und Al_2O_3.

Chemische und physikalische Eigenschaften. Dichte 8,56, Härte 5. Optisch negativ (bei künstlichen Kristallen).[1]

Halbmetallischer Glanz, oft diamantartig. Eisenschwarz mit kastanienbraunem Strich.

Leitet nach C. Beijerinck[2] die Elektrizität.

Vor dem Lötrohr leicht schmelzbar; auf Kohle, namentlich bei Zusatz von Soda ein Bleikorn gebend. Färbt die Flamme blau.

In Salzsäure leicht, in Salpetersäure dagegen schwer löslich; dabei Chlorentwicklung mit Salzsäure.

Spezifische Wärme: 0—100° 0,03155 (W. Jaeger u. H. Dieselhorst)[3]
0—300° 0,63380 (Maccari),
250—0° 0,01429 (W. Nernst u. F. A. Lindemann).

Vorkommen und Genesis. Plattnerit kommt mit Leadhillit, Pyromorphit, Cerussit und Limonit vor und dürfte sich aus Pyromorphit und auch Leadhillit durch Umwandlung gebildet haben.

Synthese.

Das auf gewöhnlichem Wege der Fällung erhaltene Bleisuperoxyd ist amorph, hat eine höhere Dichte 8,756—8,902 und ist dunkelrotbraun.

Eine Synthese wurde von L. Michel ausgeführt.[4]

Er wandte eine von A. C. Becquerel vorgeschlagene Methode an, indem er Bleioxyd mit Kalihydrat zusammenschmolz; L. Michel nahm auch Bleicarbonat, welches er mit Kalium- und Natriumnitrat bei 300° erhitzte. Er erhielt tetragonale, gerade auslöschende Prismen von orangegelber Farbe. Diese Kristalle sind PbO (Mennige), während die erstgenannte Methode dünne Prismen, einachsig, negativ von dunkelbrauner Farbe gab. Daneben bildeten sich auch die erstgenannten Mennigekristalle.

A. Geuther[5] erhielt bei Versuchen zur Herstellung von PbO auch Kristalle von PbO_2, als er auf die Lösung von Bleioxyd in schmelzendem

---

[1] C. Hintze, Mineralogie I, 1717.
[2] C. Beijerinck, N. JB. Min. etc. Beil.-Bd. **11**, 455 (1897).
[3] Literatur siehe in Landolt-Börnsteins Tabellen (Berlin 1912), 780.
[4] L. Michel, Bull. Soc. min. **13**, 56 (1890).
[5] A. Geuther, Ann. d. Chem. **219**, 56 (1883).

Kaliumhydrat Sauerstoff leitete; es waren tombackbraune Kristalle, welche die Zusammensetzung

$$68,6 \; PbO_2, \quad 9,3 \; PbO, \quad 21,9 \; K_2O$$

zeigten. Nach O. Lüdecke[1]) sind sie hexagonal, optisch negativ. Es sind Verwachsungen von PbO_2 mit PbO.

Mennige (Pb_3O_4).

Synonyma: Minium.
Tetragonal.

Analysen. Von natürlichen Vorkommen gibt es nur sehr wenig Analysen, so daß C. F. Rammelsberg in seiner Mineralchemie[2]) noch die Bemerkung machte, daß bis 1875 keine Analyse vorhanden war.

	1.		Zusammensetzung des unlösl. Rückstands.
Pb als PbO berechnet	91,39	CaO	0,28
Fe_2O_3	0,80	Al_2O_3 u. Fe_2O_3	0,41
V_2O_5	0,52	SiO_2	2,00
Unlöslich in HCl	7,51	[Pb	[4,42]
	———	PbS	5,08
	100,22		———
			7,77

1. Von der Rock Mine bei Leadville mit Cerussit und Bleiglanz; anal. J. Dawson Hawkins, Am. Journ. **39**, 43 (1890).

Formel. Die Verbindung kann aufgefaßt werden als Pb_3O_4 oder als $2PbO . PbO_2$ oder $PbO . Pb_2O_3$. Manche fassen sie jedoch als ein Salz einer Säure H_4PbO_4, ähnlich der Orthokieselsäure auf, und wäre demnach die Mennige das Bleioxydulsalz dieser Säure, Pb_2PbO_4.[3])

Eigenschaften. Vor dem Lötrohr leicht schmelzbar, auf Kohle gibt es ein Bleikorn, von HCl unter Chlorentwicklung zersetzt, was auf ein Oxyd deutet. Dichte 4,6. Härte 2—3. Farbe morgenrot, Strich pomeranzengelb; schwach fettglänzend.

Pseudomorphosen nach Bleiglanz und Cerussit.

Synthese. L. Michel[4]) erhielt kristallisierte Mennige, als er nach dem Verfahren von A. C. Becquerel operierte (vgl. oben).

Was die Bildungsweise dieser Verbindung anbelangt, so ist es wahrscheinlich, daß sie eine sekundäre ist und daß sie aus Bleiglanz oder Cerussit sich bildet, worauf die Pseudomorphosen hinweisen. Nach v. Nöggerath wäre übrigens ein Teil der Mennige kein Naturprodukt, sondern Kunstprodukt der Bleihütten.

Bleioxyd, Bleiglätte (PbO).

Synonyma: Massicot.

Dieses Oxyd kommt, wenn auch selten in der Natur vor, eine Analyse ist mir nicht bekannt.

---

[1]) O. Lüdecke, Z. Kryst. **11**, 107 (1886).
[2]) C. F. Rammelsberg, Mineralchemie (Leipzig 1875).
[3]) P. Groth, Chem. Kristallogr. (Leipzig 1906) II.
[4]) L. Michel, Bull. Soc. min. **1**, 56 (1890).

Synthese. Diese wurde von A. C. Becquerel[1] ausgeführt, indem er das amorphe Oxyd mit einem Überschuß von Kali schmolz; es bildeten sich rechteckige Lamellen. Houton Labillardière[2] löste Bleioxyd in Ätznatron und ließ die Lösung innerhalb mehrerer Monate verdunsten; es bildeten sich weiße rhombendodekaederartige Kristalle. Ein ähnliches Resultat (grünlichgelbe rhombische Kristalle) erhielt A. Payen[3] durch langsame Zersetzung einer Lösung von Bleiacetat durch einen Überschuß von Ammoniak. Tünneman,[4] machte die Beobachtung, daß die Sonnenstrahlen diese Umsetzung beschleunigten.[5]

A. C. Becquerel erhielt auch grünliche bis gelbliche, rhombische Kristalle auf elektrolytischem Wege, als er in eine Lösung, welche $SiO_2 + KOH$ enthielt, einen mit Kupferdraht umwickelten Bleistab tauchte.

Nach F. Fouqué und A. Michel-Lévy[6] bildet sich ein flockiger Niederschlag von Bleioxydhydrat, wenn man ein Bleigefäß mit Wasser an der Luft sich selbst überläßt, wobei sich jedoch daneben auch einzelne Kristalle des wasserfreien Oxyds bilden.

F. Calvert[7] ließ kochendes Natronhydrat auf Bleioxyd wirken und erhielt rosenfarbene, rhombische Kristalle.

In der Industrie bekommt man dieses Produkt sowohl auf nassem Wege als auch auf trockenem; beim Schmelzen des Bleioxyds erhält man eine kristalline Masse, welche man früher als aus Rhombendodekaedern zusammengesetzt erachtete, bis E. Mitscherlich[8] bewies, daß die Kristalle rhombisch seien. Man erhält auch Kristalle, wenn man Bleicarbonat mit dem Lötrohre auf einer nicht reduzierenden Unterlage schmilzt.[9]

Eigenschaften. Farbe wachs- bis pomeranzengelb. Derb bis feinschuppig.

Vorkommen. In der Natur kommt Bleiglätte mit Blei und Bleiglanz vor.

Thorium.
Von C. Doelter (Wien).

Allgemeines.

Thorium kommt in Mineralien in Oxyden und in einigen Silicaten und, wie wir gesehen haben, besonders in den Silicotitanoniobaten und Titanoniobaten vor (vgl. S. 91 ff.). Eigentliche Thorate kommen in der Natur nicht vor; dagegen gibt es Salze, welche außer Kieselsäure Thorsäure enthalten; diese werden in der Folge aufgezählt werden, so daß es nicht notwendig ist, sie hier besonders anzuführen.

Das Thorium kommt in den Mineralien als ThO_2 vor.

---

[1] A. C. Becquerel, Ann. chim. phys. **51**, 105.
[2] Houton Labillardière, J. ph. **3**, 335.
[3] A. Payen, Ann. chim. phys. **66**, 51.
[4] Tünneman, Karstens Arch. **19**, 339.
[5] Vgl. auch den Versuch v. H. Behrens bei P. v. Tschirwinsky, Reprod. artif. d. minéraux (Kiew 1903 bis 1906), 256.
[6] F. Fouqué u. A. Michel-Lévy, Synth. min. (Paris 1882) 386.
[7] F. Calvert, Ann. chim. phys. **8**, 253 (1843).
[8] E. Mitscherlich nach F. Fouqué u. A. Michel-Lévy, l. c. 385 (1881).
[9] Nach P. v. Tschirwinsky, l. c.

Außerdem kommt Thorium auch in vielen anderen Mineralien in kleinen Mengen vor, so in den Uranaten, in manchen Phosphaten; ob es sich dabei um chemische Bindung oder um feste Lösung oder nur um mechanische Beimengung handelt, läßt sich nicht sagen, doch ist der erstgenannte Fall zumeist unwahrscheinlicher, obgleich es ja nicht ausgeschlossen ist, daß ThO_2 sich starken Säuren gegenüber, wie z. B. Phosphorsäure, als Basis verhält, während dies gegenüber schwachen Säuren wie Kieselsäure (auch wohl Uransäure) schwerer anzunehmen ist.

Die qualitative Prüfung auf Thorium und die quantitative Bestimmung werden zuerst behandelt.

Die Thoriummineralien zeichnen sich durch Radioaktivität aus; es wurde daher ein allgemeiner Artikel über Radioaktivität, welcher sich sowohl auf thoriumhaltige, wie auch uranhaltige Mineralien bezieht, bei Thorium eingeschaltet.

Die Analysenmethoden zur Bestimmung und Trennung des Thoriumoxyds.

Von **K. Peters** (Atzgersdorf bei Wien).

Qualitative Reaktionen zum Nachweis des Thoriums.

Im Analysengang wird die Gruppe der seltenen Erden durch einen Überschuß von Oxalsäure gefällt; die Oxalate der seltenen Erden sind in einem Überschuß von Oxalsäure selbst bei Gegenwart von etwas freier Salzsäure schwer löslich; das Thoriumoxalat selbst ist so gut wie unlöslich. Nur Zirkon wird von der überschüssigen Oxalsäure vollständig gelöst.

Kocht man die ausgewaschenen Oxalate mit einer gesättigten Lösung von oxalsaurem Ammon, so gelingt es bei Anwesenheit von Thorium, dieses herauszulösen. Beim Verdünnen der erkalteten Lösung fallen geringe Mengen von mitgelösten Oxalaten der Ytererden wieder aus, während das Thorium in Lösung bleibt, wenn die Lösung an Thoriumoxalat nicht gesättigt war.[1] Säuert man das Filtrat mit Chlorwasserstoffsäure an, so fällt Thoriumoxalat aus.

Werden die ausgewaschenen Oxalate schwach geglüht, die erhaltenen Oxyde in Salzsäure gelöst, die Lösung zur Trockne eingedampft, um die Salzsäure möglichst zu entfernen und die beim Aufnehmen des Rückstands mit Wasser erhaltene neutrale Lösung mit einer gesättigten Lösung von Natriumthiosulfat gekocht, so fällt Thorium aus, während die andern seltenen Erden mit Ausnahme von Skandium in Lösung bleiben.

Näheres ist bei der quantitativen Trennung der seltenen Erden angegeben.

Versetzt man die neutrale oder ganz schwach salzsaure Lösung mit Wasserstoffsuperoxyd und erwärmt auf 60°, so scheidet sich Thoriumperoxyd als durchsichtiger gelatinöser Niederschlag ab. Bei Gegenwart von Ceriterden ist der Niederschlag durch mitgefallenes Cer gelblich gefärbt. Zirkon fällt ebenfalls mit Wasserstoffsuperoxyd; ist dessen Anwesenheit nicht ausgeschlossen, so muß der Niederschlag nach dem Auswaschen in Chlorwasserstoffsäure gelöst und die Lösung mit einem Überschuß von Oxalsäure versetzt werden;

---

[1] O. Hauser u. F. Wirth, Z. anorg. Chem. **78**, 75 (1912).

dabei scheidet sich Thorium als Oxalat ab, während das Zirkonoxalat in Lösung geht.

Die angegebenen Reaktionen sind nur in neutraler oder ganz schwach salzsaurer Lösung durchführbar, bedingen auch, daß die Lösung phosphorsäurefrei ist, da aus neutralen Lösungen beim Verdünnen Phosphate ausfallen.

Erst in den letzten Jahren wurden zwei Reaktionen angegeben, die sehr empfindlich sind und in stark sauren Lösungen einen Nachweis des Thoriums gestatten.

Einen empfindlichen Nachweis des Thoriums hat man in der Fällung mit Kaliumjodat in salpetersaurer Lösung.[1]) Bedingung für das sichere Gelingen der Reaktion ist, daß die Lösung stark sauer ist, damit die Jodate der andern Erden in Lösung bleiben und daß ein starker Überschuß des Fällungsmittels verwendet wird, um die Löslichkeit des Thoriumjodats in der Säure herabzudrücken. Für die Ausführung der Reaktion benutzt man eine konzentrierte (I) und eine verdünnte Lösung (II) von Kaliumjodat in Salpetersäure. Lösung I enthält: 15 g KJO_3, 50 ccm Salpetersäure von $\delta = 1,4$ und 100 ccm Wasser. Lösung II enthält: 4 g KJO_3, 100 ccm Salpetersäure von $\delta = 1,2$ und 400 ccm Wasser.

Von der auf Thorium zu prüfenden Lösung, die keine freie Salzsäure enthalten soll, werden 2 ccm mit 5 ccm der Lösung I versetzt, wobei Thoriumjodat und auch ein Teil der andern Erden ausfällt; man verdünnt nun mit 10 ccm der Lösung II, mischt und kocht einmal auf. Thoriumjodat bleibt ungelöst, während die Jodate der Cerit- und Yttererden vollständig in Lösung gehen. Durch weiteren Zusatz einiger Kubikzentimeter der Lösung II überzeugt man sich davon, daß der Niederschlag bestehen bleibt. Die Grenze der Nachweisbarkeit liegt bei einer Konzentration von etwa 0,1 g ThO_2 im Liter.

Zirkon gibt mit Jodsäure die gleiche Reaktion wie Thorium. Da aber Zirkoniumjodat im Gegensatz zu Thoriumjodat in Oxalsäure leicht löslich ist, so ist in Fällen eines Zweifels der Jodatniederschlag abzufiltrieren, auszuwaschen, vom Filter abzuspritzen und mit Oxalsäure zu behandeln.

Auch Cerisalze werden durch Jodsäure in salpetersaurer Lösung gefällt; deren Anwesenheit läßt sich aber leicht vermeiden, indem man die auf Thorium zu prüfende Lösung vorher mit wenig schwefliger Säure kocht.

Der empfindlichste Nachweis des Thoriums, der bekannt ist, beruht auf der Fällung mit Natriumsubphosphat.[2])

Zur Ausführung der Reaktion wird die zu prüfende Lösung mit Salpetersäure stark angesäuert und mit einigen Tropfen einer Lösung von Natriumsubphosphat ($NaHPO_3 . 2H_2O$) versetzt. Bei einigermaßen erheblichem Thoriumgehalt scheidet sich sogleich ein flockiger, weißer Niederschlag ab, während bei sehr geringen Thoriummengen die Abscheidung durch Erwärmen oder längeres Stehen befördert wird. Der Nachweis gelingt noch bei einem Gehalt von weniger als 0,0001 g ThO_2 in 1 ccm Lösung, die außerdem etwa 6 % HCl enthält.

Bei Ausführung dieser Reaktion muß beobachtet werden, daß auch Titan und Zirkon von Subphosphat in saurer Lösung gefällt werden. Da Pertitan-

---

[1]) R. J. Meyer u. H. Speter, Chem.-Ztg. **34**, 306 (1910). — R. J. Meyer, Z. anorg. Chem. **71**, 65 (1911). — R. J. Meyer u. O. Hauser, Analyse der seltenen Erden, 171 (1912).
[2]) M. Koss, Chem.-Ztg. **36**, 686 (1912).

säure nicht mit Subphosphat fällt, versetzt man bei Anwesenheit von Titan die zu prüfende Lösung mit Wasserstoffperoxyd. Bei Gegenwart von Zirkon fällt man beide Elemente in der angegebenen Weise mit Subphosphat, wäscht den Niederschlag aus, oxydiert ihn durch konzentrierte Schwefelsäure und einige Tropfen Salpetersäure und fällt die Lösung mit Oxalsäure, wobei Zirkon gelöst bleibt; ein Oxalatniederschlag zeigt also sicher Thorium an.

Abscheidung und Bestimmung des Thoroxyds. [1]

Das Thoriumoxyd kann aus einer Lösung, die keine andern feuerbeständigen Substanzen enthält, durch Abdampfen und Glühen des Rückstands erhalten und als solches gewogen werden. Auch die Schwefelsäure läßt sich von dem Thoriumoxyd durch Glühen vollständig verflüchtigen.

Will man geglühtes Thoriumoxyd wieder auflösen, so muß man es sehr fein gepulvert längere Zeit mit konzentrierter Schwefelsäure bis zum Verdampfen dieser erhitzen oder mit saurem schwefelsaurem Alkali schmelzen; in Chlorwasserstoffsäure ist geglühtes Thoroxyd fast unlöslich.

Aus den Auflösungen kann das Thoriumoxyd durch Kalihydrat oder Ammoniak vollständig gefällt werden, wenn keine Weinsäure oder Citronensäure zugegen ist. Der Niederschlag von Thoriumhydrat ist unlöslich in einem Überschuß des Fällungsmittels, wird aber durch kohlensaure Alkalien, besonders durch kohlensaures Ammonik, aufgelöst.

Am zweckmäßigsten fällt man das Thoriumoxyd durch Oxalsäure. Die Fällung ist vollständig, da das Thoriumoxalat in Oxalsäure wie auch in verdünnten stärkeren Säuren nicht löslich ist; selbst $10\,^0/_0$ige Chlorwasserstoffsäure löst nur Spuren von Thoriumoxalat. Den Niederschlag wäscht man mit Wasser aus, dem etwas Oxalsäure zugefügt ist, weil bei Anwendung von reinem Wasser das Waschwasser leicht trübe durch das Filter geht. Durch Glühen erhält man reines Thoriumoxyd in höchst fein verteiltem Zustand, so daß man es nicht zu pulvern braucht, wenn es wieder aufgelöst werden soll.

Nach J. J. Berzelius kann das Thorium durch Kaliumsulfat gefällt werden. Man setzt zu diesem Zweck der Thoriumlösung eine heiß gesättigte Lösung von Kaliumsulfat im Überschuß zu, so daß beim Erkalten etwas Kaliumsulfat auskristallisiert. Wenn die Thoriumlösung sehr sauer ist, so neutralisiert man sie zweckmäßig vor dem Zusetzen des Kaliumsulfats annähernd durch Kalihydrat.

Trennung des Thoriumoxyds.

Von den Elementen, die aus sauren Lösungen durch Schwefelwasserstoff gefällt werden, läßt sich das Thoriumoxyd auf diese Weise trennen.

Durch Oxalsäure kann das Thoriumoxyd von der Titansäure, dem Zinnoxyd, Uranoxyd, Berylliumoxyd, Aluminiumoxyd, Manganoxyd, Magnesiumoxyd und den Alkalien getrennt werden. Bei der Trennung von Eisenoxydul und Manganoxydul muß die Flüssigkeit eine genügende Menge von Chlorwasserstoffsäure enthalten, damit das Thoriumoxalat frei von Eisen und Mangan fällt.

---

[1] H. Rose u. R. Finkener, Handbuch d. anal. Chem. II, 325 (1871).

Trennung des Thoriums von Uran. [1])

Man setzt der thorium- und uranhaltigen Lösung die etwa fünffache Menge Hydroxylaminchlorhydrat zu (auf 0,25—0,5 g Oxyd 2—5 g Hydroxylamin) und fällt in der Kochhitze durch einen Überschuß von Ammoniak das Thoriumoxyd.

Da die Gasentwicklung hierbei sehr stark ist, so erscheint die Verwendung eines hohen bedeckten Becherglases geboten. Den so erhaltenen weißen, voluminösen Niederschlag kocht man zunächst einige Minuten lang, läßt einige Zeit auf dem Wasserbad stehen und filtriert den Niederschlag. Da die erste Ausscheidung aber geringe Uranmengen einschließt, so löst man sie wieder mit verdünnter heißer Chlorwasserstoffsäure auf dem Filter und fällt noch einmal. Es genügt jedoch in letzterem Falle der Zusatz einer geringeren Menge von Hydroxylamin, um alles Uran völlig in Lösung zu halten.

Der gesammelte und mit heißem Wasser gewaschene Niederschlag wird getrocknet, geglüht und gewogen.

Trennung des Thoriums von Zirkon. [2])

Das vorliegende Gemisch beider Erden wird mit der 20—25fachen Menge Natriumhydrosulfat im Platintiegel genügend lange geschmolzen, die weiße erkaltete Schmelze in 250 ccm kaltem Wasser gelöst, bis zum Kochen erhitzt und schließlich mit einer konzentrierten heißen Lösung von Ammonoxalat in größerem Überschuß versetzt. Zuerst fällt ein dicker Niederschlag aus, der durch das überschüssige Reagens leicht wieder in Lösung geht. Ein etwa ungelöst verbleibender körniger Niederschlag besteht aus Ceriterdoxalaten, die noch in Spuren vorhanden sein können, wovon man alsdann nach dem Erkalten der Flüssigkeit abfiltriert. Das klare Filtrat ist nun in der Kochhitze mit kochender konzentrierter Chlorwasserstoffsäure zu versetzen, wobei sich ein kristallinischer Niederschlag bildet. Man läßt zwei Stunden lang im Wasserbad stehen und filtriert. Der Niederschlag wird mit einer 5%igen Lösung von Ammonoxalat in (1 : 4) verdünnter Chlorwasserstoffsäure gewaschen. Nach dem völligen Auswaschen trocknet man den Niederschlag bei 100°. Dieses Oxalat besitzt schneeweiße Farbe und liefert beim Glühen ungefärbtes Thoriumoxyd.

Trennung des Thoriums von Eisen und Mangan. [3])

Thorium kann in ähnlicher Weise wie Titan und Zirkonium und gemeinsam mit diesen von Eisen und Mangan durch Natriumacetat getrennt werden, wenn man dafür sorgt, daß Eisen nur in der Ferroform vorhanden ist. Nach Reduktion mit Schwefelwasserstoff und Neutralisation geschieht die Fällung in der gleichen Weise, wie bei der Trennung des Titans von Eisen mittels Natriumacetat angegeben (Bd. III, S. 10); auch hier ist sorgfältig vor Luft-

---

[1]) P. Jannasch u. G. Schilling, Journ. prakt. Chem. **72**, 26 (1905).
[2]) P. Jannasch, Gewichtsanalyse, (Leipzig 1904), 430.
[3]) M. Dittrich u. S. Freund, Z. anorg. Chem. **56**, 348 (1908).

zutritt zu schützen. Es ist nur etwas stärker — etwa auf 500—600 ccm — zu verdünnen und 1—2 Stunden lang unter Ersatz des verdampfenden Wassers im Kohlensäurestrom zu kochen. Der Niederschlag wird nach dem Absitzen- lassen rasch filtriert, mit heißem Wasser gut ausgewaschen und mit Ammonium- carbonat zur leichteren Entfernung der mitgerissenen Schwefelsäure erhitzt. Durch starkes Glühen bis zur Gewichtsbeständigkeit erhält man Thorium- oxyd. Ist dieses nicht weiß, so ist es noch eisenhaltig und die Fällung ist zu wiederholen.

Titan kann neben Thorium kolorimetrisch bestimmt werden. Das Gewicht des vorhandenen Thoroxyds ergibt sich aus der Differenz der Oxyde.

Von **Manganoxyd**, den **alkalischen Erden** und den **Alkalien** kann das Thoroxyd durch Ammoniak getrennt werden, nur ist bei Gegenwart von alkalischen Erden ein Überschuß von Ammoniak zu vermeiden.

Da das Thorium bei Gegenwart von Weinsäure durch Ammoniak und Schwefelammonium nicht gefällt wird, so läßt es sich wie die Titansäure da- durch von vielen Metallen trennen.

Die Löslichkeit des Thoriums in kohlensaurem Ammon auch bei Gegen- wart von Schwefelammonium kann ebenfalls zur Trennung benutzt werden.

Von **Beryllium-** und **Aluminiumoxyd** kann das Thoroxyd auch durch einen Überschuß von Kalihydrat getrennt werden. Bei Gegenwart von Beryllium darf die Lösung nicht erhitzt werden.

Trennung des Thoroxyds von den Cerit- und Yttererden. Trennung mit Thiosulfat. [1]

Man fällt die neutrale Lösung der gemischten Oxyde (1 g Oxyd auf 300 ccm verdünnt) kochend mit einem Überschuß von Natriumthiosulfat. Man erhält einige Minuten im Sieden, wodurch der Niederschlag so weit zu- sammenballt, daß man sofort filtrieren kann. Der Niederschlag wird am Filter mit Wasser vollständig ausgewaschen und mit heißer Salzsäure wieder gelöst. Der hierbei ungelöst bleibende Schwefel wird mit dem Filter ver- brannt, die Asche mit saurem schwefelsaurem Kali geschmolzen, die Schmelze mit Wasser und Salzsäure gelöst und die Lösung mit Ammoniak gefällt. Der Ammoniakniederschlag wird abfiltriert, ausgewaschen, in Salzsäure gelöst und die erhaltene Lösung mit der Hauptlösung vereinigt. Diese Lösung wird am Wasserbad möglichst eingedampft, der Rückstand mit Wasser und einigen Tropfen verdünnter Salzsäure aufgenommen und die stark verdünnte Lösung nochmals mit unterschwefligsaurem Natron gefällt. Der Niederschlag (a) wird abfiltriert und ausgewaschen.

Die bei der ersten und zweiten Fällung mit unterschwefligsaurem Natron erhaltenen Filtrate werden mit Ammoniak gefällt, die Niederschläge abfiltriert, vollständig ausgewaschen, in Salzsäure gelöst und die vereinigten Lösungen verdampft. Der Rückstand wird mit Wasser und einigen Tropfen Salzsäure aufgenommen und die verdünnte Lösung wieder kochend mit unterschweflig- saurem Natron gefällt. Der entstandene geringe Niederschlag wird abfiltriert,

---

[1] E. Hintz und H. Weber, Z. anorg. Chem. **36**, 27 (1897).

vollständig ausgewaschen, wieder in Salzsäure gelöst und die Fällung in der fast neutralen Lösung mit Thiosulfat nochmals wiederholt. Der Niederschlag (b) wird abfiltriert und ausgewaschen. Die Niederschläge a und b werden in einem Tiegel geglüht und als ThO_2 gewogen.

Trennung mit oxalsaurem Ammon.

Zur Bestimmung in Thorit wurde folgende Methode ausgearbeitet[1]):
1 g Substanz wird mit konzentrierter Salzsäure aufgeschlossen, die von Kieselsäure, Blei oder Kupfer befreite Lösung auf 200 ccm gebracht und heiß mit Oxalsäure (1 g) gefällt. Nach zweitägigem Stehen wird der Niederschlag abfiltriert, mit Wasser gewaschen und mit 60 ccm einer kalt gesättigten Lösung von oxalsaurem Ammon mehrere Stunden lang im kochenden Wasserbad digeriert. Man verdünnt alsdann auf 300 ccm, läßt zwei Tage lang in der Kälte stehen, filtriert und wäscht mit Wasser aus, dem man eine Spur oxalsaures Ammon zusetzt. Das Filtrat wird erhitzt und mit 5 ccm Salzsäure ($\delta = 1,17$) versetzt.
Der bei der Behandlung mit oxalsaurem Ammon ungelöst gebliebene Rückstand wird nochmals mit 20 ccm einer kalt gesättigten Lösung von oxalsaurem Ammon längere Zeit erhitzt, die Flüssigkeit alsdann auf 100 ccm verdünnt und weiter wie bei der ersten Behandlung verfahren. Zum Ansäuern des Filtrats verwendet man 1,7 ccm Salzsäure. Ergibt sich hierbei noch eine wägbare Fällung, so ist die Behandlung mit oxalsaurem Ammon ein drittes und gegebenenfalls ein viertes Mal zu wiederholen.
Die durch Fällung mit Salzsäure erhaltenen Niederschläge von Thoriumoxalat werden nach zweitägigem Stehen auf einem Filter gesammelt und mit Wasser ausgewaschen, das eine sehr geringe Menge Salzsäure enthält. Der Niederschlag wird geglüht und gewogen.
Das gewogene Thoroxyd enthält noch immer eine gewisse Menge fremder Erden, weil die Oxalate der Cerit- und Ytererden in oxalsaurem Ammon auch nach dem Verdünnen nicht vollkommen unlöslich sind.
Man schließt daher den gewogenen Niederschlag mit saurem schwefelsaurem Kali auf, löst die Schmelze in Wasser und Salzsäure, fällt mit Ammon, filtriert, wäscht und löst den Niederschlag wieder in Salzsäure.
Die Lösung wird zur Trockne eingedampft, in Wasser und 2—3 Tropfen verdünnter Salzsäure gelöst und die Lösung in einer Verdünnung von etwa 300 ccm mit 3—4 g unterschwefligsaurem Natron einige Minuten lang zum Kochen erhitzt. Nach dem Erkalten wird der Niederschlag abfiltriert und ausgewaschen. Das Filtrat wird mit Ammon gefällt, der Niederschlag abfiltriert und in Salzsäure gelöst. Die Lösung wird zur Trockne verdampft, der Rückstand mit Wasser aufgenommen und die bis zum Sieden erhitzte Lösung mit einer heißen konzentrierten Lösung von oxalsaurem Ammon versetzt. Nach kurzem Erwärmen wird die Lösung verdünnt und längere Zeit in der Kälte stehen gelassen. Die abgeschiedenen Oxalate der Cerit- und Ytererden werden abfiltriert, ausgewaschen, geglüht und gewogen. Dieses Gewicht von dem Gewicht der rohen Thorerde in Abzug gebracht, ergibt reines Thoroxyd.

---

[1]) R. Fresenius u. E. Hintz, Z. anorg. Chem. **35**, 530 (1896).

Liegen sehr unreine Thorite vor, so führt ein dreimaliges Ausziehen mit oxalsaurem Ammon zu keinem Ende. Man glüht dann zweckmäßig den in oxalsaurem Ammon unlöslichen Rückstand samt Filter und löst durch Erwärmen mit konzentrierter Salzsäure; gelingt dies nicht, so schmilzt man den Rückstand mit saurem schwefelsaurem Kali, nimmt die Schmelze mit Wasser und Salzsäure auf und fällt die Lösung mit Ammon.

Die auf die eine oder die andere Art erhaltene salzsaure Lösung wird zur Trockne verdampft, mit wenigen Tropfen verdünnter Salzsäure und Wasser aufgenommen und in einer Verdünnung von etwa 100 ccm kochend mit Natriumthiosulfat gefällt. Der erhaltene Niederschlag wird in Salzsäure gelöst und die salzsaure Lösung mit Oxalsäure gefällt. Dieser Niederschlag kann mit dem Hauptniederschlag vereint gewogen werden.

Da die Fällung der Thorerde mit Natriumthiosulfat unter Umständen nicht ganz vollständig ist, fällt man das Filtrat mit Ammon nach. Den so erhaltenen Niederschlag, der aus Cerit- und Yttererden neben sehr geringen Mengen von Thorerde besteht, löst man in Salzsäure, dampft die Lösung zur Trockne, nimmt den Rückstand mit Wasser auf und versetzt die kochende Lösung mit einer heißen konzentrierten Lösung von oxalsaurem Ammon. Nach kurzem Erwärmen wird die Lösung verdünnt und während 24 Stunden in der Kälte stehen gelassen. Aus dem Filtrat fällt man durch Zufügen von Ammon die kleinen Reste von Thorerde, die gleichfalls mit dem Hauptniederschlag vereint gewogen werden.

Trennung mit stickstoffwasserstoffsaurem Kalium.[1]

Man fällt aus der Lösung der Chloride von Thorium und den andern seltenen Erden das Thorium mit KN_3 als Hydrat. Die Lösung wird so weit verdünnt, daß sie im Kubikzentimeter etwa 0,005 g ThO_2 enthält. Das Reagens soll etwa 3,2 g stickstoffwasserstoffsaures Kalium im Liter enthalten. Zur Bereitung wird eine verdünnte Lösung von Stickstoffwasserstoffsäure sorgfältig mit reinem Kalihydrat neutralisiert und sodann ein Überschuß der Säure zugefügt, so daß die Lösung deutlich sauer ist.

Die Lösung der Chloride (0,05—0,1 ThO_2 enthaltend) wird in einem Becherkolben mit 25 ccm der KN_3-Lösung versetzt und eine Minute gekocht. Der Niederschlag wird abfiltriert, das Filtrat nochmals mit 5 ccm KN_3-Lösung versetzt und zwei Minuten gekocht; es darf kein weiterer Niederschlag entstehen. Der Niederschlag am Filter wird mit Wasser ausgewaschen, bis das Filtrat frei von Kalisalzen ist, geglüht und als ThO_2 gewogen.

Trennung des Thoriumoxyds mit Wasserstoffsuperoxyd.[2]

Die Methode wird wie folgt ausgeführt[3]): Von dem thoriumhaltigen Oxyd wird so viel eingewogen, daß die Einwage beiläufig 0,03 g ThO_2 enthält. Das Oxyd wird in Salpetersäure gelöst, nach dem vollständigen Eindampfen mit Wasser aufgenommen und mit Ammonnitratlösung und Wasser auf etwa 100 ccm gebracht. Nach dem Erwärmen auf 60—80° wird das Thorium mit

---

[1]) L. M. Dennis, Z. anorg. Chem. **13**, 412 (1897).
[2]) Wyrouboff u. Verneuil, C. R. **126**, 340 (1898).
[3]) E. Benz, Z. anorg. Chem. **15**, 297 (1902).

20 ccm destilliertem Wasserstoffsuperoxyd (2,3 % ig) gefällt. Der durch Spuren von Cerperoxyd hellgelb gefärbte Niederschlag wird sofort nach dem Absitzen filtriert, und mit heißem ammonnitrathaltigem Wasser ausgewaschen und halbgetrocknet direkt im Platintiegel verascht.

Trennung mit Fumarsäure.[1]

Eine gesättigte Lösung von Fumarsäure in 40 % igem Alkohol (1 g auf 100 ccm 40 % igen Alkohol) fällt Thorium aus einer neutralen Lösung, der 40 % ihres Volumens Alkohol zugefügt worden sind, während unter gleichen Bedingungen von seltenen Erden nur Zirkon und Erbium Fällungen geben. Das Oxyd — ungefähr 0,05 g ThO_2 enthaltend — wird in Salpetersäure gelöst und auf dem Wasserbad zur Trockne verdampft. Der Rückstand wird in 50 ccm Wasser aufgenommen und mit so viel Alkohol und Wasser auf 200 ccm gebracht, daß der Alkoholgehalt der Lösung 40 % beträgt. Es werden 20—25 ccm Fumarsäurelösung zugefügt und zum Sieden erhitzt. Dann wird noch heiß filtriert, einigemal mit heißem 40 % igen Alkohol ausgewaschen und der Niederschlag samt Filter mit 25—30 ccm verdünnter Salzsäure zum Sieden erhitzt, worauf wenig verdünnt das Papier abfiltriert und dieses einigemal ausgewaschen wird. Das Filtrat wird wieder zur Trockne verdampft, der Rückstand wie zuvor in Wasser und Alkohol gelöst und mit Fumarsäurelösung gefällt. Der mit 40 % igem Alkohol ausgewaschene Niederschlag wird nun ohne vorheriges Trocknen verascht und als ThO_2 gewogen.

Trennung durch Meta-Nitrobenzoesäure.[2]

Meta-Nitrobenzoesäure fällt Thorium aus einer neutralen Lösung des Nitrats quantitativ als $Th(C_6H_4 . NO_2 . COO)_4$. Wird die Fällung wiederholt, so wird eine vollständige Trennung von Cer, Lanthan und Didym erzielt. Das Reagens ist das Hauptprodukt bei der Nitrierung der Benzoesäure, und da die Para- und Orthosäure ebenso wie Benzoesäure selbst ähnlich wirken, ist eine Trennung von den Isomeren unnötig.

Zur Bestimmung des Thoriums wird eine ungefähr 0,1 g ThO_2 enthaltende Menge des Minerals aufgeschlossen, die filtrierte Lösung zum Sieden erhitzt und unter ständigem Rühren mit siedender, kalt gesättigter Oxalsäurelösung in großem Überschuß versetzt. Der Oxalatniederschlag wird am besten über Nacht stehen gelassen, dann filtriert und mit oxalsäurehaltigem Wasser gewaschen. Niederschlag und Filter werden dann in das zur Fällung benutzte Becherglas zurückgebracht, 10—15 g festes Ätzkali und 25—30 ccm Wasser zugesetzt, die am Glase haftenden Teile des Niederschlags sorgfältig abgespült und zum Sieden erhitzt. Die Oxalate werden dabei in Hydroxyd umgewandelt. Es wird auf 300 ccm verdünnt, filtriert und mit Wasser alkalifrei gewaschen. Die Hydroxyde werden sodann in dem zur Fällung benutzten Becherglas in heißer 1 : 5 verdünnter Salpetersäure gelöst. Diese Lösung wird auf dem Wasserbad nach Zusatz von Wasser wiederholt zur Trockne verdampft, um jede Spur von Salpetersäure zu entfernen. Die Nitrate werden in 500—600 ccm

---

[1] F. G. Metzger, Journ. Americ. Chem. Soc. **24**, 901 (1902); Chem. ZB. **73**, II, 1391 (1902).
[2] A. C. Neish, Journ. Americ. Chem. Soc. **26**, 780 (1904); Ch. N. **90**, 196 (1904).

Wasser gelöst, langsam und unter Umrühren 150—250 ccm Metanitrobenzoe-
säurelösung (3,5—4 g der Säure werden bei 80° in 1 Liter Wasser gelöst
und nach dem Erkalten filtriert) zugesetzt und auf dem Wasserbad auf
60—80° erhitzt, bis sich der Niederschlag gut abgesetzt hat. Die Flüssigkeit wird abfiltriert und der Niederschlag zuerst durch Dekantieren, dann
auf dem Filter mit 5 % Nitrobenzoesäurelösung enthaltendem Wasser ausgewaschen. Der Niederschlag wird in heißer, 1 : 5 verdünnter Salpetersäure
gelöst, wobei die Lösung wieder in das zur Fällung benützte Becherglas
fließen gelassen wird, und das Filter mit heißem Wasser gut ausgewaschen.

Aus dieser Lösung wird das Thorium durch Kalihydrat als Hydroxyd
ausgefällt, der Niederschlag abfiltriert, ausgewaschen, mit heißer, verdünnter
Salpetersäure (1 : 5) in das vorher benützte Becherglas gespült, wie beim
erstenmal wiederholt eingedampft, der Rückstand in 600 ccm Wasser gelöst,
mit Metanitrobenzoesäure gefällt, feucht verascht, 15 Minuten am Gebläse
geglüht und als ThO_2 gewogen.

Trennung mit Jodsäure.[1]

Thorium wird aus salpetersaurer Lösung durch Jodsäure oder Kaliumjodat bei Gegenwart eines größeren Überschusses des Fällungsmittels quantitativ abgeschieden, während die andern Erden in Lösung bleiben. Dieses
Verfahren gestattet eine rasch ausführbare und genaue Bestimmung des Thoriums im Monazit.

50 g des Minerals werden mit 100 ccm konzentrierter Schwefelsäure in
einer Platin- oder Porzellanschale unter häufigem Umrühren so weit erhitzt,
daß die Säure stark raucht. Der Aufschluß ist nach 5—6 Stunden vollständig.
Nach dem Erkalten wird der dickflüssige Brei unter Kühlung in $1/_2$ Liter
kaltes Wasser eingetragen, bis die Sulfate gelöst sind. Die Flüssigkeit wird
dann in einem Literkolben filtriert und für jede Analyse 100 ccm heraus-
pipetiert.

Dieses Volumen wird mit 50 ccm Salpetersäure ($\delta = 1,4$) versetzt; das
Gemisch wird durch Einstellen in kaltes Wasser gekühlt. Dazu gibt man
eine gekühlte Lösung von 15 g Kaliumjodat in 50 ccm Salpetersäure ($\delta = 1,4$)
und 30 ccm Wasser. Es entsteht ein weißer, flockiger Niederschlag, der sich
schnell absetzt. Man läßt ihn unter wiederholtem Durchrühren $1/_2$ Stunde
stehen und filtriert. Das Filter wird für alle nun folgenden Operationen
wieder benützt. Man läßt das Filter vollständig abtropfen und spritzt dann
den Niederschlag in das früher benützte Becherglas mit Hilfe einer Waschflüssigkeit zurück, die 4 g Kaliumjodat in 100 ccm Salpetersäure ($\delta = 1,2$)
und 400 ccm Wasser enthält. Man rührt nun den Niederschlag mit etwa
100 ccm der Waschflüssigkeit gut durch und filtriert in der gleichen Weise
wie vorher. Beim Filtrieren ist darauf zu achten, daß kleine Klumpen im
Glase mit einem breitgedrückten Glasstabe zerdrückt werden. Nach dem Abtropfen wird der Niederschlag mit heißem Wasser vom Filter in das Becherglas gespritzt. Man erhitzt die Flüssigkeit, ohne sie weiter zu verdünnen, bis
nahe zum Sieden und tropft unter Umrühren 30 ccm Salpetersäure ($\delta = 1,4$)

[1] R. J. Meyer u. M. Speter, Chem.-Ztg. **34**, 306 (1910). — R. J. Meyer u.
O. Hauser, Analyse der seltenen Erden und der Erdensäure 170 (1912).

zu, wobei das Jodat in Lösung geht. Die Wiederausfällung des Jodats wird nun durch Zusatz einer Lösung von 4 g Kaliumjodat in wenig heißem Wasser und etwas verdünnter Salpetersäure bewirkt. Nach völligem Erkalten wird der Niederschlag durch das bisher benutzte Filter filtriert, dann in der oben beschriebenen Weise noch einmal mit der Waschflüssigkeit im Becherglas dekantiert, und schließlich auf dem Filter noch einmal gewaschen. Das Thoriumjodat ist nunmehr völlig frei von Cer. Es wird mit Wasser vom Filter heruntergespritzt und durch Salzsäure in der Hitze unter Zusatz von etwas schwefliger Säure reduziert und in Lösung gebracht. Die Lösung wird nun in der Siedehitze mit Ammoniak gefällt, worauf man das Hydroxyd jodfrei wäscht, es in verdünnter Salzsäure löst, filtriert und mit einem Überschuß von Oxalsäure fällt. Nach völlig klarem Absetzen wird schließlich das Oxalat filtriert, mit schwach salzsaurem Wasser gewaschen, mit dem Filter zusammen verglüht und als ThO_2 gewogen.

Der Hauptvorteil der Jodatmethode besteht in der schnellen Durchführbarkeit bei Gegenwart von Schwefelsäure und Phosphorsäure.

Trennung durch Natriumsubphosphat.[1]

Die Methode eignet sich auch besonders zur Bestimmung des Thoriums im Monazit.

Das Mineral wird, wie bei der Jodatmethode beschrieben, aufgeschlossen und zur Analyse wieder 100 ccm der klaren Lösung verwendet.

Die abgemessene Menge wird mit 50 ccm Salzsäure ($\delta = 1,12$) und etwa 180 ccm Wasser versetzt, zum Sieden erhitzt und mit einer kalt gesättigten Lösung von Natriumsubphosphat versetzt, solange sich noch ein Niederschlag bildet. Das Natriumsubphosphat beginnt sofort flockig auszufallen; es setzt sich schnell ab, sobald die Fällung vollständig ist. Die heiße Lösung wird filtriert und der Niederschlag mit heißem Wasser unter Zusatz einiger Tropfen verdünnter Salzsäure so lange gewaschen, als im Filtrat ein durch Oxalsäure und Ammoniak oder durch Wasserstoffsuperoxyd und Ammoniak entstehender Niederschlag noch die Anwesenheit andrer Erden, bzw. von Cer anzeigt. Auf dem Filter hat man nun fast ganz reines Thoriumsubphosphat mit geringen Beimengungen andrer Erden, sowie die Subphosphate des Zirkoniums und des Titans, die ebenfalls fast unlöslich in Säure sind. Um das Thorium von diesen Beimengungen zu befreien, muß man den Niederschlag wieder aufschließen. Zu diesem Zweck erhitzt man den etwas vorgetrockneten Niederschlag in einer geräumigen Platinschale unter einem Uhrglas mit 50 ccm konz. Schwefelsäure zum Sieden, wobei das Filter schnell verkohlt, und trägt von Zeit zu Zeit kleine Salpeterkristalle ein, die eine schnelle Oxydation der Filterkohle bewirken.

Es wird nun die Hauptmenge der Schwefelsäure abgeraucht, bis die Masse nur noch feucht ist und dann in der Schale mit Wasser aufgenommen, schwach ammoniakalisch gemacht und einige Minuten aufgekocht. Sobald der Niederschlag flockig geworden ist, macht man mit Salzsäure stark sauer, kocht kurz auf und filtriert von einem etwa vorhandenen kleinen Rückstand von Kieselsäure ab.

---

[1] A. Rosenheim, Chem. Ztg. **36**, 821 (1912).

Das saure Filtrat wird in der Siedehitze mit Oxalsäure gefällt und nach zwölfstündigem Stehen abfiltriert. Der Niederschlag wird ·unter Zusatz von verdünnter Salzsäure gewaschen, geglüht und als ThO_2 gewogen.

Trennung des Thoriumoxyds von Skandium.

Siehe unter seltene Erden (S. 203).

Thorianit.

Von St. Tolloczko (Lemberg) und C. Doelter (Wien).

Analysenmethode von St. Tolloczko.

Zur Analyse nimmt man gewöhnlich etwa 25 g des fein gepulverten Minerals. — Der systematische Gang der Analyse läßt sich folgendermaßen kurz wiedergeben.

Durch die zweimalige Behandlung mit heißer HNO_3 während 15 Minuten erhält man die Lösung A_1 und den unangegriffenen Rest B_1. In diesem Rest B_1 bestimmt man SiO_2 durch die Abdampfung mit HF. Der übrigbleibende Teil ist zum Aufschluß mit $KHSO_4$ durch Verschmelzen bestimmt. Daraus entsteht das im H_2O gelöste Filtrat A_2 und der kleine Rest B_2. Den Rest B_2 kann man weiter mikrochemisch untersuchen. Hier findet man $ZrSiO_4$ und TiO_2. Die getrennten Lösungen A_1 und A_2 analysiert man weiter zum größten Teil gesondert.

Die Analyse dieser beiden Lösungen A_1 und A_2 fängt man mit der Fällung mit H_2S und der darauffolgenden Behandlung mit Ammoniumpolysulfid an. Die in der Lösung A_2 durch H_2S erzeugte Fällung ist sehr klein, man fügt sie dem gleichartigen Niederschlag von der Lösung A_1 zu und analysiert weiter zusammen. — Hier befinden sich die Elemente der Zinnbzw. der Kupfergruppe, und zwar: Sn, As, Sb, Cu, Cd, Hg, Bi, Pb und wahrscheinlich Se und Te. — In dem Filtrate von H_2S durch die zweimalige Behandlung mit NH_3 wurden Th, U, seltene Erden und Metalle Eisengruppe von den alkalischen Erden getrennt. Die Trennung des Th und der seltenen Erden von Uran und von den Metallen Eisengruppe geschah durch das Lösen der genannten Fällung in verdünnter HNO_3 und die darauffolgende Behandlung mit Ammoniumoxalat. — Zur weiteren Bearbeitung dieses Rückstandes eignet sich am besten die Methode (E. Hintz und H. Weber) [1] der fraktionierten Fällung des Thoriums (aus der Nitratlösung) mittels $Na_2S_2O_3$ als $Th(OH)_4$. — Ce läßt ‚sich durch mehrmalige Behandlung mit KOH im Chlorgasstrome als $Ce(OH)_3$ fällen. — Di und La, durch die Anwendung der gesättigten Lösung von K_2SO_4 abgetrennt, wurden zusammen als Hydroxyde äus den Doppelsulfaten mittels NH_3 gefällt. — Zur Fällung des Yttriums (Y) eignet sich die Behandlung mit NH_3 in der Anwesenheit der Weinsäure.

Das nach der Fällung des Th und der seltenen Erden mit $(COONH_4)_2$ erhaltene Filtrat enthält dann die ganze Menge des Urans und die Metalle der Eisengruppe. Die letzteren fällt man mit überschüssigem, konzentriertem $(NH_4)_2 CO_3$ und $(NH_4)_2S$. Hier findet man Al, Fe und Zr, in der Lösung bleibt dagegen Uran.

---

[1] E. Hintz u. H. Weber, Z. f. anal. Chem. **35**, 525 (1896).

Die Lösung, welche nach der Abtrennung der oben angeführten Metalle entsteht, enthält Ca. Die Prüfung auf Mg und Alkalimetalle ergab stets ein negatives Resultat. — W. Jakób und St. Tolloczko (s. u.) fanden noch in dem ausgeglühten und abgedampften Rückstande daraus durch die Behandlung mit H_2S einen sehr kleinen braunen Niederschlag, der aller Wahrscheinlichkeit nach durch die Anwesenheit eines Metalls der Pt-Gruppe hervorgerufen wurde. Dieser in das Chlorid übergeführte Rückstand zeigte charakteristische Reaktionen des Rhodiums (Rh).

Die Lösung A_2, welche durch Aufschluß mit $KHSO_4$ entsteht (s. oben), ergibt nach der Entfernung der kleinen Mengen der Sulfide der H_2S-Gruppe, noch weitere restliche Mengen von Al, Fe und die Hauptmenge von Ti, Zr im Thorianit. Man bestimmt sie in üblicher Weise.

Wegen der überwiegenden Mengen des Th und U in der Zusammensetzung des Thorianits wurde die Bestimmung dieser Hauptbestandteile stets in einzelnen kleinen Portionen (etwa 0,5 g) des Minerals vorgenommen. ThO_2 wurde zusammen mit Oxyden anderer seltener Erden gewogen und aus der Differenz bestimmt. Uran wurde als Ammoniumuranat abgeschieden und als U_3O_8 gewogen.

CO_2 und H_2O lassen sich gleichzeitig (Methode von P. Jannasch)[1] durch direktes Erhitzen des grob gepulverten Thorianits mit PbO in einem schwer schmelzbaren Glasrohr oder Quarzrohr bestimmen.

Die Untersuchung auf He geschieht am besten nach M. W. Travers[2] durch die Zerlegung der kleinen Portionen des Thorianits etwa 1,5 g mit H_2SO_4 (1,4) in geschmolzenen, vorher genau evakuierten Röhren. Die Röhren sollen während etwa 2 Tagen erwärmt werden. Das freigewordene Gas leitet man über KOH und P_2O_5 und untersucht spektrometrisch auf Reinheit.

Die chemische Analyse des Thorianits wurde bis jetzt nur mit dem Mineral, welches auf Ceylon seit dem Jahre 1903 aufgefunden ist, ausgeführt. Die ersten Analysen stammen von W. Ramsay, W. Dunstan und G. S. Blake[3] (1905) bzw. von W. Dunstan und B. M. Jones[4] (1906). Außerdem wurde dieses kompliziert zusammengesetzte Mineral im Laboratorium von Prof. W. Ramsay im Laufe des Jahres 1903—1906 mehrmals analysiert. Von diesen Analysen ist die von E. H. Büchner[5] die ausführlichste. Zu den neuesten (1911) Analysen gehört endlich die eingehende Analyse von W. Jakób und St. Tolloczko.[6] — Alle diese Analysen führten einstimmig zu dem Resultat, daß die Hauptmasse des Thorianits nur aus dem Oxyde des Thoriums ThO_2 (59—78 %) und denen des Uraniums UO_2, UO_3 oder U_3O_8 (11—33 %) besteht, und daß dieses Mineral aller Wahrscheinlichkeit nach aus der isomorphen Mischung dieser beiden Oxyde besteht. Alle übrigen Bestandteile, die in großer Zahl verschiedener Oxyde in dem Mineral auftreten, bilden nur Beimengungen. Unter diesen gehören die PbO und Fe_2O_3 und die Oxyde der seltenen Erden (Ce_2O_3, La_2O_3, Di_2O_3) zu denjenigen, die sogar in einigen Prozenten des Gesamtinhalts vorkommen. Das Mineral ist außerdem immer

---

[1] P. Jannasch, Praktischer Leitfaden d. Gewichtsanalyse. 2. Aufl. (Leipzig 1904).
[2] M. W. Travers, Experimentelle Untersuchung von Gasen (1905).
[3] W. Ramsay, W. Dunstan u. G. S. Blake, Proc. Roy. Soc. (A), **76** (Braunschweig 1905).
[4] W. Dunstan u. B. M. Jones, Proc. Roy. Soc. **77**, 547 (1906).
[5] E. H. Büchner, Proc. Roy. Soc. **78**, 385 (1906).
[6] W. Jakób u. J. St. Tolloczko, Bull. de l'Acad. de Sc. de Cracovie. Octobre (1911), 558—563.

heliumhaltig (etwa 0,2 % He) und stark radioaktiv. Seine Radioaktivität beträgt etwa 83,3 % der Aktivität des reinen Uraniumoxydes (E. H. Büchner, l. c.). Die zu den Analysen genommenen Proben bildeten in den meisten Fällen die Gemische verschiedener Kristallindividuen, deren Provenienz nicht näher angegeben ist. Nur einige Analysen von W. Dunstan und B. M. Jones beziehen sich auf einzelne, gesonderte Kristallindividuen.

Analysenzusammenstellung von St. Tolloczko.

In der folgenden Zusammenstellung sind alle bis zum Ende des Jahres 1911 publizierten und zugänglichen Analysen angegeben. Die Anordnung ist chronologisch nach dem Jahre der Publikation.

	1.	2.	3.	4.	5.	6.
δ	8,0	9,5	9,7	—	—	—
(CaO)	—	—	1,13	—	0,19	0,59
PbO	2,25	2,87	2,59	2,00	2,56	2,29
(Fe₂O₃)	1,92	0,35	0,46	6,10	1,31	1,11
Ce_2O_3	6,39 }					
La_2O_3, Di_2O_3	0,51 }	8,04	1,02	—	0,85	1,84
ZrO_2	3,68	—	—	—	—	—
UO_2	—	—	—	14,90	—	—
ThO_2	72,24	76,22	78,86	76,40	58,84	62,16
U_3O_8	11,19	12,33	15,10	—	32,74	29,20 [1])
(CO_2)	—	—	—	—	nachgewiesen	
H_2O	—	—	—	—	1,26	1,05
He	—	—	0,39	—	nachgewiesen	
Rest, unlösl. in HNO_3	—	—	—	0,70	0,45	0,77
Rest, nach Aufschluß mit $KHSO_4$	0,41	0,12	—	—	—	—
Glühverlust	—	—	0,20	—	—	—
	98,59	99,93	99,75	100,10	98,20	99,01

Die Analysen 1., 2. u. 3. von W. Dunstan u. G. S. Blake, Proc. Roy. Soc. (A) 76, 253 (1905). Diese Analysen erstrecken sich nur auf die Hauptbestandteile. Sie sind an verschiedenen Proben des Minerals ausgeführt. Analyse 4: Thorianitanalyse ausgeführt von W. Ramsay, Nat. 69, 556 (1904).

	7.	8.	9.	10.	11.
(CaO)	0,54	—	0,50	0,85	0,91
PbO	2,29	2,50	2,99	2,90	2,54
(Fe₂O₃)	1,22	2,43	2,28	1,27	0,87
Ce_2O_3					
La_2O_3, Di_2O_3	} —	—	2,24	1,16	1,47
ZrO_2					
ThO_2	66,82 [2])	—	62,32	63,36	78,98
U_3O_8	28,24	28,68	27,02	27,99	13,40
(CO_2)	nachgewiesen		—	—	—
H_2O	1,00	—	2,16	1,32	1,28
He	nachgewiesen		—	—	—
Rest, unlösl. in HNO_3	0,56	0,54	0,87	0,77	0,47
	100,67	—	100,38	99,62	99,92

[1]) Als UO_2 (10,32 %) und UO_3 (18,88 %) bestimmt.
[2]) Zusammen mit $(Ce, La, Di)_2O_3$ bestimmt.

Die Analysen 5. bis 6. und 7. bis 11. von W. Dunstan u. B. M. Jones, Proc. Roy. Soc. (A), **77**, 547 (1906). Die Analyse 5. bezieht sich auf eine Probe von kleinen Kristallen aus Galle-Distrikt auf Ceylon. Die Analysen 6. bis 10. sind mit einem größeren Kristallklumpen von derselben Provenienz ausgeführt; die Analysen 6., 7. und 8. entsprechen nur den verschiedenen Teilen eines und desselben Kristallstückes. Nr. 11 ist die Analyse eines größeren Kristalls von gewöhnlichem Thorianit aus Balayonda (auf Ceylon).

	12.	13.	14.	15.	16.
δ	—	—	—	—	8,710
(CaO)	—	—	—	0,13	0,170
(CuO)	—	—	—	0,08	0,008
(CdO)	—	—	—	Spur	Spur
(HgO)	—	—	—	Spur	—
PbO	2,0	3,42	2,41	2,42	2,867
(Al_2O_3)	—	—	—	0,21	0,260
Fe_2O_3	6,1	2,79	2,77	3,35	3,480
(Y_2O_3)	—	—	—	—	0,030
Ce_2O_3	—	—	—	1,96	0,107
La_2O_3, Di_2O_3	—	—	—	—	0,178
(As_2O_3)	—	—	—	Spur	Spur
(Bi_2O_3)	—	—	—	(?) 0,36	0,003
(SiO_2)	—	—	—	—	0,250
(TiO_2)	—	—	—	0,45	1,295
(ZrO_2)	—	—	—	0,23	0,920
(SnO_2)	—	—	—	0,05	Spur
(Sb_2O_3)	—	—	—	0,11	Spur
ThO_2	76,4[1]	77,52[1]	77,07[1]	70,96	63,370
U_3O_8	14,9	13,23	12,95	13,14	23,470
(P_2O_5)	—	—	—	Spur	—
(CO_2)	—	—	—	0,10	0,275
H_2O	—	—	—	3,20	0,605
He	—	—	—	0,15	0,225
Unbek. Substanz, ev. Rhodium	—	—	—	0,04	0,008[2]
Glühverlust $(H_2O + He)$?	—	1,63	1,63	—	—
Rest nach Aufschluß mit $KHSO_4$	0,7	2,02	2,60	—	0,150
Unbest. Rest	—	—	—	1,50	—
	100,1	100,61	99,43	98,84	99,67

[1]) Zusammen mit Ce_2O_3, La_2O_3 und Di_2O_3 bestimmt.

[2]) Dieses Metall der Platingruppe, welches aller Wahrscheinlichkeit nach Rhodium ist, wurde in dem Stadium der Analyse gefunden, wo in der Lösung nur die Alkalimetalle zu erwarten waren, also nach der Abscheidung der Ca-Gruppe in wäßriger Lösung. In dieser Lösung befand sich aber kein Alkalimetall. Durch das Abdampfen und Behandlung mit H_2S entstand allmählich ein kleiner brauner Niederschlag, welcher, weiter untersucht, nur dem Rhodium zugeschrieben werden konnte.

Es sei hier noch bemerkt, daß Ogawa in Tokio ein neues Element, „Nipponium", im Thorianit entdeckt hat. Dieses Element soll als Silicat mit Zr in den Beimengungen des Thorianits sich befinden (s. Notiz in der Z. f. Kryst. 1911, S. 685).

12. R. D. Denison, Proc. Roy. Soc. (A) **78**, 385 (1906).
13. Gimingham, ibid.
14. Le Rossignol, Proc. Roy. Soc. (A) **78**, 385 (1906).
15. E. H. Büchner, ibid. Die Analyse wurde mit etwa 24 g der Mineralprobe ausgeführt. (Summe unrichtig im Original.)
16. W. Jakób u. St. Tolloczko, Bull. de l'Acad. des Scien. Cracovie (1911), 558—563. — Zur Analyse wurde eine größere Menge des Minerals etwa 25 g genommen.

Hier noch einige ganz neue Analysen von Thorianitvarietäten, welche mit α, β, γ bezeichnet wurden.

	17.	18.	19.
δ	9,245	9,229	9,073
MnO	Spur	—	—
CuO	0,02	0,03	0,02
PbO	3,80	3,76	2,66
Al_2O_3	0,03	0,04	0,15
Se_2O_3	0,12	0,11	0,46
Fe_2O_3	1,83	0,79	1,54
$(CeLaDi)_2O_3$ . . .	1,05	0,91	1,41
SiO_2	0,20	0,18	0,20
TiO_2	0,88	—	—
ZrO_2	0,15	0,09	0,09
ThO_2	58,37	59,48	78,00
U_3O_8	33,27	33,24	14,54
Glühverlust . . .	0,61	0,70	1,12
	100,33	99,33	100,19

17. Varietät γ gelblichbraun, sehr ähnlich der α-Varietät.
18. Die β-Varietät ist glänzend.
19. α-Varietät schwarz, würfelige Form.

Alle drei anal. von Ogawa, Sc. Reports Tôhoku Imp. Univ. Sendai Japan I, 201 (1912) nach Ref. N. JB. Min. etc. 1913, II, †2.

Verfasser schließt auf zwei verschiedene Varietäten von Thorianit, bei α ist $ThO_2 : U_3O_8 = 6 : 1$, bei β und γ ist es: $2 : 1$.

Physikalische Eigenschaften.

Von **C. Doelter** (Wien).

Der Thorianit bildet kubische Kristalle bis 1 cm groß. Farbe dunkelgrau bis bräunlichschwarz. Härte 7. $\delta = 8—9{,}7$. Brechungsquotient 1,8.
Chemische Eigenschaften. Vor dem Lötrohr unschmelzbar.

Radioaktivität des Thorianits.

Es existieren mehrere Untersuchungen über die Radioaktivität des Thorianits. Sie ist jedenfalls geringer als die des Uranpecherzes. W. R. Dunstan und

G. S. Blake[1]) fanden sie entsprechend einem Strom von $5,5 \times 10^{-11}$ Amp., während die Pechblende von Joachimsthal $7,0 \times 10^{-11}$ zeigt. J. Strutt[2] bestimmte die Gesamtaktivität zu 2,48, wenn sie für $U_3O_8 = 1$ ist. Der Gehalt an Radiumbromid ist nach ihm zu 30,4 Millionstel Prozent. Der Heliumgehalt ist 8,9 cm pro Gramm. Thoriumemanation 588 seiner Skala. H. Goldschmidt[3]) bestimmt die Aktivität in Radiumminuten und fand 2,56 Min.

Synthese.

Schon lange bevor der Thorianit in der Natur bekannt war, hat W. F. Hillebrand[4]) ein Produkt dargestellt, welches einer isomorphen Mischung von UO_2 mit ThO_2 entspricht. Bei längerem Schmelzen von UO_2 mit ThO_2 und Boraxglas erhielt er oktaedrische Kristalle, deren Zusammensetzung einer Mischung der Oxyde UO_2 und ThO_2 entsprach; auch nahezu reines UO_2 wurde hergestellt.

Später hat er nach derselben Methode Mischkristalle erhalten, die wechselnde Mengen von ThO_2 mit UO_2 enthielten, von $9,87 - 65,7\%$ ThO_2; es waren bisweilen deutliche Oktaederreguläre.[5])

Bereits im Jahre 1860 hatte übrigens J. Nordenskjöld[6]) auf dieselbe Art, durch Zusammenschmelzen von Thoroxyd mit Borax, die Verbindung ThO_2 dargestellt, welche er ursprünglich für tetragonal hielt, die jedoch später C. F. Rammelsberg[7]) als regulär erkannte; $\delta = 9,21$.

Reines Thoriumdioxyd hatten auch G. Troost und A. Ouvrard[8]) durch Einwirkung der Doppelphosphate von K und Th auf das Doppelphosphat von K und Zr erhalten.

Paragenesis.

Über das Vorkommen ist zu wenig bekannt, um auf die Genesis schließen zu können, da es bis jetzt noch nicht auf ursprünglicher Lagerstätte gefunden wurde. Als Begleiter sind nach A. K. Coomaraswamy Zirkon und Ilmenit zu nennen; auch in einem Pegmatitgang, so daß man granitische Gesteine als Muttergestein vermuten kann. Auch Thorit kommt am Fundorte Kondrugala mit vor.

Thorit.

Von C. Doelter (Wien).

Tetragonal. $a:c = 1:0,642$ nach E. Zschau. Isomorph mit Zirkon, Rutil und Zinnstein.

---

[1]) W. R. Dunstan u. G. S. Blake, Proc. Roy. Soc. 76 A, 253 (1905).
[2]) J. Strutt, Proc. Roy. Soc. 76 A, 98 (1905).
[3]) H. Goldschmidt, Z. Kryst. 45, 490 (1908).
[4]) W. F. Hillebrand, Bull. geol. Surv. U.S. 113, 41 (1893) und Z. Kryst. 25, 283 (1896).
[5]) W. F. Hillebrand, Z. anorg. Chem. 3, 243 (1893).
[6]) J. Nordenskjöld, Pogg. Ann. 110, 643 (1860).
[7]) C. F. Rammelsberg, 150, 219 (1873).
[8]) G. Troost u. A. Ouvrard, C. R. 102, 1422 (1886).

Synonyma: Orangit.Man muß die uranhaltigen Thorite, welche auch Urano-thorite genannt werden, von den übrigen auseinanderhalten.

Analysenmethode wie bei Thorianit.

Analysen von Thorit und Orangit.

	1.	2.	3.	4.	5.	6.	7.
δ . . .	4,8	4,888—5,205	—	—	—	3,36	4,98
(Na_2O) .	0,11	—	0,34	0,36	0,37	} 0,24	—
(K_2O) . .	0,15	—	0,42	0,41	0,45		—
(MgO) .	0,36	—	—	—	—	—	—
(CaO) . .	2,62	1,08	1,07	1,13	1,16	2,30	0,35
PbO . .	0,82	1,18	—	—	—	0,90	
(Al_2O_3) .	0,06	—	0,79	0,82	0,84	—	—
(Mn_2O_3) .	2,43	—	—	—	—	0,20[1])	—
(Fe_2O_3) .	3,46	—	1,23	1,20	1,19	0,30	1,71
Y_2O_3 . .	—	—	—	—	—	1,33	—
Ce_2O_3 . .	—	—	—	—	—	0,73	7,18[2])
SiO_2 . .	19,31	17,76	17,62	17,59	17,63	16,55	14,10
ZrO_2 . .	—	—	—	—	—	—	2,23
ThO_2 . .	58,91	73,80	69,92	69,98	70,02	68,71	66,26
U_2O_3 . .	1,64	—	1,09	1,08	1,09	1,20 UO_3	0,46
H_2O . .	9,66	6,45	7,01	6,95	6,97	6,43	6,40
(P_2O_5) .	—	—	—	—	—	—	1,20
	99,54[3])	100,27	99,49	99,52	99,72	98,89[4])	99,89

1. Von Lövö; anal. J. Berzelius, umgerechnet von C. F. Rammelsberg, Mineral-chemie 1860.

2. Orangit von Brevig, Norw.; anal. Chydenius, Pogg. Ann. **119**, 43 (1863).

3., 4., 5. Von Arendal (Orangit); anal. J. Schilling, Inaug.-Diss. (Heidelberg 1901), 131 und Z. f. angew. Chemie **15**, 921 (1902).

6. Von Batum Kleinasien; anal. P. G. Tschernik, Verh. k. russ. min. Ges. **41**, 115 (1903). Ref. Z. Kryst. **41**, 185 (1906).

7. Aus den Sanden von Balangoda (Ceylon); anal. G. S. Blake bei W. R. Dunstan, Nature **69**, 510 (1904); Rep. min. S. Ceylon 1904; Z. Kryst. **42**, 319 (1907).

Analysen von Uranothorit.

Wegen des hohen Urangehalts muß man diese Varietäten von dem uran-armen oder uranfreien Thorit auseinanderhalten.

---

[1]) Als MnO bestimmt.
[2]) Mit $La_2O_3 \cdot Di_2O_3$.
[3]) Spur SnO_2 0,01 %.
[4]) Spur Sn.

	8.	9.	10.	11.	12.	13.
δ	4,38	—	4,322	—	—	4,126
(Na_2O) . . .	—	0,12	—	0,32	0,30	0,11
(K_2O) . . .	—	0,18	—	0,45	0,44	—
(MgO) . . .	0,28	0,05	—	0,09	0,10	0,04
(CaO) . . .	1,99	1,39	—	1,67	1,88	2,34
PbO . . .	1,67	1,26	1,32	0,36	0,32	0,40
(Al_2O_3) . .	Spur	0,12	—	0,11	0,13	0,33
(Mn_2O_3) . .	Spur	0,43[1]	—	0,09	0,08	—
(Fe_2O_3) . .	7,60	6,59	—	7,82	7,56	4,01
Y_2O_3 . . .	—	1,58	—	—	—	—
Ceritoxyde .	1,39	1,54	—	—	—	—
U_2O_3 . . .	9,78	9,00	9,00	9,67	9,92	9,96
SiO_2 . . .	17,04	17,47	18,50	17,00	17,02	19,38
ThO_2 . . .	50,06	48,66	52,53	50,05	50,28	52,07
(P_2O_5) . . .	0,86	0,93	—	—	—	—
H_2O . .	9,46	10,88[2]	11,97	11,95	12,05	11,31
	100,13	100,20		99,58	100,08	99,95

8. Aus Pegmatitgängen von Arendal; anal. A. E. Nordenskjöld, Geol. För. Förh. Stockholm 3, 228 (1876).

9. Dem Arendaler ähnlicher Thorit; anal. G. Lindström, Geol. För. Förh. 5, 500 (1881); Z. Kryst. 5, 513 (1882).

10. Von Landbö; anal. W. E. Hidden, Am. Journ. 41, 440 (1891). (Enthält kleine Mengen Ca u. Fe).

11. u. 12. Von Brevik; anal. J. Schilling, Z. f. angew. Chem. 15, 921 (1902).

13. Aus der Eisensteingegend von Champlain; anal. P. Collier, Am. Journ. Chem. Soc. 2, 73 (1880); Z. Kryst. 5, 515 (1881).

Bezüglich des Vorkommens der Ceroxyde und der Phosphorsäure ist die Ansicht W. C. Bröggers,[3] daß es sich um Beimengung von Monazit handele, wahrscheinlich. Für Blei dagegen wird dies wohl nicht zutreffen. In dem Zusammenvorkommen von Pb und U erblicken wir jetzt einen genetischen Zusammenhang.

Synthese.

Eine eigentliche Thoritsynthese liegt nicht vor, jedoch hat W. F. Hille-brand[4] Kristallisationen erhalten, welche wechselnde Mengen von UO_2 und ThO_2 enthielten, indem er UO_2 mit ThO_2 und Borax zusammenschmolz. Die Gemenge hatten folgende Zusammensetzung:

ThO_2	UO_2	?
9,87	74,44	10,55
17,25	74,48	10,49
47,6	51,8	—
65,7	15,9	—

[1] MnO.
[2] Mit etwas organischer Substanz.
[3] W. C. Brögger, Z. Kryst. 16, 196 (1890).
[4] W. F. Hillebrand, Bull. geol. Surv. U.S. 113, 41 (1891); Z. anorg. Chem. 3, 234 (1893).

Die Kristalle waren jedoch keine tetragonalen Pyramiden, also nicht dem tetragonalen Thorit entsprechende. Es entspricht diese Synthese mehr dem Thorianit.

Chemische Eigenschaften.

Vor dem Lötrohr auf Kohle unschmelzbar, an den Kanten etwas glasig. Schwarzer Thorit gibt eine gelblichbraune Schlacke. Im Kölbchen gibt er Wasser. Orangit wird beim Erwärmen mattbraun und nimmt beim Erkalten seine frühere Farbe wieder an. Die Boraxperle ist heiß orangefarben, kalt farblos bis braun, bei Zusatz von Salpeter bleibt die Boraxperle auch kalt gelb. Die Phosphorsalzperle ist heiß farblos, kalt milchig und grünlich. In HCl unter Gallertbildung zersetzbar; nach dem Glühen unlöslich.

Radioaktivität. Qualitativ wurde die Radioaktivität von F. Kolbeck und Uhlich[1]) auf photographischem Wege konstatiert, auch von A. E. Nordenskjöld.[2]) Quantitativ aber nur approximativ, untersuchte F. Pisani[3]) mehrere Varietäten, die sich recht verschieden verhielten, wobei sich Orangit als schwächer aktiv erwies. Genauere Untersuchungen stellte nach seiner Methode R. J. Strutt[4]) an. Im Orangit von Brevig fand er $2,82 \times 10^{-6} \%$ Radiumbromid. Der Gehalt an UO_2 war $1,0\%$ und der an ThO_2 $48,5\%$ (nach Bestimmung von H. J. H. Fenton). Die totale Aktivität im Vergleich mit U_3O_8 war 1,07, das Verhältnis von $Ra:U = 2,82$, der Gehalt an Helium in Kubikzentimeter pro Gramm = 0,11. Die Thoriumemanation war 242,0. In einem Vorkommen von Ceylon mit 61% ThO_2 war die Gesamtaktivität 1,0.

M. V. Goldschmidt[5]) fand bei Orangit vom Langensundfjord die Aktivität zu 1,22 Radiumminuten. Der Gehalt an Thorium war nach ihm $71,65-71,25\%$, der an Uran $1,13\%$.

Formel des Thorits. Als solche Formel wird gewöhnlich $SiO_2 . ThO_2$ angegeben, doch entspricht keine einzige Analyse dieser Formel. Diese erfordert $81,42\%$ ThO_2 und $18,58\%$ SiO_2. Das Verhältnis beider wäre zirka 4,38, dasselbe wird bei einigen uranfreien oder uranarmen ungefähr erreicht, so bei Analysen 5 und 6. Bei den meisten ist dagegen zu wenig Thorium vorhanden. Es dürfte dies mit dem Wassergehalt zusammenhängen, welcher in der Formel nicht vernachlässigt werden kann.

Daher schrieb schon C. F. Rammelsberg[6]) diese Formel

$$(SiO_2 . ThO_2) . H_2O \quad \text{oder} \quad 3 (SiO_2 . ThO_2) . 4 H_2O.$$

Die letztere erfordert nach C. F. Rammelsberg $6,84\%$ H_2O. Nur wenige Analysen entsprechen diesem Wassergehalt, z. B. 2, 4, 5, 6, 7, während bei den übrigen der Wassergehalt viel größer ist, ja sogar das Doppelte fast erreicht. (Analyse 13 und die der Uranothorite). Es ist wahrscheinlich, daß dieser Wassergehalt vielleicht wie bei Malakon (siehe S. 40) ein schwankender ist. Jedenfalls scheint er mit dem Urangehalt zu steigen. Eine erneute Unter-

---

[1]) F. Kolbeck u. Uhlich, ZB. Min. etc. 1904, 208.
[2]) A. E. Nordenskjöld, Ark. Vet. Ak. Stockholm **2**, Heft 1 (1905).
[3]) R. Pisani, Bull. Soc. min. **59**, 65 (1904).
[4]) R. J. Strutt, Proc. Roy. Soc. **76**, A, 88 (1905).
[5]) M. V. Goldschmidt, Z. Kryst. **45**, 490 (1908).
[6]) C. F. Rammelsberg, Mineralchemie (Berlin 1875), 173.

suchung wäre nötig, um festzustellen, ob dies nur der Zersetzung zuzuschreiben ist, was aber nach dem Vorliegenden nicht wahrscheinlich ist, oder ob dies in der chemischen Beschaffenheit des Minerals liegt. Versuche wie bei Malakon, wie sie F. Zambonini (vgl. S. 141) ausführte, liegen nicht vor, es wäre aber möglich, daß auch hier gelöstes Wasser vorliege und man wird jedenfalls die Formel eher schreiben dürfen

$$(SiO_2 . ThO_2) . n H_2O,$$

worin n = 1 oder ungefähr zwischen 1 und $1^1/_2$ liegt.

Die Uranthorite hätten die Formel

$$(SiO_2 . ThO_2, UO_2) . n H_2O,$$

in welcher Formel n größer ist als $1^1/_2$.

Eine andere Frage ist die, ob es einen wasserfreien Thorit gibt, welchem die Formel

$$SiO_2 . ThO_2$$

entspricht. Daß ein solcher vorkommen könnte, beweist der Umstand, daß die Thoritkristalle isomorph mit Zirkon sind, so daß die Annahme, daß die Formel wie oben lautet, sehr nahe liegend war und man daher den Wassergehalt als durch Zersetzung entstanden erklärte. Indessen muß doch betont werden, daß es keinen wasserfreien Thorit in der Natur gibt.

Zersetzungsprodukte des Thorits.

Die folgenden als besondere Mineralspezies angeführten Verbindungen sind wahrscheinlich aus der Zersetzung des Thorits hervorgegangen, mehrere darunter sind amorph, also Gele, einige wie Auerlith und Makintoshit sind wahrscheinlich Pseudomorphosen nach Thorit. Es hat eigentlich keinen Zweck, diese Zersetzungsprodukte als besondere Spezies zu betrachten, denn es ist zweifelhaft, ob sie einer besondern chemischen Formel entsprechen.

Calciothorit.

Amorph. (W. C. Brögger).

Analyse.

(Na$_2$O) , ...	0,67
(MgO)	0,04
CaO	6,93
(Al$_2$O$_3$)	1,02
(Mn$_2$O$_3$)	0,73
Y$_2$O$_3$	0,23
Ce$_2$O$_3$	0,39
SiO$_2$	21,09
ThO$_2$	59,35
Glühverlust . . .	9,39
	99,84

Formel. W. C. Brögger[1]) berechnet aus dieser von P. T. Cleve ausgeführten Analyse folgende Zahlen:

ThO_2	0,2398	SiO_2	0,2398
R_2O_3	0,0168	SiO_2	0,0084
$R_2O + RO$	0,2066	SiO_2	0,1033,

daher die Formel $5 (ThSiO_4) . 2 (Ca_2SiO_4) . 10 H_2O$.

Allerdings nimmt er an, daß die Sesquioxyde in einem Silicat $(RO)_4SiO_4$ enthalten sind, was willkürlich ist; da jedoch die Menge der Sesquioxyde sehr gering ist, so wird dies nur von geringem Einfluß sein.

Eigenschaften. Härte 4,4—5. Dichte 4,39. Vor dem Lötrohr schmilzt er nur teilweise. Von Schwefelsäure wird er ganz zersetzt, von HCl nur zum Teil. Strich braun, Farbe tiefbraun. Er stammt aus pyrochlorführenden Gängen.

Im ganzen wird man dieses Mineral als einen zersetzten Thorit (Orangit) betrachten.

Freyalith.

Amorph nach W. C. Brögger.

Analyse.

(Na_2O, K_2O)	2,33
$(Al_2O_3 \text{ (mit ZrO))}$	6,31
$(Mn_2O_3 \text{ und MnO)}$	1,78
(Fe_2O_3)	2,47
$La_2O_3 \text{ und } Di_2O_3$	2,47
$CeO \text{ und } Ce_2O_3$	28,80
SiO_2	20,02
ThO_2	28,39
H_2O	7,40
Flüchtige Bestandteile	0,82
	100,79

Von den Barkevikscheren (Norw.); anal. A. Damour, Bull. Soc. min. 1, 32 (1880).

Eigenschaften. Das Mineral enthält auch eine Spur von Phosphorsäure, aber keine Borsäure. Es gelatiniert leicht mit Säuren, nach dem Glühen jedoch nicht mehr. Im Kölbchen gibt es Wasser. Farbe weinrot, nach dem Glühen weiß, unschmelzbar vor dem Lötrohr. Dichte $\delta = 4,114$. Härte 4,5. W. C. Brögger bemerkt, daß das Mineral homogen sei.

Genesis. Das Mineral ist als Gel entstanden, wahrscheinlich aus dem Thorit und Calciumsilicat, welches gelöst war.

Eukrasit.

Amorph nach W. C. Brögger.

---

[1]) W. C. Brögger, Z. Kryst. **16**, 127 (1890).

Analyse.

(Na_2O)	2,48
(K_2O)	0,11
(MgO)	0,95
(CaO)	4,00
(Al_2O_3)	1,77
(Fe_2O_3)	4,25
Er_2O_3	1,62
Y_2O_3	4,33
La_2O_3, Di_2O_3 . . .	2,42
SiO_2	16,20
TiO_2	1,27
(MnO_2)	2,34
ZrO_2	0,60
SnO_2 (?) . . .	1,15
CeO_2	5,48
CeO_3 (?)	6,13
ThO_2	35,96
Glühverlust . . .	9,15
	100,21

Von Borsrö bei Brevik (Norw.); anal. S. R. Pajkull, Geol. För. Förh. Stockholm **3**, 350 (1877).

W. C. Brögger,[1]) berechnet aus dieser Analyse die ungefähre Formel

$$SiThO_2 . 2H_2O.$$

Die Analyse zeigt einen bedeutenden Gehalt an Ceriterde. Eine Formel läßt sich nicht geben; es handelt sich hier um ein Gel, welches durch Umwandlung entstanden ist. Dichte 4,06—4,17. Von Säuren wird Eukrasit leicht zersetzt. Mit HCl entwickelt er Chlor; im Rohr erhitzt, gibt er Wasser; vor dem Lötrohr bläht er sich auf, ohne zu schmelzen.

Thorogummit.

Derb.
Analyse.

CaO	0,41
PbO	2,16
(Al_2O_3)	0,965
(Fe_2O_3)	0,845
Ce_2O_3, Y_2O_3 . . .	6,69
SiO_2	13,085
ThO_2	41,44
UO_2	22,43
(P_2O_5)	1,19
H_2O	7,88
Feuchtigkeit . .	1,23
	98,325

Aus Granit von Llano Cy, Texas; anal. W. E. Hidden u. J. B. Makintosh, Am. Journ. **38**, 474 (1889).[2])

[1]) W. C. Brögger, Z. Krist. **16**, 129 (1890).
[2]) W. E. Hidden u. J. B. Makintosh, Z. Kryst. **19**, 91 (1891).

Formel. Die Verfasser berechnen die Formel $(\overset{VI}{U}O_6) . (ThSiO_2)_3 . (OH)_{12}$ oder $UO_2 . 3\,ThO_2 . 3\,SiO_2 . 6\,H_2O$. Sie betrachten das Mineral als ein wasserhaltiges Thorosilicat des Uraniums; vielleicht ist es richtiger, es als eine feste Lösung der Oxyde von Th, Si und U zu betrachten.

Dichte 4,43—4,54. Härte 4—4,15. Farbe dunkelgelbbraun. Das Mineral kommt mit Fergusonit und Cyrtholith vor. Nach dem Glühen wird es grün.

Makinthosit.

Dieses Mineral soll das Muttermineral des Thorogummits sein.
Quadratisch.

Analyse.

(Na_2O, Li_2O)	0,68
(K_2O)	0,42
(MgO)	0,10
(CaO)	0,59
(FeO)	1,15
PbO	3,74
La_2O_3 und Y_2O_3	1,86
ThO_2 und Ce_2O_3	45,30
ZrO_2?	0,88
SiO_2	13,90
UO_2	22,40
P_2O_5	0,67
H_2O unter 100	0,50
H_2O über 100	4,31
	96,50

Aus Pegmatit von Llano Cy; anal. W. F. Hillebrand bei W. E. Hidden und W. F. Hillebrand, Am. Journ. **46**, 98 (1893).

Formel. Die Verfasser sind der Ansicht, daß ein durch Oxydation von U und durch Wasseraufnahme verändertes Produkt vorliegt; das ursprüngliche wasserfreie Mineral hat vielleicht die Formel

$$3\,Si, 4\,(U, 3\,Th)O_{14}.$$

Eigenschaften. Dichte 5,438 bei 21⁰. Härte 5,5. Vor dem Lötrohr unschmelzbar. Farbe schwarz, undurchsichtig, ähnlich dem Cyrtholith (vgl. S. 137), aber stärker glänzend.

Auerlith.

Quadratisch?

Analyse.

	1.	2.
(MgO)	—	0,29
(CaO)	—	0,49
(Al_2O_3)	—	
(Fe_2O_3)	1,78	1,10
SiO_2	6,84	1,38
ThO_2	72,16[1]	7,64
P_2O_5	8,58	70,13
H_2O	10,64	7,46
	100,00	H_2O mit CO_2 11,21
		99,70

[1] Aus der Differenz.

1. Zitronengelbe Varietät von Price's Land, N.-Carolina; anal. W. E. Hidden u.
J. B. Makintosh, Am. Journ. **41**, 438 (1891).

2. Freemen Zirkon Mine, N.-Carolina; anal. wie oben; Z. Kryst. **15**, 295 (1889).

Formel. Das Verhältnis $P_2O_5 + SiO_2$ zu $ThO_2 + Fe_2O_3$ zu H_2O ist:
1 : 2 : 2 (also eine Mischung von Th-Silicaten mit Th-Phosphat).

Die Formel wäre

$$ThO_2(SiO_2 \cdot {}^1/_3 P_2O_5) \cdot 2H_2O.$$

Eigenschaften. Dichte 4,422—4,766. Härte 2,5—3. Farbe blaßzitronengelb bis braunrot, wachsartig. Leicht löslich in HCl unter Abscheidung von gelatinöser Kieselsäure. Unschmelzbar, in der Hitze mattbraun, beim Erkalten wieder orange.

Das Mineral kommt in inniger Verbindung mit Zirkon vor, welcher unzersetzt ist.

Die Bedeutung der Radioaktivität für die Mineralogie.

Von **St. Meyer** (Wien).

I. Einleitung.

Die Entdeckungen der Radioaktivität und der radioaktiven Substanzen — eingeleitet durch H. Becquerel und P. und M. Curie — haben fast auf allen Wissensgebieten neue Wege eröffnet und Anwendungen gefunden und sie erscheinen auch geeignet, in mineralogischer und geologischer Hinsicht einige Aufklärung zu bringen. Nicht nur betreffs der natürlichen und künstlichen Farben zahlreicher Mineralien, in bezug auf die Deutung pleochroitischer Höfe usw., sondern auch in Hinsicht auf die Beurteilung des Alters und Vorkommens einzelner Stoffe gewähren sie mancherlei Einblick und sie haben ebenfalls bezüglich des Wärmehaushaltes und damit im Zusammenhang betreffs des Alters unseres Planeten neue Gesichtspunkte geschaffen. Sie sind endlich auch für die bergmännische Praxis bereits von leitender Bedeutung geworden.

Der Stand der Kenntnisse über die radioaktiven Substanzen ist durch die folgende Tabelle gegeben. In ihr bedeuten:

T diejenige Konstante, welche angibt, in welcher Zeit von einem jeweilig vorhandenen Quantum sich die Hälfte in sein Folgeprodukt verwandelt hat (Halbierungskonstante oder Halbwertszeit).

λ ist die aus dem radioaktiven Zerfallsgesetz $J = J_0 e^{-\lambda t}$ definierte Konstante. (J bedeutet darin die z. B. durch den Sättigungsstrom gemessene Wirkungsintensität zur Zeit t, welche der Anzahl der jeweilig vorhandenen Moleküle proportional ist; J_0 dieselbe zu Beginn der Betrachtung $t = 0$). Sie ist der Dimension nach eine reziproke Zeit und wird in 1/Sekunden angegeben (Zerfallskonstante). ($e =$ Basis der natürlichen Logarithmen.) $T \cdot \lambda = \log \mathrm{nat}\, 2 = 0,6931$. Eine Substanz, die mit der Konstante λ nach obigem Gesetz zerfällt, wird aus ihrer Stammsubstanz nach der Formel $J = J_\infty (1 - e^{-\lambda t})$ nachgebildet, worin J_∞ den nach genügend langer Zeit erreichten Sattwert darstellt.

Tabelle der radioaktiven Substanzen.

a = Jahre, d = Tage, h = Stunden, m = Minuten, s = Sekunden.

Namen	T	λ in 1/sec	τ	Strahlen	v in cm/sec	r in cm Luft bei 15° C	μ in 1/cm	D in cm
Uran I	$5,0.10^{9}a$	$4,4.10^{-18}$	$7,2.10^{9}a$	α	$1,45.10^{9}$	2,5	—	—
→Uran X₁	$24,6^{d}$	$3,26.10^{-7}$	$35,5^{d}$	β	$2,76.10^{10}$	—	510; 14,4 Al	$1,36.10^{-3}$ Al; $4,81.10^{-2}$ Al
→Uran X₂	66^{s}	$1,05.10^{-2}$	95^{s}	γ	—	—	0,73 Pb	0,96 Pb
→Uran II	ca.$1,4.10^{6}a$	$1,6.10^{-14}$	$2.10^{6}a$	α	$1,53.10^{9}$	2,9	—	—
(Uran Y?)	$1,5^{d}$	$5,8.10^{-5}$	$2,2^{d}$	α, β	—	—	ca. 300 Al	$2,3.10^{-3}$ Al
Ionium			zwischen 5.10^{4} und $10^{6}a$	α	$1,56.10^{9}$	3,0	—	—
→Radium	1750^{a}	$1,26.10^{-11}$	2500^{a}	α, β	$1,60.10^{9}$; $1,56.10^{10}$–$1,95.10^{10}$	3,3	320 Al	$2,2.10^{-3}$ Al
Radiumemanation	$3,86^{d}$	$2,07.10^{-6}$	$5,57^{d}$	α	$1,74.10^{9}$	4,14	—	—
→Radium A	$3,05^{m}$	$3,78.10^{-3}$	$4,4^{m}$	α	$1,81.10^{9}$	4,75	—	—
→Radium B	$26,8^{m}$	$4,33.10^{-4}$	$38,5^{m}$	β, γ	$1,08.10^{10}$–$2,22.10^{10}$	—	13; 80 Al; 4–6 Pb	$5,3.10^{-2}$; $8,6.10^{-3}$ Al; 0,15 bis 0,11 Pb
→Radium C₁	$19,6^{m}$	$5,9.10^{-4}$	$28,3^{m}$	α, β, γ	$2,06.10^{9}$; $2,4.10^{10}$–$2,9.10^{10}$	6,93	—	—
→Radium C₂	$1,38^{m}$	$8,4.10^{-3}$	$1,99^{m}$	β	—	—	13; 53 Al; 0,54 Pb	$5,3.10^{-2}$; $1,3.10^{-3}$ Al; 1,28 Pb
→Radium D	ca. 17^{a}	$1,3.10^{-9}$	ca. $24,5^{a}$	β	$9,9.10^{9}$–$1,17.10^{10}$	—	groß	—
→Radium E	$4,85^{d}$	$1,66.10^{-6}$	$7,0^{d}$	β, γ	$2,3.10^{10}$	—	44 Al; groß	$1,62.10^{-2}$ Al
→RadiumF, Polonium	136^{d}	$5,91.10^{-8}$	196^{d}	α	$1,68.10^{9}$	3,77	—	—
→? (Pb?)								

Substanz							
Actinium	$(30^a?)$	—	—		—	—	—	—
Radioactinium	$19{,}5^d$	$4{,}1.10^{-7}$	$28{,}1$	α / β / γ	$1{,}83.10^9$; $1{,}14\text{--}1{,}50.10^{10}$	$4{,}60$; $4{,}4$	175 Al	4.10^{-3} Al
Actinium X	$11{,}6^d$	$6{,}9.10^{-7}$	$16{,}7^d$	α	$1{,}76.10^9$	$5{,}7$	—	—
Actiniumemanation	$3{,}9^s$	$1{,}8.10^{-1}$	$5{,}6^s$	α	$1{,}93.10^9$	$6{,}5$	—	—
Actinium A	$2{,}10^{-3\,s}$	$3{,}5.10^2$	$3.10^{-3\,s}$	α	$2{,}02.10^9$	$6{,}5$	125 Al	ca. $5{,}5.10^{-3}$ Al
Actinium B	$36{,}1^m$	$3{,}2.10^{-4}$	$52{,}1^m$	β	—	$5{,}4$	—	—
Actinium C₁	$2{,}15^m$	$5{,}3.10^{-3}$	$3{,}1^s$	α	$1{,}9.10^9$		—	—
(Actinium C₂)?	—	—	—	$(\alpha?)$	—	—	—	—
Actinium D	$4{,}71^m$	$2{,}45.10^{-3}$	$6{,}8^m$	β / γ	$1{,}81\text{--}2{,}73.10^{10}$	—	$28{,}5$ Al / $1{,}22$ Pb	$2{,}4.10^{-2}$ Al / $0{,}57$ Pb
?								
Thorium	$1{,}3.10^{10\,a}$	$1{,}7.10^{-18}$	$1{,}9.10^{10\,a}$	α	$1{,}51.10^9$	$2{,}72$	—	—
Mesothorium 1	$5{,}5^a$	$4{,}0.10^{-9}$	$7{,}9^h$	$(\beta?)$	—	—	$40\text{--}20$ Al / $0{,}64$ Pb	$3{,}4\text{--}1{,}8.10^{-2}$ Al / $1{,}1$ Pb
Mesothorium 2	$6{,}2^h$	$3{,}1.10^{-5}$	$8{,}9^h$	β / γ	$1{,}11.10^{10}\text{--}1{,}98.10^{10}$	—	—	—
Radiothorium	$2{,}0^a$	$1{,}0.10^{-8}$	$2{,}9^a$	α	$1{,}7.10^9$	$3{,}87$	—	—
Thorium X	$3{,}65^d$	$2{,}2.10^{-6}$	$5{,}27^d$	α / β	$1{,}94.10^9$, $1{,}53.10^{10}$; $1{,}41.10^{10}$	$4{,}3$	groß	—
Thoriumemanation	53^s	$1{,}3.10^{-2}$	76^s	α	$1{,}91.10^9$	$5{,}0$	—	—
Thorium A	$0{,}14^s$	$4{,}95$	$0{,}20^s$	α	$1{,}96.10^9$	$5{,}7$	153 Al	$4{,}5.10^{-3}$ Al
Thorium B	$10{,}6^h$	$1{,}3.10^{-5}$	$15{,}3^h$	β	$1{,}89.10^{10}$, $2{,}16.10^{10}$	—	—	—
Thorium C₁	$60{,}3^m$	$1{,}9.10^{-4}$	$87{,}0^m$	α / β	$1{,}85.10^9$ / $2{,}79.10^{10}$, $2{,}85.10^{10}$	$4{,}8$	$14{,}4$ Al	$4{,}8.10^{-2}$ Al
Thorium C₂	ca. $10^{-12\,s}$	ca. 7.10^{11}	ca. $10^{-12\,s}$	α	$2{,}22.10^9$	$8{,}6$	—	—
Thorium D	$3{,}1^m$	$3{,}7.10^{-3}$	$4{,}5^m$	β / γ	$0{,}87.10^{10}$, $1{,}08.10^{10}$	—	$21{,}6$ Al / $0{,}46$ Pb	$3{,}2.10^{-2}$ Al / $1{,}5$ Pb
?								

$\tau = \dfrac{1}{\lambda}$ führt den Namen „mittlere Lebensdauer". Diese Größe ist durch die beistehende Figur definiert. (Diese ist für den Fall der Radium-

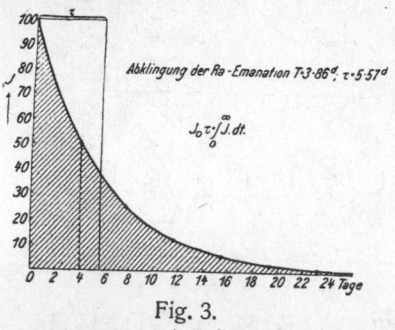

emanation gezeichnet; Abszissen = Zeit in Tagen; Ordinaten = Intensität der Wirkung.) Die gesamte Wirkung ist durch die diagonal schraffierte Fläche

$\left(\displaystyle\int_{0}^{\infty} J\,dt\right)$ gegeben. Hätten alle Moleküle die gleiche mittlere Lebensdauer, so erhielte man statt dieser Fläche das gleichgroße Rechteck

Fig. 3.

$$J_0 \cdot \tau = \int_{0}^{\infty} J\,dt.$$

α, β, γ sind die verschiedenen Strahlenarten, welche die einzelnen Substanzen emittieren. Die weiche, von negativen Elektronen getragene, nicht ionisierend wirkende δ-Strahlung, welche alle α-Strahlung zu begleiten scheint, ist dabei nicht besonders angeführt.

v ist die Anfangsgeschwindigkeit, mit welcher die Korpuskeln ausgeschleudert werden in cm/sec.

r bezeichnet für α-Strahlen die „Reichweite" (range). Das ist in Luft bei normalem Druck diejenige Entfernung, über welche hinaus die α-Partikel nicht radioaktiv sind (d. h. weder ionisieren, noch photographisch, noch fluoreszenzerregend wirken und auch keine elektrische Ladung mehr besitzen).

μ bedeutet die aus der Gleichung $J = J_0\,e^{-\mu x}$ definierte Absorptionskonstante in Aluminium für β-Strahlung, in Blei für γ-Strahlung, gemessen in reziproken Zentimetern.

D ist die Halbierungdicke in Zentimeter Aluminium für die β-Strahlung und in Blei für die γ-Strahlung. $D \cdot \mu = \text{lognat}\,2 = 0{,}6931$. ($D/\varrho$ ist nahe konstant für die absorbierenden Stoffe der Dichte ϱ).

Zuweilen wird auch in Analogie zur mittleren Lebensdauer $\dfrac{1}{\mu}$, das ist die mittlere Lauflänge eingeführt.

Im sonstigen haben J, J_0 und e die obigen Bedeutungen; x ist die durchstrahlte Schichtdicke.

Außer den in der Tabelle angeführten Substanzen haben nur noch Kalium und Rubidium schwache radioaktive Strahlungswirkungen feststellen lassen. Alle übrigen Elemente scheinen nach den bisherigen Beobachtungsmethoden keine selbständige Aktivität zu liefern und wo eine solche bisweilen sonst vermutet wurde, haben sich immer spurenweise Beimengungen der genannten aktiven Stoffe nachweisen lassen.

II. Art und Wirkung der Strahlen.

A. α-Strahlung und Heliumentwickelung.

Jedes α-Partikel, das von einer radioaktiven Substanz ausgesendet wird, ist ein mit zwei positiven elektrischen Elementarquanten ($2 \times 4{,}65 . 10^{-10} = 9{,}3 . 10^{-10}$ elekrostatischen Einheiten $= 3{,}1 . 10^{-19}$ Coulomb) beladenes Heliumatom. Es wird mit enormen Anfangsgeschwindigkeiten (ca. $^1/_{20}$ der Lichtgeschwindigkeit) beim explosionsartigen Zerfall eines radioaktiven Moleküles ausgeschleudert, während sich dieses in sein Folgeprodukt umwandelt (das demnach immer ein um vier Einheiten kleineres Atomgewicht besitzen muß).

Solange die Geschwindigkeit des α-Geschosses sehr groß ist, wirkt es molekülzertrümmernd und ionisierend im umgebenden Gase und zeigt alle sonstigen radioaktiven Wirkungen. Allmählich verliert es aber auf seinem Laufe durch Zusammenstöße mit den Molekülen des umgebenden Stoffes (z. B. der Luft) an Geschwindigkeit. Ist es so weit gebremst, daß seine Geschwindigkeit auf Molekulargeschwindigkeit abgesunken ist, so ist die Reichweite (range) erzielt, bei welcher die lebendige Kraft nicht mehr ausreicht, die Moleküle, mit denen das α-Partiket zusammentrifft, zu ionisieren. Im selben Augenblick verliert es auch seine sonstigen radioaktiven Eigenschaften, ebenso seine Ladung und unterscheidet sich dann durch nichts mehr von einem inaktiven Heliummolekül.

Das Auftreten von Helium aus der Radiumemanation wurde zuerst von W. Ramsay und F. Soddy (1903) entdeckt, von E. Rutherford und F. Soddy zuerst richtig, als durch die α-Partikel bedingt, gedeutet und ist heute bereits für fast sämtliche α-Strahler nachgewiesen. Die letzten und verläßlichsten quantitativen Bestimmungen rühren von B. B. Boltwood und E. Rutherford her und zeigen, daß ein Gramm Radiumelement samt seinen ersten Zerfallsprodukten bis inklusive Ra-C ca. 160 mm³ Helium (bei normalem Druck und normaler Temperatur) im Jahr zu erzeugen vermag.

Für die Entwicklung aus dem Uran liefern die Untersuchungen F. Soddys das Resultat, daß aus einer Million Kilogramm Uran pro Jahr 2 mg Helium produziert werden.

Nach dem Gesagten muß der Gehalt an Helium in Mineralien oder Quellwässern vielfach — ob ausschließlich, bleibe dahingestellt — auf die Anwesenheit radioaktiver Bestandteile zurückgeführt werden.

In den natürlichen, sehr alten Mineralien steht Radium zu Uran im Verhältnisse Ra. U — $3,2.10^{-7}$ (siehe weiter unten)

1 g (Ra + Em + A + C) liefert jährlich 160 mm³ Helium, also 1 g Ra allein, ohne seine Zerfallsprodukte, 40 mm³ jährlich.

Folglich berechnet sich die Menge Helium, die 1 g Uran liefern sollte, zu $40.3,2.10^{-7} = 1,28.10^{-5}$ mm³ $= 1,28.10^{-8}$ cm³ $= 2,3.10^{-12}$ g.

Die von F. Soddy angegebene Zahl, daß 1 g U jährlich 2.10^{-12} g, das ist $1,1.10^{-8}$ cm³ erzeugt, steht damit in bemerkenswertem Einklang.[1]

Die Pechblende entspricht in ihrer Aktivität nach Messungen B. B. Boltwoods[2] 4,64 Uran. Sie enthält dabei die Elemente: U I, U II, Jo, Ra, Ra-Emanation, RaA, RaC und Po als α-Strahler und die Actiniumprodukte die etwa 5% zur Strahlung beitragen.

Sieht man von den Actiniumprodukten ab, so enthalten sie vom Uran bis zum Polonium acht im Gleichgewicht stehende und daher in jedem Zeitmomente gleich viel α-Partikel aussendende Substanzen.

Demnach wäre für die gesamte pro Jahr aus 1 g Pechblende zu erwartende Heliummenge $8.1,28.10^{-8}$ cm³ $= 10,2.10^{-8}$ cm³ $= 18,4.10^{-12}$ g anzunehmen. Wenngleich die zahlreichen Bestimmungen, welche von B. B. Boltwood,[3]

---

[1] Diese Übereinstimmung verschwindet freilich, wenn man annimmt, daß jedes U zwei α-Partikel emittiert.
[2] B. B. Boldwood, Sill. Journ. **25**, 269 (1908).
[3] B. B. Boltwood, Phys. Z. **8**, 97 (1907).

F. Soddy,[1]) R. J. Strutt,[2]) J. W. Walters,[3]) A. Piutti[4]) und anderen durchgeführt sind, untereinander beträchtliche Abweichungen zeigen, so läßt sich doch im allgemeinen sagen, daß die in den verschiedenen Uran- und Thoriummineralien experimentell gefundenen Heliummengen von der erwarteten Größenordnung sind.

Um im Minerale selbst alles entstandene Helium zu finden, müßte natürlich angenommen werden, daß alles erzeugte Gas auch im Minerale okkludiert bleibt. Dies ist gewiß nicht quantitativ erfüllt (z. B. an der Oberfläche). Insbesondere die Thormineralien scheinen Helium in sehr verschiedenem Maße zu okkludieren. Auch wenn die einzelnen Kristalle kleiner sind, als der Reichweite der α-Partikel entspricht, wird sich in der Umgebung, soweit eben die α-Partikel fliegen können, Helium finden müssen. So findet z. B. J. W. Walters bei Allanit, Rutil, Zirkon viel weniger He, als ihrem Alter nach zu erwarten wäre. Mikroskopische Untersuchungen haben in diesen Fällen gelehrt, daß die Kristalle zumeist nur Durchmesser hatten, die unter dem Betrage der Reichweite (ca. 0,04 mm) lagen.

Vielleicht ist es ebenfalls in ähnlicher Weise zu deuten, daß A. Piutti bei unreinem Autunit relativ mehr Helium fand als in reinem.

Trotz aller dieser Schwierigkeiten scheint doch der insbesondere von B. B. Boltwood, E. Rutherford und R. J. Strutt begangene Weg, aus der Größenordnung des vorhandenen Heliums auf das Alter des Minerals zu schließen, gangbar, wenn einmal alle diese Umstände genau genug studiert sein werden und genaue Analysen in genügender Zahl vorliegen. Insbesondere aus U—He-haltigem Material, dessen Alter anderweitig eingeschätzt werden kann, dürften sich solche Schlüsse kontrollieren lassen.

Beispielsweise deutet der geringe Heliumgehalt in den Autuniten, oder Carnotiten darauf hin, daß man es hier mit relativ jüngeren Bildungen zu tun hat.

Für Pechblende fand R. J. Strutt experimentell die entwickelte Heliummenge pro Jahr zu $3{,}16 . 10^{-8}$ cm³, für Thorianit zu $3{,}7 . 10^{-8}$ cm³. Diese Werte nähern sich dem theoretischen Werte (siehe oben) bereits merklich und man hat es demnach mit sicher sehr alten Bildungen zu tun.

Nimmt man mit R. J. Strutt eine Jahresproduktion (q) von $3{,}7 . 10^{-8}$ cm³ an und setzt die mittlere Lebensdauer des Urans (τ) mit $9 . 10^{9}$ Jahren ein,[5]) so ist die Gesamtentwicklung an Helium $= q . \tau = 335$ cm³. Da R. J. Strutt im Thorianit 9 cm³ Helium fand, schätzt er daraus das Alter dieses Minerals zu $9 / 3{,}7 . 10^{-8} = 240$ Millionen Jahre.

Legt man den oben besprochenen theoretischen Wert der Jahresproduktion von $10{,}2 . 10^{-8}$ cm³ Helium zugrunde, so ist für $\tau = 7{,}2 . 10^{9}$ Jahre, die nach unendlich langer Zeit aus 1 g U entwickelte Heliummenge gleich 734 cm³. Das Alter der Uranmineralien in Jahren berechnet sich dann aus der Formel: gefundene Heliummenge in Kubikzentimeter pro 1 g Uran dividiert durch $10{,}2 . 10^{-8}$ oder in erster Annäherung die gefundene Heliummenge mal 10^{7}.

---

[1]) F. Soddy, Phys. Z. **10**, 41 (1909).
[2]) R. J. Strutt, Proc. Roy. Soc. **81**, 272, 278 (1909), 6./V. (1909); **83**, 96, 298 (1910); **84**, 379 (1910).
[3]) J. W. Walters, Phil. Mag. Juni 1910.
[4]) A. Piutti, Le Radium **8**, 13 (1911).
[5]) Dieser Wert ist nach den neueren Zahlen (vgl. Tabelle) von H. Geiger und J. M. Nutall, Phil. Mag. **23**, 439 (1912), zu hoch.

Voraussetzung dabei ist, daß das vorhandene Helium nur radioaktiver Provenienz ist, sich immer gleichmäßig gebildet hat und völlig okkludiert geblieben ist, welche letztere Bedingung sicher nicht exakt erfüllt wird, da auch kompakte Mineralien selbst bei gewöhnlicher Temperatur Helium abgeben.

Bei Mineralien, die neben Uran noch Thor enthalten, entwickeln diese natürlich auch noch aus allen α-Strahlern der Thorprodukte Helium und weisen demnach relativ beträchtlich zu große Zahlen auf.

Es ist hierauf im folgenden nicht näher eingegangen, da, ohne daß nähere Angaben über die allmähliche Entgasung bezüglich des Heliums an den verschiedenen Materialien gemacht werden können, alle Daten nur illustrativen und nicht quantitativen Charakter haben.

Einzelne Mineralien zeigen ungewöhnlich viel Helium, ohne einen entsprechenden Gehalt von radioaktiven Substanzen der Uran- oder Thorfamilie aufzuweisen. So haben u. a. Sylvin oder Carnallit viel mehr Helium als dem Urangehalt entspricht. In diesen kaliumhaltigen Mineralien ist dies vielleicht auf die Radioaktivität des Kaliums zurückführbar. Sehr auffallend ist auch der Befund von R. J. Strutt, daß Beryll relativ fast 100 mal so viel Helium enthält, als nach dem Radiumgehalt zu erwarten wäre.

Es bleibt noch abzuwarten, ob diese Abweichungen sich durch Auffindung entsprechender radioaktiver Substanzen werden aufklären lassen, oder ob durch den Nachweis, daß das in den Mineralien okkludierte Helium teilweise anderer als radioaktiver Provenienz ist, die oben angedeuteten Schlüsse hinfällig werden.

Da eine große Zahl von Quellwässern radioaktiv ist, das heißt zumeist Radiumemanation mit sich führt, muß auch in ihnen sich Helium vorfinden. Dies wurde tatsächlich in einer Reihe von Fällen (Karlsbad, Gastein usw.) geprüft und bestätigt gefunden.

B. Fluoreszenzerregung und Verfärbungserscheinungen unter Wirkung der radioaktiven Strahlen.

§ 1. Die Wirkung der α-Strahlen in Hinsicht auf die Erregung von Fluoreszenz ist eine sehr auffallende. Jedes auf ein geeignetes Material auftreffende Partikel kann dabei als Erreger einer blitzartigen Lichterscheinung wirken (Scintillation). Speziell bei Sidotblende und Diamant läßt sich die Erscheinung gut unter der Lupe beobachten (Crookes—Spintariscop). Es ist dabei tatsächlich das Auftreffen jedes α-Geschosses durch ein momentanes Aufleuchten charakterisiert. Ob dieses Leuchten durch unsichtbar kleine Aufspaltungen in den Kristallen oder anderweitig zu erklären ist, ist noch ganz ungewiß.

Verfärbungen können wegen der geringen Durchdringlichkeit der α-Strahlen nur in sehr dünner Schicht durch solche bewirkt werden. E. Rutherford konnte an einer Kapillare, die längere Zeit von Radiumemanation erfüllt gewesen war, eine scharf begrenzte innere Schicht von 0,039 mm feststellen, die rötlich verfärbt war und deren Brechungsindex sich ein wenig erhöht erwies.[1] Es entspricht diese Glasdicke der Reichweite der (Ra—C) α-Strahlung. J. Joly hat den Versuch gemacht, die farbigen Ringe (pleochroitischen Höfe), welche an einigen Mineralien beobachtet sind, durch die Wirkung der α-Strahlen mit ihren verschiedenen Reichweiten zu deuten. (Vgl. auch O. Mügge, ZB. Min. etc. 1909, 71).

Alle α-Strahlen sind begleitet von sehr langsamen Elektronenstrahlen, den sogenannten δ-Strahlen, die aber wegen ihres minimalen Durchdringungs-

[1] E. Rutherford, Phil. Mag. **19**, 192 (1910).

vermögens von untergeordneter Bedeutung sind, sofern es sich um direkte Einwirkung auf Mineralien handelt.

§ 2.   Ganz anderer Natur als die α-Strahlung sind die β-Strahlen.   Hier handelt es sich um Korpuskeln der Größe von ca. $^1/_{1800}$ des Wasserstoffatomes, die negative Ladungen der Größe eines Elementarquantums $(4,65.10^{-10}$ E. St. E.) tragen und sich mit Geschwindigkeiten von ca. $2,10^9$ bis zu $2,9.10^{10}$ cm/sec (also bis nahe an die Lichtgeschwindigkeit) bewegen.

Sie sind, da die α-Strahlen schon in sehr dünner Schicht absorbiert werden, für die tieferen Schichten bestrahlter Substanz vorwiegend wirksam und sonach für die Verfärbungserscheinungen in erster Linie maßgebend.

Es hat den Anschein, als ob diejenigen Substanzen, welche unter dem Einfluß der β-Strahlung verfärbt werden, Elektronen aufspeichern, die sie bei Erwärmung oder ultravioletter Bestrahlung unter Rückverfärbung wieder entbinden, wobei oftmals lebhafte Thermolumineszenz auftritt.   Durch Radiumstrahlen verfärbte thermolumineszierende Substanzen, wie z. B. der grün verfärbte Kunzit leuchtet (lachsrosa, wie der unverfärbte) bei beträchtlich niedrigerer Temperatur als solcher natürlicher Farbe, der keiner radioaktiven Wirkung ausgesetzt war.   Das gleiche Verhalten zeigen Flußspate.   Solche Mineralien weisen dann auch deutliche photoelektrische Effekte auf.[1]

Braun oder violett gewordene Gläser leuchten beim Erhitzen und Entfärben meist grün; Quarz besonders schön violett oder grün.

Über die Ergebnisse der Verfärbungen an den einzelnen Stoffen ist an anderer Stelle berichtet.[2]

§ 3.   Ob die durchdringlichste, mit den Röntgenstrahlen vergleichbare γ-Strahlung korpuskularer Natur ist, oder ob es sich dabei um Ätherimpulse handelt, die bei der Explosion der Atome entstehen, ist derzeit noch eine strittige Frage.   Sichergestellt ist aber, daß die γ-Strahlen beim Auftreffen auf feste Körper und auch im Innern derselben eine Sekundärstrahlung auszulösen imstande sind, die den Charakter der β-Strahlung besitzt.   Es bleibt daher fraglich, ob den γ-Strahlen eine spezifische Wirkung zukommt, oder ob dieselbe von derselben Art ist, wie die Elektronenstrahlung.   Hingegen ist es gewiß, daß die Verfärbungserscheinungen (z. B. in Gläsern) so tief gehen, daß die primären, relativ leicht, also von mäßigen Schichtdicken absorbierten β-Strahlen nicht zu deren alleiniger Erklärung ausreichen.

§ 4.   Als unter β-γ-Strahlen besonders stark fluoreszierende bzw. phosphoreszierende Mineralien seien angeführt:

Willemit (in grüner Farbe), Kunzite (lachsrosa bis orange), Scheelit ($CaWO_4$) (blau), Diamant[3] (blau), Fowlerit (bläulich), Milarit ($KHCa_2Al_2Si_{12}O_{30}$), Apatit $FCa_5P_3O_{12}$, grünlich bis orange, Fluorite (CaF_2, meist blau), geglühte, helle Zirkone (wie Diamant), Pektolith ($HNaCaSi_2O_6$), Wollastonit ($CaSiO_3$), Sparteit (manganhaltiger Calcit, orangerot). Sphalerit (eine Modifikation aus Mexico); Doppelspat (rosa, stark nachleuchtend).

Kräftig lumineszieren, wenn auch schwächer als die vorstehenden Substanzen: Rhodonit ($MnSiO_3$), Adular ($KAlSi_3O_8$), Orthoklas von Elba, Cerussit, Zinkblende (von Kremnitz), Colemanit ($CaHB_3O_6 . 2H_2O$), Schwefel aus der

---

[1] St. Meyer u. K. Przibram, Sitzber. Wiener Ak. **121**, 1413 (1912).
[2] Vgl. auch insbesondere C. Doelter, Das Radium und die Farben (Dresden 1910).
[3] Der Diamant verliert seine Lumineszenz auch nicht durch Erhitzen auf 2000° in Kohle, oder auf 1100° in N. (Material von C. Doelter.)

Romagna und aus Girgenti (bläulich), Troostit, Calcit (meist in rosa Farbe), Steinsalz (bläulich), Quarz, Saphir, blau und licht, natürlich und künstlich.

Minder hell leuchten:

Prehnit, Orthoklas, Turmalin (besonders der rosa gefärbte aus Elba), Witherit, Strontianit, Aragonit, Brucit, Enhydros, Zinkit, Opal von Elba, Jamesonit, Gips, Lanarkit, Linarit, Kainit, Baryt, Cölestin, Anhydrit, Thenardit, Anglesit, Leadhillit, Autunit, künstlicher Natronsalpeter, Pyromorphit, Mimetesit, edler Serpentin, Beryllonit, Amblygonit, Montebrasit, Edingtonit, Sericit, Natrolith, Skolezit, Analcim, Chabasit, Heulandit, Stilbit, Brewsterit, Harmotom, Apophyllit, Carpholith, Kieselzink, Bertrandit, kunzitähnliche matte Spodumene (jedoch nicht die gelben oder der grüne Hiddenit), Kalialaun, gelb gefärbter Rubin (jedoch nicht die künstlichen Ceyloner Rubine), gelbbraune Zirkone (jedoch nicht die grünen Zirkone), Amethyst, Rauchquarz, auch künstlicher Quarz (dargestellt von G. Spezia), umgeschmolzener Castor.

Von anderen Materialien seien nur u. a. erwähnt: die zu Fluoreszenz-schirmen meist verwendeten stark lumineszierenden Bariumplatincyanür und Sidotblende; weiter: Glas, menschliche Haut, Papier, Baumwolle usw.; ferner: Chininsalzlösungen (besonders Bisulfat), Acridinlösung, Morinlösung, Schwefel-kohlenstoff, Petroläther usw.

III. Folgerungen aus der Zerfallstheorie.

§ 1. Wenn Uran, mit dem Atomgewicht 238,4 sich unter Abschleuderung von drei Helium(α)-Partikeln in Radium und dieses dann weiter unter sukzes-siver Abgabe von fünf Helium(α)-Partikeln in ein inaktives Endprodukt ver-wandelt, so wäre, wenn das Atomgewicht des Heliums mit rund 4 angenommen wird, das Atomgewicht des Radiums mit 238,4 — 12 = 226,4 zu erwarten und das inaktive Endprodukt, das sich schließlich aus dem Polonium bildet, nach Abzug von 5 × 4 = 20 mit 206,4 zu gewärtigen.

Die letzte und derzeit verläßlichste Atomgewichtsbestimmung hat für Radium nur das Atomgewicht von 225,97 ergeben.[1]

Ob es gestattet ist, an der Atomgewichtsbestimmung des Urans so große Unsicherheiten anzunehmen, oder ob es möglich erscheint, durch Aufklärung betreffs des Verhaltens der mit UY beginnenden Seitenkette der Atomverwand-lung, die mangelnde Übereinstimmung zu verbessern, läßt sich im Augen-blicke noch nicht entscheiden.

Die Zahl 206,4 für das Endprodukt liegt dem Atomgewicht des Bleies nahe (207). Auch hier ist die Übereinstimmung keine genaue, und wenn tatsächlich das Blei das Endprodukt wäre, so bedürften diese Abweichungen noch einer gründlichen Aufklärung.

B. B. Boltwood und E. Rutherford[2] haben die Vermutung aus-gesprochen, daß wirklich das Endglied der Radiumzerfallsreihe das Blei sei. Diese Ansicht findet eine Stütze darin, daß Blei in allen Uranmineralien vorkommt und der Prozentsatz, wenigstens für die Mineralien angenähert gleichen Alters, ziemlich konstant ist.

Ein präziser Beweis für die Richtigkeit oder Unhaltbarkeit dieser Blei-hypothese ließe sich dadurch erbringen, daß man den Zerfall einer genügend großen Menge von Polonium direkt verfolgt und so das Endprodukt be-

---

[1] O. Hönigschmid, Sitzber. Wiener Ak. **120**, 1617 (1911).
[2] E. Rutherford, Sill. Journ. **20**, 253 (1905).

16*

stimmt. Wie schwierig eine solche Untersuchung sich aber gestaltet, geht daraus hervor, daß mit einem Gramm reinen Radiums nur 0,2 mg Polonium im Gleichgewicht stehen. Es ist bisher auch noch nicht gelungen, das erwartete Endprodukt zu identifizieren.

Nimmt man das O. Hönigschmidsche Atomgewicht 226 an, so wäre das für das Endprodukt anzusetzende Atomgewicht = 206. Es wäre daher auch denkbar, daß dieses Produkt nur dem Blei sehr nahe verwandt und wegen der Ähnlichkeit der Atomgewichte 206 und 207 von diesem schwer zu unterscheiden sei.[1]

In ähnlicher Weise wie das Blei als Endglied der Radiumreihe angenommen wurde, hat seinerzeit B. B. Boltwood für die Thoriumreihe das Wismut als Endglied aufgefaßt.

Wenn es nach dem Gesagten bisher auch nur beinahe sichersteht, daß Uran sich allmählich über Ionium in Radium verwandelt (es ist dies zwar noch nicht erwiesen, da es bisher nicht einwandsfrei gelang, aus Uran direkt Radiumemanationsbildung festzustellen, während andererseits aus dem Maße der Radiumemanationsentwicklung aus Ionium die Zerfallskonstante des Radiums erhalten wurde), so soll im folgenden doch dies, sowie auch die Zulässigkeit der Hypothese der Verwandlung des Radiums in Blei (oder einen dem Blei so nahe verwandten Körper, daß dessen Trennung vom Blei bisher nicht gelang) angenommen werden, um über die daraus gezogenen Schlüsse berichten zu können.

Nach der Zerfallstheorie ist das Produkt aus der Zerfallskonstante λ und der Menge eines Stoffes für den Zustand des Gleichgewichtes für alle Produkte einer Zerfallsreihe konstant. Es ist also im Gleichgewicht

$$\lambda_U . U = \lambda_{J_0} . J_0 = \lambda_{Ra} Ra = \lambda_{Pb} . Pb ,$$

worin die verschiedenen λ die betreffenden Zerfallskonstanten der einzelnen Stoffe und die großen Buchstaben die Gewichtsmengen derselben Stoffe bedeuten. Gleichgewicht für Radium wäre praktisch (bis auf 1 Promille) in 20,000 Jahren, für Ionium in schätzungsweise 1—2 Millionen Jahren erzielt. Für mindestens so alte Mineralien muß demnach das Verhältnis zwischen Uran und Radium ein konstantes sein. Darf angenommen werden, daß aus dem Material kein Radium sich entfernen konnte und daß keines anderer Provenienz dazukommen konnte, so kann umgekehrt, falls sich ein geringerer Betrag als dem Gleichgewicht entspricht, findet, daraus wieder ein Rückschluß auf das Alter des Minerales gezogen werden.

Nach den neuesten Untersuchungen kann als der Gleichgewichtsbetrag für Radium angenommen werden, daß 1 g Uran $3,2.10^{-7}$ g Radium entspricht. Daraus und aus der Konstante $\lambda = 1,26.10^{-11}$ 1/sec ($T = 1750$ Jahre) für Radium läßt sich zunächst die Konstante für Uran nach obiger Formel finden. Man erhält $\lambda_U = 4,4.10^{-18}$ 1/sec, was der Halbwertszeit $T = 5,0.10^9$ Jahre oder der mittleren Lebensdauer $\tau = 7,2.10^9$ Jahre entspricht. Dieser Wert wurde bereits oben (bei der Diskussion der Heliumentwicklung) angenommen. Weiteres läßt sich daraus berechnen, daß 1 g Uran im Jahre $1,2.10^{-10}$ g Radium produziert, wenn das langlebige Ionium mit dem Uran im Gleichgewicht vorhanden war.

Durch zahlreiche Messungen, insbesondere von B. B. Boltwood[2] und

---

[1] Die radioaktiven Mineralien enthalten oft auch relativ große Mengen von Thallium. Das Prozentverhältnis ist noch wenig untersucht.
[2] B. B. Boltwood, Phil. Mag. **9**, 599 (1905).

R. J. Strutt[1]) wurde gezeigt, daß das Verhältnis Uran zu Radium in sehr alten Gesteinen wirklich ein nahe konstantes ist.

Neuerdings wurde jedoch von E. Gleditsch,[2]) F. Soddy und R. Pirret,[3]) sowie von W. Marckwald und A. S. Russel[4]) gezeigt, daß die Verhältnisse nicht ganz so einfache sind, als dies zuerst den Anschein hatte.

E. Gleditsch fand für das Verhältnis Radium : Uran im

Thorianit von Ceylon . . . $4,19.10^{-7}$
Pechblende „ „ . . . $3,58.10^{-7}$
Autunit „ „ . . . $2,85.10^{-7}$

später in Uranpecherz aus St. Joachimstal den Wert $3,21.10^{-7}$.

F. Soddy und R. Pirret, sowie W. Marckwald und A. S. Russel konnten zwar in Thorianit und Pechblende keine Abweichungen von dem Werte $3,15.10^{-7}$ finden, bestätigten aber sonst die Tatsache, daß erhebliche Schwankungen auftreten können.[5])

Ist der Wert zu klein, so läßt sich das entweder so deuten, daß das Radium mit dem Uran noch nicht im Gleichgewichte steht, also, daß es sich um recentere Bildungen handelt; oder aber es muß angenommen werden, daß durch äußere Einflüsse, insbesondere durch Auslaugungen dem Materiale Radium entzogen werden konnte.

Hat jedoch der Wert einen Betrag, der den Wert, der derzeit als der verläßlichste gelten muß, von $3,2.10^{-7}$ übersteigt, so muß entweder angenommen werden, daß in die Probe von auswärts Radium hineingetragen wurde (bei dem Arbeiten in radioaktiven Laboratorien und speziell für die abnorm hohen Werte von E. Gleditsch ist eine solche spurenweise „Verunreinigung" sehr leicht möglich) oder es muß die Möglichkeit bestehen, daß Uran aus dem Materiale (durch Auslaugung?) weggekommen sei.

Nach den Angaben von W. Marckwald und A. S. Russel läßt sich für eine Reihe von Mineralien der in der folgenden Tabelle angegebene Radiumgehalt berechnen.

Mineral 1 g	Fundort	Radiumgehalt in Grammen	Mineral 1 g	Fundort	Radiumgehalt in Grammen
Pechblende	St. Joachimstal	$3,2.10^{-7}$	Rutherfordin	Afrika	$2,8.10^{-7}$
„	Afrika	$3,3.10^{-7}$	„	„	$2,7.10^{-7}$
„	„	$3,4.10^{-7}$	„	„	$2,2.10^{-7}$
„		$3,2.10^{-7}$	Autunit	Autun	$0,9.10^{-7}$
Carnotit	Florida	$3,2.10^{-7}$	„	Guarda	$1,3.10^{-7}$
„	„	$2,3.10^{-7}$	„	„	$0,7.10^{-7}$
„	Colorado	$2,9.10^{-7}$	„	„	$2,2.10^{-7}$
Thorianit	Java	$3,3.10^{-7}$	„	„	$0,8.10^{-7}$
Plumboniobit	Afrika	$3,1.10^{-7}$	„	„	$1,2.10^{-7}$
			„	„	$1,9.10^{-7}$

[1]) R. J. Strutt, Proc. Roy. Soc. **76**, 88 (1905).
[2]) E. Gleditsch, C. R. **148**, 1451 (1909); **149**, 267 (1909); Le Radium **8**, 256 (1911).
[3]) F. Soddy u. R. Pirret, Phil. Mag. **20**, 345 (1910); **21**, 652 (1911).
[4]) A. S. Russel, JB. d. Rad. **8**, 457 (1911).
[5]) Diese wichtige Relation läßt sich auch aus der Zahl der pro Sekunde emittierten α-Partikel von 1 g Uran und 1 g Radium berechnen. Die erstere ist nach den Bestimmungen von St. Meyer u. F. Paneth, Sitzber. Wiener Ak. **121**, 1403 (1912), zu $1,09.10^4$, die letztere nach E. Rutherford u. H. Geiger, Proc. roy. Sa. **81**, 141 (1908), mit $3,4.10^{10}$ anzusetzen. Der Quotient liefert $3,2.10^{-7}$ als das Verhältnis zwischen Ra und U im Gleichgewicht.

Pechblenden, Thorianit, Plumboniobit und einzelne Carnotite zeigen nach dieser Tabelle den erwarteten gleichen Radiumgehalt. (Die etwas höhere Zahl für die eine afrikanische Pechblende glaubt W. Marckwald durch spurenweise Verunreinigung mit Radium aus seinem Laboratoriumsstaub aufklären zu sollen.) Auffallend niedrige Werte zeigen die Autunite. Man wäre sonach geneigt, sie auch aus diesem Grunde für jüngere Bildungen zu halten. W. Marckwald und A. S. Russel geben aber an, daß der Ioniumgehalt dieser Mineralien zwar niedriger ist, als der der Pechblende war, aber doch ca. 75 % des Wertes derselben erreicht. Es ist daher wahrscheinlich, daß außer dem Alter hier noch der Umstand wesentlich zu berücksichtigen ist, daß aus diesen Mineralien Radium durch Wasser ausgelaugt wurde. Speziell am Rutherfordin konnte W. Marckwald den Nachweis erbringen, daß dieses Material sich aus Pechblende bilde und man beim Zerschlagen der Proben im Inneren oft noch einen Kern unveränderter Pechblende findet.

Daß sich zuweilen Radium findet, das aus wäßrigen Lösungen abgeschieden wird und dann scheinbar unabhängig von Uran auftritt, darf natürlich nicht als Argument gegen die Zerfallstheorie gebraucht werden. Solche Fälle sind z. B. das Vorkommen der radioaktiven Baryte (J. Knett)[1]) bei Karlsbad; der an den Quellgängen und insbesondere bei deren Austritt auftretende Reissacherit in Gastein (H. Mache)[2]), sowie eine Reihe anderer Quellsedimente und Schlammproben. In diese Kategorie gehört vermutlich auch der Pyromorphit von Issy l'Evèque, der Cotunnit vom Vesuv, der Hokutolit aus Formosa[3]) usw.

§ 2. Allgemeines Vorkommen von Radium und Thorium.

Radium und Thorium finden sich überall auf der Erde,[4]) fast in allen Gesteinen, in vielen Quellen und auch im Meerwasser in kleinen Mengen. Besonders die Granite, Gneise, Syenite, Pegmatite, Trachyte, Porphyre, Basalte und verwandte Gesteinsarten zeigen einen angenähert konstanten Gehalt, der für Radium von der Größenordnung 10^{-11} bis 10^{-12} g pro Gramm Mineral, für Uran und Thorium von der Größenordnung 10^{-5} g, ist. Viel weniger aktiv sind die Plagioklasgesteine, Diabase, Andesite und kristallinischen Schiefer. Die schwereren Bestandteile der Granite sind die radiumreicheren (Biotit, Hornblende, Glimmer, Feldspat), insbesondere der Zirkon erreicht die Größenordnung von 10^{-9} g Radium pro Gramm Material. Die Sedimentgesteine sind sehr viel weniger aktiv. Der Radiumgehalt bleibt in der Regel von der Größenordnung 10^{-13} g und weniger. Hierher gehören die Dolomite, Kalke, Steinsalz, Gips, Quarzsande usw.

Seewasser zeigt einen Gehalt von etwa 10^{-15} g Radium und 10^{-8} g Thorium pro Kubikzentimeter. An den Küsten ist der Gehalt in der Regel höher als auf offenem Meere. Die Tiefseegesteine zeigen zuweilen relativ hohen Gehalt an Radium (Größenordnung 10^{-11} g).

---

[1]) J. Knett, Sitzber. Wiener Ak. **113**, 753 (1904).
[2]) H. Mache, Sitzber. Wiener Ak. **113**, 1329 (1904).
[3]) Yuchachiro Okamoto, Beiträge zur Mineralogie von Japan, Juni 1912, 178.
[4]) Vgl. insbesondere die Untersuchungen von: J. Joly, Phil. Mag. **15**, 383 (1908); **16**, 190 (1908); **17**, 760 (1909); **18**, 140 (1909); **20**, 125, 353 (1910); **22**, 134 (1911). — R. J. Strutt, Proc. Roy. Soc. **77**, 472 (1907); **78**, 150 (1908). — A. S. Eve u. D. Mc Intosh, Phil. Mag. **14**, 231 (1907). — A. S. Eve, Phil. Mag. **18**, 102 (1909). — G. A. Blanc, Phil. Mag. **18**, 146 (1909). — C. Collridge Farr u. C. H. Florence, Phil. Mag. **18**, 812 (1909). — A. L. Fletcher, Phil. Mag. **21**, 102 (1911). — A. Gockel, JB. d. Radi. **7**, 487 (1910).

In Steinmeteoriten finden sich sehr geringe Spuren von Radium, in Eisenmeteoriten gar keines.

Berücksichtigt man, daß 1 g Radium pro Stunde eine Wärmemenge von 138 Kalorien entwickelt[1]) und daß ebenso die Thoriumprodukte und anderen radioaktiven Stoffe an der Wärmeproduktion teilnehmen, so läßt sich im Zusammenhalt mit dem Gehalte der Gesteine der Erdoberfläche leicht ermessen, daß, wenn der ganze Erdkörper im gleichen Maße von radioaktiven Substanzen durchsetzt wäre, wie die Oberfläche, eine Wärmeproduktion zustande käme, die viel größer wäre, als dem Wärmehaushalt unseres Planeten entspricht. Daraus darf umgekehrt gefolgert werden, daß der Eisenkern der Erde keine radioaktive Substanzen enthält, sich diese vielmehr in der äußeren Kruste befinden müssen. Es steht dies in gutem Einklang mit dem oben erwähnten Befunde an Meteoriten.

§ 3. Folgerungen aus der Annahme, daß Blei das Endprodukt der Radiumzerfallsreihe sei.

Wenn beim Zerfall von Uran bis zum Blei 8 α-Partikel als Helium abgespalten werden, so sollte die Beziehung gelten:

$$\text{Uran } (238,4) = \text{Blei } (207) + (4.8 = 32) \text{ Helium.}$$

Wenn auch die Differenz der Atomgewichte nur 31,4 ergibt,[2]) so ist doch angenähert annehmbar, daß danach in einem natürlichen unveränderten Mineral Blei zu Helium immer im angenäherten Verhältnis 207/32 vorkommen müßte.

In der folgenden Tabelle sind zur Illustration der in der Natur vorliegenden Verhältnisse einige Resultate von B. B. Boltwood[3]) wiedergegeben. Die fünfte Kolumne enthält die nach obiger Menge berechnete Relation für das zu erwartende Helium. Man ersieht, daß die gefundenen Heliummengen von der erwarteten Größenordnung und nie größer sind, als wenn alles Helium aus dem Uran stammte. 1 g Uran soll nach dem Gesagten $1,28.10^{-8}$ cm³ oder $2,3.10^{-12}$ g Helium pro Jahr entwickeln. Acht α-Strahler, die im Gleichgewicht stehen, deren jeder also pro Sekunde die gleiche Anzahl Heliumpartikel emittiert (U → Po, z. B. Pechblende), produzieren demnach im Jahr $10,2.10^{-8}$ cm³ oder $18,4.10^{-12}$ g Helium. Dem Gewicht nach sollte $207/32 = 6,5$ mal soviel Blei entstehen, was einer Jahresproduktion von $1,2.10^{-10}$ g Blei entspricht.

Anderseits müßte die mittlere Lebensdauer des Urans, multipliziert mit der Jahresproduktion an Blei, dem Verhältnis der Atomgewichte 207/238,4, also 0,86 entsprechen, was für $\tau = 7,2.10^9$ Jahre rund $1,2.10^{-10}$ g Blei liefern würde.

Die Übereinstimmung ist eine praktisch vollständige und sichert die Größenordnung 10^{-10} g als die Jahresproduktion an Blei. Unter der Voraussetzung, daß das vorhandene Blei nur radioaktiver Provenienz ist, und anderseits vollständig im Minerale verblieben ist, berechnet man dann das Alter der Mineralien, indem man in erster Annäherung, z. B. in der hier angeführten Tabelle den zu 1 g Uran gehörigen Gehalt an Blei mit 10^{10} multipliziert. Der an erster Stelle angeführte Uraninit hätte dementsprechend ein Alter von rund 410 Millionen Jahren usw.

---

[1]) Vgl. St. Meyer u. V. Hess, Sitzber. Wiener Ak. **121**, 603 (1912); V. Hess, ebenda 1419; E. Rutherford u. H. Robinson, ebenda 1491.

[2]) Die Möglichkeit, daß das genauere Atomgewicht des He etwas kleiner ist als derzeit mit 3,99 angenommen wird, ist auch nicht auszuschließen.

[3]) B. B. Boltwood, Sill. Journ. **23**, 85 (1907); Phys. Z. **8**, 97 (1907). Die Heliummenge ist freilich dabei meist nicht direkt gefunden, sondern aus dem gefundenen „Stickstoff" berechnet.

Mineral	Fundort	Pb %	U %	$\dfrac{Pb}{U}$ gleichzeitig ca. das Alter in 10^{-10} Jahren	He gefunden %	He berechnet %
Uraninit	Glastonbury, Conn.	2,9	70	0,041	0,34	0,43
"	Brancheville . . .	4,0	74	0,054	0,39	0,60
"	Elvestad . . .	9,3	66	0,14	0,18	1,40
"	Nord Carolina . .	3,9	77	0,051	0,05	0,58
"	Skaartorp . . .	8,8	68	0,13	0,15	1,32
"	Huggenäskilen . .	8,8	68	0,13	0,15	1,32
"	Anneroed . . .	8,4	66	0,13	0,17	1,26
"	Elvestad . . .	8,0	57	0,14	0,15	1,21
"	Llano Co. Texas .	9,4	55	0,17	0,08	1,40
"	Arendal . . .	10,2	61	0,17	0,16	1,53
Thorianit	Ceylon	2,6	11,5	0,23	0,16	0,40
Äschinit	Hitteroe	1,2	8,2	0,14	0,02	0,18
Thorianit	Ceylon	2,40	12,8	0,19	0,19	0,36
"	"	2,25	11,2	0,20	0,15	0,34

In jüngster Zeit hat A. Holmes[1]) weitergehende Schlüsse aus dem Verhältnis des Vorkommens von Blei zu Uran in den Gesteinen zu ziehen versucht. Es ist bei devonischen und silurischen Gesteinen

$$\frac{Pb}{U} = 0,041 \text{ bis } 0,053,$$

für Thorianit

$$\frac{Pb}{U} = 0,200,$$

das heißt, für den letzteren genau fünfmal so groß, was mit den aus anderen Schlüssen begründeten Altersverhältnissen dieser Mineralien gut übereinstimmt.

Es ist in dem Voranstehenden lediglich derjenige Teil der Radioaktivität herangezogen, der für die Mineralogie unmittelbares Interesse hat und nicht verschwiegen worden, daß gerade hier den Schlüssen aus dem radioaktiven Verhalten noch mancherlei Unsicherheiten anhaften. Gleichwohl kann die Bedeutung nicht verkannt werden, die diesem Forschungsgebiet auch in mineralogischer Hinsicht zukommt. Neben den angeführten Schlüssen sind auch Versuche gemacht worden, das radioaktive Verhalten zu mineralanalytischen Zwecken auszunützen[2]) und die Aufsuchung Uranerzführender Gänge geschieht heute bereits teilweise mit dem Elektroskop, das deren radioaktives Verhalten anzeigt. Die Anwendung der Kenntnisse, welche die radioaktive Forschung vermittelt, verspricht also auch dem Mineralogen noch mancherlei Förderung.

Die Elemente der fünften Vertikalreihe des periodischen Systems.

Von C. Doelter (Wien).

Wir kommen jetzt zu den Elementen, welche im Mineralreich drei- oder fünfwertig in Verbindungen auftreten und welche in der fünften Vertikalreihe des periodischen Systems eingereiht sind. Es sind dies nach aufsteigendem Atomgewicht angeordnet:

N, P, V, As, Nb, Sb, Ta und Bi.

---

[1]) A. Holmes, Proc. Roy. Soc. **85**, 248 (1911).
[2]) V. M. Goldschmidt, Z. Kryst. **44**, 545 (1907); **45**, 490 (1908).

Es empfiehlt sich jedoch bei der Betrachtung der Mineralien, welche hier in Betracht kommen, eine kleine Änderung in der Anordnung zu treffen, da Tantal und Niob nicht voneinander in Mineralien zu trennen sind und außerdem die Niobate und Tantalate mit den Titanaten enge verwandt sind, wie wir aus der Gruppe der Titano—Niobate und Titano—Tantalate schon ersehen. Es empfiehlt sich daher, diese Verbindungen als erste zu behandeln. Hierauf folgen die Nitrate, Phosphate, Vanadate und Arseniate. Die drei letztgenannten bilden isomorphe Reihen und sind sehr enge verwandt.

An diese schließen sich die Verbindungen des Antimons und des Wismuts.

Von den genannten Elementen kommen in gediegenem Zustand As, Sb, Ta vor.

Gediegen Tantal.

Dieses Element kommt in der Natur sehr selten vor, und ist erst vor kurzem aufgefunden worden. Nach P. Walther kommt es im Ural vor, δ = zirka 9. Die Zusammensetzung war:

$$Ta \quad . \quad . \quad . \quad . \quad 98,5\,\%$$
$$Nb \quad . \quad . \quad . \quad . \quad 1,5$$
$$Mn \quad . \quad . \quad . \quad . \quad 0,001$$

Vom Ural anal. P. Walter, Nature **81**, 335 (1909).

Eine andere Probe untersucht von W. v. Johne enthielt 98—99%.

Tantal, kein Mangan, jedoch 0,0095 Gold, sie stammt vom Altai. Härte 6—7. Dichte 11,2. (Die erste Angabe von 9 dürfte unrichtig sein.)

Niobate und Tantalate.
Von **G. T. Prior** (London).

Die Gruppe der Niobate und Tantalate (inkl. der früher besprochenen Titanoniobate) ist durch Bestimmung einer allzugroßen Anzahl spezifischer Namen unnötig erweitert worden. Die, in den chemischen Analysen dieser, seltene Erden enthaltenden Minerale, bestehende Schwierigkeit, hat zweifellos zu der Vergrößerung dieser Gruppe beigetragen. Durch verbesserte chemische Methoden und weitere kristallographische Untersuchungen hat man eine gewisse Vereinfachung erreicht, aber selbst heutzutage benötigt man dringend neue Analysen, insbesondere der Alkalien und Fluor enthaltenden regulären Spezies. Jeder Versuch, heute die wirkliche chemische Verwandtschaft der Glieder dieser Gruppe zu bestimmen, kann daher n u r ein Versuch sein.

In der folgenden Tabelle habe ich versucht, die Verwandtschaft der Hauptspezies, unter welche diese Minerale eingereiht werden können, zu zeigen, doch kann in einigen Fällen die vorgeschlagene chemische Zusammensetzung nur als provisorische Deutung der Analysenresultate betrachtet werden. In dieser Tabelle wird angenommen, daß das Pyroniobat $Ca_2Nb_2O_7$ sowie das Metaniobat $FeNb_2O_6$ [1] dimorph orthorhombisch und tetragonal ist.

[1] Um Verwirrung zu vermeiden, nehme ich in der Tabelle an, daß Nb—Ta; Fe—Mn; Ca—Fe und auch Mg; Y—Ce in geringerer Menge; Ce—Y in geringerer Menge enthält.

Metaniobate.

Columbit $FeNb_2O_6$

Euxenit (Polycras)
$Ca_2Nb_4O_{12}(2\,CaNb_2O_6)$
kombiniert mit $Y_2Ti_4O_{11}$
Äschynit
das korrespondierende Ceriummineral

Pyroniobate und Orthoniobate.

Rhombisch.

Samarskit (Yttrotantalit)
$Ca_2Nb_2O_7$
kombiniert mit $Y_2Nb_2O_8$ $(2\,YNbO_4)$

Tetragonal.

Tapiolit (Mossit) $FeNb_2O_6$

Fergusonit $YNbO_4$
kombiniert mit $Ca_2Nb_2O_7$

Regulär.

Pyrochlor vielleicht $3\,CaNb_2O_6$. NaF
mit $Ca_2Nb_4O_{12}$
teils ersetzt durch: $(Ce,\ Y)_2Ti_4O_{11}$

Microlith vielleicht $3\,Ca_2Nb_2O_7$. NaF
mit $Ca_2Nb_2O_7$
teils ersetzt durch: $(Ce,\ Y)_2Nb_2O_8$.

Analysenmethoden.

Die Methoden der Analysen dieser Minerale sind ähnlich jenen der Titanoniobate und Tantalate (S. 100). Wenn nicht durch Wassergehalt stark verändert, sind die Minerale meist in allen Säuren, ausgenommen in rauchender Flußsäure, unlöslich. Die gewöhnlich angewandte Zersetzungsmethode ist die der Zusammenschmelzung mit Kaliumhydrosulfat oder Natriumhydrosulfat.

Die Schmelze wird in Wasser aufgelöst; nach Neutralisierung des größten Teils der Säure werden die Tantal- und Niobsäuren durch langandauerndes Kochen niedergeschlagen und etwa vorhandenes Eisen, Zinn oder Wolfram durch Zusammenschmelzen mit Schwefel und kohlensaures Natron (wie auf S. 74 beschrieben) befreit.

Für die Trennung der Tantal- und Niobsäure gibt die Methode Marignac's (S. 79), welche von der ungleichen Löslichkeit der Kaliumdoppelfluoride abhängig ist, bloß annähernde Resultate und ist, wenn man mit kleinen Mengen des Materials arbeitet, ganz unzuverlässig. Die zuverlässigste Methode für die Bestimmung der Tantal- und Niobsäuren dürfte wohl die von F. D. Metzger u. C. E. Taylor (S. 83) sein, welche von der volumetrischen Bestimmung der Niobsäure durch Reduktion mit Zink und Titration mit Kaliumpermanganat abhängig ist. Eine kleine Menge von Titan ist am leichtesten kolorimetrisch in einer separaten Menge des Minerals, nach der Methode von G. Chesneau (S. 88) bestimmbar. Dabei ist hauptsächlich zu bemerken, daß die Lösung von allen Spuren von Fluor frei sein und mindestens $5\,\%$ Schwefelsäure enthalten soll. In den Filtraten der Niob- und Tantalsäure werden die seltenen Erden von Kalk und Magnesia durch wiederholtes Niederschlagen mit Ammoniak getrennt und die Trennung und Bestimmung der seltenen Erden durch die Methode(S. 101) durchgeführt.

Microlith, Hatchettolith und Koppit.

Diese Minerale sind hauptsächlich Pyrotantalate und Pyroniobate von Calcium (und Natrium), dem Pyrochlor verwandt, doch enthalten sie wenig oder kein Titan. Hatchettolith unterscheidet sich von dem andern durch einen starken Prozentsatz von Uran.

Regulär. Microlith und Hatchettolith kommen in kleinen Oktaedern, Koppit in kleinen Dodekaedern vor.

Chemische Zusammensetzung und Analysen.

	1.	2.	3.	4.	5.
δ	5,25	5,656	—	5,422	4,77—4,90
Na_2O	—	2,86	—	1,66	—
K_2O	—	0,29	—	0,20	1,21
BeO	—	0,34	—	—	÷
MgO	1,8	1,01	—	0,42	7,09
CaO	11,7	11,80	12,1	13,46	7,09
MnO	7,7	—	—	0,60	—
FeO	—	—	—	3,64	2,51
Fe_2O_3	—	0,29	—	—	—
Al_2O_3	—	0,13	—	—	—
Y_2O_3 usw.	—	0,23	—	—	0,86
Ce_2O_3 usw.	—	0,17	4,2	—	—
UO_3	—	1,59	—	—	15,63
WO_3	—	0,30	—	—	} 0,60
SnO_2	0,8	1,05	4,0	—	
TiO_2	—	—	—	0,90	
Nb_2O_5	} 77,3	7,74	} 74,0	3,62	} 67,86
Ta_2O_5		68,43		73,54	
F.	—	2,85	—	—	
H_2O	—	1,17	5,7	1,28	4,42
	99,3	100,25	100,0	99,32	100,18

	6.	7.	8.	9.
δ	4,77—4,90	4,45—4,56	4,45—4,56	5,193
Na_2O	1,37	7,52	3,58	} 2,50
K_2O	Spur	4,23	0,36	
PbO	Spur	—	—	—
MgO	0,15	—	1,62	Spur
CaO	8,87	16,00	16,61	0,14
MnO	—	0,40	—	2,85
FeO	2,19	1,80	3,01	4,57
Al_2O_3	—	—	—	1,43
Ce_2O_3 usw.	—	10,10	6,89	—
UO_3	15,50	—	—	Spur
WO_3	} 0,30	—	—	—
SnO_2		—	—	0,43
ZrO_2	—	—	3,39	—
SiO_2	—	—	—	1,32
TiO_2	1,61	—	0,52	—
Nb_2O_5	34,24	61,90	61,64	22,00
Ta_2O_5	29,83	—	—	57,70
F.	—	1,28	Spur	—
H_2O	4,49	—	—	6,30
	98,55	103,23	97,62	99,24

1. Microlith von Utö, Schwed.; anal. A. E. Nordenskjöld, Geol. För. Förh. **3**, 282 (1872).
2. Microlith von Amelia Court House, Virginia; anal. F. P. Dunnington, Am. Journ.
3, 130 (1881).
3. Microlith von Igaliko, Grönl.; anal. G. Nordenskjöld, Geol. För. Förh. **16**, 336 (1894)

4. Microlith von Wodgina District, W. Australia; anal. E. S. Simpson, Austr. Assoc. Adv. Sci. **12**, 310 (1909).

5. Hatchettolith von Mitchell Co., N.Carolina; anal. J. L. Smith, Am. Journ. **13**, 365 (1877).

6. Hatchettolith von Mitchell Co., N.Carolina; anal. O. D. Allen, Am. Journ. **14**, 128 (1877).

7. Koppit von Schelingen, Kaiserstuhl, Baden; anal. A. Knop, N. JB. Min. etc. 1875, 67 und Z. Dtsch. geol. Ges. **23**, 656 (1871).

8. Koppit von Schelingen, Kaiserstuhl, Baden; anal. G. H. Bailey, Journ. chem. Soc. **49**, 153 (1886).

9. Neotantalit von Colettes et d'Echassières, Allier, France; anal. G. Pisani bei P. Termier, Bull. Soc. min. **25**, 34 (1902).

Die Analysen beweisen, daß Kalk-Pyroniobate (Tantalate) in der Zusammensetzung all dieser Mineralien vorhanden sind; bei manchen vielleicht zusammen mit Metaniobaten, doch sind weitere Analysen nötig, um ihre Zusammensetzung zu bestimmen. Die reinen und unveränderten Minerale sind höchstwahrscheinlich zum größten Teil Kalk-Pyroniobate in Zusammenhang mit Natronfluorid und werden vielleicht durch die Formel $3 Ca_2Nb_2O_7 . NaF$ dargestellt. Als reguläre Minerale stehen sie wohl in demselben Verhältnis zu den orthorhombischen Pyroniobaten, Samarskit und Yttrotantalit, wie der reguläre Pyrochlor zu den orthorhombischen Titanmetaniobaten Euxinit und Polykras.

Physikalische Eigenschaften. Muschliger Bruch, spröde. Härte: 5—5,5. Dichte: 4,45—5,65. Harziger Glanz. Farbe gelb bis braun. Durchscheinend bis durchsichtig.

Vorkommen. Microlith wurde zuerst in winzigen Oktaedern in einer Pegmatitader in Chesterfield, Massachusetts, gefunden. Später entdeckte man ihn in großen Kristallen zusammen mit Monazit in Amelia Court House, Virginia. In Grönland kommt er in Igaliko und Narsarsuk[1]) vor. Hatchettolith fand man nur in den Glimmergruben von Mitchell County, N. Carolina, wo er zusammen mit Samarskit vorkommt. Koppit kommt mit Apatit in einem kristallinischen Kalkstein am Kaiserstuhl vor.

Der Pyrrhit von G. Rose[2]) vom Alabashka, Ural (wo er in kleinen orangegelben Oktaedern vorkommt) ist wahrscheinlich mit dem Microlith identisch, sowie auch winzige oktaedrische Kristalle von Elba, besprochen von G. vom Rath[3]) und A. Corsi[4]), die kleinen orangeroten Oktaeder in den Sanidiniten von San Miguel, Azoren[5]) und vom Laacher See,[6]) und kleine gelblichbraune Oktaeder von Moss und Kragerö, Norwegen, beschrieben von W. C. Brögger.[7])

Der Neotantalit von P. Termier (Analyse 9) wurde in gelben pyrochlorartigen Oktaedern gefunden. Die Analyse wurde an einem Material vorgenommen, welches Glimmer enthielt, dem die Silicate, Tonerde und ein Teil der Alkalien zugeschrieben werden. Das Mineral bedarf weiterer Untersuchungen.

Fergusonit.

Synonyma: Tyrit, Bragit.

Tetragonal. c (l. c.) = 1,4643 (nach W. H. Miller, Min. 1852, 465). Kristalle gewöhnlich pyramidal.

---

[1]) G. Flink, Meddelelser om Grönland **16**, 234 (1898).

[2]) G. Rose, Pogg. Ann. **48**, 562 (1840).

[3]) G. vom Rath, Z. Dtsch. geol. Ges. **22**, 672 (1870).

[4]) A. Corsi, Boll. Com. Geol. 1881, 564.

[5]) J. E. Teschemacher, Nat. Hist. Boston **4**, 499 (1844) u. A. Osann, N. JB. Min. etc. **1**, 115 (1886) u. **1**, 117 (1888).

[6]) L. Hubbard, Ber. Nied. Ges. Juni 7, 1886.

[7]) W. C. Brögger, Min. Südnorweg. Granitpeg. 1906, 137.

Chemische Zusammensetzung und Analysen.

	1.	2.	3.	4.	5.	6.
δ	5,577	4,774	4,751	4,77—4,86	4,77—4,86	5,267
(CaO)	0,61	4,17	3,04	2,39	2,05	2,21
(FeO)	0,74	0,72	0,60	1,50	0,82	—
Y_2O_3	24,87	24,45	26,25	18,69	22,31	22,68
Er_2O_3	9,81	8,26	11,79	11,71	13,97	13,95
Ce_2O_3	2,00	—	1,79	5,70	3,03	3,33
La_2O_3	} 5,63	—	—	3,56	1,51	—
Di_2O_3		—	—			
SnO_2	0,47	—	0,23	0,45	0,45	0,83
UO_2	2,58	2,13	1,20	6,21	5,38	8,16
Nb_2O_5	44,45	28,14	39,93	45,82	45,60	43,36
Ta_2O_5	6,30	27,04	9,53	—	—	2,04
WO_3	0,15	—	0,21	—	—	—
H_2O	1,49	5,12	5,20	4,88	4,88	4,18
	99,10	100,03	99,77	100,91	100,00	100,74

	7.	8.	9.	10.	11.	12.
δ	4,306	5,681	5,6	4,89	5,67	—
(Na_2O)	—	—	—	0,16	—	—
(K_2O)	—	—	—	0,06	—	—
(Li_2O)	—	—	—	Spur	—	—
(BeO)	—	—	—	0,62	—	—
(MgO)	—	—	—	0,05	0,04	—
(CaO)	—	—	0,05	2,61	0,10	2,74
(MnO)	—	—	—	Spur	—	—
(FeO)	1,51	—	1,81	2,04	—	—
(ZnO)	—	—	—	—	0,24	—
(PbO)	—	—	—	—	1,43	1,94
(Al_2O_3)	—	—	—	—	0,09	0,85
(Fe_2O_3)	—	—	—	—	0,98	3,75
Y_2O_3	28,81	} 46,01	37,21	1,00	} 42,33	31,36
Er_2O_3	1,73			26,94		
Ce_2O_3	0,47	4,23	0,66	1,37	—	—
La_2O_3	—	—	} 3,49	3,92	—	—
Di_2O_3	—	—		4,06	—	—
SnO_2	—	—	—	0,08	—	—
ZrO_2	—	—	—	2,09	—	—
ThO_2	—	—	—	—	3,38	0,83
UO_2	1,56	0,25	5,81	3,47	(UO) 1,54	3,93
WO_3	—	—	0,76	0,16	—	(UO_3) 3,12
Nb_2O_5	14,41	} 48,75	43,78	46,66	46,27	42,79
Ta_2O_5	43,44		4,08	2,00	—	—
F	—	—	—	Spur	0,91	0,50
H_2O	7,14	1,65	1,62	3,19	2,02	8,19
	99,07	100,89	99,87	100,48	99,33	100,00

1. Fergusonit von Grönland; anal. C. F. Rammelsberg, Bel. Ak. 1871, 406.
2. Fergusonit (gelb) von Ytterby, Schweden; anal. C. F. Rammelsberg, ebenda.
3. Fergusonit (braun) von Ytterby, Schweden; anal. C. F. Rammelsberg, ebenda.

4. Fergusonit (Tyrit) von Helle, Arendal, Norwegen; anal. C. F. Rammelsberg, ebenda.

5. Fergusonit (Tyrit) von Helle, Arendal, Norwegen; anal. C. F. Rammelsberg, ebenda.

6. Fergusonit (Bragit) von Helle, Arendal, Norwegen; anal. C. F. Rammelsberg, ebenda.

7. Fergusonit von Kararfvet, Schweden; anal. C. F. Rammelsberg, Sitzber. Berliner Ak. 1871, 406.

8. Fergusonit von Rockfort, Massachusetts; anal. J.L.Smith, Am.Journ.13,367(1877).

9. Fergusonit von Burke Co., Nord Carolina; anal. W. H. Semmons, Chem. N. 46, 204 (1882).

10. Sipylit von Amherst Co., Nord Carolina; anal. W. G. Brown bei J. W. Mallet, Am. Journ. 14, 397 (1877) u. 22, 52 (1881).

11. Fergusonit von Llano Co., Texas; anal. W. E. Hidden und J. B. Mackintosh, Am. Journ. 38, 482 (1889).

12. Fergusonit von Llano Co., Texas; anal. W. E. Hidden und J. B. Mackintosh, ebenda.

	13.	14.	15.	16.	17.	18.	19.	20.
δ	5,023	5,657	4,97	5,36	5,60	5,58	6,236	4,179
BeO	—	—	0,40	—	—	—	—	—
MgO	—	—	0,05	—	—	—	—	—
CaO	2,02	2,34	1,23	—	—	0,37	—	—
MnO	—	0,52	0,15	—	—	1,40	2,18	1,93
FeO	—	1,22	0,78	0,43	0,35	0,59	0,87	—
Fe_2O_3	0,51	—	—	—	—	—	Spur	2,61
Al_2O_3	—	—	—	—	0,62	—	—	1,20
Y_2O_3	24,67	—	—	—	—	—	23,00	0,81
Er_2O_3	13,24	36,52	35,03	41,22	42,93	31,20	8,38	36,28
Ce_2O_3	—	3,65	0,72	0,82	0,40	6,15	8,38	—
La_2O_3	—	0,25	2,25	—	—	—	0,94	2,88
Di_2O_3	—	0,20	—	—	—	—	—	—
SiO_2	—	—	1,44	—	—	—	—	—
TiO_2	—	—	—	0,07	Spur	—	2,20	6,00
SnO_2	—	0,12	0,98	—	0,07	0,20	—	—
ZrO_2	—	1,06	Spur	—	—	—	—	—
ThO_2	—	—	2,51	2,48	2,18	2,07	1,02	—
UO_2	5,11	6,33	4,68	3,92	4,13	6,15	1,18 (UO_3)	—
Nb_2O_5	44,65	42,71	39,30	46,06	46,86	50,10	2,15	36,21
Ta_2O_5	4,98	—	6,25	1,51	0,35	—	55,51	4,00
WO_3	—	0,69	—	—	—	—	—	—
F	—	0,32	—	—	—	—	—	—
H_2O	4,58	3,09	4,00	2,78	1,19	1,94	3,36	7,11
N_2, He	—	—	—	—	—	—	—	0,90
	99,76	99,02	99,77	99,29	99,08	100,17	100,79	99,93

13. Fergusonit von Rakwana, Ceylon; anal. G. T. Prior, Mineral. Mag. 10, 234 (1893).

14. Fergusonit aus dem Flußbett des Terek, Kaukasus; anal. G. P. Tschernik, Ann. géol. min. russ 5, 221 (1902) u. Z. Kryst. 39, 625 (1904).

15. Fergusonit von Berg in Råde, Norwegen; anal. C. W. Blomstrand, bei W. C. Brögger, Min. Südnorw. Granitpeg. 1906, 36.

16. Fergusonit von Kinagaha deniya, Kuruwita, Ceylon; anal. G. S. Blake, Colonial Reports Nr. 37, Ceylon, 1906, 37.

17. Fergusonit von Muladiwanella, Durayakanda, Ceylon; anal. G. S. Blake, ebenda S. 36.

18. Fergusonit von Madagascar zwischen Tamatave u. Beforona; anal. F. Pisani bei A. Lacroix, Bull. Soc. min. **31**, 312 (1908).

19. Fergusonit von Cooglegong, W. Australia; anal. E. S. Simpson, Austr. Assoc. Adv. Sci. **12**, 310 (1909).

20. Risorit von Risör, Südnorwegen; anal. O. Hauser, Z. anorg. Chem. **60**, 230 (1908).

Formel und Zusammensetzung. Fergusonit ist hauptsächlich ein Niobat (Tantalat) der Yttriumerden, welches der Formel $YNbO_4$ entspricht. Uran und die in den meisten Fergusoniten vorkommenden divalenten Metalle, wie Ca, sind wahrscheinlich in Molekülen, wie UO_2, Nb_2O_7 und $Ca_2Nb_2O_7$ vorhanden, welche vielleicht isomorph $Y_2Nb_2O_8$ ersetzen.

Lötrohrverhalten und Reaktion. Die meisten Fergusonite werden durch Erhitzen mit Schwefelsäure genügend zersetzt, um die blaue Färbung mit Zinn und Salzsäure zu geben. Wenn gewisse Varietäten von hohem spez. Gewicht und relativ wenig Wasser bis zur Rotglut erhitzt werden, so kommt ein plötzliches Erglühen in die Masse. Diese Erglimmungserscheinung, die auch andere isotrope Niobate aufweisen, scheint von dem Übergang vom amorphen zum kristallinischen Zustand abzuhängen (siehe unter Pyrochlor S. 97); denn das Mineral, welches vor der Erhitzung isotrop war, wird nachher doppelbrechend. Die meisten Fergusonite sind radioaktiv und spalten bei der Erhitzung Helium ab.

Physikalische Eigenschaften.

Muscheliger Bruch. Spröde. Härte 5,5—6. Dichte 4,3—6,2, je nach der Wassermenge und dem Prozentsatz von Tantal und Niobsäure (s. Analysen). Der Glanz auf den Bruchflächen ist glänzend glasig bis halbmetallisch. Farbe braunschwarz, in dünnen Schnitten durchscheinend. Die Fergusonite sind fast immer durch Veränderung bei der Wasseraufnahme isotrop, doch waren kürzlich von J. H. L. Vogt[1]) beschriebene mikroskopische Kristalle aus Norwegen stark doppelbrechend und einachsig negativ mit Pleochroismus.

Vorkommen.

Fergusonit wurde zuerst durch C. L. Gieseke 1806 bei Cap Farewell, Grönland, entdeckt. Später fand man ihn in Pegmatitadern in Norwegen. Die andern Fundorte sind in den Analysen genannt.

Der Rutherfordit von C. U. Shepard[2]) von den Goldgruben von Rutherford Co., Nord Carolina, der Kochelit M. Webskys[3]) von der Kochelwiese in Schlesien, der Adelpholit N. Nordenskjölds[4]) von Laurinmäki, Tamela, Finnland waren wahrscheinlich alle veränderte Fergusonite.

Der Sipylit von J. W. Mallet (Anal. 10) ist wahrscheinlich mit dem Fergusonit identisch; den Risorit von O. Hauser (Anal. 20) kann man mit einigem Zweifel auch dieser Spezies zuzählen.

[1]) J. H. L. Vogt, ZB. Min. etc. 1911, 373.
[2]) C. U. Shepard, Am. Journ. **12**, 209 (1851); **14**, 344 (1852); **20**, 57 (1880).
[3]) M. Websky, Z. Dtsch. geol. Ges. **20**, 250 (1868).
[4]) N. Nordenskjöld, Beskrifn. Finn. Min. 1855; N. JB. Min. etc. 1858, 313; Pogg. Ann. **122**, 615 (1864).

Samarskit und Yttrotantalit.

Die nahe Verwandtschaft dieser beiden Minerale wurde von W. C. Brögger[1]) bewiesen, der erste ist vorwiegend ein Niobat und der letztere ein Tantalat von Kalk, Eisen und Yttriumerden.

Rhombisch. $a:b:c$ = 0,5456 : 1 : 0,5178 für Samarskit nach E. S. Dana.[2])
                = 0,5566 : 1 : 0,5173 „ Yttrotantalit „ W.C.Brögger.[3])

Kristalle zumeist prismatisch.

Chemische Zusammensetzung und Analysen.

	1.	2.	3.	4.	5.	6.
δ	—	5,72	5,839	5,672	4,95	5,96–6,20
Na_2O . . .	—	—	—	—	0,23	—
K_2O . . .	—	—	—	—	0,39	—
MgO . . .	—	1,53	—	—	0,11	—
CaO . . .	0,55	—	—	—	5,38	—
MnO . . .	0,75	—	—	—	0,51	—
FeO . . .	10,90	11,74	14,61	14,30	4,83	—
Fe_2O_3 . .	—	—	—	—	—	8,98
Al_2O_3 . .	—	—	—	—	—	1,66
Y_2O_3 . .	14,45	14,49	6,10	8,80	—	2,00
Er_2O_3 . .	—	—	10,80	3,82	} 14,34	11,90
Ce_2O_3 . .						
La_2O_3 . .	} 4,24	4,24	2,37	4,33	4,78	3,85
Di_2O_3 . .						
UO_2 . .	—	—	—	—	—	13,48
UO_3 . .	12,46	10,96	10,90	11,94	10,75	—
SiO_2 . .	—	—	0,56	—	—	—
TiO_2 . .	—	—	—	1,08	—	—
SnO_2 . .	0,08	0,31	0,16	0,22	0,10	—
Nb_2O_5 . .	37,20	55,13	41,07	55,34	55,41	—
Ta_2O_5 . .	18,60	—	14,36	—	—	56,40
H_2O . .	1,12	0,72	—	—	2,21	0,30
	100,35	99,12	100,93	99,83	99,04	98,57

1. Samarskit von Michell Co., Nord Carolina; anal. O. D. Allen, Am. Journ. **14**, 131 (1877).

2. Samarskit von Michell Co., Nord Carolina; anal. J. L. Smith, Am. Journ. **13**, 362 (1877).

3. Samarskit von Michell Co., Nord Carolina; anal. C. F. Rammelsberg, Z. Dtsch. geol. Ges. **29**, 817 (1877).

4. Samarskit von Miasc, Ural; anal. C. F. Rammelsberg, ebenda.

5. Samarskit von Berthier Co., Quebec, Canada; anal. G.C. Hoffmann, Am. Journ. **24**, 475 (1882).

6. Samarskit von Jones Fall, Baltimore; anal. G. A. Koenig bei G. H.Williams, Baltimore naturalists field Club, April 1887. Ref. N. JB. Min. etc. 1888, II, 19.

[1]) W. C. Brögger, Min. Südnorw. Granitpeg. 1906, 154, 159.
[2]) E. S. Dana, Am. Journ. **11**, 201 (1876).
[3]) W. C. Brögger, l. c. 154.

	7.	8.	9.	10.	11.	12.
δ	6,18	—	—	—	—	—
Na_2O	0,24 (+Li$_2$O)	0,28	0,76	0,62 }	0,48	—
K_2O	0,17	0,21	0,08	0,08 }		—
BeO	—	—	0,30	0,64	0,25	—
MgO	—	0,41	0,13	0,19	Spur	—
CaO	0,27	0,51	4,30	3,79	0,94	2,43
MnO	0,78	0,69	0,86	0,79	Spur	—
FeO	0,32	11,15	4,40	4,08	7,36	5,40
ZnO	0,05	0,17	—	—	—	—
BaO	—	—	0,38	0,38	—	—
PbO	0,72	0,15	0,77	0,98	—	—
Fe_2O_3	8,77	2,13	—	—	—	—
Al_2O_3	—	0,19	0,36	0,45	0,80	0,80
Y_2O_3	6,41	7,83 }	9,07	8,33	6,65 }	9,50
Er_2O_3	10,71	13,37 }			2,72 }	
Ce_2O_3	0,54	0,25			3,82	
La_2O_3	} 1,80	0,37 }	0,89	1,90	1,07 }	4,05
Di_2O_3		1,56 }			0,74 }	
SnO_2	0,95	0,79	0,57	0,15	Spur	—
ZrO_2	2,29 (+TiO$_2$)	1,03	0,62	0,79	2,17	—
ThO_2	3,64	1,73	2,51	2,59	4,23	1,05
UO_2	—		9,66	10,82	4,35	8,70
UO_3	4,02	11,23	6,78	5,38	—	—
WO_3	2,25	1,41	—	—	1,90	—
$U_2O_2?$	—	0,07	—	—	—	—
SiO_2	—	0,12	1,82	2,39	—	—
TiO_2	—	0,68	—	—	0,60	1,42
Nb_2O_5	27,77	32,02	38,83	46,44	33,80	43,60
Ta_2O_5	27,03	11,18	10,70	1,81	26,88	11,15
H_2O	1,58	1,22	6,54	7,61	0,22	11,14
	100,31	100,75	100,33	100,21	98,98	99,24

7. Samarskit? Devil's Head Mt., Colorado; anal. W. F. Hillebrand, Proc. Col. Sci. Soc. **3**, 38 (1888).

8. Samarskit von Miasc, Ural; anal. K. v. Chroustschoff, Verh. d. kais. russ. min. Ges. **31**, 412 (1894).

9. Samarskit von Ödegårdsletten, Norwegen; anal. C. W. Blomstrand bei W. C. Brögger, Min. Surnorw. Granitpeg. 1906, 142. Über Radioaktivität siehe V. M. Goldschmidt, Z. Kryst. **44**, 493 (1908).

10. Samarskit von Aslaktaket, Norwegen; anal. C. W. Blomstrand, ebenda.

11. Samarskit aus dem Flußbett des Tschoroch, Kaukasus; anal. G. P. Tschernik, Journ. phys. Chem. russe **34**, 684 (1902).

12. Samarskit von Antanamalaza, Madagascar; anal. G. Pisani bei A. Lacroix C. R. **152**, 559 (1911).

Doelter, Handb. d. Mineralchemie. Bd. III.

	13.	14.	15.	16.	17.	18.
δ . . .	5,425	5,92	5,85	5,650	5,04	5,53
(Na_2O) .	—	0,57	0,81	—	—	—
(K_2O) . .	--	Spur	0,10	—	—	—
(BeO) . .	—	0,35	0,58	—	—	—
(MgO) .	—	0,15	0,15	Spur	0,28	0,83
(CaO) . .	5,73	1,28	2,42	3,62	4,67	
(MnO) .	—	1,85	1,01	1,50	—	2,67
(FeO) . .	3,80	7,48	7,61	3,10	8,09	23,00
(CuO) . .	—	—	—	—	0,11	—
PbO . .	—	—	0,30	—	—	—
(Al_2O_3) .	—	—	—	Spur	—	—
Y_2O_3 . .	10,52	12,48	12,52 }	14,79	14,36	6,57
Er_2O_3 . .	6,71	3,58	3,54 }			
Ce_2O_3 . .)		0,42	0,51	0,88	0,25	)
La_2O_3 . . } 2,22		1,71	0,41	0,40	—	} 1,57
Di_2O_3 . .)		—	—	2,30	—	)
SnO_2 . .	1,12	1,20	2,96	Spur	—	—
ThO_2 . .	—	0,67	0,81	—	—	—
ZrO_2 . .	—	0,57	0,46	—	2,96	0,96
SiO_2 . .	—	0,96	0,61	—		
TiO_2 . .	—	1,67	2,63	—	—	1,84
UO_2 . .	1,61	3,85	4,48	Spur	14,43 (UO_3)	8,85 (U_2O_3)
WO_3 . .	2,36	0,66	2,02	—	—	—
Nb_2O_5 .	12,32	20,38	17,75	25,95	50,43	51,00
Ta_2O_5 . .	46,25	39,53	37,26	42,99	—	—
H_2O . .	6,31	0,51	1,16	3,54	4,62	1,80
	98,95	99,87	100,10	99,07	100,20	99,09

13. Yttrotantalit von Ytterby, Schweden; anal. C. F. Rammelsberg, Min. Chem. 1875, 360.

14. Yttrotantalit von Berg in Råde, Norwegen; anal. C. W. Blomstrand bei W. C. Brögger, l. c. (Anal. 9), 154.

15. Yttrotantalit von Hattevik, Dillingo, Norwegen; anal. C. W. Blomstrand, ebenda.

16. Yttrotantalit von Ytterby?; anal. G. P. Tschernik, Verh. d. kais. russ. Min. Ges. **45**, 276 (1907).

17. Nohlit von Nohl, Schweden; anal. A. E. Nordenskjöld, Geol. För. Förh. **1**, 7 (1872).

18. Vietinghofit von Lac Baikal, Sibirien; anal. A. Damour bei V. Lomonosov, Bull. Ac. St. Petersburg **23**, 463 (1877).

19. Annerodit (Samarskit siehe S. 260) von Anneröd, Moss, Norwegen; anal. C. W. Blomstrand bei W. C. Brögger, Geol. För. Förh. **5**, 354 (1881).

20. Hielmit von Kårarfvet, Schweden; anal. C. F. Rammelsberg, Ber. Dtsch. Chem. Ges. 1870, 926.

21. Hielmit von Kårarfvet, Schweden; anal. M. Weibull, Geol. För. Förh. **9**, 371 (1887).

22. Loranskit von Imbilax, Finnland; anal. P. Nikolajew, Verh. d. kais. russ. Min. Ges. **35**, 11 (1897).

23. Plumboniobit von Morogoro, Uluguru Mts., Deutsch-Ost-Afrika; anal. O. Hauser, Ber. Dtsch. Chem. Ges. **42**, 2270 (1909) und **43**, 417 (1910).

24. Ampangabeit von Ampangabé, Madagascar; anal. G. Pisani bei A. Lacroix, Bull. Soc. min. **35**, 180 (1912).

25. Dasselbe Mineral; anal. M. Duparc, R. Sabot u. M. Wunder, Bull. Soc. min. **36**, 11 (1913).

	19.	20.	21.	22.	23.	24.	25.
δ . .	5,7	5,655	—	4,162	4,80	3,97—4,29	3,756
(Na_2O) .	0,32	—	—	—	—	—	—
(K_2O) .	0,16	—	—	—	—	—	—
(MgO) .	0,15	0,45	0,60	—	—	—	—
(CaO) .	3,35	4,05	6,19	3,30	3,05	1,50	1,83
(MnO) .	0,20	5,68	2,21	—	0,11	—	1,53
(FeO) .	3,38	2,41	5,02	4,00	5,70	—	—
(CuO) .	—	—	—	—	Spur	—	—
(PbO) .	2,40	—	0,21	—	7,62	—	—
(Fe_2O_3)	—	—	—	—	—	8,60	7,20
(Al_2O_3)	0,28	—	—	—	0,28	2,10	1,20
Y_2O_3	7,10	1,81	—	10,00	14,26	4,00	1,35
Er_2O_3	—	—	2,08	—	—	—	5,75 [1])
Ce_2O_3 .	2,56	0,48	—	3,00	—	0,60	2,10
La_2O_3 .	—	—	—				
Di_2O_3 .	—	—	—	—	—	—	—
SnO_2 .	0,16	4,60	1,12	—	—	—	—
ThO_2 .	2,37	—	—	—	0,06	2,50	1,30
ZrO_2 .	1,97	—	—	20,00	Spur	—	—
SiO_2 .	2,51	—	—	—	—	—	1,75
TiO_2 .	—	—	—	—	1,20	4,90	2,10
UO_2 .	16,28 (UO_3)	4,51	2,34 (UO_3)	—	13,72	19,40	12,50 [2])
WO_3 .	—	0,28	0,91	—	0,15	—	0,30 [3])
Nb_2O_5 .	48,13	16,35	3,63	47,00	46,15	34,80	50,60
Ta_2O_5 .	—	54,52	72,16	—	1,18	8,90	
H_2O .	8,19	4,57	2,23	8,15	6,38	12,40	11,55
N_2, He .	—	—	—	—	0,22	—	—
CO_2 .	—	—	—	—	0,19	—	—
	99,51	99,71	98,70	95,45	100,27	99,70	101,06

Formeln und Zusammensetzung.

Samarskit und Yttrotantalit sind hauptsächlich Pyroniobate und Pyrotantalate von Kalk und Eisen $Ca_2Nb_2O_7$ kombiniert mit Niobaten und Tantalaten von Yttriumerde und Uran, die wahrscheinlich die Zusammensetzung $Y_2(Nb, Ta)_2O_8$ und $(UO)_2(Nb, Ta)_2O_7$ haben. Diese orthorhombischen Mineralien stehen wohl in demselben Verhältnis zu dem tetragonalen Fergusonit wie die orthorhombischen Mineralien Columbit und Tantalit zu den tetragonalen Mossit und Tapiolit.

Physikalische Eigenschaften.

Muscheliger Bruch, spröde. Härte 5—6.. Dichte 5,5—6. Glanz glasig bis harzig. Farbe gelblichbraun bis schwarz. Durchscheinend in dünnen Splittern.

---

[1]) CeO_2.   [2]) U_3O_8.   [3]) $WO_3 + SnO_2$.

17*

Vorkommen.

Samarskit kommt in kleinen Kristallen bei Miasc (Ural) und in großen Mengen in Mitchell Co., Nord Carolina, vor. Yttrotantalit wird in Ytterby und Fahlun, Schweden, und mit Samarskit im Kristianiagebiet, Norwegen, gefunden.

Der Nohlit A. E. Nordenskjölds (Analyse 17), der Vietinghofit von V. Lomonosow (Anal. 18), der Loranskit M. Melnikows (Anal. 22), der Plumboniobit von O. Hauser (Anal. 23) können wahrscheinlich alle dem Samarskit zugezählt werden. Der Rogersit von J. L. Smith[1] von Mitchell Co., Nord Carolina, ist ein veränderter Samarskit. Der zuerst von W. C. Brögger als neue Spezies beschriebene Annerodit wurde seither von ihm als aus einer parallelen Zwischenlagerung von Columbitkristallen über Samarskit bestehend, dargestellt: C. W. Blomstrands Analyse (Nr. 19) kann man als eine Samarskitanalyse bezeichnen, nachdem sie von einem innern Teil der Zwischenlagerung gemacht wurde. Der Hielmit A. E. Nordenskjölds[2] (Anal. 20, 21) bedarf noch weiterer Untersuchungen: kristallographisch steht er dem Yttrotantalit nahe. Der Ampangabéit von A. Lacroix (Anal. 24), welcher in braunroten, rechtwinkligen Prismen zu Ampangabé, Madagascar, vorkommt, mag ein veränderter Samarskit sein: der große Wassergehalt läßt vermuten, daß man es mit einem stark veränderten Mineral zu tun habe.

Columbit und Tantalit.

Synonyme: Baierin, Niobit, Grönlandit, Dianit, Siderotantal, Ildefonsit, Harttantalerz.

Rhombisch. $a:b:c = 0,40093:1:0,35867$ (nach W. C. Brögger).[3] Kristalle meist kurz prismatisch. Kristallographisch ist der Columbit dem Brookit und Wolfram[4] nahe verwandt.

Chemische Zusammensetzung und Analysen.

	1.	2.	3.	4.	5.	6.
δ . . .	5,395	5,75	6,26	5,65	6,48	7,301
MgO . . .	0,23	0,40	0,14	—	0,20	—
CaO . . .	Spur	—	—	—	1,27	0,17
MnO . . .	3,28	2,39	2,95	3,65	8,05	13,88
FeO . . .	17,33	15,82	15,70	16,80	5,07	1,17
PbO . . .	0,12	—	—	—	—	—
Y_2O_3? . . .	—	—	—	—	0,82	—
WO_3 . . .	0,13	1,07				
SnO_2 . . .	0,73	0,58	} 0,91	1,61	Spur	} 0,67
ZrO_2 . . .	0,13	0,28				
Nb_2O_5 . . .	77,97	56,43	48,87	68,99	31,40	4,47
Ta_2O_5 . . .	—	22,79	30,58	9,22	53,41	79,81
H_2O . . .	—	0,35	0,40	—	—	0,16
	99,92	100,11	99,55	100,27	100,22	100,33

[1] J. L. Smith, Am. Journ. **13**, 367 (1877).
[2] A. E. Nordenskjöld, Öfv. Ak. Stockholm **17**, 34 (1860).
[3] W. C. Brögger, Min. Südnorw. Granitpeg. 1906, 63.
[4] G. T. Prior, Mineral. Mag. **13**, 217 (1903). — W. C. Brögger, l. c. 71.

1. Columbit von Grönland; anal. C. W. Blomstrand, Journ. prakt. Chem. **99**, 44 (1866).
2. Columbit von Bodenmais; anal. C. W. Blomstrand, ebenda.
3. Columbit von Bodenmais; anal. C. W. Blomstrand, ebenda.
4. Columbit von Standish, Maine; anal. O. D. Allen, Dana Min. App. III, 1882, 30.
5. Columbit von Amelia Co., Virginia; anal. F. P. Dunnington, Am. Journ. Chem. Soc. **4**, 138 (1882).
6. Manganotantalit von Sanarka, Ural; anal. C. W. Blomstrand bei A. Arzruni, Verh. d. kais. russ. min. Ges. **23**, 188 (1887).

	7.	8.	9.	10.	11.
δ . . .	5,68	5,890	6,515	6,750	6,592
MgO . .	Spur	—	—	—	—
CaO . . .	1,17	0,21	—	—	0,73
MnO . .	8,98	7,07	8,82	10,40	2,55
FeO . . .	9,84	11,21	8,59	6,11	14,46
SnO_2 . .	0,23	0,10	Spur	0,13	0,41
Nb_2O_5 . .	65,17	54,09	39,94	29,78	24,40
Ta_2O_5 . .	13,35	18,20	42,96	53,28	57,60
	98,74	100,88	100,31	99,70	100,15

7. Columbit von Craveggia, Piedmont; anal. A. Cossa, R. Acc. d. Linc. **3**, 111 (1887).
8. Columbit von Etta Mine, Black Hills, Dakota; anal. W. P. Headden, Am. Journ. **41**, 89 (1891).
9. Columbit von Etta Mine, Black Hills, Dakota; anal. W. P. Headden, ebenda.
10. Tantalit von Etta Mine, Black Hills, Dakota; anal. W. P. Headden, ebenda.
11. Tantalit, derb (vielleicht Tapiolit) von Yolo Mt., Dakota; anal. W. P. Headden, ebenda.

	12.	13.	14.	15.	16.	17.
δ	8,200	5,780	—	5,398	—	5,661
MgO . . .	—	—	—	—	0,26	—
CaO . . .	—	—	0,80	—	1,13	—
MnO . . .	1,33	7,51	7,30	2,85	7,06	12,45
FeO . . .	12,67	12,64	12,21	11,16	10,81	8,07
Al_2O_3 . . .	—	—	—	Spur	—	—
SiO_2 . . .	—	—	—	Spur	—	—
ZrO_2 . . .	—	—	—	0,54	—	—
SnO_2 . . .	0,32	0,09	0,17	0,60	0,49	0,11
WO_3 . . .	—	—	—	0,14	Spur	0,45
Nb_2O_5 . .	3,57	60,52	70,98	62,80	57,95	56,48
Ta_2O_5 . .	82,23	19,71	9,27	19,72	22,19	22,12
H_2O . . .	—	—	—	—	—	0,15
	100,12	100,47	100,73	97,81	99,89	99,83

12. Tantalit, derb (vielleicht Tapiolit) von Grizzly Bear Gulch, S. Dakota; anal. W. P. Headden, ebenda.
13. Columbit von Haddam, Connecticut; anal. W. P. Headden, ebenda.
14. Columbit von Mitchell Co., Nord Carolina; anal. W. P. Headden, ebenda.
15. Columbit vom Flußbett des Tschoroch, Kaukasus; anal. G. P. Tschernik, Journ. phys. chim. russe **34**, 684 (1902).
16. Columbit von Yamanó, Japan; anal. Tamura, Wada Min. Japan 1904, 83.
17. Columbit von Cañon City, Colorado; anal. W. P. Headden, Proc. Col. Sci. Soc. **8**, 57 (1905).

	18.	19.	20.	21.	22.	23.
δ . . .	5,32	7,03	7,74	5,65	5,52	5,273
MgO . .	—	0,15	0,19	0,54	—	—
CaO. . .	0,58	Spur	—	—	—	—
MnO . .	5,97	14,15	3,78	4,73	7,30	8,79
FeO . . .	15,04	1,63	10,89	14,82	15,00	11,38
NiO . . .	—	Spur	0,02	—	—	—
Al_2O_3 . .	—	—	—	—	—	—
SiO_2 . .	—	—	—	—	—	Spur
TiO_2 . .	—	0,40	0,71	—	—	0,40
SnO_2 . .	0,67	0,48	1,51	0,28	0,40	1,50
WO_3. . .	—	Spur	0,13	—	—	0,45
Nb_2O_5 . .	72,37	15,11	2,50	60,59	64,60	63,77
Ta_2O_5 . .	5,26	68,65	80,61	17,86	12,60	11,33
U_3O_8 . .	—	—	—	—	—	2,02
H_2O. . .	—	0,07	0,14	1,11	—	—
	99,89	100,64	100,48	99,93	99,90	99,64

18. Columbit von Ånneröd, Norwegen; anal. C.W. Blomstrand bei W.C. Brögger, Min. Südnorw. Granitpeg. 1906, 64.

19. Tantalit von Wodgina, W. Australien; anal. E. S. Simpson, Austr. Assoc. Adv. Sci. 11, 449 (1907).

20. Tantalit von Greenbushes, W. Australien; anal. E. S. Simpson, ebenda, 453.

21. Columbit von Brazil; anal. G. Chesneau, C. R. 149, 1132 (1909).

22. Columbit von Ampangabé, Madagascar; anal. G. Pisani bei A. Lacroix, Bull. Soc. min. 35, 180 (1912).

23. Columbit aus den Pegmatiten von Madagascar; anal. L. Duparc, R. Sabot u. M. Wunder, Bull. Soc. min. 36, 1 (1913).

Formeln und Zusammensetzung. Der normale Columbit ist ein Metaniobat von Eisen und Mangan (Fe, Mn)Nb_2O_6, und der normale Tantalit das entsprechende isomorphe Metatantalat (Fe, Mn)Ta_2O_6. Der Niob- und Tantalgehalt jedoch sind im Verhältnis sehr verschieden, selbst in Exemplaren derselben Lokalität. Diese Abweichungen und die entsprechenden Veränderungen in der Dichte ersieht man aus den vorhergehenden Analysen.

Physikalische Eigenschaften.

Muscheliger Bruch. Spröde. Härte 6. Dichte 5,3—7,7; je nach der chemischen Zusammensetzung. Glanz glasig bis harzig. Farbe schwarz, selten rot und durchscheinend. V. M. Goldschmidt bestimmte die Radioaktivität an einem Vorkommen von Karlskus mit 0,020 Radiumminuten.[1]

Vorkommen.

Kommt meist in Pegmatitadern vor. Die Hauptfundorte sind in den Analysen angegeben.

---

[1] V. M. Goldschmidt, Z. Kryst. 44, 559 (1907).

Der Mengit von G. Rose,[1]) von den Ilmebergen, der Hermannolit von C. U. Shepard,[2]) von Haddam, Connecticut, und der Ferroilmenit von R. Hermann[3]) von Haddam, Connecticut, sind wahrscheinlich alle dem Columbit zuzuzählen.

Stibiotantalit.

Rhombisch. $a : b : c = 0,7995 : 1 : 0,8448$ (nach S. L. Penfield und W. E. Ford).[4])

Die Kristalle sind meist prismatisch, dem Columbit ähnlich, Zwillingskristalle nach 100.

Chemische Zusammensetzung und Analysen.

	1.	2.	3.
δ	7,37	6,72	5,98
NiO	0,08	—	—
Fe_2O_3 . . .	Spur	—	—
Bi_2O_3 . . .	0,82	0,33	0,53
Sb_2O_3 . . .	40,23	44,26	49,28
Nb_2O_5 . . .	7,56	18,98	39,14
Ta_2O_5 . . .	51,13	36,35	11,16
H_2O	0,08	—	—
	99,90	99,92	100,11

1. Stibiotantalit, von Greenbushes, W. Australien; anal. G. A. Goyder, Journ. Chem. Soc. Trans. 1893, 1076.

2. u. 3. Stibiotantalit von Pegmatit von Mesa Grande, Californien; anal. S. L. Penfield u. W. E. Ford, l. c. 73.

Formeln und Zusammensetzung. Stibiotantalit ist ein Tantalat (Niobat) von Antimon, dessen Zusammensetzung durch die Formeln $(SbO)_2(Ta, Nb)_2O_6$ bezeichnet wird.

Physikalische Eigenschaften. Spaltbarkeit 100, deutlich. Härte 5,55. Dichte 5,98—7,37; je nach der Zusammensetzung veränderlich. Glanz harzig bis adamantin. Farbe dunkelbraun.

Tapiolit.

Synonyma: Skogbölit, Ixiolit, Mossit.

Tetragonal: $c = 0,6464$ nach A. E. Nordenskjöld.[5])

Kristallographisch dem Rutil sehr ähnlich, die Kristalle sind gewöhnlich verzwillingt (101), nach der pyramidalen Kante verlängert, so rhombische Symmetrie vortäuschend.

---

[1]) G. Rose, Reis. Ural **2**, 83 (1842).
[2]) C. U. Shepard, Am. Journ. **50**, 90 (1870) und **11**, 140 (1876).
[3]) R. Hermann, Journ. prakt. Chem. **2**, 118 (1870).
[4]) S. L. Penfield, u. W. E. Ford, Am. Journ. **22**, 61 (1906). Siehe auch H. Ungemach, Bull. Soc. min. **32**, 92 (1909).
[5]) A. E. Nordenskjöld, Öfv. Ak. Stockholm **20**, 445 (1863).

Analysen.

	1.	2.	3.	4.	5.	6.
δ	7,85	7,232	7,496	—	7,22	7,36
MgO . . .	—	—	—	—	—	—
CaO . . .	0,15	—	—	—	—	0,37
MnO . . .	0,96	5,97	0,81	—	—	0,42
FeO . . .	13,41	9,19	14,47	16,62	16,85	10,87
CuO . . .	0,14	—	—	—	—	1,34
WO_3 . . .	—	—	—	—	—	—
SnO_2 . . .	1,26	1,70	0,48	0,18	0,11	—
TiO_2 . . .	—	—	—	—	0,38	8,92
Nb_2O_5 . . .	—	19,24	11,22	} 82,92	Spur	—
Ta_2O_5 . . .	84,44	63,58	73,91		4,29	7,63
H_2O . . .	—	0,23	—	—	78,61	70,49
						0,18
	100,36	99,91	100,89	99,72	100,24	100,22

1. Skogbölit von Skogböle, Finnland; anal. A. E. Nordenskjöld, Pogg. Ann. 101, 629 (1857).

2. Ixiolit von Skogböle, Finnland; anal. C. F. Rammelsberg, Sitzber. Berliner Ak. 1871, 164.

3. Tapiolit von Sukula, Finnland; anal. C. F. Rammelsberg, ebenda S. 181.

4. Mossit von Berg, Moss, Norwegen; anal. G. Thesen bei W. C. Brögger, Vidensk. Skrift. I, Math.-nat. Klasse, Nr. 7, Kristiania 1897.

5. Tapiolit von Custer City, S. Dakota; anal. W. P. Headden, Proc. Col. Sci. Soc. 8, 167 (1906).

6. Ixiolit? von Wodgina, W. Australia; anal. E. S. Simpson, Aust. Assoc. Adv. Sci. 12, 314 (1909).

Formeln und Zusammensetzung. Es sind Metaniobate und Tantalate von Eisen und Mangan $[(Fe, Mn)(Nb, Ta)_2O_6]$, welche dieselbe chemische Zusammensetzung haben, wie Columbit und Tantalit. Der Mossit W. C. Bröggers ist ein Niob-Tapiolit.

Physikalische Eigenschaften. Ähnlich dem Columbit und Tantalit. Die Dichte (s. Analysen) dieser tetragonalen Metaniobate und Tantalate jedoch, scheint bei ihnen größer zu sein, als bei den rhombischen Mineralien ähnlicher Zusammensetzungen.

Nitrate.
Von A. Kailan (Wien).

Die in der Natur vorkommenden Nitrate — größtenteils unscheinbare, nur als Imprägnation oder Ausblühung vorhandene Mineralien [1]) — verdanken ihre Entstehung der Einwirkung von Salpetersäure auf die im Boden sich vorfindenden Salze, namentlich Carbonate von Calcium, Magnesium, Kalium, Natrium.

Die Salpetersäure selbst ist ein Produkt der unter dem Einflusse von Mikroorganismen vor sich gehenden Verwesung stickstoffhaltiger organischer Substanzen, bei der zunächst Ammoniak und salpetrige Säure, schließlich Salpetersäure entsteht.

Infolge der Leichtlöslichkeit und relativ großen Veränderlichkeit der Nitrate können sich größere Mengen davon nur an wenigen, besonders regenarmen

[1]) G. Tschermak, Lehrbuch der Mineralogie, 6. Aufl., (Wien 1905), 608.

Stellen der Erdoberfläche ansammeln, so namentlich in Chile, daneben noch in Kalifornien,[1]) ferner in Südwestafrika[2]) und in Mittelasien im Chanat von Chiva.[3]) Weit verbreitet sind auch die sogenannten Höhlensalpeterlager, die zumeist durch Zersetzung von Vogelguano entstanden sein dürften. Nitrate entstehen besonders leicht in lockeren, der Luft zugänglichen erdigen Massen, die Basen oder Carbonate der Alkalien enthalten. Nach S. v. Bazarewski[4]) erfolgt die Salpeterbildung im Boden hauptsächlich bis zu einer Tiefe von 10 cm, wobei das Temperaturoptimum 25—27° beträgt.

Die Oxydation des „organischen" Stickstoffs, bzw. des Ammoniaks durch den Luftsauerstoff ist, wie bereits oben erwähnt, an die Gegenwart von Mikroorganismen, den sogenannten nitrifizierenden Bakterien, geknüpft.[5])

Außerdem entsteht Salpetersäure noch unter dem Einflusse elektrischer Entladungen in der Atmosphäre und so erklärt sich auch das Vorkommen von Ammoniumnitrat in der letzteren.[6])

In großen Mengen werden Nitrate, bzw. Salpetersäure, in den letzten Jahren auch künstlich mit Verwertung des Luftstickstoffs dargestellt, doch kann darauf, als außerhalb des Rahmens dieses Werkes gelegen, nicht näher eingegangen werden. Bezüglich weiterer Ausführungen über die Bildung von Nitraten sei auf die Einzelkapitel über letztere, namentlich auf das über Natriumnitrat, verwiesen.

Allgemeines über die Eigenschaften der Nitrate.

Die Nitrate sind in Wasser leicht löslich, zum Teil auch löslich in Alkohol und Aceton. In diesen Lösungen sind sie vollständig beständig und in einigermaßen verdünnten wäßrigen Lösungen sehr weitgehend dissoziiert. Saure und basische Salze sind sehr selten.

Die Nitrate sind in bezug auf das Anion farblos. Nach den Untersuchungen von K. Schäfer[7]) zeigt der NO_3-Komplex Absorption im ultravioletten Teil des Spektrums und zwar die gleiche, ob er als Ion oder undissoziiert, ob er in Lösung oder festem Zustande vorliegt, denn wenigstens am festen Kaliumnitrat konnte K. Schäfer zeigen, daß sein Absorptionsspektrum mit dem seiner Lösungen identisch ist.

Erhitzt man die Nitrate auf höhere Temperaturen, so treten Zersetzungen ein, meist unter Abgabe von Sauerstoff und Bildung von Nitrit.

Allgemeines über Analyse der Nitrate.

Die Kationen werden auf die allgemein übliche Weise bestimmt. Die Bestimmungsmethoden für das Anion zerfallen in zwei Gruppen: Die direkte Bestimmung des NO_3-Ions durch Fällung und die indirekten Methoden.

---

[1]) C. Ochsenius, Z. prakt. Geol. **10**, 337 (1902).

[2]) H. Thoms, Journ. f. Landw. **45**, 263 (1898).

[3]) R. Abeggs Handbuch der anorg. Ch. III, **3**, 155 (1907).

[4]) S. v. Bazarewski, N. JB. Min. etc. 1908, II, 186.

[5]) A. Müntz u. Th. Schlösing, C. R. **84**, 101 (1877); **89**, 891, 1071 (1879); vgl. ferner A. Müntz u. E. Lainè, Untersuchungen über intensive Nitrifikation. Mon. scient. [4], **22**, I, 228 (1907); A. Müntz, C. R. **101**, 1265 (1885); E. Murmann, Öst. Ch. Ztg. [2], **10**, 181 (1907).

[6]) Über Nitrat und Nitritassimilation im Lichte vgl. H. Baudisch, Ber. Dtsch. Chem. Ges. **44**, 1009 (1911).

[7]) K. Schäfer, Z. f. wissensch. Photographie, **8**, 212 (1910).

Die Bestimmung durch Fällung ist erst in jüngster Zeit üblich geworden, seit M. Busch[1]) zeigen konnte, daß einige Basen der Triazolreihe sehr schwerlösliche Nitrate geben. Mit einer dieser Basen, dem Diphenylendanilodihydrotriazol, dem sogenannten Nitron, läßt sich zufolge den Angaben von M. Busch und A. Gutbier[2]) das Nitration noch in einer Verdünnung von 1:80000 nachweisen.[3])

Die indirekten Methoden zerfallen wieder in zwei Untergruppen, in solche, bei denen eine von der NO_3-Gruppe hervorgebrachte Oxydationswirkung gemessen wird und solche, bei denen die NO_3-Gruppe entweder zu NO oder zu NH_3 reduziert und letztere Gase gemessen, bzw. titriert werden.

Zu den Methoden der ersteren Untergruppe gehören die von Gossart-Pelouze[4]) und R. Fresenius,[5]) bei denen eine abgemessene Menge von überschüssigem Ferrosalz durch die Salpetersäure zu Ferrisalz reduziert und der Überschuß an Ferrosalz zurücktitriert wird.

Vor den Methoden dieser ersteren Untergruppe verdienen im allgemeinen die der zweiten den Vorzug. Zu letzteren gehört die von Th. Schlösing,[6]) bzw. F. Tiemann und H. Schulze, die auf der Reduktion (mit Hilfe von Ferrosalz) zu NO und der Messung des letzteren beruht. Ferner jene Methoden, bei welchen der Nitratstickstoff zu Ammoniak reduziert wird, sei es elektrolytisch, sei es in alkalischer Lösung mit Dewardascher Legierung (50% Kupfer, 5% Zink, 45% Aluminium) und der abdestillierte Ammoniak titriert wird.[7])

Bezüglich genauerer Angaben über Salpeteranalysen sei auf G. Lunge, Chemisch-technische Untersuchungsmethoden, 4. Aufl., (Berlin 1899), Bd. I, 270 ff.; Bd. II, 382 ff. verwiesen.[8])

---

[1]) M. Busch, Ber. Dtsch. Chem. Ges. **38**, 861 (1905).
[2]) A. Gutbier, Z. f. angew. Chem. **18**, 494 (1905).
[3]) Die Bestimmung der Salpetersäure mit Nitron erfolgt nach den Angaben von M. Busch l. c. in nachstehender Weise: „Die Substanz (mit einem Gehalt von ca. 0,1 g Salpetersäure) wird in 80—100 cm³ Wasser gelöst, 10 Tropfen verdünnte Schwefelsäure hinzugefügt, nahe zum Sieden erwärmt und die Flüssigkeit mit 10—12 cm³ einer 10%igen Lösung von Nitron in 5% iger Essigsäure versetzt." Dann läßt man 1¹/₂ bis 2 Stunden in Eiswasser stehen, saugt den Niederschlag im Neubauertiegel ab, wobei man mit dem Filtrat nachspült und schließlich mit 10—12 cm³ Eiswasser wäscht. Der Niederschlag wird bei 110° getrocknet und ist in etwa ³/₄ Stunden gewichtskonstant. Die Berechnung erfolgt nach der Formel $C_{20}H_{16}N_4 . HNO_3$, so daß sich die vorhandene Salpetersäure aus dem Gewichte des Niederschlags mal dem Faktor 0,1680 ergibt.
Von den übrigen Säuren, die gleichfalls mit Nitron schwer lösliche Salze geben, macht nur die Entfernung der Chlorsäure und der Überchlorsäure Schwierigkeiten.
An dieser Stelle sei auch auf eine Bemerkung von F. W. Dafert (Monatshefte f. Chemie **29**, 235 (1908) hingewiesen, wonach die Angaben der Salpeterexporteure über den Gehalt des nach Europa verfrachteten Chilisalpeters stets unrichtig sind, weil sie sich auf eine rein willkürliche Untersuchungsmethode gründen, bei der alles, was nicht Verunreinigung (Chlornatrium, Sulfate, Unlösliches) ist, als $NaNO_3$ angenommen wird, während in Wirklichkeit der Chilisalpeter oft sehr bedeutende Mengen KNO_3 enthält. Vgl. F. v. Alberti u. W. Hempel, Z. f. angew. Chem. 1892, 101.
[4]) Gossart-Pelouze, C. R. **24**, 21 (1847).
[5]) R. Fresenius, Lieb. Ann. **106**, 217 (1858).
[6]) Th. Schlösing, Ann. chim. phys. [3], **40**, 479 (1854).
[7]) Im wesentlichen nach R. Abeggs Handbuch der anorganischen Chemie III, 3, 170 (1907).
[8]) Von neueren Arbeiten über Salpeteranalyse wären noch zu erwähnen: A. Kleiber, Chem. ZB. 1909, I, 2014. — Clarens, J. Pharm. Ch. [7], 1, 589 (1910); Chem. ZB.

Die Nitrate finden hauptsächlich als Düngemittel, sowie in der Sprengstoff-Industrie und zur Salpetersäureerzeugung Verwendung.

Natriumnitrat.

Entstehung und Vorkommen in der Natur.

Natriumnitrat, $NaNO_3$. Natronsalpeter kommt in Ablagerungen, in Durchsetzungen und Ausblühungen von Gesteinen vor.[1]) Der wichtigste Fundort sind die chilenischen Rohsalpeterlager. Die letzteren erstrecken sich, 55—75 km von der chilenischen Küste des Stillen Ozeans entfernt, vom 18^0 bis zum 27^0 südlicher Breite, in etwa 1000—1600 m Seehöhe in einer 3 km breiten Zone, zwischen der Quebrada de Camarones und der Quebrada de Carzival, einer absolut vegetationslosen Gegend, wo oft 3—5 Jahre kein Regen fällt. Der rohe Chilisalpeter wird Caliche genannt und kommt in drei Qualitäten von 17—50$^0/_0$ $NaNO_3$-Gehalt in den Handel. Die Caliche ist entweder gelb oder weiß, hart und kleinkristallinisch, oder porös und großkristallinisch.[2])

Die Calichelager bestehen meist aus fünf voneinander nicht scharf getrennten Schichten.[3])

1. Die Deckschicht, Chuka genannt, etwa 0,2—0,5 m mächtig, sehr locker und aus Quarzsand, gemengt mit Natriumsulfat und Gips, bestehend.

2. Die Costra, ein felsartiges Konglomerat, bestehend aus Ton, Kies, Feldspatporphyr und Grünsteintrümmern, verkittet mit den Sulfaten von Calcium, Magnesium, Kalium, Natrium; außerdem ist die Schicht reich an Kochsalz und enthält bis zu etwa 18$^0/_0$ Natriumnitrat. Die Mächtigkeit der Costra schwankt zwischen 0,3 und 6 m, beträgt aber meist nicht über 3 m.

3. Congelo mit wenig Natriumnitrat und viel $NaCl$, $MgCl_2$ und Na_2SO_4, zusammen mit den gleichen Sulfaten wie die Costra.

4. Caliche mit 17—60$^0/_0$ $NaNO_3$, daneben noch KNO_3 und Chlornatrium, sowie die Sulfate, Borate und Jodate von Ca, Mg und Kalium. Die Mächtigkeit der Calicheschicht beträgt im Mittel 0,4—0,8 m, vereinzelt bis 2 m.

5. Coba, der Tonuntergrund, mit rezenten Seemuscheln und nur wenig Salz.

Der natürliche Chilisalpeter ist oft durch Kaliumchromat gelb, durch Mangannitrat violett gefärbt.[4]) Über seine Zusammensetzung geben die nachstehenden Analysen genauer Aufschluß:

1910, II, 589. — L. Radlberger (Analyse mit Nitron), Östr. Mon. Ztschr. f. Zucker-Ind. u. Landw. **39**, 433 (1910); Chem. ZB. 1910, II, 685. — A. Stutzer u. Goy, Ch. Ztg. **35**, 891 (1911). — S. S. Pack, Journ. of Ind. and Eng. Chem. **3**, 817 (1911).

[1]) Belisario Diaz, Chem. Ztg. 1912, 1072.
[2]) Wagners Jahresber. 1871, 303, zitiert nach Gmelin-Friedheim II, [1], 304 (1906).
[3]) A. Kroczek, Österr. Chem. Ztg. **226**, 245 (1912). Vgl. ferner über Chilisalpeter: J. W. Flagg, Am. Chemist **4**, 403 (1874). — R. Abercromby, Nature **40**, 186 (1889). — A. Pissis, Nitrate and Guano Deposits in the Desert of Atacama (London 1878). — C. Ochsenius, Z. Dtsch. geol. Ges. 1888, 153. — J. Bachanan, Journ. of the Soc. chem. Ind. **12**, 128 (1893). — W. Newton, Geol. Mag. **3**, 339 (1896). — L. Darapsky, Das Departement Taltal (Chile), Berlin 1900. — Semper u. Michaëlis, Zeitschr. f. Berg-, Hütten- und Salinenwesen d. preuß. St. 1904, 359. — R. A. F. Penrose jun., Journ. Geol. **18**, 1 (1910). — Newsom, Bull. Min. and Met. Soc. Am. No. 46, vol. 5, No. 3, 56 (1912). — F. W. Clarke, Bull. geol. Surv. U.S. No. 491, 242—246 (1911), zitiert nach Hoyt S. Gale, Bull. geol. Surv. U.S. No. 523 (1912).
[4]) Guyard, Ber. Dtsch. Chem. Ges. **7**, 1039 (1874).

Analysen.

	weiße	braune	Caliche	von Toco		Costra v. Toco
	1.	2.	3.	4.	5.	6.
$NaNO_3$ . . .	70,62	64,98	60,97	51,50	49,05	18,60
$NaJO_3$ . . .	1,90	} 0,63 {	0,73	—	—	—
JNa	—		—	—	—	—
$NaCl$	22,39	28,69	16,85	Spur	Spur	—
Na_2SO_4 . . .	1,80	3,00	4,56	22,08	29,95	33,80
KCl	—	—	—	8,99	9,02	16,64
$MgCl_2$ . . .	—	—	—	8,55	4,57	2,44
$MgSO_4$ . . .	0,51	—	5,88	0,43	1,27	1,62
$CaCO_3$ . . .	—	—	—	—	—	—
$CaCO_4$ . . .	0,87	—	1,31	0,12	0,15	0,09
SiO_2 und Fe_2O_3	—	} 2,60 {	—	0,90	2,80	3,00
Unlöslich . .	0,92		4,06	6,00	3,18	20,10
H_2O	0,99	—	5,64	—	—	—
Summe:	100,00	99,90	100,00	98,57	99,99	96,29

Analytiker: A. T. Machattie[1]   R. F. Blake[2]   A. T. Machattie[1]   L'Olivier[2]

Chilisalpeter-Analysen von Villanueva.

Provenienz der Probe {	Zwischen Taltal und Paposa		Vom Lager ca. 100 km von Taltal			
Bestandteile %	a	b	c	d	e	f
$NaNO_3$	47,2	10,1	32,3	29,4	26,8	21,1
$NaCl$	7,4	8,7	Spuren		2,6	25,3
Na_2SO_4 u. Kristallwasser	26,7	28,2	21,0	47,6	55,6	53,3
$NaJO_3$	—	—	—	—	0,22	—
Unlösliches	18,7	53,0	41,7	23,0	14,8	0,3
Summe:	100,0	100,0	95,0	100,0	100,02	100,0

Lager von Aguas Blancas

Bestandteile %	g	h	i	k	reinste Ader l
$NaNO_3$	15,6	13,0	10,0	5,0	95,04
$NaCl$	35,5	34,6	35,5	8,0	0,17
Na_2SO_4 u. Kristallwasser	21,7	48,2	22,5	74,0	3,94
$NaJO_3$	—	0,43	0,58	—	0,014
Unlösliches	27,2	3,7	31,4	9,0	0,21
Summe:	100,0	95,93	99,98	96,0	99,374

[1] A. T. Machattie, Chem. News 31, 263 (1875). G. Lunge hält die Analysen von A. T. Machattie für verdächtig, weil sie einen sehr hohen Jodat-, aber keinen Kalium-gehalt zeigen. Der erstere Vorwurf wird aber durch die neueren, gleich anzuführenden Analysen von F. W. Dafert widerlegt, wogegen der zweite Vorwurf allerdings gerade durch diese letzteren Analysen bekräftigt wird. Immerhin zeigen auch die Analysen von Villanueva keinen Kaliumgehalt.

[2] R. F. Blake u. L'Olivier, C. R. vom 26./X. 1875; Ann. chim. phys. [5] 7, 280 (1876).

Das Lager *a b* ist etwa 0,5 m mächtig und besteht aus dunkelbrauner Caliche mit durchschnittlich $32^0/_0$ $NaNO_3$. Das Lager *c d e f* enthält Nitroglauberit $Na_2SO_4 + 3NaNO_3 + 3H_2O$; *g h i k* ist etwa 1 m mächtig und enthält Thenardit.

Neben obigen älteren Analysen[1]) seien noch einige neuere angeführt.

So fand H. Thoms[2]) in einer Probe von unreinem Natronsalpeter, der als Ausblühung im Kharasgebirge in Süd-Westafrika vorkam:

$38,56^0/_0$ N_2O_5; $2,88^0/_0$ SO_3; $7,12^0/_0$ SiO_2; $10,38^0/_0$ Cl; $10,39^0/_0$ K_2O; $27,86^0/_0$ Na_2O; $1,10^0/_0$ CaO; $0,46^0/_0$ Fe_2O; $2,74^0/_0$ H_2O,

woraus B. Tollens folgende Zusammensetzung berechnet:

$60,71^0/_0$ $NaNO_3$; $10,76^0/_0$ NaCl; $8,46^0/_0$ KCl; $2,67^0/_0$ $CaSO_4$; $2,85^0/_0$ K_2SO_4; $3,50^0/_0$ K_2O; $0,46^0/_0$ Fe_2O_3; $7,12^0/_0$ SiO_2; $2,74^0/_0$ H_2O.

Die Mitteilung einer Reihe von Analysen verdanken wir Hoyt S. Gale.[3]) So eine von H. G. Eakins ausgeführte Analyse einer aus den Leucite Hills, North Table Butte in Wyoming (U.S. A.) stammenden Salpeterprobe:

Na_2O	32,09 $^0/_0$	
K_2O	4,97	87,98$^0/_0$ $NaNO_3$, 10,66$^0/_0$ KNO_2
N_2O_5	61,58	
CaO	0,24	
SO_3	0,33	
H_2O	0,68	
Cl	Spuren	

Einige Analysen von Salpeterproben aus Lovelock in Nevada hat J. G. Fairchild ausgeführt:

Probe-Nr.	6.	7.
Unlösl. in Wasser	30,89	4,00
NO_3	35,65	53,12
Na	20,20	26,26
K	Spuren	Spuren
Cl	10,90	8,83
SO_3	Spuren	1,33
CaO	Sehr wenig	0,53

Eine Analyse von salpeterhaltigen wasserlöslichen Salzen, die sich in der Nähe von Tulare City in Californien finden, teilt E. W. Hilgard[4]) mit. Er findet $3,25^0/_0$ K_2SO_4, $16,40^0/_0$ $NaNO_3$, $20,91^0/_0$ Na_2SO_4, $12,21^0/_0$ NaCl, $27,02^0/_0$ Na_2CO_3, $1,87^0/_0$ Na_3PO_4, $1,27^0/_0$ $(NH_4)_2CO_3$ und $17,07^0/_0$ organische Substanz.

---

[1]) Andere ältere Analysen sind von B. Lecanu, J. Pharm. **18**, 102. — J. C. Wittstein, Repert. **64**, 292. — F. Hochstetter, Ann. **45**, 340. — E. Forbes, Phil. Mag. [4] **32**, 139 1866); JB. 1866, 950. — M. Tissandier, Mon. scient. 1868, 980 ausgeführt worden (zitiert nach Gmelin-Friedheim II, 1, 304 (1906).

[2]) H. Thoms, N. JB. Min. etc. 1899, I, 416; Journ. f. Landwirtsch. **45**, 263 (1898).

[3]) Hoyt S. Gale, Nitrate Deposits. Dep. of the Interior U.S. Geological Survey Bull. 523.

[4]) E. W. Hilgard, Rept. Univers. Calif. Coll. Agr. app. for 1890, 1892, 25, 26 zitiert nach [3]).

Fr. Schulze[1]) fand in einer Sendung von Chilisalpeter folgende Zusammen-setzung: 7,69% KNO_3, 36,93% $NaNO_3$, 17,79% $MgSO_4$, 0,655% Na_2SO_4, 30,31% NaCl, 0,613% $NaClO_3$, 1,11% Sand, 1,433% Wasser, 3,47% Nicht-bestimmtes.

In einem Stück Rohsalpeter fand C. Gilbert[2]): 62,28% $NaNO_3$, 28,30% NaCl, 27,27% Sulfate, 0,028% Jod in Form von Jodat, 0,13% Wasser. F. W. Dafert[3]) verdanken wir die Mitteilung über Analysen, die A. Halla und R. Waschata an acht verschiedenen Proben bolivianischen Rohmaterials aus der Officina Santa Clara ausgeführt haben. Es gelangten die folgenden Muster zur Analyse:

Muster I Caliche macizo azufrado (dicht, derb, schwefelgelb),
    „   II   „   „   morado (dicht, bräunlich, violett u. gelb, marmorartig),
    „   III   „   „   blanco (gröberes Korn, weiß),
    „   IV   „   „   blanco con piedrilas (gröberes Korn, weiß mit steinigen Einschlüssen),
    „   V   „   poroso (schwammig, porös),
    „   VI   „   achaucacado (braun, an ordinären Kandiszucker erinnernd),
    „   VII Costras (Abraumdecken),
    „   VIII Ripio (Haldensturz).

Der Stickstoffgehalt wurde in der wäßrigen Lösung durch Reduktion mit Dewardascher Legierung ermittelt.

Der Chlorgehalt durch Titration nach J. Volhard in salpetersaurer Lösung.

Der Jodsäuregehalt durch Titration des mit jodsäurefreiem Jodkalium in Freiheit gesetzten Jods mit Thiosulfat.

Der Perchloratgehalt nach C. Gilbert.[4])

Die andern Bestandteile wurden nach den allgemein üblichen Methoden ermittelt.

In der wasserlöslichen Substanz waren sicher zugegen: Kalk, Magnesia, Kali, Natron, Salpetersäure, Chlorwasserstoffsäure, Schwefelsäure, Chromsäure, Jodsäure[5]) und Überchlorsäure. Nicht nachweisbar waren: Brom, Borsäure,[6]) salpetrige Säure, Ammoniak,[7]) Kohlensäure, Phosphorsäure und Jodide. Chlorate[8]) waren vielleicht in kleinen Mengen vorhanden, mußten aber als Perchlorate berechnet werden. Lithium, Rubidium und Cäsium, deren Vorkommen im Chilisalpeter, z. B. Dieulafait,[9]) behauptet, konnten spektroskopisch nicht nach-gewiesen werden, vielleicht da zu den Analysen nur relativ geringe Mengen — je 1 kg — zur Verfügung standen. Der Feuchtigkeitsgehalt war durch-wegs sehr gering.

---

[1]) Fr. Schulze, Landw. Jahrb. 38, Erg.-Bd. V, 113—16; Chem. ZB. 1909, II, 742.
[2]) C. Gilbert, Nachr. aus d. Klub der Landw. zu Berlin Nr. 146, 147 (1883).
[3]) F. W. Dafert, Monatshefte f. Chemie 29, 235 (1908).
[4]) C. Gilbert, Methode zur Bestimmung des Perchlorats im Chilisalpeter des Handels. Tübingen 1899, 15.
[5]) Nach H. Guyard, Ber. Dtsch. Chem. Ges. 7, 1039 (1874), ist das Jod, falls Kalium zugegen als KJO_3, sonst als $NaJO_4$ vorhanden.
[6]) Nach R. Wagner, Techn. JB. 1869, 248, enthält der Rohsalpeter Spuren von Borsäure (neben Humus).
[7]) Nach Ch. F. Schönbein, Journ. prakt. Chem. 84, 227, kommen im Chili-salpeter Nitrite und Ammoniak vor.
[8]) H. Beckurts, Arch. Th. [3], 24, 333, fand Chlorate. — M. Maercker, Chem. ZB. 1898, II, 935 fand bis zu 5,64% Perchlorate.
[9]) Dieulafait, C. R. 98, 1545 (1884).

Das Resultat des durch wiederholte Parallelbestimmungen kontrollierten analytischen Befundes ist in nachstehender Tabelle wiedergegeben.

Tabelle I.
Prozente.

Zusammensetzung (Ionen)	Muster-Nr.							
	I	II	III	IV	V	VI	VII	VIII
H_2O	0,11	0,15	0,05	0,58	0,20	0,20	0,50	0,10
Na	21,62	23,31	29,41	25,23	27,24	17,74	11,72	17,44
K	10,48	9,05	2,06	1,71	0,15	1,51	0,96	1,58
Mg	0,14	0,12	0,19	0,14	0,11	0,11	0,11	0,12
Ca	—	—	—	—	0,63	1,15	0,88	1,34
NO_3	49,16	50,74	45,41	33,00	40,83	19,22	8,21	2,73
Cl	12,90	13,49	19,10	18,35	18,79	15,53	13,52	24,13
SO_4	1,82	1,92	3,12	4,27	1,52	5,80	3,03	6,93
CrO_4	0,04	0,01	—	—	—	—	—	—
ClO_4	0,94	0,30	—	0,09	0,08	0,10	—	0,04
JO_3	0,86	0,57	0,05	0,29	0,01	0,02	0,01	0,04
In Wasser unlösl.[1]	1,78	—	—	16,03	10,39	39,02	61,55	45,45
Summe	99,85	99,66	99,39	99,69	99,95	100,40	100,49	99,86

Auf Grund von Kristallisationsversuchen über die Reihenfolge uud Verbindungsform, in der die Hauptbestandteile sich ausscheiden, suchten nun F. W. Dafert und seine Mitarbeiter Anhaltspunkte zu gewinnen für eine der tatsächlichen Zusammensetzung dieser Salzgemische entsprechende Gruppierung. Natürlich ist das so von den Verfassern gewonnene Resultat, schon mit Rücksicht auf die Unbestimmtheit der Temperatur, die ja hier eine sehr wesentliche Rolle spielen muß, mit einem gewissen Grade von Unsicherheit behaftet. Trotzdem sei es in Form der Tabelle II — nach Abzug von Feuchtigkeit und Unlöslichem und Umrechnung auf 100% — wiedergegeben, um wenigstens in erster Annäherung sich ein Bild von der möglichen Zusammensetzung der untersuchten Calichesorten machen zu können.

Tabelle II.
Prozente.

Zusammensetzung (Ionen)	Muster-Nr.							
	I	II	III	IV	V	VI	VII	VIII
NO_3Na	47,55	50,50	58,27	50,20	62,28	37,90	24,15	0,73
NO_3K	26,10	22,80	5,27	5,10	0,32	6,11	6,45	7,51
ClNa	20,66	22,24	31,05	36,05	34,25	41,47	57,60	72,57
JO_3K	1,06	0,70	0,06	0,40	0,15	0,04	0,03	0,09
ClO_4K	1,32	0,42	—	0,14	0,02	0,22	—	—
SO_4Na_2	2,73	2,84	4,63	7,56	—	7,28	3,52	10,08
SO_4Ca	—	—	Spuren	—	2,42	6,37	7,79	8,38
CrO_4K_2	0,05	0,02	—	—	—	—	—	—
Cl_2Mg	0,53	0,48	0,72	0,55	0,56	0,61	0,46	0,64

[1] Bestimmt durch Digerieren von 25 g Substanz mit 1 Liter Wasser während mehrerer Stunden.

Besonders auffallend ist der sehr hohe Gehalt an KNO_3 gerade in den besten Mustern.

Die Gewinnung des Handelssalpeters aus der Caliche geschieht nach den Ausführungen von Belisario Diaz wie folgt:

Die Caliche wird in Steinbrechern oder zwischen Walzen zerkleinert, durch Lösen mit überhitztem Wasser erfolgt die Trennung vom Unlöslichen. Das Temperaturoptimum für diesen Prozeß liegt bei 110°. Dabei werden auf 1000 Tonnen Natriumnitrat nur 70 Tonnen Chlornatrium und 20 Tonnen Natriumsulfat gelöst. Die Lösung erfolgt nach dem Gegenstromprinzip in Systemen von je 6 Bassins mit den Dimensionen $2 \times 2,5 \times 10$ m. Die gesättigten Lösungen werden nach erfolgter Klärung in Pfannen von 20×25 m Oberfläche und 2—3 m Tiefe abgelassen.

Die Kristallisation vollzieht sich während mehrerer Tage unter Verdunstung des Wassers. Man erhält so den Handelssalpeter, ein schmutzig-weißes Salz, das 90—95 % $NaNO_3$, 2 % Wasser, 1—3 % $NaCl$ und 0,5—1 % anderweitige Verunreinigungen enthält. Von den Chloriden wird der Salpeter durch Erhitzen mit Salpetersäure, bzw. bei Verarbeitung auf letztere durch Erhitzen mit Schwefelsäure gereinigt.

Die Rückstände erhalten noch 8 % $NaNO_3$, dessen Gewinnung sich nicht mehr lohnt, da das Auslaugeverfahren nur die Verwendung einer ganz bestimmten Wassermenge zuläßt. Doch werden die Mutterlaugen in Tanks gesammelt und wieder benutzt, um neuen Salpeter aufzulösen.[1]

Um 5000 Tonnen $NaNO_3$ aus Caliche mit 20—25 % Salpetergehalt monatlich zu gewinnen, braucht man Auslaugegefäße von 900 m³ Inhalt und 6000 m³ Kristallisierungsraum. Die Kosten einer solchen Anlage belaufen sich auf etwa 2 Mill. Mk. Der Handelswert des jährlichen Exportes an Chilisalpeter beträgt etwa 500 Mill. Mk., davon 130 Mill. Mk. als Ausfuhrzoll. Als Nebenprodukte werden 500 t Jod im Werte von 8 Mill. Mk., ferner Kaliumchromat gewonnen.

Die chilenischen Salpeterlager dürften nach verschiedenen Schätzungen in etwa 100—150 Jahren erschöpft sein. Allerdings sind diese Schätzungen mit großer Skepsis aufzunehmen, da nach den Ausführungen von Belisario Diaz[2] die Lagerstätten noch nicht genau erforscht sind. Aus dem gleichen Grunde sind auch die später zu besprechenden Theorien über ihre Entstehung mit der nötigen Vorsicht aufzunehmen.

Daß der Chilisapeter noch immer weitaus die wichtigste Rolle unter den künstlichen Düngemitteln spielt, geht aus nachstehender, einem Vortrage A. Kroczeks[1] entnommener Aufstellung über den Weltverbrauch an Stickstoffdünger im Jahre 1910 und die beiläufigen Gestehungskosten für je 1 kg Stickstoff hervor.

---

[1] B. Simmersbach u. F. Mayr, Z. prakt. Geol. 12, 276 (1904). Der aus den oben erwähnten Pfannen herausgeschaufelte halbtrockene Salpeter wird auf schräge mit Eisenblech belegte Trockenbühnen während 4 Tagen zum Abtropfen der letzten Reste von Mutterlauge gebracht und dann in einen Vorratsraum, auf dessen glatt zementierter Sohle er weitere 14 Tage trocknen muß. Darauf wird er in Säcken verpackt und ist dann versandbereit.

[2] L. c. Andere Autoren, so B. Simmersbach und F. Mayr, Z. prakt. Geol. 12, 277 (1904) glauben, daß die Salpeterlager Chiles in rund 50 Jahren abgebaut sein werden.

Produkt	Tausende Tonnen	N-Gehalt	Preis von 1 kg N in K. ö. W.
Chilisalpeter	2274	15 %	1,48
Ammoniumsulfat . . .	1112	21	1,51
Kalksalpeter $Ca_{NO_3}^{OH}$ . .	10,8	13	1,52
Kalkstickstoff $Ca(CN)_2$.	?	21	1,30

Immerhin nimmt aber der Verbrauch an Chilisalpeter nicht im gleichen Maße zu wie der der übrigen Stickstoffdünger, denn im Jahre 1895 betrug der Weltverbrauch bereits 1026000 Tonnen Chilisalpeter, dagegen erst 210,000 Tonnen Ammonsulfat, demnach hat sich in 15 Jahren der Verbrauch an ersterem etwa verdoppelt, an letzterem dagegen verfünffacht.

Deutschland allein verbrauchte in dem Jahrzehnt 1899—1908 an Stickstoffdünger:

Chilisalpeter mit 750 Millionen Kilogramm Stickstoff
Ammonsulfat „   316   „   „   „
Peruguano   „   34   „   „   „

Zusammen also 1100 Millionen Kilogramm Stickstoff, wovon etwa 70 % dem Chilisalpeter entstammten.

Theorien über die Bildung des Chilisalpeters.

Die Entstehung der Calichelager in Chile wird von mancher Seite auf die Wirkung von dunkler elektrischer Entladung zurückgeführt im Zusammenhang mit dem in jenen Gegenden des Abends aus dem Westen kommenden Nebel, Camanchaka genannt. Der Stickstoffgehalt der Luft soll durch die Camanchaka in Ammonnitrat umgewandelt werden und durch Umsetzung desselben mit Chlornatrium soll der Natronsalpeter entstanden sein. Es kann allerdings bezweifelt werden, ob diese an sich mögliche und in der Natur auch tatsächlich vor sich gehende Reaktion selbst in geologischen Zeiträumen so ungeheuere Salpetermengen erzeugen konnte.[1]

Nach A. Plagemann[2] ist der Chilisalpeter als ein normales Endprodukt der mit der Gesteinsverwitterung eng verknüpften Verwesung organischer Reste zu betrachten. Bei dem durch Bakterien bewirkten Zerfall von stickstoffhaltigen pflanzlichen, bzw. tierischen Organismen entwickelt sich Ammoniak; dieser wird durch die Tätigkeit der Salpeterbakterien oxydiert, bzw. unter Mitwirkung der im Boden vorhandenen Basen (Kali, Natron, Kalk, Magnesium) in Nitrat verwandelt. Die Nitrifikation erfolgt nach dem gleichen Autor überall, wo die geeigneten Bedingungen für das Leben und die Tätigkeit dieser Bakterien vorhanden sind: also 1. lockerer, für Wasser und Luft durchlässiger Boden, 2. mäßige Bodenfeuchtigkeit, 3. eine Bodentemperatur etwa zwischen 5° und 55° C, am besten 37° C (während F. Bazarewsky, wie eingangs erwähnt, 25—27° als Temperaturoptimum für die Salpeterbildung im Boden angibt), 4. Vorhandensein abgestorbener stickstoffhaltiger Substanzen im Boden, 5. schwache

---

[1] Nach L. Darapsky (Mineralogisches aus dem Salpetergebiete von Chile, Berlin 1900) spricht für die große Jugend des Natronsalpeters in Chile das Auffinden der Mumie eines indianischen Kriegers, der mit einem Pfeil im Rücken, in voller Wehr in einem Nitratlager gefunden wurde.

[2] A. Plagemann, „Der Chilesalpeter". Aus Düngstoff-Industrie der Welt, herausgegeben von Dr. Th. Waage, (Berlin 1904).

Alkalinität des Bodens bei Gegenwart von Kalk, am besten in Form von $CaCO_3$. Zuerst entstehe dabei Kalk- (bzw. Magnesia-) Salpeter, der sich dann mit den im Boden vorhandenen Alkalisalzen in KNO_3 und $NaNO_3$ umsetze.

C. Ochsenius[1]) hält die Tatsache, daß der natürlich vorkommende Kali- und Natronsalpeter sich fast immer in Verbindung mit Chloriden und Sulfaten. findet, für nicht vereinbar mit der Nitrifikationstheorie, sondern glaubt, daß der Salpeter ein unter günstigen Verhältnissen entstandenes Einwirkungsprodukt von tierischen Zersetzungsprodukten auf die aus Mutterlaugensalzen entstandene Soda sei.[2])

Immerhin dürfte die Nitrifikationstheorie heute die meisten Anhänger haben, wobei aber angenommen wird, daß das Vorhandensein organischer Reste die Grundlage für den Nitrifikationsprozeß bildet.

Speziell als Ursache für die Bildung der chilenischen Salpeterlager wird die Verwesung großer Tangmassen angenommen, die durch vulkanische Hebung des Meeresbodens ans Trockne gesetzt wurden. Der reiche Jodgehalt der Calichelager — stammt doch das heute in den Handel kommende Jod zum überwiegenden Teile von dort her — sowie die rezenten Seemuscheln in der Coba sprechen auch für den marinen Ursprung der Salpeterlager. Nach den Ausführungen von A. Kroczek, in dessen mehrfach zitiertem Vortrage, entstand durch die Einwirkung des verdunstenden Meerwassers und gleichzeitige Nitrifikation zunächst Kalksalpeter, der sich mit dem Glaubersalz des Meerwassers zu Natronsalpeter und Gips umsetzte. Das leicht lösliche Steinsalz sickerte in den Untergrund und es bildete sich unter Mitwirkung von kohlensaurem Kalk der Meermuscheln Soda, die effloreszierte und bei der Berührung mit stickstoffhaltigen Stoffen und unter Mitwirkung von Nitrifikationsorganismen sich in Natronsalpeter umwandelte. So wird auch der Gipsgehalt der Caliche erklärlich und eine weitere Stütze für obige Theorie bildet der Umstand, daß tatsächlich das Vorkommen von Nitrifikationsorganismen auf Tangmassen festgestellt werden konnte.[3])

---

[1]) C. Ochsenius, Z. prakt. Geol. **2**, 60 (1893).

[2]) Vgl. dagegen E. Semper u. M. Blankenhorn, Sitzber. Dtsch. Ceol. Ges. 1903, IV, 1 andererseits C. Ochsenius, Z. prakt. Geol. **12**, 242 (1904).

[3]) Ferner äußerten sich noch über die Entstehung des Chilisalpeters: Hilliger, der die Bildung aus Guano, Ch. F. Schönbein, der die Bildung aus stickstoffhaltiger organischer Substanz unter Mitwirkung des atmosphärischen Stickstoffs behauptet (vgl. Gmelin-Friedheims Handbuch [1], **2**, 304 (1906)), während A. Boussignault, Mon. scient. 1873, 147, die Entstehung aus organischer Substanz ohne Mitwirkung des Luftstickstoffs, jedoch durch Bakterienwirkung lehrt, und ferner Nöllner, Journ. prakt. Chem. **102**, 459, ungefähr konform mit obigen Ausführungen die Bildung aus Seelaugen, nicht aus Guano (zitiert nach Gmelin-Friedheim l. c.).

Nach F. W. Dafert, Monatshefte f. Chemie **29**, 235 (1908), steht die oben erwähnte Camanchaka- oder elektrochemische Theorie der Entstehung des Chilisalpeters mit dessen chemischer Beschaffenheit am besten in Einklang, daneben aber müsse sicher noch Mitarbeit von Mikroorganismen angenommen werden. Das Auftreten von Chloraten, Perchloraten, Jodaten und Chromaten erklärt F. W. Dafert durch von intensiver Belichtung unterstützte Einwirkung von höheren Stickoxyden — zu deren Anhäufung in relativ großer Menge in der Luft und im Tau die eigentümlichen klimatischen Verhältnisse Chiles geführt hätten — sei es in freiem Zustande, sei es in Form ihrer labilen Ammoniumverbindungen. Das auffallende Fehlen von Brom erklärt F. W. Dafert dadurch, daß Brom sich selbst durch rauchende Salpetersäure nicht oxydieren läßt. Dadurch bleibe Brom zunächst unverändert als Bromid in den Mutterlaugen und werde nach und nach als Bromwasserstoff und schließlich in elementarer Form abgeschieden, um dann im Laufe der Zeit zu verdunsten, während die aus dem Jod gebildeten Jodate in das schwerlösliche Kaliumsalz übergingen und so zurückblieben.

Eigenschaften.

$NaNO_3$ ist nur in einer **trigonalen** Modifikation bekannt und zwar kristallisiert es in Rhomboedern[1] ($\alpha = 102^0$ 42,5′, $a:c = 1:0,8297$)[2] isomorph mit Kalkspat. Die Kristalle sind sehr stark negativ doppelbrechend.

Die **Brechungsexponenten** für den ordentlichen (n_o) und den außerordentlichen (n_e) Strahl betragen:

Spektrallinie	n_o	n_e	Beobachter
B	1,5793	1,3346	A. Schrauf,[3]
	1,5874	1,3361	A. Schrauf,[3]
D	1,5852	1,3348	C. Cornu,[4]
	1,5854	1,3369	F. Kohlrausch,[5]
E	1,5954	1,3374	A. Schrauf,[3]
H	1,6260	1,3440	A. Schrauf.[3]

Die Brechungsquotienten für wäßrige Lösungen vom Prozentgehalte p betragen bei 22^0 für die D-Linie nach A. H. Borgesius[6]:

p	0,132	0,530	2,103
$\dfrac{n - n_o}{p}$	0,001160	0,001136	0,001110

Die Kristalle von Natriumnitrat sind stark hygroskopisch. Nach F. L. Kortright[7] zerfließen sie, sobald die Wasserdampftension der Luft ca. 13 mm erreicht.

Das **spezifische Gewicht** beträgt nach B. Gossner 2,271,[8] nach F. Krickmeyer[9] 2,267, nach F. L. Haigh[10] 2,266 bei 20^0 bezogen auf Wasser von 4^0, nach J. W. Retgers[11] bei 15^0 2,265. Es sind dies die einzigen Bestimmungen nach der Schwebemethode, alle älteren Angaben sind niedriger und weniger genau. 1 cm³ des geschmolzenen Salzes wiegt $(2,12 - 0,0007\,t)$ g zwischen $t = 320^0$ C und 515^0 C nach den Messungen von R. Lorenz, H. Frei und A. Jabs.[12]

Nach kalorimetrischen Beobachtungen findet Th. Carnelley[13] den **Schmelzpunkt** bei 316^0, durch direkte Beobachtung mit einem Quecksilberthermometer bei 319^0, Person[14] dagegen bei $310,5^0$, A. W. Menzies und N. N. Dutt[15]

[1] Vgl. P. Groth, Chemische Kristallographie, (Leipzig 1908), 72.
[2] Wulff, Z. Kryst. **29**, 402 (1895); **30**, 650 (1896); nach J. D. Dana, Syst. of Min. (6. Aufl. 1892) S. 870 ist $a:c = 1:0,8276$.
[3] A. Schrauf, Sitzber. Wiener Ak. **41**, 769 (1860).
[4] C. Cornu, Ann. chim. phys. [4], **11**, 385 (1867).
[5] F. Kohlrausch, Wied. Ann. **4**, 28 (1878); vgl. auch P. Groth, Chemische Kristallographie (Leipzig 1908), 72.
[6] A. H. Borgesius, Wied. Ann. **54**, 233 (1895); vgl. ferner F. H. Getmann und B. Wilson, Am. Ch. Journ. **40**, 468 (1908).
[7] F. L. Kortright, Journ. Phys. Chem. **3**, 328 (1899).
[8] B. Gossner, Z. Kryst. **38**, 144 (1904).
[9] F. Krickmeyer, Z. f. phys. Chem. **21**, 53 (1896).
[10] F. L. Haigh, Am. Chem. Soc. **34**, 1137 (1912).
[11] J. W. Retgers, Z. f. phys. Chem. **3**, 289 (1889).
[12] R. Lorenz, H. Frei u. A. Jabs, Z. f. phys. Chem. **61**, 468 (1908).
[13] Th. Carnelley, Journ. Chem. Soc. **29**, 489 (1876) und **33**, 273 (1878).
[14] Person, Ann. chim. phys. [3], **27**, 250 (1849).
[15] A. W. C. Menzies u. N. N. Dutt, Am. Journ. Chem. Soc. **33**, 1366 (1911).

bei 315,1⁰, F. L. Haigh[1]) bei 306,8⁰. Mit Thermoelement finden F. Braun[2]) 314⁰, H. R. Carveth[3]) 318⁰, R. Lorenz[4]) 310⁰. Der Erstarrungspunkt liegt nach J. Schaffgotsch[5]) bei 313⁰, nach H. R. Carveth[3]) bei 308⁰ nach G. Bruni und D. Meneghini[6]) bei 312⁰. Bei der Untersuchung der Schmelzen von $NaNO_3$ und KNO_3 fand H. R. Carveth[3]) einen eutektischen Punkt bei 54,5 Gewichtsprozenten KNO_3 und 218⁰, sowie die nachstehend angeführten Erstarrungspunkte:

Gewichtsprozente KNO_3	0	10	20	30	40	50	60
Erstarrungspunkte	308	293	276	259	240	224	228

	70	80	90	100
	248	277	308	337⁰

Nach D. J. Hissink[7]) kann Natriumnitrat nur bis höchstens 24 Molprozente Kaliumnitrat, letzteres höchstens 15 Molprozente Natriumnitrat in isomorpher Mischung aufnehmen.

Aus den wäßrigen Lösungen der beiden Nitrate werden Mischkristalle erhalten, die weniger als 1% von der andern Komponente enthalten.[8])

Aus der **Gefrierpunktserniedrigung**, die eine Schmelze von KNO_3 durch Zusatz von $NaNO_3$ erfährt, folgert J. G. L. Stern, daß letzteres Salz dabei nur schwach gespalten sein dürfte.[9])

Feste Lösungen. Mit Natriumnitrit bildet Natriumnitrat nach G. Bruni und D. Meneghini[10]) zwei Reihen fester Lösungen: 1. Mischkristalle vom Nitrattypus mit 0—29,5% Nitrit, 2. Mischkristalle vom Nitrittypus mit 35 bis 100% Nitrit. Bei 50% Nitrat zeigt der Schmelzpunkt des Nitrat–Nitritgemisches das Minimum von 221,5⁰.

Aus den gemischten wäßrigen Lösungen der Salze scheiden sich keine Mischkristalle aus. Die Lösungswärme von Mischkristallen aus rasch abgekühlten Schmelzen weicht von dem ebenso zusammengesetzten Gemenge stark ab. Denn sie beträgt für je 100 g $NaNO_3$ −6,046 Cal., 98,5% iges $NaNO_2$ −5,411 Cal., 50% iges mechanisches Gemenge −5,699 Cal., 50% ige rasch abgekühlte Schmelze −5,300 Cal., woraus sich die Bildungswärme der 50% igen Mischkristalle zu rund −400 cal. ergibt, während die Bildungswärme der Mischkristalle von $NaNO_3$ mit KNO_3 wie J. von Zawidzki und A. Schagger[11]) zeigen konnten, nur wenig verschieden von Null sein kann.

Geschmolzenes $NaNO_3$ bildet nach R. Lorenz und F. Kaufler[12]) Komplexe von mehrfachen Molekeln und ist nach R. Lorenz[13]) bei 388⁰ schätzungsweise zu 31,5% in seine Ionen zerfallen.

[1]) F. L. Haigh, Am. Chem. Soc. **34**, 1137 (1912).
[2]) F. Braun, Pogg. Ann. **154**, 190 (1875).
[3]) H. R. Carveth, Journ. phys. Chem. **2**, 209 (1898).
[4]) R. Lorenz, Z. f. phys. Chem. **61**, 468 (1898).
[5]) J. Schaffgotsch, Pogg. Ann. **102**, 293 (1857) (Quecksilberthermometer).
[6]) G. Bruni u. D. Meneghini, Z. anorg. Chem. **64**, 193 (1909).
[7]) D. J. Hissink, Z. f. phys. Chem. **32**, 537 (1900).
[8]) Vgl. R. Abegg, Handbuch der anorganischen Chemie **2**, 1 (Leipzig 1908).
[9]) J. G. L. Stern, Z. f. phys. Chem. **65**, 667 (1909).
[10]) G. Bruni u. D. Meneghini, Z. anorg. Chem. **64**, 193 (1909).
[11]) A. Schagger, Kosmos 35, Chem. ZB. 1910, II, 1025.
[12]) R. Lorenz u. F. Kaufler, Ber. Dtsch. Chem. Ges. **41**, 3727 (1908).
[13]) R. Lorenz, Z. f. phys. Chem. **79**, 63 (1912).

Die **spezifische Wärme** von $NaNO_3$ beträgt nach J.H. Schüller[1]) 0,2650 Cal. zwischen 27 und 59°, während H. V. Regnault[2]) zwischen 41 und 98° 0,2782 für das vorher geschmolzene Salz findet. Zwischen 320 und 430° zeigt das geschmolzene Salz eine spezifische Wärme von 0,41, wie Versuche von Person[3]) ergeben, während K. M. Goodwin und H. T. Kalmus[4]) zwischen 235 und 333° 0,388, zwischen 333 und 367° 0,430 Cal. finden.

Die **Bildungswärme** aus den Elementen beträgt nach J. St. Thomsen[5]) 111,25, nach M. Berthelot[6]) 110,7 Cal., die Schmelzwärme für ein Mol nach Person[3]) 5,355 Cal. bei 310,5°, nach K. M. Goodwin und H. T. Kalmus 3,69 Cal. bei 308°. Die Lösungswärme von einem Mol $NaNO_3$ in 200 Molen Wasser beträgt nach J. St. Thomsen —5,03 Cal., nach M. Berthelot bei 10–15° in 235—470 Molen Wasser —4,7 Cal. F. L. Haigh[7]) gibt 4,878 Cal. an.

Für die **Neutralisationswärme** beim Vermischen von 1 Mol HNO_3 mit 1 Mol $NaOH$ fanden J. St. Thomsen 13,68, M. Berthelot 13,7 Cal.,[8]) also den für die Neutralisation starker einbasischer Säuren mit starken einsäuerigen Basen in verdünnter Lösung charakteristischen Wert.

Die **elektrische Leitfähigkeit** $\varkappa$ (in reziproken Ohm) des Salzes fand R. Foussereau[9]) wie folgt:

Temp.	52	100	200	250	289°
$\varkappa$	$0,662.10^{-12}$	$0,170.10^{-10}$	$0,176.10^{-7}$	$0,654.10^{-6}$	$0,155.10^{-4}$

Für das geschmolzene Salz fanden:

Beobachter	R. Fousserau[9])	F. Braun[10])	E. Bouty und L. Poincarré[11])	R. Lorenz und H.T. Kalmus[12])
Temp.	300	356	314	—	308°
$\varkappa$	0,441	0,666	1,22	1,097	0,965

Die **Äquivalentleitfähigkeit** wäßriger Lösungen Λ bei 18° und die Dissoziationsgrade α betragen nach F. Kohlrausch und M. E. Maltby[13]):

Mol/Liter	0	0,0001	0,0002	0,0005	0,001	0,002	0,005
Λ	105,33	104,55	104,19	103,53	102,85	101,89	100,06
α	—	99,3	98,9	98,3	97,6	96,7	95,0

---

[1]) J. H. Schüller, Pogg. Ann. **136**, 70, 235 (1869).
[2]) H. V. Regnault, Pogg. Ann. **53**, 60, 243 (1841).
[3]) Person, Ann. chim. phys. [3], **21**, 295 (1847).
[4]) K. M. Goodwin u. H. T. Kalmus, Phys. Rev. **28**, 1 (1909).
[5]) J. St. Thomsen, Thermochemische Untersuchungen **3**, 233 (1883—1886).
[6]) M. Berthelot, Ann. chim. phys. [4], **30**, 440 (1873).
[7]) F. L. Haigh, Am. Chem. Soc. **34**, 1137 (1912).
[8]) Landolts Tabellen, 4. Aufl. 873.
[9]) R. Foussereau, Ann. chim. phys. [6], **5**, 317 (1885).
[10]) F. Braun, Pogg. Ann. **154**, 161 (1875).
[11]) L. Poincarré, Ann. chim. phys. [6], **17**, 52 (1889). Vgl. ferner A. Benrath, Z. f. phys. Chem. **64**, 693 (1908), der einen sehr großen Diskontinuitätssprung der Temperaturabhängigkeit der Leitfähigkeit beim Übergang aus dem kristallisierten in den geschmolzenen Zustand beobachtet.
[12]) R. Lorenz u. H. T. Kalmus, Z. f. phys. Chem. **59**, 17 (1907); dagegen A. Bogorodski, J. Russ. Ph. Ch. **37**, 703; **40**, 197.
[13]) F. Kohlrausch u. M. E. Maltby, Sitzber. Berliner Ak. 1899, 665; zitiert nach R. Abegg, II, [1], 284.

Mol/Liter	0,01	0,02	0,05	0,1	0,2	0,5	1	2	3
Δ	98,16	95,66	91,43	87,24	82,28	74,05	65,86	54,5	46,0
α	93,2	90,8	86,8	82,8	78,1	70,3	62,5	51,8	43,7

Das Leitvermögen von 0,01 normalen $NaNO_3$-Lösungen nimmt nach F. Kohlrausch[1]) pro Grad Temperaturzunahme zwischen 18° und 26° um 2,26% zu.

Die Oberflächenspannung des geschmolzenen Salzes gegen Luft beträgt nach G. Quincke[2]) 78,8 dyn/cm. Ein Gemisch von $NaNO_3$ und KNO_3 zeigt nach Ch. E. Fawsit[3]) beim eutektischen Punkt (vgl. oben) das Maximum von Viscosität.

Für die **innere Reibung** (η) von geschmolzenem Natriumnitrat finden R. Lorenz und T. H. Kalmus,[4]) bzw. K. M. Goodwin und R. D. Mailey[5]) die nachstehenden Werte, wobei zum Vergleiche angeführt sei, daß die beiden zuletzt genannten Autoren für Wasser bei 0° $\eta = 0,01797$ und bei 25° $\eta = 0,00895$ ermittelten.

Temp.	308	328	337	348	356	368	398	406	418	495
$\eta \cdot 10^5$	2919	2661	2545	2439	2284	2237	1917	1780	1828	1321
Beobachter	L. K.		G. M.	L. K.	G. M.		L. K.		G. M.	L. K. G. M.

Löslichkeit. A. Ditte[6]) beschreibt ein bei —15,7° schmelzendes Heptahydrat. Den **eutektischen Punkt** zwischen Eis und $NaNO_3$ fand De Coppet[7]) bei —18,5°, bei einer Löslichkeit von 58,5 g $NaNO_3$ in 100 g Wasser. Nach R. Kremann und A. Zitek[8]) lösen sich bei 24,2° 911 g $NaNO_3$ in 1000 cm³ Wasser. Die Abhängigkeit der Löslichkeit von der Temperatur erkennt man nach den Daten bzw. Berechnungen von E. Berkeley,[9]) bzw. W. Meyerhoffer[10]) aus nachstehender Tabelle:

Temperatur. . . .	0	10	20	30	40	50
g $NaNO_3$ in 100 g H_2O	73	80,5	88	96,2	104,9	114
Temperatur. . . .	60	70	80	90	100	119
g $NaNO_3$ in 100 g H_2O	124,6	136	148	161	175,5	208,8

Nach obiger Tabelle liegt der **Siedepunkt** der gesättigten Lösung unter 736 mm Druck bei 119°, wobei 208,8 g $NaNO_2$ in 100 g Wasser gelöst sind, während nach G. T. Gerlach[11]) dieser Punkt bei 120° und 222 g $NaNO_3$ in

---

[1]) F. Kohlrausch, Sitzber. Berliner Ak. 1901, 1026; 1902, 572. Vgl. ferner über die Leitfähigkeit wäßriger $NaNO_3$-Lösungen R. Abegg II, [1], 284. — A. M. Clover u. H. C. Jones, Am. Chem. Journ. **43**, 187 (1910). — H. Clausen, Ann. d. Phys. [4] **37**, 51 (1911).

[2]) G. Quincke, Pogg. Ann. **138**, 141 (1869).

[3]) Ch. E. Fawsit, Proc. Chem. Soc. **24**, 146 (1908).

[4]) R. Lorenz u. T. H. Kalmus, Z. f. phys. Chem. **59**, 244 (1907).

[5]) K. M. Goodwin u. R. D. Mailey, Phys. Review **25**, 469 (1907); **26**, 28 (1908) (zitiert nach Landolts Tabellen, 4. Aufl. 1912, 82.

[6]) A. Ditte, C. R. **80**, 1164 (1875).

[7]) De Coppet, Z. f. phys. Chem. **22**, 239 (1897).

[8]) A. Zitek, Monatshefte für Chemie **30**, 311 (1909).

[9]) E. Berkeley, Trans. Roy. Soc. **203** A, 209 (1904).

[10]) W. Meyerhoffer, Tabellen, 3. Aufl. 559; zitiert nach R. Abeggs Handbuch II, [1] 282.

[11]) G. T. Gerlach, Z. f. anal. Chem. **26**, 413 (1887).

100 g Wasser liegt. E. Berkeley und M. P. Appleby[1]) geben $120,20^0$ für 760 mm an. Den zweiten Siedepunkt der gesättigten Lösung[2]) fand W. Smits[3]) bei 310^0.

Zwischen den Temperaturen $64—313^0$ läßt sich nach A. Étard[4]) die Löslichkeit $=$ g $NaNO_3$ in 100 g Lösung nach der Formel $L = 58,5 + 1,666 (t — 64^0)$ berechnen.

Der Dampfdruck p der gesättigten Lösung folgt nach A. Speranski[5]) der Bertrandschen Formel $p = k \left(\dfrac{T-\lambda}{T} \right)^{50}$, wobei $\log k = 7,5172$, $\lambda = 74,8$ zu setzen ist. Sind $NaNO_3$ und $NaCl$ Bodenkörper, so lösen sich nach Kinjiro Mjeda[6]) bei 25^0 von ersterem 56,56 g, von letzterem 23,74 g in 100 g Wasser.

In 100 g absolutem Äthylalkohol lösen sich nach Lobry de Bruyn[7]) bei 25^0 0,036 g. Für Alkohol–Wassergemische fand H. Schiff[8]) bei 15^0

Prozente C_2O_6O	10	20	30	40	60	80
g $NaNO_3$ in 100 g Lösung	65,3	48,8	35,5	25,8	11,4	2,7

G. Bodländer[9]) bei $16,5^0$

Prozente C_2H_6O	0	8,0	14,6	20,2	26,4	37,9	43,4	50,7	70,1	74,8
g $NaNO_3$ in 100 g Lösungsmittel	82,7	71,0	57,8	48,9	38,5	27,5	23,2	15,9	5,43	1,93

In 100 g 98 %igem Methylalkohol lösen sich nach Lobry de Bruyn[10]) bei $19,5^0$ 0,38 g, in 40 %igem nach H. Schiff[8]) bei 15^0 32,3 g $NaNO_3$. Nach E. Armstrong und J. V. Eyre[11]) lösen sich bei 25^0 in 1000 g Wasser 920,30 g $NaNO_3$; enthält das Wasser aber 2 Grammoleküle Äthylalkohol pro 1000 g Wasser, so lösen sich in 1000 g Wasser nur mehr 825,35 g, dagegen 870,95 g, wenn nur 1 Grammolekül Äthylalkohol zugegen ist. Die Löslichkeit (g $NaNO_3$ in 100 g Lösungsmittel) in Aceton–Wassergemischen bei 40^0 beträgt nach H. A. Bathrick[12])

Prozente Aceton	0,0	8,47	16,8	25,2	34,3	44,1	53,9	64,8	76,0	87,6
Löslichkeit	105	91,2	78,3	66,4	57,9	46,2	32,8	23,0	10,8	3,2

Über weitere Eigenschaften der wäßrigen Lösungen von Natriumnitrat vgl. R. Abegg, Handbuch II, [1], 282 ff.:

So über die Siedetemperaturen bei verschiedenen Konzentrationen nach G. T. Gerlach, Z. f. anal. Chem. **26**, 413 (1887); die Dichte nach H. T. Barnes u. A. P. Scott, Journ. phys. Chem. **2**, 536 (1898); ferner R. W. Page u. Keighley, Journ. Chem. Soc. **10**, 566 (1872); die spezifische Zähigkeit nach Sv. Arrhenius, Z. f. phys. Chem. **1**, 285 (1887),

---

[1]) E. Berkeley u. M. P. Appleby, Proc. Roy. Soc. Lond. A. **85**, 489 (1911).
[2]) Vgl. die Ausführungen beim KNO_3.
[3]) R. Abegg, II, [1], 282.
[4]) A. Étard, Ann. chim. phys. [7], **2**, 527 (1874).
[5]) A. Speranski, Journ. Russ. Phys. Chem. Ges. **41**, 90 (1910); Z. f. phys. Chem. **70**, 519 (1910).
[6]) Kinjiro Mjeda, Mem. Col. Sc. Eng. Kyot. **2**, 2245 (1910).
[7]) Lobry de Bruyn, Rec. Pays. Bas. **11**, 147 (1892).
[8]) H. Schiff, Lieb. Ann. **118**, 365 (1861).
[9]) G. Bodländer, Z. f. phys. Chem. **7**, 316 (1891).
[10]) Lobry de Bruyn, Z. f. phys. Chem. **10**, 787 (1892).
[11]) J. V. Eyre, Jahrestabellen chem.-phys. und technol. Konstanten I, 406 (1910).
[12]) H. A. Bathrick, Journ. phys. Ch. **1**, 162 (1896).

K. Mützel, Wied. Ann. **43**, 15 (1891) und E. Reyher; ferner Ch. E. Fawsitt, Journ. Ch. Soc. Lond. **93**, 1299 (1908); die Diffusionskoeffizienten nach J. D. R. Scheffer, Z. f. phys. Chem. **2**, 390 (1888); die spezifischen Wärmen nach J. St. Thomsen, Pogg. Ann. **142**, 337 (1871); Ch. de Marignac, Ann. chim. phys. [5], **8**, 410 (1871); H. Teudt, Dissert. (Erlangen 1900); Person, Ann. chim. phys. [5], **33**, 437 (1851); ferner N. Paschki, Journ. Russ. Ph. Ch. Ges. **43**, 166 (1911), Chem. ZB. 1911, II, 1100; die Tensionen der wäßrigen Lösungen nach C. Dieterici, Wied. Ann. **42**, 513 (1891) und W. Smits, Z. f. phys. Chem. **39**, 385 (1902); die Dampfspannungserniedrigung nach G. Tammann, Wied. Ann. **24**, 530 (1885) und A. T. Lincoln u. D. Klein, Journ. of Phys. Ch. **11**, 318 (1907); die Gefrierpunktserniedrigungen nach N. Leblanc u. A. Noyes, Z. f. phys. Chem. **6**, 387 (1890); E. H. Loomis, Wied. Ann. **57**, 505 (1896) und Guy Jones, J. Barnes u. E. G. Hyde, Am. Ch. Journ. **27**, 28 (1902); die Siedepunktserhöhung nach W. Smits, l. c.

Die Überführungszahlen nach M. Bein, Z. f. phys. Chem. **27**, 1 (1898); **28**, 439 (1898) und W. Hittorf, Z. f. phys. Chem. **39**, 612 (1901); **43**, 49 (1903).

Über Leitfähigkeit und Viscosität glycerinhaltiger Lösungen vgl. Guy Jones, Am. Chem. Journ. **46**, 131 (1911).

Über Leitfähigkeit in flüssigem Ammoniak vgl. E. C. Franklin, Z. f. phys. Chem. **69**, 272 (1909).

Über Absorptionsspektra von $NaNO_3$-Lösungen vgl. K. Schaefer, Ztschr. f. wissensch. Photogr. **8**, 212 (1910).

Über die Molzahlen von $NaNO_3$, abgeleitet aus Gefrierpunktserniedrigungen, vgl. A. Noyes u. K. G. Falk, Journ. Am. Chem. Soc. **32**, 1011 (1910).

Über Parallelverwachsung mit Barytocalcit vgl. St. Kreutz, N. JB. Min. etc. 1910, II, 338.

Über die Temperaturen spontaner Kristallisation von $NaNO_3$ und $Pb(NO_3)_2$-Mischungen vgl. F. Isaac, Journ. Chem. Soc. Lond. **93**, 384 (1908).

Über die Elektrolyse von geschmolzenem $NaNO_3$ (wobei Nitrit und Oxyd entstehen) vgl. Ch. Couchet u. G. Nemirowski, Z. f. Elektroch. **13**, 115 (1997).

Über elektrische Osmose vgl. J. C. W. Frazer u. H. M. Holmes, Am. Chem. Journ. **40**, 319 (1908).

Über Polymorphismus vgl. W. Barlow u. W. J. Pope, Journ. Chem. Soc. Lond. **93**, 1528 (1908).

Verwendung.

Wie sich schon aus dem oben angeführten statistischen Material ergibt, findet Natriumnitrat seine hauptsächlichste Verwendung als Düngemittel. Große Mengen werden auch zur Salpetersäureerzeugung verbraucht, ferner mit Kaliumchlorid in Kaliumnitrat übergeführt zum Zwecke der Schießpulverherstellung, für das Natriumnitrat selbst wegen seiner Hygroskopicität nicht verwendbar ist. Viel Natriumnitrat wird auch zu Natriumnitrit reduziert.

J. Munroe[1] gibt die folgende Zusammenstellung über den Verbrauch an Natriumnitrat in den Vereinigten Staaten von Amerika im Jahre 1905 (die „short tons" des Originals sind auf metrische Tonnen umgerechnet).

Verbrauch an $NaNO_3$ für:	in Tausenden Tonnen
Sprengstoffe	120,6
Dungstoffe	38,2
Chemikalien	34,5
Schwefelsäure, Salpetersäure und andere Säuren	26,5
Glas	10,8
Farbstoffe	0,2
Summe:	230,8

---

[1] J. Munroe, Proc. M. S. Naval Institute, **35**, [3], 715 (1910); zitiert nach Hoyt S. Gale, Bull. geol. Surv. Nr. 523.

Vom gesamten Weltkonsum verbraucht die Industrie zur Darstellung von Schießpulver und Salpetersäure etwa $^1/_3$, während $^2/_3$ als Düngemittel in der Landwirtschaft Verwendung finden.[1]

Darapskit, Natriumnitratosulfat-Monohydrat,
$Na_2SO_4 . NaNO_3 . H_2O$,

kristallisiert monoklin prismatisch mit dem Achsenverhältnis

$$a:b:c = 1,5258:1:0,7514 \text{ und } \beta = 102^0 55' \text{ (natürliche Kristalle)}$$

und wurde in der Pampa del Toro in Atacama, Chile, gefunden.

Ch. de Marignac[2] erhielt das Doppelsalz beim Verdunsten gemischter Lösungen von Na_2SO_4 und $NaNO_3$ und glaubte einen Wassergehalt von $1^1/_2$ Molen annehmen zu müssen, während A. v. Schulten[3] die Identität des auf gleiche Weise dargestellten Salzes mit dem Marignacschen und dem natürlichen Darapskit nachwies.[2]

Das Salz läßt sich durch Erhitzen leicht entwässern ohne Dekrepitation. Das spezifische Gewicht fand A. v. Schulten zu 2,197, A. Osann[4] (an natürlichen Kristallen) zu 2,203.

A. Dietze[5] fand:

N_2O_5	22,26
SO_3	32,88
Na_2O	38,27
H_2O	7,30
Summe:	100,71

Nitroglauberit, $Na_2SO_4 + 3NaNO_3 + 3H_2O$.

In der Natur kommt noch ein zweites Doppelsalz mit Natriumsulfat, der Nitroglauberit $Na_2SO_4 + 3NaNO_3 + 3H_2O$ vor, so z. B. in dem oben erwähnten von Villanueva untersuchten Salpeterlager.

Die Zusammensetzung einer aus der Wüste Atacama stammenden Probe, wo das Mineral in Form einer weißen homogenen Masse mit faserig kristallinischer Struktur vorkommt, entspricht der Formel $6NaNO_3.2Na_2SO_4.3H_2O$, denn die Analyse[6] ergab

Na_2SO_4	33,90	(ber. 33,5)
$NaNO_3$	60,35	(ber. 60,1)
H_2O	5,75	(ber. 6,4)
Summe:	100,00	

Nitroglauberit ist wasserlöslich. Ein künstlich dargestelltes Salz mit der Zusammensetzung $2NaNO_3.2Na_2SO_4.3H_2O$ ist beschrieben worden.[7]

[1] B. Simmersbach u. F. Mayr, Z. prakt. Geol. **12**, 276 (1904).
[2] Ch. de Marignac, Ann. des miner. 1857, [5], 12, 44.
[3] A. v. Schulten, Bull. Soc. min. 1896, 19, 161.
[4] Nach P. Groth, Chemische Kristallographie, (Leipzig 1908), 378.
[5] A. Dietze, Z. Kryst. 19, 445 (1891).
[6] Nach J. D. Dana, System of Mineralogy, 6. Aufl., 1892, 873.
[7] Handbuch der kristallographisch-physikalischen Chemie 1, 468 (1881), zitiert nach J. D. Dana.

Kaliumnitrat.

Entstehung und Vorkommen in der Natur.

Kaliumnitrat, KNO$_3$, Kalisalpeter entsteht in der Natur in analoger Weise wie Natriumnitrat, also durch die Einwirkung von Mikroorganismen bei freiem Zutritt von Luftsauerstoff auf die Zersetzungsprodukte stickstoffhaltiger organischer Substanzen, z. B. tierischer Auswürfe, wodurch, wie erwähnt, zunächst Salpetersäure gebildet wird und bei Gegenwart von Kalisalzen Kalisalpeter entsteht. Diese Reaktion wurde früher in den sogenannten Salpeterplantagen nachgeahmt. In der Natur findet sich der Kalisalpeter, gewöhnlich in kleinen nadelförmigen Kristallen und Krusten auf der Oberfläche der Erde, auf Mauern, Felsen usw., überall dort, wo das Klima eine lebhafte Bakterientätigkeit im erwähnten Sinne gestattet, also in Italien, Ägypten, Arabien, Persien, Indien, in den von ungeheuren Mengen von Fledermäusen bewohnten Kalksteinhöhlen Ceylons, ferner in den Vereinigten Staaten von Amerika und zwar in Tennessee, Kentucky,[1]) Virginia und am Missouri, ferner in Peru, in Chile neben Natronsalpeter usw.[2])

Technisch wird heute Kaliumnitrat durch Umsetzung von Chilisalpeter mit Kalisalzen gewonnen[3]) und enthält auch meist die gleichen Verunreinigungen wie der Chilisalpeter, vor dem es sich aber durch den großen Vorteil, an feuchter Luft nicht zu zerfließen, auszeichnet.

Analysen.

Ein in rotem Sandstein in Westamerika gefundener und von Robert Stewart[4]) untersuchter Kalisalpeter zeigte nachstehende Zusammensetzung:

	Nitrat I	Nitrat II	Sandstein
In Wasser unlöslich % .	4,22	2,73	98,21
N (in Form von HNO$_3$)	11,12[5])	11,48[6])	0,127
N (in Form von NH$_3$) .	—	—	
Ca	2,91	2,12	—
Mg	0,11	0,17	—
K	30,89	31,55	0,18
S	1,54	1,58	
Cl	Spuren	Spuren	—

Nach Robert Stewart dürfte es sich um ein Gemenge von Kaliumnitrat und Calciumsulfat handeln.

---

[1]) In Madison Co. Ky. wird er verteilt in der lockeren Erde gefunden, die den Boden einer großen Höhle bedeckt.

[2]) Vgl. A. Kroqzek, Bindung des atmosphärischen Stickstoffs in der Natur. Österr. Chemiker Zeitung 1912, 226.

[3]) Über die Bildung von Konversionssalpeter aus NaNO$_3$ und K$_2$CO$_3$ vgl. R. Kremann u. A. Zitek, Monatshefte f. Chemie **30**, 311 (1909).

[4]) Robert Stewart, Journ. Am. Chem. Soc. **33**, 1952 (1912).

[5]) Daraus berechnet sich 80,24 % KNO$_3$ und nach Abzug des im Wasser Unlöslichen 83,78 %.

[6]) Daraus berechnet sich 82,85 % KNO$_3$ und nach Abzug des im Wasser Unlöslichen 85,20 %.

Die Mitteilung einer Reihe von Analysen von Kalisalpetervorkommen in den Vereinigten Staaten von Amerika verdanken wir Hoyt S. Gale.[1] So eine von L. G. Eakins ausgeführte Analyse einer von den Leucite Hills, North Table Butte, in Wyoming stammenden Probe, in der L. G. Eakins 44,91% K_2O findet (daraus berechnet 96,40% KNO_3); ferner 1,09% CaO, 1,59% SO_3, 0,63% H_2O (daraus berechnet 3,31% Gips); 0,07% Na, 0,09% Cl.

Ferner Analysen, die F. G. Fairchild an Proben, die aus der Nähe von Gerlach in Nevada stammen, ausführte:

Probe Nr.	3.	4.	5.	6.	7.	I[2]
Anorg. u. unlöslich	10,04	91,83	14,58	76,75	88,09	46,04
NO_3	52,40	3,07	50,42	9,96	5,44	28,53
SO_3	wenig	—	—	etwas	Spuren	wenig
K	33,61	0,80	31,42	4,97	1,40	19,18
Na	1,07	0,50	1,28	0,58	0,96	0,18
Cl	Spuren	0,30	Spuren	0,30	0,45	0,20
CaO	wenig	etwas	wenig	etwas	etwas	wenig
P_2O_5	—	Spuren	—	0,5	—	—

Eigenschaften.

Kristallform. Kaliumnitrat ist dimorph und zwar gewöhnlich in prismatischen Kristallen des rhombischen Systems mit einem Achsenverhältnis $a:b:c = 0,5910:1:0,7011$[3] vorhanden. Die Hauptbrechungsexponenten für die D-Linie sind nach A. Schrauff[4] 1,3346, 1,5056, 1,5064. Beim Erhitzen auf 126° wandelt sich die rhombische Modifikation in die trigonale um.[5] Von letzterer sind wieder zwei Modifikationen α und β bekannt: α scheidet sich aus dem Schmelzflusse beim Abkühlen in stark negativ doppelbrechenden Rhomboedern ab. Bei ca. 114° erfolgt eine plötzliche Zunahme der Doppelbrechung und Umwandlung in die Modifikation β, die aus Kristallen besteht, deren optische Achse parallel derjenigen der Rhomboeder der α-Modifikation ist, aus der sie entstanden sind.[6]

Bei 21° fand A. H. Borgesius die **Brechungsexponenten** (n) für die D-Linie bei $p = 2,593$ g und 0,639 g KNO_3 in 100 g wäßriger Lösung zu $(n-n_0)/p = 0,000941$ und 0,000948.[7]

Das **spezifische Gewicht** fand B. Gossner[8] $\delta = 2,111$, J. W. Retgers bei 16° $\delta = 2,109$, ebenso F. L. Haigh für $d\frac{20°}{4°}$.[9] F. W. Clarke[10] nimmt als Mittel vieler Beobachtungen 2,092 an. M. Bellati und Finazzi[11] fanden

---

[1] Hoyt S. Gale, Bull. geol. Surv. U.S. 1912, Nr. 523.
[2] Stammt aus Greewich Canyon, nahe von Grass Valley, Utah.
[3] W. W. Miller, Pogg. Ann. **50**, 376 (1840).
[4] A. Schrauff, Sitzber. Wiener Ak. **41**, 769 (1860); vgl. ferner über d. Brechungsindex von Lösungen F. H. Getmann u. F. B. Wilson, Am. Ch. J. **40**, 468 (1908).
[5] F. Wallérant, Bull. Soc. min. **28**, 325 (1905).
[6] Vgl. P. Groth, Chemische Kristallographie (1908).
[7] A. H. Borgesius, Wied. Ann. **54**, 233 (1895).
[8] B. Gossner, Z. Kryst. **38**, 144 (1904).
[9] J. W. Retgers, Z. f. phys. Chem. **3**, 289 (1889).
[10] F. W. Clarke, Constants of nature I, 2. Aufl. (1888).
[11] M. Bellati u. Finazzi, Jahrestabellen I (1910), 6.

$$d\,\frac{0^{0}}{4^{0}} = 2{,}1104; \quad d\,\frac{6{,}8}{4^{0}} = 2{,}1077; \quad d\,\frac{10{,}65}{4^{0}} = 2{,}1062; \quad d\,\frac{17{,}25}{4^{0}} = 2{,}1037;$$

$$d\,\frac{28{,}20}{4^{0}} = 2{,}0991; \quad d\,\frac{40{,}05}{4^{0}} = 2{,}0949; \quad d\,\frac{57{,}15}{4^{0}} = 2{,}0868; \quad d\,\frac{77{,}20}{4^{0}} = 2{,}0784;$$

$$d\,\frac{97{,}9}{4^{0}} = 2{,}0686; \quad d\,\frac{114{,}5}{4^{0}} = 2{,}0607; \quad d\,\frac{121{,}9}{4^{0}} = 2{,}0569; \quad d\,\frac{130{,}6}{4^{0}} = 2{,}0330;$$

$$d\,\frac{141{,}4}{4^{0}} = 2{,}0269; \quad d\,\frac{154{,}4}{4^{0}} = 2{,}0199.$$

Der **Schmelzpunkt** des Salzes beträgt nach Person, Ch. Carnelly und Van Eyck 339⁰.[1]) F. Braun fand 342⁰, H. R. Carveth 337⁰, Polylitzin 336,0 ± 0,11⁰.[2]) J. G. L. Stern 334,5⁰.[3]) A. W. C. Menzies und N. N. Dutt[4]) fanden 346,3⁰. Den Schmelzpunkt der rhombischen Modifikation fand H. W. Bakhuis Roozeboom bei 334⁰.[1])

Nach R. Lorenz, H. Frei und A. Jabs[5]) läßt sich die Dichte des geschmolzenen Salzes von 348—492⁰ durch die Formel 2,044 − 0,0006 t wiedergeben.

Den **Erstarrungspunkt** von KNO_3 fand H. R. Carveth[6]) bei 337⁰. Dem Eutektikum von KNO_3 und $LiNO_3$ entspricht der Punkt 132⁰, wobei 65⁰/₀ des ersteren Salzes vorhanden sind. Die eutektische Mischung von KNO_3, $NaNO_3$ und $LiNO_3$ zeigt eine Zusammensetzung von 54,54⁰/₀, 18,18⁰/₀ und 27,27⁰/₀ und einen Erstarrungspunkt von 132⁰. Mit $(NH_4)NO_3$ wurden von F. Wallerant[7]) verschiedene Arten von Mischkristallen erhalten und zwar nicht bloß beim Erstarren des Schmelzflusses, sondern auch aus wäßriger Lösung. Das Eutektikum mit $TlNO_3$ liegt bei 182⁰ und bei einem Gehalte von 85,4 von dem letzteren Salze.[8])

Die **Schmelzwärme** für 1 Mol KNO_3 beträgt nach Person[9]) 4,79 Cal. (339⁰), nach K. M. Goodwin und H. T. Kalmus 2,57 Cal. (333⁰)[10]), die Umwandlungswärme aus der rhomboedrischen in die rhombische Modifikation nach M. Bellati und R. Romanese[11]) 1,189 Cal.

Die **spezifische Wärme** fand H. Kopp[12]) zwischen 14 und 45⁰ zu 0,232, H. V. Regnault[13]) zu 0,2388 zwischen 13 und 98⁰, K. M. Goodwin und H. T. Kalmus[10]) zwischen 240 und 308⁰ zu 0,292 und für die Schmelze zwischen 308 und 411⁰ zu 0,333 Cal., während Person[9]) für das geschmolzene Salz zwischen 350 und 435⁰ 0,3319 Cal. angibt.

Die **spezifische Leitfähigkeit** $\varkappa$ des Salzes (in reciproken Ohm) wurde wie folgt gefunden.

[1]) R. Abegg, Handbuch II, [1], 386.
[2]) H. Landolt, 4. Aufl. 217.
[3]) J. G. L. Stern, Z. f. phys. Chem. **65**, 667 (1909).
[4]) N. N. Dutt, Journ. Am. Chem. Soc. **33**, 1366 (1911).
[5]) R. Lorenz, H. Frei u. A. Jabs, Z. f. phys. Chem. **61**, 468 (1908).
[6]) H. R. Carveth, Journ. Phys. Ch. **2**, 209 (1898).
[7]) F. Wallérant, C. R. **140**, 264 (1905); **142**, 100, 168 (1906).
[8]) Van Eyck, Z. f. phys. Chem. **30**, 430 (1899).
[9]) Person, Ann. chim. phys. [3], **21**, 295 (1847).
[10]) K. M. Goodwin u. H. T. Kalmus, Phys. Rev. **28**, 1 (1909).
[11]) M. Bellati u. R. Romanese, Atti Ist. Ven. **6**, 3 (1885).
[12]) H. Kopp, Lieb. Ann. Suppl. II, 1, 289 (1864/65).
[13]) H. V. Regnault, Pogg. Ann. **53**, 60, 243 (1841).

Temp.   30   100   200   300   250   300°

$\varkappa$ $0,312.10^{-12}$ $0,568.10^{-10}$ $0,106.10^{-6}$ $0,340.10^{-4}$ $0,2658.10^{-4}$ $0,4996.10^{-4}$

Beobachter: R. Foussereau[1]   L. Graetz[2]

Für das geschmolzene Salz wurden gefunden:

Temp.   333   336   350   355   380°

$\varkappa$ 0,6060   0,6910   0,7261   0,7656   0,8631

Beobachter: R. Lorenz u. L. Graetz[3]   E. Bouty u.   R. Foussereau[1] L. Graetz[2]
             H. T. Kalmus[3]   L. Poincarré[4]

Etwas abweichend davon findet A. H. W. Aten[5]

Temp. 340   350   360   370   380   390   400   410   420°

$\varkappa$ 0,6347 0,6662 0,6975 0,7287 0,7598 0,7905 0,8211 0,8515 0,8815

$10^5 \times$ Zunahme
des $\varkappa$ pro Grad 315   313   312   311   307   306   304   300°
Temp.   430   440   450   460   470   480   490   500°
$\varkappa$ 0,9110 0,9401 0,9690 0,9973 1,0254 1,0531 1,0808 1,1078

$10^5 \times$ Zunahme
des $\varkappa$ pro Grad 295   291   289   283   281   277   270   270°

Die Äquivalentleitfähigkeiten wäßriger Lösungen $\varLambda$ bei 18° und die Dissoziationsgrade α betragen nach F. Kohlrausch und M. E. Maltby[6]:

Mole/Liter   0   0,0001 0,0002 0,0005 0,001   0,002   0,005   0,01

$\varLambda$ 126,5   125,5   125,18 124,44 123,65 122,60 120,47 118,19

α 100   99,2   99,0   98,4   97,8   96,9   95,2   93,4

Mole/Liter 0,02   0,05   0,1   0,2   0,5   1   2   3

$\varLambda$ 115,21 109,86 104,79 98,74   89,24   80,46   69,4   61,3

α 91,1   86,9   82,8   78,1   70,5   63,6   54,9   48,5

Zwischen 18 und 52° beträgt der Temperaturkoeffizient von 0,01 bzw. 0,5 normalen Lösungen 0,0223 bzw. 0,0218.[7]

Die **Oberflächenspannung des geschmolzenen Salzes gegen Luft** beträgt nach G. Quincke[8] 69,8 dyn/cm.

Für die **innere Reibung** (η) von geschmolzenem Kaliumnitrat finden R. Lorenz und T. H. Kalmus[9] bzw. K. M. Goodwin und R. D. Mailey[10] die nachstehenden Werte:

---

[1] R. Foussereau, C. R. **98**, 1325 (1884).
[2] L. Graetz, Wied. Ann. **40**, 18 (1890).
[3] R. Lorenz u. H. T. Kalmus, Z. f. phys. Chem. **51**, 17, 244 (1907).
[4] E. Bouty u. L. Poincarré, C. R. **107**, 88 (1888).
[5] A. H. W. Aten, Z. f. phys. Chem. **78**, 1 (1911).
[6] F. Kohlrausch u. M. E. Maltby, Sitzber. Berliner Ak. 1899, 665, zitiert nach R. Abeggs Handbuch II, [1], 389. Vgl. ferner über die Leitfähigkeit wäßriger KNO_3-Lösungen: A. M. Clover u. H. C. Jones, Am. Chem. Journ. **43**, 187 (1910). — H. E. Benrath, Z. f. phys. Chem. **64**, 693 (1908). — H. C. Jones u. C. A. Jacobson, Am. Ch. Journ. **40**, 355 (1908). — J. Johnston, Am. Journ. Ch. Soc. **31**, 1010 (1909).
[7] Sv. Arrhenius, Z. f. phys. Chem. **9**, 339 (1892).
[8] G. Quincke, Pogg. Ann. **138**, 141 (1869).
[9] R. Lorenz u. T. H. Kalmus, Z. f. phys. Chem. **59**, 244 (1907).
[10] K. M. Goodwin u. R. D. Mailey, Phys. Review **25**, 469 (1907); **26**, 28 (1908), zitiert nach H. Landolts Tabellen, 4. Aufl., 1912.

Temp.	333	347	353	373	377	393	403	413	418	506°
$\eta \cdot 10^5$	2970	2793	2693	2442	2299	2216	2109	2007	1890	1344
Beob.:	C. K.	G. M.	L. K.		G. M.		L. K.		G. M.[1]	

Die **Dielektrizitätskonstante** von KNO_3 fand L. Arons[2] zu 2,56.

Die **Wärmeausdehnung** von KNO_3 läßt sich nach M. Bellati u. Finazzi[3] zwischen 6,8 und 121,9° durch die Gleichung

$$V_t = V_0 (1 + 0,000181\, t + 0,000000256\, t^2),$$

zwischen 130,5 und 154,4° durch die Gleichung

$$V_t = V_0 (1 + 0,0002806\, t)$$

wiedergeben.

Der wahre kubische Ausdehnungskoeffizient bei 20° beträgt 0,000191.

Die **Bildungswärme** von KNO_3 aus den Elementen beträgt nach J. St. Thomsen[4] 119,5 Cal., nach M. Berthelot[5] 119 Cal.

Die **Lösungswärme** von 1 Mol KNO_3 in 200 Molen Wasser beträgt nach J. St. Thomsen[6] —8,52 Cal., während M. Berthelot[7] mit 280—560 Molen Wasser bei 10—15° —8,3 Cal. fand.

Die **Neutralisationswärme** beim Vermischen von 1 Mol HNO_3 und 1 Mol KOH beträgt nach J. St. Thomsen 13,77 Cal., nach M. Berthelot[7] 13,8 Cal.

Entsprechend der beträchtlichen Wärmeabsorption bei der Lösung nimmt auch die Löslichkeit des Salzes mit steigender Temperatur stark zu. So findet J. L. Andreae[8]:

Temp.	0	10	20	30	40	50	60°
g KNO_3 in 100 g Wasser	13,27	20,89	31,59	45,85	63,90	85,51	109,88

Nach R. Kremann und A. Zitek[9] lösen sich bei 24,2° 377,1 g KNO_3 in 1000 ccm Wasser.

Für höhere Temperaturen berechnet sich aus Angaben E. Berkeleys.[10]

Temp.	70	80	90	100°
g KNO_3 in 100 g Wasser	138	169	204	246

Bei 125° finden W. A. Tilden und W. A. Shenstone[11] 494 g. Für die rhomboedrische Form als Bodenkörper läßt sich nach A. Étard[12] die Löslichkeit in Gewichtsprozenten (g) zwischen 125 und 338° nach der Gleichung

$$g = 80,0 + 0,0938\, (t - 125)$$

berechnen.

[1] L. K. = Lorenz-Kalmus; G. M. = Goodwin-Mailey.
[2] L. Arons, Wied. Ann. **53**, 95 (1894).
[3] M. Bellati u. Finazzi, Atti Ist. Veneto **69**, 1151 (1910)
[4] J. St. Thomsen, Thermoch. Unters. **3**, 236 (1883—1886).
[5] M. Berthelot, Thermochemie **1**, 193 (1897).
[6] J. St. Thomsen, Journ. prakt. Chem. [2], **17**, 175 (1878).
[7] M. Berthelot, Ann. chim. phys. [5], **4**, 103 (1875); [4], **29**, 435 (1873).
[8] J. L. Andreae, Journ. prakt. Chem. [2], **29**, 470 (1884).
[9] R. Kremann u. A. Zitek, Monatshefte f. Chemie **30**, 311 (1909).
[10] E. Berkeley, Trans. Roy. Soc. **203**, 207 (1904); vgl. R. Abegg, II, [1], 387.
[11] W. A. Tilden u. W. A. Shenstone, Trans. Roy. Soc. **34** (1884).
[12] A. Étard, Ann. chim. phys. [7], **2**, 550 (1894).

Nach E. Berkeley[1]) **siedet** die gesättigte Lösung bei 745 mm Druck bei 114,1° (nach E. Berkeley und M. P. Appleby[2]) bei 760 mm bei 115,549°) und enthält 311 g Salz in 100 g Wasser. KNO_3 zeigt die auch bei mehreren anderen leicht löslichen Salzen beobachtete Erscheinung, daß seine gesättigte Lösung noch einen zweiten Siedepunkt hat. Bildet nämlich der Schmelzpunkt des festen Salzes den Endpunkt der Löslichkeitskurve, so muß die Kurve der Tensionen der gesättigten Lösungen, die meist mit der Temperatur ansteigt, ein Maximum haben, da sie ja schließlich zu der überaus kleinen Tension des festen Bodenkörpers zurückkehren muß. Liegt nun dieses Tensionsmaximum höher als der Atmosphärendruck, so muß bei letzterem die gesättigte Lösung zwei Siedepunkte zeigen.[3]) Dieser zweite Siedepunkt liegt nun nach W. Smits[4]) für KNO_3 bei 311°.

Der **eutektische Punkt** zwischen Eis und rhombischen Kristallen liegt bei —2,9° und bei einem Gehalte von 12,2 g KNO_3 in 100 g Wasser.[4])

Die **Löslichkeitsverminderung** von KNO_3 bei 25,2° bei Zusatz von KCl gibt nachstehende, den Versuchen Ch. Tourens[5]) entnommene Tabelle:

KCl Mole/Liter	0	0,26	0,66	1,35	2,08	2,78	3,04
KNO_3 „ „	3,217	3,086	2,853	2,510	2,218	2,015	1,946

Übereinstimmende Werte erhält man auch durch Zusatz eines anderen gleichionigen Elektrolyten, z. B. KBr. Sind KNO_3 und KCl Bodenkörper, so lösen sich nach Kinjiro Mjeda[6]) bei 25° von ersterem 22,88 von letzterem 34,62 g in 100 g H_2O, sind KNO_3 und $NaNO_3$ Bodenkörper 46,35 g KNO_3 und 100,10 g $NaNO_3$.

In Wasser–Alkoholgemischen findet H. Schiff[7]) bei 15° folgende Löslichkeiten:

% Alkohol	10	20	30	40	50	60	80
g KNO_3 in 100 g Lösungsmittel	15,2	9,3	5,9	4,5	2,9	1,7	0,4

A. Gérardin[8]) findet folgende Werte:

% Alkohol	35			65		
g KNO_3 in 100 g Lösungsmittel	5,4	9,0	36,2	1,61	3,62	6,97
Temperatur	14	25	65	12	33	57°

Nach H. E. Armstrong und J. V. Eyre[9]) lösen sich bei 25° in 1000 g Wasser 384,48 g KNO_3, ist aber gleichzeitig ein Grammolekül Äthylalkohol pro 1000 g Wasser zugegen, so lösen sich in letzteren nur mehr 327,00 g.

Bei 30° fanden F. A. H. Schreinemakers und W. de Baats,[10]) daß eine gesättigte wäßrige Lösung 31,3 Gewichtsprozente KNO_3 enthält, während eine

[1]) E. Berkeley, Trans. Roy. Soc. **203**, 207 (1904), vgl. R. Abegg, II, [1], 387.
[2]) E. Berkeley u. M. P. Appleby, Proc. Roy. Soc. Lond. A. 85, 489.
[3]) Vgl. R. Abeggs Handbuch II, [1], 258.
[4]) W. Smits, Ebenda S. 388.
[5]) Ch. Tourens, C. R. **130**, 908, 1252; **131**, 259 (1900).
[6]) Kinjiro Mjeda, Mem. Col. Sc. Eng. Kyot. **2**, 2245 (1910), zitiert nach Jahrestabellen chem.-phys. und technol. Konstanten 1; 392 (1910).
[7]) H. Schiff, Lieb. Ann. **118**, 365 (1861).
[8]) A. Gérardin, Ann. chim. phys. [4], **5**, 139 (1865).
[9]) H. E. Armstrong u. J. V. Eyre, Jahrestabellen chem.-phys. und technol. Konstanten 1, 406 (1910).
[10]) F. A. H. Schreinemakers u. W. de Baats, Z. f. phys. Chem. **65**, 553 (1909).

Lösung von 7,5% Wasser und 92,3% Äthylalkohol nur 0,15% KNO_3 enthalten kann und eine Lösung von 0,99% Wasser und 98,58% Methylalkohol nur 0,43% KNO_3.

Die Löslichkeit in Aceton–Wassergemischen beträgt nach H. A. Bathrick bei 40°:

% Aceton	0,0	8,5	16,8	25,2	34,3	44,1	53,9	64,8	76,0	87,6
g $NaNO_3$ in 100 g Lösungsmittel	64,5	51,3	38,9	32,8	24,7	17,0	11,9	7,2	3,0	0,7

Über weitere Eigenschaften der wäßrigen Lösungen von KNO_3 vgl. R. Abegg, Handbuch II, 1:

So über die Siedetemperaturen bei verschiedenen Konzentrationen nach Gerlach, Z. f. anal. Chem. **26**, 413 (1887).

Die Dichten nach P. Kremers, Pogg. Ann. **96**, 39 (1855).

Die spezifischen Zähigkeiten nach Sv. Arrhenius, Z. f. phys. Chem. **1**, 285 (1887); K. Mützel, Wied. Ann. **43**, 15 (1891); J. Wagner, Z. f. phys. Chem. **5**, 31 (1890); ferner über Viscosität Ch. E. Fawsit, Journ. Ch. Soc. Lond. **93**, 1299 (1908)

Die Diffusionskoeffizienten nach J. Thovert, C. R. **133**, 1197 (1901); **134**, 594 (1902); ferner Clack, Phil. Mag. [6], **16**, 863.

Die Dampfdruckerniedrigung beim Zusatz von KNO_3 zu Wasser nach W. Smits, Z. f. phys. Chem. **39**, 414 (1902); G. Tammann, Wied. Ann. **24**, 530 (1885); A. T. Lincoln u. D. Klein, Journ. of Phys. Ch. **11**, 318 (1907).

Die Gefrierpunktserniedrigungen nach E. H. Loomis, Wied. Ann. **57**, 502 (1896); H. C. Jones, J. Barnes u. E. G. Hyde, Am. Ch. Journ. **27**, 27 (1902); ferner A. Noyes u. K. G. Falk, Journ. Am. Ch. Soc. **32**, 1011 (1910).

Die Siedepunktserhöhungen nach W. Smits (l. c.); L. Kahlenberg, Journ. Phys. Ch. **5**, 363 (1901); W. Landsberger, Z. anorg. Chem. **17**, 452 (1898).

Die Überführungszahl der K-Ionen nach Hittorff, Z. f. phys. Chem. **39**, 612 (1901); **43**, 49 (1903).

Die spezifische Wärme von KNO_3-Lösungen nach Ch. de Marignac, Ann. chim. phys. [5], **8**, 410 (1876); J. St. Thomsen, Pogg. Ann. **142**, 337 (1871); H. Teudt, Dissert. Erlangen 1900; A. Winkelmann, Pogg. Ann. **149**, 1 (1873); Person, Ann. chim. phys. [3], **33**, 437 (1851); ferner N. Pasckki, Journ. Russ. Ph. Ch. Ges. **43**, phys. T. 166 (1911).

Das elektrische Leitvermögen und die Gefrierpunktserniedrigungen von Lösungen von KNO_3 in flüssiger Blausäure nach L. Kahlenberg u. H. Schlundt, Journ. chim. phys. **6**, 447 (1902), bzw. R. Lespieau (aus welchen Messungen sich übrigens weitgehende Dissoziation des KNO_3 in diesem Lösungsmittel ergibt).

Über Einwirkung von Kathodenstrahlen J. Štěrba, Monatsh. f. Ch. **28**, 347 (1907).

Über spontane Kristallisation: B. M. Jones, Journ. Ch. Soc. Lond. **93**, 1139 (1908).

Über ein Doppelsalz mit SbF_3 ($3KNO_3 \cdot SbF_3$) vgl. A. Rosenheim u. H. Grünbaum, Z. anorg. Chem. **61**, 187 (1909).

Über elektrische Osmose vgl. J. C. W. Frazer u. H. M. Holmes, Am. Ch. Journ. **40**, 319 (1908).

Über Absorptionsspektren von Lösungen vgl. K. Schaefer, Ztschr. f. wissensch. Photogr. **8**, 212 (1910).

Über Reduktion von KNO_3 im ultravioletten Lichte zu Nitrit vgl. H. Thiele, Ber. Dtsch. Chem. Ges. **40**, 4914 (1907).

Verwendung.

Seine Hauptverwendung findet der Salpeter wegen der Leichtigkeit, mit der er beim Erhitzen unter Bildung von Kaliumnitrit Sauerstoff abgibt, als Oxydationsmittel, besonders für explosive Gemische und bildet daher auch den Hauptbestandteil des meist aus etwa 75 Teilen KNO_3, 10 Teilen Schwefel und 15 Teilen Kohle zusammengesetzten Schwarzpulvers.[1]

---

[1] Vgl. R. Abegg, Handbuch II, [1], 391.

Obiges Verhältnis entspricht ungefähr der Gleichung:

$$2KNO_3 + S + 2C = K_2SO_4 + N_2 + 2CO.$$

Bei einer nach obiger Gleichung vor sich gehenden Reaktion würden nach W. Ostwald[1]) 686 Joule frei werden und, könnte diese Reaktionswärme vollständig in Arbeit verwandelt werden, so würde 1 g Pulver einem 1 kg schweren Geschoß eine Anfangsgeschwindigkeit von 1600 m in der Sekunde zu erteilen imstande sein.

Magnesiumnitrat.

Vorkommen.

Magnesiumnitrat, Nitromagnesit, soll in der Natur in Form von Ausblühungen neben Nitrocalcit in Kalksteinhöhlen als Hexahydrat $Mg(NO_3)_2 \cdot 6H_2O$ vorkommen, doch ist dieses natürliche Vorkommen noch nicht völlig sicher nachgewiesen.[2])

Kristallform monoklin prismatisch mit dem Achsenverhältnisse 0,5191: 1 : 0,9698.[3]) Die Kristalle haben einen Wasserdampfdruck, der bei gewöhnlicher Temperatur ungefähr der mittleren Luftfeuchtigkeit gleichkommt, denn sie zerfließen an feuchter und verwittern an trockener Luft.[4])

Eigenschaften.

Das Hexahydrat schmilzt bei 90° vollständig in seinem Kristallwasser, bei weiterem Abdunsten von letzterem entstehen schwer losliche, basische Salze, da gleichzeitig Salpetersäure abgegeben wird. Vollständig läßt sich letztere, sowie das Kristallwasser erst beim Glühen entfernen. Kühlt man eine konzentrierte Magnesiumnitratlösung ab, so scheidet sich bei $-20°$ $Mg(NO_3)_2 \cdot 9H_2O$ aus, das aber bereits bei $-17°$ wieder in das Hexahydrat übergeht. K. Funk[5]) fand die Löslichkeiten dieser beiden Hydrate, ausgedruckt in Molen Wasser pro Mol Salz, wie folgt:

Temp.	-23	$-20,5$	$-18,5°$
Lösl. des $Mg(NO_3)_2 \cdot 9H_2O$	15,02	14,50	13,43

Temp.	-18	0	18	40	80	90	77,5	67°
Lösl. d. $Mg(NO_3)_2 \cdot 6H_2O$	13,43	12,38	11,23	9,73	7,11	6,0	4,31	3,95

die beiden letzten Angaben beziehen sich auf die zweite gesättigte Lösung, welche weniger Wasser enthält als der Bodenkörper (Hexahydrat).

Die Lösungswärme für das Hexahydrat beträgt $-4,22$ Cal. in Wasser, $+0,94$ in Äthylalkohol, seine Bildungswärme aus den Elementen nach J. St. Thomsen 210,52 Cal.[6]) Die Neutralisationswärme beim Vermischen von

---

[1]) W. Ostwald, Grundlinien der anorg. Chemie (Leipzig 1900), 473.
[2]) Vgl. J. D. Dana, Syst. Min. 872 (6. Aufl. 1892).
[3]) Ch. de Marignac nach P. Groth, Chemische Kristallographie (Leipzig 1908), 120; über das künstlich dargestellte Hexahydrat vgl. Handbuch der kristallographisch-physikalischen Chemie 1, 359 (1881).
[4]) R. Abeggs Handbuch der anorganischen Chemie II, [2], 64 (1905).
[5]) K. Funk, Ber. Dtsch. Chem. Ges. 32, 96 (1899).
[6]) H. Landolts Tabellen S. 864, 4. Aufl.

1 Mol $Mg(OH)_2$ und 2 Molen HNO_3 in verdünnter Lösung wurde zu 27,6 Cal.[1]) gefunden.

Das Äquivalentleitvermögen λ fanden F. Kohlrausch und L. Holborn[2]) bei 25° wie folgt:

Normalität	$1/_{32}$	$1/_{64}$	$1/_{128}$	$1/_{256}$	$1/_{512}$	$1/_{1024}$
λ	104,6	111,0	115,7	119,0	122,9	125,6

Bezüglich der inneren Reibung der wäßrigen Lösungen vgl. J. Wagner.[3]) Die aus Leitfähigkeitsmessungen bei 0° und Gefrierpunktserniedrigungen berechneten Dissoziationsgrade stimmen nicht überein, woraus auf eine Hydratisierung geschlossen werden muß.[4]) (Henry C. Jones und J. Newton Pearce).[4])

Calciumnitrat.

Vorkommen, Bildung in der Natur und künstliche Darstellung.

Calciumnitrat, $Ca(NO_2)_2$, Nitrocalcit, kommt als Mauersalpeter, ferner in Brunnenwässern, in der Ackererde, sowie neben den übrigen Nitraten vor und entsteht in der Natur in analoger Weise wie die letzteren; es kann daher auf das früher Gesagte verwiesen werden. Man stellt $Ca(NO_3)_2$ dar durch Einwirkung von Salpetersäure auf Kalk oder Calciumcarbonat.

Kristallform und Eigenschaften.

Wasserfreies Calciumnitrat ist sehr hygroskopisch. Es bildet eine Reihe von Hydraten, ein Dy-, Tri- und Tetrahydrat, von denen letzteres am besten bekannt ist; es kristallisiert monoklin prismatisch mit dem Achsenverhältnis $a:b:c = 1,5839:1:0,6876$[5]) und dem spezifischen Gewicht 1,88 nach A. Favre und R. W. Wilson, 1,90 nach Ordway, 1,82 nach anderen Angaben.[6]) Nach J. H. R. Morgan und F. T. Owen[7]) schmilzt das Tetrahydrat bei 42,31° in seinem eigenen Kristallwasser, während H. Basset u. H. St. Taylor 42,7° angeben.[8]) Nach den gleichen Autoren liegt der kryohydratische Punkt zwischen Eis und $CaNO_3$ bei —28,7°, wobei 42,9 g in 100 g der eutektischen Mischung enthalten sind. Das in anscheinend triklinen Prismen kristallisierende Trihydrat schmilzt bei 51,1°, während das in sehr kleinen Prismen kristallisierende Dihydrat nach den erwähnten beiden Forschern nur zwischen 48,4° und 51,3° existiert und im stabilen Gebiete keinen Schmelzpunkt besitzt. Für 25° und bei einem Gehalte von 32 g $Ca(NO_3)_2$ und 37 g HNO_3 in 100 g

---

[1]) R. Abegg, Handbuch der anorganischen Chemie II, [2], 64 (1905).
[2]) F. Kohlrausch u. L. Holborn, Leitvermögen der Elektrolyte (Leipzig 1898).
[3]) J. Wagner, Z. f. phys. Chem. 5, 31 (1890).
[4]) H. C. Jones u. J. N. Pearce, Am. Chem. Journ. 38, 683 (1907).
[5]) P. Groth, Chemische Kristallographie 5, 119 (1908); vgl. ferner Handbuch d. krist.-phys. Chemie, 6. Aufl. (Leipzig 1881), 358.
[6]) R. Abegg, Handbuch der anorg. Ch. II, [2], 142.
[7]) J. L. R. Morgan u. F. T. Owen, Journ. Am. Ch. Soc. 29, 1439 (1907).
[8]) H. Basset u. H. St. Taylor, Journ. Chem. Soc. Lond. 101, 576 (1912); Chem. ZB. 1912, II, 92.

Lösung koexistieren als Bodenkörper das Tetra- und das Trihydrat mit der gesättigten sauren Lösung. Das Trihydrat ist nur zwischen 37 g und 43 g HNO_3 die stabile feste Phase. Bei 43 g HNO_3 und 28,7 g $Ca(NO_3)_2$ pro 100 g Lösung koexistieren Tri- und Dihydrat. Letzteres ist dann bis 67,5 g HNO_3 die stabile Modifikation und kann leicht isoliert werden. Dann folgt das wasserfreie Salz, während für die Existenz eines Monohydrats keine Anzeichen vorhanden sind. Für 0,1 Atmosphäre Vergleichsdruck findet W. Biltz[1] für $Ca(NO_3)_2$ $4H_2O / Ca(NO_3)_2$ $3H_2O / Ca(NO_3)_2 . 2H_2O / Ca(NO_3)_2$ die Dissoziationstemperaturen 341^0, 343^0, 346^0. Durch längeres Erhitzen auf 150^0 geht das Tetrahydrat in das wasserfreie Salz über, das nach J. W. Retgers[2] in mikroskopisch kleinen Oktaedern des regulären Systems kristallisiert und nach F. W. Clarke[3] das spezifische Gewicht von etwa 2,36 besitzt und, wie Th. Carnelley[4] fand, einen Schmelzpunkt von 561 ± 6^0. Beim Erhitzen über den Schmelzpunkt tritt Zersetzung in Sauerstoff und Untersalpetersäure ein. Das eutektische Gemisch mit KNO_3 hat einen Gehalt an letzterem von 74,64 % und schmilzt bei 251^0,[4] das eutektische Gemisch mit $NaNO_3$ schmilzt nach den Angaben von A. W. C. Meuzies und N. N. Dutt bei 261^0.[5]

A. Grün und J. Husmann[6] beschreiben ein in Alkohol und Wasser (in letzterem unter Zersetzung) schwer lösliches, in farblosen, bei 72^0 schmelzenden Kristallen kristallisierendes Tetraglycerincalciumnitrat, das bei starkem Erhitzen unter Entwickelung nitroser Dämpfe explodiert.

Die **Neutralisationswärme** beim Vermischen von einem Mol $Ca(NO_3)_2$ mit 2 Molen HNO_3 fand M. Berthelot[7] 27,8 Cal.

Die **Bildungswärme** des wasserfreien Calciumnitrats aus den Elementen fand J. St. Thomsen zu 216,77 Cal., M. Berthelot zu 202,0 Cal.,[6] die Hydratationswärme zum Tetrahydrat zu 11,2 Cal., die Lösungswärme des wasserfreien Salzes in 400 Molen Wasser zu 3,95 Cal. und dementsprechend die des Tetrahydrats zu −7,25 Cal., während M. Berthelot für die Lösungswärme des letzteren in 655—1310 Molen Wasser −7,62 Cal. angibt. Die Schmelzwärme des Tetrahydrats fand U. Pickering[8] bei $42,40^0$ zu 7,94 Cal., seine Lösungswärme in 750 Molen Äthylalkohol zu −1,835 Cal., für das wasserfreie Salz dagegen zu + 8,71 Cal.

Löslichkeit.

Nachstehende Tabelle — entnommen den Landoltschen Tabellen, 4. Aufl. 1912, 462 — gibt die Löslichkeit in Prozenten (g $CaNO_3$ in 100 g Lösung) bei verschiedenen Temperaturen an.

---

[1] W. Biltz, Z. f. phys. Chem. **67**, 561 (1909).
[2] J. W. Retgers, Z. Kryst. **21**, 257 (1889).
[3] P. Groth, Chemische Kristallographie (Leipzig 1908), 119; vgl. ferner Handbuch der krist.-phys. Chemie, 6. Aufl. 1881, 358.
[4] Th. Carnelley, Journ. chem. Soc. **33**, 273 (1878). — W. Ramsay u. N. Eumorfopoulos, Phil. Mag. **41**, 360 (1896) geben 499^0 an.
[5] A. W. C. Meuzies u. N. N. Dutt, Journ. Am. Ch. Soc. **33**, 1366 (1911).
[6] A. Grün u. J. Husmann, Ber. Dtsch. Chem. Ges. **43**, 1291 (1910).
[7] H. Landolt, 4. Aufl. 873 bzw. 862.
[8] U. Pickering, Proc. Roy. Soc. Lond. **49**, 18 (1890/91).

% CaNO₃	Bodenkörper	Temperatur	Beobachter
19,1	Eis	− 6,5 ⎫	
30,0	Eis	−12,9 ⎬	Fr. Guthrie[1]
—	Eis und Tetrahydrat	−16 ⎭	
48,2	Tetrahydrat	0,0	Mulder[2]
54,8	Tetrahydrat	18,0	F. Mylius u. K. Funk[3]
69,5	Tetrahydrat Schmelzpunkt	42,4	U. Pickering[4]
69,5	Tetrahydrat Schmelzpunkt	42,7[5]	T. W. Richards[6]
78,4	Tetrahydrat	151	Mulder[2]

Die letztere Temperatur stellt den Siedepunkt der gesättigten Lösung dar, für welchen H. Basset und H. St. Taylor (l. c.) 151° und 79 g CaNO₃ in 100 g Lösung angeben. Auch in Alkohol ist $Ca(NO_3)_2$ leicht löslich und weitgehend dissoziiert, jedoch ergeben die aus Leitfähigkeitsmessungen berechneten Dissoziationsgrade hier höhere Werte als die aus der Siedepunktserhöhung ermittelten, woraus auf eine teilweise Assoziation zu schließen ist.[7] Auch in wäßrigen Lösungen zeigt sich nach Harry C. Jones und J. Newton Pearce eine Abweichung zwischen den auf die eine oder die andere Art berechneten Dissoziationsgraden, woraus auf Hydratisierung zu schließen ist.[8]

Für das Äquivalentleitvermögen $\varLambda$ bei 18° fanden F. Kohlrausch und Grüneisen[9]):

Äquiv. im Liter	0,0001	0,0002	0,0005	0,001	0,002	0,005	0,01
$\varLambda$	111,91	111,19	109,93	108,49	106,54	103,07	99,53

Äquiv. im Liter	0,02	0,05	0,1	0,2	0,3	0,5
$\varLambda$	94,18	88,41	82,48	75,94	65,70	55,86

Nach H. C. Jones und F. H. Getmann[10] beträgt der Dissoziationsgrad α für zehntelnormale Lösungen etwa 68%.

Nach Raoult[11] absorbieren, offenbar wegen der Bildung komplexer Ammoniak–Calciumionen, Calciumnitratlösungen mehr Ammoniak als reines Wasser.

Über weitere Eigenschaften von wäßrigen Calciumnitratlösungen vgl. R. Abeggs Handbuch der anorg. Chem. II, [2] 142 (1905).

So über den Dampfdruck konzentrierter $Ca(NO_3)_2$-Lösungen nach A. Wüllner, Pogg. Ann. 110, 387 (1860). — J. Waddell, Ch. N. 72, 291 (1895).

Ihre Siedepunkte nach G. T. Gerlach, Z. f. anal. Chem. 26, 413 (1887).

---

[1] Fr. Guthrie, Phil. Mag. [5], 2, 214 (1876).
[2] Mulder, Scheik. Verh. (Rotterdam 1864), 109.
[3] F. Mylius u. K. Funk, Ber. Dtsch. Chem. Ges. 30, 1718 (1897).
[4] U. Pickering, Proc. Roy. Soc. 49, 27 (1890/91).
[5] Wie oben erwähnt, finden Morgan Owen 42,31°, H. Basset u. H. St. Taylor 2,47° für den Schmelzpunkt.
[6] T. W. Richards, Z. f. phys. Chem. 26, 698 (1898).
[7] R. Abegg, Handbuch II, [2], 142.
[8] H. C. Jones u. J. N. Pearce, Am. Ch. Journ. 38, 683 (1907).
[9] F. Kohlrausch u. L. Holborn, Leitvermögen der Elektrolyte (Leipzig 1898).
[10] H. C. Jones u. F. H. Getmann, Z. f. phys. Chem. 94, 385 (1904). — Vgl. ferner über Leitfähigkeit und Ionisation A. Noyes u. J. Johnston, Journ. Am. Ch. Soc. 31, 987 (1909) und J. Johnston, Journ. Am. Ch. Soc. 31, 1010 (1909); Chem. ZB. 1909, II, 1615. — West Jones, Am. Ch. Journ. 44, 508 (1910), Jahrestab. I, 467 (1910); über Leitfähigkeit in Methyl- und Äthylalkohol vgl. Am. Ch. Journ. 45, 282 (1911).
[11] Raoult, Ann. chim. phys. [5], 1, 270 (1874).

Ihre Gefrierpunkte nach F. Rüdorff, Pogg. Ann. **114**, 63 (1861). — H. C. Jones u. F. H. Getmann (l. c.).

Ihre Brechungsexponenten nach B. C. Damien, Wied. Ann. Beibl. **5**, 579 (1881). H. C. Jones u. F. H. Getmann (l. c.).

Ihre innere Reibung nach J. Wagner, Z. f. phys. Chem. **5**, 31 (1890).

Über die Molekulargröße von Ca(NO₃)₂ in Essigsäuremethylester vgl. J. Schröder u. H. Steiner, Chem. ZB. 1909, I, 726; Z. prakt. Chem. [2], **79**, 49 (1908).

Über elektrische Osmose: J. C. W. Frazer u. H. M. Holmes, Am. Chem. Journ. **40**, 319 (1908).

Über Absorptionsspektra von CaNO₃-Lösungen vgl. K. Schaefer, Ztschr. f. wiss. Photogr. **8**, 212 (1910).

Über Viscosität und Leitfähigkeit glycerinhaltiger Lösungen vgl. Guy Jones, Am. Ch. Journ. **46**, 131 (1911).

Über ein basisches Calciumnitrat 2CaON₂O₅ 3¹/₂H₂O, das in langen Nadeln kristallisiert und an der Luft rasch Wasser abgibt, vgl. F. K. Cameron u. W. O. Robinson, Journ. of Physical Ch. **11**, 273 (1907).

Verwendung.

Calciumnitrat wird für Düngezwecke, ferner zur Herstellung von Kaliumnitrat und Bariumnitrat verwendet.

Bariumnitrat.

Vorkommen in der Natur, Kristallgestalt und Darstellung.

Bariumnitrat, Ba(NO₃)₂, findet sich in der Natur als Barytsalpeter; einen solchen, der angeblich aus Chile stammt und Oktaeder bildet, führt P. Groth[1] an. Aus seiner gesättigten wäßrigen Lösung kristallisiert das Salz bei gewöhnlicher Temperatur wasserfrei in klaren oder mattweißen Würfeloktaedern. Zwischen 0 und 12° nach Hirzel[2] mit zwei Molen Kristallwasser. Man stellt es dar durch Einwirkung von Salpetersäure auf Bariumhydroxyd, -carbonat oder Sulfid — im letzteren Falle ist es durch Spuren von Ammoniumnitrat verunreinigt. — Auch beim Vermischen einer konzentrierten BaCl₂-Lösung mit einem Alkalinitrat oder mit Salpetersäure scheidet sich das schwerlösliche Bariumnitrat aus.[3]

Eigenschaften.

Der **Schmelzpunkt** des wasserfreien Salzes liegt nach Th. Carnelley[4] bei 593° ± 1°, nach H. le Chatelier[5] bei 592°. Nach W. Ramsay und N. Eumorfopoulos bei 575°.[6] Nach Fr. Guthrie[7] enthält das Eutektikum mit KNO₃ von letzterem 70,47 % und schmilzt bei 278,5°.

---

[1] P. Groth, Chemische Kristallographie (Leipzig 1908); vgl. ferner Handb. d. kristall.-phys. Chemie **1**, 354 (1881).

[2] Hirzel, Z. f. Pharm. 1854, 49.

[3] R. Abegg, Handbuch II, [2], 278 (1905); über eine Darstellung aus Oxalat und Phosphat mit Ca(NO₃)₂ vgl. Traine u. Hellmers, Kl. 12 m Nr. 204476 D.R.P.

[4] Th. Carnelley, Journ. Chem. Soc. **33**, 273 (1878).

[5] H. le Chatelier, Bull. Soc. chim. [2], **47**, 300 (1887).

[6] W. Ramsay u. N. Eumorfopoulos, Phil. Mag. **41**, 360 (1896); Jahresber. 1896, 329.

[7] Fr. Guthrie, Phil. Mag. [5], **17**, 462 (1884).

Das **spezifische Gewicht** beträgt nach F. W. Clarke[1]) 3,23⁰. H. Topsoe und C. Christiansen[2]) geben 2,255⁰, J. Behr[3]) 3,244⁰, Playfair und J. P. Joule[4]) 3,284⁰ an. J. W. Retgers[5]) findet $\delta \frac{23^0}{4^0} = 3{,}244$.

Beim Glühen tritt Zersetzung in Ba_3O_4, O, N, N_2O_3, NO und NO_2 ein, wobei die Zersetzungsprodukte von der Glühtemperatur, der Abkühlungsgeschwindigkeit und dem Luftzutritt abhängen.[1])

Die **Neutralisationswärme** beim Vermischen von einem Mol $BaNO_3$ mit $2HNO_3$ fand J. St. Thomsen zu 28,26, M. Berthelot zu 27,8 Cal.[6])

Die **Bildungswärme** des Bariumnitrats aus den Elementen beträgt nach J. St. Thomsen 228,4, nach M. Berthelot 227,2 Cal.[6])

Die **Lösungswärme** in 460 Molen Wasser −9,4 Cal. nach J. St. Thomsen in 725—1450 Molen Wasser bei 10—15⁰ −9,3 Cal. nach M. Berthelot.

Die **spezifische Wärme** fand H. V. Regnault[7]) zu 0,1523 cal. zwischen 13 und 98⁰ für das vorher geschmolzene Salz.

Löslichkeit.

Wie bereits bemerkt, ist Bariumnitrat in Wasser ziemlich schwer löslich. Es lösen sich nach Moulder[8]):

Temp.	0	10	20	30	40	50	60	70	80	90	100⁰
g $Ba(NO_3)_2$ in 100 g Wasser	5,2	7,0	9,2	11,6	14,2	17,1	20,3	23,6	27,0	30,6	32,2

Nach A. Étard[9]) zu 100 g Lösung:

Temp.	0,9	2,1	6	10	18	28,5	52	73	110	134	150	171	215⁰
g $Ba(NO_3)_2$	4,3	4,9	5,6	6,4	7,7	9,7	14,9	19,4	27,4	32,5	34,9	38,3	45,8

In einer gleichzeitig an $BaCl_2$ gesättigten Lösung (100 g) sind nach dem gleichen Autor enthalten:

Temp.	−7	−1	10	32	38	48	66	79	155	210⁰
g $BaCl_2$	21,4	23,0	24,7	26,6	26,7	28,1	28,0	30,3	32,5	32,5
g $Ba(NO_3)_2$	4,0	4,0	6,1	7,7	7,8	8,0	10,0	11,2	23,1	31,9

Nach C. L. Parsons und H. P. Corson[10]) lösen 100 g Wasser bei 25⁰ 10,30 g $Ba(NO_3)_2$, ist dagegen auch $Ba(OH)_2 \cdot 8 H_2O$ als Bodenkörper vorhanden, 11,48 g und 5,02 g $Ba(OH)_2$.

Das **Äquivalentleitvermögen** ($\varLambda$) von $Ba(NO_3)_2$-Lösungen beträgt nach F. Kohlrausch und Grüneisen[11]) bei 18⁰:

---

[1]) R. Abegg, Handbuch II, [2] (Leipzig 1905), 278; über eine Darstellung aus Oxalat und Phosphat mit $Ca(NO_3)_2$ vgl. Traine u. Hellmer, Kl. 12 m Nr. 204476 D.R.P.
[2]) H. Topsoe u. C. Christiansen, Pogg. Ann. Erg. **6**, 499.
[3]) J. Behr, N. JB. Min. etc. 1903, 1, 138.
[4]) P. Groth, Kristallographie, (Leipzig 1908), 104.
[5]) J. W. Retgers, Z. f. phys. Chem. **4**, 189 (1889).
[6]) H. Landolt, 4. Aufl. 873 bzw. 863.
[7]) H. V. Regnault, Pogg. Ann. **53**, 60, 243 (1841).
[8]) Vgl. R. Abegg, II, [2], 278.
[9]) A. Étard, Ann. chim. phys. [7], **2**, 528 (1894).
[10]) C. L. Parsons u. H. P. Corson, Journ. Am. Ch. Soc. **32**, 1385 (1910).
[11]) F. Kohlrausch u. Grüneisen, Sitzber. Berliner Ak. 1904, 1215.

g Äquiv. im Liter	0,0001	0,001	0,005	0,01	0,05	0,1	0,5
$\varDelta$	115,32	111,72	105,29	100,96	86,81	78,94	56,60

A. A. Noyes, A. C. Melcher, H. C. Cooper und G. W. Eastman[1] fanden:

Temperatur	18	100	156	218	281	306°
0	116,9	385	600	840	1120	1300
0,1	79,1	249	—	—	—	—
0,08 (Δ Normalität)	—	—	382	449	430	—
0,01	—	—	—	—	—	448
Ionisa- 0,01 (Normalität)	86,7	83,6	80	74	59	47
tion[2] 0,08	70,1	66,9	62	53	38	—

Die zwischen 0,1 und 2,0 normalen Lösungen aus Leitfähigkeit und Gefrierpunktserniedrigung berechneten Dissoziationsgrade stimmen nach Harry C. Jones und J. Newton Pearce überein.[3]

Über die aus der Gefrierpunktserniedrigung abgeleiteten Molzahlen vgl. A. A. Noyes u. K. G. Falk, Journ. Am. Ch. Soc. **32**, 1011 (1910).

Über Leitfähigkeit und Viscosität glycerinhaltiger Lösungen vgl. Guy Jones, Am. Chem. Journ. **46**, 131 (1911).

Über Löslichkeit von Bariumnitrat in Salpetersäure vgl. J. I. O. Masson, Journ. Chem. Soc. **99**, 1132 (1911).

Über Molekulargewichtsbestimmungen von Bariumnitrat in geschmolzenem KNO_3 vgl. H. G. Stern, Z. f. phys. Chem. **65**, 667 (1909).

Über elektrische Osmose vgl. J. C. W. Frazer u. H. M. Holmes, Am. Ch. Journ. **40**, 319 (1908).

Über weitere Eigenschaften der wäßrigen Lösungen vgl. R. Abeggs Handbuch der anorg. Chemie II, [2], 278 ff.; so über das spezifische Gewicht nach G. T. Gerlach, Z. f. anal. Chem. **8**, 286 (1869).

Über die Siedepunkte von Bariumnitratlösungen vgl. W. Smits, Z. f. phys. Chem. **39**, 18 (1902) und G. T. Gerlach, Z. f. anal. Chemie **26**, 413 (1887); über die Gefrierpunktserniedrigungen vgl. H. Hausrat, Drudes Ann. **9**, 522 (1902) und L. de Coppet, Ann. chim. phys. [7], **25**, 502 (1872).

Über die innere Reibung wäßriger Lösungen vgl. J. Wagner, Z. f. phys. Chem. **5**, 31 (1890) und über ihre Abhängigkeit von der Temperatur gleichfalls vgl. J. Wagner, Wied. Ann. **14**, 259 (1883).

Nach A. A. Noyes[1] ist die Überführungszahl des Anions in 0,02 normaler Lösung 0,5441 in 0,1 normaler 0,5450, also unabhängig von der Konzentration im Gegensatz zum Chlorbarium, so daß demnach in verdünnten Lösungen hier, wie überhaupt bei den Nitraten, keine komplexe Ionen vorhanden sind.

Bariumnitrat wird in der Feuerwerkerei, in der Sprengstofftechnik und zur Darstellung von reinem Bariumoxyd verwendet.[4]

---

[1] A. A. Noyes, A. C. Melcher, H. C. Cooper u. G. W. Eastmann, Z. f. phys. Chem. **70**, 335 (1910); Journ. de chim. phys. **6**, 505 (1910). Weitere Angaben über Leitfähigkeit: L. Kahlenberg, Journ. of Phys. Ch. **5**, 348 (1901). — J. Johnston, Journ. Am. Ch. Soc. **31**, 1010 (1908). — A. Heydweiller, Ann. d. Phys. [4], 30, 873 (1909). — Clover Jones, Am. Chem. Journ. **43**, 187 (1910) (35—80°). Jahrestabellen I, 467. — West Jones, Am. Chem. Journ. **44**, 508 (1910).

[2] Als Ionisation ist das rel. Leitfähigkeits-Viscositätsprodukt $\dfrac{\varDelta}{\varDelta_0} \cdot \dfrac{\eta}{\eta_0}$ verstanden, vgl. ferner A. A. Noyes u. K. G. Falk, Journ. Am. Chem. Soc. **34**, 454, 485 (1912).

[3] H. C. Jones u. J. N. Pearce, Am. Chem. Journ. **38**, 683 (1907).

[4] Nach R. Abeggs Handbuch II, [2] — A. A. Noyes, Z. f. phys. Chem. **36**, 75 (1901).

Gerhardtit,

basisches Kupfernitrat, $Cu(NO_3)_2 \, 3\,Cu(OH)_2$ nach A. Werner Hexolkupfersalz $\left[Cu\left(\begin{smallmatrix}OH\\OH\end{smallmatrix}Cu\right)_3\right](NO_3)_2$, kommt natürlich in den United Verde Kupfer Minen zu Jerome in Arizona vor in grünen orthorhombischen Kristallen vom spezifischen Gewichte 3,426 nach H. L. Wells und S. L. Penfield,[1]) 3,41 nach L. Bourgeois,[2]) der Härte 2 und dem Achsenverhältnis $a:b:c = 0,9218:1:1,1562.$[1]) Neben dieser rhombischen kommt noch eine monoklin prismatische Modifikation vor mit dem Achsenverhältnis $0,9190:1:1,1402$ und $\beta = 94^0\,33'.$[3]) Beide Modifikationen zeigen negative Doppelbrechung.

Gerhardtit bildet grüne Überzüge auf andern Kupfererzen und ist nach W. Lindgren und W. F. Hillebrand[4]) das Produkt der Auslaugung kupferkaltigen Porphyrs durch atmosphärische Wässer.

Nach P. Sabatier[5]) gilt die thermochemische Gleichung:

$$Cu(NO_3)_2 \, 3\,H_2O + 3\,CuO = Cu(NO_3)_2 \, 3\,Cu(OH)_2 + 12,1 \; Cal.$$

Gerhardtit ist unlöslich in Wasser, löslich in verdünnten Säuren. Nach der Angabe von Athanesco[6]) beginnt bei 160—165[0] Wasser, zu entweichen, bei 175[0] tritt unter Abgabe von Stickstoff-Sauerstoffverbindungen Zersetzung ein. Mit Soda auf Kohle läßt er sich leicht zu metallischem Kupfer reduzieren. Er färbt die Flamme grün.

Künstliche Darstellung.

Ein basisches Kupfernitrat von der Zusammensetzung des Gerhardtits läßt sich darstellen durch Einwirkung von Silber-[7]) oder Kaliumnitrat[8]) auf Kupferoxyd, bzw. -hydroxyd, auch durch Einleiten von N_2O_5 in eine Aufschlemmung von letzterem,[9]) ferner durch Einwirkung von Alkalien,[10]) Ammoniak,[11]) oder von Acetaten,[12]) oder von Kupferhydroxyd[13]) oder -carbonat auf Kupfernitratlösungen, auch durch Erhitzen der letzteren unter Druck im Rohre.[14]) Bezüglich weiterer Darstellungsmethoden muß auf Gmelin-Friedheims Handbuch V, [1], 799 verwiesen werden.

[1]) H. L. Wells u. S. L. Penfield, Am. Journ. [3], 30, 50 (1885).
[2]) L. Bourgeois, Bull. Soc. min. 13, 66 (1890).
[3]) P. Groth, Chemische Kristallographie (Leipzig 1908), 27.
[4]) W. Lindgren u. W. F. Hillebrand, Am. Journ. [4] 18, 448 (1904), zitiert nach Gmelin-Friedheims Handbuch der anorg. Ch. V, [1], 798.
[5]) P. Sabatier, C. R. 125, 302 (1897), zitiert nach R. Abeggs Handbuch der anorg. Ch. II, [1], 631 (1908).
[6]) Gmelin-Friedheims Handbuch V, [1], 799; Bull. Soc. chim. [3], 11, 1113 (1894).
[7]) F. P. Dewey, J. anal. Ch. 3, 33 (1889).
[8]) W. Spring u. M. Lucion, Z. anorg. Chem. 2, 314 (1892).
[9]) A. Vogel u. C. G. Reischauer, N. JB. f. Pharm. 11, 328 (1859).
[10]) F. Field, Phil. Mag. [4], 24, 123 (1862). — F. Reindel, Journ. prakt. Chem. 100, 1 (1867).
[11]) Gerhardt u. Kühn, Arch. Pharm. [2] 50, 283 (1847). — J. M. van Bemmelen, s. a. Gesammelte Abhandlungen „Die Absorption" (Dresden 1910).
[12]) W. Casselmann, Z. f. anal. Chem. 4, 38 (1865).
[13]) J. H. Gladstone, Mem. Chem. Soc. 3, 480 (1847/48).
[14]) L. Grünhut, Chem. Ztg. 18, 447 (1894).
[1])—[8]) zitiert nach Gmelin-Friedheim V, [1], 799.

Analysen.

	natürlich %		künstlich % durch eintägiges Erhitzen von $Cu(NO_3)_2$ Lösung m. Kupferspänen bei 150° im Rohre gewonnen				berechnet für $Cu_4O_{12}N_2H_8$
CuO . .	66,26	66,38	66,29	66,22	66,1	66,0	66,27
N_2O_5 . .	—	22,76	—	22,10	22,1	22,2	22,49
H_2O . .	11,49	11,26	11,23	11,57	—	—	11,24
Summe:	100,40		99,89				

Analytiker: H. L. Wells u. S. L. Penfield[1])   L. Bourgeois[2])

Phosphate.

Einteilung der Phosphate.

Von C. Doelter (Wien).

Entsprechend der hier getroffenen Einteilung wird nach den Metallen angeordnet und dort, wo mehrere Metalle vorhanden sind, nach dem wichtigsten, bzw. vorherrschenden.

Wir teilen aber ferner noch ein nach dem Wassergehalte, so daß wir in jeder Gruppe zuerst die wasserfreien, dann die wasserhaltigen Phosphate betrachten, welche ebenfalls nach Metallen mit aufsteigendem Atomgewicht angeordnet werden, in analoger Weise, wie dies bei den Carbonaten durchgeführt wurde.

In jeder Gruppe kommen zuerst die wasserfreien Phosphate, wobei eine weitere Trennung nach dem Gehalte an Fluor nicht durchgeführt wurde. Zuerst kommen Alkaliphosphate, dann jene, welche Beryllium, Calcium und Magnesium oder zwei Metalle enthalten. Hieran reihen sich die Mn- und Fe-haltigen. Finige mangan- und eisenhaltige enthalten Lithium oder Natrium aber letztere Elemente in untergeordneter Menge, daher sie mit den mangan- bzw. eisenhaltigen Phosphaten zusammen betrachtet wurden.

Weiter folgen die Phosphate der dreiwertigen Elemente, wobei namentlich die Phosphate des Ceriums und des Yttriums die Hauptrolle spielen (Monazit und Xenotim).

Analysenmethoden der Phosphate.

Von P. Jannasch (Heidelberg).

Für die quantitative Analyse des Apatits stehen dem Mineralchemiker die folgenden Sonder- und Allgemeinverfahren zur Verfügung, von denen er je nach dem ihm vorliegenden Zweck die richtige Auswahl zu treffen hat. Die einfachste Art, ein chemisch reines Calciumphosphat zu analysieren, ist wohl Auflösung von 0,5—0,75 g in Salzsäure bzw. Salpetersäure, Verdampfung des Hauptsäureüberschusses, genaue Neutralisation oder auch schwache Alkalischmachung mit Ammoniak, Wiederansäuerung oder Lösung eines entstandenen Niederschlags von Calciumphosphat in einer nicht zu geringen Menge von verdünnter Essigsäure (1 : 2), Erhitzung dieser wenigstens

¹) H. L. Wells u. S. L. Penfield, l. c.
²) L. Bourgeois, l. c.

200 ccm betragenden Lösung bis zum Kochen und schließliche Fällung durch eine ebenfalls kochende Lösung von Ammonoxalat in reichlichem Überschuß. Man entnehme hierzu niemals das Reagens, wie späterhin Magnesiumchlorid, Ammonnitrat, Ammonmolybdat, reines Natron, Binatriumphosphat usw. den Standflaschen, sondern benutze die reinen Trockenpräparate, am besten in annähernd abgewogener Menge, weil sonst grobe Verunreinigungen mit in die Analyse hineingeraten können. Das erhaltene und auf einem Filter gesammelte Calciumoxalat wird zunächst nur 4—5 mal mit ammonoxalathaltigem heißen Wasser gewaschen, wieder in heißer Salzsäure (Spritzflasche) gelöst und nochmals in essigsaurer Lösung gefällt, um es von stets mitgerissenem Phosphat zu befreien, worauf dann in den eingedampften Filtraten die Fällung der Phosphorsäure mit Magnesiumchlorid erfolgt. Man hüte sich bei dieser Fällung vor der Gegenwart zu großer Mengen von Ammonsalzen, da sie darin nicht unmerklich löslich ist.

I. Die Schwefelsäuremethode.

Hierzu löst man 0,5—0,75 g feines Pulver in Salzsäure, dampft zur Trockne, wenn beigemengte Gangart zu entfernen ist, und läßt die ordentlich salzsaure Lösung in ein Gemisch gleicher Volumenteile Wasser und Alkohol, das eine zur Gipsbildung überschüssige Menge von Schwefelsäure enthält, langsam hinzutröpfeln, fügt nun ein zweites Alkoholvolumen hinzu, filtriert erst nach häufigem Umrühren und längerem Stehenlassen ab und wäscht mit ungefähr gleichprozentigem Alkohol kalt aus. Das Calciumsulfat rasch niederzuschlagen, ist unvorteilhaft, da der Niederschlag alsdann Calciumphosphat einschließt. Nach dem Trocknen kann man Niederschlag und Filter langsam zusammen veraschen. Das Filtrat wird nach Verjagung des Alkohols mehrmals mit starker Salpetersäure zur Zerstörung entstandener organischer Substanz möglichst eingeengt, etwas Schwefelsäure abgeraucht, mit Wasser unter Salzsäurezusatz verdünnt, durch überschüssiges Ammoniak gefällt, der geringe Niederschlag von Eisen-Aluminium-Phosphat im Platintiegel mit einem Mikrobrenner verascht und nach einmaliger Ammoncarbonatbehandlung gewogen. Die durch wiederholtes Eindampfen mit Königswasser, am Ende nur mit Salpetersäure erzielte Eisen-Aluminium-Phosphatlösung fällt man mit Molybdänlösung, um ihren Phosphorgehalt zu ermitteln. Sollen Eisen und Aluminium gleichzeitig getrennt werden, so muß dies nunmehr nach der in III. ausführlich beschriebenen Methode geschehen. Nach der Entfernung der Sesquioxyde und entsprechender Konzentrierung ihres Filtrats kann jetzt die Phosphorsäure durch einen geringen Überschuß von Magnesiumchlorid gefällt werden. Da aber das so abgeschiedene phosphorsaure Ammon-Magnesium basisches Sulfat einschließt, muß man es wieder in Salzsäure lösen und nochmals mit Ammoniak fällen unter Zusatz etlicher Tropfen einer verdünnten Magnesiumchloridlösung. Die gesammelte und mit 5 % igem Ammoniak ausgewaschene Fällung wird bei 90° getrocknet, Filter sowie Niederschlag getrennt verascht.

II. Die Acetmethode.

Der Erstausfällung des Kalks in essigsaurer Lösung als Calciumoxalat und der ihr folgenden Fällung der Phosphorsäure im Filtrat, welche für ein reines Calciumphosphat gleich eingangs im Prinzip zur Besprechung kam, wird bei dem Apatit zuvörderst eine Entfernung der Gangart durch Salpetersäure, sowie die Fällung der Sesquioxyde durch Ammoniak usw. vorausgehen, bis schließlich die Phosphorsäure durch Magnesiumchlorid zur Abscheidung gelangt.

Aber weder das Gipsverfahren, noch die Acettrennung gestattet eine gleichzeitige Bestimmung der wohl regelmäßig den Apatit begleitenden Magnesia, sowie der Alkalien. Hierzu kann man

III. Die Molybdänmethode

benutzen. 0,5—0,75 g Apatitpulver werden in einer Platinschale durch Salpetersäure gelöst und auf dem Wasserbade zur Vertreibung des Fluors eingetrocknet. Sollten sich hierbei durch gleichzeitig vorhandenes Chlor Spuren von Platin lösen, so schadet dies deshalb nichts, weil es später mit Schwefelmolybdän zusammen ausfällt. Die eingetrocknete Salzmasse nimmt man mit Wasser und Salpetersäure wieder auf, filtriert eventuell und fällt die Phosphorsäure mit Molybdänlösung,[1] wovon für 0,5 g Material wenigstens 250 und für 0,75 g 350 ccm zu nehmen sind. Dieser große Überschuß muß vorhanden sein, weil nur darin das gebildete Phosphorsäure-Ammonmolybdat völlig unlöslich ist. Auch vergesse man nicht einen Extrazusatz von einigen Gramm Ammonnitrat, dessen Überschuß ebenfalls zu den Bedingungen einer quantitativen Ausscheidung der Phosphorsäure gehört.[2] Nach mehrstündiger Erhitzung des Niederschlags auf dem Wasserbad bis zur vollständigen Entfärbung der Lösung wird abfiltriert, mit 10 °/₀ igem warmem Ammonnitrat nachgespült und ausgewaschen und am Ende die Bestimmung der Phosphorsäure als Magnesiumpyrophosphat in bekannter Weise bewirkt.[3] Man achte auf die reine weiße Farbe des gewogenen Magnesiumpyrophosphats. Zeigt es einen grünlichen oder grauen Farbenton, so enthält es Molybdänsäure und muß alsdann einer nochmaligen Lösung (in Salzsäure) und Fällung unterworfen werden. Das Filtrat der Molybdänfällung wird jetzt bis auf 50 ccm eingeengt, mit dem gleichen Volumen Wasser verdünnt und die abgeschiedene Molybdänsäure filtriert, wobei man sich zur Ablösung und Zerkleinerung der entstandenen Krusten eines dicken Glasstabs bedient und die Reste mit Ammonnitratlösung auf das Filter bringt und damit auswäscht. Die so isolierte Hauptmenge von Molybdänsäure löst sich völlig klar in heißem Ammoniak auf und liefert mit Ammonoxalat keinerlei Trübung. Das noch die Reste der Molybdänsäure enthaltende Filtrat wird eingedampft, bis sich eine breiige Salzmasse bildet, zu welcher man nun 15—20 ccm reine konzentrierte Salpetersäure (65 °/₀) und 10 ccm konzentrierte Salzsäure fügt, worauf man zur Verjagung der Ammonsalze eintrocknet.[4] Einen geringen Rest derselben, mit kochendem Wasser zusammengespritzt, entfernt man endgültig durch eine zweite Eindampfung mit 10—15 ccm konzentrierter Salpetersäure. Diesen Rückstand durchtränkt man noch einmal mit der Salpetersäure, trocknet scharf, fügt 2—3 ccm konzentrierte

---

[1] 150 g reines, kali- und natronfreies Ammonmolybdat im Liter gelöst und in das gleiche Volumen Salpetersäure 1 : 1 gegossen. Man hebt die Mo-Lösung für sich getrennt auf.

[2] P. Jannasch u. J. Locke entfernten früher, Z. anorg. Chem. 7, 154 (1894), zunächst die Hauptmenge der Phosphorsäure durch Quecksilberoxyd, was aber ihre späteren Versuche als überflüssig erwiesen.

[3] P. Jannasch, Leitfaden der Gewichtsanalyse. II. Aufl. (Leipzig 1904), 365.

[4] Methode von E. Ebler u. P. Jannasch, Ber. Dtsch. Chem. Ges. 45, 606 (1912).

Salzsäure und etwas Wasser hinzu, filtriert von noch vorhandener Molybdänsäure[1]) und fällt deren letzte geringen Reste in der stark verdünnten Lösung
mit Schwefelwasserstoff. Derselbe ist in die heiße Flüssigkeit einzuleiten und
zwar so lange, bis sich das gefällte Schwefelmolybdän, MoS_3,[2]) gut absetzt,
worauf man filtriert, auswäscht und in das Filtrat noch einmal einleitet, sehr
wirksam unter Anwendung von schwachem Druck bei Benutzung einer nicht
zu dickwandigen sogen. Saugflasche, deren Ansatzrohr man bei ganz langsamer Blasenentwicklung verschließt. Zufällig in der filtrierten Flüssigkeit
noch vorkommende Molybdänspuren schaden im Trennungsgange nicht mehr,
da sie überall in Lösung und am Schluß bei der Magnesia (s. w. u.) bleiben.
Hat man in den Filtraten vom Schwefelmolybdän das Schwefelwasserstoffgas
verjagt, die Lösung gehörig konzentriert und das Eisen mit etwas Salpetersäure
wieder oxydiert, so fällt man die Sesquioxyde[3]) heiß mit einem kleinen Überschuß von Ammoniak, sammelt den Niederschlag, wäscht ihn 5—6 mal aus,
löst ihn nochmals heiß auf den Filter (Spritzflasche mit Salzsäure 1 : 2) und
fällt von neuem usw. Solche geringen Mengen von Eisen und Tonerde trennt
man zweckmäßig, indem man ihre eben saure Lösung in eine warme Lösung
von 3—5 g Natron tröpfelt, digeriert, verdünnt und abfiltriert, nötigenfalls
die Operation wiederholt, um ein wirklich tonerdefreies Eisenoxyd zu bekommen. Für größere Mengen Eisen neben Aluminium genügt das Laugenver-
fahren nicht, sondern einzig die Natronschmelze im Silbertiegel.[4]) Nach der
Entfernung der Sesquioxyde wird der Kalk hier am sichersten in reichlich
ammoniakalischer Lösung durch Ammonoxalat (1,5—2 g) gefällt. Die
Fällung ist im Interesse der Alkalibestimmung zu wiederholen mit erneutem
Zusatz von Ammonoxalat (wenigstens 0,5 g) und muß bis zur vollständigen
Klärung auf dem Wasserbad verbleiben, weil sie sonst anfänglich trübe
durchläuft. Den gewogenen Kalk löst man in verdünnter Essigsäure, die etwa
beigemengtes Mangan nicht aufnimmt. Gleichzeitig überzeugt man sich auch
von dessen Freisein von Molybdänsäure. Das so erhaltene Calciumacetat führt
man in das Nitrat über, extrahiert dasselbe mit Ätheralkohol[5]) und fällt die
Lösung des darin unlöslichen Anteils mit Schwefelsäure und Alkohol. Im
Apatit vom Katzenbuckel ist P. Jannasch neuerdings der Nachweis von dessen
Strontiumgehalt dadurch gelungen. Die Calciumfiltrate werden nunmehr stark
eingedampft, die Ammonsalze mit konzentrierter Salpetersäure verflüchtigt, die
Rückstände in einer nicht zu kleinen dickwandigen Platinschale oder Berliner
Porzellanschale mit Quecksilberoxyd ausgeglüht, danach mit warmem Wasser
extrahiert und gewogen. Waren überhaupt noch Spuren von Molybdänsäure zugegen, so sind sie endgültig hier verblieben, weshalb man die Magnesia wieder
in Salzsäure löst, abfiltriert und sie nochmals als Ammon-Magnesiumphosphat
fällt. Die schließliche Bestimmung der Alkalien erfolgt in der üblichen Weise.[6])

---

[1]) Ihre ammoniakalische Lösung darf nicht mit Ammonoxalat reagieren.
[2]) Man beachte, daß dieser Niederschlag Barium- und Strontiumsulfat einschließen
kann, was man bei seiner Auflösung in reinem gelben Ammonsulfid erkennt. Über
die Bildung von löslichem Sulfat s. w. u. bei der Schwefelwasserstoffmethode.
[3]) Außer Tonerde und Eisenoxyd sind hier auch seltene Metalle, wie Yttrium,
Cer usw. beobachtet worden: A. Cossa, Z. Kryst. **3**, 447 (1879).
[4]) P. Jannasch, Leitfaden 311.
[5]) A. a. O. 289. Meist handelt es sich hier nur um Strontium. Bei gleichzeitiger
Gegenwart von Barium siehe a. a. O. die Ammonchromattrennung S. 287 bzw. die Überführung in die Chloride.
[6]) P. Jannasch, Leitfaden S. 323.

Wurde Kali gefunden, so extrahiere man auch das später gewogene Natriumchlorid mit Ätheralkohol, um es auf wägbare Mengen von Lithium zu prüfen, welches ebenfalls regelmäßig zu erwarten ist. Zur Zersetzung des Natriumplatinchlorids[1]) benutzt man am einfachsten reines konzentriertes Hydrazinhydrat, das man nach Verdampfung des Alkohols in geringem Überschuß zufügt, und welches das Platin unmittelbar quantitativ herausfällt.

IV. Die Verflüchtigung der Phosphorsäure im Tetrachlorkohlenstoffstrom.

Die großen Umständlichkeiten im Zusammenhang mit den mancherlei Fehlern und Ungenauigkeiten, welche die Gegenwart der Phosphorsäure in den allgemeinen Gang einer Gesamtanalyse hineinbringt, waren die Veranlassung, die von P. Jannasch und seinen Schülern in die quantitative Analyse eingeführte Verflüchtigung der Phosphorsäure in einem Tetrachlorkohlenstoffstrom[2]) auch auf die Mineralanalyse anzuwenden. Dieselbe hat bereits für den Apatit, Vivianit, Triphylin und den Pyromorphit glückliche Ergebnisse geliefert. Hinsichtlich der methodischen Einzelheiten, sowie der hierzu notwendigen Apparatur muß hier auf die demnächst von P. Jannasch im Journ. prakt. Chem. erscheinenden Abhandlungen über die quantitative Verflüchtigung der Phosphorsäure, Vanadinsäure, Wolframsäure usw. in einem Tetrachlorkohlenstoffstrom verwiesen werden. Insbesondere für den Apatit jedoch möge hier kurz der analytische Gang der neuen Methode bei den grünlich gefärbten, gut ausgebildeten Kristallen von Renfrew County (Ontario) erwähnt sein. Hiervon wurden 0,4024 g mit 1,25 g Quarzpulver gemischt, im Quarzschiffchen und Quarz-Einschliffrohr[3]) der intermittierenden Einwirkung des Kohlensäure-Tetrachlorkohlenstoffstroms zwei Stunden lang bei dunkler und weitere zwei Stunden bei heller Rotglut ausgesetzt. Nach Beendigung der Reaktion führt man noch die im Rohr verbliebenen geringen Mengen von Eisenchlorid mittels der Fächelflamme vollständig in das Destillat über. Den Inhalt der Vorlagen dampft man zur Trockne, nimmt mit Salzsäure wieder auf, filtriert, fügt zur Lösung 1 g Zitronensäure und fällt nunmehr die Phosphorsäure durch Magnesiumchlorid und später das Eisen durch Ammonsulfid. Der pulverförmige Rückstand im Quarzschiffchen wurde herausgelöst, in einer Schale auf dem Wasserbad mit verdünnter Salzsäure digeriert und filtriert. Diese Lösung gab mit Ammoniak und Perhydrol keinen Niederschlag. Die Bestimmung ihres Kalkgehalts geschah durch Ausfällung mit 2 g Ammonoxalat, die Verjagung der Ammonsalze im Filtrat durch zweimaliges Eindampfen mit 20 und 15 ccm konzentrierter Salpetersäure, die Isolierung der Magnesia durch

---

[1]) Das Kaliumplatinchlorid darf nur mit 80%igem Alkohol und nicht mit absolutem bzw. Ätheralkohol von dem Natriumplatinchlorid getrennt werden, da letztere dieses unter Abscheidung von Natriumchlorid teilweise zersetzen: J. Morozewicz im Extrait du Bulletin des Sciences de Cracovie. Novembre 1906 pag. 796 (deutsche Übersetzung).
[2]) Ber. Dtsch. Chem. Ges. **39**, 2625; **40**, 3605 (1907); **42**, 3135 (1910); Journ. prakt. Chem. **78**, 21 (1908); **80**, 113, 127, 134 (1909); ferner die Inauguraldissertationen von R. Leiste und Henry F. Harwood (Heidelberg 1910).
[3]) Quarzröhren für analytische Zwecke sind zuerst von Dennstedt eingeführt worden. 1909 hat P. Jannasch erstmals das Quarzrohr mit Einschliffansätzen für seine Phosphorsäuredestillationen benutzt und neuerdings M. Dittrich zu einer verbesserten Wasserbestimmung in Silicaten nach der L. Sipöczschen Methode.

Quecksilberoxyd und die Trennung der Alkalien vermittelst Platinchlorids. Die sonstigen Bestimmungen erfolgten nach den weiter unten angegebenen Methoden. Eine zweite Analyse war mit 0,4902 g Substanz ausgeführt. Beide Analysen ergaben die folgenden Werte:

	1.	2.
P_2O_5	39,68	39,74
CaO	54,67	54,74
MgO	1,34	1,22
Fe_2O_3	0,49	0,48
K_2O	0,50	0,47
Na_2O	0,92	0,90
H_2O	0,12	0,10
F	3,75	3,68
	101,47	101,33
Abzug von O für F	1,57	1,54
	99,90	99,78

Außerdem wurde der Triphylin aus Zwiesel (Rabenstein) nach der neuen Methode analysiert. Hier befand sich ein Teil des Eisens mit Spuren von Mangan neben der Phosphorsäure im Destillat, während alle übrigen Bestandteile wesentlich im nichtflüchtigen Schiffchenrückstand blieben, in unbedeutender Menge im Rohr. Eisen und Mangan trennten P. Jannasch und R. Leiste nach der sehr genauen Hydroxylaminmethode,[1]) Kalk, Magnesia und die Alkalien wie oben. Wasser und Eisenoxydul mußten natürlich in besonderen Anteilen des Minerals ermittelt werden. Das Resultat dieser Analyse von 0,3750 g im Gemenge mit 1,8 g Quarzpulver war das folgende:

Destillat	Rückstand	Sa.	berechnet auf	%
P_2O_5 = 0,1594	—	0,1594	P_2O_5 = 0,1594	42,51
Fe_2O_3 = 0,1362	0,0026	0,1388	FeO = 0,1126	30,03
			Fe_2O_3 = 0,0136	3,64
Mn_3O_4 = 0,0022	0,0370	0,0392	MnO = 0,0366	9,72
CaO	0,0018	0,0018	CaO = 0,0018	0,51
MgO	0,0056	0,0056	MgO = 0,0056	1,49
LiCl	0,0930	0,0930	Li_2O = 0,0329	8,77
K_2PtCl_6	0,0103	0,0103	K_2O = 0,0020	0,53
NaCl	0,0124	0,0124	Na_2O = 0,0066	1,76
H_2O	—	—	H_2O —	0,96
				99,92 %

Hieran schloß sich die Analyse des Vivianits von New Jersey (Amerika), eines radial stengligen Aggregats von bläulicher Farbe, wovon 0,5718 g im Gemisch mit 2 g Quarzpulver zur Destillation kamen. Hier kann man durch Vorlegen von Quarzwolle[2]) das Eisenchlorid vollständig im Quarzrohr zurückhalten. Die Methode lieferte 28,77 % P_2O_5; 12,90 % Fe_2O_3; 31,04 % FeO und 27,19 % H_2O; in Summa 99,90 %.

---

[1]) P. Jannasch, Leitfaden 149.
[2]) Journ. prakt. Chem. **78**, 31 (1908).

4. Arsenhaltiger Pyromorphit, im Tetrachlorkohlenstoffstrom destilliert, lieferte:

PbO	65,30
$PbCl_2$ . . .	12,54
P_2O_5 . . .	13,38
As_2O . . .	1,20
Fe_2O_3 . . .	3,60
CaO	0,37
MgO . . .	0,28
SiO_2	2,82
H_2O	0,56
	100,05

Ein zweiter Destillationsversuch, in welchem nur die Bestimmung der P_2O_5 und As_2O_3 im Destillat zur Ausführung gelangte, ergab für 0,7010 g Substanz

$$0,1468 \text{ g } Mg_2P_2O_7$$
$$0,0935 \text{ g } P_2O_5 = \mathbf{13.35^0/_0} \ P_2O_5.$$

Speziell der Arsengehalt wurde nach der neuen von P. Jannasch und T. Seidel geschaffenen direkten Destillationsmethode[1]) bestimmt.

5. Resultate der Tetrachlorkohlenstoffmethode von zwei Phosphorsäurebestimmungen in einer Tierasche, wobei erstens 0,2424 g + 1,5 g Quarz = $24,49^0/_0$ und zweitens 0,3616 g + 2 g Quarz = $24,56^0/_0$ P_2O_5 im Destillat, frei von Eisen und Aluminium, lieferten.

Die hier mitgeteilten fünf mineralanalytischen Beispiele bieten als unbestreitbare Vorzüge der Tetrachlorkohlenstoffmethode auf der einen Seite eine genaue Phosphorsäurebestimmung und anderseits die fehlerfreie und einfache Durchführung der Gesamtanalyse. Die bislang übliche Arbeitsweise besitzt zur Entfernung der Phosphorsäure bloß Ausfällungen (als Ferro-, Uran-, Zinn-, Mercuro-, Silber-, Bleiphosphat usw.), was nur, infolge von Mitreißungen, auf Kosten der außerdem noch zu bestimmenden Verbindungen geschehen kann. Ebensowenig liefert die Abscheidung durch Barytwasser jemals glatte und konstante Werte für die Alkalien und die Magnesia. Selbst die aus Manganapatiten in einer ungewöhnlich stark sauren Lösung abgeschiedene Ammon-Phosphormolybdänsäure ist manganhaltig.[2])

Die Wasserbestimmung im Apatit, welche nur bei teilweise zersetztem Material notwendig ist, kann durch einfaches schwaches Glühen im Platintiegel mit dem Mikrobrenner geschehen. Will man das Wasser der Sicherheit wegen wägen, so wird man sich am einfachsten des mit Bleioxydvorlage versehenen Kugelrohrs[3]) bedienen.

Zur Chlorbestimmung im Apatit zersetzt man denselben mit silbernitrathaltiger Salpetersäure, filtriert danach ab und trennt schließlich das gebildete Chlorsilber von der Gangart durch Ammoniak usf. Die Fluorbestimmung führt man am sichersten durch Erhitzung des feinen Apatitpulvers mit

---

[1]) P. Jannasch u. T. Seidel, Ber. Dtsch. Chem. Ges. **43**, 1218 (1910).
[2]) Zeitschr. f. d. gesamten Naturwissenschaften, redig. von Giebel **10**, 341 (1874).
[3]) P. Jannasch, Leitfaden S. 20. — Dieses Rohr habe ich mir jetzt aus Quarzglas herstellen lassen.

konzentrierter Schwefelsäure oder Phosphorsäure im Platinkölbchen und Auf-
fangen des entweichenden Fluorwasserstoffs in Natronlauge aus usw.[1])

Kohlensäure in Phosphaten bestimmt man entweder nach der sehr einfachen und versuchsfehlerfreien Methode von P. Jannasch,[2]) indem man sie
im Kölbchen mit konzentrierter Schwefelsäure löst, bei gleichzeitiger Anwesenheit von Halogenen aber in dem von M. Dittrich in diesem Werke Bd. 1,
S. 105 angegebenen Apparate.

Die Schwefelsäure ist in reichlich salzsaurer Lösung durch Bariumchlorid zu bestimmen. Das Mitreißen von Eisen kann zweckmäßig durch
einen Zusatz von Hydrazinchlorid verhindert werden. Aber auch Tonerde
und Chromoxyd mengen sich dem Bariumsulfat als Doppelsulfate[3]) bei. In
solchen Fällen muß man mit Soda aufschließen, lösen, abfiltrieren, Reste von
Tonerde und Kieselsäure mit Ammoncarbonat entfernen, nun erst mit Salzsäure ansäuern und fällen.

Die Borsäure kann nach einer der üblichen Methoden bestimmt werden.[4])
Auch ist jetzt von P. Jannasch und F. Noll eine neue, demnächst im Journ.
prakt. Chem. zur Veröffentlichung gelangende Methode ausgearbeitet worden,
welche darin besteht, daß man das fein gepulverte Mineral mit Natriumphosphat und etwas Metaphosphorsäure im Platintiegel aufschließt, die Schmelze
mit Methylalkohol in phosphorsaurer Lösung destilliert, mit $^n/_5$-Natronlösung
neutralisiert (Indikator Methylorange), eintrocknet, glüht, wieder löst, mit $^n/_5$-
Salzsäure neutralisiert und nun die Borsäure mit Natriummethylat bei Gegenwart von Glycerin unter Benutzung von Phenolphtalein als Indikator titriert.
Diese Methode gab für Borax und andre Borate bekannten Gehalts absolut
genaue Resultate und insbesondre bei einer Reihe von Turmalinen durchschnittlich 1 % mehr, also den von E. A. Wülfing dafür angenommenen
Normalwert, als nach den alten Methoden.

In seltnen Fällen wird die Phosphorsäure von kleinen Mengen Arsensäure,
Vanadinsäure oder beiden begleitet. Erstere bestimmt man entweder durch
Schwefelwasserstoffällung oder nach der direkten Destillationsmethode von
P. Jannasch und T. Seidel (a. a. O.). Die Vanadinsäure weist man in der
salpetersauren Lösung durch Perhydrol (Rotfärbung), einer sehr empfindlichen
Reaktion, nach. Die Vanadinsäure kann ebenfalls leicht im Tetrakohlenstoff-
strom verflüchtigt und im Destillat durch bloßes Eintrocknen gewichts-
analytisch und durch Kaliumpermanganat titrimetrisch bestimmt werden.[5]) Im
Vanadinit wurde sie von P. Jannasch auf dem Wege der Lösungsmethode
ermittelt.[6])

Zum Schluß erübrigt noch die analytische Besprechung der folgenden,
noch zu wichtigern Vorkommnissen gehörenden Phosphate, während die vielen
Seltenheiten der neuern Zeit nicht weiter berücksichtigt werden können. Es sind:

---

[1]) P. Jannasch, Leitfaden S. 378, 410; J. Loczka, Z. f. anal. Chem. (Fresenius)
49, 329 (1910). — Über die Trennung von Cl, Br und J nach der Perhydrolmethode
siehe Ber. Dtsch. Chem. Ges. **39**, 196, 3655 (1906). — Journ. prakt Chem. **78**, 28 (1908).
[2]) P. Jannasch, Verhandlungen des Naturhistor. Mediz. V. in Heidelberg **9**, 79
(1907) und Chem. ZB. 1908, I, 410.
[3]) P. Jannasch u. T. W. Richards, Journ. prakt. Chem. **30**, 321 (1889).
[4]) P. Jannasch, Leitfaden S. 372.
[5]) P. Jannasch u. Henry F. Harwood, Journ. prakt. Chem. **80**, 127 (1909) und
Inauguraldissertation von Henry F. Harwood. (Heidelberg 1910).
[6]) V. Goldschmidt u. P. Jannasch, Z. Kryst. **32**, 561 (1900).

1. Der Struvit, $PO_4Mg(NH_4) \cdot 6H_2O$;
2. Der Wagnerit, $PO_4Mg(MgF)$; löslich in erwärmter Salpetersäure und Schwefelsäure.
3. Der Delvauxit, $(PO_4)_2Fe_4(OH_6) \cdot 17H_2O$; auch kalkhaltig; löslich in Salzsäure.
4. Der Vivianit, $(PO_4)_2Fe_3 \cdot 8H_2O$; in Salzsäure und Salpetersäure leicht löslich.
5. Der Lazulith, $(PO_4)_2(Al \cdot OH)_2(Mg, Fe, Ca)$; nach dem Glühen von Säuren fast gänzlich gelöst.
6. Der Wavellit, $(PO_4)_2(Al \cdot OH)_3 \cdot 5H_2O$; löslich in Säuren und Kalilauge.
7. Der Triphylin, $PO_4(Fe, Mn)Li$; leicht löslich in Salzsäure.
8. Der Amblygonit, $PO_4[Al(F, OH)]Li$; das feine Pulver ist in Salzsäure schwierig, in Schwefelsäure leichter löslich.
9. Der Türkis (Kalaït), $PO_4Al_2(OH)_3 \cdot H_2O$; etwas Kupfer und Eisenoxyd-phosphat dabei; löslich in Säuren.
10. Der Kalkuranit (Autunit), $(PO_4)_2(UO_2)_2Ca \cdot 8H_2O$; in Salpetersäure löslich; auch wird er von Ammoncarbonat zersetzt.
11. Der Pyromorphit, $(PO_4)_3ClPb_5$; löslich in Salpetersäure.
12. Der Tagilit, $PO_4Cu(Cu \cdot OH) \cdot H_2O$; leicht löslich in Salpetersäure.
13. Der Xenotim (Ytterspat), PO_4Y; in kochenden Säuren unlöslich; auf Zusatz von Wasser entsteht eine klare Lösung.

Spezielle Angaben in gedrängter Kürze über den Gang der quantitativen Analyse, für jedes der obigen Phosphate, verbieten die in dem schwierigen Arbeitsfeld zurzeit immer noch bestehenden Unsicherheiten und unzureichenden Erfahrungen. Solange die Phosphorsäure von ihren Basen durch Fällung geschieden werden muß, solange wird man schwerlich die an allen Ecken und Enden lauernden Fehlerquellen zu meistern imstande sein, nur die völlige Entfernung des lästigen Störenfrieds aus seiner Gemeinschaft kann helfen, und das haben bereits die weiter oben mitgeteilten, nach der Tetrachlorkohlenstoffmethode ausgeführten Phosphatanalysen aus der vorstehenden Liste bündig und klar bewiesen, und weitere in der neuen, Erfolge versprechenden, Richtung fortgesetzte Arbeiten werden es noch mehr tun. Für die Ausführung von Mineralphosphatanalysen in der alten Art ist die Hauptsache die Kenntnis der hierfür verwendbaren Allgemeinmethoden, aus denen sich dann der für einen besondern Fall notwendige Gang von selbst ergibt.

Zur Abscheidung und Trennung des Arsens, des Kupfers und des Bleis steht die Schwefelwasserstoffmethode zur Verfügung. Für die erfolgreiche Durchführung derselben möge man vor allem die folgenden Vorsichtsmaßregeln beachten: Man fälle bei angenäherter Siedetemperatur zunächst aus wenigstens 5% iger salzsaurer Lösung, weil aus schwächerer merkliche Mengen von Uran, Eisen und Mangan, ganz abgesehen von Kobalt, Nickel und Zink, mitgerissen werden. Ferner leite man stets bis zur völligen Klärung der Flüssigkeit, eventuell unter Anwendung von Druck, ein. Das aus salzsaurer Lösung gewonnene Kupfersulfid läßt sich nicht so glatt filtrieren und auswaschen, wie das aus schwefelsaurer erhaltene. Kupfer und Zink sind nicht quantitativ trennbar in salzsaurer Lösung, wohl aber in 5—6$\%$ iger Schwefelsäure.[1] Auch Quecksilbersulfid reißt in salzsaurer Flüssigkeit reichlich Zink mit, und

---

[1] P. Jannasch, Leitfaden S. 39.

man muß bis zu einem 10%igen Gehalt an der Säure gehen, wenn die Trennung gelingen soll. Das Blei fällt selten ganz vollständig aus, sondern erst aus dem stark bis auf Säure-Einprozentigkeit verdünnten Filtrat.[1] Bei Zinn muß das Filtrat eingetrocknet und der Rückstand von neuem aufgenommen werden, um vollständige Fällung zu bekommen, und kleine Quantitäten Cadmium fallen unter verschiedenen Umständen überhaupt nicht, besonders bei Gegenwart von Alkalichloriden.

Die Wiederauflösung der Schwefelwasserstoffniederschläge behufs ihrer Reinigung durch eine wiederholte Fällung gehört nicht zu den leichten Operationen und ist mit größter Sorgfalt auszuführen, unter Prüfung des restierenden Schwefels und der Filter auf Einschlüsse. Auch hat man zu beachten, daß den Fällungen Barium- und Stontiumsulfat beigemengt sein kann, überhaupt Schwefelsäure in die Flüssigkeit gerät, welche die spätere Isolierung der Magnesia mit Quecksilberoxyd und die Kali–Natrontrennung benachteiligt.[2]

Die Arsenbestimmung kann man in vorteilhaftester Weise auch nach dem Jannasch- und Seidelschen Verfahren (a. a. O.) bewerkstelligen.

Für einzelne Trennungen, wie die von Pb, Mn, Cu, Fe, Cr, Zn, Ni usw.[3] bietet die Wasserstoffsuperoxydmethode eine angenehme und sehr genaue Arbeitsform. In der Salmiakverflüchtigung durch einfaches Verdampfen der betreffenden Filtrate mit konzentrierter Salpetersäure ist diesen schönen Methoden eine große Vereinfachung geschaffen worden und eine weitere Erleichterung durch Auswaschung des gefällten Manganhyperoxydhydrats usw. mit einer 50—60° warmen Auflösung von 30 g Ammoniumchlorid in 150 ccm Wasser und dem gleichen Volumen konzentrierten Ammoniaks. Auch das Wismut fällt man genauer und besser mit ammoniakalischem Perhydrol als nur mit Ammoniak oder mit letzterem und Ammoncarbonat zusammen. Von den Hydroxylamin- und Hydrazinmethoden sei hier die Aufmerksamkeit auf die scharfen und sichern Trennungen des Kupfers von Zink, Aluminium, Arsen und Zinn, sowie diejenigen des Eisens und Thoriums von Uran[4] gelenkt. — Im Anschluß an die Schwefelwasserstoffällung möge noch die genaue Trennung des Zinks von dem Kalk in essigsaurer Lösung bei Gegenwart von Ammoniumacetat durch Schwefelwasserstoff erwähnt werden. Diese Fällung muß lange Zeit auf dem Wasserbad unter zeitweisem Zusatz von Schwefelwasserstoffwasser stehen bleiben, damit das Zinksulfid rasch und klar abfiltriert. Es kann als solches gewogen werden.

V. Das Natronverfahren.

Dasselbe dient speziell zur Trennung der Phosphorsäure von Eisen, Mangan, Kobalt und Nickel. Hierzu läßt man die ganz schwach salzsaure oder salpetersaure Minerallösung in eine heiße Lauge von etwa 5 g reinem Ätznatron eintröpfeln, erwärmt noch bedeckt einige Zeit, verdünnt reichlich

[1] Einen bleihaltigen Apatit siehe Jahrb. f. Mineral. 1889, I. Bd. S. 267.
[2] Bei Gegenwart von etwas Magnesiumsulfat hat P. Jannasch die Benutzung von Quecksilberoxalat statt des Oxyds gute Dienste geleistet, da sich ersteres dann ebenfalls zu Magnesia umsetzt. — Alkalisulfate lassen sich auch durch Zusammenschmelzen mit Borsäureanhydrid in einer Platinschale und Behandlung der Schmelze mit Salzsäure-Methylalkohol in die Chloride zurückverwandeln.
[3] P. Jannasch, Leitfaden S. 54.
[4] Daselbst S. 147 u. 162; ferner E. Ebler, Der Arsengehalt der Max-Quelle in Dürkheim, Verhandl. des Naturhistor.-Mediz. V. Heidelberg 8, 442 (1907).

und filtriert. Bei relativ größeren Mengen der fraglichen Oxyde hat man diese Operation zu wiederholen. Die Natronlösung darf nicht viel stärker gewählt werden, weil Eisentrihydroxyd in zu konzentrierten Laugen nicht unbeträchtlich löslich ist. Liegt gleichzeitig Mangan vor, so setzt man die zu seiner Überführung in Manganhyperoxyd nötige Menge Perhydrol zu.

In hartnäckigeren Fällen, wie bei Anwesenheit von Thorerde u. dergl. wird man sicherer die Natronschmelze im Silbertiegel[1]) unternehmen. Auch für die Tonerde—Eisenoxydtrennung besitzt dieselbe den Vorzug der völligen Unlöslichkeit des dabei in kristallinischartiger Form absolut tonerdefrei abgeschiedenen Eisens. Die danach vorzunehmende Trennung von Basen geschieht nach den bekannten Methoden.[2])

VI. Das Ammoncitratverfahren.

Will man die Phosphorsäure direkt von dem Eisen, der Tonerde usw. trennen, so setzt man der Lösung Zitronensäure hinzu, deren Betrag sich nach der Menge der vorliegenden Basen richtet, durchschnittlich aber nicht über 2 g betragen wird. Da aber das so abgeschiedene Ammon-Magnesium-phosphat geringe Mengen des Lösungsmittels einschließen kann, so ist die Phosphatfällung zu wiederholen unter Verminderung des Zitronensäurezusatzes auf zirka die Hälfte. Hat man die oben angegebene Natronschmelze gemacht, bei der sich die Tonerde nicht durch Ammoniak von der Phosphorsäure trennen läßt, so steht hierzu ebenfalls die Citratmethode zur Verfügung, sonst muß mit Molybdän gefällt und der Überschuß desselben nach der bei dem Apatit des Näheren beschriebenen Methode entfernt werden.

Die bei der Citratmethode gelöst bleibenden Sesquioxyde können entweder durch frisch bereitetes Ammonsulfid isoliert werden, was sich bei kleineren Mengen derselben glatt erledigen läßt, bei größeren Quanten aber Filtrier- und Auswaschschwierigkeiten verursacht, oder nach Zerstörung der organischen Substanz durch Salpetersäure und Perhydrol, am Ende mit der Salpeter-schmelze,[3]) durch die gewöhnlichen Fällungsmittel.

Gebietet die Vollständigkeit der Analyse auch die Bestimmung der nur in sehr kleinen Mengen vorhandenen alkalischen Erden und der Alkalien, so wird dieses eventuell am zweckmäßigsten in einer besondern Portion des Minerals geschehen, wo man zuerst die salzsaure Lösung mit Schwefelwasserstoff fällt, darauf die Sesquioxyde (phosphorsäurehaltig) mit Ammoniak unter Wiederholung der Fällung[4]) entfernt und schließlich in dem mit Salpetersäure ein-getrockneten Filtrat (Verflüchtigung der Ammonsalze) die Phosphorsäure mit Molybdänlösung niederschlägt. Von hier ab verfährt man nunmehr nach der oben bei Apatit unter III gegebenen Vorschrift.

Über den Gang der Analyse bei Gegenwart seltener Erden lassen sich hier keine bestimmten Angaben machen. Man findet alles dazu Erforderliche in dem großen zweibändigen Werke „Die Darstellung der seltenen Erden"

---

[1]) P. Jannasch, Leitfaden S. 311.
[2]) Das. S. 71, 149, 207 u. 239.
[3]) P. Jannasch u. O. Rontala, Ber. Dtsch. Chem. Ges. **45**, 600 (1912).
[4]) Vgl. auch C. Doelter, Tsch. min. Mit. **1**, 522 (1878) und P. Jannasch, N. JB. Min. etc. **1**, 196 (1888).

20*

von C. Richard Böhm, 1905 in Leipzig erschienen.[1]) Ein früheres, diesen Gegenstand behandelndes Buch „Chemie der seltenen Erden" haben J. Herzfeld und V. Korn in Berlin 1901 herausgegeben. „Das Verhalten der wichtigsten seltenen Erden zu Reagentien" von Jos. v. Panageff (Halle a. S.) 1909) beschränkt sich auf deren qualitative Analyse. Weiterhin findet man eine übersichtliche und sehr brauchbare Zusammenstellung des Gegenstands für die Zwecke der Gewichtsanalyse, z. B. die quantitative Analyse der Monazits usw., in Classen-Cloernens „Ausgewählten Methoden der analytischen Chemie", der Hauptsache nach im I. Band (Braunschweig 1901—1903). — Von ausländischen Werken sind in erster Linie die „Select Methods in Chemical Analysis" von William Crookes, second edition (London 1886) zu nennen. — Vgl. auch dieses Handbuch S. 191. Auf die Benutzung der größern Lehrbücher der quantitativen Analyse, wie H. Rose, Fresenius VI. Auflage und andere braucht wohl nicht erst besonders hingewiesen zu werden.

Alkaliphosphate.
Von H. Leitmeier (Wien).

Alkaliphosphate sind im Mineralreich sehr spärlich vertreten.
Von reinen Alkaliphosphaten ist in der Natur nur ein Natriumphosphat, der Natrophit, bekannt, über den nur die spärlichsten Daten zu finden sind.
Zwei seltene Natriumphosphate sind ein Natriummanganphosphat, der Natrophilit und der kompliziert zusammengesetzte Griphit. Diese beiden werden wegen ihres genetischen Zusammenhanges bei den Manganphosphaten behandelt werden.
Etwas häufiger sind Lithiumphosphate, von denen wir aber keine reinen Lithiumphosphate, sondern nur ein Eisen-Lithiumphosphat, den Triphylin und ein Mangan-Lithiumphosphat, den Lithiophilit und ein Lithiumalumophosphat, den Amblygonit kennen. Da in diesem Handbuche Phosphate und Alumophosphate unterschieden werden sollen, so wird der letztere bei den Alumophosphaten zu behandeln sein. Auch der Triphylin und der Lithiophilit werden nicht bei den Alkaliphosphaten eingereiht, sondern bei den Eisen- bzw. Manganphosphaten, da sie genetisch zu diesen gehören. Das Natriumberylliumphosphat Beryllonit wurde ebenfalls zu den Berylliumphosphaten gestellt, da der Berylliumgehalt größer ist als der Natriumgehalt.
Es bleibt somit hier nur der

Natrophit.

F. Pisani[2]) erwähnte ein von ihm untersuchtes Natriumphosphat, das die Formel HNa_2PO_4 besitze, also ein saures Phosphat sei, dem ungefähr die Zusammensetzung

---

[1]) Eine Zusammenstellung der von 1856—1911 über diesen Gegenstand publizierten Dissertationen gab R. Böhm in der Z. f. angew. Chem. **25**, 758—761 (1912). Aus der neuesten Zeit sind noch anzuführen: Die Analyse der seltenen Erden und der Erdsäuren von R. J. Meyer u. O. Hanow bei F. Enke-Stuttgart und Introduction to the Rare Elements by Ph. E. Browning (Wiley and Sons — New York 1912).
[2]) F. Pisani bei M. Adam, Tableau Min. Paris 1869, 45 und J. D. Dana, Min. 1892, 784.

$$
\begin{array}{llr}
Na_2O & . & . & . & . & . & 28,00 \\
P_2O_5 & . & . & . & . & . & 64,00 \\
H_2O & . & . & . & . & . & 8,00 \\
\hline
& & & & & & 100,00
\end{array}
$$

zukommt.

Ammoniumphosphate.

Die Ammoniumphosphate entstehen auf organischem Wege und werden daher von manchen überhaupt nicht zu den Mineralien gerechnet. Sie bilden sich dort, wo organische Substanzen verwesen und Ammoniak gebildet wird. Eine der wichtigsten Fundstätten dieser Mineralien sind die Guanolager, über diese berichtet beim Phosphorit J. Samojloff (siehe unten) ausführlicher.

Von Ammoniumphosphaten kennen wir ein Natriumammoniumphosphat, das dem in der Chemie vielfach verwendeten Phosphorsalz entspricht und mehrere Magnesiumammoniumphosphate, von denen der Struvit das best-bekannte und häufigste ist.

Obwohl unter den Guanomineralien Calciumphosphate auftreten, kennen wir doch kein einziges Calciumammoniumphosphat in der Natur.

Da alle Ammoniumphosphate wasserhaltig sind, entfällt die Trennung in wasserfreie und wasserhaltige vollständig.

Stercorit. Natriumammoniumorthophosphat.

Synonyme. Phosphorsalz, Microcosmic Salt. Das Mineral ist mit dem bei der trockenen Mineralanalyse (Lötrohranalyse) so viel verwendeten Phosphorsalz identisch.

Monoklin prismatisch. $a:b:c = 2,8828:1:1,8617$ (E. Mitscherlich[1]) am künstlichen Salz).

Analysen.

	1.	2.	3.
Na_2O	15,1	15,75	14,50
P_2O_5	34,7	34,33	34,54
$(NH_4)_2O$ . .	10,7	7,68	8,48
H_2O	39,5	42,24	42,48
	100,00	100,00	100,00

1. Theoretische Zusammensetzung nach untenstehender Formel.
2. Stercorit von Ichaboë an der Westküste Afrikas, im Guano; anal. Herapath, Quart. Journ. Chem. Soc. 1849; zitiert nach J. D. (E. S.) Dana, Min. 826.
3. Von der Insel Guañape an der Küste von Peru in Guano; anal. A. Raimondi, Min. Pérou 1878, 28; zitiert wie oben.

Für dieses Mineral wurde die **Formel** $H(NH_4)NaPO_4 + 4H_2O$ aufgestellt. Es entspricht der Stercorit aber nicht ganz dieser Formel, sondern besitzt, wie man aus den allerdings wenigen und alten Analysen ersieht, zu viel Wasser und zu wenig Ammonium.

Eigenschaften. Der Stercorit kommt in kristallinen Massen und Nadeln vor. Die Dichte ist nach Herapath (l. c.) $\delta = 1,616$; die Härte liegt bei 2. Die Farbe des Minerals ist weiß, gelblich oder bräunlich. In Wasser löslich.

---

[1] E. Mitscherlich, Ann. chim. phys. **19**, 399 (1821).

Verhalten beim Erhitzen. G. v. Knorre[1]) hat das Verhalten des künstlichen Natriumammoniumorthophosphats beim Erhitzen untersucht. Es schmilzt bei 79⁰. Schon bei 96⁰ beginnt das Salz Ammoniak abzugeben. Die Zersetzung geht nach der Gleichung vor sich:

$$2\,NaHNH_4PO_4 = Na_2H_2P_2O_7 + 2\,NH_3 + H_2O.$$

Bei 200⁰ war der Prozeß vollzogen, das Phosphorsalz hatte alles Ammon verloren, war also in saures Natriumpyrophosphat übergegangen.

Bei starkem Erhitzen entweicht dann alles Wasser und es bildet sich eine Schmelze, die bei rascher Abkühlung zu einem durchsichtigen farblosen Glase erstarrt, dem Natriumhexametaphosphat $(NaPO_3)_6$. Dieses klare Glas, „Perlen" genannt, ist als Lösungsmittel (Schmelzlösung) in der Lötrohrkunde von großer Wichtigkeit, da diese Lösungen, je nach den Substanzen verschiedene Farben annehmen, die als Unterscheidungsreaktionen dienen.

Synthese. Phosphorsalz scheidet sich aus Harn, der in Gärung geraten ist, ab. Die Darstellung erfolgt nach J. J. Berzelius[2]) dadurch, daß man 6—7 Teile $Na_2HPO_4 + 12\,H_2O$ und 1 Teil NH_4Cl in heißem Wasser löst und abkühlt. Die so erhaltenen NaCl-haltigen Kristalle können durch Umkristallisieren gereinigt werden.

Vorkommen. Der Stercorit kommt in Düngerablagerungen (Guano) vor.

Struvit (Magnesiumammoniumphosphat).

Rhombisch pyramidal. $a:b:c = 0,5667:1:0,9121$ (A. Sadebeck).[3])
Analysen.

	1.	2.	3.	4.
MgO	15,50	13,15	13,46	11,72
MnO . . . . }	1,11	2,01	1,12	1,94
FeO . . . . }		2,22	3,06	4,15
P_2O_5 . . .	28,90	28,05	28,56	27,24
$(NH_4)_2O$ . . . }	53,62	53,64	53,76	54,62
H_2O . . . . }				
	99,13	99,07	99,96	99,67

1. Farblose Struvitkristalle von Hamburg; anal. G. L. Ulex, N. JB. Min. etc. 1851, 53.
2. Nicht ganz farblose Kristalle vom gleichen Vorkommen; anal. wie oben.
3. und 4. Bernsteingelbe, klare Kristalle vom selben Fundort; anal. wie oben.

	5.	6.	7.
MgO	16,57	16,27	16,07
MnO	Spuren	—	0,16
FeO	0,95	—	0,81
P_2O_5	28,81	28,45	28,82
$(NH_4)_2O$ . . . }	54,49	10,74	10,57
H_2O . . . . }		44,28	43,57
	100,82	99,74	100,00

---

[1]) G. v. Knorre, Z. anorg. Chem. **24**, 388 (1900).
[2]) Siehe die Handbücher der Chem. von O. Dammer u. Gmelin-Kraut.
[3]) A. Sadebeck, Tsch. min. Mit., Beil. J. k. k. geol. R.A. **27**, 113 (1877).

5. Struvit von den Skiptonhöhlen, Victoria; anal. Pittmann, Contr. Min. Victor: 1870, 56; zitiert nach J. Dana, Syst. of Min. 1895, 807.

6. Struvit aus dem Guano der Skiptonhöhlen bei Ballarat in Victoria; an: R. W. E. Mac Ivor, bei G. v. Rath, Sitzber. d. Niederrhein. Ges. f. Nat. u. Hei 1878, Ref. Z. Kryst. **4**, 425 (1880).

7. Struvit vom gleichen Fundorte; anal. derselbe, Ch. N. **55**, 215 (1887).

Die Formel des Struvits ist:

$$NH_4MgPO_4 \cdot 6H_2O.$$

Chemische Eigenschaften.

Löslichkeit. In Säuren ist der Struvit leicht löslich. Nach A. Johnsen ist die Löslichkeit auf (001) größer, als auf (00$\bar{1}$). Nach Ebermayer[2] lö sich bei 20° ein Teil des wasserfreien Salzes in:

13 497 Teilen Wasser,
31 048   „   einer Mischung von 1 Teil Ammoniak und 4 Teilen Wasser
36 764   „   „   „   „ 1 „   „   „ 1 Teil   „
45 206   „   „   „   „ 2 „   „   „ 1 „   „
52 412   „   „   „   „ 3 „   „   „ 1 „   „
60 883   „   Ammoniak.

Lötrohrverhalten. Struvit ist schmelzbar und gibt je nach seiner Reinhe ein weißes oder bräunliches Email; nach längerem Schmelzen entsteht b reinem Material eine farblose Perle. In der Borax- und Phosphorsalzper leicht löslich; mit Soda auf dem Platinblech erhält man eine grüne Schmel: Kobaltsolution färbt das Pulver rötlich.

Physikalische Eigenschaften.

Dichte $\delta = 1,715.$[3] Die Härte liegt bei 2. Die Kristalle, die in d Natur vorkommen, sind teils farblos, teils gelb, teils bräunlich, je nach d Reinheit des Materials.

Optische Eigenschaften. Charakter der Doppelbrechung positiv. B r e c h u n g quotienten nach O. B. Böggild[3]):

$$N_\alpha = 1,4954, \quad N_\beta = 1,4963, \quad N_\gamma = 1,5043.$$

Der Achsenwinkel $2V = 37^0 14'$ (berechnet) und $37^0 22'$ (gemessen).

Elektrisches Verhalten. Der Struvit ist pyroelektrisch[4] nach Unte suchungen von K. Hausmann. E. Kalkowsky[5] untersuchte Struvitkrista von Hamburg vermittelst der Kundtschen Bestäubungsmethode und far daß sie stark erregbar sind, und daß der analoge Pol an dem durch c

---

[1] A. Johnsen, N. JB. Min. etc., Beil.-Bd. **23**, 290 (1907).
[2] Zitiert nach C. F. Rammelsberg, Kryst. Phys. Chem. (Leipzig 1881), 522.
[3] Nach O. B. Böggild, Meddel. f. d. geol. Ferening **13**, 25 (1907); Ref. Kryst. **46**, 609 (1909).
[4] K. Hausmann, Nachr. d. Königl. Ges. d. Wissensch. (Göttingen 1846), 121.
[5] E. Kalkowsky, Z. Kryst. **11**, 2 (1886).

Basis begrenzten Ende liegt, während der antiloge Pol sich an dem durch die Domen zugeschärften Pol befindet. An den Kanten zeigte sich die stärkste Erregbarkeit. Die Kristalle von Homburg, wo das Mineral auch vorkommt, sind bedeutend weniger erregbar.

Synthese.

Der Struvit ist identisch mit dem den Chemikern längst bekannten „Tripelphosphat“, das sich als kleine Kriställchen in alkalischem oder schwach saurem Harn bildet.[1]) K. Haushofer[2]) hat die Identität des Struvits mit dem kristallinen Niederschlag, der sich bei der Fällung von Magnesialösungen durch (Ortho-)Phosphorsäure oder Alkaliphosphate in Gegenwart von Ammoniak bildet, nachgewiesen. K. Haushofer erhielt besonders reichlich scharf begrenzte Kriställchen bei Vermischung neutraler Lösungen von Natriumphosphat oder Ammoniumphosphat, Chlorammon und Magnesiumsulfat in großer Verdünnung; der Niederschlag wurde erst nach 15—30 Minuten sichtbar. Mikroskopische, meßbare Kristalle erhielt K. Haushofer aus einer Lösung der phosphorsauren Ammoniak–Magnesia in zitronensaurem Ammoniak wie schon früher Millot und Maquenne[3]) angegeben hatten.

Nach R. H. Solly[4]) und Robinson bildeten sich in Gefäßen mit Nährflüssigkeiten und mit Agar–Agar, in denen Mikroorganismen kultiviert worden waren, Struvitkristalle.

Eine gelegentliche Bildung von Struvitkristallen in Kochs Fleischpepton fand A. Michaelis.[5])

Meßbare Kristalle erhält man nach A. de Schulten[6]), wenn man eine Lösung von 28 g $H(NH_4)_2PO_4$, 10 g Ammoniumsulfat und 12 g Phosphorsäure in 80 cm³ H_2O mit einer Lösung von 16 g $MgSO_4 7H_2O$ in 20 cm³ H_2O zusammenbringt.

Genesis und Vorkommen.

Das Mineral Struvit bildet sich in der Natur überall dort, wo die Einwirkung von Magnesialösungen auf die eines Phosphats bei Gegenwart von Ammoniak möglich ist. Diese Möglichkeit ist bei der allmählichen Zersetzung von Viehdünger, Guano und anderen Fäkalstoffen (z. B. in Kanälen) gegeben, namentlich dort, wo solche Produkte lange Zeit ungestört lagen. An solchen Punkten bilden sich schöne und große Kristalle.

Struvit aus Guano wurde von E. F. Teschemacher[7]) als Guanit bezeichnet. Auch bei der Zersetzung von pflanzlichen Stoffen bildet sich Struvit; O. B. Böggild[8]) fand ihn im Cardiumschlamm, der vor allem Pflanzenreste enthielt.

---

[1]) Bobin u. Verdeil, Traité de chimie anatomique et physiologique, (Paris 1853); Neubauer u. Vogel, Anleitung zur Anal. d. Harns (Wiesbaden 1876); G. Stein, Deutsches Archiv f. klin. Medizin 1876, 207 u. a.

[2]) K. Haushofer, Z. Kryst. **4**, 43 (1880).

[3]) Millot u. Maquenne, Bull. Soc. Chim. **18**, 20 u. **23**, 238.

[4]) R. H. Solly, Min. Mag. **8**, 279 (1889).

[5]) A. Michaelis, bei A. Arzruni, Z. Kryst. **18**, 60 (1891).

[6]) A. de Schulten, Bull. Soc. Min. **26**, 95 (1905).

[7]) E. F. Teschemacher, Phil. Mag. **28**, 546 (1846).

[8]) O. B. Böggild, l. c.

Hannayit.

Triklin pinakoidal. $a:b:c = 0,6990:1:0,9743$ (nach G. vom Rath).[1]

Analysen.

	1.	2.	3.	4.
MgO	18,87	18,72	19,08	18,36
MnO	—	—	—	0,09
FeO	—	—	—	0,31
P_2O_5 . . .	44,26	45,63	45,77	44,63
$(NH_4)_2O$ . .	8,18	8,19	7,99	8,10
H_2O	28,69	28,12	28,29	28,51
	100,00	100,66	101,13	100,00

1. Theoretische Zusammensetzung entsprechend der unten stehenden Formel.
2. u. 3. Hannayit von der Skiptonhöhle bei Ballarat in Victoria, im Guano; anal. R. W. E. Mac Ivor bei G. vom Rath, Sitzber. d. Niederrhein. Ges. f. Nat. u. Heilk. 1879. Ref. Z. Kryst. **4**, 425 (1880).
4. Vom gleichen Fundorte; anal. R. W. E. Mac Ivor, Ch. N. **85**, 181 (1902). Ref. Z. Kryst. **42**, 386 (1907).

Das Mineral entspricht der **Formel:**

$$Mg_2H_2(PO_4)_2 . MgH_2(NH_4)_2(PO_4)_2 + 8H_2O.$$

Eigenschaften. Die Dichte ist $\delta = 1,893$; die Farbe ist lichtgelblich. Spaltbarkeit nach (001), (110) und (1$\overline{1}$0).

Verhalten beim Erhitzen. Nach Untersuchung von R. W. E. Mac Ivor verändern sich die Kristalle bei 100^0 innerhalb 36 Stunden nicht; bei $110—115^0$ werden die klaren Kristalle undurchsichtig und nach 12 stündiger Erhitzung verlieren sie $21,08\%$ H_2O. Beim Glühen entweicht rasch der Rest des Wassers und das gesamte Ammon.

Vorkommen. Mit Struvit zusammen im Fledermausguano.

Schertelit.

Undeutliche Kristalle.

Früher wurde dieses Mineral von R. W. E. Mac Ivor als Müllerit erwähnt.

Analyse.

	1.	2.
MgO	12,35	12,17
MnO	—	0,05
FeO	—	0,20
P_2O_5 . . .	43,83	43,88
$(NH_4)_2O$ . . .	16,05	16,15
H_2O	27,77	27,55
	100,00	100,00

1. Theoretische Zusammensetzung nach untenstehender Formel.
2. Schertelit von der basaltischen Skiptonhöhle bei Ballarat in Victoria, im Fledermausguano; anal. R. W. E. Mac Ivor, Ch. N. **85**, 181 und 217 (1902). Ref. Z. Kryst. **42**, 386 (1907).

---

[1] G. vom Rath, Z. Kryst. **4**, 425 (1880).

Das Mineral zeigt sehr gute Übereinstimmung mit der **Formel:**

$$Mg(NH_4)_2H_2(PO_4)_2 + 4H_2O.$$

Eigenschaften. Kristalle klein, undeutlich; Schertelit verliert bei 120°
sein Wasser. Durch Glühen geht er in metaphosphorsaures Magnesium über.
Vorkommen. Im Guano, in trockeneren Lagen.

Dittmarit.

Rhombisch.
Analysen.

	1.	2.
MgO	26,28	25,67
MnO	—	0,08
FeO	—	0,38
P_2O_5	46,65	56,51
$(NH_4)_2O$ . . .	3,42	3,94
H_2O	23,65	23,42
	100,00	100,00

1. Theoretische Zusammensetzung nach der untenstehenden Formel.
2. Dittmarit von der Skiptonhöhle im Basalt bei Ballarat in Victoria; anal.
R. W. E. Mac Ivor, Ch. N. **85**, 181 (1902).

Die **Formel** rechnete R. W. E. Mac Ivor:

$$MgNH_4PO_4 . 2MgH_2(PO_4)_2 + 8H_2O.$$

Eigenschaften. Durchsichtige Kristalle verlieren bei 100−105° einen
Teil des Wassers und werden trübe. Beim Glühen geht der Dittmarit in
Magnesiumpyrophosphat über.

Vorkommen. Der Dittmarit ist gleich dem Struvit ein Guanomineral
und ist bisher nur von dem einen Fundorte (Anal. 2) bekannt.

Berylliumphosphate.

Ein reines Berylliumphosphat ist nicht bekannt. Die beiden bekannten
hierher gehörigen Mineralien sind ein Berylliumnatriumphosphat, der Beryllonit,
und ein Berylliummagnesiumphosphat, das Fluor enthält, der Herderit. Beide
Phosphate sind wasserfrei, nur im Herderit kann Fluor durch Hydroxyl
ersetzt sein

Beryllonit (Natriumberylliumorthophosphat).

Rhombisch bipyramidal. $a:b:c = 0,57243:1:0,54901$ (E. S. Dana).[1]
Es existiert nur eine **Analyse:**

δ	2,845
Na_2O	23,64
BeO	19,84
P_2O_5	55,86
Glühverlust . . .	0,08
	99,42

[1] Es bezieht sich alles hier Mitgeteilte auf die in der Analysenunterschrift
zitierte Arbeit.

Beryllonit vom Berge Mc. Kean Mt. bei Stoneham Maine; anal. H. L. Wells bei E. S. Dana u. H. L. Wells, Z. Kryst. **15**, 275 (1889) und Am. Journ. **36**, 209 (1888).

Chemische Eigenschaften.

Das Mineral enthält wie E. S. Dana und H. L. Wells durch spezielle Untersuchung feststellten, kein F, Al, K, H_2O und Li, die Formel ist daher:

$$NaBePO_4 \quad oder \quad Na_2O \cdot 2BeO \cdot P_2O_5.$$

Löslichkeit. Beryllonit löst sich in Säuren langsam vollkommen auf.

Lötrohrverhalten. Beryllonit dekrepitiert vor dem Lötrohr und schmilzt ziemlich leicht (ca. 3 der Schmelzskala); die Flamme durch Na tiefgelb gefärbt, ist am unteren Rande etwas grünlich (Phosphorsäure).

Physikalische Eigenschaften.

Die Farbe ist weiß, gelblich oder farblos (rein); die Härte ist ca. 5,5—6; die Dichte $\delta = 2{,}845$. Spaltbar sehr vollkommen nach (001), unvollkommen nach (100) und (130).

Optische Eigenschaften. Doppelbrechung negativ, Brechungsquotienten für Na-Licht:

$$N_\alpha = 1{,}5520, \qquad N_\beta = 1{,}5579, \qquad N_\gamma = 1{,}5608.$$

Der Achsenwinkel $2E$ für Na-Licht $= 121^0\,1'$.

Die Kristalle sind häufig sehr stark geätzt.

Einschlüsse. Das Mineral enthält äußerst zahlreiche Flüssigkeitseinschlüsse mit Gasblasen und die Kristalle sind durch feine Kanäle parallel der Vertikalachse durchzogen. Diese Einschlüsse konnten untersucht werden und es stellte sich heraus, daß es sich um folgende Flüssigkeiten und Gase handelt:

Wasser mit flüssiger und gasförmiger Kohlensäure, Wasser mit Luft und eine Flüssigkeit, welche die Wände nicht benetzt.

Auch feste Einschlüsse kommen vor.

Synthese.

L. Ouvrard[1]) hat Beryllonitkristalle in Form von perlmutterglänzenden Blättchen dadurch hergestellt, daß er Berylliumoxyd mit Natriumphosphat mischte, die Mischung schmolz und langsam erkalten ließ. Mit Wasser behandelt, blieb der Beryllonit als unlöslicher Rückstand zurück.

Vorkommen und Paragenesis.

Der Beryllonit wurde in einer lockeren breccienartigen Masse gefunden, die nicht die ursprüngliche Matrix war; das Mineral scheint aus einem Granitgang herzustammen.

Als Begleitmineralien wurden gefunden: Orthoklas, Albit, Rauchquarz, Glimmer, Columbit, Zinnstein, Beryll, Apatit und Triplit.

Die Beryllonitkristalle scheinen einseitig auf Klüften aufgewachsen gewesen zu sein; sie lassen noch die Eindrücke anderer Mineralien, z. B. von Glimmer

---

[1]) L. Ouvrard, C. R. **110**, 1333 (1890).

erkennen. Ein Kristall war auf Apatit aufgewachsen, also eine jüngere Bildung als dieser; er enthielt auch Apatiteinschlüsse.

Der Feldspat ist kaolinisiert und E. S. Dana und H. L. Wells glauben, daß die Agentien, welche den Feldspat kaolinisierten, die Ätzfiguren der Beryllonitkristalle hervorgerufen haben.

Herderit (Beryllium-Calcium-Fluororthophosphat).

Monoklin.

Hydroherderit $0,6301 : 1 : 0,4274$. $\beta = 89^0\,54'$.   Hydrofluor-Her-derit $0,6206 : 1 : 0,4234$. $\beta = $ fast 90^0.   Nach S. L. Penfield.[1]

Analysen.

	1.	2.	3.	4.	5.	6.
δ	—	3,00	—	—	3,006—3,012	—
BeO . . .	15,39	15,76	15,04	15,01	15,51	15,44
CaO . . .	34,33	33,21	33,65	34,06	33,67	34,57
MnO . . .	—	—	0,11	0,08	—	—
Al_2O_3 . . .	—	—	0,20	0,22	—	—
Fe_2O_3 . . .	—	—	0,15	0,31	—	—
P_2O_5 . . .	43,53	44,31	43,43	43,07	43,74	43,83
F . . .	11,64	11,32	8,93	6,04	5,27	5,86
H_2O . . .	—	—	0,61	—	3,70	2,77
	104,89	104,60	102,12		101,89	102,47
O = F	−4,89	−4,76	−3,76		−2,22	−2,47
	100,00	99,84	98,36		99,67	100,00

1. Theoretische Zusammensetzung $BeCaPO_4F$.
2. Durchsichtige Herderitkristalle von Stoneham, Maine; anal. W. E. Hidden bei W. E. Hidden und J. B. Makintosch, Am. Journ. **27**, 135 (1884), auch Z. Kryst. **9**, 278 (1884).
3. u. 4. Herderitkristalle vom gleichen Fundorte; anal. F. A. Genth, Am. Phil. Soc. 1884, 17. Ref. Z. Kryst. **9**, 291 (1886).
5. Herderit vom gleichen Vorkommen (nach neuen Methoden); anal. S. L. Penfield u. D. N. Herper, Am. Journ. (3), **32**, 107 (1886).
6. Theoretische Zusammensetzung als isomorphe Mischung.

	7.	8.	9.
δ	2,952	2,975	—
BeO	16,13	16,18	15,53
CaO	34,04	34,35	34,78
P_2O_5	44,05	43,08	44,10
F	—	0,42	—
H_2O	5,85	6,15	5,59
Unlöslich . . .	0,44	—	—
	100,51	100,18	100,00

7. Farblose Herderitkristalle von Paris in Maine; anal. H. L. Wells bei S. L. Penfield, Z. Kryst. **23**, 119 (1894).
8. Herderitkristalle von Hebron in Maine; anal. H. L. Wells bei H. L. Wells u. S. L. Penfield, Am. Journ. [3], **44**, 114 (1892).
9. Theoretische Zusammensetzung nach $Ca[Be(OH)]PO_4$.

---

[1] S. L. Penfield, Z. Kryst. **23**, 130 (1894).

Getrennt sei hier eine Analyse angeführt, bei der der Fluorgehalt nicht berücksichtigt, später aber qualitativ als vorhanden ermittelt wurde:

10.

BeO	8,61
CaO	34,06
Al_2O_3	6,58
Fe_2O_3	1,77
P_2O_5	42,44
	93,46
Verlust	6,54
	100,00

Verlust besteht aus H_2O und F.

10. Herderit von Ehrenfriedersdorf; anal. Cl. Winkler bei A. Weisbach, N. JB. Min. etc. 1884, II, 143 und 1885, I, 154.

Konstitution.

Der Herderit stellt eine isomorphe Mischung der beiden Phosphate

$$CaBeFPO_4$$

und

$$CaBe(OH)PO_4$$

dar. Es vertreten sich das Hydroxyl und das Fluor.

Durch spätere Analysen (S. 316) ist es sehr wahrscheinlich gemacht, daß in den Analysen 1 und 2, die als wasserfrei bezeichnet sind, das H_2O übersehen wurde; man kennt daher die Komponente $CaBeFPO_4$ nicht in der Natur, wohl aber ist durch S. L. Penfield das Vorkommen der Komponente $CaBe(OH)PO_4$ sichergestellt (Anal. 7 und 8, S. 316), und er nennt diesen Herderit Hydro-herderit im Gegensatz zum gewöhnlichen Hydrofluoro-Herderit und zum theoretischen Fluoroherderit.

Die Formel des Herderits ist daher zu schreiben:

$$Ca[Be(OH . F)]PO_4.$$

Analyse 9 gibt die entsprechende Zusammensetzung.

Eigenschaften. Der Herderit kommt fast stets in Kristallen vor, die zuerst für rhombisch gehalten worden waren. Sie sind durchsichtig bis durch-scheinend, farblos bis schwach gelblich. Die Dichte ist nahe bei $\delta = 3$, als genauester Wert kann der bei Anal. 5 angegebene 3,006 bis 3,012 angesehen werden. Mit der Zunahme des Hydroxyls nimmt das δ ab, wie S. L. Pen-field[1]) feststellte. Die Härte ist ungefähr 5.

Optische Eigenschaften. A. Des Cloizeaux[2]) bestimmte am Mineral von Stoneham:

$$N_\alpha = 1,592 \qquad N_\beta = 1,612 \qquad N_\gamma = 1,621 \qquad 2V = 66^0\,59^1/_2'.$$

S. L. Penfield am Hydroherderit:

$$N_\beta = 1,612 \quad und \quad 2V = 67^0\,56'.$$

Der Charakter der Doppelbrechung ist negativ.

---

[1]) S. L. Penfield u. J. C. Minor, Z. Kryst. **23**, 329 (1894).
[2]) A. Des Cloizeaux, Bull. Soc. Min. **9**, 141 (1886).

Vor dem Lötrohr schmilzt der Herderit beim 4. Grade der Schmelzskala zu einem weißen Email. Im Kölbchen geben die F-freien Varietäten ein nur sehr schwach sauer reagierendes Wasser ab, die Mischungen aber ein Wasser, das, wenn man es bei starker Hitze verjagt, so daß Fluor entweicht, das Glas ätzt. Das Fluor entweicht erst bei höherer Temperatur aus dem Minerale. Er gibt Phosphorsäurereaktion.

In Salzsäure ist Herderit, wenn auch langsam, völlig löslich.

Vorkommen. Herderit kommt mit Albit, Muscovit und Quarz (in diesen ist er öfters eingewachsen) in einem Margaroditgang zu Stoneham vor.

Magnesiumphosphate.

Von **C. Doelter** (Wien).

1. Wasserfreie.

Die Magnesiumphosphate sind ihrer Zahl nach ungleich seltener, als die Calciumphosphate. Wir kennen zwei wasserfreie, den Wagnerit und den ihm sehr nahestehenden wenig genau definierten Kryphiolith.

Wagnerit.   Magnesium-Fluoro-orthophosphat.

Synonyma: Phosphorsaurer Talk, Pleurochlor, Kjerulfin. Letztere Varietät war ursprünglich als ein besonderes Mineral aufgestellt worden; weitere Untersuchungen von M. Bauer, W. C. Brögger u. a. zeigten, daß es sich um Wagnerit handelte.

Monoklin; holoedrisch. $a:b:c = 1,9145:1:1,5059$, $\beta = 71^\circ 53'$.

Analysen.

	1.	2.	3.	4.
δ	2,985–3,068	3,14	—	—
(Na_2O, K_2O). . . .	1,56	1,54	—	—
MgO	37,00	46,01	44,47	46,0
CaO	7,56	4,81	6,60	3,1
Fe_2O_3 [1])	5,40	0,65	—	—
P_2O_5	42,22	42,35	44,23	43,7
Unlöslich	1,50	2,04	—	0,9
Glühverlust	—	—	0,77	—
Fluor	4,78	5,06	6,23	10,7
	100,02	102,46	102,30	104,40

1. Radlgraben bei Werfen; anal. Fr. v. Kobell, Ber. k. Ak. München 1873.
2. Kjerulfin von Havredal bei Bamle (Norw.); anal. F. Friderici bei M. Bauer, N. JB. Min. etc. 1880, II, 77.
3. Von ebenda; anal. C. F. Rammelsberg, Z. Dtsch. geol. Ges. **31**, 107 (1879).
4. Von ebenda; anal. F. Pisani, C. R. **88**, 241 (1879).

---

[1]) Mit Al_2O_3.

C. F. Rammelsberg[1]) berechnet aus den Analysen:

$$F: \quad P \quad : R$$
3. $1 : 1{,}094 : 2{,}14$
4. $1 : 1{,}9 \quad : 4{,}1$
5. $1 : 2{,}14 \quad : 4{,}7$

M. Bauer vermutete zuerst die Identität von Wagnerit und Kjerulfin, was durch die Analyse von F. Pisani bestätigt wurde.

Chemische Formel: Das Verhältnis $P:Mg$ ist nach C. F. Rammelsberg $1:2{,}18$, die Formel:

$$Mg_2F \cdot PO_4 = Mg(MgF)PO_4$$

Die theoretische Zusammensetzung ist:

$$48{,}34 \ MgO, \quad 11{,}79 \ \Gamma, \quad 43{,}81 \ P_2O_5.$$

In den Analysen mancher Vorkommen wird ein Teil des MgO durch FeO und Na_2O vertreten.

Nach P. Groth wäre die Säure des Wagnerits: H_3PO_4, nach G. Tschermak dagegen wäre die Formel ableitbar von HMg_2PO_4, wobei H durch F vertreten wird.

Physikalisch-chemische Eigenschaften.

Dichte $3-3{,}15$. Härte $5-5^1/_2$. Spaltbar nach dem Prisma und Orthopinakorid, unvollkommen. Fettglanz.

Farbe wein- bis honiggelb, rötlich.

Optische Eigenschaften. Doppelbrechung negativ; Dispersion geneigt (sehr schwach) $\varrho > v$.

Brechungsindizes für das Vorkommen von Bamle:

$$N_\alpha = 1{,}569, \quad N_\beta = 1{,}570, \quad N_\gamma = 1{,}582 \ \text{nach M. Lévy und A. Lacroix.}$$

Achsenwinkel: $2E_r = 44^0 48'$, $2E_{bl} = 43^0 8'$ nach A. Des Cloizeaux für das Vorkommen bei Werfen; der Achsenwinkel des Kjerulfins von Bamle ist bedeutend größer, $59^0 30'$.

Löslichkeit. In Salpetersäure sowie in Salzsäure ist das Mineral löslich.

Verhalten vor dem Lötrohr. Wagnerit schmilzt zu einem graugrünen Glas (Schmelzgrad 4 der Kobellschen Skala), er färbt, mit Schwefelsäure befeuchtet, die Flamme blaugrün. Bläht sich beim Schmelzen mit Soda auf. Beim Schmelzen mit Phosphorsalz im offenen Glasröhrchen tritt Fluorreaktion auf.

Synthese.

H. Ste.-Claire Deville und Caron[2]) erhielten das Mineral durch Zusammenschmelzen von Ammoniumphosphat mit Magnesiumfluorid und einem Überschuß von Magnesiumchlorid. H. Lechartier hat Arsen-Wagnerit auf analogem Wege dargestellt.[3])

H. Ste.-Claire Deville und Caron haben nach derselben Methode auch folgende Körper dargestellt, welche eine dem Wagnerit analoge Formel besitzen,

---

[1]) C. F. Rammelsberg, Mineralchemie I, Suppl. 1886, 265.
[2]) H. Ste.-Claire Deville u. Caron, Ann. chim. phys. 3. ser. **68**, 443 (1863).
[3]) H. Lechartier, C. R. **65**, 172 (1867).

in welchen jedoch statt MgO, FeO oder MnO eintritt, ebenso auch CaO. Ferner ersetzen sie das Fluor durch Chlor.

Die Wagnerite, welche sie erhielten, waren monoklin und enthielten die Flächen des natürlichen Wagnerits, neben einigen, welche an letzteren nicht beobachtet worden sind; $\delta = 3,65$.

Die übrigen Körper weisen folgende Formeln auf:

$3 MgO . P_2O_5 . MgCl_2$ monoklin, isomorph mit Wagnerit;

$3 MnO . P_2O_5 . MnCl_2$ Kristallform unbestimmt;

$3 (Fe, Mn)O . P_2O_5 . MnCl_2$ „   „

$3 (Ca, Mg)O . P_2O_5 . \binom{Ca}{Mg}F_2$ monoklin, aber stark von Wagnerit abweichend;

$3 CaO . P_2O_5 . CaCl_2$ rhombisch.

H. Winter[1]) hat durch Zusammenschmelzen von Magnesiumfluorid und Magnesiumphosphat im Verhältnisse 1:1 den Wagnerit $MgF_2 . Mg_3P_2O_8$ erhalten. Bei 845^0 erleidet das Salz eine Umwandlung.

A. Ditte hat wagneritähnliche Körper dargestellt, in welchem das Magnesium durch Calcium und das Fluor durch Brom ersetzt war.

M. Debray hat Arsen-Wagnerite dargestellt.[2])

Kryphiolith.

Von H. Leitmeier (Wien).

Monoklin. $a:b:c = 1,963:1:1,664$; $\beta = 65^0 52'$ (nach A. u. E. Scacchi, den Entdeckern des Minerals).

Analyse. Es existiert nur eine recht unvollständige Analyse:

δ	2,674
MgO	33,72
CaO	14,74
P_2O_5	47,59
	96,05 [3])

Kryphiolith aus der Nähe von Massa di Somma und San Sebastiano am Vesuv; anal. A. und E. Scacchi, Atti R. Ac. 1 (1883); Ref. Z. Kryst. 14, 524 (1888).

Der Verlust wird von den Analysatoren auf Fluor zurückgeführt; direkt bestimmt betrug der F-Gehalt aber $27^0/_0$ (!). Eine Formel wurde nicht berechnet. Er nähert sich chemisch dem Wagnerit, nur ist ein Teil der Magnesia durch Kalk vertreten. Nach F. Zambonini[4]) ist Kryphiolith identisch mit Wagnerit.

Eigenschaften. In kochender Salzsäure löslich. In der Borax- und Phosphorsalzperle ist er leichter löslich als der mit ihm zusammen vorkommende Apatit und er konnte auf diese Weise vom Apatit getrennt werden. Vor dem Lötrohr wird Kryphiolith opak, schmilzt aber nicht vollständig.

Das reine Mineral ist honiggelb, durchsichtig, stark glasglänzend. Die Härte ist 6, die Dichte $\delta = 2,674$.

---

[1]) H. Winter, Inaug.-Dissertat. (Leipzig 1913).
[2]) M. Debray, C. R. 52, 44 (1861).
[3]) Die Zahlen wurden vom Referenten A. Cathrein in der Z. Kryst. richtig gestellt.
[4]) F. Zambonini, Min. Vesuv., 1910, 313.

Vorkommen. A. und E. Scacchi fanden das Mineral in der Lava von 1872 in der Schmelzzone eines angeschmolzenen Konglomeratblockes zusammen mit Hämatit, Biotit, Gips, Anhydrit, Anorthit und Apatit. Der Kryphiolith tritt ganz bedeckt mit Apatitnädelchen auf.

2. Wasserhaltige Magnesiumphosphate.

Von H. Leitmeier (Wien).

Hierher gehören zwei Guanomineralien, die zwei chemisch und kristallographisch verschiedene nur aus MgO, P_2O_5 und H_2O bestehende Mineralien sind.

Newberyit (Dimagnesiumphosphat).

Rhombisch bipyramidal. $a : b : c = 0,9548 : 1 : 0,9360$ (nach A. Schmidt).[1]

Analysen.	1.	2.	3.
MgO	22,99	23,02	22,09
MnO	—	Spuren	0,02
FeO	—	—	0,85
P_2O_5	40,80	41,25	40,73
H_2O	36,21	35,73	36,31
	100,00	100,00	100,00

1. Theoretische Zusammensetzung der Formel entsprechend.
2. Newberyitkristalle aus den Skiptonhöhlen bei Ballarat in Victoria, im Guano; anal. R. W. E. Mac Ivor, bei G. v. Rath, Sitzber. d. Niederrhein. Ges. f. Nat. und Heilk. 1878; Ref. Z. Kryst. 4, 427 (1880).
3. Von ebenda; anal. R. W. E. Mac Ivor, Ch. N. 85, 181 (1902); Ref. Z. Kryst. 42, 386 (1907).

Ein Gemenge von Struvit und Newberyit, das aber weitaus zum größten Teil aus Newberyit besteht untersuchte G. Ch. Hoffmann.

	4.
MgO	21,93
P_2O_5	38,53
NH_3	1,94
CO_2	0,42
H_2O	37,18 als Differenz bestimmt.

4. Newberyit, gemengt mit Struvit und Magnesit aus den zelligen Zwischenräumen eines Elfenbeinfangzahnes eines Mammuts; am Quarz Creek, südlich Dawson City Yukon Distrikt; anal. R. A. Johnston, bei G. Ch. Hoffmann, Am. Journ. (4) 11, 149 (1901).

Die Formel dieses Minerals ist

$$MgHPO_4 . 3 H_2O.$$

Eigenschaften. Der Newberyit ist in kalter Salz- und Salpetersäure leicht löslich.

Das Mineral ist in reinem Zustand wasserhell und lebhaft glänzend. Die Kristalle sind selten homogen, da Guanopartikelchen nicht nur die Oberfläche bedecken, sondern auch im Innern der Kristalle auftreten.

Die Härte ist etwas über 3; die Dichte nach A. Schmidt (l. c.) $\delta = 2,10$.

---

[1] A. Schmidt, Z. Kryst. 7, 26 (1883).

Brechungsquotienten für Na-Licht nach A. Schmidt[1]):

$$N_\beta = 1,5196 \, .$$

Doppelbrechung positiv; Achsenwinkel $2\,V_a = 44^0\,47'$.

Synthese. A. de Schulten[2]) fand: Mischt man eine Lösung von 20 g $H(NH_4)_2PO_4$, 10 g Ammoniumsulfat und 12 g Phosphorsäure in 80 cm³ H_2O mit einer Lösung von 16 g $MgSO_47H_2O$ in 120 cm³ H_2O, so erhält man nach 24 Stunden Kristalle von Struvit (siehe S. 312). Läßt man diese in Berührung mit der Mutterlauge, so entstehen kleine Newberyitkriställchen. Nimmt man die Lösung von Magnesiumsulfat konzentrierter, so bildet sich der Newberyit gleichzeitig neben Struvit. Läßt man sie wieder in Berührung mit der Mutterlauge stehen, so wachsen die Newberyitkristalle und die Struvitkristalle werden nach und nach aufgezehrt.

Vorkommen. Der Newberyit bildet sich bei der Zersetzung organischer Substanzen, die Phosphate enthalten, vor allem im Guano.

Bobierrit (Magnesiumorthophosphat, auch Trimagnesiumphosphat).

Monoklin, prismatisch. $a:b:c = 0{,}76:1:0{,}74$ (A. de Schulten[3]) an künstlichen Kristallen).

Analyse.

Synonym: Hautefeuillit, Bobierrit, bei dem $^1/_5$ des MgO durch CaO ersetzt ist.

	1.	2.	3.
MgO	34,98	34,59	25,12
CaO	—	—	5,71
P_2O_5	29,55	29,97	34,52
H_2O	35,47	35,38	34,27
	100,00	99,94	99,62

1. Theoretische Zusammensetzung nach untenstehender Formel.
2. Bobierrit von Mejillones in Chile; anal. A. Lacroix, C. R. **106**, 631 (1888).
3. Hautefeuillit (Bobierrit) von Bamle; anal. L. Michel, Bull. Soc. min. **16**, 40 (1893).

Die chemische **Formel** lautet: $Mg_3(PO_4)_2 \cdot 8H_2O$, die Analyse 2 zeigt sehr gute Übereinstimmung.

Eigenschaften. (Nach A. Lacroix, l. c.) Der Bobierrit ist isomorph mit Vivianit und Symplesit (siehe auch A. Sachs.[4]) Er kommt in farblosen und weißen Nadeln vor; die Dichte ist $\delta = 2{,}41$. Doppelbrechung positiv, Achsenwinkel $2\,E = $ ca. 125⁰. In Wasser unlöslich, in Salpetersäure leicht löslich. Der Hautefeuillit besitzt abweichende optische Eigenschaften.

Synthese. Aus einer vorher auf 10⁰ abgekühlten Lösung von 20 g $MgSO_4 \cdot 7H_2O$ in 2 Liter H_2O durch Vermischen einer Lösung von 19,4 g $HNa_2PO_4 \cdot 12H_2O$ und 4 g Natriumbicarbonat in 1 Liter erhielt A. de Schulten (l. c.) Bobierritkristalle, wenn er dieses Gemenge beider Lösungen noch mit 1 Liter H_2O verdünnte und längere Zeit bei 20—25⁰ stehen ließ. Größere Kristalle erhielt derselbe Forscher, als er auf dem Wasser-

---

[1]) A. Schmidt, l. c.
[2]) A. de Schulten, Bull. Soc. Min. **26**, 95 (1903).
[3]) A. de Schulten, ebenda **26**, 81 (1903).
[4]) A. Sachs, ZB. Min. etc. 1906, 198.

bade 3,7 g $MgSO_4 \cdot 7H_2O$ in 1,5 Liter H_2O löste und tropfenweise eine Lösung von 3,6 g $HNa_2PO_4 \cdot 12H_2O$ und 0,8 g Natriumbicarbonat in 1 Liter H_2O zusetzte und 14 Tage stehen ließ. Auch ohne Beigabe des Natriumbicarbonats erhielt A. de Schulten dieselben Kristalle. Die Dichte war aber $\delta = 2,195$ bei 15°. Die Analyse ergab:

MgO	29,93
P_2O_5	34,80
H_2O	35,37
	100,10

Vorkommen. Der Bobierrit ist ein Guanomineral.

Calciumphosphate.

Apatit.

Von M. Seebach (Leipzig).

Hexagonal, pyramidal-hemiedrisch. $a : c = 1 : 0,7346.$[1]

$(0001) : (10\bar{1}1) = 40°16'$, jedoch etwas wechselnd und abhängig von der chemischen Zusammensetzung. Ob aber die Größe des Winkels $(0001) : (10\bar{1}1)$ im direkten Zusammenhang mit dem Chlorgehalt steht, hat bisher nicht mit Sicherheit erwiesen werden können. Vgl. P. Pusirewsky, Verh. d. kais. russ. min. Ges. (1859—1860); 1862, 59. H. Baumhauer, Z. Kryst. **18**, 31 (1891). — J. E. Wolff u. Ch. Palache, Z. Kryst. **36**, 446 (1902).

Er wurde früher häufig mit andern Mineralien, namentlich mit Fluorit, Aquamarin und Chrysolith verwechselt, bis A. G. Werner[2] seine Natur erkannte und ihm den Namen Apatit (von $\dot{\alpha}\pi\alpha\tau\dot{\alpha}\omega$, betrüge, täusche) gab.

Synonyma: Spargelstein, in weingelben bis spargelgrünen Kristallen, namentlich aus dem Talkschiefer des Greiner im Zillertal; Moroxit, bläulich-grüne bis entenblaue Kristalle von Arendal und andern Fundorten; Lasurapatit, blaugefärbte Varietät von der Slüdjanka am Baikalsee; Francolith, in nieren-förmigen oder kugeligen Aggregaten von Wheal Franco in Devonshire; Phos-phorit, feinfaserige, dichte und erdige Varietäten mit nieren- oder trauben-förmiger Oberfläche, häufig verunreinigt durch Calciumcarbonat, Tonerde, Kiesel-säure; Osteolith, erdiger Phosphorit; Staffelit, traubige und nierenförmige Krusten und Überzüge mit wenig ausgeprägter faseriger Textur von Staffel bei Limburg a. d. Lahn; Eupyrochroit, Hydroapatit, Talkapatit bezeichnen zersetzte Apatite; Pseudoapatit ist eine Pseudomorphose nach Pyromorphit; Sombrerit von der Insel Sombrero (kleine Antillen), durch Sickerwässer aus überlagerndem Guano mehr oder weniger in Kalkphosphat umgewandelter Korallenkalk.

Chemische Zusammensetzung und Analysen.

Der Apatit ist das verbreitetste und wichtigste Phosphat. M. H. Klaproth (1788) und L. N. Vauquelin (1798) erkannten, daß er Phosphorsäure und Kalk enthalte. Der Chlor- und Fluorgehalt des Apatits wurde zuerst von

---

[1] Vgl. V. Goldschmidt, Index der Kristallformen d. Mineralien, Berlin, **1**, 231 (1886).
[2] A. G. Werner, Gerhards Grundr. 1786, 281.

21*

B. Pelletier und Donadei (1790) im Phosphorit von Estremadura nachgewiesen. G. Rose zeigte (1827) durch seine Untersuchungen kristallisierter Varietäten, daß der Chlor- und Fluorgehalt für den Apatit wesentlich sei. Manche Apatitvarietäten sind durch einen Gehalt an seltenen Erden ausgezeichnet. Th. Scheerer[1]) fand zuerst im Apatit der norwegischen Augitsyenite (bis 5%) Ceroxydul, welches nicht von eingeschlossenem Kryptolith herrührt. A. Cossa[2]) konnte auf spektroskopischem Wege in Apatiten von Biella Cer, Lanthan und Didym nachweisen (wahrscheinlich durch Kryptolith bedingt). Aus derbem rötlichem Apatit von Arendal wurden von H. Fischer[3]) sehr kleine Kryptolithkriställchen (Länge: 0,045—0,224 mm, Dicke: 0,004 bis 0,016 mm) isoliert. A. Knop[4]) beschreibt aus dem Koppit-führenden Kalkstein von Schelingen im Kaiserstuhl Apatit mit 1,66% Cer, Didym, Lanthan und Yttererde. Im Apatit der Oligoklas—Biotit-Einlagerungen des Gneises von Peterstal im Schwarzwald konnte er ebenfalls die Anwesenheit von Cermetallen sicher nachweisen.

Der von Th. Scheerer gefundene Cergehalt der Apatite aus den südnorwegischen Augitsyeniten wurde von W. C. Brögger[5]) bestätigt. Der Verf. untersuchte frische, vollkommen durchsichtige, weingelbe Kristalle mikroskopisch und fand, daß ihr Cergehalt nicht eine Folge von Kryptolithinterpositionen sein könne. — F. Zambonini[6]) erkannte in Apatitkristallen von Biella durch ihr spektroskopisches Verhalten die Anwesenheit von Praseodym und glaubt dadurch die Schlußfolgerung A. Cossas, wonach alle Apatite Cermetalle in Spuren enthalten, bestätigen zu können.

Von den älteren Analysen sind im folgenden nur einige wenige angeführt, die kaum mehr als historisches Interesse beanspruchen. Die Anordnung der neueren Analysen geschah im allgemeinen nach ihrem Halogengehalt; die Analysen solcher Apatite, in welchen ein Teil des Kalks durch bedeutendere Mengen MnO, MgO oder seltener Erden vertreten ist, wurden besonders angegeben.

In Anbetracht des Umstands, daß die Bezeichnung „Phosphorit" jetzt für alle größern, meist sehr heterogen zusammengesetzten Vorkommen von Kalkphosphat gebraucht wird, konnte bei der großen Anzahl der in der Literatur vorhandenen Phosphoritanalysen nur eine beschränkte Auswahl derselben Aufnahme finden.

Ältere Analysen.

	1.	2.	3.	4.	5.	6.
Kalk	55	53,75	54,28	53,75	59,0	47,00
Eisenoxyd . .	—	—	—	—	1,0	0,75
Kohlensäure . .	—	—	—	—	1,0	
Kieselsäure . .	—	—	. —	—	2,0	0,50
Phosphorsäure . .	45	46,25	45,72	46,25	34,0	32,25
Flußsäure . . .	—	—	—	—	2,5	2,50
Salzsäure . . .	—	—	—	—	0,5	
Wasser	—	—	—	—		1,00

[1]) Th. Scheerer, Nyt. Mag. f. Nat. **5**, 308 (1848) [vgl. W. C. Brögger, Z. Kryst. **16**, 70 (1890)].
[2]) A. Cossa, Trans. Acc. d. Lincei **3**, 17 (1878); Mem. R. Acc. Sci. di Torino **28**, 309 (1876).
[3]) H. Fischer, Z. Kryst. **4**, 374 (1880).
[4]) A. Knop, Ber. üb. d. **17.** Vers. d. Oberrhein. geol. Ver. z. Frankfurt a. M. 1884, 7.
[5]) W. C. Brögger, Z. Kryst. **16**, 70 (1890).
[6]) F. Zambonini, Z. Kryst. **40**, 223 (1905).

1. Blätteriger Apatit; anal. M. H. Klaproth, Bergmänn. Journ. 1, 296 (1788); Beiträge IV, 197.
2. Moroxit aus dem Salzburgischen; anal. M. H. Klaproth, wie 1.
3. Apatit aus Spanien; anal. L. N. Vauquelin, Journ. d. min. 7 (Nr. 37), 26.
4. Apatit vom Greiner, Tirol; anal. L. N. Vauquelin, wie 3.
5. Phosphorit von Estremadura; anal. B. Pelletier u. Donadei, Mem. et Obs. d. Chim. 1, 309 (1790).
6. Erdiger Apatit von Kobolobanya b. Szigeth (Ungarn); anal. M. H. Klaproth, wie 1.

	7.	8.	9.	10.	11.	12.
δ	3,197	3,166	3,175	3,222	3,174	3,235
Kalk	55,66	55,87	55,57	55,89	54,75	55,30
Eisenoxyd	—	—	—	—	0,25*)	—
Phosphorsäure, Verlust ⎱	44,32	44,08	44,35	43,72	42,90	44,27
Flußsäure . . . . ⎰						
Salzsäure	0,02	0,05	0,07	0,39	2,10	0,43

7. Weißer, kristallisierter Apatit vom St. Gotthard; anal. G. Rose, Pogg. Ann. 9, 205 (1827).
8. Gelber, kristallisierter Apatit vom Faltigl b. Sterzing, Tirol; anal. wie 1, S. 202.
9. Derber, gelber Apatit vom Greiner, Zillertal; anal. wie 1, S. 201.
10. Grüner, kristallisierter Apatit von Arendal; anal. wie 1, S. 200.
11. Grünlichgelber Apatit von Snarum, Norwegen; anal. wie 1, S. 196.   *) Inkl. etwas Mn_2O_3.
12. Gelber, kristallisierter Apatit vom Cabo de Gata; anal. wie 1, S. 198.

Neuere Analysen.

Fluorapatit.

	1.	2.	3.	4.	5.	6.	7.
δ	—	—	—	—	3,159	—	—
(Na_2O) . . .	—	0,92	0,90	0,69	0,36	—	⎱ 0,66
(K_2O)	—	0,50	0,47	—	0,27	—	⎰
MgO	—	1,34	1,22	—	0,70	—	0,09
CaO . . .	54,55	54,67	54,74	54,09	53,43	55,83	52,21
MnO	—	—	—	—	0,85	⎱ 0,56	—
FeO	—	—	—	—		⎰	
(Al_2O_3) . . . ⎱ 0,61		0,49	0,48	0,91	⎱ 0,71	—	0,90
(Fe_2O_3) . . . ⎰				2,25		—	2,78
(CO_2) . . .	—	—	—	—	—	—	39,57
P_2O_5 . . .	42,00	39,68	39,74	38,14	41,30	42,07	1,90
F	4,16	3,75	3,68	3,34	2,38	2,27	
H_2O	—	0,12	0,10	1,59	0,29	—	—
Glühverlust . .	0,42	—	—	—	0,04	0,17	
(Unlöslich) . .	—	—	—	—	—	—	1,96
	101,74	101,47	101,33	101,01	100,33	100,90	100,07

1. Radiale Gruppen feiner Nadeln; Magnet Cove, Arkansas; anal. G. H. Williams, Annual Rep. Geol. Surv. Arkansas 1890, 2. (F aus der Differenz bestimmt).
2. u. 3. Renfrew County, Ontario; anal. P. Jannasch, Ber. Dtsch. Chem. Ges 43, 3135 (1910).
4. Francolith, Tavistoc; anal. N. St. Maskelyne u. Flight, Journ. chem. Soc. 24 3 (1871).
5. Tief purpurrote Kristalle; Minot, Maine; anal. J. E. Wolff u. Ch. Palache, Proc. Amer. Acad. Arts and Sci. Boston 37, 517 (1902); Z. Kryst. 36, 448 (1902). (Glühverlust bei 320°).
6. Ehrenfriedersdorf i. Sa.; anal. J. L. Hoskins-Abrahall, Inaug.-Diss. (Münch. 1889).
7. Amberg; anal. W. Mayer, Lieb. Ann. 101, 281 (1857).

	8.	9.	10.	11.
CaO	55,90	56,23	55,65	56,64
P_2O_5	42,45	42,71	42,91	43,13
F	1,86	1,82	1,54	0,62
Verlust bei 100° (H_2O)	0,09	—	0,08	—
Glühverlust	0,13	0,22	0,12	0,15
	100,43	100,98	100,30	100,54

8.—11. Klare und durchsichtige Kristalle, Zillertal; anal. J. L. Hoskins-Abrahall, wie oben.

In einer während des Druckes erschienenen Veröffentlichung gibt Austin F. Rogers eine weitere Analyse eines Fluorapatits (große weiße tafelige Kristalle aus dem Zillertal): 39,83 CaO, 0,23 CO_3, 57,07 PO_4, 1,20 F, 0,30 H_2O, 0,92 Sauerstoffdefizit = 99,55; anal. G. E. Postma, Z. Kryst. **52**, 213 (1913).

Fluorchlorapatit.

	12.	13.	14.	15.	16.	17.
δ	3,201	3,178	3,1884	3,1603	3,1641	—
MgO	—	—	0,18	0,55	0,16	—
CaO	55,95	55,71	55,21	52,29	54,31	55,20
FeO	—	—	—	—	—	0,24
(Al_2O_3)	—	—	0,57	1,19	0,84	—
(Fe_2O_3)	—	—	0,09	1,29	0,91	—
(CO_2)	—	—	0,22	0,10	0,11	—
P_2O_5	41,99	41,98	41,14	39,05	40,87	41,81
F	4,20	4,02	3,86	3,79	3,73	3,67
Cl	0,01	0,109	0,23	0,48	0,43	0,19
(Unlöslich)	—	—	0,06	3,49	1,15	0,28
	102,15	101,819	101,56	102,23	102,51	101,39

	18.	19.	20.	21.	22.	23.
δ	3,199	—	—	3,094	3,175	
MgO	—	—	—	Spuren	0,62	—
CaO	55,29	54,65	55,00	55,15	54,37	54,95
MnO	0,18	—	—	—	—	
FeO	—	0,48	0,18	—	—	Spuren
(Al_2O_3)	—	—	—	—	0,57	—
(Fe_2O_3)	—	—	—	—	0,13	—
(CO_2)	—	—	—	—	0,52	
P_2O_5	41,93	41,97	41,91	41,35	40,81	41,71
F	3,64	3,63	3,58	3,56	3,55	3,54
Cl	Spuren	0,03	0,20	Spuren	0,04	0,47
(Unlöslich)	0,12	0,80*)	—	0,81	0,63	
	101,16	101,56	100,87	100,87	101,24	100,67

12. Smaragdgruben a. Flusse Takowaja, Ural; anal. P. Pusirewsky, Verh. Petersb. min. Ges. (1862), 59.

13. Moroxit vom Sludjanka-Fluß, Baikal-See; anal. P. Pusirewsky, wie oben.

14. Derber, blätteriger, hellmeergrüner Apatit, in dünnen Splittern durchsichtig; „Ritchie Mine", Portland; anal. G. Ch. Hoffmann, Rep. Geol. Surv. Canada (1879), 1. Heft.

15. Roter, derber, verworren kristallinischer Apatit, North Burgess; anal. G. Ch. Hoffmann, wie oben.

16. Derber, dunkelroter Apatit, Longborough; anal. G. Ch. Hoffmann, wie oben.

17. Grube „Välkomman" bei Malmberget, unweit Gellivare; anal. W. Petersson, N. JB. Min. etc. Beil.-Bd. **24**, 639 (1907).

18. Tschimkent, Turkestan; anal. P. D. Nikolajew; Romanowskys „Materialien z. Geologie d. Turkestan", 2. Teil (St. Petersburg 1884), 143.

19. Tafelförmige, vollkommen durchsichtige, schwach grünlich gefärbte Kristalle, Knappenwand i. Untersulzbachtal; anal. M. A. Carnot, Ann. Mines 9. Sér., **10**, 140 (1896). *) SiO₂.

20. Lichtgrüne, durchsichtige Kristalle aus metamorphen Talkschiefern, Tirol; anal. M. A. Carnot, wie oben.

21. Blaß bläulichgrüne, durchsichtige Kristalle, Pisek; anal. F. Kovář, Z. Kryst. **15**, 463 (1889).

22. Derb, blaß grünlichweiß, „Doctor Pitt", Templeton; anal. G. Ch. Hoffmann, Rep. Geol. Surv. Canada (1879), 1. Heft.

23. Fast farblose, gelblichgrüne Kristalle, Jumilla, Spanien; anal. M. A. Carnot, wie oben.

	24.	25.	26.	27.	28.	29.
δ	3,1493	3,1676	3,1393	3,161	*)	—
MgO	0,16	0,21	0,15	—	—	1,27
CaO	54,49	54,09	53,05	53,94	53,78	54,51
FeO	—	—	—	—	—	1,21
(Al₂O₃)	0,71	0,27	0,61	0,19	} 0,32	—
(Fe₂O₃)	0,13	0,08	0,15	0,81		—
(CO₂)	0,37	0,86	0,03	—	—	—
(SiO₂)	—	—	—	—	0,63	—
P₂O₅	41,08	40,52	40,37	41,06	41,37	40,18
F	3,47	3,38	3,31	3,30	3,27	3,24
Cl	0,26	0,09	0,44	Spuren	0,05	1,09
Glühverlust	—	—	—	0,81	—	—
(Unlöslich)	0,37	1,63	3,89	0,63	1,59	—
	101,04	101,13	102,00	100,74	101,01	101,50

	30.	31.	32.	33.	34.	35.
δ	*)	—	3,195	—	—	—
(Na₂O)	—	—	0,53	—	—	1,11
(K₂O)	—	—	0,45	—	—	1,07
MgO	—	1,12	0,14	0,72	0,19	0,15
CaO	50,71	54,36	54,80	53,98	54,06	54,03
MnO	—	—	0,39	—	—	0,39
FeO	—	1,11	—	—	—	0,21
(PbO)	Spuren	—	—	—	—	—
(Al₂O₃)	} Spuren	—	} 0,94	—	—	0,19
(Fe₂O₃)		—		—	—	—
(SiO₂)	0,66	—	—	—	—	—
P₂O₅	38,91	40,20	41,44	41,11	41,22	41,16
F	3,22	3,08	2,93	2,92	2,86	2,60
Cl	Spuren	1,03	Spuren	1,32	1,28	0,07
H₂O	—	—	0,22	0,29	0,29	0,35
(Unlöslich)	7,34	—	—	1,25*)	1,32*)	0,27
	100,84	100,90	101,84	101,59	101,22	101,60

24. Derb, glasglänzend, blaß grünlichgrau, in dünnen Splittern durchsichtig, „Grant Mine", Buckingham; anal. G. Ch. Hoffmann, Rep. Geol. Surv. Canada (1879), 1. Heft.

25. Derb, körnig kristallinisch, grünlichweiß, „Watts Mine", Portland; anal. G. Ch. Hoffmann, wie oben.

26. Derb, matt, graulich- bis rötlichweiß mit rotbraunen Streifen, Storrington; anal. G. Ch. Hoffmann, wie oben.

27. Amelia Co., Va.; anal. H. Rowan, Ch. N. **50**, 208 (1884).

28. Wasserhelle rundliche Körnchen und ellipsoidische Kristalloide, darin vereinzelte opake Körnchen und nicht näher zu bestimmende farblose Blättchen und Nädelchen; aus der Grube Beihilfe Erbstollen zu Hals bei Freiburg i. Sa.; anal. R. Sachse, N. JB. Min. etc. 1889, I, 267. *) δ zwischen 3,202 und 3,284.

29. Gerundete, meist prismatisch verlängerte himmelblaue Kristalle, Ceylon; anal. Fr. Grünling, Z. Kryst. **33**, 217 (1900).

30. Rundliche Körnchen und gerundete Kriställchen, wasserhell, mit vereinzelten farblosen Mikrolithen, sehr selten mit winzigen Blättchen von braunem Glimmer, aus dem Granit an der Einmündung des Sulzbächletals in das Kinzigtal; anal. A. Schertel, N. JB. Min. etc. 1889, I, 267. *) δ zwischen 3,152 und 3,284.

31. Wie 29.

32. Gletsch a. Rhonegletscher; anal. K. Walter, ZB. Min. etc. 1906, 760.

33. u. 34. Gordonbrook, New South Wales; anal. J. C. H. Mingaye, Rec. Geol. Surv. N. S. Wales **6**, 116 (1898). *) Gangart.

35. Blau, Luxullian, Cornwall; anal. K. Walter, N. JB. Min. etc. Beil.-Bd. **23**, 581 (1907).

	36.	37.	38.	39.	40.	41.	42.
δ	—	—	—	—	3,1407	—	—
(Na_2O) . . .	—	0,95	—	—	0,13	0,44	—
(K_2O)	—	1,03	—	—	0,17	—	—
MgO	—	0,16	Spuren	0,19	0,04	—	Spuren
CaO	55,19	53,63	50,84	54,80	54,08	55,45	53,97
MnO	—	0,79	—	—	0,01		—
FeO	—	0,45	—	—	0,02	}1,07	0,73
(Al_2O_3) . . .	0,99	0,22	—	0,86	0,25	—	—
(Fe_2O_3) . . .	0,24	—	4,59	0,41	—	—	—
(CO_2)	—	—	1,50	0,86	—	—	1,42
(SiO_2)	—	—	0,55	—	0,03	—	0,25
P_2O_5	41,37	41,18	41,00	40,93	42,93	41,12	41,55
F	2,45	2,41	2,24	2,20	2,19	1,98	1,95
Cl	0,48	0,04	0,28	0,09	0,02	—	—
H_2O	—	0,37	—	—	0,24	0,24	0,94
Glühverlust . .	—	—	—	0,25	—	—	—
(Unlöslich) . .	0,99	0,29	—	0,15	—	0,25	—
	101,71	101,52	101,00	101,06*)	100,11	100,55	100,81

36. Canada; anal. J. A. Voelcker, Inaug.-Diss. Gießen (1883); Ausz.: Ber. Dtsch. Chem. Ges. **16**, 2460 (1883).

37. Durchsichtige blaugraue Kristalle mit grünen und blauen Zonen, Mittel zweier Analysen, Epprechtstein i. Bayern; anal. K. Walter, N. JB. Min. etc. Beil.-Bd. **23**, 592 (1907).

38. Rotbraune Prismen, Renfrew Co., Ontario, Canada; anal. M. A. Carnot, Ann. Mines, Sér. 9, **10**, 145 (1896).

39. Canada; anal. J. A. Voelcker, wie oben. *) inkl. 0,32 SO_3.

40. Grube Prinzenstein bei St. Goar, Rheinpreußen; anal. A. Sachs, ZB. Min. etc. 1903, 421.

41. Jumilla; anal. J. L. Hoskins-Abrahall, Inaug.-Diss. München (1889).

42. Großes dunkelgrünes Prisma; London-Grove, Pennsylvanien; anal. M. A. Carnot, wie oben, S. 147.

	43.	44.	45.	46.	47.	48.	49.
δ	—	3,226	—	—	—	—	—
MgO . .	—	0,42	Spuren	Spuren	Spuren	Spuren	—
CaO . . .	54,34	54,49	52,90	52,90	53,50	53,18	52,25
FeO . .	—	—	1,30	1,20	0,70	0,58	—
(Al_2O_3) .	—	1,46	—	—	—	—	} 0,92
(Fe_2O_3) .	—	0,33	0,22	0,30	—	—	
(CO_2) . .	—	—	2,30	2,31	—	—	
(SiO_2) . .	—	—	0,30	0,37	1,40	2,60	1,31*)
P_2O_5 . .	44,03	43,49	41,50	41,64	44,06	42,98	41,76
F	1,90	1,31	1,26	1,17	0,38	0,23	} qualitat. nachgewiesen
Cl . . .	0,06	0,57	0,37	0,42	0,17	0,12	0,22
Glühverlust	—	—	—	—	0,42	0,35	—
(Unlöslich)	—	Spur	—	—	—	—	—
	100,33	102,07	100,15	100,31	100,63	100,04	96,46

43. Große gelbe Kristalle, Ala; anal. C. F. Rammelsberg, Handb. Min.-Chem. 2. Aufl. 1, 297 (1875).

44. Blaß grünlichgelbe durchsichtige Kristalle, Ciply, Belgien; anal. J. Clement, Bull. Mus. Belg. 5, 159 (1888).

45. u. 46. Großer dunkelgrüner Kristall von Templeton, 45 innerer, 46 äußerer Teil des Kristalls; anal. M. A. Carnot, Ann. Mines, Sér. 9, 10, 145 (1896).

47. Golling, Tirol; anal. M. A. Carnot, wie oben, S. 150.

48. Gelber durchsichtiger Kristall, Greiner, Tirol; anal. M. A. Carnot, wie oben.

49. Oberwiesental, Sachsen; anal. A. Sauer, Erläut. z. geol. Spezialkarte d. Kgr. Sachsen. Sektion Wiesental 1884, 51. *) Inkl. Silicatbeimengung; Alkalien nicht bestimmt.

Chlorfluorapatit.

	50.	51.	52.	53.
(Na_2O) . . .	—	—	—	0,42
(K_2O) . . .	—	—	—	0,52
MgO . . .	0,17	0,73	0,22	0,25
CaO . . .	53,44	53,10	53,88	53,36
MnO . . .	—	—	—	0,22
FeO . . .	0,20	0,57	—	0,62
(Al_2O_3) . . .	—	—	—	2,02
(Fe_2O_3) . . .	0,53	—	0,68	—
(SiO_2) . . .	0,14	—	0,11	—
P_2O_5 . . .	41,01	41,17	41,80	39,84
F	0,85	1,66	2,05	1,03
Cl	5,31	3,58	2,87	1,82
H_2O . . .	—	—	—	0,48
	101,65	100,81	101,61	100,58

50. Gelbliche und grünliche, fettglänzende Stücke, Odegarden, Distrikt Bamle, Norwegen; anal. M. A. Carnot, Ann. Mines, Sér. 9, 10, 141 (1896).

51. Graugrünliche, wenig durchscheinende kristalline Spaltstücke, Odegarden; anal. M. A. Carnot, wie oben.

52. Wie 49.

53. Ölgrüner ellipsoidischer, wallnußgroßer Einschluß in Graphit, Ceylon; anal. P. Jannasch, Z. anorg. Chem. 7, 154 (1894).

Chlorapatit.

	54.	55.	56.	57.	58.	59.
δ	—	—	—	—	3,20	—
CaO	51,00	51,97	—	53,23	53,92	54,25
(Al_2O_3) . . .	—	0,91	—	0,39	—	0,92
(Fe_2O_3) . . .	—	0,24	—	0,64	—	0,40
(CO_2)	—	—	—	—	—	0,09
(SiO_2)	—	—	—	—	1,50	—
(SO_3)	—	0,18	—	0,15	—	0,14
P_2O_5 . . .	41,15	40,48	41,7	40,29	39,55	41,65
Cl	5,80	5,06	3,5	2,26	1,85	1,52
H_2O	—	—	—	—	3,16	—
Glühverlust . .	0,60	0,14	—	0,14	—	0,22
(Unlöslich) . .	0,80	1,77	1,9	1,89	—	0,64
	99,35	100,75		98,99	99,98	99,83

54. Roter Apatit, Odegarden, Distrikt Bamle, Norwegen; anal. P. Waage, Z. Dtsch. geol. Ges. **27**, 674 (1875).

55. Norwegen; anal. J. A. Voelcker, Inaug.-Diss. Gießen (1883); Ausz.: Ber. Dtsch. Chem. Ges. **16**, 2460 (1883).

56. Grünlichweißer Apatit, Odegarden; anal. P. Waage, wie oben. Anal. 54.

57. Krist., Norwegen; anal. J. A. Voelcker, wie oben. Anal. 55.

58. Blauer Apatit aus Tiree, Schottland; anal. W. C. Hancock, Quart. Journ. Geol. Soc. London **59**, 91 (1903).

59. Krist., Norwegen; anal. J. A. Voelcker, wie oben. Anal. 55.

	60.	61.	62.	63.	64.	65.	66.
δ	—	—	—	—	3,1495	3,1530	3,2154
CaO . . .	53,91	54,57	53,92	55,17	54,45	56,01	55,20
(Al_2O_3) . .	1,04	0,85	—	—	} 0,19	0,59	0,22
(Fe_2O_3) . .	1,57	1,62	[3,61]*)	—			
(SO_3) . . .	0,13	0,15	—	—	—	—	—
P_2O_5 . . .	41,17	41,29	41,58	43,22	42,67	43,05	42,60
Cl	0,91	0,81	0,50	0,12	0,085	0,028	Spuren
Glühverlust .	0,30	0,44	0,08	—			
(Unlöslich) .	0,32	0,34	0,31	—	0,29	1,29	8,10?
	99,35	100,07	100,00	98,51	97,685	100,968	106,12

60. u. 61. Norwegen; anal. J. A. Voelcker, wie oben. Die beiden Analysen gehören zu verschiedenen Teilen desselben Kristalls.

62. Arendal; anal. J. A. Voelcker, wie oben. *) Inkl. CO_2, SO_3.

63. Derb, gelb, Greiner, Zillerthal; anal. Rengert u. C. F. Rammelsberg, Hdb. Min. Chem. 2. Aufl. **1**, 276 (1875).

64. Rotenkopf, Zillertal; anal. J. König, Z. Kryst. **18**, 40 (1890).

65. Knappenwand; anal. J. König, wie oben. (Mit anhängenden Teilchen von Chlorit, Strahlstein, Feldspat usw.)

66. Schwarzenstein, Zillertal; anal. J. König, wie oben.

Die Chlorbestimmungen der Analysen 63—65 sind, weil mit geringen Substanzmengen ausgeführt, wahrscheinlich ungenau.

Manganapatit.

	67.	68.	69.	70.	71.	72.	73.
δ . . .	3,39	—	—	—	—	—	3,225
MgO . .	—	—	0,84	0,48	0,36	0,24	—
CaO . .	44,92	45,17	47,91	48,01	48,14	48,00	50,12
MnO . .	10,59	8,80*)	6,72	6,59	6,54	6,45	5,95
FeO . .	—	—	0,92	0,92	0,92	0,93	—
(Fe_2O_3) .	0,77	—					
(P_2O_5) . .	41,63	36,42	41,92	42,54	42,39	42,87	42,04
F . . .	3,12	—	2,88	2,75	2,45	2,76	3,74
Cl . . .	0,03	unbestimmt	—	—	—	—	Spuren
(Unlöslich)	—	—	0,14	—	0,18	0,12	—
	101,06	100,00**)	101,33	101,29	100,98	101,37	101,85

67. Schwarzgrüne, flach tafelförmige Kristalle, Branchville, Connecticut; anal. S. L. Penfield, Am. Journ. [3], **19**, 367 (1880).

68. Horrsjöberg; anal. L. J. Igelström, Bull. Soc. Min. **5**, 303 (1882). *) + FeO. **) Inkl. 9,61 Verlust (darunter Chlor, Fluor und Schwefelsäure).

69.—72. S. Roque bei Córdoba, Argentinien; anal. M. Siewert, Z. f. d. ges. Naturw. Halle **10**, 350 (1874).

73. Blaßgrüne Körner und Kristalle, frei von Einschlüssen, in Pyrophyllit eingewachsen; Westanå, Schonen; anal. M. Weibull, Geol. Fören. Förh. **8**, 492 (1886).

	74.	75.	76.	77.	78.	79.	80.
δ . . .	—	3,169	—	3,144	—	3,22	—
(Na_2O) . .	0,96	—	—	—	1,09	—	—
(K_2O) . .	0,92	—	—	—	1,05	—	—
MgO . .	0,43	—	—	—	0,27	—	Spuren
CaO . .	50,53	52,78	53,53	53,15	52,40	51,64	50,45
MnO . .	4,10	3,04	2,48	1,96	1,74	1,35	1,22
FeO. . .	0,33	—	—	—	0,27	—	—
(Al_2O_3) .	0,20	—	0,50	—	0,15	0,56	—
(Fe_2O_3) .	—	—	0,08	0,22	—	0,77	0,20
P_2O_5 . .	40,58	43,95	40,96	41,47	40,78	39,59	39,60
F . .	2,53	2,15	3,84	2,68	2,63	3,37	3,23
Cl . . .	0,13	—	—	0,10	0,10	0,04	Spuren
H_2O . .	0,40	—	—	—	0,36	0,52	—
(Unlöslich)	0,34	—	0,06	1,50	0,30	—	6,35*)
	101,45	101,92	101,45	101,08	101,14	100,69*)	101,05

74. Für gelbe Teile der nur zum kleinern Teil blauen Kristalle von Luxullian, Cornwall; anal. K. Walter, N. JB. Min. etc. Beil.-Bd. **23**, 581 (1907). Vgl. Nr. 77.

75. Blaugrüner Apatit, Zwiesel, Bayern; anal. A. Hilger, N. JB. Min. etc. 1885, I, 172.

76. Lichtgrüner Apatit, Branchville, Connecticut; anal. Fr. P. Dewey, Am. Journ. [3], **19**, 367 (1880).

77. Weiße, kurzprismatische Kristalle, Branchville; anal. S. L. Penfield, Am. Journ. [3], **19**, 367 (1880).

78. Für gelbe Teile der größtenteils blauen Kristalle von Luxullian, Cornwall; anal. K. Walter, wie oben. Vgl. Nr. 74.

79. Hellapfelgrüne Kristalle aus den Zinkgruben von Franklin Furnace, New Yersey; anal. S. L. Penfield, wie oben. *) Inkl. 2,82 $CaCO_3$ und 0,03 ZnO.

80. Tief blauviolette Kristalle, Montebras; anal. M. A. Carnot, Bull. Soc. Min. 19, 214 (1896). *) SiO_2.

Apatit mit seltenen Erden.

	81.	82.	83.	84.
δ	3,24	—	—	—
MgO	0,79	—	—	—
CaO	47,67	53,44	53,16	53,79
MnO	} Spuren	—	—	—
FeO				
Fe_2O_3	—			
Y_2O_3	3,36	} 1,86	1,76	1,74
Ce_2O_3	1,52			
P_2O_5	41,12	41,33	41,82	41,47
F	3,59	nicht best.	nicht best.	nicht best.
Cl	—	—	2,66	—
H_2O	0,22	—	—	—
(Unlöslich)	2,63	—	—	—
	100,90	96,63	99,40	97,00

81. Kleine, kaum 1 mm große emailweiße Prismen mit eigentümlichem weißem Oberflächenschimmer, Nasarsuk im Fjord von Tunugdliarfik, Süd-Grönland; anal. R. Mauzelius, Meddel. om Grönland 24, 1 (1899).

82.—84. Snarum, Norwegen; anal. R. Weber (vgl. G. Rose), Pogg. Ann. 84, 310 (1851).

Pseudoapatit und Talkapatit.

	1.	2.	3.	4.
δ	—	—	2,7—2,75	3,27
MgO	0,14	—	8,55	6,08
CaO	53,78	56,66	41,44	47,60
FeO	—	—	—	1,48
(Fe_2O_3)	1,78	—	1,10	—
(CO_2)	4,00	2,64	—	—
(SO_3)	—	1,42	2,32	—
P_2O_5	40,30	39,28	43,11	40,36
F	—	—	unbestimmt	0,84
Cl	—	—	0,92	0,99
H_2O	—	—	—	0,11
	100,00	100,00	97,44	97,46

1. Pseudoapatit, Grube Kurprinz August b. Freiberg; anal. C. F. Rammelsberg, Pogg. Ann. 85, 297 (1852).

2. Pseudoapatit, wie 1; anal. A. Frenzel, Tsch. min. Mit. 3, 364 (1880).

3. Talkapatit von Zlatoust; anal. R. Hermann, Journ. prakt. Chem. 31, 101 (1844).

4. Talkapatit (dunkelgrün) von Stoneham, Maine; anal. J. E. Whitfield, Am. Journ. [3], 19, 207 (1885).

Phosphorite.[1]

	1.	2.	3.	4.	5.	6.
(Na_2O)	—	—	—	0,59	—	0,89
(K_2O)	—	—	—	0,75	—	0,74
MgO	1,53	—	Spuren	0,76	0,43	0,84
CaO	1,51	1,60	42,67	20,90	8,36	39,41
(Al_2O_3)	5,33	29,02	} 6,45	5,81	1,22	4,81
(Fe_2O_3)	11,57	2,80		3,58	16,16	1,15
CO_2	—	Spuren	18,66	2,30	3,53	4,25
(SiO_2)	75,23	—	—	[42,97]	—	21,43
(SO_3)	—	—	—	0,08	—	1,13
P_2O_5	1,16	8,26	16,04	16,18	16,48	21,10
F	} Spuren	—	} Spuren	1,72	—	—
Cl		—		—	—	0,01
H_2O	2,81	—	—	} 4,70*)	1,02	} 3,95
(Organ.Subst.)	—	—	—		—	
(Unlöslich)	—	53,86	7,40	0,91	52,80*)	—
	99,77*)	95,54	100,05*)	101,25	100,00	99,71

1. Kieselphosphoritkonkretion von Zadelsdorf bei Zeulenroda; anal. J. Lehder, N. JB. Min. etc. Beil.-Bd. **22**, 73 (1906).   *) Einschl. 0,63 C.

2. Phosphorit von Kiew; anal. P. Tschirwinsky, N. JB. Min. etc. 1911, II, 70.

3. Phosphorit von Bozouls (Aveyron), Frankreich; anal. M. A. Carnot, Ann. Mines [9], **10**, 154 (1896).   *) Inkl. 2,14 Verlust b. 130°, 6,69 Verl. über 130°.

4. Phosphorit-Sandstein von Grodno, Rußland; anal. C. Grewingk, Beitrag z. Kenntnis d. groß. Phosphoritzone Rußlands (Dorpat 1871).   *) +0,91 hygroskop. Wasser.

5. Phosphorit des Nierenflözes an der Leuchtsmühle bei Plauen; anal. L. Kruft, N. JB. Min. etc. Beil.-Bd. **15**, 13, 14 (1902).   *) = 49,61 SiO_2, 1,49 C, 0,46 Al_2O_3, 1,24 Fe_2O_3.

6. Phosphoritknollen von Neuschottland b. Danzig; anal. O. Helm, Schrift. d. naturforsch. Ges. Danzig, N. F. **6**, Hft. 2, 240.

	7.	8.	9.	10.	11.
(Na_2O)	—	0,59	0,99	0,52	1,22
(K_2O)	—	0,33	1,85	0,66	1,22
MgO	0,82	0,69	0,42	0,12	0,42
CaO	48,16	47,07	39,98	47,31	51,97
(Al_2O_3)	} 1,86	1,64	1,50	1,67	2,22
(Fe_2O_3)		1,26	1,16	3,77	2,43
(CO_2)	14,48	11,72	Spuren	2,75	3,24
(SiO_2)	—	0,14	—	5,04	—
(SO_3)	0,95	0,87	—	—	—
P_2O_5	23,26	25,10	29,62	33,84	34,86
F	1,80	2,97	2,54	2,11	2,62
Cl	—	Spuren	Spuren	—	Spuren
H_2O	} 5,95	7,72	—	2,74	—
(Organ. Subst.)			—	—	—
(Unlöslich)	2,20	0,76	17,22	—	1,46
	100,28*)	101,58*)	95,28	100,53	101,66

---

[1] Eine größere Anzahl, namentlich technisch wichtiger Phosphorite wird im folgenden Artikel S. 354 gebracht.

7. Phosphorit von Kineschma; anal. P. D. Nikolajew (vgl. P. Tschirwinsky), N. JB. Min. etc. 1911, II, 68. *) Inkl. 0,80 FeS₂.

8. Phosphorit von Kostroma; anal. W. Winogradoff (vgl. P. Tschirwinsky), wie 7. *) Inkl. 0,72 FeS₂.

9. Phosphorit aus Graptolithenschiefer von Fågelsång, Schweden; anal. N. Sahl-bom, Bull. Geol. Inst. Upsala (Nr. 7), **4**, 83 (1898).

10. Phosphorit von Staffel; anal. W. Fresenius, O. Stutzer, Die wichtigst. Lager-stätten d. „Nicht-Erze" (Berlin 1911), 304.

11. Phosphorit aus Nassau; anal. Hüpeden u. Vall, Journ. f. Landwirtschaft 1868, 2. Hft., 219.

	12.	13.	14.	15.
δ	—	$3,01^1)$	—	2,92—3,0
(Na_2O) . . .	—	Spuren	—	—
(K_2O) . . .	0,46	Spuren	—	—
MgO . . .	1,45	12,74	—	0,12
CaO . . .	48,50	24,32	53,50	46,86
(Al_2O_3) . . .	—	} 6,25	$3,10^1)$	1,75
(Fe_2O_3) . . .	0,01		0,61	1,19
(CO_2) . . .	2,54	4,84	—	—
(SiO_2) . . .	—	14,64	—	—
P_2O_5 . . .	36,32	36,93	40,12	44,12
F	—	—	2,16	3,90
Cl	—	$Spuren^2)$	0,06	0,10
H_2O . . .	5,48	0,49	—	1,44
(Organ. Subst) .	2,11	—	—	—
(Unlöslich) . .	0,83	—	—	1,41
	100,10*)	$100,37^3)$	99,55	100,89

12. Malden-Phosphat von Malden-Island; anal. L. Schlucht, Über Phosphate (Leipzig 1900), 33. *) Inkl. 1,11 SO₃, 0,43 FeO, 0,86 NaCl.

13. Phosphorit von der Leuchtsmühle b. Plauen; anal. L. Kruft, N. JB. Min. etc. Beil.-Bd. **15**, 10 (1902). ¹) Mittel aus vier Bestimmungen für verschiedene Knollen. ²) Inkl. J. ³) Inkl. 0,16 C.

14. Phosphorit von Estremadura; anal. M. Ph. N. Garza u. M. L. Penuelas, Bull. Soc. géol. **17**, 157 (1860). ¹) Inkl. SiO₂.

15. wie 14; anal. D. Forbes, Phil. Mag. **197**, 340 (1865).

Osteolith, Staffelit, Hydroapatit.

	16.	17.	18.	19.	20.	21.
δ	3,08	—	2,89	3,01	3,128	3,10
(Na_2O) . . .	0,62	—	0,02	0,20	—	—
(K_2O) . . .	0,76	—	0,04	0,31	—	—
MgO . . .	0,47	2,70	0,75	0,22	—	—
CaO . . .	49,41	47,50	48,16	55,08	54,67	$52,35^1)$
(Al_2O_3) . . .	0,93	3,28	—	—	0,03	—
(Fe_2O_3) . .	1,85	—	1,56	—	0,04	—
(CO_2) . .	1,81	2,20	2,21	2,14	3,19	—
(SiO_2) . .	4,50	3,50	4,97	—	—	—
P_2O_5 . .	36,88	37,33	42,00	38,76	39,05	40,00
F	—	—	—	2,07	3,05	3,36
Cl	—	—	—	$0,01^1)$	—	—
H_2O . . .	2,28	1,65	1,31	1,26	1,40	5,30
	99,51	98,16	101,02	100,60*)	101,43	101,01

16. Osteolith von Ostheim b. Hanau; anal. C. Bromeis, Ann. Chem. Pharm.
79, 1 (1851).

17. Osteolith vom Schwarzpferdekopf b. Honnef, Siebengebirge; anal. R. Bluhme,
wie 16. **94**, 354 (1855).

18. Osteolith von Redwitz i. Fichtelgebirge; anal. E. Schröder, wie 16. **89**, 221,
101, 283 (1854).

19. Staffelit von Amberg; anal. Th. Petersen, Ber. d. Offenbach. Ver. f. Naturk.
8, 69 (1868). [1]) Inkl. J, Br. *) Inkl. 0,55 Al_2O_3, Fe_2O_8, SiO_2.

20. Staffelit von Staffel; anal. Forster, N. JB. Min. etc. 1866, 716.

21. Hydroapatit von St. Girons, Pyrenäen; anal. A. Damour, Ann. Mines **10**,
65 (1856). [1]) Im Original 47,31 CaO und 3,60 Ca.

Formel. Man pflegt den Apatit als fluor- bzw. chlorhaltigen ortho-
phosphorsauren Kalk zu deuten. Fluor und Chlor können sich gegenseitig
vertreten; in geringen Mengen sind diese Halogene auch durch Hydroxyl ersetzbar. Wir erhalten so eine isomorphe Reihe vom reinen Fluorapatit zum
reinen Chlorapatit, in welcher die variabeln Mischungsverhältnisse der beiden
Endglieder vorherrschen. Für den Kalk des Apatits können gewöhnlich in
kleinern Mengen Manganoxydul, Eisenoxydul und Magnesia eintreten. Über
den Gehalt mancher Apatite an seltenen Erden vgl. S. 324.

Die meisten Apatitanalysen führen auf folgende jetzt allgemein angenommene Konstitutionsformeln:

$$CaF . Ca_4(PO_4)_3 = \text{Fluorapatit,}$$
$$CaCl . Ca_4(PO_4)_3 = \text{Chlorapatit,}$$
$$Ca(F, Cl, OH)Ca_4(PO_4)_3 = \text{isomorphe Mischungen beider mit Hydroxyl.}$$

Die allgemeine Strukturformel wäre demnach:

Manche Apatitanalysen ergeben nach den Untersuchungen von J. A. Voelcker[1])
und J. L. Hoskins-Abrahall[2]) einen für obige Formeln zu niedrigen Gehalt an F, Cl und OH, weshalb dieselben annehmen, daß Fluor auch durch
Sauerstoff im Apatit ersetzt werden kann. J. A. Voelcker zieht deshalb die
Formel vor: $3 Ca_3P_2O_8 + Ca(F_2, Cl_2, O)$; J. A. Hoskins-Abrahall nimmt
$Ca_{10}(PO_4)_6(O, F_2, Cl_2)$ an. (Vgl. P. Groth, Tabell. Übersicht d. Mineralien).

A. F. Rogers[3]) schlägt für einen Apatit von der Zusammensetzung
$3 Ca_3(PO_4)_2 . CaO$ den Namen „Voelckerit" vor, weil J. A. Voelcker zuerst
zeigte, daß in dem Apatit zuweilen ein Defizit von Fluor und Chlor vorhanden ist. Nach A. F. Rogers läßt sich der Isomorphismus des Voelckerits
mit Fluor- und Chlorapatit auch als Massenwirkungs-Isomorphismus in der
Weise erklären, daß ein Atom Sauerstoff durch zwei Atome Fluor vertreten
wird. Er unterscheidet folgende vier isomorphe Verbindungen:

---

[1]) J. A. Voelcker, Ber. Dtsch. Chem. Ges. **16**, 2460 (1883).
[2]) J. L. Hoskins-Abrahall, Inaug.-Dissert. München (1889).
[3]) A. F. Rogers, Z. Kryst. **52**, 213, 214 (1913).

Fluorapatit $3\,Ca_3(PO_4)_2 \cdot CaF_2$,
Chlorapatit $3\,Ca_3(PO_4)_2 \cdot CaCl_2$,
Dahllit $3\,Ca_3(PO_4)_2 \cdot CaCO_3$,
Voelckerit $3\,Ca_3(PO_4)_2 \cdot CaO$

und hält es „wegen der Schwierigkeiten bei der Unterscheidung dieser Mineralien ohne chemische Analyse" für wünschenswert, die ganze Gruppe, deren allgemeine Formel $3\,Ca_3(PO_4)_2 \cdot Ca(F_2, Cl_2, CO_3, O)$ ist, als Apatit zu bezeichnen.

Löslichkeit.

In **kohlensäurehaltigem Wasser** ist der Apatit in geringem Maße löslich. Nach G. Bischof[1]) lösen sich bei gewöhnlicher Temperatur und gewöhnlichem Druck

1. ein Teil Apatit in . . . . 393000 Tln. mit CO_2 gesättigt. Wasser
2. „ „ „ (nach starkem Schütteln) in 96570 „ „ „ „ „
3. „ „ künstlich dargestellter basisch
  phosphorsaurer Kalk in . 1102[2]) „ „ „ „ „
4. wie 3, aber vorher getrocknet, in . . 5432 „ „ „ „ „
5. wie 4, nach vorherig. starkem Glühen in 13115 „ „ „ „ „

R. Müller[3]) gab feinstes Apatitpulver in Flaschen von 1,1 Liter Inhalt, die mit bei $3\frac{1}{2}$ Atm. Druck mit CO_2 gesättigtem destilliertem Wasser angefüllt waren und gut verschlossen unter öfterm Umschütteln 50 Tage im Keller aufbewahrt wurden. Nachdem dann das Wasser abfiltriert und eingedampft war, wurde der Rückstand analysiert und seine Zusammensetzung mit der des ursprünglichen Apatits verglichen.

1. Von einem Moroxit von Hammond, Nordamerika, wurden gelöst:

P_2O_5 1,417
CaO 1,696

Die Analyse der unveränderten Substanz hatte ergeben:

P_2O_5 44,09
CaO 53,32
Fe_2O_3 1,07
Cl 0,28
_____
98,76

2. Von 100 Teilen eines Apatits von Katharinenburg, dessen mittlerer Gehalt an P_2O_5 und CaO $41,54\%$ bzw. $54,68\%$ betrug, wurden gelöst:

P_2O_5 1,822
CaO 2,168

3. Bei einem Apatit (Spargelstein) von Chile betrugen die gelösten Anteile:

P_2O_5 2,12
CaO 1,946
FeO . . . . . Spuren

_____

[1]) G. Bischof, Lehrb. d. chem. u. physikal. Geologie. 2. Aufl. **2**, 242 (Bonn 1864).
[2]) J. L. Lassaigne (C. R. **23**, 1019) fand 1333 Teile mit CO_2 bei gewöhnlichem Druck und 10° C gesättigten Wassers.
[3]) R. Müller, Tsch. min. Mit. 1877, 25.

Das Glas der bei diesen Versuchen benutzten Flaschen wurde in de angegebenen Zeit von kohlensäurehaltigem Wasser nicht angegriffen.

Von Salzsäure, Salpetersäure und Schwefelsäure wird der Apat leicht zersetzt.

Nach neueren Untersuchungen von A. F. Rogers[1]) an Apatit von vierzeh verschiedenen Fundorten brausen die untersuchten Vorkommen beim Behandel mit heißer Salpetersäure auf. Er schließt daraus, daß in diesen Apatiten CaCO enthalten sei und daß Fluor und das Carbonatradikal sich gegenseitig ver treten können.

Ätzfiguren. Durch die ausgezeichneten Untersuchungen von H. Baum hauer,[2]) die hier nur kurz erwähnt werden mögen, zeigte es sich, daß di Ätzfiguren auf der Basis des Apatits, genau der Symmetrie desselben ent sprechend, von Tritopyramiden gebildet werden. Ferner machte der Verf. di interessante Beobachtung, daß beim Ätzen mit verschiedenen Lösungsmittel (HCl, HNO_3, H_2SO_4) auf (0001) zu gleicher Zeit verschiedene und verschiede orientierte Ätzeindrücke (dunklere [α] und hellere [β] bzw. zweierlei dunkler [α, α_1] und zweierlei lichtere [β, β_1]) entstehen, daß also die Lage der Ätz figuren nicht konstant, sondern vielmehr abhängig ist von der Natur und Konzentration des Ätzmittels.

Schmelzlöslichkeit. Phosphorsalz, Borax, Borsäure und Soda wurden beim Lötrohrverhalten besprochen. In geschmolzenem Kochsalz ist der Apatit leich löslich. P. W. Forchhammer[3]) bediente sich dieses Lösungsmittels zu synthetischen Darstellung des Apatits. P. A. Wagner[4]) benutzte die Kochsalz schmelze zur Isolierung des Apatits aus dem Kimberlit der De Beers-Grube bei Kimberley und zieht dieses einfache Verfahren der Trennung mit schwerer Lösungen vor.

Schmelzpunkt. R. Cusack[5]) ermittelte den Schmelzpunkt des Apatit mittels des Jolyschen Meldometers und fand

für vollständig durchsichtigen Apatit aus der Schweiz . . 1221⁰,
für Apatit von Renfrew, Canada . . . . 1227⁰.

C. Doelter[6]) konstatierte am Apatit von Renfrew bei 1270⁰ beginnende Schmelzen, bei 1300⁰ vollständige Verflüssigung.

Einen bedeutend höhern Wert (1550⁰) erhielt A. Brun,[7]) welcher sein Versuche in einem Ofen aus feuerfestem Ton machte und die Temperatur mi Hilfe Segerscher Schmelzkegel feststellte.

Der von A. Brun gefundene Wert nähert sich den von R. Nacken[8] angegebenen Schmelztemperaturen für künstlich dargestellten Apatit (Chlor apatit 1530⁰, Fluorapatit ca. 1650⁰).

Verhalten im Silicatschmelzfluß. (Vgl. auch R. Nacken (l. c.), Über di Bildung des Apatits, I). Über das Verhalten des Apatits im Silicatschmelzflu

---

¹) A. F. Rogers, Z. Kryst. **52**, 212 (1913).
²) H. Baumhauer, Sitzber. Bayr. Ak. 1875, 169; Sitzber. Berliner Ak. **42**, 86: (1887); **45**, 447 (1890); Die Resultate der Ätzmethode (Leipzig 1894), 47.
³) P. W. Forchhammer, Ann. d. Chem. u. Pharm. **90**, 77 (1854).
⁴) P. A. Wagner, ZB. Min. etc. 1909, 550.
⁵) R. Cusack, Proc. Roy. Irish. Acad. [3], **4**, 399 (1897).
⁶) C. Doelter, Tsch. min. Mit. **22**, 316 (1903).
⁷) A. Brun, Arch. d. Sc. phys. et nat. Genf **13**, 217 (1902).
⁸) R. Nacken, ZB. Min. etc. 1912, 549, 550.

läßt sich nach den Versuchen von B. Vukits,[1]) welche je einen Teil Apatit mit 18, 9 bzw. 5 Teilen Labradorit schmolz, zurzeit folgendes aussagen: Der Apatit scheidet sich aus Silicatschmelzflüssen als erstes Kristallisationsprodukt aus. Durch Dissoziation in der Schmelze vereinigt sich ein Teil des gelösten Calciums des Apatits mit den Komponenten des Labradorits und scheidet sich als Ca-Feldspat aus (Vers. I: 1 Apatit: 18 Labradorit). Bei einem andern Versuch (1 Apatit: 9 Labradorit) wirkte die Dissoziation kräftiger, wodurch die Neubildung des Anorthits vor der des Apatits als Mischungskomponente bevorzugt wurde, was aus dem Umstand erhellt, daß der Apatit $(Ca_{10}P_6O_{24}F_2)$ das komplexe Kation $[Ca_3 \cdot 3\,Ca_3P_2O_8]^{++}$ enthält. Dadurch kann einerseits wieder Apatit entstehen, während das übrige Ca zum Plagioklas übertritt. — Mit zunehmendem Apatitgehalt scheint sich aus den genannten Mineralgemengen weniger Apatit, hingegen mehr kalkreicher Plagioklas auszuscheiden. Im allgemeinen scheiden sich in den Schmelzen nicht die in größern Mengen vorhandenen Mineralien zuerst aus, sondern die mit großem Kristallisationsvermögen. Zu letztern gehört auch der Apatit.

Die Schmelzpunktverhältnisse ergeben sich aus der folgenden Tabelle:

	Schmelzpunkt d. Mineralgemenges	Aus dem arithm. Mittel berechn. Schmelzpunkt
Apatit	Θ_2 1300°	
Apatit 1	Θ_1 1210	
Labradorit 5 . . .	Θ_2 1220	} 1225°
Apatit 1	Θ_1 1220	
Labradorit 9 . . .	Θ_2 1240	} 1220
Apatit 1	Θ_1 1225	
Labradorit 18 . . .	Θ_2 1235	} 1215
Labradorit . . .	Θ_2 1210	

Lötrohrverhalten und Reaktionen. Vor dem Lötrohr schmilzt der Apatit nur schwer in dünnen Splittern zu einem durchscheinenden Glase, ohne die Flamme deutlich zu färben. Erhitzt man jedoch das feine, mit Schwefelsäure durchfeuchtete Mineralpulver am Platindraht, so tritt vorübergehend eine bläulichgrüne Färbung der Flamme auf. Die kupferoxydhaltige Phosphorsalzperle färbt bei Gegenwart von Chlor (durch Bildung von Chlorkupfer) die Flamme schön azurblau. Von Phosphorsalz wird er leicht zu einem klaren Glase aufgelöst, das bei beinahe erreichter Sättigung während des Abkühlens unklar wird und sich mit undeutlichen einzelnen Facetten bedeckt. Bei vollständiger Sättigung erstarrt das Glas ohne Facettierung zu einer milchweißen Kugel. Borax löst den Apatit langsam zu einem klaren Glase, das in der Hitze durch einen geringen Eisengehalt gelb gefärbt erscheint; bei stärkerm Zusatz von Apatitpulver wird das Glas beim Abkühlen unklar. Nach W. Florence[2]) läßt der Apatit in einer mit Bleioxyd versetzten Boraxperle schmetterlingsschuppenähnliche Kristallskelette in Form verzogener Secksecke entstehen (= schwerschmelzbares Natriumphosphat). Mit gleichen Teilen Soda schwillt er nach C. F. Plattner[3]) unter Brausen zu einer unschmelzbaren Masse an;

---

[1]) B. Vukits, ZB. Min. etc. 1904, 739.
[2]) W. Florence, N. JB. Min. etc. 1898, II, 141.
[3]) C. F. Plattner-Richters Probierkunde mit dem Löhtrohr (Leipzig 1897).

ein größerer Zusatz von Soda zieht sich in die Kohle. Mit vorher auf Kohle geschmolzenem und dann gepulvertem Phosphorsalz gemengt und im offenen Glasrohr erhitzt, geben die fluorhaltigen Apatite Fluorwasserstoffsäure, die an ihrem stechenden Geruch, durch Gelbfärbung von feuchtem Fernambukpapier oder auch durch Ätzung der Glasröhre sich nachweisen läßt. Ein Mangangehalt kann selbst in geringen Spuren durch Schmelzen mit zwei Teilen Soda und einem Teil Salpeter sicher erkannt werden. — Die Phosphorsäure ist in salpetersaurer Lösung auch leicht mit molybdänsaurem Ammoniak nachweisbar. Den Kalk findet man, indem man die salzsaure Lösung des Apatits mit einigen Tropfen Schwefelsäure und dem dreifachen Volumen starken Alkohols versetzt und umschüttelt (Abscheidung von Calciumsulfat). Dieselbe Lösung kann nach Entfernung des Alkohols auch auf Tonerde und Eisenoxyd geprüft werden.

Physikalische Eigenschaften.

Dichte. Das spezifische Gewicht schwankt bei den verschiedenen Apatiten innerhalb bedeutender Grenzen, nämlich zwischen 3,09 und 3,39. Der erste Wert wurde von C. Vrba[1] an einem Apatit von Pisek gefunden, $\delta = 3,39$ von S. L. Penfield[2] an einem dunkelgrünen Kristall von Branchville. Für die weitaus meisten Apatite liegt δ zwischen 3,14 und 3,22. Ob bei den reinen Chlorapatiten das spezifische Gewicht mit zunehmendem Chlorgehalt abnimmt, wie das zuerst P. Pusirewsky[3] an russischen Apatiten verschiedener Fundorte nachzuweisen versuchte, dürfte nach den wenigen bisherigen Untersuchungen über diesen Gegenstand zweifelhaft sein.

An künstlich dargestellten Kriställchen von Fluorapatit bestimmte R. Nacken[4] $\delta = 3,18$ bei 25° (für Fluorapatit); $\delta = 3,17$ bei 20° (für Chlorapatit).

J. A. Douglas[5] fand an einem Apatit vom St. Gotthard $\delta = 3,197$. Nachdem er dasselbe Material in der Schlinge eines elektrisch erhitzten Platinstreifens geschmolzen hatte, ergab sich für das so erhaltene Glas $\delta = 2,972$. Mit dieser Verminderung des spezifischen Gewichts war eine Volumzunahme von 7,57% verbunden.

Die **Spaltbarkeit** nach (0001) und (10$\bar{1}$0) ist unvollkommen.

Die **Härte** ist nach der Mohsschen Härteskala = 5, für die faserigen und dichten Arten zuweilen etwas geringer.

T. A. Jaggar[6] bestimmte die Härte mittels eines Diamantspitzen-Sklerometers zu 1,23 (Gips = 0,04, Calcit = 0,26, Fluorit = 0,75, Orthoklas = 25, Quarz = 40, Topas = 152, Korund = 1000).

Nach F. Auerbach[7] ist die absolute Härte des Apatits = 237.

Elastizitätsmodul. Der Elastizitätsmodul für Apatit ist nach F. Auerbach[8] in der Richtung der Hauptachse:

$$E' = 144490 \pm 70, \qquad E = 13800$$

und wurde von dem Verfasser mit Hilfe des von ihm konstruierten Apparats

[1] C. Vrba, Z. Kryst. **15**, 463 (1889).
[2] S. L. Penfield, Am. Journ. [3], **19**, 367 (1880).
[3] P. Pusirewsky, Verh. d. russ. Ges. f. d. ges. Min. 1862, 59.
[4] R. Nacken, ZB. Min. etc. 1912, 547.
[5] J. A. Douglas, Qart. Journ. Geol. Soc. **63**, 145 (1907).
[6] T. A. Jaggar, Z. Kryst. **29**, 274 (1898).
[7] F. Auerbach, Wied. Ann. **58**, 357 (1896).
[8] F. Auerbach, wie [7]), S. 381.

22*

in der Weise bestimmt, daß er eine Linse des zu untersuchenden Materials mit dem Krümmungsradius ϱ gegen eine Fläche desselben Materials drückte. Bezeichnet q den Quotient des Drucks p durch den Kubus des Durchmessers d der kreisförmigen Druckfläche, so ergibt sich als Eindringungsmodul der Wert $E' = 12\,\varrho\,q$. Ist ferner μ das Verhältnis der Querkontraktion zur Längs-dilatation, so ist der Dehnungsmodul $E = E'\,(1 - \mu^2)$.

Brechungsquotienten.

	Fundort	N_α			N_γ			$N_\alpha - N_\gamma$		
		Li	Na	Tl	Li	Na	Tl	Li	Na	Tl
1.	Luxullian, Cornwall	1,6301	1,6330	1,6352	1,6287	1,6316	1,6337	0,0014	0,0014	0,0015
2.	Minot, Maine	1,6389	1,6426	1,6450	1,6372	1,6409	1,6432	0,0017	0,0017	0,0018
		1,6307	1,6335	—	1,6287	1,6316	—	0,0020	0,0019	—
3.	Epprechtstein	1,6304	1,6338	1,6362	1,6290	1,6323	1,6347	0,0014	0,0015	0,0015
4.	Sulzbachtal	1,6371	1,6407	1,6433	1,6355	1,6391	1,6416	0,0016	0,0016	0,0017
5.	Gletsch a. Rhonegletscher	—	1,6355	—	—	1,6329	—	—	0,0026	—
6.	Malmberget, Schweden	1,6341	1,6356	1,6389	1,6319	1,6332	1,6356	0,0022	0,0024	0,0033
		1,6328	1,6361	1,6395	1,6294	1,6325	1,6360	0,0034	0,0036	0,0035
7.	Priciac	1,6349	1,6381	1,6415	1,6310	1,6343	1,6377	0,0039	0,0038	0,0038
8.	Jumilla, Spanien	—	1,6363	—	—	1,6332	—	—	0,0031	—
9.	Bellenberges bei Mayen	—	1,637	—	—	1,633	—	—	0,004	—
10.	Katzenbuckel i. Odenwald	—	1,637	—	—	1,634	—	—	0,003	—
11.	Sondalo, Veltin	1,6345	1,6379	1,6410	1,6303	1,6336	1,6368	0,0042	0,0043	0,0042
12.	Jumilla, Spanien	—	1,6379	—	—	1,6349	—	—	0,0030	—
13.	Biella, Prov. Novara	—	1,6381	1,6410	—	1,6345	1,6376	—	0,0036	—
14.	Knappenwand	—	1,6382	—	—	1,6345	—	—	0,0037	—
15.	Jumilla, Spanien**	—	1,6387	—	—	1,6356	—	—	0,0031	—
16.	Cappucini di Albano	—	1,6388	—	—	1,6346	—	—	0,0042	—
17.	Zillertal	—	1,6391	—	—	1,6346	—	—	0,0045	—
18.	Tirol	—	1,6461	—	—	1,6417	—	—	0,0041	—
19.	Pisek	—	1,6449	—	—	1,6405	—	—	0,0044	—
		1,6445	1,6482	1,6515	1,6396	1,6431	1,6465	0,0049	0,0051	0,0050

1. K. Walter, N. JB. Min. etc. Beil.-Bd. **23**, 636 (1907).
2. J. E. Wolff, Z. Kryst. **36**, 445 (1902).
3. K. Walter, wie oben.
4. K. Zimányi, Z. Kryst. **22**, 332 (1894).
5. K. Busz, ZB. Min. etc. 1906, 753.
6. K. Zimányi, Z. Kryst. **39**, 514 (1904).
7. P. Gaubert, Bull. Soc. min. **30**, 104 (1907).
8. K. Zimányi, wie 4.
9. P. Gaubert, Bull. Soc. min. **28**, 186 (1905).
10. M. Seebach, Verh. d. naturhist. med. Ver. Heidelberg, N. F. **11**, 460 (1912).
11. L. Brugnatelli, Z. Kryst. **36**, 100 (1902).
12. K. Hlawatsch, Rosenbusch, Physiographie 1, [2J, 107 (1905).
13. F. Zambonini, Z. Kryst. **40**, 222 (1905).
14. L. Weber, ZB. Min. etc. 1909, 594.
15. G. Lattermann, Rosenbusch, Physiographie 1, 355 (1885).
16. F. Zambonini, Z. Kryst. **37**, 370 (1903).
17. J. C. Heusser, Pogg. Ann. **87**, 468 (1852).
18. K. Zimányi, wie 4.
19. K. Zimányi, Z. Kryst. **40**, 282 (1905).

*) Grenzwerte.
) A. Schrauf, Sitzber. Wiener Ak. **42, 111 (1860), fand am Apatit von Jumilla $N_{\alpha\,D} = 1{,}63896$, $N_{\gamma\,D} = 1{,}63448$, $N_\alpha - N_\gamma = 0{,}00448$.

R. Nacken[1]) untersuchte die Lichtbrechungsverhältnisse an künstlich dargestelltem Apatit und fand

Für Fluorapatit: $N_a = 1,6325 \pm 0,001$, $N_\gamma = 1,630$, $N_a - N_\gamma = $ ca.0,003 (vgl. Apatit von Minot).

Für Chlorapatit: $N_a = 1,6667 \pm 0,002$.

Schwache negative Doppelbrechung.

Die Brechungsquotienten differieren für die Apatite der verschiedenen Fundorte ziemlich bedeutend. Die niedrigste Lichtbrechung hat der Apatit von Luxullian, die höchste der von Pisek.

K. Walter[2]) glaubt nach seinen chemischen und optischen Untersuchungen der Apatite von Epprechtstein und Luxullian, daß die Brechungsquotienten, Doppelbrechung und Dispersion mit steigendem Mangangehalt wachsen und zwar die ersteren stärker als die beiden letztern. Nach seiner Diskussion derjenigen Apatite, von welchen Angaben über chemische Zusammensetzung und Lichtbrechung vorhanden sind, scheinen klare Beziehungen zwischen der chemischen Konstitution und den Lichtbrechungsverhältnissen sich bisher im allgemeinen am Apatit nicht erkennen zu lassen.

J. E. Wolff und Ch. Palache[3]) kommen nach einer Zusammenstellung der physikalischen und chemischen Charaktere des Apatits zu dem Schlusse, daß nach den vorhandenen Beobachtungen kein bestimmtes Verhältnis zwischen Doppelbrechung und Chlorgehalt besteht. — Dieselben Verf. erhitzten den von ihnen optisch untersuchten Kristall von Minot (Nr. 2 der obigen Tabelle), der eine tiefe Amethystfärbung zeigte, auf 320° bis zur vollständigen Entfärbung und fanden nach der Erhitzung:

$$N_{a(Na)} = 1,6335, \qquad N_{\gamma(Na)} = 1,6317, \qquad N_a = N_\gamma = 0,0018.$$

Hiernach scheint die geringe Veränderung in den Brechungsquotienten und der Doppelbrechung innerhalb der Fehlergrenzen zu liegen.

Daß die Färbung einen Einfluß auf die Lichtbrechung haben kann, zeigte K. Zimányi[4]) am Apatit von Malmberget in Schweden. Er bestimmte an zwei Kristallen von ursprünglich grüner bzw. gelbgrüner Farbe die Lichtbrechung vor und nach dem Erhitzen auf starke Rotglut und bis zur vollständigen Entfärbung.

Vor dem Erhitzen:

Kristall I. $\quad N_{a(Na)} \begin{cases} = 1,6376 \\ = 1,6383 \end{cases} \quad N_{\gamma(Na)} \begin{cases} = 1,6338 \\ = 1,6342 \end{cases}$
Kristall II.

Nach dem Erhitzen:

Kristall I. $\quad N_{a(Na)} \begin{cases} = 1,6373 \\ = 1,6374 \end{cases} \quad N_{\gamma(Na)} \begin{cases} = 1,6337 \\ = 1,6337 \end{cases}.$
Kristall II.

Die Lichtbrechung wurde in beiden Kristallen nach dem Erhitzen schwächer und zwar wurde die Lichtbrechung für den ordentlichen Strahl stärker geschwächt als für den außerordentlichen; die Brechungsquotienten waren nach dem Erhitzen für beide Kristalle auffallenderweise fast gleich geworden.

---

[1]) R. Nacken, ZB. Min. etc. 1912, 546, 552.
[2]) K. Walter, N. JB. Min. etc. Beil.-Bd. **23**, 640 (1907).
[3]) J. E. Wolff u. Ch. Palache, Z. Kryst. **36**, 447 (1902).
[4]) K. Zimányi, Z. Kryst. **39**, 517 (1904).

Dichroismus ist an den gefärbten Varietäten des Apatits mehr oder weniger gut zu beobachten und zwar wird der außerordentliche Strahl stärker absorbiert als der ordentliche. Nach H. Rosenbusch[1]) ist die stärkere Absorption des außerordentlichen Strahls selbst an farblosen Apatiten bemerkbar, was auch von K. Zimányi[2]) an den durch Erhitzen entfärbten Kristallen von Malmberget konstatiert werden konnte. Für dieses Vorkommen bestimmte K. Zimányi[2]) an blaßgrünen Kristallen: *o* lichtgelb, *e* bläulichaquamaringrün; an lebhaft grünen Kristallen: *o* rötlichgelb, *e* bläulichgrün; an gelblichen und bräunlichen Kristallen: *o* bräunlichgelb, *e* gelblichgrün; an einem dunkelgelben Kristall: *o* intensiv gelblichbraun, *e* dunkelgrün.

A. K. Coomáraswámy[3]) fand an einem blauen Apatit von Ceylon:

$\|$ *c* himmelblau, $\perp$ *c* blaß weinrot.

P. Termier[4]) beobachtete starken Dichroismus an einem roten Apatit aus dem Andesit von Guillestre (Hautes-Alpes). Im Dünnschliff feuerrot, zeigte dieser:

$\|$ *a* tieforange oder feuerrot, $\|$ *c* blaßgelb oder weiß.

A. Karnojitzky[5]) beschreibt schwach bläulich gefärbte Apatitkristalle von Ehrenfriedersdorf mit anomalem Trichoismus, der nur an relativ dicken Platten erkennbar war.

Optische Anomalien wurden auch sonst häufig am Apatit beobachtet. Nach C. Doelter[6]) verhalten sich vornehmlich die gefärbten Kristalle anomal, ferner auch die schaligen, bei normalem Kern. Mit zunehmender Temperatur nimmt der Achsenwinkel ab.

Absorptionsspektrum. H. Becquerel[7]) beobachtete in dem extraordinären Spektrum eines didymhaltigen gelben Apatits von Spanien zahlreichere Linien, deren eine ($\lambda = 583$) stark hervortritt; im ordinären Spektrum sind zwei andere Linien ausgezeichnet ($\lambda = 582$ bzw. 575).

Luminiszenz. Viele Apatitvarietäten, namentlich der Eupyrochroit und manche Phosphorite phosphoreszieren beim Erhitzen mit farbigem Licht.

K. Keilhack[8]) brachte verschiedene Apatite durch Einwirkung von Röntgenstrahlen mit gelbem Licht zum Aufleuchten und maß die Leuchtstärke mittels einer 64teiligen Skala aus Stanniolstreifen in der Weise, daß er bestimmte, wie viele Streifen nötig waren, um die Luminiszenzstrahlen zu vernichten. Er erhielt folgende Werte:

Farbe	Fundort	Leuchtstärke
grünlich	Ehrenfriedersdorf	34
violett	Ehrenfriedersdorf	43
gelb	Tirol	18
wasserhell	Sulzbachtal	30
gelb	Jumilla	14
	Norwegen	21
	Canada	20

[1]) H. Rosenbusch, Physiographie, 3. Aufl., 1892, 409.
[2]) K. Zimányi, Z. Kryst. **39**, 518, 519 (1904).
[3]) A. K. Coomáraswámy, Quart. Journ. Geol. Soc. **58**, 399 (1902).
[4]) P. Termier, Bull. Soc. min. **23**, 49 (1900).
[5]) A. Karnojitzky, Verh. d. kais. russ. min. Ges. **27**, 434 (1890/91).
[6]) C. Doelter, N. JB. Min. etc. 1884, II, 220.
[7]) H. Becquerel, Ann. chim. phys. [6], **14**, 170 (1888).
[8]) K. Keilhack, Z. Dtsch. geol. Ges., Verh. 1898, 131.

A. Pochettino[1]) erhielt mit Radiumstrahlen sehr schwache, grünlichgelbe, momentane Luminiszenz; die der Prismenflächen zeigte eine sehr schwache Polarisation. Mit Röntgenstrahlen konnte er keine Luminiszenz nachweisen.

Nach C. Doelter[2]) phosphoreszierte ein violettblauer Apatit von Auburn mit Kathodenstrahlen „äußerst lebhaft mit grüngelbem Licht", ein anderer blaßgelblicher Apatit vom Sulzbachtal „sehr stark gelblichgrün".

Es scheinen somit alle Apatite die Eigenschaft der Luminiszenz zu besitzen.

Fluoreszenz. L. Sohncke[3]) studierte an einer Reihe von Mineralien Fluoreszenzerscheinungen und fand, daß im Apatit die fluoreszierenden Teilchen im wesentlichen nur senkrecht zur Hauptachse schwingen, in dieser Ebene jedoch gleich stark nach allen Richtungen. Das Fluoreszenzlicht ist gelblichgrün.

G. C. Schmidt[4]) untersuchte einen farblosen Apatitkristall der Kombination $(10\bar{1}0).(0001)$ mit grüngelber Fluoreszenz. Dieser zeigte beim Eintritt des erregenden Lichts durch das Prisma und bei Beobachtung durch die Basis unpolarisierte Fluoreszenz. Würde die Beobachtung in umgekehrter Weise gemacht, ergab sich im Hauptschnitt fast vollständige Polarisation.

Spezifische Wärme. Die spezifische Wärme bestimmte J. Joly[5]) an durchsichtigem, grünem Apatit zu 0,1829, an einem undurchsichtigen rötlichen zu 0,1920.

P. E. W. Öberg[6]) fand für graugrünen derben Apatit von Gjerrestadt (Distrikt Bamle) den Wert 0,1903).

Thermische Leitfähigkeit. Bezeichnet λ_c die thermische Leitfähigkeit in der Richtung der Hauptachse, λ_a die Leitfähigkeit in den zur Hauptachse senkrechten Richtungen, so ergibt sich nach den Untersuchungen von F. M. Jaeger[7]) für den Apatit von Stillup (Tirol) das Verhältnis:

$$\frac{\lambda_c}{\lambda_a} = 1,35 .$$

Die rotatorische Konstante (λ') der Wärmeleitung ist für Apatit sehr gering; nach den von W. Voigt[8]) gemachten Beobachtungen ist der Wert für $\lambda' : \lambda_a$ nicht größer als $1 : 2000$ und dürfte praktisch $= 0$ zu achten sein.

Thermoelektrische Eigenschaften. Nach den Untersuchungen von W. G. Hankel[9]) sind die Kristalle des Apatits thermoelektrisch, und zwar differiert die Intensität der auftretenden elektrischen Spannungen je nach dem Fundort und der Beschaffenheit der Kristalle. Der Apatit zeigt zwei einander gerade entgegengesetzte elektrische Verteilungen. Gewöhnlich verhalten sich bei den meisten Kristallen beim Abkühlen die Basisflächen positiv, die Prismenflächen negativ (Apatit von der Tokowaia, Ehrenfriedersdorf, Sulzbach, St. Gotthard, Norwegen, Sadisdorf bei Dippoldiswalde in Sachsen); doch kann in seltenern Fällen auch das Gegenteil stattfinden (Ehrenfriedersdorf, St. Gotthard). Die Verteilung der negativen Elektrizität auf den Flächen von $(10\bar{1}0)$ und $(11\bar{2}0)$

[1]) A. Pochettino, R. Acc. d. Linc. 1. Sem. [5], **14**, 505 u. 2. Sem. 220 (1905).
[2]) C. Doelter, Das Radium und die Farben (Dresden 1910), 30.
[3]) L. Sohncke, Wied. Ann. **58**, 417 (1896).
[4]) G. C. Schmidt, Wied. Ann. **60**, 740 (1897).
[5]) J. Joly, Proc. Roy. Soc. **41**, 250 (1887).
[6]) P. E. W. Öberg, Öfvers. Vet.-Akad. Förh. 1885, Nr. 8, 43.
[7]) F. M. Jaeger, Arch. d. Sc. phys. et nat. Genf **22**, 240 (1906).
[8]) W. Voigt, Nachr. d. k. Ges. d. Wiss. Göttingen 1903, 87.
[9]) W. G. Hankel, Abh. d. sächs. Ges. d. Wiss. math.-phys. Kl. **12**, 1 (1878);
Ausz. Z. Kryst. **5**, 261 (1881).

ist bei einigen Kristallen so, daß auf ($10\bar{1}0$) die negative Spannung von links nach rechts wächst und auf dem benachbarten ($11\bar{2}0$) in demselben Sinn abnimmt. Das Maximum der Spannung fällt also auf die in bezug auf die Flächen von ($10\bar{1}0$) rechts liegenden Kombinationskanten ($10\bar{1}0$) : ($11\bar{2}0$), das Minimum auf die in bezug auf ($10\bar{1}0$) links liegenden Kombinationskanten ($10\bar{1}0$) : ($11\bar{2}0$). Diese eigentümliche Lage des Maximums und Minimums ist ohne Zweifel eine Folge der pyramidalen Hemiedrie des Apatits, weil nämlich das Minimum auf denjenigen Kombinationskanten von ($10\bar{1}0$) : ($11\bar{2}0$) liegt, die durch Tritoprismen abgestumpft werden.

Magnetische Eigenschaften. J. Koenigsberger[1]) ermittelte die magnetische Suszeptibilität für Apatit vom Zillertal

$$\varkappa = -1{,}23 \cdot 10^{-6}.$$

Ein auffallendes Resultat ergaben die Untersuchungen von W. Voigt und S. Kinoshuto[2]) an einem farblosen Apatit aus Tirol. Die Verf. stellten fest, daß sich für den diamagnetischen Apatit parallel und senkrecht zur Hauptachse kein (innerhalb der erreichbaren Genauigkeit der Methode liegender) meßbarer Unterschied in der Stärke des Magnetismus erkennen läßt. Die von ihnen gefundenen absoluten Werte der Magnetisierungszahlen sind

$$R \parallel \text{der Hauptachse}: \varkappa' = 2{,}64 \cdot 10^{-7}; \quad \varkappa = 8{,}45 \cdot 10^{-7};$$
$$R \perp \text{der Hauptachse}: \varkappa' = 2{,}64 \cdot 10^{-7}; \quad \varkappa = 8{,}45 \cdot 10^{-7}.$$

(R ist die Feldstärke, $\varkappa'$ bezeichnet die auf die Masseneinheit, $\varkappa$ die auf die Volumeinheit bezogene Magnetisierungszahl).

Über Pyro- und Piezomagnetismus des Apatits berichtet W. Voigt;[3]) er fand für Apatit ein dauerndes magnetisches Moment von $0{,}6 \cdot 10^{-6}$ (g-cm-Sec.).

Färbung des Apatits und Natur des Pigments.

Der Apatit nimmt unter den dilut gefärbten Mineralien wegen seines Farbenreichtums eine hervorragende Stelle ein. Bei den natürlichen Vorkommen herrschen namentlich grüne, blaue und gelbe Farben in den verschiedensten Nüancen. Gelegentlich werden auch rote Apatite gefunden.

In der Regel verändern die Apatite beim Erhitzen ihre Farbe, was durch mehrere Untersuchungen festgestellt wurde:

Nach K. Zimányi[4]) wurden grünlichgelbe Kristalle von Malmberget durch Erhitzen bis zu starker Rotglut vollkommen wasserklar; J. E. Wolff und Ch. Palache[5]) vermochten einen tief amethystfarbenen Apatitkristall von Minot durch Erhitzen bis auf 320° zu entfärben; P. Gaubert[6]) erhitzte einen bläulichen Kristall von Priziac mit demselben Erfolg; ein violettblauer Apatit von Auburn, den C. Doelter[7]) im Sauerstoffstrom erhitzte, wurde bei 500° fast farblos, im Chlorstrom heller.

Versuche, die Natur der färbenden Substanz beim Apatit zu ermitteln,

[1]) J. Koenigsberger, Wied. Ann. **66**, 698 (1898).
[2]) W. Voigt u. S. Kinoshuto, Nachr. d. k. Ges. d. Wiss. (Göttingen 1907), 123–144, 270.
[3]) W. Voigt, Nachr. d. k. Ges. d. Wiss. (Göttingen 1901), 1.
[4]) K. Zimányi, Z. Kryst. **39**, 518, 519 (1904).
[5]) J. E. Wolff und Ch. Palache, Z. Kryst. **36**, 444 (1902).
[6]) P. Gaubert, Bull. Soc. min. **25**, 359 (1902).
[7]) C. Doelter, Das Radium und die Farben (Dresden 1910), 30.

machten zuerst E. v. Kraatz-Koschlau und L. Wöhler.[1]) Sie untersuchten violette und grüne Kristalle von Ehrenfriedersdorf, schmutziggraue von Zinnwald, die sämtlich beim Erhitzen farblos wurden. Grünliche Kristalle von Canada wurden gelb. Durch Elementaranalyse im Sauerstoffstrom bestimmten sie für die violetten Kristalle von Ehrenfriedersdorf in 4,5 g angewandter Substanz 0,02 % C und 0,011 % H, und folgerten daraus, daß die Färbung dieser Apatite durch organische Substanzen bedingt sei.

Wenn man erwägt, daß der Apatit häufig Interpositionen, namentlich solche von Gasen und Flüssigkeiten enthält, daß ferner nach andern Versuchen auch farblose Mineralien, z. B. Bergkristall vom St. Gotthard, beim Glühen im Sauerstoffstrom in gleichfalls sehr geringen Mengen CO_2 und H_2O geben, mag es zweifelhaft erscheinen, ob durch die Versuche von E. v. Kraatz-Koschlau und L. Wöhler tatsächlich die Natur der Apatitpigmente erwiesen sei. Bedeutungsvoll für die Beantwortung unserer Frage sind jedenfalls auch die Studien C. Doelters,[2]) nach welchen eine Reihe farbloser Mineralien, unter diesen auch Apatit, durch Bestrahlung mit Kathodenstrahlen sich färbte (ein farbloser Apatit von Pinzgau wurde violettblau).

W. Pupke[3]) hat in neuerer Zeit nachzuweisen versucht, daß die Farbe mancher Apatite auf einen Mangangehalt zurückzuführen sei. Er glaubt auch die von ihm beobachteten optischen Anomalien durch eine isomorphe Beimengung von Mangan erklären zu können.

Daß die Färbung des Apatits die Lichtbrechung beeinflussen kann, wurde weiter oben gezeigt (vgl. S. 341).

Selbst unter der Annahme, daß manche Apatite ihre Farbe einem gelegentlichen Mangangehalt verdanken, berechtigen doch anderseits unsere Erfahrungen über Mineralpigmente im allgemeinen zu dem Schluß, daß sich für den Apatit etwas Sicheres über die Natur seines Farbstoffs zurzeit nicht aussagen läßt.

Einfluß der Radiumstrahlen, Kathodenstrahlen und ultravioletten Strahlen auf die Farbe des Apatits.

Gegen die Bestrahlung mit Radiumstrahlen verhalten sich die Apatite nach C. Doelters[4]) Untersuchungen sehr verschieden. Ein violettblauer Apatit von Auburn wurde mit Radium etwas heller und reiner violett; ultraviolette Strahlen haben ein Dunklerwerden zur Folge; nach der Radiumbestrahlung in Stickstoff geglüht, wird er wieder heller; Kathodenstrahlen sind ohne Wirkung auf seine Farbe.

Ein andrer farbloser Apatit vom Pinzgau nahm nach 42 tägiger Radiumbestrahlung, analog dem Verhalten des farblosen Fluorits, eine violette Färbung an (19q), welche durch die Einwirkung von ultravioletten Strahlen heller (19s—r) wurde, um nach 10 Stunden ganz zu verschwinden.

Blaßgelber Apatit vom Sulzbachtal wurde durch Radiumstrahlen nicht verändert.

Synthese. Die erste künstliche Darstellung des Apatits soll nach J. R. Haüy[5]) Th. v. Saussure gelungen sein, welcher Apatit durch Zersetzung von Gips

---

[1]) E. v. Kraatz-Koschlau und L. Wöhler, Tsch. min. Mit. **18**, 319 (1898/99).
[2]) C. Doelter, Das Radium und die Farben (Dresden 1910).
[3]) W. Pupke, Inaug.-Diss. (Kiel 1908).
[4]) C. Doelter, Das Radium und die Farben (Dresden 1910).
[5]) J. R. Haüy, Traité de Minéralogie. 2. éd. **1**, 504 (1822).

mit Phosphorsäure darstellte. Der so erhaltene (allerdings Cl- und F-freie) Apatit phosphoreszierte nicht beim Erhitzen, wohl aber, wenn man ihn kratzte. Ob das von Th. Saussure dargestellte Produkt wirklich Apatit war, ist fraglich. — In mikroskopischen Prismen vom spez. Gew. $\delta = 2,98$ erhielt A. Daubrée[1]) Apatit, indem er in einer Porzellanröhre über dunkelrotglühenden Ätzkalk Dämpfe von Phosphorchlorid leitete. A. Manross[2]) schmolz dreibasisch phosphorsauren Kalk mit einem Überschuß von Fluorcalcium, Chlorcalcium, oder einem Gemenge beider. Die erhaltenen Kristalle zeigten Grundprisma und Pyramide. — Die Synthese von H. Briegleb[3]) unterscheidet sich von der vorigen durch Ersatz des Fluorcalciums durch Flußspat. An den erhaltenen Kristallnadeln ließen sich die Formen (0001), (10$\bar{1}$0) und (10$\bar{1}$1) nachweisen. — J. G. Forchhammer[4]) bediente sich bei seinen Versuchen des dreibasisch phosphorsauren Kalks bzw. weißgebrannter Knochen, die er mit einem Überschuß von Kochsalz schmolz. — H. Sainte-Claire Deville und H. Caron[5]) verwendeten ebenfalls Calciumphosphat aus Knochen, das sie mit Chlorammonium und einem großen Überschuß von Fluor- bzw. Chlorcalcium bis zur lebhaften Rotglut erhitzten. Beim Abkühlen der Schmelze kristallisierten lange Apatitprismen aus mit dem spez. Gew. $\delta = 3,14$ und der chemischen Zusammensetzung: 42,5 P_2O_5, 49,7 CaO, 2,6 CaF_2, 5,2 $CaCl_2$.

Auf nassem Wege erhielt H. Debray[6]) Apatit, indem er sauren phosphorsauren Kalk mit einer Lösung von Chlornatrium in einer zugeschmolzenen Glasröhre auf 250° erhitzte.

E. Weinschenk[7]) modifizierte die H. Debraysche Synthese durch Anwendung von Ammoniaksalzen, die bei höherer Temperatur dissoziieren und deshalb ein größeres Lösungsvermögen besitzen. Der Verfasser erhitzte in der zugeschmolzenen Glasröhre ein Gemisch von Chlorcalcium, Ammoniumphosphat und überschüssigem Ammoniumchlorid und erhielt auf diese Weise relativ große Kristalle von Apatit.

Bei späteren Versuchen leitete H. Debray[8]) Dämpfe von Salzsäure über rotglühenden dreibasisch-phosphorsauren Kalk, eine Synthese, die nach H. Rosenbusch[9]) für die Erklärung mancher Apatitvorkommen im Gabbrokontakt und in Hohlräumen von Eruptivgesteinen (Capo di Bove) von Bedeutung ist.

Interessante Ergebnisse hatten die Untersuchungen von A. Ditte,[10]) welcher zeigte, daß sehr kleine Mengen $Ca_3P_2O_8$ (ca. 1 g) durch Erhitzen mit großen Mengen NaCl (50 g) auf 1000° vollständig in Apatit umgewandelt werden. Das sich gleichzeitig bildende Natriumphosphat stört die Reaktion nicht, falls davon in der Schmelze nicht mehr als 0,11 enthalten sind. Übersteigt der Na_3PO_4-Gehalt der Schmelze diesen Wert, so bilden sich chlorfreie Blättchen von $CaNaPO_4$. A. Dittes Untersuchungen ergaben ferner, daß

[1]) A. Daubrée, C. R. **32**, 625 (1851); Ann. d. Mines (4) **19**, 654.
[2]) A. Manross, Ann. d. Chem. u. Pharm. **82**, 338 (1852).
[3]) H. Briegleb, Ann. d. Chem. u. Pharm. **97**, 95 (1856).
[4]) J. G. Forchhammer, Ann. d. Chem. u. Pharm. **90**, 77 (1854).
[5]) H. Sainte-Claire Deville und H. Caron, C. R. **47**, 985; Ann. chim. phys. (3. Sér.) **67**, 447 (1863).
[6]) H. Debray, C. R. **52**, 43 (1861).
[7]) E. Weinschenk, Z. Kryst. **17**, 489 (1890).
[8]) H. Debray, C. R. **59**, 42 (1864).
[9]) H. Rosenbusch, Mikroskop. Physiographie **1**, II, 108 (Stuttgart 1905).
[10]) A. Ditte, C. R. **96**, 575, 846, 1226 (1883).

unter 0,07 $Ca_3P_2O_8$ auf 1,00 $CaCl_2$ Wagnerit $(Ca_3P_2O_8 + CaCl_2)$,
über 0,07 $Ca_3P_2O_8$ auf 1,00 $CaCl_2$ Wagnerit und Apatit,
über 0,20 $Ca_3P_2O_8$ auf 1,00 $CaCl_2$ nur Apatit liefern.

Derselbe Verfasser[1]) erhielt Fluorapatite in prismatischen Kristallen, indem er einen Teil phosphorsauren Kalk und 3 Teile Fluorkalium mit einem bedeutenden Überschuß von Chlorkalium 5—6 Stunden bis zur Rotglut erhitzte und die Schmelze langsam erkalten ließ. Aus einer Mischung von Chlorcalcium und Phosphorsäure mit großem Überschuß von Chlorkalium bildete sich unter obigen Versuchsbedingungen ebenfalls Apatit.

Eine Untersuchung der Bedingungen, unter welchen Fluorapatit, Chlorapatit und Mischkristalle von Chlor- und Fluorapatit aus Schmelzen ihrer Komponenten (Calciumphosphat, Flußspat, Calciumchlorid) sich bilden, verdanken wir R. Nacken.[2])

Der Verfasser bediente sich bei seinen Untersuchungen im wesentlichen der von A. Manross (l. c.) und H. Briegleb (l. c.) angewandten Darstellungsmethoden. Die Schmelzversuche wurden in Platintiegeln vorgenommen, die sich in einem elektrisch geheizten Drahtofen mit Innenwicklung befanden.

Aus Schmelzen von Flußspat mit überschüssigem Calciumphosphat bildeten sich zum Teil einseitig terminal begrenzte Nädelchen von Fluorapatit, deren physikalische Eigenschaften an anderer Stelle erwähnt wurden. Diese Kriställchen zeigen häufig im Innern, analog manchen natürlichen Apatitkristallen, infolge schnellen Wachstums einen hohlen Kanal. — In Tabelle 1 und Fig. 4 sind die beobachteten Kristallisationstemperaturen für verschiedene Mischungsverhältnisse der Komponenten CaF_2 und $Ca_3P_2O_8$ zusammengestellt bzw. graphisch aufgetragen.

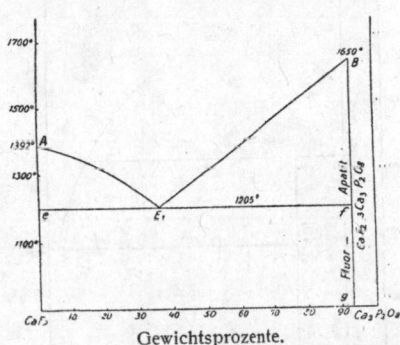

Gewichtsprozente.

Fig. 4. Kristallisation von Flußspat und Fluorapatit aus gemischten Schmelzen von CaF_2 und $Ca_3P_2O_8$.

Tabelle 1.

Gewichtsproz. CaF_2	Beginn der Kristallisation	Eutektische Kristallisation
100	1392° (A)	—
90	1356	1200° (80 sec)
81	1316	1203 (150 „)
72,8	1270	1205 (250 „)
56,6	1255	1205 (250 „)
40	1395	1198 (170 „)
24	1524	1180 (100 „)
$CaF_2 . 3 Ca_3P_2O_8$	1650° (F extrapoliert)	

[1]) A. Ditte, C. R. **99**, 792, 967 (1884).
[2]) R. Nacken, ZB. Min. etc. 1912, 545.

Die Abszisse drückt Gewichtsprozente aus. Punkt *g*, entsprechend der Verbindung 1 : 3, rückt infolgedessen wegen der großen Differenz der Molekulargewichte von CaF_2 und $Ca_3P_2O_8$ sehr weit nach rechts. „Die Abkühlungskurven der Mischungen zeigen je einen Knick und Haltepunkt (vgl. die Kurven AE_1 und E_1B für den Beginn der Erstarrung und entsprechend der eutektischen Horizontalen eE_1f bei 1205⁰)." In der eutektischen Mischung E_1 sind 64⁰/₀ CaF_2 und 36⁰/₀ $Ca_3P_2O_8$ enthalten. Eine Mischbarkeit im kristallisierten Zustand ist nicht vorhanden, was sich sowohl aus einem Vergleich der Zeitdauer (bei 1205⁰) mit der Konzentration als auch aus der optischen Untersuchung der Schliffe ergibt. Schliffe mit überwiegendem CaF_2-Gehalt zeigen skelettförmig ausgebildeten Fluorit in dichter eutektischer Grundmasse, solche mit mehr als 36⁰/₀ $Ca_3P_2O_8$ spießige Apatitnadeln und sechsseitige Durchschnitte neben dichter strahliger Grundmasse.

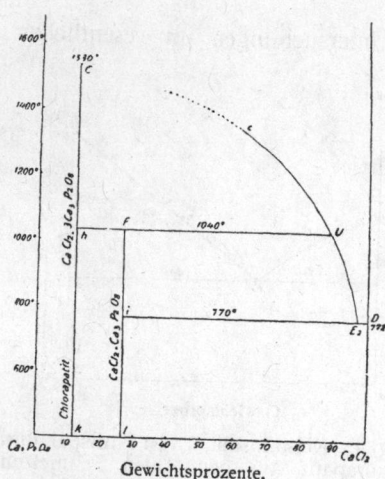

Gewichtsprozente.

Fig. 5. Kristallisation von Chlorapatit nnd $CaCl_2$. $Ca_3P_2O_8$ aus Calciumchloridschmelzen.

— Der reine Fluorapatit war bei der erreichbaren Höchsttemperatur von 1600⁰ noch nicht geschmolzen. Sein Schmelzpunkt wurde unter der Annahme nicht inkongruenten Schmelzens durch Extrapolierung zu 1650⁰ bestimmt.

Chlorapatit bildete sich aus Schmelzen von Calciumchlorid mit überschüssigem Calciumphosphat bei Temperaturen über 1040⁰ als Bodenkörper in durchschnittlich kurzprismatischen Säulchen, die an beiden Seiten unvollkommen pyramidal begrenzt sind und deren physikalische Eigenschaften bereits früher angegeben wurden. Der Verfasser konnte die von A. Ditte (l. c.) gemachte Beobachtung, daß bei geringem Gehalt der Schmelzen an Calciumphosphat Chlorcalciumwagnerit ($CaCl_2$. $Ca_3P_2O_8$) entsteht, bestätigen. Diese Tatsache kommt auch in Diagramm Fig. 5 und Tabelle 2 zum Ausdruck.

Der Chlorcalciumwagnerit, mit inkongruentem Schmelzpunkt bei 1040⁰ (F), zerfällt beim Erhitzen in Chlorapatit und in eine 12⁰/₀ $CaCl_2$ enthaltende Schmelze *U*. Der Kristallisationsbeginn in den Mischungen läßt sich wegen der geringen Änderung der Löslichkeit der Komponenten mit abnehmender Temperatur nicht durch Abkühlungskurven feststellen. Für die eutektischen Kristallisationen der $CaCl_2$-reichen Mischungen konnten Wärmetönungen bei 770⁰ festgestellt werden. Aus der Kristallisation des Calciumchlorids bei 772⁰ ist zu folgern, daß die Schmelztemperatur von $CaCl_2$ durch das Phosphat nicht merklich beeinflußt wird (vgl. die Lage des Eutektikums E_2 in unmittelbarer Nähe von *D*). Aus dem Chlorgehalt der mit Bodenkörpern im Gleichgewicht befindlichen Schmelzen ergibt sich die Löslichkeitskurve. Bei der bedeutenden Differenz der spezifischen Gewichte von Lösung (< 2,18) und Bodenkörper (3,17—3,19) ist eine Trennung bzw. Untersuchung beider relativ leicht möglich. Die erhaltenen Werte (Tab. 2) entsprechen den Kurven E_2U und *Uc*.

Tabelle 2.

Temperatur	Zusammensetzung der Schmelze			Art des koexistierenden Bodenkörpers
786°	3% $Ca_3P_2O_8$ + 97% $CaCl_2$			
861	5	"	95	"
900	7	"	93	"
958	8	"	92	"
1040	12	"	88	"
1160	18	"	82	"
1280	30	"	70	"
1530	Schmelztemperatur von			$CaCl_2 . 3 Ca_3P_2O_8$

Right column brackets: $CaCl_2 . Ca_3P_2O_8$ (for 786°–1040); $CaCl_2 . 3 Ca_3P_2O_8$ (for 1160–1280).

Bei einem Gehalt der Schmelze von über 12% $CaCl_2$ wird also beim Abkühlen der primär auskristallisierte Chlorapatit teilweise, bei einem Gehalt von über 27% vollständig in Chlorcalciumwagnerit umgewandelt. Schnelle Abkühlung verhindert diesen Vorgang; in diesem Falle resultieren Apatit und Chlorcalciumwagnerit nebeneinander. Bei langsamer Kristallisation entstehen zuweilen Paramorphosen des rhombischen Chlorcalciumwagnerits nach Apatit.

R. Nacken zeigte außerdem, daß Chlor- und Fluorapatit aus Schmelzfluß eine lückenlose Reihe von Mischkristallen bilden, deren Zusammensetzung auf optischem Wege festgestellt werden

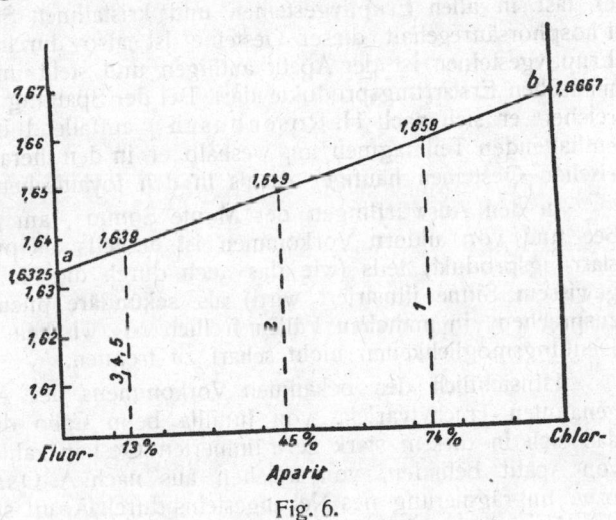

Fig. 6.

konnte. Es ließ sich neben einer kontinuierlichen Zunahme der Doppelbrechung mit steigendem Fluorgehalt eine Abnahme der Lichtbrechung nachweisen. Unter der Voraussetzung, daß die Abhängigkeit der Lichtbrechung von der Konzentration durch eine lineare Funktion ausgedrückt werden kann, die der Mischungsregel gehorcht, läßt sich aus der Lichtbrechung die Zusammensetzung finden (vgl. Fig. 6).

Gelegentliche Neubildungen. Neben den auf synthetischem Wege dargestellten Apatiten sind noch einige zufällige Neubildungen von Interesse. Bekanntlich hat Apatit bisher nicht aus geschmolzenen Silicatmagmen erhalten werden können. Nach J. H. L. Vogt[1] fand man indes in manchen Bleiofen-

---

[1] J. H. L. Vogt, Arch. f. Math. og Naturvidensk. **13**, 1 (1888); **14**, 189 (1890).

schlacken mit einem Phosphorsäuregehalt von $1-2\%$ Apatit sowohl eingewachsen in säulenförmigen Kristallen, als auch in Gestalt kleiner Täfelchen
in Drusenräumen zusammen mit Olivin.

W. Hutchings[1]) beobachtete in Bleischlacken ebenfalls schöne Apatitnadeln, begleitet von Olivinkristallen.

In Schlacken des „Thomas-Gilchristschen Prozesses" der Stahlfabrikation
glauben J. E. Stead und C. H. Ridsdale[2]) Apatit nachgewiesen zu haben.
Eine nicht minder interessante zufällige Bildung erwähnt St. Meunier.[3])
Er fand nach gelegentlichen Bränden von Fruchtschobern bzw. Fruchtspeichern
glasähnliche Massen, die in manchen Gegenden Nordfrankreichs als Blitzsteine
bezeichnet werden. Diese durch Schmelzen vegetabilischer Aschen entstandenen
Gläser sind gewöhnlich stark gefärbt, wenig durchsichtig und enthalten blasige
Hohlräume. Ch. Vélain[4]) konnte in Dünnschliffen solcher Gläser stellenweise außer Pyroxen, Anorthit, Wollastonit hexagonale Prismen mit den chemischen und optischen Charakteren des Apatits nachweisen.

Vorkommen und Genesis. Der Apatit ist außerordentlich stark verbreitet.
Als akzessorischer Gemengteil in gewöhnlich mikroskopischen Dimensionen ist
er fast in allen Eruptivgesteinen und kristallinen Schiefern vorhanden. Der
Phosphorsäuregehalt dieser Gesteine ist also durch Apatit bedingt. In den
Eruptivgesteinen ist der Apatit authigen und stellt immer eins der ersten magmatischen Erstarrungsprodukte dar. Bei der Spaltung der Tiefengesteinsmagmen
reichert er sich nach H. Rosenbusch[5]) auffallend in den die Al-freien Kerne
enthaltenden Teilmagmen an, weshalb er in den theralithischen und lamprophy-
rischen Gesteinen häufiger ist als in den foyaitischen und aplitischen.

In den Auswürflingen der Monte Somma, am Braccianoer- und Laacher
See und von andern Vorkommen ist er teils als primäres magmatisches Er-
starrungsprodukt, teils (wie das auch durch die H. Debraysche Synthese in
gewissem Sinne illustriert wird) als sekundäre pneumatolytische Bildung anzusprechen. In manchen Fällen freilich ist zwischen diesen beiden genetischen
Deutungsmöglichkeiten nicht scharf zu trennen.

Hinsichtlich des bekannten Vorkommens des Apatits in der „Jumillit"
genannten Trachytvarietät von Jumilla beim Cabo de Gata ist zu bemerken,
daß sich in diesem stark zertrümmerten Gestein zahlreiche Gänge und Adern
von Apatit befinden, von welchen aus nach A. Osann[6]) eine Umwandlung
bzw. Imprägnierung des Nebengesteins durch Apatit stattgefunden hat. Hier ist
der Apatit jedenfalls nicht als direkte magmatische Ausscheidung aufzufassen;
er dürfte seine Entstehung vielmehr einer postvulkanischen Tätigkeit verdanken.

Besonders im alpinen Verbreitungsgebiet der Talk- und Chloritschiefer
findet sich der Apatit teils in Drusen und auf Klüften dieser Gesteine, teils
eingewachsen, zumeist in wohlausgebildeten schönen und durchsichtigen
Kristallen. Die Entstehung solcher Apatite ist wohl in den überwiegenden
Fällen sekundärer Natur und durch Lateralsekretion verursacht worden.

---

[1]) W. Hutchings, Nat. **36**, 460 (1887).
[2]) J. E. Stead u. C. H. Ridsdale, Journ. chem. Soc. **51**, 601 (1887).
[3]) St. Meunier, Les Méthodes de Synthèse en Minéralogie (Paris 1891), 74.
[4]) Ch. Vélain, Bull. Soc. min. **1**, 113 (1878).
[5]) H. Rosenbusch, Mikroskop. Physiographie **1**, II, 108 (Stuttgart 1905).
[6]) A. Osann, Festschrift Harry Rosenbusch (Stuttgart 1906), 288.

Auf den (pneumatolytischen) Zinnerzgängen ist der Apatit ein steter Begleiter des Kassiterits, Wolframits, Arsenkieses, Fluorits, Topases, Zinnwaldits.

Der Apatit bildet auch mehr oder weniger selbständige Gänge in räumlichem und genetischem Zusammenhang mit Eruptivgesteinen (Schweden, Norwegen, Canada). Über die näheren Bedingungen, unter welchen diese Gangfüllungen erfolgten, gehen die Ansichten zum Teil auseinander. Wir verweisen hier besonders auf die Arbeiten von O. L a n g [1]) (Lateralsekretion), W. C. Brögger und H. H. Reusch [2]) (Auslaugung durch Meerwasser und Wiederabsatz auf Klüften), Hj. Sjögren [3]) (Absatz von Lösungen und Wechselwirkung von Gasen), J. H. L. Vogt [4]) (acide Extraktion der Gabbromagmen), A. Osann [5]) (epigenetische Bildung durch Fumarolenwirkung mit bzw. nach der Eruption basischer Magmen), W. B. Dawkins [6]) (hydrochemische Prozesse), G. A. u. G. H. Kinahan [7]) (metamorphe Bildung) und O. Stutzer [8]).

Die norwegischen und canadischen Apatitvorkommen unterscheiden sich vornehmlich durch Chlor- bzw. Fluorgehalt des Apatits; jene führen Chlor-, diese Fluorapatit.

Im körnigen, zum Teil metamorphen Kalk (oft in der Nachbarschaft von Magneteisen- und andern Eisenerzlagerstätten) ist der Apatit nicht selten in abbauwürdigen Lagern, Nestern und Trümern verbreitet (Norwegen, Finnland, Canada, New York, New Jersey und andern Orten) und wird hier, namentlich in den amerikanischen und canadischen Vorkommen, zuweilen in Riesenkristallen angetroffen.

Von ungleich größerer Wichtigkeit als der eigentliche Apatit sind die bisweilen sehr heterogen zusammengesetzten P h o s p h o r i t e (vgl. S. 352), welche den verschiedensten geologischen Formationen angehören und in Schiefern, Sandsteinen, Kalken, Mergeln, Kreide, Dolomit vorkommen. Sie finden sich teils in metasomatischen Lagerstätten, teils als Konkretionen, Quell- und marine Bildungen und können sowohl anorganischer wie organischer Entstehung sein. Im letzten Grunde verdanken sie ihren Gehalt an Apatit bzw. phosphorsaurem Kalk den apatitführenden Eruptivgesteinen und kristallinen Schiefern.

Verwendung. Wegen ihres Phosphorsäuregehalts werden der Apatit und die Phosphorite namentlich als wertvolles Düngemittel benutzt. Ihr in Wasser schwer löslicher phosphorsaurer Kalk wird zuvor durch Aufschließen mit Schwefelsäure in den leichter löslichen sauren phosphorsauren Kalk umgewandelt:

$$Ca_3(PO_4)_2 + 2H_2SO_4 = CaH_4(PO_4)_2 + 2CaSO_4.$$

Das so erhaltene Gemenge von saurem phosphorsaurem Kalk und Gips kommt als Superphosphat in den Handel.

---

[1]) O. Lang, Z. Dtsch. geol. Ges. **31**, 484 (1879).
[2]) W. C. Brögger u. H. H. Reusch, Z. Dtsch. geol. Ges. **27**, 646—702 (1875); Nyt Magazin for Nat. Vidensk. **25** (1880).
[3]) Hj. Sjögren, Geol. För. Förh. **6**, 447—498 (1882/83).
[4]) J. H. L. Vogt, Geol. För. Förh. **6**, 783—798 (1882/83).
[5]) A. Osann, Geol. Surv. Canada **12**, 11—66 (1899).
[6]) W. B. Dawkins, Trans. Manchest. geol. Soc. **18**, 47 (1885).
[7]) G. H. Kinahan u. G. A. Kinahan, Trans. Manchest. geol. Soc. **18**, 123, 132 (1885).
[8]) O. Stutzer, Die wichtigsten Lagerstätten der Nichterze (Berlin 1911).

Phosphorite.

Von J. Samojloff (Moskau, Petrowsko-Rasumowskoje).

Die Phosphorite[1]) sind Mineralkörper, welche zum größten Teil aus fluorphosphorsaurem Calcium $Ca_5F(PO_4)_3$ mit Beimengung verschiedener fremder Körper in wechselnder Menge bestehen. Der Gehalt an Fluor, welcher gewöhnlich der Zusammensetzung des Apatits entspricht, zeigt in den einzelnen Fällen Schwankungen nach der einen oder anderen Seite.[2]) In den Phosphoriten kommt Calciumcarbonat vor, bald als mechanische Beimengung, bald an Calciumphosphat gebunden. In letzterem Fall können mehrere Mineralarten unterschieden werden: Dahllit $2\,Ca_3(PO_4)_2 . CaCO_3 . 0,5\,H_2O$, Podolit $3\,Ca_3(PO_4)_2 .$ $CaCO_3$, Francolith $2\,Ca_5F(PO_4)_3 . CaCO_3 . H_2O$ u. a.[3]) A. Carnot[4]) erwähnt, daß als Resultat sekundärer Prozesse ein Ersatz des Fluorcalciums durch kohlensaures Calcium stattfinden kann.

Außer Calciumphosphat ist in geringen Mengen zuweilen auch Eisen- und Aluminiumphosphat vorhanden. Als häufige Begleitmineralien können Glaukonit, Pyrit, Quarz- und Silicatkörner (besonders Feldspate), sowie Eisenoxydhydrat und Gips genannt werden. In verschwindender Menge sind in Phosphoriten einiger Lagerstätten Cl, J (als Analoga von F) und As (Analogon von P) nachgewiesen. Ganz vereinzelt finden sich Hinweise auf das Vorkommen von Cr in Phosphoriten.

Gewöhnlich enthalten die Phosphorite organische Substanzen. Ihnen verdanken sie den charakteristischen bituminösen Geruch, welcher sich beim Aneinanderreiben der meisten Phosphoritstücke bemerkbar macht. Der Gehalt an organischen Stoffen beträgt selten weniger als $1\,^0/_0$, in manchen Lagerstätten ist er sogar bedeutend höher: in den carolinischen und tunesischen (Gafsa) Phosphoriten ungefähr $4—7\,^0/_0$, in pyrenäischen sogar bis zu $30\,^0/_0$. Die Natur der organischen Substanz der Phosphorite ist nur unvollkommen erforscht, während diese Frage, besonders vom genetischen Standpunkt aus, von großem Interesse ist (vergleichende Studien über die Natur des organischen Stoffes in Phosphoriten aus verschiedenen Lagerstättentypen). In der organischen Substanz der Phosphorite ist Stickstoff vorhanden, so enthalten manche schwarze Phosphorite aus den Pyrenäen nach D. Levat $0,58\,^0/_0$ organischen Stickstoff. A. Strahan[5]) führt die Analyse einer organischen Substanz an, welche in $2,3\,^0/_0$ an der Zusammensetzung eines Phosphorits aus Taplow teilnimmt: C 65,4, H 5,7, N 3,2, O 20,6 und Asche $5,1\,^0/_0$ und erklärt sie als humic acid. Nicht ausgeschlossen ist es, daß ein gewisser Teil des organischen Stoffs der Phosphorite eine phosphororganische Substanz bildet.

[1]) Von zusammenfassenden Arbeiten über Phosphorite, welche reichhaltige Literaturhinweise enthalten, können die folgenden genannt werden: R. Penrose, Nature and origine of deposits of phosphate of lime. Bull. geol. Surv. U.S. 1888, Nr. 46. — E. Fuchs et L. de Launay, Traité des gites minéraux et métallifères 1, 310 (1893). — A. Stelzner u. A. Bergeat, Die Erzlagerstätten. L. 1904—06, 442, 1021. — O. Stutzer, Die wichtigsten Lagerstätten der „Nicht-Erze" 1, 265 (1911). — Eine ausschließlich den Phosphoriten gewidmete Bibliographie: X. Stainier, Bibliographie générale des gisements des phosphates, Ann. d. mines Belgique 7, 12 (1902).

[2]) Vgl. A. Lacroix, Minéralogie de la France et de ses colonies 4, 565 (1900).

[3]) W. Schaller, Bull. geol. Surv. U.S. 1912, Nr. 509, 89, u. A. Lacroix, l. c. 555.

[4]) A. Carnot, Ann. d. mines 10, 146 (1896).

[5]) A. Strahan, Quart. Journ. geol. Soc. London 47, 358 (1891).

In den Phosphoriten eingeschlossen finden sich Reste der verschiedensten Organismen, zuweilen in außerordentlich großer Menge. Besonders Fischzähne sind in manchen Lagerstätten in großer Zahl vorhanden. Neben der makroskopischen Fauna und Flora zeigen Schliffe von Phosphoriten oft zahlreiche mikroskopische Organismen, Foraminiferenschalen, Radiolarien, Diatomeenpanzer. Die bei geringer Vergrößerung homogen erscheinende Phosphatmasse erweist sich bei stärkerer, oft sehr starker Vergrößerung als durchweg aus organischen Resten zusammengesetzt, z. B. aus Diatomeenpanzern, welche in Phosphat umgewandelt sind — es entsteht hier eine Pseudomorphose von Phosphat nach Diatomeenpanzern, Phosphattripel. Auch Pseudomorphosen von Phosphat nach verschiedenen fossilen Baumstämmen kommen vor. In manchen Lagerstätten werden Koprolithe in großer Menge angetroffen.

Die Phosphorite sind in der Erdkruste entweder in Form einzelner Knollen in verschiedenem Gestein eingeschlossen oder sie lagern als kompakte Masse.

Die Phosphoritknollen sind zuweilen eckig, viel häufiger jedoch abgerundet. Ihre Oberfläche ist bald rauh, bald vollkommen glatt, abgerundet — Phosphoritgerölle. Nicht selten sind die Knollen von einer schwarzen, glänzenden, firnisartigen Kruste überzogen. Die Größe schwankt in den weitesten Grenzen, von vielen Zentimetern bis zu Bruchteilen eines Millimeters. Die Phosphoritknollen liegen bald frei in losem Gestein, bald sind sie zu einer dichten Masse zusammengekittet. Als Bindemittel kommt entweder eine fremdartige Substanz oder Calciumphosphat in zweiter Generation in Betracht. Diese Abart bildet einen Übergang zu jenen Phosphoriten, bei denen die Phosphatmasse nur als Zement auftritt, welcher andere Mineralkörner, hauptsächlich Quarz, zu einer dichten Masse, einer Art Phosphatsandstein, zusammenkittet.

Im Zusammenhang mit der oben beschriebenen Veränderlichkeit im Charakter der Phosphorite schwanken auch ihre physikalischen Eigenschaften: die Härte bewegt sich in den weiten Grenzen von 2—6, das spez. Gew. von 2,2—3,2. Die Farbe der Phosphorite ist grau bis dunkelgrau, zeigt aber in manchen Lagerstätten bedeutende Abweichungen. schwarz, rootbraun oder auch fast reines Weiß. Verschieden gefärbt sind auch Teile ein und desselben Knollens: eine hellgraue äußere Partie wird nach innen zu von einer viel dunkleren abgelöst oder umgekehrt, die heller gefärbte innere Masse des Knollens trägt eine schwarze, zuweilen grünliche Hülle.

Die Phosphoritmasse ist bald amorph und zeigt gar keine oder eine kaum bemerkbare Einwirkung auf den polarisierten Strahl, bald ist sie ausgesprochen kristallinisch. Zuweilen wird in ein und demselben Schliff eine amorphe Phosphatgrundmasse neben prächtig auskristallisiertem radialstrahligen Phosphat einer andern Generation beobachtet.

Entsprechend der angeführten Charakteristik ist auch der chemische Bestand der Phosphorite bedeutenden Schwankungen unterworfen, welche A. Carnot[1]) zu dem überaus trostlosen Schlusse führen: «es mélanges accidentelles enlèvent presque tout intérêt à l'analyse complète des phosphates non cristallisés. — Doch ist für jede einzelne Lagerstätte der chemische Bestand in genügendem Maße typisch. Sogar auf einer ausgedehnten Fläche von vielen Kilometern verstreut, behalten manche Phosphoritlager von gleichem Alter und gleicher Genesis ihre chemischen Bestandteile sehr genau bei.

Dank der praktischen Bedeutung, welche den Phosphoriten zukommt,

---

[1]) A. Carnot, Ann. d. mines **10**, 153 (1896).

enthält die Literatur zahlreiche, meist technische Analysen von Phosphoriten, deren Gehalt an P_2O_5 von einem außerordentlich hohen, bei welchem fast die ganze Phosphoritmasse aus Fluorphosphat besteht, bis zu einem ganz geringen herabsinken kann, wo man ein Material vor sich hat, welches gerade noch Phosphorit genannt werden kann.

Im folgenden ist nur eine geringe Zahl von Analysen solcher Phosphorite angeführt, welche hauptsächlich Lagerstätten von größerer praktischer Bedeutung charakterisieren.

Wie bekannt, werden Phosphorite als Düngmittel (zu agronomischen Zwecken) verwandt. Mit wachsender Intensivität der Agrikultur steigt auch die Nachfrage nach verschiedenen Düngmitteln, unter andern nach phosphorsauren, und dementsprechend vergrößert sich progressiv die Weltausbeute: sie betrug im Jahre 1904 1,9 Mill. Tonnen, 1905 3,7 Mill. T., 1906 3,9 Mill. T., 1907 4,1 Mill. T., 1908 5,0 Mill. T.

In den einzelnen Gebieten ist bald ein rasches Aufblühen der Phosphoritgewinnung zu vermerken, bald erleidet sie durch Konkurrenz mit andern Bezirken, in welchen reichere, zugänglichere oder leichter zu transportierende Lager aufgeschlossen werden, eine Verzögerung oder selbst einen Rückgang. Gegenwärtig kommt die größte Bedeutung folgenden Ländern zu, deren Produktion im Jahre 1909 sich in nachstehenden Zahlen ausdrückt[1]): Vereinigte Staaten von Nordamerika 2367000 Tonnen (davon kommen auf Florida 1780000 T., Tennessee 333000 T., das gebirgige Carolina 208000 T.), Tunis 1300000 T., Algier 345000 T., Frankreich 398000 T., Belgien 205000 T.

Die Bewertung der Phosphorite basiert auf dem P_2O_5-Gehalt sowie dem Fehlen solcher Beimengungen, welche die Bereitung von Superphosphat ungünstig beeinflussen.[2]) Zu solchen rechnet man Tonerde und Eisenoxyd, sowie Überschuß an CO_2 (über 5%).

Eine Reihe von Analysen ist bereits S. 333 gebracht worden.

	1.	2.	3.	4.	5.	6.
(Na_2O)	—	—				} 2,15
(K_2O)	—	—	—	—	—	
MgO	0,21	—	0,33	0,44	—	0,57
CaO	46,14	44,05	46,03	42,75	44,64	35,78
(Al_2O_3)	3,88	7,01	2,14	2,01	0,86	3,20
(Fe_2O_3)	0,56	1,46	0,61	1,05	0,99	3,99
F	2,40	2,58	1,86	2,44	—	3,50
CO_2	2,28	2,33	3,93	3,99	1,85	2,91 (u. Verlust)
(SO_3)	—	—	—	—	3,32	1,84
P_2O_5	33,98	35,19	31,50	28,36	33,00	24,15
(FeS_2)	—	—	—	—	1,84	
(Unlöslich)	5,85	4,25	6,69	12,23	3,16	19,13
H_2O	2,42	4,76	3,47	4,90	—	2,78
H_2O bei 100—105°	1,05	0,44	0,79	0,56	1,40	

[1]) F. van Horn, Mineral Resources of the United States **2**, 735 (1911).

[2]) Bemerkenswert ist, daß die Phosphorite einiger Lagerstätten, welche sämtlich einer bestimmten geologischen Abteilung, dem Gault, angehören, unmittelbar und ohne vorhergehende Verarbeitung zu Superphosphat von den Pflanzen aufgenommen werden können. Untersuchungen haben gezeigt, daß aus diesen und auch nur aus diesen Phosphoriten (besonders wenn sie verwittert sind) eine gewisse Menge P_2O_5 in Wasserlösung übergeht [vgl. J. Samojloff, Geol. Unters. d. Phosphoritlag. M. **4**, 651 (1912)].

1. Hard Rock phosphate, Florida; anal. G. Eldridge, Trans. Amer. Inst. Mining Engin. 21, 225 (1893).
2. Soft phosphate, Florida; anal. wie oben, 229.
3. Land pebble phosphate, Florida; anal. wie oben, 231.
4. River pebble phosphate, Florida; anal. wie oben.
5. Black phosphate, Tennessee; anal. C. Memminger, Miner. ressources XVI; Ann. Rep. geol. Surv. U.S. 4, 634 (1895).
6. Land phosphate, Südcarolina; anal. A. Voelcker, Journ. agricult. Soc. London 11, 422 (1875).

	7.	8.	9.	10.
$(Na_2O + K_2O)$.	—	—	—	0,09
MgO . . .	0,40	0,48	0,95	0,57
CaO . . .	50,55	50,71	42,71	48,58
(Al_2O_3) . . }	1,70	1,95	3,25	1,09
(Fe_2O_3) . . }				0,64
F . . .	2,45	2,80	2,08	2,12
Cl . . .	Spuren	Spuren	Spuren	0,11
CO_2 . . .	5,00	6,15	8,06	4,60
(SiO_2) . . .	0,40	0,87	9,94	—
(SO_3) . . .	1,40	1,54	2,37	2,75
P_2O_5 . . .	33,67	32,22	25,70	29,74
(Organisch) . .	—	—	—	7,45
(Unlöslich) . .	—	—	—	3,05
(Verl.) . . .	6,07	4,36	5,95	—
	101,64	101,08	101,01	100,79
Ab O für F u. Cl	1,03	1,18	0,87	0,91
	100,61	99,90	100,14	99,88

7. Phosphorit, Djeb. Dyr, Umgeg. v. Tebessa, Algier; anal. A. Carnot, Ann. d. mines 10, 137 (1896).
8. Phosphorit, Aïn-Dibba, Umgeg. v. Tebessa, Algier; anal. wie oben.
9. Phosphorit, Bordj-Redir, nahe von Bordj-bou-Arreridj, Algier; anal. wie oben.
10. Phosphorit, Gafsa, Tunis; anal. O. Tietze, Z. prakt. Geol. 15, 248 (1907).

	11.	12.	13.	14.
(Na_2O) .	—	—	1,13	1,47
(K_2O) . .	—	—	1,00	0,03
MgO . .	1,23	0,48	0,84	0,40
CaO .	31,40	48,67	41,72	-38,52
Al_2O_3 . .	1,87	0,38 }	3,96	1,72
Fe_2O_3 . .	1,90	1,16 }		2,07
F . .	—	—	1,43 (u. Verl.)	2,38
Cl . .	—	—	Spuren	0,15
(CO_2) . .	10,00 (u. Organ.)	3,35	5,06	5,40
(SiO_2) . .	—	—	—	14,00
(SO_3) . .	—	0,88	1,18	4,05
P_2O_5 . .	21,00	35,63	27,79	25,85
(Organ.) .	—	2,20	5,21	2,67
(Unlösl.) .	31,65	—	10,68	0,60
H_2O . .	1,52	—	—	0,60

11. Phosphorit von Boulonnais, Frankreich; anal. F. Fuchs u. L. de Launay, Traité d. gites minér. 1, 377 (1893).
12. Phosphatsand von Orville, Frankreich; anal. O. Tietze, Z. prakt. Geol. 15, 118 (1907).

23*

13. Phosphorit von Mesvin-Ciply, Belgien (enthält 0,028 % N); anal. A. Peter-mann, Bull. Acad. Belgique 1 (Serie 3), 130 (1881).
14. Phosphorit von d'Havre, nahe von Mons, Belgien (enthält in organ. Substanz 0,10 % N); anal. C. Blas, Bull. Acad. Belgique 8 (Serie 3), 197 (1884).

	15.	16.	17.
(Na_2O) . . .	0,31	—	Spuren
(K_2O) . . .	0,14	—	—
MgO . . .	0,19	—	Spuren
CaO . . .	53,30	19,53	44,32
(Al_2O_3) . . . }	0,61	1,13	} 0,65
(Fe_2O_3) . . .		3,00	
F . . .	2,46	—	
Cl . . . }	0,03	—	0,21
(J) . . .		—	Spuren
(CO_2) . . .	4,25	4,04	—
(SiO_2) . . .	—	—	12,12
P_2O_5 . . .	36,78	16,33	37,65
$(Organ.)$ . .	—	—	3,66 (C)
$(Unlösl.)$ . .	1,05	55,98	—
H_2O . . .	1,65	0,60	1,58
	100,77	100,61	100,19
Ab O für F .	1,03		
	99,74		

15. Phosphorit von Diez in Nassau (δ 2,93); anal. Th. Petersen, VII. Ber. Offenb. Ver. Naturkunde 1866, 124.
16. Phosphoritknollen des Leipzig. Mitteloligocäns; anal. L. Laska bei H. Credner, Phosphoritknoll. d. Leipz. Mittteloligoc. L. 1895, 13.
17. Phosphorit von Stadt Plauen, Vogtland; anal. L. Kruft, N. JB. Min. etc. 15, B.-B., 11 (1902).

	18.	19.	20.	21.
(Na_2O) . . .	0,22	0,66	} 1,75	0,74
(K_2O) . . .	0,20	0,45		0,34
MgO	Spuren	—	0,65	0,64
CaO . . .	53,03	51,31	24,59	44,60
(Al_2O_3) . . .	Spuren	0,46	—	2,60
(Fe_2O_3) . . .	1,80	1,73	2,20	1,34
F	3,34	0,26	2,20	1,34
Cl	—	—	2,40	3,28
(CO_2) . . .	2,32	4,18	Spuren	Spuren
(SiO_2) . . .	1,22	4,87	3,45	5,54
(SO_3)	Spuren	—	0,65	0,40
(P_2O_5) . . .	38,60	36,44	0,80	0,99
FeS_2	—	—	13,60	28,98
$(Unlösl.)$ . . .	—	—	—	0,60
$(Organ.)$ . . .	0,89	0,56	49,00	2,96
H_2O	0,38	—	1,00	} 7,96
H_2O bei 105^0	—	—	—	0,90
	102,00	100,92	100,09	101,87
Ab O für F	1,40	0,08	1,01	1,38
	101,60	100,84	99,08	100,49

18. Phosphorit von Podolien, Rußland; anal. F. Schwackhöfer, J. k. k. geol. R.A. **21**, 215 (1871).

19. Sekundärer Phosphorit von Podolien, Rußland; anal. P. Tschirwinsky, Mem. Soc. Natur. Kieff **20**, 755 (1907).

20. Dichter Phosphorit (Ssammorod), Kursk, Rußland; anal. C. Claus, Bull. Acad. Sc. Pétersb. **10**, 200 (1852).

21. Phosphorit von Kostroma, Rußland; anal. W. Winogradoff bei J. Samojloff, Geol. Unters. d. Phosphoritlag. M. **2**, 132 (1910).

	22.	23.	24.		25.
MgO . . .	—	—	0,83	$(NH_4)_2O$ . . .	13,09 (entspr. 7,05 $^0/_0$ N)
CaO . . .	46,37	46,11	40,95	Na_2O	0,93
(Al_2O_3) . .	2,95 } 4,29		1,43	K_2O	2,66
(Fe_2O_3) . .	1,80 }		2,79	MgO	1,60
F u. Verl. .	4,22		—	CaO	10,53
(CO_2) . .	1,53	7,33	10,64	Fe_2O_3 . . .	1,10
(SiO_2) . .	2,35	—	2,56	Cl	1,60
(SO_3) . .	1,55	—	1,39	SiO_2 . . .	0,13
P_2O_5 . .	35,70	32,45	23,54	SO_3 . . .	4,83
(Unlösl.) .	—	1,15	11,93	P_2O_5 . . .	12,63
(Organ.). .	} 2,91	—	—	Harnsäure . .	16,73 (entspr. 6,31 $^0/_0$ N)
H_2O . . .	}	1,64	. . .	Oxalsäure . .	4,66
Feuchtigk. .	0,62	7,03	—	Unbest. org. Verl.	13,75
(Verlust). .	—	—	3,65	Unlösl. . . .	2,50
	100,00	100,00	99,71	Feuchtigk. . .	11,80

22. Phosphorit von Aruba; anal. G. Hughes, Quart. Journ. geol. Soc. London **41**, 80 (1885).

23. Phosphorit von Sombrero; anal. A. Voelcker, Journ. agric. Soc. London **11**, 426 (1875).

24. Phosphoritknollen von Agulhas Bank, Kap der guten Hoffnung; anal. J. Murray u. A. Renard, Report on Deep-Sea Deposits L. 1891, 392.

25. Peruguano; anal. Schneider u. Krocker, Landwirtsch. ZB. Deutschl. 1861, 455.

Bei genauerer Untersuchung der einzelnen Phosphoritknollen erweist sich jedoch, daß sie einstweilen keine homogene Masse darstellen, und daß verschiedene Stücke ein und desselben Knollens beträchtliche Unterschiede in der Zusammensetzung aufweisen können.

1. Phosphoritknollen mit dunklerer Rinde zeigen zum Rande zu eine Anreicherung an P_2O_5, wie aus den nachfolgenden Analysen englischer Phosphorite zu ersehen ist (Penrose, l. c., S. 88 u. 96):

Außenteil . .	15,0	40,0	32,0
Mittelteil . . .	6,3	—	—
Kern	5,0	32,0	21,0

Ähnliche Beziehungen werden auch an Phosphoriten von Carolina und andern Orten beobachtet. Dementsprechend gelten manche Lagerstätten, welche Knollen von wechselnder Größe führen, als um so reicher, je kleiner die das Phosphoritlager zusammensetzenden Knollen sind.

2. Im Gegensatz zu diesen stehen die Phosphoritknollen mit hellerer, grauer Rinde, bei welchen der Gehalt an P_2O_5 randlich abnimmt, wie z. B.

bei Phosphoriten[1]) aus dem Séquanien der Gouv. Kostroma (1) und Pensa (2)
in Rußland:

	1.	2.
Außenteil	19,3	16,6
Kern	28,0	24,5

Aus vorliegender Übersicht können die gangförmigen Apatitlagerstätten in Eruptivgesteinen Schwedens, Norwegens, Kanadas ausgeschlossen werden, welche sowohl ihrem mineralogischen Charakter als auch ihrer Genesis nach abseits stehen.

Alle übrigen Phosphoritvorkommen sind in Sedimentgesteinen eingeschlossen, mit den ältesten, den kambrischen, beginnend bis zu rezenten Ablagerungen, wobei die Phosphoritlager in verschiedenen geologischen Systemen nicht gleiche Verbreitung besitzen. Eine relativ geringere Masse von Phosphoriten ist an paläozoische und den untern Teil der mesozoischen Ablagerungen gebunden (eine Ausnahme bilden die mächtigen paläozoischen Lager von Tennessee und die pyrenäischen); viel größer ist die im obern Jura und in der Kreide aufgespeicherte Phosphoritmenge, und die größten Reichtümer enthalten schließlich alttertiäre Schichten (die reichen Phosphoritvorkommen im Untereozän von Algier und Tunis, die eozänen und zum Teil miozänen Lager von Florida und Carolina).

Nur für eine sehr beschränkte Zahl von Phosphoritlagerstätten wird anorganischer Ursprung des Phosphors angenommen. Dieser Gruppe werden die Phosphoritgänge von Quercy in Frankreich zugezählt, welche nach de Launay ihren Ursprung der Wirkung aufsteigender Thermen verdanken, ferner die metasomatischen Phosphoritvorkommen der Lahn- und Dillgegend, deren Phosphorquelle in zersetztem phosphorhaltigen Eruptivgestein gesucht wird, und schließlich nach der Ansicht einiger Autoren auch die podolischen Phosphoritlagerstätten. Diese Ansicht über den Ursprung des Phosphors wird jedoch für manche Lagerstätten nicht von allen geteilt, und verschiedene Forscher sprechen auch diesen Vorkommnissen eine Entstehung des Phosphorgehalts auf organischem Wege zu.

In allen übrigen Phosphoritlagern ist die Quelle des Phosphors eine organische; die hier angehäufte P_2O_5 hat den Körper des Tiers durchwandelt.

Bekanntlich ist zum Gedeihen einer Pflanze Phosphor erforderlich. Durch die Pflanze gelangt dieses Element in den tierischen Körper, wo es sich konzentriert (von Interesse sind die Ausführungen G. Bischofs[2]) über solche Konzentration).

Der Gehalt an P_2O_5 im tierischen Körper ist sowohl in den Weichteilen wie auch im Skelett recht bedeutend; so enthält z. B. der Körper des Menschen ungefähr $1,6\,^0/_0$ P_2O_5, was 3,5 Ca_3PO_4 oder ca. $3,8\,^0/_0$ $Ca_5F(PO_4)_3$ entspricht. Bei einem normalen Gewicht des Menschen von 70 kg ist in seinem Körper eine P_2O_5-Menge enthalten, welche einem reinen Phosphorit von 2,6 kg Gewicht entspricht. Ungefähr in gleichem Verhältnis ist P_2O_5 im Körper verschiedener Wirbeltiere vorhanden. Auch durch Urin und Exkremente wird P_2O_5 in recht bedeutender Menge ausgeschieden; so gibt der Mensch täglich

[1]) J. Samojloff, Geolog. Unters. d. Phosphoritlag. M. 3, 686 (1911).
[2]) G. Bischof, Lehrbuch d. chemisch. u. physik. Geolog. Jahrg. 1864, II, 258.

ca. 6 g P_2O_5 ab, so daß im Laufe von 200 Tagen eine Quantität Phosphor ausgeschieden wird, welche dem Gehalt dieses Elements im ganzen Körper entspricht. Der Fluorgehalt in den Phosphoriten findet seine Erklärung in den Hinweisen auf das Vorkommen von F in Organismen, welche bei einer Reihe von Autoren anzutreffen sind: A. Kupffer,[1]) R. Quinton,[2]) A. Carnot,[3]) A. Chatin u. A. Müntz,[4]) P. Carles,[5]) J. Andersson u. N. Sahlbom.[6])

Die Urquelle aller P_2O_5 ist jedenfalls mineralisches Phosphat und zwar Apatit, da dieses Mineral unter allen Vertretern der Phosphatgruppe im Urgestein bei weitem das verbreitetste ist. Im folgenden gelangt aber die Phosphorsäure in den Körper von Organismen und durchläuft einen gewissen Zyklus, um neuerdings dem Mineralreich eingereiht zu werden.

Anhäufungen von Tierleichen, welche einen großen Vorrat an P_2O_5 enthalten, können die Entstehung eines Phosphoritlagers bedingen, und es muß die Frage aufgeworfen werden, unter welchen Umständen eine Konzentration der tierischen Organismen stattfinden kann. Außerordentlich lehrreich sind in dieser Hinsicht die Ergebnisse, welche wir den Tiefseeforschungen verdanken. Die Arbeiten der Challenger-, Valdivia- und Gazelle-Expeditionen sowie andrer, erwiesen das Vorkommen von Phosphoritknollen am Boden der heutigen Meere an verschiedenen Stellen da, wo eine kalte Strömung mit einer warmen zusammenstößt. Durch das Zusammentreffen solcher Strömungen entsteht ein schroffer Temperaturwechsel, welcher für die Fauna der kalten und warmen Strömung gleich verderblich ist und einen Massenuntergang der Organismen verursacht. Wie groß die Menge der zugrunde gegangenen Organismen sein kann, geht daraus hervor, daß der Boden des Ozeans auf diesen Strecken zuweilen bis zu einer Tiefe von sechs Fuß mit den Kadavern von Fischen und andren Seetieren bedeckt ist — buchstäblich ein Massengrab, welches eine ungeheure Menge von Organismen birgt, deren Leichen sonst auf großen Strecken verstreut liegen würden.[7]) Am besten ist in dieser Hinsicht das Gebiet an der Südspitze von Afrika bei der Agulhas Bank in der Nähe des Kaps der Guten Hoffnung in ca. 180 m Tiefe erforscht, wo eine warme Strömung, welche vom Äquator durch den Kanal von Mozambique kommt, mit der kalten antarktischen zusammentrifft.

Hier findet eine Anhäufung zahlreicher Organismen, ihrer Hart- und Weichteile statt; hier geht auch die Fäulnis der Organismen vor sich unter Entwicklung großer Mengen von NH_3, CO_2 und $(NH_4)_2CO_3$. Experimentell haben verschiedene Autoren die sich hier vollziehenden Reaktionen nachgemacht. Den Versuchen H. Credners[8]) zufolge ruft die Wirkung einer $(NH_4)_2CO_3$-Lösung auf Fischskelette die Bildung von $(NH_4)_3PO_4$ hervor. In gleicher Weise extrahiert CO_2-haltiges Wasser Calciumphosphat aus Fischknochen und -knorpeln und führt bei Überschuß an $(NH_4)_2CO_3$ zur Bildung von $(NH_4)_3PO_4$. Ammoniumphosphat seinerseits bewirkt bei genügender

[1]) A. Kupffer, Arch. Naturkunde Liv-, Esth- u. Kurlands 5 (Ser. I), 113 (1870).
[2]) R. Quinton, L'eau de mer milieu organique. P. 1904, 269.
[3]) A. Carnot, Ann. d. mines 3, 155 (1893).
[4]) A. Chatin u. A. Müntz, C. R. 120, 531 (1895).
[5]) P. Carles, C. R. 144, 437 u. 1240 (1907).
[6]) J. Andersson u. N. Sahlbom, Bull. of the geol. Inst. Upsala 4, 79 (1898).
[7]) Über andre Ursachen eines Massenuntergangs von Organismen vgl. z. B. M. Cornet, Quart. Journ. geol. Soc. London 42, 339 (1896).
[8]) H. Credner, Die Phosphoritknollen d. Leipziger Mitteloligocäns 1895, 18.

Zufuhr von $CaCO_3$ von neuem die Ausscheidung von Calciumphosphat und Ammoniumcarbonat: $2(NH_4)_3PO_4 + 3CaCO_3 = Ca_3(PO_4)_2 + 3(NH_4)_2CO_3$.

Bereits früher sind entsprechende Experimente von R. I r w i n e und W. Anderson [1]) ausgeführt worden. Sie brachten ein Korallenskelett in eine Ammoniumphosphatlösung; nach einiger Zeit waren in der Koralle 60% Calciumphosphat enthalten.

Bereits J. M u r r a y u. A. R e n a r d [2]) machen mit Recht darauf aufmerksam, daß die Phosphatmasse sich in kolloider Form ausscheiden kann (vgl. oben, Verhalten gegen den polarisierten Strahl). Es genügt, daß sich ein Ausgangszentrum bildet, und der entstandene Kern wächst durch nachfolgende Ablagerung weiter.

Die Entstehung von Phosphoritknollen am Boden der rezenten Meere, wie sie beschrieben wurde, gehört dem Kreise der diagenetischen Prozesse an, welche zur Bildung einer Reihe von Mineralien führen (Paragenesis der sich im Ablagerungsgebiet von Glaukonitschlamm bildenden Phosphoritlagerstätten), deren eingehendes Studium beitragen muß zur Bereicherung eines Abschnitts der Mineralogie von hervorragendem Interesse — der Mineralogie des Meeresbodens.

Am Boden der rezenten Meere gesammelte Phosphoritknollen gleichen im äußeren Aussehen, innerer Struktur, sowie ihrer mineralogischen Assoziation nach vollkommen den Phosphoriten der fossilen Lagerstätten. Besonders eingehend sind diese Knollen von L. C o l l e t, [3]) sowie von J. M u r r a y und E. Philippi [4]) untersucht und beschrieben worden. Die genannten Autoren unterscheiden: 1. Phosphoritknollen mit Foraminiferen und andern Organismen, deren Kalkschalen „Pseudomorphose" in Calciumphosphat erlitten haben und zuweilen als Kern dienen, um welchen sich die folgenden konzentrischen Schichten ablagern und 2. Phosphoritknollen ohne Kalkorganismen, in welchen Phosphat fremdartige Mineralkörner verkittet. Die glatte Oberfläche mancher Knollen ist durchweg oder zum Teil, je nach der Lage, welche sie am Meeresboden einnehmen, von einer glänzenden, firnisartigen Kruste umhüllt. Zur Charakteristik der chemischen Zusammensetzung dieser Phosphoritknollen kann auf eine oben angeführte Analyse hingewiesen werden.

Die erwähnten Beobachtungen können der Erklärung der Genesis einer Reihe von Phosphoritlagern zugrunde gelegt werden. Die seit alters her bekannten Lagerstätten Nordfrankreichs [5]) und Belgiens, deren Anteil an der Weltausbeute von Phosphoriten trotz weitgehender Erschöpfung heute noch ein bedeutender ist, sind an verschiedene Horizonte des Kreidesystems gebunden. Der Beschreibung dieser Vorkommnisse ist eine umfangreiche Literatur gewidmet und über ihre Genesis wurden die verschiedensten Meinungen ausgesprochen, welche sie verschiedenen Lagerstättentypen zuzählen. In letzter Zeit behandelte L. C a y e u x [6]) eingehender diese Frage und brachte die Entstehung der Lager in Zusammenhang mit Veränderungen im Regime des

---

[1]) R. Irwine u. W. Anderson, Proc. R. Soc. Edinburgh **18**, 52 (1892).
[2]) J. Murray u. A. Renard, Report on Deep-Sea Deposits. L. 1891, 398.
[3]) L. Collet, Proc. Roy. Soc. Edinburgh **25**, 862 (1905).
[4]) J. Murray u. E. Philippi, Wissenschaftl. Ergebnisse d. Deutsch. Tiefsee-Expedition J. 1908, 181.
[5]) O. Tietze, Z. prakt. Geol. **15**, 117 (1907).
[6]) L. Cayeux, Mém. Soc. géol. du Nord. **4**, 427 (1897) u. Bull. Soc. géol. de France **5** (ser. 4), 750 (1905).

Kreidemeeres. Seiner Meinung nach sind alle oberkretazischen Phosphoritablagerungen des Pariser Beckens an bedeutendere Störungen im Meere gebunden. Solche Störungen bewirken nach L. Cayeux Veränderung der Strömungen, der Tiefe des Meeres usw., mit andern Worten, sie bringen eine
Umwälzung in den Lebensbedingungen der Organismen hervor und haben
die Vernichtung zahlloser Individuen zur Folge. In diesen Hekatomben war
P_2O_5 reichlich aufgespeichert. Seine Ansichten resümierend sagt L. Cayeux:
Les grands mouvements des mers seraient le point de départ de la formation
de nombreux gisements de phosphate sédimentaire.

Eine ganze Reihe von Lagerstätten zeigt den strengen Zusammenhang
der Phosphoritlager mit bestimmten Unterbrechungen in der Ablagerung der
Schichten. Zahlreiche Beispiele aus russischen Phosphoritlagerstätten des Jura-,
Kreide- und Tertiärsystems führt A. Archangelskij[1]) an.

Dem Massenuntergang von Organismen verdanken ihr Dasein derart
umfangreiche Phosphoritlager, wie die nordafrikanischen. Die Hauptreichtümer
Algiers und Tunis'[2]) an Phosphorit werden durch eine Phosphoritschicht von
alteozänem (Suessonien-) Alter bedingt, welche auf schwarzen Mergeln lagert
und von dichten Muschelkalken überdeckt wird. Am besten sind diese Phosphorite in der Gegend von Tebessa und Gafsa entwickelt. Ein genaues Schema
der Genesis dieser Lagerstätten gab A. Carnot[3]); L. Pervinquière[4]) brachte
späterhin manche Details hinein.

Die Bildung der Lager ging diesen Autoren zufolge in der seichten
Küstenzone des Suessonien-Meeres vor sich, welche von Organismen wimmelte.
Die außerordentlich große Menge von Diatomeenpanzern in den Phosphoriten
einer ganzen Reihe nordafrikanischer Lagerstätten berechtigt zu der Annahme,
daß hier eine reiche Fauna, hauptsächlich Algen, ausgedehnte unterseeische
Weideplätze bildeten, welche von pflanzenfressenden Tieren eifrig aufgesucht
wurden. Ihnen folgten die Fleischfresser, und so lagerten sich am Meeresboden Knochenreste, Zähne, Koprolithen und Weichteile verschiedener Organismen ab, welche somit als Quelle der Phosphoritlager Algiers und Tunis' zu
betrachten sind. Das erwähnte massenweise Vorkommen von Diatomeenpanzern
ist nur den Phosphoritknollen eigen; im Phosphatzement, welches die Knollen
verkittet, werden Diatomeen nicht beobachtet. Dementsprechend werden zwei
Stadien bei der Bildung dieser Lager vorausgesetzt: 1. ursprünglich lagerten
sich im Diatomeenschlamm die Knollen ab und 2. unter andern Bedingungen
wurden späterhin die Knollen durch Phosphatzement verkittet.

Hierher gehören auch die mächtigen Phosphoritlager von Tennessee. Die
Phosphorite von Tennessee werden in mehrere Gruppen eingeteilt, von denen
die schwarzen Phosphoritschichten (black bedded phosphate) des Devons die
wichtigsten sind. Sie werden vertreten: 1. durch oolithischen Phosphorit,
welcher aus einer Anhäufung von blauschwarzen und grauen Phosphoritkörnern
mit glatter, glänzender Oberfläche und abgerundeten, in die Grundmasse eingeschlossenen Fragmenten von Fossilien besteht, und 2. durch ein dichtes und
homogenes, feinkörniges Phosphat ohne Grundmasse. Alle möglichen Übergänge zwischen diesen beiden Varietäten sind vorhanden. Die Farbe der

---

[1]) A. Archangelskij, Materialien zur Geologie Rußlands **25**, 545 (1912).
[2]) J. Samojloff, Les gisements de phosphate de chaux de l'Algérie et de la Tunisie.
M. 1912 (Literaturliste).
[3]) A. Carnot, Ann. d. mines **10**, 137 (1896).
[4]) L. Pervinquière, Etude géologique de Tunisie centrale. P. 1903, 175.

Phosphorite hängt von der Menge der in feinen Körnern eingeschlossenen schwarzen kohligen Substanz ab: je mehr kohlige Substanz, desto schwärzer der Phosphorit.

Nach C. Hayes[1]) bildeten sich diese Lager in einem seichten Meer, in welchem bei geringem Absatz von Sedimenten üppige Fauna und Flora herrschte.

Späterhin erlitt dieses Phosphoritmaterial eine weitere Verarbeitung (weiße Phosphorite).

Die Anhäufung von Organismen und ihrer Reste kann auch auf dem Festlande vor sich gehen. Hier sind z. B. Anhäufungen von Knochen in Höhlen zu nennen, welche zur Bildung eigenartiger, wenn auch ökonomisch nicht beachtenswerter, Phosphoritlagerstätten führen.

Viel größere Bedeutung kommt den Guanoablagerungen zu — mächtigen Anhäufungen von Tierexkrementen und -kadavern, welche zum größten Teil von Vögeln (Pelikanen vor allem) geliefert werden. Guanolager trifft man auf einer Reihe westindischer und pazifischer Koralleninseln, wo Vögel nisten. Der Guano besteht aus verschiedenen stickstoffhaltigen organischen Verbindungen und Calcium-, Magnesia-, Ammonium- und Kaliphosphat. Der P_2O_5-Gehalt im peruanischen Guano aus verschiedenen Fundorten schwankt zwischen 11 und 17%. Guano enthält eine Reihe Phosphate, unter denen wasserhaltige weit häufiger sind: Monetit $HCaPO_4$, Brushit $HCaPO_4.2H_2O$, Meta-brushit $2HCaPO_4.3H_2O$, Martinit $2H_2Ca_5(PO_4)_4.H_2O$, Kollophanit $Ca_3(PO_4).H_2O$, Bobbierit $Mg_3P_2O_8$, Newberyit $HMgPO_4.3H_2O$, Han-nayit $Mg_3P_2O_8.2H_2NH_4PO_4.8H_2O$, Struvit $NH_4MgPO_4.6H_2O$ und Stercorit $H(NH_4)NaPO_4.4H_2O$.[2]) Ihr chemischer Bestand zeigt, wie verwickelt die hier verlaufenden chemischen Prozesse sind.

Durch Auslaugung der löslichen Bestandteile wird der Guano an Calcium-phosphat reicher, während die löslichen Phosphate der Alkalien, vor allem das phosphorsaure Ammonium, den unterlagernden Korallenkalk durch Austausch der Bestandteile in Phosphorit verwandeln, wobei alle Übergangsstadien der Umwandlung verfolgt werden können (bekannt sind Pseudomorphosen von Phosphorit nach Calcitkristallen.[3])

Gleichzeitig mit dieser metasomatischen Umwandlung geht . auch eine direkte Ausscheidung von Calciumphosphat aus Lösungen nach gleicher Reaktion vor sich. Gänge und Hohlräume werden mit Phosphoritkrusten von traubig-strahliger Textur überzogen.

Hierher gehören die Phosphoritlager der westindischen Inseln Sombrero (Sombrerit — rotbrauner Phosphorit), Redonda, Aruba, Curaçao u. a., sowie die mächtigen Lager von Christmas Island im Indischen Ozean, südlich von Java.

Durch Metasomatose von Kalkstein unter der Einwirkung von Guano-lagern sind auch die produktivsten Phosphoritlager der Welt, die Lagerstätten Floridas entstanden. Teilweise sind sie gegenwärtig auch durch eluviale und alluviale Bildungen vertreten. Die Phosphoritlager erstrecken sich über ein weites Areal, dessen Länge mit 300 km, die Breite mit 30 km angegeben wird.

---

[1]) C. Hayes, Ann. Rep. geol. Surv. U. S. 1894—95. W. 1895. 16, p. IV, 610.
[2]) Vgl. F. Clarke, The data of Geochemistry. Bull. geol. Surv. U.S. N. **330**, 444 (1908).
[3]) Von andern Pseudomorphosen des Phosphorits sind noch Pseudomorphosen nach Gips aus Klein-Curaçao beschrieben worden.

Sie sind im Norden an untermiozäne Kalksteine, im Süden an eozäne Nummulitenkalke gebunden. Die Phosphorite werden in vier verschiedene Gruppen eingeteilt: 1. hard-rock, ein hartes, dichtes, homogenes, meist graues Gestein mit Hohlräumen, deren Wandungen sekundäres Phosphat mit sehr hohem P_2O_5-Gehalt überzieht; 2. oft wird diese Abart von dem weißen soft phosphate begleitet, der seine Bildung einer Verwitterung und Auslaugung des harten Phosphorits verdankt; weiter unterscheidet man die pebble phosphates, die ihrerseits in die folgenden zwei Gruppen zerfallen; 3. land-pebble, eine erdige Masse mit darin eingeschlossenen Phosphoritkörnern und -geröllen, bis wallnußgroß, mit glatter und glänzender Oberfläche, ferner Quarzgeröllen und Fossilienresten. Die Entstehung des land-pebble ist nicht genau bekannt; man setzt voraus, daß sie sich durch allmähliche Zerstörung von phosphorithaltigen Kalksteinen und Mergeln gebildet haben und darauf weiterer Verarbeitung ausgesetzt waren; 4. die letzte Gruppe bilden die river-pebble, Phosphorite, welche sich in den Tälern der jetzigen oder früheren Flüsse und in Küstenablagerungen angehäuft vorfinden.

In den verschiedensten Gesteinen sind geringe Mengen von P_2O_5 in der Gesteinsmasse verstreut enthalten. Das hier zirkulierende Wasser kann diese P_2O_5 auflösen und an bestimmten Punkten konzentrieren, Phosphoritknollen bildend. Dieser Prozeß ist der Entstehung von Feuerstein durch Konzentration der im Gestein enthaltenen SiO_2 analog. Derartig könnte der Ursprung der Phosphoritknollen sein, welche man an vielen Orten in verschiedenem Gestein verstreut findet.

Oben wurden bereits Fälle erwähnt, wo Phosphorite eine mechanische Umlagerung erfuhren und sich gegenwärtig auf sekundärer Lagerstätte befinden, wie z. B. der pebble-phosphate Floridas. Hierher gehören auch die bekannten Phosphorite Podoliens, Knollen, mit charakteristischer radialstrahliger Struktur, deren Kern oft Spalten zeigt, während das Zentrum von einem Hohlraum oder einem fremdartigen Mineral, Calcit, Pyrit, Quarz, Chalcedon, Baryt, Galenit u. a. eingenommen wird. Auf primärer Lagerstätte sind sie an silurische Tonschiefer gebunden, in welchen sie in Form von Knollen mit rauher, höckriger Oberfläche verstreut liegen. Sekundär lagern sie in den tiefsten Schichten der Kreideablagerungen, welche die Tonschiefer überdecken, und sind als abgerundete und kuglige Knollen mit vollkommen glatter, wie polierter Oberfläche ausgebildet. Hier sind die Phosphorite zu Mengen angehäuft, welche sie abbaufähig machen.

Eine mechanische Umarbeitung der Phosphoritablagerungen kann mit einer Hebung der entsprechenden Schichten über das Meeresniveau im Zusammenhang stehn, kann aber auch ohne Hebung am Meeresboden gedacht werden unter der Einwirkung von Meeresströmungen, welche das leichte Grundmaterial fortführen konnten, wodurch eine Konzentration der schweren Phosphoritknollen an Ort und Stelle vor sich ging. Derartige Prozesse sind an Änderungen im Niveau des Meeres gebunden.

Nach einer mechanischen Umarbeitung der Phosphorite kann als nächstes Stadium die Bildung von Calciumphosphat und eine Zementierung der Phosphoritgerölle, der ersten Phosphatgeneration, eintreten. In einer Reihe von Phosphoritlagerstätten werden Phosphorite verschiedener Generation beobachtet.

Im vorhergehenden wurde bereits darauf hingewiesen, daß das Calciumphosphat vorzugsweise von kohlensäurehaltigem Wasser aufgelöst wird. Von den Prozessen der Umwandlung der Phosphorite mögen hier noch die folgenden erwähnt werden. Der häufige Begleiter des Phosphorits, Pyrit, gibt bei der Oxydation lösliche saure Sulfate, welche die Phosphorite zersetzen unter Bildung von Gips, ungefähr in derselben Weise, wie es bei der Bereitung von künstlichem Superphosphat geschieht. Am Gips, welcher die Phosphorite vorzugsweise in der Verwitterungszone begleitet, sieht man die Resultate der Einwirkung der Oxydationsprodukte von FeS_2, sowohl auf das in den Phosphoriten enthaltene Carbonat, als auch auf das Calciumphosphat.

Unter günstigen Bedingungen gelangt die Phosphorsäure aus dem mineralischen Phosphat von neuem in den Körper der Pflanze um einen neuen Kreislauf zu beginnen. Durch den Abbau gewaltiger Mengen von Mineralphosphat und seiner Verarbeitung zu einem Präparat, welches von den Pflanzen leicht aufgenommen werden kann, trägt der Mensch heute eifrig dazu bei, das Phosphat einem neuen Kreislauf zuzuführen.

Phosphate der Thomasschlacke.

Von E. Dittler (Wien).

Bei der mikroskopischen Untersuchung der aus verschiedenen Thomasschlacken isolierten Kristalle erkennt man mehrere verschiedene Typen, die sich mit Hilfe schwerer Lösungen voneinander trennen lassen und sich optisch und chemisch voneinander unterscheiden.

In der Thomasschlacke sind vorhanden:
1. Braune Tafeln;
2. Blaue Rhomboeder;
3. Braune, säulenförmige Nadeln;
4. Blau, grün oder dunkel gefärbte Pyramiden.

Auch die unter 1 genannten braunen Tafeln scheinen nach M. Popp verschiedener Natur zu sein.[1] Man trifft hellbraune, undurchsichtige Kristalle, die nicht verwittern, und durchscheinende Kristalle, die in kurzer Zeit vollkommen zerfallen.

Die Löslichkeit der Phosphorsäure in Schlacken, die von den ersteren Kristallen durchwachsen sind, ist geringer ($62^0/_0$) als die Löslichkeit der Phosphorsäure der leicht verwitternden Stücke ($78^0/_0$). Am leichtesten löslich sind die blauen Kristalle ($95^0/_0$). Am schwersten löslich ist die Phosphorsäure der braunen Säulen; die Löslichkeit beträgt nur $41^0/_0$.

Alle Kristalle sind durch anhaftende Mutterlauge verunreinigt, weshalb es außerordentlich schwierig ist, vollkommen reine Kristalle zur Analyse zu bringen. H. Bücking und G. Linck[2] haben mit Hilfe schwerer Lösungen zum erstenmal von Beimengungen freie Kristalle des Tetracalciumphosphates isoliert und nachgewiesen, daß außer dem Tetracalciumphosphat in den Drusenräumen der Thomasschlacke noch mindestens drei verschiedene Kristallarten vorkommen. Die meisten der hier angegebenen Analysen der Thomasschlackenkristalle beziehen sich auf inhomogenes Material, nur die Analysen 5, 8 und 9 entsprechen vollkommen reiner und homogener Substanz.

---

[1] M. Popp, Eigenbericht auf der Versammlung deutscher Naturforscher und Ärzte. Wien 1913. Ref.: Chem. Ztg. XXXVII, 116, 1175 (1913).
[2] H. Bücking und G. Linck, St. u. Eisen 4, 245 (1887).

Analysen.

	Braungelbe Tafeln. 1.	Blaue Kristalle. 2.
(MgO) . . .	0,828	0,738
CaO	60,206	56,578
MnO	—	0,210
NiO	—	0,040
(Al_2O_3) . . . (Fe_2O_3) . . .	} 0,100	— 1,000
V	0,722	1,640
SiO_2	—	10,791
(S)	0,150	0,055
P_2O_5	38,044	29,146
	100,050	100,198
O	0,075	0,027
	99,975	100,171

1. Außerdem Spuren von MnO und SiO_2.
2. Mit Spuren von Al_2O_3, Cr_2O_3; diese Kristalle wurden auch von A. v. Groddeck und K. Brockmann, analysiert, die jedoch kein Silicium fanden; anal. J. E. Stead u. C. H. Ridsdale, Journ. chem. Soc. **51**, 608 (1887).

	Gereinigte Kristalle.	
	3.	4.
MgO . . .	1,90	—
CaO . . .	61,16	61,10
MnO . . .	1,51	—
SiO_2 . . .	0,91	.—
P_2O_5 . . .	34,64	38,14
	100,12	99,24

3. Aus Thomasschlacke von Hörde isolierte, nicht gereinigte Kristalle; geringe Mengen Fe und S; anal. G. Hilgenstock, l. c.
4. Gereinigte Kristalle; anal. G. Hilgenstock, l. c.

	Blaue Kristalle. 5.	Braune Tafeln. 6.
Dichte .	3,058—3,060	—
MgO . . .	Spur	0,88
CaO . . .	57,42	58,01
MnO . . .	Spur	—
FeO . . .	0,95	2,93
(Al_2O_3) . .	1,13	—
SiO_2 . .	9,47	—
P_2O_5 . . .	31,19	38,75
(S) . . .	Spur	—
	100,16	100,57

5. Monokline Schlackenkristalle; anal. H. Bücking und G. Linck, l. c. Die chemische Zusammensetzung wurde auf $4Ca_3(PO_4)_2 + 3Ca_3SiO_5$ berechnet.
6. Kristalle von Hörde; anal. A. v. Groddeck und K. Brockmann, l. c.

Blaue Säulen.

7.

CaO 56,10
MnO 2,90
FeO 6,01
P_2O_5 35,00
————
100,01

7. Kristalle von Hörde; anal. A. v. Groddeck u. K. Brockmann, l. c.

8.

Dichte . . . 3,153—3,155 bei 25°C.

MgO 0,40
CaO 53,51
FeO 2,22
(Al_2O_3) . . . 1,09
(Fe_2O_3) . . . 1,78
SiO_2 3,81
P_2O_5 36,77
Cl . . . . . Spur
(S) . . . . . Spur
————
99,58

8. Schlanke, hexagonal kristallisierende Säulen; anal. H. Bücking und G. Linck, l. c. Die Analyse entspricht der Formel $4 Ca_3(PO_4)_2 + Ca_3SiO_5$.

Wasserhelle bis hellbräunlich gefärbte rhombische Tafeln.

9.

Dichte . . . 3,055—3,060 bei 25° C.

MgO . . . . . Spur
CaO 59,53
MnO . . . . . Spur
(Al_2O_3) . . . ⎫
(Fe_2O_3) . . . ⎬ 0,89
SiO_2 0,89
P_2O_5 38,77
(S) 0,28
————
100,36

9. Anal. H. Bücking und G. Linck, l. c. Die Verbindung wurde als $Ca_4P_2O_9$ angesprochen. Ein Teil der Phosphorsäure ist auch hier durch Kieselsäure vertreten.

1. Das Tetracalciumphosphat.[1])

Monokline, pseudorhombische Kristalle mit (010) als Symmetrieebene. $a:b:c = 0,5773:1:1,255$, $\beta = $ ca. 90°.[2]) Unter dem Tetracalciumphosphat

---

[1]) J. E. Stead u. C. H. Ridsdale, Journ. chem. Soc. **51**, 601 (1887). — H. A. Miers, Journ. chem. Soc. **51**, 608 (1887).

[2]) P. Termier u. A. Richard, Bull. Soc. min. **18**, 391 (1895).

versteht man jene rektangulären Kristalle der Thomasschlacke, denen die allgemeine Zusammensetzung $Ca_4P_2O_9 (= 4 CaO . P_2O_5)$ zukommt.[1]

Das Tetracalciumphosphat kann als ein basisches Salz der Orthophosphorsäure aufgefaßt werden; manche Gründe sprechen aber auch dafür, die Verbindung als das normale Salz einer Säure $(OH)_4 P.O.P(OH)_4$ anzusehen.[2]

Das dem Thomasprozeß zugeführte Thomasroheisen enthält in der Regel 1,8—2,2 % Phosphor. Dieser Phosphor wird beim Verblasen oxydiert und mit überschüssigem Kalk verschlackt. Die Thomasschlacke galt anfangs als wertlos, weil man glaubte, daß die Phosphorsäure als unlösliches Tricalciumphosphat enthalten sei. Durch die Untersuchungen G. Hilgenstocks[3] wurde aber bewiesen, daß die Phosphorsäure in der Thomasschlacke als Tetracalciumphosphat $Ca_4P_2O_9$ vorhanden ist.

Eigenschaften. Das tetrabasische Calciumphosphat kristallisiert entweder in großen, fast farblosen oder braunen rechteckigen Tafeln.

Die Tafeln erreichen eine Länge bis zu 15 mm und sind oft durch Schlackeneinschlüsse matt und trüb gefärbt.

Die Dichte ist 2,9—3,1. Das Phosphat ist schwierig spaltbar nach {010}, {100} und {001}. Härte ca. 3,5.

Der mittlere Brechungsindex ist 1,64. Die braungelben Tafeln sind schwach pleochroitisch mit der größten Absorption ‖ a. Die dicktafeligen oder kurzprismatischen blauen Kristalle oder Skelette sind stark pleochroitisch: ‖ c tief saphirblau bis schwach blau, ‖ a schwach blau bis tiefblau.

Die optische Achsenebene ist {010}. Die spitze Bisektrix ist nahe parallel der c-Achse. Der Achsenwinkel $2V$ = ca. 20° für rot, ca. 40° für blau. Die Doppelbrechung ist positiv und beträgt 0,02—0,03. Bei starker Vergrößerung zeigen Schliffe nach (010) Zwillingslamellen nach (001) und (100) mit einer kleinen Auslöschungsschiefe $c\gamma$ 0°—5°.

In den Schlacken von Hörde zeigen die Kristalle ein eigentümliches anomales optisches Verhalten, das an das der Leuzite erinnert.

Calciumsilicophosphate der Thomasschlacke.

$$4 Ca_3(PO_4)_2 + Ca_3SiO_5 .$$

Die von H. Bücking und G. Linck isolierten Kristalle sind schlanke, sechsseitige Säulen von 10 mm Länge und 0,5—1 mm Dicke und besitzen wasserhelle oder bräunliche Farbe. Die Kristalle sind optisch einachsig und gehören dem hexagonalen System an.

$$4 Ca_3(PO_4)_2 + 3 Ca_3SiO_5 .$$

Kristalle dieser Zusammensetzung finden sich verwachsen mit dem Tetracalciumphosphat und mit den soeben besprochenen Kristallen der Zusammensetzung $4 Ca_3(PO_4)_2 + Ca_3SiO_5$. Vom Tetracalciumphosphat lassen sie sich mit Hilfe des Elektromagneten trennen.

---

[1] A. v. Groddeck u. K. Brockmann, St. u. Eisen, **3**, 141 (1884). — A. Carnot und A. Richard, C. R. **97**, 320 (1883); Bull. Soc. min. **237**, VI (1883); Z. Kryst. **10**, 640 (1885).

[2] P. Groth, Chem. Krystallographie II, 817 (1908).

[3] G. Hilgenstock, St. u. Eisen **9**, 498 (1883).

Sie besitzen starken Diamantglanz, blaue Farbe und ausgeprägten Pleochroismus von hellblau zu berlinerblau. Die Kristalle sind monoklin und identisch mit den von A. v. Groddeck und K. Brockmann als rhombisch bezeichneten Kristallen der Zusammensetzung $Ca_3(PO_4)_2 + Ca_2SiO_4$.

Außerdem finden sich in der Thomasschlacke und zwar insbesondere in den eisenreichen Partien einfach brechende, regulär kristallisierende braune Kristalle (meist Kombinationen von Würfel mit Oktaeder), deren Isolierung von den übrigen durch verdünnte Salzsäure, in der sich die Kristalle nur sehr langsam lösen, gelingt. Eine chemische Untersuchung dieser nur in sehr geringer Menge vorhandenen Kristalle ist bisher noch nicht gelungen.

Synthetische Darstellung. H. Blome[1]) stellte eine Reihe von Schmelzen aus Tetracalciumphosphat (Schmelzpunkt 1870°) und Calciumorthosilicat in wechselnden Mengenverhältnissen her, bestimmte mit dem optischen Pyrometer die Schmelzpunkte und ermittelte die Löslichkeit in 2%iger Citronensäure, sowie die Mengen des freien Kalkes in den Schmelzen.

Bei rascher Abkühlung der Schmelzen zeigt die Schmelzpunktskurve angeblich zwei Maxima bei der Zusammensetzung

$$4\,CaO\cdot P_2O_5 + 2\,CaO\cdot SiO_2 \quad und \quad 4\,CaO\cdot P_2O_5 + 4\,(CaO\cdot SiO_2).$$

Auch die Löslichkeit dieser beiden Produkte in Citronensäure erreichte ein Maximum gegenüber den übrigen Mischungen.

Wird eine Schmelze der Zusammensetzung

$$4\,CaO\cdot P_2O_5 + 2\,CaO\cdot SiO_2$$

langsam abgekühlt, so erfolgt eine bedeutende Steigerung an freiem CaO, sowie der Löslichkeit in Citronensäure für P_2O_5, CaO und SiO_2 und zwar war diese Steigerung immer größer, je langsamer die Abkühlung zwischen 1800° und 1400° stattfand; unterhalb 1400° ist die Abkühlungsgeschwindigkeit ohne Einfluß. Langsame Abkühlung befördert die Bildung eines in Citronensäure löslichen Kalksilicophosphates.

Eine Schmelze der Zusammensetzung

$$4\,CaO\cdot P_2O_5 + CaO\cdot SiO_2$$

ist bei langsamer und schneller Abkühlung völlig in Citronensäure löslich, enthält praktisch keinen freien Kalk und ist identisch mit dem aus den Schmelzen

$$4\,CaO\cdot P_2O_5 + 2\,CaO\cdot SiO_2$$

neben CaO sich bildenden Produkten.

Hartleb[2]) wies darauf hin, daß das Tetracalciumphosphat in der Thomasschlacke äußerst selten vorkommt und daß die Thomasschlacke auch ohne Beisein des vierbasischen Phosphates sehr citronensäurelöslich sein kann. Während das Tetracalciumphosphat in Citronensäure fast unlöslich ist, ist das Kahlbaumsche von H. Blome verwendete Tricalciumphosphat vollständig löslich in Citronensäure, weshalb die Schlüsse, die H. Blome aus seinen Versuchen gezogen hat, hinfällig wären.

Das von H. Blome synthetisch hergestellte angebliche Tetracalciumphosphat kann auf dem von ihm angegebenen Wege sicher nicht homogen

[1]) H. Blome, St. u. Eisen **30**, 2161—2164 (1910); Metallurgie **7**, 659 u. 698 (1910).
[2]) Hartleb, Z. öff. Chem. **17**, 381 (1911).

erhalten werden, weil nach E. Dittler[1]) das Tetracalciumphosphat bei hoher Temperatur zerlegt wird und ein Gemisch von freiem CaO und einem phosphorsauren Kalksalze entsteht.

E. Dittler versuchte nämlich das Tetracalciumphosphat synthetisch aus chemisch reinem Tricalciumphosphat mit der berechneten Menge Kalk herzustellen. Da besonders bei Luftzutritt beträchtliche Mengen Phosphorsäure verdampfen, so muß ein starker Überschuß von Phosphorsäureanhydrid hinzugegeben werden, um das gewünschte Produkt zu erhalten; zweckmäßig ist es, die Schmelze unter Luftabschluß zu erhitzen. Man erhält schließlich ein gut kristallisiertes Produkt, dessen chemische Zusammensetzung dem Tetracalciumphosphat, allerdings mit einem kleinen Überschuß an freiem CaO, entspricht.

Die Analyse des in HCl löslichen Phosphates ergab:

$$CaO \quad \cdots \quad 62,87$$
$$P_2O_5 \quad \cdots \quad \underline{37,14}$$
$$100,01$$

Unter dem Mikroskop gewahrt man neben stark lichtbrechenden Körnern freien Kalkes kleine quadratische und rektanguläre Prismen von gerader Auslöschung und der optischen Orientierung $c = \gamma$; die Doppelbrechung ist positiv; sie ist niedriger als die der natürlichen Kristalle. Die Lichtbrechung ist sehr viel größer als die des Kanadabalsams, ca. 1,644.

Auch J. Trenkler[2]) analysierte eine glasfreie Tetracalciumphosphatschmelze und fand in derselben 0,84 % freien Kalk; die Analyse der Schmelze war:

$$Freies \ CaO \quad \cdots \quad 0,84$$
$$CaO \quad \cdots \quad 62,04$$
$$P_2O_5 \quad \cdots \quad \underline{36,88}$$
$$99,76$$

Die Menge des sich ausscheidenden freien Kalkes ist von der Erhitzungstemperatur abhängig.

Das Tricalciumphosphat kristallisiert aus seiner Schmelze leicht in 0,5—1 mm langen Nadeln von gerader Auslöschung und der optischen Orientierung $c = \gamma$. Die Lichtbrechung ist etwas größer als die von Kanadabalsam. Im Konoskop gewahrt man Einachsigkeit und positiven Charakter der Doppelbrechung. J. Trenkler analysierte ferner eine im Kohleofen des Laboratoriums C. Doelter hergestellte kristallisierte Tricalciumphosphatschmelze und fand:

$$CaO \quad \cdots \quad 54,72$$
$$P_2O_5 \quad \cdots \quad \underline{46,15}$$
$$100,87$$

Das Phosphat entsprach der ursprünglichen Zusammensetzung. Es hatte sich etwas Phosphorsäure verflüchtigt.

Wiborgh stellte durch Glühen von Apatit, der bei der magnetischen Anreicherung von Eisenerzen abfiel, mit Soda bei 700° ein Tetraphosphat der Zusammensetzung

$$Ca_2Na_2P_2O_9$$

her.[3])

---

[1]) E. Dittler, unveröffentlichte Beobachtung.
[2]) J. Trenkler, Unveröff. Untersuchung.
[3]) B. Neumann, Chemische Technologie, 317, Leipzig 1912.

Nach M. Weibull[1]) handelt es sich um ein Orthosilicophosphat von Calcium und Natrium, dessen Kieselsäure nach Zusatz von Eisensalzen zu der Lösung vom Magnesiumammoniumphosphatniederschlag leicht getrennt werden kann.

Gewinnung und Eigenschaften der Thomasschlacke.
Von F. W. Dafert (Wien).

Gewinnung.

Bei der Herstellung des Flußeisens aus phosphorarmem Roheisen wird bekanntlich das flüssige Roheisen nach dem Windfrischverfahren H. Bessemers aus dem Jahre 1856[2]) in einen beweglichen Apparat, in die Bessemerbirne oder den Konverter gebracht, der ein aus tonhaltigem Sand bestehendes sogenanntes saures Futter hat. Man treibt hierauf stark gepreßte Gebläseluft in dünnen Strahlen durch den Fluß, wobei die zur Flüssigerhaltung notwendige Temperatur von 1800—2000° C hauptsächlich durch das Verbrennen des anwesenden Siliciums erzeugt wird. Der Kohlenstoff verbrennt zum kleinsten Teil unmittelbar; in der Hauptsache erfolgt seine Verbrennung durch Übertragung des Sauerstoffes aus dem oxydierten Eisen, also mittelbar. Vorhandener Schwefel und Phosphor wird auf diesem Wege nur unvollständig entfernt. Auch wirkt der Kieselsäuregehalt der entstehenden kieselsäurereichen Schlacke der Bindung der durch Oxydation gebildeten Phosphorsäure entgegen und bewirkt so, daß diese letztere vom Eisen und dem noch vorhandenen Kohlenstoff wieder reduziert wird. Weil sehr viele Erzvorkommen phosphorhaltig sind und aus phosphorhaltigen Erzen phosphorarmes Roheisen industriell nicht gewonnen werden kann, so war das Bestreben der Technik seit jeher darauf gerichtet, das Verfahren H. Bessemers dahin zu vervollkommnen, daß es auch für phosphorhaltige Erze Anwendung finden könne. Die einschlägigen Versuche führten lange zu keinem praktisch brauchbaren Ergebnis; erst dem Engländer Sidney Gilchrist Thomas gelang der Wurf.[3]) Sein Hauptpatent trägt die Nr. 1313 und nennt als Tag der Erteilung den 2. April 1879; das entsprechende deutsche Patent Nr. 12700 vom 10. April 1879 (Eigentümer: Rheinische Stahlwerke in Ruhrort und Hörder Bergwerks- und Hüttenverein in Hörde) betrifft ein „Verfahren zur Entphosphorung des Eisens beim Bessemer Prozeß"

---

[1]) M. Weibull, Landw. Ver. Station **58**, 263 (1903).
[2]) E. F. Dürre, Die Anlage und der Betrieb der Eisenhütten (Leipzig 1880—1892) 3 Bde. u. Supplementbd. — Jüptner v. Johnstorff, Kompendium der Eisenhüttenkunde (Wien 1896). — Jüptner v. Johnstorff, Grundzüge der Siderologie (Leipzig 1900—1904) 3 Tle. in 4 Bdn. — Th. Beckert, Leitfaden zur Eisenhüttenkunde, 2. Aufl. (Berlin 1898). — F. Wüst u. W. Borchers, Eisen- u. Metallhüttenkunde (Leipzig 1900). — A. Ledebur, Handbuch der Eisenhüttenkunde, 5. Aufl. (Leipzig 1906, 8). — H. Wedding, Grundriß der Eisenhüttenkunde, 4. Aufl. (Berlin 1907). — Eine kurze Übersicht in Muspratts Handbuch der technischen Chemie, 4. Aufl. 2. Bd. (Braunschw. 1889) S. 1513.
[3]) S. G. Thomas, St. u. Eisen, **29**, 1465, enthält einen Aufsatz von J. Massenez über den starken Einfluß, den diese Erfindung auf das Hüttenwesen jener Zeit ausgeübt hat. Näheres über den Thomasprozeß findet sich in den bereits genannten Werken von H. Wedding, E. F. Dürre und A. Ledebur, dann bei R. Fleischer, „Die Entphosphorung des Eisens durch den Thomasprozeß und ihre Bedeutung für die Landwirtschaft" (Berlin 1888).

und umschreibt die Erfindung wie folgt: „Das Nachblasen nach vollendeter Entkohlung in Verbindung mit dem Zusatz basischer Substanz, durch welche eine erdbasische Schlacke erzeugt wird, bei der Entphosphorung des Eisens in einer mit basischem Futter versehenen Bessemerbirne."

Derzeit arbeitet man nach diesem „basischen Prozeß", wie er im Gegensatz zu dem „sauren Prozeß" H. Bessemers genannt wird, derart, daß man dem geschmolzenen mindestens $1,5\%$, zweckmäßig aber etwa $2—3\%$ Phosphor enthaltenden Roheisen, das, behufs Vermeidung einer übermäßig starken Bildung saurer Schlacke zu Beginn der Entkohlung, möglichst siliciumarm sein muß, in der Birne zunächst einen entsprechenden Kalkzusatz gibt. Die Birne ist hier mit gepreßten und durch Teerzusatz gefestigten Ziegeln aus gebranntem und gepulvertem Dolomit ausgefüttert.[1]) Der Kalkzusatz bewirkt, daß eine zur Aufnahme von Phosphorsäure befähigte, sehr basische Schlacke entsteht. Beim darauffolgenden Durchblasen von Luft wird nicht nur der Kohlenstoff, das Mangan und etwa vorhandenes Silicium verbrannt, sondern später auch der gesamte Phosphor, der beim Thomasprozeß die Hauptwärmequelle darstellt. Die entstandene Phosphorsäure vereinigt sich mit dem Kalk unter Bildung der Thomasschlacke. Läßt man die flüssige Schlacke, es geschieht dies in besonderen Abfuhrwagen, langsam abkühlen, so erhält man die verhältnismäßig mürbe „Blockschlacke". Rasches Abkühlen der „abgestochenen" Masse liefert die homogenere, aber sehr harte „Flußschlacke". Der auf dem Stahl schwimmende und aus der Gießpfanne vorsichtig abzugießende Rest der Schlacke wird „Pfannenschlacke" genannt. Es wurde wegen der Schwierigkeit, die das Vermahlen harter Schlacken bereitet, gelegentlich versucht, ihnen dadurch ein poröseres Gefuge zu geben, daß man sie auf eine feucht gehaltene Unterlage fließen ließ; vollen Erfolg hatten diese Bemühungen nicht. Nach A. M. v. Reis[2]) soll ein Zusammenhang zwischen der chemischen Zusammensetzung und der Mahlbarkeit der Schlacke bestehen, Schlacken, die mehr als dreimal soviel Eisenoxydul enthalten als Eisenoxyd, sind hart; in den härtesten, ohne vorhergehende Behandlung im Steinbrecher mittels Kugelmühlen überhaupt nicht mahlbaren Schlacken sei das Eisen nur in Form des Eisenoxyduls zugegen.

Während der Abkühlung der Schlackenkuchen ereignen sich nicht selten Explosionen, die zum Teil von einer spontanen Gasentwicklung im Innern der Masse, zum Teil davon herrühren, daß Wasser mit der erstarrenden, aber noch heißen Schlacke in Berührung kommt.

Die für die Ausnutzung so überaus wichtige Vermahlung der Thomasschlacke zu einem staubfeinen Pulver hat anfangs große Schwierigkeiten bereitet; sie stellt eigentlich auch heute noch kein völlig einwandfrei gelöstes Problem dar. Der bei der Vermahlung auftretende Staub bewirkt infolge seines Gehalts an freiem Ätzkalk eine mechanische Reizung des Lungengewebes und manchmal Entzündungserscheinungen, schädigt also unter Umständen die Gesundheit der Arbeiter.

Eigenschaften.

Die frische Thomasschlacke bildet eine harte, selten und nur stellenweise schieferige oder mürbe, in der Regel von Hohlräumen durchsetzte und daher etwas „blasige", durch und durch kristallinische Masse von grauer, brauner

---

[1]) Näheres über die Herstellung dieses Futters bei Ljunggren, Österr. Ztschr. f. Berg- u. Hüttenwesen **43**, 453 (1895).

[2]) A. M. v. Reis, Z. f. angew. Chem. 1892, 229.

und blauer Farbe. Ihr spezifisches Gewicht liegt zwischen 3 und 3,3; an der Luft zerfällt sie nach und nach. Der Ätzkalk wird zu Calciumhydroxyd und dann zu kohlensaurem Kalk. Das Eisenoxydul geht in Eisenoxyd über. Nach L. Schucht[1]) hatte Thomasschlackenmehl aus einer Luxemburger Fabrik nach zweijährigem Lagern unter Dach 15 % Kohlensäure aufgenommen; eine Schlacke aus Lothringen enthielt nach einem Jahre 5 — 6 % Kohlensäure, das Mehl aus frischer Schlacke, die $\frac{1}{4}$ Jahr lang in geschlossenen Räumen in Säcken aufbewahrt worden war, 4 % Kohlensäure. J. R. Blum[2]) hingegen berichtet von einer Schlacke, die 3 Jahre lang der Luft ausgesetzt war, und dann trotzdem nur 2,47 % Kohlensäure lieferte. Vielleicht erklären sich diese Widersprüche zum Teil daraus, daß sich die Beobachtungen einmal auf gröberes oder feineres Mehl und dann wiederum auf ganze Stücke beziehen.

Die Veränderungen der Thomasschlacke unter dem gleichzeitigen dauernden Einfluß von Kohlensäure und Wasser sind noch nicht völlig sichergestellt.

Mit Kalisalzen carnallitischer Natur gemischt, tritt nach und nach Erhärtung der Schlacke ein. Hierbei wirkt der Ätzkalk auf das Magnesiumchlorid unter Bildung von Magnesiumoxychlorid. Aus Ammonsulfat vermag die Thomasschlacke, namentlich bei Gegenwart selbst nur geringer Mengen von Feuchtigkeit, reichlich Ammoniak abzuspalten; die Salpetersäure des Natronsalpeters kann wegen des Gehaltes der Thomasschlacke an fein verteiltem Eisen zu Ammoniak reduziert werden, das dann entweicht.

Der Gehalt der Thomasschlacke an Phosphorsäure hängt vom Phosphorsäuregehalt des Erzes, also vom Phosphorgehalt des Roheisens und in zweiter Linie von der Höhe des Kalkzusatzes ab. Die Zusammenstellung einer Ladung ist nach L. Schucht[3]) z. B.:

$$100 \text{ Teile Roheisen mit } 2\% \text{ P} = 4,6\% \text{ P}_2\text{O}_5 \text{ und}$$
$$17 \quad \text{„} \quad \text{Kalk.}$$

Die Schlacke bildet sich dann aus:

$$17 \text{ Teilen CaO}$$
$$4,6 \quad \text{„} \quad \text{P}_2\text{O}_5 \text{ und}$$
$$\underline{3,4 \quad \text{„} \quad \text{SiO}_2, \text{ Fe}_2\text{O}_3, \text{ MnO usw.,}}$$

was zusammen $\quad 25$ Teilen Thomasschlacke mit $18,4\%$ P_2O_5 entspricht.

Bemerkungen zu Tabelle I.

Nr. 1. Dtsche. landw. Presse 1885, 275. Die Mittelzahlen sind aus den Ergebnissen von Analysen berechnet worden, die teils von der Moorversuchs-Station in Bremen, teils von den Hüttenlaboratorien stammen. Die Extreme gibt R. Fleischer wie folgt an: SiO_2 (2,70—12,90 %), P_2O_5 (11,39—22,97 %), Al_2O_3 (0,14—3,70 %), Fe_2O_3 (1,91 bis 7,00 %), FeO (5,86—18,00 %), MnO (0,55—5,62 %), CaO (38,00—58,91 %), MgO (1,14 bis 8,10 %), S (0,05—1,41 %) und SO_3 (0—1,00 %).

Nr. 2. Von R. Fleischer an der unter Nr. 1 genannten Stelle vorgeführt als „Mittel für die Schlacken deutscher Werke“.

Nr. 3 u. 4. Chem. Ind. 8, 372 (nach Chem. ZB. 1886, S. 96). Nr. 3 ist Schlacke aus einem rheinischen, Nr. 4 solche aus einem sächsischen Werke.

Nr. 5. Chem.-Ztg. 11, 255 (1887). Die Analyse wurde im Laboratorium von H. u. E. Albert in Biebrich am Rhein ausgeführt.

---

[1]) L. Schucht, Z. f. angew. Chem. 1890, 594.
[2]) J. R. Blum, Chem. ZB. 1890, II, 613.
[3]) L. Schucht, Die Fabrikation des Superphosphates mit Berücksichtigung der anderen gebräuchlichen Düngemittel (Braunschweig 1909), S. 254.

Tabelle I.

Nr.	Jahr der Untersuchung	Analytiker	MgO %	CaO %	MnO %	FeO %	Al_2O_3 %	Fe_2O_3 %	SiO_2 %	P_2O_5 %	S %	SO_3 %	Rest %
1	1885	R. Fleischer	4,89	48,29	3,91	9,44	2,04	3,78	7,96	17,25	0,49	0,22	1,73
2	„	R. Hasenclever	4,46	50,98	4,12	9,17	n. b.	4,40	7,05	17,75	n. b.	n. b.	2,08
3	1886	C. Pieper	n. b.	49,08	3,10	7,88	3,60	7,10	9,62	17,65	n. b.	n. b.	1,97
4	„	„	n. b.	47,48	4,52	10,93	1,13	8,56	6,14	18,37	0,60	n. b.	2,87
5	1887	H. Otto	3,40	49,90	4,71	8,06	1,10	5,14	8,20	19,03	0,23	0,12	(+0,14)
6	1887	C. M. Aikman	6,14	41,58	3,79	13,62	2,57	8,54	7,38	14,36	0,32	Spur	1,67
7	„	„	6,42	45,04	3,50	15,42	1,50	2,10	5,80	18,10	0,62	Spur	1,80
8	„	„	3,49	42,67	4,51	17,17	1,87	11,43	3,15	13,80	0,51	Spur	1,29
9	„	M. A. v. Reis	6,01	47,34	3,43	12,72	1,83	2,07	5,76	19,19	n. b.	n. b.	1,54
10	„	„	3,32	48,68	1,44	12,32	n. b.	6,77	2,57	18,30	n. b.	n. b.	6,60
11	„	„	3,00	48,82	2,84	14,19	n. b.	7,50	5,20	15,07	n. b.	n. b.	3,38
12	„	„	3,37	48,36	2,80	8,75	n. b.	6,54	2,85	21,30	n. b.	n. b.	6,03
13	„	„	1,89	50,53	1,40	13,51	n. b.	5,49	4,05	18,33	n. b.	n. b.	4,80
14	„	„	2,47	47,98	4,18	8,90	n. b.	7,41	7,67	16,32	n. b.	n. b.	5,07
15	„	„	3,57	48,15	4,59	10,10	n. b.	5,72	6,93	15,74	n. b.	n. b.	5,20
16	„	„	4,15	46,35	4,41	5,84	n. b.	3,63	5,54	24,00	n. b.	n. b.	5,08
17	1889	Ed. Jensch	0,25	48,07	3,44	n. b.**)	3,76	n. b.*)	6,94	20,32	0,34	0,51	0,61
18	„	„	3,11	56,03	3,20	n. b.*)	1,70	n. b.*)	5,03	19,64	0,32	n. b.	(+0,74)
19	„	„	3,88	54,17	3,65	n. b.*)	2,20	n. b.*)	4,41	18,21	0,40	0,18	(+0,14)
20	„	„	2,46	49,16	4,22	n. b.*)	2,25	5,96	10,04	18,03	n. b.	0,28	(+0,14)
21	„	„	1,26	49,45	2,93	9,88	2,17	n. b.*)	10,03	16,86	0,61	0,10	0,70
22	„	„	0,44	42,25	4,54	n. b.**)	n. b.**)	n. b.*)	19,49	16,28	n. b.	0,46	(+0,83)
23	„	„	3,52	48,83	0,73	n. b.*)	3,49	n. b.*)	14,15	16,26	n. b.	0,44	0,48
24	„	„	3,21	48,63	3,58	n. b.*)	n. b.*)	n. b.*)	9,39	15,18	0,44	n. b.	1,18
25	„	„	4,17	44,02	n. b.**)	n. b.*)	n. b.*)	1,11	8,98	14,83	0,52	0,11	1,31
26	„	„	1,10	44,04	0,96	n. b.*)	n. b.*)	2,88	22,41	13,23	0,44	0,10	16,61
27	„	„	0,34	39,71	3,81	n. b.*)	n. b.*)	n. b.*)	20,77	12,41	0,02	0,51	19,55
28	„	M. A. v. Reis	3,01	51,00	7,16	10,77	1,68	10,41	6,77	16,92	n. b.	n. b.	1,73
29	„	„	2,08	31,00	14,91	10,55	1,58	5,70	16,41	11,75	n. b.	n. b.	1,31
30	„	„	2,05	48,42	7,71	10,65	0,95	5,14	6,69	17,75	n. b.	n. b.	0,08
31	„	„	2,38	48,17	6,23	12,49	0,59	3,45	4,88	19,25	u. b.	n. b.	0,87
32	„	„	2,03	46,70	9,35	10,13	1,40	2,87	8,07	18,48	n. b.	n. b.	0,39
33	„	„	1,57	50,77	7,28	11,43	1,37	5,27	6,00	18,39	n. b.	n. b.	0,32
34	„	„	1,67	47,36	7,81	6,49	0,89		7,07	22,50	n. b.	n. b.	0,94

Mittel zahlreicher Analysen
Mittel zahlreicher Analysen

{ (*) Im Original ist „—" angegeben
{ (**) Im Original ist 15,76 angegeben
*) Summe von Fe_2O_3 + FeO = 11,71
*) Summe von Fe_2O_3 + FeO = 13,04
*) Summe von Fe_2O_3 + FeO = 13,70
{ (*) Im Original ist „—" angegeben
{ (**) Im Original ist 17,37 angegeben
*) Summe von Fe_2O_3 + FeO = 12,10
{ *) Summe von Al_2O_3 + Fe_2O_3 + FeO = 18,39
*) Summe von Al_2O_3 + Fe_2O_3 + FeO = 26,06. **) Im Orig. ist „—" angeg.
*) Im Original ist „—" angegeben
*) Im Original ist „—" angegeben

Nr. 6—9. Journal of Iron and Steel Institute 1, 222 (1887). Es handelt sich hier um Schlacken englischen Ursprungs.

Nr. 10—16. Chem.-Ztg. 11, 933 (1887). Nähere Angaben fehlen.

Nr. 17—27. Z. f. angew. Ch. 1889, 301. Nr. 17—20 von der Friedenshütte (u. zwar Nr. 17 aus dem Jahre 1885, Nr. 18 von 1887 und Nr. 19 u. 20 von 1889), Nr. 21 Königshütte 1886, Nr. 22 Witkowitz 1886, Nr. 23 ebendort 1888, Nr. 24 Teplitz 1887, Nr. 25 Rheinland 1888, Nr. 26 England 1889 und Nr. 27 Schottland 1889.

N. 28—34. Z. f. angew. Chem. 1892, 229. Die Herkunft und Beschaffenheit der einzelnen Schlacken wird in der Hauptsache also angegeben: Nr. 28 Werk A, Flußschlacke, schwer mahlbar, Nr. 29 Werk A, Blockschlacke leicht mahlbar, Nr. 30 Werk B, Blockschlacke leicht mahlbar, Nr. 31 Werk C, Blockschlacke weniger gut mahlbar, Nr. 32 Werk D, Flußschlacke schwer mahlbar, Nr. 33 Werk D, Blockschlacke schwer mahlbar, Nr. 34 Werk D, Blockschlacke leicht mahlbar.

Tabelle 2.

Nr.	Jahr der Unter- suchung	Analytiker	CaO	MnO	Fe	SiO_2	P_2O_5	Herkunft
1	1913	Popp u. Mitarb. [1])	41,60	5,58	12,68	8,41	18,68	Rodingen
2	„	„	46,30	7,45	12,96	9,40	18,42	Saarbrücken
3	„	„	45,10	8,56	12,45	7,83	17,55	Neumühl
4	„	„	48,90	4,65	11,30	6,22	18,46	Ougrée
5	„	„	45,20	8,65	10,43	7,51	19,75	} Gewerkschaft Deutscher Kaiser
6	„	„	49,11	4,37	8,19	7,22	24,23	
7	„	„	43,20	11,28	24,06	6,34	12,01	
8	„	„	41,09	5,19	13,57	11,38	20,24	Peiner Walzwerk
9	„	„	42,58	3,75	11,48	14,63	16,55	England
10	„	„	44,20	5,43	11,37	9,62	20,17	Rote Erde
11	„	„	49,95	5,98	10,89	8,58	17,34	Dudelingen

Die in der Literatur niedergelegten Analysen sind, sofern sie nicht offensichtlicher Irrtümer halber ausgeschieden werden mußten, in Tabelle 1 und 2 zusammengestellt. Ein Vergleich der aus diesen Zahlen berechneten Mittel läßt erkennen, daß sich die Zusammensetzung im allgemeinen eigentlich nur wenig verändert hat. Es beträgt in Prozenten das

	Mittel aus Tabelle 1	Mittel aus Tabelle 2
MgO . . .	2,97	—
CaO . . .	47,33	45,26
MnO . . .	4,51	6,44
Al_2O_3 . . .	1,87	—
FeO } Fe .	10,85 } 12,22	— } 12,67
Fe_2O_3	5,38	
SiO_2 . . .	8,34	8,83
P_2O_5 . . .	17,38	18,49
S	0,42	
SO_3 . . .	0,28	
Nicht bestimmt	0,67	
	100,00	

[1]) M. Popp, J. Contzen, H. Hoffer und H. Mentz, Landw. Versuchsstation 79 und 80, 229 (1913).

Die älteren Schlacken haben um $1/2 \%$ weniger Kieselsäure, um 1% weniger Phosphorsäure und um 2% mehr Kalk enthalten als die jetzt abfallenden, Unterschiede, die aber im Vergleich zu den vorkommenden Schwankungen in der Zusammensetzung der einzelnen Schlacken praktisch nicht sehr in Betracht kommen. Bei gewissen Schlacken, namentlich bei solchen englischer Herkunft, treten auffallend hohe Kieselsäuregehalte auf.

Der Hauptbestandteil der Thomasschlacke, der Kalk, ist an die Phosphorsäure und Kieselsäure gebunden und zwar in anscheinend recht verschiedenen Formen, deren Mischungsverhältnis überdies stark wechselt.[1] Das nähere Studium der in der Thomasschlacke auftretenden Kristallvorkommen und ihrer Eigenschaften, über das an anderer Stelle berichtet ist (S. 364 ff.), im Verein mit den zahlreichen Wahrnehmungen, die hinsichtlich der Löslichkeitsverhältnisse der Thomasschlacke gemacht wurden (S. 376), läßt den Schluß zu, daß nicht, wie man anfangs glaubte, das reine Tetracalciumphosphat, sondern ein davon abgeleitetes Silicophosphat

$$4\,CaO.P_2O_5.CaO.SiO_2$$

der in der Regel der Menge nach überwiegende und für die praktische Verwendbarkeit der Tomasschlacke ausschlaggebende Träger der „Citronensäurelöslichkeit" (S. 376) ist. Daneben spielen auch die analogen Magnesiumverbindungen eine bedeutende Rolle.[2] Welche Phosphate und Silicophosphate jeweilig aus der flüssigen Schlacke kristallisieren, hängt nach übereinstimmenden Beobachtungen[3] in hohem Grade von der Schnelligkeit der Abkühlung ab; bei langsamem Abkühlen entsteht mehr Silicophosphat, wodurch die „Citronensäurelöslichkeit". gesteigert wird. Eine genaue oder auch nur annähernd richtige Bestimmung der Menge der einzelnen Verbindungen, die sich in der Thomasschlacke vorfinden, ist bisher nicht geglückt, wohl aber hat man wiederholt versucht, auf Grund der Ergebnisse der Durchschnittsanalyse zu bestimmten Vorstellungen in dieser Richtung zu gelangen. Edmund Jensch[4] berechnete z. B. seinerzeit für einen besonderen Fall aus von ihm erhaltenen Analysenzahlen folgende schematische Zusammensetzung:

$$
\begin{array}{ll}
Ca_4P_2O_9 & \dots \dots \quad 48{,}78 \\
Ca_2Mn_2O_6 & \dots \dots \quad 1{,}20 \\
Ca_3Fe_2O_6 & \dots \dots \quad 30{,}77 \\
Ca_2SiO_4 & \dots \dots \quad 19{,}59 \\
CaS & \dots \dots \quad 0{,}99 \\
\hline
& \qquad\quad 101{,}33
\end{array}
$$

Theoretischer Gehalt an CaO $59{,}52 \%$.

In Wirklichkeit enthielt die betreffende Schlacke $54{,}87 \%$ CaO. Nach unserer heutigen Auffassung würde man die Jenschschen Zahlen anders deuten und annehmen, daß die betreffende Schlacke aus   .

[1] M. Popp, J. Contzen, H. Hofer und H. Mentz, ebenda.
[2] Edmund Jensch, Z. f. angew. Chem. 1889, S. 302.
[3] E. Steinweg, Metallurgie, Zeitschr. f. d. ges. Hüttenkunde **9**, 28 (1912) und A. Kroll, St. u. Eisen **31**, 2020 (1911).
[4] Edmund Jensch, Ber. Dtsch. Chem. Ges. **19**, 3093 (1886).

$$\begin{aligned}
Ca_4P_2O_9 . CaSiO_3 . \quad . \quad . \quad & 54,83 \\
Ca_4P_2O_9 \quad . \quad . \quad . \quad . \quad & 7,17 \\
Ca_3Mn_2O_8 \quad . \quad . \quad . \quad . \quad & 1,20 \\
Ca_3Fe_2O_8 \quad . \quad . \quad . \quad . \quad & 30,77 \\
CaO . \quad . \quad . \quad . \quad . \quad . \quad & 6,37 \\
CaS \quad . \quad . \quad . \quad . \quad . \quad & 0,99 \\
\hline
& 101,33
\end{aligned}$$

bestanden hat. Die Phosphorsäure des Silicophosphates ist leicht, jene des Tetracalciumphosphates schwer in 2% iger Citronensäurelösung löslich, so daß eine nur etwa 80% ige „Citronensäurelöslichkeit" verständlich wird.

Phosphoreisen kommt in der Thomasschlacke bloß in geringer Menge vor, wohl aber enthält sie unveränderten Kalk und manchmal reichlich fein verteiltes metallisches Eisen.

Was die Menge der einzelnen Bestandteile in der erstarrten Schlacke, also die Zusammensetzung der verschiedenen Schichten der „Blockschlacke" betrifft, so hat Scheibler nachgewiesen, daß den höchsten Phosphorsäuregehalt stets der Kern der Blöcke hat, wo sich auch hauptsächlich die charakteristischen kristallisierten Phosphate und Silicophosphate der Thomasschlacke (S. 367) vorfinden.

Löslichkeitsverhältnisse.

Der schon früh erkannte Wert der Thomasschlacke als Düngemittel ist in ihrem Gehalt an Phosphaten und in der Löslichkeit dieser Phosphate begründet. Die hohe Bedeutung der Löslichkeit für die Möglichkeit einer praktischen Verwendung hat es mit sich gebracht, daß man recht bald nach der Einführung des basischen Prozesses daran ging, das Verhalten des Thomasschlackenmehles gegen die verschiedenartigsten Lösungsmittel und bei der Einbringung in den Boden zu studieren.

Edmund Jensch[1] zeigte, daß die Phosphorsäure der Schlacke sowohl in Citronensäure- und Oxalsäurelösungen als auch in sauren und ammoniakalischen Citratlösungen löslich ist, jedoch erwies sich die Löslichkeit der harten Schlacken als nicht so groß wie die der weichen. Die Citrat- und Citronensäurelöslichkeit steigt innerhalb bestimmter Grenzen nach Paul Wagners[2] Beobachtungen mit zunehmendem Kieselsäuregehalt. Diese Tatsache hängt mit dem Gehalt an den oben erwähnten Silicophosphaten zusammen und hat in der Folge zur „Aufschließung" der Schlacke (S. 380) geführt. Wegen der im Vergleich zu den entsprechenden Kalkverbindungen größeren Löslichkeit des Tetramagnesiumphosphates und -silicophosphates (S. 375) lösen sich magnesiareiche Schlacken stets viel schneller als magnesiaarme.

Nach Edmund Jensch[3] war das Verhalten der von ihm untersuchten elf verschiedenen Schlackenmehle (S. 373) gegen die oben genannten und einige andere organische Lösungsmittel folgendes:

---

[1] Edmund Jensch, Z. f. angew. Chem. 1889, S. 299 und 1890, S. 594.
[2] Paul Wagner, Chem. Ztg. **18**, 1511 (1894).
[3] Edmund Jensch, a. a. O.

Thomasmehl Nr. . . .	In Lösungen organischer Säuren[1]) lösliche Phosphorsäure in Prozenten										
	17	18	19	20	21	22	23	24	25	26	27
Ursprünglich vorhandene Gesamtmenge	18,21	19,64	18,03	16,26	13,23	16;86	12,41	20,32	16,28	14,83	15,18
In Citronensäure löslich .	18,08	19,60	17,98	16,24	13,15	16,78	12,32	20,30	16,22	14,80	15,04
„ Weinsäure „ .	3,96	4,27	3,91	3,84	2,22	3,63	3,02	6,41	2,87	2,45	2,23
„ Essigsäure „ .	5,33	6,21	4,11	4,37	2,46	3,88	3,10	8,12	3,07	2,06	2,64
„ Oxalsäure „ .	18,11	19,52	17,94	16,05	13,06	16,70	12,23	20,06	16,20	14,73	15,06
„ neutraler Ammoncitratlösung	3,78	3,24	4,09	3,66	1,88	4,01	2,97	3,14	2,90	2,65	3,02

Die Löslichkeit in Essigsäure vom spezifischen Gewicht 1,02 (entsprechend einem Gehalt von 14%) hat R. Fleischer[2]) festgestellt. Er fand, daß sich bei 72 stündigem Schütteln und gewöhnlicher Temperatur von 100 Teilen Phosphorsäure 58,07, 51,23 und 36,34 Teile in der Essigsäure lösten, das Verhalten somit ein sehr verschiedenes war.

Für die 5%ige Citronensäure gibt Bernhard Dyer[3]) eine Löslichkeit der Phosphorsäure von 61% in der Kälte über Nacht, und von 80% bei 60° C in 2 Stunden an.

In „normaler alkalischer Ammoncitratlösung (Formel Joulie)" löst sich nach G. Paturel[4]) aus fein gepulverter Schlacke bei anhaltendem Schütteln fast die gesamte Phosphorsäure.

Das Verhalten gegen kohlensäurehaltiges Wasser hat A. M. v. Reis[5]) studiert; demnach löst dieses Lösungsmittel aus der Schlacke Phosphorsäure und Kalk im Verhältnis 1:4.

Br. Tacke und H. Immendorf[6]) beobachteten die Löslichkeit der Schlacke in wäßrigen Auszügen aus Moostorf und Heidehumus.

F. W. Dafert und O. Reitmair[7]) verglichen das Verhalten verschiedener Schlacken gegen die im folgenden näher zu besprechende „alte Wagnersche Citratlösung", gegen 2%ige Citronensäurelösung und gegen 5%ige Ameisensäurelösung. Sie erhielten folgende Zahlen:

---

[1]) Die Versuche sind derart ausgeführt worden, daß man je 1 g Substanz mit 150 ccm des Lösungsmittels (Konzentration 1:20) etwa 12 Stunden auf 50—70° erwärmte, dann mit je 100 ccm Wasser verdünnte und aufkochte. Der ungelöste Rückstand wurde geglüht und zur Bestimmung der Phosphorsäure nach der gewöhnlichen Art benutzt.
[2]) R. Fleischer, Chem. Ind. S. 372 (hier nach Chem. ZB. 1886, S. 96).
[3]) Bernhard Dyer, Anl. 17, 4 (hier nach Chem. ZB. 1892, S. 346).
[4]) G. Paturel, Bull. Soc. chim. Paris (3), 17, 319 (1897).
[5]) A. M. v. Reis, Chem. Zeitg. 1886, S. 83 und 358.
[6]) Br. Tacke und H. Immendorf, Mitt. d. Ver. zur Förderung der Moorkultur 1896, S. 113.
[7]) F. W. Dafert und O. Reitmair, Die Bewertung des Thomasschlackenmehles. (Wien 1899), 15.

Thomas-schlacke Nr.	Gesamt-phosphor-säure	Phosphorsäure			Löslichkeit in		
		citrat-löslich	2% citronen-säure-löslich	5% ameisen-säure-löslich	saurer Citrat-lösung	2% Citronen-säure-lösung	5% Ameisen-säure-lösung
1	18,15	15,74	16,47	17,21	86,7	90,7	94,8
2	18,03	16,86	17,56	16,63	93,5	97,4	92,2
3	18,16	9,19	10,50	13,17	50,6	57,8	72,5
4	18,73	10,44	10,60	12,23	55,7	56,6	65,3
5	17,48	10,65	10,57	11,62	60,9	60,5	66,5
6	20,27	8,28	10,14	13,09	40,9	50,0	64,6
7	16,39	6,07	7,03	10,87	37,0	42,9	66,4
8	19,84	15,69	16,11	16,40	78,9	84,2	82,7
9	14,46	13,43	13,84	13,64	92,9	95,8	94,3
10	15,13	12,29	13,85	14,08	81,3	91,5	93,1
11	18,82	16,03	16,90	17,74	85,2	89,8	94,2
12	18,26	15,97	16,64	17,63	87,5	91,1	96,5
13	14,53	12,77	13,54	13,48	87,9	93,1	92,7
14	14,20	13,02	13,31	13,36	91,7	93,7	94,1
15	19,58	17,46	18,41	18,15	89,2	94,0	92,6
16	15,03	13,23	13,99	14,14	88,0	93,0	94,1
17	14,97	12,88	12,44	13,91	86,1	83,1	92,9
18	13,86	12,88	12,82	12,75	93,0	92,5	91,9
19	14,22	12,31	13,11	12,93	86,6	92,2	90,9
20	14,19	12,50	12,88	13,36	88,1	90,8	94,1

Von einem einfachen Parallelismus kann somit bei der Einwirkung verschiedener Säuren und Konzentrationen nicht die Rede sein; die Lösungsverhältnisse liegen weit verwickelter.

Am besten kennt man das Verhalten der Thomasschlacke gegen eine mit 35 g Zitronensäure angesäuerte Lösung von 143 g Ammoniumcitrat in 2500 cm³ Wasser („alte Wagnersche Citratlösung") und gegen 2%igen Citronensäurelösung, weil diese beiden Lösungen nach Vorschlägen Paul Wagners[1]) bei der Bewertung der Thomasschlacke im Düngemittelhandel Verwendung gefunden haben. Das Verhältnis zwischen der Menge der Substanz und der des Lösungsmittels hat P. Wagner so bemessen, daß man auf je 5 g Substanz 500 cm³ Lösungsmittel verwendet. Art und Dauer der Einwirkung werden jeweilig von den Verbänden der Versuchsstationen festgesetzt. Die Ergebnisse der unter Zuhilfenahme der 1,4%igen und der 2%igen Lösung ausgeführten Analysen laufen keineswegs stets parallel. Es sei diesbezüglich besonders auf die Arbeiten von M. Gerlach und M. Passon[2]) und von O. Förster[3]) über die „alte Wagnersche Citratlösung" und auf die schon angezogenen Untersuchungen von M. Popp über die 2%ige Citronensäurelösung verwiesen.

O. Förster hat den Einfluß des Mengenverhältnisses zwischen dem Untersuchungsmaterial und dem Lösungsmittel, der Dauer der Einwirkung des Lösungsmittels, der Basizität der Schlacke und jenen der Temperatur auf die Löslichkeit zum Gegenstand von Beobachtungen gemacht. Er stellte fest, daß die saure Ammoncitratlösung von fast allen Bestandteilen der Schlacke etwas auflöst. Die Lösungen enthielten die einzelnen Ionen in einem der Formel:

$$4\,Ca_4P_2O_9 + 5\,Ca_2SiO_4 + 2\,CaO\,.\,Fe_2O_3$$

[1]) P. Wagner, Deutsche landw. Presse 1894, 116.
[2]) M. Gerlach u. M. Passon, Chem. Ztg. 20, 87 (1896).
[3]) O. Förster, Chem. Ztg. 20, 391 (1896) und 21, 440 (1897).

entsprechenden Mengenverhältnis. Eisenoxydul ist in der Lösung nur wenig vorhanden. Im allgemeinen war es ziemlich gleichgültig, ob die in der „alten Wagnerschen Citratlösung" enthaltene freie Citronensäure allein oder neben dem Ammoncitrat auf die Schlacke einwirkte; es kamen aber auch Ausnahmen vor und zwar in beiden Richtungen.

Nach M. Popp betrug die mittlere „Löslichkeit in 2% iger Citronensäurelösung" in seinen Schlacken für:

$$CaO \quad\quad\quad 82,5\%$$
$$MnO \quad\quad\quad 54,6$$
$$Fe \quad\quad\quad\quad 36,3$$
$$SiO_2 \quad\quad\quad 78,5$$
$$P_2O_5 \quad\quad\quad 95,4$$

M. Popp zerlegte die gemahlene Thomasschlacke in verschiedene Feinheitsgrade; die Siebprodukte hatten wegen des ungleichen Verhaltens der einzelnen Anteile der Schlacke beim Mahlprozeß eine ungleiche Löslichkeit.

So enthielt z. B. ein Mehl:

	Insgesamt	davon in 2% iger Citronensäurelösung löslich	im gröbsten Anteil	davon in 2% iger Citronensäurelösung löslich
CaO	$45,20\%$	$38,56\%$ $(= 85\%)$	$39,35\%$	$33,00\%$ $(= 84\%)$
Fe	10,43	0,84 $(= 8 \quad)$	14,51	2,52 $(= 17 \quad)$
SiO$_2$	7,51	7,31 $(= 97 \quad)$	5,83	5,50 $(= 94 \quad)$
P$_2$O$_5$	19,75	19,00 $(= 97 \quad)$	14,46	13,39 $(= 97 \quad)$

	Im mittleren Anteil	davon in 2% iger Citronensäurelösung löslich	im feinsten Anteil	davon in 2% iger Citronensäurelösung löslich
CaO	$44,53\%$	$40,00\%$ $(= 90\%)$	$46,20\%$	$42,45\%$ $(= 92\%)$
Fe	11,19	1,37 $(= 12 \quad)$	9,63	1,30 $(= 14 \quad)$
SiO$_2$	7,06	7,08 $(= 100 \quad)$	7,40	7,36 $(= 100 \quad)$
P$_2$O$_5$ . . .	18,61	18,22 $(= 98 \quad)$	20,50	20,02 $(= 98 \quad)$

Die Rückstände von der Behandlung einer großen Zahl von Thomasschlackenproben mit der „alten Wagnerschen Citratlösung" hat M. Passon[1]) analysiert. Sie enthielten neben $33,75\%$ CaO und $2,83\%$ SiO$_2$ noch immer $9,22\%$ P$_2$O$_5$; von dieser Phosphorsäure gingen jedoch bei der Einwirkung einer entsprechenden Menge frischen Lösungsmittels weitere $4,40\%$ in Lösung.

In Italien hat sich M. Zecchini,[2]) in England J. Fletcher[3]) mit dem Verhalten der Thomasschlacke gegen Lösungsmittel beschäftigt; die Ergebnisse ihrer Versuche stimmen im wesentlichen mit den Beobachtungen der deutschen Forscher überein.

---

[1]) M. Passon, Z. f. angew. Chem. 1898, 489.
[2]) M. Zecchini, Staz. sper. agr. Ital. **29**, 161.
[3]) J. Fletcher, Ch. N. **54**, 5.

Verbesserte und „künstliche" Thomasschlacke.

Der Wunsch, ein der Thomasschlacke in ihren landwirtschaftlich wichtigen Eigenschaften ähnliches Phosphat unabhängig von der Flußeisenindustrie herstellen zu können, ist so alt, wie es die Bestrebungen sind, die in den Hütten abfallende Thomasschlacke zu verbessern.

Die „Verbesserung" der Thomasschlacke besteht entweder in der Umwandlung von in der ursprünglichen Schlacke noch enthaltenen Triphosphaten in Tetraphosphate und -silicophosphate oder in der Erhöhung des Phosphorsäuregehaltes der Schlacke überhaupt.

Weil die Landwirtschaft auf Grund der Versuche M. Maerckers und P. Wagners[1]) hohe „Citrat-" und „Citronensäurelöslichkeit" verlangt, so schließt man häufig die Schlacke durch Sandzusatz auf;[2]) hierbei darf es an Kalk nicht fehlen, weil hochbasische Kalksilicate gebildet werden müssen. Früher nahm man an, daß der Prozeß ausschließlich wie folgt verlaufe:

$$Ca_3(PO_4)_2 + Ca_2SiO_4 = Ca_4P_2O_9 + CaSiO_3$$

$$Fe_3(PO_4)_2 + 2Ca_2SiO_4 = Ca_4P_2O_9 + Fe_3Si_2O_7$$

und daß ein Zuviel von Kieselsäure schädlich sei, weil dieser Überschuß das Calciumtetraphosphat wieder zerstöre. Jetzt neigt man der Ansicht zu, daß in erster Linie die Bildung bestimmter Silicophosphate (S. 375) anzustreben ist und regelt die Aufschließung in diesem Sinne.

C. Scheibler hat auf Grund seiner an anderer Stelle erwähnten Beobachtungen über die wechselnde Zusammensetzung der verschiedenen Anteile der Blockschlacke (S. 376) das D.R.P. Nr. 33220 genommen, das die Anreicherung der Phosphorsäure in der Thomasschlacke zum Gegenstand hat. Danach wird die flüssige Schlacke in einem Gefäß, das mit schlechten Wärmeleitern umgeben und in einem vor Luftzug geschützten Raum angebracht sein muß, längere Zeit der Ruhe überlassen. Hierbei setzt sich die schwere eisenreiche und phosphorarme Schlacke ab, während die leichtere phosphorsäurereiche und eisenarme Schlacke oben schwimmt.

Einen ähnlichen Zweck verfolgen die Scheiblerschen D.R.P. Nr. 34416 und 41303. Man bringt etwas weniger Kalk in die Birne als zur vollständigen Entphosphorung nötig ist und gießt die so hergestellte phosphorreiche Schlacke ab. Dann setzt man dem flüssigen Stahl die noch fehlende Kalkmenge zu und benutzt die entstandene relativ phosphorarme Schlacke als Reduktionsmittel im Hochofen oder in der Birne. Nach C. Scheiblers Verfahren wurde in Hörde sogenanntes „Patentphosphatmehl" erzeugt, das einen Gehalt von mindestens 24% Phosphorsäure hatte. An Analysen solcher angereicherter Schlacken seien hier angeführt:

---

[1]) P. Wagner, Deutsche landw. Presse 1894, 116.
[2]) Schon M. Schmöger (Landw. Versuchsstationen **48**, 413) hat beobachtet, daß beim Glühen der Thomasschlacke mit gefällter Kieselsäure die Citratlöslichkeit zunimmt. H. Dubbers (Der Saaten-, Dünger- und Futtermarkt, 1913, Jubiläumsausgabe vom 8. Dezember) beobachtete 1893 zuerst in der Phosphatfabrik von G. Hoyermann den engen Zusammenhang zwischen Löslichkeit und Kieselsäuregehalt.

	R. Fleischer[1]		F. Beckers[2]
MgO	1,34	0,77	1,23
CaO	30,40	30,94	53,58
MnO	3,03	?	1,38
FeO	?	?	?
Al_2O_3	?	?	1,32
Fe_2O_3	6,26	4,83	6,68
SiO_2	9,44	?	4,55
P_2O_5	31,45	33,63	29,85
S	?	?	0,64
SO_3	5,00	3,91	0,44
Cl	2,92	1,81	?
Feuchtigkeit	7,99	7,72	?

Die Scheiblerschen Patente haben einen dauernden Erfolg nicht gehabt und sind inzwischen erloschen; derzeit wird die Erhöhung des Phosphorsäuregehaltes der Schlacke, dort wo sie sich aus technischen oder wirtschaftlichen Gründen empfiehlt, durch den Zusatz von „Phosphatkreide", d. i. kreidehaltigem Rohphosphat neben Sand zur flüssigen Schlacke bewirkt.

Die Herstellung „künstlicher" Thomasschlacke hat nach einer Mitteilung von A. Frank[3]) schon K. Kraut-Hannover bewirken wollen, indem er geringwertige und Eisenphosphate mit Kalk aufzuschließen empfahl. Ähnliche Versuche haben G. Hilgenstock[4]) und A. Petermann[5]) angestellt. Industrielle Bedeutung gewann vorübergehend das schwedische Patent Nr. 18 401 vom Jahre 1903, demzufolge geeignete Rohphosphate (Floridaphosphat, Apatit u. dgl.) mit geschmolzenen sauren Schlacken vermischt werden. Das entstehende Erzeugnis, im Handel unter der Bezeichnung Wiborghphosphat bekannt, ist für Düngungszwecke gut geeignet, vermag aber der hohen Herstellungskosten halber mit der Thomasschlacke nicht ernstlich in Wettbewerb zu treten. In welcher Form die Phosphorsäure in diesem Phosphat enthalten ist, wurde bisher nicht festgestellt.

Andere phosphorsäurehaltige Schlacken.

Der Thomasschlacke nahe stehen gewisse Martinschlacken und Talbotschlacken, beide Nebenprodukte der Flußeisenindustrie.

Die hierher gehörige Martinschlacke entsteht beim Siemens-Martinprozeß auf basischem Herde,[6]) bei dem relativ phosphorarmes Roheisen zur Verarbeitung gelangt. Die Schlacke ist dementsprechend auch ärmer an Phosphorsäure als Thomasschlacke.

A. Stutzer[7]) teilt folgende Analyse von Martinschlacke mit:

[1]) R. Fleischer, Deutsche landw. Presse 1885, S. 275.
[2]) F. Beckers, Rep. f. anal. Chem. 6, 426 (1886).
[3]) A. Frank, Tageblatt d. Naturforscherversammlung zu Berlin 1886, S. 118.
[4]) G. Hilgenstock, St. u. Eisen 7, 557 (1887).
[5]) A. Petermann, Bulletin de la Station expérimentale de l'État de Gembloux Nr. 45 S. 43.
[6]) Literatur in Muspratts Handbuch, 4. Aufl. 2, 1572 (1889).
[7]) A. Stutzer, Zeitschr. d. landw. Ver. f. Rheinpreußen 1891, 144.

$$
\begin{array}{lr}
\text{MgO} & 9,98 \\
\text{CaO} & 40,86 \\
\text{MnO} & 5,56 \\
\text{Fe}_2\text{O}_3 & 17,85 \\
\text{SiO}_2 & 14,31 \\
\text{P}_2\text{O}_5 & 11,44 \\
\hline
& 100,00
\end{array}
$$

A. Petermann[1]) hat den Gehalt an in Mineralsäuren löslicher Kieselsäure mit 8,31—25,74%, an ebensolcher Phosphorsäure mit 2,12—10,8% und den an freiem Kalk mit 0,19—3,7% ermittelt.

F. W. Dafert und F. Pilz[2]) fanden in einer als Martinschlacke anzusprechenden Schlacke bei 8,63% Gesamtphosphorsäure, 6,25% zitronensäurelösliche Phosphorsäure, was zugunsten der Annahme spricht, daß auch in der Martinschlacke in der Hauptsache Tetracalciumphosphat oder -metasilicophosphat zugegen ist.

Eine Neuerscheinung stellt die Talbotschlacke dar, die vom Talbotprozeß herrührt.[3]) Aus Witkowitz stammende Muster hatten nach O. Dafert[4]) folgende Zusammensetzung:

		Mittel
MgO	3,75— 4,60	4,25
CaO	45,70—50,42	48,10
MnO	3,50— 6,46	4,91
FeO	5,45— 9,23	7,34
Al_2O_3	3,58— 7,48	5,28
Fe_2O_3	2,75— 7,35	5,25
SiO_2	8,86—10,04	9,48
P_2O_5	14,01—17,90	15,99[5])
(S)	0,22— 0,88	0,51
(SO_3)	Spuren – 0,16	0,08

Spodiosit.

Von H. Leitmeier (Wien).

Dieses Mineral wird als dem Fluorapatit entsprechend hier angereiht. Kristallisiert rhombisch. $a:b:c = 0,8944:1:1,5836$ nach G. Nordenskjöld.[6])

---

[1]) A. Petermann, Z. f. angew. Chem. 1903, S. 1040.
[2]) F. W. Dafert und F. Pilz, Zeitschr. f. d. landw. Versuchswesen in Österreich 1901, 960.
[3]) Näheres über diesen Prozeß in St. u. Eisen 1904, S. 329 und 371.
[4]) O. Dafert, Z. f. d. landw. Versuchswesen in Österreich 1914.
[5]) Davon citronensäurelöslich 74,2—90,1%, durchschnittlich 81,3% bezogen auf Gesamtphosphorsäure.
[6]) G. Nördenskjöld, Geol. Fören. Förh. 15, 460 (1893). Ref. Z. Kryst. 25, 423 (1896).

Analysen.

	1.	2.
δ	2,94	—
MgO	2,27	8,56
CaO	49,81	45,84
MnO	0,55	—
(Fe_2O_3)	1,24	2,38
(Al_2O_3)	1,11	
(CO_2)	3,90	—
(SiO_2)	—	8,74
P_2O_5	32,20	29,62
As_2O_5	0,24	—
H_2O	2,70	3,76
F	4,71 [1])	2,94
Cl	0,12	—
(Ungelöst)	1,15	—
	100,00	101,84
	$O = F$	− 1,24
		100,60

1. Spodiosit von der Nyttsta Kran-Grube in Wermland; anal. C. H. Lundström bei H. V. Tiberg, Geol. För. Förh. 1, 84 (1872).
2. Spodiositkristalle von Nordmarken; anal. G. Nordenskjöld, Geol. För. Förh. 15, 460 (1893). Ref. Z. Kryst. 25, 423 (1896).

Formel. H. V. Tiberg rechnete aus seiner Analyse die Formel

$$(CaF)CaPO_4 \quad \text{oder} \quad Ca_3P_2O_8 . CaF_2 .$$

Letztere Formel ist, da Fluor nicht direkt bestimmt worden war, sehr ungenau.

G. Nordenskjöld nahm als die wahrscheinlichste Zusammensetzung an:

$$m Ca_3P_2O_8 + n CaF_2 ,$$

worin für das von ihm untersuchte Vorkommen $m:n = 8:3$ ist.

Mit Recht wies A. Sjögren[2]) auf die chemische Ähnlichkeit (nach C. H. Lundströms Analyse) mit Wagnerit hin und dachte an Isomorphie mit diesem. Die genaueren kristallographischen Untersuchungen zeigten dann freilich, daß keine Isomorphie vorliege.

Dabei ist stets das Fluor mehr oder weniger durch das Hydroxyl vertreten. Vielleicht entspricht Spodiosit auch der Formel $CaPO_4 . Ca(F, OH)$, also eine dem Herderit ähnliche Zusammensetzung.

Man kann dieses Phosphat daher bei den wasserfreien Calciumphosphaten einreihen.

Eigenschaften. Der Spodiosit tritt in meist undeutlichen grauen bis bräunlichen Kristallen auf. Über die optischen Eigenschaften ist nichts bekannt.

Die Dichte ist $\delta = 2,94$ und die Härte ca. 5. In Salz- und Salpetersäure löslich. Das von H. V. Tiberg untersuchte Mineral brauste beim Lösen auf, wohl infolge des Carbonatgehaltes. Vor dem Lötrohre schmilzt es zu einer weißen Emaille.

[1]) Als Differenz bestimmt.
[2]) A. Sjögren, Geol. För. Förh. 7, 666 (1885). Ref. Z. Kryst. 12, 512 (1887).

Synthese. F. K. Cameron und W. J. Mc Canghey[1]) erhielten, als sie reinen Chlorapatit darstellen wollten und Tricalciumphosphat in geschmolzenem Calciumchlorid auflösten, Chlorspodiosit in vierseitigen rhombischen Tafeln; die Brechungsquotienten waren für Na-Licht:

$$N_\alpha = 1,649, \quad N_\beta = 1,665, \quad N_\gamma = 1,67.$$

Der so erhaltene Spodiosit wandelt sich bei der Erhitzung bis zu schwacher Rotglut in Apatit um.

Dieser Chlorspodiosit ist aber mit dem natürlichen (Fluor-) Spodiosit nicht völlig gleichartig, er ist kristallographisch von diesem verschieden; die Analyse ergab:

$$
\begin{array}{lr}
\delta & 3,04 \\
Ca & 37,8 \\
P & 14,7 \\
Cl & 16,36
\end{array}
$$

was sehr gut mit der Formel $Ca_3(PO_4)_2 \cdot CaCl_2$ oder $Ca_3P_2O_8 \cdot CaCl_2$ übereinstimmt.

Vorkommen. Der Spodiosit kommt in Serpentin zusammen mit Hornblende, Chondrodit, Magnetit und Calcit als große Seltenheit vor. Das von G. Nordenskiöld untersuchte Material war zum größten Teile stark zersetzt.

Pyrophosphorit.

Wahrscheinlich amorph.

Analyse.

	1.	2.	3.
MgO	3,23	3,09	3,17
CaO	45,20	44,46	45,16
$(Al_2O_3 + Fe_2O_3)$	—	0,44	—
SiO_2	—	0,37	—
P_2O_5	51,57	50,80	51,67
(SO_3)	—	0,63	—
Glühverlust	—	0,39	—
	100,00	100,18	100,00

1. Theoretische Zusammensetzung nach untenstehender Formel.
2. Pyrophosphorit aus Westindien; anal. C. U. Shepard, Am. Journ. (3) **15**, 49 (1878).
3. Dieselbe Analyse auf 100 umgerechnet nach Weglassung der Verunreinigungen.

Formel. C. U. Shepard gibt dem Mineral die Formel:

$$Mg_2P_2O_7 + 4 \left\{ \begin{array}{l} Ca_3P_2O_8 \\ Ca_2P_2O_7 \end{array} \right.$$

Nach dieser Formel ist das Mineral eine Verbindung eines Pyrophosphates des Ca mit einem Orthophosphat des Ca und einem Pyrophosphat des Mg. Wahrscheinlich ist Ca isomorph durch Mg vertreten.

---

[1]) F. K. Cameron u. W. J. Mc Canghey, Journ. of Physical Chem. **15**, 463; Chem. ZB. 1911, II, 982.

Eigenschaften. Der Pyrophosphorit bildet opake schneeweiße Massen mit einzelnen hellblauen Partien. Es liegt der Beschreibung nach vielleicht ein Gel vor, wofür auch die teilweise nierige Oberflächenbeschaffenheit spricht.

Die Dichte $\delta = 2,50—2,53$; die Härte liegt zwischen 3 und $3\,^1/_2$.

Vor dem Lötrohre ist er schwer an den Kanten zu einem weißen Glase schmelzbar.

Vorkommen. Aus kaufmännischem Interesse wird darüber nichts angegeben.

Wasserhaltige Calciumphosphate.

Von H. Leitmeier (Wien).

Zu ihnen gehören mehrere Guanophosphate, von denen Monetit, Martinit, Kollophan, Brushit und Metabrushit die wichtigsten sind; über ihre Entstehung ist Seite 392 zusammenfassend berichtet worden; man vgl. auch bei J. Samojloff S. 362.

Die meisten dieser Calciumphosphate sind reine Calciumphosphate, einige z. B. Messelit und Anapait enthalten auch andere zweiwertige Basen.

Es gibt auch Calcium—Aluminiumphosphate, diese sind bei den Aluminiumphosphaten (siehe bei diesen) angeführt.

Die Anordnung der einzelnen Mineralien erfolgt hier wie bei den meisten Phosphaten im allgemeinen von sauren zu basischen Phosphaten.

Monetit (Hydrocalciumorthophosphat).

Triklin pinakoidal: $a:b:c = 0,6467:1:0,8244$ (nach A. de Schulten an künstlichen Kristallen, siehe bei Synthese).

Analysen.

	1.	2.	3.
CaO	41,18	40,26	41,14
P_2O_5	52,20	47,10	52,28
(SO_3)	—	4,55	—
H_2O	6,62	8,17	6,58
	100,00	100,08	100,00

1. Theoretische Zusammensetzung nach untenstehender Formel.
2. Monetit von der Insel Moneta in Westindien, gemengt mit Gips; anal. C. U. Shepard, Am. Journ. **23**, 400 (1882). Ref. Z. Kryst. **7**, 426 (1883).
3. Dieselbe Analyse nach Abzug des Gipses (Berechnung nach dem SO_3-Gehalte) auf 100 umgerechnet.

C. U. Shepard, der Entdecker dieses Minerals gibt die **Formel**:

$$HCaPO_4 \quad \text{oder} \quad 2\,CaO \cdot P_2O_5 \cdot H_2O.$$

Eigenschaften. Der Monetit bildet blaß-gelblichweiße Kriställchen; Dichte $\delta = 2,75$ (diese Zahl ist aber wegen beigemengten Gipses zu niedrig). Härte ca. $3\,^1/_2$. Beim Erhitzen vor dem Lötrohre gibt das Mineral Wasser ab und wird weiß und schmilzt zu einem Kügelchen mit kristallinischen Facetten.

Synthese. Diese ist von A. de Schulten [1]) ausgeführt worden: Man löst in heißer Salzsäure gefälltes Calciumphosphat und gibt sehr langsam (tropfenweise) wäßriges Ammon zu, erwärmt weiter und ersetzt das verdampfende Wasser; es bildet sich nach einiger Zeit am Boden ein Beschlag von 1 mm großen Kristallen folgender Zusammensetzung:

$$CaO \ldots \ldots \ldots 41,18$$
$$P_2O_5 \ldots \ldots \ldots 52,09$$
$$H_2O \ldots \ldots \ldots \underline{6,66}$$
$$99,93$$

also ganz der Formel des Monetits $HCaPO_4$ entsprechend. Die Dichte der Kristalle war $\delta = 2,928$ (diese Zahl ist, weil das Material reiner, genauer als die früher für das natürliche Mineral gegebene).

Später erhielt A. de Schulten [2]) auf folgendem Wege künstlichen Monetit: In der Weise wie der Brushit (vgl. S. 388) aus einer Lösung von Dicalciumphosphat in Essigsäure bei Temperaturen unter 50⁰ sich bildet, bildet sich Monetit über 50⁰ Die so erhaltenen Kristalle ergaben bei der Analyse:

$$CaO \ldots \ldots \ldots 41,07$$
$$P_2O_5 \ldots \ldots \ldots 52,19 \text{ (als Differenz)}$$
$$H_2O \ldots \ldots \ldots \underline{6,74}$$
$$100,00$$

Sie zeigten also gute Übereinstimmung mit der theoretischen Zusammensetzung.

Auch wenn man Phosphorsäure auf Calcitpulver einwirken läßt, und man die filtrierte Lösung auf dem Wasserbade erhitzt, oder wenn man diese Lösung 2 Stunden lang in zugeschmolzener Röhre über 100⁰ erhitzt, erhält man nur Monetit und keinen Brushit. Auch Brushitkristalle selbst vermochte A. de Schulten dadurch teilweise in Monetit umzuwandeln, daß er sie mit Wasser in zugeschmolzener Glasröhre auf 150⁰ erhitzte.

A. de Schulten [3]) hat auch auf ähnlichem Wege die analogen Blei-, Barium- und Strontiumphosphate der Formeln $HBaPO_4$, $HPbPO_4$, $HSrPO_4$ dargestellt, die er Barium-, Blei- und Strontiummonetit nennt. Also auch bei den Phosphaten sieht man eine Analogie der Ca-, Ba-, Sr-, Pb-Verbindungen. Diese vier Verbindungen sind aber nicht untereinander isomorph.

Vorkommen. Der Monetit ist ein Guanomineral und dadurch, daß ein Kalkstein von Guano überlagert wurde, auf dem Wege der Infiltration entstanden.

Brushit.

Monoklin prismatisch: $a:b:c = 0,6221:0,3415$ (J. D. Dana).[4])

Synonym. Stoffertit wurde ein Mineral genannt, das etwas mehr Wasser enthält, als der Brushit, es ist aber nach Ansicht des Entdeckers wahrscheinlicher, daß es nur eine Varietät des Brushits sei. Die kristallographischen Winkel stimmen sehr gut überein.

[1]) A. de Schulten, Bull. Soc. min. **24**, 323 (1901).
[2]) A. de Schulten, Bull. Soc. min. **26**, 15 (1903).
[3]) A. de Schulten, Bull. Soc. min. **27**, 109 (1904).
[4]) J. D. Dana, Am. Journ. **39**, 45 (1865

Analysen.

	1.	2.	3.	4.
CaO	32,55	32,65	32,73	32,11
$(Al_2O_3 + Fe_2O_3)$ . .	—	—	—	0,33
P_2O_5	41,28	41,50	41,32	39,95
(SO_3)	—	—	—	0,78
H_2O unter 100^0 . .}	26,17	26,33	26,40	1,23
H_2O über 100^0 . .				25,95
	100,00	100,48	100,45	100,35

1. Theoretische Zusammensetzung des Brushites nach untenstehender Formel (berechnet von A. de Schulten).
2. u. 3. Brushit von der Guanoinsel Avis, Westindien; anal. G. E. Moore, Proc. Accad. Cal. **3**, 167 (1864) und Am. Journ. **39**, 43 (1865). Ref. N. JB. Min. etc. 1866, S. 88.
4. Brushit von der Insel Sombrero in Westindien; anal. A. A. Julien, Am. Journ. **40**, 369 (1865).

Daraus berechnete man die **Formel**:

$$HCaPO_4 . 2H_2O \quad oder \quad 2CaP_2O_5 . 5H_2O.$$

Analyse des „Stoffertites".

	5.	6.	7.
δ	—	2,28	—
CaO	30,18	30,83	30,69
P_2O_5	38,28	37,96	38,22
(SO_3)	—	0,49	—
H_2O bei 200^0 .}	31,54	(25,17)[1]}	31,09[2]
H_2O bei ca. 600^0.		30,88	
	100,00	100,16	100,00

5. Theoretische Zusammensetzung nach der untenstehenden Formel.
6. Brushit (Stoffertit) aus dem Guano von Mona (zwischen Haiti und Portorico); anal. Fikener bei C. Klein, Sitzber. Berliner Ak. 1901, S. 720. Ref. Z. Kryst. **38**, 205 (1903).
7. Dieselbe Analyse nach Abzug des beigemengten Anhydrids (berechnet nach SO_3 und CaO) auf 100% umgerechnet.

Hierfür wurde die chemische **Formel** ausgerechnet:

$$2CaO . H_2O . P_2O_5 . 5\,{}^1/_2 H_2O.$$

Eigenschaften. Das Mineral bildet kleine gelblichweiße bis wachsgelbe Kriställchen mit zwei Spaltrichtungen.

Dichte des Brushites $\delta = 2,208$, die der wasserreicheren Stoffertitvarietät aber höher $\delta = 2,28$.

Die Härte liegt ungefähr bei 2 bis $2^1/_2$.

Über die optischen Eigenschaften vom natürlichen Mineral ist nur vom „Stoffertit" etwas bekannt. Brechungsquotienten für Na-Licht:

$$N_\alpha = 1,5392, \quad N_\beta = 1,5455, \quad N_\gamma = 1,5509.$$

Der Achsenwinkel $2V_\alpha = 85^0 \, 16'$ (gerechnet) und $85^0 \, 43'$ (gemessen).

---

[1] Das Wasser unter 200^0 ist getrennt bestimmt worden. Daher 30,88 das Gesamtwasser.
[2] Glühverlust

25*

Brushit schmilzt vor dem Lötrohre ziemlich leicht; er ist in Säuren leicht löslich.

Synthese. A. de Schulten[1]) erhielt meßbare Brushitkristalle dadurch, daß er in 1—2 Liter 25%/₀ iger Essigsäure gefälltes Dicalciumphosphat bis zur Sättigung auflöste und die filtrierte Lösung bei Temperaturen bis zu 50° verdunsten ließ. Die Analyse der Kristalle ergab:

$$\delta \ \ldots \ \ldots \ \ldots \ 2,317$$
$$CaO \ \ldots \ \ldots \ 32,56$$
$$P_2O_5 \ \ldots \ \ldots \ 41,35$$
$$H_2O \ \ldots \ \ldots \ \underline{26,07}$$
$$99,98$$

Es herrschte also sehr gute Übereinstimmung mit der Formel des Brushites. A. de Schulten schließt sich der Meinung von A. Lacroix[2]) an, daß der Metabrushit mit Brushit identisch sei.

Über die Umwandlung des Brushites in Monetit siehe diesen (S. 386). Der Brushit ist sonach bei niederer Temperatur stabil oder metastabil, während bei Temperaturen über 50° der Monetit allein stabil ist.

Vorkommen. Brushit ist ein Guanomineral.

Metabrushit.

Monoklin.

Wahrscheinlich ist dieses Mineral nur ein etwas entwässerter Brushit. Es seien daher hier die Analysennummern fortlaufend geführt.

Analysen.

	8.	9.	10.	11.	12.
CaO	34,3	32,98	34,04	33,42	34,08
MgO	—	0,52	Spur	Spur	—
(Al₂O₃)	—	} 0,79	1,70	2,10	—
(Fe₂O₃)	—		Spur	Spur	—
(CO₂)	—	—	1,35	1,20	—
(SiO₂)	—	—	0,15	0,76	—
P₂O₅	43,6	42,72	41,41	40,58	43,00
(SO₃)	—	0,05	Spur	Spur	—
H₂O unter 100° .}	22,1	1,50 }	21,53	21,92	23,36
H₂O über 100° .}		21,83 }			
(beigemengte Nitrate)	—	—	Spuren	Spur	—
	100,0	100,39	100,18	99,98	100,44

8. Theoretische Zusammensetzung nach untenstehender Formel (berechnet von J. D. Dana).

9. Metabrushit von der westindischen Insel Sombrero; anal. A. A. Julien, Am. Journ. **40**, 371 (1865).

10. u. 11. Metabrushit von der Minervagrotte im südwestlichen Dép. Hérault; anal. A. Gautier, Ann. des Min. **5**, 1 (1894). Ref. N. JB. Min. etc. 1895, II, 276.

12. Das Mittel aus den für das reine Mineral umgerechneten Analysen (10 und 11).

---

[1]) A. de Schulten, Bull. Soc. min. **26**, 11 (1903).
[2]) A. Lacroix, Bull. Soc. min. **20**, 112 (1897).

Die **Formel** für dieses Mineral lautet:

$$HCa_2P_2O_8 . 3H_2O \quad \text{oder} \quad 4CaO.2P_2O_5.7H_2O.$$

Eigenschaften. Das Mineral bildet nadelförmige Kristalle, schlecht ausgebildet, oder kristallinische, auch erdige Massen und hat rein eine weiße Farbe. Die Dichte ist beim Vorkommen von Sombrero $\delta = 2,28—2,36$, bei einem Vorkommen in einer Schädelhöhle, die A. Lacroix[1]) bestimmte $\delta = 2,31$. Die Härte ist die des Brushites.

Der Winkel der optischen Achsen ist nach A. Lacroix $2V = 79—87^0$. Die anderen Eigenschaften sind dem Brushit analog.

Vorkommen. Wie Brushit ein Guanomineral. In der Minervagrotte sind nach A. Gautier aus der Anhäufung von Resten quaternärer Säugetiere und des prähistorischen Menschen durch die Einwirkung von Zersetzungsfermenten Nitrate, Sulphate und Phosphate gebildet worden (s. S. 392). A. Lacroix (l. c.) fand in Paris in Schädelhöhlen von menschlichen Skeletten, die aus Bleisärgen stammen, Metabrushitkristalle.

Kollophan.

Amorph.

Synonyma: (Collophanit) Monit.[2])

Analysen.

	1.	2.	3.	4.	5.
CaO	51,23	50,70	50,40	50,15	51,15
MgO	—	0,80	0,88	—	—
P_2O_5	43,29	39,10	43,16	39,86	41,92
(SO_3)	—	—	—	2,16	—
(CO_2)	—	3,96	—	—	—
H_2O bei 100^0	} 5,48	3,36	5,54	7,56	6,93
H_2O beim Glühen		1,66			
	100,00	99,58	99,98	99,73	100,00

1. Theoretische Zusammensetzung von F. Sandberger berechnet.
2. Kollophan von der Insel Sombrero im Westindischen Archipel; anal. Köttnitz bei F. Sandberger, Journ. prakt. Chem. **110**, 128 (1870) und N. JB. Min. etc. 1870, 308.
3. Die gleiche Analyse nach Abzug der CO_2 und der dieser entsprechenden Menge CaO auf 100 umgerechnet.
4. Kollophan (als Monit beschrieben) von der Insel Mona in Westindien; anal. C. U. Shepard jun. bei C. U. Shepard, Am. Journ. **23**, 400 (1882).
5. Dieselbe Analyse nach Abzug der SO_3 und der entsprechenden CaO- und H_2O-Menge auf 100 umgerechnet.

Die Formel des Kollophans lautet:

$$Ca_3P_2O_8 . H_2O \quad \text{oder} \quad 3CaO.P_2O_5.H_2O.$$

Eigenschaften. Das Mineral ist farblos bis gelblichweiß (von Sombrero), schneeweiß, erdig (von Mona). Die Härte ist bei einem amorphen Mineral nicht genau festzustellen, C. U. Shepard gibt 2 an, F. Sandberger 5. Die

---

[1]) A. Lacroix, Bull. Soc. min. **20**, 112 (1897) und C. R. **124**, 419 (1897).
[2]) Der Monit wurde irrtümlicherweise in Unkenntnis von F. Sandbergers Kollophan von C. U. Shepard als neues Mineral beschrieben.

Dichte ist beim Vorkommen von Sombrero $\delta = 2,70$, bei dem von Mona $\delta = 2,1$. Das Mineral von Sombrero schmilzt ziemlich leicht vor dem Lötrohre zu einer opaken durchscheinenden Kugel, der „Monit" ist schwer schmelzbar. In Säuren löslich.

Vorkommen. Kollophan tritt im Korallenkalk, der von Guano überlagert ist, auf. Der Kalkstein hat sich teilweise in phosphorsauren Kalk umgewandelt. Diese Umwandlung hat F. Sandberger beschrieben.[1]

Hier sei anhangsweise des **Pyrklasites** Erwähnung getan, den C. U. Shepard[2]) beschrieben hat, den er dann selbst als ein Gemenge von Kollophan (Monit) und Monetit erkannt hat.[3]) Es sei eine Analyse gegeben:

6.

CaO	44,59
P_2O_5	49,30
H_2O	6,11
	100,00

6. Pyroklasit im Guanokalke von Moneta in Westindien; anal. C. U. Shepard wie Analyse 4.

Diese Zahlen entsprechen der Formel

$$6\,CaHPO_4 \cdot Ca_3P_2O_8 \cdot H_2O.$$

Diese Zusammensetzung läßt sich also als ein Gemenge der beiden Minerale erklären. Auch sein Vorkommen als Ausfüllung zwischen Monetit und Kollophankristallen spricht für diese Deutung.

Ornithit und Zengit.

Als Ornithit und Zengit wurden von A. A. Julien Phosphate beschrieben, die einen bedeutend geringeren Wassergehalt wie der Metabrushit besitzen. Sie bilden keine deutlichen Kristalle, sondern der Zengit bildet krustenartige Überzüge; der Ornithit scheint kristallisiert zu sein.

Analysen.

	1.	2.	3.
δ	2,988—3,030		
MgO	3,59	0,56	Spuren
CaO	44,21	48,87	45,77
$(Al_2O_3 + Fe_2O_3)$	0,66	1,02	4,62
(CO_2)	0,24	1,74	—
P_2O_5	46,55	43,24	40,14
(SO_3)	0,19	0,18	—
F	Spuren	Spuren	—
H_2O	3,02	3,98	9,45
(NaCl)	1,08	—	—
	99,54	99,59	99,98

1. u. 2. Zengit von der westindischen Insel Sombrero; anal. A. Julien, Am. Journ. **40**, 370 (1865).

3. Ornithit vom gleichen Fundorte; anal. A. Julien, wie oben.

[1]) F. Sandberger, N. JB. Min. etc. 1869, S. 631.
[2]) C. U. Shepard, Am. Journ. **22**, 97 (1856).
[3]) C. U. Shepard, Am. Journ. **23**, 400 (1882).

Während Zengit zu keiner stöchiometrischen **Formel** führt, hat A. Julien für den Ornithit berechnet:

$$Ca_3 P_2 O_8 . 2 H_2 O .$$

Die anderen Eigenschaften sind die nämlichen, wie bei Metabrushit angegeben.

Martinit.

Trigonal.

Analysen.

	1.	2.	3.	4.
CaO	47,40	46,78	47,26	47,63
P_2O_5	48,05	47,67	48,17	47,87
H_2O	4,55	4,52	4,57	5,46
(Unlöslich)	—	0,20	—	—
(Organische Substanz)	—	0,75	—	—
	100,00	99,92	100,00	100,96

1. Theoretische Zusammensetzung nach der untenstehenden Formel.

2. Martinit aus dem Korallenkalk der Insel Curaçao, Westindien; anal. J. H. Kloos, Samml. d. geol. Reichsmuseums. Leiden, Ser. II, 1. Ref. N. JB. Min. etc. 1888, I, 41.

3. Dieselbe Analyse nach Abzug des Unlöslichen und der organischen Substanz auf 100 umgerechnet.

4. Eine zweite Analyse des gleichen Minerals; anal. wie oben.

Dem Mineral kommt folgende empirische **Formel** zu:

$$10 CaO . 4 P_2 O_5 . 3 H_2 O .$$

Da ein Teil des Wassers erst bei höherer Temperatur entweicht, gibt J. H. Kloos für die erste Analyse die Formel:

$$\left. \begin{array}{l} 2 Ca_3 (PO_4)_2 \\ 4 CaHPO_4 \end{array} \right\} H_2 O .$$

Für die zweite Analyse berechnete er $Ca_{30} H_{12} (PO_4)_{24} . H_2 O$, die aber wenig wahrscheinlich ist.

Eigenschaften: Das Mineral kommt in sehr kleinen mikroskopischen Rhomboedern vor und ist parallel den Kanten spaltbar und ist wasserhell, zuweilen etwas gelblich gefärbt. Die Dichte ist $\delta = 2,892—2,896$. Vor dem Lötrohre wird der Martinit weiß und zerfällt ohne zu schmelzen zu einem Pulver.

In verdünnten Säuren ist das Mineral leicht löslich.

Vorkommen. Das Mineral ist ein Guanomineral und bildet Ausfüllungspseudomorphosen nach Gips und ist so entstanden, daß sich im Korallenkalk Gipslinsen gebildet (als Meerwasserreste) haben, die von Guano umhüllt und dann aufgelöst wurden; das Calciumphosphat bildete sich dann als Auslaugungsprodukt des Guano.

Der Martinit steht dem Zengit (vgl. S. 390) sehr nahe, bei dem nur etwas Ca durch Mg ersetzt ist und vielleicht ist der Zengit nur eine Varietät des Martinits.

Genesis der Calciumphosphatmineralien in Guanolagern.

Man findet diese Phosphate in jungen geologischen Bildungen. Durch die Wirkung von Zersetzungsfermenten auf organische Eiweißstoffe bilden sich Ammoniumphosphate, die durch die Sickerwässer aufgenommen werden und während der Zirkulation im Kalkstein das Carbonat teilweise oder ganz in Phosphat umwandeln, wobei sich Ammoniumcarbonat bildet:

$$HPO_4(NH_4)_2 + CaCO_3 = HCaPO_4 + (NH_4)_2CO_3.$$

Das Ammoniumcarbonat kann sich am Kontakt mit Kalkstein durch die Wirkung von Nitrifikationsfermenten verändern und Calciumnitrat bilden; auf diese Weise können Nitrate entstehen.

A. Gautier[1]) hat diesen Vorgang experimentell untersucht. In eine ammoniakhaltige Lösung von Ammoniumphosphat wurde reichlich Kreide gebracht und dieses Gemenge 80 Stunden lang auf 85^0 erwärmt; dabei entwich Kohlensäure und Ammoniak. Bei der Analyse der so erhaltenen Zersetzungsprodukte erhielt A. Gautier:

Unzersetzte Kreide	5,66
Dreibasisches Calciumphosphat	11,28
Zweibasisches „	82,78
	99,72

Isoklas.

Wahrscheinlich **monoklin**.
Synonym. Isoclasit.
Analyse:

	1.	2.
CaO	49,51	49,13
P_2O_5	29,90	31,14
H_2O bei 100^0 . .	2,06	} 19,73
H_2O beim Glühen .	18,53	
	100,00	100,00

1. Theoretische Zusammensetzung nach untenstehender Formel.
2. Isoklas von Joachimstal; anal. Köttnitz, bei F. Sandberger, Journ. prakt. Chem. **110**, 126 (1870) und N. JB. Min. etc. 1870, S. 307.

Die **Formel** dieses Minerales ist:

$$4\,CaO\,.\,P_2O_5\,.\,5\,H_2O \text{ oder } Ca_3P_2O_8\,.\,Ca(OH)_2\,.\,4\,H_2O.$$

P. Groth[2]) schreibt sie:

$$CaPO_4(Ca\,.\,OH)\,.\,2\,H_2O.$$

Eigenschaften. Farblose glänzende Kristalle; geringe Härte, etwa $1\,^1/_2$. Die Dichte ist 2,92. Das Wasser wird beim Erhitzen leicht abgegeben; die Kristalle schmelzen vor dem Lötrohre zu einer durchscheinenden kristallinischen Kugel. In Salz- und Salpetersäure leicht löslich.

---

[1]) A. Gautier, Ann. d. Min. **5**, 1 (1894); ausführl. Referat N. JB. Min. etc. 1895, II, 276.
[2]) P. Groth, Tabell. Übersicht (Braunschweig 1898), 96.

Umwandlung. Neben den frischen Kristallen wurden an derselben Stufe auch zersetzte weiße Kristalle gefunden, die ebenfalls einer Analyse unterzogen wurden:

3.

Na_2O	9,80
MgO	17,30
CaO	1,00
$(Al_2O_3 + Fe_2O_3)$ . . .	0,36
P_2O_5	34,00
H_2O bei 100^0 . . .	24,26
H_2O beim Glühen . .	9,22
(Unlöslicher Rückstand)	0,18
	96,12

3. Zersetzter Isoklas vom gleichen Fundorte; anal. wie Anal. 2.

Der Analytiker Köttnitz nimmt an, daß der Verlust wahrscheinlich auf Na_2O zurückzuführen sei. Welcher Art diese Zersetzung, bei der fast aller Kalk durch Magnesia ersetzt wurde, war, läßt sich aus F. Sandbergers spärlichen Angaben nicht entnehmen; ich halte es wohl für ziemlich wahrscheinlich, daß es sich um ein ganz anderes Mineral handelt.

Vorkommen. Der Isoklas, der nur nach einem Handstück beschrieben worden ist, sitzt auf Hornstein auf, der mit Braunspatadern durchzogen ist. Einige dieser Braunspatrhomboeder erschienen durch Isoklas verkittet.

Fairfieldit (Calciummanganeisenoxydulphosphat).

Triklin. $a:b:c = 0,2797:1:0,1976$ nach E. S. Dana u. G. J. Brush.[1]

Analysen.

	1.	2.	3.	4.
δ	—	—	—	3,07
(Na_2O) . . .	—	0,73	0,30	—
(K_2O)	—	0,13	—	—
CaO	30,99	28,85	30,76	30,02
MnO	13,10	15,55	12,40	17,40
FeO	6,64	5,62	7,00	3,42
P_2O_5	39,30	38,39	39,62	(37,69)[2]
H_2O	9,97	9,98	9,67	9,81
(Quarz) . . .	—	1,31	0,55	1,66
	100,00	100,56	100,30	100,00

1. Theoretische Zusammensetzung nach untenstehender Formel.
2. Fairfieldit, durchsichtig, Hohlräume des Reddingits ausfüllend, von Brancheville, Fairfield Co., Connecticut; anal. S. L. Penfield bei G. J. Brush u. E. S. Dana, Z. Kryst. **3**, 578 (1879).
3. Fairfieldit mit Quarz durchwachsen, undurchsichtig, vom gleichen Fundorte; anal. wie oben.
4. Fairfieldit, sehr frisches Material, vom gleichen Fundorte; anal. H. L. Wells bei G. J. Brush und E. S. Dana, Z. Kryst. **18**, 19 (1891).

---

[1] E. Dana u. G. J. Brush, Z. Kryst. **3**, 578 (1879).
[2] Als Differenz bestimmt.

Die Analysen führen auf die **Formel**:

$$Ca_2(Mn, Fe)P_2O_8 . 2H_2O .$$

Das Verhältnis Ca : (Mn + Fe) ist immer 2 : 1.

Eigenschaften. Das Mineral kommt selten in Kristallen (Analyse 1) vor, meist in zerreiblichen Massen von weißer bis strohgelber Farbe; es ist durchsichtig bis undurchsichtig. Die Härte ist über 3; die Dichte der ersten Vorkommen (anal. S. L. Penfield) war 3,15, des besonders frischen 3,07. Dies hängt wohl mit dem verschiedenen Eisengehalt zusammen.

Im geschlossenen Rohr gibt Fairfieldit neutral reagierendes Wasser ab; die Substanz wird zuerst gelb, dann dunkelbraun und magnetisch. Das Mineral schmilzt in der Platinzange (Schmelzbarkeitsgrad ca. $4^1/_2$) zu einer dunkelgelbbraunen Masse, welche die Flamme blaßgrün färbt.

In Salpeter- und in Salzsäure ist es löslich.

Vorkommen. Er kommt zusammen mit anderen Manganphosphaten, besonders mit Eosphorit, Triploidit und Dickinsonit, in Nestern im Albit eines Ganges von albitreichem Granit vor. Fairfieldit ist auch als Zersetzungsprodukt des Triphylins vom Rabenstein im bayerischen Walde bekannt geworden.[1]

Anapaït (Calciumeisenoxydulphosphat).

Synonym. Tamanit.

Kristallform. Triklin pinakoidal:

$a : b : c = 0,8757 : 1 : 0,5975; \quad \beta = 106^0 17'$ nach A. Sachs.[2]

$a : b : c = 0,7069 : 1 : 0,8778; \quad \beta = 95^0 17'$ nach S. P. Popoff.[3]

Die beiden Forscher haben verschiedene Aufstellungen verwendet.

Dieses Mineral wurde fast gleichzeitig von drei Forschern, von A. Sachs, S. P. Popoff und J. Loczka, untersucht. Da die Arbeit von A. Sachs die zuerst erschienene war, so gebührt dem Namen, den er gab, die Priorität.

Analysen.

	1.	2.	3.	4.
δ	2,81	2,85	2,812	—
$(Na_2O + K_2O)$.	Spuren	—	—	—
CaO	27,77	28,32	27,72	28,14
FeO	18,07	17,49	20,00	18,09
Fe_2O_3	—	0,84	—	—
(CO_2)	—	0,62	—	—
P_2O_5	35,51	34,36	34,50	35,68
H_2O	18,47	18,64	18,33	18,09
	99,82	100,27	100,55	100,00

1. Anapaït von der Limonitgrube Scheljesni-Rog bei Anapa am Schwarzen Meer; anal. A. Sachs, Sitzber. Berliner Ak. 1902, 18.

2. Anapaït vom gleichen Fundorte; anal. J. Loczka, Z. Kryst. **37**, 438 (1903). Mittel aus mehreren Analysen.

3. Dasselbe Vorkommen (Tamanit); anal. S. P. Popoff, Z. Kryst. **37**, 267 (1903).

4. Theoretische Zusammensetzung nach untenstehender Formel.

---

[1] F. Sandberger, N. JB. Min. etc. 370 (1879) und 1885, I, 185.

[2] A. Sachs, Sitzber. Berliner Ak. 1902, 18.

[3] S. P. Popoff, Z. Kryst. **37**, 266 (1903).

Formel und Konstitution. Die Analysen entsprechen recht gut der **Formel:**

$$2\,CaO \cdot FeO \cdot P_2O_5 \cdot 4\,H_2O.$$

S. P. Popoff schreibt die Formel, indem er Ca und Fe als isomorphe Vertreter annimmt:

$$(Ca,\,Fe)_3(PO_4)_2 \cdot 4\,H_2O$$

und weist auf die Ähnlichkeit mit Messelit (siehe diese unten) hin.

P. v. Tschirwinsky[1]) zeigte, daß Anapaït als ein Doppelsalz der beiden Phosphate Vivianit und Ornithit betrachtet werden könne:

$$Fe_3(PO_4)_2 \cdot 8\,H_2O + 2\,[Ca_3(PO_4)_2 \cdot 2\,H_2O] = 3\,[Fe \cdot Ca_2(PO_4)_2 \cdot 4\,H_2O].$$
$$\text{(Vivianit)} \qquad\qquad \text{(Ornithit)} \qquad\qquad\qquad \text{(Anapaït)}$$

Eigenschaften. Das Mineral tritt in grünen bis gelbgrünen Kristallen auf; es hat die Härte von $3^1/_2$ (nach S. P. Popoff); die Dichte ist bei den Analysen bereits angegeben.

Die Doppelbrechung ist nach A. Sachs negativ, der scheinbare Winkel der optischen Achsen beträgt $127^0\,0'$ für Natriumlicht.

Von Salzsäure wird das Mineral vollkommen aufgelöst.

Vorkommen. Der Anapaït kommt im Brauneisenstein vor.

S. P. Popoff[2]) nimmt an, daß der Messelit (siehe S. 396) ein in Umwandlung begriffener Anapaït sei.

Messelit (Calciumeisenoxydulphosphat).

Triklin.
Analyse.

MgO	1,45
CaO	31,11
MnO	Spuren
FeO	15,63
P_2O_5	37,72
H_2O	12,15
(Unlöslich)	1,40
	99,46

Messelit aus Schieferton, Messel bei Darmstadt in Hessen; anal. W. Muthmann, Z. Kryst. **17**, 93 (1889).

Das Mineral entspricht der **Formel:**

$$(Ca,\,Fe,\,Mg)_3(PO_4)_2 \cdot 2^1/_2\,H_2O.$$

Eigenschaften. Die Härte ist ungefähr 3. Das Mineral tritt in farblosen bis bräunlichen Kristallen mit Einschlüssen von organischer Substanz auf, die sehr schlecht ausgebildet sind.

Zur optischen Charakterisierung konnten keine sicheren Bestimmungen gemacht werden. — In Salzsäure und Salpetersäure leicht löslich. Beim Erhitzen im Rohr gibt der Messelit Wasser ab, das bei 270^0 fortzugehen beginnt;

---

[1]) P. v. Tschirwinsky, Ann. Géol. et Min. d. Russ. **7**, 28 (1904). Ref. Z. Kryst. **43**, 77 (1907).
[2]) S. P. Popoff, Trav. Mus. Géol. Pierre d. G. Acad. Imp. d. Sc. St. Petersburg **4**, 99 (1910); Z. Kryst. **53**, 609 (1913).

dabei werden die Kristalle infolge Oxydation des FeO und Zersetzung einer geringen, beigemengten organischen Substanz dunkelbraun bis schwarz. Ein Teil des Wassers geht aber erst nach längerer Rotglut weg.

Vorkommen. Der Messelit kommt in einem bituminösen Schieferton vor, der Aschenbestandteile nebst Pflanzen und Tierresten enthält und in geringer Mächtigkeit ein Braunkohlenlager (Braunkohlenlager von Messel) durchzieht. S. P. Popoff hält das Mineral für einen zersetzten Anapaït (siehe S. 395).

Manganphosphate.

Vollständig reine Manganphosphate gibt es unter den Mineralien nicht; alle enthalten größere oder geringere Mengen FeO. Unter die Manganphosphate sind die mit geringeren Mengen FeO eingereiht; die Phosphate mit größeren Mengen FeO sind getrennt als Manganeisenoxydulphosphate gebracht worden. Die Verhältnisse sind hier ähnlich, wie bei den Carbonaten (siehe Bd. I, S. 416), wo auch keine reinen Mangancarbonate existieren.

Man könnte hier auch Manganphosphate und Eisenoxydulphosphate gemeinsam behandeln, doch soll hier die gegebene Trennung nach Möglichkeit durchgeführt werden. Dabei wurde ein Phosphat, der Triplit, der einen sehr wechselnden Gehalt an MnO und FeO besitzt zu den Mangan-Eisenoxydulphosphaten gestellt, obwohl es Triplite gibt, die nur sehr wenig FeO enthalten.

Es gibt ein einziges wasserfreies Manganphosphat, den Natrophilit.

Die meisten hier eingereihten Manganphosphate enthalten Alkalien, eine Ausnahme macht nur der Hureaulith.

Wasserfreie Manganphosphate.

Natrophilit (Natriummanganphosphat).

Rhombisch. Isomorph mit Triphilin, Lithiophilit. Ein natriumreiches Glied der Mangan–Eisenphosphatreihe. $(a:b:c = 0{,}472 : 1 : 0{,}555$ ca.$)$

Analyse.

	1.	2.
Li_2O	—	0,19
Na_2O . . .	17,9	16,79
MnO	41,0	38,19
FeO	—	3,06
P_2O_5 . . .	41,1	41,03
H_2O	—	0,43
(Unlöslich) . . .	—	0,81
	100,0	100,50

1. Theoretische Zusammensetzung nach untenstehender Formel.
2. Natrophilit von Brancheville, Fairfield Co., Connecticut; anal. H. L. Wells bei G. J. Brush und E. S. Dana, Z. Kryst. **18**, 13 (1891).

Die **Formel** für dieses Mineral ist:

$$\overset{I}{R_2}O \cdot 2\overset{II}{R}O \cdot P_2O_5 \quad \text{oder} \quad \overset{I}{R}\,\overset{II}{R}PO_4.$$

Sie kann im wesentlichen geschrieben werden:

$$NaMnPO_4.$$

Der Natrophilit steht in engsten Beziehungen zu Triphylin und Lithiophilit, indem das Lithium des Lithiophilits hier durch das Natrium ersetzt ist:

Triphylin $\quad$ $LiFePO_4$ $\quad$ $\}$

Lithiophilit $\quad$ $LiMnPO_4$ $\quad$ Zwischenglieder $Li(Fe, Mn)PO_4$.

Natrophilit $\quad$ $NaMnPO_4$

Auch dem Beryllonit (siehe S. 314) $NaBePO_4$ ist der Natrophilit nicht nur chemisch, sondern auch äußerlich ähnlich.

Eigenschaften. Das Mineral kommt in kristallinen Massen mit breiten Spaltflächen vor, selten sind kleinere glas- bis diamantglänzende Körner mit undeutlichen Kristallflächen von tief weingelber Färbung, durchsichtig. Das optische Verhalten ist auch dem des Triphylins und Lithiophilits analog.

Die Härte ist ca. $4^1/_2$, die Dichte $\delta = 3,40 - 3,42$.

Vor dem Lötrohre schmilzt das Mineral leicht und färbt die Flamme intensiv gelb.

Vorkommen und Genesis. Natrophilit tritt gewöhnlich innig vergesellschaftet mit Lithiophilit auf. G. J. Brush und E. S. Dana halten es für wahrscheinlich, daß der Natrophilit durch Ersatz des Li durch Na aus dem Lithiophilit entstanden sei, da sich an der gleichen Fundstelle (Branchcville, in albitreichem Granit) der Spodumen in gleicher Weise verändert, indem an Stelle des Lithiums Natrium oder Natrium und Kalium tritt. Diese Umwandlung scheint vor der Bildung der anderen Phosphate aus Lithiophilit (siehe S. 920) vor sich gegangen zu sein. Der Natrophilit ist eisenärmer als der Lithiophilit.

Umwandlung. Der Natrophilit ist oberflächlich öfters mit einer sehr dünnen Schicht eines nicht näher bestimmten feinfaserigen Minerales bedeckt, das auch auf Spalten und Rissen den Natrophilit durchdringt. Es scheint ein Manganphosphat zu sein und ist ein Zersetzungsprodukt des Natrophilits. Dieser wandelt sich auch, wie G. J. Brush und E. S. Dana feststellen konnten, in Hureaulit um.

Wasserhaltige Manganphosphate.

Hureaulit.

Monoklin prismatisch. $a:b:c = 1,9192:1:0,5245$; $\beta = 89^0 1'$, nach G. J. Brush und E. S. Dana.[1])

Analysen.

	1.	2.	3.	4.	5.	6.
δ	—	—	3,185	—	3,198	3,149
CaO . . .	—	—	—	—	—	0,94
MnO . . .	48,69	32,85	41,15	42,04	41,80	42,29
FeO . . .	—	11,10	8,10	6,75	8,73	4,56
P_2O_5 . . .	38,96	38,00	37,96	38,20	37,83	38,36
H_2O . . .	12,35	18,00	12,35	12,00	11,60	12,20
(Quarz) . . .	—	—	0,35	0,50	0,30	1,76
	100,00	99,95	99,91	99,49	100,26	100,11

---

[1]) Die Angaben von A. Des Cloizeaux weichen ganz beträchtlich ab (l. c.).

1. Theoretische Zusammensetzung ohne Berücksichtigung des MnO-Gehaltes.
2. Hureaulit von Hureaux, Canton Saint Sylvestre, Haute-Vienne, (Limoges), Frankreich; anal. P. A. Dufrénoy, Ann. chim. phys. **41**, 338 (1829).
3. u. 4. Vom gleichen Fundorte, gelbe Kristalle; anal. A. Damour bei A. Damour und A. Des Cloizeaux, Ann. chim. phys. **53**, 293 (1858). Siehe auch A. Des Cloizeaux, Manuel, II (Paris 1874) 487.
5. Vom gleichen Fundorte, rosafarbene Kristalle; anal. wie oben.
6. Sehr reine Kristalle von Brancheville, Fairfield Co., Connecticut; anal. H. L. Wells bei G. J. Brush und E. S. Dana, Z. Kryst. **18**, 17 (1891).

Die sich daraus ableitende **Formel** lautet:

$$5\,RO \cdot 2\,P_2O_5 \cdot 5\,H_2O \quad \text{oder} \quad H_2R_5(PO_4)_4 \cdot 4\,H_2O.$$

In Analyse 1 ist sie, wenn man für R, nicht wie es tatsächlich der Fall ist, Mn und Fe berücksichtigt, sondern nur Mn einsetzt, ausgerechnet. Das Verhältnis Mn : Fe ist auch hier ein wechselndes.

Eigenschaften. Kristalle meist klein, verschieden gefärbt: blaßviolett, rötlichbraun, tief orangerot, gelb. Die Härte ist nach A. Des Cloizeaux bei 5 gelegen. Dichtenangaben stehen bei den Analysen.

Optische Eigenschaften (nach A. Des Cloizeaux).[1] Der Achsenwinkel für gelbes Licht ist $2H = 86^0\,22'$.

Starke, gekreuzte Dispersion $\rho < v$. Der Achsenwinkel erfährt bei Temperaturveränderung von $45-145^0$ eine Änderung von $6^0\,34'$.

Der Hureaulit löst sich (A. Damour)[1] leicht in Säuren. Gibt mit Borax und Phosphorsalz Manganperle.

Vorkommen. In Pegmatit von Limoges, im albitreichen Granit von Brancheville und soll auch in Schlesien gefunden worden sein. In Brancheville ist er häufig nachweislich aus Lithiophilit (s. d.) entstanden, G. J. Brush und E. S. Dana konnten diese Umwandlung in allen Stadien (auch unter dem Mikroskope) verfolgen.

Palait.

Wahrscheinlich monoklin.

Analyse.

(Li_2O)	Spuren
CaO	1,77
MnO	40,87
FeO	7,48
Fe_2O_3	0,16
P_2O_5	39,02
H_2O	10,43
(Unlöslich)	0,89
	100,62

Palait von der Stewart Mine bei Pala, Californien; anal. W. T. Schaller, Journ. of the Washington Acad. **11**, 144 (1912).

Die Analyse führt auf die **Formel**:

$$5\,MnO \cdot 2\,P_2O_5 \cdot 4\,H_2O.$$

---

[1] A. Damour und A. Des Cloizeaux, Ann. chim. phys. **53**, 293 (1858).

Eigenschaften. Der Palait kommt in undeutlichen Kristallen vor; die Dichte ist $\delta = 3,14—3,20$; der mittlere Brechungsquotient $N_m = 1,655$.

Vorkommen. Mit Lithiophilit bei Pala, San Diego Co. in Californien.

Salmonsit.

Analyse.

CaO	1,06
MnO	37,74
FeO	0,13
Fe₂O₃	9,53
P₂O₅	34,86
H₂O bei 110°	0,43
H₂O über 110°	15,30
(Unlöslich)	1,40
	100,45

Salmonsit von Pala (Stewart Mine), Californien; anal. W. T. Schaller, Journ. of the Washington Acad. 11, 144 (1912).

W. T. Schaller berechnete die **Formel:**

$$9\,MnO \cdot Fe_2O_3 \cdot 4\,P_2O_5 \cdot 14\,H_2O.$$

Eigenschaften. Das Mineral bildet kristallinische Massen mit deutlicher Spaltbarkeit; die Farbe ist hellgelb.

Die Dichte ist $\delta = 2,88$; der mittlere Brechungsquotient beträgt $N_m = 1,66$.

Vorkommen. Es wurde von W. T. Schaller zusammen mit Palait und Strengit von Pala beschrieben und scheint durch teilweise Oxydation und Hydration aus Hureaulit entstanden zu sein.

Sticklerit.

Analyse.

Li₂O	3,80
CaO	0,20
MnO	33,60
Mn₂O₃	2,10
Fe₂O₃	11,26
P₂O₅	43,10
H₂O	1,71
(Unlöslich)	4,18
	99,95

Sticklerit von Vanderburg-Naylor Mine, Hiriart Hill bei Pala in Californien; anal. W. T. Schaller, Journ. of the Washington Acad. 11, 144 (1912).

Als **Formel** rechnet W. T. Schaller:

$$6\,MnO \cdot Fe_2O_3 \cdot 4\,P_2O_5 \cdot 3\,(Li,H)_2O.$$

Eigenschaften. Sticklerit bildet wie der Salmonsit kristalline Massen, die Spaltbarkeit zeigen; die Farbe ist dunkelbraun.

Die Dichte ist $\delta = 3{,}45$; der mittlere Brechungsquotient $N_m = 1{,}74$, mittelstarke Doppelbrechung. Pleochroismus gelbbraun. Leicht löslich, gibt vor dem Lötrohre die Lithiumflamme.

Vorkommen. Wie Salmonsit und Palait.

Stewartit. [1]

Wahrscheinlich triklin.

Chemische Zusammensetzung. Ein wasserhaltiges Manganphosphat, das nicht analysiert wurde, zur Analyse lag zu wenig Material vor.

Dichte $\delta = 2{,}94$. $N_m = 1{,}65$ Vorkommen wie Palait.

Fillowit (Natriumcalciummanganphosphat).

Monoklin prismatisch. $a:b:c = 1{,}7303:1:1{,}4190$; $\beta = 89^0\,51'$ nach J. G. Brush und E. S. Dana.[2])

Analysen.

	1.	2.	3.
Li_2O	—	0,06	0,07
Na_2O	5,84	5,74	5,44
CaO	5,28	4,08	3,63
MnO	40,19	39,42	39,58
FeO	6,80	9,33	9,69
P_2O_5	40,19	39,10	39,68
H_2O	1,70	1,66	1,58
(Quarz)	—	0,88	1,02
	100,00	100,27	100,69

1. Theoretische Zusammensetzung.
2. Reine Fillowitkristalle von Brancheville, Fairfield Co., Connecticut; anal. S. L. Penfield bei J. G. Brush und E. S. Dana, Z. Kryst. **3**, 583 (1879). Mittel aus zwei Analysen.
8. Dasselbe Mineral, ausgesuchtes homogenes Material vom gleichen Fundorte; anal. H. L. Wells bei J. G. Brush und E. S. Dana, Z. Kryst. **18**, 22 (1891).

Der Fillowit entspricht der **Formel:**

$$3R_3P_2O_8 . H_2O, \quad R = Mn, Fe, Ca \text{ und } Na_2.$$

Das Verhältnis ist:

$$P_2O_5 : RO : H_2O = 1:3:\tfrac{1}{3}.$$

Die Formel kann daher geschrieben werden:

$$R_3P_2O_8 . \tfrac{1}{3}H_2O.$$

Sie ist analog dem Dickinsonit; die beiden Mineralien stehen im Verhältnis der Dimorphie (siehe S. 431), nur ist der Dickinsonit reicher an Eisenoxydul, auch ist der Wassergehalt viel niedriger.

Eigenschaften. Der Fillowit bildet körnig-kristallinische Massen, seltener sind vollständig ausgebildete Kristalle von pseudorhomboedrischem Habitus. Das Mineral hat eine wachsgelbe, bisweilen rötlichbraune Farbe mit einem

---

[1]) W. T. Schaller, Journ. of the Washington Acad. **11**, 144 (1912).
[2]) J. G. Brush u. E. S. Dana, Z. Kryst. **3**, 583 (1879).

Stich ins Grünliche; selten ist es farblos. Der Fillowit ist durchsichtig bis durchscheinend.

Die Dichte ist mit 3,41 und 3,45 nach zwei Untersuchungen angegeben; sie ist somit größer als die des Dickinsonites. Die Härte ist $4^1/_2$, also auch höher als bei der anderen Modifikation.

Das im geschlossenen Rohre bei der Erhitzung abgegebene Wasser reagiert neutral. Er ist leicht schmelzbar und färbt die Flamme zuerst blaßgrün (nur kurze Zeit), dann intensiv gelb; schmilzt unter Aufschwellen zu einer schwarzen, schwach magnetischen Kugel. — In Salzsäure und Salpetersäure leicht löslich.

Vorkommen. Die körnigen Massen umschließen manchmal deutliche Kristalle, Triploidit und Partikel von Fairfieldit; am häufigsten ist Fillowit mit Reddingit (siehe S. 428) vergesellschaftet und die beiden Mineralien sind öfters sehr schwer zu trennen. Das Auftreten ist das nämliche, wie bei den anderen Manganphosphaten angegeben wurde (vgl. S. 421).

Griphit.

Analysen.

	1.	2.
Li_2O	Spur	Spur
Na_2O	5,52	} 5,70
K_2O	0,30	
MgO	0,14	0,16
CaO	7,70	7,66
MnO	29,74	28,97
FeO	3,83	4,01
Al_2O_3	9,94	10,09
P_2O_5	38,61	38,45
Cl	0,11	nicht best.
F	Spur	Spur
H_2O	4,15	4,43
(Unlöslich)	0,14	0,18
	100,18	99,65

1. u. 2. Griphit vom Riverton-Lode bei Harney, Pennington Co. Süd-Dakota; anal. W. P. Headden, Am. Journ. **41**, 415 (1891).

Ersetzt man bei der Berechnung der Analyse Al durch die entsprechende Menge zweiwertiger Metalle, so erhält man $P : \overset{II}{R} : O = 1 : 2,49 : 5,18$. W. P. Headden gibt dem Mineral die **Formel:**

$$R_5 P_2 O_{10}, \quad \text{darin ist} \quad R = Mn, Ca, Fe, H_2, Na_2.$$

F. Grünling[1] bezweifelt, daß hier wirklich ein Salz der normalen H_5PO_5 vorliegt und weist auf die Ähnlichkeit des zum Triplit gestellten Phosphats, das L. E. Eakins von Rapid Cy., Süd-Dakota beschrieb (An. 1, S. 419) hin, das sich neben dem höheren Eisengehalt durch seinen Fluorgehalt unterscheidet.

Über die Rolle der Tonerde läßt sich nichts angeben.

---

[1] F. Grünling im Referat von W. P. Headdens Arbeit in Z. Kryst. **22**, 417 (1894).

Eigenschaften. Das Mineral kommt in nierenförmigen Massen vor und ist äußerlich infolge eingetretener Oxydation dunkelbraun, wie ja fast alle Fe- und Mn-Phosphate an der Oberfläche stark oxydiert sind; in dünnen Splittern ist das Mineral gelbbraun durchscheinend. Es ist vollständig amorph (vielleicht ein Gel). Harziger Glanz. Die Härte ist $5^1/_2$; die Dichte $\delta = 3,401$.

In der Kerzenflamme leicht schmelzbar, in Säuren leicht löslich.

Vorkommen. Es tritt in nierenförmigen Massen im Granit auf.

Eisenoxydulphosphate.

Wir kennen nur drei natürliche Ferrophosphate, die alle wasserhaltig sind; es fällt daher diese Zweiteilung hier weg. Der Hauptvertreter der Ferrophosphate, der Vivianit, ist selten rein und unzersetzt, sondern gewöhnlich mehr oder weniger stark oxydiert.

Phosphate von MnO und FeO sind in einer Gruppe getrennt behandelt.

Vivianit. Ferroorthophosphat-Octohydrat.

Synonyma: Blauerde, Berlinerblau, Eisenblau, phosphorsaures Eisen, Blaueisenerde, Eisenglimmer, Mullinit, Anglarit, Glaukosiderit, Eisenphyllit.

Monoklin prismatisch. $a:b:c = 0,7488:1:0,7020, \quad \beta = 104^0 33\frac{1}{4}'$ nach G. Cesàro.[1])

Analysen.

Es existieren eine ziemliche Anzahl meist recht alter Analysen (z. B. von M. H. Klaproth, P. Berthier u. a.), bei denen alles Eisen als FeO bestimmt, und der Oxydgehalt nicht berücksichtigt wurde. Diese Analysen sind in diesem Handbuche nicht gebracht worden.

1. *Ältere Analysen.*

	1.	2.	3.	4.	5.
δ	—	—	2,68	—	—
FeO	44,10	42,71	38,26	38,50	35,65
Fe_2O_3	—	1,12	4,26	5,08	11,60
P_2O_5	27,17	28,52	28,81	27,80	29,01
(SiO_2)	0,10	—	—	—	—
H_2O	27,95	28,98	28,67	28,32	23,74
	99,32	101,33	100,00	99,70	100,00

1. Eisenoxydfreier, farbloser Vivianit (Kristalle), aus dem Sande des Delawareflusses; anal. Fisher, Am. Journ. **9**, 84 (1850).

2. Blaßblauer Vivianit von Cornwall; anal. N. St. Maskelyne, Ber. Dtsch. Chem. Ges. 1870, 937.

3. Vivianit von Allentown, Monmouth Co., New York; anal. C. F. Rammelsberg, Sitzber. Berliner Ak. 1862, 242.

---

[1]) G. Cesàro, Mém. Ac. R. letts. et arts. Bruxelles **53** (1897).

4. Vivianit von der Insel Fernando Po; anal. N. St. Maskelyne, Ber. Dtsch. Chem. Ges. 1870, 937.

5. Vivianit von Bodenmais in Bayern; anal. C. F. Rammelsberg, Pogg. Ann. 64, 410, nach Mineralchemie 1875, 313.

	6.	7.	8.	9.
δ	2,58	—	—	2,72
FeO	34,52	27,65	21,54	9,75
Fe_2O_3	11,91	18,45	21,34	38,20
P_2O_5	28,60	29,65	29,17	28,73
H_2O	26,13	25,60	27,50	24,12
	101,16	101,35	99,55	100,80

6. Vivianit von Mullica Hills, Gloucester Co., New Jersey; anal. C. F. Rammels berg, Mineralchemie 1875, 313.

7. Erdiger Vivianit von Allentown, Monmouth Co., New York; anal. F. Kurlbaum, Am. Journ. 23, 422 (zitiert nach C. F. Rammelsberg, l. c. 314.)

8. Aus einem Cardium von Kertsch in der Krim; anal. Struve, Journ. präkt. Chem. 67, 302.

9. Vom gleichen Vorkommen, dunkelbraune Varietät; anal. wie oben.

2. *Neuere Analysen.*

	10.	11.	12.	13.	14.
δ	2,66	—	—	—	—
MgO	1,92	—	—	2,01	0,43
CaO	0,48	—	—	0,54	0,59
MnO	2,01	—	—	—	—
FeO	39,12	40,00	43,45	37,05	24,58
(Al_2O_3)	—	Spuren	—	—	17,74
Fe_2O_3	—	0,83	0,90	3,07	9,35
(CO_2)	—	—	—	0,15	—
(SiO_2)	—	7,94	—	—	—
P_2O_5	27,01	26,86	28,78	28,23	27,71
H_2O bei	} 28,75	24,37 [1])	26,87	29,41	{ 10,59
H_2O über					7,24
(Unlöslich)	—	—	—	—	1,84
	99,29	100,00	100,00	100,46	100,07

10. Vivianit (sog. Paravivianit) von der Grube Janisch-Takil südlich von Kertsch in der Krim, hellblaue kristallinische Aggregate; anal. S. P. Popoff, Bull. de l'Acad. d. Sc. Pétersbourg 1907, 127. Ref. Z. Kryst. 47, 284 (1910).

11. Vivianitkörner aus dem artesischen Brunnen der Stadt Szentes (Csongráder Com.); anal. K. v. Muraközy, Földtani Közl. 18, 465 (1888). Ref. Z. Kryst. 17, 521 (1890).

12. Dieselbe Analyse nach Abzug der Beimengungen umgerechnet.

13. Reine, dunkle Vivianitkristalle von Tamanj unweit Litwinow Rog, am Azowschen Meere; anal. W. Tjelouchin; Zeitschr. d. russ. phys.-chem. Ges. 21, 129 (1889). Ref. Z. Kryst. 20, 183 (1892).

14. Zu Vivianit mineralisierte Koniferenwurzeln vom Ufer des Cumberlandflusses bei Eddyville in Kentucky; anal. W. L. Dudley, Am. Journ. 40, 120 (1890).

---

[1]) Als Differenz bestimmt.

26*

	15.	16.	17.
δ	—	2,65	—
MgO	—	1,55	0,09
CaO	—	0,47	0,11
MnO	—	1,92	0,08
FeO	36,58	9,49	23,47
Fe_2O_3	11,43	32,93	20,32
P_2O_5	28,24	28,20	28,25
H_2O	23,50	24,98	27,38
	99,75	99,54	99,70

15. Blauer Vivianit von der Grube Barbara im Silberberge bei Bodenmais in Bayern; anal. J. Thiel, Dissertation Erlangen. Nach Ref. Z. Kryst. **23**, 295 (1894).

16. Vivianit (sog. α-Kertschenit), dunkelgrün bis schwarz von der Grube Janisch-Takil, südlich von Kertsch in der Krim; anal. S. P. Popoff, Bull. de l'Acad. d. Sc. Pétersbourg 1907, 127. Ref. Z. Kryst. **47**, 284 (1910).

17. Vivianit (sog. β-Kertschenit), blau, von Janisch-Takil, südlich von Kertsch in der Krim; anal. derselbe; Z. Kryst. **52**, 611 (1913).

Es folgt eine Analyse eines Vivianits mit einem Überschuß an Phosphorsäure.

	18.	18a.
δ	2,542	—
MgO	5,76	—
FeO	21,83	27,26
Fe_2O_3	11,56	14,43
P_2O_5	24,56	30,67
H_2O	22,15	27,64
$(CaCO_3)$	2,50	—
(In HCl unlöslich) .	13,15	—
	101,51	100,00

18. Vivianit, Konkretionen aus einem Diluvialton mit beigemengter toniger Substanz; von Noranco bei Lugano; anal. F. Hinden bei C. Schmidt, Eclogeae geol. helveticae **9**, 76 (1906). Ref. N. JB. Min. etc. 1907, II, 189.

18a. Dieselbe Vivianitanalyse nach Abzug der Verunreinigungen (Ton und $CaCO_3$ und MgO) auf 100% umgerechnet.

Konstitution und Formel.

Die Analysen sind nach steigendem Eisenoxydgehalte, also nach dem Grade der Zersetzung des Analysenmaterials geordnet.

Einem vollkommen frischen Vivianit entsprechen nur Anal. 1 und 10; sie stimmen gut mit der theoretischen, sonst fast niemals verwirklichten **Formel** überein:

$$Fe_3P_2O_8 . 8 H_2O.$$

C. F. Rammelsberg,[1] der als erster erkannte, daß der Vivianit in der Natur kein reines Eisenoxydulphosphat ist, schreibt die Vivianitformel:

$$\left.\begin{matrix} n Fe_3P_2O_8 \cdot 8 aq \\ Fe_6P_4O_{19} \cdot 16 aq \end{matrix}\right\}.$$

[1] C. F. Rammelsberg, Mineralchemie 1875, 313.

Es entspricht das n in:

Anal. 2	$n = 87$	in Anal. 6	$n = 6,5$
„ 3	$n = 20$	„ „ 7	$n = 3,4$
„ 4	$n = 23$	„ „ 8	$n = 2,3$
„ 5	$n = 7$	„ „ 9	$n = 0,5$

S. P. Popoff hat für seine Analysen mit Rücksicht auf den Gehalt an Mn, Mg und Ca und auf die Oxydationsstufe Formeln berechnet und Namen gegeben:

Für Anal. 10 $3\,(Mg, Ca, Mn, Fe)O . P_2O_5 . 8 H_2O$ (Para-)Vivianit.

„ „ 16 $(Mg, Ca, Mn, Fe)O . Fe_2O_3 . P_2O_5 . 7 H_2O$ α-Kertschenit.

„ „ 17 $5\,(Mg, Ca, Mn, Fe)O . 2 Fe_2O_3 . 3 P_2O_5 . 23 H_2O$ β-Kertschenit.

In allen drei Substanzen ist das Verhältnis der Metalloxyde zur Phosphorsäure $3:2$. Den Gehalt an MgO, CaO, MnO erklärt S. P. Popoff durch Beimengungen isomorpher Mg-Ca-Mn-Phosphate.

Das Material zur Analyse 14 war jedenfalls ein Gemenge, es führt auf die Formel $2 Fe_3P_2O_8 . Al_6Fe_2P_4O_{22} . 17 H_2O$. W. L. Dudley zieht davon $2 (Fe_3P_2O_8 . 8 H_2O)$, also das doppelte Molekül Vivianit ab und macht auf die Ähnlichkeit der restierenden $Al_6Fe_2P_4O_{22} . H_2O$ mit dem Türkis aufmerksam $(Al_8P_4O_{22} . 10 H_2O)$ und meint, daß man dieses restierenden Phosphat als einen fast ganz entwässerten Türkis auffassen könnte, bei dem ein Al_2O_3 durch Fe_2O_3 ersetzt sei. Dieses rein spekulative, auf keine weiteren Beobachtungen gestützte Vorgehen W. L. Dudleys erscheint wohl schon dadurch bedenklich, in einer erdigen Masse, wie sie dieser Vivianit darstellt, anzunehmen, daß der Vivianit eisenoxydfrei vorliege.

Eigenschaften.

Der Vivianit kommt in Kristallen wechselnder Dimensionen, bald nadelig, bald tafelig vor, häufiger aber in dichten erdigen Massen. Die Kristalle des reinen eisenoxydulfreien Vivianits sind farblos, die oxydhaltigen blau und blaugrün bis schwarz; auch die erdigen Massen können rein weiß sein, sind aber fast stets mehr oder weniger tief blau gefärbt. An größeren Kristallen kann man sehen, daß die Färbung sehr unregelmäßig ist und man kann an einem Kristalle des öfteren farblose, lichte und dunkle Partien beobachten.

Färbung. Die ungefärbten erdigen Vivianitmassen der Torfmoore (S. 407 ist über dieses Vorkommen ausführlicher berichtet) färben sich sehr rasch blau. A. Gärtner hat die Fe_2O_3-Mengen in Vivianitbildungen, die verschieden lang der oxydierenden Wirkung der Luft ausgesetzt waren, untersucht (siehe S. 409). J. M. van Bemmelen[1] löste einen Kristall, der zweifarbig war, auf und fand, daß Eisenoxydreaktion nur so lange eintrat, als noch blaue Partien ungelöst waren; als nur mehr farblose Partien vorhanden waren, trat die Reaktion nicht mehr ein. Es bedarf einer sehr geringen Menge Eisenoxyd, um die blaue Farbe zu erzeugen. J. M. van Bemmelen benetzte einen sehr lichtblauen Kristall mit 3% H_2O_2 und ließ diese Lösung verdampfen; die Färbung war bedeutend intensiver geworden. Bei vielmaliger Wiederholung dieser Operation wurden die Vivianitkristalle vollständig undurchsichtig.

---

[1] J. M. van Bemmelen, Z. anorg. Chem. **22**, 329 (1910).

Die Dichte variiert von 2,58—2,72, als Mittelwert kann 2,6 genommen werden. Exakte Bestimmungen hat V. Rosický[1]) gemacht, er fand für Vivianit von Vladic $\delta = 2,678$ und für solchen von Cornwall $\delta = 2,686$.

Die Härte des kristallisierten Vivianits beträgt $1\,^1/_2$—2.

Die **optischen Eigenschaften** haben A. Des Cloizeaux und in neuerer Zeit V. Rosický (l. c.) untersucht. Für Vivianit von Vladic in Böhmen fand letzterer für Na-Licht:

$$N_\alpha = 1,5809; \quad N_\beta = 1,6038; \quad N_\gamma = 1,6361,$$

$$N_\gamma - N_\alpha = 0,0552; \quad N_\gamma - N_\beta = 0,0323; \quad N_\beta - N_\alpha = 0,0229.$$

Der Achsenwinkel betrug $2V_0 = 106^0 52\frac{1}{2}'$.

Für Vivianit von Cornwall fand er:

$$N_\alpha = 1,5818; \quad N_\beta = 1,6012; \quad N_\gamma = 1,6360,$$

$$N_\gamma - N_\alpha = 0,0542; \quad N_\gamma - N_\beta = 0,0348; \quad N_\beta - N_\alpha = 0,0194.$$

Der Achsenwinkel $2V_0 = 106^0 5'$.

Der Charakter der Doppelbrechung ist positiv.

Schmelzpunkt. Nach Bestimmungen von R. Cusack,[2]) die er mit dem Jolyschen Meldometer ausgeführt hatte, schmilzt Vivianit bei 1114^0.

Lötrohrverhalten. Schmilzt vor dem Löthrohre zu einem glänzenden, grauen Korn; beim Erhitzen verfärbt sich Vivianit und wird grau. Vivianit gibt die Reaktionen auf Phosphorsäure und Eisen.

In Säuren ist Vivianit löslich, auch von Kalilauge wird er beim Kochen zersetzt.

Nach den Untersuchungen F. Cornus[3]) zeigten Vivianit von Cornwall und Bodenmais schwache, die erdige Varietät von Marienbad aber sehr starke saure Reaktion.

Synthese.

A. C. Becquerel[4]) hat auf folgende Weise den Vivianit dargestellt: Eine Lösung von Kupfersulfat, die gesättigt erhalten wurde und eine solche von Natriumphosphat, in der sich ein Eisenstückchen befand, wurden durch eine Tonzelle langsam aufeinander reagieren gelassen; es bildete sich Kupferphosphat, das auf das Eisen einwirkte; dieses umgab sich mit Kristallen, deren Zusammensetzung die des Vivianits ergab.

H. Debray[5]) erhielt durch Erhitzung von Ferrophosphat mit einem großen Überschuß von Natriumphosphat bei 50—60° in der Dauer von 8 Tagen den Vivianit.

G. Cesàro[6]) versetzte eine Lösung von Ammoniumferrosulfat mit Ammoniumphosphat und löste den Niederschlag von Eisenoxydulphosphat durch tropfenweisen Zusatz von Flußsäure und ließ die Lösung längere Zeit an der

[1]) V. Rosický, Bull. internat. de l'Académ. d. Sciences d. Bohème 13 (1908). Ref. Z. Kryst. 48, 658 (1911).
[2]) R. Cusack, Proc. Roy. Irish Ac. [3], 4, 399 (1897). Ref. Z. Kryst. 31, 284 (1899).
[3]) F. Cornu, Tsch. min. Mit. 25, 508 (1906).
[4]) A. C. Becquerel, Ann. chim. phys. 54, 449; auch F. Fouqué u. A. Michel-Lévy, Synthèse des minéraux et des roches, 258.
[5]) H. Debray, C. R. 59, 40.
[6]) G. Cesàro, Ann. de la soc. géol. Belgique 13, 14 (1885/86).

Luft stehen. Es bildeten sich an der Oberfläche gelbgraue, häutige Massen, die niedersanken; nach 17 Tagen hatten sich am Boden eine große Zahl kleiner blauer Kriställchen gebildet, die isoliert werden konnten und deren Analyse auf die Zusammensetzung des Vivianits führte; auch die kristallographischen Messungen und physikalischen Eigenschaften entsprachen diesem Minerale. Die grauen Massen, die aus feinen Flittern bestanden, konnten als Richellit erkannt werden (siehe bei diesem Phosphat).

J. M. van Bemmelen[1]) gibt eine Synthese von Klobbie, die der Bildungsweise des Vivianits in den Torfmooren angepaßt ist: Es wurden 1 Vol. $FeSO_4$, 12 Vol. Na_2HPO_4 und 1 Vol. Eisessig bei gewöhnlicher Temperatur einen Tag lang von der Luft abgeschlossen. Der entstandene kolloide Niederschlag löste sich durch die Essigsäure zu einem Sol und allmählich schieden sich daraus Kristalle aus, die sich an der Luft oberflächlich rasch oxydierten.

Genesis und Vorkommen.

Der Vivianit tritt auf verschiedenartigen Lagerstätten auf. Der kristallisierte kommt in Erzlagerstätten vor, namentlich in Pyrit- und Magnetkieslagern. Er tritt in Brandschlacken der Steinkohlenformation auf; so an mehreren Orten in Frankreich. Durch postvulkanische Prozesse kann sich der Vivianit ebenfalls bilden. Am häufigsten ist sein Auftreten in sedimentären Ablagerungen älterer, neuerer und der allerneuesten Formationen als erdige Massen, seltener in Kristallanhäufungen; sehr oft ist er daselbst Versteinerungsmaterial, namentlich von Säugetierresten (Knochen und Zähnen). Besonders in Zähnen tritt er häufig auf, so beschrieb z. B. A. Lacroix[2]) ein solches Vorkommen von Arraunts bei Ustaritz unweit Bayonne (Basses Pyrénées). Große meßbare Kristalle fand beispielsweise P. Gaubert[3]) in Mastodonknochen von San Pablo in Guatemala.

Von der Bildung des Vivianits durch Einwirkung verwesender organischer Substanzen auf Nägel berichtete Schlossberger.[4]) In dem Magen eines Straußes fand man Nägel, die von einer Masse umgeben waren, die aus geronnenem und erhärtetem Blut und Fettsubstanzen bestand. Bei der Entnahme der Nägel aus dem Magen erkannte man nur Rostflecke; als man aber Nagel und Hüllmasse einige Tage an der Luft liegen ließ, bildete sich in der Hüllmasse in nächster Nähe der Nägel Vivianit in Form eines blauen Anfluges. Das Eisenoxydulphosphat hatte sich wohl schon früher gebildet gehabt und war durch Oxydation blau (sichtbar) geworden.

Zu den interessantesten Vivianitvorkommen gehört sein Auftreten in **Torfmooren.**

Wiegmann[5]) wies auf die Vivianitnatur des sogen. Eisenblau oder Blauerde des Hagenbruches bei Braunschweig hin; später berichtete F. Senft[6]) über die Entstehung des Vivianites im Anschluß an die Limonitbildung in

[1]) J. M. van Bemmelen, Z. anorg. Chem. **22**, 343 (1900).
[2]) A. Lacroix, Bull. Soc. min. **14**, 325 (1891).
[3]) P. Gaubert, Bull. Soc. min. **27**, 213 (1904).
[4]) Schlossberger, Lieb. Ann. d. Chem. u. Pharm. **62**, 382; N. JB. Min. etc. 1848, 324.
[5]) Wiegmann, Über die Entstehung, Bildung und das Wesen des Torfes (Braunschweig 1837).
[6]) F. Senft, Die Humus-, Marsch-, Torf- und Limonitbildungen (Jena 1862).

Torfmooren. Einige Angaben und Analysen hat dann K. Rördam[1]) gemacht.
Weiter untersuchte J. M. van Bemmelen[2]) die Vorkommen von Ferrocarbonat
und Vivianit im Torf der Hochmoore der holländischen Provinz Drenthe. Die
Vivianitbildungen der Mecklenburger Moore beschrieb dann A. Gärtner,[3])
der auch eine Anzahl Analysen gab, bis endlich J. M. van Bemmelen[4]) in
einer zusammenfassenden Studie dieses Thema sehr ausführlich besprach.

In seiner ersten Arbeit beschrieb J. M. van Bemmelen die Art des Auftretens des Vivianites als Imprägnation und Inkrustation von Zweigen und
Wurzeln und in blaugefärbten Massen, die aus Siderit entstanden sind. Analysen ergaben eine Zusammensetzung aus 40% $Fe_3P_2O_8$, 20% $FeCO_3$ und
40% organischer Substanz. Anhäufungen von Eisenoxyd verwandelten sich in
ein amorphes wasserhaltiges Carbonat (siehe Bd. I, S. 438 ff.) und dieses lieferte
durch Einwirkung von Calciumphosphatlösungen in Gegenwart von Ammoniak
Vivianit; die letzteren beiden Stoffe können durch die Verwesung organischer
(tierischer) Substanzen entstanden sein.

A. Gärtner hat eine Reihe von Vivianitbildungen in den mecklenburgi-
schen Torfmooren analysiert; einige Analysen seien hier wiedergegeben.

	1.	2.	3.
MgO	—	0,05	—
CaO	0,99	3,07	1,61
MnO	0,44	—	—
FeO	12,97	7,07	19,88
Fe_2O_3	5,94	6,37	13,05
CO_2	1,83	0,39	0,28
P_2O_5	10,17	10,86	16,36
Organische Substanz	23,24	26,87	24,19
Sand und Ton	8,57	3,92	0,58
Wasser und Verlust	35,85	42,20	24,06
	100,00	100,80[5])	100,01

1. Vivianit vom Moore bei Laupin im südlichen Mecklenburg.
2. Vivianit vom Prüzener Moor, nordöstlich von Tarnow bei Bützow.
3. Vom Teschendorfer Moor (Terra Moor) westlich von Rostock.

Dazu kommen noch die Seite 409 wiedergegebenen 3 Analysen.
Der Vivianit tritt als Imprägnation des Torfes meist in einer Tiefe von
$1/2$—1 m auf und ist von Eisenspat begleitet. Wie die Analysen zeigen, bilden
diese Vivianitmassen eine Mischung von Phosphat und Carbonat in wechselnden Mengen.

A. Gärtner schloß aus seinen Untersuchungen, daß der Vivianit nur an
der Luft unbeständig, unter Luftabschluß aber sehr beständig sei. Bezüglich
seiner Entstehung nimmt A. Gärtner an, daß der Vivianit durch Einwirkung
von phosphorsaurem Ammonium auf Lösungen von Eisen (z. B. Eisenbicarbonat)

---

[1]) K. Rördam, Danm. geol. Undersög. 1893, Heft 3.
[2]) J. M. van Bemmelen, Archives Néerland. d. sciences exact. e. nat. Soc. Hollan-
daise à Harlem 30, (1897). Ref. N. JB. Min. etc. 1899, I, 220.
[3]) A. Gärtner, Arch. d. Ver. Freunde d. Nat. Gesch. Mecklenburg 51, 73 (1898).
[4]) J. M. van Bemmelen, Z. anorg. Chem. 22, 313 (1900).
[5]) Im Original steht 100,00; es befindet sich daher in den Zahlen irgendwo
ein Fehler.

oder auf Spateisenstein oder auch auf Raseneisenstein (also ein Gemenge von Eisencarbonat und -hydroxyd) entstanden sei.

J. M. van Bemmelen stellte in seiner neuesten Arbeit über die Eisenanhäufungen in den Torfmooren, besonders studiert an drei Arten von Vivianit, die dort vorkommen, fest: 1. eine weiße an der Luft blau werdende Art; 2. daneben eine seltenere, nicht blau werdende Art; 3. Kristallanhäufungen, Ästchen und Wärzchen in kleinen Höhlen des Raseneisensteins.

1. ist sehr hoch dispers, aber kristallin; sie enthält neben Pflanzenfaserstoffen, Vivianit (Eisenoxydulphosphat) und Beraunit (Eisenoxydphosphat) in fast gleichen Mengen und daneben amorphes Fe_2O_3.

Substanz 2 ist amorph und besteht hauptsächlich aus Ferriphosphat (ca. 4 Teile auf 1 Teil Vivianit).

3. Die Kristalle sind reiner Vivianit.

Der Vivianit ist auch hier aus dem Eisenspat entstanden, für die Phosphorsäure nimmt J. M. van Bemmelen die Entstehung aus Tierleichen an.

G. Reinders[1]) führt die Herkunft der Phosphorsäure zur Vivianitbildung in den Mooren von Gromingen und Drenthe auf Skelettreste von Hirschen und anderen Vertebraten zurück.

Umwandlung des Vivianites.

Auch der erdige Vivianit ist wenn frisch, nicht gefärbt, sondern er wird erst an der Luft durch Oxydation blau; das zeigen die Vivianitbildungen der Torfmoore, die unter Luftabschluß als weiße Flocken erscheinen und erst dann, wenn sie eine Zeitlang der Luft ausgesetzt sind, die Blaufärbung annehmen. Diese Oxydation des Ferrophosphates in Ferroferriphosphat geht sehr rasch vor sich; schon nach einer halbstündigen Einwirkung des Sauerstoffes der Luft ist diese Blaufärbung zu erkennen. Diese Oxydation kann unter Einfluß der Atmosphärilien bis zur Bildung von Beraunit führen.

A. Gärtner[2]) hat Vivianite aus Torfmooren, die verschiedene Zeit lang der oydierenden Wirkung der Luft ausgesetzt waren, analysiert:

	1.	2.	3.
MgO	—	0,11	0,09
CaO	3,69	2,59	2,40
FeO	39,76	25,70	19,55
Fe_2O_3	3,07	6,10	18,11
P_2O_5	25,82	17,70	12,02
Verlust	6,64	35,07	26,05
Organische Substanz	} 20,02	5,61	12,39
Sand und Ton		3,94	2,09
CO_2	—	—	7,30
	99,00[3])	96,82	100,00

1. An vollkommen frischem Material vom Teschendorfer Moor.
2. An einen Monat altem Vivianit vom gleichen Moor.
3. An ein Vierteljahr altem Vivianit vom gleichen Moor ausgeführt.

---

[1]) G. Reinders, Verh. Kon. Akad. Wentens. Amsterdam **9**, 1 (1902).
[2]) A. Gärtner, Arch. d. Ver. d. Freunde d. Nat. Gesch. Mecklenburg **51**, 97 (1898).
[3]) Im Original steht 100,00, es ist also in den Zahlen ein Fehler von 1% vorhanden.

Kohlensäure war in geringen Mengen auch in 1 und 2 vorhanden, aber nicht bestimmt worden.

Daß sich auch Vivianit unter Beibehaltung der äußeren Form in Beraunit umwandeln kann, zeigte G. Tschermak. Siehe bei Beraunit.

Durch Fortsetzen der wiederholten Behandlung von Vivianitkristallen mit H_2O_2, wie sie J. M. van Bemmelen[1]) zur Erzielung dunkelblauer Farbentöne am Vivianit angestellt hatte, konnte fast alles FeO in Fe_2O_3 umgewandelt werden; die Kristalle wurden dabei braun (siehe S. 405). Es war dadurch die Umwandlung des Vivianites in den Beraunit künstlich erhalten worden.

Der α-Kertschenit und β-Kertschenit S. P. Poppoffs von der Krim stellen, wie bereits erwähnt, solche Zwischenglieder von Oxydul- und Oxydphosphat vor. P. Popoff hat auch reine Oxydphosphate gefunden, die die Endglieder dieser Umwandlung darstellen. Er gibt folgende Analysen:

	4.	5.	6.
δ	2,65	—	—
MgO . . .	1,22	0,31	Spur
CaO . . .	0,79	0,80	12,43
MnO . . .	2,57	0,11	2,10
FeO	—	—	0,29
Fe_2O_3 . . .	41,82	43,67	37,81
CO_2	—	Spur	5,28
P_2O_5 . . .	28,04	25,36	30,09
H_2O	24,98	27,66	11,83
(Rückstand) .	—	1,84	—
	99,42	99,75	99,83

4. Kristallisiertes Phosphat, Pseudomorphosen nach (Para-) Vivianit bildend, von der Grube der neuen Quarantäne bei Kertsch in der Krim; anal. S. P. Popoff, Travaux. Mus. Géol. Pierre l. Gr. près. Acad. Imp. d. Sc. St. Petersbourg 4, 99 (1910). Ref. Z. Kryst. 52, 610 (1913).

5. Gelbes pulveriges Phosphat vom Janisch-Takilschen Abhange, Kertsch in der Krim; anal. wie oben.

6. Hellgrünes Phosphat von Kamysch Burun von der Halbinsel Kertsch; anal. wie oben.

Das durch Umwandlung (vollständige Oxydation) aus dem Vivianit entstandene Phosphat (Anal. 4) entspricht der Formel:

$$(Mg, Ca, Mn)O . 4 Fe_2O_3 . 2 P_2O_5 . 21 H_2O$$

und wird von S. P. Popoff als Oxykertschenit, also durch Oxydation aus dem Kertschenit entstanden, bezeichnet. Dieser Prozeß der Umwandlung des Oxydulphosphates geht nach ihm so vor sich, daß die Umwandlung nicht allmählich von der Peripherie zum Inneren des Kristalls fortschreitet, sondern es wird nur das Eisen in gewissen Verhältnissen zu dem Oxydulmineral oxydiert und die Substanz bleibt vollständig homogen; es entstehen dadurch Oxyduloxydphosphate von größerer Beständigkeit als das unbeständige Oxydulphosphat.

S. P. Popoff gibt auf Grund des von ihm studierten Oxydationsprozesses Strukturformeln, die sehr übersichtlich sind:

[1]) J. M. van Bemmelen, Z. anorg. Chem. 22, 329 (1900).

Vivianit

β-Kertschenit.

α-Kertschenit

Oxykertschenit

Der Paravivianit (siehe An. 10 auf S. 403) entspricht der Strukturformel des Vivianits, in der 8 RO durch FeO und 1 RO durch (Mg, Ca, Mn)O ersetzt sein würden; der Oxykertschenit würde dann strukturell dem Paravivianit analog gedeutet werden können, indem 8 FeO in 4 Fe$_2$O$_3$ übergehen, ein RO aber bleibt. Der Oxykertschenit steht dem Picit sehr nahe (siehe diesen im späteren).

Die Analyse 46 bezieht sich auf ein Phosphat, das wahrscheinlich aus Vivianit hervorgegangen ist, wofür aber nähere Daten fehlen.

Verwendung des Vivianites.

Nach einschlägiger Untersuchung konnten auch die erdigen Vivianitarten der Torfmoore nicht zu Düngungszwecken verwendet werden, da ihre Löslichkeit zu gering ist.

In neuester Zeit haben Untersuchungen von O. Vogel[1]) den Vivianit zur Herstellung einer Rostschutzmasse für Metalle geeignet erscheinen lassen. In Funden aus der Römerzeit kann man erkennen, daß der Vivianit Zersetzung zu verhindern vermag.

Ludlamit.

Kristallisiert monoklin prismatisch; $a:b:c = 2,2785:1:2,0351$; $\beta = 79^0 27'$ nach N. St. Maskelyne.[2])

Analyse.

	1.	2.
FeO	53,05	52,76
P_2O_5	29,88	30,11
H_2O	17,05	16,98
	99,98	99,85

1. Theoretische Zusammensetzung.
2. Ludlamit von der Wheal Jane Grube, Cornwall; anal. Flight bei F. Field und N. St. Maskelyne, Phil. Mag. **3**, (1877) und Z. Kryst. **1**, 68 (1877); Mittel aus mehreren Analysen.

Die **Formel**, der die Zahlen An. 1 entsprechen, ist die eines basischen Eisenoxydulphosphates:

$$Fe_7P_4O_{17} . 9H_2O$$

oder vielleicht:

$$Fe_7H_2P_4O_{18} . 8H_2O .$$

Eigenschaften. Der Ludlamit bildet ziemlich große, hellgrüne durchsichtige glänzende Kristalle. Die Dichte ist $\delta = 3,12$; die Härte liegt zwischen 3 und 4.

Optische Eigenschaften. Das Mineral ist optisch positiv; der Achsenwinkel $2V = 82^0 22'$; Dispersion der Achsen $\varrho > v$.

Der Ludlamit ist in verdünnten Säuren löslich. Auf Kohle hinterbleibt vor dem Lötrohre eine schwarze Masse, die Flamme wird schwach grün gefärbt.

Im Glasrohre erhitzt, dekrepitiert er, wird dunkelblau und gibt reichlich Wasser ab.

Vorkommen. Er kommt zusammen mit Quarz, Siderit, Vivianit, Pyrit, Arsenkies, Galenit, Zinkblende und Fluorit vor. Auch von Linz am Rhein ist er ohne nähere Angaben über sein Auftreten beschrieben worden.[3])

Nach Beobachtungen von F. Field und N. St. Maskelyne oxydiert er sich etwas an der Luft ähnlich dem Vivianit zu Eïsenoxyduloxydphosphat.

---

[1]) O. Vogel, St. u. Eisen **29**, 641.
[2]) N. St. Maskelyne, Z. Kryst. **1**, 382 (1877).
[3]) W. J. Lewis, Z. Kryst. **7**, 182 (1883).

Unbenanntes Ferrophosphat.

Dieses Phosphat steht seiner Zusammensetzung nach dem Ludlamit sehr nahe und unterscheidet sich nur dadurch, daß es ein Molekül Wasser weniger enthält als dieser.

Analysen.

		1.	2.
MgO	. . . .	Spuren	—
CaO	. . . .	Spuren	—
MnO	. . . .	Spuren	—
FeO	. . . .	53,21	50,54
(Al_2O_3)	. . . .	Spuren	—
P_2O_5	. . . .	32,03	31,38
H_2O	. . . .	14,60	13,79
(Unlösl. in H.Cl)		Spuren	3,67
		99,84	99,38

1. Eisenoxydulphosphat von der Ashio-Kupfer-Grube in Japan; anal. F. Naoi bei Th. Wada, Beiträge z. Mineral. Japans **4**, 193 (Tokio 1912), bearbeitet von N. Fukuchi.
2. Dasselbe Phosphat vom gleichen Fundorte; anal. U. Osumi bei Th. Wada, wie oben.

Formel. Dieses Phosphat entspricht der Formel:

$$Fe_7(OH)_2(PO_4)_4 . 7H_2O \quad \text{(Ludlamit besitzt } 8H_2O).$$

Eigenschaften. Das Mineral bildet licht olivengrün bis grün gefärbte durchsichtige bis durchscheinende Kristalle.

Es hat die Härte $3\frac{1}{2}$.

Das Mineral ist in verdünnter Salpetersäure löslich.

Vorkommen. Dieses Phosphat kommt mit Vivianit zusammen auf Kupfererzen vor. Es bildet auch zuweilen Pseudomorphosen nach Vivianit.

Vielleicht handelt es sich um einen etwas entwässerten Ludlamit.

Mangan-Eisenoxydulphosphate.

Hier unterscheidet man wasserfreie und wasserhaltige Phosphate. Diejenigen Mangan–Eisenoxydulphosphate, von denen die Autoren angeben, daß sie hydroxylhaltig sind, sei es auch als Fluorvertreter, sind trotzdem bei den wasserhaltigen eingereiht, da das Vorhandensein eines Hydroxylradikales in vielen Fällen zwar sehr wahrscheinlich, aber doch noch nicht ganz bewiesen ist, ebenso die bekannte S. L. Penfieldsche Theorie vom Ersatz des Fluorradikals durch Hydroxyl trotz ihrer allgemeinen Anwendung eben doch nur eine Hypothese ist, deren allgemeine Gültigkeit noch nicht feststeht.

In der Reihe dieser Phosphate gibt es zwei isomorphe Reihen, von denen die eine recht nahe kristallographische Beziehungen erkennen läßt. Es sind dies:

	$a \; : b : \; c$
Natrophilit [1]) $(Na(Mn, Fe)PO_4)$ . . .	0,472 : 1 : 0,555 ca.[2])
Lithiophilit $Li(Mn\,Fe)PO_4$	0,445 : 1 : 0,555 ca.
Triphylin $Li(Mn\,Fe)PO_4$	0,4348 : 1 : 0,5266

---

[1]) Der bereits bei den Manganphosphaten S. 396 behandelt ist.
[2]) Nach P. Groth, Tab. Übersicht 1898, S. 84.

Dazu reiht man häufig noch den

Beryllonit (s. S. 314) NaBePO$_4$ . . 0,5724:1 : 0,5490

Alle vier Phosphate sind rhombisch-bipyramidal; es weicht der auch chemisch am meisten verschiedene Beryllonit am meisten in kristallographischer Hinsicht ab.

Die andere isomorphe Gruppe ist die monoklin prismatische Gruppe Triplit–Triploidit, woran sich der Wagnerit und die Arseniate Adelit und Tilasit anschließen; da hier mehrere Glieder kristallographisch wenig genau bekannt sind, sei auf eine Zusammenstellung (P. Groth, l. c. S. 90) verzichtet. Die chemisch ziemlich entfernten Phosphate Triploidit und Wagnerit stimmen im Winkel β fast völlig überein:

$$\beta$$
Wagnerit . . . . 108° 7'
Triploidit . . . . 108° 14'

Zwei Mineralien, Fillowit[1]) und Dickinsonit, stehen im Verhältnis der Dimorphie.

Die Anordnung innerhalb der Gruppen erfolgte hier nach steigendem FeO-Gehalt.

Wasserfreie Mangan-Eisenoxydulphosphate.

Triplit.

(Mangan-Eisenoxydulphosphat.)

Synonyma. Zwieselit, Eisenpecherz, Eisenapatit.
Monoklin.

Analysen.

Ältere Analysen.

	1.	2.	3.	4.	5.
δ	—	3,617	3,77	—	—
(Na$_2$O)	—	0,41	—	—	—
MgO	—	—	3,05	—	—
CaO	1,73	1,51	2,20	—	—
MnO . . .	32,40	30,83	30,00	20,34	23,25
FeO	31,95	31,72	23,38	41,56	41,42
Fe$_2$O$_3$ . . .	—	1,55	3,50	—	—
P$_2$O$_5$ . . .	32,61	32,76	33,85	35,60	30,33
F	Spur	—	8,10	3,18	6,00
H$_2$O	—	1,28	—	—	—
	98,69	100,06	104,08	100,68	101,00

1. Triplit von Limoges; anal. R. Berzelius, Schweiggers Journ. **27**, 70, zitiert nach C. F. Rammelsberg, Mineralchemie 1875, S. 306.
2. Triplit von Mittel-Peilau bei Reichenbach; anal. C. Bergemann, Journ. prakt. Chem. **79**, 414, zitiert wie oben.

----

[1]) Bereits S. 400 eingereiht.

3. Triplit von Schlackenwald; anal. F. Kobell, Journ. prakt. Chem. 92, 385, zitiert wie oben.

4. Triplit (Zwieselit) von Zwiesel bei Bodenmais; anal. C. W. C. Fuchs,. Journ. prakt. Chem. 18, 499, zitiert wie oben.

5. Derselbe Fundort; anal. C. F. Rammelsberg, Mineralchemie 1875, S. 306.

Neuere Analysen.

	6.	7.	8.	9.	10.	11.
δ	—	—	—	—	3,901	—
(Na_2O)	—	—	—	0,52	—	—
(K_2O)	—	—	—	0,72	—	—
MgO	Spur	Spur	—	Spur	4,58	4,74
CaO	4,46	5,92	1,80	1,42	0,49	0,56
MnO	37,84	37,74	54,14	31,05	29,17	29,85
FeO	18,30	15,88	7,69	31,03	26,10	24,31
(Al_2O_3)	—	—	—	—	—	Spuren
Fe_2O_3	—	2,22	—	—	2,80	4,26
(CO_2)	—	—	—	—	Spur	0,59
(SiO_2)	0,13	1,17	—	—	0,84	0,35
P_2O_5	35,65	31,13	32,17	31,29	31,67	30,89
F	4,94	7,78	7,53	8,17	1,11	Spuren
H_2O	—	—	0,36	—	4,16	4,20
	101,32	101,84	103,69	104,20	100,92	99,75

— O für F 0,47

100,45

6. Hell gefarbter Triplit von der Sierra von Cordoba in Argentinien; anal. M. Siewert bei A. Stelzner, Tsch. min. Mitt. Beil. J. k. k. geol. R.A. 23, 227 (1873).

7. Dunkel gefärbte Varietät vom gleichen Fundorte; anal. wic oben.

8. Triplit von Brancheville, Fairfield Co., Connecticut; Privatmitteil. S.L. Penfields an E. S. Dana. Dana System. of Min. 1892, S. 778.

9. Dunkelbrauner dichter Triplit aus Pegmatit vom Dorf Wien bei Groß-Messeritsch in Mähren; anal. C. v. John, Verh. k. k. geol. R.A. 1900, S. 336.

10. Das gleiche Triplitvorkommen; anal. F. Kovář, Verh. k. k. geol. R.A. 1900, 399.

11. Dasselbe Material; anal. F. Herles, wie oben.

	12.	13.	14.	15.
δ	—	—	—	3,905
(Na_2O)	} 0,19	0,19	0,98	0,31
(K_2O)			0,33	—
MgO	0,40	0,41	1,33	4,46
CaO	1,27	1,29	0,80	2,10
MnO	17,92	18,22	32,60	35,23
FeO	33,37	33,92	20,48	18,43
(Al_2O_3)	—	—	2,16	0,37
Fe_2O_3	7,78	7,91	3,40	2,38
(SiO_2)	—	—	0,11	0,18
P_2O_5	32,44	32,98	32,33	32,05
F	0,88	0,90	6,96	8,72
H_2O	4,48	4,55	1,25	0,10
(Rückstand)	2,37	—	—	—
	101,10	100,37	102,73	104,33
— O für F	0,37	0,37	2,93	3,67
	100,73	100,00	99,80	100,66

12. Möglichst frischer Triplit von Cyrillhoff beim Dorf Wien, in der Nähe von Groß-Messeritsch in Mähren; anal. F. Kovář, wie oben.

13. Dieselbe Analyse nach Abzug des unlöslichen Rückstandes auf 100,00% umgerechnet.

14. Dichter Triplit aus dem Pegmatit vom Kirchspiel Godegård in Östergötland; anal. N. Sahlbohm bei A. Hamberg, Geol. För. Förh. **26**, 67 (1904). Ref. Z. Kryst. **43**, 93 (1907).

15. Dunkelbrauner Triplit vom See Lilla Elgsjön, Kirchspiel Krokek, Linköping, im Pegmatit; anal. I. Nordenskjöld, Geol. För. Förh. **24**, 412 (1902). Ref. Z. Kryst. **39**, 390 (1903).

Zum Schlusse sei eine Triplitanalyse angeführt, die sich auf einen fast eisenfreien Triplit bezieht, den man auch zu den reinen Manganphosphaten stellen könnte.

	16.
δ	3,79
MgO	1,21
CaO	2,86
MnO	57,63
FeO	1,68
P_2O_5	31,84
F	7,77
	102,99
$O = F$	3,27
	99,72

16. Triplit vom Reagen District, Nevada; anal. W. F. Hunt bei F. L. Hess u. W. F. Hunt, Am. Journ. [4], **36**. 52 (1913).

Konstitution. C. F. Rammelsberg rechnete aus den bei ihm wiedergegebenen Analysen (Anal. 1—5) die **Formel:**

$$R_3P_2O_8 . RF_2.$$

In Analyse 1—3 ist Fe(Ca):Mn(Mg) = 1:1; Ca:Fe = 1:5; Mg:Mn = 1:11. In Analyse 4 und 5 ist Fe:Mn = 2:1.

Die Analyse 16 stimmt sehr gut mit dem Verhältnis $RO : P_2O_5 : F = 3:1:1$ und mit der Rammelsbergschen Formel die man für diesen Fall $Mn_3P_2O_8 . MnF_2$ schreiben kann, überein.

Nach den neueren Analysen scheint es zweifelhaft, ob der Vorwurf, den M. Sievert, C. Bergemann und J. J. Berzelius macht, sie hätten den Fluorgehalt übersehen, voll berechtigt ist.

Wie die Analysen zeigen, gibt es fluorfreie und fluorhaltige Triplite; da aber fast alle fluorfreien Triplite H_2O enthalten, dürfte es wohl sehr wahrscheinlich sein, daß hier eine Vertretung der F-Radikale durch OH-Radikale vorliegt, wie sie G. J. Brush, E. S. Dana und L. Penfield (siehe bei Triploidit) annehmen. Die Zusammensetzung wird daher besser durch die Formel ausgedrückt:

$$R(F, OH) . RPO_4.$$

Für die Analysen 10 und 11 ergibt sich $(Mn, Fe, Mg)_2PO_4(F.OH)$. Das Verhältnis Mn:Fe ist ein durchans wechselndes, und man kann Mangan und Eisentriplite unterscheiden.

Der Triplit ist sehr leicht Umwandlungen unterworfen, und S. 419 sind einige solcher Produkte angeführt. Die Umwandlung besteht häufig in der Oxydation des FeO und wohl auch des MnO (in den meisten Analysen ist wohl nicht auf eine eventuelle höhere Oxydationsstufe des MnO geprüft worden). Durch eine solche fortgeschrittene Oxydation ist z. B. Analyse 12 ausgezeichnet. Die Analytiker geben sie als an möglichst frischem Material ausgeführt an, demnach ist ein großer Teil des FeO oxydiert. Zugleich ist alles F, das C. v. John im gleichen Vorkommen nachgewiesen hat, verschwunden und dafür (OH) eingetreten.

Eigenschaften. Der Triplit kommt nur sehr undeutlich kristallisiert vor, gewöhnlicher sind derbe Massen verschiedener, meist bräunlicher, lichterer und dunklerer Farbe; auch gelbliche Farbentöne sind vertreten. Die Dichte $\delta = 3{,}894 — 3{,}904$ nach F. Kovář und F. Slavík.[1]) Die Härte liegt zwischen 4 und 5, ist aber häufig etwas größer. Der Triplit ist optisch positiv;

$$N_m > 1{,}545$$
$$2V = 63^{0}.^{2})$$

F. L. Hess und W. F. Hunt[3]) haben die Brechungsquotienten am eisenarmen Triplit von Nevada bestimmt (Anal. 16):

$$N_\alpha = 1{,}650, \quad N_\beta = 1{,}660, \quad N_\gamma = 1{,}672.$$

Vor dem Lötrohre schmilzt Triplit leicht und gibt Phosphorsäurereaktion. In der Perle Mangan und Eisen nachweisbar.

In Säuren löst sich das Mineral leicht.

Nach E. Paternó und U. Alvisi[4]) wird Triplit von konzentrierter wäßriger Oxalsäure angegriffen.

Vorkommen. Der Triplit ist ein Mineral der Pegmatite und hat die charakteristische Genesis der Pegmatitmineralien; Quarz, Glimmer, Mikroklin, Beryll, Apatit, auch Flußspat und Columbit.

Umwandlungen. Die Umwandlung des Triplits haben F. Kovář und F. Slavík[5]) näher untersucht und die Ansicht ausgesprochen, daß zuerst eine Umwandlung des Triplites in der Richtung auf Triploidit eintritt und Ersatz des Fluors durch Hydroxyl; allerdings geht gleichzeitig eine Oxydation von Manganund Eisenoxydulphosphat vor sich; zu einer völligen Triploiditbildung kommt es also nicht (Triploidit enthält keine Sesquioxyde s. S. 430). Im weiteren Verlaufe zerfällt die Triplitsubstanz (bzw. Triploiditsubstanz) in ein Gemenge von Oxydul-Oxydphosphaten und freien Hydroxyden, welche Gemenge die verschiedenste Zusammensetzung haben können. So stellt von den mährischen (Wien) Phosphaten, der von C. v. John analysierte Triplit Anal. 9 das reine unzersetzte Mineral dar. Der von F. Kovář analysierte Triplit Anal. 11 zeigt deutlich diesen Beginn der Umwandlung und ein sehr fortgeschrittenes Stadium dieser Umwandlung desselben Vorkommens zeigt die folgende Analyse:

---

[1]) F. Kovář und F. Slavík, Verh. k. k. geol. R.A. 1900, S. 399.
[2]) Nach A. Hamberg, l. c.
[3]) F. L. Hess u. W. F. Hunt, Am. Journ. **36**, 54 (1913).
[4]) E. Paternó und U. Alvisi, R. Acc. d. Linc. **7** (I. Serie), 327 und (II. Serie) 15 (1898). Ref. Z. Kryst. **32**, 506 (1900).
[5]) F. Kovář und F. Slavík, l. c.

	17.	18.
(Na_2O) . . . }	0,63	0,72
(K_2O) . . .		
MgO . . .	0,56	0,63
CaO . . .	1,68	1,92
MnO . . .	—	—
FeO . . .	—	—
(Al_2O_3) . .	0,35	0,40
Mn_2O_3 . .	16,24	18,50
Fe_2O_3 . .	37,08	42,24
P_2O_5 . .	17,56	20,00
H_2O . . .	13,68	15,59
F	—	—
(Unlöslich) . .	13,35	
	101,13	100,00

17. Stark umgewandelte Triplitpartien vom Dorf Wien bei Groß-Messeritsch in Mähren; anal. F. Kovář bei F. Kovář und F. Slavík, l. c.

18. Dieselbe Analyse nach Abzug des Unlöslichen auf 100,00 % umgerechnet.

Hier ist alles Mangan- und Eisenoxydul zu Sesquioxyd oxydiert worden. C. v. John [1] beschrieb eine Reihe Phosphate vom gleichen Fundorte; es handelt sich hier wahrscheinlich um ähnliche Zersetzungserscheinungen am Triplit.

	19.	20.
CaO . . .	2,68	2,82
MnO . . .	28,66	26,83
FeO . . .	0,36	3,09
Fe_2O_3 . . .	26,66	27,91
(SiO_2) . .	0,62	—
P_2O_5 . . .	32,50	31,60
H_2O . . .	9,12	9,16
	100,60	101,41

19. Fast schwarzes Phosphat vom gleichen Vorkommen wie Analyse 17; anal. C. v. John, l. c.

20. Dunkelbraunes Phosphat vom nämlichen Fundorte; anal. wie oben.

Wahrscheinlich ist bei Ausführung dieser Analysen nicht untersucht worden, ob es sich um MnO oder Mn_2O_3 handelt. Es ist naheliegend, daß in Anal. 19 gleich allem Eisenoxydul auch alles oder ein Teil Manganoxydul in das Sesquioxyd übergegangen ist.

Bei diesen Zersetzungsprozessen nehmen die Phosphate immer entsprechend dunklere Färbungen an, wie F. Kovář und F. Slavík angeben. Auch die Zersetzungsprodukte Anal. 19 und 20 sind dunkel gefärbt.

Triplitähnliche Mineralien.

Es sind einige Mineralien beschrieben worden, die deutliche Beziehungen zum Triplit erkennen lassen.

---

[1] C. v. John, Verh. k. k. geol. R.A. 1900, S. 336.

1.

Li$_2$O	0,13
Na$_2$O	5,25
K$_2$O	Spuren
MgO	Spuren
CaO	6,72
MnO	29,13
FeO	1,97
Al$_2$O$_3$	8,74
Fe$_2$O$_3$	2,36
(CO$_2$)	0,26
(SiO$_2$)	0,43
P$_2$O$_5$	39,68
Cl	0,25
F	2,35
H$_2$O	3,67
	100,94
O = F	− 1,05
	99,89

1. Braunes, durchscheinendes, triplitähnliches Mineral von einer Zinngrube bei Rapid City, Süd-Dakota; anal. L. G. Eakins, Bull. geol. Surv. U.S. **60**, 135 (1890). Ref. Z. Kryst. **20**, 494 (1892).

Ob es sich hier nur um ein unreines Material handelt, oder ob hier ein Triplit vorliegt, bei dem ein Teil des FeO durch CaO ersetzt ist und der Tonerde und Natron enthält, läßt sich nicht entscheiden.

Der Griphit (S. 401), der aus der nämlichen Gegend stammt, ist ähnlich zusammengesetzt, es spricht aber der Umstand, daß das Triplitmineral Fluor und Eisenoxyd, der Griphit kein Fluor und kein Eisenoxyd enthält, gegen eine einfache Identifizierung der beiden analysierten Produkte; jedenfalls läßt sich das von L. G. Eakins analysierte Vorkommen leichter als zum Triplit gehörig erklären, als der Griphit. Eine Formel läßt sich aus obiger Analyse nicht berechnen.

Ebenso führt zu keiner einfachen Formel ein anderes dem Triplit nahestehendes Mineral, das O. H. Drake analysiert hat:

2.

Na$_2$O	6,16
K$_2$O	1,57
MgO	0,36
CaO	2,53
MnO	11,47
FeO	33,39
Al$_2$O$_3$	1,38
Fe$_2$O$_3$	0,79
P$_2$O$_5$	40,54
F	3,70
	101,89
O = F	− 1,59
	100,30

2. Phosphat von Stoneham; anal. O. H. Drake, Privatmitteilung an E. S. Dana, zitiert nach E. S. Dana, Mineral. 1892 S. 778.

Kristalle sind nicht bekannt, der Charakter der Doppelbrechung ist positiv. In bezug auf den Alkaligehalt besteht eine gewisse Ähnlichkeit mit dem Minerale der Analyse 1 (S. 419) und mit Griphit (S. 401). Nähere Angaben über dieses Phosphat sind mir nicht bekannt.

Zwei Mineralvorkommen unterscheiden sich etwas mehr vom Triplit und scheinen selbständigen Charakter zu besitzen. Es sind dies der bereits angeführte Griphit (s. S. 401) und der Talktriplit, deren Zusammensetzung aber auch noch nicht endgültig festgestellt erscheint.

Talktriplit.

Kristallform unbekannt.
Analyse.

MgO	17,42
CaO	14,91
MnO	14,86
FeO	16,12
P_2O_5	32,82
F	nicht bestimmt
	(96,13)

Talktriplit von Horrsjöberg im Wärmland (Schweden); anal. L. J. Igelström, Öfv. Vet. Ak. Förh. 1882, 83. Ref. Z. Kryst. **8**, 656 (1889).

Das Fluor wurde nur qualitativ nachgewiesen. Die sehr unsichere Formel gibt L. J. Igelström mit

$$R_2FPO_4$$

an.

Vielleicht handelt es sich hier um einen Triplit, bei dem ein Teil der Oxydule von Fe und Mn durch CaO und MgO ersetzt ist. Das Mineral bedarf einer näheren Untersuchung.

Eigenschaften. Der Talktriplit kommt in kleinen durchscheinenden, gelben und gelblichroten Körnern vor; die Härte ist ca. 5; vor dem Lötrohre schmilzt er zu einer schwarzen, metallglänzenden Kugel. In Säuren ist er leicht löslich.

Vorkommen. Das Mineral kommt dicht vermengt zusammen mit Quarz, Disthen, Rutil und namentlich Lazulith vor.

Lithiophilit (Lithium-Mangan-Eisenoxydulphosphat).

Isomorph mit Triphylin.
Analysen.

	1.	2.	3.	4.	5.	6.
δ	—	3,424	3,432	3,482	3,398	3,504
Li_2O	9,56	8,72	8,55	9,26	8,50	8,59
Na_2O	—	0,13	0,16	0,29	0,14	0,21
CaO	—	—	—	—	0,78	0,05
MnO	45,22	40,80	40,91	32,02	35,98	28,58
FeO	—	3,99	4,04	13,01	8,60	16,36
P_2O_5	45,22	44,83	44,51	45,22	44,40	44,93
H_2O	—	0,77	0,87	0,17	1,19	0,54
(Gangart)	—	0,63	0,66	0,29	0,12	0,13
	100,00	99,87	99,70	100,26	99,71	99,39

1. Theoretische Zusammensetzung nach der einfachen Formel $LiMnPO_4$.

2. u. 3. Lithiophilit lachsfarbig bis gelbbraun von Brancheville, Fairfield Co., Connecticut; anal. H. L. Wells bei J. B. Brush u. E. S. Dana, Z. Kryst. **2**, 546 (1878).

4. Hell nelkenbrauner Lithiophilit vom selben Fundorte; anal. S. L. Penfield, Am. Journ. **17**, 226 (1879) u. Z. Kryst. **3**, 594 (1879), sowie Z. Kryst. **4**, 71 (1880).

5. Fleischroter Lithiophilit von Tubbs Farms, Norway in Maine; anal. S. L. Penfield, Am. Journ. **26**, 176. Ref. Z. Kryst. **10**, 310 (1885).

6. Blaßbläulicher, durchsichtiger Lithiophilit von Brancheville, Connecticut; anal. wie Analyse 5.

Zwischen Lithiophilit und Triphylin besteht eine isomorphe Reihe vom (fast) reinen Manganphosphat zum (fast) reinen Eisenphosphat. Siehe darüber das nähere bei Triphylin S. 424.

Aus Analyse 2 und 3 wurde die Formel berechnet:

$$LiMnPO_4 \quad oder \quad Li_3PO_4 . Mn_3P_2O_8.$$

Darin ist das Verhältnis:

$$P_2O_5 : RO : R_2O = 1 : 2 : 1.$$

Die anderen Analysen zeigen aber, daß dies nur die Formel eines Endgliedes ist und die **allgemeine Formel** analog dem Triphylin

$$\overset{I}{R_3}PO_4 . \overset{II}{R_3}P_2O_8$$

geschrieben werden müsse. So entspricht dem Lithiophilit der Analyse 4, worin

$$P : Fe + Mn : Li + Na = 0,636 : 0,631 : 0,628,$$

also fast $1 : 1 : 1$ ist, die Formel:

$$\overset{I\;II}{R}RPO_4 \quad oder \quad \overset{I}{R_3}PO_4 . \overset{II}{R_3}P_2O_8.$$

Eigenschaften. Der Lithiophilit kommt nur in undeutlichen Kristallen, meist aber in unregelmäßigen runden Massen von verschiedenster Färbung vor; gewöhnlich ist er hell lachsfarben, zuweilen honiggelb, selten umbrabraun, häufiger nelkenbraun, sehr selten bläulich. Die dunkleren Färbungen beruhen wahrscheinlich auf teilweiser Zersetzung. Die Dichte ist bei den Analysen angegeben; die Härte ist über $4—4^{1}/_{2}$.

Die Brechungsquotienten haben S. L. Penfield und J. H. Pratt[1]) bestimmt und den Einfluß der wechselseitigen Ersetzung von Mangan und Eisen klargelegt; es sei auf die Angaben bei Triphylin S. 424 verwiesen.

Der Charakter der Doppelbrechung ist, wie schon G. J. Brush und E. S. Dana (l. c.) festgestellt haben, positiv. Der Achsenwinkel ist nach E. Sommerfeldt[2]) $2V = 56^0\,4'$. E Sommerfeldt untersuchte auch die Veränderung des Achsenwinkels mit Temperaturänderung und fand, daß die Veränderung von -15 bis 19^0 für Na-Licht größer als $17^0\,34'$ sei.

Im geschlossenen Rohre erhitzt, kann man Spuren von Feuchtigkeit erkennen. Lithiophilit schmilzt leicht in der Flamme und färbt die Flamme intensiv rot (Lithium), gibt Manganperle. In Säuren ist das Mineral löslich.

Vorkommen und Genesis. Der Lithiophilit wurde mit einer Reihe anderer, unten aufgezählter Manganphosphate (Mn, Fe-Phosphate) zu Brancheville in

---

[1]) S. L. Penfield u. J. H. Pratt, Z. Kryst. **26**, 130 (1896).
[2]) E. Sommerfeldt, N. JB. Min. etc. 1899, I, 152.

Fairfield Co. gefunden. Das Gestein, in dem diese Lagerstätte auftritt, ist ein albitreicher Granit, der Nester von Albit enthält; in diesen Nestern treten die Phosphate und die sie begleitenden Mineralien auf. Diese Phosphate sind: Lithiophilit, Triploidit, Hureaulit, Natrophilit, Dickinsonit, Reddingit, Fairfieldit und das Alumophosphat Eosphorit; daneben kommt Rhodochrosit, Quarz und selten Apatit vor; zusammen mit dem Rhodochrosit kommen auch Pyritkristalle vor. Von diesen Phosphaten ist nach G. J. Brush und E. S. Dana der Lithiophilit das Stammineral und ist zweifellos ein ursprüngliches Gangmineral und als solches innig mit Albit, Quarz und Spodumen vergesellschaftet. Er tritt auch in der tiefsten aufgeschlossenen Partie des Ganges auf. Mit ihm und in ihm eingewachsen findet man auch den Triploidit, der ebenfalls ein ursprüngliches Mineral zu sein scheint, s. S. 431.

In welcher Beziehung der Rhodochrosit zu den Phosphaten steht, darüber konnten keine Beobachtungen gemacht werden; es würde nahe liegen, daß aus dem Carbonat ebenfalls einige der beschriebenen Phosphate entstehen könnten. Soviel man aus den Angaben entnehmen kann, scheint dies jedoch nicht der Fall zu sein. Alle diese Phosphate sind von nicht näher definierten und wohl auch nicht näher definierbaren Oxydationsprodukten begleitet und liegen oft in ihnen förmlich eingebettet.

Umwandlung des Lithiophilits. Es sind Analysen von Umwandlungsprodukten des Lithiophilits ausgeführt worden, bei denen mehr oder weniger von den Oxydulen des Mangans und Eisens in das Oxyd übergegangen ist:

	1.	2.
δ	3,395	3,265
Li_2O	5,66	4,83
Na_2O	0,49	—
K_2O	—	0,26
CaO	0,18	0,72
MnO	11,66	18,80
FeO	—	—
(Al_2O_3)	0,10	—
Mn_2O_3	25,27	14,71
Fe_2O_3	12,56	15,89
P_2O_5	40,66	40,38
H_2O	3,07	3,37
(Unlöslich)	—	0,90
	99,65	99,86

1. Umgewandelter Lithiophilit von Brancheville, Fairfield Co., Connecticut; anal. F. P. Dewey, Am. Journ. 17, 367 (1879).
2. Vom gleichen Fundorte; anal. H. L. Wells bei G. J. Brush u. E. S. Dana, Z. Kryst. 2, 546 (1878).

Triphylin (Lithium-[Natrium-]Mangan-Eisenoxydulphosphat).

Synonyma. Triphylit.

Rhombisch bipyramidal. $a:b:c = 0,4348:1:0,5265$ nach G. Tschermak.[1]

---

[1] G. Tschermak, Sitzber. Wiener Ak. 47, 282 (1863).

Analysen.

1. *Ältere Analysen.*

	1.	2.	3.	4.	5.
δ . . .	—	—	3,56	—	—
Li_2O . . .	6,84	7,28	7,69	6,25	5,47
Na_2O . . .	2,51	1,45	0,74	3,77	0,87
K_2O . . .	0,35	0,58	0,04	0,45	0,07
MgO . . .	1,97	—	2,39	—	—
CaO . . .	0,58	—	0,76	1,70	0,48
MnO . . .	9,05	9,80	5,63	5,87	11,40
FeO . . .	36,54	39,97	38,21	39,20	38,59
(SiO_2) . . .	—	—	0,40	—	—
P_2O_5 . . .	40,32	40,72	44,19	42,63	41,09
	98,16	99,80	100,05	99,87	97,97

1. Triphylin von Bodenmais in Bayern; anal. G. Th. Gerlach, Z. f. d. ges. Nat. **9**, 149; zitiert nach C. F. Rammelsberg, Mineralchemie 1875, 307.

2. Triphylin vom gleichen Fundorte; anal. C. F. Rammelsberg, Pogg. Ann. **85**, 439 (1852); zitiert wie oben. Mittel aus 4 Analysen.

3. Triphylin vom gleichen Fundorte; anal. F. Oesten, Pogg. Ann. **107**, 436 (1859); zitiert wie oben.

4. Triphylin vom gleichen Vorkommen; anal. M. Reuter bei C. F. Rammelsberg, Mineralchemie 1875, 307.

5. Triphylin vom nämlichen Orte; anal. J. C. Wittstein, Vierteljahrsschr. pr. Pharm. **1**, 506; zitiert wie Analyse 3.

2. *Neuere Analysen.*

	6.	7.	8.	9.	10.	11.
δ	3,482	3,549	3,534	—	3,58	—
Li_2O	8,79	8,15	9,36	7,91	9,2	9,5
Na_2O	0,13	0,26	0,35	0,40	—	—
K_2O	0,32	—	—	—	—	—
MgO	0,58	0,83	0,47	1,03	1,3	—
CaO	0,94	0,10	0,24	—	0,2	—
MnO	18,21	8,96	17,84	14,40	9,9	—
FeO	26,23	36,21	26,40	31,90	33,4	45,5
P_2O_5	44,03	43,18	44,76	43,00	42,3	45,0
H_2O	1,47	0,87	0,42	0,40	1,7	—
(Rückstand) . .	—	0,83	—	—	—	—
	100,70	99,39	99,84	99,04	98,0	100,0

6. Triphylin, hellblau, aus einem glimmerreichen Granitgang bei Grafton, New Hampshire; anal. S. L. Penfield, Am. Journ. [3] **17**, 226 (1879). Das Verhältnis $P : R = 1 : 1,52$ und $\overset{I}{R} : \overset{II}{R} = 1 : 1,09$. Daraus rechnet sich $10\overset{I}{R_3}PO_4 . 11\overset{II}{R_3}P_2O_8$.

7. Triphylin, hellblau sehr rein, von Bodenmais in Bayern; anal. S. L. Penfield, wie oben.

8. Graugrüner Triphylin von Norwich Mass.; anal. wie oben.

9. Triphylin von Vilate; anal. F. Pisani bei A. Lacroix, Min. de France IV, 2, 362 (1910).

10. Triphylin mit Graftonit (siehe S. 427) verwachsen von Grafton, New Hampshire; anal. S. L. Penfield, Z. Kryst. **32**, 436 (1900).

11. Die nach der extremen Formel $LiFePO_4$ berechneten Werte.

Der Triphylin ist isomorph mit Lithiophilit und es existiert, wie aus vorstehenden Analysen und denen S. 420 aufgezählten ersichtlich ist, eine deutliche Reihe, die von der Komponente $LiFePO_4$ zur Komponente $LiMnPO_4$ leitet. Das Li ist öfter durch Na vertreten und zwar in größerer Menge, als dies beim Lithiophilit der Fall ist.

S. L. Penfield[1]) hat aus einigen Analysen die Atomverhältnisse berechnet.

	$P : \overset{II}{R} : \overset{I}{R}$ und	$P : \overset{II}{R} + \overset{I}{R_2}$
Analyse 7 Seite 423	1 : 1,07 : 0,91	1 : 1,52
„ 8 „ 423	1 : 1,00 : 1,00	1 : 1,50
„ 6 „ 423	1 : 1,05 : 0,97	1 : 1,53
„ 4 „ 420	1 : 0,99 : 0,98	1 : 1,48
„ 2 u. 3 Seite 420 . .	1 : 1,00 : 0,93	1 : 1,47

Die ersten drei Analysen beziehen sich auf Triphylin, die beiden anderen auf Lithiophilit.

Es bestehen somit bei den Phosphaten des Eisens und des Mangans ganz ähnliche isomorphe Beziehungen und dieselbe Mischbarkeit, wie bei den entsprechenden Carbonaten, vgl. Bd. I, S. 416.

Die **Formel** des Triphylins muß daher geschrieben werden.

$$\overset{I}{R_3}PO_4 + \overset{II}{R_3}P_2O_8 \quad \text{oder} \quad (Mn, Fe)LiPO_4.$$

Über die Beziehungen zu Natrophilit, Lithiophilit und Beryllonit siehe auch S. 397, 419 u. 413. Die reinen Komponenten sind bisher nicht angetroffen worden.

Eigenschaften. Kristalle sind ziemlich selten, das Mineral tritt gewöhnlich in kristallinen Massen auf. Triphylin ist bläulich oder grünlich gefärbt, durchsichtig bis durchscheinend. Die Härte des Minerals liegt zwischen 4 und 5; die nach der Zusammensetzung variable Dichte ist bei den einzelnen Analysen angegeben.

Farbe	Mineral	Fundort	FeO	N_α	N_β	N_γ	$2V$ Na-Licht über b
				für Na-Licht			
Lachsfarbiger	Lithiophilit	von Brancheville	4,24 %	—	1,675	—	65° 13′
Licht nelkenbrauner	Lithiophilit	von Brancheville	9,42	1,676	1,679	1,687	62° 54′
Licht nelkenbraun mit bläulichem Stich	Lithiophilit	von Brancheville	13,63	—	1,682	—	56° 4′
Hellblauer	Triphylin	von Grafton	26,58	1,688	1,688	1,692	fast 0°
Lichtgrau bis gelblicher	Triphylin	Rabenstein in Bayern	35,05	—	1,701	—	ca. 120°

[1]) S. L. Penfield, Am. Journ. [3] **17**, 226 (1879).

Optische Eigenschaften. S. L. Penfield und J. H. Pratt[1]) haben für das System Lithiummanganophosphat und Lithiumferrophosphat die Brechungsexponenten bestimmt. In vorstehender Tabelle sind diese Verhältnisse wiedergegeben.

Der FeO-Gehalt wurde an den einzelnen optisch untersuchten Vorkommen durch Titrieren mit Permanganat bestimmt. Mit der Abnahme des FeO ist auch eine Abnahme der Werte der Brechungsquotienten verbunden, die bei der großen Annäherung der beiden Elemente in bezug auf das Atomgewicht interessant ist. Bei einem bestimmten Prozentverhältnis wird die Mischung einachsig, die Mischungen, die geringere Mengen FeO haben, sind optisch positiv; der eisenreichere Triphylin von Rabenstein ist negativ.

Triphylin schmilzt leicht zu einer magnetischen Kugel. In Säuren ist das Mineral leicht löslich.

Vorkommen. Das Mineral findet sich in Pegmatiten und pegmatitischen Graniten. Es kommt häufig zusammen mit Beryll, Turmalin, Granat, Glimmern und anderen postvulkanischen Mineralbildungen vor.

Ein Umwandlungsprodukt des Triphylins stellt der

Pseudotriplit

dar, der chemisch zum Triphylin gehört, und den man, als selbständiges Mineral aufgefaßt, auch zu den Mangan-Eisenoxydphosphaten (Heterosit und Purpurit) stellen kann. Auf Grund seiner Genesis sei er aber hier angereiht.

Analysen.

	12.	13.
Mn_2O_3	8,94	8,06
Fe_2O_3	48,17	51,00
(SiO_2)	1,40	—
P_2O_5	35,70	35,71
H_2O	5,30	4,52
	99,51	99,29

12. Pseudotriplit von Bodenmais in Bayern; anal. C. W. C. Fuchs nach C. F. Rammelsberg, Mineralchem. 1875, 317.
13. Pseudotriplit vom gleichen Fundorte; anal. Delffs bei J. R. Blum, Oryktogn. 2. Aufl. 537; zitiert wie oben.

C. F. Rammelsberg gibt dafür die Formel an:

$$R_6P_4O_{19} \cdot 3H_2O \quad \text{oder} \quad 2R_2P_2O_8 \cdot H_6R_2O_6.$$

Der Pseudotriplit stellt einen Triphylin dar, bei dem die Oxydule in Sesquioxyde oxydiert sind.

Der Pseudotriplit bildet Überzüge auf Triphylin, aus dem er hervorgegangen ist.

Ein Triphylin-ähnliches Mineral.

Ein solches beschrieb und analysierte W. P. Headden.

---

[1]) S. L. Penfield u. J. H. Pratt, Z. Kryst. **26**, 130 (1896).

Analyse.

	14.
δ	3,612
Li_2O . . .	0,28
Na_2O . . .	7,46
K_2O . . .	2,00
MgO . . .	1,50
CaO . . .	5,53
MnO . . .	15,54
FeO . . .	25,05
P_2O_5 . . .	38,64
F	0,69
Glühverlust . .	0,73
(Gangart) . . .	2,47
	99,89

14. Triphylin-ähnliches Mineral von der „Nickel Plate" Zinn-Mine Pennington Co., S. Dakota; anal. W. P. Headden, Am. Journ. **41**, 415 (1891).

Diese Analyse ergibt die Formel:

$$2\,(\overset{I}{R_2})_3 P_2 O_8 . 9\,\overset{II}{R_2}P_2O_8 \quad \text{oder} \quad 4\,\overset{I}{R_3}PO_4 . 9\,\overset{II}{R_3}P_2O_8,$$

darin ist das Verhältnis $\overset{I}{R_2} : \overset{II}{R} = 1 : 4,4$ oder $2 : 9$. Vom Triphylin unterscheidet sich diese Formel dadurch, daß hier $\overset{I}{R_3}PO_4 : \overset{II}{R_3}P_2O_8 = 1 : 2^1/_4$ ist, während dieses Verhältnis beim Triphylin $1 : 1$ ist.

Über den CaO-Gehalt ist nichts Näheres bekannt.

Eigenschaften. Dieses unbenannte Mineral ist dunkelgrün und durchsichtig bis durchscheinend. Die Härte liegt bei 5. Es färbt sich an der Luft dunkel.

Vorkommen. Es kommt begleitet von Beryll und Spodumen in Konkretionen im Granit vor.

Alluaudit.

Dieses Mineral, dessen Stellung sehr zweifelhaft ist, sei hier angereiht.
Analyse.

δ	3,468
Na_2O . . .	5,47
MnO . . .	23,08
Mn_2O_3 . . .	1,06
Fe_2O_3 . . .	25,62
(SiO_2) . . .	0,60
P_2O_5 . . .	41,25
H_2O . . .	2,65
	99,73

Alluaudit von Chanteloub, Limoges; anal. A. Damour, Annal d. min. **13**, 341, (1848).

Dieses Mineral stellt das Produkt einer teilweisen Oxydation eines Mangan-Eisenoxydulphosphats dar, das zwischen Lithiophilit und Triphylin steht, sich von diesen aber durch seinen Na_2O-Gehalt unterscheidet, und das zum Heterosit, dem Produkte vollständiger Oxydation hinüberleitet. Da ein derartig zusammengesetztes Oxydulphosphat nicht bekannt ist, so kann man es am besten hier anreihen.

Eigenschaften. Der Alluaudit bildet nadelige oder massige Aggregate von bräunlicher Färbung. Die Härte liegt zwischen 4 und 5. In Salzsäure ist er löslich.

Der Alluaudit kommt zusammen mit Triplit und Triphylin vor.

Graftonit (Calcium-Mangan-Eisenoxydulphosphat).

Monoklin. $a:b:c = 0,886:1:0,582$; $\beta = 66^0$ (annähernd) nach S. L. Penfield.

Analyse.

	1.
(Li_2O)	0,33
MgO	0,40
CaO	9,23
MnO	17,62
FeO	30,65
P_2O_5	41,20
H_2O	0,75
	100,18

1. Graftonit von Grafton, New Hampshire; anal. S. L. Penfield, Z. Kryst. **32**, 436 (1900).

Der Graftonit enthält fast keine Alkalien; die geringen Mengen, die die Analyse aufweist, rühren höchstwahrscheinlich von Triphylin her, mit dem verwachsen der Graftonit auftritt. Das Verhältnis $P_2O_5 : \overset{\text{II}}{R}O$ ist $0,290 : 0,857 = 1 : 3$; die **Formel** ist daher:

$$\overset{\text{II}}{R_3}P_2O_8,$$

worin für die zweiwertigen Elemente Fe, Mn, Ca die einander isomorph vertreten R gesetzt ist. Auch in einer Analyse eines zersetzten Graftonits, die W. E. Ford vornahm, war das Verhältnis $P_2O_5 : RO = 1 : 3$.

	2.
Na_2O	1,15
K_2O	0,14
CaO	7,25
MnO	15,38
FeO	24,28
Fe_2O_3	10,16
P_2O_5	40,80
H_2O	1,17
	100,33

2. Zersetzter Graftonit vom gleichen Fundorte; anal. W. E. Ford, wie oben.

Wahrscheinlich ist auch ein Teil des MnO zu Mn_2O_3 umgewandelt.

Eigenschaften. Der seltene Graftonit tritt in undeutlichen lachsfarbenen Kristallen auf; im Aussehen ähnelt er sehr dem lachsfarbigen Lithiophilit. Die Härte ist ungefähr 5; die Dichte 3,672.

Ziemlich leicht zu einer magnetischen Kugel schmelzbar, die Phosphor-flamme ist deutlich. In Salzsäure ist das Mineral leicht löslich.

Vorkommen. Der Graftonit tritt in orientierter Verwachsung mit Tri-phylin in einem Pegmatitgang mit Turmalin, Glimmern und vor allem Beryll auf.

Wasserhaltige Mangan-Eisenoxydulphosphate.

Reddingit (Mangan-Eisenoxydulphosphat).

Rhombisch. $a:b:c = 0,8676:1:0,9485$ nach G. J. Brush und E. S. Dana.[1]

Analysen.

	1.	2.	3.	4.	5.	6.
δ	—	3,04	3,04	—	—	—
(Li_2O) . . .	—	Spuren	Spuren	Spuren	—	—
(Na_2O) . . .	—	0,32	0,23	0,31	Spuren	—
CaO	—	0,70	0,64	0,78	0,67	0,71
MnO . . .	52,08	40,85	40,58	46,29	41,28	43,22
FeO . . .	—	4,88	4,70	5,43	7,54	7,89
P_2O_5 . . .	34,72	30,17	30,56	34,52	33,58	35,16
H_2O . . .	13,20	11,70	11,33	13,08	11,72	12,27
(Quarz) . .	—	12,09	12,07	—	4,46	—
	100,00	100,71	100,11	100,41	99,25	99,25

1. Theoretische Zusammensetzung nach den für Analyse 2—6 aufgestellten Ver-hältniszahlen.

2. u. 3. Reddingit-Kristalle von Brancheville, Fairfield Co., Connecticut; anal. H. L. Wells bei J. G. Brush u. E. S. Dana, Z. Kryst. **2**, 550 (1878).

4. Das Mittel aus den beiden vorstehenden Analysen nach Abzug des Quarzes auf die ursprüngliche Summe umgerechnet.

5. Eine weitere, an möglichst reinem Material ausgeführte Analyse des gleichen Vorkommens; anal. von demselben, bei denselben. Z. Kryst. **3**, 585 (1879).

6. Analyse 5 ebenso verändert, wie Analyse 4.

	7.	8.
δ	—	3,204
CaO	—	0,63
MnO	34,63	34,51
FeO	17,56	17,13
P_2O_5	34,64	34,90
H_2O	13,17	13,18
(Quarz)	—	0,13
	100,00	100,48

7. Theoretische Zusammensetzung nach den für die Analyse 8 aufgestellten Ver-hältniszahlen.

8. Sehr reiner Reddingit vom gleichen Fundorte; anal. wie oben; Z. Kryst. **18**, 19 (1891).

---

[1] G. J. Brush u. E. S. Dana, Z. Kryst. **2**, 550 (1878).

Das Material der Analysen 2, 3 und 5 konnte von der sehr innig beigemengten Quarzsubstanz nicht gut gereinigt werden, während dies bei dem für Analyse 7 verwendeten Material fast vollständig möglich war.

Das Verhältnis Mn : Fe ist im Reddingit bedeutend schwankender, als bei den anderen Manganophosphaten der Brancheville-Lagerstätte Natrophilit, Triploidit, Lithiophilit, Hureaulit u. a. (siehe S. 422), die ja auch kein konstantes Verhältnis von MnO : FeO haben. Da in den drei ersten Analysen die Eisenmenge gering war, wurde sie bei der Formel vernachlässigt und diese geschrieben:

$$Mn_3P_2O_8 . 3H_2O,$$

worin $P_2O_5 : RO : H_2O = 1 : 3 : 3$ ist.

Die Analyse 8 hat aber gezeigt, daß der FeO-Gehalt viel höher sein kann und überhaupt nicht vernachlässigt werden darf, es wurde daher die Zusammensetzung 7 nach der **Formel:**

$$R_3(PO_4)_2 . 3H_2O$$

berechnet, worin $R = Fe : M = 1 : 2$ ist.

Eigenschaften. Kleine Kristalle von oktaedrischem Habitus sind sehr selten, meist kommt der Reddingit in derben Massen vor. Er ist isomorph mit Skorodit und Strengit, zeigt aber in chemischer Hinsicht keine Ähnlichkeit, da Reddingit Oxydul, die anderen Oxyd enthalten und Skorodit und Strengit mit 4 Molekülen Wasser kristallisieren:

Reddingit . . . $R_3P_2O_8 . 3$aq.
Skorodit . . . $Fe_2As_2O_8 . 4$aq.
Strengit . . . . $Fe_2P_2O_8 . 4$aq.

Die Farbe des Reddingits ist im reinen Zustand blaß rosenrot bis gelblichweiß, öfter mit einem Stich ins Braune; öfters sind durch beginnende Zersetzung die Kristalle an der Oberfläche dunkel rotbraun; sie sind durchscheinend bis durchsichtig.

Die Dichte des Minerals ist $\delta = 3,102$, für das ganz reine Mineral berechnet. Weiteres siehe bei den Analysen. Die Härte liegt zwischen 3 und $3^1/_2$. Über die optischen Eigenschaften ist nichts bekannt.

Im geschlossenen Rohre erhitzt, wird Reddingit weiß, dann gelb und braun. Er schmilzt leicht in der gewöhnlichen Flamme und färbt die Flamme blaßgrün, schmilzt zu einer dunkelbraunen nicht magnetischen Kugel. Reaktionen auf Eisen und Mangan. In Säuren ist das Mineral löslich.

Synthese. Der Reddingit hat dieselbe chemische Formel wie ein Manganphosphat, das H. Debray[1] durch Kochen einer Lösung von Phosphorsäure im Überschuß mit Mangancarbonat erhielt. Es bildeten sich bei diesem Versuche glänzende kristallinische Körnchen, die indessen nicht näher untersucht worden waren. A. Des Cloizeaux[2] wies auf die äußere Ähnlichkeit dieser Verbindung mit dem Hureaulit (S. 397) hin.

Vorkommen. Reddingit kommt mit Quarz, mit dem er zusammen dichte Aggregate bildet und mit Dickinsonit und auch Triploidit in albitreichem Granite vor, vgl. S. 422.

---

[1] H. Debray, Ann. chim. phys. [3] **61**, 433 (1861).
[2] A. Des Cloizeaux, Manuel II (Paris 1874) 488.

Triploidit (Mangan-Eisenoxydulphosphat).

Monoklin. $a:b:c = 1,8571:1:1,4944$ (nach G. J. Brush u. E. S. Dana).[1]
Analysen.

	1.	2.	3.	4.
CaO	—	0,36	0,33	0,90 [2]
MnO	47,86	48,35	48,45	42,96
FeO	16,18	15,07	14,88	18,65
P_2O_5	31,91	32,14	32,11	32,24
H_2O	4,05	4,01	4,08	4,09
(Quarz)	—	—	—	1,09
	100,00	99,93	99,85	99,93

1. Theoretische Zusammensetzung nach untenstehender Formel.
2. u. 3. Triploiditkristalle vom Dorfe Brancheville, Fairfield Co., Connecticut; anal.
S. L. Penfield bei G. J. Brush u. E. S. Dana, Z. Kryst. **2**, 541 (1878).
4. Während 2 und 3 am gleichen Stück ausgeführt sind, bezieht sich 4 auf ein anderes Triploiditexemplar; anal. wie oben.

Die **Formel** lautet:

$$R_4P_2O_9 . H_2O \quad \text{oder} \quad R_3P_2O_8 . H_2RO_2 .$$

Das Verhältnis ist:

$$P_2O_5 : RO : H_2O = 1 : 4 : 1; \quad R = Mn : Fe = 3 : 1 .$$

Analyse 4 zeigt, daß aber das Verhältnis Mn : Fe schwankt.

P. Groth[3]) gab eine Konstitutionsformel analog der des Wagnerits:

$$O = P {\begin{matrix} O \\ O \\ O \end{matrix}} {\begin{matrix} \\ \diagup Mn \\ -Mn \cdot OH \end{matrix}}$$

Er deutet den Triploidit als basisches, wasserfreies Orthophosphat.

Triploidit ist isomorph mit Wagnerit und steht mit Triplit in nahen Beziehungen. Die Konstitution dieser drei Mineralien ist die folgende:

Wagnerit	. . .	$Mg_3P_2O_8$	$+ MgF_2$,
Triplit	. . .	$(Fe, Mn)_3P_2O_8$	$+ (Fe, Mn)F_2$,
Triploidit	. . .	$(Mn, Fe)_3P_2O_8$	$+ (Mn, Fe)(OH)_2$.

Diese Beziehungen führten zu der Annahme, daß das Hydroxyl-Radikal in diesem Falle das Fluor-Radikal ersetzt. Die vollkommene Durchsichtigkeit der Kristalle bürgt dafür, daß das Wasser nicht auf Zersetzung zurückgeführt werden kann, auch sind ja alle Basen in niedrigen Oxydationsstufen vorhanden.

Eigenschaften. Der Triploidit kommt in kristallinischen Aggregaten vor, die teils stengelig und faserig, teils fast dicht erscheinen, bisweilen finden sich gut ausgebildete Kristalle.

Die Kristalle sind gelblich bis rötlichbraun, auch hyazinthrot, durchscheinend bis durchsichtig.

Die Dichte = 3,697. Die Härte liegt zwischen $4^1/_2$ und 5.

---

[1]) G. J. Brush u. E. S. Dana, Z. Kryst. **2**, 539 (1878).
[2]) Das CaO ist, da es verloren gegangen, aus der Menge P_2O_5, die beim Eisen zurückblieb, berechnet worden.
[3]) P. Groth, Tabellar. Übersicht (Braunschweig 1898) 87.

Im Rohr erhitzt, gibt Triploidit neutral reagierendes Wasser und färbt sich schwarz, wird magnetisch. Er schmilzt in der bloßen Flamme und färbt sie grün. Mit Borax oder Phosphorsalz leicht aufschließbar. In Säuren ist Triploidit löslich.

Vorkommen. In Albitnestern eines Ganges von albitreichem Granit. Triploidit ist nebst Lithiophilit das primäre Phosphatmineral der ausgezeichneten Manganphosphatfundstelle von Brancheville, vgl. S. 422.

Dickinsonit (Natrium-Calcium-Mangan-Eisenoxydulphosphat).

Monoklin. $a:b:c = 1,73205:1:1,19806$; $\beta = 61^0 30'$ nach G. J. Brush und E. S. Dana.[1]

Analysen.

	1.	2.	3.	4.	5.
Li_2O	—	0,03	0,03	0,22	0,24
K_2O	—	0,80	0,89	0,67	0,73
Na_2O	6,56	4,71	5,25	4,36	4,78
CaO	11,85	12,00	13,36	(13,67)[2]	(14,98)[2]
MnO	25,04	24,18	25,10	23,48	23,96
FeO	12,69	11,64	12,40	11,36	11,90
(Al_2O_3)	—	1,55	—	1,55	—
P_2O_5	40,05	37,49	39,36	38,18	39,53
H_2O	3,81	4,55	3,86	4,62	3,88
(Quarz)	—	3,30	—	1,89	—
	100,00	100,25	100,25	100,00	100,00

1. Theoretische Zusammensetzung nach der Formel 1.
2. Dickinsonit von Brancheville, Fairfield Co., Connecticut; anal. S. L. Penfield bei G. J. Brush u. E. S. Dana, Z. Kryst. **2**, 545 (1878).
3. Dieselbe Analyse nach Abzug der Verunreinigungen auf die ursprüngliche Summe berechnet.
4. Ein zweites Stück desselben Minerals; anal. wie oben.
5. Dieselbe Veränderung der Analyse 4, wie bei 3 angegeben.

	6.	7.
Li_2O	0,17	0,22
Na_2O	7,46	7,37
K_2O	1,52	1,80
MgO	Spur	—
CaO	2,15	2,09
MnO	31,58	31,83
FeO	13,25	12,96
P_2O_5	39,57	40,89
H_2O	1,65	1,63
(Quarz)	2,58	0,82
	99,93	99,61

6. Besonders reines Dickinsonitmaterial vom gleichen Fundorte; anal. H. L. Wells bei G. J. Brush u. E. S. Dana, Z. Kryst. **18**, 21 (1891).
7. Sehr gut ausgesuchtes reines Material einer anderen Probe.

---

[1] G. J. Brush u. E. S. Dana, Z. Kryst. **2**. 543 (1878).
[2] Der Kalkgehalt ging bei der Analyse verloren; die angegebenen Zahlen sind aus der Differenz berechnet.

Die Analysen S. L. Penfields und die von H. L. Wells differieren nicht unbedeutend und führen auch in bezug auf den Wassergehalt zu verschiedenen **Formeln.** Für Analyse 2 und 4 wurde berechnet:

$$R_3P_2O_8 \cdot \tfrac{3}{4}H_2O \quad \text{(Formel 1)}.$$

Das Verhältnis war:

$$P_2O_5 : RO : H_2O = 4 : 12 : 3.$$

Die Analysen 6 und 7 führen zur Formel:

$$R_3P_2O_8 \cdot \tfrac{1}{3}H_2O \quad \text{(Formel 2)}$$

Da nun die Analysen 6 und 7 an reinerem Material ausgeführt sind, so geben E. S. Dana und G. J. Brush der zweiten Formel den Vorzug. Die nämliche Formel besitzt auch der Fillowit (s. S. 400), wo auch unter 1 die dieser Formel entsprechenden Zahlen wiedergegeben sind.

Dickinsonit und Fillowit sind somit dimorph; ihre physikalischen Eigenschaften sind verschieden; in den Winkeln der Kristalle besteht übrigens bei den beiden Mineralien einige Ähnlichkeit.

Eigenschaften. Dickinsonit kommt hauptsächlich in kristallinen Massen mit einer blätterigen, an Chlorit erinnernden, Struktur vor; kleine tafelförmige Kristalle sind sehr selten. Die Farbe der reinen Kristalle ist oliv- bis ölgrün, die derben Varietäten sind grasgrün bis dunkelgrün; durchsichtig bis durchscheinend. Spaltbar nach der Basis. Die Dichte ist 3,338—3,343; für ganz reine Substanz (Analyse 6) wurde $\delta = 3,143$ gefunden. Die Härte ist $3\tfrac{1}{2}$—4.

Optische Eigenschaften. Charakter der Doppelbrechung ist negativ, der Achsenwinkel ist groß.

Der Dickinsonit gibt im geschlossenen Rohre Wasser ab; der erste Teil reagiert neutral, der letzte Teil schwach sauer. Er ist leicht in der bloßen Flamme schmelzbar. Vor dem Lötrohre färbt er die Flamme zuerst blaßgrün, dann grünlichgelb. Mit Borax und Phosphorsalz Eisen- und Manganreaktion; in Säuren löslich.

Vorkommen. Die derben Dickinsonitmassen bilden die Grundmasse, in denen oft Kristalle von Eosphorit und zuweilen auch Triploidit eingewachsen sind. Vorkommen in Albitnestern eines albitreichen Granits (siehe S. 422). Auch im Gouvern. Kielce soll am Berg Bokuwka in Sandsteinhöhlungen neben Pyrolusit, Variscit und Kakoxen Dickinsonit gefunden worden sein.[1]

Sarkopsid.

Kristallform: monoklin.
Analyse.

	1.	2.
CaO	3,40	3,34
MnO	20,57	20,86
FeO	30,53	30,04
Fe_2O_3 . . .	8,83	9,53
P_2O_5	34,73	33,85
H_2O $\;\}$		
F + Verlust . .	1,94	2,38
	100,00	100,00

---

[1] K. Glinka, Ann. Géol. et Minér. d. Russie **4**, 63 (1900). Ref. Z. Kryst. **37**, 412 (1903).

1. Sarkopsid von der Hohen Eule bei Michelsdorf in Schlesien; anal. M. Websky, Z. Dtsch. geol. Ges. **20**, 248 (1868).

2. Theoretische Zusammensetzung.

Das Fluor wurde qualitativ nachgewiesen.

Die angenäherte Formel wäre:

$$3(2\,FeO . 1\,MnO)P_2O_5 . (2\,MnO . 1\,CaO)P_2O_5 . (FeF . Fe_2O_3 . H_2O).$$

Ohne das Wasser wäre die Formel des $\overset{\text{III}}{R}$-freien Minerals

$$\overset{\text{II}}{R_4}P_2O_9,$$

worin Mn:Fe = 1:2 und Ca:Mn:Fe = 1:5:9 wäre.

Eigenschaften. Der Sarkopsid tritt in ellipsoidischen Aggregaten von fleischroter Farbe an frischem Bruch auch lavendelblau, auf.

Die Dichte wurde bestimmt mit 3,692, 3,721 und 3,730. Die Härte ist ca. 4.

Der Sarkopsid gibt, im Kölbchen erhitzt, saures (F) Wasser ab. Vor dem Lötrohre ist er leicht schmelzbar. In verdünnten warmen Säuren ist das Mineral sehr leicht löslich.

Vorkommen. Das Mineral bildet mit Vivianit Überzüge auf Granit und ist einer Umwandlung unterworfen, die ein dem Melanchlor (später bei diesem) ähnliches Produkt liefert.

Der Sarkopsid wird von manchen als ein zersetzter Triplit angesehen.

Kupferphosphate.

Die hierhergehörigen Phosphate sind alle wasserhaltig. Den Libethenit deutet P. Groth allerdings als wasserfreies basisches Phosphat und konstruiert eine isomorphe Reihe:

Libethenit — Herderit — Adamin — Olivenit — Descloizit.

  Phosphate   Arseniate   Vanadat

Die Übereinstimmung in der Kristallform ist aber eine recht geringe. Die Zusammensetzung des Libethenits und der Glieder dieser Reihe wäre analog der des Triploidits bzw. Wagnerits (siehe S. 414).

Libethenit.

Synonyma. Olivenerz, zum Teil Phosphorkupfer.

Kristallisiert rhombisch. $a:b:c = 0,9605:1:0,7020$ von W. T. Schaller[1] aus seinen und den von G. Melczer[2] erhaltenen Messungen gerechnet.

Analysen.

Obwohl eine reichhaltige kristallographische Literatur über dieses Mineral existiert, liegt, soviel mir bekannt ist, keine einzige neuere Analyse dieses Minerals vor. Es seien daher hier einige ältere Analysen wiedergegeben:

---

[1] W. T. Schaller, U. S. Geol. Surv. **262**, 121 (1905). Ref. Z. Kryst. **43**, 392 (1907).
[2] G. Melczer, Z. Kryst. **32**, 288 (1903).

	1.	2.	3.	4.	5.	6.	7.
FeO	—	—	—	—	—	1,77	—
CuO . . .	66,5	66,94	66,42	66,98	65,89	64,47	66,29
P_2O_5 . . .	29,7	29,44	29,31	28,89	28,61	29,48	26,46
As_2O_5 . . .	—	—	—	—	—	Spur	2,30
(CO_2) . . .	—	—	—	—	—	0,82	—
H_2O . . .	3,8	4,05	3,74	4,04	5,50	3,68	4,04
	100,0	100,43	99,47	99,91	100,00	100,22	99,09

1. Zusammensetzung nach der theoretischen chemischen Formel C. F. Rammelsbergs.

2. Libethenit von Libethen in Ungarn; anal. Kühn, Ann. chem. Pharm. **51**, 124 (1844).

3. Libethenit von der Grube Mercedes, Coquimbo, Chile; anal. F. Field, Gazz. chim. It. 400 nach C. F. Rammelsberg, Mineralchem. 1875, 325.

4. Libethenit von Loando in Congo; anal. H. Müller, Journ. chem. Soc. 11, zitiert nach C. F. Rammelsberg, Mineralchem. 1875, 325.

5. Libethenit von Nischne Tagilsk im Ural; anal. R. Hermann, Journ. prakt. Chem. **37**, 175 (1858).

6. Libethenit vom gleichen Orte; anal. Chydenius nach C. F. Rammelsberg, l. c.

7. Libethenit von Libethen in Ungarn; anal. C. Bergemann, Pogg. Ann. **104**, 190.

Die **Formel,** der dieses Mineral entspricht (Zahlen unter Analyse 1) lautet:

$$Cu_4P_2O_9 . H_2O.$$

C. F. Rammelsberg schreibt sie:

$$\left\{ \begin{array}{l} Cu_3P_2O_8 \\ H_2CuO_2 \end{array} \right\}$$

Die mitgeteilten Analysen entsprechen gut dieser Formel.

Analyse 7 entspricht einem Libethenit, der auf 18 Mole des Phosphats 1 Mol. Olivenit isomorph beigemischt enthält.

P. Groth[1]) schreibt die Formel:

$$CuPO_4(Cu . OH)$$

und hält den Libethenit für ein basisches, wasserfreies Phosphat.

Es folgen zwei Analysen einer wasserreicheren Varietät des Libethenits:

	8.	9.
δ	—	4,27
CuO	63,9	63,1
P_2O_5	28,7	28,9
H_2O	7,4	7,3
	100,0	99,3

8. Libethenit von Libethen; anal. P. Berthier, Ann. Min. **8**, 334.

9. Libethenit dunkelolivengrün von Ehl bei Linz a. Rhein; anal. R. Rodius, Ann. chem. Pharm. **62**, 372 (1847).

Sie führen ungefähr auf die Formel:

$$Cu_4P_2O_9 . 2H_2O = \left\{ \begin{array}{l} Cu_3P_2O_8 \\ H_2CuO_2 \end{array} \right\} + H_2O.$$

---

[1]) P. Groth, Tabellar. Übersicht (Braunschweig 1898) 89.

Diese Formel ist der des Tagilits sehr ähnlich (siehe S. 436), so daß die Vermutung wohl nicht ganz ausgeschlossen sein dürfte, daß die beiden identisch sein könnten.

C. F. Rammelsberg[1]) bezeichnete diese Vorkommen als **Pseudolibethenit**. Über ihre Selbständigkeit ist weiter nichts bekannt.

Eigenschaften. Das Mineral tritt in lebhaft grün bis schwarzgrün gefärbten Kristallen auf. Die Dichte schwankt zwischen 3,6—4; die Härte liegt bei 4.

Die optischen Eigenschaften hat A. Des Cloizeaux untersucht, er fand für Na-Licht:

$$N_\beta = 1{,}743$$

und

$$2V = 81{,}8^0.$$

Der Charakter der Doppelbrechung ist negativ.

Die Dispersion $\varrho > v$ ist stark.

Das Mineral ist in Säuren löslich, ebenso ist es in Ammoniak löslich (nach C. F. Rammelsberg).

Vor dem Lötrohre färbt Libethenit die Flamme nur schwach; gibt Wasser im Kölbchen und wird schwarz; er schmilzt leicht (etwa 2. Grad der Schmelzskala) zu einer kristallinen schwärzlichen Masse. Mit Soda bekommt man auf Kohle ein Kupferkorn.

Synthese. H. Debray[2]) hat den Libethenit durch Erhitzen von $Cu_3P_2O_8 \cdot 3H_2O$ mit Wasser im zugeschmolzenen Glasrohre dargestellt. Er fand, daß diese Umwandlung bei 200° vor sich geht, wenn man dieses Phosphat mit Kupfernitrat oder -sulfat zusammenbringt, und bei etwas höherer Temperatur, wenn man Kupferchlorid an Stelle des Kupfer-

Fig. 7. Synthetischer Libethenit nach der Methode von Debray-Friedel-Sarasin dargestellt (aus der Sammlung von P. v. Tschirwinsky). Oben kleinere gut ausgebildete Kristalle, unten große, weniger gute Kristalle. Vergr. 50 fach.

---

[1]) C. F. Rammelsberg, Mineralchemie 1875, 325.
[2]) H. Debray, Bull. soc. chim. 1860; Ann. chim. phys. **61**, 419 C. R. **52**, 44.

28*

nitrats treten läßt. Libethenit könnte auch dargestellt werden, indem bei Temperaturen über 100° Kupfernitrat und Calciumphosphat $(2 Ca_2 . P_2O_5 . H_2O)$ aufeinander einwirken gelassen wurden.

C. Friedel und E. Sarasin[1]) haben die außerordentlich starke Tendenz dieses Minerals, sich aus obigen Substanzen zu bilden, gezeigt, eine Bildung, die schon beim Siedepunkt vor sich geht. Wenn man die Temperatur und die Mischung verändert, bekommt man stets das nämliche Phosphat, während man, wenn man an Stelle des Phosphates das Arsenat nimmt, eine Reihe von Verbindungen erhält. Besonders schöne Kristalle erhielten die beiden Forscher bei Anwendung eines Säureüberschusses bei einer Temperatur von 180°. Zur Herstellung des Libethenits genügt aber die Siedetemperatur des Wassers vollständig. Siehe Fig. 7 S. 435.

Vorkommen. Libethenit ist ein Mineral der Kupferlagerstätten.

Tagilit.[2])

Kristallisiert nach A. Breithaupt[3]) monoklin.

Analysen.

	1.	2.	3.
δ	3,5	—	—
CuO	61,29	61,70	61,8
Fe_2O_3	1,50	—	—
P_2O_5	26,44	27,42	27,7
H_2O	10,77	10,25	10,5
	100,00	99,37	100,0

1. Grüner amorpher Tagilit von Nischne Tagilsk, Ural; anal. R. Hermann, Journ. prakt. Chem. **37**, 184 (1846).
2. Tagilit faserig von der Grube Mercedes bei Coquimbo in Chile; anal. F. Field, Gazz. chim. It. **17**, 225 (1859).
3. Theoretische Zusammensetzung.

Formel. Der Tagilit entspricht der Formel:

$$Cu_4P_2O_9 . 3 H_2O \quad oder \quad Cu_3P_2O_8 . H_2CuO_2 . 2 H_2O.$$

Eigenschaften. Nach den Beschreibungen scheint das Mineral in der kristallisierten und der amorphen Modifikation vorzuliegen; der Tagilit, den R. Hermann beschrieb und analysierte, war erdig und bildete schwammige, traubige, warzenförmige Massen. Nach A. Breithaupt ist der Tagilit kristallinisch; auch das Mineral, das F. Field analysierte, scheint kristallinisch gewesen zu sein.

Das Mineral ist grau bis lebhaft grün gefärbt.

Die Härte des kristallisierten Minerals ist 3—4, die des amorphen 3. Die Dichte des kristallisierten betrug nach A. Breithaupt 4,076, die des amorphen 3,5.

[1]) C. Friedel u. E. Sarasin, Bull. Soc. min. **2**, 157 (1879).
[2]) Vom Entdecker mit th geschrieben, obwohl der Name mit dem griechischen λιθος nichts zu tun hat.
[3]) A. Breithaupt, Bg.- u. hütt. Z. **24**, 309 (1865).

Das Mineral löst sich in Säuren leicht und verhält sich sonst wie Libethenit.

Vorkommen. Der Tagilit bildet Überzüge oder einen Anflug auf Limonit; bei Ullersreuth kommt der kristallisierte zusammen mit Quarz vor.

Die Mineralien der Lunnitgruppe:
Dihydrit, Ehlit und Pseudomalachit.

Die Glieder dieser Gruppe bestehen, wie R. Hermann[1]) erkannte, aus Vorkommen mit verschiedener Zusammensetzung, und C. F. Rammelsberg[2]) hat Dihydrit ($Cu_5P_2H_4O_{12}$), Ehlit ($Cu_5P_2H_6O_{13}$) und Phosphorocalcit ($Cu_6P_2H_6O_{14}$) als Hauptgruppen unterschieden; A. Schrauf[3]) hat dann gezeigt, daß die Mineralien dieser Gruppe aus drei Phosphaten bestehen, die den von C. F. Rammelsberg angenommenen entsprechen, und hat die Namen derselben beibehalten, er fand aber, daß die Komponente Phosphorocalcit allein nicht vorkommt. Er teilte die Gruppe in drei Abteilungen, von denen

1. das Mineral Dihydrit darstellt, das kristallisiert ist und aus überwiegenden Mengen der „Dihydritkomponente" besteht;

die 2. sind zersetzte Dihydrite, die A. Schrauf mit „Ehlit" bezeichnete; sie sind kristallisiert;

die 3. besteht aus allen drei Komponenten und wird Pseudomalachit genannt; diese Mischung ist amorph.

Man muß somit Dihydritkomponente und Dihydritmineral und Ehlitkomponente und -mineral unterscheiden.

Diesem Einteilungsprinzip sei hier gefolgt.

Da es auch einige Analysen gibt, bei denen kein reines Kupferphosphat vorgelegen hat, die vielmehr überschüssiges $Cu(OH)_2$ oder CuO enthielten, kam A. Schrauf auf den Gedanken, daß Phosphorocalcit ($Cu_6P_2H_6O_{14}$) selbst aus dem Moleküle Dihydrit ($Cu_5P_2H_4O_{12}$) bestehe mit überschüssigem $Cu(OH)_2$, so daß man alle drei Typen auf ein konstantes Kupferphosphatmolekül Dihydrit zurückführen könnte; es ergibt sich dann:

$$Cu_5P_2H_4O_{12}; \qquad Cu_5P_2H_4O_{12} + H_2O; \qquad Cu_5P_2H_4O_{12} + Cu(HO)_2.$$
$$\text{Dihydrit} = D \qquad \text{Ehlit} = E \qquad \text{Phosphorocalcit} = P$$

Man kann dann sagen, die Lunnite sind nach ihrer Zusammensetzung wesentlich Dihydrite, nur enthalten die amorphen Varietäten (Pseudomalachit) auch überschüssiges Kupferhydroxyd.

Es ist hier diesen Einteilungsprinzipien Rechnung getragen; doch soll nicht verkannt werden, daß diese Einteilung keineswegs als ideal zu bezeichnen ist. Die C. F. Rammelsbergsche Einteilung, der auch J. D. Dana folgt, ist aber deshalb unhaltbar, daß die Trennung von Ehlit und Pseudomalachit in diesem Sinne unmöglich ist, und unter Pseudomalachit Analysen sich finden, die mit dem gleichen Rechte unter Ehlit eingereiht werden könnten. A. Schraufs Einteilung bedeutet einen entschiedenen Schritt vorwärts; doch bedarf die Gruppe sorgfältiger Neubearbeitung.

---

[1]) R. Hermann, Journ. prakt. Chem. **37**, 175 (1846).
[2]) C. F. Rammelsberg, Min. Chem. 1875, 326.
[3]) A. Schrauf, Z. Kryst. **4**, 1 (1880); **8**, 231 (1884).

Dihydrit.

Kristallisiert triklin: $a:b:c = 2,8252:1:1,53394$, $\beta = 91°0,5'$ nach A. Schrauf, l. c.

Analysen.

	1.	2.	3.	4.	5.
δ	4,4	—	—	4,309	—
FeO . . .	—	—	—	0,19	—
CuO . .	68,21	68,20	69,61	69,25	69,04
P_2O_5 . .	(25,30)	24,70	24,13	23,86	24,69
H_2O . .	6,49	5,97	(6,26)	6,76	6,26
	100,00	98,87	100,00	100,06	99,99

1. Lunnit von Nischne Tagilsk, gute Kristalle; anal. R. Hermann, Journ. prakt. Chem. **37**, 179 (1846).
2. Lunnit von Rheinbreitenbach; anal. Arfvedson, Berz. JB. **4**, 143 (1825).
3. Lunnit von Libethen in Ungarn; anal. Kühn, Ann. d. Chem. **51**, 127.
4. Lunnit von Rheinbreitenbach, kristallisiert; anal. A. Schrauf, Z. Kryst. **4**, 16 (1880).
5. Theoretische Zusammensetzung der Formel entsprechend.

Die **Formel** lautet:

$$Cu_5P_2H_4O_{12} \quad \text{oder} \quad Cu_3P_2O_8 + 2Cu(HO)_2 .$$

Eigenschaften. Das Mineral tritt in dunkelgrünen Kristallen, die meist schlecht ausgebildet sind und in kristallinen konzentrischen Massen, auf. Die Härte ist ungefähr 5, die Dichte 4,4. Der Charakter der Doppelbrechung ist negativ.

Die anderen Eigenschaften, wie Lötrohrverhalten und Löslichkeit in Säuren, sind die gleichen, wie bei Libethenit angegeben worden ist.

Ehlit (zersetzter Dihydrit).

Als Ehlit beschrieb A. Schrauf Lunnite von Ehl, die zersetzte Dihydrite darstellen und die Kupfersilicat enthalten. Eigentlich besteht kein Grund, diese Klasse abzutrennen, und bei einer Neubearbeitung dieser Kupferphosphate, die unbedingt notwendig sein dürfte, wird darauf Rücksicht genommen werden müssen; auch ist der Name von A. Schrauf nicht glücklich gewählt, da er Veranlassung zur Identifizierung des Ehlits mit der Ehlitkomponente gibt, also mit dem, was C. F. Rammelsberg Ehlit nannte, von denen aber die meisten nach A. Schrauf zum Pseudomalachit zu stellen sind.

Es existiert eine einzige Analyse.

	1.	2.	3.
δ	4,1024	—	—
FeO . . .	0,30	0,30	0,33
CuO . . .	66,97	62,98	69,10
SiO_2 . . .	3,01	—	—
P_2O_5 . . .	22,07	22,07	24,22
H_2O . . .	7,59	5,79	6,35
	99,94	91,14	100,00

1. Ehlit von Ehl; anal. A. Schrauf, Z. Kryst. **4**, 13 (1880).
2. Dieselbe Analyse nach Abzug der SiO_2 als Chrysokoll.
3. Die gleiche Analyse auf 100° umgerechnet.

Wenn man die Chrysokollmenge abzieht, so resultiert somit Dihydrit. Zum Ehlit dürfte auch das bei Pseudomalachit aufgeführte Mineral der Analyse 9 auf dieser Seite (siehe unten) gehören.

Die Formel ist die nämliche wie die des Dihydrits.

A. Schrauf war der Ansicht, daß diese blättrigen Massen der Einwirkung von Kieselsäurelösungen weniger Widerstand zu leisten vermochten als der auskristallisierte Dihydrit.

Der Ehlit A. Schraufs ist somit nur ein umgewandelter Dihydrit.

Pseudomalachit.

Das Mineral ist amorph. Hierher gehören alle Lunnite, die aus mehreren Komponenten bestehen; diese sind überwiegend. Da von einigen Vorkommen mehrere alte Analysen existieren, sind hier nicht alle Analysen gegeben worden.

Analysen.

	1.	2.	3.	4.	5.	6.
δ	4,25	—	—	—	4,25	—
CuO	68,75	68,74	68,05	65,99	68,13	66,84
P_2O_5	23,75	21,52	23,45	24,93	22,73	23,73
As_2O_5	—	—	—	—	—	Spuren
(SiO_2)	—	—	—	—	0,48	—
H_2O	7,50	8,64	8,94	9,06	8,51	9,26
	100,00	98,90	100,44	99,98	99,85	99,83

1. Lunnit von Nischne Tagilsk, knollige Massen; anal. R. Hermann, Journ. prakt. Chem. **37**, 180 (1825).

R. Hermann hat noch andere Analysen ausgeführt, die aber, wie die angeführte, nicht sehr genau sind, da die P_2O_5 immer als Differenz bestimmt wurde.

2. Lunnit von Rheinbreitenbach, Mittel aus drei Analysen; anal. Kühn, Ann. d. Chem. **51**, 127 (1844).
3. Lunnit von Nischne Tagilsk; anal. Wendel bei C. F. Rammelsberg, Mineralchemie 1875, 326.
4. Lunnit von Ehl; anal. C. Bergemann, Schweiggers Journ. **54**, 305 (1828).
5. Lunnit von Cornwall; anal. M. Heddle, Phil. Mag. **10**, 39 (1855).
6. Lunnit von Cornwall; anal. A. H. Church, Am. Journ. Chem. Soc. **26**, 107(1873).

	7.	8.	9.	10.	11.
δ	4,175	4,1556	—	—	—
FeO	—	0,22	—	—	—
CuO	69,02	69,11	64,76	66,29	69,97
(Al_2O_3)	—	—	1,03	—	—
Fe_2O_3	—	—	—	1,42	—
(SiO_2)	—	0,11	0,96	—	—
P_2O_5	23,23	22,16	23,45	20,38	19,89
As_2O_5	—	—	1,49	2,42	1,78
H_2O	8,09	8,02	8,63	8,25	8,21
Hygroskop. H_2O	—	—	0,41	—	—
	100,34	99,62	100,73	98,76	99,85

7. Malvengrüner Lunnit von Nischne Tagilsk; anal. A. Schrauf, Z. Kryst. **4**, 14 (1880).

8. Lunnit (Kugel) von Libethen in Ungarn; anal. wie oben.

9. Lunnit von Cornwall; anal. N. St. Maskelyne und Flight, Am. Journ. Chem. Soc. **25**, 1057 (1872).

10. Wie Analyse 10.

11. Lunnit von Ehl am Rhein; anal. C. Bergemann, Pogg. Ann. **104**, 190 (1858).

Es folgen Analysen von Lunniten, die aus der Phosphorocalcit-Komponente (bzw. der Dihydrit-Komponente) $+ Cu(HO)_2$ bestehen.

		12.	13.	14.
CuO	. . .	71,16	70,8	71,73
P_2O_5	. . .	19,63	20,4	20,87
H_2O	. . .	8,82	8,4	7,40
		99,61	99,6	100,00

12. Lunnit von Libethen; anal. A. H. Church, Ch. N. **10**, 217 (1864).

13. Lunnit von Rheinbreitenbach; anal. Rhodius, Ann. Chem. Pharm. **62**, 371 (1842).

14. Lunnit von Hirschberg; anal. Kühn, Liebenb. Ann. **34**, 218 (1890).

Es sei noch die Analyse eines Lunnits erwähnt, der bedeutende Mengen Vanadin enthielt.

		15.
CuO	. . .	64,09
P_2O_5	. . .	17,89
V_2O_5	. . .	7,34
H_2O	. . .	8,90
		98,22

15. Lunnit von Ehl am Rhein; anal. C. Bergemann, N. JB. Min. etc. 1858, 195.

Aus neuerer Zeit liegen nur einige teils schlechte, teils unvollständige Analysen vor, die nicht berücksichtigt werden können.[1]

Formel und Konstitution.

Die Lunnite der Pseudomalachitgruppe entsprechen, wie A. Schrauf nachgewiesen hat, nicht genau der früher gegebenen Formel $Cu_6P_2H_6O_{14}$, also der Phosphorocalcit-Komponente. A. Schrauf hat die Zusammensetzung für einige dieser Lunnite ausgerechnet:

Analyse 1 entspricht:	$2D^2) + P^3) + E^4)$	oder	$4D + Cu(HO)_2 + aq$
„ 2 „	$2P + E$	„	$3D + 2Cu(HO)_2 + aq$
„ 3 „	$P + 4E$	„	$5D + Cu(HO)_2 + 4aq$
„ 4 „	$P + 2E$	„	$3D + Cu(HO)_2 + 2aq$
„ 7 „	$P + D + E$	„	$3D + Cu(HO)_2 + aq$
„ 8 „	$4P + 2E + D$	„	$7D + 4Cu(HO)_2 + 2aq$
„ 12 „	$2P + Cu(HO)_2$	„	$2D + 3Cu(HO)_2$
„ 13 „	$5P + Cu(HO)_2$		
„ 14 „	$5P + D + 2CuO$		

---

[1] Das unter dem Namen Ehlit von J. A. Antipow beschriebene und analysierte Kupfererz (Verh. d. kais. russ. min. Ges. **28**, 527 [1891]) hat mit Lunnit nichts gemein.

[2] Dihydritkomponente.

[3] Phosphorocalcitkomponente.

[4] Ehlitkomponente.

Es gelingt also, die meisten hier zusammengefaßten Lunnite durch

$$a\,[Cu_5P_2H_4O_{12}] + b\,[Cu(HO)_2] + c\,[H_2O]$$

zu erklären, worin die Zahlen a, b, c variabel sind.

Es fragt sich nun freilich, in welcher Form das $Cu(HO)_2$ enthalten ist; da seine Menge meist gering ist, dürfte es sich vielleicht um feste Lösung handeln.

Ein Teil der hier zusammengefaßten Lunnite enthält an Stelle eines Teils von P_2O_5 etwas As_2O_5. Es scheint sich um eine isomorphe Vertretung des $Cu_5P_2H_4O_{12}$ durch $Cu_5As_2P_4O_{12}$ zu handeln:

Eigenschaften. Die Pseudomalachite sind amorphe oder vielleicht teilweise kryptokristalline Bildungen von grüner Farbe. Ihr spezifisches Gewicht ist niedriger als das des Dihydrits und kann mit 4,1—4,2 angegeben werden. Die Härte ist bei einem amorphen Körper keine einheitliche und belanglos für die Charakterisierung solcher Mineralien.

Die übrigen Eigenschaften entsprechen den bei Dihydrit bzw. Libethenit (S. 438 u. 435) angegebenen.

Vorkommen. Die Lunnite sind Mineralien der Kupferlagerstätten.

Zinkphosphate.

Tonerdefreie Zinkphosphate sind in der Natur erst seit kurzer Zeit durch L. J. Spencers Untersuchungen besser bekannt; es handelt sich dabei um wasserhaltige Phosphate

Zinkorthophosphat-Tetrahydrat.

Diese Verbindung ist im Mineralreich nach den neuesten Untersuchungen dimorph; es gibt eine rhombische Modifikation, den Hopeit, und eine wahrscheinlich trikline, den Parahopeit.

Hopeit.

Kristallisiert, rhombisch bipyramidal, $a:b:c = 0,5786:1:0,4753$ nach L. J. Spencer an natürlichen Kristallen[1]) und $a:b:c = 0,5759:1:0,4759$ nach A. v. Schulten[2]) an künstlichen Kristallen.

Varietäten. α-Hopeit und β-Hopeit; sie unterscheiden sich in optischer Hinsicht und durch ihre Entwässerungskurve.

Analysen.

	1.	2.	3.
δ	3,04	3,03	—
ZnO	52,1	51,9	53,3
P_2O_5	31,8	(31,9)	31,0
H_2O	16,1	16,2	15,7
	100,0	100,0	100,0

---

[1]) L. J. Spencer, Min. Mag. **15**, 7 (1908).
[2]) A. v. Schulten, Bull. Soc. min. **27**, 102 (1904).

1. α-Hopeit von den Brocken Hill-Gruben, nordwestlich von Rhodesia; anal. L. J. Spencer, Min. Mag. **15**, 1 (1908).

2. β-Hopeit vom gleichen Fundorte; anal. wie oben.

3. Die Werte, die der Formel, die L. J. Spencer gab, entsprechen.

Formel und Konstitution. L. J. Spencer berechnete danach die Formel

$$Zn_3P_2O_8 . 4H_2O.$$

Er nahm die Dehydratationskurve für die beiden Varietäten α- und β-Hopeit auf; siehe nebenstehende Figur.

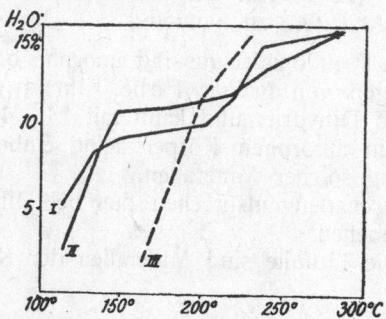

Fig. 8. Entwässerungskurve des α-Hopeit (I), des β-Hopeit (II) und des Parahopeit (III) (nach L. J. Spencer).

Es verliert also:

bei	114⁰	135⁰	180⁰	203⁰	240⁰	290⁰	Gesamtwasser
α-Hopeit . .	5,2	8,5	9,8	10,1	14,9	15,8	16,1 % H_2O
β-Hopeit . .	2,5	7,9	11,1	11,7	13,3	15,8	16,2 % H_2O

Da beide Varietäten nach der Kurve nur einen Teil des Wassers als Kristallwasser zu enthalten scheinen und außerdem die Analysen L. J. Spencers zeigten, daß diese Hopeite etwas weniger Zink enthalten, als die von diesem Forscher gegebene Formel verlangt, so schrieb G. Cesàro[1]) die Formel:

$$5 Zn_3(PO_4)_2 . 4 Zn(PO_3)_2 . 7 Zn(OH)_2 . 21 H_2O.$$

Da nun aber das Material L. J. Spencers nicht ganz rein war, wie er selbst bemerkt, so kann es wohl kaum berechtigt erscheinen, auf Grund einer geringen Differenz im ZnO-Gehalte eine andere Zusammensetzung anzunehmen.

W. Skey[2]) hatte früher einmal auf Grund einer Synthese geglaubt, daß dem Hopeit die Formel $3 ZnO . P_2O_5 . 5 H_2O$ zukommt, was aber einem viel zu hohen Wassergehalt entsprechen würde.

Eigenschaften. Das Mineral kommt gewöhnlich in nadelförmigen Kristallen in Büscheln vereinigt vor, aber auch in tafelförmigen größeren Kristallen. Sie sind farblos bis gelblich gefärbt. Die Dichte ist bei den Analysen angegeben, die Härte liegt zwischen $2^1/_2$ und $3^1/_4$.

Optische Eigenschaften. α-Hopeit hat nach L. J. Spencer starke Doppelbrechung und einen Achsenwinkel von $2E = 58^1/_2$⁰, der β-Hopeit dagegen schwache Doppelbrechung und einen Achsenwinkel von $2E = 32^1/_2$⁰. Der

---

¹) G. Cesàro, Bull. de l'Acad. de Belgique, Cl. d. Sc. 1909, 565. Ref. Z. Kryst. **50**, 308 (1912).

²) W. Skey, Ch. N. **22**, 61 (1870).

Charakter der Doppelbrechung ist negativ. G. Cesàro erklärte den Unterschied in den optischen Eigenschaften für minimal, bestimmte für Hopeit von Moresnet $2E = 83,13°$, $\beta = 1,6$, $\gamma - \alpha = 0,0115$, $\gamma - \beta = 0,0022$ und $\beta - \alpha = 0,0093$. Die Bestimmung A. Des Cloizeaux[1]), $\beta = 1,471$, führt G. Cesàro zugunsten der seinigen auf einen Fehler zurück.

Beim Erhitzen auf 105° wird der α-Hopeit undurchsichtig. Beim β-Hopeit tritt diese Erscheinung erst bei 140° und da insofern anders auf, als durch eine (010)-Fläche gesehen der Kristall undurchsichtig wird, eine Platte nach (100) aber auch nach dem Glühen durchsichtig bleibt.

Der Hopeit ist in verdünnter Salzsäure leicht löslich; er gibt im geschlossenen Rohre Wasser ab und wird dabei weiß, undurchsichtig. Vor dem Lötrohre ist er leicht schmelzbar.

Synthese.

Bevor die chemische Zusammensetzung des Hopeits durch quantitative Untersuchung festgestellt war, hatte man ihn synthetisch dargestellt und konnte durch die optische und kristallographische Identität, sowie durch qualitative Analyse des Minerals die Identifizierung vornehmen.

M. Debray[2]) ließ eine Lösung von Phosphorsäure längere Zeit auf Zinkcarbonat einwirken und kochte dann diese Lösung; er erhielt glänzende Nadeln, die nach der chemischen Analyse der Formel $Zn_3P_2O_8 . 4H_2O$ entsprachen.

C. Friedel und E. Sarasin[3]) haben ebenfalls den Hopeit künstlich dargestellt und das erhaltene Produkt quantitativ analysiert (die erste Analyse des Hopeits). In mehreren Röhren setzten die beiden Forscher Zinkoxyd und Phosphorsäure in wäßriger Lösung in verschiedenem Mengenverhältnis in zugeschmolzenen Röhren Temperatur von 150—180° aus und ließen diese ca. 16 Stunden lang einwirken. In allen Röhren hatten sich mikroskopische Kriställlchen gebildet, die bei größerem Zusatz von Phosphorsäure meßbar waren; diese Messungen stimmten mit denen am natürlichen Hopeit angestellten auf das Beste überein. Die Analyse ergab:

$$
\begin{array}{lr}
ZnO & 53,52 \\
P_2O_5 & 31,12 \\
H_2O & 14,45 \\
\hline
& 99,09
\end{array}
$$

Nach anderen Bestimmungen ergab sich ein Wassergehalt von $16°/_0$, der besser mit der Formel des Hopeits übereinstimmt.

A. v. Schulten[4]) mischte eine Lösung von 45 g $ZnSO_4 . 7H_2O$ in $^1/_2$ l Wasser und eine solche von 37 g $HNa_2PO_4 . 12H_2O$ in der gleichen Menge Wasser zusammen, wobei sich ein Niederschlag von Zinkphosphat bildete; dieser wurde in einem geringen Überschuß von Schwefelsäure aufgelöst und die Lösung auf dem Wasserbade erwärmt und allmählich tropfenweise eine Lösung von $0,3°/_0$igem Ammoniak zugesetzt. Nach Verlauf von 8 Tagen hatten sich wasserklare, gut meßbare Hopeitkristalle gebildet; $\delta = 3,109$.

---

[1]) A. Des Cloizeaux, Bull. Soc. min. **2**, 135 (1879).
[2]) M. Debray, C. R. **59**, 40 (1864).
[3]) C. Friedel u. E. Sarasin, Bull. Soc. min. **2**, 153 (1879).
[4]) A. v. Schulten, Bull. Soc. min. **27**, 100 (1904).

444   H. LEITMEIER, ZINKPHOSPHATE.

Vorkommen. Der Hopeit war zuerst in Calamin von Altenberg als große Seltenheit gefunden worden, dann viel häufiger in den Gruben von Brocken Hill in Rhodesia. An letzterer Fundstätte kommt der Hopeit in einem derben hellgelben Gemenge von Hemimorphit mit Cerussit und Limonit vor, dessen Auftreten an einen kristallinen Kalk gebunden ist. Der größte Teil des Hopeits wurde in einer Höhle mit Knochenresten und Feuersteingeräten auf einer Knochenbreccie gefunden.

Parahopeit.

Kristallisiert niedersymmetrisch, wahrscheinlich triklin.

Der Parahopeit und der Hopeit sind dimorph, wie L. J. Spencer, der Entdecker des Minerals feststellte. Die Analyse führte auf dieselbe Formel; die optischen Eigenschaften sind verschieden.

Analysen.

	1.
ZnO	53,0
P_2O_5	31,6
H_2O	15,6
	100,2

1. Parahopeit von den Brocken Hill-Gruben, Nordwest-Rhodesia; anal. L. J. Spencer, Min. Mag. **15**, 21 (1908).

Das Mineral entspricht gleich dem Hopeit der **Formel.**

$$Zn_3P_2O_8 . 4 H_2O.$$

Die Analyse entspricht besser, wie der Hopeit der Formel, woraus G. Cesàro,[1] der dem Hopeit eine andere Formel gab, also die Dimorphie Parahopeit-Hopeit nicht anerkannte (vgl. S. 442) schloß, daß dieser Parahopeit der ursprünglichen Hopeitformel angehöre. Doch sind die anderen Eigenschaften so verschieden; daß man dann drei Mineralien haben würde.

Die Wasserabgabe war:

bei	113	140	163	201	233°	Gesamtwasser
	—	—	1,9	11,6	15,5	15,8% H_2O.

Die Wasserabgabe ist somit eine ganz andere als wie bei Hopeit (vgl. die Kurve auf S. 442).

Eigenschaften. Das Mineral kommt in dünnen farblosen Platten vor. Die Härte ist $3^3/_4$, also etwas höher als die des Hopeits; die Dichte ist 3,0—3,1 also geringer, als die des Hopeits.

Die Doppelbrechung ist positiv; ein mittlerer Brechungsquotient wurde von G. F. H. Smith[2] mit $N_m = 1,62$ bestimmt.

Bei 163° wurden die Kristalle weiß; bis zu dieser Temperatur ändern sich die optischen Eigenschaften nicht; im Gegensatz zum Hopeit.

Der Parahopeit löst sich leicht in verdünnter Salzsäure und verhält sich vor dem Lötrohre wie der Hopeit.

[1] G. Cesàro, Bull. d. l'Acad. de Belgique, Cl. d. Sc. 1909, 565. Ref. Z. Kryst. **50**, 308 (1912).
[2] G. F. H. Smith bei L. J. Spencer, Min. Mag. **15**, 21 (1908).

Vorkommen. Das Mineral wurde als Seltenheit in den Brocken Hill-Gruben (Nordwest-Rhodesia) gefunden, wo es zusammen mit Tarbuttit, Descloizit, Pyromorphit, Hemimorphit, Zinkspat, Cerussit, Limonit, Wad, Quarz, Bleiglanz und Zinkblende vorkommt.

Tarbuttit.

Kristallisiert: Triklin pinakoidal $a:b:c = 0,9583:1:1,3204$; $\beta = 123^\circ 52'$ angenähert; nach L. J. Spencer, l. c.

Analyse.

	1.	2.	2.
ZnO	66,6	67,1	65,3
(CuO)	—	—	Spuren
P_2O_5	29,2	29,2	30,2
H_2O	3,8	3,7	4,1
	99,6	100,0	99,6

1. Tarbuttit, Kristalle von den Brocken Hill-Gruben, Nordwest-Rhodesia; anal. L. J. Spencer, Min. Mag. **15**, 27 (1908).
2. Zusammensetzung für die unten angegebene Formel berechnet.
3. Pseudomorphosen von Tarbuttit nach Calamin, vom gleichen Fundorte, wie oben; anal. wie oben.

Der Tarbuttit ist ein basisches Zinkphosphat dem die **Formel** zukommt:

$$Zn_3P_2O_8 . Zn(OH)_2 \text{ oder } Zn_2(OH)PO_4 \text{ oder } 4ZnO . P_2O_5 . H_2O.$$

Dieses Mineral entspricht seiner Zusammensetzung nach dem Adamin $Zn_3As_2O_8Zn(OH)_2$ ist mit ihm aber nicht isomorph.

Eigenschaften. Der Tarbuttit kommt in Kristallen von verschiedenem Habitus vor, sie sind farblos, gewöhnlich blaßgelb, bräunlich, rötlich oder grünlich gefärbt. Die Dichte ist an farblosen Kristallen 4,15, an gelblichen war sie 4,12. L. J. Spencer hat an zwei Prismen die Brechungsindices mit 1,706, 1,665 und am zweiten mit 1,703 und 1,672 bestimmt; der Charakter der starken Doppelbrechung ist negativ; der optische Achsenwinkel beträgt $2E = 80—90^\circ$.

Im Kölbchen gibt das Mineral wenig Wasser ab, und wird weiß und undurchsichtig, während es in der Hitze gelb ist. Vor dem Lötrohre ist es leicht schmelzbar.

In verdünnter Salzsäure ist der Tarbuttit leicht löslich.

Vorkommen. Der Tarbuttit wurde nur an der einen Lokalität gefunden, wo er auf Limonit zusammen mit Descloizit, Vanadinit, Hemimorphit, Cerussit, Limonit, Wad, Quarz, Zinkblende, Bleiglanz und Pyromorphit vorkommt; auch bildet er Überzüge auf Hopeit aus der Knochenhöhle (S. 444). Er bildet auch Pseudomorphosen nach Zinkspat, Descloizit und Hemimorphit.

Bleiphosphate.

In der Natur kennt man außer Blei-Aluminiumphosphaten (s. später) nur zwei Bleiphosphate, von denen das erst vor kurzem entdeckte Mineral Tsumebit ein Blei-Kupferphosphat darstellt. Das zweite ist ein Bleichlorophosphat, der

Pyromorphit, isomorph mit Apatit, Mimetesit und anderen Arsenaten. Sie bilden alle isomorphe Mischungen von Chlor und Fluorverbindungen, denen seltener auch Hydroxylverbindungen beigemengt sind.

Tsumebit (Preslit). (Blei-Kupferphosphat.)

Synonym. Preslit. Das Mineral ist fast gleichzeitig und unabhängig von K. Busz (Tsumebit) und V. Rosický (Preslit) beschrieben worden; dem Namen Tsumebit gebührt aber die Priorität.

Monoklin. $a:b:c = 0{,}9974:1:0{,}8215$; $\beta = 81{,}44$ nach K. Busz.

Rhombisch. $a:b:c = 0{,}977:1:0{,}879$ nach V. Rosický.

Analysen.

	1.	2.
δ	6,133	6,09
CuO	11,79	11,97
PbO	63,77	65,09
P_2O_5	12,01	10,26
H_2O	12,33	—
	99,90	

1. Tsumebit von Tsumeb, Otavi, Deutsch-Südwestafrika; anal. K. Busz, F. Rüsberg und H. Dubigk bei K. Busz, Festschrift der med. nat. Ges. Münster 1912, 185.
2. Tsumebit vom gleichen Vorkommen; anal. J. Frejka bei V. Rosický, Z. Kryst. 51, 526 (1913).

K. Busz rechnet aus Analyse 2 die **Formel:**

$$5 (Pb, Cu)O \cdot P_2O_5 \cdot 8 H_2O,$$

worin sich Pb : Cu wie 2 : 1 verhält. Man kann diese Formel vielleicht in Analogie mit dem Tagilith als wasserhaltiges basisches Blei-Kupferphosphat schreiben:

$$Pb_3[(Cu, Pb)(OH)_2]_2(PO_4)_2 \cdot 6 H_2O.$$

K. Busz denkt auch an die Möglichkeit einer isomorphen Mischung der beiden Komponenten:

$$Pb_3[Pb(OH)_2]_2(PO_4)_2 \cdot 6 H_2O$$

und

$$Cu_3[Cu(OH)_2]_2(PO_4)_2 \cdot 6 H_2O.$$

Eigenschaften.[1]) Der Tsumebit bildet smaragdgrüne, lebhaft glänzende, durchsichtige Kriställchen, deren Kristallsystem noch nicht feststeht.

Die Härte ist ca. 3,5. Die Dichte ist bei den Analysen angegeben. Das Mineral zeigt deutlichen Pleochroismus.

Vor dem Lötrohre schmilzt Tsumebit leicht und gibt ein Metallkorn, er gibt Cu- (Flamme), Pb- (Korn) und P_2O_5- (Erhitzen mit MgO) Reaktion. In Salpetersäure ist das Mineral langsam, aber vollständig löslich, in Salzsäure nach V. Rosický leichter, aber nicht vollständig. Nach K. Busz löst sich durch die Einwirkung der Salpetersäure zuerst ein Kupferphosphat.

---

[1]) Die Eigenschaften wurden von beiden Forschern mit guter Übereinstimmung angegeben; ein Autor ist nur dann genannt, wenn sich die betreffende Angabe nur in der einen der beiden Arbeiten fand.

Vorkommen. Der Tsumebit wurde in Begleitung von Zinkspat, Cerussit, Malachit und Azurit in den Kupfer-Bleierzgruben von Otavi, die an einem verkieselten Dolomit gebunden sind, gefunden. Die primären Erze dieser Grube sind nach W. Maucher[1]) Galenit, Chalkosin, Enargit, Stibioluzonit, Sphalerit und Pyrit; daneben kommen eine Reihe sekundärer Mineralien vor.

Pyromorphit (Bleichlorophosphat).

Synonyma: Braunbleierz; Grünbleierz; Phosphorsaures Blei; Buntbleierz; Miesit, ein kalkhaltiger Pyromorphit; Nussierit, ein wahrscheinlich unreiner Pyromorphit; Polysphärit; Cherokine; Grüner Bleispat u. a.

Kristallisiert hexagonal bipyramidal, $a:c=1:0,72926$ bis $1:0,73544$ nach R. Brauns.[2])

Analysenzusammenstellung.

Unter dem Namen Pyromorphit faßt man das reine Bleichlorophosphat von der Zusammensetzung $PbCl_2 . 3 Pb_3 P_2 O_8$ und isomorphe Mischungen dieses Phosphats mit Apatit und Mimetesit zusammen. Die ersteren dieser Mischungen sind daher kalkhaltig, die letzteren arsenhaltig. Hier sollen zuerst die Analysen des reinen Phosphats angeführt werden und dann die der isomorphen Mischungen folgen. Die Anordnung der einzelnen Analysen innerhalb dieser drei Gruppen erfolgt nach dem Grade ihrer Reinheit.

I. Reines Bleichlorophosphat.

Hier sind nur solche Pyromorphite angeführt, deren CaO- und As_2O_5-Gehalt unter $1/2 \%$ gelegen sind.

Bei den älteren Analysen sind in allen drei Abteilungen solche, bei denen P_2O_5 nicht bestimmt wurde, nicht aufgenommen worden.

A. Ältere Analysen.

	1.	2.	3.
δ	—	—	6,715
PbO	82,20	81,62	81,34
Cr_2O_3	—	—	} 0,59
Fe_2O_3	—	—	
P_2O_5	15,96	15,94	15,82
Cl	2,89	2,67	2,54
	101,05	100,23	100,29

1. Pyromorphit von Ems; anal. F. Sandberger, Journ. prakt. Chem. **47**, 462; zitiert nach C. F. Rammelsberg, Mineralchem. 1875, 299.

2. Pyromorphit von Kransberg bei Usingen in Nassau; anal. wie oben.

3. Pyromorphit von Bereosow; anal. Struve, Verh. Petersb. Min. Ges. 1857; zitiert wie oben.

---

[1]) W. Maucher, Z. prakt. Geol. **8**, 24 (1908).
[2]) R. Brauns, ZB. Min. etc. 1909, 263.

B. *Neuere Analysen.*

	4.	5.	6.	7.	8.
CaO . . .	—	—	—	Spuren	—
PbO . . .	81,4	—	81,6	} 89,62	88,72
P_2O_5 . . .	15,7	15,9	15,9		
As_2O_5 . .	Spur	—	Spur	—	—
Cl . . .	2,6	2,6	2,8	—	—
$PbCl_2$ . .	—	—	—	10,26	10,67
	99,7		100,3	99,88	99,39

4. Orangerote Pyromorphitkristalle von Leadhill; anal. N. Collie, Journ. Chem. Soc. London **55**, 93 (1889).

5. Grüne Kristalle vom gleichen Fundorte; anal. wie oben.

6. Gelbliche Kristalle vom selben Fundorte; anal. wie oben.

7. Pyromorphit von Ems in Nassau; anal. E. Jannettaz und L. Michel, Bull. Soc. min. **4**, 198 (1881).

8. Pyromorphit von Zähringen bei Emmendingen; anal. dieselben, wie oben.

	9.	10.	11.	12.	13.	14.
CaO . . .	—	—	—	—	0,25	—
FeO . . .	—	—	—	—	—	0,87
PbO . . .	81,80	81,60	82,23	—	80,97	72,13
P_2O_5 . .	16,01	15,76	15,63	—	15,94	17,12
$Fe_3P_2O_8$ . .	—	—	—	0,45	—	—
$Pb_3P_2O_8$ . .	—	—	—	89,04	—	—
Cl . . .	2,46	2,57	2,56	—	2,54	—
$PbCl_2$ . .	—	—	—	10,48	—	9,68
	100,27	99,93	100,42	99,97	99,70	99,80

9.—11. Pyromorphit aus der Umgebung von Rheinbreitenbach a. Rh.; anal. H. Harff bei R. Brauns, ZB. Min. etc. 1909, 263.

12. Orangefarbige Pyromorphitkristalle von Leadhills; anal. F. Heddle, Min. Mag. **22**, 1 (1882). Ref. Z. Kryst. **7**, 199 (1883).

13. Pyromorphit von Schemnitz in Ungarn; anal. C. Hidegh, Math. és. term. tud. Közlem. Kiad. a magy. tud. Akad. **17**, 97. Ref. Z. Kryst. **8**, 535 (1884).

14. Pyromorphit von Hofsgrund bei Freiburg im Breisgau; anal. E. Jannettaz u. L. Michel, Bull. Soc. min. **4**, 199 (1881).

	15.	16.	17.	18.	19.	20.
CaO . . .	Spur	0,42	0,38	Spur	—	0,21
FeO . . .	Spur	—	—	—	3,0	—
(ZnO) . . .	—	—	—	—	—	—
(BaO) . . .	Spur	—	—	—	—	1,39
PbO . . .	81,12	80,89	80,80	—	—	—
Pb . . .	—	—	—	69,40	69,16	76,39
(Al_2O_3) . .	—	—	—	6,57	—	—
(Fe_2O_3) . .	Spur	—	0,28	—	—	1,93
(SiO_2) . .	—	—	—	0,62	—	—
P_2O_5 . . .	16,51	15,90	15,58	15,22	16,59	3,70
V_2O_5 . . .	—	—	—	Spur	—	11,24
Cl . . .	2,71	2,13	2,65	2,26	—	3,05
$PbCl_2$ . . .	—	—	—	—	9,61	1,40
(Unlöslich) .	—	0,31	—	4,67	—	—
(H_2O) . . .	—	—	—	0,86	—	—
	100,34	99,65	99,69	99,60	98,36	99,31

15. Pyromorphit von Braubach; anal. H. L. Bowman, Min. Mag. **13**, 324 (1903).
16. Wasserhelle Pyromorphitkristalle von Dernbach bei Montabaur in Nassau; anal. A. Hilger, N. JB. Min. etc. 1879, 132. Die Zahlen sind von E. S. Dana auf die üblichen Oxyde umgerechnet worden. Mineralogie 1892, 770.
17. Grünlicher Pyromorphit aus der Brocken Hill-Gegend; anal. J. C. H. Mingaye, H. P. White u. W. A. Greig, Rec. Geol. Surv. New South Wales **8**, 182 (1905). Z. Kryst. **43**, 623 (1907).
18. Pyromorphit von Braidwood, Little River, New South Wales; anal. J. C. H. Mingaye, Rec. Geol. Surv. New South Wales **6**, 116 (1898). Ref. Z. Kryst. **32**, 300 (1900).
19. Pyromorphit von Joachimstal in Böhmen; anal. E. Jannettaz u. L. Michel, Bull. Soc. min. **4**, 198 (1881).
20. Pyromorphit von Zähringen in Baden, konzentrische Schichten; anal. C. Baerwald, Z. Kryst. **7**, 172 (1883).

II. Pyromorphite mit Beimengungen von Mimetesit.

A. Ältere Analysen.

	21.	22.
δ	5,537	—
PbO	81,53	72,99
P_2O_5	12,90	14,07
As_2O_5	2,61	2,32
Cl	2,58	
$PbCl_2$	—	10,09
	99,62	99,47

21. Pyromorphit von Altai; anal. Struve nach C. F. Rammelsberg, Min. Chem. 1875, 300.
22. Pyromorphit von Zschoppau; anal. F. Wöhler, zitiert nach E. Jannettaz u. L. Michel, Bull. Soc. min. **4**, 198 (1881).

B. Neuere Analysen.

	23.	24.	25.	26.	27.
FeO	—	1,75	—	—	—
PbO	73,02	71,0	70,32	70,03	75,12
P_2O_5	14,56	13,92	15,56	11,31	5,20
As_2O_5	2,72	3,54	2,34	8,98	9,28
$PbCl_2$	9,6	9,20	11,17	9,05	9,85
	99,90	99,41	99,39	99,37	99,45

23. Pyromorphit von Marienberg; anal. E. Jannettaz u. L. Michel, Bull. Soc. min. **4**, 202 (1881).
24. Pyromorphit von Zschoppau; anal. wie oben.
25. Pyromorphit vom gleichen Fundorte; anal. wie oben.
26. Pyromorphit von Roughten Gill; anal. wie oben. (Pyromorphit von Mimetesit überwachsen.)
27. Pyromorphit von Cornwall; anal. wie oben. (Die gleiche Verwachsung.)

III. Pyromophit mit Beimengungen von Apatit.

Unter den bekannten guten Analysen finden sich nur zwei die sich auf eine reine Mischung von Pyromorphit mit Apatit (Bleichlorophosphat mit Calciumfluorophosphat) beziehen, denn diese Mischungen enthalten fast stets auch größere oder geringere Mengen von Mimetesit. Von Pyromorphiten, die nur wenig As_2O_5 neben CaO enthalten, kann man eine Analyse (30) anführen:

29

	28.	29.	30.
δ	—	—	7,013
CaO . . .	2,36	1,25	0,59
FeO	—	0,15	0,86
PbO	77,22	70,20	80,20
P_2O_5 . . .	16,80	18,10	16,12
As_2O_5 . . .	—	—	0,41
Cl	2,73	—	2,52
PbCl . . .	—	9,50	—
(Unlöslich) . .	—	—	0,08
(CaF_2) . . .	—	1,20	—
	99,11	100,45	100,78
			O = Cl − 0,57
			100,21

28. Grüner Pyromorphit von Badenweiler; anal. Lindenbom bei F. Sandberger N. JB. Min. etc. 1867, 449.

29. Pyromorphit von Huelgoet, Finistère; anal. Rivot bei E. Jannettaz und L. Michel, Bull. Soc. min. **4**, 199 (1881).

30. Gelbe Pyromorphitkristalle von der Girl Mine im Moyie-Distrikt im Südosten von Britisch Columbien; anal. O. Bowles, Am. Journ. **28**, 40 (1909).

Zu den CaO-haltigen Pyromorphiten gehört auch ein Vorkommen, das CO_2 enthält:

	31.
Ca	4,02
Pb	66,73
PO_4	23,82
Cl	2,55
CO_3	1,93
(Unlöslich) . .	0,42
	99,47

31. Pyromorphit, Überzug auf Bleiglanz vom Buffalo Claim, am unteren Sugar-Loaf-Creek in Marion Co., Arkansas; anal. Postma bei A. F. Rogers, Z. Kryst. **52**, 217 (1913).

Mischungen von Pyromorphit mit Apatit und Mimetesit.

Ältere Analysen.

	32.	33.	34.
δ	—	6,416	—
CaO . . .	2,40	3,28	12,30
FeO . . .	—	—	2,44
(CuO) . . .	—	Spuren	
PbO . . .	77,46	77,17	52,64
(SiO_2) . . .	—	—	7,20
P_2O_5 . . .	16,11	16,25	19,80
As_2O_5 . . .	0,66	0,61	4,06
Cl	2,64	2,62	1,95
F	—	Spuren	
	99,27	99,93	100,39

32. Hellwachsgelbe Pyromorphitkristalle von Badenweiler; anal. Seidel bei F. Sandberger, N. JB. Min. etc. 1864, 222.

33. Apfelgrüner Pyromorphit vom Gange Friedrich Christian zu Schapbach; anal. Th. Petersen, N. JB. Min. etc. 1871, 391.

34. (Nussierit) Verunreinigter Pyromorphit von der Grube Nuissière, Dep. Rhône; anal. G. Barruel, Ann. chim. phys. **62**, 217 (1836). Umgerechnet durch J. D. Dana, Min. 1892, 771.

Neuere Analysen.

	35.	36.
δ	7,051	—
MgO	—	0,22
CaO	0,56	0,58
FeO	0,46	—
PbO	80,13	80,85
P_2O_5 . . .	15,65	15,01
As_2O_5 . . .	0,90	1,11
Cl	2,59	2,57
(Unlöslich) . .	0,05	—
	100,34	100,34

35. Grüner Pyromorphit von der Girl Mine im Moyie-Distrikt im Südosten von Britisch Columbien; anal. O. Bowles, Am. Journ. **28**, 40 (1909).

36. Pyromorphit, gelbe Fasern, von Cusihuiriachic in Mexico; anal. H. Ungemach, Bull. Soc. min. **33**, 401 (1910).

Formel und Konstitution.

Der reine Pyromorphit entspricht sehr gut der Formel:

$$PbCl_2 \cdot 3\,Pb_3P_2O_8 \quad \text{oder} \quad 3\,Pb_3(PO_4)_2PbCl_2 \, ,$$

der folgende Zusammensetzung zugehört:

Bleiphosphat 89,7
Bleichlorid . . . . . 10,3.

In der Tat weisen die Analysen 1—19 große Übereinstimmung auf.

Eine große Anzahl Pyromorphite enthalten aber mehr oder weniger bedeutende Mengen Calciumphosphat und Bleichloroarsenat beigemengt. Da das Mineral Pyromorphit auch kristallographisch (siehe unten) dem Apatit und dem Mimetesit sehr nahe steht, so ist die Annahme einer isomorphen Beimengung sehr berechtigt; und in bezug auf die Isomorphie zwischen Pyromorphit und Mimetesit besteht wohl kein Zweifel, wenn auch E. Jannettaz und L. Michel[1]) auf Grund ihrer optischen Untersuchungen annahmen, daß die beiden Verbindungen keine Neigung zur Bildung eigentlicher isomorpher Mischungen zeigen. Sie fanden nämlich, daß bei einem Pyromorphit (Analyse 26, S. 449), der 11 % P_2O_5 und 9 % As_2O_5 enthielt, die Mitte Pyromorphit, die Peripherie Mimetesit ist, was früher auch E. Bertrand[2]) gefunden hatte. Es handelt sich also um isomorphe Schichtkristalle. Auch darin, daß Mimetesit optisch zweiachsig und Pyromorphit optisch einachsig ist, erblicken beide Forscher ein Kriterium, das gegen die enge Verwandtschaft der beiden Verbindungen spräche. P. Groth[3]) weist darauf hin, daß man die Tatsache, daß die beiden Verbin-

---

[1]) E. Jannettaz u. L. Michel, Bull. Soc. min. **4**, 196 (1881).
[2]) E. Bertrand, Bull. Soc. min. **4**, 35 (1881).
[3]) P. Groth, Referat zur Arbeit von E. Jannetaz u. L. Michel (l. c.), Z. Kryst. **6**, 310 (1882).

29*

dungen keine eigentlichen Mischungen, sondern bloß Überwachsungen dar-
bieten, durch verschiedene Löslichkeit der beiden zu erklären vermöge.

Einer Interpretierung bedarf Analyse 20. Durch Berechnung hat C. Baerwald gefunden, daß dieses Vorkommen aus einem Kalk-Bleialuminat von der
Zusammensetzung $(Pb, Ca)_3 Al_2 O_6$, aus einem Phosphorovanadat $Pb_3(PO_4)_2$
$+ (Pb, Zn)_3 (VO_4)_2$ und Pyromorphit besteht, die sich wie 1 : 2 : 4,2 verhalten.

A. F. Rogers[1]) nimmt an, daß das Chlor im Pyromorphit durch das
Carbonatradikal vertreten sein kann, Analyse 31 stimmt gut mit dem Verhältnis 10 (Pb, Ca) : 6 PO_4 : 1 (Cl_2, CO_3) überein. Wenn nicht genug Chlor zur
Bildung des Pyromorphitmoleküls vorhanden ist, so glaubt er, kann das Chlor
durch das CO_3-Radikal vertreten sein. Deshalb brausten einige Vorkommen
beim Behandeln mit heißer Salpetersäure ein wenig.

Eigenschaften.

Der Pyromorphit tritt in Kristallen und in schaligen, kristallinen Massen
auf. Nach den neuesten Untersuchungen von R. Brauns[2]) sind die Kristalle
denen des Apatits und Mimetesits sehr ähnlich, was durch die Zusammenstellung der kristallographischen Achsenverhältnisse dargetan sei:

Apatit . . . . . . $a : c = 1 : 0,7346—0,7313$
Pyromorphit . . . . $a : c = 1 : 0,72926$
Ca-haltiger Pyromorphit $a : c = 1 : 0,73544$
Mimetesit . . . . . $a : c = 1 : 0,72496—0,73147$

R. Brauns weist darauf hin, daß eine Scheidung von Pyromorphit und
Mimetesit nach den Winkelwerten fast ausgeschlossen erscheint.

Färbung des Pyromorphits. Der Pyromorphit ist im reinsten Zustande
farblos, z. B. der der Analyse 16 (S. 448) entsprechende Pyromorphit. Er ist
meist grau, grün, gelblich oder orangerot bis braun gefärbt; aber es gibt auch
blaue und schwarze Pyromorphite, wie O. Clere[3]) angegeben hat.

Bezüglich der grünen Färbung hatte man allgemein angenommen, daß
die Ursache in einem kleinen, durch die Analyse gewöhnlich nicht nachweis-
baren Chromgehalte zu suchen sei. P. Groth zeigte aber, daß nicht nur
grüne Pyromorphite Chrom enthalten, sondern auch ein gelber, wie die
Analyse dartat, geringe Mengen Chrom enthielt. Die Chromverbindung kann
nur mechanisch beigemengt oder in Form einer festen Lösung enthalten sein,
für diese Färbung erscheint sie somit nach P. Groths Untersuchungen (l. c.)
nicht ausschlaggebend.

Die **Härte** des Pyromorphits liegt zwischen $3 \frac{1}{2}$ und 4.

Die **Dichte** wurde nicht oft bestimmt; sie liegt nach dem Kalkgehalte
zwischen 6,5 und 7; einzelne Bestimmungen sind bei den Analysen angegeben.

Optische Eigenschaften. An einem sehr reinen Pyromorphit hat
H. L. Bowman[4]) die Brechungsquotienten mittels der Prismenmethode gemessen (Analyse 15):

[1]) A. F. Rogers, Z. Kryst. **52**, 217 (1913).
[2]) R. Brauns, ZB. Min. etc. 1909, 263.
[3]) O. Clere, Verh. d. kais. russ. min. Ges. **41**, 28 (1903). Ref. Z. Kryst. **41**, 185 (1906).
[4]) H. L. Bowman, Min. Mag. **13**, 324 (1903).

	für rotes	gelbes	blaues Licht
N_α . . .	2,042	2,0494	2,0832
N_γ . . .	2,0504	2,0614	2,0964

Daraus ergibt sich die Doppelbrechung für gelbes Licht $N_\gamma - N_\alpha = 0,0120$. Der Charakter der Doppelbrechung ist negativ. Durch Beimengung von Bleichloroarsenat entsteht Zweiachsigkeit.

Elektrische Eigenschaften. Nach W. G. Hankel[1] sind beim Pyromorphit (von Zschoppau) beide Endflächen positiv, die prismatischen Seitenflächen negativ elektrisch.

An Kristallplättchen bestimmte W. Schmidt[2] die Dielektrizitätskonstanten des Pyromorphits von Zschoppau:

$\perp$ zum außerordentlichen Strahl $DC = 26,0$

$\parallel$ zum außerordentlichen Strahl $DC = 150$.

Einwirkung von Röntgenstrahlen und Kathodenstrahlen. Nach K. Keilhacks[3] Untersuchungen zeigte Pyromorphit unbekannten Fundortes ein Lumineszenzlicht, das dem 9. Grade der von ihm aufgestellten Skala entspricht.

Nach C. Doelter[4] zeigte brauner Pyromorphit mit Kathodenstrahlen schwache gelbgrüne Phosphoreszenz; die Kristalle waren nach der Betrachtung mehr braun geworden.

Radiumstrahlen bringen nach C. Doelters (l. c.) Untersuchungen dieselbe Wirkung hervor.

Radioaktiver Pyromorphit. J. Danne[5] erwähnte ein Pyromorphitvorkommen in der Umgebung von Issy-l'Evêque in Saône-et-Loire, der radioaktiv ist. Der Pyromorphit, der dortselbst in feinen Gängen in einem bleihaltigen Ton auftritt, enthält keine Beimengung, die aktiv sein konnte. Die Materie, in der das Mineral vorkommt, ist stets feucht, und J. Danne konnte in dem Wasser eine beträchtliche Radioaktivität finden, und er ist der Meinung, daß dadurch die Radioaktivität des Pyromorphits zu erklären sei. In nicht allzu großer Entfernung dieses Auftretens kommt auch ein aktives Mineral, der Autunit vor.

Löslichkeit. G. Bischof fand, daß 1 Teil Pyromorphit in 21 086 Teilen mit Kohlensäure gesättigtem Wasser löslich sei.

In Salpetersäure ist der Pyromorphit leicht löslich, der kalkfreie auch in Kalilaugenlösung.

Lötrohrverhalten. Er ist leicht vor dem Lötrohre zu schmelzen, und färbt die Flamme bläulichgrün. Auf Kohle gibt er in der Nähe der Probe den gelben, weiter entfernt einen weißen Beschlag von Chlorblei. Mit Reduktionsmitteln kann man leicht ein Bleikorn erhalten. Die Schmelze des Minerals allein erstarrt kristallinisch. Bei den arsenhaltigen Pyromorphiten bekommt man die entsprechende Arsenreaktion.

---

[1] W. G. Hankel, Abh. sächs. Akad. d. W. math. nat. Kl. **12**, 551 (1882). Ref. Z. Kryst. **9**, 414 (1884).
[2] W. Schmidt, Ann. d. Phys. **9**, 919 (1902).
[3] K. Keilhack, Z. Dtsch. geol. Ges. 1898, S. 131.
[4] C. Doelter, Das Radium und die Farben. (Dresden 1910), 46.
[5] J. Danne, C. R. **140**, I, 241, (1905).

Synthese des Pyromorphits.

Als erster hat Manross[1]) den Pyromorphit künstlich dargestellt, indem er in einem verschlossenen Tiegel Natriumphosphat und Bleichlorid schmolz und langsam abkühlen ließ. Als er beim Abkühlen das flüssige Bleichlorid unmittelbar vor dessen Erstarrungspunkte abgoß, blieb im Bodensatz des Tiegels eine kristalline Kruste von Pyromorphit. Die so erhaltenen Kristalle waren längliche, an den Enden mit einer Pyramide abgestumpfte Individuen; das spezifische Gewicht war $\delta = 7{,}008$. Die analytische Untersuchung gab die Zusammensetzung des natürlichen Pyrophosphats.

H. Saint Claire Deville und Caron[2]) stellten das Mineral dar, indem sie eine Mischung von dreifach basischem Bleiphosphat und Bleichlorid mit Natriumchlorid im Überschuß gerade bis zur Rotglut, ohne diese zu überschreiten, schmolzen. Die Analyse gab die Zusammensetzung des Pyromorphits.

Künstliche Pyromorphitkristalle erhielt in ähnlicher Weise H. Debray,[3]) indem er in einem geschlossenen Gefäß eine durchfeuchtete Mischung von Bleiphosphat und Bleichlorid auf 250° erhitzte.

In neuerer Zeit hatte L. Michel[4]) dadurch Pyromorphit synthetisch dargestellt, daß er 3 Äquivalente Bleiphosphat mit 1 Äquivalent Bleichlorid in einem Porzellantiegel miteinander mischte, etwas Bleichlorid darüber schichtete, den Tiegel in einen irdenen stellte, beide hermetisch verschloß und den Zwischenraum mit geglühter Magnesia ausfüllte. Die Mischung wurde auf 1050° erhitzt und langsam abkühlen gelassen. In den Hohlräumen der Schmelze fanden sich dann bis zu 2 cm lange und 1 mm dicke Pyromorphitkristalle. Analysen ergaben:

$$Pb_3P_2O_8 \quad . \quad . \quad . \quad . \quad . \quad 89{,}87$$
$$PbCl_2 \quad . \quad . \quad . \quad . \quad . \quad 10{,}14$$
$$\overline{100{,}01}$$

Auch Mischkristalle mit Mimetesit wurden erhalten, indem anstatt des Bleiphosphats ein Gemenge von Bleiphosphat und Bleiarsenat verwendet wurde. Analysen ergaben:

$Pb_3P_2O_8$	79,67	68,98	59,24
$Pb_3As_2O_8$ . . .	10,21	19,43	29,37
$PbCl_2$	9,71	10,12	10,31
	99,59	98,53	98,92

Durch Zugabe von sehr kleinen Mengen von Bleichromat erhielt L. Michel gelbe und orangerote, selten grüne Kristalle.

Es beeinflußt also Chrom die Farbe des Pyromorphits, es ist aber damit nicht gesagt, daß das natürliche Färbemittel dieses Minerals auch in einer Chromverbindung zu suchen sei (s. S. 452).

Vorkommen und Genesis.

Der Pyromorphit ist ein Phosphat der Bleiglanzlagerstätten; obwohl er auf sehr vielen Orten vorkommt, tritt er doch selten in größeren Mengen auf.

---

[1]) Manross, C. R. **47**, 885 und Ann. d. Chem. und Pharm. **82**, 128 (1852).
[2]) H. St. Claire Deville und Caron, Ann. chim. phys. (3) **68**, 443 (1863).
[3]) H. Debray, C. R. **52**, 44 (1866).
[4]) L. Michel, Bull. Soc. min. **10**, 133 (1887).

Eines seiner häufigsten Vorkommen ist zu Mies in Böhmen, wo phyllitische Gesteine von Gängen, die in einer sandigen zerfallenen Masse neben reichlichem Quarz die Erze Bleiglanz, Zinkblende, Pyrit, Baryt, Cerussit und Pyromorphit führen durchzogen werden.[1] In Freiberg kommt das Mineral viel seltener vor. (Vgl. auch die Fundorte bei den Analysen.)

Die Entstehung kann man sich durch Einwirkung von Phosphatlösungen auf Bleisalze, vor allem den Bleiglanz denken. Aber auch aus dem Carbonat hat sich das Phosphat gebildet, wie die Pseudomorphosen nach Cerussit zeigen, die neben denen nach Bleiglanz nicht selten sind.

Bei diesen Bildungen des Pyromorphits aus Bleiglanz weist G. Bischof[2] darauf hin, daß bei diesen Pseudomorphosen stets ein Gehalt an Carbonat zu beobachten ist, und spricht die Ansicht aus, daß sich der Pyromorphit aus Bleiglanz stets über das Carbonat (Cerussit) bildet.

Bleiglanz ist überhaupt, wie E. Dittler[3] in jüngster Zeit erst gezeigt hat, sehr wenig umsetzungsfähig mit Ausnahme der Umwandlung in das Carbonat, die leichter gelingt. So ist auch experimentell eine Umwandlung des Sulfids in das Molybdat nicht möglich, wohl aber die des Carbonats in das Molybdat, welchen Weg E. Dittler experimentell durchgeführt hat. Für den Pyromorphit steht die experimentelle Prüfung noch aus.

Umwandlung des Pyromorphits.

Aus einigen Pseudomorphosen kann man auf die Umwandlungsvorgänge, denen der Pyromorphit unterliegt, rückschließen. Sehr interessant ist der Umstand, daß auch Pseudomorphosen von Pyromorphit nach Bleiglanz bekannt sind. Die Umwandlung geht meist von außen nach innen vor sich, z. T. ist das Phosphat noch erhalten.[4]

G. Bischof[5] leitete durch Wasser, worin geschlämmter Pyromorphit suspendiert war, Schwefelwasserstoff; es bräunte sich die milchige Suspension und entstand schließlich ein schwarzer Niederschlag von Bleisulfid; das Wasser enthielt Phosphorsäure.

G. Bischof digerierte geschlämmten Pyromorphit mit einer Lösung von Kaliumcarbonat eine Stunde lang und entfernte alle Säure aus dem Niederschlage; der Rückstand brauste mit HCl, es hatte sich Bleicarbonat gebildet. Auch bei gewöhnlicher Temperatur wandelte er das Phosphat in das Carbonat um.

Als Pyromorphit mit CO_2 gesättigtem Wasser behandelt wurde, löste sich etwas Pyromorphit (vgl. S. 453), der Rückstand brauste aber nicht auf. Kohlensäure vermag daher auf Pyromorphit nur lösend, nicht aber umsetzend einzuwirken.

Man kennt noch Verdrängungspseudomorphosen von Chalcedon, Limonit, Calamin und auch von Apatit[6] nach Pyromorphit.

[1] Vgl. A. Rücker, J. k. k. geol. R.A. 17, 211 (1867).
[2] G. Bischof, Chem. Geol. (Bonn 1866), 3, 742.
[3] E. Dittler, Z. Kryst. 53, 168 (1913).
[4] R. Blum, Die Pseudomorphosen S. 178 und Nachtr. 1, 93 und Nachtr. 3, 172.
[5] G. Bischof, l. c. S. 801.
[6] Sillem, N. JB. Min. etc. 1848, 388.

Phosphate von Tonerde und Eisenoxyd.

Von diesen Phosphaten sind die Tonerdephosphate die wichtigsten und verbreitetsten. Bei den Phosphaten dreiwertiger Basen sind auch die komplexen Phosphate, also diejenigen eingereiht, die neben einer dreiwertigen Base auch zwei- oder einwertige enthalten.

Tonerdephosphate.

Alle Tonerdephosphat-Mineralien sind wasserhaltig, es fällt somit hier diese Zweiteilung fort. P. Groth faßt in seiner Übersicht allerdings z. B. den Amblygonit, Lazulith, den Augelith, Dufrenit und einige andere als nur hydroxylhaltige Phosphate auf, was zum mindesten für den Amblygonit sehr wahrscheinlich ist.

Die Einteilung erfolgt in reine Tonerdephosphate, die nur aus Tonerde, Phosphorsäure und Wasser bestehen, oder nur geringe Mengen einwertiger und zweiwertiger Basen enthalten und in komplexe Tonerdephosphate, die größere Mengen anderer Basen enthalten.

1. Reine Tonerdephosphate.

Die Anreihung der Mineralien dieser Gruppe erfolgt, wie früher von normalen Phosphaten zu basischen Phosphaten, letztere sind im allgemeinen nach dem Grade ihrer Basizität angeordnet. Saure Phosphate dieser Gruppe sind nicht bekannt.

Variscit.

Der Variscit kommt in einer kristallisierten Modifikation und in einer amorphen Modifikation vor. Kristalle sind verhältnismäßig selten und in guter Ausbildung erst seit kurzem bekannt.

Kristallisiert rhombisch; $a:b:c = 0,8952:1:1,0957$ nach W. T. Schaller.[1]

Synonym: Kallais.

Analysen.

1. Kristallisierter Variscit.

	1.	2.	3.	4.	5.
δ	—	2,408	—	—	—
(MgO) . .	—	0,41	—	—	—
(CaO). . .	—	0,18	—	—	—
Al_2O_3 . .	32,5	31,25	31,46	32,24	32,65
(Cr_2O_3) . .	—	} 1,21 [2]	—	—	—
Fe_2O_3 . . .			—	—	—
P_2O_5 . . .	44,8	44,05	44,74	43,96	44,40
H_2O . . .	22,7	22,85	23,80	23,80	22,95 [3]
	100,0	99,95	100,00	100,00	100,00

[1] W. T. Schaller, Z. Kryst. **50**, 334 (1912).
[2] $Cr_2O_3 + Fe_2O_3 + FeO$.
[3] Aus der Differenz bestimmt.

1. Theoretische Zusammensetzung.
2. Kristallinischer Variscit von Meßbach bei Plauen im sächsischen Voigtlande; anal. Th. Petersen, N. JB. Min. etc. 1871, 537.
3. u. 4. Kristallinischer Variscit von Montgomery Co., Arkansas; anal. A.N. Chester, Am. Journ. (III) **13**, 295 (1877).
5. Sphärolithischer Variscit von Lewiston in Utah; anal. R. L. Packard, Am. Journ. (III) **47**, 297 (1894).

	6.	7.	8.
δ	—	—	2,54
(CaO) . . .	0,80	—	—
Al_2O_3 . . .	30,08	⎫	32,40
(Cr_2O_3). . .	—	⎬ 34,25	0,18
Fe_2O_3 . . .	3,42	⎭	0,06
P_2O_5 . . .	41,50	41,2	44,73
V_2O_5 . . .	—		0,32
H_2O . . .	24,50	24,5	22,68
	100,30	99,95	100,37

6. Variscit von Connétable (Guyane); anal. A. Pisani bei A. Lacroix, Min. de France IV/2, 480 (1910).
7. Variscit von Perle (Redondit), Martinique; anal. H. Arsandaux bei A. Lacroix, wie oben.
8. Variscitkristalle (grün) von Lucin, Utah; anal. W. T. Schaller, Z. Kryst. **50**, 341 (1912) und Bull. geol. Surv. U.S. **509**, 64 (1912).

2. Amorpher Variscit.

	9.
δ	2,1135—2,1402
(MgO)	0,10
(CaO)	1,56
(CuO)	0,11
Al_2O_3	34,46
Fe_2O_3	0,34
(SiO_2)	2,80
P_2O_5	25,69
H_2O bei 100^0 . . .	16,11
H_2O über 100^0 . .	17,57
(SO_3)	0,49
	99,23

9. Verunreinigter amorpher Variscit vom Brandberge bei Leoben in Steiermark; anal. R. Helmhacker, Tsch. min. Mit. **2**, 247 (1880).

Formel des Variscits. Die kristallinen und kristallisierten Variscite führen, namentlich das Vorkommen von Utah nach der sehr sorgfältigen Analyse W. T. Schallers[1]) mit guter Übereinstimmung auf die Formel:

$$P_2O_5 . Al_2O_3 . 4H_2O \quad \text{oder} \quad AlPO_4 . 2H_2O .$$

Die Analyse 9 bezieht sich auf keinen reinen Variscit, sondern ist ein Gemenge von 86,6 Teilen Variscit und 23,4 Teilen Diaspor. Das SiO_2 rührt überdies von etwas mechanisch beigemengtem Halloysit her, mit dem zu-

---

[1]) W. T. Schaller hat sich von der Abwesenheit von Ni, Co, Cu, Mn, As, Ca, Mg in seinem Analysenmaterial überzeugt.

sammen der Variscit das Gemenge darstellt, das man irrtümlich früher als ein Mineral gehalten hat und mit dem Namen Schrötterit bezeichnet hat.

Dieser Variscit ergibt die angeführte Formel nach Abzug des Wassers, das bei 100° weggeht.

Unter dem Namen **Kallais** wurde von A. Damour ein Tonerdephosphat abgetrennt, das mit dem Variscit identisch ist und wahrscheinlich ein Kolloid sein dürfte.

	10.	11.	12.	13.
(CaO)	0,70	—	—	—
Al_2O_3	29,57	30,90	30,70	34,80
(Cr_2O_3) . . .	Spuren	0,16	0,40	—
Fe_2O_3 . . .	1,82	1,06	1,06	1,74
P_2O_5	42,58	43,20	45,10	41,50
H_2O	23,62	23,00	23,30	41,50
(Unlöslich) . .	2,10	1,11	—	—
	100,39	99,43	100,56	101,27

10. Variscit von Locmariaquer im Dep. Morbihan in Frankreich; anal. A. Damour, C. R. **59**, 936 (1864).

11. Variscit von Tumiac, Morbihan; anal. F. Pisani bei A. Lacroix, Min. de France IV/2, 480 (1910).

12. und 13. Variscit von Encantada in Spanien; anal. wie oben.

Dem Kallais wurde die Formel gegeben:

$$AlPO_4 . 2\tfrac{1}{2} H_2O,$$

die aber mit den Analysen in keiner guten Übereinstimmung steht; die für Variscit gegebene Formel mit nur 2 Molekülen Wasser gilt auch für den Kallais, welcher Name nur als Synonym für Variscit gelten kann.

Verhalten bei Temperaturerhöhung.

Dehydration. Der in Kristallen auftretende Variscit von Utah verliert nach den Untersuchungen von W. T. Schaller (l. c.) sein Wasser in folgender Weise:

Temperatur Θ	Farbe der gepulverten Probe	Gesamtwasserverlust in Prozenten
110° (erster Tag)	blaßgrün	—
115° (zweiter Tag)	blaßgrün	5,09
110° (dritter Tag)	hellgrau [1])	9,67
140°	blaß-lavendelblau	12,48
160°	lavendelblau	19,81
	dunkel-lavendelblau	22,50

Der über H_2SO_4 getrocknete amorphe Variscit gab nach den Untersuchungen von R. Helmhacker (l. c.) in folgender Weise sein Wasser ab:

bei 100° Θ 16,11%
„ 110° „ . . . . . 19,64 „
„ 130° „ . . . . . 23,32 „
„ 160° „ . . . . . 26,50 „

----

[1]) Das Mineralpulver hatte die grüne Farbe verloren, war aber noch nicht blau geworden.

Farbenänderung. Der kristallisierte, schön grün gefärbte Variscit von Utah geht beim Erhitzen vor dem Lötrohre, wie D. B. Sterrett[1]) zeigte, rasch in einen lavendelblauen über, der sich auch optisch (siehe unten) anders verhält. Die obenstehende Tabelle gibt die Temperatur an, bei der sich diese Änderung vollzieht. Eine befriedigende Erklärung, die vielleicht im Chrom- oder Vanadingehalte des Minerals zu suchen wäre, konnte nicht gefunden werden.

Eigenschaften.

1. Des kristallisierten Variscits. Gewöhnlich tritt dieser in kristallinischen faserigen Aggregaten auf und nur von Utah sind schöne, tafelige Kristalle beschrieben worden. Der kristallisierte Variscit steht in nahen Beziehungen zu: Skorodit, Strengit, Phosphosiderit und Vilateit, und es sind kristallographische Unterschiede dieser Mineralien nur sehr schwer zu erkennen, wie W. T. Schaller in einer Zusammenstellung der Winkelwerte ausführt. Die Farbe der Kristalle ist ein dunkles Smaragdgrün; die kristallinen Varietäten sind gewöhnlich lichter grün bis weißlich.

Die Härte liegt bei 4. Die Dichte ist bei den Analysen angegeben, der am kristallisierten Variscit gefundene Wert von $\delta = 2{,}54$ kann als der genaueste gelten.

Optische Eigenschaften. Hier seien nur die am kristallisierten Materiale ausgeführten Bestimmungen wiedergegeben.

Die Brechungsquotienten sind:

$$N_a = 1{,}546, \quad N_\beta = 1{,}556, \quad N_\gamma = 1{,}578 \text{ für Natriumlicht.}$$

$$N_\gamma - N_a = 0{,}032.$$

Der Charakter der Doppelbrechung ist positiv.
Der Achsenwinkel ist $2E = 113^0$. Nach älteren Angaben ist er niedriger.
Dieses Mineral besitzt schwachen Pleochroismus farblos bis blaßgrün.

Optische Eigenschaften des erhitzten Variscits. Durch die Umwandlung des grünen Variscits in den blauen durch Erhitzen auf eine verhältnismäßig niedrige Temperatur (vgl. S. 448) werden auch die optischen Eigenschaften ganz bedeutend verändert. Es tritt starker Pleochroismus auf: *a* bis lavendelblau; *b* bis rötlich lavendelblau; *c* bis violett.

Die Brechungsquotienten verändern sich in (Näherungswerte):

$$N_a = 1{,}447, \quad N_\beta = 1{,}448, \quad \gamma = 1{,}450.$$

$$N_\gamma - N_a = 0{,}003.$$

Die Doppelbrechung wird dadurch ganz bedeutend verringert; sie wurde auch noch geringer gefunden als der eben angegebene Wert.

Der Variscit ist in kochender Salzsäure unlöslich; nach dem Farbenwechsel, also nach Erhitzen auf 140^0 löst er sich rasch und leicht in Säuren.

Vor dem Lötrohre ist er unschmelzbar.

A. H. Chester[2]) erwähnte einen anderen Farbenwechsel am Variscit von Arkansas; das dunkelsmaragdgrüne Mineral wird nach dem Glühen bröckelig

---

[1]) D. B. Sterrett bei W. T. Schaller, l. c.
[2]) A. H. Chester, Am. Journ. (III) **13**, 295 (1877).

und in der Hitze tief purpurrot, in der Kälte heller purpurrot. Auch im Glasrohre verändert er seine Farbe nach der Wasserabgabe.

Nach G. S. Fraps[1]) ist der veraschte Variscit in $^1/_5$ n-HNO$_3$ um das
10 fache löslicher als der gewöhnliche; in 20% iger HCl ist der veraschte
Variscit fast völlig löslich.

2. Eigenschaften des amorpben Variscits.[2]) Der amorphe Variscit ist ein
Gel und besitzt alle Eigenschaften eines solchen. Er hat erdig-mehligen Bruch,
ist von kreideweißer, selten schwach gelblichbräunlicher oder blaßbläulicher
Färbung. Er ist in trockenem Zustande undurchsichtig; in Wasser wird er
grünlich und durchscheinend. Er klebt an der Zunge und ist weich; Härtegrad ungefähr 2.

Die Dichte der lufttrockenen Substanz ist 2,135, die der über H$_2$SO$_4$
getrockneten aber 2,1402.

In warmer konzentrierter Salzsäure ist der amorphe Variscit leicht löslich.
Vor dem Lötrohre ist auch diese Modifikation unschmelzbar.

Vorkommen. Das Gestein, in dem der kristallisierte Variscit auftritt, ist
ein hornsteinartiger Quarz, der Kalksteineinschlüsse enthält und dem ganzen
einen brecciösen Charakter verleiht. Der Variscit bildet das Füllmaterial von
Bruch- und Breccienzonen, die er oft ganz erfüllt. Die Art der Ausfüllung
ist die von Konkretionen, die oft eine konzentrische Struktur zeigen.

Das Muttergestein des kolloiden Variscits vom Brandberg bei Leoben ist
ein mit Limonit stark durchdrungener Schiefer. Er kommt in Gemeinschaft
mit Halloysit vor und bildet mit diesem den sogenannten Schrötterit. Diese
Schrötterite, die zusammen mit Konkretionen und Nestern von Diadochit und
Delvauxit auftreten, verbinden oft scharfkantige Schieferbrocken breccienartig.
Es wurden mit dem Namen Schrötterit beide Mineralien belegt.

An der auch bei Wavellit erwähnten Graphitlagerstätte von Regens bei
Iglau in Mähren[3]) fand sich der Variscit im Pegmatit als Unterlage für den
Wavellit. Er findet sich dort auch ähnlich wie in Utah mit Kieselmassen eng
gemengt als Kittsubstanz des zertrümmerten pegmatitischen Gesteins.

Verwertung. Der kristallisierte Variscit von Utah wird als Schmuckstein
verwertet. Er wird entweder als solcher allein, oder mit dem Quarz, in dem
er vorkommt, zusammen verschliffen, wobei allerdings die Härteunterschiede
sehr störend sind. Besonderen Wert verleiht diesem „edlen Variscit" seine
leuchtende Farbe.

Redondit.

So wurden von C. U. Shepard durch Guano entstandene Alumophosphate
bezeichnet, die ihrer chemischen Zusammensetzung nach zum Variscit gehören,
oder ihm wenigstens sehr nahestehen.

----

[1]) G. S. Fraps, Journ. of the Soc. chem. Ind. **3**, 335. Ref. Chem. ZB. 1911,
II, 386.

[2]) Die meisten Angaben sind der öfter zitierten Arbeit R. Helmhackers entnommen.

[3]) F. Cornu und A. Himmelbauer, Mitteil. nat. Verein. Wien. **3**, 9 (1905). Ref.
Z. Kryst. **44**, 209 (1907).

Analysen.

	14.	15.	16.
(CaO)	0,57	—	0,80
(MgO)	—	—	0,15
Al_2O_3	16,60	25,90	28,60
Fe_2O_3	14,40	7,40	9,00
(SiO_2)	1,60	5,00	—
P_2O_5	43,20	38,50	34,88
H_2O	24,00	23,00	24,00
(Tonige Substanz)	—	—	2,00
	100,37	99,80	99,43

14. Redondit von der Insel Redonda in den kleinen Antillen; anal. C. U. Shepard, Am. Journ. **47**, 428 (1869).

15. Redondit vom Atoll Clipperton; anal. J. H. Teall, Quart. Journ. Geol. Soc. London **54**, 230 (1898).

16. Redondit von Connétable (Guyane); anal. A. Carnot, Ann. Mines 1896; nach A. Lacroix, Bull. Soc. min. **28**, 15 (1905).

Die Analyse des Redondits von Perle auf Martinique ist bereits S. 457 (Analyse 7) gebracht worden.

Bei den obenstehenden Redonditanalysen ist ein Teil der Tonerde durch Fe_2O_3 vertreten; dies ist der einzige Unterschied vom Variscit; setzt man an Stelle des Fe_2O_3 die äquivalente Menge Al_2O_3, so kommt man auf eine dem Variscit entsprechende Zusammensetzung.

Eigenschaften. Der Redondit bildet dichte braune Massen von kryptokristallinischer Struktur, die öfter Faserstruktur nach der Art des Chalcedons zeigen. Die Fasern sind nach der Achse der größeren optischen Elastizität gestreckt; die Doppelbrechung ist stärker als die des Quarzes (Chalcedons).

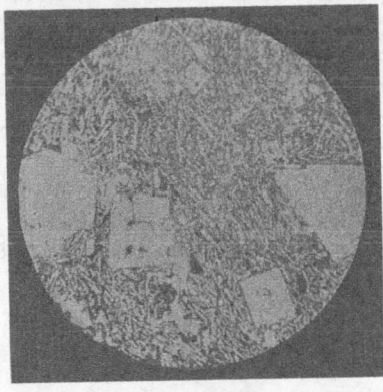
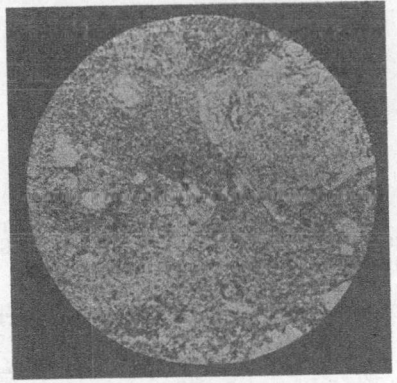

Fig. 9.
Trachyt vom Clipperton-Atoll
(nach J. H. Teall).

Fig. 10.
Derselbe Trachyt zum größten Teil
in ein Alumophosphat (Redondit)
umgewandelt (nach J. H. Teall).

Entstehung. Nach den Untersuchungen von J. H. Teall[1] und A. Lacroix[2] bildet sich der Redondit durch Einwirkung der im Guano ent-

---

[1] J. H. Teall, Quart. Journ. Geol. Soc. London **54**, 230 (1898).
[2] A. Lacroix, Bull. Soc. Min. **28**, 15 (1905) und Min. de France, Paris **4** [2], 482 (1910).

haltenen Salze, die durch Meerwasser oder durch Regenwasser in Lösung gebracht worden waren, auf die darunter liegenden Silicatgesteine, welche die Redonditmassen mit einer Kruste von 7—8 cm Mächtigkeit bedecken.

Auf den vier Fundorten, von denen Analysen angefertigt wurden, sind es verschiedene Gesteine, die der Umsetzung unterzogen wurden: auf Perle (Analyse 7) Andesit, auf Redonda (Analyse 13) Andesit, auf Clipperton (Analyse 14) Trachyt, von Connétable (Analyse 15) Gneis. Aus allen diesen bilden sich somit annähernd die gleichen Phosphate. Es handelt sich demnach um die Umwandlung von Alumosilicaten.

Die obenstehenden Fig. 9 und Fig. 10 zeigen die Umwandlung des Trachyts vom Atoll Clipperton in das Aluminiumphosphat, die J. H. Teall studierte, sowohl die Sanidineinsprenglinge, als auch die die Grundmasse bildenden Feldspatleistchen sind durch die Einwirkung der dem (Guano) Vogelmist entstammenden Ammoniumphosphatlösungen allmählich umgewandelt worden; zuerst ist die Grundmasse, dann sind die Einsprenglinge diesem Prozesse unterworfen worden. Durch Analysen des Trachyts, eines Zwischenprodukts und des Phosphats (Analyse 15) wurde dieser Prozeß von J. H. Teall erläutert (vgl. die Umwandlungen von Kalkstein in Calciumphosphate, S. 392).

Berlinit.

Nach der Beschreibung wahrscheinlich amorph.
Analyse.

$$
\begin{array}{lr}
\delta & 2,64 \\
Al_2O_3 & 40,08 \\
Mn_2O_3 & \text{Spuren} \\
Fe_2O_3 & 0,25 \\
(SiO_2) & 0,48 \\
P_2O_5 & 54,61 \\
H_2O & 4,09 \\
\hline
& 99,51
\end{array}
$$

Berlinit von einer Grube bei Westanå in Schonen (Schweden); anal. C. W. Blomstrand, Öfv. af Ak. Förh. **25**, 197 (1868) und Journ. prakt. Chem. **105**, 338 (1868). Mittel aus mehreren partiellen Analysen.

Das Mineral entspricht der **Formel**:

$$2Al_2O_3 . 2P_2O_5 . H_2O .$$

Eigenschaften. Der Berlinit bildet derbe durchscheinende Massen von graulicher bis blaßroter Farbe, auch farblos kommt er vor. Die Dichte ist bereits angegeben; die Härte ist die des Quarzes. Von Säuren wird das Mineral nur sehr wenig angegriffen.

Vor dem Lötrohre ist Berlinit unschmelzbar und wird weiß; mit Kobaltsolution gibt er Al_2O_3-Reaktion; von Alkalischmelzen wird er sehr leicht gelöst. Im Kölbchen gibt er Wasser.

Vorkommen. Das Mineral kommt sehr selten mit Lazulith im Quarz an dem einen einzigen Fundorte vor.

Zepharovichit.

Dieses Mineral war früher als Wavellit bezeichnet worden.

Analysen.

	1.	2.	3.	4.
(MgO)	0,41	Spuren	— }	1,73
(CaO)	1,07	0,54	1,38 }	
Al_2O_3	29,77	28,44	29,60	31,80
Fe_2O_3	—	—	0,86	—
(SiO_2)	5,46	6,05	0,46	—
P_2O_5	35,56	37,46	37,80	38,07
H_2O	26,70	26,57	28,98	28,40
	98,97[1])	99,06	99,08	100,00

1. Zepharovichit von Třenic in Böhmen; anal. E. Bořický, Sitzber. Wiener Ak. **59**, I, 593 (1869); Math. Nat. Kl. Mit Wavellit gemengt.
2. Dasselbe Mineral vom gleichen Vorkommen, nach Möglichkeit vom Wavellit gereinigt; anal. wie oben.
3. Eine andere Stufe desselben Vorkommens; anal. wie oben.
4. Theoretische Zusammensetzung.

Da das von Wavellit gereinigte Material der Analyse 2 die Beimengungen von CaO und MgO nur in sehr geringen Mengen zeigt, so scheint diese Verunreinigung dem Wavellit anzugehören und es ist daher unrichtig, wenn E. Bořický bei der Berechnung der Werte nach der theoretischen Zusammensetzung (Analyse 4) diese Verunreinigungen mit einbezogen hat. Die SiO_2 rührt von beigemengtem Quarz her.

Die **Formel** des Zepharovichits ist:

$$Al_2O_3 . P_2O_5 . 6H_2O \quad oder \quad AlPO_4 . 3H_2O.$$

Analyse 1 führt auf die Zusammensetzung:

$$3(Al_2O_3 . P_2O_5 . 6H_2O) + 3Al_2O_3 . 2P_2O_5 . 12H_2O.$$
$$\text{Wavellit}$$

Analyse 2 enthält bedeutend weniger Wavellitsubstanz:

$$17(Al_2O_3 . P_2O_5 . 6H_2O) + 3Al_2O_3 . 2P_2O_5 . 12H_2O.$$

Das Material der Analyse 3 ist mit Gibbsit und $3CaO . P_2O_5$ verunreinigt:

$$Al_2O_3 . P_2O_5 . 6H_2O + \tfrac{1}{10}(Al_2O_3 . 3H_2O) + \tfrac{1}{33}(3CaO . P_2O_5).$$
$$\text{Gibbsit}$$

Das Mineral steht somit dem Richmondit und Kallait nahe.

Eigenschaften. Der Zepharovichit bildet grünlich-, gelblich- oder graulichweiße kristallinische Aggregate, die dem Wavellit ähnlich sind; er hat ein hornartiges Aussehen und ist durchscheinend.

Die Härte liegt bei $5^{1}/_{2}$; die Dichte ist 2,384 und nach Abzug von 5,5 %/₀ Quarz berechnet nur 2,37.

Das Mineral ist optisch **anisotrop.**

Vorkommen. Der Zepharovichit kommt auf Sandstein zusammen mit Barrandit, Picit, Kakoxen und Limonit vor.

---

[1]) Die Summe ist im Original unrichtig (99,10).

Richmondit (Gibbsit).

Neben dem Gibbsit von Richmond (Aluminiumhydrat) kommt auch ein Phosphat vor, das früher gleichfalls für ein Aluminiumhydrat gehalten wurde, bis R. Hermann erkannte, daß zu Richmond auch ein Phosphat auftrete, das häufig mit dem Gibbsit vermengt vorkommt. Obwohl der Name Gibbsit schon früher für das Aluminiumhydrat gebraucht worden war, hielten manche an der Bezeichnung Gibbsit für das Phosphat fest, auch nachdem E. Kopp für dasselbe den Namen Richmondit vorgeschlagen hatte, der unbedingt akzeptiert werden muß, wenn auch F. A. Genth ihn später bei seinen Untersuchungen nicht annahm oder vielleicht nicht kannte.

Analysen.

	1.	2.	3.	4.
Al_2O_3 . . .	26,66	38,29	50,20	53,92
P_2O_5	37,62	26,20	15,30	11,90
H_2O	35,72	35,41	34,50	34,18
	100,00	99,90	100,00	100,00

1. bis 4. Richmondit von Richmond in Massachusetts; anal. R. Hermann, Journ. prakt. Chem. **40**, 32 (1847).

A. Kenngott[1] hat diese Analysen berechnet und nachgewiesen, daß sie Gemenge eines Phosphats, das der Analyse 1 entspricht, mit dem Aluminiumhydrat Gibbsit darstellen und daß diesem Phosphat die bereits von R. Hermann gegebene Formel:

$$AlPO_4 . 4H_2O$$

entspricht.

Eigenschaften. Nach R. Hermann ist der Richmondit amorph und bildet weiße Aggregate von blätteriger Absonderung und stalaktitische Bildungen.

Die Angaben R. Hermanns über die **Dichte** schwanken zwischen 2,20 bis 2,38; da Gibbsit eine etwas höhere Dichte hat ($\delta = 2,39$), so wird der niederste Wert dem am wenigsten durch Gibbsit verunreinigten Phosphate entsprechen.

Vorkommen. Der Richmondit kommt mit Gibbsit auf Limonit vor.

Sogenannter „Gibbsit" von Chester.

F. A. Genth[2] fand, daß das von R. Hermann[3] aus White Horse, Chester Co. Pa., als Gibbsit beschriebene Mineral ein Phosphat sei.

Analysen.

	1.	2.	3.	4.	5.	6.
Al_2O_3 von	34,60	36,28	37,51	28,09	41,25	42,64
P_2O_5 von	27,77	28,71	29,13	32,51	33,29	35,88
H_2O von	26,82	27,77	28,40	29,59	30,29	30,37

1. bis 6. Sog. Gibbsit von White Horse, Chester; anal. F. A. Genth, l. c.

Da keine genauen Analysen ausgeführt worden sind, läßt sich wohl nichts weiter über dieses Phosphat sagen, als daß es ein wasserhaltiges Aluminiumphosphat von unbekannter Formel ist. Ob es mit Richmondit identifiziert werden kann, läßt sich ebenfalls nicht angeben.

---

[1] A. Kenngott, Züricher Vierteljahrsschrift XI, 225. Ref. N. JB. Min. etc. 1866, 829.
[2] F. A. Genth, Z. Kryst. **18**, 393 (1891).
[3] R. Hermann, Bull. Soc. Imp. Nat. Moscou **4**, 496 (1868).

Vashegyit.

Amorph.

Analysen.

	1.	2.
(Na₂O)	—	0,05
(K₂O)	—	0,16
Al₂O₃	29,73	28,33
Fe₂O₃	—	1,19
(CO₂)	—	0,12
P₂O₅	30,99	31,32
H₂O	39,28	38,97
(Unlöslich) . . .	—	0,24
	100,00	100,38

1. Theoretische Zusammensetzung nach der unten angegebenen Formel.
2. Vashegyit von Vashegy im Comitat Gömör in Ungarn; anal. J. Loczka bei K. Zimányi, Mathem. termesz. Ért. **27**, 64 (1909) u. Z. Kryst. **42**, 53 (1910).

Die **Formel** des Vashegyits ist:

$$4\,Al_2O_3 \cdot 3\,P_2O_5 \cdot 30\,H_2O.$$

Es gehört dieses Mineral in die Gruppe des Wavellits.

Eigenschaften. Das Mineral bildet dichte weiße Massen, ähnlich dèm Meerschaum, von der Dichte $\delta = 1{,}964$ und der Härte 2—3. Es klebt an der Zunge und gibt beim Erwärmen in Wasser kleine Luftblasen ab; es schmilzt im Bunsenbrenner nicht und wird gelblich, in verdünnten Säuren und 10% Kalilauge bei Zimmertemperatur ist es leicht löslich.

Vorkommen. Zusammen mit Variscit in einer Eisensteinprobe.

Unbenanntes Alumophosphat.

Zusammen mit dem Vashegyit kommt ein von K. Zimányi nicht näher benanntes Alumophosphat vor.

Analysen.

	1.	2.	3.
(CaO)	—	Spuren	Spuren
Al₂O₃	} 34,19	29,44	34,45
Fe₂O₃			
P₂O₅	31,68	27,28	31,93
H₂O	34,13	29,15	34,11
(Unlöslicher Rückstand)	—	14,62	—
	100,00	100,49	100,49

1. Zusammensetzung nach der unten angegebenen Formel.
2. Unbenanntes Phosphat von Vashegy im Comitat Gömör in Ungarn; anal. J. Loczka bei K. Zimányi, Mathem. termesz. Ért. **27**, 64 (1900) u. Z. Kryst. **47**, 55 (1910).
3. Dieselbe Analyse nach Abzug des Unlöslichen auf die ursprüngliche Summe umgerechnet.

Das Mineral führt auf die **Formel**:

$$3\,R_2O_3 \cdot 2\,P_2O_5 \cdot 17\,H_2O.$$

Darin ist R = Al und etwas (nicht bestimmt) Fe.

Eigenschaften und Vorkommen analog dem Vashegyit.

Doelter, Handb. d. Mineralchemie. Bd. III.

30

Trolleit.

Kristallform ist unbekannt.

Analyse.

δ 3,10
(CaO) 0,97
Al_2O_3 43,11
Fe_2O_3 2,74
(SiO_2) 0,68
P_2O_5 46,47
H_2O 6,23
———
100,20

Trolleit von einer Grube bei Westanå in Schonen (Schweden); anal. C. W. Blomstrand, Öfv. af Ak. Förh. **25**, 197 (1868) u. Journ. prakt. Chem. **105**, 338 (1868). Mittel aus mehreren Teilanalysen.

Die **Formel** berechnete C. W. Blomstrand:

$$4\,Al_2O_3 \cdot 3\,P_2O_5 \cdot 3\,H_2O .$$

Eigenschaften. Das Mineral bildet derbe blaßgrüne, durchscheinende Massen. Die Dichte ist bereits gegeben, die Härte ist ca. $5^1/_2$. In Säuren ist der Trolleit fast unlöslich.

Vor dem Lötrohre unschmelzbar, das Mineral wird weiß und undurchsichtig; gibt im Kölbchen Wasser; mit Kobaltnitratlösung erhält man Al_2O_3-Reaktion.

Vorkommen. Der Trolleit findet sich in kleinen Nestern und Gängen mit anderen Phosphaten in der oben erwähnten Lagerstätte.

Wavellit.

Synonyma. Wawellit, Hydrargillit, Devonit, Lasionit, Kapnicit, Striegisan.

Kristallisiert: rhombisch bipyramidal. $a:b:c = 0,5573:1:0,4084$ nach G. Cesàro,[1] und $a:b:c = 0,55725:1:0,40572$ nach H. Ungemach.[2]

Analysen.

1. *Ältere Analysen.*

δ	1.	2.	3.	4.	5.	6.
	—	—	2,356	—	2,33	—
(CaO)	—	—	—	Spur	—	—
Al_2O_3	38,1	36,56	39,59	37,18	38,25	36,67
Fe_2O_3	—	—	—	—	—	0,22
(SiO_2)	—	—	—	0,19	—	—
P_2O_5	35,2	34,72	35,49	32,00	34,30	34,68
H_2O	26,7	28,00	24,92[3]	26,45	26,60	28,29
F	—	—	—	2,09	2,27	Spur
	100,0	99,28	100,00	97,91	101,42	99,86

[1] G. Cesàro, Mém. d. ac. R. sc. d. lettr. arts d. Belg. Bruxelles **53**, (1897). Ref. Z. Kryst. **31**, 90 (1899).
[2] H. Ungemach, Bull. Soc. min. **35**, 537 (1912).
[3] Aus der Differenz gerechnet.

1. Theoretische Zusammensetzung nach C. F. Rammelsberg.
2. Wavellit von Amberg in Bayern; anal. C. W. C. Fuchs, Schweigg. Journ. **24**, 121.
3. Sog. Kapnicit von Kapnik in Ungarn; anal. Städeler, Lieb. Ann. **109**, 305 (1859).
4. Wavellit von Cork in Irland; anal. A. H. Church, Am. Journ. chem. Soc. **26**, 110 (1873).
5. Wavellit von Montebras in Frankreich, Dep. Creuze; anal. F. Pisani, C. R. **75**, 79 (1872).
6. Wavellit von Steamboat in Chester Co. in Pennsylvanien; anal. F. A. Genth, Am. Journ. **23**, 423 (1857).

	7.	8.	9.	10.
(CaO)	—	—	0,50	—
Al_2O_3	36,60	36,39	35,35	35,83
Fe_2O_3 . . .	1,00	1,20	1,25	3,08
P_2O_5	34,06	34,29	33,40	32,70
H_2O	27,40	26,34	26,80	28,39
F	—	1,69	2,06	Spur
	99,06	99,91	99,36	100,00

7. Blauer Wavellit von Langenstriegis bei Freiberg in Sachsen; anal. H. Erdmann, Schweigg. Journ. **69**, 154 (1833).
8. Wavellit von Zbirow in Böhmen; anal. R. Hermann, Journ. prakt. Chem. **33**, 288 (1844).
9. Wavellit von Barnstaple in Devonshire; anal. J. J. Berzelius, Schweigg. Journ. **27**, 63 (1819).
10. Wavellit von Steamboat, Chester Co., Pennsylvanien; anal. R. Hermann, Journ. prakt. Chem. **106**, 69.

2. *Neuere Analysen.*

	11.	12.	13.	14.	15.
δ	—	2,492	2,39	—	—
(MgO)	—	—	0,2	—	—
(CaO)	—	—	0,3	—	—
(FeO)	—	—	—	0,36	—
Al_2O_3	37,11	37,08	36,1	36,83	36,66
P_2O_5	33,76	33,89	33,0	33,55	34,14
H_2O	26,69	26,37	26,2	27,53	28,32
F	2,05	—	3,6	2,09	Spur
(Ton und Quarz) .	—	—	—	0,16	—
(Gangart)	—	—	—	—	0,60
	99,61	—	99,4	100,52[1]	99,72

11. Wavellit aus dem Trachyt von Manziana, nahe Brecciana, hellgrüne (oberflächlich) Kugeln; anal. F. Zambonini, R. Acc. d. Linc. (5a) **11**, 123 (1902). Ref. Z. Kryst. **40**, 90 (1904).
12. Gelbe, kugelige Wavellitaggregate von der Dunellen Phosphat Co. Mine im Marion Co., Florida; anal. G. Volkening jr., bei A. J. Moses u. L. Mc. J. Luquer, School of Min. Quarterly **8**, 236 (1892). Ref. Z. Kryst. **23**, 506 (1894).
13. Wavellit, knollenförmig aus der Vorstadt von Ouro Preto in Brasilien; anal. M. H. Gorceix, Bull. Soc. min. **6**, 27 (1883).
14. Wavellit, kleine weiße Stalaktiten von Chester, Mass.; anal. A. Carnot, C. R. **118**, 995 (1894).
15. Farblose Wavellit-Kugeln von Upper Milford Township; anal. E. F. Smith; Am. Chem. Journ. **5**, 272 (1883). Ref. Z. Kryst. **10**, 320 (1885).

---

[1] Im Original steht 99,86.

	16.	17.	18.
Al_2O_3	37,44	37,03	34,82
Fe_2O_3	0,64	0,40	1,40
P_2O_5	33,40	32,38	32,07
H_2O	26,45	27,72	26,16
F	2,79	1,90	1,81
(Ton und Quarz)	—	0,43	3,75
	100,72	99,86	100,01

16. Gelblichgrüner, faseriger Wavellit von Clonmel in Irland; anal. A. Carnot, C. R. **118**, 995 (1894).

17. Wavellit, graue, radialfaserige Kugeln von Cork in Irland; anal. wie oben.

18. Wavellit, grünlichgraue, radialfaserige Kugeln von Garland in Arkansas; anal. wie oben.

Formel. Aus den alten Analysen hat C. F. Rammelsberg[1]) die Formel:

$$Al_6P_4O_{19} . 12aq \quad oder \quad \begin{Bmatrix} 2Al_2P_2O_8 \\ H_6Al_2 . O_6 \end{Bmatrix} + 9H_2O$$

$$oder \quad 3Al_2O_3 . 2P_2O_5 . 12H_2O$$

berechnet; in Analyse 1 sind die entsprechenden Zahlen angegeben.

A. Carnot[2]) hat aus seinen vier Analysen (Analyse 14, 16, 17, 18) nach Abzug der Beimengungen Mittelzahlen berechnet und daraus folgende Zusammensetzung ermittelt:

$Al_2O_3 . P_2O_5$ . .	56,52	oder	Al_2O_3	37,38
Al_2F_6	3,22		P_2O_5	33,20
Al_2O_3	12,10		F	2,17
H_2O	27,25		H_2O	27,25
	99,09			100,00

Diese führen auf die Formel:

$$2(P_2O_5 . Al_2O_3) . Al_2(O_3F_6) . 13H_2O ,$$

in welcher $\frac{1}{8} - \frac{1}{4}$ des Sauerstoffs im zweiten Teil der Formel durch Fluor ersetzt wird.

P. Groth[3]) schreibt die Formel des Wavellits:

$$(Al . OH)_3(PO_4)_2 . 5H_2O ;$$

wenn man darin $\frac{1}{6}$ des OH durch F ersetzt, so erfordert dies die Zahlen:

Al_2O_3	36,8
P_2O_5	33,9
H_2O	27,0
F	2,3
	100,0

also Werte, die mit den von A. Carnot gefundenen ziemlich gut übereinstimmen.

F. Zamboninis Analyse (Nr. 11) läßt sich sehr gut auf diese Formel zurückführen.

---

[1]) C. F. Rammelsberg, Mineralchem. 1875, 319.
[2]) A. Carnot, C. R. **118**, 996 (1894).
[3]) P. Groth, Referat zu obiger Arbeit Z. Kryst. **26**, 108 (1896).

Von den älteren Analysen (bei denen Fluor bestimmt worden war) stimmen 5, 8, 9 gut mit dieser Formel überein; eventuell ist dies auch bei 4 der Fall, wenn man den Fehler in zu niedrig bestimmter P_2O_5 erblicken will. Bei Analyse 7, 2 und 6 ist weniger OH durch F ersetzt worden, oder das F mit dem H_2O gemeinsam durch Glühverlust bestimmt und nicht getrennt worden.

Wassergehalt. Der Wavellit der Analyse 4 ist bei 100^0 getrocknet worden. Bei 100^0 gingen 2,28 % H_2O weg, bei 200^0 22,14 %, bei Rotglut der Rest.

Eigenschaften. Der Wavellit bildet meist radialstrahlige, faserige Aggregate von verschiedener Färbung, meist weiß, aber auch farblos, grau, gelblich, rötlich, grün oder bläulich.

Die wenigen Angaben über die **Dichte** (bei den Analysen) schwanken ziemlich, die Kleinheit der Nadeln bedingt wohl in erster Linie diese Unstimmigkeiten. F. Slavík[1]) fand an einem Vorkommen von Schlaggenwald $\delta = 2,410$. Die Härte des Minerals liegt zwischen 3 und 4.

Die **optischen Eigenschaften.** A. Des Cloizeaux[2]) hat einen Brechungsquotienten und Achsenwinkel bestimmt; er fand:

$$N_\beta = 1,526 \text{ für gelbes Licht und } 2V \text{ gelb} = 71^0 48'.$$

Für die Doppelbrechung fand:

$$\text{A. Lacroix[3]) } N_\gamma - N_\alpha = 0,0245,$$

welchen Wert später auch G. Cesàro[4]) erhielt. Der Charakter der Doppelbrechung ist positiv.

Lötrohrverhalten. Während früher angegeben wurde, daß sich das Mineral vor dem Lötrohre aufbläht, fanden C. F. Plattner,[5]) F. Zambonini[6]) und F. Slavík (l. c.), daß dies nicht der Fall sei, sondern daß wenigstens der Wavellit von Zbirow, Schlaggenwald und Manziana bei Rom nicht schmilzt. Nach G. Spezia[7]) schmilzt er schwer und nur an den Rändern zu weißem Email. Nach R. Cusack[8]) ist er unschmelzbar. Im Kölbchen entweicht Wasser von saurer Reaktion.

In Säuren ist der Wavellit löslich.

Nach G. S. Fraps[9]) wird die Löslichkeit des Wavellits durch Veraschung bedeutend erhöht.

Vorkommen. Der Wavellit ist gewöhnlich eine jüngere Bildung, er kommt in allen Gesteinsarten vor, in Eruptivgesteinen und Schiefern, er ist häufig auf Erzlagern; er kommt an vielen Stellen, aber gewöhnlich nicht sehr reichlich vor. Häufig ist er auf Phosphoritlagerstätten. Von Erzlagerstätten sind es namentlich die Limonitlager, auf denen man Wavellit öfters gefunden hat.

---

[1]) F. Slavík, Z. Kryst. **39**, 298 (1903).
[2]) A. Des Cloizeaux, Ann. chim. phys. **27**, 405 (1872).
[3]) A. Lacroix, Bull. Soc. min. **9**, 4 (1886).
[4]) G. Cesàro, Mem. Acc. R. d. sc. de lettr. e. b. arts. Belg. Bruxelles **53**, (1897). 1. Ref. Z. Kryst. **31**, 91 (1899).
[5]) C. F. Plattner, Die Probierkunst. 5. Aufl. S. 214 (Leipzig 1907).
[6]) F. Zambonini, R. Acc. d. Linc. [5a] **11**, 123 (1902). Ref. Z. Kryst. **40**, 90 (1904).
[7]) G. Spezia, Atti d. R. Acc. d. Sc. Torino **22**, (1887). Ref. Z. Kryst. **14**, 504 (1888).
[8]) R. Cusack, Proc. R. Irish. Ac. **4** [3] 399 (1897). Ref. Z. Kryst. **31**, 184 (1899).
[9]) G. S. Fraps, Journ. of the Soc. chem. Ind. **3**, 335. Ref. Chem. ZB. 1911, II, 386.

Nach der Beschaffenheit der Matrix sind auch die Begleitmineralien verschieden. Die meisten seltenen Tonerdephosphate sind von Wavellit begleitet.

Nach F. Slavík[1]) kommt er in Schlaggenwald mit Fluorit vor, der ihm teils ein- teils aufgewachsen ist. Vom gleichen Fundorte beobachtete er auf Klüften von Greisen folgende Sukzession: Quarz — Phosphorcalcit — Wavellit — Steinmark.

Von einer Graphitlagerstätte haben ihn F. Cornu und A. Himmelbauer[2]) beschrieben.

Kalkwavellit.

Analyse.

δ	2,45
(Na_2O) . . .	3,58
(K_2O) . . .	0,89
MgO . . .	0,12
CaO . . .	16,16
Ca	0,19
Al_2O_3 . . .	30,26
Fe_2O_3 . . .	0,29
SiO_2 . . .	3,59
P_2O_5 . . .	24,10
CO_2 . . .	2,78
F	0,18
H_2O . . .	17,90
	100,04

Kalkwavellit von Dehrn; anal. B. Kosmann, Z. Dtsch. geol. Ges. **21**, 802 (1869).

Diese Substanz stellt somit ein Gemenge von einem Phosphat, Silicat und einem Carbonat dar. Es wurde ein Kalkcarbonat und ein Alkalisilicat angenommen und folgende Zahlen für das restierende Phosphat angegeben:

CaO . . .	14,86
Al_2O_3 . . .	35,65
P_2O_5 . . .	28,39
H_2O . . .	21,09
	99,99

Nach dieser Zusammensetzung brachte B. Kosmann das Mineral mit dem Wavellit in Zusammenhang, so daß ein Teil des Tonerdephosphates durch Calciumphosphat ersetzt erscheint.

Eigenschaften. Der Kalkwavellit bildet feine, weiße Nadeln, die zu konzentrisch strahligen Büscheln nach Art des Wavellits vereint sind.

Vor dem Lötrohre schmilzt das Mineral nur an den Kanten.

---

[1]) F. Slavík, l. c.
[2]) F. Cornu u. A. Himmelbauer, Mit. Naturw. Ver. Univ. Wien **3**, (1905). Ref. N. JB. Min. etc. 1906, II, 173.

Vorkommen. Der Kalkwavellit kommt in einer Phosphorit-Brauneisensteinbreccie (auch Psilomelan) vor. Da in der nächsten Nähe des Phosphorits Chalcedon und Halbjaspis gefunden wird, nimmt B. Kosmann an, daß in der Lösung, aus welcher sich die Phosphate abgesetzt hatten, auch Kieselsäure vorhanden war, die sich später als die Phosphate ausgeschieden hat, und er ist der Ansicht, daß bei der Umsetzung der Basen und Säuren die Alkalien sich mit SiO_2 verbanden und diese Verbindung auf den Phosphatnadeln einen feinen Überzug gebildet hat.

Planerit.

Kristallform nicht bestimmt.

Analyse.

δ	2,65
(FeO).	3,52
(CuO)	3,72
Al_2O_3.	37,48
P_2O_5	33,94
H_2O	20,93
	99,59

Planerit von den Gumeschewsk-Kupfergruben im Ural; anal. R. Hermann, Bull. Soc. Nat. Moscou **35** (2), 240 (1862); Journ. prakt. Chem. **88**, 193.

Das Molekularverhältnis ist folgendes:

$$P_2O_5 : Al_2O_3 : \overset{II}{RO} : H_2O = 20 : 18 : 1,5 : 19,5 .$$

Daraus ergibt sich die **Formel**:

$$4 (Al_6P_4O_{19} . 9 H_2O) . 3 [(Cu, Fe)O . H_2O] .$$

Der erste Teil der Formel, das Phosphat, unterscheidet sich von Wavellit nur durch niederen Wassergehalt. Das Cu-Fe-Hydrat ist nach R. Hermann eine mechanische Beimengung.

Eigenschaften. Der Planerit bildet kryptokristalline Überzüge von traubiger Gestalt. Die Farbe ist auf frischem Bruch rein spangrün, an der Luft wird sie olivengrün, eine Folge der Oxydation des Eisenoxyduls.

Die Härte des Minerals ist 5.

Nach A. Lacroix[1] ist Planerit unter dem Mikroskop homogen, aus fächerförmigen Individuen zusammengesetzt und hat eine Doppelbrechung:

$$N_\gamma - N_\alpha = 0,0095 .$$

Im Kölbchen erhitzt (Wasserabgabe), färbt sich das Mineral grau. Von Säuren ist es nur schwer zersetzbar, kann aber durch Kochen mit Natronlauge vollständig gelöst werden.

Vorkommen. Der Planerit bildet Überzüge und Kluftausfüllungen auf einem zersetzten quarzigen Gestein.

---

[1] A. Lacroix, Bull. Soc. min. **9**, 3 (1886).

Coeruleolactin.

Kryptokristallinisch; Kristallform unbekannt.

Synonym: Coeruleolactit.

Analysen.

	1.	2.	3.	4.
δ	2,57	—	2,696	—
(MgO) . .	0,26	—	—	—
(CaO) . .	2,41	—	—	—
(CuO) . .	1,40	—	4,25	—
(ZnO) . .	Spuren	—	—	—
Al_2O_3 . .	35,11	39,34	38,27	39,97
Fe_2O_3 . .	0,93	—	—	—
(SiO_2) . .	1,82	—	—	—
P_2O_5 . . .	36,33	37,04	36,31	36,74
H_2O . . .	21,23	23,62	21,70	23,29
F	Spuren	—	—	—
(Unlöslich) .	—	—	0,54	—
	99,43	100,00	101,07	100,00

1. Coeruleolactin von der Grube Rindsberg bei Katzenellenbogen in Nassau, mit Limonit; anal. Th. Peterson, N. JB. Min. etc. 1871, 355.

2. Dieselbe Analyse nach Abzug des Fe_2O_3, CuO, SiO_2 und des CaO und der Magnesia und den entsprechenden Mengen P_2O_5 (3,27%) als neutrale Orthophosphate; auf 100,00% umgerechnet.

3. Coeruleolactin von East Whiteland Township Chester Co., Pennsylvanien; anal. F. A. Genth, Miner. Rep. Penn. 1875, 143.

4. Theoretische Zusammensetzung nach Th. Peterson.

Die **Formel** lautet:

$$3\,Al_2O_3 \cdot 2\,P_2O_5 \cdot 10\,H_2O.$$

Der Coeruleolactin unterscheidet sich somit chemisch vom Wavellit nur durch größeren Wassergehalt.

Eigenschaften. Das Mineral nähert sich in physikalischer Beziehung, wie Th. Peterson angibt, dem Kalait. Es kommt in kryptokristallinen Massen von bläulich-milchweißer Farbe vor und ist oft stellenweise dunkler blau gefärbt.

Die Dichte ist bei den Analysen angegeben. Die Härte ist ungefähr 5. Das Mineral ist in Säuren löslich.

Vor dem Lötrohre ist der Coeruleolactin unschmelzbar und dekrepitiert, wird rötlich bis grün; mit Kobaltsolution wird er blau; grüne Flammenfärbung. Wenn er Cu-haltig ist, Kupferreaktion.

Vorkommen und Entstehung. Der Coeruleolactin kommt in Brauneisensteinlagern vor; bei Katzenellenbogen durchzieht er in Schnüren und Adern den häufig Kieselschieferstückchen (aus dem Hangenden) enthaltenden Limonit. Da sich in dieser Gegend auch Phosphoritlager befinden und Th. Peterson diese mit dem Phosphorsäuregehalt von Diabasen in Zusammenhang brachte, so suchte er auch den Ursprung der P_2O_5, die den Coeruleolactin bildete, in diesem Effusivgestein. Der Limonit dieser Gegend führt selbst nicht unbeträchtliche Mengen P_2O_5, die ihn technisch minderwertig machen.

Augelith.

Kristallisiert monoklin; $a:b:c = 1,6419:1:1,2708$; $\beta = 67^0 33^1/_2'$ nach G. T. Prior und L. J. Spencer.[1]

Analysen.

	1.	2.	3.	4.
δ	2,77	—	—	—
(CaO)	1,09	0,11	0,90	—
(MnO)	0,31	—	—	—
Al_2O_3	49,15	51,40	50,28	51,0
Fe_2O_3	0,89	—	—	—
P_2O_5	35,04	34,60	35,33	35,5
H_2O	12,85	13,77	13,93	13,5
	99,33	99,88	100,44	100,0

1. Augelith von einer Grube bei Westanå in Schonen, Schweden, derbe kristallinische Massen; anal. C. W. Blomstrand, Öfv. af Ak. Förh. **25**, 197 (1868); Journ. prakt. Chem. **105**, 339 (1858). Mittel aus 4 Analysen nach Abzug der Kieselsäure.
2. u. 3. Augelithkristalle von Machacamarca bei Potosi in Bolivia; anal. G. T. Prior und L. J. Spencer, Min. Mag. **11**, 16 (1895).
4. Die von G. T. Prior und L. J. Spencer berechnete theoretische Zusammensetzung entsprechend der untenstehenden Formel.

Die drei Analysen führen auf die **Formel:**

$$2 Al_2O_3 . P_2O_5 . 3 H_2O \quad \text{oder} \quad AlPO_4 . Al(OH)_3 .$$

Die Wasserabgabe beginnt bei 360^0.

Eigenschaften. Der Augelith war zuerst nur in derben Massen bekannt; erst später fand man Kriställchen; er ist farblos oder weiß, die derben Massen auch blaßrötlich, mit starkem Perlmutterglanz. G. T. Prior und L. J. Spencer bestimmten an den Kristallen die Dichte mit 2,696 bei 22 θ; die Härte ist über 4—5.

Das Mineral von Bolivia enthält Flüssigkeitseinschlüsse von Wasser oder einer wäßrigen Lösung, die sich bis 54^0 nicht verändern.

Optische Eigenschaften. G. T. Prior und J. L. Spencer bestimmten am analysierten Material von Machacamarca die Brechungsquotienten für Na-Licht mit

$$N_a = 1,5736, \quad N_\beta = 1,5759, \quad N_\gamma = 1,5877 .$$

Der Achsenwinkel betrug $2E = 84^0 42'$.

Die Auslöschung auf (110) betrug 25^0 zur Vertikalen.

An Kristallen von Tatasi, Süd-Chichas, Dep. Potosi, wurden[2] am Prisma {110} die Brechungsquotienten 1,5752 und 1,5893 gefunden.

Mit Temperaturerhöhung ändert sich die Achsenapertur nur wenig.

Löslichkeit. Nach C. W. Blomstrand ist der Augelith in Säuren fast unlöslich, nach G. T. Prior und L. J. Spencer in heißer konzentrierter Salzsäure langsam löslich.

---

[1] G. T. Prior u. J. L. Spencer, Min. Mag. **11**, 16 (1895).
[2] L. J. Spencer, Min. Mag. **12**, 1 (1897).

Vor dem Lötrohre ist das Mineral unschmelzbar und wird undurchsichtig weiß. Gibt im Kölbchen Wasser ab und zeigt die Al_2O_3-Reaktion mit Kobaltlösung.

Vorkommen. Der Augelith von Westanå findet sich spärlich in anderen Phosphaten eingeschlossen und ist häufig mit wechselnden Kieselmassen vermengt.

Von dem Vorkommen von Bolivia wird angegeben, daß er im derben Eisenkies, der in einem zersetzten vulkanischen Tuff auftritt, eingebettet sich findet; als Begleitmineralien werden angeführt: Pyrit, Bournonit, Arsenkies, Quarz, Chalcedon, Kupfervitriol, Anglesit, Sphärit, Chalkopyrit, Federerz, Gips, Hornblende, Siderit, Calcit und Kaolin. In ähnlicher Paragenesis findet er sich auch zu Oruro in Potosi.

Peganit.

Kristallisiert: rhombisch bipyramidal.
Analysen.

	1.	2.	3.	4.
δ	—	—	2,46	2,46
(CuO) ..	—	Spuren	0,64	0,83
(BaO) ..	—	—	0,43	0,39
Al_2O_3 ..	45,1	44,49	38,90	39,62
Fe_2O_3 ..	—	Spuren	—	—
P_2O_5 ...	31,3	31,28	36,14	34,33
H_2O ...	23,6	22,82	23,14	23,53
(Gangart) .	—	2,20	—	—
	100,00	100,79	99,25	98,70

1. Theoretische Zusammensetzung.
2. Peganit von Strigis in Sachsen; anal. R. Hermann, Journ. prakt. Chem. (Erdmann) **33**, 287 (1844).
3. Peganit von Nobrya bei Albergharia velha in Portugal; anal. Lichtenberger bei A. Breithaupt, N. JB. Min. etc. 1872, 819.
4. Peganit vom gleichen Fundorte; anal. A. Frenzel bei A. Breithaupt, wie oben.

Formel. Aus der Analyse 2 rechnete R. Hermann die Formel:

$$2Al_2O_3 . P_2O_5 . 6H_2O .$$

Die Analyse 1 gibt die entsprechenden Werte an. Die Analysen 3 und 4 entsprechen nicht vollständig dieser Formel; diese betreffenden Vorkommen sind mit geringen Mengen von Wavellitsubstanz vermengt.

Eigenschaften. Der Peganit kommt als feinkörniger kleintraubiger Überzug von weißer bis grüner Farbe vor, selten in wasserhellen, säuligen Kriställchen.

Die Härte des Minerals ist ca. $3—3^1/_2$. Die Dichte ist bereits gegeben. In Säuren und in Kali- und Natronlauge ist der Peganit leicht löslich.

Vor dem Lötrohre ist er unschmelzbar, gibt im Kölbchen verhältnismäßig wenig Wasser ab (nach A. Breithaupt).

Vorkommen. Der Peganit bildet Überzüge auf Kieselschiefer von Strigis in Sachsen.

Fischerit.

Kristallisiert: rhombisch bipyramidal; $a:b = 0,5917:1$ nach N. v. Kokscharow.[1]

Analysen.

	1.	2.
δ	—	2,46
(CuO)	—	0,80
Al_2O_3	41,8	38,47
Mn_2O_3	—	}
Fe_2O_3	—	} 1,20
P_2O_5	29,0	29,03
H_2O	29,2	27,50
(Kaliumphosphat) .	—	}
(Gangart) . . .	—	} 3,00
	100,0	100,00

1. Theoretische Zusammensetzung.
2. Fischerit von Nischne Tagilsk im Ural; anal. R. Hermann, Journ. prakt. Chem. **33**, 286 (1844).

Die Analyse führte auf die **Formel** (Werte unter Analyse 1):

$$2\,Al_2O_3 . P_2O_5 . 8\,H_2O .$$

Ob und wieviel H_2O als Hydroxyl gedeutet werden kann, läßt sich bei Fischerit und Peganit nicht sagen; alle derartigen Angaben sind problematisch.

Eigenschaften. Der Fischerit vom Ural ist kristallisiert und kommt neben derben Massen auch in kleinen Kriställchen vor. Seine Farbe ist grün.

Nach F. Cornu[2] ist ein zweites Vorkommen von Román-Gladna[3] (Krassóer Komitat) in Ungarn amorph und besitzt Gelcharakter. Es bildet weiße, traubige Massen.

Die Härte des Minerals ist ca. 5; die Dichte siehe bei der Analyse.

Die Doppelbrechung ist positiv.

Beim Erhitzen werden die durchsichtigen Kristalle nach den Untersuchungen R. Hermanns undurchsichtig und verlieren ihre grüne Farbe, werden schmutzigweiß bis schwärzlich und geben viel Wasser ab. Mit Kobaltsolution gibt er Al-Reaktion.

Von Salz- und Salpetersäure wird Fischerit nur schwer und nur teilweise, von konzentrierter Schwefelsäure vollständig gelöst.

Vorkommen. In der Gegend von Nischne Tagilsk tritt Fischerit in Gesteinen von verschiedener Natur auf, namentlich in Klüften von Sandstein und Toneisenstein; er überzieht diese Gesteine als kristallinische Rinde, die sich leicht vom Muttergestein ablösen läßt.

---

[1] N. v. Kokscharow, Min. Rußl. **1**, 31 (1853).
[2] F. Cornu, Koll. Z. **4**, 15 (1909).
[3] J. Krenner, Földtani Ertesitö **3**, 78 (1882). Ref. Z. Kryst. **8**, 537 (1884).

Sphärit.

Faserige Aggregate.

Analysen.

	1.	2.	2a.	3.	4.
δ	2,53	2,53	—	—	—
(MgO) . .	3,04	2,17	—	—	—
(CaO) . .	1,55	1,27	—	—	—
Al_2O_3 . .	42,56	42,04	42,47	47,33	46,71
SiO_2 . . .	Spur	1,24	0,51	—	—
P_2O_5 . .	27,90	28,59	29,26	26,15	26,80
H_2O. . .	24,06	23,88	24,17	26,52	26,49
F . . .	Spuren	Spuren	—	—	—
	99,11	99,19	—	100,00	100,00

1., 2. u. 2a. Sphärit von Zaječow bei St. Benigna in Böhmen; anal. F. Bořický bei V. v. Zepharovich, Sitzber. Wiener Ak. **56** (I), 27 (1867), Math.-Nat. Kl.
3. Die Zahlen der von V. v. Zepharovich berechneten Formel.
4. Das Mittel der 3 Analysen nach Abrechnung des Kalks, der Magnesia und der für $3RO . P_2O_5$ entsprechenden Menge Phosphorsäure auf $100,00\,\%$ umgerechnet.

V. v. Zepharovich berechnete daraus die **Formel:**

$$5Al_2O_3 . 2P_2O_5 . 16H_2O .$$

Die Analyse Nr. 1 kommt dieser Formel am nächsten.

Ein dem Sphärit sehr ähnliches und wahrscheinlich mit ihm identes Mineral beschrieb F. Kovář:

	5.	6.
δ	2,617	
(MgO) . . .	0,42	0,30
(CaO) . . .	0,56	0,49
(MnO) . . .	Spur	Spur
Al_2O_3 . . .	42,28	42,17
Fe_2O_3 . . .	0,98	1,04
P_2O_5 . . .	29,01	28,94
H_2O . . .	26,86	26,93
(Rückstand) .	0,25	0,34
	100,36	100,21

5. u. 6. Sphärit-ähnliches Mineral aus dem ockerigen Limonit von Groß-Tresny bei Oels in Mähren; anal. F. Kovář, Abh. böhm. Ak. 1896, Nr. 15. Ref. Z. Kryst. **31**, 525 (1899).

Dieses Phosphat kann jedenfalls, da auch die anderen Eigenschaften, soweit sie bekannt sind, übereinstimmen, mit dem Sphärit identifiziert werden. F. Kovář hat gefunden, daß das von ihm analysierte Mineral

bei 100° . . . . in 8 Stunden 10,32% H_2O
bei 200° . . . . in 10 Stunden 16,55% H_2O
bei Glühhitze . . . . der Rest H_2O

verliert.

Eigenschaften. Der Sphärit tritt ähnlich wie Wavellit in Kügelchen von radialfaseriger Struierung auf, die gewöhnlich sehr klein und von grauer, öfter in Rot und Blau übergehender Färbung sind.

Die Dichte ist bereits angegeben, die Härte liegt bei 4.

Das Mineral ist in kalter Salzsäure schwer und unvollkommen, in kochender vollständig löslich. Im Glaskölbchen gibt der Sphärit nach V. v. Zepharovich sauer reagierendes Wasser ab und wird weiß oder rosafarbig trüb. Vor dem Lötrohre ist er unschmelzbar.

Vorkommen. Das Mineral kommt gewöhnlich zusammen mit Wavellit auf Klüften von Limonit und Hämatit vor. Bei dem Vorkommen von San Benigna ist der Sphärit älter als der Wavellit.

Evansit.

Amorph.

Analysen.

	1.	2.	3.	4.
δ	—	1,939	1,842	1,874
(MgO)	—	—	—	Spur
(CaO)	—	—	—	0,41
Al_2O_3	39,8	39,31	40,19	39,22
Fe_2O_3	—	—	—	0,87
P_2O_5	18,3	19,05	18,11	18,02
H_2O	41,9	39,95	41,27	41,47
(Rückstand) . .	—	1,41	—	0,15
	100,0	99,72	99,57	100,14

1. Theoretische Zusammensetzung nach der im späteren angegebenen Formel.
2. Evansit von Zsetcznik in Ungarn; anal. D. Forbes, Phil. Mag. **28**, 341 (1864).
3. Evansit von Mount Zcehan in Tasmanien; anal. H. G. Smith, Journ. R. Soc. New South Wales **27**, 382 (1893). Ref. Z. Kryst. **25**, 292 (1896).
4. Evansit, weiß, aus dem Graphitbergbau von Groß-Tresny in Mähren, als Überzug auf Limonit; anal. F. Kovář, Abh. böhm. Ak. 1896, Nr. 15. Ref. Z. Kryst. **31**, 524 (1899).

	5.	6.	7.
δ	—	1,937	1,89
(MgO)	0,75	Spur	Spur
(CaO)	1,03	0,23	4,32
Al_2O_3	38,33	38,05	34,48
Fe_2O_3	—	1,92	5,49
P_2O_5	21,70[1])	18,48	19,14
H_2O	38,19	41,29	36,96
(Rückstand) . .	—	0,44	—
	100,00	100,41	100,39

5. Evansit mit Kohle von Alabama in Amerika; anal. W. T. Schaller, Z. Kryst. **44**, 5 (1907). (Diese Analyse ist nach Angabe des Analytikers nur eine angenäherte.)
6. Evansit, gelblich, vom Graphitbergbau Groß-Tresny in Mähren; anal. F. Kovář, wie Analyse 4.
7. Brauner Evansit aus der Umgebung von Goldburg, Idaho; anal. W. T. Schaller, wie Analyse 5.

Die Analysen führen auf die **Formel**:

$$3Al_2O_3 . P_2O_5 . 18 H_2O \quad \text{oder} \quad AlPO_4 . 2 Al(OH)_3 . 6 H_2O .$$

---

[1]) Als Differenz bestimmt.

Die Übereinstimmung mit dieser Formel (Werte von Analyse 1) ist eine recht gute.

Den **Wassergehalt** des Evansits hat W. T. Schaller untersucht; er gab für den Evansit der Analyse Nr. 7 folgende Daten:

$$
\begin{array}{llr}
\text{Wasserverlust bei } 107^0 & \ldots & 20{,}00\,\%\\
\quad\text{"} \quad\quad\text{"} \ 175^0 & \ldots & 7{,}36 \ \text{"}\\
\quad\text{"} \quad\quad\text{"} \ 255^0 & \ldots & 3{,}13 \ \text{"}\\
\quad\text{"} \quad\quad\text{"} \ 290^0 & \ldots & 0{,}94 \ \text{"}\\
\quad\text{"} \quad\quad\text{"} \ \text{dunkler Rotglut} & & 3{,}90 \ \text{"}\\
\quad\text{"} \quad\quad\text{vor dem Gebläse} & . & 1{,}61 \ \text{"}
\end{array}
$$

$$36{,}94\,\% \ \text{(b.d.Anal. 7} \ 36{,}96\,\%).$$

An einem grünlichweißen Evansit von der Josefizeche bei Müglitz in Mähren fand Fr. Becke[1]) 38,6 % H_2O.

Vom gleichen Fundorte fand F. Kretschmer[2]) einen kieselsäurereichen Evansit.

Eigenschaften. Das Mineral ist im reinsten Zustande farblos, meist aber weiß, gelblich, braun, grünlich oder bläulich, auch dunkelrot gefärbt; es ist amorph (Mineralgel) und tritt als (oft glasiger) Oberflächenüberzug von traubiger, nieriger Gestalt auf. Es ist durchsichtig bis undurchsichtig, in seinem Äußern ähnlich dem Opal.

Dichte. W. T. Schaller hat mehrere Eisengehalts- und Dichtebestim-mungen gemacht:

Farbe	Fe_2O_3	Dichte (Mittel)	Grenzen
dunkelrot	6,60 %	2,00	1,990—2,016
braun	5,49 %	1,98	1,972—1,990
gelb	2,15 %	1,94	1,927—1,947

Reines Material wird eine Dichte von ungefähr $\delta = 2{,}86$ haben. Die Härte liegt bei 3.

F. E. Wright[3]) hat den Brechungsquotienten für farblosen Evansit bestimmt:

$$N = 1{,}485.$$

Nach W. T. Schaller wich der der gefärbten Varietäten um kaum 0,01 ab.

Evansit ist in Salzsäure und Salpetersäure leicht **löslich.**

Im Kölbchen dekrepitiert das Mineral, gibt Wasser ab und wird milch-weiß. Die Lötrohrflamme färbt es grünlich und ist unschmelzbar. Durch Kobaltnitrat wird es beim Glühen auf der Kohle blau.

Vorkommen. Der Evansit kommt meist auf Brauneisenerzlagern vor. Nach W. T. Schaller[4]) kommt er auch auf Kohle vor. W. Vernadsky und S. P. Popoff[5]) haben das Mineral auch mit Gold und Quarz in Verespatak und Offenbanya in Siebenbürgen gefunden.

---

[1]) Fr. Becke, Tsch. min. Mit. **1**, 465 (1878).
[2]) F. Kretschmer, J. k. k. geol R.A. **52**, 421 (1902).
[3]) F. E. Wright bei W. T. Schaller, Z. Kryst. **44**, 4 (1907).
[4]) W. T. Schaller, l. c.
[5]) W. Vernadsky u. S. P. Popoff, N. JB. Min. etc. 1903, 331.

2. Komplexe Tonerdephosphate.

Als komplexe Tonerdephosphate werden hier alle Phosphate zusammengefaßt, die neben dem Al auch ein- und zweiwertige Metalle enthalten. Über die Konstitution dieser Verbindungen besteht in den meisten Fällen noch Unklarheit und unsere Kenntnisse hierüber sind meist noch geringer, als dies bei den komplexen Alumosilicaten der Fall ist.

Die Anordnung erfolgte hier nach dem zweiten Metall und zwar zuerst je nach der Wertigkeit (zuerst die einwertigen) und bei gleicher Wertigkeit nach dem Atomgewicht. Die Aneinanderreihung der die gleichen Basen enthaltenden komplexen Tonerdephosphate wurde je nachdem, ob es sich um saure, normale oder basische Verbindungen handelt, vorgenommen.

Amblygonit.

Synomyma bzw. **Varietäten:** Montebrasit und Hebronit.

Kristallisert:. Triklin. $a:b:c = 0,73337:1:0,76332; \ \alpha = 108^0 51^1/_4'$ $\beta = 97^0 48^1/_6', \ \gamma = 106^0 26^2/_2$ nach J. D. Dana.[1]

Analysen.[2]

Die älteren Analysen sind zum Teile recht widersprechend und, wie C. F. Rammelsberg[3] gezeigt hat, sind einige auch falsch. Nach einer Analyse von Moissenet[4] wurde ein angeblich neues Mineral, der Montebrasit aufgestellt und später von C. F. Rammelsberg als mit dem Amblygonit identisch erkannt. Es seien hier nur einige wenige ältere Analysen ausgewählt, die zu den Ansichten über die chemische Zusammensetzung des Minerales wichtig sind.

1. Ältere Analysen.

	1.	2.	3.	4.	5.
δ	3,097	3,081	—	3,1	3,07
Li_2O	6,36	7,96	6,70	8,10	9,60
Na_2O	3,48	0,93	5,30	2,58	0,59
K_2O	0,18	0,40	—	—	—
CaO	—	—	0,50	—	—
Al_2O_3	36,20	35,15	35,50	36,32	37,60
Mn_2O_3	—	—	—	0,40	—
P_2O_5	48,00	49,39	45,91	46,15	46,85
F	9,22	11,71	9,00	8,20	10,40
Glühverlust	—	—	0,70	1,10	0,14
	103,44	105,54	103,61	102,85	105,18

1. Amblygonit von Penig bei Arnsdorf in Sachsen; anal. C. F. Rammelsberg, Handb. Mineralchem. 1875, 309.
2. Amblygonit von Montebras; anal. wie oben.

---

[1] J. D. Dana, Mineral. 1892, 781.
[2] Eine ausführliche Darstellung der Analysenmethode gab H. Corminbeuf, Ann. chim. phys. **15**, 295.
[3] C. F. Rammelsberg, Mineralchemie 1875, 309.
[4] Moissenet, Annal. d. Mines. 1871 und C. R. **73**, 327 (1871).

3. Amblygonit vom gleichen Vorkommen; anal. F. Kobell, Sitzber. Münchner Ak. 1872; N. JB. Min. etc. 1872, 318.

4. u. 5. Amblygonit vom selben Fundorte; anal. F. Pisani, C. R. **73**, 1479.

Es folgen einige Analysen wasserreicherer Amblygonite, die Hebronit genannt wurden:

	6.	7.	8.
δ	3,06	—	—
Li_2O	7,37	9,75	9,84
Na_2O	1,06	—	—
Al_2O_3	37,00	36,00	36,90
P_2O_5	49,00	46,65	47,15
H_2O	4,50	4,20	4,76
F	5,50	5,22	3,80
	104,43	101,82	102,45

6. Hebronit von Auburn, Maine; anal. F. Kobell, Sitzber. Münchner Ak. **2**, 284, 1872.

7. Hebronit von Hebron, Maine; anal. F. Pisani, nach C. F. Rammelsberg, l. c.

8. Hebronit von Montebras; anal. wie oben.

2. *Neuere Analysen.*

Die neueren Analysen sind nach steigendem H_2O-Gehalt angeordnet.

	9.	10.	11.	12.	13.	14.
δ	—	3,088	—	3,059	—	3,035
Li_2O	8,97	7,92	8,50	9,46	9,54	9,82
Na_2O	2,04	3,48	1,00	0,99	0,34	0,34
K_2O	—	—	0,18	—	—	0,34
(CaO)	—	0,24	0,23	—	—	0,03
(MgO)	—	—	0,13	—	—	—
(FeO)	—	—	0,76	—	—	—
Al_2O_3	33,55	33,22	34,01	33,78	34,12	33,68
Mn_2O_3	0,13	—	—	—	—	—
P_2O_5	48,24	47,09	46,85	48,48	48,53 [1])	48,31
H_2O	1,75	2,27	3,00	3,57	4,44	4,89
F	11,26	9,93	8,51	6,20	5,24	4,82
(Unlöslich)	—	—	0,55	—	—	—
	105,94	104,15	103,72	102,48	102,21	101,89
O = F —	4,74	4,02	3,57	2,61	2,21	2,03
	101,20	100,13	100,15	99,87	100,00	99,86

9. Amblygonit von Penig bei Arnsdorf in Sachsen; anal. S. L. Penfield, Am. Journ. (III) **18**, 296 (1879).

10. Amblygonit von Montebras in Frankreich; anal. wie oben.

11. Amblygonit vom gleichen Fundorte, schwach rosarot durchscheinend; anal. H. Lasne, C. R. **132**, 1191 (1901).

12. Amblygonit von Auburn in Maine; anal. S. L. Penfield, Am. Journ. (III) **18**, 296 (1879).

13. Amblygonit von Hebron, Maine; anal. wie oben.

14. Amblygonit von Paris, Maine; anal. wie oben.

---

[1]) Aus der Differenz bestimmt.

	15.	16.	17.	18.	19.
δ . . .	3,032	3,032	—	3,007	
Li_2O . . .	9,24	9,80	9,88	9,52	7,10
Na_2O . . .	0,66	0,19	0,14	0,33	2,81
K_2O . . .	—	—	—	—	0,23
(MgO) . . .	—	—	0,31	—	—
(CaO) . . .	—	—	—	0,35	0,29
(MnO) . . .	—	—	0,09	—	0,28
(FeO) . . .	—	—	—	—	0,46
Al_2O_3 . . .	33,90	34,26	33,70	33,55	34,32
Mn_2O_3 . . .	—	0,10	—	—	—
Fe_2O_3 . . .	—	0,29	0,12	—	—
P_2O_5 . . .	47,44	48,80	48,83	48,34	44,62
H_2O . . .	5,05	5,91	5,95	6,61	7,59
F . . .	5,45	1,75	2,29	1,75	4,08
(Unlöslich) . .	—	—	—	—	0,22
	101,74	101,10	101,31	100,45	102,00
$O = F$ −	2,29	0,74	0,96	0,74	1,72
	99,45	100,36	100,35	99,71	100,28

15. Amblygonit von Hebron in Maine; anal. S. L. Penfield, Am. Journ. (III) **18**, 297 (1879).

16. Amblygonit von Brancheville, Fairfield Co., Connecticut; anal. S. L. Penfield, wie oben.

17. Weißer Amblygonit von Pala in Californien; anal. W. T. Schaller, Am. Journ. (IV) **17**, 191 (1904).

18. Amblygonit von Montebras in Frankreich; anal. S. L. Penfield, Am. Journ. (III) **18**, 297 (1879).

19. Amblygonit, weiß, undurchsichtig, vom gleichen Fundorte; anal. H. Lasne, C. R. **132**, 1191 (1901).

Die zwei folgenden demnächst zur Veröffentlichung gelangenden Analysen verdanke ich gütiger Privatmitteilung des Autors.

	20.	21.
Li_2O	8,96	8,79
Na_2O	1,50	1,70
Al_2O_3	34,05	34,53
Fe_2O_3	0,81	0,76
P_2O_5	46,57	46,12
F	3,10	2,91
H_2O	5,08	5,01
(Feuchtigkeit) . .	0,12	0,12
	100,19	99,94

20. u. 21. Weißer dichter Amblygonit von Cáceres in Südspanien; anal. W. Dörpinghaus, Archiv f. Lagerstättenforschung; preuß. geol. L.A. (1914).

Nach Mitteilungen von W. Dörpinghaus[1]) sind die bisherigen Analysenmethoden zur Fluorbestimmung des Amblygonits nicht brauchbar, denn das Fluorid ist sehr schwer durch H_2SO_4 zersetzlich, um so schwerer, je mehr

---

[1]) Ich verdanke diese Angaben einer liebenswürdigen Mitteilung des Herrn Dr. W. Dörpinghaus.

Wasser das Mineral enthält, weil eben dieses die Säure verdünnt, anderseits aber bei der Bestimmung des F als SiF_4 eine Zersetzung dieser Verbindung herbeiführt. Es wurde deshalb folgendermaßen verfahren: 2 g Substanz wurden mit $NaKHCO_3$ aufgeschlossen, die Schmelze mit H_2O ausgelaugt, der Rückstand abfiltriert und im Filtrat bei Gegenwart von Weinsäure nach Neutralisation F und P_2O_5 mit $CaCl_2$ gefällt. Der Niederschlag wurde getrocknet, mit stark geglühtem CaO gemischt und stark geglüht, um sämtliches Wasser zu vertreiben. Der Rückstand wurde dann in bekannter Weise mit H_2SO_4 behandelt und das F nach S. L. Penfield als SiF_4 bestimmt.

Zum Schlusse sei anhangsweise eine neuere technische Analyse erwähnt, bei der keine Trennung von F und H_2O durchgeführt worden ist.

	22.
Li_2O	8,26
Na_2O	Spur
K_2O	Spur
(CaO)	1,35
Al_2O_3	33,09
Fe_2O_3	Spur
(SiO_2)	1,99
P_2O_5	45,47
(Verlust)	6,28
(Unbestimmt) . .	3,56
	100,00

22. Amblygonit von Pala, San Diego Co., Californien; anal. R. L. Seldner bei J. H. Pratt, The production of Lithium 1902 (aus: Min. Resources of U. St.) Washington (1903). Ref. N. JB. Min. etc. 1904, II, 26.

Das Unbestimmte war hauptsächlich Fluorit.

Einige andere (auch neuere) Analysen, bei denen H_2O nicht bestimmt wurde, sollen nicht angeführt werden.[1]

Formel und Konstitution. C. F. Rammelsbergs Analysen gaben folgende Atomverhältnisse:

	Al : $\overset{I}{R}$	Al : P	$\overset{I}{R}$: F
Analyse 1 . . .	1 : 1,5	1 : 1,9	1 : 0,9
Analyse 2 . . .	1 : 1,5	1 : 1,9	1 : 1,08
	(1 : 2)	(1 : 1)	

woraus er die einfache Formel ableitete:

$$3 RF_2 . 2 Al_2 P_2 O_8 .$$

In den weiteren älteren Analysen sind diese Verhältnisse etwas andere, die C. F. Rammelsberg[2] zum Teil im Mineral selbst begründet ansah:

	Al : $\overset{I}{R}$	Al : P	$\overset{I}{R}$: F
Analyse 3 . . .	1 : 1,8	1 : 1,8	1 : 0,75
" 4 . . .	1 : 1,76	1 : 1,83	1 : 0,7
" 5 . . .	1 : 1,8	1 : 1,8	1 : 0,83
" 6 . . .	1 : 1,46	1 : 1,9	1,8 : 1
" 7 . . .	1 : 1,86	1 : 1,9	2,36 : 1
" 8 . . .	1 : 1,83	1 : 1,85	3,28 : 1

[1] Z. B. The Australian Mining Standart 1910, 796.
[2] C. F. Rammelsberg, Mineralchem. 1875, 310.

S. L. Penfield[1]) wandte seine Theorie der Ersetzbarkeit des Hydroxyls durch Fluor, die er bei der Erklärung der Konstitution des Triploidits (S. 430) aufgestellt hatte, auch auf den Amblygonit an und kam zu dem Schlusse, daß alle Vorkommen des Amblygonits wesentlich die gleiche Zusammensetzung haben und nur durch Variieren des HO und des F verschieden seien, und er rechnete für seine 8 Analysen die folgenden Atomverhältnisse:

$$P : Al : \overset{\text{I}}{R} : (OH, F)$$

Analyse 9	. . .	1,00 : 0,96 : 0,98 : 1,16
„ 10	. . .	1,00 : 0,97 : 0,98 : 1,17
„ 12	. . .	1,00 : 0,96 : 0,97 : 1,06
„ 13	. . .	1,00 : 0,97 : 0,95 : 1,13
„ 14	. . .	1,00 : 0,96 : 0,97 : 1,17
„ 15	. . .	1,00 : 0,98 : 0,95 : 1,27
„ 16	. . .	1,00 : 0,97 : 0,96 : 1,09
„ 18	. . .	1,00 : 0,96 : 0,96 : 1,21

Dieses Verhältnis ist somit (allerdings mit ziemlich bedeutenden Schwankungen im OH- bzw. F-Gehalt) 1 : 1 : 1 : 1.

S. L. Penfield rechnet daraus die Formel:

$$Al_2P_2O_8 . 2\overset{\text{I}}{R}(OH, F) \quad \text{oder} \quad \left. \begin{matrix} 3\,Al_2P_2O_8 \\ 2\,\overset{\text{I}}{R}_3PO_4 \end{matrix} \right\} + \left\{ \begin{matrix} Al_2(OH, F)_6 \\ 2\,\overset{\text{I}}{R}(OH, F) \end{matrix} \right\} .$$

Die geringen Schwankungen führte S. L. Penfield auf dem Analysenmaterial zufällig beigemengtes Wasser zurück.

C. F. Rammelsberg[2]) bekämpfte später diese Ansicht S. L. Penfields und war der Meinung, daß, da das stöchiometrische Verhältnis $\overset{\text{I}}{R}$: Al : P sich auch bei der Abnahme des F-Gehaltes nicht verändert, der Amblygonit kein RF enthalte und die Formel eines H_2O-armen (freien) Amblygonits

$$Al_2F_6 . 2(R_3PO_4 . Al_2P_2O_8)$$

sei. Durch die Einwirkung von H_2O bilde sich dann $Al_2O_6H_6$, wobei die freiwerdende Flußsäure vom Wasser als solche, oder wahrscheinlicher als Natriumfluorid oder Calciumfluorid fortgeführt werde, und das Phosphat unverändert bleibe. Im Hinblick darauf, daß Vereinigungen eines Haloidsalzes mit einem Doppelphosphat erfahrungsgemäß seltener sind als solche, in denen beide Glieder analoge Verbindungen darstellen, schrieb C. F. Rammelsberg die Amblygonitformel:

$$(2\,LiF . Al_2F_6) . (2\,Li_3PO_4 . 3\,Al_2P_2O_8) .$$

H. Lasne[3]) stellt die Analysen 11 und 19 folgendermaßen dar:

$$2\left[(PO_4)_3 F \left(Li, \frac{Ca}{2} \right)_{10} \right] . 5\left[(PO_4)_3 F \left(\frac{Al}{3}, H \right)_{10} \right] . m\,Al(F, OH)_3 .$$

---

[1]) S. L. Penfield, Am. Journ. (III) 18, 298 (1879).
[2]) C. F. Rammelsberg, N. JB. Min. etc. 1883, I, 15.
[3]) H. Lasne, C. R. 132, 1193 (1901).

31*

Nach ihm setzt sich der Amblygonit aus einem Lithium-(Calcium-)Fluorophosphat, einem sauren Aluminiumfluorophosphat und Aluminiumfluorid bzw. -hydrat zusammen. Das m ist für Analyse 11 gleich 5, für Analyse 19 ist es 8.

W. T. Schaller[1]) nahm die Formel, wie sie S. L. Penfield für Amblygonit gegeben hat an und schrieb sie allgemein:

$$Li\,[Al(OH, F)]PO_4,$$

worin ein Teil des Li durch Na und wohl auch K ersetzt sein kann.

Es stehen sich somit die Ansichten C. F. Rammelsbergs, der den Wassergehalt als eine Zersetzungserscheinung des H_2O-freien Amblygonits (Fluoroamblygonits) und die Ansicht S. L. Penfields, der im Amblygonit F und OH variabel und das eine durch das andere ersetzbar hält, gegenüber. S. L. Penfields Meinung scheint mehr Anhänger zu haben.

W. Dörpinghaus rechnet aus den beiden Analysen 20 und 21 die Formel:

$$AlF_3 . 3\,Al(OH)_3 . 7\,AlPO_4 . 2\,Li_3PO_4 . Na_3PO_4.$$

Eigenschaften. Der Amblygonit kommt sehr selten in Kristallen vor, gewöhnlich sind es derbe, grobkörnige Massen. Die Farbe ist weiß, grau, grünlich; er ist gewöhnlich undurchsichtig, seltener durchscheinend.

Die Härte liegt bei 6.

Die Dichte kann mit 3,03—3,07 angegeben werden; es finden sich auch schwankende Werte mit $\delta = 3,1$ und 3,007.

Optische Eigenschaften. Auf Grund geringfügiger optischer Unterschiede wurden Unterabteilungen geschaffen, die aber heute bereits wieder aufgegeben sind. Die Brechungsquotienten bestimmten A. Michel-Lévy und A. Lacroix[2]) für Natriumlicht:

$$N_\alpha = 1,579, \qquad N_\beta = 1,593, \qquad N_\gamma = 1,597.$$

Der Charakter der Doppelbrechung ist negativ.

Der Achsenwinkel ist nach A. Des Cloizeaux[3]) für Natriumlicht:

$$2E = 86^0\,21'.$$

Löslichkeit. Der Amblygonit löst sich ziemlich leicht in Schwefelsäure, in Salzsäure ist er nur sehr schwer löslich.

Vor dem Lötrohre schmilzt er sehr leicht zu einer klaren Perle und färbt die Flamme gelbrot bis purpurrot. Im offenen Röhrchen gibt das Mineral Fluorreaktion.

Vorkommen. Der Amblygonit, über dessen Genesis wenig bekannt ist, kommt stets in granitischen Gesteinen vor. Seine Begleiter sind andere Lithiummineralien, z. B. die Lithium-Mineralparagenesis von Brancheville, Connecticut: Lithiumphosphate wie Triphylin, Lithiophilit und deren Begleitphosphate (Manganphosphate) Reddingit, Fillowit, Eosphorit, Triploidit, Hureaulit, Natrophilit u. a., dann Lithiumsilicat (Spodumen) und Lepidolith; dann andere durch post-

[1]) W. T. Schaller, Z. Kryst. **49**, 235 (1911).
[2]) A. Lacroix und A. Michel-Lévy, C. R. **106**, 777 (1888), auch Les Minéraux des roches (Paris 1888).
[3]) A. Des Cloizeaux nach J. D. Dana, Min. 1892, 782.

vulkanische Prozesse entstandene Mineralien, wie Turmalin, Apatit, dann Cassiterit; daneben aber auch Quarz, Albit und Glimmerarten. Über sein Alter im Vergleich mit diesen Begleitmineralen liegen keine eingehenderen Untersuchungen vor.

Eine ähnliche Paragenesis besitzt ein Vorkommen in Kashmir, das in pegmatitischen Gängen,[1]) die Gneise durchsetzen, auftritt; unter den Begleit-mineralien findet sich auch Saphir.

Der Amblygonit verdankt wohl wahrscheinlich postvulkanischen Prozessen seine Entstehung.

In Cáceres in Südspanien[2]) kommt Amblygonit als Gangart eines Zinn-steinganges vor.

Fig. 11. Auftreten des Amblygonits von Cáceres in Südspanien (nach W. Dörpinghaus).

Die vorstehende Figur bezieht sich auf dieses Vorkommen; der Ambly-gonit (weiß), der in Quarzgestein (grau) auftritt, ist von Zinnstein (schwarz) durchsetzt.

Natronamblygonit.

Kristallsystem: nicht bestimmbar.

Synonym: Natramblygonit.

---

[1]) F. R. Mallet, Rec. Geol. Surv. India 32, 228 (1905). Ref. Z. Kryst. 43, 620 (1907).

[2]) Diese Angaben und die Abbildung verdanke ich Herrn Dr. W. Dörpinghaus, die Abbildung erscheint in Metall und Erz, 1914.

Analyse.

$$Li_2O \quad . \quad . \quad . \quad . \quad 3{,}21$$
$$Na_2O \quad . \quad . \quad . \quad . \quad 11{,}23$$
$$K_2O \quad . \quad . \quad . \quad . \quad 0{,}14$$
$$Al_2O_3 \quad . \quad . \quad . \quad 33{,}59$$
$$P_2O_5 \quad . \quad . \quad . \quad . \quad 44{,}35$$
$$H_2O \quad . \quad . \quad . \quad . \quad 4{,}78$$
$$F \quad . \quad . \quad . \quad . \quad . \quad 5{,}63$$

$$\overline{102{,}93}$$
$$O = F - 2{,}37$$
$$\overline{100{,}56}$$

Natronamblygonit, nordwestlich von Canon Cy., Colorado; anal. W. T. Schaller, Z. Kryst. **49**, 234 (1911) und Bull. geol. Surv. U.S. **509**, 101 (1912).

Diese Analyse führt auf die **Formel:** [1])

$$Al_2O_3 . (Na, Li)_2O . P_2O_5 . (H_2O, F_2) \quad \text{oder} \quad NaAl(OH, F)PO_4,$$

wobei Na teilweise durch Li vertreten ist.

Das Mineral stellt somit einen Amblygonit dar, bei dem die Mengenverhältnisse der Alkalien (Li_2O und Na_2O) die umgekehrten sind, als dies gewöhnlich der Fall ist. W. T. Schaller weist auch auf die Unwahrscheinlichkeit hin, daß man es hier mit einem sekundären Umwandlungsprodukt des Amblygonits zu tun habe, wie etwa der Morinit (s. unten S. 487) ein solches ist.

Eigenschaften. Der Natronamblygonit tritt in derben Massen auf, die mikroskopische Einschlüsse von Quarz, Feldspat, Glimmer und einem kaolinartigen Staub bergen. Die Farbe ist grauweiß, durchscheinend bis undurchsichtig.

Die Härte des Minerals ist ca. $5\frac{1}{2}$.

Die Dichte ist 3,01—3,06.

Der Natronamblygonit löst sich nur schwer in Schwefelsäure. Das Mineral · schmilzt vor dem Lötrohre leicht zu einem weißen Email, ohne zu zerknistern, schäumt aber etwas auf. Die Flamme färbt sich gelb (einfacher Unterschied vom gewöhnlichen Amblygonit). Im geschlossenen Rohre geht alles Wasser weg und das Mineral schmilzt daselbst ohne zu zerknistern.

Vorkommen. Der Natronamblygonit kommt in einem pegmatitischen Gestein vor; er wird von Lepidolith in feinen Adern durchsetzt; und schließt auch Albit und roten Turmalin ein. Mikroskopische Einschlüsse siehe oben. Begleitmineralien sind außer den genannten: schwarzer und grüner (neben rotem) Turmalin, Muscovit neben dem Lepidolith in großen Mengen, Quarz und Kalifeldspat.

---

[1]) Die Verhältniszahlen für Wasser und Fluor sind etwas zu hoch

$$P : Al : R : (OH, F) = 1 : 1 : 1 : 1{,}3,$$

was W. T. Schaller auf die Schwierigkeiten der Fluorbestimmung zurückführt. Vgl. auch S. L. Penfields Rechnungen S. 483.

Morinit.

Kristallisiert monoklin.

Analyse.

δ	2,94
Li_2O	Spur
Na_2O	5,10
MgO	Spuren
[CaO	19,00]
Ca	13,55
FeO	Spuren
Al_2O_3	17,50
(SiO_2)	1,50
P_2O_5	32,95
H_2O bei 120^0 .	0,20
H_2O	17,60
F	13,00
	101,40

Morinit vom Montebras, Creuse, Frankreich; anal. A. Carnot und A. Lacroix, Bull. Soc. min. **31**, 150 (1908).

Diese Zusammensetzung führt auf die Formel:

$$3\,AlPO_4 \cdot Na_2HPO_4 \cdot 3\,CaF_2 \cdot 8\,H_2O$$

oder

$$Na_2H(PO_4)_3(AlF)_3 \cdot (CaF)_3PO_4 \cdot 8\,H_2O \ .$$

Der erste Teil dieser Formel entspricht drei Molekülen Amblygonit, in denen das Li durch Natrium und Wasserstoff ersetzt ist. Der zweite Teil dieser Formel entspricht einem vierten Molekül Amblygonit, in dem aber nicht nur das Lithium, sondern auch das Aluminium durch das Radikal (CaF) ersetzt ist.

Dieses Phosphatmineral ist insofern bemerkenswert, als es ein Fluorophosphat von ein-, zwei- und dreiwertigen Radikalen darstellt; A. Lacroix und A. Carnot sind der Ansicht, daß man für dieses Mineral eine eigene Gruppe in der Reihe der Phosphate schaffen kann.

Eigenschaften. Das Mineral bildet entweder sehr kleine, lichtrötliche Nädelchen oder blaßrosafarbige Aggregate.

Die Dichte ist bereits gegeben, die Härte ist nach F. Slavík[1] $4^1/_2$.

Vorkommen und Genesis. Der Morinit findet sich in Hohlräumen von Amblygonit, aus dem er durch Zersetzung entstanden ist. Begleitmineralien sind: Quarz, Zinnstein und Wavellit.

Soumansit.

Provisorische Analyse.

δ	2,87
Al_2O_3	36,5
P_2O_5	31,5
$Na_2O + H_2O + F$ . .	32,0

Soumansit von Montebras; anal. F. Pisani bei A. Lacroix, Min. France **4**, 542 (1910).

---

[1] F. Slavík, Privatmitteilung.

Zu einer vollständigen Analyse war zu wenig Material vorhanden.

Eigenschaften. Das Mineral ist farblos; bildet Kristalle von oktaedrischem Habitus. Die Härte ist ca. $4\frac{1}{2}$.

Der optische Achsenwinkel ist ungefähr $2E = 70^0$.

$$N_m = 1{,}55 - 1{,}56.$$

Im Kölbchen erhitzt gibt der Soumansit Wasser und Fluor ab.

Das Mineral, das noch der näheren Untersuchung harrt, ist sehr ähnlich dem Morinit, mit dem es auch zusammen vorkommt.

Minervit (Kalium-Tonerdephosphat).

Teils kristalline, teils amorphe Massen.

Analysen.

	1.	2.
Magnesiumphosphat $(3\,MgO . P_2O_5)$ . . .	Spuren	1,17
Tonerdephosphat $(Al_2O_3 . P_2O_5)$	52,35	57,30
Tonerdeüberschuß, in Säuren löslich . .	4,71	3,10
Eisenphosphat $(Fe_2O_3 . P_2O_5)$	0,24	0,41
CaF_2	2,00	2,29
Quarzsand	0,36 }	
Ton	11,14 }	7,38
H_2O bis zu 180^0	21,40	22,74
H_2O bei Rotglut $+$ N-haltige organ. Subst. .	7,89	5,92
(Cl)	Spur	Spur
(SO)$_3$	Spur	Spur
	100,09	100,31

1. Minervit von der Minervagrotte im Südwesten des Departements Hérault; anal. A. Gautier, Ann. des min. **5,** 1 (1895). Ref. N. JB. Min. etc. 1895 (II) 277.
2. Minervit von einer anderen Stelle desselben Fundortes; anal. wie oben.

Aus dieser Zusammensetzung rechnete A. Gautier nach Abzug der Beimengungen die **Formel:**

$$Al_2O_3 . P_2O_5 . 7H_2O.$$

Die Analysen einiger Minervit-ähnlicher Substanzen seien hier angereiht:

	3.	4.	5.
K_2O	8,28	5,80	1,20
$((NH_4)_2O)$ . .	0,52	0,48	3,47
(MgO) . . .	0,33	Spuren	—
(CaO) . . .	1,40	0,31	—
Al_2O_3 . . .	18,59	18,18	21,00
Fe_2O_3 . . .	0,83	—	2,90
(SiO_2) . . .	4,35	11,60	—
P_2O_5 . . .	37,28	35,17	42,70
H_2O	28,20	28,30	29,80
F	—	Spuren	—
(SO_3) . . .	—	Spuren	—
(Cl)	—	Spuren	—
	99,78	99,84	101,07

3. Minervit von der Minervagrotte; anal. A. Carnot, Ann. des min. **8**, 319 (1895).
4. Minervit aus der Höhle der Tour Combes bei Oran in Algerien; anal. A. Carnot, C. R. **121**, 151 (1895).
5. Minervit von Réunion; anal. F. Pisani bei A. Lacroix, Bull. Soc. min. **33**, 35 (1910).

Die Analysen 3 und 4 zeigen einige Übereinstimmung, lassen sich aber nicht auf A. Gautiers Formel zurückführen.

Für die Analyse 5, die mit den anderen Minervitanalysen durchaus nicht übereinstimmt, berechnete A. Lacroix die **Formel:**

$$2(Al_2O_3 . P_2O_5) . 3[(K, Na, NH_4, H)_2O . P_2O_5] . 15 H_2O.$$

Über die wahre chemische Natur dieser Phosphate sind wir im Unklaren. A. Lacroix macht noch auf die wahrscheinliche Identität des Palmerits (siehe diesen S. 490) mit Minervit aufmerksam.

A. Carnot hat vom Mineral aus der Höhle der Tour Combes (Analyse 4) die Entwässerung näher untersucht und gefunden, daß:

bei 100° . . . 13,40 % H_2O entweichen
„ 180° . . . 10,55 „ „ „
„ Rotglut . . . 4,35 „ „ „
Gesamt-H_2O 28,30 %

Eigenschaften. Der Minervit bzw. die unter diesem Namen zusammengefaßten Alumophosphate sind erdige, mehlige Massen von milchweißer Farbe. Nach A. Gautier bestehen sie aus winzigen Kriställchen, während die von A. Carnot (Analyse 4) untersuchten Massen keine kristalline Struktur zeigten.

In Säuren ist der Minervit löslich.

Vorkommen und Genesis. Nach A. Gautier bildeten sich diese Aluminiumphosphate in ähnlicher Weise wie die Calciumphosphate (S. 392), durch Einwirken von Ammoniumphosphat auf Ton (vgl. auch bei Redondit S. 461).

A. Gautier hat ihre Bildung experimentell geprüft und dabei eine der Formel $Al_2O_3 . P_2O_5 . 7 H_2O$ entsprechende Substanz erhalten.

Wardit.

Kristallform: Nicht bekannt.

Analyse.

δ	2,77
Na_2O	5,98
K_2O	0,24
(MgO)	2,40
(FeO)	0,76
(CuO)	0,04
Al_2O_3	(38,25)[1])
P_2O_5	34,46
H_2O	17,87
	100,00

Wardit von Utah; anal. J. M. Davison, Am. Journ. [4], **2**, 154 (1896).

---

[1]) Aus der Differenz bestimmt.

J. M. Davison gibt die **Formel** an:

$$2Al_2O_3 . P_2O_5 . 4H_2O \quad oder \quad Al_2(OH)_3PO_4 . \tfrac{1}{2}H_2O$$

oder

$$NaAlPO_4 . Al(OH)_3 . \tfrac{1}{2}H_2O.$$

Da zwei Formeln, die eine ohne Na, die andere mit Na gegeben werden, so scheint J. M. Davison im Zweifel zu sein, ob nicht vielleicht die Alkalien und das MgO Verunreinigungen sind. Die Zusammensetzung ist sonach wohl noch zweifelhaft.

Eigenschaften. Der Wardit bildet konzentrisch kugelige und eolithische Massen von hellgrüner bis blaugrüner Färbung.

Die Härte liegt bei 5. Vor dem Lötrohre bläht sich das Mineral auf; es ist in Säuren nur zum Teil löslich.

Vorkommen. Der Wardit kommt auf zersetztem Veriscit vor.

Taranakit.

Analyse.

Na_2O	Spuren
K_2O	4,20
(CaO)	0,55
FeO	4,45
Al_2O_3	21,43
P_2O_5	35,05
H_2O bei 100°	15,46
H_2O über 100°	17,60
Cl	0,46
(Unlöslich)	0,80
	100,00

Taranakit von Sugar Loaves, Taranaki, Neu-Seeland; anal. Hector, Jurors' Rep. N. Z. Ex. 1865, 423. Zitiert nach J. D. Dana, Min. 1892, 846.

Eine Formel ist nicht angegeben.

Der Taranakit ist dicht, von weißlich-gelblicher Färbung.

Ein mit Minervit höchstwahrscheinlich identisches Mineral wurde unter dem Namen

Palmerit, Kalium-Tonerdephosphat.

beschrieben.

Analyse.

Na_2O	0,02
K_2O	8,04
Al_2O_3	22,89
Fe_2O_3	1,17
(SiO_2)	0,36
P_2O_5	37,10
(NH_3)	0,61
H_2O bei 100°	7,87
Glühverlust	21,29
	99,35

Palmerit (Minervit?) von einer Höhle des Alburno-Berges bei Controne in der Provinz Salerno in Italien; anal. E. Casoria, Ann. R. Scuola Sup. Agricolt. Portici 6 (1904). Ref. Z. Kryst. **42**, 87 (1907).

E. Casoria rechnet daraus die **Formel:**

$$HK_2Al_2(PO_4)_3 . 7H_2O.$$

Diese Formel ist nach F. Zambonini[1]) nicht richtig, sondern sie sollte lauten:

$$H_2KAl_2(PO_4)_3 . Al(OH)_3 . 7H_2O \quad oder \quad K_2O . 3Al_2O_3{}^2) . 3P_2O_5 . 19H_2O.$$

F. Zambonini machte auf die Ähnlichkeit mit dem von H. Carnot analysierten Minervit aufmerksam und A. Lacroix[3]) identifizierte Palmerit mit Minervit.

Eigenschaften. Analog dem Minervit. Nach E. Casoria ist der Palmerit in einer Ammoniumcitratlösung löslich.

Vorkommen. Das Mineral verdankt der Ablagerung von Fledermausguano seine Entstehung.

Hier seien zwei Natrium-Calciumphosphate eingereiht, die noch nicht früher bekannt geworden sind:

Ježekit.

Von F. Slavík (Prag).

Monoklin. $a:b:c = 0,8959:1:1,0241; \quad \beta = 105^0 31^1/_2{}'$ (F. Slavík).[4])

Der Ježekit wurde als ein Drusenmineral des Greifensteiner Lithionitgesteins gefunden und von F. Slavík benannt.

Analysen. Nur eine Analyse, ausgeführt von E. Skarnitzl.

δ	. . . . .	2,940
Na	. . . . .	18,71
Li	. . . . .	0,86
CaO	. . . . .	13,50
Al_2O_3	. . . . .	21,92
Fe_2O_3	. . . . .	Spur
P_2O_5	. . . . .	30,30
F	. . . . .	8,15
OH	. . . . .	7,26
		100,70

Die Prüfung auf Be und K ergab ein negatives Resultat.

Formel. Die Zahlen der Analyse entsprechen sehr nahe dem Verhältnis

$$Al_2O_3 . CaO . P_2O_5 . 2(Na, Li)F . 2(Na, Li)OH,$$

was sich auch ausdrücken läßt

$$F_2[OH]_2Al[AlO]Ca(Na, Li)_4[PO_4]_2 .$$

[1]) F. Zambonini, Referat über die Arbeit E. Casorias, Z. Kryst. **42**, 87 (1907).
[2]) Genauer: 2,6 Al_2O_3.
[3]) A. Lacroix, Bull. Soc. min. **33**, 36 (1910).
[4]) F. Slavík, Abhandl. der böhm. Akademie 1914, Nr. IV.

Chemisch-physikalisches Verhalten. Vor dem Lötrohre nicht schmelzbar, sondern nur weißglühend; in der kalten Schwefelsäure und im Königswasser nur unvollkommen löslich unter Hinterlassung eines kristallinischen Rückstandes; in heißer Schwefelsäure vollständig löslich, wobei Fluorwasserstoff ausgeschieden wird.

Härte $= 4^1/_2$. Spaltbarkeit nach (100) vollkommen, weniger nach (001). Farblos oder schwach gelblich; optische Orientierung $b = \beta$, $c:\alpha = 29^0$ im stumpfen Winkel β, Doppelbrechung negativ, Brechungsexponenten annähernd

$$N_\alpha = 1,55, \quad N_\beta = 1,56, \quad N_\gamma = 1,59.$$

Paragenetische Verhältnisse. Der Ježekit ist ein Drusenmineral des Greifensteiner Lithionitgranits bei Ehrenfriedersdorf, wahrscheinlich gehören ihm auch die dem Morinit von Montebras aufgewachsenen Nadeln an. In beiden Fällen handelt es sich um eine ausgesprochene granitische Pneumatolyse. Gegenüber dem manganhaltigen und wasserärmeren Lacroixit erweist sich der Ježekit stets als jüngere Bildung.

Lacroixit.

Morphologisch gleicht der einzige meßbare Kristall einer rhombischen Pyramide mit Prisma und Brachypinakoid; Achsenverhältnis annähernd $a:b:c =$ 0,82 : 1 : 1,60. Die Kohäsionsverhältnisse (s. unten) scheinen jedoch für monokline Symmetrie zu sprechen.

Der Lacroixit ist ein Mineral des Ehrenfriedersdorfer Lithionitgranits und wurde von F. Slavík[1]) vom Herderit unterschieden und zu Ehren von A. Lacroix benannt.

Analyse. Die einzige Analyse, an vielleicht nicht durchwegs ganz frischen Bruchstücken von A. Jílek ausgeführt, ergab folgende Zahlen[2]):

δ	3,126
CaO	19,51
MnO	8,45
Al_2O_3	18,92
P_2O_5	28,92
NaF	14,47
NaOH	5,51
H_2O	4,22
	100,00

Lithium und Eisen, nur in Spuren spektroskopisch nachweisbar. Daraus resultiert die komplizierte Formel:

$$8\,(Ca, Mn)O \cdot 3\,Al_2O_3 \cdot 3\,P_2O_5 \cdot 8\,Na(F, OH) \cdot 4\,H_2O.$$

In Anbetracht der nicht ganz einwandfreien Frische des Materials kann man vielleicht auch die einfachere Formel

$$2\,Na\overset{II}{R}[AlO]PO_4F \cdot H_2O$$

nicht von vornherein von der Hand weisen.

---

[1]) F. Slavík, l. c.
[2]) Nach Abzug von 0,95 SiO_2 auf 100^0 umgerechnet.

Chemisch-physikalisches Verhalten. In kalter Salzsäure langsam, in warmer leicht löslich; in konzentrierter Schwefelsäure zersetzt sich das Mineral augenblicklich.

Spaltbarkeit nur in zwei einander unter etwa 72^0 sich schneidenden Richtungen, die scheinbare rhombische Pyramide entspricht also wahrscheinlich einer Kombination monokliner Formen.

Härte $= 4^1/_2$.

Farbe weiß, hellgelblich oder hellgrünlich.

Mittlerer Brechungsindex $N_m = 1,57$.

Zu einer genaueren Untersuchung war das vorhandene Material unzureichend.

Paragenetische Verhältnisse. Der Lacroixit ist das älteste, halb noch der Erstarrungssphäre angehörige Phosphat aus dem Lithionitgranite von Greifenstein bei Ehrenfriedersdorf.

Lazulith (Magnesium-Tonerdephosphat).

Von H. Leitmeier (Wien).

Synonyme: Eisenblau, Blauspat, Bergblau, Klaprothit; auch der Name Lazurstein (unechter Lazurstein) wurde gebraucht.

Kristallisiert monoklin prismatisch; $a:b:c = 0,97496:1:1,6483$; $\beta = 89^013^2/_3{}'$ nach Prüfer.[1]

Analysen.

1. Ältere Analysen.

	1.	2.	3.	4.	5.	6.
δ	3,02	3,057	3,114	3,122	2,78	—
MgO . .	12,52	9,54	9,27	10,04	8,58	9,05
CaO . . .	1,53	—	1,11	—	Spuren	0,84
MnO . .	—	—	—	—	Spuren	0,18
FeO . . .	1,77	2,70	8,11	8,17	10,55	7,82
(CuO) . .	—	—	—	—	—	0,10
Al_2O_3 . .	33,14	36,50	32,89	31,70	32,86	32,82
(SiO_2) . .	—	—	—	1,07	—	—
P_2O_5 . .	44,16	42,70	42,58	43,76	42,52	43,83
H_2O . . .	6,88	6,19	6,04	5,59	5,30	5,72
	100,00	97,63	100,00	100,33	99,81	100,36

1. Blauspat vom Freßnitzgraben bei Krieglach in Steiermark; anal. C. F. Rammelsberg, Pogg. Ann. **64**, 260 und Mineralchem. 1875, 322.

2. Lazulithkristalle vom Rädelgraben bei Werfen in Salzburg; anal. C.W. C. Fuchs, Schweigg. Journ. **24**, 373 (1818). Nach Abzug von 2,10% SiO_2 umgerechnet.

3. Lazulith aus den Fischbacheralpen in Steiermark; anal. C. F. Rammelsberg, Mineralchem. 1875, 322.

4. Lazulith von Sinclair in Nord-Carolina; anal. L. Smith und D. Brush, Am. Journ. **16**, 370 (1853).

5. Lazulith von Horrsjöberg, Elfdalen, Wermland; anal. L. J. Igelström, Journ. prakt. Chem. **64**, 253 (1855).

6. Lazulith von Westanå, Schonen (Schweden); anal. C. W. Blomstrand, Öfv. Ak. Stockh. **25**, 201 (1868).

---

[1] Prüfer, Haidinger Nat. Abh. Wien **1**, 169 (1847).

2. *Neuere Analysen.*

	7.	8.	8a.	9.	10.
δ	—	—	—	3,044	3,12
MgO . .	10,34	8,64	8,89	13,84	9,19
CaO . . .	0,40	—	—	2,83	—
FeO . . .	8,31	11,91	12,26	2,09	3,95
Al_2O_3 . .	31,57	28,06	28,87	29,14	35,22
(SiO_2) . .	—	3,04	—	—	—
P_2O_5 . .	42,95	42,97	44,21	46,39	45,30
H_2O . . .	6,40	5,61	5,77	6,47	5,80
	99,97	100,23	100,00	100,76	99,46

7. Lazulith aus den Fischbacheralpen in Steiermark; anal. C. F. Rammelsberg, Mineralchem., Ergänzungsheft zur II. Aufl. 1886, 148.

8. Großkörniger, azurblauer, kristalliner Lazulith von Zermatt; anal. J. Gamper, J. k. k. geol. R.A. **28**, 616 (1878).

8a. Dieselbe Analyse nach Abzug der Kieselsäure auf 100,00% umgerechnet.

9. Tief azurblauer Lazulith aus dem Distrikt von Keewatin in Canada, nahe der Mündung des Churchill-River; anal. C. Hoffmann, Rep. of Geol. of Canada 1878 bis 1879, 1. Ref. Z. Kryst. **5**, 517 (1881).

10. Lazulith vom Mont Bity auf Madagascar; anal. F. Pisani bei A. Lacroix, Bull. Soc. min. **31**, 244 (1908).

Formel und Konstitution.

Für die älteren Analysen hat C. F. Rammelsberg[1]) die Atomverhältnisse ausgerechnet:

	P : Al : R : H_2O	und	Fe : Mg (+ Ca)	und	R : P
Analyse 1.	1,92 : 1 : 1,13 : 1,18	„	1 : 13,6	„	1 : 1,7
„ 2	1,7 : 1 : 0,8 : 1,0	„	1 : 6,3		
„ 3	1,88 : 1 : 1,1 : 1,0	„	1 : 2,2	„	1 : 1,7
„ 4	1,0 : 1 : 1,18 : 1,0	„	1 : 2,2	„	1 : 1,7
„ 5	1,9 : 1 : 1,13 : 0,92	„	1 : 1,5	„	1 : 1,7
„ 7[2])	1,96 : 1 : 1,23 : 1,15	„	—	„	1 : 1,6
„ 8[2])	2,2 : 1 : 1,39 : 1.14	„	—	„	1 : 1,6

Daraus folgt im Mittel, wenn man 7 und 8 mit berücksichtigt:

$$Al : P = 1 : 2 \quad und \quad R : P = 3 : 5,$$

während die ersten 5 Analysen nahezu das Verhältnis zulassen:

$$Al : P : R : H_2O = 1 : 2 : 1 : 1.$$

Während C. F. Rammelsberg früher die Formel:

$$RAl_2P_2O_9 . aq = \begin{cases} R_3P_2O_8 \\ 2\,Al_2P_2O_8 \\ H_6Al_2O_6 \end{cases}$$

schrieb, änderte er diese in:

$$R_6Al_{10}P_{10}O_{46} . 6\,H_2O = \begin{cases} 2\,R_3P_2O_8 \\ 3\,Al_2P_2O_8 \\ 2\,Al_2H_6O_6 \end{cases} .$$

---

[1]) C. F. Rammelsberg, Mineralchem. 1875, 322.
[2]) C. F. Rammelsberg, Mineralchemie, Ergänzungsheft 1886, 149.

LAZULITH. 495

J. Gamper führt den Lazulith von Zermatt (Analyse 8) zurück auf:

$$2R_3P_2O_8 \cdot 3Al_2P_2O_9 \cdot 2H_6Al_2O_6.$$

Das Verhältnis von Ca + MgO : FeO ist ein durchaus variables.

Die Zusammensetzung des Lazuliths steht heute noch nicht mit Sicherheit fest.

P. Groth[1]) schreibt die Formel vereinfacht allgemein:

$$(Mg, Fe, Ca)(PO_4)_2(Al \cdot OH)_2.$$

Eigenschaften. Der Lazulith tritt nur selten in Kristallen, gewöhnlich in derben Massen von azurblauer bis grünlichblauer Färbung auf.

Dichte ist im Mittel 3,1. Die Bestimmung von L. J. Igelström (Analyse 5) ist wahrscheinlich zu niedrig ausgefallen, da sie allein mit den übrigen nicht übereinstimmt.

Die Härte liegt zwischen 5 und 6.

Optische Eigenschaften. Der Charakter der Doppelbrechung ist negativ. Die Brechungsquotienten sind nach A. Michel-Lévy und A. Lacroix[2]) für gelbes Licht:

$$N_\alpha = 1,603, \quad N_\beta = 1,632 \quad \text{und} \quad N_\gamma = 1,639.$$

Der Achsenwinkel ist nach A. von Lasaulx[3]) für Lazulith von Graves Mountains, Lincoln Co., Georgia

$$2E = 110°.$$

Der Pleochroismus ist stark: farblos bis himmelblau.

Der Lazulith ist in Mineralsäuren fast unlöslich.

Vor dem Lötrohre schwillt er an und bläht sich auf, schmilzt aber nicht. Im Kölbchen geglüht, gibt er Wasser ab und wird weiß.

Genesis und Vorkommen. Der Lazulith tritt in Quarzgängen oder auch Pegmatitgängen (die öfter zersetzt sind) verschiedener Gesteine auf.

Für das Vorkommen vom Freßnitzgraben und an anderen Punkten der Fischbacher Alpen glaubt J. Gamper,[4]) daß der Quarz und der Lazulith in bezug auf ihr geologisches Alter nicht sehr voneinander verschieden sind und hält ihre Gleichaltrigkeit nicht für ausgeschlossen, und manches scheint ihm dafür zu sprechen, daß „der Blauspat sich noch vor dem Festwerden des Quarzes erhärtet hat" und daß eventuell beide aus ein und derselben Lösung sich abgeschieden haben. Er ist der Ansicht, daß eine „saline phosphorsäurehaltige Quelle" bei der Genesis des Lazuliths die wichtigste Rolle gespielt habe. Kaliglimmer, der die Lazulithpartien dieser Vorkommen stets begleitet, dürfte nach ihm durch Kontakt von Tonerde mit Kieselsäure unter gleichzeitiger Einwirkung einer alkalischen Flüssigkeit sich gebildet haben.

[1]) P. Groth, Tabl. Systémat. d. Min. Genf 1904, 92.
[2]) A. Michel-Lévy und A. Lacroix, Min. d. Roches 1888, 229.
[3]) A. von Lasaulx, Sitzber. d. Niederrhein. Ges. Nat.-Heilk. Bonn 1883, 274. Ref. Z. Kryst. 9, 424 (1884).
[4]) J. Gamper, J. k. k. geol. R.A. 28, 614 (1878).

Tavistockit (Calcium-Tonerdephosphat).

Kristallsystem nicht erkennbar.

Analysen.

		1.	2.
CaO.	. . .	36,27	36,0
Al_2O_3	. . .	22,40	21,9
P_2O_5	. . .	30,36	30,5
H_2O	. . .	12,00	11,6
		101,03	100,0

1. Tavistockit von Tavistock, Devonshire; anal. A. H. Church, Journ. Chem. Soc.
18, 263 (1865).
2. Theoretische Zusammensetzung.

Der Tavistockit entspricht der **Formel:**

$$Ca_3P_2O_8 \cdot 2Al(OH)_3 \quad \text{oder} \quad 3CaO \cdot Al_2O_3 \cdot P_2O_5 \cdot 3H_2O.$$

Eigenschaften. Das Mineral bildet weiße durchscheinende Aggregate, die unter dem Mikroskop sich kristallinisch erweisen.
In Säuren ist der Tavistockit leicht löslich.
Vorkommen. Das Mineral kommt zusammen vor mit Quarz, Pyrit, Chalkopyrit und Childrenit.

Amfithalit.

Wahrscheinlich amorph.
Synonym: Amphitaelit.

Analyse.

MgO	. . . .	1,55
CaO	. . . .	5,76
MnO	. . . .	Spuren
FeO	. . . .	Spuren
Al_2O_3	. . . .	48,50
P_2O_5	. . . .	30,06
H_2O	. . . .	12,47
		98,34

Amfithalit von Horrsjöberg, Wermland; anal. L. J. Igelström, Öfv. Ak. Förh. Stockholm 23, 93 (1866) und Bg.- u. hütt. Z. 25, 309 (1866).

Die Analyse führt auf keine Formel.

Eigenschaften. Der Amfithalit bildet dichte, milchweiße Überzüge auf Quarz. Vor dem Lötrohre ist er unschmelzbar, in Säuren ist er unlöslich. Er kommt zusammen vor mit Lazulith, Cyanit und Rutil.

Goyazit.

Kristallform nicht bestimmt.

Analysen.

		1.	2.
δ	. . . .	3,26	—
CaO	. . .	17,33	17,02
Al_2O_3	. .	50,66	52,19
P_2O_5	. .	14,87	14,38
H_2O	. . .	16,67	16,41
		99,53	100,00

1. Goyazitkörner aus dem diamantführenden Sande von Minas Geraës in Brasilien; anal. A. Damour, Bull. Soc. min. **7**, 205 (1884).

2. Theoretische Zusammensetzung.

Für diese Zusammensetzung ergibt sich die **Formel:**

$$Ca_3Al_{10}P_2O_{23} . 9H_2O \quad \text{oder} \quad 3CaO . 5Al_2O_3 . P_2O_5 . 9H_2O .$$

Später untersuchte E. Hussak[1]) das Originalmaterial A. Damours und gab an, einen in Vergleich zum CaO sehr starken Strontiumgehalt gefunden zu haben, ohne aber eine Analyse mitzuteilen.

W. T. Schaller[2]) verwies dann auf die Untersuchungen E. G. J. Hartleys,[3]) der an der Genauigkeit der Trennung von P_2O_5 und Al_2O_3, wie sie H. Damour ausgeführt hatte, zweifelte, und hält den Goyazit ident mit dem Hamlinit (s. S. 515), da die' beiden auch in den physikalischen Eigenschaften ziemlich übereinstimmen.

Einen Beweis für die Richtigkeit der Ansicht W. T. Schallers, die einen ziemlichen Grad von Wahrscheinlichkeit besitzt (er selbst spricht ausdrücklich nur von Wahrscheinlichkeit), könnte allerdings nur eine sorgfältige Neuanalyse von A. Damours Originalmaterial erbringen.

Eigenschaften. Der Goyazit tritt in gelblichweißen, mehr oder weniger durchsichtigen Körnern auf, die nach einer Fläche leicht spaltbar sind. Die Dichte ist bereits angegeben, die Härte liegt bei 5.

Das Mineral wird von Säuren nicht gelöst.

Vor dem Lötrohre ist der Goyazit nur an den Kanten sehr schwer schmelzbar. Im Glasröhrchen gibt er Wasser und wird weiß. Mit Co-Solution Al_2O_3-Reaktion.

Vorkommen. Das Mineral wurde in Proben des diamantführenden Sandes von Minas Geraës, also nur an sekundärer Lagerstätte, gefunden.

Die Mitteilung der Analyse eines **unbenannten Calcium-Tonerdephosphats** verdanke ich der Liebenswürdigkeit des Herrn Professor P. v. Tschirwinsky.

Analyse.

(Li_2O)	} 0,6
(Na_2O)	
(K_2O)	0,2
MgO	Spuren
CaO	13,3
(SrO)	1,9
(BaO)	Spuren
Al_2O_3	29,7
Fe_2O_3	0,6
P_2O_5	30,0
(CO_2)	3,4
(NH_4)	Spuren
H_2O	15,6
(Unlösliches)	4,5
	99,8

Unbenanntes Tonerdephosphat vom Berg Kindsa bei Piatigorsk im Kaukasus; anal. N. W. Archinow, Publikation d. petrograph. Institut „Lithogaea", Moskau 1913.

[1]) E. Hussak, Tsch. min. Mit. **25**, 340 (1906).
[2]) W. T. Schaller, Z. Kryst. **50**, 106 (1912).
[3]) E. G. J. Hartley, Min. Mag. **12**, 225 (1900) und Z. Kryst. **34**, 113 (1901).

Das Phosphat bildet eine blaßgelbe Substanz auf Klüften eines Trachy-liparits und dürfte so ähnlich wie der Redondid nach J. H. Teall aus dem Silicatgestein durch Einwirkung von Guanoschichten entstanden sein (s. S. 461).

Attakolith (Calcium-Mangan-Tonerdephosphat).

Undeutlich kristallinisch.

Analysen.

	1.	2.
δ	3,09	—
(Na_2O)	0,41	0,45
MgO	0,30	0,33
CaO	12,04	13,19
MnO	7,32	8,02
Al_2O_3	27,16	29,75
Fe_2O_3	3,63	3,98
(SiO_2)	8,60	—
P_2O_5	32,92	36,06
H_2O	6,90	6,90
	99,28	98,68

1. Attakolith von einer Grube bei Westanå in Schonen (Schweden); anal. C. W. Blomstrand, Öfv. af Ak. Förh. **25**, 197 (1868) und Journ. prakt. Chem. **105**, 339 (1868). Mittel aus zwei Analysen.
2. Dieses Mittel nach Abzug des SiO_2.

Nach Abzug des SiO_2 ergibt sich die **Formel:**

$$6(Ca, Mn)O \cdot 2P_2O_5 \cdot 5Al_2O_3 \cdot 2P_2O_5 \cdot 6H_2O.$$

Wenn man die Kieselsäure als Tonerdesilicat in Rechnung setzt, so ergibt sich nach C. W. Blomstrand folgende Formel:

$$3(Ca, Mn)O \cdot P_2O_5 \cdot 2Al_2O_3 \cdot P_2O_5 \cdot 3H_2O.$$

Eigenschaften. Das Mineral kommt derb mit kristallinischem Bruche vor. Die Färbung ist lachsfarbig. Die Dichte ist bereits gegeben, die Härte ist ca. 5 der Mohsschen Skala.

Von Säuren wird der Attakolith sehr schwer zersetzt.

Vor dem Lötrohre ist das Mineral leicht zu einem braunen Glase schmelzbar. Es gibt mit Soda starke Manganreaktion.

Vorkommen. Es wurde ein einziger größerer Klumpen, der durch einige fremde, nicht näher bestimmte Phosphate verunreinigt war, gefunden.

Kirrolith.

Derb.

Analyse.

δ	3,08
MgO	0,20
CaO	28,00
MnO	2,14
FeO	0,87
(PbO)	0,11
Al_2O_3	21,02
P_2O_5	39,26
H_2O	4,83
$(Unlöslich)$	4,60
	101,03

Kirrolith von einer Grube bei Westanå in Schonen (Schweden); anal. C. W. Blomstrand, Öfv. af Ak. Förh. **25**, 197 (1868) und Journ. prakt. Chem. **105**, 339 (1868). Mittel aus zwei Analysen.

Dieses Phosphat führt zur **Formel:**

$$6\,CaO . 2\,P_2O_5 . 2\,Al_2O_3 . P_2O_5 . 3\,H_2O .$$

Eigenschaften. Der Kirrolith bildet derbe Massen von blaßgelber Farbe. Die Härte liegt zwischen 5 und 6.

In Salzsäure nach längerer Einwirkung löslich.

Vor dem Lötrohre leicht zu weißem Email schmelzbar. Er gibt mit Soda die Manganreaktion.

Vorkommen. Kommt zusammen vor mit einem hellblauen Phosphat, das ein Gemenge von Lazulith mit einem Tonerdesilicat sein dürfte.

Roscherit.

Von **F. Slavík** (Prag).

Monoklin. $a:b:c = 0,94:1:0,88$; $\beta = 99^{\circ} 50'$ (F. Slavík).[1]

Der Roscherit wurde als das jüngste Phosphat unter den Drusenmineralien des Greifensteiner Lithionitgranits von F. Slavík gefunden und benannt.

Analyse. Die einzige stammt von K. Preis und ergab:

	1.	2.[2]
δ	2,916	—
(Alkalien)	Spur	—
CaO	10,87	11,48
MnO	13,70	14,47
FeO	9,58	10,13
Al_2O_3	13,01	13,75
P_2O_5	35,98	38,00
H_2O	11,52	12,17
(Unlöslich)	4,58	—
	99,24	100,00

Die **Formel** des Roscherits ist ziemlich genau:

$$2\,Al_2O_3 . 2\,FeO . 3\,MnO . 3\,CaO . 4\,P_2O_5 . 10\,H_2O ;$$

bei der Annahme der isomorphen Vertretung aller drei Monoxyde erhält man

$$\overset{II}{R_2}Al[OH]P_2O_8 . 2\,H_2O .$$

Chemisch-physikalisches Verhalten. In qualitativen chemischen Reaktionen dem Childrenit und Eosphorit entsprechend.

Härte $4\frac{1}{2}$.

Spaltbarkeit nach (001) vollkommen, nach (010) deutlich.

Farbe dunkelbraun. Optische Orientierung: $b = \alpha$, $c:\gamma = 75^{\circ}$ im stumpfen Winkel β, Doppelbrechung negativ, ziemlich hoch, Achsenwinkel

---

[1] F. Slavík, Mitteil. böhm. Ak. 1914, Nr. 4.
[2] Nach Abzug des unlöslichen Restes auf 100° berechnet.

groß, Pleochroismus und Absorption stark, desgleichen die gekreuzte Dispersion $\varrho > v$, mittlerer Brechungsindex annähernd $N_m = 1,625—1,63$.

Paragenetische Verhältnisse. Der Roscherit ist das jüngste Glied der lithionitgranitischen Gesellschaft der pneumatolytischen Mineralien vom Greifenstein bei Ehrenfriedersdorf; es lassen sich in der Entwicklung der letzteren drei Phasen unterscheiden: 1. Lacroixit (s. S. 492), 2. Childrenit, Ježekit, zwei weitere bis jetzt nicht bestimmte Mineralien, vielleicht auch der Apatit, 3. Roscherit.

Eosphorit (Mangan-Eisenoxydul-Tonerdephosphat).

Von H. Leitmeier (Wien).

Kristallisiert rhombisch bipyramidal. $a:b:c = 0,7768:1:0,51502$ nach G. J. Brush und E. S. Dana.

Isomorph mit Childrenit.

Analysen.

	1.	2.	3.	4.
δ	—	—	3,11	—
(Na_2O) . . .	0,33	0,33	—	—
CaO	0,54	0,54	1,48	—
MnO	23,47	23,56	22,92	23,80
FeO	7,42	7,39	6,62	7,24
Al_2O_3	21,99	22,40	21,34	22,35
P_2O_5	31,10	30,99	31,39	30,93
H_2O	15,66	15,54	15,28	15,68
(Unlöslich) . .	—	—	1,46	—
	100,51	100,75	100,49	100,00

1. u. 2. Eosphorit, Kristalle vom Dorfe Brancheville, im Distrikt von Redding, Fairfield Co., Connecticut; anal. S. L. Penfield bei G. J. Brush u. E. S. Dana, Z. Kryst. **2**, 536 (1878).

3. Eosphorit, derb, vom gleichen Fundorte; anal. H. L. Wells bei G. J. Brush u. E. S. Dana, Z. Kryst. **4**, 72 (1880).

4. Theoretische Zusammensetzung.

Formel. Das Verhältnis nach Analyse 1 und 2 ist:

$$P_2O_5 : Al_2O_3 : RO : H_2O .$$
$$1 \quad : \quad 1 \quad : \ 2 \ : \ 4$$

Daraus ergibt sich die Formel:

$$R_2Al_2P_2O_{10} . 4H_2O$$

oder

$$Al_2P_2O_8 . 2H_2RO_2 . 2H_2O .$$

Die Analogie mit Childrenit kann durch folgende Formel ausgedrückt werden:

$$\begin{Bmatrix} R_3P_2O_8 \\ Al_2P_2O_8 \end{Bmatrix} + \begin{Bmatrix} H_2RO_2 \\ H_6Al_2O_6 \end{Bmatrix} + 4H_2O .$$

Im Eosphorit ist R = Mn, ·Fe und geringe Mengen von Ca und Na_2.

Die unter Analyse 4 gegebene theoretische Zusammensetzung hat das Verhältnis:

$$Mn : Fe + Ca + Na_2 = 3 : 1 \quad und \quad Mn : Fe = 10 : 3 .$$

Die Analyse eines derben eläolithähnlichen Eosphorits ergab:

	5.	6.
(Alkalien)	Spuren	—
CaO	2,58	3,01
MnO	19,21	22,43
FeO	5,86	6,84
Al_2O_3	18,70	21,83
P_2O_5	26,93	31,43
H_2O	12,92	15,07
F	Spur	—
(Rückstand [Quarz])	14,41	—
	100,61	100,61

5. Derber, dem Eläolith gleichender Eosphorit vom gleichen Fundorte; anal. H. L. Wells bei G. J. Brush u. E. S. Dana, Z. Kryst. **2**, 538 (1878).

6. Dieselbe Analyse nach Abzug des im wesentlichen aus Quarz bestehenden unlöslichen Rückstandes, auf die ursprüngliche Summe umgerechnet.

Diese Abart stellt somit nur einen mit Quarz gemengten Eosphorit dar. Die Analyse entspricht ziemlich gut den unter Analyse 4 gegebenen Werten der theoretischen Zusammensetzung.

Wie aus einer genauen Analyse S. L. Penfields am Childrenit hervorgeht, ist die Formel dieses Minerals der des Eosphorits analog, wie später gezeigt werden wird (siehe S. 503). Childrenit und Eosphorit sind isomorph und zwischen ihnen besteht dasselbe Verhältnis, wie zwischen Triphylin und Lithiophilit (vgl. S. 421).

Eigenschaften. Der Eosphorit kommt oft in recht großen Kristallen mit vollkommener makrodiagonaler Spaltbarkeit vor; häufiger sind derbe Massen und auch scheinbar ganz dichte Aggregate. Die Farbe der Kristalle ist blaßrot, teils dunkler rot (ähnlich dem Rosenquarz); ganz kleine Kriställchen sind öfters farblos. Das derbe Mineral ist entweder ebenfalls blaßrot oder graulich-, bläulich- oder gelblichweiß, auch reinweiß; das Mineral besitzt harzigen Glasglanz. Manche Varietäten gleichen in Farbe und Glanz sehr dem grünen Eläolith; sie enthalten Quarz, wie die Analyse (5) zeigte und ihre Farbe ist durch Einlagerung dünner Blättchen von Dickinsonit erklärt. Die Kristalle sind durchsichtig bis durchscheinend.

Die Dichte, bestimmt an drei reinen rosafarbigen Kristallen, ergab: 3,121, 3,134 und 3,145; also im Mittel $\delta = 3,134$. Die Härte ist 5.

Optische Eigenschaften. Der Charakter der Doppelbrechung ist negativ.

Der Achsenwinkel ist $2E = 54^0\,30'$ für Rot und $60^0\,30'$ für Blau, doch sind die Messungen Näherungswerte. Das Mineral ist durch einen sehr starken Pleochroismus charakterisiert:

$a:b:c =$ gelb : lebhaft hellrot : schwach hellrot bis fast farblos.

Der Eosphorit ist in Salpeter- und in Salzsäure löslich.

Im geschlossenen Rohre erhitzt, dekrepitiert er, wird weiß, gibt Wasser ab, das neutral reagiert; der Rückstand färbt sich zuerst schwarz, dann grau und schließlich lederbraun, nimmt Metallglanz an und wird magnetisch.

Vor dem Lötrohre schmilzt er unter Blaßgrünfärbung der Flamme sehr schwer zu einer schwarzen, magnetischen Masse.

Vorkommen. Der Eosphorit tritt in Nestern im Albit eines albitreichen Granits auf, innigst gemengt mit Dickinsonit, Triploidit, Rhodochrosit und Quarz. Die Eosphoritkristalle finden sich oft ganz eingebettet im Dickinsonit. Außerdem ist der Eosphorit noch begleitet von: Albit, Mikroklin, Spodumen, Cymatolith, Apatit, Mikrolith, Columbit, Granat, Turmalin und Staurolith.

Childrenit (Mangan-Eisenoxydul-Tonerdephosphat).

Kristallisiert rhombisch. $a:b:c = 0,77801:1:0,52575$ nach W.W.Miller.[1]
Analysen.

	1.	2.
δ	3,247	3,22
MgO	0,14	1,03
MnO	9,07	7,74
FeO	30,68	23,45
Al_2O_3	14,44	15,85
Fe_2O_3	—	3,51
P_2O_5	28,92	30,65
H_2O	16,98	17,10
	100,23	99,33

1. Childrenit von Tavistock, Devonshire; anal. C. F. Rammelsberg, Pogg. Ann. **85**, 435 u. Mineralchem. 1875, 323.
2. Childrenit vom gleichen Fundorte; anal. J. H. Church, Journ. chem. Soc. **26**, 103 (1873).

Daraus rechnete C. F. Rammelsberg die Formeln:

für 1. $3\overset{II}{R_3}P_2O_8 . \overset{III}{R_2}P_2O_8 . 2H_6\overset{III}{R_2}O_6 . 12H_2O$ oder $\overset{II\ III}{R_9R_6}P_8O_{38} . 18H_2O,$

für 2. $\overset{II}{R_8}Al_4P_6O_{29} . 15H_2O$ oder

$$2(\overset{II}{R_3}P_2O_8 . H_2\overset{II}{RO_2}) . Al_2P_2O_8 . H_6Al_2O_6 . 10H_2O.$$

Er ließ es unentschieden, welche der beiden Formeln die richtige sei.

Später hat S. L. Penfield das gleiche Childrenitvorkommen untersucht, aber wesentlich andere Resultate erhalten:

	3.	3a.
CaO	1,21	—
MnO	4,87	4,87
FeO	26,54	26,37
Al_2O_3	21,17	22,31
P_2O_5	30,19	30,80
H_2O	15,87	15,65
(Quarz)	0,10	—
	99,95	100,00

3. Childrenitkristalle von Tavistock in Devonshire; anal. S. L. Penfield aus dem Am. Journ. in Z. Kryst. **4**, 614 (1880).
3a. Theoretische Zusammensetzung.

---

[1] W.W. Miller, Min. 1852, 519.

S. L. Penfield überzeugte sich von der Abwesenheit des Fe_2O_3; er verwirft die Analyse von J. Church und gibt dem Childrenit die Formel:

$$R_2Al_2P_2O_{10} . 4H_2O \quad oder \quad Al_2P_2O_8 . 2R(OH)_2 . 2H_2O$$

$$oder \quad \left.\begin{matrix} R_3P_2O_8 \\ Al_2P_2O_8 \end{matrix}\right\} . \left\{\begin{matrix} R(OH)_2 \\ Al_2(OH)_6 \end{matrix}\right\} . 4H_2O .$$

Für diese Formel, bei der sich

$$P_2O_5 : Al_2O_3 : \overset{II}{R}O : H_2O = 1:1:2:4$$

verhält, sind die Werte unter Analyse 3a angegeben.

Diese Formel ist also mit der des Eosphorits analog, nur verhalten sich die MnO-Mengen zu denen von FeO hier umgekehrt.

S. L. Penfield, der die Analyse ausführte, um G. J. Brush und E. S. Dana eventuell Material zum Beweise der Isomorphie und chemischen Analogie mit Eosphorit zu liefern (siehe unten), gibt nicht an, worauf die Differenzen zwischen seiner Analyse und denen von J. Church und C. F. Rammelsberg beruhen könnten. Nach der immerhin vorhandenen Ähnlichkeit in den Werten der beiden älteren Analysen kann man sie durchaus nicht einfach als falsch hinstellen und es fragt sich dagegen vielmehr, ob nicht zwei verschiedene Mineralien Ursache dieser Differenzen sind. Die Formel, auf die S. L. Penfields Analyse führt, ist zweifellos die einfachere und nimmt von vornherein jeden Zweifel an der Richtigkeit von S. L. Penfields Analyse. Aber die Frage nach der Zusammensetzung des Childrenits ist dadurch durchaus nicht gelöst.

Eigenschaften. Der Childrenit tritt gewöhnlich in kleinen Kristallen von bräunlicher bis gelblicher Farbe auf.

Die Dichte wurde außer den obigen Angaben auch von F. Kolbeck[1] mit 3,18 bestimmt; die Härte ist zwischen $4^1/_2$ und 5 gelegen.

Der Charakter der Doppelbrechung ist negativ, der Achsenwinkel nach A. Des Cloizeaux:[2]

$$2E_{gelb} = 74^0 25'.$$

Der Childrenit ist in Salzsäure löslich, wenn auch langsam.

Vor dem Lötrohr ist er nach älteren Angaben unschmelzbar, nach G. Spezia[3] leicht schmelzbar.

Er ist nach G. J. Brush und E. S. Dana[4] mit Eosphorit (siehe S. 501) isomorph. Die kristallographischen Verhältnisse sind die gleichen und die chemische Zusammensetzung, gestützt auf die Analyse S. L. Penfields, führt auf eine sehr ähnliche Formel, so daß G. J. Brush und E. S. Dana berechtigt zu sein glauben, den Eosphorit für eine Varietät des Childrenits zu halten, wobei es aber wohl erst einer Aufklärung der Unterschiede zwischen den alten Analysen und der S. L. Penfields bedarf, wie denn auch die optischen Eigenschaften der beiden Mineralien, namentlich aber des Childrenits, näher untersucht werden müßten.

[1] F. Kolbeck, ZB. Min. etc. 1908, 334.
[2] A. Des Cloizeaux, Propriétés optiques **2**, 42 (1859).
[3] G. Spezia, Atti R. Acc. Torino **22**, (1887). Ref. Z. Kryst. **14**, 504 (1888).
[4] G. J. Brush u. E. S. Dana, Z. Kryst. **2**, 354 (1878) und **4**, 615 (1880).

Vorkommen. Das Mineral ist nur an wenigen Fundorten und dort nur sehr spärlich gefunden worden. In Tavistock und einigen anderen Fundorten in Devonshire kommt der Childrenit mit Quarz, Pyrit, Siderit und Apatit vor. Vom Vorkommen von Greifenstein bei Ehrenfriedersdorf werden als Begleiter aufgezählt: Quarz, gelbroter Orthoklas, Zinnwaldit, Turmalin und Kaolin.

Er ist ein seltenes Mineral der Zinnerzlagerstätten und kommt als solches in granitischen (pegmatitischen) Gesteinen vor.

Tetragophosphit.

Kristallform: Nicht angegeben.

Analysen.

	1.	2.	3.	4.
MgO	} 7,50	6,74	{ 6,31	7,51
CaO			4,40	4,99
MnO	} 9,51	9,51	{ 1,29	1,47
FeO			—	—
Al_2O_3	40,00	41,81	36,65	41,58
Fe_2O_3	—	—	2,08	2,36
P_2O_5	36,92	33,64	31,42	35,65
H_2O	5,96	8,30	5,98	6,44
(SiO_2 + Unzersetztes)	—	—	10,57	—
	99,89	100,00	98,70	100,00

1. u. 2. Tetragophosphit von Horrsjöberg im Wermland, Schweden; anal. L. J. Igelström, Z. Kryst. **25**, 435 (1896).

3. Blaues Phosphat von Westanå, Skåne in Schweden; anal. C. W. Blomstrand, Vet. Ak. Ofv. 1868.

4. Dieselbe Analyse nach Abzug der SiO_2 und des Unzersetzlichen auf 100% umgerechnet.

Aus seinen sehr unvollständigen[1]) Analysen rechnete L. J. Igelström die **Formel:**

$$[(Fe, Mn, Mg, Ca)O]_3 . P_2O_5 . (Al_2O_3)_3 . P_2O_5 . 3H_2O.$$

L. J. Igelström identifizierte das von C. W. Blomstrand untersuchte Phosphat mit dem Tetragophosphit, dem C. W. Blomstrand die Formel gab:

$$[(Ca, Mg)O]_3 . P_2O_5 . (Al_2O_3)_3 . P_2O_5 . 3H_2O.$$

Dieses Mineral stellt somit ein sehr basisches Phosphat dar. Das Mineral C. W. Blomstrands enthält mehr CaO und MgO, das L. J. Igelströms MnO bzw. FeO. Der Fe_2O_3-Gehalt des ersteren ist gering, der des letzteren ist nicht bestimmt. Eine Identifizierung läßt sich nach den schlechten Analysen L. J. Igelströms nicht so ohne weiteres, wie dieser es tat, durchführen.

Der Tetragophosphit ist daher ein noch sehr problematisches Mineral.

Eigenschaften. Das Mineral bildet vierseitige Kristalltäfelchen (Kristallsystem ist aber nicht bestimmt worden) und dünne unregelmäßige Überzüge.

---

[1]) Es ist nicht angegeben, welcher Bestandteil aus der Differenz angenommen wurde.

Die Farbe ist blau, etwas heller als die des Lazuliths.

Vor dem Lötrohre gibt er schwache Manganreaktion, auf Kohle wird er beim Glühen weiß.

Gegen Säuren ist er sehr beständig.

Weitere Eigenschaften gibt L. J. Igelström nicht an, wodurch die Unvollständigkeit der Kenntnis dieses Minerals noch erhöht wird.

Vorkommen. Der Tetragophosphit findet sich auf Spalten und Rissen eines aus Cyanit und Damourit bestehenden Gesteines; er ist nach L. J. Igelström eine spätere Bildung und durch Infiltration in die Gesteinsspalte gelangt.

Gersbyit.

Kristallisiert: Wahrscheinlich rhombisch oder hexagonal (trigonal).

Analysen.

	1.	2.	3.	4.	5.
MgO		2,40	5,33	2,40	
CaO	15,33				10,76
MnO		9,43	6,66	7,60	
FeO					
Al_2O_3	46,66	47,00	46,68	45,00	46,12
P_2O_5	31,33	32,22	32,26	29,60	28,60
H_2O	7,50	7,19	9,07	15,40	14,52
	100,82	98,24[1])	100,00	100,00	100,00

1.—3. Gersbyit von Dicksberg im Kirchspiel Ransäter, Wermland in Schweden; anal. L. J. Igelström, Z. Kryst. **28**, 311 (1897); blaßblaue Kristalle.

4. Tiefblauer Gersbyit; anal. wie oben.

5. Theoretische Zusammensetzung nach der von L. J. Igelström angenommenen Formel.

Die unter 5 angegebenen Zahlen ergeben die **Formel:**

$$3RO . P_2O_5 . 3(3Al_2O_3 . P_2O_5) . 17H_2O,$$

dabei ist RO = FeO, MnO, CaO, MgO.

Diese Formel ist wohl namentlich in bezug auf den Wassergehalt, der nach der Analyse 4 angenommen wurde, stark approximativ.

L. J. Igelström gibt nicht an, worauf die Differenz im Wassergehalt zurückzuführen sei.

Überhaupt ist die Untersuchung des Minerals sehr ungenau.

Eigenschaften. Der Gersbyit tritt gewöhnlich in unregelmäßigen Körnern und Adern, selten in kleinen Kristallen auf. Die Farbe ist blau, ähnlich dem Lazulith, ist aber oft grünlich bis rein grün; das Mineral ist durchsichtig, aber oft so dunkel gefärbt, daß es undurchsichtig wird.

Vor dem Lötrohre verhält sich Gersbyit wie Lazulith.

Die Dichte und Härte ist nicht bestimmt worden.

---

[1]) Im Original steht 98,24; es befindet sich also in den Analysenzahlen ein Fehler.

Vorkommen. Das Mineral kommt in Cyanit oder Quarz eingewachsen vor, seltener findet es sich in einem Gemenge von Munkforsit Schwefelkies und Damourit. Diese Damourit-Quarzitschicht liegt in Gneis.

Henwoodit (Kupfer-Tonerdephosphat).

Kristallform nicht bestimmbar.

Analysen.

	1.	2.	3.	4.
δ	2,67		—	—
(CaO)	—	0,54	—	—
CuO	7,00	7,10	7,77	7,69
Al_2O_3	—	18,24	19,96	19,93
Fe_2O_3	—	2,74	—	—
(SiO_2)	—	1,37	—	—
P_2O_5	48,20	48,94	53,56	54,96
Glühverlust . .	19,50	17,10	18,71	17,42 (H_2O)
(Verlust) . . .	—	3,97	—	—
	—	100,00	100,00	100,00

1. u. 2. Henwoodit von der West-Phönix-Mine in Cornvall; anal. J. H. Collins u. Foerster bei J. H. Collins, Min. Mag. 1, 13 (1876).
3. Die Analyse 2 nach Abzug des CaO, Fe_2O_3, SiO_2 auf 100,00% umgerechnet.
4. Die Werte der theoretischen Zusammensetzung.

J. H. Collins rechnete aus dieser Analyse die **Fermel:**

$$2Al_2O_3 . 2(\tfrac{1}{6} CuO \tfrac{5}{6} H_2O)_3 . P_2O_5 . 5 H_2O .$$

Darin verhalten sich:[1]

$$\underset{1}{CuO} : \underset{2}{Al_2O_3} : \underset{4}{P_2O_5} : \underset{11}{H_2O} .$$

Letztere Ziffer vereinfacht J. H. Collins zu 10.

Das Mineral steht in seiner Zusammensetzung dem Türkis nahe.

Das Wasser geht erst bei hoher Temperatur fort.

Eigenschaften. Der Henwoodit bildet türkisblaue oder grünlichblaue, kugelige Massen, von radialfaseriger Mikrostruktur.

Die Härte beträgt 4—$4\frac{1}{2}$; die Dichte ist bereits angegeben.

Vorkommen. Der Henwoodit kommt mit Chalkosiderit und Andrewsit auf Limonit vor; er ist öfter mit paragenetisch jüngerem Chalkosiderit überzogen.

Kehoeït (Zink-Tonerdephosphat).

Das Mineral ist amorph.

---

[1] Nach P. Groth, Z. Kryst. 1, 75 (1877).

Analyse.

δ	2,34
MgO	0,08
CaO	2,75
ZnO	11,74
Al_2O_3	25,29
Fe_2O_3	0,79
P_2O_5	27,13
H_2O	31,60
SO_3	0,51
	99,89

Kehoeït von der Grube Meritt bei Galena, Lawrence Co., S. D.; anal. W. P. Headden, Am. Journ. **46**, 22 (1893).

W. P. Headden gibt dem Kehoeït die **Formel:**

$$2(Al_2P_2O_5 . 9H_2O) . 2Al_2(OH)_6 . (Zn_3P_2O_8 . 3H_2O).$$

Eigenschaften. Das Mineral bildet eine weiße, amorphe Masse. Es wird von Wasser nicht gelöst; von kochender Essigsäure wird es nur wenig, aber vom Ammoniak stärker angegriffen. Von Salz-, Salpeter- und Schwefelsäure und von konzentrierter K(OH) wird es vollständig gelöst.

Mit Soda auf Kohle erhält man einen Zinkbeschlag. Die Wasserabgabe beginnt zwischen 105° und 110°, wo 14,2% H_2O weggehen; zwischen 115° und 120° gehen 3;34% H_2O weg, der Rest entweicht erst beim stärkeren Erhitzen.

Vorkommen. Der Kehoeït kommt mit silberhaltigem Bleiglanz, Zinkblende und Pyrit vor.

Türkis.

Von M. Seebach (Leipzig).

Triklin. $a:b:c = 0,7910 : 1 : 0,6051.$

$$\alpha = 92°58', \quad \beta = 93°30', \quad \gamma = 107°41'.$$

Formen: $b = (010), \quad a = (100), \quad m = (110), \quad M = (1\bar{1}0), \quad k = (0\bar{1}1).$

Der Türkis, makroskopisch von amorphem Aussehen, galt nach allen früher bekannt gewordenen Funden als kryptokristallin. In jüngster Zeit ist jedoch in der Umgebung der Station Lynch, Campbell Co., Virginien, dieses Mineral in kleinen, aber deutlichen Kristallen gefunden worden, die von W. T. Schaller[1]) näher untersucht und beschrieben wurden.

Synonyma: Dichter Hydrargillit, unteilbarer Lasurspat, Agaphit, Johnit (ältere Namen); Kalait oder Kallait (von κάλαϊς, auch κάλλαϊς, nach C. Sec. Plinius[2]) Name eines blaugrünlichen bis meergrünen Edelsteins); orientalischer Türkis, Mineraltürkis, turquoise de vieille roche; Von W. P. Blake[3]) wurde an Stelle des altamerikanischen „Chalchihuitl" der Name „Chalchuit" vorgeschlagen. Fossiler Türkis, Beintürkis, Zahntürkis, Odontolith (ὀδούς, ὀδόντος, Zahn,

---

[1]) W. T. Schaller, Z. Kryst. **50**, 120—125 (1912).
[2]) C. Sec. Plinius, Hist. nat. XXXVII, **10**, 56.
[3]) W. P. Blake, Am. Journ. [3], **25**, 197 (1883).

$\lambda i \vartheta o \varsigma$, Stein), occidentalischer Türkis, turquoise de nouvelle roche bezeichnen fossile Knochen und vornehmlich Zähne, besonders von Mastodon, Dinotherium und Mammut, die sich entweder durch phosphorsaures Eisen (Blaueisenerde) blau, oder durch Kupferverbindungen grün gefärbt haben.

Analysen.

1. Ältere Analysen.

	1.	2.	3.	4.
δ	—	—	2,61	2,75
(CaO) . . .	—	—	1,85	—
(MnO) . . .	—	—	0,50	0,36
(FeO) . . .	1,80	3,50	—	2,21
CuO . . .	3,75	4,50	2,02	5,27
Al_2O_3 . . .	44,55	43,25	47,45	40,19
(Fe_2O_3) . . .	—	—	1,10	—
P_2O_5 . . .	30,90	29,75	28,90	32,86
H_2O . . .	19,00	18,00	18,18	19,34
	100,00	99,00	100,00	100,23

1. Türkis aus Persien; anal. J. F. John, Bull. univ. d. sc. nat. 1827, 440.
2. Türkis von Jordansmühl i. Schles.; anal. J. F. John, wie 1.
3. Orientalischer Türkis, blau; anal. R. Hermann, Journ. prakt. Chem. **33**, 282 (1844).
4. Türkis von Nischapur b. Mesched; anal. A. H. Church, Ch. N. **10**, 290 (1864).

2. Neuere Analysen.

	5.	6.	7.	8.	9.	10.
δ	—	2,70	2,39	2,89	2,791	—
(CaO) . . .	—	3,95	—	—	—	—
(MnO) . . .	—	—	—	—	—	Spuren
(FeO) . . .	4,50	—	—	—	—	0,22
CuO . . .	5,10	3,33	4,54	7,67	8,57	5,32
Al_2O_3 . . .	42,17	38,61	41,09	35,79	35,03	7,40
Fe_2O_3 . . .	—	—	1,08	3,52	1,44	44,82
(SiO_2) . . .	0,21	4,37	—	—	0,93	—
P_2O_5 . . .	29,43	28,40	28,14	34,42	34,18	30,38
(SO_3) . . .	—	0,33	0,68	—	—	—
H_2O . . .	18,59	20,69	20,96	18,60	19,38	11,86
Org. Substanz	—	4,49	—	—	—	—
	100,00	99,83*)	100,98	100,00	99,53	100,00

5. Türkis von Nischapur b. Mesched, blaugrün; anal. A. Carnot, C. R. **118**, I, 995 (1894); Ann. d. Min. [9], **8**, 324 (1895).
6. Türkis aus dem Meghâra Tal, Sinai; anal. A. Frenzel, Tsch. min. Mit. **5**, 184 (1883). *) Mittel aus 2 Analysen, inkl. 0,15 MgO.
7. Türkis von der Sinaihalbinsel, zersetzt; anal. A. Frenzel, wie 6.
8. Türkis von Karkaralinsk, Kirgisensteppe; anal. P. D. Nikolájew, Verh. d. kais. russ. min. Ges. **20**, II, 10 (1885).
9. Türkis aus dem Crescent Mining-District, Lincoln Co., Nevada; hellblau, im Schliff durchsichtig, fast farblos; anal. S. L. Penfield, Am. Journ. **10**, 346 (1900); Z. Kryst. **33**, 542 (1900).
10. Türkis aus dem Columbus-District, Nevada; anal. A. Carnot, C. R. **118**, I, 995 (1894); Ann. d. Mines [9], **8**, 324 (1895).

	11.	12.	13.	14.	15.	16.
δ	—	2,805	2,43—2,65*)	—	—	—
(CaO) . . .	0,13	0,38	nicht best.	—	7,93	5,23
(FeO) . . .	—	—	—	—	0,91	—
CuO . . .	6,30	7,51	6,56	8,83	7,41	4,92
Al_2O_3 . . .	39,53*)	36,88	37,88	40,81	34,32	32,14
Fe_2O_3 . . .	—	2,40	4,07	2,19	—	1,33
(SiO_2) . . .	1,15	0,16	4,20	1,42	2,73	8,71
P_2O_5 . . .	31,96	32,86	28,63	26,52	28,29	27,09
H_2O . . .	19,80	19,60	18,49	19,93	18,24	19,58
	98,87	99,79	99,83	99,70*)	99,83	99,89*)

11. Türkis von Los Cerillos, Neu-Mexico; hellblau, in dünnen Splittern schwach durchsichtig; anal. F. W. Clarke, Am. Journ. **32**, 211 (1886). *) Enthält etwas Fe_2O_3.

12. Türkis von Los Cerillos, Neu-Mexico; blaßblau, mit leichtem Stich ins Grünliche, undurchsichtig, erdig; anal. wie 11.

13. Türkis von Los Cerillos, Neu-Mexico; dunkelgrün, undurchsichtig; anal. wie 11. *) Nach W. P. Blacke, l. c.

14. Türkis von Los Cerillos, Neu-Mexico; anal. F. A. Genth, Am. Journ. **40**, 115 (1890). *) Mit Spuren von Mg und F.

15. Türkis aus Burrow Mountains, Grant County, Neu-Mexico; schön blau, bei künstlichem Licht blaugrünlich; anal. A. Carnot, Ann. d. Mines [9], **8**, 324 (1895); Bull. Soc. min. **18**, 119 (1895).

16. Türkis von Neu-Mexico; Ader in gebleichtem, porphyrischem Gestein der Burrow Mountains; himmelblau, auch heller grün; beim Erhitzen heftig zerknisternd und in schwarzbraunes Pulver zerfallend: anal. Th. Petersen, Jahresber. d. phys. Ver. Frankfurt a. M. (1896/97) **4**, 1898; A.: N. JB. Min. etc. 1900, II, 31. *) Inkl. 0,89 MgO + K_2O + Na_2O.

	17.*)	18.	19.	20.	21.
δ	2,806	2,816	2,67	—	—
(MgO) . . .	—	—	—	0,99	Spuren
(CaO) . . .	—	—	1,70	24,72	20,10
CuO . . .	7,80	7,87	7,45	—	—
Al_2O_3 . . .	35,98	31,91	36,24	17,71	22,59
Fe_2O_3 . . .	2,99	0,18	1,26	5,80	6,45
(CO_2) . . .	—	—	—	5,60	5,07
(SiO_2) . . .	—	—	0,50	—	—
P_2O_5 . . .	33,21	29,84	31,90	41,27	43,46
F	—	—	—	3,45	3,02
H_2O . . .	19,98	17,59	21,00	—	—
Unlöslich . .	—	12,57	—	0,18*)	0,37*)
Glühverlust .	—	—	—	1,20	—
	99,96	99,96	100,05	100,92	101,06

17. Kallait von Taylor's Ranche am Chowchilla-Flusse, Fresno Co., Californien; pseudomorph nach Apatit; hell-grünlichblau; anal. G. F. Moore, Z. Kryst. **16**, 247 (1885). *) Mittel aus 2 Analysen.

18. Kristallisierter Türkis aus der Umgebung der Station Lynch, Campbell Co., Virginia; hellblau, glasartig; anal. W. T. Schaller, Z. Kryst. **50**, 123 (1912).

19. Türkis von Bodalla, Numuga Creek, N. S. Wales; anal. J. M. Curran, Proc. Roy. Soc. N. S. Wales **30**, 252 (1897).

20. Odontolith, blaugrün; anal. A. Carnot, Ann. d. Mines [9], **8**, 327 (1895). *) =Ton.

21. Odontolith von Münster, Island, bläulichgrün; anal. A. Carnot, wie 20 *) =Ton.

Über die **Konstitutionsformel** des Türkises gehen die Ansichten auseinander, da die vorhandenen Analysen mit einer einzigen Ausnahme auf dichte, krypto-kristalline Varietäten sich beziehen, deren Reinheit in ungleich geringerem Maße gewährleistet erscheint, als dies bei gut kristallisierten Mineralien zu sein pflegt.

J. W. Clarke[1]) faßt den Türkis als eine variabele Mischung von $2Al_2O_3 . P_2O_5 . 5H_2O$ mit dem Kupfersalz $2CuO . P_2O_5 . 4H_2O$ auf und nimmt für den Normaltürkis die Formel $2Al_2O_3 . P_2O_5 . 5H_2O$ oder auch $Al_2HPO_4(OH)_4$ an. Die dem Mineral seine blaue Farbe verleihende Kupferverbindung be-trachtet er als Verunreinigung.

In ähnlicher Weise deutet P. Groth[2]) die chemische Zusammensetzung des Türkises. Er schreibt die Formel: $PO_4Al_2[OH]_3 . H_2O$ bzw. unter der An-nahme von Hydroxylwasserstoff, da fast das ganze Wasser erst bei Rotglut fortgeht: $PO_4H[Al . (OH)_2]_2$, in welcher nach der Auffassung anderer Forscher Al_2 zum Teil durch Cu_3, Fe_3 bzw. Ca_3 versetzt werden kann.

A. Carnot[3]) leitet aus seinen Analysen die approximative Formel $(Al_2, Cu_3, Fe_3)O_3 . P_2O_5 + Al_2O_3 + 5H_2O$ ab.

Nach S. L. Penfield[4]) ist für den Türkis die Annahme einer Mischung eines Aluminiumsalzes $Al_2HPO_4(OH)_4$ und eines wasserhaltigen Kupferphosphats von der bestimmten Zusammensetzung $2CuO . P_2O_5 . 4H_2O$ wegen des wechseln-den Verhältnisses $P : Cu : H$ nicht wahrscheinlich. Er interpretiert aus der Diskussion einer größeren Anzahl von Türkisanalysen (Nr. 4, 8, 9, 11, 12, 13, 17) die Formel $[Al(OH)_2, Fe(OH)_2, Cu(OH), H]_3PO_4$, worin das Radikal $Al(OH)_2$ zwar immer vorherrscht, jedoch nicht in einem bestimmten Verhältnis vorhanden ist. Einige der von ihm diskutierten Analysen (Nr. 4, 8, 13) lassen sich an-genähert durch die Formel $[Al(OH)_2, Fe(OH)_2, Cu(OH)]_2HPO_4$ ausdrücken.

Von besonderer Bedeutung für die chemische Zusammensetzung des Türkises sind die Untersuchungen von W. T. Schaller[5]) an reinem, kristalli-siertem Material von Lynch, Campbell Co., Virginien. Seine Analyse ergab die Molekularverhältnisse:

	Analyse	Analyse mit Abzug des Unlöslichen	Molekularverhältnisse	
CuO . . .	7,87	9,00	0,113	0,97 oder 1
Al_2O_3 . . .	31,91	36,50	0,375	
Fe_2O_3 . . .	0,18	0,21	0,001	} 3,09 „ 3
P_2O_5 . . .	29,84	34,13	9,240	2,07 „ 2
H_2O . . .	17,59	20,12	1,118	9,64 „ 9
Unlöslich .	12,57	—		
	99,96	99,96		

Daraus leitet sich die Formel ab: $CuO . 3Al_2O_3 . 2P_2O_5 . 9H_2O$, die in der Penfieldschen Schreibweise $Cu(OH) . 6[Al(OH)_2] . H_5 . (PO_4)_4$ lauten würde.

Für den von S. L. Penfield analysierten Türkis vom Crescent Mining-District, Lincoln Co., Nevada, ist das Verhältnis von $Al(OH)_2 : Cu(OH) : H = 7 : 1 : 6$;

[1]) J. W. Clarke, Am. Journ. **32**, 211 (1886).
[2]) P. Groth, Tabell. Übersicht der Mineralien, 4. Aufl. (Braunschweig 1898), 97.
[3]) A. Carnot, C. R. **118**, I, 995 (1894).
[4]) S. L. Penfield, Z. Kryst. **33**, 542 (1900).
[5]) W. T. Schaller, Z. Kryst. **50**, 122 (1912).

W. T. Schaller findet für die Türkiskristalle das Verhältnis $Al(OH)_2 : Cu(OH) : H = 6 : 1 : 5$, welches auch besser für die Penfieldsche Analyse paßt.

W. T. Schaller[1]) macht noch besonders auf den Isomorphismus von Türkis und Chalkosiderit aufmerksam:

Türkis . . $CuO . 3Al_2O_3 . 2P_2O_5 . 9H_2O$, triklin;
Chalkosiderit $CuO . 3Fe_2O_3 . 2P_2O_5 . 9H_2O$, „

Der Odontolith ist nach P. Groth (l. c.) ein Gemenge von $(Al, Fe)PO_4$, $Ca_3[PO_4]_2 . CaCO_3$ und CaF_2. Durch seinen Gehalt an kohlensaurem Kalk läßt er sich leicht vom echten Türkis unterscheiden.

Chemische Eigenschaften. Löslichkeit. Nach M. Bauer[2]) ist die Löslichkeit des Türkises in HCl und HNO_3 für verschiedene Sorten und Fundorte nicht gleich. Manche Türkise lösen sich in genannten Säuren auf, während bei andern die Einwirkung der Säuren sich namentlich auch durch die Zerstörung der Farbe geltend macht.

S. L. Penfield[3]) beobachtete, daß feines Türkispulver beim Kochen mit HCl im eingeschlossenen Rohre sich nur teilweise löst und der Rückstand seine blaue Farbe behält. Er folgert aus diesem Verhalten, daß das Kupferphosphat und der geringe Eisengehalt nicht als Verunreinigung, sondern vielmehr als Bestandteile des Türkises anzusprechen seien.

W. T. Schaller[4]) zeigte, daß der kristallisierte Türkis in kochender HCl unlöslich sei, jedoch leicht löslich werde, wenn man ihn vorher bis zur Bräunung schwach glüht. Erst beim Eintritt dieses Farbenwechsels wird das Mineral löslich.

Lötrohrverhalten und Reaktionen. Der Türkis ist nach F. Kolbeck[5]) in der Platinpinzette unschmelzbar; beim Erhitzen wird er braun und färbt die Flamme durch seinen P_2O_5- und CuO-Gehalt grün. Im Kölbchen dekrepitiert er, gibt viel Wasser und färbt sich schwarzbraun. Die Boraxperle gibt Cu-Reaktion. Auch in Phosphorsalz ist er leicht löslich. Die Gläser sind in der Hitze gelblichgrün, nach dem Erkalten rein grün (Eisen- und Kupferoxyd). Die Phosphorsalzperle auf Kohle mit Zinn versetzt, wird undurchsichtig und rot von ausgeschiedenem Kupferoxydul. Mit einer größeren Menge Soda in der Reduktionsflamme auf Kohle geschmolzen, wird Kupfer reduziert. In Kalilauge zum größeren Teil löslich unter Hinterlassung eines braunen, Cu-haltigen Rückstandes. Die Phosphorsäure ist leicht in salpetersaurer Lösung durch Ammoniummolybdat nachweisbar.

Physikalische Eigenschaften. Dichte. Außer den bei den Analysen erwähnten spezifischen Gewichten, die hauptsächlich zwischen 2,61 und 2,89 schwanken, finden sich weitere Dichtebestimmungen bei W. P. Blake[6]): grüner Türkis (Chalchuit) von Cochise Co., Arizona, $\delta = 2,71$ (poröse und erdige Varietät), $\delta = 2,83$ (harte, homogene Varietät). W. T. Schaller,[7]) der für die von ihm analysierte Probe mittels Pyknometers $\delta = 2,816$ bestimmte, gibt

[1]) W. T. Schaller, Z. Kryst. **50**, 125 (1912).
[2]) M. Bauer, Edelsteinkunde, 2. Aufl. (Leipzig 1909), 486.
[3]) S. L. Penfield, Z. Kryst. **33**, 546 (1900).
[4]) W. T. Schaller, Z. Kryst. **50**, 122 (1912).
[5]) F. Kolbeck, Plattner-Richters Probierkunde mit dem Lötrohre, 6. Aufl. (Leipzig 1897), 138.
[6]) W. P. Blake, Am. Journ. [3] **25**, 197 (1883).
[7]) W. T. Schaller, Z. Kryst. **50**, 121 (1912).

wegen des hauptsächlich aus Quarz bestehenden unlöslichen Rückstandes von 12,57 % für den reinen Türkis den Wert $\delta = 2,84$.

Härte $= 5—6$. Spaltbarkeit nach $(1\bar{1}0)$?; vgl. W. T. Schaller (l. c.). Die dichten Varietäten haben kleinmuscheligen Bruch.

Optische Eigenschaften. Die dichten Türkisvarietäten der verschiedenen Fundorte erweisen sich nach den mikroskopischen Untersuchungen von H. Bücking[1] als Aggregate außerordentlich kleiner, doppelbrechender Partikelchen. Die untersuchten Stücke blieben auch nach dem stärksten Glühen doppelbrechend. J. W. Clarke und J. S. Diller[2] beobachteten an feinkörnigen Türkisvarietäten eine schwach bläuliche Aggregatpolarisation.

W. T. Schaller (l. c.) studierte an kristallisiertem Türkis von Lynch, Campbell Co., Virginia, die Lichtbrechungsverhältnisse und fand:

$$N_\alpha = 1,61, \qquad N_\gamma = 1,65, \qquad N_\gamma - N_\alpha = 0,04,$$

also starke Doppelbrechung.

A. Lacroix[3] erwähnt als Mittelwert $N_m = 1,63$. Eine deutliche Interferenzfigur konnte W. T. Schaller nicht beobachten, hingegen Andeutungen von Zweiachsigkeit. Er fand ferner, daß die Auslöschung in allen Schnitten schief sei. Spaltungstafeln nach $(1\bar{1}0)$? zeigen eine Auslöschungsschiefe von 12^0 gegen c und von 12^0 gegen die Kante $(1\bar{1}0):(0\bar{1}1)$. In einer anderen Spaltungstafel, die sich nicht sicher orientieren ließ, ergaben sich Auslöschungsschiefen von 5^0 bzw. 34^0. Der Türkis von Lynch ist deutlich pleochroitisch: farblos und bläulich.

Für Röntgenstrahlen ist der Türkis nur wenig durchlässig (vgl. A. Buguet u. A. Gascard[4]) und C. Doelter.[5]

Verhalten beim Erhitzen. Nach H. Bücking[6] färbt der blaue Türkis sich beim Erhitzen zuerst gleichmäßig grün, später schwarz und bei weiterem Glühen braun. Dabei zerspringt die Probe unter lautem Knistern in kleine Stückchen, die sich in eine lockere braune Masse bzw. in Pulver verwandeln. Die braune Farbe bleibt auch nach längerem Glühen vor dem Gebläse. Die ursprüngliche blaue Farbe ist demnach durch das im Türkis enthaltene Kupferphosphat bedingt, welches sich in der Glühhitze unter Bildung von Kupferoxyd zersetzt und in dünnen Schichten braun gefärbt erscheint. Bei der Herstellung von Dünnschliffen färbt der Türkis sich bereits beim Erhitzen mit Canadabalsam grün. Die grüne Farbe ist im auffallenden Lichte leichter zu beobachten als im durchfallenden Lichte, in welchem die gelinde mit Canadabalsam erwärmten Türkise eine mehr ins bläuliche gehende Farbe zeigen.

W. T. Schaller (l. c.) zeigte an kristallisiertem Türkis, daß das Mineral bis auf 200^0 erhitzt werden kann, ohne seine blaue Farbe zu verändern. Zwischen 200^0 und 650^0 wird alles Wasser abgegeben, der größte Teil desselben wird bis 400^0 ausgetrieben; dabei färbt der Türkis sich grünlich, bei höheren Temperaturen braun.

---

[1] H. Bücking, N. JB. Min. etc. 1878, 655.
[2] J. W. Clarke u. J. S. Diller, Am. Journ. [3] **32**, 211 (1886).
[3] A. Lacroix, Minéralogie de la France, **4**, 529 (1910).
[4] A. Buguet u. A. Gascard, C. R. **122**, 457 (1896).
[5] C. Doelter, N. JB. Min. etc. 1896, II, 94.
[6] H. Bücking, Z. Kryst. **2**, 163 (1878).

Im Einklang mit den Beobachtungen W. T. Schallers stehen die älteren Untersuchungen von G. E. Moore und V. v. Zepharovich[1]), welche an einer Pseudomorphose von Türkis nach Apatit von Taylor's Ranche am Chowchilla-Flusse, Fresno Co., Californien, (vgl. Analyse 17) die Beziehungen zwischen der Farbenveränderung und dem Wasserverlust bei allmählich gesteigerter Temperatur studierten:

Farbe	Temperatur	Gewichtsverlust	Wasser
Weiß	180° C	0,0248 g	2,57 %
Beginnende Bräunung	Anfang. Rotglut	0,1612 „	16,72 „
	Dunkelrot	0,0010 „	0,10 „
	Kirschrot	0,0013 „	0,13 „ } 0,80
	Hochrot	0,0021 „	0,22 „
Schokoladenbraun	Weißglut	0,0034 „	0,35 „
		0,1938 g	20,09 %

Demnach kommt für die beim Erhitzen auftretende dunkle Färbung weniger der Wasserverlust in Betracht als die Bildung von Kupferoxyd.

Der Schmelzpunkt des Türkises liegt nach R. Cusack[2]) oberhalb 1500°.

Die Farbe des Türkises, durch seinen Kupfer- bzw. Eisengehalt bedingt, schwankt innerhalb beträchtlicher Grenzen: vom reinsten Himmelblau durch die verschiedensten Abtönungen von bläulichgrün und apfelgrün bis zu reinem Dunkelgrün. Im Dünnschliff erscheint das Mineral farblos oder höchstens schwach gelblich gefärbt. Nach W. T. Schaller[3]) sind die Kristalle von Türkis unter dem Mikroskop klar und durchsichtig. In den dichten Varietäten konnte H. Bücking[4]) einen eigentlichen Träger des Farbstoffes auch bei stärkster Vergrößerung nicht erkennen; der Farbstoff scheint gleichmäßig verteilt zu sein, zum Teil aber auch „substantiell" in äußerst kleinen und deshalb nur undeutlich erkennbaren Punkten hervorzutreten, welche beim Drehen des Objektes zwischen gekreuzten Nicols dunkel bleiben. Jedenfalls verhalten die Türkise der verschiedenen Fundorte sich auch in bezug auf die Verteilung des Pigmentes nicht gleichmäßig.

Manche der durch ihre auffallend schöne blaue Farbe sich auszeichnenden Türkise von Mexico sind nach den Untersuchungen von G. F. Kunz[5]) künstlich gefärbt worden. Auch durch Berlinerblau werden wegen ihrer blassen Farbe wertlose Steine blau gefärbt (vgl. M. Bauer, Edelsteinkunde, 2. Aufl., 489, Leipzig 1909).

Nicht bei allen Türkisen ist die blaue Farbe beständig. Häufig verlieren ursprünglich schön gefärbte Steine mit der Zeit am Tageslicht Farbe und Glanz. Zuweilen läßt sich der frühere lebhafte Farbenton durch Behandeln der Steine mit Ammoniak vorübergehend wieder herstellen.

Synthese. Die Darstellung des Türkises auf künstlichem Wege ist mehrfach versucht worden und scheint auch zu befriedigenden Resultaten geführt zu

[1]) G. E. Moore u. V. v. Zepharovich, Z. Kryst. **10**, 248 (1885).
[2]) R. Cusack, Proc. Roy. Irish Acad. [3] **4**, 399 (1896/98).
[3]) W. T. Schaller, Z. Kryst. **50**, 121 (1912).
[4]) H. Bücking, Z. Kryst. **10**, 245 (1885).
[5]) G. F. Kunz, Am. Journ. **30**, 275 (1885).

haben. Da aber die Einzelheiten der künstlichen Darstellung geheim gehalten werden, lassen sich die Verfahren nur im Prinzip angeben. Nach M. Bauer (l. c., S. 500) und J. Pohl werden die meisten künstlichen Steine in Wien, Frankreich und England hergestellt und zwar in der Hauptsache durch Komprimierung der lockeren Masse eines durch eine Kupferverbindung blau gefärbten chemischen Niederschlages von Tonerdephosphat. Solche Kunstprodukte weichen in ihrer chemischen Zusammensetzung nur wenig von den natürlichen Türkisen ab; auch in ihren physikalischen Eigenschaften (Farbe, Glanz, Härte, spez. Gewicht, Bruch und Aussehen) stimmen sie mit den echten Steinen so gut überein, daß sie von ihnen mit Sicherheit kaum anders als durch ihr Verhalten in der Hitze unterschieden werden können. Während die natürlichen Türkise in der Hitze heftig zerknistern und dabei, ohne zu schmelzen, zu einem lockern schwarzbraunen Pulver zerfallen, schmelzen bzw. sintern die synthetischen Türkise beim Erhitzen zu einer harten Masse zusammen. Dabei beobachtet man weder ein Dekrepitieren, noch die Bildung des für den echten Türkis so charakteristischen schwarzbraunen Pulvers.

Vorkommen und Genesis. Der Türkis kommt fast immer in dünnen Adern, in kleinen Gängen, auf Klüften und in Hohlräumen mancher Gesteine vor und dürfte sich im allgemeinen aus wäßrigen Lösungen abgesetzt haben. Die türkisführenden Gesteine der einzelnen Fundorte können sehr verschiedener Natur sein. Vor allem sind hier zu nennen Trachyte, mikrogranitähnliche Feldspatgesteine, Kieselschiefer bzw. Tonschiefer und Sandsteine. Der ursprüngliche Phosphorsäuregehalt des Türkises ist wohl in den überwiegenden Fällen auf die Apatitführung der Eruptivgesteine zurückzuführen; in selteneren Fällen können hierfür auch Organismenreste in Betracht kommen. Eine ausführliche Zusammenstellung der Türkisvorkommen, von welchen hier nur die wichtigeren angeführt werden mögen, gibt M. Bauer (l. c. S. 490—500).

In den persischen Vorkommen ist das Muttergestein des Türkises ein Trachyt bzw. eine Trachytbreccie, deren einzelne Brocken durch Brauneisenstein, den häufigen Begleiter des Türkises, verkittet sind. Hier erfüllt der Türkis die im Limonit vorhandenen Hohlräume und kleinen Spalten, gelegentlich aber auch, was für die Entstehung des Minerals bedeutsam erscheint, die durch Verwitterung der Feldspatkristalle im Trachyt entstandenen Höhlungen (vgl. M. Bauer [l. c.] und E. Tietze).[1]

Der Türkis findet sich auch in den verwitterten Schuttmassen des Trachyts und der Trachytbreccien, gewöhnlich mit einer hellen Verwitterungsrinde überzogen.

Bei Maaden, unweit Nischapur, kommt der Türkis in einem eisenhaltigen, brecciösen Pechstein aus der Familie der Felsitporphyre vor; in tieferen Horizonten in einer typischen Breccie. K. v. Bogdanowitsch[2] nimmt an, daß hier eine von oben eingedrungene Aluminiumphosphatlösung den Anstoß zur Türkisbildung gegeben hat.

Auf der Sinaihalbinsel, namentlich im Meghâra-Tal, wird der Türkis hauptsächlich in carbonischen Sandsteinen angetroffen, in welchen er, zu-

---

[1] E. Tietze, Verh. k. k. geol. R.A. 1884, 93.
[2] K. v. Bogdanowitsch, „Gornyj Journal" (Berg-Journal) 4, 330 (1888).

sammen mit ockerigem Eisenerz, Klüfte und kleine Spalten inkrustiert oder erfüllt.

Von besonderer Wichtigkeit sind die Vorkommen in Neu Mexico. Der Türkis von Los Cerillos kommt in einem feinkörnigen bis porphyrartigen, manchmal völlig kaolinisierten trachytischen Gestein (Augit-Andesit) vor. Seine Bildung wird hier so gedeutet, daß die Tonerde aus den kaolinisierten Feldspäten, die Phosphorsäure aus den Andesit-Apatiten, das Kupfer aus dem im Trachyt eingewachsenen Kupferkies entnommen wurde.

Nach G. F. Kunz[1]) ist das Muttergestein des Türkises von Los Cerillos ein Ägirinsyenit, der Fragmente jurassisch-cretaceischer Sedimente absorbiert hat. Verf. vermutet, daß der Türkis an dieser Stelle durch Einwirkung des Syenitmagmas auf kupferhaltige Juragesteine entstanden sein kann.

W. E. Hidden[2]) beschreibt ein Türkisvorkommen aus den Jarilla Mountains, Dona Aña County. Das Mineral findet sich hier in nahezu vertikalen Rissen und Spalten im Trachyt. Die mit Quarz ausgekleideten spaltenähnlichen Hohlräume des Trachyts führen Pyritkristalle. Am Kontakt des Trachyts mit Porphyr wurde Türkis angetroffen, an der Oberfläche begleitet von Limonit und Kaolin, in der Tiefe von Pyrit, Kupferkies, Gips, Jarosit und Kaolin. Apatit ließ sich im Trachyt nicht nachweisen. Der Verf. nimmt deshalb an, daß die Phosphorsäure des Türkises aus einem in der Nähe vorkommenden fossilführenden Kalke stammt, der den Trachyt noch in jüngerer Zeit überlagerte. An den Stellen, wo der Türkis sich gebildet hat, ließ sich deutlich nachweisen, daß die Oxydation des Pyrits die hauptsächliche Ursache der Zersetzung des Trachyts war. Der Kaolin ist hier in gewissem Sinne primären Ursprungs, und aus ihm ist als dessen allmähliches und direktes Umwandlungsprodukt der von ihm umhüllte Türkis entstanden.

Von Bedeutung für die Genesis des Türkises ist der Umstand, daß der Türkis bisweilen auch Pseudomorphosen nach Apatit bildet. G. E. Moore und V. v. Zepharovich[3]) untersuchten eine Pseudomorphose von Türkis nach Apatit von Taylor's Ranche am Chowchilla-Flusse, Fresno Co., Californien, wo der Türkis in Granit vorkommt.

Hamlinit (Strontium-Aluminiumpyrophosphat).

Von H. Leitmeier (Wien).

Synonym: Bowmanit. Die Identität des von R. H. Solly[1]) aufgestellten Bowmanits mit dem Hamlinit wurde von H. L. Bowman[2]) erkannt.

Kristallisiert ditrigonal skalenoedrisch. $c = 1,18504$ nach B. Ježek.[3]) Isomorph mit Florencit, Svanbergit und Beudantit.

[1]) G. F. Kunz, Min. Resources of the Unit. States 1900, 22.
[2]) W. E. Hidden, Z. Kryst. 22, 552 (1894).
[3]) G. E. Moore u. V. v. Zepharovich, Z. Kryst. 10, 240 (1885).
[1]) R. H. Solly, Min. Mag. 14, 80 (1905).
[2]) H. L. Bowman, Min. Mag. 14, 390 (1907).
[3]) B. Ježek, Z. Kryst. 48, 660 (1911).

33*

Analysen.

	1.	2.	3.
(Na_2O)	0,40	—	—
(K_2O)	0,34	—	—
BaO	4,00	4,18	4,08
SrO	18,43	19,25	19,29
Al_2O_3	32,30	32,67	32,65
Fe_2O_3	0,90	—	—
(SiO_2)	0,96	—	—
P_2O_5	28,92	30,20	30,31
H_2O	12,00	12,53	12,48
F	1,93	2,01	2,04
	100,18	100,84	100,85
O = F —	0,81	0,84	0,85
	99,37	100,00	100,00

1. Hamlinitkristalle vom Oxford County, Maine; anal. S. L. Penfield, Z. Kryst. **28**, 590 (1897). Mittel aus mehreren Analysen.
2. Dasselbe Mineral nach Weglassung der Alkalien, des Eisens und der Kieselsäure auf 100% umgerechnet.
3. Die der untenstehenden Formel entsprechenden Zahlen.

	4.	5.	6.	7.	8.
(K_2O) . . .	—	—	—	0,4	0,4
BaO . . .	—	—	0,2	0,1	0,2
SrO . . .	—	—	19,2	20,5	19,8
Al_2O_3 . . .	—	35,6	—	—	35,6
(SiO_2) . . .	5,9	3,8	0,9	0,7	2,6
P_2O_5 . . .	24,2	26,1	—	—	25,2
H_2O . . .	—	12,4 [1])	—	—	12,4 [1])
F	—	—	—	—	2,6 [2])
Glühverlust .	15,6	12,9	15,6	16,0	[15,0]
Unlöslich . .	—	—	2,1	—	2,1
					100,9

4.—7. Hamlinitkristalle vom Binnental in der Schweiz; anal. H. L. Bowman, Min. Mag. **14**, 392 (1907).
8. Ein aus diesen Analysen von mir berechnetes Mittel, das ein beiläufiges Bild der Zusammensetzung dieses Vorkommens gibt.

Konstitution und Formel.

Nach Analyse 1 ist das Verhältnis:

$$P_2O_5 : Al_2O_3 : (Sr + Ba)O : (OH + F) = 1 : 1,5 : 1 : 7.$$

Nach der Umrechnung (Analyse 2) ergibt sich das Verhältnis:

$$Sr : Ba = 7 : 1 \quad \text{und} \quad OH : F = 13 : 1,$$

das in den Zahlen der theoretischen Zusammensetzung (Analyse 3) zum Ausdruck kommt. Dieses Mineral ist das einzige Tonerdephosphat, das SrO (und BaO) als Hauptbestandteile enthält, und das erste entdeckte Pyrophosphat.

---

[1]) Direkte Bestimmung des Wassers nach der S. L. Penfieldschen Methode.
[2]) Differenz aus Glühverlust und H_2O.

Die daraus abgeleitete Formel, für welche die unter Analyse 3 angegebenen Zahlen gelten, lautet:

$$Al_3Sr(OH)_7P_2O_7 \quad oder \quad [Al(OH)_2]_3(SrOH)P_2O_7$$
$$oder \quad 2SrO . 3Al_2O_3 . 2P_2O_5 . 7H_2O,$$

worin Sr zum Teil durch Ba, das Hydroxyl durch F ersetzt ist.

Die Analysenresultate H. L. Bowmans, welche die Identität des analysierten Minerals mit dem Hamlinit erkennen lassen, sind wegen ihrer Verschiedenheiten nicht weiter diskutabel.

Nach der Beschreibung von B. Ježek[1]) treten bei Diamantina in Brasilien Hamlinitkristalle auf, die auch keine Spur von Barium enthalten, wie die spektroskopische Untersuchung von J. C. Brauner und Kužma gezeigt hat.

Eigenschaften. Der Hamlinit tritt in farblosen, gelblichen, rosafarbigen Kriställchen von tafeligem Habitus auf. Die Härte liegt bei $4^1/_2$. Die Dichte ist nach S. L. Penfield $\delta = 3,159—3,283$, nach H. L. Bowman $\delta = 3,219—3,266$, nach E. Hussak[2]) $\delta = 3,254—3,281$, nach B. Ježek $\delta = 3,201—3,262$, also gut übereinstimmend.

Die optischen Eigenschaften hat am eingehendsten B. Ježek studiert. Die Brechungsexponenten waren für Na-Licht:

$$N_\varepsilon = 1,63870; \quad N_\omega = 1,62945; \quad \varepsilon - \omega = 0,00025.$$

Die Doppelbrechung ist positiv.

Vor dem Lötrohre schmilzt das Mineral zu einer weißen Masse. Gibt Flammenreaktion auf Phosphorsäure, wenn F vorhanden ist, auch diese Reaktion. In Säuren ist Hamlinit nur sehr schwer löslich.

Vorkommen. Der Hamlinit kommt in diamantführenden Sanden bei Minas in Brasilien und in Stoneham, Oxford County in Maine mit Berylliumsilicaten und Phosphaten vor.

Gorceixit (Barium-Aluminiumphosphat).

Dieses Mineral gehört zu den sog. Phosphatfavas, die als Gerölle in den diamantführenden Sanden der Umgebung von Diamantina vorkommen. F. Hussak hat den Gorceixit als selbständiges Mineral erkannt.

Analysen.

	1.	2.	3.	4.
δ	3,101	—	3,098	—
CaO	3,55	3,82	2,24	2,45
BaO	15,42	16,60	15,30	16,76
CeO	1,55	1,67	2,35	2,57
Al_2O_3	35,00	37,68	35,20	38,56
Fe_2O_3	4,10	—	1,67	—
(SiO_2)	1,55[3])	—	6,50	—
(TiO_2)	0,67	—	0,75	—
P_2O_5	22,74	24,48	21,47	23,52
H_2O	14,62	15,74	14,73	16,14
	99,20	99,99	100,21	100,00

---

[1]) B. Ježek, Mitteil. böhm. Ak. Prag **17**, II. Kl. (1908). Ref. Z. Kryst. **48**, 660 (1911).
[2]) E. Hussak, Ann. d. k. k. Hofmuseums Wien **19**, 85 (1904). Ref. N. JB. Min. etc. 1906, I, 27.
[3]) Im Original steht irrtümlich 15,5 %.

1. Brauner Gorceixit (Phosphatfava) vom Rio Abaëtè, Minas Geraës; anal. G. Florence bei E. Hussak, Tsch. Min. Mit. **25**, 337 (1906).

2. Dieselbe Analyse nach Abzug von SiO_2, TiO_2 und Fe_2O_3 als Verunreinigungen auf 100 % umgerechnet.

3. Ein anderes Exemplar desselben Vorkommens; anal. wie oben.

4. Wie Analyse 2 aus der vorstehenden Analyse gerechnet.

In dunkelroten Gorceixiten vom Rio Bagagem und Douradinhos und vom Rio Paranahýba und Verissimo wurde auch Sr neben sehr viel BaO gefunden.

Formel. Aus den beiden vorstehenden Analysen (und dem SrO-Gehalt) ergab sich die **Formel**:

$$Ba(Ca, Sr, Ce)O . 2Al_2O_3 . P_2O_5 . 5H_2O.$$

Der erste, der in diesen Phosphatfavas einen Cer-Gehalt nachwies, war H. Gorceix;[1]) ihre Phosphatnatur hatte A. Damour[2]) erkannt. Boutans[3]) Bezeichnung Chlorophosphate von Aluminium beruht offenbar auf einem Irrtum.

Es wurden auch ganz eisenfreie Favas gefunden, das Fe_2O_3 scheint daher eine sekundäre Beimischung zu sein.

Eigenschaften. Der Gorceixit bildet kugelige Gerölle von brauner bis braunroter Farbe und zeigt auf Bruchflächen eine dichte mikrokristallinische Struktur. Die Härte des Minerals ist nicht bestimmt; die Dichte ist nach E. Hussak variabel; für die braunen Varietäten der Analysen ist $\delta = 3,101$ und 3,098; für die dunkel rotbraunen vom gleichen Fundorte wurde gefunden $\delta = 3,123$; an hellbraunen vom Rio Paranahýba $\delta = 3,036$ und 3,049; an weißen Favas von Diamantina $\delta = 3,095$.

Optische Eigenschaften. Die mikroskopische Untersuchung hat nach E. Hussak ergeben, daß dieses Mineral ein Aggregat unregelmäßiger, im Dünnschliff farbloser Körnchen darstellt. Doppelbrechung und Lichtbrechung sind niedrig; der Charakter der Doppelbrechung ist positiv; der Gorceixit ist optisch einachsig. Das färbende Pigment führte E. Hussak auf die Cererde oder das Titan und nicht auf Fe_2O_3 zurück. Diese Ansicht dürfte wohl wenig Wahrscheinlichkeit besitzen, um so mehr ja E. Hussak selbst angibt, daß eisenfreie, weiße Favas vorkommen, was doch sehr für Fe_2O_3 als Färbemittel spricht.

Vorkommen. Das Mineral tritt in den diamantführenden Sanden Brasiliens zusammen mit Goyazit, Florencit und Hamlinit auf. Daneben kommen auch TiO_2- und ZrO_2-Favas vor.

Plumbogummit und Hitchcockit.

Die Natur des Plumbogummits ist noch nicht geklärt. Man ist auf ganz wenige neue Analysen, die aber auch geringe Übereinstimmung zeigen, angewiesen, da die älteren Analysen den CO_2-Gehalt und teilweise auch den P_2O_5-Gehalt vollständig übersehen haben, die Trennung von P_2O_5 und Al_2O_3 sehr ungenügend durchgeführt worden ist. In neuerer Zeit verwirft E. G. J. Hartley[4]) die Selbständigkeit des Plumbogummits und macht auf die

[1]) H. Gorceix, Ann. d. Mines 1884, III, 197.
[2]) A. Damour, Bull. soc. géol. France (II) 1865—1866, 542.
[3]) Boutan, Le Diamant, (Paris 1886), 128.
[4]) E. G. J. Hartley, Min. Mag. **12**, 223 (1900) und Z. Kryst. **34**, 118 (1901).

Wahrscheinlichkeit aufmerksam, daß das, was man für Plumbogummit gehalten hat, ein Gemenge von Pyromorphit mit Hitchcockit sei. G. T. Prior[1]) gebraucht für beide den Namen Plumbogummit und schließt sich im allgemeinen der Ansicht E. G. J. Hartleys an.

Es seien hier einige von den neueren Plumbogummiten (also Gemenge von Pyromorphit mit Hitchcockit) angegeben.

Der Hitchcockit, nach G. T. Prior die reinste Varietät des Plumbogummits, wurde auf Grund, allerdings ungenügender, analytischer Untersuchungen als Mineraltypus aufgestellt.

Es seien hier zuerst die Hitchcockitanalysen mitgeteilt, dann die vom Plumbogummit, die Eigenschaften sind gemeinsam behandelt.

Hitchcockit.

Analysen.

	1.	1a.	2.	3.	4.
δ . . .	4,014	—	—	—	—
CaO . . .	1,44	—	—	—	—
PbO . . .	29,04	30,5	37,03	34,36	35,73
Al_2O_3 . .	25,54	27,9	28,74	29,48	29,41
Fe_2O_3 . .	0,90	—	—	—	—
P_2O_5 . .	18,74	19,4	18,64	17,58	18,20
(CO_2) . .	1,98	—	3,12	2,77	2,82
H_2O . . .	20,86	22,2	12,73	14,71	13,84
Cl . . .	0,04	—	—	—	—
(Unlöslich)	0,48	—	—	0,82	—
	99,02	100,0	100,26	99,72	100,00

1. Hitchcockit von der Canton Mine, Georgia; anal. F. A. Genth, Am. Journ. **23**, 424 (1857).

1a. Die daraus berechneten Zahlenwerte nach der Formel $PbO . 2 Al_2O_3 . P_2O_5 . 9 H_2O$.

2. Hitchcockit von den Rougthen-Gill-Bleiminen, Cumberland; anal. E. G. J. Hartley, Z. Kryst. **34**, 118 (1901) und Min. Mag. **12**, 223 (1900).

3. Hitchcockit von der Canton-Mine, Georgia; anal. E. G. J. Hartley, wie oben.

4. Die Zahlen nach der von E. G. J. Hartley gegebenen theoretischen Zusammensetzung.

Formel. Das Mineral von Cumberland war zuerst für ein Zinksilicat angesehen worden und stimmt nach der Analyse E. G. J. Hartleys gut mit dem Hitchcockit von Georgia überein. Sie unterscheiden sich aber beide von der Analyse F. A. Genths am Hitchcockit von Georgia; da F. A. Genth keine Details über die Ausführung der Analysen gibt, läßt es sich schwer entscheiden, ob die Differenz im Glühverlust auf einem Analysenfehler beruht. Bezüglich des Bleigehaltes, der in beiden Analysen sich stark unterscheidet, ist E. G. J. Hartley der Meinung, daß diese Differenz von der Vertretung des Bleis durch Kalk in dem Analysenmateriale F. A. Genths herrührt.

E. G. J. Hartley nimmt als Formel für Hitchcockit an:

$$2 PbCO_3 . Pb_3(PO_4)_2 . 6 [AlPO_4 . 2 Al(OH)_3 . H_2O]$$

oder

$$5 PbO . 9 Al_2O_3 . 4 P_2O_5 . 2 CO_2 . 24 H_2O .$$

---

[1]) G. T. Prior, Min. Mag. **12**, 249 (1900).

Dieser Formel entspricht die Zusammensetzung der Analyse 4.

Eigenschaften. Diese sind ganz ähnlich denen des Plumbogummits.

Die endgültige Entscheidung, in welchem Verhältnisse Hitchcockit zum Plumbogummit steht, ist bisher nicht möglich. Es sei auf das bei Plumbogummit Mitgeteilte verwiesen.

Plumbogummit.

Analysen.

	1.	2.	3.	4.	5.	6.
CaO . . .	0,80	—	—	—	—	—
PbO . . .	35,10	62,15	70,85	43,24	38,91	68,62
Al_2O_3 . . .	34,32	11,05	2,88	19,04	20,98	2,78
Fe_2O_3 . .	0,20	—	—	—	—	—
P_2O_5 . . .	8,06	12,05	15,18	18,37	19,14	16,81
(CO_2). . .	—	—	—	4,59	4,66	0,44
H_2O . . .	18,70	6,18	1,24	14,50	10,64	} 1,96
H_2O bei 100°	—	—	—	[5,13]	4,80	
$PbCl_2$ . .	2,27	8,24	9,18	—	—	9,11
(SO_3). . .	0,30	0,25	0,40	—	0,96	—
Cl	—	—	—	0,29	0,16	—
	99,75	99,92	99,73	100,03	100,25	99,72

1. Plumbogummit von Huelgoat in der Bretagne; anal. A. Damour, Ann. d. Mines **17** (3), 191 (1890).
2. u. 3. Aluminiumhydroxydhaltiger Pyromorphit vom gleichen Fundorte; anal. wie oben.
4. und 5. Plumbogummit vom gleichen Fundorte, dunkle Partie; anal. E. G. J. Hartley, Z. Kryst. **34**, 119 (1901) und Min. Mag. **12**, 223 (1900).
6. Hell gefärbter Plumbogummit vom gleichen Fundorte; anal. wie oben.

Konstitution. E. G. J. Hartley glaubt, daß die Methode, nach der A. Damour die Trennung von Al_2O_3 und P_2O_5 bei seiner Analyse ausführte, nicht genau genug gewesen sei. Er hält den Plumbogummit für ein Gemisch von Pyromorphit und Hitchcockit mit locker gebundenem Wasser, lockerer als im Hitchcockit. Eine Berechnung, die er zum Beweise seiner Ansicht aufstellte, zeigt indes eine sehr geringe Übereinstimmung des Verhältnisses der Tonerde zur Phosphorsäure. Der aluminiumhydroxydhaltige Pyromorphit (Analyse 2 und 3) ist nach diesem Forscher ebenfalls ein derartiges Gemenge.

G. T. Prior[1]) vertrat dann später die Ansicht, daß wirklich reiner Plumbogummit eine dem Hamlinit analoge Zusammensetzung habe und ihm die Formel zukomme:

$$2PbO . 3Al_2O_3 . 2P_2O_5 . 7H_2O,$$

der folgende Werte entsprechen:

$$
\begin{array}{ll}
PbO . . . . . & 38,34 \\
Al_2O_3 . . . . & 26,37 \\
P_2O_5 . . . . & 24,44 \\
H_2O . . . . . & 10,85 \\
\hline
& 100,00
\end{array}
$$

---

[1]) G. T. Prior, Min. Mag. **12**, 249 (1900).

Damit stimme die Analyse E. G. J. Hartleys am Hitchcockit (Analyse 2, S. 519) überein. G. T. Prior akzeptiert also den Namen Plumbogummit für Hitchcockit; die Übereinstimmung der Analyse mit den theoretischen Werten ist zwar eine recht geringe, aber G. T. Prior warnt vor einer Überschätzung der Genauigkeit der hier in Betracht kommenden Analysen und davor, einfachere Formeln zugunsten komplizierterer, die besser mit den Analysenresultaten übereinstimmen, zu verwerfen.

Er stellte die Minerale: Hamlinit, Florencit, Plumbogummit (Hitchcockit), Beudantit und Svanbergit als Glieder einer natürlichen Mineralgruppe hin und gibt folgende Übersicht:

$$\text{Hamlinit} \quad . \quad . \quad . \quad 2SrO . 3Al_2O_3 . 2P_2O_5 . 7H_2O$$

$$\text{Svanbergit} \quad . \quad . \quad . \quad 2SrO . 3Al_2O_3 . P_2O_5 \quad . 2SO_3 . 6H_2O$$

$$\text{Plumbogummit} \quad . \quad 2PbO . 3Al_2O_3 . 2P_2O_5 . 7H_2O$$

$$\text{Beudantit} \quad . \quad . \quad . \quad 2PbO . 3Fe_2O_3 . P_2O_5 \quad . 2SO_3 . 6H_2O$$

$$\text{Florencit} . \quad . \quad . \quad Ce_2O_3 . 3Al_2O_3 . 2P_2O_5 . 6H_2O$$

Die Vertretung von P_2O_5 durch $2SO_3$ verglich G. T. Prior mit der von $3Cu_2S$ durch $6FeS$ bei den Fahlerzen.

Daß die Cererden als Vertreter von Strontium auftreten können, scheint G. T. Prior durch den Beweis der Isomorphie von künstlichen Cersalzen mit den entsprechenden Ca- und Sr-Salzen, wie ihn G. Wyrouboff[1]) und A. Cossa[2]) gebracht haben, gerechtfertigt.

Eigenschaften.[3]) Der Plumbogummit wird bald als amorph und bald als kristallinisch beschrieben, wahrscheinlich gibt es auch hier eine kristalline und eine amorphe Phase. Dieser Frage kann aber wohl erst mit Erfolg näher getreten werden, wenn die Konstitution des Plumbogummits, bzw. des Hitchcockits in befriedigender Weise erklärt sein wird, was bis jetzt noch keineswegs der Fall ist.

Die Farbe des Plumbogummits ist verschiedenartig, gelbbraun, grünlich, grau, rotbraun. Die Härte liegt durchschnittlich zwischen 4 und 5. Die Dichte ist nur selten und in neuerer Zeit überhaupt nicht mehr bestimmt worden, die alten Angaben differieren so bedeutend, daß ein allgemeiner Wert nicht anzugeben ist; die Angaben schwanken zwischen 4,01 und 6,4. Letzterer Wert rührt von A. Breithaupt her. Ersterer ist der F. A. Genths (siehe Analyse 1, S. 519) für Hitchcockit.

Optische Eigenschaften. Nach E. Bertrand[4]) ist der Hitchcockit optisch einachsig und positiv. An dem von E. G. J. Hartley untersuchten und analysierten Plumbogummit von Huelgoat konnte H. A. Miers[5]) eine Verschiedenheit mit dem mikroskopischen Befunde beim Hitchcockit konstatieren und er erhielt Resultate, die es sehr wahrscheinlich sein lassen, daß die als Plumbogummit berechneten Mineralien im wesentlichen aus Pyromorphit bestünden.

---

[1]) G. Wyrouboff, Bull. Soc. min. **19**, 281 (1896).
[2]) A. Cossa, C. R. **98**, 990 (1884).
[3]) Wie aus dem Vorstehenden hervorgeht, bezieht sich alles hier Gesagte in gleicher Weise auf den Hitchcockit.
[4]) E. Bertrand, Bull. Soc. min. **4**, 37 (1881).
[5]) H. A. Miers, Min. Mag. **12**, 239 (1900) und Z. Kryst. **34**, 130 (1901).

Der Plumbogummit ist in Salpetersäure löslich.

Vor dem Lötrohre ist das Mineral nur teilweise schmelzbar.

Vorkommen. Der Plumbogummit, bzw. der Hitchcockit kommt heit auf Bleiglanzlagerstätten zusammen mit Bleiglanz, Zinkblende, deren Umwandlungsprodukten vor.

Rosieresit.

So bezeichnete A. Lacroix[1]) ein früher von P. Berthier ui Blei-Tonerdephosphat.

Amorph.

Analyse.

δ	2,2
CuO	3,0
PbO	10,0
Al_2O_3	23,0
P_2O_5	25,5
H_2O	38,0
	99,5

Rosieresit vom Bergwerk Rosières bei Carmaux in Frankreich; anal. P. Ann. d. min. **19**, 669 (1841).

Für das Mineral wurde keine Formel gegeben. Es dürfte de nahestehen (nach A. Lacroix).

Eigenschaften. Der Rosieresit bildet Stalaktiten von mehreren D er hat eine gelbliche Färbung.

Die Dichteangabe ($\delta = 2,2$) rührt von A. Lacroix her, dei Lichtbrechung mit annähernd

$$N = 1,50$$

bestimmte.

Beim Erhitzen wird das Mineral farblos.

Der Rosieresit ist leicht in Säuren löslich.

Vorkommen. Das Mineral kommt in Quarzgestein zusammen i Malachit und Chrysokoll vor.

A. Lacroix fand ein ähnliches Phosphat, das mehr oder we und Eisen enthielt, im Pyromorphit von Huelgoat (Finistère).

Bleiphosphat-Fava.

E. Hussak hat ein solches Phosphat aus den diamantführende von Diamantina in Brasilien beschrieben, das dem Plumbogumi dem Hitchcockit) nahe stehen soll.

Die Kristallform ist wahrscheinlich hexagonal.

---

[1]) A. Lacroix, Min. de France, IV, Paris 1910, 533.

Analysen.

	1.	2.	3.
CaO	0,62	—	
PbO	35,50	35,83	36,44
CeO	0,16	—	
Al$_2$O$_3$	24,92	25,31	25,11
(SiO$_2$)	0,70	0,64	—
P$_2$O$_5$	22,50	22,11	22,30
H$_2$O	16,30	16,08	16,19
Cl	Spuren	Spuren	Spuren
	100,70 [1])	99,97	100,04

1.—3. Bleiphosphat-Favas aus der Umgebung von Diamantina (E. Hussak gibt nicht an, von welchem der aufgeführten Fundorte das Analysenmaterial stammt); anal. G. Florence bei E. Hussak, Tsch. min. Mit. **25**, 341 (1906).

E. Hussack rechnete daraus die **Formel:**

$$2\,(Pb,\ Ca)O \cdot 2\,P_2O_5 \cdot 3\,Al_2O_3 \cdot 10\,H_2O$$

und wies zuerst auf die Ähnlichkeit mit Plumbogummit hin, der weniger Wasser enthält; in der Zusammenfassung seiner Arbeit identifizierte er dieses Blei-Aluminiumphosphat völlig mit Plumbogummit. Da er das von E. G. J. Hartley (siehe S. 520) im Plumbogummit (bzw. Hitchcockit) als unzweifelhaft nachgewiesene CO$_2$ auf Zersetzung des ursprünglich davon freien Minerals zurückführte, so wäre nach ihm das vorliegende Blei-Aluminiumphosphat der reinste und frischeste Plumbogummit, den wir kennen. Diese Ansicht sei hier als immerhin möglich hingestellt, ein Beweis hierfür läßt sich bei der mangelhaften Kenntnis dessen, was in der Literatur als Plumbogummit und als Hitchcockit beschrieben worden ist, nicht erbringen.

Eigenschaften. Das Mineral kommt in weißen bis hellgelben Geröllen, aber auch in ungerollten Stücken vor, die deutlich erkennen lassen, daß dieses Phosphat krustenförmige Überzüge von feiner konzentrisch-schaliger und faseriger (radial- und parallelfaserig) Struktur, ähnlich wie Wavellit bildet. Das frische Mineral ist in dünnen Blättchen durchscheinend.

Die Härte ist bei 5. Die Dichte ist an durchsichtigem[2]) Material mit 3,626 von E. Hussak bestimmt worden.

Optische Eigenschaften. Das Mineral ist optisch einachsig, der Charakter der Doppelbrechung ist positiv; das Mineral ist, da die Fasern alle gerade auslöschen, wahrscheinlich hexagonal (Plumbogummit wäre sonach nach E. Hussack hexagonal).

Von Säuren wird das Mineral nur sehr wenig angegriffen.

Vorkommen. Dieses Phosphat kommt zusammen mit Titanfavas (siehe Bd. III, S. 28) in Diamantsanden an mehreren Orten bei Diamantina vor.

---

[1]) Im Original steht als Summe 100,64.
[2]) Obwohl ausdrücklich gesagt wird, daß das Mineral nur in dünnen Blättchen durchscheinend ist, so heißt es bei E. Hussak doch, daß die Dichte an durchsichtigem Material bestimmt wurde.

Barrandit (Eisenoxyd-Tonerdephosphat).

Amorph.   Nach A. Lacroix rhombisch.

Analysen.

	1.	2.	3.	4.
δ	2,576	—	—	2,60
Al_2O_3	12,50	12,74	12,61	8,0
Fe_2O_3	26,08	26,58	26,16	33,6
(SiO_2)	1,04	—	—	—
P_2O_5	38,93	39,68	40,63	37,6
H_2O	20,61	21,00	20,60	21,6
F	Spur	—	—	—
	99,16	100,00	100,00	100,8

1. Barrandit von Cerhovic bei Pzibram in Böhmen; anal. E. Bořický bei V. v. Zepharovich, Sitzber. Wiener Ak. **56**, I, 22 (1867). Math.-nat. Klasse.
2. Dieselbe Analyse nach Abzug der SiO_2 auf 100,00 umgerechnet.
3. Theoretische Zusammensetzung.
4. Barrandit von Connétable (Guyana); anal. A. Pisani bei A. Lacroix, Min. de France IV/2, 487 (1910).

Formel.   Der Barrandit entspricht der Formel:

$$(Al, Fe)_2O_3 . P_2O_5 . 4H_2O .$$

Die Verhältniszahlen von $Al_2O_3 : Fe_2O_3$ sind in der Analyse 1 ungefähr 3 : 4, und Analyse 3 gibt die dafür entsprechenden Werte.

Nach A. Lacroix enthält der Barrandit etwas Hydrat beigemischt, da die Analysen einen Überschuß an $\overset{III}{R}_2O_3$ und H_2O zeigen.

Eigenschaften.   Der Barrandit bildet kleine, schalige, sphärische Gebilde, die durchsichtig und durchscheinend sind und eine blaßbläuliche, rötliche, grünliche, gelblichgraue Farbe besitzen.

Die Härte ist $4\frac{1}{2}$; die oben angegebene Dichte ist das Mittel zweier Pyknometerbestimmungen.

A. Lacroix[1]) gibt einen mittleren Brechungsquotienten mit

$$N_m = 1,57 - 1,58   \text{an}.$$

Vor dem Lötrohre geglüht, schält und zerfasert sich der Barrandit und färbt sich dunkel. Das im Kölbchen abgegebene Wasser reagiert infolge der Spuren von Fluor schwach sauer; Glas wird dadurch nicht geätzt.

In kochender Salzsäure ist das Mineral langsam löslich.

Vorkommen.   Der Barrandit kommt zusammen mit Wavellit in Klüften eines Sandsteines der „Krusnahora-Schichten" vor. Im Mittelpunkte der Aggregate findet man oft ein Körnchen Limonit und eine kleine Partie desselben als Einschluß. Öfters erscheint er auch auf kleinen Quarzkriställchen. Der Sandstein selbst ist stark von Eisenoxydhydrat durchdrungen.

A. Lacroix machte darauf aufmerksam, daß man die Barranditformel als die eines eisenreichen Variscits auffassen könnte.

---

[1]) A. Lacroix, Min. d. France IV/2, 487 (1910).

Nach W. T. Schaller[1]) ist der Barrandit nicht selbständig, sondern nur ein tonerdehaltiger Strengit bzw. eine Mischung aus 5 Teilen Strengit und 2 Teilen Variscit. Die physikalischen Eigenschaften sprechen gegen eine isomorphe Mischung. Vielleicht ist der Barrandit ein Gemenge.

Florencit (Cer-Alumophosphat).

Kristallisiert: Trigonal, ditrigonal-skalenoedrisch; $a : c = 1 : 1,1901$; nach E. Hussak.[2])

Analyse.

δ	3,586
CaO	1,31
Al_2O_3	32,28
Fe_2O_3	0,76
Cererden . . .	28,00
(SiO_2)	0,48
P_2O_5	25,56
H_2O	10,87
F	zweifelhaft
	99,26

Florencit aus dem diamantführenden Sand von Matta dos Creoulos am Rio Jequitinhonha bei Diamantina in Mina Geraës; anal. G. T. Prior, Min. Mag. **12**, 246 (1900).

Bei der qualitativen Analyse war zweifelhaftes Vorhandensein von Fluor nachgewiesen worden.

Das Wasser entweicht erst von 130⁰ an und da nur sehr langsam; nach $1\,^1/_2$ stündigem Erhitzen waren von 0,2043 g nur 0,5 mg H_2O entwichen.

Formel. G. T. Prior schrieb die Formel:

$$3Al_2O_3.Ce_2O_3.2P_2O_5.6H_2O \quad \text{oder} \quad AlPO_4.CePO_4.Al_2(OH)_6 \,.$$

Nach dem Absorptionsspektrum ist Didym nur in geringen Mengen vorhanden. Das Molekulargewicht der Cererden betrug 352, ist also ungewöhnlich hoch.

Gleich wie die kristallographischen und optischen Eigenschaften ist auch die chemische Zusammensetzung ähnlich dem Hamlinit; die Cererden erscheinen als Vertreter von SrO und BaO. Die Isomorphie von Cersalzen mit Calciumsalzen und Strontiumsalzen haben A. Cossa[3]) und G. Wyrouboff[4]) erkannt.

Eigenschaften. Die Kristalle sind fett bis harzglänzend, durchsichtig und rein blaßgelb, aber häufig durch Turmalineinschlüsse schwarz gefleckt, oder durch Eisenoxyd rötlich gefärbt.

Die Härte liegt bei ca. 5; die Dichte ist bereits gegeben.

Die Doppelbrechung ist sehr stark und von positivem Charakter.

Vor dem Lötrohre ist der Florencit unschmelzbar; im geschlossenen Röhrchen gibt er Wasser ab, das sauer reagiert und das Glas spurenweise

---

[1]) W. T. Schaller, Z. Kryst. **50**, 333 (1912) u. Bull. geol. Surv. U.S. **509**, 57 (1912).
[2]) E. Hussak, Min. Mag. **12**, 245 (1900).
[3]) A. Cossa, C. R. **98**, 990 (1884).
[4]) G. Wyrouboff, Bull. Soc. min. **19**, 281 (1896).

ätzt. In Salzsäure ist das Mineral auch bei sehr langer Einwirkung nur teilweise löslich.

Vorkommen. Der Florencit wurde zuerst in den zinnoberführenden Sanden von Tripuhy bei Ouro Preto (Minas Geraës) zusammen mit Monazit, Xenotim, Lewisit und Derbylit und später in den diamantführenden Sanden von Matta dos Creoulos, welchem Vorkommen das Analysenmaterial entstammt, gefunden.

Florencit tritt aber auch reichlich als mikroskopischer, akzessorischer Gemengteil von Glimmerschiefer vom Morro do Caixambú bei Ouro Preto zusammen mit gelbem Topas, Kaolin und Hämatit in Quarzlinsen auf.

Eisenoxydphosphate.

Auch hier fehlen wasserfreie Phosphate in der Natur.

Dufrenit.

Synonyme. Kraurit, Grüneisenstein, Grüneisenerde (erdige Varietät), auch der Name Strahlstein wurde gebraucht.

Kristallisiert rhombisch. $a : b : c = 0,3734 : 1 : 0,4262$ nach A. Streng.[1]

Analysen.

1. Ältere Analysen.

	1.	2.	3.	4.	5.	6.
FeO . . .	−−	—	0,25	2,19	9,97	11,33
Fe_2O_3 . . .	62,01	63,45	62,02	58,53	53,66	50,37
P_2O_5 . . .	27,52	27,72	27,71	28,11	28,39	29,80
H_2O . . .	10,47	8,56	10,90	9,72	8,97	8,50
	100,00	99,73	100,88	98,55	100,99	100,00

1. Theoretische Zusammensetzung nach $Fe_2P_2O_{11} . 3 H_2O$.
2. Dufrenit vom Hollerter Zug bei Siegen im Westerwalde; anal. C. Karsten, Karstens Archiv **15**, 243; auch C. F. Rammelsberg, Mineralchem. 1875, 316.
3. Dufrenit vom gleichen Fundorte; anal. Diesterweg, Bg.- u. hütt. Z. **22**, 257 (1863).
4. Dufrenit vom selben Fundorte; anal. Deichsel bei C. F. Rammelsberg, l. c. 1875, 316.
5. Dasselbe Mineral; anal. C. Schnabel bei C. F. Rammelsberg, wie oben.
6. Theoretische Zusammensetzung entsprechend der Analyse 5.

	7.	8.	9.
δ	—	3,293	3,024
FeO	3,77	Spur	Spur
Mn_2O_3 . . .	—	Spuren	Spuren
Fe_2O_3 . . .	53,74	59,82	57,93
(SiO_2) . . .	0,72	—	—
P_2O_5 . . .	32,61	30,05	32,09
H_2O	10,49	9,33	9,04
	101,33	99,20	99,06

[1] A. Streng, N. JB. Min. etc. 1888, I, 101.

7. Dufrenit von Allentown, New Jersey; anal. F. Kurlbaum, Am. Journ. **23**, 423 (1857).

8. Dunkelgrüne Dufrenitkügelchen von St. Benigna (Grube Hrbek) in Böhmen; anal. E. Borický, Sitzber. Wiener Ak. **56**, I (1867); math.-Nat. Kl.

9. Lichtgrüne Partien der Dufrenitkügelchen vom gleichen Fundorte; anal. wie oben.

2. *Neuere Analysen.*

	10.	11.	12.	13.	14.	15.
δ	—	—	3,233	—	—	3,39
(MgO) . . .	0,23	0,23	Spuren	—	—	—
(CaO) . . .	0,60	0,61	1,50	—	—	—
FeO	—	—	—	—	—	1,53
CuO	—	—	0,95	—	—	—
Al_2O_3 . . .	0,36	0,37	—	—	—	—
Mn_2O_3 . . .	1,48	1,51	—	—	—	—
Fe_2O_3 . . .	56,69	57,71	55,63	58,24	58,40	60,20
(SiO_2) . . .	—	—	0,53	—	—	—
P_2O_5 . . .	29,02	29,54	30,26	30,54	31,09	31,82
H_2O . . .	9,85	10,03	10,62	10,72	10,51	8,03
(Unlöslich) .	2,19	—	—	—	—	—
	100,42	100,00	99,49	99,50	100,00	101,58

10. Dufrenit aus Triplit entstanden von Cyrillhof bei Wien in Mähren; anal. F. Kovář bei F. Kovář und F. Slavík, Verh. k. k. geol. R.A. 1900, 402.

11. Dasselbe Mineral nach Abzug des unlöslichen Rückstandes auf 100,00 umgerechnet.

12. Dufrenitkristalle von Ost-Cornwall in einem Quarzgang mit Zinnstein und Kupfererzen; anal. E. Kinch u. F. H. Butler, Min. Mag. **7**, 65 (1886).

13. Dasselbe Mineral; nach Abzug der SiO_2 und CaO und CuO mit Fe_2O_3 zusammengezogen auf die ursprüngliche Summe umgerechnet.

14. Theoretische Zusammensetzung dieses Dufrenits ($5 Fe_2O_3 . 3 P_2O_5 . 8 H_2O$).

15. Dufrenit in dunkelgrünen bis schwarzen Kristallen von Waldgirmes, zwischen Wetzlar und Gießen, auf Klüften von Limonit; anal. A. Streng, N. JB. Min. etc. 1881, I, 101.

	16.	17.	18.	19.
δ	3,454	3,382	3,08	—
(MgO) . . .	2,16	0,76	0,17	—
(CaO)	—	1,12	1,68	—
(MnO)	0,24	0,40	—	—
FeO	6,06	6,14	6,80	7,62
Al_2O_3	0,29	0,21	0,87	—
Fe_2O_3	50,89	50,85	47,03	50,85
(SiO_2)	0,20	—	0,43	—
P_2O_5	31,66	31,76	31,10	30,09
H_2O	8,35	8,53	11,47	11,44
(Unlöslich) . .	—	0,12	—	—
	99,85	99,89	99,55	100,00

16. Dufrenit, nierenförmige radialstengelige Massen von Rockbridge Co., Virginia; anal. F. A. Massie bei J. W. Mallet, Ch. N. **42**, 180 (1880).

17. Dufrenit vom gleichen Fundorte; anal. J. L. Campbell, Am. Journ. (3) **22**, 65 (1881).

18. Dunkelolivgrüne Kugeln von Dufrenit von Wheal Phönix in Cornwall; anal. E. Kinch, Min. Mag. **8**, 112 (1888).

19. Theoretische Zusammensetzung entsprechend der Formel $2 P_2O_5 . 3 Fe_2O_3 . FeO . 6 H_2O$.

Analysen tonerdehaltiger Dufrenite:

	20.	21.
FeO	2,16	—
(MnO)	5,80	—
Al_2O_3	1,09	4,50
Fe_2O_3	49,19	54,40
P_2O_5	34,11	28,53
H_2O	8,32	12,40
	100,67	99,83

20. Dufrenit von Huréaux, Haute Vienne; anal. F. Pisani, C. R. **53**, 1020 (1861).
21. Dufrenit von Rochefort-en-Terre, in der Bretagne; anal. wie oben.

Es folgen zwei Analysen, die sich mit größter Wahrscheinlichkeit auf Dufrenit beziehen, deren genaue Untersuchung aber eine Feuersbrunst verhindert hat:

	22.	23.
(MgO)	0,12	3,48
(CaO)	0,99	5,71
(MnO)	5,51	0,45
FeO	3,69	6,98
Fe_2O_3	47,44	39,77
P_2O_5	31,87	32,40
H_2O	10,31	11,53
	99,93	100,32

22. u. 23. Faseriger Dufrenit (?) von Grafton, New Hampshire; anal. W.T. Schaller bei F. W. Clarke, Bull. geol. Surv. US. **419**, 323 (1910).

Konstitution und Formel. Wie aus den Analysen ersichtlich ist, enthält das als Dufrenit bezeichnete Mineral wechselnde Mengen von Eisenoxydul zwischen 0—7%. Man kann daher keine einheitliche Formel geben. Da auch nur wenige Vorkommen kristallographisch gut untersucht sind bzw. untersucht werden konnten, und auch optische Daten wenig zahlreich sind, ist es nicht ausgeschlossen, daß im Dufrenit mehrere voneinander verschiedene Mineralien vorliegen.

Für den oxydulfreien Dufrenit (Anal. 2 u. 3) berechnete C. F. Rammelsberg die Formel (die Zahlen der Anal. 1):

$$Fe_4P_2O_{11} . 3H_2O \quad \text{oder} \quad 2Fe_2O_3 . P_2O_5 . 3H_2O \quad \text{oder} \quad Fe_2PO_4(OH)_3.$$

C. F. Rammelsberg schrieb diese Formel auch $\begin{Bmatrix} Fe_2P_2O_8 \\ H_6Fe_2O_6 \end{Bmatrix}$.

Doch entsprechen schon andere von ihm aufgeführte Analysen des gleichen Vorkommens dieser Formel nicht mehr und für Anal. 5 rechnete er $Fe_3P_2O_8$. $3Fe_4P_2O_{11}$. 9aq. Die entsprechenden Zahlen sind unter Anal. 6 gegeben.

Anal. 10 entspricht sehr gut der Formel $Fe_2PO_4(OH)_3$. Die für die Anal. 12 gerechnete Formel $5FeO_3 . 3P_2O_5 . 8H_2O$, gibt wohl dadurch Werte, die mit Dufrenit nicht verglichen werden können, daß in nicht ganz gerechtfertigter Weise CuO als Vertreter des Fe_2O_3 angenommen wurde.

A. Streng rechnet für Anal. 15 die Formel $3(Fe_2P_2O_8) . 2(H_6Fe_2O_6)$, was gleich ist $Fe_{10}P_6O_{30} . 6H_2O$ oder $Fe_5(HO)_6(PO_4)_3$, also ein nicht unbedeutender Überschuß an $Fe_2P_2O_8$. Wenn man freilich berücksichtigt, daß die Analyse einen Überschuß von $1,58^0/_0$ ergibt, so wird man es wohl nicht für unmöglich halten können, darin, also in einem Analysenfehler die Ursache dieser Verschiedenheit zu suchen.

Die weiteren FeO-reicheren Analysen müssen natürlich diesen Gehalt berücksichtigen.

So gab J. W. Mallet für die Anal. 16 die Formel $4\overset{III}{Fe_2}(OH)_3PO_4 . 3\overset{II}{Fe_2}P_2O_7$. Er betont aber ausdrücklich, daß es nur einer kleinen (vielleicht innerhalb der Analysenfehler liegenden) Abweichung in den Analysen bedarf und es verbleibt ein Orthophosphat.

E. Kinch gab für den Dufrenit von Wheal Phönix in Cornwall (Anal. 18) die Zusammensetzung (unter Anal. 19): $FeO . 3Fe_2O_2 . 2P_2O_5 . 6H_2O$.

Die Dufrenitvorkommen, die kein FeO enthalten, z. B. Anal. 10 und 12 von den neueren, entsprechen immerhin der Formel:

$$Fe_2PO_4(OH)_3,$$

die als allgemein in bezug auf den eisenoxydulfreien Dufrenit gelten kann. Für den eisenoxydulhaltigen läßt sich keine Formel geben. Da es ziemlich schwer ist, anzunehmen, daß die letzteren aus den ersteren durch irgend einen Umwandlungsprozeß, also hier teilweisen Reduktionsprozeß, entstanden sind, so sollte man diese Vorkommen von den oxydulfreien auch durch einen anderen Namen scheiden.

Eigenschaften. Nur sehr selten tritt der Dufrenit in scheinbar würfelförmigen Kristallen auf; gewöhnlich bildet er kristalline Aggregate von faseriger Struktur mit nieriger, warziger Oberfläche; daneben kommen auch erdige, dichte Massen vor. Der Dufrenit scheint eine kristalloide und eine kolloide Modifikation zu besitzen, und die radialfaserigen Aggregate dürften aus ursprünglichem kolloiden Dufrenit entstanden sein; es herrschen somit ähnliche Verhältnisse, wie beim natürlichen Eisenhydroxyd. Inwieweit dabei chemische Unterschiede auftreten, kann nicht bewertet werden, da von den analysierten Dufreniten keiner amorph gewesen zu sein scheint. — Nach F. Cornu[1]) ist der Delvauxit die Kolloidform des Dufrenits.

Die Farbe des Dufrenits ist grau, braun, rötlich und vor allem grün in allen Nuancen, meist herrscht dunkel- bis schwarzgrün vor. Die Härte liegt zwischen $3^1/_2$ und 4 und liegt nach den einzelnen Angaben meist nahe bei 4.

Die Dichte kann im Mittel mit $\delta = 3,3$ angegeben werden; die einzelnen Werte sind bei den Analysen verzeichnet.

Die optischen Eigenschaften haben F. Kovář und F. Slavík[2]) untersucht; sie fanden, daß grünlicher Dufrenit von Cyrillhof und Wien in Mähren in der Längsrichtung der Fasern optisch negativ sei, daß die Doppelbrechung höher als die des Quarzes sei und daß Dufrenit Pleochroismus zeige.

Vor dem Lötrohre schmilzt Dufrenit zu einer schwarzen metallglänzenden Kugel.

Löslichkeit. In Salzsäure und verdünnter Schwefelsäure ist er leicht löslich.

Vorkommen und Genesis. Dufrenit scheint häufig durch Umwandlung aus Triplit entstanden zu sein, so zu Wien in Mähren, wo er im Feldspate

---

[1]) F. Cornu, Koll.-Z. **4**, 15 (1909).
[2]) F. Kovář u. F. Slavík, Verh. k. k. geol. R.A.

34

eines Pegmatitganges auftritt. Am häufigsten tritt das Mineral auf Brauneisensteinlagern auf, und hat andere Phosphate, wie Strengit, Beraunit, Kakoxen,
Picit und Wavellit als Begleiter.

Beraunit.

Synonym. Eleonorit.

Monoklin prismatisch. $a:b:c = 2,755:1:4,0157,$ $\beta = 48^0 33'.$
Nach A. Streng, l. c.

Analysen.

1. Ältere Analysen.

	1.	2.	3.	3a.	4.
δ	2,95	—	2,995	—	2,983
Na_2O . . .	1,5	—	—	—	—
Fe_2O_3 . . .	55,0	55,8	55,98	55,25	54,50
P_2O_5 . . .	30,5	30,2	28,99	29,83	28,65
H_2O. . . .	14,0	15,1	14,41	14,92	16,55
	101,0	101,1	99,38	100,00	99,70

1. Beraunit (ohne Fundortsangabe); anal. G. Tschermak, Sitzber. Wiener Ak.
49, I, 341 (1864).
2. Beraunit auf Dufrenit, gelblichrot von Hrbek bei St. Benigna in Böhmen;
anal. E. Bořický, Sitzber. Wiener Ak. **56**, I, 11 (1867).
3. Vom gleichen Vorkommen; anal. wie oben.
3a. Theoretische Zusammensetzung.
4. Beraunit von Scheibenberg in Sachsen; anal. A. Frenzel, N. JB. Min. etc. 1873, 24.

2. Neuere Analysen.

	5.	6.	7.
δ	—	—	2,940
Al_2O_3 . . .	—	—	4,50
Fe_2O_3 . . .	52,05	51,94	49,60
P_2O_5 . . .	31,78	31,88	30,93
H_2O. . . .	16,56	16,37	14,81
	100,39	100,19	99,84

5. Eleonorit von der Grube Eleonore, Waldgirmes bei Gießen, radialblätteriger
Überzug auf Brauneisenstein; anal. A. Streng, N. JB. Min. etc. 1881, I, 105.
6. Kristallisierter Eleonorit vom gleichen Vorkommen; anal. wie oben.
7. Blätterige Kriställchen von Eleonorit von Sevier Co., Arkansas; anal. G. A. König,
Z. Kryst. **17**, 91 (1890) und Proc. Acc. Philad. 1888, 39.

Formel. Für die Analysen 1 und 3 rechnete C. F. Rammelsberg[1]) die
Verhältnisse:

$$P_2O_5 : Fe_2O_3 : H_2O$$
$$1. \quad 1 \quad : 1,64 \quad : 4$$
$$3. \quad 1 \quad : 1,75 \quad : 4$$

E. Bořický stellt die Formel auf:

$$5Fe_2O_3 . 3P_2O_5 . 12H_2O,$$

welcher die unter Anal. 3a angegebenen Zahlen entsprechen.

---

[1]) C. F. Rammelsberg, Mineralchemie 1875, 316.

Aus den Analysen A. Strengs, der mit sehr reinem Material gearbeitet hatte, ergibt sich:

$$P_2O_5 : Fe_2O_3 : H_2O = 2 : 3 : 8,$$

was zur Formel:

$$Fe_6P_4O_{19} . 8H_2O \quad oder \quad 3Fe_2O_3 . 2P_2O_5 . 8H_2O$$

führte.

G. A. König rechnete für die Analyse 7:

$$P_2O_5 : (Fe, Al)_2O_3 : H_2O = 2 : 3,23 : 7,56,$$

was so ziemlich auf die gleiche Formel führt.

P. Groth[1]) schrieb die Formel:

$$Fe_3(HO)_3(PO_4)_2 . 2\tfrac{1}{2}H_2O,$$

gegen die sich G. A. König aussprach, da alles Wasser schon bei 280° entweicht.

G. Tschermak[2]) hält den Beraunit für ein Zersetzungsprodukt (Pseudomorphosen) des Vivianits und E. Bořický schließt sich der Ansicht an und zeigt, daß auch aus Dufrenit Beraunit entstehen kann.

A. Streng, der viel bessere Kristalle untersuchte, wies die Selbständigkeit des Eleonorits nach, ohne Beraunit und Eleonorit vollständig identifizieren zu können; E. Bertrand[3]) zeigte dann die Identität der beiden Mineralien auch in optischer Beziehung.

Eigenschaften. Der Beraunit (Eleonorit) tritt seltener in kleinen Kristallen, häufiger in blättrigen und faserigen Aggregaten von gelblicher, bräunlicher, hyazinthroter Farbe auf. Die Dichte ist $\delta = 2,95 - 2,98$. Die Härte an reinen Kristallen ist nach A. Streng zwischen 3 und 4 gelegen. Das Mineral ist in Salzsäure löslich und leicht schmelzbar.

Vorkommen. Die wichtigste Fundstätte dieses Minerals ist Waldgirmes bei Gießen; hier treten in einer Phosphoritlagerstätte Knollen eines manganhaltigen Limonits auf, die abgebaut werden. Im Limonit findet sich der Beraunit zusammen mit Kakoxen, Dufrenit, Strengit, Wavellit und Picit. In San Benigna tritt der Beraunit als Umwandlungsprodukt des Vivianits und Dufrenits auf, wie E. Bořický und G. Tschermak gezeigt haben, und bildet Pseudomorphosen nach Vivianit.

Phosphosiderit.

Kristallisiert rhombisch prismatisch. $a : b : c = 0,53302 : 1 : 0,87723$.

Dieses Mineral steht chemisch und kristallographisch dem Strengit sehr nahe, ist aber optisch von ihm verschieden.

Analysen.

	1.	2.
Fe_2O_3	43,84	44,30
P_2O_5	38,90	38,85
H_2O	17,26	17,26
	100,00	100,41

---

[1]) P. Groth, Tabell. Übersicht etc. 1882.
[2]) G. Tschermak, l. c.
[3]) E. Bertrand, Bull. Soc. min. **6**, 111 (1880).

34*

1. Theoretische Zusammensetzung, entsprechend der unten gegebenen Formel.
2. Phosphosiderit von Kalterhorn bei Eiserfeld in Siegen; anal. W. Bruhns und K. Busz, Z. Kryst. **17**, 555 (1890). Mittel aus zwei Analysen.

Die **Formel**, die mit der obige Analyse gut übereinstimmt, lautet:

$$2 (Fe_2O_3 . P_2O_5) . 7 H_2O.$$

Der Phosphosiderit unterscheidet sich vom Strengit nur dadurch, daß ersterer ein Molekel weniger Wasser enthält (vgl. diese Seite unten).

Während aber der Strengit sein Wasser bei verschiedenen Temperaturen verliert, gibt der Phosphosiderit alles Wasser zugleich bei 140° ab; bis zu 120° verliert er aber kein Wasser.

Eigenschaften. Das Mineral tritt in Kristallen von pfirsichblutroter Farbe auf. Die Dichte ist $\delta = 2,76$, die Härte beträgt $3^1/_2 - 4$ der Mohsschen Skala.

Optische Eigenschaften. Der Phosphosiderit ist optisch positiv, der mittlere Brechungsquotient $N_\beta = 1,7315$ für Na-Licht; der Achsenwinkel $2V = 62° 4'$ (ebenfalls für Na-Licht). Starke Dispersion der optischen Achsen $(\varrho > v)$; Pleochroismus sehr deutlich.

Löslichkeit. Das Mineral ist in Salzsäure vollständig löslich, in Salpetersäure fast gänzlich unlöslich.

Vor dem Lötrohre schmilzt Phosphosiderit leicht zu schwarzer magnetischer Kugel; im Glasrohre erhitzt, wird er gelb und undurchsichtig, gibt Wasser ab, dekrepitiert aber nicht.

Vorkommen. In Hohlräumen von Pecheisenstein.

Strengit.

Kristallform. Rhombisch-bipyramidal. $a:b:c = 0,86517:1:0,98272$, nach W. Bruhns und K. Busz.[1])

Analysen.

	1.	2.
δ	2,87	—
Fe_2O_3 . . .	43,65	42,30
P_2O_5 . . .	37,82	39,30
Unlöslich . .	0,15	—
H_2O . . .	19,61	19,87
	101,23	101,47

1. Von der Eleonore-Mine am Dünsberg bei Gießen; anal. A. Nies, N. JB. Min. etc. 1877, 8.
2. Von Rockbridge Co., Va.; anal. A. König, Proc. Acad. Philad. 1877, 277.

Formel: $FePO_4 . 2 H_2O$ oder $Fe_2O_3 . P_2O_5 . 4 H_2O$.

Eigenschaften.

Härte. Das Mineral besitzt den Härtegrad 3—4.

Farbe. Rot bis farblos, Strich gelblich-weiß.

Optische Eigenschaften. Der Achsenwinkel beträgt etwa 60°.

In heißer Salzsäure leicht löslich, in Salpetersäure unlöslich.

---

[1]) W. Bruhns u. K. Busz, Z. Kryst. **17**, 558 (1890).

Schmilzt vor dem Lötrohre zu schwarzer Masse, färbt die Flamme grünblau.

Synthese. Durch mehrstündiges Erhitzen von Eisenchlorid ($FeCl_3 . 3 H_2O$) mit Phosphorsäure im geschlossenen Rohr (bei 180—190 °) stellte A. v. Schulten[1]) das Mineral dar.

Vorkommen. Kommt zusammen mit Kakoxen auf Eisenerzlagerstätten vor.

Hierher gehört auch A. Lacroix'[2]) Vilatéite, an dem aber keine quantitative Analyse ausgeführt werden konnte; er dürfte ein manganführender Strengit sein.

Unbenanntes basisches Eisenoxydphosphat.

Kristallform: vielleicht rhombisch.

Analyse.	CaO	Spuren
	MnO	Spuren
	FeO	Spuren
	Fe_2O_3	47,71
	P_2O_5	38,87
	H_2O	14,07
		100,65

Basisches Eisenphosphat von Kutschuk-Eltigen und Nowy-Karantin auf der Halbinsel Kertsch; anal. P. v. Tschirwinsky, Ann. géol. et min. Russie **7**, 28 (1904). Ref. N. JB. Min. etc. 1905, II, 199.

Daraus rechnete P. v. Tschirwinsky die **Formel**:

$$100 [Fe_2O_3 . P_2O_5 . 2\tfrac{1}{2} H_2O] . 18 [Fe(OH)_3 . 3 H_2O],$$

die allerdings nur als provisorisch gelten soll.

Eigenschaften. Das Phosphat bildet büschelige, stengelige Aggregate und kleine prismatische Kriställchen von hyazinthroter Färbung.

Die Härte ist ca. $3^1/_2$.

Vor dem Lötrohre schmilzt das Mineral leicht zu einer schwarzen glänzenden Kugel. In Salzsäure ist es leicht, in Schwefelsäure ist es schwer löslich, in Salpetersäure unlöslich.

Vorkommen. Dieses Phosphat, das vielleicht ein neues Mineral darstellt und von den bekannten dem Strengit am nächsten steht, kommt in Hohlräumen eines eisenschüssigen Orthoklases vor.

Koninckit.

Kristallisiert rhombisch.

Analysen.		1.	2.
	Al_2O_3 . . .	4,3	4,8
	Fe_2O_3 . . .	34,2	33,5
	P_2O_5 . . .	34,7	34,9
	H_2O . . .	26,8	26,8
		100,0	100,0

1. u. 2. Koninckit von Richelle bei Visé in Belgien; anal. G. Cesàro, Mém. de la soc. géol. de Belg. **11**, 247 (1883). Ref. Z. Kryst. **13**, 83 (1888). Analyse der über H_2SO_4 getrockneten Substanz.

---

[1]) A. v. Schulten, C. R. **100**, 1522 (1885).
[2]) A. Lacroix, Min. de France **4**, 478 (1910).

G. Cesàro gibt für dieses Mineral die **Formel**:

$$Fe_2(PO_4)_2 . 6 H_2O .$$

Es ist also ein neutrales Phosphat, das sich vom Strengit nur durch den Wassergehalt unterscheidet. Es erleidet keinen Verlust bei längerer Behandlung mit HCl, wie die ähnlichen basischen Phosphate (z. B. Kakoxen, Dufrenit und Richellit), indem ein Teil des Fe_2O_3 in das Chlorid übergeht und sich normales Phosphat bildet.

Eigenschaften. Der Koninckit bildet kleine sphärische Aggregate, die aus glasglänzenden, farblosen Nadeln bestehen. Die Härte ist ungefähr $5^1/_2$, die Dichte 2,3.

In starken Säuren ist der Koninckit bei höheren Temperaturen löslich. Vor dem Lötrohre ist er leicht schmelzbar.

Optische Eigenschaften. Die Doppelbrechung ist positiv. G. Cesàro[1] fand:

$$N_{\gamma-\alpha} = 0,012; \qquad N_{\beta-\alpha} = 0,002 ;$$

der Achsenwinkel ist klein.

Vorkommen. Das Mineral kommt zusammen mit dem Richellit (siehe diesen S. 542) vor.

Kakoxen.

Synonym: Cacoxenit.
Kristallisiert wahrscheinlich hexagonal.
Analysen.

	1.	2.	3.	4.
(MgO)	0,9	—		
(CaO)	1,1	Spur	—	—
Fe_2O_3	43,1	45,05	47,64	47,07
(SiO_2)	2,1	—		
P_2O_5	20,5	18,56	19,63	21,17
H_2O	30,2	30,94	32,72	31,76
(Unlöslich) . .	—	3,63		
	97,9	98,18	99,99	100,00

1. Kakoxen von der Grube Hrbek bei St. Benigna in Böhmen; anal. A. Richardson bei Thomson, Outliness Min. Geol. Min.-Anal. 1, 476. Zitiert nach K. v. Hauer.
2. Seidenglänzender zitronengelber Kakoxen vom selben Fundorte; anal. K. v. Hauer, J. k. k. geol. R.A. 5, 74 (1854).
3. Dieselbe Analyse nach Abzug des Unlöslichen auf 100 umgerechnet.
4. Theoretische Zusammensetzung nach der aus dieser Analyse gerechneten Formel.

	5.	6.	7.	8.	9.	10.
Al_2O_3	—	—	—	—	2,89	—
Fe_2O_3	40,77	41,80	37,60	41,13	40,37	48,57
P_2O_5	25,49	26,13	23,12	25,29	26,18	19,76
H_2O im Vak. . }	} 31,27	} 32,06	} 30,69	} 33,57	} 30,61	} 18,69
H_2O Glühverlust . }						} 13,11
(Unlöslich) . . .	2,47	—	5,85	—	0,14	—
	100,00	99,99	97,26	99,99	100,19	100,13

---

[1] G. Cesàro, Mém. Acad. R. scienc. litt. arts. Belg. Bruxelles **53**, 1 (1897). Ref. Z. Kryst. **31**, 90 (1899).

5. u. 7. Kugel- und eierförmiger Kakoxen vom selben Fundorte; anal. wie oben.

6. u. 8. Obige Analysen nach Abzug des Umlöslichen auf 100 umgerechnet.

9. Brauner radialfaseriger Kakoxen von der Grube Eleonore bei Gießen; anal. A. Nies bei A. Streng, N. JB. Min. etc. 1881, I, 109.

10. Tief goldgelber Kakoxen von der Grube Hrbek bei St. Benigna; anal. A. H. Church, Min. Mag. 11, 1 (1895).

Konstitution und Formel. Die beiden ersten Analysen entsprechen recht gut der Formel:

$$2 Fe_2O_3 . P_2O_5 . 12 H_2O ,$$

die K. v. Hauer gegeben hat und deren Zahlenwerte unter Analyse 4 angeführt sind. Vorher sind schon eine Reihe von Formeln gegeben worden, so von Thomson, F. v. Kobell, Sillem und A. Kenngott. Sillem hielt Kakoxen für einen durch Zutritt von Eisenoxyd veränderten Wavellit, und überhaupt war die Meinung allgemein, daß Tonerde durch Eisenoxyd vertreten werde. F. v. Kobell[1]) gab dementsprechend die Formel:

$$2 (3 H_2O . Fe_2O_3 . Al_2O_3) + 5 H_2O . P_2O_5 .$$

Diese Formeln stützen sich namentlich auf ganz alte (hier nicht wiedergegebene) Analysen, die einen beträchtlichen Tonerdegehalt zeigten (so von J. R. v. Holger[2]) und Steinmann).[3]) K. v. Hauer[4]) hat aber gezeigt, daß dieser Al_2O_3-Gehalt auf Verunreinigung beruhe, was einer der Analytiker, Steinmann, selbst zugibt.

Die Analysen 5 und 7 stimmen nicht so genau mit dieser Formel (Analyse 4) überein, was K. v. Hauer ebenfalls auf Verunreinigungen zurückführte.

Das von A. Nies analysierte Mineral (Analyse 9) führte auf die Formel:

$$2 Fe_2P_2O_8 . H_6Fe_2O_6 . 15 H_2O ,$$

also ein Phosphat, das sich von der Zusammensetzung, wie sie K. v. Hauer gab, nicht sehr entfernt.

A. Streng hatte auch gelben Kakoxen untersucht und gefunden, daß er 27,91 % P_2O_5 und 30,00 % H_2O enthalte.

Der Kakoxen der Analyse 10 ist wieder etwas eisenreicher und führte auf die Formel K. v. Hauers, wenn man berücksichtigt, daß etwas Eisenhydroxyd beigemengt ist. A. H. Church fand, daß $^7/_{12}$ des Wassers leichter entweichen als die übrigen. Er schrieb die Kakoxenformel:

$$(Fe_2O_3 . P_2O_5 . 3 H_2O + Fe_2O_3 . 2 H_2O) . 7 H_2O .$$

In neuerer Zeit gaben E. Wittich und B. Neumann die Analyse eines Kakoxens:

				11.
δ	.	.	.	2,816
Fe_2O_3	.	.	.	82,70
P_2O_5	.	.	.	3,41
H_2O	.	.	.	13,84
				99,95

11. Kakoxen von dunkelgoldgelber Farbe von Oberroßbach am südöstl. Taunusrand; anal. E. Wittich und B. Neumann, ZB. Min. etc. 1902, 657.

---

[1]) F. v. Kobell, Grundzüge der Min. (Nürnberg 1838), 308.

[2]) J. R. v. Holger, Z. Phys. u. Math. 8, 135.

[3]) C. v. Leonhard, Oryktognosie (Heidelberg 1824), 750.

[4]) K. v. Hauer, l. c.

Die Analytiker machten gar nicht den Versuch, diese Zusammensetzung näher zu deuten, und meinen nur, der höhere Fe_2O_3-Gehalt hänge mit der dunkleren Färbung zusammen.

Ob es sich um ein anderes Mineral oder um ein Gemenge von Limonit und Kakoxen handelt, kann aus den dürftigen Angaben von E. Wittich und B. Neumann nicht entnommen werden.

Eigenschaften. Der Kakoxen tritt gewöhnlich in radialfaserigen Kügelchen von licht- bis dunkelgoldgelber Färbung auf; daneben kommen aber auch licht- bis dunkelbraune (wahrscheinlich mit Brauneisenstein gemengte) Kakoxene vor.

Die Dichte kann mit 2,4, die Härte zwischen 3 und 4 angegeben werden. Über die optischen Eigenschaften liegen widersprechende Angaben vor; die meisten stimmen in den Angaben über Dichroismus überein. Näher kann darauf hier nicht eingegangen werden. O. Mann[1]) hat versucht, die Verhältnisse zu klären. Er denkt, daß im Kakoxen mehrere Mineralien verschiedener Eigenschaften stecken, und weist auf die großen Verschiedenheiten in den Angaben über die chemische Zusammensetzung hin, die aber doch nicht so bedeutend sind, wie aus dem Vorstehenden ersichtlich ist.

Der Kakoxen ist in verdünnter Salzsäure und verdünnter Schwefelsäure löslich, ist aber nach O. Mann in Salpetersäure und in Alkalilösungen unlöslich.

Nach Untersuchungen vor dem Lötrohre soll der Kakoxen Spuren von F enthalten. Vor dem Lötrohre schmilzt er an den Kanten zu einer schwärzlichen Masse. Phosphorreaktion.

Vorkommen und Genesis. Der Kakoxen kommt hauptsächlich auf Brauneisensteinlagern vor. Er bildet Kugeln und ringförmige Gebilde, in deren Innern fast stets eine fremde Substanz sich befindet. Nach E. Bořický[2]) bildet sich Kakoxen aus Dufrenit (bzw. Delvauxit).

E. Wittich und B. Neumann (l. c.) haben auch den Brauneisenstein, in dem der Kakoxen vorkommt, untersucht und gefunden, daß er 1,76% (nach der Analyse von A. Moritz) P_2O_5 enthält. Es kann die Kakoxenbildung so als eine Anreicherung der im gesamten Erz enthaltenen Phosphorsäure und die Bildung selbst vielleicht als eine Art Lateralsekretion angesehen werden.

Nach A. Streng wandelt er sich in Picit um.

Kakoxen kommt zusammen mit einer Reihe anderer Eisen- und Tonerdephosphate, wie Wavellit, Dufrenit, Strengit u. a., vor.

Picit.

Wahrscheinlich gibt es eine amorphe und eine kristalline Modifikation. Kristalle nicht bekannt.

Analyse.

	1.	2.
Al_2O_3	0,99	1,00
Fe_2O_3	45,92	46,50
P_2O_5	24,17	24,47
H_2O	27,68	28,03
Unlöslicher Rückstand	2,10	—
	100,86	100,00

[1]) O. Mann, Dissertation (Leipzig 1904). Ref. N. JB. Min. etc. 1905, II, 190.
[2]) E. Bořický, Sitzber. Wiener Ak. **56**, I, 17 (1867), math.-nat. Kl.

1. Picit von der Grube Eleonore am Dünsberg bei Gießen; anal. A. Nies bei A. Streng, N. JB. Min. etc. 1881, I, 116.

2. Dieselbe Analyse nach Abzug des Unlöslichen auf 100,00 umgerechnet.

Daraus läßt sich die **Formel**

$$4 (Fe_2P_2O_8) . 3 (H_6Fe_2O_6) . 27 H_2O$$

berechnen.

Eigenschaften. Der Picit bildet kugelige, schalige Massen, auch Kugeln von keilförmig stengeliger Struktur. Da das von A. Nies[1]) gefundene Mineral von der Grube Eleonore nach A. Strengs Untersuchungen nicht isotrop ist, jedoch nach E. Bořický[2]), das von Hrbek bei St. Benigna in Böhmen amorph ist, so scheint dieses Mineral in kristalloider und kolloider Modifikation in der Natur vorzukommen. Die Farbe ist gelbrot bis dunkelbraun.

Die Dichte ist nach A. Nies $\delta = 2,83$, nach E. Bořický $\delta = 2,397$. Die Härte liegt zwischen 3 und 4.

Vor dem Lötrohre ist das Mineral zu einer schwarzen Kugel schmelzbar.

Vorkommen. Das Mineral kommt zusammen mit Kakoxen, Strengit und anderen Phosphaten in Brauneisenstein vor.

Delvauxit.

Synonym: Delvauxen.

Das Mineral ist a m o r p h.

Analysen.

	1.	2.	3.
Fe_2O_3	34,20	36,62	40,44
P_2O_5	16,04	16,57	18,20
H_2O	49,76	46,81	41,13
	100,00	100,00	99,77

1. u. 2. Delvauxit von Berneau bei Visé in Belgien; anal. Dumont, Phil. Mag. (3) **14**, 474; auch C. F. Rammelsberg, Mineralchem. 1875, 316.

3. Dasselbe Vorkommen; anal. Delvaux, Bull. Ak. Belg. 1838, 147.

Die **Formel**, der diese Analysen annähernd entsprechen, ist:

$$2 Fe_2O_3 . P_2O_5 . x H_2O,$$

worin x zwischen 21 und 24 liegt.

Ein dem Delvauxit nahestehendes Gel, das in seiner chemischen Zusammensetzung den Übergang zum Bořickyt bildet, der früher mit dem Delvauxit vereinigt worden war, analysierte in neuerer Zeit K. Preis:

	4.	5.
CaO	9,63	8,63
Al_2O_3 . . .	2,71	—
Fe_2O_3 . . .	38,74	42,43
P_2O_5 . . .	18,45	20,22
(CO_2) . . .	1,38	—
H_2O	26,22	28,72
(Rückstand) . .	3,95	—
	101,08	100,00

---

[1]) A. Nies, Ber. d. Oberhess. Ges. f. Nat. u. Heilk. **19**, (1880). Ref. Z. Kryst. **7**, 397 (1883).

[2]) E. Bořický, Sitzber. Wiener Ak. **56**, 16 (1867); nat.-math. Klasse.

4. Delvauxit von Trpin bei Beraun in Böhmen, dunkelbraune Knollen; anal.
E. Butta bei K. Preis, Sitzber. böhm. Ges. d. Wiss. 19, 1897. Ref. Z. Kryst. 31, 526
(1899).

5. Dieselbe Analyse nach Abzug des Calciumcarbonats, des Rückstandes und nach
Umrechnung des Al_2O_3 auf Fe_2O_3 auf 100,00 berechnet.

K. Preis rechnete für dieses Mineral die Formel:

$$Ca_3(PO_4)_2 . 3 Fe_3(OH)_6PO_4 . 20 H_2O.$$

Eigenschaften. Der Delvauxit ist ein Mineralgel, dem nach F. Cornu[1])
als Kristalloid der Dufrenit entspricht; nach ihm und M. Lazarevič[2]) ist er
eine Adsorptionsverbindung: $2Fe_2O_3 + P_2O_5 + aq.$

Die Dichte wird vom belgischen Vorkommen mit 1,85 angegeben, die
Härte ist gering. Seine Farbe ist gelbbraun.

Das Mineral schmilzt vor dem Lötrohre und wird von Salzsäure ziemlich vollständig gelöst.

Synthese. Nach F. Cornu[3]) kann man das Gel dadurch darstellen, daß
man molekulare Mengen von Eisenoxydhydrat mit verdünnter Phosphorsäure
versetzt. Es entsteht ein kolloider Niederschlag, der bei längerem Erhitzen
kristallin wird.

Vorkommen. Als Zersetzungsprodukt auf Limonitlagerstätten. F. Cornu
faßt es als eine sekundäre Bildung aus Stilpnosiderit ($2Fe_2O_3 . 3H_2O$) auf.

Auf einer Spalte zwischen Werfener Schiefer und dem Erzgang der Erz-
gruben des Grillenbergs bei Payerbach in Niederösterreich fand E. Dittler[4])
eine klebrige schwammartige Masse, die sich als eine Vorstufe des Delvauxits
erwies. Die Analyse ergab:

$$
\begin{array}{ll}
\delta . \quad . \quad . \quad . \quad . & 1,845 \\
Al_2O_5 . \quad . \quad . \quad . & \text{Spuren} \\
Fe_2O_3 \quad . \quad . \quad . & 24,23 \\
P_2O_5 . \quad . \quad . \quad . & 17,38 \\
H_2O \quad . \quad . \quad . & \text{ca. } 50 \\
SO_3 \quad . \quad . \quad . \quad . & \text{Spuren}
\end{array}
$$

Diese Substanz adsorbierte nach E. Dittlers Untersuchungen intensiv
basische Farbstoffe.

Dieses Gel verlor gleich dem von F. Cornu (siehe oben) synthetisch
dargestellten Delvauxit beim längeren Erhitzen seine kolloidalen Eigenschaften.
Auch durch Zusatz von geringen Mengen sehr verdünnter Schwefelsäure trat
Kristallisation ein.

Delvauxit tritt nach G. Cesàro[5]) auch in Überzugspseudomorphosen
nach Gips auf.

Calcoferrit (Magnesium-Calcium-Eisenoxydphosphat).

Synonym: Calcioferrit.

Kristallform: Monoklin prismatisch?

---
[1]) F. Cornu, Koll. Z. 4, 15 (1909).
[2]) F. Cornu und M. Lazarevič, Koll. Z. 4, 205 (1909).
[3]) F. Cornu, Mitteil. an E. Dittler, Koll. Z. 5, 35 (1909).
[4]) E. Dittler, Koll. Z. 5, 35 (1909).
[5]) G. Cesàro, Ann. Soc. Géol. Belg. Mém. 12, 192 (1885).

Analyse.

$$\delta \ . \ . \ . \ . \ . \ . \ 2,53$$

$$CaO \ . \ . \ . \ . \ 14,81$$

$$MgO \ . \ . \ . \ . \ 2,65$$

$$Fe_2O_3 \ . \ . \ . \ . \ 24,34$$

$$Al_2O_3 \ . \ . \ . \ 2,90$$

$$P_2O_5 \ . \ . \ . \ 34,01$$

$$H_2O \ . \ . \ . \ . \ 20,56$$

$$\overline{99,27}$$

Von Battenberg in Rheinpreußen; anal. Reissig, angeg. in J. D. Danas Syst. of Miner. 1892, 852 und C. F. Rammelsberg, Min. Chem. 1875, 316.

Chemische Formel:

$$(OH)_3Ca_3Fe_3(PO_4)_3 \cdot 8H_2O.$$

Härte. Der Härtegrad beträgt $2^1/_2$.

Farbe: Gelb, grün oder weiß.

Löslichkeit: wird durch Salzsäure leicht zersetzt.

Verhalten vor dem Lötrohre: Schmilzt zu einer schwarzen magnetischen Kugel.

Globosit (Magnesium-Calcium-Eisenoxydphosphat).

Kristallinisch. Kristallform nicht bestimmbar.

Analyse.

$$MgO \ . \ . \ . \ . \ 2,40$$

$$CaO \ . \ . \ . \ . \ 2,40$$

$$(CuO) \ . \ . \ . \ 0,48$$

$$Fe_2O_3 \ . \ . \ . \ 40,86$$

$$(SiO_2) \ . \ . \ . \ 0,24$$

$$P_2O_5 \ . \ . \ . \ 28,89$$

$$As_2O_5 \ . \ . \ . \ Spuren$$

$$\left.\begin{array}{l} F \ . \ . \ . \ . \\ H_2O \ . \ . \ . \ . \end{array}\right\} 23,94$$

$$\overline{99,21\,{}^1)}$$

Globosit von der Grube Arme Hilfe zu Ullersreuth bei Hirschberg in Reuß j. L.; anal. J. G. Fritzsche, bei A. Breithaupt, Bg.- hütt. Z. 24, 321 (1865), auch N. JB. Min. etc. 1865, 743.

Für das Mineral wurde keine Formel gegeben.

Eigenschaften. Das Mineral findet sich in kleinen Kügelchen, die aus keilförmig auseinander laufenden Stengeln bestehen; Spuren einer Spaltbarkeit scheinen vorhanden zu sein; das Mineral scheint somit nicht amorph, sondern kristallisiert zu sein. Die Farbe ist wachsgelb, gelblichgrau, an der Oberfläche weiß.

Die Härte ist zwischen 6 und $6^1/_2$ gelegen; die Dichte ist 2,825 bis 2,827.

Das Mineral gibt im Kölbchen Wasser, ist in Salzsäure langsam unter Hinterlassung von Kieselsäure löslich.

---

[1] In N. JB. Min. etc. ist die Summe mit 100,05 angegeben.

Vorkommen. Das Globosit genannte Mineral kommt bei Hirschberg im Limonit und auch auf einer Kobaltgrube zu Schneeberg in Sachsen mit Quarz und Hypochlorit vor.

Bořickyt (Calcium-Eisenoxydphosphat).

Synonyma: Bořickyt, Delvauxit z. Th, Delvauxin z. Th.

Das Mineral ist amorph.

Früher wurde dieses Mineral zum Delvauxit gestellt und erst später hat J. D. Dana dasselbe als selbständige Spezies abgetrennt, da die chemische Zusammensetzung der beiden Mineralien völlig verschieden ist.

Analysen.

	1.	2.	3.	4.	5.	6.	7.
δ	—	—	—	—	—	2,70	—
MgO	—	—	—	—	—	1,25	0,41
CaO	7,52	7,08	7,39	7,94	8,37	6,93	7,29
Fe_2O_3	53,76	46,40	46,34	52,03	52,54	50,32	52,99
SiO_2	—	2,08	1,24	—	—	2,39	—
P_2O_5	19,36	18,67	17,68	20,93	20,04	18,37	19,35
H_2SO_4	—	—	—	—	—	0,43	—
H_2O bei 100°	} 19,36	12,20	12,80	} 19,08	19,04	20,58	19,96
H_2O über 100°		13,84	13,91				
	100,00	100,27	99,36	99,98	99,99	100,27	100,00

1. Theoretische Zusammensetzung.
2. Bořickyt (früher Delvauxit) von Berneau bei Visé in Belgien; anal. K. v. Hauer, J. k. k. geol. R.A. **5**, 69 (1854).
3. Bořickyt vom Brandberg bei Leoben in Steiermark; anal. wie oben.
4. Die Analyse 2 nach Abzug der Kieselsäure und des über Chlorcalcium weggehenden Wassers umgerechnet.
5. Dieselbe Veränderung an der Analyse 3 vorgenommen.
6. Bořickyt von Nenacović in Böhmen; anal. E. Bořický, Lotos 1867. Ref. N. JB. Min. etc. 1867, 608.
7. Dieselbe Analyse nach Abzug der H_2SO_4 und der für Magnesiumsulfat entsprechenden Menge MgO und der Kieselsäure auf 100 umgerechnet.

Formel. Die drei angeführten Analysen stimmen mit der Formel:

$$2\,CaO \cdot P_2O_5 \cdot 5\,Fe_2O_3 \cdot P_2O_5 \cdot 16\,H_2O,$$

der die unter Analyse 1 angegebenen Werte entsprechen, ziemlich gut überein.

Wasseradsorption und Wasserabgabe. K. v. Hauer ließ die beiden analysierten Vorkommen einer mit Wasserdampf gesättigten Atmosphäre längere Zeit ausgesetzt und bestimmte die Gewichtszunahme:

	Bořickyt von Berneau	B. von Leoben	
In 3 Tagen . .	8,73%	10,06%	Gewichtszunahme
„ 4 „ . .	0,71 „	0,36 „	„
„ 5 „ . .	0,17 „	0,12 „	„
„ 8 „ . .	0,35 „	0,23 „	„
„ 12 „ . .	0,01 „	0,01 „	„
	9,97%	10,78%	

Hierbei waren größere Stücke verwendet worden; bei feinem Pulver war die Zunahme größer. Ausgangsmaterial war das zur Analyse verwendete, längere Zeit im Laboratorium gelegene Material. Dasselbe verlor über Chlorcalcium:

	Bořickyt von Berneau	B. von Leoben
Nach 3 Tagen . . .	8,14 %	9,24 %
„ 6 „ . . .	8,88 „	0,27 „
„ 8 „ . . .	— „	0,41 „
„ 12 „ . . .	— „	— „

Auf das so getrocknete Material beziehen sich die Analysen 4 und 5.

Eigenschaften. Der Bořickyt ist ein Mineralgel, tritt in knollenförmigen nierigen undurchsichtigen Massen von bräunlicher bis bräunlichroter Farbe auf.

Die **Dichte** ist 2,696—2,707 (nach E. Bořický). Die **Härte** liegt zwischen 3 und 4.

In Salzsäure ist der Bořickyt löslich.

Vor dem Lötrohre schmilzt das Mineral zu einer schwarzen Masse.

Vorkommen. Bei Berneau kommt der Bořickyt auf den Halden eines aufgelassenen Bleibergwerkes zusammen mit Delvauxit vor. Am Brandberge bei Leoben kommt er zusammen mit Tonmineralien, wie Halloysit, und dem Alumophosphat Variscit in der äußeren Hülle eines Eisenerzbaues, dessen primäres Erz wahrscheinlich Siderit ist, vor.

Egueïit.

So nannte A. Lacroix[1] ein von A. Garde beschriebenes Eisenoxydphosphat.

Kristallform unbekannt.

Analyse.

	1.	2.
δ	2,60	—
CaO	2,28	2,3
Al_2O_3	1,50	—
Fe_2O_3	44,20	46,7
P_2O_5	30,30	31,5
H_2O	20,47	19,5
(Unlöslich) . . .	0,75	—
	99,50	100,0

1. Egueïit von l'Eguéi (Hangara) im Sudan; anal. F. Pisani bei G. Garde, C. R. **148**, 1618 (1909).
2. Theoretische Zusammensetzung berechnet von A. Lacroix, l. c.

Die Analyse führt zu der **Formel**:

$$5 (Fe, Al)(PO_4)_2 \cdot \tfrac{1}{3} Ca_3(PO_4)_2 \cdot 2 Fe(OH)_3 \cdot 20 H_2O \,.$$

Das Mineral steht dem Bořickyt nahe, ist aber reicher an Phosphorsäure.

Eigenschaften. Der Egueïit bildet Knollen von brauner Farbe und nadelige Aggregate, die öfter auch gelblich gefärbt sind.

Das Mineral ist einfachbrechend mit doppelbrechenden Einschlüssen. Nach A. Lacroix ist

$$N = 1,65.$$

---

[1] A. Lacroix, Min. d. France **4**, 337 (1910).

In kalter Salzsäure ist das Mineral leicht löslich.

Vorkommen. Der Egueiit findet sich in sedimentären Gesteinen und dürfte wahrscheinlich durch Oxydation und durch Abgabe von Wasser aus einem kalkhaltigen Vivianit entstanden sein.

Richellit (Calcium (?)-Eisenoxyd-Fluorophosphat).

Kristallform nicht bestimmbar.

Analysen.

	1.	2.	3.
CaO	5,76	6,18	7,19
Al$_2$O$_3$	1,81	2,82	3,64
Fe$_2$O$_3$	28,71	29,63	29,67
P$_2$O$_5$	28,78	27,23	25,49
HF	6,11	1,22	0,96
H$_2$O hygrosk. . . }	29,43	6,90	9,47
H$_2$O . . . . . }		25,64	23,63
	100,60	99,62	100,05

1. Richellit von Richelle bei Visé in Belgien; anal. G. Cesàro und G. Desprez, Ann. Soc. géol. Belg. **10**, 36 (1883). Ref. N. JB. Min. etc. 1884, II, 179.

2. Dichte Varietät des Richellit vom selben Fundorte; anal. G. Cesàro, Ann. Soc. géol. Belg. **11**, 257 (1883). Ref. Z. Kryst. **13**, 82 (1888).

3. Die blätterige Varietät desselben Minerals.

Formel und Konstitution. Die beiden letzten Analysen sind nach Angabe G. Cesàros die richtigeren. Die Flußsäure geht erst mit dem gebundenen Wasser weg. Eine direkte F-Bestimmung der blätterigen Varietät gab 1,76%. Der phosphorsaure Kalk ist möglicherweise mechanisch beigemengt.

Salzsäuregas entzieht dem Richellit 6,7—6,9% Fe$_2$O$_3$, die daher nach G. Cesàro nicht an Phosphorsäure gebunden sind. Es handelt sich somit um ein basisches Phosphat entsprechend der Formel:

$$4\,Fe_2(PO_4)_2 \,.\, Fe_2OF_2(OH)_2 \,.\, 36\,H_2O\,.$$

Nach A. Streng[1] hat der Richellit, wenn man vom Fluorgehalt absieht, große Ähnlichkeit mit dem Picit, was aber wegen des verschiedenen Eisengehaltes doch nicht der Fall sein dürfte.

Eigenschaften. Der Richellit bildet hellgelbe, an der Oberfläche ockerige Massen und auch radialfaserige blätterige Kügelchen (ähnlich dem Wavellit). Das Mineral scheint, aus G. Cesàros Untersuchungen zu schließen, zum Teil amorph, zum Teil kristallin zu sein. Die Dichte ist $\delta = 2$; die Härte liegt zwischen 2 und 3. In Säuren ist Richellit leicht löslich; vor dem Lötrohre schmilzt er zu einem schwach magnetischen Email.

Vorkommen. Das Mineral kommt zusammen mit Halloysit, Allophan und Koninckit vor.

---

[1] A. Streng, N. JB. Min. etc. 1885, II, 260. (Referat zu G. Cesàros Arbeit.)

Foucherit (Calcium-Tonerde-Eisenoxydphosphat).

Amorph.

Analysen.

	1.	2.
δ	2,7	—
CaO	7,71	7,98
Al_2O_3	4,50	4,84
Fe_2O_3	38,50	38,04
P_2O_5	19,50	20,08
H_2O	28,50	29,06
	98,71	100,00

1. Foucherit von Fouchère; anal. F. Pisani bei A. Lacroix, Min. de France (Paris 1910), 535.
2. Theoretische Zusammensetzung.

Im Foucherit verhält sich $Al_2O_3 : Fe_2O_3 = 1 : 6$.
A. Lacroix rechnete die **Formel:**

$$Ca_3(Fe, Al)_4(PO_4)_6 . 8(Fe, Al)(OH)_3 . 22 H_2O.$$

Eigenschaften. Das Mineral bildet dichte Massen von braunroter Farbe. Erhitzt bildet es eine schwarze magnetische Masse. In Salzsäure ist es leicht löslich. Die Härte ist ca $3^1/_2$.

Heterosit und Purpurit (Manganoxyd-Eisenoxydphosphat).

Analysen.

	1.	2.	3.	4.	5.
δ	—	3,41	3,40	—	ca. 3,15
Li_2O	—	—	Spur	—	Spur
Na_2O	—	—	Spur	—	0,84
MgO	—	—	Spur	—	—
CaO	—	—	1,37	—	1,48
MnO	17,57	—	—	—	—
FeO	34,89	—	—	—	—
Mn_2O_3 . . .	—	30,01	12,08	23,0	29,25
Fe_2O_3 . . .	—	31,46	38,36	27,0	15,89
P_2O_5	41,77	32,18	43,45	(44,0) [1]	47,30
H_2O bei 105^0 .⎫ H_2O über 105^0 .⎭	4,40	6,35	4,82	6,0	5,26
Unlöslich . . .	—	—	0,19	—	0,52
	98,63	100,00	100,27	100,0	100,54

1. Heterosit von Limoges; anal. L. N. Vauquelin, Ann. chim. phys. **30**, 294 (1825).
2. Bräunlich-rötlicher Heterosit von Limoges; anal. C. F. Rammelsberg, Pogg. Ann. **85**, 439 (1852) und Mineralchemie 1875, 315.
3. Heterosit von Hill City, Süd-Dakota; anal. W. T. Schaller, Z. Kryst. **44**, 2 (1907).
4. Heterosit von Brancheville, Connecticut; anal. wie oben.
5. Purpurit von der Faires-Grube Gaston Co., Nord-Carolina; anal. L. C. Graton und W. T. Schaller, Am. Journ. **20**, 146 (1905).

---

[1]) Als Differenz bestimmt.

Hier sei die Analyse eines Mangan-Eisenoxydphosphats angeführt, das sich vom Heterosit durch niedrigeren Wassergehalt unterscheidet.

6.

Li_2O	1,79
MgO	0,73
CaO	0,09
Mn_2O_3	22,59
Fe_2O_3	29,50
P_2O_5	43,04
H_2O	2,05
	99,79

6. Heterosit von Norwich, Massachussetts; anal. J. W. Mallet, Am. Journ. (I), **18**, 33 (1854).

Heterosit und Purpurit sind die isomorphen Mischungen zweier Komponenten, die in der Natur in reinem Zustand nicht auftreten. W. T. Schaller und L. C. Graton haben den Purpurit aufgestellt und ersterer[1] (l. c.) schlägt, nachdem A. Lacroix[2]) Purpurit mit Heterosit identifizierte, für die Komponenten die Namen Purpurit (für das Manganphosphat) und Heterosit (für das Eisenphosphat) vor.

Am besten wird man wohl die Mn-reicheren Glieder dieser Mischungsreihe als Purpurit und die Fe-reicheren als Heterosit bezeichnen, so ähnlich wie bei Triphylin und Lithiophillit (siehe diese).

C. F. Rammelsberg gibt die Formel L. N. Vauquelins $R_3P_2O_8 +$ $3HRPO_4$ wieder, die aber das Fe und Mn als Oxydul annimmt, während die neueren Analysen gezeigt haben, daß es sich hier um die Sesquioxyde handelt. L. C. Graton und W. T. Schaller (l. c.) gaben für das manganreiche Glied die **Formel**:

$$\overset{III}{R_2O_3} \cdot P_2O_5 \cdot H_2O,$$

die allgemein gültig ist; $\overset{III}{R}$ ist abwechselnd Mn und Fe. Diese Formel erinnert an die des Strengits (siehe S. 532), der aber mehr Wasser enthält und mit der Fe-Phosphatkomponente von Heterosit-Purpurit nicht zu identifizieren ist.

Violetter Heterosit soll nach F. Kobell $0,92^0/_0$ F enthalten.[3])

Eigenschaften. Heterosit und Purpurit bilden kristalline Massen verschiedener Färbung; Heterosit grau, grünlich, braun, violett. Pupurit ist purpurfarbig. Die Dichte des Heterosits ist ca. 3,4, die des Purpurits 3,70. (Dies ist nach W. T. Schaller der genaueste Wert). Siehe bei den Analysen; sie ist mit dem Fe-Mn-Verhältnis in engen Grenzen variabel. Die Härte liegt etwas über 4.

Nach W. T. Schaller und L. C. Graton lieg N_m zwischen 1,60 und 1,65; die Doppelbrechung ist stark.

In Säuren sind beide Mineralien leicht löslich. Vor dem Lötrohre leicht schmelzbar, sie werden braun.

Vorkommen. Der Heterosit findet sich im Pegmatit von Limoges, der Purpurit ebenfalls in Pegmatit, der Zinnstein führt.

---

[1]) W. T. Schaller, Bull. geol. Surv. US. **509**, 72 (1912).
[2]) A. Lacroix, Minéral d. France **4**, 469 (1910).
[3]) F. Kobell nach C. F. Rammelsberg, Mineralchemie 1875, 315.

Nach G. Tschermak[1]) ist der Heterosit durch Zersetzung aus dem Triphylin entstanden. Nach W. T. Schaller und L. C. Graton entsteht Purpurit aus Lithiophillit und Triphylin.

Die Begleitmineralien des Purpurits sind Zinnstein, Apatit, Spodumen, Turmalin, Lithiophillit u. a.

Purpurit wandelt sich in schwärzlichbraune pechglänzende Massen um, wie sie bei anderen Manganphosphaten, z. B. den Vorkommen von Brancheville in Connecticut bekannt sind.

Melanchlor.

Unter diesem Namen beschrieb J. N. Fuchs[2]) ein Phosphat von Rabenstein bei Zwiesel, das enthielt:

$$\delta \ . \ . \ . \ . \ . \ . \ 3,38$$

FeO	3,87
Fe_2O_3	38,9
P_2O_5	25,52—30,27
H_2O	9—10

Das schwarzgefärbte Mineral kommt mit Triphylin vor.
Das Mineral steht dem Heterosit nahe.

Andrewsit.

Kristallform unbekannt.

Analyse.

$$\delta \ . \ . \ . \ . \ . \ . \ 3,475$$

CuO	10,86
FeO	7,11
MnO	0,60
CaO	0,08
Fe_2O_3	44,64
Al_2O_3	0,92
P_2O_5	26,09
(SiO_2)	0,49
H_2O	8,79
	99,58

Aus Cornwall; anal. Flight, Journ. Chem. Soc. **28**, 586 (1875).

Formel: $5 Fe_2O_3 . P_2O_5 . 5 H_2O.$ (?)

Das Mineral steht dem Chalkosiderit ziemlich nahe.

Eigenschaften. Das Mineral tritt in radialstrahligen Krusten auf. Härte: Der Härtegrad des Minerals beträgt 4. Dichte bei der Analyse angegeben. Farbe: Blaugrün, Strich schwärzlichgrün.

Vorkommen. Der Andrewsit kommt zusammen mit Limonit und Goethit vor.

---

[1]) G. Tschermak, Sitzber. Wiener Ak. **47**, II, 446 (1863).
[2]) J. N. Fuchs. Journ. prakt. Chem. **17**, 171 (1839).

Chalkosiderit.

Synonym: Chalkosiderit.

Kristallform: Triklin-holoedrisch. $a:b:c = 0,7910:1:0,6051$.
$\alpha = 92°58'$, $\beta = 93°29\frac{2}{3}'$, $\gamma = 107°41'$ nach N. St. Maskelyne.

Analyse.

$$\delta \quad . \quad . \quad . \quad . \quad . \quad . \quad 3,108$$

CuO	8,15
Fe_2O_3	42,81
Al_2O_3	4,45
U_2O_3	Spur
P_2O_5	29,93
As_2O_5	0,61
H_2O	15,00
	100,95

Von der West-Phönix-Mine, Cornwall; anal. Flight, angeg. von N. St. Maskelyne, Journ. Chem. Soc. **28**, 586 (1875).

Formel: $CuFe_6P_4O_{22}.8H_2O$ oder $\begin{Bmatrix} Cu_3P_2O_8 \\ 5R_4P_2O_8 \\ 4H_6R_2O_6 \end{Bmatrix} + 12\,aq.$

Härte: Der Härtegrad des Minerals beträgt $4\frac{1}{2}$.
Farbe: Hellgrün, Strich blaßgrün.

Phosphate der seltenen Erden.

Von C. Doelter (Wien).

Monazit (Monacit).

Monoklin. $a:b:c = 0,96933:1:0,92558$; $\beta = 76°20'$.

Synonyma: Mengit, Edwardsit, Eremit, Monazitoid, Urdit, Turnerit, Phosphocerit, Kryptolith, Kärarfveit.

Die Analysen sind nach Fundorten geordnet. Sollte es einen wirklich thoriumfreien Monazit geben, so wäre dieser besonders zu betrachten; es gibt nun einige wenige Analysen, in welchen kein Thorium vermerkt ist, jedoch ist es bei diesen älteren Analysen wahrscheinlich, daß die Bestimmung des Thoriums unterlassen wurde. Einen äußerst geringen Thoriumgehalt von höchstens $1,1°/_0$ ThO_2 zeigt der Monazit von Eptwand (Josland, Norwegen) nach J. Schetelig.[1]

Analysenzusammenstellung.

Analysenmethode. Über diese siche den Aufsatz von K. Peters, Bd. III, S. 191. Ferner siehe Sidney Johnstone, Journ. Soc. of chem. Ind. (vgl. S. 552); ferner F. J. Metzger u. M. Heidelberger, J. of the amer. chem. Soc. **32**, 642 (1910).

---

[1] J. Schetelig, Norsk. geol. tiddskrift, **2**, Heft 3 (1913).

Schweden und Norwegen.

	1.	2.	3.
δ	5,174	5,15	5,117
(CaO)	[0,90]	0,69	1,19
PbO	—	—	0,33
Al_2O_3	—	—	0,18
Fe_2O_3 . . .	[1,36]	1,13	0,42
Y_2O_3	—	3,82	0,78
$(La, Di)_2O_3$ . .	40,79	26,26	29,21
Ce_2O_3	28,82	29,20	30,58
SiO_2	[1,60]	1,86	1,32
ThO_2	— [1]	9,57	7,14
P_2O_5	29,02	27,55	28,94
Glühverlust . .	—	0,52	0,09
	99,53	100,60	100,18

1. Von Arendal; anal. C. F. Rammelsberg, Z. Dtsch. geol. Ges. **29**, 79 (1877). Nach Abzug des CaO, Fe_2O_3, SiO_2.

2. Von Arendal; anal. C. W. Blomstrand, Geol. För. Förh. **9**, 160 (1887); Z. Kryst. **15**, 99 (1889); Journ. prakt. Chem. (2), **41**, 266.

3. Von Narestö bei Arendal; anal. wie oben.

	4.	5.	6.	7.	8.	9.
δ	4,89	5,19	5,18	4,64	—	4,77
(MgO) . .	—	—	0,03	0,16	—	—
(CaO) . .	0,84	0,34	0,91	0,93	0,53	0,55
(MnO) . .	—	—	0,08	0,28	—	—
PbO . . .	—	—	0,58	—	—	—
Al_2O_3 . .	0,22	0,12	0,15	—	0,16	—
Fe_2O_3 . .	0,36	0,33	1,01	1,97	0,66	1,25
Y_2O_3 . . .	2,04	1,81	2,03	1,83	1,82	2,76
$(La, Di)_2O_3$	29,41	26,78	30,62	24,51	29,60	25,88
Ce_2O_3 . .	32,52	36,63	25,82	31,23	28,06	30,98
SiO_2 . . .	1,51	0,93	1,85	2,10	1,65	1,58
SnO_2 . . .	0,22	0,09	—	0,21	—	—
ThO_2 . . .	4,54	3,81	9,60	9,20	9,34	9,03
P_2O_5 . . .	28,62	29,41	27,07	26,37	28,27	27,99
Glühverlust	0,27	0,18	0,35	1,53	0,21	0,20
	100,55	100,43	100,28 [2]	100,32	100,30	100,22

4. Hellbraun von Moss; anal. C. W. Blomstrand, wie oben.

5. Hellbraun von Dillingsö bei Moss (Norwegen); anal. C. W. Blomstrand, wie oben.

6. Hellgelbbraun von Dillingsö; anal. wie oben.

7. Rotgelb von Moss; anal. wie oben.

8. Braungelbe prismatische Kristalle von Lönneby in Rade bei Moss; anal. wie oben.

9. Graue Varietät von demselben Fundorte; anal. wie oben.

---

[1] Nach C. F. Rammelsberg soll hier kein Th vorhanden sein.
[2] Metallsäuren 1,18.

35 *

	10.	11.	12.	13.	14.
δ . . .	—	5,08	5,12	4,93	—
(CaO) . .	1,83	1,05	0,88	1,24	1,17
(MnO) . .	—	0,24	—	—	—
(FeO) . .	—	1,10	0,75	—	0,36
PbO. . .	—	0,26	0,31	—	0,34
Al_2O_3 . .	—	—	—	—	0,41
Fe_2O_3 . .	4,63	—	—	0,32	—
Y_2O_3 . .	2,86	1,58	2,54	—	0,83
$(La, Di)_2O_3$	21,96	24,37	26,43	} 67,40	20,76
Ce_2O_3 .	27,73	30,46	29,62		37,92
SiO_2 . . .	5,95	2,02	2,16	—	2,48
ZrO_2 . .	0,66	—	—	—	—
SnO_2 . .	—	0,08	—	—	0,13
ThO_2 . .	9,05	11,57	10,39	—	8,31
P_2O_5 . .	23,85	27,28	26,59	27,38	25,56
F. . .	—	—	—	4,35	0,33
H_2O . .	1,61	0,38	0,52		1,65
	100,13	100,39	100,19	100,69	100,25

10. Unreiner Monazit von Hvalö (Kristianiafjord); anal. C. W. Blomstrand, wie oben.

11. Viollettbraun von Hvalö; anal. wie oben.

12. Von Holma, Kirchspiel Luhr (Schweden); anal. C. W. Blomstrand, Geol. För. Förh. 11, 379 (1889).

13. Kryptolith oder Kärarfveit von Kärarfvet (Schweden); anal. J. Radominsky, Ber. Dtsch. chem. Ges. 1874, S. 483.

14. An demselben Material; anal. C. W. Blomstrand, Geol. För. Förh. 11, 171 (1889); Z. Kryst. 19, 109 (1891).

Finnland und Ural.

	15.	16.	17.	18.	19.
δ	—	—	5,01	5,266	4,87
(CaO)	0,39	—	0,55	0,36	1,25
(MgO)	—	—	—	—	0,40
(MnO)	—	—	—	—	0,40
Al_2O_3	—	—	—	—	4,89
Fe_2O_3	0,68	—	0,13	—	2,90
Y_2O_3	2,86	3,22	0,26	0,43	3,56[1]
La_2O_3	} 29,68	} 53,31	0,52	0,43	1,71
Di_2O_3			31,86	17,60	14,69
Ce_2O_3	31,63		31,31	34,90	22,88
SiO_2	1,22	3,62	1,37	2,90	9,67
SnO_2	0,84	—	0,95	0,43	0,40
ThO_2	5,65	9,50	5,55	17,82	16,64
P_2O_5	26,81	21,50	27,32	25,09	19,13
Glühverlust . .	0,40	2,76	0,41	0,56	0,71
	100,16		100,23	100,52	98,83

[1] FeO.

15. u. 16. Von Imilaks (Finnland); anal. W. Ramsay u. A. Zilliacus, Öfvers. Finska Vetenskap-Soc. Förh. **39** (1879); Z. Kryst. **31**, 318 (1899).

15. Frische Varietät. 16. Zersetzte Varietät.

17. Von Miasc; anal. C. W. Blomstrand, Geol. För. Förh. **9**, 160 (1887); vgl. oben Z. Kryst. **20**, 367 (1892).

18. Bereits veränderter Monazit, dunkelgelbbraun, von demselben Fundorte; anal. wie oben.

19. Verwittert, matt graubraun, von demselben Fundorte; anal. wie oben.

Böhmen.

	20.
(CaO)	0,41
Fe_2O_3	1,32
V_2O_3	4,02
$(La, Di)_2O_3$	26,64
Ce_2O_3	31,05
SiO_2	1,46
ThO_2	5,85
P_2O_5	27,57
H_2O	0,42
(Unlöslich)	1,96
	100,70

20. Von Pisek; anal. K. Preis, Sitzber. böhm. Ges. d. Wissensch. 1897, Nr. XIX; Z. Kryst. **31**, 526 (1899).

Madagaskar und Transvaal.

	21.	22.	23.	24.
δ	5,1	—	—	5,2735
(CaO)	—	0,31	0,48	Spur
Al_2O_3	0,21	0,86	0,77	0,15
Fe_2O_3	0,42	0,44	0,40	0,60
Y_2O_3	2,93	2,14	1,99	0,30
La_2O_3	} 27,90	11,25	11,77	} 32,60
Di_2O		16,00	15,60	
Ce_2O_3	31,85	34,58	34,50	26,95
SiO_2	—	1,52	1,44	2,87
SnO_2	—	0,29	0,33	—
ZrO_2	—	—	—	0,11
ThO_2	9,15	3,51	3,48	11,23
P_2O_5	27,45	27,38	27,15	25,90
Ta_2O_5	—	0,15	0,21	0,24
H_2O	0,74	—	—	0,56
Glühverlust	—	2,21	2,18	—
	100,65	100,64	100,30	101,51

21. Mit Beryll und Euxenit, von Mindarivo (Madagaskar); anal. F. Pisani bei A. Lacroix, Bull. Soc. min. **35**, 199 (1812); Minér. de France **5**, 48 (Paris 1913).

22. u. 23. Von Transvaal; anal. L. Andersen-Aars, Inaug.-Diss. (Freiburg i. Br. 1905); ZB. Min. etc. 1907, 248.

24. Von Antyiabé (Madagaskar); anal. L. Duparc, R. Sabot u. M. Wunder, Bull. soc. min. **36**, 8 (1913).

Brasilien. [1]

	25.	26.	27.
δ	5,012	—	—
(CaO)	0,20	0,10	—
(Al_2O_3) . . .	0,84	—	—
(Fe_2O_3) . . .	1,79	0,61	—
$(La, Pr)_2O_3$ . .	10,61	19,21 }	
Nd_2O_3	15,38	16,81 }	39,9*)
Ce_2O_3	32,14	32,46	31,3
SiO_2	2,63	—	—
ZrO_2	0,60	—	—
ThO_2	10,05	1,09	—
P_2O_5	25,51	29,18	28,7
H_2O	0,92	—	—
	100,67 [2])	99,46	99,9

25. Aus dem Diamantsand des Rio Paragassu, Bahia (Brasil.); anal. J. Reitinger bei E. Hussak u. E. Reitinger, Z. Kryst. **37**, 559 (1903).

26. Von Bandeirinha, Min. Geraes (Brasilien); anal. wie oben, S. 562.

27. Von Caravellas (Brasilien); anal. H. Gorceix, Bull. Soc. min. **8**, 32 (1885).

*) Eine Trennung von Neodym wurde nicht ausgeführt.

Nordamerika.

	28.	29.	30.	31.	32.
(Al_2O_3)	—	0,04	—	—	—
(Fe_2O_3)	—	0,90	—	—	—
Y_2O_3	—	1,10	—	—	—
La_2O_3	} 28,33	10,30 }			
Di_2O_3	} 28,33	24,40 }	30,88	26,66	31,60
Ce_2O_3	33,54	16,30	31,38	29,89	37,26
SiO_2	1,67	2,70	1,40	2,85	0,32
ThO_2	8,25	18,60	6,49	14,23	1,48
P_2O_5	28,18	24,04	29,28	26,12	29,32
Glühverlust . .	0,37	—	0,20	0,67	0,17
	100,34	98,38	99,63	100,42	100,15

28. Von Portland (Connect.); anal. S. L. Penfield, Z. Kryst. **7**, 367 (1883).

29. Von Amelia Co. (Virginia); anal. F. P. Dunnington, Am. Journ. **4**, 138 (1882); Z. Kryst. **7**, 424 (1883).

30. Von Burke Co., N. Carol.; anal S. L. Penfield, wie oben.

31. Von Amelia Co. (Virginia); anal. wie oben.

32. Von Alexander Co.; anal. S. L. Penfield, Am. Journ. **36**, 317 (1888).

---

[1]) Vgl. auch S. 553.

[2]) Im Original falsche Summe.

	33.	34.	35.	36.	37.
δ	—	—	5,165	5,125	5,010
(CaO)	0,91	1,58	—	0,36	0,20
(MnO)	1,33	—	—	—	—
(Fe_2O_3)	—	1,07	Spur	1,00	0,71
Y_2O_3	—	4,76	2,52	3,47	3,48
$(La, Di)_2O_3$	23,62	26,81	—	—	—
Ce_2O_3	25,98	24,80	65,29	64,16	64,48
SiO_2	—	0,91	1,18	1,16	0,96
SnO_2	1,62	—	—	—	—
ThO_2	18,01	12,60	2,52	1,65	1,67
P_2O_5	28,43	26,86	28,18	27,60	27,72
H_2O	—	—	0,18	0,23	0,37
Glühverlust	—	0,78	—	—	—
		99,17	99,87	99,63	99,59

33. Von N. Carol. (Us. Amer.); anal. A. Thorpe, Ch. N. **72**, 32 (1896).
34. Villeneuve, Ottawa, Canada; anal. F. A. Genth, Am. Journ. **38**, 203 (1889)
35. Fundort sämtlicher Monazite wahrscheinlich Idaho aus fleischrotem Gestein. weingelbe Kristalle; anal. G. Tschernik, Verh. d. kais. russ. min. Ges. **42**, 9 (1905); Z. Kryst. **43**, 68 (1907).
36. Rotbraune durchsichtige Kristalle; anal. wie oben.
37. Rotbraune durchscheinende Kristalle; anal. wie oben.

Australien.

	38.	39.	40.	40a.
δ	5,001	5,224		—
(MgO)	Spur	Spur	Spur	—
(CaO)	—	1,32	1,40	—
(MnO)	Spur	Spur	Spur	—
(Al_2O_3)	3,11	0,14	0,19 }	2,23
Fe_2O_3	—	2,08	1,96 }	
$(La, Di)_2O_3$	30,21	22,95	22,78	30,73
Y_2O_3	—	0,16	unbest.	Spur
Ce_2O_3	36,64	22,42	22,72	35,70
SiO_2	3,21	6,68	6,48	0,49
SnO_2	—	9,03	9,12	—
ZrO_2	—	15,36	15,44	—
ThO_2	1,23	0,46	0,57	1,63
P_2O_5	25,09	18,89	18,94	28,20
Ta_2O_5	—	1,10	0,86	—
H_2O	—	0,10	0,12	0,34
	99,49	100,69	100,58	99,32

38. Von Vegetable Creek, N. S. Wales; anal. W. A. Dixon, bei A. Liversidge, Miner. of N. S. Wales, Sidney 1882; Z. Kryst. **8**, 87 (1884).
39 u. 40. Vom Richmondfluß in Sand; anal. J. C. H. Mingaye, Rep. geol. Surv. N. S. Wales **7**, 222 (1903); N. JB. Min etc. 1907, I, 411.
40a. Vom Blatherarns Creek (N. S. Wales); anal. C. Anderson, Rec. Austr. Mus. **5**, 258 (1994); Z. Kryst. **42**, 391 (1907).

Dieser Monazit hat eine chemische Zusammensetzung, welche sich von jener der übrigen Monazite bedeutend unterscheidet, da er sehr wenig ThO_2, enthält.

Neuere Analysen 1914.

Eine große Anzahl von Analysen wurde soeben von neuen Fundorten durch Sidney J. Johnstone veröffentlicht.

Aus Indien.

	41.	42.
(CaO)	0,20	0,13
Al_2O_3	0,17	0,12
Fe_2O_3	1,50	1,09
Y_2O_3 etc.[1]) . .	0,46	0,62
La_2O_3 etc.[1]) . .	28,00	} 61,11
Ce_2O_3	31,90	
SiO_2	0,90	1,00
ThO_2	10,22	8,65
P_2O_5	26,82	26,50
Glühverlust . .	0,46	0,45

41 und 42. Von Travancore (Indien); anal. Sidney J. Johnstone, Journ. of the Soc. chem. Ind. 33, 31. Januar 1914.

	43.	44.	45.	46.	47.
δ . . .	5,20	5,25	—	5,23	5,47
(CaO) . .	—	0,45	0,85	0,41	0,10
Al_2O_3 . .	0,61	0,17	0,70	0,17	0,29
Fe_2O_3 . .	1,27	0,87	1,09	0,81	1,13
Y_2O_3 . .	2,54	3,93	1,46	2,14	0,94
La_2O_3 . .	29,59	29,59	30,06	30,13	21,63
Ce_2O_3 . .	27,51	27,15	26,71	27,37	20,65
SiO_2 . . .	1,78	1,67	2,47	1,03	6,09
ThO_2 . .	9,75	9,49	10,75	10,29	28,20
P_2O_5 . .	26,12	26,12	24,61	27,67	20,20
Glühverlust	0,59	0,48	0,93	0,20	—

43. Von Aninkanda, Morawak Korle, anal. wie oben.
44. Von Muladiwanella Durayakanda, Gilimale; anal. wie oben.
45. Sand von Niriella ganga; anal. wie oben.
46 und 47. Von Ratnapura; anal. wie oben.

Monazit von den Malayenstaaten.

	48.	49.	50.	51.
(CaO)	0,61	0,33	0,17	0,29
Al_2O_3	2,78	0,03	0,07	} 1,13
Fe_2O_3	0,84	0,65	0,64	
Y_2O_3	2,80	0,91	2,40	2,82
La_2O_3	32,72	32,53	} 64,05	60,00
Ce_2O_3	25,46	33,74		
SiO_2	0,92	1,45	1,08	2,20
ThO_2	8,38	3,40	3,53	9,41
P_2O_5	23,92	26,58	27,87	23,71
Glühverlust . .	1,28	0,94	0,52	0,94

[1]) Bei allen Analysen ist unter Lanthan der Gehalt an analogen Erden und ebenso unter Y_2O_3 der Gehalt dieser analogen Erden mit enthalten.

48. Von Pahang; anal. wie oben.
49. Von Puchong Babi, Kenringfluß (Perak); anal. wie oben.
50. Von Kulim (Kodah); anal. wie oben.
51. Von Kelantan; anal. wie oben.

Aus Nyassaland (Afrika).

	52.
(CaO)	0,32
Al_2O_3	0,20
Fe_2O_3	1,10
Y_2O_3	1,50
La_2O_3	26,91
Ce_2O_3	32,52
SiO_2	1,66
ThO_2	7,10
P_2O_5	28,16
Glühverlust	0,25

52. Sand von Namalundo Hill bei Chiromo; anal. wie oben.

Von Nord-Nigeria.

	53.	54.	55.	56.	57.	58.
(CaO)	0,15	0,21	0,17	0,16	0,19	0,10
Al_2O_3	0,35	0,10	0,20	0,10	—	0,05
Fe_2O_3	3,00	1,20	0,81	1,50	1,80	0,75
Y_2O_3	2,74	0,39	1,43	1,33	1,29	2,00
La_2O_3	30,02	30,00	28,80	29,60	29,83	29,20
Ce_2O_3	30,72	36,53	30,50	30,38	34,58	31,40
SiO_2	1,20	0,63	1,79	0,85	0,73	0,82
ThO_2	5,00	3,20	8,00	6,19	2,30	5,50
P_2O_5	26,29	28,29	28,16	29,70	29,71	29,92
Glühverlust	0,25	0,20	0,21	0,33	0,21	0,44

53. Von Ekole; anal. wie oben.
54. Von Kadera (Zentral-Provinz); anal. wie oben.
55. Vom Jarawafluß, Naraguta; anal. wie oben.
56. Vom Ibobotostrom, Nsan Oban; anal. wie oben.
57. Zwischen Ibobotostrom und Ebarafluß; anal. wie oben.
58. Vom Ebarafluß, anal. wie oben.

Aus Brasilien.

	59.	60.
(CaO)	0,21	0,30
Al_2O_3	0,10	0,08
Fe_2O_3	0,97	1,50
Y_2O_3	0,80	0,70
La_2O_3 }	62,12	61,40
Ce_2O_3		
SiO_2	0,75	0,64
ThO_2	6,06	6,50
P_2O_5	28,50	28,46
Glühverlust	0,38	0,64

59. Von Espiritu Santo; anal. wie oben.
60. Von Alobaca (Bahia); anal. wie oben.

Monazitsand.

Eine Anzahl unvollständiger Analysen, bei welchen nur der Gehalt an seltenen Erden und der Thoriumgehalt bestimmt wurde, findet sich bei R. J. Gray.
Ferner siehe auch die S. 552. veröffentlichten Analysen von Sidney J. Johnstone, sowie Anal. Nr. 25, 39 u. 40.

Weitere Analysen solcher Sande sind:

	61.	62.	63.
Al_2O_3	0,15	—	—
Fe_2O_3	} 0,65	Spur	—
Mn_2O_3			
(Y_2O_3, Er_2O_3)	—	—	2,50
La_2O_3			30,80
Di_2O_3	} 59,09	63,80 {	2,00
Ce_2O_3			27,10
SiO_2	1,45	3,20	1,65
TiO_2	1,40	0,61	—
ZrO_2 [1])	2,68	1,52	—
ThO_2	1,19	2,32	8,20
P_2O_5	26,05	28,16	27,50
Ta_2O_5	6,39	—	—
H_2O	—	—	0,75
	99,05	99,61	100,50

61. Honiggelber Sand von Shelby (N. Carol.); anal. C. Glaser, Chem. Ztg. **20**, Nr. 63, 612 (1896).

62. Honiggelber Sand von Bellewood (N. Carol.); anal. wie oben.

63. Im Schlick der Kamenskaja Goldseife (25 Werst S. von Nertschinsk); anal. J. Bjelussow bei S. Kusnezow, Bull. Acad. St. Petersbourg 1912, 361; N. JB. Min. etc. 1913, I, 24.

Ferner einige Sandanalysen von G. Tschernik.

	64.	65.
δ	—	5,185
(CaO)	—	0,36
(MnO)	Spur	—
(FeO)	3,62	—
Al_2O_3	2,49	1,84
Fe_2O_3	5,58	Spur
Y_2O_3	2,07	7,69
La_2O_3	} 6,56	11,97
$(Pr, Nd)_2O_3$		9,32
Ce_2O_3	45,40	36,17
SiO_2	1,60	1,02
ZrO_2	3,25	—
ThO_2	1,22	1,01
P_2O_5	23,43	29,39[2])
(Ta_2O_5, Nb_2O_5)	4,12	—
H_2O	—	0,26
	99,34	99,03

---

[1]) Mit Beryllerde und Ytterde.   [2]) Im Original unrichtig.

64. Monazitsand aus Carolina, bestehend aus 78,39% Monazit und aus Quarz, Granat, Korund, Zirkon, Chromit, Magneteisen und Columbit; anal. G. P. Tschernik, Bull. Ac. sc. St. Petersburg 1908, II, 243.

65. Aus den Seifen des Batumer Gouvernements; anal. G. P. Tschernik, Verh. k. russ. min. Ges. 41, 115 (1903); Z. Kryst. 41 185 (1906). N. JB. Min. etc. 1905, I, 385.

Hier noch einige **technische Analysen** von nordamerikanischen Monaziten:

	66.	67.	68.	69.
La_2O_3 . . .	28,32	30,88	26,66	31,60
Ce_2O_3 . . .	33,54	31,38	29,89	37,26
SiO_2	1,67	1,40	2,85	0,32
ThO_2	8,25	6,49	14,23	1,48
P_2O_5	26,18	29,28	26,12	29,32
H_2O	0,37	0,20	0,67	0,17

66. Von Portland (Conn.); anal. H. B. C. Nitze, J. of the Franklin Inst. 1807; nach Dinglers Polyt. J. 306, 144 (1897).
67. Von Burke Co (N. Carol.); anal. wie oben.
68. Von Amelia Co (Virg.); anal. wie oben.
69. Von Alexander Co. (N. Carol.); anal. wie oben.

Formel.

Die verschiedenen Monazite unterscheiden sich insbesondere durch das verschiedene Verhältnis von $Ce_2O_3 : (La, Di)_2O_3$, welche Oxyde sich isomorph vertreten. Ein viel wichtigerer Unterschied besteht jedoch im Gehalt an Thorium. Manche Monazite enthalten sehr wenig Thorium, obgleich dies im allgemeinen selten ist. Ein ganz thoriumfreier Monazit existiert nicht, denn der als solcher bezeichnete (von C. F. Rammelsberg) aus Arendal dürfte, wenn wir die Analyse von C. W. Blomstrand heranziehen, doch welches enthalten. Die Analysen aus N.-S.-Wales zeigen (Nr. 39 und Nr. 40) auffallend wenig von diesem Element, dafür sehr viel Zirkonium und Zinn, welche Elemente mit Th isomorph sind; es dürfte vielleicht bei diesen eine isomorphe Vertretung eintreten.

Die wichtigste Frage bezüglich des Thoriumgehaltes ist die, ob dieser einer mechanischen Beimengung zu verdanken ist, oder ob feste Lösung vorliegt. S. L. Penfield hat sich für erstere Annahme entschieden, ebenso K. Preis, während die meisten Forscher nicht dieser Ansicht sind, sondern annehmen, daß eine isomorphe Vertretung bzw. eine Mischung von Phosphat mit Thoriumsilicat vorliegt. Penfield fand allerdings in Monaziten dunkle Körner, welche als Thorit gedeutet werden können.

W. C. Blomstrand behandelte den Monazit von Hvalö mit Salpetersäure und konstatierte, daß von 11,57% ThO_2 (vgl. Anal. Nr. 11) sich 2,6% ThO_2 gelöst hatten, also ca. $^1/_4$% des ganzen Thoriumgehaltes; im gelösten war das Verhältnis $P_2O_5 : R_2O_3 : ThO_2 = 1,6 : 1,5 : 1$.

C. F. Rammelsberg[1]) schließt daraus, daß, da Thorit durch Salpetersäure gelöst wird, der größte Teil des Thoriumgehaltes dem Monazit selbst angehören müsse.

Ob, falls es sich wirklich so verhält, das Thorium als Silicat oder als Thoriumphosphat vorhanden sei, ist ebenfalls noch nicht sichergestellt. C. W. Blomstrand nahm an, es sei Thorium ein Vertreter von Sesquioxyden des Cers

---

[1]) C. F. Rammelsberg, Mineral-Chem., Suppl.-Bd. II (1894).

und Lanthans; Silicium dagegen ein Vertreter des Phosphors. C. F. Rammelsberg berechnete auf Grund dessen und unter der weiteren Annahme, daß
$5 SiO_2 = 2 P_2O_5$ und $3 ThO_2 = 2 R_2O_3$ das Verhältnis von $R_2O_3 : P_2O_5$ bei
vielen Analysen zu 1 : 1. Das Verhältnis $ThO_2 : Ce_2O_3$ schwankt ganz außerordentlich von 1 : 1,7 bis zu 1 : 50; ebenso schwankt bei den Analysen
Rammelsbergs das Verhältnis $SiO_2 : P_2O_5$ zwischen 1,4 : 1 bis 1 : 41.

C. F. Rammelsberg berechnet aus den bis 1893 vorliegenden Analysen:

$$\begin{pmatrix} \overset{III}{R}_4 P_4 O_{16} \\ Th_3 P_4 O_{16} \end{pmatrix} \quad \text{und} \quad \begin{pmatrix} \overset{III}{R}_4 Si_5\, O_{16} \\ Th_6 Si_{10} O_{32} \end{pmatrix}.$$

Über die Frage des Thoriumgehaltes des Monazits hat sich auch O. Mann[1]
geäußert. Er untersuchte mehrere Monazitvorkommen und fand in mehreren
Einschlüsse, welche wahrscheinlich Thorit sind. Er ist der Ansicht, daß diese
Einlagerung auf sekundärem Wege entstanden ist, doch fragt es sich, ob der
Thorit als solcher in den Monazit eingewandert, oder ein Zersetzungsprodukt des im Thorit enthaltenen Thoriumphosphates ist. Die Analysen
führen fast nie zu der Formel $CePO_4$, da für diese Formel zu viel Phosphorsäure vorhanden ist; diese könnte an Thorium als $Th_3(PO_4)_4$ gebunden sein;
zum Teil dürfte letzteres an Si als $ThSiO_4$ gebunden sein, doch stimmt die
Si-Menge nicht, da zu wenig, manchmal zu viel SiO_2 vorhanden ist. Er ist
daher der Ansicht, daß Th zum Teil als Thorit, zum Teil jedoch als Phosphat
vorhanden ist, so daß die Formel lauten würde:

$$x(La, Ce, Nd, Pr)_4(PO_4)_4 \cdot y(Th_3 PO_4)_4.$$

Im Monazit von Alexander County würde das erste Glied fast rein vorliegen, so
daß ursprünglich Thoriumphosphat zweifellos im Monazit vorlag, aus welchem
durch Verwitterung sich Thorit gebildet hat.

Ferner haben sich O. Kress und F. J. Metzger[2] mit dieser Frage beschäftigt, indem sie viele Proben sowohl in chemischer Hinsicht als auch, was
die etwa vorhandenen Verunreinigungen anbelangt, untersuchten. Solche ergaben sich allerdings bei der mikroskopischen Untersuchung, jedoch waren
es Quarz, Silicate, Eisenoxyde usw., aber niemals Thoriumsilicat.

O. Kress und J. F. Metzger führten eine große Anzahl von Bestimmungen
an Monaziten von norwegischen Vorkommen aus und verglichen die Prozent-
zahlen des Thoriumoxyds mit denen des gesamten Siliciumdioxyds und mit
dem Prozentsatz von eingeschlossenem Quarz und dem SiO_2-Gehalt des berechneten Silicats. Ferner berechneten sie den aus der Formel $ThSiO_4$ ver-
langten SiO_2-Gehalt, wie auch den entsprechenden ThO_2-Gehalt für die Gesamtmenge des SiO_2 und für den Gehalt an SiO_2 des Silicats.

Der ThO_2-Gehalt schwankte zwischen 6,64 % und 15,78 %. Der Total-
gehalt an SiO_2 schwankte zwischen 1,37 und 4,24 %, der Quarzgehalt zwischen
0,00 und 2,05 %. Der Silicatkieselsäuregehalt bewegte sich zwischen 0,95
und 3,46 %. Der gefundene Gehalt an ThO_2 verlangt aber Mengen zwischen
1,51 und 3,77 %.

In 39 Analysen war der SiO_2-Gehalt zu gering, um die Verbindung
$ThSiO_4$ zu ermöglichen. Daher dürfte Thorium als Phosphat vorhanden sein.

---

[1] O. Mann, Inaug.-Dissert. (Leipzig 1904), 5; N. JB. Min. etc. 1905, I, 189.
[2] O. Kress u. F. J. Metzger, J. amer. Chem. Soc. 31, 640 (1909).

Fünf Analysen ergaben einen höheren Überschuß von Silicatkieselsäure, als die an Thorium gebundene sein kann.

Auch Sidney J. Johnstone hat diese Frage erwogen, er schließt sich nicht der Penfieldschen Theorie an, da nicht genug Kieselsäure zur Annahme einer Verbindung $ThO_2 . SiO_2$ vorhanden ist. Er suchte durch Löslichkeitsversuche der Frage näher zu treten, denn er glaubt, daß auch die Ansicht, daß die Phosphorsäure an die Ceriterden gebunden sei, nicht einwandfrei sei, da nicht genug Phosphorsäure vorhanden ist, um die Ceriterden zu binden. Wenn also die Ansicht von O. Kress und F. J. Metzger richtig ist, so müßte ein Teil dieser Erden als Silicat oder als Oxyd vorhanden sein.

Aus den unten zu erwähnenden Versuchen Johnstones geht hervor, daß die Thoriumverbindung durch konzentrierte Säuren mehr zersetzbar ist, als das Ceriumphosphat, aber der Unterschied ist doch ungenügend, um eine Trennung beider durchzuführen.

Weitere Versuche mit Thorit ergaben, daß wasserfreies Thoriumsilicat in Säuren weniger löslich ist als wasserhaltiges. Ferner ist Thorit mit 2—6 % Wasser viel schwerer löslich als solcher mit 8 %.

Meiner Ansicht nach dürfte es sich hier wohl um feste Lösungen handeln, wobei das Ceriumphosphat imstande sein dürfte, sowohl mit Thoriumphosphat als auch mit Thoriumsilicat und vielleicht auch mit SiO_2, Ce_2O_3 und ThO_2 feste Lösungen zu bilden und kleinere Mengen dieser Bestandteile aufzunehmen. Es würde ein analoger Fall vorliegen, wie bei manchen Silicaten oder wie bei Braunit und Ilmenit. Jedenfalls ist die Ansicht einer rein mechanischen Beimengung von ThO_2 oder eines Thoriumsilicats oder Thorits nicht haltbar.

Löslichkeitsversuche. — Sidney J. Johnstone[1]) hat Versuche mit konzentrierter Salzsäure und Salpetersäure ausgeführt.

Die Resultate sind bei $1^1/_2$ stündiger Einwirkung:

	Menge von seltenen Erden in der Lösung	ThO_2-Menge in der Lösung
Salpetersäure	0,1130 g	0,0223 g
Salzsäure	0,2200	0,0390

Das Verhältnis von $ThO_2 : R_2O_3$ ist im ersten Fall 14,03 % und auch mit Salzsäure 14,03 %, also gleich. Angewandt wurden 1,8 g Monazit, welcher 10 % ThO_2 enthielt.

Chemische und physikalische Eigenschaften.

Dichte stark wechselnd, je nach dem Thoriumgehalt, von 4,7—5,3. Härte 5,5. Spaltbar nach (100) und (010) deutlich. Oft vollkommen teilbar nach (001). Bruch muschelig bis uneben. Glasglanz, ins harzige gehend. Farbe gelb, rötlichbraun, auch hyazinthrot. Starke positive Doppelbrechung. Die Brechungsquotienten schwanken bei den Vorkommen verschiedener Fundorte, infolge verschiedener chemischer Zusammensetzung; ebenso schwankt der Winkel der optischen Achsen. Der Monazit von Arendal zeigt folgende Werte:

$$N_a = 1,7957, \quad N_\beta = 1,7965, \quad N_\gamma = 1,8411$$

nach A. E. Wülfing[1]); $2E = 23,2°$ Auslöschungsschiefe $c : \gamma = -3°$.

Die übrigen Werte siehe bei H. Rosenbusch und A. E. Wülfing.[2]) Stärke der Doppelbrechung $N_\gamma - N_a = 0,0454 - 0,0510$.

[1]) Sidney J. Johnstone, l. c. vgl. S. 552.
[2]) H. Rosenbusch u. A. E. Wülfing, Mikroskop. Physiogr. (Stuttgart 1905), 187.

Neuere Bestimmungen der Brechungsquotienten wurden an den Kristallen von Mölland (Norw.) von J. Schetelig[1] ausgeführt.

	N_α	N_γ
Li-Licht . . .	1,7822	1,8388
Na-Licht . . .	1,7938	1,8452
Tl-Licht . . .	1,7997	1,8522
Sr-Licht . . .	1,8144	1,8658

Für Na-Licht ist $2E =$ ca. 12° 42′.

Vor dem Lötrohr unschmelzbar. Gibt mit Schmelzflüssen gelbrote Perlen, welche in der Kälte farblos sind. Mit Soda Manganreaktion. In Salzsäure ohne Chlorentwicklung mit Hinterlassung eines weißen Rückstandes löslich.

Färbt die Flamme bei Befeuchtung mit konzentrierter Schwefelsäure und nachherigem Glühen bläulichgrün.

Synthese.

J. Radominsky[2] hat amorphes Ceriumphosphat, welches man erhält, wenn eine Lösung eines Cersalzes mit einer Lösung von Natriumphosphat zusammengebracht wird, mit Überschuß von Cerchlorid bei Rotglut behandelt. Das Chlorid schmilzt, und nach Erkalten und Waschen der Schmelze erhält man lange gelbe Prismen von der Dichte 5,09, welche der Analyse zufolge dem Ceriumphosphat des Monazits entsprechen.

War das Ceriumsalz von Yttrium und Didym befreit, so waren die Prismen farblos.

Radioaktivität.

Die Monazite zeigen Radioaktivität. R. J. Strutt[3] hat einige Messungen ausgeführt. Er erhielt die nachstehenden Zahlen:

Fundort	Gehalt an Radiumbromid $\frac{1}{1000,000}$ %	Gehalt an U_3O_8 %	Gehalt an ThO_2 %	Gehalt an He ccm pro g
Norwegen I . . .	2,35	1,0	0,65	1,54
Norwegen II . . .	0,275		1,21	2,41
Fahlun	0,323		0,8	1,4
Johannesberg . . .	1,06		5,94	
North Carolina . .	0,53		3,79	
Amelia Court Co .	0,806	0,1	2,43	1,57
Brasilien	0,288		1,54	0,81
Nigeria	3,78		2,98	
Malayische Straße .	4,02		1,53	

Über Heliumgehalt siehe auch Wood, Proc. Roy. Soc. **84**, 70 (1910).

---

[1] J. Schetelig, Norsk geol. tiddskrift, **2**, Heft 3 (1913); N. JB. Min. etc. 1913, II, 41.

[2] J. Radominsky, C. R. **80**, 309 (1895).

[3] R. J. Strutt, Proc. Roy. Soc. 76 A, **81**, 312 (1905): Ch. N. **91**, 299 (1905).

C. Doelter und H. Sirk[1]) untersuchten Monazitsand, welcher sich als stark radioaktiv erwies. Es wurde die Zeit für den Spannungsabfall eines Blättchens des F. Exnerschen Elektroskops von 150 bis 130 gemessen und mit der Zeit verglichen, die ohne Substanz notwendig war. Die erstere Zeit wird mit M, die letztere mit L in Minuten bezeichnet. Es ergab sich $M = 7,1$ und 7,8 bei $L = 13,3$.

Für einen Monazitkristall von Moss ergab sich $M = 2,7$ und 3 bei $L = 14,2$.

Der Monazit von Mölland ist nach J. Schetelig sehr schwach radioaktiv. Sie wurde zu 0,022 bestimmt, wenn $U_3O_8 = 1$. Ein Monazit von Eptevand (Iveland, Norwegen) zeigte Radioaktivität entsprechend einem Thoriumoxydgehalt von 8,3 %.

Vorkommen und Genesis.

Monazit kommt in granitischen Gesteinen vor, auch in Apliten, Pegmatiten und Orthogneisen. Er ist eines der ersten Ausscheidungsprodukte. Demnach dürfte er sich auf dem Wege des Schmelzflusses unter Einfluß von Kristallisatoren (Fluoride, Chloride u. a.) gebildet haben, also in ähnlicher Weise, wie ihn J. Radominsky erhielt. Möglich wäre auch eine pneumatolytische Bildung.

Xenotim.

Synonyma: Ytterspat, Castelnaudite.
Varietät: Hussakit.
Tetragonal. $a : c = 1 : 0,61867$.

Analysen.

Ältere Analysen.

	1.	2.	3.
δ	—	4,857	4,54
(CaO)	0,13	—	—
(FeO)	0,87	—	—
Mn_2O_3	0,13	—	—
Fe_2O_3	2,93	—	2,06
Y_2O_3	54,88	62,49	54,13
Ce_2O_3	8,24[2])	—	11,03[3])
P_2O_5	31,88	37,51	32,45
H_2O	1,56	—	—
	100,62	100,00	99,67

1. Von Hitterö; anal. O. E. Schlötz, N. J. Min. 1876, 306.
2. Von St. Gotthard, Fibbia; anal. W. Wartha, Pogg. Ann. **128**, 166 (1866).
3. Von Clarksville (Georgia); anal. J. L. Smith, Am. Journ. **18**, 378 (1854).

---

[1]) C. Doelter u. H. Sirk, Sitzber. Wiener Ak. **119**, 159 (1910).
[2]) Inkl. Al_2O_3.
[3]) Inkl. La_2O_3 und Di_2O_3.

Neuere Analysen.

	4.	5.	6.	7.	8.	9.
δ	4,69	4,49	4,492	—	4,477—4,522	5,106
(MgO) . . .	—	—	0,26	—	—	—
(CaO) . . .	—	0,34	1,09	0,35	—	—
(MnO) . . .	—	0,13	—	—	—	—
PbO . . .	—	0,21	0,68	—	—	—
Al_2O_3 . . .	—	0,36	0,28	—	—	—
Fe_2O_3 . . .	—	1,88	2,01	0,38	1,88	—
(Y_2O_3, Er_2O_3)	63,48[1]	56,38[2]	54,57[3]	62,63	58,00	67,78
Ce_2O_3 . . .		1,22	0,96	0,32	1,50	—
SiO_2 . . .	—	1,77	2,36	0,24	3,18	—
ZrO_2 . . .	—	0,76	1,11	—	—	—
SnO_2 . . .	—	0,19	0,08	0,11	—	—
ThO_2 . . .	—	3,33	2,43	0,49	—	—
UO_3 . . .	—	—	3,48	—	—	—
P_2O_5 . . .	35,21	32,45	29,23	35,66	32,98	32,11
H_2O . . .	—	1,03	1,77	0,23	1,25	0,18
	98,69	100,05	100,31	100,41	98,79	100,07

4. Von Dattas, Diamantina (Brasil.); anal. H. Gorceix, C. R. **102**, 1024 (1886).[4]
5. Von Hvalö, von Monazit begleitet; anal. C. W. Blomstrand, Geol. För. Förh. **9**, 185 (1887).
6. Von Narestö (Arendal) anal. wie oben.
7. Von Arö, (Norw.); anal. C. W. Blomstrand bei W. C. Brögger, Z. Krist. **16**, 68 (1890).
8. Von Hitterö; anal. C. F. Rammelsberg, Min.-Chem. II. Suppl. 1894, 137.
9. Von El Paso (Colorado); anal. S. L. Penfield, Am. Journ. **45**, 498.

Schwefelsäurehaltige Xenotime.

Einen besonderen Typus stellen die folgenden Analysen dar, welche durch Schwefelsäuregehalt charakterisiert sind und einen Übergang zum Hussakit (siehe unten) darstellen.

	10.	11.
(CaO)	2,51	2,60
(MgO)	0,49	0,41
Al_2O_3	1,10	1,22
Fe_2O_3	4,58	4,50
Y_2O_3	45,93	45,80
Gd_2O_3	0,42	0,42
Er_2O_3	13,68	13,65
SiO_2	0,65	0,59
P_2O_5	27,40	27,35
SO_3	2,62	2,74
H_2O	0,34	0,40
	99,72	99,68

10. u. 11. Von Bandeira de Mello (Brasilien, Bahia), aus Sand; anal. J. Reitinger bei E. H. Kraus u. J. Reitinger, Z. Kryst. **34**, 275 (1901).

[1]) Inkl. Er_2O_3.   [2]) Y-Molekulargewicht = 105.
[3]) Y-Molekulargewicht = 114,4.
[4]) Nach einer Analyse von J. Reitinger handelt es sich hier um Hussakit (vgl. S. 562, Anal. Nr. 15).

Eine unvollständige Analyse des Xenotims von St. Paolo stammt von J. Reitinger bei E. Hussak und J. Reitinger, in welcher die seltenen Erden nicht getrennt wurden.[1])

	12.	13.	14.
δ	4,68	4,40	4,577
MgO	—	—	0,01
CaO	0,21	0,19	0,05
Al_2O_3 . . .	0,77	1,57	0,02
Fe_2O_3 . . .	6,65	2,79	0,09
$(Y, Er)_2O_3$ . .	56,81	55,43	64,97
$(La, Di)_2O_3$ . .	0,93	0,77	—
SiO_2	3,46	3,56	0,57
ZrO_2	1,95	2,19	—
ThO_2	Spur	Spur	—
UO_2	4,13	1,73	—
P_2O_5	30,31	29,78	33,42
F	0,06	0,56	—
SO_3	—	—	0,75
H_2O	0,57	1,49	—
	99,85	100,06	99,88
ab O für F . .		0,23	
		99,83	

12. Grün, von dem Brindletown Golddistrikt, Burke Co.; anal. L. G. Eakins, bei W. E. Hidden, Am. Journ. **46**, 254 (1893); Z. Krist. **25**, 109 (1896).

13. Braun von ebenda; anal. wie oben.

14. In Graphit, South Mountains, Blue Ridge, U.S. Amer., anal. G. P. Tschernik, Verh. d. kais. russ. min. Ges. **45**, 425 (1907); N. JB. Min. etc. 1909, II, 370.

Der Verfasser berechnet das Molekularverhältnis:

$$P_2O_3 : (Y, Er)_2O_3 = 21,34 : 21,85,$$

und schließt, daß SiO_2 nicht durch mechanische Beimengung von Quarz bedingt ist, sondern, daß Xenotim ein kieselphosphorsaures Salz ist.

Es liegt hier ein schwefelsäurehaltiger Xenotim vor, also ein Übergang zu Hussakit (vgl. S. 560 u. 562).

	15.	16.	17.
δ	4,685	4,615	4,545
CaO	1,20	0,95	0,56
MnO	—	—	Spur
Al_2O_3 . . .	1,07	1,12	1,13
Fe_2O_3 . . .	1,76	1,70	1,64
Y_2O_3 } Ce_2O_3 } . . .	58,60	57,86	59,70
SiO_2	1,21	1,35	1,33
ZrO_2	2,62	2,72	2,70
SnO_2	—	Spur	Spur
P_2O_5	30,85	32,02	31,28
SO_3	1,71	1,35	0,81
H_2O	0,19	0,19	0,18
	99,21[2])	99,26	99,33

[1]) E. Hussak u. J. Reitinger, Z. Krist. **37**, 565 (1903).

[2]) Summe im Original unrichtig angegeben.

15.—17. Aus fleischrotem Gestein, wahrscheinlich aus Idaho mit Monazit (vgl. S. 551); anal. G. Tschernik, Verh. d. kais. russ. min. Ges. **42**, 9 (1905); Z. Krist. **43**, 68 (1907),; N. JB. Min. etc. 1907, II, 375.

Hussakit.[1])

Als solcher wurde von E. H. Kraus und J. Reitinger[2]) ein schwefelhaltiger Xenotim bezeichnet, welcher kristallographisch große Ähnlichkeit mit Xenotim hat.

Tetragonal-bipyramidal. $a : c = 1 : 0,6208$.

Der Winkel $(111) : (1\bar{1}1)$ ist $82^0\,35'$, während E. Hussak[3]) für den Xenotim $82^0\,15'$ und J. D. Dana[4]) $82^0\,22'$ fand. Der Unterschied ist demnach gering (vgl. S. 559, das Achsenverhältnis des Xenotims). Er kommt in Prismen vor. Später fanden E. Hussak und J. Reitinger, daß auch andere Xenotime, z. B. der von H. Gorceix analysierte von Dattas (Brasilien), Schwefelsäure enthalten, und sie vermuten, daß auch andere Xenotime einen Gehalt an Schwefelsäure führen, so daß der Hussakit dann vom chemischen Standpunkte nicht als selbständiges Mineral zu gelten hätte. Doch liegen nicht genügend Analysen darüber vor. Der Hussakit wäre nach den Genannten ein Xenotim, aus welchem nicht wie bei anderen Xenotimen der Schwefelsäuregehalt ausgelaugt worden wäre.

	15.
Fe_2O_3	0,20
Y_2O_3	43,43
Gd_2O_3	1,99
Er_2O_3	14,82
SO_3	6,13
P_2O_5	33,51
	100,08

15. Von Dattas (Diamantina, Brasilien); anal. E. H. Kraus und J. Reitinger, Z. Kryst. **34**, 270 (1901).

Es handelt sich um dasselbe Material, welches H. Gorceix untersucht hatte in welchem er jedoch die Schwefelsäure übersehen hatte (vgl. S. 360, Analyse Nr. 4).

Formel des Xenotims. C. F. Rammelsberg[5]) berechnete für die Analysen Nr. 1 und 12 folgende Atomverhältnisse:

$$P_2O_5 : R_2O_3 : RO_2 : SiO_2$$

Analyse Nr. 1	:	1		
„ „ 12	:	12	: 1	: 1,6
„ „ 6	:	12	: 1	: 2

Für die Analysen Nr. 7—9 berechnet er $P_2O_5 : R_2O_3$ zu $1 : 1$.

---

[1]) Hussakit und auch Xenotim könnte man zum Teil zu den Sulfophosphaten rechnen, aber eine Trennung ist untunlich.
[2]) E. H. Kraus und J. Reitinger, Z. Kryst. **34**, 268 (1901).
[3]) E. Hussak, Tsch. min. Mitt. **12**, 457 (1891).
[4]) J. D. Dana, System of Miner. New York 1892, 748.
[5]) C. F. Rammelsberg, Mineral-Chem. Ergänz.-Heft II, 1894.

Unter der Annahme, daß die kleinen Mengen der äquivalenten Mengen der Phosphate von Zr und Th vorhanden sind und daß SiO_2 an äquivalente Mengen von Y und Th gebunden ist, ergibt sich die Formel

$$Y_2P_2O_5.$$

Anders gestaltet sich die Sache, wenn man annimmt, daß im frischen Xenotim Schwefelsäure vorhanden ist, was beim Hussakit konstatiert ist[1] und was nach E. H. Kraus und J. Reitinger für alle Xenotime gilt.

Unter Zugrundelegung des Molekulargewichts von 254 für R_2O_3 stellt sich das Molekularverhältnis von

$$SO_3 \ : \ P_2O_5 \ : \ R_2O_3$$
$$0,0765 \ : \ 0,2360 \ : \ 0,2367$$

oder

$$SO_3 \ : \ P_2O_5 \ : \ R_2O_3 = 1 : 3 : 3.$$

Die empirische Formel ist dann:

$$3R_2O_3 . SO_3 . 3P_2O_5.$$

Wir haben also ein Sulphophosphat. Es bleibt dahingestellt, ob dies für alle Xenotime der Fall ist.[2]

Die Konstitutionsformel des Hussakits ist nach den Genannten:

G. Tschernik konstatierte auch in einer Anzahl von Xenotimanalysen (Nr. 14—17) Schwefelsäure. Für Analyse Nr. 14 berechnet er die Formel:

$$75 Y_2(PO_4)_2 . 3Y_2SO_5 . Y_2(SO_4)_3.$$

Die Gadoliniterden sind in folgendem Verhältnisse vorhanden:

$$Y_2O_3 \ 66,76 \quad Er_2O_3 \ 25,0 \quad Gd_2O_3 \ 8,0\,^0/_0.$$

Ceriterden kommen nur in Spuren vor.

Jene Anschauung setzt voraus, daß die Schwefelsäure bzw. der Schwefel atomistisch gebunden ist, was jedoch nicht einmal wahrscheinlich ist; eher ist, wie dies auch in anderen Fällen angenommen wurde, zu vermuten, daß eine Molekularverbindung vorliegt. Da jedoch in Xenotimen, soweit es aus den noch wenig ausgedehnten Untersuchungen hervorgeht, wechselnde Mengen von SO_3 gefunden wurden (vgl. Analyse Nr. 14), so ist die Möglichkeit von festen Lösungen vorhanden und scheint mir dies gegenwärtig das wahrscheinlichere.

Über diesen Gegenstand hat sich auch W. C. Brögger geäußert.[3] Er ist der Ansicht, daß Hussakit ein Xenotim sei, welchem ein Sulfat in untergeordneter Menge beigemengt ist und daß zwischen Hussakit und dem wirklichen sulfatfreien Xenotim eine vollständige Übergangsreihe vorhanden sei.

---

[1] E. H. Kraus u. J. Reitinger, l. c. S. 271.
[2] Weitere Sulfophosphate siehe S. 580.
[3] W. C. Brögger, Nyt. Magaz. Naturvid. **42**, 1 (1904); Z. Kryst. **41**, 429 (1906).

W. C. Brögger hat übrigens einen vollständig frischen Xenotim von Arö durch O. Heidenreich untersuchen lassen. Dieser erwies sich als vollständig frei von Schwefelsäure und stellt das Phosphat YPO_4 dar.

Demnach bleibt nur fraglich, wie das Sulfat im Hussakit dem Yttriumphosphat beigemengt ist, ob in Form fester Lösung oder als Molekularverbindung oder aber als atomistisch gebundenes, wie vorhin durch die Formel dargestellt.

Kristallographisch-chemische Beziehungen zwischen Xenotim, Monazit mit der Rutilreihe, Mossit und Tapiolith.

Nach W. C. Brögger[1]) entsprechen die genannten Mineralien der Formel $(RO)RO_3$. Mossit ist $Fe(NbO_3)_2$, Tapiolith $Fe(TaO_3)_2$, Rutil ist zu schreiben: $(TiO)TiO_3$ oder $Ti(TiO_3)_2$; Xenotim $(YO)PO_3$ und Monazit $(CeO)PO_3$. Rutil, Xenotim und Monazit sind homöomorph.

Die Mischung der letztgenannten Salze mit $(ThO)SiO_3$ bildet ein Analogon zu der Mischung $Fe(NbO_3)_2$ mit $(TiO)TiO_3$.

Eigenschaften. Spaltbar nach (110). Dichte 4,45—4,59. Härte 4—5. Glasglanz, auf Bruchflächen Fettglanz, harzartig.

Farbe braun, weingelb, fleischrot, blaßgelb, grauweiß und gelblichweiß.

Starke Lichtbrechung und Doppelbrechung, ähnelt nach A. E. Wülfing[2]) darin dem Zirkon. Optisch positiv.

Bei der Varietät Hussakit ist die Farbe gelblichweiß bis honiggelb oder braun bis dunkelbraun. Doppelbrechung und Lichtbrechung wie bei Xenotim. Härte 5. Dichte 4,687. Doppelbrechung positiv. Die Brechungsquotienten nach E. H. Kraus und J. Reitinger[3])

	N_ω	N_ε	$N_\varepsilon - N_\omega$
Lithiumlicht . .	1,7166	1,8113	0,0947
Natriumlicht . .	1,7207	1,8155	0,0948
Thalliumlicht . .	1,7244	1,8196	0,0952

Nach H. Rößler[4]) schwacher Pleochroismus bei Hussakit.

Über die magnetoptischen Eigenschaften des Xenotims, speziell über die magnetische Rotationspolarisation desselben siehe die Untersuchungen von J. Becquerel.[5]) W. M. Page[6]) hat den Einfluß eines Magnetfeldes auf die Absorptionsstreifen des Xenotims, welche J. Becquerel untersuchte, theoretisch zu erklären versucht.[7]) Vgl. auch W. Voigt.[8])

Vor dem Lötrohr ist Xenotim unschmelzbar. Mit Schwefelsäure erhitzt blaugrüne Flammenfärbung.

Hussakit gibt auf Kohle mit Soda die Heparreaktion.

---

[1]) W. C. Brögger, Vid.-Selsk. Skrifter, math.-nat. Kl. 1906, Nr. 6, Kristiania; Z. Kryst. **45**, 93 (1908).
[2]) H. Rosenbusch u. A. E. Wülfing, Mikroskop. Phys. (Stuttgart 1905), 60.
[3]) E. H. Kraus u. J. Reitinger, l. c. S. 273.
[4]) H. Rössler, N. JB. Min. etc. Beilbd. **15**, 231 (1902).
[5]) J. Becquerel, Physik. Ztschr. **8**, 632 (1907).
[6]) W. M. Page, Trans. Camb. Phil. Soc. **20**, 291 (1908).
[7]) Vgl. auch W. Prinz, Bull. Acad. R. de Belgique 1904, 313; N. JB. Min. etc. 1906, I, 345.
[8]) W. Voigt, Beibl. d. Phys. **26**, 114 (1902); **27**, 91, 102 (1903); **35**, 337 (1911), sowie Lehrbuch der Kristallphysik (Leipzig 1910).

Fein gepulvert, mit Sodalösung auf dem Wasserbad erhitzt, gibt Hussakit Schwefelsäure ab; diese Reaktion zeigen manche frische Xenotime.

Synthese. J. Radominsky[1]) hat auf ähnliche Weise wie bei Monazit den Xenotim herstellen können (vgl. S. 558). Er schmolz ein Gemenge von Yttriumphosphür und Yttriumchlorür und fand in der gewaschenen Schmelze quadratische Nadeln mit glänzenden Flächen, welche er mit Xenotim identifizierte.

Vorkommen und Genesis des Xenotims. Hauptvorkommen in Pegmatiten der Granite, seltener Eläolithsyenite. Nach Orville A. Derby in Muskovitgraniten und Muskovitgneisen. Bemerkenswert ist die Assoziation mit Zirkon; auch als Einschluß kommt Zirkon im Xenotim vor. H. Rössler fand Hussakit in Kaolinerde.

Eine Synthese liegt, wie oben berichtet wurde, vor und man kann aus dieser und ebenso aus dem Vorkommen schließen, daß Xenotim sich aus reinem Schmelzfluß nicht bilden dürfte, wohl aber aus Schmelzfluß mit Kristallisatoren und es dürfte die Entstehung die der pegmatitischen Gesteine sein, welche allerdings nicht genügend aufgeklärt ist.

Dafür, daß sich Xenotim auf dem Wege des Absatzes aus Lösungen bildet, liegt kein Anhaltspunkt vor, dagegen wäre ein Absatz auf pneumatolytischem Wege nicht ausgeschlossen, wofür auch das Vorkommen in Kaolin spricht.

Skovillit (**Rabdophan**).

Synonyma: Rabdophanit, Skovillit.

Analysen.

	1.	2.	3.	4.
Fe_2O_3	0,25	0,25		
Y_2O_3	9,93	8,51	2,09	11,12
La_2O_3, Di_2O_3	53,82	55,17	34,77	53,28
Ce_2O_3	—	—	23,19	—
P_2O_5	29,10	24,94	26,26	28,40
CO_2	—	3,59	—	—
H_2O bei 100°	—	1,49		
H_2O	6,86	5,88	7,97	7,20
	99,96	99,83	94,28	100,00

1. Rabdophan von Cornwall; anal. W. G. Lettsom, Phil. Mag. (5), **13**, 527; C. F. Rammelsberg, II Suppl. 1895, 202.
2. Von Salisbury (Conn.); anal. S. L. Penfield bei G. J. Brush u. S. L. Penfield, Am. Journ. (3), **25** (1883); Z. Kryst. **8**, 229 (1884).
3. Von demselben Fundorte; anal. W. N. Hartley, Journ. chem. Soc. 1882, 210; Ch. N. **45**, 27 (1882).
4. Theoretische Zusammensetzung.

Skovillit und Rabdophan wurden für verschiedene Mineralien gehalten; durch G. J. Brush und S. L. Penfield[2]) wurde dann die Identität gezeigt, da die Analysen von W. N. Hartley und jene von S. L. Penfield auf 100

[1]) J. Radominsky, C. R. **80**, 304 (1875).
[2]) G. J. Brush u. S. L. Penfield, Am. Journ. **27**, 200 (1883); Z. Kryst. **11**, 83 (1885).

berechnet dasselbe Resultat geben, wenn man in der letzteren Analyse CO_2 abzieht.

Fe_2O_3	—	0,29
$(Y, E)_2O_3$	—	9,93
$(La, Di)_2O_3$ . . .	65,75	53,82
P_2O_5	26,26	29,10
H_2O	7,99	6,86
	100,00	100,00

Das Verhältnis $Y_2O_3 : Ce_2O_3 = 1 : 4$ und das Verhältnis

$$P_2O_5 : R_2O_3 : H_2O$$
$$1 \ : \ 1 \ : \ 2$$

Es ist daher die **Formel**:

$$R_2(PO_4)_2 . 2H_2O$$

oder

$$R_2O_3 . P_2O_5 . 2H_2O .$$

Eigenschaften. Dichte 3,94—4,01. Härte $3^1/_2$. Unebener Bruch. Fettglanz. Braun, gelblich- bis bräunlichweiß. Durchsichtig. Optisch einachsig, positiv (nach E. Bertrand).[1]

Zeigt ein Absorptionsspektrum[2] mit Absorptionsstreifen von Didym und Erbium.

Vorkommen. Das Mineral kommt als Überzug auf Limonit und Pyrolusit vor. Das Vorkommen hat Ähnlichkeit mit dem des Chalcedons und Smithonites.

Churchit.

Monoklin prismatisch.

Analysen.

	1.	2.
CaO	5,42	5,47
Ce_2O_3[3]	51,87	52,73
P_2O_5	28,48	27,73
H_2O	14,93	14,07
F	Spur	—
	100,70	100,00

1. Cornwall; anal. A. H. Church, Ch. N. **12**, 121 (1865).
2. Theoretische Zusammensetzung.

Das Verhältnis $CaO : Ce_2O_3 : P_2O_5 : H_2O = 1 : 1,65 : 2 : 8,5$.

C. F. Rammelsberg[4] berechnet daher aus der Analyse die Formel:

$$2Ca_3P_2O_8 . 5Ce_2P_2O_8 . 48H_2O$$

oder

$$Ca_6Ce_{10}P_{14}O_{56} . 48H_2O.$$

[1] E. Bertrand, Bull. Soc. min. **3**, 96 u. 111 (1880).
[2] Lecocq de Boisbaudran, C. R. 86, 1028 (1878).
[3] Mit etwas Didym.
[4] C. F. Rammelsberg, Mineralchemie, Suppl. **2**, 138 (1894).

Eigenschaften. Nach einer Richtung spaltbar, muscheliger Bruch. Dichte 3,14. Härte 3—3,5. Glasglanz, auf der Spaltfläche. Perlmutterglanz. Farbe rauchgrau, auch fleischrot. Strichfarbe weiß. Durchsichtig. Doppelbrechend.

Gibt im Kölbchen Wasser, wird dabei undurchsichtig. Die Boraxperle ist in der Hitze gelb, in der Kälte farblos bis hellamethystfarben.

Vorkommen. Mit Quarz in Tonschiefer, auf einem Kupfergang.

Über die Darstellung und Verwendung der seltenen Erden.

Von K. Peters (Oranienburg-Berlin).

Das Gasglühlicht, nach seinem Erfinder C. Auer v. Welsbach allgemein „Auerlicht" genannt, hat eine eigene Industrie der seltenen Erden ins Leben gerufen. Noch vor 20 Jahren war das Thorium und seine Verbindungen selbst dem Fachmann eine Seltenheit, die thoriumhaltigen Mineralien waren nur in wenigen Sammlungen vertreten, während heute der Monazitsand in ganzen Schiffsladungen verarbeitet wird und daraus jährlich Hunderttausende von Kilogrammen Thoriumnitrat erzeugt werden.

Da die thoriumreichen Mineralien — Thorit und Thorianit — nur in geringen Mengen vorkommen, ist das Ausgangsmaterial für die Thoriumgewinnung fast ausschließlich der Monazitsand. Dieser enthält jedoch neben dem Thorium die sechs- bis zehnfache Menge von anderen seltenen Erden — vorzugsweise Ceriterden — und man war selbstverständlich bemüht, für diese anderweitige Verwendung zu erschließen.

Es haben sich auch bereits einige wichtige Anwendungen gefunden, so die von C. Auer v. Welsbach eingeführten pyrophoren Legierungen, von denen das Cereisen hauptsächlich für Taschenfeuerzeuge Verwendung findet; ferner die Verwendung von Ceroxyd und Cerfluorid für die Effektkohlen der elektrischen Bogenlampen und die Verwendung von Cersulfat zur Bekämpfung der Peronospora. Cernitrat findet mit Magnesium gemischt als Blitzlichtpulver in der Photographie Verwendung.

Außerdem werden geringere Mengen von seltenen Erden für das Kopf- oder Fixingfluid und für das Zeichen- oder Markingfluid der Gasglühlichtmäntel verwendet; Ceroxalat wird in der Medizin, verschiedene Verbindungen der seltenen Erden in der Keramik und rohe Cersalze als Oxydationsmittel bei verschiedenen chemischen Prozessen verwendet.

Die Zirkonerde wird in großen Mengen als Trübungsmittel für Eisenblechemail verwendet.

Es wurde noch eine Unzahl von Vorschlägen zur Verwendung der seltenen Erden gemacht, von denen jedoch kaum einer größere Bedeutung erlangt hat. C. R. Böhm hat alle diese Vorschläge übersichtlich zusammengestellt.[1]

Das Gasglühlicht.[2]

Die ersten Auerschen Glükkörper, die nicht aus Thor und Cer, sondern aus anderen seltenen Erden bestanden, gaben bei 65 Litern Gasverbrauch

---

[1] C. R. Böhm, Die Verwendung der seltenen Erden (Leipzig 1913).
[2] Bode, Die Entwickelung des Gasglühlichtes. Vortrag gehalten in der deutschen beleuchtungstechnischen Gesellschaft. Z. f. angew. Chem. **27**, 147 (1914).

17—25 Kerzen. Im Jahre 1890 verwandte Auer Thor für die Glühkörper und in das Jahr 1891 fällt die Entdeckung von L. Haitinger, daß gefärbte Oxyde, wie Chromoxyd oder Manganoxyd, die Leuchtwirkung von Magnesiumoxyd erhöhen. Auer folgerte daraus, daß der Zusatz geringer Mengen gefärbter Oxyde zum Thoroxydgerüst eine ähnliche Wirkung haben müßte und verwandte Cer als Zusatz.[1])

Die jetzt gebräuchlichen Glühkörper bestehen aus 99% Thoriumoxyd und 1% Ceroxyd.

Ein Glühkörper, der aus reinem Thoroxyd besteht, gibt auf einem gewöhnlichen Auerbrenner etwa 4—5 Hefnerkerzen; ebenso hat ein Glühkörper aus reinem Ceroxyd nur wenige Kerzen. Setzt man jedoch einen Glühkörper, der aus 99% Thoriumoxyd und 1% Ceroxyd besteht, auf den gleichen Brenner, so erstrahlt dieser bei dem gleichen Gasverbrauch in hellem Glanze und gibt fast 100 Hefnerkerzen. Die Erklärung für diese auffallende Erscheinung geben neuere Untersuchungen von H. Le Chatelier und O. Boudouard, von W. Nernst und H. Bose, von Bunte und von H. Rubens.

Die Flamme des Bunsenbrenners zeigt eine Temperatur von 1800^0. Der Thorstrumpf wird auf dem Bunsenbrenner ebenso heiß wie die Bunsenflamme, also 1800^0; das Thoroxyd strahlt im Gebiet der sichtbaren Wellen nicht, nur bei langen Wellen zeigt es die Strahlung des schwarzen Körpers. Der reine Cerkörper nimmt auf dem Bunsenbrenner nur eine Temperatur von 1350^0 an, da er eine starke Wärmeausstrahlung zeigt.

Der Auerstrumpf gibt bei der bolometrischen Messung vorzügliche Ergebnisse. Infolge des geringen Cerzusatzes nimmt auch dieser Mantel die hohe Temperatur der Flamme an und strahlt im sichtbaren Teil des Spektrums besonders auf der Strecke von Violett bis Grün beinahe so gut wie der absolut schwarze Körper. In Dunkelrot und Ultrarot dagegen ist seine Strahlung ganz gering. Darin liegt die vorzügliche Wirkung des Auerkörpers.

Die Glühkörper wurden in der ersten Zeit aus einem Baumwollgewebe hergestellt. Diese Glühkörper nahmen stark an Leuchtkraft ab, da das Oxyd, das in der Form des Fasermaterials zurückbleibt, stark nachsintert, wodurch die Lichtausstrahlung ungünstiger wird.

Später wurde die Baumwolle durch Ramie ersetzt. Die Ramiefaser ist bedeutend länger und kräftiger und der daraus hergestellte Glühkörper ist in der Flamme viel widerstandsfähiger; er sintert schwerer und die Leuchtkraft bleibt längere Zeit unverändert. Eine weitere Verbesserung brachte die Verwendung von Kunstseide für das Mantelgewebe. Ein Kunstseideglühkörper kann ohne zu brechen geknickt werden.

Die weiteren Verbesserungen des Gasglühlichtes betreffen die Brennerkonstruktionen. Die Untersuchung zeigte, daß die Erhöhung der Ausströmungsgeschwindigkeit für die Erhöhung der Flammentemperatur, der Lichtausbeute und des Wirkungsgrades von großem Einfluß ist.

Da, wie O. Lummer feststellte, bei Weißglut die Leuchtkraft mit der 12. bis 14. Potenz der Temperatur zunimmt, so bedeuten schon kleine Temperaturunterschiede einen großen Einfluß für die Lichtausbeute.

---

[1]) C. Auer v. Welsbach, Zur Geschichte der Erfindung des Gasglühlichtes. Journ. f. Gasbel. u. Wasserverf. 44, 6 (1901).

Wie sich die Verbesserungen der Brenner entwickelt haben, sieht man aus der folgenden Tabelle, die den Gasverbrauch, die Lichtstärke und die Ökonomie angibt:

	Liter	HK	Ökonomie
Schnittbrenner	150	13,5	11,0
Argandbrenner	120	17	7,1
Stehender Auerbrenner .	130	100	1,3
Invertbrenner	100	100	1,0
Invertpreßgaslicht . . .	—	5000	0,4—0,5

Die Glühkörper werden am oberen Ende mit einem Asbestfaden versehen. Um ein Abreißen des Mantels an dieser Stelle zu erschweren, wird dieser Teil des Gewebes stärker imprägniert. Hierzu dient eine eigene Lösung, das Kopf- oder Fixingfluid, das aus einem Gemenge von Aluminium- und Magnesiumnitrat allein oder mit einem Zusatz von Nitraten der seltenen Erden besteht.

Als Schutz- und Fabrikmarke werden auf die getränkten und getrockneten Glühkörper Stempel aufgedrückt; das hierzu verwendete Zeichen- oder Markingfluid besteht aus einer Lösung von Nitraten der seltenen Erden, die beim Veraschen des Mantels ein dunkel gefärbtes Oxyd zurückläßt. Die Nitratlösung wird, um ein Zerfließen zu verhindern, durch Dextrin und dgl. verdickt. Auf dem abgebrannten Mantel erscheint der Stempel rotbraun bis schwarzbraun, je nach dem Praseodymgehalt der verwendeten Nitrate.

Die Verarbeitung von Monazitsand zu Thoriumnitrat.

Der Monazitsand wird mit Schwefelsäure aufgeschlossen, der erkaltete Aufschluß in Wasser eingetragen, wodurch das Thorium und die anderen seltenen Erden in Lösung gehen. In dieser Lösung wird das Thorium durch verschiedene Verfahren angereichert.

Bei dieser Anreicherung gilt die für die seltenen Erden allgemeine Regel, daß mit einem Verfahren allein die Reinigung nicht vollkommen zu erreichen ist, sondern daß nur durch die Kombination zweier oder mehrerer Verfahren das Ziel erreicht werden kann.

Die Phosphatfällung.

Diese Methode gründet sich auf die Eigenschaft des Thoriums bei Gegenwart von Phosphorsäure, bei einer Azidität der Lösung als Phosphat auszufallen, bei der die Phosphate der übrigen seltenen Erden noch zu großem Teil in Lösung bleiben.

Die Herabsetzung der Azidität der Lösung kann durch Verdünnen mit Wasser oder durch Neutralisation erreicht werden.

Bei der Wasserfällung spielt die Grenze der Verdünnung und die Temperatur eine große Rolle, da sie sowohl die Anreicherung, als auch die Vollständigkeit der Ausfällung des Thoriums beeinflußt. Je weiter verdünnt und je höher die Temperatur gehalten wird, desto vollständiger ist die Fällung, aber desto reicher an Ceriterden wird auch das gefällte Phosphat.

Zur Neutralisation wird Magnesit verwendet. Es bildet sich dabei lösliches Magnesiumsulfat und -phosphat und nach entsprechender Abstumpfung der freien Säure fällt das Thorium als Phosphat.

Die Phosphatfällung hat den Vorteil großer Einfachheit; bei der Wasserfällung werden gar keine Chemikalien verbraucht, beim Magnesitverfahren nur
der billige Magnesit.

Der Hauptnachteil der Phosphatfällung liegt darin, daß ein großer Teil
der seltenen Erden in so verdünnter Lösung erhalten wird, daß eine Gewinnung dieser kaum lohnend ist. Das Phosphat ist ein äußerst voluminöser
Niederschlag, der verhältnismäßig große, also teure Filterpressen zum Abpressen
bedingt. Bei der Wasserfällung sind große Wassermengen nötig und das
Erwärmen dieser setzt einen niedrigen Kohlenpreis voraus. Zum Magnesitverfahren ist ein Magnesit, der sich in verdünnter Schwefelsäure leicht und
möglichst vollständig löst, erforderlich.

Die Fällung der Ceriterden als Natriumdoppelsulfate.

Natriumsulfat fällt aus der Aufschlußlösung die Hauptmenge der Ceriterden, während das Natriumthoriumsulfat in Lösung bleibt.

Die Fällung enthält immer geringe Mengen von Thorium. Bei dem un-
günstigen Verhältnis von Thorium zu Ceriterden im Monazitsand werden sehr
bedeutende Mengen von Doppelsulfaten der Ceriterden erhalten, wenn man
die Trennung gleich mit der Aufschlußlösung vornimmt. Die Folge davon
ist ein ganz erheblicher Thoriumverlust. Diese Trennungsmethode ist daher
mehr geeignet, in einem späteren Stadium angewandt zu werden, wenn das
Thorium bereits angereichert ist.

Fällung mit Oxalsäure.

Durch diese Operation wird die Hauptmenge der Phosphorsäure, ferner
das Zirkon und sonstige Verunreinigungen entfernt.

Da das Thoriumoxalat in Säure viel unlöslicher ist, als die Oxalate der
anderen seltenen Erden, hauptsächlich jene von Lanthan und den Yttererden,
wird durch die Fällung in stark saurer Lösung auch ein Teil der Fremderden entfernt.

Carbonattrennung.

Die Alkalicarbonate erzeugen in Thoriumlösungen einen Niederschlag, der
sich im Überschuß des Fällungsmittels wieder vollständig auflöst.

Die Carbonate der Ceriterden sind im Überschuß des Fällungsmittels
sehr schwer löslich.

Die Carbonate der Yttererden sind zwar etwas löslich, fallen aber beim
Verdünnen der Lösung wieder aus.

Auch die Oxalate der seltenen Erden zeigen eine verschiedene Löslichkeit in Alkalicarbonaten und dieses Verhalten wird häufig zur Anreicherung
des Thoriums benutzt.

. Es wird eine Lösung von Natriumcarbonat oder Ammoncarbonat verwendet.
Verdünnung und Temperatur sind von großem Einfluß auf die Reinheit der
Lösung und auf den im Rückstand verbleibenden Thoriumgehalt.

Diese sind ferner abhängig von dem Phosphorsäuregehalt des Oxalats
und von dem Verhältnisse des Thoroxyds zu den Fremderden in dem zu
lösenden Ausgangsprodukt.

Die erhaltene Lösung wird von dem unlöslichen Rückstand durch Filterpressen getrennt und der Rückstand ausgewaschen.

Aus der Lösung wird das Thorium durch Ansäuern als Oxalat oder durch einen Überschuß von Alkali als Hydrat gefällt.

Sulfattrennung.

Die Sulfate der seltenen Erden besitzen die Eigenschaft, in kaltem Wasser leichter löslich zu sein als in warmem, während die Löslichkeit der Sulfate im allgemeinen mit steigender Temperatur zunimmt.

Diese Eigenschaft zeigen die einzelnen seltenen Erden in verschieden hohem Grade. Besonders stark ausgeprägt ist sie bei Thorium. Das wasserfreie Thorsulfat ist in Eiswasser ziemlich leicht löslich, aber schon bei 6° beginnt es sich als wasserhaltiges Salz auszuscheiden. Die Abscheidung ist aber selbst bei Kochhitze nicht vollständig. Durch die gleichzeitige Anwesenheit anderer seltener Erden werden die Verhältnisse verwickelter, da sich die einzelnen Sulfate gegenseitig beeinflussen. Das durch Temperaturerhöhung sich ausscheidende Thoriumsulfat reißt nämlich auch andere seltene Erden mit, und zwar um so mehr, je mehr man sich der Temperatur nähert, bei der das Sulfat der anderen Erden ausfällt.

Die Sulfattrennung ist also auch wieder nur eine teilweise. Sie muß mehrere Male wiederholt werden, um zu einen reinen Produkt zu führen.

Zur Wiederholung der Trennung wird das ausgefällte Thoriumsulfat neuerlich entwässert und wieder in Eiswasser gelöst. Das Sulfat läßt sich auch durch Behandeln mit Ätznatron oder mit Ätzammoniak in der Wärme in Hydrat verwandeln. Wird dieses in Salzsäure gelöst und die Chloridlösung mit Schwefelsäure versetzt, so fällt wieder Thoriumsulfat. Diese Fällung bewirkt wieder eine Reinigung, wenn Konzentration und Temperatur richtig gewählt werden.

Trennung mit oxalsaurem Ammon.

Die größere Löslichkeit des Thoriumoxalats in Ammonoxalat gegenüber den Oxalaten der Cerit- und Yttererden wird ebenfalls zur Reinigung des Thoriums benutzt.

Die Löslichkeit des Thoriumoxalats wird durch die Anwesenheit der Oxalate der übrigen seltenen Erden stark beeinflußt und es führt diese Methode auch nur bei wiederholter Ausführung und in Verbindung mit einer der anderen Anreicherungsmethoden zum Ziele.

Die Verarbeitung der Rückstände auf Cerpräparate.

Die bei der Abscheidung des Thoriums aus dem Monazitsande erhaltenen Rückstände enthalten die übrigen seltenen Erden. Das Oxyd dieser Rückstände enthält ungefähr 45 % Cerdioxyd. Für manche Zwecke kann direkt ein derartiges Oxyd oder ein aus diesem hergestellten Salz verwendet werden. Für andere Zwecke ist eine Anreicherung des Cers auf 80—90 % erforderlich; endlich findet auch chemisch reines Cernitrat Verwendung.

Das Cer bildet zum Unterschiede von den anderen seltenen Erden ein höheres, sehr beständiges Oxyd, das schwer lösliche basische Salze bildet.

Auf dieser Eigenschaft beruhen die Methoden zur Anreicherung des Cers in Gemengen der seltenen Erden.

Für technische Zwecke kommen hauptsächlich folgende Verfahren in Betracht:

Das Chlorverfahren, bei dem die Überführung des Cersesquioxyds durch gasförmiges Chlor oder durch Hypochlorite erfolgt. Man erhält eine cerfreie Lösung von Lanthan und Didym und einen Niederschlag von hydratischem Cerdioxyd, der je nach der Dauer der Chloreinwirkung mehr oder weniger durch Lanthan und Didym verunreinigt ist.

Das Oxydverfahren von Auer v. Welsbach, bei dem die heißen Lösungen der gemischten Nitrate durch Zusatz von aufgeschlämmten Oxyden basisch gemacht werden. Bei Anwendung dieses Verfahrens auf die Oxyde der Monazitrückstände von der Thoriumerzeugung erhält man eine rosenrote Lösung, die Lanthan, Didym und die Yttererden enthält, aber bei richtiger Arbeit vollkommen cerfrei ist, und einen Niederschlag von basischem Cernitrat, der immer lanthan- und didymhaltig ist.

Durch Digerieren der gemischten Oxyde mit sehr verdünnten Mineralsäuren kann man ebenfalls Anreicherungen des Cers im Rückstand und die übrigen Erden in Lösung erhalten. Dienen als Ausgangsmaterial Oxyde, die durch Glühen von Oxalaten erhalten wurden, so lassen sich bei richtiger Konzentration und Temperatur, sowie bei genügend langer Einwirkung mit mäßig verdünnter Salpetersäure das meiste Lanthan und Didym als Nitrate in Lösung bringen, während das Cer quantitativ in den aus basischen Nitraten bestehenden, in der Flüssigkeit absolut unlöslichen Niederschlag geht.

Das auf die eine oder die andere Art angereicherte Oxyd wird als Ausgangsmaterial für die Darstellung chemisch reinen Cernitrats verwendet.

Die von Auer v. Welsbach angegebene Methode zur Darstellung von reinen Cersalzen beruht auf der leichten Kristallisierbarkeit des Ceriammonnitrats. Man löst das angereicherte Oxyd, das das Cer in der vierwertigen Form enthält, in konzentrierter Salpetersäure auf, setzt noch einen Überschuß von Salpetersäure und Ammonnitrat hinzu und dampft ein, bis sich kleine Kriställchen an der Oberfläche auszuscheiden beginnen. Man stellt jetzt zur Kristallisation zur Seite. Bald kristallisiert das Ceriammonnitrat in schönen morgenroten Kristallkrusten. Aus der stark sauren Mutterlauge läßt sich durch weiteres Eindampfen das Cer fast völlig ausscheiden.

Durch Umkristallisieren der einzelnen Fraktionen wird das Cer völlig frei von Neodym und Praseodym erhalten. Eine gesättigte Lösung des Ceriammonnitrats darf nach dem Reduzieren selbst in 50 cm langer Schicht keine Spur eines Absorptionsspektrums zeigen.

Die Darstellung des Cereisens.

Als Ausgangsmaterial für diesen neuen Zweig der Industrie der seltenen Erden dienen die Rückstände der Thoriumfabrikation. Aus diesen werden zuerst kristallisierte Chloride erzeugt, die nach vollständigem Entwässern einer Schmelzelektrolyse unterzogen werden. Das beim Elektrolysieren erhaltene „Mischmetall" wird mit Eisen zusammengeschmolzen. Das für die Feuerzeuge verwendete „Auermetall" ist eine Legierung von etwa 70 % Metallen der seltenen Erden und 30 % Eisen.

Die pyrophoren Legierungen sind nur dann luftbeständig, wenn sie vollständig frei von Phosphor, Schwefel und Arsen sind, und bei der Fabrikation des Cerchlorids ist es wesentlich, diese Verunreinigungen vollständig auszuschließen, bzw. abzuscheiden.

Uranphosphate.

Von **A. Ritzel** (Jena).

Phosphuranylit.

Phosphuranylit ist ein dem Trögerit ähnliches Uranphosphat. Mit anderen Uranmineralien kommt es als pulverförmiger Überzug vor. Die mikroskopisch kleinen Kriställchen bilden rechteckige Plättchen von zitronengelber Farbe. F. A. Genth[1]) hat das Mineral analysiert. Es ist in Salpetersäure leicht löslich.

Analyse.

PbO	4,40
UO_3	71,73
P_2O_5	11,30
H_2O	10,48
	97,91

F. A. Genth sieht den Bleigehalt als Verunreinigung an. Rechnet man die Analyse nach Abzug des Bleis auf 100 um, so lautet sie:

UO_3	76,71
P_2O_5	12,08
H_2O	11,21
	100,00

Danach wäre die Formel des Phosphuranylits:

$$(UO_2)_3(PO_4)_2 \cdot 6H_2O.$$

Autunit oder Kalkuranit.

A. Des Cloizeaux[2]) hat das Mineral kristallographisch untersucht und festgestellt, daß es rhombisch kristallisiert; $a:b:c = 0,9875:1:2,8517$.

Der pseudotetragonale Charakter kommt darin zum Ausdruck, daß a fast gleich b ist. Beobachtete Formen: (001); (101); (011) und untergeordnet (112); (110).

Analysen.

	1.	2.	3.
CaO	6,51	6,11	5,24
Fe_2O_3	1,36	—	—
UO_3	55,08	62,24	61,34
P_2O_5	14,93	15,09	14,32
H_2O	22,08	16,00	19,66
	99,96	99,44	100,56

1. Autunit von Madagaskar; anal. E. Jannetaz, Bull. Soc. min. 10, 17 (1887).
2. Autunit von Falkenstein; anal. Cl. Winkler, Journ. prakt. Chem. 7, 7 (1873).
3. Autunit von Autun; anal. A. H. Church, Journ. chem. Soc. 28, 109 (1875).

[1]) F. A. Genth, Am. Chem. Journ. 1, 92 (1879).
[2]) A. Des Cloizeaux, Ann. chim. phys. 8, 226 (1886).

Hiernach lautet die Formel des Autunits:

$$(UO_2)_2 Ca(PO_4)_2 . 8 H_2O.$$

Manche Autunite enthalten auch 10 und 12 Moleküle Wasser. Wie diese Ausnahmen ihre Erklärung finden, ist noch nicht ganz sicher.

Eigenschaften. Die Spaltbarkeit nach 001 ist sehr vollkommen.

Die schwache Doppelbrechung ist negativ, Achsenebene (010) und die erste Mittellinie fällt mit der c-Achse zusammen. A. Des Cloizeaux hat beobachtet, daß die Größe des optischen Achsenwinkels stark abhängt von der Temperatur und dafür folgende Zahlen erhalten:

Temperatur	$2E$
17^0	$60^0 57'$
47^0	$57^0 32'$
$71,5^0$	$56^0 36'$
81^0	$55^0 8'$

Die Brechungsquotienten sind nach A. Michel-Lévy und A. Lacroix:[1]

$$N_a = 1,577; \quad N_\beta = 1,575; \quad N_\gamma = 1,553.$$

F. Rinne[2]) hat diese Messungen nachgeprüft und ebenfalls gefunden, daß $2E$ stark mit steigender Temperatur sinkt. Jedoch stellte er fest, daß der Achsenwinkel noch viel schneller abnimmt als nach der obigen Tabelle; denn schon bei 75^0 ist nach ihm $2E = 0$. „Erhitzt[3]) man ein zartes Kalkuranitplättchen langsam im Flammenofen, so verblassen schon bei 50^0 die Polarisationsfarben und etwa bei 75^0 stellt sich Isotropismus auf den Platten im parallelen Licht ein." Erhitzt man den Autunit über 75^0 hinaus, dann verliert er einen Teil seines Wassers und geht in einen neuen, optisch sich anders verhaltenden Körper über, den F. Rinne als Metakalkuranit bezeichnet und der auch bei 300^0 noch beständig ist. Andere Eigenschaften sind von ihm noch nicht festgestellt, wahrscheinlich ist er auch rhombisch. Der Pleochroismus des Autunits ist nur schwach. Optisch interessant ist an dem Mineral noch sein Absorptionsvermögen. Nach F. Rinne[4]) ist es ebenso wie der Kupferuranit ein ausgezeichnetes Beispiel scharf auswählender Lichtabsorption. Etwa zwischen den Wellenlängen von $510—440 \mu\mu$ zeigt das Mineral fünf sehr ausgeprägte Absorptionsstreifen. Der Autunit tritt nur in kleinen, tafeligen, zeisiggrünen bis schwefelgelben Kristallen auf.

Seine Härte ist 1—2, das spez. Gewicht 3—3,2.

F. Kohlbeck und P. Uhlich[5]) haben nachgewiesen, daß der Autunit, ebenso wie viele andere Uranmineralien, auf die photographische Platte wirkt, also radioaktiv ist. E. Gleditsch[6]) hat das Verhältnis von Ra: Ur im Autunit von Frankreich bestimmt und gefunden: $2,85 . 10^{-7}$. Für Pechblende von Joachimstal fand sie: $3,58 . 10^{-7}$, für Thorianit von Ceylon: $4,19 . 10^{-7}$. Die drei Zahlen, die ja nach der Rutherfordschen Theorie gleich sein sollten, stimmen, wie man sieht, recht schlecht miteinander überein. Wahrscheinlich kommt das

---

[1]) A. Michel-Lévy u. A. Lacroix, C. R. **106**, 777 (1888).
[2]) F. Rinne, ZB. Min. etc. 1901, 708.
[3]) F. Rinne, ZB. Min. etc. 1901, 712.
[4]) F. Rinne, l. c.
[5]) F. Kohlbeck u. P. Uhlich, ZB. Min. etc. 1904, 206.
[6]) Frl. E. Gleditsch, C. R. **149**, II, 267 (1909).

daher, daß in dem untersuchten Autunit das Gleichgewicht zwischen Radium und Uran noch nicht erreicht war, oder nachträglich wieder durch äußere Einflüsse gestört worden ist.

Er ist meist begleitet von Uraninit — die wichtigsten Fundorte sind also die gleichen wie bei dem Pecherz — oder anderen Uranmineralien. Gelegentlich kommt er mit Silber-, Zinn- und Eisenerzen vor. Neuerdings hat man ihn auch in einem Pegmatitgang von Maharitza auf Madagaskar[1]) gefunden, und E. Boutée[2]) hat ihn zusammen mit Kupferuranit ebenfalls in einem stark zersetzten Pegmatitgang bei Aoubert (Puy-de-Dôme) beobachtet. Nach dieser Art des Auftretens kann man sagen, daß der Uranglimmer zwar meist sekundärer, gelegentlich aber auch primärer Entstehung ist, während ja alle anderen Uranmineralien — mit Ausnahme des Uranits — sekundär gebildet sind.

Fritzscheit.

Fritzscheit[3]) ist ein Mineral, das dem Autunit sehr nahe steht. Wie letzterer bildet es nahezu quadratische Tafeln, die ausgezeichnet nach der Basis spalten. Seine Härte ist 2—2,5, das spez. Gewicht 3,5. Es ist rötlichbraun gefärbt und kommt zusammen mit Autunit und Torbernit bei Neuhammer in Böhmen vor. Eine quantitative Analyse existiert nicht, qualitativ ist festgestellt, daß das Mineral Uran, Mangan, Vanadium, Phosphor und Wasser enthält. Wahrscheinlich unterscheidet sich der Fritzscheit nur dadurch von dem Autunit, daß in ihm an Stelle des Ca das Mn eintritt.

Uranocircit.

Der Uranocircit wird auch Bariumuranit genannt, weil er im wesentlichen ein Autunit ist, bei welchem das Ca ersetzt ist durch Ba. Er kristallisiert rhombisch, ist aber nicht gut meßbar, daher kann man vorläufig auch keine Zahlen für die Achsenverhältnisse angeben.

Nach der Winklerschen[4]) Analyse hat das Mineral folgende Zusammensetzung:

Analyse.

BaO	14,57
UO_3	56,86
P_2O_5	15,06
H_2O	13,99
	100,48

Die Formel würde daher lauten:

$$Ba(UO_2)_2\ 8\,H_2O.$$

A. H. Church[5]) hatte schon früher gefunden, daß beim Uranocircit bei 100^0 oder beim längeren Stehenlassen über H_2SO_4, 6 Mole H_2O entweichen, die beiden letzten aber erst durch starkes Erhitzen entfernt werden können.

---

[1]) A. Lacroix, Bull. Soc. min. **31**, 218 (1908).
[2]) E. Boutée, Bull. Soc. min. **28**, 243 (1905).
[3]) A. Breithaupt, B. H. Ztg. **24**, 302 (1865).
[4]) Cl. Winkler, l. c.
[5]) A. H. Church, Min. Mag. **1**, 234 (1877).

Äußerlich sind die Kristalle in jeder Beziehung dem Autunit ähnlich, spalten ebenso und ebensogut wie dieser usw. Die Farbe ist gelbgrün, das spez. Gewicht 3,53. Optisch ist der Uranocircit zweiachsig und $2E = 15-20^{0}$. Er kommt vor in Bergen bei Falkenstein in Sachsen. Beim Erhitzen verhält er sich nach P. Gaubert[1]) ähnlich wie der Autunit. Denn bei einer Temperatur von 100^{0} verliert der Uranocircit einen Teil seines Wassers und wird einachsig und von 150^{0} ab wandelt er sich in eine offenbar dem Metakalkuranit analoge Verbindung um. Bei einem Ätzversuch bemerkte P. Gaubert außerdem, daß das Chlorbarium gesetzmäßige Verwachsungen mit dem Uranocircit eingeht.

Kupferuranit,

der auch gelegentlich als Torbernit oder Chalkolith bezeichnet wird.

Tetragonal; $a:c = 1:2,9361$.[2])

Analyse.

	1.	2.	3.
CuO	8,92	8,50	8,27
UO$_3$	56,75	59,67	59,03
SiO$_2$[3]) . . .	4,21	0,40	—
P$_2$O$_5$	14,25	14,00	14,34
H$_2$O	14,70	15,00	15,39
	98,83	97,57	97,03

1. Kupferuranit von Schneeberg; anal. Cl. Winkler, l. c.
2. Kupferuranit von Gunnislake in Cornwall; anal. F. Pisani, C. R. **52**, 817 (1861).
3. Kupferuranit von Cornwall; anal. Werther, Journ. prakt. Chem. **43**, 334 (1848).

Auf Grund dieser Analysen läßt sich die Formel aufstellen:

$$Cu(UO_2)_2(PO_4)_2 + 8H_2O.$$

Neuerdings hat Y. Buchholz[4]) den Wassergehalt eines Kupferuranits aus Redruth in Cornwall näher untersucht und gefunden, daß er nicht 8, sondern 12 Mol. Wasser enthält. Vier davon gehen allerdings schon beim Trocknen im Exsikkator weg. Beim Erhitzen auf 75^{0} geht der Verlust nicht über den von 4 Mol. H$_2$O hinaus. Bei 95^{0} hat der Kupferuranit weiter 1 Mol. H$_2$O verloren, bei $148-156^{0}$ weitere 4 Mol., bei etwa 220^{0} weitere 2 Mol. und in der Glühhitze endlich sein letztes Molekül Wasser. Der Kalkuranit verhält sich ähnlich und daher kommt es offenbar, daß in früheren Analysen der Wassergehalt der Uranglimmer verschiedentlich angegeben ist. Y. Buchholz hält es für wahrscheinlich, daß beiden Mineralien eigentlich nicht 8, sondern 12 Mol. Wasser zukommen.

Eigenschaften. Die Spaltbarkeit nach (001) ist sehr vollkommen, nach (100) deutlich, die Doppelbrechung negativ. Wie schon erwähnt, zeigt das Mineral in dem Spektrumgebiet von $510-440\ \mu\mu$ fünf sehr ausgeprägte Absorptionsstreifen, die charakteristischerweise mit denen des Kalkuranits beinahe zusammenfallen.[5]) Auf (100) zeigt der Kupferuranit einen sehr kräftigen Pleo-

[1]) P. Gaubert, Bull. Soc. min. **27**, 222 (1904).
[2]) A. Schrauf, Tsch. min. Mit. 1872, 181.
[3]) Durch Verunreinigung bedingt.
[4]) Y. Buchholz, ZB. Min. etc. 1903, 362.
[5]) F. Rinne, l. c.

chroismus von Tiefmoosgrün nach Himmelblau. Die Härte des Minerals ist 2—2,5, das spez. Gewicht 3,5—3,6. Die meist gut ausgebildeten, tafeligen Kristalle besitzen Perlmutterglanz und sind durchscheinend, grasgrün oder smaragdgrün. Das Verhalten des Kupferuranits beim Erhitzen hat F. Rinne[1]) studiert und gefunden, „daß der tetragonale, negativ doppelbrechende Kupferuranit bei 60—65⁰ durch Wasserverlust in tetragonalen, positiv und schwächer doppelbrechenden Metakupferuranit übergeht und infolge weiterer Wasserverlustes bei Erwärmung über 100⁰ in eine Reihe von rhombischen Metakupferuraniten, die in ihrem Aufbau mit Kalkuranit, dem nahen Verwandten des Kupferuranits, eine große Ähnlichkeit haben." E. Jannetaz[2]) hat die Fortpflanzung der Wärme im Chalkolith untersucht und eine Exzentrizität von 1,5 gefunden.

Vorkommen. Der Kupferuranit kommt sehr häufig mit dem Kalkuranit zusammen vor, bildet gelegentlich auch gesetzmäßige Verwachsungen mit ihm. Die anderen Uranmineralien sind ebenfalls gern seine Begleiter die wichtigsten Fundorte sind: Johanngeorgenstadt, Eibenstock, Schneeberg in Sachsen; Joachimstal, Zinnwald in Böhmen; Vielsalm in Belgien usw.

Verbindungen von Phosphaten mit Carbonaten, Sulfaten, Silicaten und Boraten.

Von H. Leitmeier (Wien).

Hier sind eine Reihe von Verbindungen zusammengestellt, die zwei oder mehrere Säuren besitzen, die sich aber entweder durch den großen Phosphorsäuregehalt oder durch ihre physikalischen Eigenschaften und ihre Genesis an die Phosphate anschließen. Namentlich ist die Zahl der Sulfophosphate nicht gering.

Carbonatophosphate.

Die beiden bekanntgewordenen Mineralien dieser Gruppe stehen einander sehr nahe, so daß sie von manchen für identisch gehalten werden.

Dahllit (Calcium-Carbonatophosphat).

Hexagonal oder tetragonal.

Analysen.

	1.	2.	3.
δ	3,053	—	—
(Na_2O)	0,88	0,89	—
K_2O	0,11	0,11	—
CaO	52,14	53,00	53,65
FeO	0,78	0,79	—
($Al_2O_3 + Fe_2O_3 + F$)	—	—	0,57
CO_2	6,02	6,29	5,30
P_2O_5	38,84	38,44	38,40
H_2O	1,23	1,37	2,10
	100,00	100,89	100,02

---

[1]) F. Rinne, ZB. Min. etc. 1901, 618.
[2]) E. Jannetaz C. R. **114**, 1352 (1892) und Bull. Soc. Min. **15**, 135 (1892).

1. Theoretische Zusammensetzung nach der untenstehenden Formel.
2. Dahllit von Odegården, Bamle in Norwegen; anal. H. Bäckström bei W. C. Brögger und H. Bäckström, Meddel. från Stockh. Högskola **77**, 493 (1888). Ref. Z. Kryst. **17**, 426 (1890).
3. Dahllit von Mouillac, Tarn-et-Garonne; anal. F. Pisani bei A. Lacroix. C. R. **150**, 1390 (1910).

Das Mineral, ein Zersetzungsprodukt des Apatits ist eine Doppelverbindung eines Phosphats und Carbonats mit folgender **Formel**:

$$4\,(Ca, Fe, Na_2, K_2)P_2O_8 \cdot 2\,CaCO_3 \cdot H_2O.$$

A. Hamberg[1]) hält das Mineral identisch mit Staffelit (siehe diesen) und zweifelt den Fluorgehalt des letzteren an. H. Bäckström[2]) bekam aber bei Untersuchung des Staffelits stets Fluor. Auch weist er nach, daß A. Hambergs Ansicht, Dahllit sei mit Apatit isomorph und Staffelit sei eine isomorphe Mischung der beiden, unrichtig ist, da die Mengenverhältnisse nicht übereinstimmen.

A. F. Rogers[3]) beschrieb einen Dahllit für den er auf Grund einer partiellen Analyse die Formel als isomorphe Mischung von

$$3\,Ca(PO_4)_2 \cdot CaCO_3, \quad 3\,Ca_3(PO_4)_2 \cdot CaO \quad \text{und} \quad 3\,Ca_2(PO_4)_2 \cdot CaF_2.$$
angab.

Eigenschaften. Dahllit bildet eine Kruste mit flachschaliger Oberfläche, die aus feinen Fasern besteht; die Farbe ist schwach gelblich weiß. Die Dichte ist 3,053. Die Härte ist fast gleich der des Apatits.

Optisch einachsig und Charakter der Doppelbrechung negativ; Doppelbrechung und Lichtbrechung etwas größer als die des Apatits.

Vor dem Lötrohre dekrepitiert der Dahllit ohne zu schmelzen. In kalter Salzsäure unter Kohlensäureentwickelung löslich, dieses Entweichen der CO_2 geht, wie die mikroskopische Untersuchung zeigte, stetig vor sich; es handelt sich also um kein Gemenge von Apatit und Calcit.

Podolit.

Analysen.

	1.	2.
(Na_2O)	0,66	—
(K_2O)	0,45	—
CaO	51,31	51,15
Al_2O_3	0,46	—
Fe_2O_3	1,73	3,04
SiO_2	4,87	—
CO_2	4,18	3,90
P_2O_5	36,44	39,04
F	0,26	0,00
(Organ. Substanz)	0,56	—
	100,92	97,13
$O = F -$	0,08	
	100,84	

[1]) A. Hamberg, Geol. För. Förh. **13**, 801 (1891).
[2]) H. Bäckström, Referat obiger Arbeit in Z. Kryst. **23**, 164 (1894).
[3]) A. F. Rogers, Z. Kryst. **52**, 213 (1913).

1. Podolitknollen, feinkristallin vom Bezirke des Flusses Uschitna, Podolien (Süd-Rußland); anal. W. v. Tschirwinsky; ZB. Min. etc. 1907, 279.

2. Kriställchen vom gleichen Fundorte; anal. wie oben.

W. v. Tschirwinsky berechnet daraus die **Formel**:

$$3\,Ca_3(PO_4)_2 \cdot CaCO_3.$$

Eigenschaften. Kriställchen von gelblicher Farbe; die Dichte ist $\delta = 3,077$. Der mittlere Brechungsquotient ist:

$$N_m = 1,635, \qquad N_\gamma - N_a = 0,0075.$$

Charakter der Doppelbrechung negativ.

Bei Behandlung mit HCl wird CO_2 energisch ausgetrieben.

Genesis. Nach W. v. Tschirwinskys Angaben ist der Podolit in den podolischen Phosphaten weit verbreitet. Seine Entstehung verdankt er der Einwirkung CO_2-haltiger Wässer auf fluorhaltige Phosphate und W. v. Tschirwinsky fand in mehreren Phosphoritknollen neben Fluor nicht unbeträchtliche Mengen von chemisch gebundener Kohlensäure.

W. T. Schaller[1]) hält Podolit und Dahllit für wahrscheinlich identisch. Da die an Kristallen ausgeführte Analyse einen Verlust zeigt, so ist es nicht ausgeschlossen, daß dieser auf einen Wassergehalt, der fast in allen Zersetzungsprodukten von Phosphaten enthalten ist, zurückzuführen ist. Dann unterscheidet sich der Podolit vom Dahllit nur durch geringeren CO_2-Gehalt. Alle Eigenschaften stimmen vollkommen überein. Die Formeln auf gleichen Ca-Gehalt gebracht, sind einander auch sehr ähnlich:

$$\text{Dahllit: } H_{10}Ca_{70}P_{40}C_{10}O_{195}$$
$$\text{Podolit: } Ca_{70}P_{42}C_7\,O_{189}.$$

Es sind weitere Analysen nötig, um diese Frage endgültig zu entscheiden.

Die von W. v. Tschirwinsky gegebene einfache Formel könnte dann als die des Dahllits angesehen werden.

W. v. Tschirwinsky setzte sich später für die verschiedene Natur des Podolits und Dahllits ein und gab eine 3. Analyse.

	3.
CaO	50,72
$(Al_2O_3, Fe_2O_3, K_2O, Na_2O$ u.andere)	1,36
P_2O_5	37,08
CO_2	4,32
SiO_2	4,18
F	0,29
Hygrosk. H_2O	0,37
Gesamtwasser	[1,53]
Kristallisationswasser	1,16
(Organ. Substanz)	0,52
	100,00

3. Podolit vom Dorfe Krutoborodinzy; anal. W. v. Tschirwinsky, ZB. Min. etc. 1913, 97.

---

[1]) W. T. Schaller, Z. Kryst. **48**, 559 (1911).

Das Verhältnis ergab beim Podolit:

$$Ca_3(PO_4)_2 : CaCO_3$$

Theoret. Formel		
$3 Ca_3(PO_4)_2 . CaCO_3$	90,29 :	9,71
Analyse 1 . . .	89,56 :	10,44
„ 2 . . .	90,57 :	9,43
„ 3 . . .	89,18 :	10,82
Mittel	89,77 :	10,23

Beim Dahllit liegen die Verhältnisse:

$$Ca_3(PO_4)_2 : CaCO_3$$

Theoret. Formel		
$2 Ca_3(PO_4)_2 . CaCO_3$	86,11 :	13,89
Analyse 2	87,43 :	12,57
„ 3	85,44 :	14,56
Mittel	86,44 :	13,56

Hierbei ist der Wassergehalt, den man beim Podolit $^1/_3 H_2O$, beim Dahllit mit $^1/_2 H_2O$ angeben kann, eingerechnet.

Danach erscheinen Dahllit und Podolit verschieden genug, um sie für zwei völlig selbständige Mineralien, die chemisch sehr nahe verwandt sind, zu halten.

Auch P. v. Tschirwinsky[1]) ist der Ansicht, daß reiner, unzersetzter Podolit kein Dahllit ist und ersterem die Formel $3 Ca_3(PO_4)_2 . CaCO_3$ zukommt.

Sulfophosphate.

An die Phosphate reiht man gewöhnlich einige Mineralien an, die in gleichen oder verschiedenen Mengen Phosphorsäure und Schwefelsäure enthalten, über deren Konstitution wir wenig wissen. Oft sind die Mengen der Phosphorsäure und der Schwefelsäure an ein und demselben Mineral (oder an dem, was man als ein und dasselbe Mineral bezeichnet) verschieden.

Sulfophosphate zweiwertiger Basen allein gibt es nicht. Es sind drei Aluminium-Sulfophosphate bekannt: Ein Calcium-Aluminium-Sulfophosphat, der Munkforrsit, der das einzige wasserfreie Sulfophosphat darstellt; dann ein sehr kompliziert zusammengesetztes dem ersten ähnliches Strontium (Calcium)-Aluminium-Sulfophosphat, der Svanbergit, der auch natriumreich sein kann; das dritte ist ein Strontium-Alumo-Sulfophosphat, der Harttit, der auch Cerium enthält. Die übrigen sind Ferri-Sulfophosphate; so der Diadochit und Destinezit, Hinsdalit und der Beudantit, ein Blei-Ferri-Sulfophosphat, bei dem an die Stelle von Phosphorsäure öfters Arsensäure tritt.

Munkforrsit (Calcium-Aluminium-Sulfophosphat).

Dieses seltene Mineral stellt das einzige Anhydrid dieser Gruppe dar. Kristallisiert monoklin.

---

[1]) P. v. Tschirwinsky, Mém. Soc. d. Nat. Kiew, **23**, 90 (1913) (nach gütiger Privatmitteilung).

Analysen.

	1.	2.	3.
CaO	32,00	36,64	36,64
FeO	Spuren	—	—
Al_2O_3	25,54	29,23	29,23
P_2O_5	13,98	16,01	16,01
SO_3	13,20	15,12	18,12
H_2O . . . . . . }	2,63	3,00	Spuren
Glühverlust . . . }			
Unzersetzt	10,74	—	—
	98,09	100,00	100,00

1. Munkforrsit vom Kirchspiel Ransäter, Wermland in Schweden; anal. L. J. Igelström, Z. Kryst. **27**, 602 (1897).
2. Dieselbe Analyse nach Abzug des Unzersetzten auf 100% umgerechnet.
3. Dieselbe Analyse, der Glühverlust als Schwefelsäure berechnet.

Der unzersetzte Teil des Analysenmaterials besteht aus kleinen Damourit-blättchen, mit denen zusammen der Munkforrsit häufig vorkommt. Der Glüh-verlust besteht aus Schwefelsäure und Spuren von Wasser.

Das Mineral kann als wasserfreier Svanbergit gedeutet werden, der aber weniger Aluminium und dafür mehr Calcium enthält siehe S. 582.

Eigenschaften. Der Munkforssit tritt in blättrigen Aggregaten, in kleinen Körnern und auch in prismatischen Kristallen auf. Die Farbe ist rein weiß, oft schwach rötlich; er ist durchsichtig bis durchscheinend.

Die Härte des Minerals ist 5; die Dichte ist nicht angegeben.

Vor dem Lötrohre ist er unschmelzbar und gibt im Gegensatze zum Svanbergit keine Aluminiumreaktion mit Kobaltsolution. (Diese Probe wäre von anderer Seite zu bestätigen, da das Ausbleiben dieser Reaktion unwahr-scheinlich ist.)

Das Mineral ist in Säuren unlöslich. Der rein weiße Munkforrsit an der Luft erhitzt, dekrepitiert und wird milchweiß und undurchsichtig.

Vorkommen. Der Munkforrsit kommt zusammen in Schwefelkiesmassen mit Cyanit, Apatit, Titaneisen vor; das Muttergestein des Pyrits ist ein Quarzfels, der reichlich Damourit enthält, von L. J. Igelström als Damourit-Quarzitfels bezeichnet.

Munkrudit.

So bezeichnete L. J. Igelström[1] ein Phosphat, das dem Munkforrsit ähnlich ist, von ihm aber durch einen größeren Gehalt an CaO und durch einen Gehalt von FeO und wahrscheinlich auch durch mehr Schwefelsäure ver-schieden ist.

Zu einer quantitativen Analyse konnte kein genügend reines Material ge-wonnen werden; es konnte P_2O_5, SO_3, FeO, CaO und wenig Al_2O_3 darin nachgewiesen werden; der Gehalt an P_2O_5 dürfte ca. 12 % betragen.

Das Mineral ist blätterig; es ist in frischem Zustande wasserhell und durchsichtig, beim Liegen an der Luft wird es aber oberflächlich gelb.

---

[1] L. J. Igelström, Z. Kryst. **28**, 311 (1897).

Vor dem Lötrohre wird es rosarot, von Säuren wird es nur partiell zersetzt. Es ist wasserfrei.

Munkrudit findet sich bei Decksberg und Munkerud im Kirchspiel Ransäten, Wermland in Schweden in fast erzfreiem Gesteine, aber in der Nähe der Pyrit und Titaneisen führenden Schichten.

Rhodophosphit (Calcium-Mangan-Sulfophosphat).

Kristallisiert –hexagonal.

Analyse.

CaO	45,17
MnO + FeO . . .	8,80
P_2O_5	36,42
Cl	2,92
SO_3	1,34
F	unbestimmt
	94,65 [1])

Rhodophosphit, blaßrot, von der „Lazulithklippe" bei Horrsjöberg im Wermlande; anal. L. J. Igelström, Z. Kryst. **25**, 433 (1896).

L. J. Igelström betrachtete den Verlust dieser wenig genauen Analyse als Fluor und schrieb die **Formel:**

$$20 . (RO_3)P_2O_5 . 4(CaCl_2 . CaF)_2 . CaO . SO_3,$$

worin R = Ca, Mn, Fe und Mg ist.

Das Mineral steht in bezug auf seine chemische Zusammensetzung dem Svanbergit nahe.

Eigenschaften. Der Rhodophosphit bildet derbe Massen und prismatische Kristalle; er ist frisch von rein weißer Farbe, durch Oxydation des MnO und FeO ·sehr oft rötlich gefärbt. Über die anderen Eigenschaften dieses Phosphates, dessen SO_3-Gehalt L. J. Igelström als zum Mineral gehörig betrachtet, hat er nichts mitgeteilt; die Untersuchung ist sehr unvollständig, trotzdem reiches Material vorlag.

Vorkommen. Der Rhodophosphit kommt zusammen mit Rutil, Lazulith, Pyrophyllit, Titaneisen, Triplit, Damourit und seltener Svanbergit, Turmalin, Granat, Baryt, Diaspor u. a. in einem cyanitführenden Quarzfels vor. Er tritt in großen Mengen auf. Rhodophosphit ist sehr leicht verwitterbar.

Svanbergit (Strontium(Calcium)-Aluminium-Sulfophosphat).

Kristallisiert: Trigonal rhomboedrisch. $a:c = 1:1,2063$ (nach Dauber).[2])

---

[1]) Im Original steht 97,93; es ist also auch bei der Wiedergabe dieser ohnedies sehr ungenauen Analyse ein ganz bedeutender Fehler gemacht worden.
[2]) Dauber, Pogg. Ann. **100**, 579 (1857). Die von G. Seligmann (Z. Kryst. **6**, 227 (1881)) ausgeführten Messungen sind ungenauer.

Analysen.

	1.	2.	3.
δ	3,30	3,29	
Na_2O	12,84	—	0,93
K_2O	—	—	0,43
MgO	—	0,24	—
CaO	6,00	16,59	11,79
MnO	—	Spuren	—
FeO	1,40	0,73	—
PbO	—	3,82	—
Al_2O_3	37,84	34,95	39,57
Fe_2O_3	—	—	1,79
P_2O_5	17,80	15,70	16,15
SO_3	17,32	15,97	13,92
H_2O	6,80	12,21	14,74
Cl	Spur	—	—
	100,00	100,21	99,32

1. Svanbergit von Horrsjöberg, Wermland (Schweden); anal. L. J. Igelström, Öfv. af Ak. Förh. **11**, 156 (1854); Journ. prakt. Chem. **64**, 252 (1855); Z. Kryst. **27**, 602 (1897).

2. Svanbergit von Westanå bei Skåne in Schweden; anal. C. W. Blomstrand, Öfv. af Ak. Förh. **25**, 205 (1868).

3. Svanbergit von Horrsjöberg, Wermland; anal. Svensson bei C. W. Blomstrand, Öfv. af Ak. Förh. **25**, 197 (1868); Journ. prakt. Chem. **105**, 341 (1868).

Der Zusammensetzung der Analyse C. W. Blomstrands würde die Formel entsprechen:

$$2CaO . 3Al_2O_3 . P_2O_5 . 2SO_3 . 6H_2O.$$

In der Analyse L. J. Igelströms ist nach seinen eigenen Angaben der Wert von Na_2O und von H_2O nicht genau.

Nach den Untersuchungen von G. T. Prior[1]) ist aber nicht CaO in dem Mineral enthalten, sondern SrO. Es würden dann die Zahlen für Analyse 2 lauten:

	4.
MgO	0,24
MnO	Spuren
FeO	0,73
SrO	16,59
PbO	3,82
Al_2O_3	34,95
P_2O_5	15,70
SO_3	15,97
H_2O	12,21
	100,21

Und die Formel des Svanbergits lautet dann:

$$2SrO . 3Al_2O_3 . P_2O_5 . 2SO_3 . 6H_2O.$$

G. T. Prior wies dann auf die Ähnlichkeit mit Hamlinit, Plumbogummit und Beudantit hin (siehe bei Plumbogummit S. 521), die er zu einer Mineralgruppe zusammenfaßte.

Eigenschaften. Der Svanbergit kommt an manchen Fundorten in gut ausgebildeten Kristallen (Horrsjöberg), an manchen in derben Massen vor.

---

[1]) G. T. Prior, Min. Mag. **12**, 253 (1900).

Die Farbe des Minerals ist rötlichgelb bis braunrot. Letztere Färbung rührt von Eisenoxyd her, das nach H. Fischers[1]) Untersuchungen als streifenweise eingebettetes Pigment deutlich im Dünnschliff zu erkennen ist.

Die Härte liegt bei 5, die Dichte ist bereits angegeben.

Der Charakter der ziemlich starken Doppelbrechung ist nach A. Des Cloizeaux[2]) positiv.

Vor dem Lötrohre entfärbt sich der Svanbergit und gibt mit Kobaltsolution die Al_2O_3-Reaktion. Er schmilzt nur an den Kanten. Im Kölbchen gibt er viel Wasser ab.

In Säuren löst er sich nur teilweise auf.

Vorkommen. Das bestbekannte Vorkommen ist das von Horrsjöberg im Gneis, er ist begleitet von Cyanit, Lazulith, Pyrophyllit, Hämatit, Quarz, Damourit, Rutil u. a. Das Vorkommen von Westanå ist ganz ähnlich, hier sind Quarz und Hämatit die Hauptbegleitmineralien.

Nahe mit dem Svanbergit verwandt ist der wasserfreie aber kalkreichere Munkforrsit (siehe S. 580).

Hinsdalit (Blei-Aluminium-Sulfophosphat).

Kristallisiert: rhomboedrisch. $a : c = 1 : 1,2677$ nach E. S. Larsen.[3]) Nach den optischen Untersuchungen ist das Mineral aber nur pseudorhomboedrisch.

Analyse.

Der Hinsdalit ist eine Mischung von reinem (SrO-freiem) Hinsdalit mit Svanbergit, daher kann man das Mineral auch als Strontium-Hinsdalit bezeichnen.

	1.	2.	3.
δ	3,65	—	—
CaO	Spur	—	—
SrO	3,11	—	3,91
PbO	31,75	38,37	31,68
Al_2O_3	26,47	26,36	27,55
P_2O_5	14,50	12,21	12,76
SO_3	14,13	13,77	14,39
H_2O	10,25	9,29	9,71
	100,21	100,00	100,00

1. Hinsdalit von der Golden Fleece Mine, südlich von Lake-City, Hinsdale Co., Colorado; anal. W. T. Schaler, bei E. S. Larsen und W. T. Schaller, Am. Journ. [4], **32**, 251 (1911) und Z. Kryst. **50**, 103 (1912).

2. Theoretische Zusammensetzung nach der SrO-freien Formel.

3. Theoretische Zusammensetzung von 82,56% des reinen Bleiminerals und von 17,44% des reinen Strontiumminerals (Svanbergits).

Formel. Der reine SrO-freie Hinsdalit entspricht der Formel (Analyse 2):

$$2PbO . 3Al_2O_3 . 2SO_3 . P_2O_5 . 6H_2O.$$

Die analysierte Probe entspricht ungefähr dem unter Analyse 3 angegebenen Mengenverhältnisse.

[1]) H. Fischer, Z. Kryst. **4**, 374 (1880).
[2]) A. Des Cloizeaux, Ann. d. min. **14**, 349, 1858.
[3]) E. S. Larsen u. W. T. Schaller, Am. Journ. [4], **32**, 251 (1911) und Z. Kryst. **50**, 102 (1912).

Die 6 Moleküle H_2O gehören nach W. T. Schaller der Konstitution des Minerals an. Unter 390° entweicht kein Wasser, dies geschieht zwischen 400—600°.

Der Hinsdalit stellt die Bleiverbindung des Svanbergits (s. Anal. 4, S. 583) dar.

Eigenschaften. Das Mineral kommt in würfelähnlichen Rhomboedern und grobkristallinen Massen vor, die farblos bis dunkelgrau sind.

Die Härte ist ungefähr $4^1/_2$.

Optische Eigenschaften. Das Mineral zeigt optische Anomalien.

Die Werte von $2E$ variieren von 0—40°. Die Brechungsquotienten sind nach E. S. Larsen:

$$N_a = 1{,}670, \quad N_\beta = 1{,}671, \quad N_\gamma = 1{,}689.$$

Vor dem Lötrohre ist das Mineral unschmelzbar; von Säuren wird es nicht gelöst.

Vorkommen. Der Hinsdalit wurde in einem Gange mit Quarz, Baryt, Pyrit, Galenit, Tetraedrit und Rhodochrosit in den Picayuneschichten der vulkanischen Silvertonformation gefunden, die aus Tuffen, Lavaströmen und Intrusivgesteinen von Rhyolit, Latit und Andesit bestehen.

Der Hinsdalit ist verwandt mit:

Svanbergit . . . $2SrO . 3Al_2O_3 . 2SO_3 . P_2O_5 . 6H_2O$; rhomboedrisch $a:c = 1:1{,}2063$,
Hinsdalit . . . . $2PbO . 3Al_2O_3 . 2SO_3 . P_2O_5 . 6H_2O$ „ $a:c = 1:1{,}2677$,
Beudantit (Corkit) [1]) $2PbO . 3Fe_2O_3 . 2SO_3 . (P_2O_5, As_2O_5) . 6H_2O$ „ $a:c = 1:1{,}1842$.

Harttit (Strontium-Aluminium-Sulfophosphat).

Der Harttit wurde von E. Hussak als ein selbständiges Mineral der „Phosphatfavas" aus dem Gebiete von Minas Geraës in Brasilien erkannt.

Kristallisiert wahrscheinlich hexagonal.

Analyse.

	1.	2.
δ	3,14	—
CaO	2,80	2,19
SrO	16,80	17,17
CeO	1,02	—
Al_2O_3	33,66	34,40
TiO_2	1,42	—
P_2O_5	21,17	21,64
SO_3	11,53	11,78
H_2O	12,53	12,81
	100,93 [2])	99,99

1. Harttit aus den alten Flußablagerungen des Rio São Jose in Minas Geraës, Brasilien; anal. G. Florence bei E. Hussak, Tsch. min. Mit. **25**, 340 (1906).

2. Dieselbe Analyse nach Abzug des CeO und der TiO_2 als Verunreinigungen auf 100 % umgerechnet.

Aus dieser Analyse rechnete E. Hussak die **Formel:**

$$(Sr, Ca)O . 2Al_2O_3 . P_2O_5 . SO_3 . 5H_2O.$$

Warum bei diesem Mineral das CeO als Verunreinigung betrachtet wurde und nicht in Analogie mit dem Gorceixit (vgl. S. 517) das CeO auch zu den zweiwertigen Ca und Sr gerechnet wurde, also zum Mineral selbst gehörig, ist

---

[1]) Siehe S. 590.
[2]) Im Original steht 100,27; wahrscheinlich ist die Zahl für CaO falsch und muß diese richtig 2,26 heißen.

ein vollkommen willkürliches durch nichts gerechtfertigtes Vorgehen. Nimmt man schon CeO als ein durch CaO, SrO, BaO vertretbares Element an, wofür es nach G. Wyrouboff Gründe gibt, so besteht gar kein Grund, dies auch hier anzunehmen, die Formel würde dann in Übereinstimmung mit dem Gorceixit lauten:

$$(Sr, Ca, Ce)O . 2 Al_2O_3 . P_2O_5 . SO_3 . 5 H_2O.$$

Harttit und Gorceixit unterscheiden sich somit außer dem SO_3-Gehalt, auch dadurch, daß beim Harttit an Stelle des BaO das SrO tritt; da auch die physikalischen analog sind, ist die Isomorphie der beiden Mineralien sehr wahrscheinlich.

Der Harttit steht, wie E. Hussak hervorhebt, dem Svanbergit nahe, der nach G. T. Prior (siehe S. 583) ein Strontium und kein Calciumphosphat ist.

- **Eigenschaften.** Der Harttit ist stets fleischrot, seltener gelb oder weiß gefärbt und durchscheinend.

Die Härte ist nicht bestimmt, die Dichte ist aus dem bereits gegebenen Wert an einer anderen Probe von E. Hussak mit 3,21, von A. Damour,[1]) der diese Strontium-Phosphat-Favas mit den Barium-Phosphat-Favas für identisch hielt, mit 3,194 bestimmt worden.

Optische Eigenschaften. Unter dem Mikroskop erscheint der Harttit als ein kristallines, körniges Aggregat, in Hohlräumen finden sich Kristalle, die sechsseitige isotrope Täfelchen darstellen; da das Mineral optisch einachsig ist, so wird dem Harttit mit großer Wahrscheinlichkeit eine hexagonale Kristallform zukommen. Der Charakter der Doppelbrechung ist positiv.

Vor dem Lötrohre gibt das Mineral starke Heparreaktion.

In Salz- und Salpetersäure ist der Harttit unlöslich, von Schwefelsäure wird er zersetzt.

Vorkommen. Das Vorkommen ist ähnlich dem des Gorceixits, nur wurde niemals in einer Sandprobe, die Harttit enthielt, Gorceixit gefunden.

Diadochit und Destinezit (Ferri-Sulfophosphat).

Destinezit und Diadochit, die sich nur durch ihren Wassergehalt unterscheiden und vielfach für ein und dasselbe Mineral gehalten werden, indem der Diadochit einen zersetzten Destinezit darstellen würde, stehen höchstwahrscheinlich in dem Verhältnis Kristalloid (Destinezit) und Kolloid (Diadochit) zueinander.

1. Diadochit.

Das Mineral ist amorph.

Analysen.

	1.	2.	3.	4.
δ	—	—	2,22	2,10
MgO	—	—	Spur	Spur
CaO	—	—	0,30	0,15
Fe_2O_3	39,69	38,5	36,63	36,60
P_2O_5	14,82	17,0	16,70	17,17
As_2O_5	—	—	0,45	—
Sb_2O_5	—	0,5	—	—
SO_3	15,14	13,8	13,37	13,65
H_2O	30,35	30,2 [2])	32,43	32,20
Organische Substanz	—	—	—	Spur
	100,00	100,0	99,88	99,77

[1]) A. Damour, L'Institut 1853, 78.   [2]) Durch die Differenz bestimmt.

1. Diadochit-Sinterbildung von Arnsbach bei Schmiedefeld in Thüringen; anal. C. F. Plattner. Nach Privatmitteilung an C. F. Rammelsberg, Mineralchem. 1875, 361.

2. Diadochit von Huelgoat; anal. P. Berthier, Ann. d. min. 1858, nach A. Carnot, Bull. Soc. min. **3**, 41 (1880).

3. Glasiger Diadochit aus den Anthrazitgruben von Peychagnard-Isère; anal. A. Carnot, Bull. Soc. min. **3**, 40 (1880).

4. Erdiger Diadochit vom gleichen Fundorte; anal. wie oben.

Formel. Die Verhältniszahlen aus der Analyse von C. F. Plattner (Analyse 1) sind:

$$S:P:Fe:H_2O = 1:1,1:2,6:9,$$

woraus C. F. Rammelsberg die Formel rechnete:

$$2Fe_2S_3O_{12} . 3Fe_2P_2O_8 . 2H_6Fe_2O_6 . 48H_2O.$$

Der Diadochit von Isère hat nach A. Carnot die Zusammensetzung:

$$2Fe_2P_2O_8 . Fe_5S_3O_{15} . 30H_2O.$$

Eigenschaften. Der Diadochit ist ein Gel bald von glasiger, bald von erdiger Beschaffenheit; die Färbung ist braun bis gelblich braun, die glasigen Varietäten sind öfters durchscheinend bis durchsichtig.

Die Härte der glasigen Abart ist ca. 3. Die Dichte ist bereits angegeben.

Der Diadochit gibt beim Erhitzen saures Wasser ab; vor dem Lötrohre schmilzt er an den Kanten und gibt eine stahlgraue magnetische Masse. Das Mineral ist in Salzsäure löslich.

Vorkommen und Entstehung. Der Diadochit von Huelgoat kommt auf Grubenholz vor; er verdankt seine Entstehung der Einwirkung von Bleiphosphat auf Pyrit. Das von A. Carnot beschriebene Vorkommen ist nach seiner Ansicht durch die Verdampfung von Gewässern entstanden, die durch pyritreiche Sandsteinschichten, etwa 30 m mächtige Kalksteinschichten und Posidonienschiefer des unteren Lias fließen; die Temperatur der Anthrazitgrube, in der Diadochite sich gebildet haben, und die seit 100 Jahren nicht mehr in Betrieb steht, beträgt bis 70⁰.

F. Cornu und M. Lazarević[1]) halten den Diadochit für eine Adsorptionsverbindung, deren primäres Mineral der Stilpnosiderit (kristallisierter Limonit) ist und geben folgende Reihe:

primär (Stilpnosiderit): $2Fe_2O_3 + 3H_2O$.
sekundär (Delvauxit): $2Fe_2O_3 + P_2O_5 + aqu.$,
tertiär (Diadochit): $2Fe_2O_3 + P_2O_5 + 2SO_3 + aqu.$

Destinezit.

Kristallform: Monoklin (ähnlich dem Gips).

Analyse.

		5.
Fe_2O_3	. . . . .	37,60
P_2O_5	. . . . .	16,76
SO_3	. . . . .	18,85
H_2O	. . . . .	25,35
H_2O hygroskopisch	. .	0,30
kohliger Rückstand	. .	1,40
		100,26

[1]) F. Cornu u. M. Lazarević, Koll. Z.

5. Destinezit von Visé in Belgien; anal. G. Cesàro, Mém. Soc. géol. d. Belg. **12**, 173 (1885). Ref. Z. Kryst. **13**, 421 (1888).

Formel. Das Wasser beginnt nach den Untersuchungen des Analytikers bei 130° zu entweichen, aber erst bei Rotglut erhält man ein wasserfreies Produkt. Das Molekularverhältnis des Analysenmaterials war:

$$Fe_2O_3 : P_2O_5 : SO_3 : H_2O = 2:1:2:12.$$

Da man durch Kochen mit Wasser dem Mineral die gesamte Schwefelsäure entziehen kann, ohne daß sich Eisen und Phosphorsäure lösen, so schloß G. Cesàro, daß kein basisches Sulfat vorliegen kann und gab die Formel:

$$PO_4 \equiv Fe_2(HSO_4)OH) - O - (OH)(HSO_4)Fe_2 \equiv PO_4 + 10 H_2O.$$

Durch die Einwirkung von Wasser entsteht daraus:

$$PO_4 \equiv Fe_2(OH_2) - O - (OH_2)Fe_2 \equiv PO_4,$$

was der Zusammensetzung des Delvauxits (siehe S. 537) entspricht. Den Diadochit hält G. Cesàro für einen teilweise durch Wasser umgewandelten Destinezit, was nach der Art seines Auftretens sehr unwahrscheinlich ist; weit eher wird man wohl den Diadochit als die Gelform des Destinezits ansehen können.

Eigenschaften. Der Destinezit besteht aus gipsähnlichen mikroskopischen Täfelchen nach (010). Die Farbe des Minerals ist bräunlich, gelblich, bis rein weiß (Analysenmaterial). Die Doppelbrechung beträgt 0,026—0,030.

Die übrigen Eigenschaften wie bei Diadochit angegeben.

Vorkommen. Das Mineral bildet Knollen in einem Ton der Kohlenformation, der zahlreiche Quarzkriställchen und Glimmerblättchen enthält.

Beudantit (Blei-Ferri-Sulfophosphat).

Synonyma: Dernbachit, Corkit.

Kristallisiert trigonal.

Analysen.

1. Alte Analysen.

	1.	2.	3.	4.	5.	6.
δ	—	4,002	—	—	4,295	—
CuO	—	—	—	—	2,45	—
PbO . . .	24,47	26,92	23,43	26,09	24,05	27,37
Fe_2O_3 . . .	42,46	44,11	47,28	42,10	40,69	39,26
P_2O_5 . . .	1,46	13,22	2,79	16,83	8,97	8,71
As_2O_5 . . .	9,68	Spur	12,51	—	0,24	—
SO_3 . . .	12,31	4,61	1,70	2,34	13,76	14,72
H_2O . . .	8,49	11,44	12,29	12,62	9,77	9,94
	98,87	100,30	100,00	99,98	99,93	100,00

1. Beudantit von Horhausen in Rheinpreußen; anal. Percy, Phil. Mag. **37**, 161 (1850), bei C. F. Rammelsberg, Mineralchem. 1875, 332.

2. Beudantit von Dernbach bei Montabaur in Nassau; anal. R. Müller bei F. Sandberger, Pogg. Ann. **100**, 611 (1857).

3. Beudantit von Horhausen in Rheinpreußen; anal. R. Müller, wie oben.

Aus dieser Analyse berechnete F. Sandberger folgende Formel:

$$PbSO_4 \cdot Pb_3(PO_4)_2 \cdot 3FePO_4 \cdot 24H_2O.$$

Die Werte der Analyse 4 entsprechen diesen Zahlen.

5. Beudantit von Glendore bei Cork, Irland; anal. C. F. Rammelsberg, Pogg. Ann. **100**, 581 (1857); Mineralchem. 1875, 332.

C. F. Rammelsberg rechnete aus dieser Analyse die Formel:

$$4Fe_2O_3 \cdot 2PbO \cdot 3SO_3 \cdot P_2O_5 \cdot 9H_2O.$$

Analyse 6 entspricht dieser Zusammensetzung.

2. *Neuere Analysen.*

	7.	8.	9.
CuO	1,35	—	—
PbO	32,33	35,69	36,10
Fe_2O_3 . . .	34,61	34,18	34,51
P_2O_5	9,35	9,23	7,67
As_2O_5	Spur	—	—
SO_3	12,72	12,56	12,97
H_2O	8,45	8,34	8,75
Rückstand . .	0,56	—	—
	99,37	100,00	100,00

7. Beudantit von den Glendore-Eisenminen, Cork Co., Irland (Fundort nicht ganz sicher, das Handstück, dem das Analysenmaterial entstammte, hat größere Ähnlichkeit mit dem Vorkommen von Dernbach als von Glendore); anal. E. G. J. Hartley, Z. Kryst. **34**, 126 (1901).

8. Dieselbe Analyse nach Abzug des Rückstands und Umrechnung des CuO in die äquivalenten Mengen von PbO auf 100 % umgerechnet.

9. Die Zahlen der von E. G. J. Hartley gerechneten Formel.

Formel und Konstitution. C. F. Rammelsberg[1]) rechnete aus den älteren Analysen folgende Verhältniszahlen:

S : P(As) : Fe : Pb(Cu) : H_2O

Analyse 1:	1,5	: 1	: 2,5	: 1,0	: 4,5
„ 2:	1	: 3,2	: 4,76	: 2,1	: 11,0
„ 3:	0,2	: 1,4	: 2,8	: 1	: 6,5
„ 5:	1,34	: 1	: 2	: 1,09	: 4,24

E. G. J. Hartley rechnete aus seiner Analyse die Formel (Zahlen unter Analyse 9):

$$3PbO \cdot 4Fe_2O_3 \cdot P_2O_5 \cdot 3SO_3 \cdot 9H_2O \quad \text{oder} \quad 3PbSO_4 \cdot 2FePO_4 \cdot 6Fe(OH)_3.$$

Nach ihm ist es auffällig, daß mehrere Analytiker ungefähr 12 % SO_3 erhielten und er nahm an, daß R. Müller bei seinen Analysen (2 und 3), die bedeutend weniger SO_3 gaben, entweder einen Fehler gemacht habe, oder ihm ein anderes Mineral vorgelegen habe.

G. T. Prior[2]) zieht für Beudantit der Formel E. G. J. Hartleys eine andere vor:

$$2PbO \cdot 3Fe_2O_3 \cdot P_2O_5 \cdot 2SO_3 \cdot 6H_2O \quad \text{oder} \quad PbSO_4 \cdot FePO_4 \cdot Fe_2(OH)_6,$$

---

[1]) C. F. Rammelsberg, Mineralchem. 1875, 332.
[2]) G. T. Prior, Min. Mag. **12**, 251 (1900).

die der Formel für Hamlinit entspricht [SrHPO$_4$. AlPO$_4$. Al$_2$(OH)$_6$] und der folgende Werte entsprechen:

$$
\begin{array}{ll}
\text{PbO} & 33{,}37 \\
\text{Fe}_2\text{O}_3 & 35{,}93 \\
\text{P}_2\text{O}_5 & 10{,}63 \\
\text{SO}_3 & 11{,}99 \\
\text{H}_2\text{O} & 8{,}08 \\
\hline
& 100{,}00
\end{array}
$$

und die mit der Analyse E. G. Hartleys gut übereinstimmt. G. T. Prior weist auf die Ähnlichkeit des Beudantits mit Hamlinit, Svanbergit, Plumbogummit und Florencit (man kann noch den Gorceixit hinzufügen) hin und er faßt diese Mineralien als eine Mineralgruppe zusammen (siehe bei Plumbogummit Seite 521).

Eigenschaften. Der Beudantit tritt in grünen, gelbgrünen und bräunlich-grünen Kristallen von verschiedener Färbungsintensität auf; er ist nur selten etwas durchscheinend.

Die Härte des Minerals ist ungefähr 4; die Dichte ist bereits angegeben.

Der Charakter der Doppelbrechung ist positiv nach E. Bertrand.[1] Die Doppelbrechung ist mittelstark. Nach H. A. Miers,[2] der E. G. Hartleys Analysenmaterial optisch untersuchte, vermag man vom Beudantit von Cork nicht zu sagen, ob er optisch einachsig oder zweiachsig sei.

Vor dem Lötrohre schmilzt das Mineral von Dernbach leicht,[3] das von Cork ist unschmelzbar und färbt sich rot.[4]

In Salzsäure ist das Mineral löslich.

Da die Analysen Verschiedenheiten aufweisen, so hat man vom Beudantit die Varietäten Dernbachit und Corkit abgetrennt; auf Grund der optischen Übereinstimmung, wie sie E. Bertrand gab, hat man die Abtrennung indessen wieder aufgegeben. Verschieden und unerklärt bleibt allerdings das Lötrohr-verhalten. A. Lacroix[5] bezeichnet die As$_2$O$_5$ freie Komponente als Korkit, die P$_2$O$_5$ freie als Beudantit.

Vorkommen. Das Mineral kommt auf Eisenerzlagern (hauptsächlich Limonit-lagern) zusammen mit Limonit, Hämatit und Quarz vor.

Verbindungen von Silicaten und Phosphaten (Silicophosphate).

Die Silicophosphate, die in der Thomasschlacke eine so wichtige Rolle spielen (vgl. den Aufsatz E. Dittlers S. 364), haben unter den natürlichen Vorkommen nur einen bzw. zwei Vertreter, und deren Zusammensetzung ist noch recht zweifelhaft und die Möglichkeit vorhanden, daß es sich um ein Gemenge handelt; der eine ist der

[1] E. Bertrand, Bull. Soc. min. **4**, 237 (1881).
[2] H. A. Miers, Z. Kryst. **34**, 131 (1901).
[3] Nach F. Sandberger, Pogg. Ann. **100**, 611 (1857). — C. F. Rammelsberg, Mineralchemie 1875, 332.
[4] Nach C. F. Rammelsberg, Pogg. Ann. **100**, 581 (1857); Mineralchemie 1875, 332.
[5] A. Lacroix, Min. de France **4**, 596 (1910).

Erikit.

Die Kristalle dieses Minerals sind nicht homogen.

Kristallisiert rhombisch. $a:b:c = 0,5755:1:1,5780$ nach O. Böggild.

Analyse.

$$\delta \quad \ldots \ldots \ldots \quad 3,493$$

Na_2O	5,63
CaO	1,81
Al_2O_3	9,28
Ce_2O_3	
La_2O_3	40,51
Di_2O_3	
SiO_2	15,12
ThO_2	3,26
P_2O_5	17,78
H_2O	6,28
	99,67

Erikit aus dem Nephelinsyenit des Berges Nunarsinatick am Tunugdliarfik-Fjord in Grönland; anal. Chr. Christensen bei O. B. Böggild, Meddelelser om Grönland **26**, 93 (1903). Ref. Z. Kryst. **41**, 426 (1906) und N. JB. Min. etc. 1905, II, 190.

Aus dieser Analyse rechnete O. B. Böggild die empirische **Formel**:

$$4\,(Ce,\ La,\ Di)_2O_3 \cdot 3\,Al_2O_3 \cdot CaO \cdot 3\,Na_2O \cdot 8\,SiO_2 \cdot 4\,P_2O_5 \cdot 11\,H_2O \,.$$

Vom H_2O gehen $1,29\,^0/_0$ bei 110^0 weg. Bei der Einwirkung der (feuchten) Luft wird diese Wassermenge wieder aufgenommen.

Das Erikitmaterial, das zur Analyse verwendet wurde, ist nicht rein; es enthält Hydronephelit beigemengt, von dem es nicht getrennt werden konnte; die Formel besagt daher wenig, und es muß dahingestellt bleiben, ob es sich hier wirklich um ein Silicophosphat handelt, oder ob nicht alle Kieselsäure auf Rechnung des Hydronephelits zu setzen ist. Eine Entscheidung wird noch dadurch erschwert, als nach O. B. Böggilds Ansicht die Kristallform nicht dem Mineral selbst angehört, sondern eine Pseudomorphose vorliegt.

Eigenschaften. Die prismatischen Kristalle des Erikits, der keine Spaltbarkeit zeigt, sind gelblichbraun und dunkelgräulichbraun gefärbt, häufig treten beide Farbentöne an ein und demselben Kristall auf.

Die Härte liegt zwischen $5\,^1/_2$ und 6; die Dichte ist bereits angegeben.

Nach den Untersuchungen mittels des Mikroskops bestehen die Kristalle aus einer stark licht- und doppelbrechenden gelben Substanz und einer weniger stark licht- und doppelbrechenden farblosen Substanz; stellenweise fehlt die weiße (farblose) Substanz, die von O. B. Böggild als Hydronephelit gedeutet wird.

Erhitzt entweicht H_2O und die Farbe wird gelblichweiß. Vor dem Lötrohre ist der Erikit zu weißem Email schmelzbar.

In Säuren wird er ohne Gelatinieren gelöst.

O. B. Böggild versuchte das Mineral in eine systematische Stellung zu bringen und reihte es in eine Gruppe mit Euxenit, Polykras, Derbylith, Wöhlerit, Steenstrupin u. a. ein.

Vorkommen. Der Erikit wurde in Pegmatitgängen im Nephelinsyenit, speziell im Lujaurit und auch im Sodalithsyenit (seltener) gefunden. Der Lujaurit, in dem er teils eingewachsen ist, teils frei in Drusenräume hinein-ragt, besteht aus Arfvedsonit, nadeligem Ägirin und jüngerem Analcim und Natrolith. Als Begleitmineral, mit dem aber Erikit niemals in direkter Be-rührung vorkommt, wäre noch Steenstrupin zu nennen.

Die Kristalle sind Pseudomorphosen nach einem anderen nicht näher bestimmbaren Mineral.

———

Hier sei ein erst in neuester Zeit entdecktes Mineral angeschlossen, das ein

Carbonato-Sulfo-Silicophosphat

darstellt, das einzige Mineral, das vier Säuren enthält. Über seine Konstitution ist allerdings noch ziemlich wenig bekannt.

Wilkeit (Calcium-Carbonato-Sulfo-Silicophosphat).

Kristallisiert hexagonal. $a:c = 1:0,730$ (angenähert) nach A. S. Eakle und A. F. Rogers.[1])

Analyse.

$$
\begin{array}{lr}
\delta & 3,334 \\
CaO & 54,44 \\
MnO & 0,77 \\
CO_2 & 2,10 \\
SiO_2 & 9,62 \\
P_2O_5 & 20,85 \\
SO_3 & 12,28 \\
H_2O & \text{Spur} \\
\hline
& 100,06
\end{array}
$$

Wilkeit von Crestmore, westlich von Riverside in der gleichnamigen Provinz in Südkalifornien; anal. A. S. Eakle und A. F. Rogers; Am. Journ. (4) **37**, 265 (1914).

Konstitution und Formel. Die Analyse führt auf das Molekularverhältnis

$$Ca + Mn : P_2O_5 : SiO_2 : SO_3 : CO_2$$
$$20 \quad : 2,9 : 3,2 : 3,1 : 1$$

was so ziemlich der Zusammensetzung entspricht:

$$20\,CaO \cdot 3\,P_2O_5 \cdot 3\,SiO_2 \cdot 3\,SO_3 \cdot CO_2 .$$

Die beiden Forscher schreiben danach die Formel:

$$3\,Ca_3(PO_4)_2 \cdot 3\,Ca_2SO_4 \cdot 3\,CaSO_4 \cdot CaCO_3 \cdot CaO ,$$

oder in Annäherung an die Apatitgruppe:

$$3\,Ca_3(PO_4)_2 \cdot CaCO_3 \cdot 3\,Ca_3[(SiO_4)\,(SO_4)] \cdot CaO .$$

———

[1]) A. S. Eakle u. A. F. Rogers, Am. Journ. (4) **37**, 265 (1914).

A. S. Eakle und F. Rogers glauben nämlich, daß der Wilkeit, dessen physikalische Eigenschaften Beziehungen zur Apatitgruppe erkennen lassen, auch chemisch diesem nahe stehe.

Im Wilkeit ist nach ihnen das zusammengestellte Radikal $[(SiO_4)(SO_4)]$ äquivalent dem $(P_2O_8)^{VI}$. Das Fluor der Formel $3Ca_3(PO_4)_2 . CaF_2$ kann ersetzt sein durch Oxyde, Sauerstoff oder CO_3; der Ersatz des $(PO_4)_2$ durch das (wohl recht theoretische!) Radikal $[(SiO_4)(SO_4)]$ erklären sie durch die Tatsache, daß die beiden angenommenen Radikale nahezu das gleiche Molekulargewicht und die gleiche Wertigkeit haben. Auch hat der Wilkeit nahezu das gleiche Molekularvolumen wie der Apatit.

Ob Wilkeit eine isomorphe Mischung von:

$$3Ca_3(PO_4)_2 CaCO_3 \text{ und } 3Ca_3[(SiO_4)(SO_4)] . CaO$$

oder

$$3Ca_3(PO_4)CaO \text{ und } 3Ca_3[(SiO_4)(SO_4)]CaCO_3$$

ist, oder ob ein Doppelsalz dieser Verbindungen vorliegt, ist unentschieden. Die Verhältnisse ergeben sich angenähert:

$$Ca_3(PO_4)_2 : CaSiO_4 : CaSO_4 = 1:1:1,$$

welche Übereinstimmung aber auch eine nur zufällige sein kann.

Wilkeit ist dadurch bemerkenswert, daß es das einzige Mineral mit vier Säureradikalen ist, wie die beiden Forscher hervorheben.

Nach der Beschreibung scheint es sehr wahrscheinlich, daß ein Gemenge vorgelegen habe.

Eigenschaften. Der Wilkeit bildet Körner im Kalk und prismatische Kristalle; die Farbe ist blaßrosarot, sehr selten gelblich. Die Härte liegt bei 5. Das Mineral ist durchscheinend bis fast durchsichtig; harziger Glanz; die Prismenflächen zeigen Diamantglanz.

Optische Eigenschaften. Der Brechungsindex wurde bestimmt:

$$N_m = 1,640 \pm 0,005 .$$

Die Doppelbrechung ist $N_\gamma - N_\alpha = 0,004$ und von negativem Charakter.

Das Mineral löst sich leicht in Salz- und Salpetersäure; ein Teil der SiO_2 hinterbleibt dabei in Flocken. In Salpetersäure erhitzt, entweicht CO_2 unter Aufbrausen.

Vor dem Lötrohre schmilzt das Mineral erst über dem 5. Grad der Schmelzskala. Bei starkem Erhitzen wird es farblos und nimmt beim Erkalten eine blasse, bläulichgrüne Farbe an.

Vorkommen. Der Wilkeit kommt als Kontaktprodukt in einem metamorphosierten Kalke am Kontakt zwischen Kalkstein und Diorit vor; Begleitmineralien sind Diopsid und Vesuvian.

Umwandlung. Der Wilkeit ist oft in ein weißes undurchsichtiges Mineral umgewandelt, das als Okenit bestimmt wurde; man kann alle Stufen dieser Umwandlung beobachten und es treten vollständige Pseudomorphosen von Okenit nach Wilkeit auf. Diese Umwandlung schreiben A. S. Eakle und A. F. Rogers dem magmatischen Wasser zu und glauben nicht, daß es sich bei dieser Umwandlung, bei der Sulfat weggeführt und eine Anreicherung von SiO_2 und H_2O stattfindet, um einen gewöhnlichen Verwitterungsvorgang handelt.

Borophosphat.

Ein solches war bisher nur sehr ungenügend bekannt; in letzter Zeit hat eine Neuuntersuchung die Existenz einer solchen Verbindung bestätigt.

Lüneburgit.

Kristallform wahrscheinlich **monoklin** nach O. Mügge.

Analysen.

	1.	2.	3.
MgO . . .	25,3	25,13	25,16
CaO . . .	—	0,15	—
B_2O_3 . . .	12,7	12,90	12,88
P_2O_5 . . .	29,8	29,61	29,53
H_2O . . .	32,2	32,16	32,43
	100,0	99,95	100,00

1. Lüneburgit bei Lüneburg; anal. C. Noellner; Sitzber. Bayr. Ak. 1870, I, 291.
2. Lüneburgit vom gleichen Vorkommen; anal. W. Biltz und E. Marcus, Z. anorg. Chem. **77**, 126 (1912).
3. Zahlenwerte nach der von ihnen berechneten Formel.

Formel und Konstitution. Nach C. Noellners Untersuchungen enthielt sein Analysenmaterial 0,7 % Fluor, das bei trockener Glühhitze entweicht.

Auch W. Biltz u. E. Marcus wiesen Spuren hiervon nach.

C. Noellner hat die Formel

$$3\,MgO \cdot B_2O_3 \cdot P_2O_5 \cdot 8\,H_2O$$

oder

$$(2\,MgO,\ H_2O)P_2O_5 + MgO \cdot B_2O_3 + 7\,H_2O$$

gegeben.

Die Werte der beiden Analysen, die sehr gut untereinander übereinstimmen, stimmen aber nicht ganz mit dieser Formel überein, und W. Biltz und E. Marcus rechneten folgende Zusammensetzung ans (Zahlen Analyse 3):

$$Mg_3(PO_4)_2 \cdot 1{,}77\,H_3P_3O_3 \cdot 6\,H_2O.$$

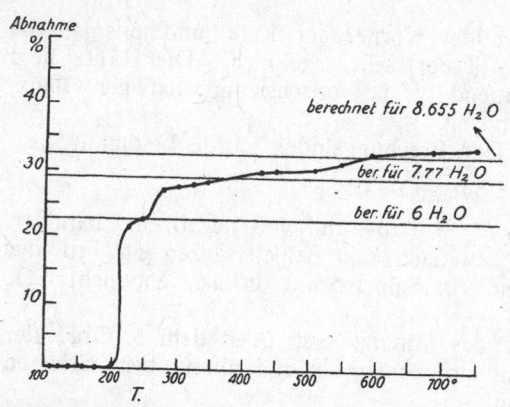

Fig. 11. Entwässerungskurve des Lüneburgit nach W. Biltz und E. Markus.

$P_2O_5 : MgO = 1 : 3$ und $H_2O : P_2O_5 = 6 : 1$, wenn man von dem Wasserfaktor so viel subtrahiert, wie zur vollständigen Hydratisierung des gefundenen B_2O_3 nötig ist. Die Orthoborsäure läßt sich in kein rationales Verhältnis mit den anderen Bestandteilen bringen. Daß 6 Mole Wasser eine Sonderstellung im Minerale einnehmen, zeigt die nebenstehende Dehydrationskurve. Man sieht daran, daß nach Verlust von 6 Molen Wasser (22,5 %) eine Verlangsamung der weiteren Wasserabgabe erfolgt; eine weitere Verlangsamung findet bei 29,1 % H_2O, dem Übergange der Orthoborsäure in die Metaborsäure statt.

Die Borsäure kann nun entweder dem Magnesiumphosphat chemisch zugerechnet sein und der Lüneburgit das Hexahydrat des tertiären Magnesiumsalzes einer komplexen Borophosphorsäure: $Mg_3[(PO_4)_2(H_3BO_3)_{1,77}].6H_2O$ sein; oder es kann sich um Mischkristalle zwischen den beiden Mineralkonstituenten handeln. Für erstere Möglichkeit spricht die bekannte Fähigkeit der Borsäure, sich mit anderen Säuren zu Heteropolysäuren zu vereinigen; für die Annahme von Mischkristallen spricht die kristallographische Ähnlichkeit, die allerdings nicht sehr groß zu sein scheint.

Hier können nach Ansicht von W. Biltz und E. Marcus synthetische Versuche Klärung bringen.

Daß die Borsäure nicht als freier Gemengteil vorliegen könne, zeigten die beiden Forscher dadurch, daß durch Kochen mit Wasser oder Alkohol nic mchr als Spuren von Phosphorsäure extrahierbar seien.

Eigenschaften. Der Lüneburgit bildet weiße Knollen,[1] die im Innern kristallisiert sind und aus blätterigen oder faserigen Aggregaten bestehen, die Ähnlichkeit mit Fasergips haben.

Dichte und Härte sind nicht angegeben.

Die optischen Eigenschaften hat O. Mügge[2] untersucht: Achsenwinkel klein, Doppelbrechung negativ. $N_m = 1,53$ ungefähr.

Beim Erhitzen trübt sich das Mincral.

Vorkommen. Der Lüneburgit tritt als Mutterlaugenbildung bei Lüneburg auf.

---

[1] Vogler, Tagebl. d. 45 Ver. dtsch. Naturf. u. Ärzte. 1872, 60.
[2] O. Mügge bei W. Biltz und E. Marcus, Z. anorg. Chem. **77**, 176 (1912).

ARSEN (As).

Übersicht.

Von C. Doelter (Wien).

Arsen kommt in der Natur sowohl in gediegenem Zustande, als auch in Verbindungen vor. Letztere sind zum Teil Oxyde und Oxysalze, zum Teil sind es Verbindungen mit Schwefel allein, Arsenide, d. h. Sulfide oder zum Teil Verbindungen mit Metallen, oder endlich gibt es auch Verbindungen, in welchen Metalle an Schwefel und Arsen gebunden sind, also Doppelsulfide und Sulfosalze, in welchen letzteren komplexe Arsensulfosäuren angenommen werden. Auch einzelne Legierungen mit Antimon sind bekannt.

Unter den Oxyden ist der Arsenolith zu nennen. Die Oxydsalze sind zumeist Salze der Arsensäure H_3AsO_4, seltener der arsenigen Säure (Arsenite). Für die Arsenate haben wir ähnliche Verhältnisse, wie für die Phosphate; die Arsensäure ist der Orthophosphorsäure ähnlich zusammengesetzt.

$$O = P\begin{cases} OH \\ OH \\ OH \end{cases} \qquad O = As\begin{cases} OH \\ OH \\ OH \end{cases}$$

Die Salze sind daher oft isomorph und haben wir eine Anzahl von isomorphen Gruppen phosphorsaurer und arsensaurer Salze. Die Einteilung der arsensauren Salze ist eine ähnliche, wie die der phosphorsauren. Man unterscheidet gewöhnlich wasserfreie Salze, Chlor bzw. fluorführende wasserfreie und wasserführende Salze (Hydroarsenate), welche zum Teil Konstitutionswasser enthalten (Hydroxyl) und basische Salze sind, zum Teil aber nur Kristallwasser enthalten, oder auch beides.

Endlich reiht sich hieran die Gruppe von Arsenaten, welche noch eine weitere Säure enthalten: nämlich Schwefelsäure.

Die Einteilung erfolgt hier schon wegen der Unsicherheit der Konstitution besser nach Metallen, also wie es bisher auch bei anderen Säuren geschehen ist, bei Kohlensäure, Kieselsäure, Phosphorsäure usw.

Gediegen Arsen.

Von H. Michel (Wien).

Synonyma: Cobaltum testaceum, Scherbenkobalt, Fliegenkobalt, Näpfchenkobalt.

Polymorph, es tritt in der Natur nur in der stabilsten Form, in der rhomboedrischen Klasse kristallisierend auf:

$$a:c = 1:1, 4013 \text{ (nach V. v. Zepharovich)}.$$

Habitus der Kristalle würfelähnlich; feinkörnige bis stengelige Aggregate, auch nierenförmige Aggregate mit plattig schaligem Bau bildend.

Analysen.

Analysen sind nur in geringer Zahl von natürlichen Vorkommen bekannt, obwohl das gediegene Arsen auf Erzgängen in der Natur eine außerordentlich große Verbreitung hat; die Menge ist allerdings meist gering.

	1.	2.	3.	3a.	4.
δ . . .	—	—	—	—	5,74
As . . .	98,78	92,80	90,91	96,13	98,14
Sb . . .	Spur	2,28	1,56	Spur	1,65
Ag . . .	Spur	—	—	—	—
Fe . . .	—	1,60	2,07	} 2,74	—
Ni . . .	—	0,26	4,64		—
S . . .	—	1,06	—	—	0,16
SiO$_2$ . . .	—	—	0,55	—	—
Unlöslich .	—	—	—	—	0,15
	98,78	98,00	99,73	98,87	100,10

1. Gediegen Arsen von Markirch im Elsaß; anal. C. Madelung, Inaug.-Diss. (Göttingen 1862), 13.
2. „Unregelmäßig gestaltete Platten und Knollen" von gediegen Arsen von Marienberg in Sachsen; anal. A. Frenzel, N. JB. Min. etc. 25 (1873).
3. Feinkörniges Arsen aus dem Geschiebergange in Joachimstal; anal. J. Janovsky in V. v. Zepharovich, Min. Lex. 35 (1859).
3a. Kristallnadeln in feinkörnigem Arsen des gleichen Fundortes; anal. wie oben.
4. Gediegen Arsen von Mount Royal bei Montreal; anal. N. N. Evans, Am. Journ. [4], 15, 92 (1903).

Chemische Eigenschaften.

Aus den Analysen ist ersichtlich, daß stets eine Beimengung von Antimon in dem in der Natur auftretenden Arsen vorhanden ist und daß auch Fe, Ni, S bisweilen als Verunreinigungen auftreten. An der Luft oxydiert das metallische Arsen bei normaler Temperatur und überzieht sich mit einer mattgrauen Schicht an der Oberfläche. An der Luft erhitzt, verbrennt es mit bläulichweißer Flamme zu Arsensesquioxyd. In fein verteiltem Zustande entzündet es sich im Chlorgas und verbrennt zu Chlorarsen. In Wasser ist das Arsen unlöslich, aber bei Gegenwart von Wasser und Luft bildet sich arsenige Säure, die in Wasser gelöst wird. Von HCl wenig angreifbar, wird es von HNO$_3$ in der Wärme leicht aufgelöst; dabei bildet sich wiederum arsenige Säure. Auch durch Bromwasser zu Arsensäure löslich. Von H$_2$SO$_4$ wird es unter Entwickelung von Schwefeldioxyd zu arseniger Säure oxydiert und gelöst.

Vor dem Lötrohre auf Kohle verflüchtigt sich As unter Knoblauchgeruch und gibt ohne zu schmelzen einen weißen Beschlag; in der Reduktionsflamme verflüchtigt sich der Beschlag, wobei sich die Flamme blau färbt. Im Kölbchen bildet sich ringförmiger, grauweißer Beschlag (Arsenspiegel). Nach J. Lemberg[1] scheidet sich aus konzentrierter Silberacetatlösung durch Arsen schwarzes metallisches Silber ab, wobei sich gleichzeitig gelbes arsenigsaures Silber bildet.

---

[1] J. Lemberg, Z. Dtsch. geol. Ges. 46, 791 (1894).

Physikalische Eigenschaften.

Das Arsen tritt in mehreren allotropen Modifikationen auf; über die Zahl der zu unterscheidenden Modifikationen, über die teilweise Identität der einzelnen Modifikationen herrschen widersprechende Ansichten; wie schon erwähnt, kommt in der Natur die stabilste Form, das rhomboedrische, metallglänzende Arsen vor. Neben dieser Modifikation kennt man noch eine andere in der Natur auftretende Form, die zuletzt mit dem Namen Arsenolamprit belegt wurde und im Anschlusse an die einzelnen Modifikationen behandelt werden soll.

Das Atomgewicht des Arsens wird nach den verschiedenen Bestimmungen von E. Ebaugh zwischen den Grenzen 74,95 und 75,09 angegeben, der Wert 75,00 gibt also ein gutes Mittel zwischen den Grenzwerten. (Von R. Brauner in R. Abeggs Handbuch III. Bd., 3. Tl., S. 494 vorgeschlagen.) Die internationale Atomgewichtskonferenz 1913 gibt die Zahl 74,96 an.

Spektrum. Das Spektrum des Arsens ist durch Arbeiten von R. Thalén, H. Kayser und C. Runge, F. Exner und E. Hatschek, A. Hagenbach und H. Konen, Herpertz genau bekannt und zwar sowohl das Bogen- als auch das Funken- und das Geißlerrohrspektrum. Die stärksten und bezeichnendsten Linien sind im roten, grünen und ultravioletten Teil zu treffen, die meisten mittelstarken im blauen Teil.

Das Spektrum besitzt eine auffällige Struktur und es besteht anscheinend eine gesetzmäßige Gruppierung vieler Linien; es lassen sich die Linien in Reihen ordnen, die sich um konstante Schwingungsdifferenzen unterscheiden.

Unter gewissen Umständen tritt auch ein allerdings sehr lichtschwaches Bandenspektrum auf, mit drei schwachen Banden in Rot und Grün.

Hinsichtlich der sonstigen physikalischen Eigenschaften sind nicht alle Modifikationen gleich gut bekannt. Die meisten Untersuchungen liegen über das metallische, rhomboedrisch kristallisierende Arsen vor.

Rhomboedrisches Arsen

in der Natur als gediegen Arsen vorkommend.

Härte über 3, spröde.

Glanz. Metallglanz, nur auf frischen Flächen, Farbe grau-zinnweiß, meist dunkelgrau bis schwarz, undurchsichtig.

Spaltbarkeit vollkommen nach (0001), unvollkommen nach (01$\bar{1}$2).

Strich. Strich deutlich braun.[1]

Dichte. Die Angaben wechseln stark, es schwanken die Werte zwischen 5,395—5,959 für verschiedene Vorkommen; 5,726—5,728 bei 14° nach A. Bettendorf,[2] nach dem Schmelzen fand F. R. Mallet[3] den Wert $\delta = 5,701$ bei 19°, 5,777 ist am Vorkommen von Valtellina gefunden, das etwas reichlicher Antimon enthält (D. Bizarri und G. Campani).

Schmelzpunkt. Bei gewöhnlichem Druck verdampft das Arsen, ohne vorher zu schmelzen, es ist also der Schmelzpunkt nur durch Druck realisierbar und

---

[1] J. L. C. Schroeder van der Kolk, ZB. Min. etc. 1901, 75.
[2] A. Bettendorf, Ann. d. Chem. **144**, 112 (1867).
[3] F. R. Mallet, Ch. N. **26**, 97 (1872).

wurde von H. Landolt[1]) durch Versuche in zugeschmolzenen Glasröhren bei schwacher Glühhitze erreicht. Nach F. R. Mallet[2]) liegt der Schmelzpunkt zwischen dem des Silbers und des Antimons, also zwischen 970^0 und 630^0, während W. P. A. Jonker[3]) Arsen in geschlossenen Röhren auf Temperaturen oberhalb 800^0 erhitzen konnte, ohne daß es schmolz.

Sublimationspunkt. Schon bei gewöhnlicher Temperatur ist ein merklicher Dampfdruck zu beobachten. Nach R. Engel[4]) sublimiert das As unter 360^0 nicht, G. M. E. Conechy[5]) gab als Verdampfungspunkt $449,5^0$ als Mittelwert von 446 und 457^0 an, W. P. A. Jonker[6]) beobachtete bei $400-450^0$ Sublimation, fand jedoch die Sublimationstemperatur, bei der unter Erhaltung der konstanten Temperatur die gesamte Substanz verdampft, zu 616^0. H. Erdmann und R. Reppert[7]) geben als Sublimationstemperatur $360-365^0$ an. Nach F. Krafft und A. Knocke,[8]) welche Versuche im Vakuum angestellt haben, beginnt im Vakuum die Sublimation bei 96^0; bei 325^0 tritt lebhaftes Sublimieren ein, in einer halben Stunde verdampft mehr als die Hälfte der Substanz. Bei normalem Druck beobachteten sie bei Temperaturen von $554-560^0$ lebhaftes Sublimieren.

Spezifische Wärme. V. Regnault[9]) fand für Temperaturen zwischen 12^0 und 98^0 die Werte 0,08141 und 0,08137, F. Neumann[10]) gibt für $10-18^0$ 0,0822 an, A. Bettendorf und A. Wüllner[11]) fanden 0,0830 für Temperaturen zwischen ca. 20^0 und 70^0, Th. W. Richards und F. G. Jackson[12]) geben für Temperaturen zwischen $-185,9^0$ und $19,4^0$ den Wert 0,0705 an, J. Dewar[13]) bestimmte die spezifische Wärme bei 50^0 absoluter Temperatur und fand sie zu 0,0258, A. Wiegand[14]) ermittelte für Temperaturen zwischen 0^0 und 100^0 für Arsen vom spezifischen Gewichte 5,87 den Wert 0,0822.

Wärmeleitfähigkeit. Nach E. Jannetaz[15]) ist die Wärmeleitfähigkeit parallel der Basis $1^1/_2-2$ mal so groß wie parallel der Hauptachse.

Linearer Ausdehnungskoeffizient bei 40^0 0,00000559, bei 50^0 0,00000602, mittlerer Zuwachs desselben für 1^0 $\frac{1}{0,0000000432}$, Verlängerung der Längeneinheit von 0 bis 100^0 0,000602, nach H. Fizeau.[16])

Oxydationswärme. Nach einer Bestimmung von E. Petersen[17]) beträgt die Oxydationswärme 1568,3 Cal.

Elektrische Leitfähigkeit. (Reziproker Wert des in Ohm ausgedrückten Widerstands von einem Zentimeterwürfel der Substanz, für Quecksilber bei

[1]) H. Landolt, N. JB. Min. etc. 1859, 733.
[2]) F. R. Mallet, Ch. N. **26**, 97 (1872).
[3]) W. P. A. Jonker, Z. anorg. Chem. **62**, 89 (1909).
[4]) R. Engel, C. R. **96**, 497 (1883).
[5]) G. M. E. Conechy, Ch. N. **41**, 189 (1880).
[6]) W. P. A. Jonker, Z. anorg. Chem. **62**, 89 (1909).
[7]) H. Erdmann u. R. Reppert, Z. anorg. Chem. **32**, 437 (1902).
[8]) F. Krafft u. A. Knocke, Ber. Dtsch. Chem. Ges. **42**, 202 (1909).
[9]) V. Regnault, Ann. chim. phys. **73**, 5 (1840).
[10]) F. Neumann, Pogg. Ann. **126**, 123 (1865).
[11]) A. Bettendorf u. A. Wüllner, Pogg. Ann. **133**, 293 (1868).
[12]) Th. W. Richards u. F. G. Jackson, Z. f. phys. Chem. **70**, 414 (1910).
[13]) J. Dewar, Proc. Roy. Soc. **89**, 158.
[14]) A. Wiegand, Ann. d. Phys. [4] **22**, 64 (1907).
[15]) E. Jannetaz, Bull. Soc. min. **15**, 136 (1892).
[16]) H. Fizeau, C. R. **68**, 1125 (1869).
[17]) E. Petersen, Z. f. phys. Chem. **8**, 604 (1891).

$0^0 = 1,063 \times 10^4$.) Nach A. Mathiesen und v. Bose[1]) für $0^0 = 2,85 \times 10^4$, für $100^0 = 1,99 \times 10^4$. Diese Werte sind in folgender Weise von der Temperatur abhängig: $k_t = k_0 (1 + a\,t + b\,t^2 + c\,t^3)$, wobei für As von A. Mathiesen und v. Bose gefunden wurden: für $a = 0,0038996$, $b = 0,000008879$. Aus der Leitfähigkeit läßt sich der Leitungswiderstand ableiten und ergibt sich nach den Tabellen von Landolt-Börnstein mit $10^7\,w = 370$ für As. (Der Widerstand eines Drahtes von 1 km Länge und 1 qmm Querschnitt beträgt $10^7\,w$ Ohm.) Nach F. Beijerinck[2]) ist der in der Natur vorkommende Scherbenkobalt ein guter Leiter, die anderen Modifikationen nicht.

Magnetische Eigenschaften. Das Arsen erweist sich als diamagnetisch nach Untersuchungen von R. Pascal,[3]) der auch Messungen der spezifischen Empfindlichkeit ausgeführt hat. Angaben über magnetische Suszeptibilität siehe bei Landolt-Börnstein, Tabellen, 4. Aufl., 1241.

Dampfdichte bei 563^0 mit 10,60 (berechnet 10,38) bei Cadmiumsiedehitze (720^0 nach J. Becquerel) mit 10,20 von H. Deville und G. Troost[4]) gefunden. Diese Dampfdichte entspricht dem Molekül As_4, wird bei Weißglut kleiner und nähert sich dem Werte entsprechend As_2, ohne ihn zu erreichen; nach J. Mensching und V. Meyer.[5]) Bei 1714^0 wurde die Dampfdichte zu 5,543, bei 1736^0 zu 5,451 von V. Meyer und H. Biltz[6]) ermittelt; für das Molekül As_2 wurde der Wert 5,20 berechnet. (Daten nach Kraut-Gmelins Handbuch.)

Brechungsvermögen des Dampfes. Von A. Haagen[7]) wurde der Wert 0,2696, von H. Gladstone[8]) der Wert 0,2050 angegeben. Der Brechungsquotient n^0 wird in den Tabellen von Landolt-Börnstein, 4. Aufl., 1020 mit $n^0 = 1,1580$ für die Wellenlänge $0,546\,\mu$ und mit $n^0 = 1,1550$ für die Wellenlänge von $0,589\,\mu$ angegeben. (Die Bedeutung des Brechungsquotienten n^0 ist dort erläutert, ebenso Literatur angegeben.)

Spezifische Refraktion. Von H. Gladstone[9]) mit 0,200 bestimmt, die Atomrefraktion wurde mit 15,0 bestimmt.

Die stärksten Emissionslinien liegen nach H. Kayser und R. Runge[9]) für As bei 228, 819 $\mu\mu$ und 234, 992 $\mu\mu$.

Die Phosphoreszenz des Arsens bei 200^0 ist eine Oxydationserscheinung des Arsens zu Arseniksäureanhydrid, wie L. Bloch[10]) festgestellt hat.

Künstliche Darstellung.

Die künstliche Darstellung von Arsenkristallen (metallischem Arsen) gelingt außerordentlich leicht und ist sehr frühzeitig geübt worden. Henkel erhielt bereits 1725 beim Erhitzen von Arsenkies durch Sublimation eine kristallinische Masse und in der Folgezeit sind die schönen Kristalle, die durch Sublimation

[1]) A. Mathiesen u. v. Bose, in Landolt-Börnstein, 4. Aufl. 1081, 1090 (1912).
[2]) F. Beijerinck, N. JB. Min. etc. Beil.-Bd. **11**, 421 (1896).
[3]) R. Pascal, Ann. chim. phys. (8) **19**, 5.
[4]) H. Deville u. G. Troost, C. R. **56**, 591 (1863).
[5]) J. Mensching u. V. Meyer, Ber. Dtsch. Chem. Ges. **20**, 1833 (1887).
[6]) V. Meyer u. H. Biltz, Ber. Dtsch. Chem. Ges. **22**, 726 (1889).
[7]) A. Haagen, Pogg. Ann. **131**, 117 (1867).
[8]) H. Gladstone, Proc. Roy. Soc. **16**, 439 (1867/68); **18**, 49 (1869/70); **60**, 140 (1896).
[9]) H. Kayser u. R. Runge, Abh. Berliner Ak. 1890, 91, 92, 93.
[10]) L. Bloch, C. R. **149**, 775 (1909).

gewonnen werden können, genau untersucht und beschrieben worden. Namentlich haben G. Rose,[1) W. W. Miller,[2) C. W. Zenger[3) kristallographische Untersuchungen an künstlichen Kristallen ausgeführt und dabei die Flächen c (0001) R (10$\bar{1}$1) h (03$\bar{3}$2), sowie Zwillinge nach e (01$\bar{1}$2) festgestellt.

A. de Schulten[4) hat nach dem Verfahren von A. Granger Arsendämpfe durch einen Kohlensäurestrom über bis zur Rotglut erhitztes Chlorsilber geleitet und erhielt am Rande des Schiffchens, in welchem sich das Chlorsilber befand, schöne gut spiegelnde Kristalle, bis 2 mm groß, mit den Flächen R (10$\bar{1}$1) und e (01$\bar{1}$2), durchaus Zwillinge ergab (01$\bar{1}$2). Für diese Kristalle ergab sich das Achsenkreuz

$$a : c = 1 . 1,4040 .$$

H. de Sénarmont[5) stellte auf nassem Wege kristallinisches Arsen her, indem er Realgar oder Auripigment mit Kalilauge behandelte und dann mit Natriumcarbonat auf etwa 300° erhitzte. J. Durocher[6) ließ auf Arsenchlorür bei hoher Temperatur Wasserstoff einwirken.

Metallisches Arsen wird im Großbetrieb durch Sublimation des As aus Arsenopyrit oder Arsenikeisen erhalten; das Sublimationsprodukt wird in blechernen Röhren aufgefangen. Durch Erhitzen mit $FeCl_2$ erhält man flüchtiges $AsCl_3$, das in einer Lösung von $FeCl_2$ aufgefangen wird; daraus wird das As durch metallisches Eisen ausgefällt.

Vorkommen und Paragenesis.

Auf Erzgängen ungemein häufig anzutreffen, findet es sich doch nur selten in größeren, technisch verwertbaren Massen, wie dies beispielsweise zu Schneeberg auf Wolfgang Maaßen, zu Marienberg auf der Grube Palmbaum vorkam. Häufig ist es von edlen Silbererzen begleitet, so in Pribram, Kongsberg, Markirch, Freiberg, St. Andreasberg, dann findet es sich auf den barytischen Silber- und Silberkobalterzgängen. Häufig tritt es in dolomitischem Kalk oder körnigem Kalk in schaligen Aggregaten auf, in Markirch nach L. Dürr[7) mit Calcitkristallen schriftgranitisch durchsetzt. Regelmäßige Verwachsungen von Arsen mit Arsenblüte beschrieb O. Mügge;[8) vielfach kommt es auch zusammen mit Zinnober, oder mit Realgar, Auripigment, Zinkblende vor.

Polymorphe Modifikationen des Arsens.

Graues bis schwarzes Arsen (Arsenspiegel).

Diese Modifikation bildet das Material des Arsenspiegels und wurde zuerst von A. Bettendorf[9) und W. Hittorff[10) untersucht. A. Bettendorf stellte diese

[1)] G. Rose, Abhandl. Berl. Akad. 1849, 72.
[2)] W. W. Miller, Phillips Min. 1852, 117.
[3)] C. W. Zenger, Verh. k. k. geol. R.A. 1861, 10.
[4)] A. de Schulten, Bull. Soc. min. **26**, 117 (1903).
[5)] H. Sénarmont, C. R. **32**, 409 (1851).
[6)] J. Durocher, C. R. **32**, 832 (1851).
[7)] L. Dürr, Dissert. 1907. Mitt. d. geol. L. A. Elsaß-Lothringen **6**, 183 (1907).
[8)] O. Mügge, N. JB. Min. etc. Beil.-Bd. **16**. 342 (1908).
[9)] A. Bettendorf, Ann. d. Chem. **144**, 112.
[10)] W. Hittorff, Pogg. Ann. **126**, 218 (1865).

Modifikation durch Sublimation des Arsendampfes her, den er auf 220° abkühlte. Nach A. Bettendorf ist das Pulver „vollkommen amorph und zeigt sich unter dem Mikroskop als aus kleinen, perlschnurartig aneinandergereihten Kügelchen bestehend, ganz wie frisch bereitete Schwefelblumen". Diese Form bildet auch spröde schwache Krusten mit muscheligem Bruch und Glasglanz. Auch W. Hittorff betrachtete das Arsen des Arsenspiegels als amorph. Nach J. W. Retgers[1]) ist diese Modifikation kristallinisch und zwar wahrscheinlich regulär. G. Linck[2]) schloß aus analogen Verhältnissen beim Hittorffschen roten Phosphor auf eine hexagonale Kristallform dieses Produkts; als jedoch sich nach den Untersuchungen von O. Johannsen[3]) und P. Möller[4]) ergab, daß der Hittorffsche rote Phosphor monoklin sei, schloß G. Linck[5]) daraus, daß auch das graue Arsen monoklin sei, und er schloß weiter daraus, daß das in der Natur als Arsenolamprit vorkommende blättrige Arsen identisch sei mit dieser Modifikation. R. Reppert[6]) erhielt Kriställchen, welche nach Untersuchung von H. Steinmetz in München nichts anderes als Rhomboeder sein können. R. Reppert stellte diese Modifikation aus dem gelben Arsen her, indem er dieses belichtete; ebenso bildet sich aus dem Arsendampf zuerst das gelbe Arsen beim Sublimieren und dieses wandelt sich sehr rasch in das graue Arsen des Arsenspiegels um. Neuerdings haben E. Frank und C. Ehlers[7]) sich mit der Polymorphie des Arsens beschäftigt und festgestellt, daß sich graues Arsen immer nur aus gelbem Arsen, der bei Licht unbeständigsten Modifikation bildet.

In physikalischer Hinsicht ist diese Modifikation viel weniger untersucht als das metallische Arsen. Ein Hauptunterschied liegt darin, daß das graue Arsen die Elektrizität nicht leitet, was F. Beijerinck[8]) feststellte. Am besten ist das spezifische Gewicht bekannt, welches nach Hittorff[9]) 4,69 bei 17°, nach A. Bettendorf[9]) 4,71—4,716, nach E. Petersen[9]) 4,70—4,71 für 17° bis 18° beträgt; alle diese Werte gelten für das Spiegelarsen. Für das durch Sublimation entstandene graue Pulver fand A. Bettendorf[9]) den Wert $\delta = 4,710$ bei 14°, W. Hittorff[9]) den Wert 4,720 bei 14°, H. Erdmann und R. Reppert[9]) geben für das aus kristallisiertem gelben Arsen erhaltene graue Pulver den Wert 4,64 bei 20° an. E. Frank und C. Ehlers[10]) fanden für graues Arsen aus Schwefelkohlenstofflösung $\delta = 4,69$, für sublimiertes $\delta = 4,707$, beide Werte bei 18°.

Die Oxydationswärme dieser Modifikation wurde von E. Petersen[11]) zu 1548,4 Cal. gefunden; die Wärmetönung beim Übergang von grauem Arsen in metallisches Arsen betrüge also 10 Cal. Die spezifische Wärme wurde von A. Wiegand[12]) zu 0,0861 für Temperaturen zwischen 0 und 100° bestimmt.

[1]) J. W. Retgers, Z. anorg. Chem. **4**, 423 (1893).
[2]) G. Linck, Ber. Dtsch. Chem. Ges. **32**, 890 (1899).
[3]) O. Johannsen, Dissert. (Berlin 1904).
[4]) P. Möller, in G. Linck, Z. anorg. Chem. **56**, 400 (1908).
[5]) G. Linck, Z. anorg. Chem. **56**, 400 (1908).
[6]) R. Reppert, Dissert. (Halle 1907).
[7]) V. Kohlschütter, Die Formen des Arsens; I. von E. Frank u. C. Ehlers, Ann. d. Chem. **400**, 268 (1913).
[8]) F. Beijerinck, N. JB. Min. etc. Beil.-Bd. **11**, 421 (1896).
[9]) Werte bei V. Kohlschütter, p. 279.
[10]) E. Frank u. C. Ehlers, l. c. 280.
[11]) E. Petersen, Z. f. phys. Chem. **8**, 605 (1891).
[12]) A. Wiegand, Ann. d. Phys. (4) **22**, 64 (1907).

Von Wichtigkeit ist die Frage, ob wir es hier mit einer vom metallischen Arsen verschiedenen Modifikation zu tun haben. E. Frank und C. Ehlers kommen im Gegensatz zu der Meinung der anderen zitierten Autoren zu dem Schluß, daß dieses graue Spiegelarsen nur einen feineren Zerteilungszustand des metallischen Arsens darstelle und demnach keine selbständige Modifikation sei; die Konstanz des spezifischen Gewichts erklären sie daraus, daß „ein bestimmter Bruchteil des Körpers durch von außen nicht zugängliche Zwischen-räume in der festen Materie gebildet wird". Nach diesen Autoren ist die „Umwandlung" von grauem Arsen in metallisches eine Umkristallisation, während A. Bettendorf[1]) und R. Engel[2]) angeben, daß bei 360⁰ sich unter starker Wärmeentwicklung die Umwandlung zu metallischem Arsen vollziehe. Auch H. Erdmann und R. Reppert[3]) geben eine Umwandlungstemperatur an und zwar 303⁰, bei der sie das Auftreten von Leitfähigkeit feststellten. E. Frank und C. Ehlers[4]) beobachteten bei 260⁰ ein Abnehmen des Wider-stands von anfänglich 15000 Ohm auf 11 Ohm innerhalb 5 Stunden und nehmen also bei dieser Temperatur eine Umkristallisation an.

Gelbe Modifikation.

Bei der Sublimation von Arsen im Wasserstoffstrom entsteht ein gelber Rauch, der sich zu einem gelben Pulver verdichtet, in welchem schon A. Bettendorf[5]) eine allotrope Modifikation vermutete, ohne daß es ihm gelang, sie in haltbarem Zustande zu erhalten. Weiter haben sich noch A. Schuller,[6]) Mac Leod,[7]) A. Geuther,[8]) J. W. Retgers[9]) mit dieser Modifikation beschäftigt. Die Darstellung in haltbarerer Form ist jedoch erst in der letzten Zeit gelungen und zwar hat G. Linck[10]) zuerst eine Methode angegeben, die darin besteht, daß Arsendampf plötzlich abgekühlt wird. Ein Verbrennungsrohr, das auf der einen Seite verjüngt und dann zu einer Kugel aufgeblasen ist, wird durch einen Kühlmantel mit Eiswasser so gekühlt, daß nur die Kugel aus dem Kühlmantel herausragt; diese Kugel wird mit Arsen beschickt, die Luft durch ein indifferentes Gas ersetzt und dann erhitzt. In dem gekühlten Teile des Rohres scheidet sich das gelbe Arsen in der Form von schwefelblumenähnlichen Gebilden ab.

A. Stock und W. Siebert[11]) haben einen Apparat benutzt, bei dem der Dampf auf die Temperatur der flüssigen Luft abgekühlt wurde, doch läßt sich bei diesem Verfahren nur mit sehr kleinen Substanzmengen arbeiten.

Für größere Substanzmengen eignet sich das Verfahren von H. Erd-mann und M. v. Unruh,[12]) welche den Dampf in gut gekühltem Schwefelkohlen-stoff abkühlten. Zur Isolierung des gelben Arsens wird filtriert, das über-

[1]) A. Bettendorf, Ann. d. Chem. **144**, 112.
[2]) R. Engel, C. R. **96**, 467, 1314 (1882).
[3]) H. Erdmann u. R. Reppert, Ann. d. Chem. **331**, 1 (1908).
[4]) E. Frank u. C. Ehlers, l. c.
[5]) A. Bettendorf, Ann. d. Chem. **114**, 110 (1867).
[6]) A. Schuller, Mathem. u. naturw. Ber. aus Ungarn **6**, 94.
[7]) Mac Leod, Ch. N. **70**, 139.
[8]) A. Geuther, Ann. d. Chem. **240**, 208 (1887).
[9]) J. W. Retgers, Z. anorg. Chem. **4**, 403 (1893).
[10]) G. Linck, Ber. Dtsch. Chem. Ges. **32**, 892 (1899).
[11]) A. Stock u. W. Siebert, Ber. Dtsch. Chem. Ges. **37**, 4572 (1904); **38**, 966 (1905).
[12]) H. Erdmann u. M. v. Unruh, Z. anorg. Chem. **32**, 437 (1902).

schüssige CS_2 wird verdampft, bis die Lösung gesättigt ist, dann kühlt man auf -70^0 ab, wobei sich das gelbe Arsen abscheidet, das CS_2 kann mit einer Pipette entfernt werden. Sorgfältiger Lichtabschluß ist nötig.

Nach A. Stock und W. Siebert kann man diese Modifikation in beliebigen Mengen erhalten, wenn man den elektrischen Lichtbogen zwischen einer Kohleanode und einer aus As und Sb bestehenden Kathode in CS_2 direkt übergehen läßt; man erhält eine ungefähr einprozentige Lösung. Konzentrierte Lösungen sind durch Abdestillieren des Lösungsmittels zu erhalten.

Eigenschaften. Regulär kristallisierend, in Rhombendodekaedern, die in der Richtung der trigonalen Achse zu Skeletten aneinander gereiht sind.

Dichte. H. Erdmann und R. Reppert[1]) geben trotz mehrfacher Einwände von G. Linck als Dichte die folgenden Zahlen an, die sie auf experimentellem Wege fanden:

bei	-50^0	-63^0	-75^0	$+18^0$
δ	2,35	2,46	2,63	2,026

E. D. Meusel[2]) hat, von theoretischen Erwägungen ausgehend, die Dichte mit $\delta = 2,25$ berechnet. E. Frank und C. Ehlers[3]) bestimmten die Dichte des gelben Arsens mit $\delta = 1,97$ bei 20^0.

Unter dem Einfluß des Lichtes wandelt sich diese Modifikation sehr rasch zu dem grauen Arsen des Arsenspiegels um und zwar spielt die Temperatur bei dieser Umwandlung keine Rolle, sie vollzieht sich bei -180^0 genau so rasch wie bei gewöhnlicher Temperatur. Direkte Sonnenstrahlen bewirken die Umwandlung in weniger als einer Minute, Acetylen- und Magnesiumlicht wirken etwas weniger rasch, eine photographische Lampe mit gelbem Glas rief in 5—6 Minuten Umwandlung hervor (nach H. Erdmann und M. v. Unruh). Das gelbe Arsen wird bei dieser Umwandlung zuerst am Rande rötlich, dann violett, nach wenigen Minuten ist die Umwandlung vollendet. In der Lösung in Schwefelkohlenstoff wandelt es sich nach G. Linck und anderen nicht zu grauem Arsen um, sondern zu braunem bis rotem Arsen. Das gelbe Arsen riecht intensiv nach Knoblauch, die Farbe ist citronengelb, die Kriställchen besitzen starken Glanz und sind durchsichtig.

In Schwefelkohlenstoff und in Benzol ist das gelbe Arsen löslich, weniger in Glycerin und fetten Ölen. H. Erdmann und M. v. Unruh[4]) geben für die Löslichkeit folgende Daten:

bei	$+46^0$	lösen sich	11 g As in 100 ccm CS_2
	$+18^0$ bis 20^0		7,5 bis 8 g
	$+12^0$		5,5 bis 6 g
	0^0		3,8 bis 4 g
	-15^0		2,0 bis 2,5 g
	-60^0		0,8 bis 1 g
	-80^0 bis -85^0	ist nichts mehr löslich.	

Beim Siedepunkt des Schwefelkohlenstoffs ($46,25^0$ bei 760 mm) ist das gelbe Arsen nach H. Erdmann und M. v. Unruh[5]) nicht flüchtig; A. Schuller[6])

[1]) H. Erdmann u. R. Reppert, Ann. d. Chem. **361**, 12 (1908).
[2]) E. D. Meusel in H. Erdmann u. R. Reppert, l. c. 13.
[3]) E. Frank u. C. Ehlers, Ann. d. Chem. **400**, 277 (1913).
[4]) H. Erdmann u. M. v. Unruh, Z. anorg. Chem. **32**, 437 (1902).
[5]) H. Erdmann u. M. v. Unruh, l. c. 448.
[6]) A. Schuller, Mathem. u. naturw. Ber. aus Ungarn **6**, 94 (1888).

gibt an, daß es bei einer „für die Hand noch erträglichen Hitze" verflüchtigt.

Von H. Erdmann und M. v. Unruh[1]) wurde das Molekulargewicht des gelben Arsens mit $M = 302,7$, $302,1$, $300,4$, $305,6$, $276,5$ gefunden. Diese Werte entsprechen dem Molekül As_4.

Braunes Arsen.

Nach den Beobachtungen von A. Geuther[2]) erhält man bei Einwirkung von Wasser auf ein Gemisch von Phosphortrichlorid mit Arsentrichlorid ein braunes, amorphes Reaktionsprodukt, dessen Dichte von A. Geuther mit 3,7042 bei 15° und dessen Zusammensetzung mit 99,4 % Arsen gefunden wurde. Bereits früher hatte R. Engel[3]) auf verschiedene Weise durch Reduktion von Arsenik ein braunschwarzes, amorphes Produkt erhalten, für das er jedoch die Dichte mit $\delta = 4,6$ bis $4,7$ fand. Als Mittel für zwölf neue Bestimmungen erhielt R. Engel[4]) den Wert 4,595 bei 0°. E. Petersen[5]) fand den Wert 4,69 als Mittel mehrerer Bestimmungen. H. Erdmann und R. Reppert[6]) geben die Dichte dieser Modifikation mit 3,67 bis 3,69 bei 20° an. Nach den jüngsten umfassenden Untersuchungen von E. Frank und C. Ehlers[7]) über diesen Gegenstand, (daselbst sind auch die Methoden zur Herstellung braunen Arsens genau angegeben), ist die Dichte abhängig von der Darstellungsweise, da geringe Mengen fremder Beimengungen, namentlich aber gasförmig austreibbarer Bestandteile im braunen Arsen vorhanden sind. Sie fanden je nach dem Grade, in welchem diese fremden Beimengungen entfernt werden konnten, Werte für die Dichte von $d = 4,17$ bis $d = 4,54$; wenn es gelänge, die Beimengungen ganz zu entfernen, so würde sich nach denselben Autoren ohne Zweifel eine noch bessere Übereinstimmung mit dem für das graue Arsen gefundenen Werte einstellen. Auf Grund der Dichte sind daher braunes und graues Arsen nicht zu unterscheiden.

Die Oxydationswärme dieses Produkts wurde von E. Petersen[8]) mit 1630,8 Cal. und 1639,0 Cal. bestimmt, gegenüber dem beim grauen Arsen gefundenen Werte von 1548,4 Cal.

Über die Umwandlung des braunen Arsens zu den stabileren Formen gibt R. Engel[9]) an, daß es im Vakuum bei 260° zu sublimieren beginnt, in indifferenten Gasen bei Temperaturen zwischen 280 und 310° sehr rasch verdampft, daß nach einigen Stunden jedoch das Verdampfen aufhöre, weil der Rückstand sich in metallisches Arsen vom spezifischen Gewicht $s = 5,17$ verwandle. H. Erdmann und R. Reppert[10]) finden, daß das braune Arsen bei Temperaturen zwischen 180 und 220° in graues Arsen übergeht, welches dann, wie erwähnt, bei 303° leitend wird, also in das rhomboedrische Arsen übergeht. C. Ehlers und E. Frank[11]) fanden an einem mit unterphosphoriger

[1]) H. Erdmann u. M. v. Unruh, l. c. 451, 452.
[2]) A. Geuther, Ann. d. Chem. **240**, 210 (1887).
[3]) R. Engel, C. R. **96**, 498 (1882).
[4]) R. Engel, Bull. Soc. chim. **50**, 188.
[5]) E. Petersen, Z. f. phys. Chem. **8**, 607 (1891).
[6]) H. Erdmann u. R. Reppert, Ann. d. Chem. **361**, 9 (1908).
[7]) E. Frank u. C. Ehlers, Ann. d. Chem. **400**, 288 (1913).
[8]) E. Petersen, Z. f. phys. Chem. **8**, 606 (1891).
[9]) R. Engel, C. R. **96**, 498.
[10]) H. Erdmann u. R. Reppert, Ann. d. Chem. **361**, 25 (1908).
[11]) C. Ehlers u. E. Frank, Ann. d. Chem. **400**, 299 (1913).

Säure gewonnenen Präparat bei 290 bis 295 ⁰ nach etwa 5 Stunden ˙mit etwa 40000 Ohm eine nur langsam zunehmende Leitfähigkeit, die nach weiteren 10 Stunden einem Widerstand von 8000 Ohm entsprach, während diese Leitfähigkeit bei einem mit Phosphortrichlorid gewonnenen Präparate ganz ausblieb.

Beim Erhitzen wandelte sich das braune Arsen nicht, wie von H. Erdmann und R. Reppert angegeben, zuerst in graues, dann in metallisches Arsen um, sondern es läßt sich braunes Arsen beträchtlich über 200 ⁰ erhitzen, ohne daß eine Umwandlung zu grauem Arsen eintritt. Die Umwandlung zu metallischem Arsen erfolgt direkt ohne vorangegangene Umwandlung zu grauem Arsen.

Über das Verhältnis des braunen Arsens zu den vorerwähnten Formen sind derzeit die Ansichten geteilt. G. Linck[1]) stellt das braune Arsen mit der Dichte $\delta = 3,71$ als isotrope Phase des grauen Arsens (As_{II}) auf, während E. Frank und C. Ehlers[2]) zu dem Schlusse kommen, daß man in dem braunen Arsen keine selbständige Modifikation des Arsens erblicken dürfe, wie dies namentlich H. Erdmann und R. Reppert (l. c.) meinen. Nach E. Frank und C. Ehlers ist das braune Arsen ein besonderer Zerteilungszustand (ebenso wie das graue Arsen), der durch die Anwesenheit gewisser fremder Bestandteile während der Bildung bedingt ist; und zwar sei das braune Arsen ein feinerer Zerteilungszustand als das graue Arsen des Arsenspiegels.

Es werden in der Literatur noch einige Modifikationen beschrieben, die jedoch mit irgendeiner der hier erwähnten identisch sind. E. Petersen[3]) hat noch eine graugelbe amorphe Modifikation beschrieben, in der er die von A. Bettendorf zuerst mitgeteilte gelbe Form zu erkennen glaubte. Die Wärmetönung bei Lösung in Bromwasser wurde fast gleich der der braunen amorphen Modifikation d gefunden, mit 886,3 Cal. gegenüber 879,7 Cal. Für das spezifische Gewicht fand E. Petersen die Zahlen $\delta = 4,68—4,70$; nach E. Petersen ist diese Modifikation wohl identisch mit der braunen amorphen Modifikation, während er nach H. Erdmann und R. Reppert[4]) das graue Arsen in den Händen gehabt hätte.

Das rotbraune Arsen, welches sich aus einer Lösung von gelbem Arsen in Schwefelkohlenstoff nach längerem Stehen abscheidet, wie H. Erdmann und M. v. Unruh beobachteten, ist identisch mit dem braunen Arsen.

Das rotbraune Arsen ist lichtbeständig und geht unter dem Einfluß des Lichtes nicht in metallisches Arsen über, in dünnen Schichten ist es durchscheinend.

Die Umwandlung von gelbem Arsen in braunes vollzieht sich sehr langsam; in einer 4⁰/₀ igen Lösung, die 7 Monate vor Licht geschützt aufbewahrt worden war, konnte nach dem Filtrieren noch 1,5⁰/₀ gelbes Arsen nachgewiesen werden. Nach den Autoren wäre die Modifikation mit der hier unter d erwähnten braunen Modifikation Geuthers identisch.

J. Berzelius[6]) hat ʾzwei Modifikationen unterschieden, ein As α und As β.

[1]) G. Linck, Z. anorg. Chem. **56**, 399 (1908).
[2]) E. Frank u. C. Ehlers, Ann. d. Chem. 400.
[3]) E. Petersen, Z. f. phys. Chem. VIII, 607 (1891).
[4]) H. Erdmann u. R. Reppert, Ann. d. Chem. **361**, 13 (1908).
[5]) H. Erdmann u. M. v. Unruh, Z. anorg. Chem. **32**, 449 (1902).
[6]) J. Berzelius, Ann. Chem. **49**, 254 (1844).

Das gegenseitige Verhältnis der verschiedenen Modifikationen.

Die Formen des Arsens geben bei hohen Temperaturen einen schwach gelblichen Dampf, der bei allen Formen identisch ist. Nach den Untersuchungen von Hittorff,[1]) H. St. Claire Deville und G. Troost,[2]) H. Biltz und V. Meyer,[3]) V. Meyer[4]) besteht der Dampf bei niederen Temperaturen aus 4 atomigen Molekülen, bei höheren Temperaturen tritt Zerfall zu 2 atomigen Molekülen ein. Da nach den Untersuchungen von H. Erdmann u. M. v. Unruh[5]) die gelbe Modifikation 4 atomige Moleküle besitzt, so ist im Dampf das Element in der gelben Modifikation vorhanden. Aus der Fülle der widersprechenden Ansichten über das gegenseitige Verhältnis der erwähnten Formen des Arsens möchte ich folgende herausgreifen.

G. Linck[6]) erkennt drei verschiedene Modifikationen an; das As_I ist das gelbe reguläre Arsen, die isotrope Phase dazu ist unbekannt, das As_{II} ist monoklin, tritt als Arsenspiegel, graues Arsen, wie als Arsenolamprit auf, dazu gibt es eine isotrope Phase, das braune Arsen; das As_{III} ist das rhomboedrische metallische Arsen.

Im Gegensatz dazu sehen C. Ehlers und E. Frank[7]) im grauen und braunen Arsen nur verschiedene Zerteilungszustände des metallischen Arsens, die beide durch die monotrope Umwandlung des gelben regulären Arsens in das metallische Arsen entstehen; „von den Umständen, insbesondere der An- oder Abwesenheit anderer Stoffe, hängt es ab, welche Erscheinungsform die letztere annimmt. Die feiner zerteilten, lockeren braunen Zerteilungen entstehen nur unter dem Einfluß eines gewissermaßen als Dispersions- oder Sperrmittel wirkenden Fremdstoffs, dessen Natur und Konzentration die Art der Zerteilung bestimmt. Als ein solches Sperrmittel kann zunächst auch das gelbe Arsen figurieren, in dem die Umwandlung sich vollzieht und daher das Umwandlungsprodukt zunächst verteilt ist. Je nach der Geschwindigkeit, mit der sie vor sich geht, und je nach dem Stadium, bis zu dem sie fortgeschritten ist, wird ein verschiedenes Produkt erhalten werden."

Nach den Anschauungen von H. Erdmann und R. Reppert (l. c.) besitzt das gelbe Arsen 4 atomige Moleküle, entsprechend dem tatsächlich gefundenen Molekulargewichte; durch Zerfall eines solchen 4 atomigen Moleküls in zwei 2 atomige Moleküle entsteht das graue Arsen, während das metallische Arsen einatomig ist. Das braune Arsen ist 8 atomig und entsteht aus dem gelben durch Zusammentritt zweier 4 atomiger Moleküle. E. Frank und C. Ehlers (l. c.) weisen darauf hin, daß nach den Vorstellungen von H. Erdmann der Übergang der 1 atomigen Moleküle in die 4 atomigen einen unter Wärmebindung verlaufenden Vorgang darstellen müßte, während nach den Versuchen von V. Meyer und H. Biltz[8]) gerade die Spaltung der endotherme Prozeß ist.

---

[1]) W. Hittorff, Pogg. Ann. **126**, 218 (1865).
[2]) H. St. Claire Deville u. G. Troost, C. R. **56**, 891 (1863).
[3]) H. Biltz u. V. Meyer, Z. f. phys. Chem. **4**, 263 (1889).
[4]) V. Meyer, Göttinger Nachr. 258 (1887).
[5]) H. Erdmann u. M. v. Unruh, Z. anorg. Chem. **32**, 449 (1902).
[6]) G. Linck, Z. anorg. Chem. **56**, 399 (1908).
[7]) C. Ehlers und E. Frank, Ann. d. Chem. **400**, 300 (1913).
[8]) V. Meyer u. H. Biltz, Ber. Dtsch. Chem. Ges. **22**, 726 (1889).

Kolloides Arsen.[1]

Durch Zerstäubung unter Isobutylalkohol im elektrischen Hochs
lichtbogen unter Anwendung einer losen Schicht des granulierten
zwischen den Elektroden erhielt The Svedberg[2]) ein im durc
Lichte braunrotes, im auffallenden Lichte braunschwarzes Sol, wel
nach 15 stündigem Stehen vollkommen koagulierte, also sehr wenig h

Arsenolamprit.

Gelegentlich der Besprechung der verschiedenen Modifikatione
diegenen Arsens wurde bereits erwähnt, daß in der Natur das
Arsen auch in Form eines ausgezeichnet spaltbaren, metallisch gl
blätterigen bis stengeligen Minerals vorkommt, welches von mehrere
mit dem grauen Arsen identifiziert wurde. Dieses im Jahre 1796
Grube Palmbaum bei Marienberg gefundene Mineral wurde von
haupt,[3]) nachdem es früher für Bleiglanz, dann für Molybdänglanz
worden war, als Arsenikglanz beschrieben. Nachdem das Mir
C. Kersten[4]) analysiert worden war, gebrauchte A. Breithaupt[5]) di
wismuthischer Arsenglanz oder Hypotyphit. Nach F. Kobe
dieses Mineral nur ein durch Wismut verunreinigtes Arsen, während
zel[7]) in ihm wegen der verschiedenen physikalischen Eigenschaften
metallischen Arsen verschiedene Modifikation erblickte. C. Hintze[8]
legentlich der Identifizierung eines chilenischen Vorkommens mit de
schen die Notwendigkeit betont, dieses Mineral als selbständige Mc
zu betrachten und hat dafür den Namen Arsenolamprit vorgeschl
der letzten Zeit hat sich namentlich J. W. Retgers[9]) dafür eingesetzt,
eine selbständige Modifikation vorliege.

Über das Kristallsystem ist nichts Genaues bekannt; G. Linck[10])
das monokline System, C. Hintze[11]) weist darauf hin, daß wahrschein
der optisch zweiachsigen Systeme vorliege. In blätterig-blumigen bis
kugeligen Partien oder stengelig-blätterigen Aggregaten auftretend;
Vorkommen in der Gegend von Copiapo in Chile beschreibt C.
(l. c.) ährenförmige Gebilde, zu welchen die dünnen kristallinen
vereinigt sind. J. W. Retgers[12]) bezeichnet den Arsenolamprit a
achsiges« Arsen.

---

[1]) Nach A. Lottermoser in R. Abegg, Handb. d. anorg. Cl
500, 1907.
[2]) The Svedberg, Ber. Dtsch. Chem. Ges. **39**, 1712 (1906).
[3]) A. Breithaupt, Char. Min. Syst. 129, 150 (1823).
[4]) C. Kersten, Schweigg. Journ. **53**, 377 (1828).
[5]) A. Breithaupt, Char. Min. Syst. 1832, 273.
[6]) F. Kobell, Char. d. Min. 1831.
[7]) A. Frenzel, N. JB. Min. etc. 1874, 677.
[8]) C. Hintze; Z. Kryst. **11**, 606 (1873), sowie Handb. d. Min. I, 111 (1
[9]) J. W. Retgers, Z. anorg. Chem. **4**, 418 (1893).
[10]) G. Linck, Z. anorg. Chem. **56**, 400 (1908).
[11]) C. Hintze, Handb. d. Min. I, 111 (1904).
[12]) J. W. Retgers, l. c.

Analysen.

	1.	2.	3.	4.	5.
δ . . .	—	—	—	5,22–5,30	5,42–5,54
As . . .	96,79	96,60	95,86	98,14	98,43
Fe . . .	—	—	1,01	0,92	1,00
Bi . . .	3,00	—	1,61	—	—
S . . .	—	3,40	0,99	—	—
SiO_2 . . .	—	—	—	0,55	0,05
	99,79	100,00	99,47	99,61	99,48

1. Arsenolamprit von der Grube Palmbaum bei Marienberg; anal. C. Kersten, Schweigg. Journ. 53, 377 (1828).
2. Ebendaher; anal. J. Berzelius, zitiert von H. Frenzel, N. JB. Min. etc. 677 (1874).
3. Ebendaher; anal. H. Frenzel, ebenda.
4. u. 5. Arsenolamprit von Copiapo in Chile; anal. Klinger, Z. Kryst. 11, 606 (1873).

Aus diesen Analysen ist ersichtlich, daß die Beimengungen von fremden Stoffen ganz unerheblich sind und daß tatsächlich eine eigene Form des Arsens vorliegt.

Physikalische Eigenschaften.

Härte 2. Dichte 5,369—5,392 für das sächsische Vorkommen, 5,22 bis 5,30 für Analysenmaterial zu 4, 5,42—4,54 für Analysenmaterial von 5. Farbe bleigrau, etwas bläulich, Strich schwarz, Glanz lebhaft metallisch. An der Lichtflamme entzündlich, glimmt der Arsenolamprit dann von selbst weiter.

Die synthetische Darstellung dieser Modifikation ist nicht gelungen.

Vorkommen und Paragenesis.

Auf der Grube Palmbaum mit gewöhnlichem Arsen in Begleitung von Proustit und Eisenspat; in Chile bei Copiapo als Salband mit gediegenem Arsen in der Gangmitte.

Allemontit.

Synonyma. Antimonarsen, Arsenantimon.

Bei Allemont werden in der Mine des Chalanches auf den Erzgängen graue, feinkörnige, bisweilen schalige Massen gefunden, die sich bei der Analyse als aus Arsen und Antimon zusammengesetzt erweisen. W. Haidinger[1] nannte dieses Mineral Allemontit; früher war es mit Namen belegt worden, welche meist direkt zum Ausdruck brachten, daß es sich um ein Arsen-Antimonmineral handle. Das Verhältnis der Mengen von Arsen und Antimon schwankt beträchtlich, wie die Analysen zeigen.

Analysen.

	1.	2.	3.	4.	5.[2]	6.
As . . .	62,15	92,03	94,96	84,00	89,57	90,82
Sb . . .	37,85	7,97	4,29	16,00	8,27	9,18
	100,00	100,00	99,25	100,00	97,84	100,00

[1] W. Haidinger, Best. d. Min. 1845, 557.
[2] Dieses Vorkommen enthält außerdem noch 1% S, sowie Spuren von Ca, Mg, Fe, Pb, P_2O_5, SiO_2; der Verlust beträgt 1,16%.

39

1. Allemontit von Allemont; anal. C. F. Rammelsberg, Pogg. Ann. **62**, 137 (1844).
2. Allemontit von Marienberg; anal. Schultz bei C. F. Rammelsberg, Mineral-chemie 1860, 984.
3. Allemontit von Marienberg; anal. C. Madelung, Dissert. (Göttingen 1862), 13.
4. Ebenda; anal. derselbe.
5. Allemontit von Valtellina; anal. D. Bizarri u. G. Campani, Gazz. chim. It. **15**, 394 (1885).
6. Allemontit von Washoe Co.; anal. F. A. Genth, Am. Journ. **33**, 191 (1862).

Entsprechend der verschiedenen Zusammensetzung schwankt auch die Dichte, so wird für das Vorkommen von Allemont $\delta = 6,203$ angegeben, für das von Marienberg 5,86, das von Andreasberg 5,78, das von Valtellina 5,777, 6,15 für das Vorkommen von Stanizsa nach G. Benkö.[1] F. Beijerinck[2] hat die elektrische Leitfähigkeit des Allemontits geprüft und gefunden, daß der Widerstand in der Nähe desjenigen von Arsen und Antimon liegt und mit steigender Temperatur zunimmt; es verhält sich also der Allemontit wie eine Legierung und nicht wie eine binäre Verbindung. A. de Gramont[3] untersuchte das Spektrum des Allemontits.

Vorkommen. Außer bei Allemont findet sich Allemontit mit Arsen und Antimon zusammen auf einer Reihe von Lagerstätten. H. Laspeyres[4] beschrieb eine poröse Pseudomorphose von Valentinit nach Allemontit, bei der das entstandene As_2O_3 ausgelaugt war.

Arsenoxyde.
Von H. Michel (Wien).

Von den verschiedenen Arsenoxyden, die der Chemiker im Laboratorium herstellt, kommt nur das Arsensesquioxyd in der Natur vor; es ist polymorph und zwar gibt es die beiden in der Natur auftretenden kristallinen Modifikationen, den Arsenolith und Claudetit, sowie eine amorphe Modifikation, das glasige Arsenik.

Das Arsensuboxyd (As_2O), sowie das Arsenpentoxyd (As_2O_5) sind in der Natur unbekannt.

Arsensesquioxyd.
Arsenolith.

Synonyma: Arsenikblüte, Arsenit, Hüttenrauch.

Ist die stabilste Modifikation, kristallisiert regulär in Oktaedern, häufig in haarförmigen Aggregaten oder in erdigen Massen, als Überzug auf glasiger Arsensäure, emailleartig bis porzellanartig, auf Arsenkies, gediegen Arsen, Speiskobalt.

Als Arsenicum album war der Arsenolith schon im frühen Mittelalter bekannt, Avicenna beschrieb es als solches im 11. Jahrhundert gesondert und

[1] G. Benkö, Orv. term. tud. Értesitö **14**, 163 (1889).
[2] F. Beijerinck, N. JB. Min. etc. Beil.-Bd. **11**, 421 (1896).
[3] A. de Gramont, Bull. Soc. min. **18**, 171 (1895).
[4] H. Laspeyres, Z. Kryst. **9**, 192 (1884).

kannte auch seine giftigen Wirkungen. In der Folgezeit erkannte Brandt (1733) den Arsenolith als den „Kalk" (das Oxyd) des gediegenen Arsens. Die genauere chemische Zusammensetzung wurde jedoch erst von J. L. Proust (1803), L. J. Thénard (1814), J. Berzelius (1811) gefunden; J. Berzelius bestimmte den Sauerstoffgehalt zu 32% (1817), später wieder zu $24,2\%$. Die berechnete Zusammensetzung ist $24,22\%$ O und $75,78\%$ As. Die reguläre Kristallform war schon früher von K. Linné, der den Arsenolith als Arsenicum cubicum beschrieb, von T. J. Bergmann und Romé de l'Isle erkannt worden (nach C. Hintze, Handbuch der Min. 1, 1227 und F. Kobell, Geschichte der Mineralogie 1864, 538).

Analysen liegen außer den erwähnten Bestimmungen von J. L. Proust, J. Berzelius, L. J. Thénard nicht vor.

Chemische Eigenschaften.

Leicht reduzierbar, vor dem Lötrohre auf Kohle in weißen Dämpfen und mit weißem Beschlag auf der Kohle flüchtig, leicht sublimierend. In wäßriger Lösung ist das As_2O_3 eine schwache Säure.

Physikalische Eigenschaften.

Das Mineral ist farblos, blaßgelblich oder blaßrötlich, durchsichtig bis undurchsichtig, ist seidenglänzend oder glasglänzend, besitzt weißen Strich und ist nach dem Oktaeder spaltbar; der Bruch ist muschelig.

Dichte 3,720 nach G. Karsten, 3,884 nach Filhol (C. F. Rammelsberg, Krist. phys. Chemie 1887, 107), 3,6461 für emailartigen Arsenolith (künstlich) unter Petroleum, 3,6823 für oktaedrischen Arsenolith unter Wasser von Cl. Winkler[1]) gefunden. Die Werte schwanken, weil bei der Bestimmung der Dichte unter Wasser Lösungsvorgänge auftreten.

Härte 1—2.

Optische Eigenschaften. A. Des Cloizeaux[2]) bestimmte die Brechungsquotienten bei 17° mit

$$N = 1,748 \text{ für rotes Licht,}$$
$$N = 1,755 \text{ für gelbes Licht.}$$

Häufig sind optische Anomalien zu beobachten; A. Große-Bohle[3]) beschrieb Kristalle von kompliziertem Bau; oberflächlich zeigten sich Streifen in der Richtung der Oktaederkanten sowie parallel den Höhenlinien. Die von F. Klocke[4]) beobachteten Polarisationserscheinungen bestätigte er und wies nach, daß der Arsenolith einen komplizierten Bau zeigt, indem er aus optisch verschiedenen Partien zusammengesetzt erscheint.

Spezifische Wärme. Von De la Rive und F. Marcet[5]) zu 0,1309 für porzellanartigen Arsenolith bestimmt (C. F. Rammelsberg, Kryst. phys. Chem. 1881, 107). Von V. Regnault[6]) zu 0,12786 für die Temperaturen zwischen 13° und 97° bestimmt; zwischen glasigem und porzellanartigem Arsen-

---

[1]) Cl. Winkler, Journ. prakt. Chem. [2], 31, 247 (1885).
[2]) A. Des Cloizeaux, Nouv. rech. 513 (1867).
[3]) A. Große-Bohle, Z. Kryst. 5, 233 (1881).
[4]) F. Klocke, N. JB. Min. etc. 1880, I, 82.
[5]) De la Rive u. F. Marcet, Pogg. Ann. 52, 120 (1841).
[6]) V. Regnault, Pogg. Ann. 53, 60, 243 (1841).

trioxyd ergibt sich kein Unterschied, da ersteres bei 100^0 sehr rasch porzellanartig wird.

Ausdehnungskoeffizent. H. Fizeau[1]) ermittelte für künstlichen
Arsenolith folgende Werte: α (Linearer Ausdehnungskoeffizient) für 40^0 C
$= 0,00004126$, Zuwachs für 1^0 $\frac{\varDelta \alpha}{\varDelta \Theta} = 0,0000000679$, der kubische Aus-
dehnungskoeffizient[2]) ergab sich mit $0,00012378$.

Triboluminszenzerscheinungen. H. Rose[3]) bemerkte, daß das
Anschießen von Kristallen aus einer salzsauren Lösung ($1\frac{1}{2}$ Teile glasiges
As_2O_3 in einem Gemisch von 6 Teilen rauchender HCl und 2 Teilen Wasser),
beim langsamen Erkalten der kochenden Lösung mit Lichterscheinungen verbunden sei; das einmal umkristallisierte As_2O_3 soll diese Fähigkeit verlieren.
E. Bandrowski[4]) beobachtete, daß beim Umkristallisieren aus abermals saurer
Lösung diese Fähigkeit nicht verloren geht und sah in dem Übergange des
$AsCl_3$ in As_2O_3 die Ursache des Leuchtens. Durch Guinchant[5]) und
später durch D. Gernez[6]) wurde das Leuchten als Triboluminszenz erkannt,
nachdem Guinchant[7]) anfangs auch an Kristalloluminszenz gedacht hatte.
Es zeigte sich, daß durch die gegenseitige Behinderung der Kristalle in der
Lösung, durch das Zerbrechen der Kristalle die Lumineszenzerscheinung hervorgerufen wird, daß das Leuchten nicht im Moment des Auskristallisierens stattfindet, sondern erst beim Auftreten zahlreicher Kristalle, wodurch mechanische
Verletzungen bedingt sind. Das Spektrum des Lumineszenzlichtes ist kontinuierlich, von Rot angefangen, mit Überwiegen von Gelb und Grün; eine
Wirkung auf das Elektroskop ist nicht zu beobachten. Die photochemische
Wirkung ist gleich der einer nicht leuchtenden Bunsenflamme in 1 cm Abstand (nach Guinchant).

Schmelzpunkt. Bevor das kristallisierte As_2O_3 schmilzt, verdampft es.[8])
Der Schmelzpunkt ist dagegen durch plötzliche Temperaturerhöhung oder unter
Druck zu realisieren.

Dampfdichte wurde von E. Mitscherlich[9]) mit 13,85 bei 563^0 gefunden; für das Molekül As_4O_6 berechnet sich die Dampfdichte auf 13,68.
Bei 1560^0 soll nach V. u. C. Meyer[10]) der Dampf noch unverändert sein,
ebenso nach Scott[11]) bei 1050^0 der Dampf nicht gespalten sein; dagegen
beobachtete H. Biltz[12]) bereits bei 800^0 Spaltung in das Molekül As_2O_3. Die
von ihm ermittelten Zahlen sind folgende:

bei	518	769	851	1059	1450	1584	1732[0]
Dampfdichte:	13,71	13,62	13,15	12,72, 12,83	9,41	8,80, 8,83	7,32

[1]) H. Fizeau in Th. Liebisch, Phys. Kristallogr. 1891, 92.
[2]). H. Fizeau, C. R. **62**, 1133 (1866).
[3]) H. Rose, Pogg. Ann. **35**, 481 (1835).
[4]) C. Bandrowski, Z. f. phys. Chem. **17**, 234 (1895).
[5]) Guinchant, C. R. **140**, 1170 (1905).
[6]) D. Gernez, C. R. **140**, 1134 (1905).
[7]) Guinchant, C. R. **140**, 1101 (1905).
[8]) L. Wöhler, Ann. d. Chem. **41**, 155 (1842).
[9]) E. Mitscherlich, Ann. d. Chem. **12**, 165 (1834).
[10]) V. u. C. Meyer, Ber. Dtsch. Chem. Ges. **12**, 1116.
[11]) Scott, Proc. Roy. Soc. Edinburgh **14**, 410 (1887).
[12]) H. Biltz, Z. f. phys. Chem. **19**, 417 (1896).

In der Nitrobenzollösung ist ebenfalls das Molekül As_4O_6 vorhanden, wie die Messung der Siedepunktserhöhung zeigt.

Umwandlungswärme. Die Umwandlung von glasigem As_2O_3 in den Arsenolith ist mit einer Wärmetönung von 2,70 Cal. nach A. Favre[1]) verbunden, diese Wärmemenge wird frei; nach M. Berthelot beträgt die Wärmetönung für diesen Fall 2,40 Cal. (nach Kraut-Gmelin, Handb. d. anorg. Chem. III. Bd., 2. Teil, 443, 1907).

Neutralisationswärme. Die Neutralisationswärme von einem Molekül As_2O_3 mit einem Molekül NaOH beträgt 73,0 Cal., mit 2 Molekülen NaOH 137,8 Cal., mit 4 Mol. NaOH 150,7 Cal., mit 6 Mol. NaOH 155,8 Cal. nach J. Thomsen.[2])

Molekulare Lösungswärme und Molekulargewicht des As_2O_3 in wäßriger Lösung. L. Bruner und St. Tolloczko[3]) haben aus den Werten für die Löslichkeit des regulären As_2O_3 die molekulare Lösungswärme nach der integrierten van't Hoffschen Gleichung für die Reaktionsisochore berechnet und die Werte

$$q_{2-15} = -3925 \text{ cal.}$$
$$q_{15-25} = -3542 \text{ „}$$
$$q_{25-40} = -4580 \text{ „}$$

gefunden. Auf kalorimetrischem Wege wurde für die molekulare Lösungswärme der Wert $q = -7550$ cal. von J. Thomsen[4]) gefunden; als mittlerer Wert ergibt sich für die berechneten Daten $q = -3740$ cal. Der berechnete Wert ist also fast ganz genau die Hälfte des empirisch gefundenen, woraus zu schließen ist, daß in der wäßrigen Lösung als Molekulargewicht der arsenigen Säure nicht As_2O_3, sondern nur $^1/_2 As_2O_3$ anzunehmen ist. J. v. Zawidzki[5]) bestimmte das Molekulargewicht der arsenigen Säure in wäßriger Lösung zu 100,6, 101,8, 101,5; F. M. Raoult[6]) hatte durch kryoskopische Bestimmungen den Wert 117 und 132 erhalten, H. Biltz[7]) den Wert 133.

Löslichkeit des regulären As_2O_3 in Wasser. L. Bruner und St. Tolloczko[8]) haben die Löslichkeit in Wasser geprüft; es lösten sich in einem Liter Wasser

bei	2	15	25	39,8° Siedetemperatur
Gramm	12,006	16,566	20,384	29,302 g mehr als 60 g

Cl. Winkler[9]) fand, daß das emailleartige As_2O_3 sich in dem Verhältnis 1,72 zu 100 in Wasser löst und daß die Konzentration bei Zimmertemperatur konstant bleibt, während bei Lösungen von glasigem As_2O_3, wie unten berichtet wird, die Konzentration sich ändert.

Löslichkeit in anderen Flüssigkeiten. In Alkohol wenig löslich, in 50 Teilen siedenden Nitrobenzols löslich, ebenso in Methylalkohol, Amylalkohol, Äther, $CHCl_2$ löslich (nach Kraut-Gmelin III, 1907).

[1]) A. Favre, J. Pharm. Chim. [3], **24**, 241, 311, 412 (1853).
[2]) J. Thomsen, Thermochem. Unters. **1**, 199.
[3]) L. Bruner u. St. Tolloczko, Z. anorg. Chem. **37**, 455 (1903).
[4]) J. Thomsen, Thermochem. Unters. **2**, 234.
[5]) J. v. Zawidzki, Ber. Dtsch. Chem. Ges. **36**, 1429 (1903).
[6]) F. M. Raoult, Ann. chim. phys. [6], **2**, 84, 101 (1884).
[7]) H. Biltz, Z. f. phys. Chem. **19**, 422 (1896).
[8]) L. Bruner u. St. Tollocko, l. c. 456.
[9]) Cl. Winkler, Journ. prakt. Chem. [2], **31**, 247 (1885).

Der Arsenolith ist außerordenlich leicht in schönen Kristallen auf künstlichem Wege darzustellen; die Darstellung gelingt durch Sublimation, sowie auf wäßrigem Wege, ebenso ist durch Umwandlung des glasigen As_2O_3 Arsenolith zu erhalten. Auch der Claudetit wandelt sich, wie einzelne Paramorphosen zeigen, allmählich in Arsenolith um.

Durch Sublimation sind Kristalle von Arsenolith dann zu erhalten, wenn der Dampf sehr rasch abgekühlt wird, so daß er nicht in den geschmolzenen Zustand übergehen kann. Derartige durch Sublimation entstandene Kristalle sind seit langer Zeit bekannt, J. W. Döbereiner hat 1837, A. Kenngott 1853 durch Sublimation entstandene Kristalle beschrieben und die Technik macht bei der Darstellung des Arsenikmehls von diesem Verfahren im großen Gebrauch. Als Ausgangsmaterial werden arsenhaltige Erze verwendet, die geröstet werden; es werden Fortschaufelungsöfen, mechanisch gekrählte Flammöfen oder Drehrohröfen gebraucht. In verschieden konstruierten Kondensationseinrichtungen wird der As_2O_3-Dampf zum Absetzen gebracht; Erzstaub oder kohlige Gemengteile verunreinigen das Produkt stark, daher sind die Vorrichtungen so konstruiert, daß diese Bestandteile nicht mit übergehen. Das erste Produkt wird zumeist noch einmal umsublimiert, um es reiner zu erhalten und man gewinnt auf diese Weise mehliges Arsentrioxyd von 99,6—100°/₀. Im Handel wird dem mehligen As_2O_3 das glasige As_2O_3 vorgezogen; man erhält es durch Umsublimieren des mehligen As_2O_3 in Gußeisenretorten, deren Wände so heiß gehalten werden müssen, daß das sublimierte Produkt schmilzt. Durch längeres Erhitzen von kristallinem As_2O_3 bei derartigen, der Verdampfungstemperatur nahekommenden Temperaturen geht das As_2O_3 in die starre amorphe Phase über. Ein Verfahren von Souheur beruht auf Erhitzung unter Druck. E. S. Dana wies nach, daß die Produkte der verschiedenen Fabriken sich mikroskopisch durch die Zahl der deutlichen Kristalle auseinander halten lassen.[1]

Auf wäßrigem Wege haben den Arsenolith namentlich L. Wöhler,[2] Hirzel[3] in schönen Kristallen erhalten; technisch wird diese Darstellung nicht verwendet. Nach F. Fouqué und A. Michel-Lévy[4] werden hier häufiger Tetraeder als Oktaeder erhalten.

Durch Umwandlung des glasigen Arsenoxyds unter der Vermittelung von Wasser bilden sich nach J. F. L. Hausmann[5] bis zu 1 mm große, freiliegende Oktaeder. Auch durch Zersetzung von gediegenem Arsen bildet sich Arsenolith; so beschrieb O. Mügge[6] einen staubartigen Überzug von Arsenolith auf künstlichen Arsenkristallen. Die Kriställchen waren orientiert aufgewachsen. In der Natur finden sich alle hier erwähnten Bildungsweisen.

Vorkommen in der Natur.

In den meisten Fällen sekundär gebildet, tritt der Arsenolith als Überzug auf Speiskobalt, Arsenkies, auf gediegenem Arsen, häufig mehlartig, auch in

[1] Nach B. Neumann, Lehrb. d. chem. Techn. (Leipzig 1912).
[2] L. Wöhler, Ann. d. Chem. **101**, 365 (1857).
[3] Hirzel, Z. Pharm. 1851, 81.
[4] F. Fouqué u. A. Michel-Lévy, Synthèse 1882, 274.
[5] J. F. L. Hausmann, N. JB. Min. etc. 1850, 694; 1855, 691.
[6] O. Mügge, N. JB. Min. etc. Beil.-Bd. **16**, 342 (1903).

Form halbkugelförmiger Aggregate (Ungarn, Tajova), mit Auripigment oder Realgar, als Ausblühung auf vielen Arsenerzlagerstätten auf; auch aus Enargit sowie aus Tennantit geht Arsenolith hervor. Häufig entsteht auch beim Röstprozeß Arsenolith, der dann auf den Halden gefunden wird, auch durch Grubenbrände, durch Selbstentzündung von Pyrit-Markasithalden, als Sublimationsprodukt von Kohlenbränden kommt Arsenolith vor. Oft sind die Kriställchen durch Beimengungen von Realgar gelblich oder rot gefärbt, P. Jeremėjew[1]) beschrieb eine Pseudomorphose von Realgar nach Arsenolith von der Grube Utsah-Kun in Karkarcla. Interessant ist das Zusammenvorkommen mit Claudetit in Schmölnitz, das J. Szabó[2]) beschrieb; die oberen Enden der Claudetitlamellen zeigen oft Oktaeder, die im Innern wieder Claudetitlamellen enthalten, auch A. Des Cloizeaux[3]) beschrieb oktaedrische Aggregate von Claudetitkristallen.

Claudetit.

Synonyma. Rhombarsenit, Arsenikblüte (A. Kenngott).

L. Wöhler[4]) fand als rhombisch bestimmte Kristalle von As_2O_3 in einem Kobaltröstofen, die E. Mitscherlich als dem Valentinit isomorph bezeichnete. Es ergab sich dadurch eine Isodimorphie zwischen As_2O_3 und Sb_2O_3 und in der Folgezeit bestätigte P. Groth die Ähnlichkeit mit Valentinit. Ein natürliches Vorkommen in der Grube San Domingos in Portugal wurde von Claudet[5]) bearbeitet und E. S. Dana benannte darauf diese Modifikation Claudetit. Der Name Rhombarsenit rührt von Adam her (Tabl. Min. 41, 1869).

Monoklin. $a:b:c = 0,4040:1:0,3445$; $\beta = 86^0 \, 3'$.

Die Kristalle sind dünntafelig nach der Symmetrieebene, blätterig oder faserig entwickelt, Zwillingsbildung nach 100 verursacht häufig das rhombische Aussehen der Kristalle. Der monokline Charakter desselben wurde von A. Des Cloizeaux[6]) und von A. Schmidt[7]) festgestellt. Während P. Groth[8]) der Ansicht ist, daß möglicherweise der Valentinit ein aus monoklinen Lamellen zusammengesetztes pseudorhombisches Mineral sei, meint A. Schmidt,[9]) es werde sich eine rhombische Modifikation von As_2O_3 und eine monokline von Sb_2O_3 noch finden.

Es liegt nur eine einzige quantitative Analyse vor, die J. Loczka von dem Vorkommen von Szomolnok ausgeführt hat und die folgende Zahlen ergab:

Analysen.

	1.	2.
As	75,99	75,78
O	23,84 *aus der Differenz berechnet*	24,22
Unlöslich in NH_3	0,17	—
	100,00	100,00

[1]) P. Jeremėjew, Verh. d. kais. russ. min. Ges. II, 29, 204 (1892).
[2]) J. Szabó, Földt. Közlöny 18, 49 (1888).
[3]) A. Des Cloizeaux, Bull. Soc. min. 10, 307 (1887).
[4]) L. Wöhler, Pogg. Ann. 26, 177 (1832).
[5]) Claudet, Journ. chem. Soc. London 1868, 179.
[6]) A. Des Cloizeaux, Bull. Soc. min. 10, 303 (1887).
[7]) A. Schmidt, Z. Kryst. 14, 575 (1888).
[8]) P. v. Groth, Tabell. Übers. 1898, 41.
[9]) A. Schmidt, l. c.

1. Claudetit von Szomolnok; anal. J. Loczka, Z. Kryst. **39**, 525 (1903). Mittel dreier Bestimmungen.

2. Theoretische Zusammensetzung des Claudetits.

Chemische Eigenschaften. Verhält sich chemisch wie Arsenolith.

Physikalische Eigenschaften.

Glasglänzend bis perlmutterglänzend, farblos, durchsichtig, vollkommen spaltbar nach der Symmetrieebene, biegsam; die Dichte beträgt $\delta = 4{,}151$ nach P. v. Groth, $\delta = 3{,}85$ nach Claudet, die Härte beträgt 2,5.

Optische Eigenschaften. · A. Des Cloizeaux[1] hat an künstlichen Kristallen, welche L. Pasteur und H. Debray hergestellt hatten, sowie an Freiberger Kristallen Messungen ausgeführt; die Achsenebene liegt in der Symmetrieebene. Die erste positive Mittellinie bildet im stumpfen Winkel der Achsen a, c mit der Vertikalachse einen Winkel von $5^0\ 26'$, A. Schmidt[2] fand den gleichen Wert und bestimmte weiter den Achsenwinkel um γ in Methylenjodid für Lithiumlicht zu $2V_\gamma = 66^0\ 14'\ (\pm 6')$ bei $25{,}5^0$ C, für Natriumlicht zu $2V_\gamma = 65^0\ 21'\ (\pm 3')$ bei 22^0 C; die Dispersion ist daher $\varrho > v$. Brechungsquotienten sind nicht bestimmt.

Nach F. Beijerinck[3] ist der Claudetit Nichtleiter der Elektrizität. Die Umwandlungswärme des glasigen As_2O_3 in monoklines beträgt nach G. Troost und P. Hautefeuille[4] 1247,4 cal., diese Wärmemenge wird frei.

Künstliche Darstellung.

Die künstliche Darstellung des Claudetits gelingt leicht; er ist durch Sublimation wie auch auf wäßrigem Wege zu erhalten. H. Debray[5] stellte mehrfach Claudetitkristalle her, einmal, indem er im zugeschmolzenen aufrecht stehenden Glasrohre Arsentrioxyd verdampfen ließ; an. den oberen auf etwa 200^0 erhitzten Teilen setzte sich reguläres As_2O_3 ab, in dem unteren Teile (etwa 400^0) glasiges As_2O_3, in der Mitte bei Temperaturen von ca. 250^0 monoklines As_2O_3. Ebenso bildeten sich beim Erhitzen von As_2O_3 mit wenig Wasser auf 250^0 neben großen Oktaedern kleine rhombische Kristalle. Schöne Kristalle erzielte er ferner durch monatelanges Erhitzen einer Lösung von As_2O_3 in Schwefelsäure mit dem dreifachen Volumen Wasser im zugeschmolzenen Rohr bei Siedehitze des Wassers. Früher hatte schon L. Pasteur[6] aus einer kochenden gesättigten Lösung von As_2O_3 in KOH Kristalle von Claudetit erhalten, und in der Folgezeit erhielt neben Scheurer-Kestner,[7] der eine konzentrierte wäßrige Lösung von As_2O_5 mit As_2O_3 in der Hitze sättigte, sowie Kühn,[8] der mit Lösungen von arsenigsaurem Silber in Salpetersäure arbeitete, noch Hirzel[9] sehr schöne Kristalle. Er sättigte kochendes Ammoniakwasser mit As_2O_3 und erhielt aus der längere Zeit bei Ersatz von NH_3 im

[1] A. Des Cloizeaux, C. R. **105**, 603 (1887).
[2] A. Schmidt, Z. Kryst. **14**, 578 (1888).
[3] F. Beijerinck, N. JB. Min. etc. Beil.-Bd. **11**, 442 (1897).
[4] G. Troost u. P. Hautefeuille, C. R. **69**, 48 (1869).
[5] H. Debray, C. R. **58**, 1209 (1864); Bull. Soc. chim. **2**, 9 (1864); Chem. Jahresber. 236 (1864).
[6] L. Pasteur, J. Pharm. [3], **14**, 399.
[7] Scheurer-Kestner, Bull. Soc. chim. **10**, 444 (1868).
[8] Kühn, Arch. Pharm. [2], **69**, 267.
[9] Hirzel, Z. Pharm. 1851, 81.

Kochen erhaltenen Lösung bei raschem Abkühlen zahlreiche monokline Kristalle; bei langsamem Abkühlen dagegen zahlreichere Oktaeder.

Vorkommen in der Natur. Der Claudetit findet sich in der Natur als Sublimationsprodukt bei Grubenbränden, in Röstöfen, sowie als Verwitterungsprodukt auf Kiesen. Der Hauptfundort ist San Domingos, wo infolge des Trockenlegens der von den Römern aufgeführten Baue eine Entzündung der Kiesmassen und eine starke 'Verflüchtigung des Arsens hervorgerufen wurde.

Bemerkenswert ist das Vorkommen von Szomolnok (Schmölnitz) in Ungarn, das J. v. Szabó[1]) beschrieb; das Mineral fand sich in den Teilen des Bergwerks, welche vor drei Jahren durch ein starkes Feuer eingeäschert worden waren, als Sublimationsprodukt. Infolge eines nachträglichen Wechsels in den Bildungsbedingungen sind an den Spitzen der papierdünnen und biegsamen Claudetitlamellen dieselben zu Oktaedern gruppiert, die jedoch in ihrem Innern noch deutlich die einzelnen Lamellen erkennen ließen.

Glasiges $As_2O_3(As_4O_6)$.

Durch langsame Sublimation des Arsenoxyddampfes erhält man eine glasige Modifikation mit muscheligem Bruch, klar durchsichtig, farblos bis schwach gelblich, von süßlichem Geschmack. Auch durch längeres Erwärmen des kristallisierten As_2O_3 bis nahe der Verdampfungstemperatur ist glasiges Arsenoxyd zu erhalten, welches schmelzbar ist und sich sehr leicht wieder in kristallisiertes und zwar reguläres As_2O_3 umwandelt. Im großen wird das glasige Arsenoxyd so hergestellt, daß Arsenikmehl in Steinkohlenbrikettpressen komprimiert und erwärmt wird, wobei allerdings kein Verdampfen eintreten darf; dieses Verfahren rührt von Souheur[2]) her. Die Härte ist ungefähr so groß wie die des Calcits, das spezifische Gewicht wurde von Le Royer und J. B. Dumas zu 3,698, von G. Karsten zu 3,702, von Guibourt zu 3,7385, von W. P. Taylor zu 3,798 und zuletzt von Cl. Winkler[3]) zu 3,7165 in Wasser und 3,6815 in Petroleum bestimmt. Die spezifische Wärme fand V. Regnault[4]) zu 0,1320, und zu 0,12764; beim Übergang der glasigen Modifikation in die kristallisierte reguläre Form werden für das Molekül As_4O_6 5,337 Cal. frei, wie P. A. Favre[5]) feststellte, nach M. Berthelot beträgt die Wärmetönung 2,40 Cal. für das Molekül As_2O_3. Das amorphe As_2O_3 ist beträchtlich leichter wasserlöslich als die anderen Modifikationen, doch scheiden sich aus der Lösung so lange wasserfreie Kristalle ab, bis die Lösung der Löslichkeit des kristallisierten As_2O_3 entspricht. Cl. Winkler[6]) hat die Belegzahlen geliefert; nach sechsstündigem Stehen hat die Lösung ihre größte Konzentration erreicht, es sind in 100 Teilen Wasser 3,666 Teile As_2O_3 gelöst. Durch Auskristallisieren sinkt die Konzentration allmählich, nach 21 Tagen sind nunmehr 1,713 g gelöst, nach $2^1/_4$ Jahren 1,707 g As_2O_3 auf 100 Teile Wasser. Weitere Untersuchungen über die Löslichkeit des As_2O_3 rühren von Guibourt,

[1]) J. v. Szabó, Földt. Közl. **18**, 49 (1888).
[2]) Souheur, C. R. **1**, 1197 (1905).
[3]) Cl. Winkler, Journ. prakt. Chem. **31**, 247 (1885).
[4]) V. Regnault, Pogg. Ann. **53**, 60, 243 (1841).
[5]) P. A. Favre, Journ. Pharm. Chim. [3] **24**, 241, 311, 412 (1853).
[6]) Cl. Winkler, l. c.

Wenzel, Fischer, M. Klaprot, Bussy, H. Vogel und anderen her; auch in verdünnten Säuren ist es etwas leichter löslich, ebenso in Terpentin, Alkohol, Petroleumäther, Benzol etwas löslich. Bei etwa 200° verflüssigt sich das glasige As_2O_3, beim Erstarren liefert es oktaedrische Kristalle. Chemisch unterscheidet sich die amorphe Modifikation von den kristallisierten dadurch, daß sie stark reduzierend wirkt, beispielsweise eine Goldchloridlösung reduziert und sich mit abgeschiedenem Gold bedeckt;[1]) ebenso wird Jod nur durch amorphes As_2O_3 reduziert.[2]) In beiden Fällen reagiert kristallines As_2O_3 nicht.

Das amorphe As_2O_3 geht sehr leicht in das regulär kristallisierende über; bereits beim Liegen an der Luft bedeckt es sich mit einer emailleartigen bis porzellanartigen Kruste, welche aus oktaedrischem Arsentrioxyd besteht. Das ganze Stück wird trübe, milchweiß, dabei zerreiblich. Hervorgerufen und beschleunigt wird die Umwandlung durch die Gegenwart von Wasser, auch unter Alkohol erfolgt Umwandlung. Durch die fortwährende Kristallisation wasserfreien As_2O_3 ist eine sehr geringe Menge von Wasser zur Umwandlung hinreichend; nur unter Luftabschluß und absolut trocken gehalten, bleibt es glasig hell.

Konstitution. Da sich nach Versuchen von H. Erdmann[3]) das gelbe Arsen durch vorsichtige Reduktion in der Kälte aus glasigem As_2O_3 erhalten läßt, schloß H. Erdmann auf folgende Konstitutionsformel des glasigen As_2O_3:

$$
\begin{array}{ccc}
 & O & \\
O=As & & As=O \\
 & & \\
O=As & & As=O \\
 & O &
\end{array}
$$

Andere Konstitutionsformeln rühren von V. Meyer[4]) her. Nach H. Biltz[5]) entspricht das Molekulargewicht des oktaedrischen As_2O_3 in Nitrobenzollösung ebenfalls dem Molekül As_4O_6.

In der Natur scheint diese Modifikation wegen ihrer Unbeständigkeit nur äußerst selten aufzutreten; J. F. L. Hausmann[6]) erwähnt ein Vorkommen von Andreasberg.

Das gegenseitige Verhältnis der Modifikationen des As_2O_3.

Die stabilste Modifikation ist der Arsenolith, die glasige Modifikation ist sehr unbeständig und wandelt sich, wie erwähnt, sehr rasch in die reguläre Modifikation um; ebenso ist der Claudetit instabil und hat die Tendenz, sich in die reguläre Modifikation umzuwandeln. Ob Arsenolith und Claudetit zueinander im Verhältnis der Monotropie oder Enantiotropie stehen, ist unentschieden; die Umwandlung Arsenolith → Claudetit wurde nicht beobachtet. Wie die Synthesen zeigen, ist zur Bildung von Claudetit höhere Temperatur nötig.

---

[1]) J. W. Retgers, Z. anorg. Chem. **4**, 403 (1893).
[2]) Brause, Pharm. Centr. 1852, 128; 1853, 720.
[3]) H. Erdmann, Z. anorg. Chem. **32**, 455 (1902).
[4]) V. Meyer, Ber. Dtsch. Chem. Ges. **12**, 12 (1879).
[5]) H. Biltz, Z. f. phys. Chem. **19**, 422 (1896).
[6]) J. F. L. Hausmann, N. JB. Min. etc. 1850, 695.

As$_2$O$_3$. SO$_3$.

Eine bemerkenswerte kristallisierte Verbindung von As$_2$O$_3$ und SO$_3$ beschrieb R. Pearce.[1]) In einem Calcinierofen von Swansea in England fanden sich ebenso wie in den Argo-Werken in Colorado etwa drei Fuß unter dem obersten Teil des Herdes in schönen Gruppen große Kristalle, welche als Kruste auf großen Schlackenklumpen saßen. Die Kristalle sind wahrscheinlich monoklin, sie werden durch Ausscheidung von As$_2$O$_3$ opak, ebenso durch Berührung mit Wasser; sie sind perl- bis diamantglänzend, weiß, halbdurchsichtig bis durchsichtig, vollkommen spaltbar. Die Analyse ergab:

$$\begin{array}{ll} \text{As}_2\text{O}_3 \dots\dots & 68{,}22 \\ \text{SO}_3 \dots\dots & 28{,}91 \\ \text{Sand, Verlust} \dots & 2{,}9 \\ \hline & 100{,}03 \end{array}$$

Die Formel As$_2$O$_3$. SO$_3$ erfordert As$_2$O$_3$ 71,23, SO$_3$ 28,77.[2])

Analysenmethoden der Arsenate.

Von M. Dittrich (Heidelberg).

Wasserfreie Arsenate.

Mimetesit.

Hauptbestandteile: Pb, AsO$_4$, Cl.

Nebenbestandteile: Ca, P$_2$O$_5$.

Methode I. Das feingepulverte Mineral wird durch mehrmaliges Abdampfen mit Salpetersäure gelöst. Nach Verjagen der Salpetersäure wird der Rückstand mit heißem Wasser und etwas Salzsäure aufgenommen und in die Lösung unter Erwärmen auf 70° Schwefelwasserstoff eingeleitet; dadurch fällt Blei als PbS, Arsen als As$_2$S$_3$ gemengt mit Schwefel aus. Nach gutem Auswaschen mit Schwefelwasserstoffwasser gibt man den Niederschlag mit dem Sulfidgemenge in eine Porzellanschale und erwärmt ihn dort mit einer Lösung von farblosem Schwefelnatrium oder Schwefelkalium. Dadurch geht Arsen als Sulfosalz in Lösung, während PbS zurückbleibt.

Arsen. Die Lösung des Arsensulfosalzes wird in einem bedeckten Becherglase bis zur sauren Reaktion versetzt; es scheidet sich jetzt das Arsen als Trisulfid aus, welches abfiltriert und gut mit Schwefelwasserstoffwasser ausgewaschen wird. Zur Überführung in Arsensäure gibt man Filter mit Niederschlag in eine Porzellanschale und erwärmt beides mit rauchender Salpetersäure; durch mehrmaliges Abdampfen mit der gleichen Säure wird die Oxydation beendet. In dieser Lösung wird das Arsen entweder als Pentasulfid oder als Magnesiumammoniumarseniat bestimmt.[3])

---

[1]) R. Pearce, Proc. Colorado Scient. Soc. **3**, 255 (1890).
[2]) Nach dem Referat von E. S. Dana, Z. Kryst. **20**, 632 (1892).
[3]) Die Angaben über die Ausführung dieser Bestimmungen sind F. P. Treadwell, Quant. Analyse, 5. Aufl., S. 170 ff. entnommen.

Bestimmung des Arsens als Arsenpentasulfid (As$_2$S$_5$) nach R. Bunsen,[1] modifiziert von Fr. Neher.[2]

Die Lösung, welche alles Arsen in Form von Arsensäure enthalten muß, wird nach und nach, am besten unter Eiskühlung, mit konzentrierter Salzsäure versetzt, so daß die Lösung auf 1 Teil Wasser wenigstens 2 Teile konzentrierter Salzsäure enthält. In diese Lösung, welche sich in einem geräumigen Erlenmeyerkolben befindet, leitet man einen möglichst raschen Strom von Schwefelwasserstoff bis zur Sättigung ein, verschließt den Kolben und läßt 2 Stunden stehen. Nun filtriert man das Arsenpentasulfid durch einen bei 105° C getrockneten Goochtiegel, wäscht mit Wasser völlig aus, dann mehrmals mit heißem Alkohol, um das nachherige Trocknen zu erleichtern, trocknet bei 105° C und wägt als As$_2$S$_5$. Ein Auswaschen des Niederschlags mit Schwefelkohlenstoff ist unnötig.

Bemerkung. Wenn man genau die oben angegebenen Bedingungen einhält, so erhält man tadellose Resultate. Weicht man um ein Geringes hiervon ab, so enthält der Niederschlag leicht etwas Trisulfid, wodurch das Resultat zu niedrig ausfällt. Versetzt man die Arsenlösung ohne vorherige Abkühlung zu rasch mit Salzsäure, so genügt die hierbei entwickelte Wärme, um das jedenfalls in der Lösung vorhandene Arsenpentachlorid zum Teil in Arsentrichlorid und Chlor zu spalten, wodurch man, beim Einleiten von Schwefelwasserstoff, ein Gemenge von Arsenpenta- und -trisulfid erhält.

Bestimmung des Arsens als Magnesiumpyroarseniat. (Nach Levol.)

Die Lösung, welche alles Arsen als Arseniat enthalten muß, und pro 0,1 g Arsen nicht mehr als 100 ccm betragen soll, versetzt man tropfenweise unter beständigem Umrühren mit 5 ccm konzentrierter Salzsäure und fügt dann für je 0,1 g Arsen 7—10 ccm Magnesiamixtur[3] und einen Tropfen Phenolphtalein hinzu. Nun läßt man aus einer Bürette unter beständigem Umrühren 2$\frac{1}{2}$ %iges Ammoniak bis zur bleibenden Rötung zutröpfeln und fügt hierauf $\frac{1}{3}$ des Flüssigkeitsvolums konzentriertes Ammoniak hinzu. Nach 12 stündigem Stehen gießt man die Flüssigkeit durch einen Gooch-Neubauer-Platintiegel, spült den Niederschlag mit dem Filtrat, das man in eine kleine Spritzflasche gebracht hat, in den Tiegel und wäscht mit 2$\frac{1}{2}$ %igem Ammoniak, das auf je 100 ccm 2—3 g Ammoniumnitrat enthält, aus, bis das Filtrat keine Chlorreaktion mehr gibt.[4] Jetzt saugt man die Flüssigkeit möglichst ab, trocknet den Niederschlag bei 100°, und erhitzt ihn dann im elektrischen Ofen ganz allmählich auf ca. 400—500°, bis kein Geruch von Ammoniak mehr wahrgenommen wird. Hierauf steigert man die Temperatur auf 800—900° und

[1] R. Bunsen, Ann. d. Chem. u. Pharm. **192**, 305 (1878).
[2] Fr. Neher, Z. f. anal. Chem. **32**, 45 (1893). — Vgl. ferner: E. Brunner u. Tomicek, Monatshefte **8**, 607. — Mc. Cay, Z. f. anal. Chem. **27**, 682 (1888) und J. Thiele, Ann. d. Chem. u. Pharm. **265**, 65 (1890).
[3] Die Magnesiamixtur wird bereitet durch Lösen von:
    55 g kristallisiertem Magnesiumchlorid } in 650 ccm Wasser
    70 g Ammonchlorid } und Verdünnen
dieser Lösung mit starkem Ammoniak (spez. Gewicht 0,96) auf 1 Liter.
[4] Anstatt Ammonnitrat anzuwenden, kann man den Tiegel mit einem durchlochten Deckel versehen und im Sauerstoffstrom erhitzen.

erhält ca. 10 Minuten bei dieser Temperatur, läßt im Exsikkator erkalten und wägt das $Mg_2As_2O_7$.

Ist man nicht im Besitze eines elektrischen Ofens, so stellt man den Tiegel mit dem Niederschlage in ein Luftbad (Porzellantiegel mit Asbestring), so daß der Boden des Tiegels nur 2—3 mm vom Boden des äußeren Porzellantiegels entfernt ist, erhitzt zuerst ganz gelinde, steigert allmählich die Hitze bis zur hellen Rotglut des äußeren Tiegels und wägt nach dem Erkalten im Exsikkator. Statt des Gooch-Neubauer-Platintiegels läßt sich auch ein gewöhnlicher Goochtiegel von Porzellan verwenden.

Hat man aber den Niederschlag auf einem Papierfilter, so löst man ihn nach J. Fages Virgili in verdünnter Salpetersäure, verdampft die Lösung in einem gewogenen Porzellantiegel zur Trockne und erhitzt äußerst sorgfältig im Luftbade, bis keine Dämpfe mehr entweichen, steigert hierauf die Hitze bis zur hellen Rotglut des äußeren Tiegels und wägt nach dem Erkalten.

Blei. Das in Alkalisulfid unlösliche Bleisulfid wird zur Bestimmung in $PbSO_4$ übergeführt. Man bringt zu diesem Zweck soviel wie möglich von dem gewaschenen und getrockneten Niederschlag auf ein Uhrglas, das Filter mit dem noch daran haftenden Rest des Niederschlags dagegen in einen geräumigen, schräg stehenden Porzellantiegel und erhitzt sorgfältig über kleiner Flamme, bis das Filter vollkommen verascht ist. Jetzt fügt man die Hauptmenge des Niederschlags zu der Asche im Tiegel, befeuchtet mit Wasser, bedeckt den Tiegel mit einem Uhrglas und behandelt den Tiegelinhalt bei Wasserbadtemperatur mit konzentrierter Salpetersäure, später, nachdem die Hauptreaktion vorüber ist, wiederholt man die Behandlung mit rauchender Salpetersäure, bis der Tiegelinhalt rein weiß erscheint. Jetzt entfernt man das Uhrglas, fügt 5—10 Tropfen verdünnte Schwefelsäure hinzu, verdampft im Wasserbad soweit wie möglich, raucht dann die überschüssige Schwefelsäure im Luftbad ab und wägt das Bleisulfat. Sollte der Niederschlag nach dem Glühen dunkel gefärbt sein, so befeuchtet man ihn mit konzentrierter Schwefelsäure und raucht diese wieder ab.

Calcium und Phosphorsäure. Zu dem Filtrat, aus welchem durch Auskochen und starkes Eindampfen der Schwefelwasserstoff vertrieben ist, fügt man Ammoniak in geringem Überschuß hinzu; ist gleichzeitig Phosphorsäure und Calcium vorhanden, so fällt tertiäres Calciumphosphat aus, welches nach Auswaschen und Abfiltrieren verascht und gewogen wird. Durch Auflösen in Salpetersäure und Fällen mit Molybdänlösung wird darin in der üblichen Weise die Phosphorsäure bestimmt und das Calcium aus der Differenz berechnet.

Entsteht kein Niederschlag, so ist entweder Calcium oder Phosphorsäure oder beides abwesend. Man setzt zu der heißen Lösung Ammoniumoxalat und filtriert einen entstandenen Niederschlag von Calciumoxalat nach mehrstündigem Stehen ab, verascht, glüht ihn und wiegt ihn als CaO. Entsteht auch durch Calciumoxalat kein Niederschlag, so dampft man die gesamte Lösung zur Trockne, raucht mehrmals mit konzentrierter Salpetersäure zur Verjagung der Salzsäure ab und fällt die nun salpetersaure Lösung mit Molybdänlösung. Ein gelber Niederschlag zeigt die Anwesenheit von Phosphorsäure an und die Bestimmung erfolgt in der üblichen Weise.

Methode II: In neuerer Zeit geben P. Jannasch[1]) und T. Seidel[2]) eine

---

[1]) P. Jannasch, Ber. Dtsch. Chem. Ges. **43**, 1218—1223 (1910).
[2]) T. Seidel, Dissertation (Heidelberg 1910).

Methode zur Bestimmung des Arsens aus arsenathaltigen Lösungen an, indem sie dasselbe unter Reduktion der Arsensäure durch Hydrazinsalze bei gleichzeitiger Anwesenheit von Bromwasserstoff und reichlich Chlorwasserstoffsäure quantitativ abdestillieren. Diese Methode läßt sich auch auf Arsenatmineralien, wie Mimetesit usw. anwenden und besitzt den Vorteil, daß man dadurch das Arsen von den übrigen Bestandteilen trennt und den Rückstand in einfacherer Weise weiter analysieren kann, als bei gleichzeitiger Anwesenheit von Arsen.

Etwa 0,8—1 g des feingepulverten Minerals werden in bedeckter Porzellanschale in Salpetersäure und zum Schlusse unter Zufügen von etwas Salzsäure erwärmt, bis alles bis auf die Gangart in Lösung gegangen ist. Diese Lösung wird zur Trockne verdampft, der Rückstand mit Salzsäure aufgenommen und in den Rundkolben des Destillationsapparates übergespült (Fig. 12). Dieser

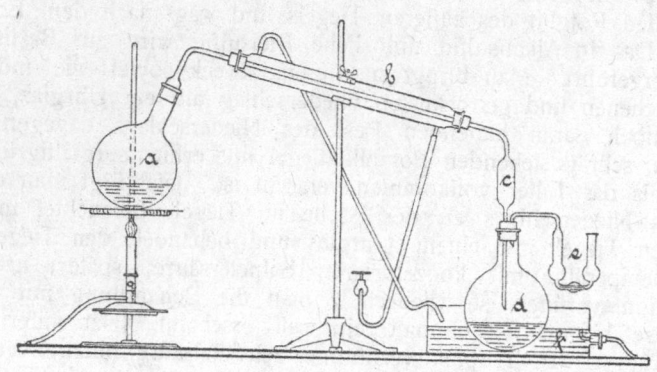

Fig. 12.

Apparat besteht aus einem etwa 1 Liter fassenden Kochkolben *a* und einem zweimal gebogenen Ableitungsrohre, welches mittels Glasschliffes mit dem Kolben verbunden werden kann. Bevor das Destillierrohr an seinem Abflußende gebogen wird, zieht man erst die 45 cm lange Liebig-Kühlröhre *b* darüber und befestigt sie danach mit den beiden durchlöcherten Gummistopfen. Die Biegungen werden unter einem Winkel vorgenommen, der eine zweckmäßig geneigte Lage des Destillierkolbens und eine vertikale des Abflußrohres und der Vorlage bedingt. Das pipettenartig erweiterte Ausflußrohr *c* endigt in einem etwa 1 Liter fassenden Kolben *d*, der mit einem doppelt durchbohrten Gummipfropfen geschlossen ist. Durch eine Bohrung geht das Abflußrohr, durch die andere eine Peligotröhre *e*, mit welcher der Apparat abschließt. Bei nicht allzu großen Arsenmengen genügt auch ein einfaches Einhängen des Destillierrohres in den offenen Vorlagekolben. Die Vorlage ruht auf dem Boden eines Gefäßes mit konstantem Wasserstand *f* und wird durch das aus dem Kühler fließende Wasser gekühlt. Zu der salzsauren Flüssigkeit im Kolben gibt man 3 g Hydrazinsulfat und 1 g Kaliumbromid, mit 100 ccm Salzsäure vom spez. Gewicht 1,19 versetzt. Die 1 Liter fassende Vorlage wird mit 300 ccm Wasser beschickt und sowohl mit dem Abflußrohr des Kühlers als auch mit der Peligotröhre, die ein wenig Wasser enthält, verbunden. Die Lage des Gummipfropfens, welcher diese drei Teile verbindet, wird so gewählt, daß die Ausflußspitze etwa 2—3 cm über dem Niveau der Flüssigkeit zu stehen kommt. Nun läßt man das Kühlwasser laufen und verbindet den

Destillationskolben mit dem Kühler. Man erwärmt zuerst gelinde, dann zum lebhaften Sieden, bis etwa 25—30 ccm im Destillationskolben zurückbleiben, was nach etwa einer Stunde erreicht ist.

Bei dieser Arbeitsweise wird sich sicher, wenn nicht mehr als 0,3 g arsenige Säure vorliegen, weder im Rückstand noch in der Peligotröhre Arsen befinden.[1]) Das Destillat kann direkt zur titrimetrischen Bestimmung des Arsens mittels einer Zehntelnormalkaliumbromatlösung nach Györy[2]) benutzt werden.

Arsenige Säure wird in saurer Lösung glatt durch Kaliumbromat zu Arsensäure oxydiert gemäß der Gleichung:

$$3\,As_2O_3 + 2\,BrO_3K + 2\,HCl = 3\,As_2O_5 + 2\,KCl + 2\,HBr.$$

Die Gleichung entspricht den stöchiometrischen Verhältnissen, wird aber dem tatsächlich vor sich gehenden Mechanismus nicht gerecht. In Wirklichkeit erfolgt die Oxydation durch freies Halogen, welches bei der Einwirkung der Salzsäure auf das Kaliumbromat entsteht, gemäß der Gleichung:

$$BrO_3K + 6\,HCl = Br + 5\,Cl + KCl + 3\,H_2O.$$

Die Gelbfärbung einer Kaliumbromatlösung bei dem Zusatz einer Halogensäure deutet obigen Reaktionsvorgang in Wirklichkeit an.

Als Indikator für die Titration wird eine Lösung von Methylorange (2%) angewendet. Die durch einige Tropfen in der Titrierflüssigkeit hervorgerufene rote Färbung verschwindet erst nach der vollständigen Oxydation der vorhandenen arsenigen Säure und der nunmehrigen Entstehung von freiem Halogen, welches den Farbstoff zerstört.

Die Zehntelnormalkaliumbromatlösung wird durch Auflösen von 2,785 g des trockenen Salzes in Wasser und Verdünnen der Lösung zu einem Liter hergestellt. Die Einstellung erfolgt in der Weise, daß eine abgewogene Menge reiner arseniger Säure in etwas Natronlauge gelöst wird, auf 300 ccm verdünnt, mit 100 ccm Salzsäure versetzt und mit der Kaliumbromatlösung bis zum Verschwinden der durch zwei Tropfen Methylorangelösung hervorgerufenen Färbung titriert wird.

Bei der Titration ist folgendes zu berücksichtigen:

I. Die bei der Titration vorhandene Salzsäure (1,19) muß mindestens 10% der Gesamtflüssigkeit betragen.[3]) Bei kleineren Mengen z. B., bei 5 ccm Säure zu 100 ccm Gesamtflüssigkeit gelingt die Titration nicht. Über diesem Minimalsalzsäuregehalt ist das Resultat der Titration von einer weiteren Salzsäurekonzentration aber unabhängig.

II. Bei sehr hohen Salzsäurekonzentrationen verläuft die der Titration zugrunde liegende Reaktion etwas träger. Die Reaktion verläuft am raschesten bei einem Gehalt von etwa 10—25% Salzsäure vom spez. Gewicht 1,19.

III. Die zur Entfärbung einer mit zwei Tropfen Methylorange versetzten Lösung erforderliche Menge des Zehntelnormalkaliumbromats ist unabhängig

---

[1]) Bei der überaus bequemen Ausführbarkeit der Destillation kann man nötigenfalls dieselbe unter Zusatz von etwa 30 ccm Salzsäure (1,19) und Vorlagewechsel wiederholen und das Destillat mit 1/10 n. Kaliumbromatlösung usw. auf Arsen prüfen, als endgültigen Beweis, daß die vorgenommene Operation wirklich einen quantitativen Verlauf nahm.

[2]) Györy, Z. f. anal. Chem. **32**, 415 (1893).

[3]) Györy meinte, daß die Titration vom Salzsäuregehalt der Lösung unabhängig wäre. Seine Versuche erstrecken sich aber nur über ein ziemlich eng begrenztes Konzentrationsgebiet der Salzsäure.

von dem Volumen der Titrierflüssigkeit; denn es ist fast gleichgültig, ob die Methylorangefärbung in 100 oder in 600 ccm Volumen vorliegt.

Die ca. 400 ccm betragende Menge des Destillats enthält etwa 30 g Chlorwasserstoff, was der zur Vornahme der Titration mit Kaliumbromatlösung nötigen Menge an dieser Säure gut entspricht. Selbst bei einer Verdünnung bis zu einem Gesamtvolumen von 600 ccm stimmen die Resultate der Titration mit den bei obiger Konzentration erhaltenen gut überein.

Zur gewichtsanalytischen Bestimmung wird das Arsen mit Magnesiamixtur gefällt und als Magnesiumpyroarsenat gewogen. Zu diesem Zweck wird die Vorlageflüssigkeit in eine geräumige Porzellanschale gespült, mit 40—50 ccm Salpetersäure (1,14) bis auf einen kleinen Rest eingedampft und weiter wie oben verfahren.

Blei usw. Der im Kolben verbleibende Rückstand, welcher infolge der Gegenwart von Hydrazin trotz des darin enthaltenen Bleisulfats eine klare Lösung bildet, wird in einer Porzellanschale zur Trockne verdampft und das Hydrazinsalz durch zweimaliges Eindampfen mit Salpetersäure zerstört.

Der erhaltene Rückstand von Schwefelsäure und schwefelsaurem Blei wird mit kleiner Flamme bis zum Auftreten weißer Dämpfe erhitzt, nach dem Erkalten mit etwa 100 ccm Wasser verdünnt, mit etwa 30 ccm Alkohol versetzt, nach längerem Stehen durch einen Gooch-Tiegel filtriert, der Niederschlag mit kalter verdünnter Schwefelsäure ausgewaschen, getrocknet, geglüht und gewogen.[1])

Chlor. Zur Bestimmung löst man etwa 1 g des Mineralpulvers in Salpetersäure, welche mit etwa $^1/_2$ g Silbernitrat versetzt ist, damit kein HCl entweicht. Das ausgeschiedene Silberchlorid sammelt man auf einem Papierfilter, löst es zur Reinigung von etwa vorhandener Kieselsäure in Ammoniak und fällt diese Lösung von neuem mit Salpetersäure. Den jetzt erhaltenen Niederschlag bringt man in gewöhnlicher Weise als AgCl zur Wägung.

Durangit.

Hauptbestandteile: Al, Na, AsO_4, F.

Auflösung. Das Mineral löst sich schwer in Salzsäure.

Arsen. In der Lösung wird das Arsen entweder durch Schwefelwasserstoff gefällt und wie bei Mimetesit angegeben als Pentasulfid oder als Magnesiumpyroarsenat bestimmt, oder nach P. Jannasch überdestilliert; in letzterem Falle muß natürlich, da später noch Natrium zu bestimmen ist, Bromwasserstoffsäure, nicht Bromkalium angewendet werden.

Aluminium. Im Filtrat von Arsensulfid bzw. im Destillationsrückstand wird Aluminium zweimal mit Ammoniak gefällt und nach gutem Auswaschen und Veraschen durch scharfes Glühen in Al_2O_3 übergeführt; siehe hierzu Bd. I, S. 568.

Natrium. Die Filtrate vom Aluminium werden in einer Porzellanschale eingedampft, die Ammonsalze durch Abrauchen mit Salpetersäure verjagt und der hinterbleibende Rückstand mit einigen Tropfen Schwefelsäure abgedampft.

---

[1]) Die verdünnte Schwefelsäure ist im vorliegenden Falle dem 30—50% igen Alkohol vorzuziehen, da schwefelsaures Kalium (aus dem als Reaktionsbeschleuniger zugefügten Kaliumbromid) gleichzeitig zugegen ist, welches sich durch Alkohol nicht vollständig entfernen läßt.

Der Rückstand in der Schale, Natriumsulfat und überschüssige Schwefelsäure wird in eine kleine Platinschale übergeführt, die Schwefelsäure durch Abdampfen verjagt und das hinterbleibende Natriumsulfat gewogen (siehe auch Bd. I, S. 576).

Fluor. Dasselbe wird am besten nach folgender Methode bestimmt: Man gibt in einen etwa 250 ccm fassenden Kolben ein Gemisch der feinst gepulverten und gebeutelten Substanz mit der 12—16 fachen Menge feinst gepulverten und gebeutelten Quarzsandes. — Der Kolben steht in einem Ölbade (mit eingesenktem Thermometer) und ist durch einen dreifach durchbohrten Kork geschlossen. In dem Korke sitzen ein Scheidetrichter, mit etwa 100 ccm konzentrierter Schwefelsäure (1,85 spez. Gewicht) gefüllt, ein Gaszuleitungsrohr, tief in den Kolben reichend, und ein Gasableitungsrohr. Durch das Gaszuleitungsrohr kann Luft zugeführt werden, die mittels der Schwefelsäure getrocknet sein soll. Das Gasableitungsrohr ist doppelt gebogen; das eine Ende steckt im Korke, das andere geht in einen Zylinder mit Wasser: letzteres soll möglichst weit sein. — Nachdem der Kolben luftdicht geschlossen, werden ca. 50 ccm Schwefelsäure zugelassen und nun erwärmt man 3 Stunden lang auf etwa 165°, indem man einen langsamen Luftstrom (etwa 2 Luftblasen pro Sekunde) durchpassieren läßt und von Zeit zu Zeit umschüttelt. Nach 3 stündigem Gange läßt man noch etwa 25 ccm Schwefelsäure nachfließen, schüttelt gut und sieht zu, ob die in das Wasser tretenden Gasblasen noch Ringe von Kieselsäure bilden. Entstehen selbst bei 10 Minuten Dauer keine Ausscheidungen mehr, so wird die gallertartige Kieselsäure durch ein Filter abgesaugt, ausgewaschen, getrocknet, samt Filter geglüht und gewogen. Aus SiO_2 wird dann Fluor berechnet.

Da der Reaktionslauf folgender ist:

(1) $$SiO_2 + 2\,CaF_2 + 2\,H_2SO_4 = 2\,CaSO_4 + 2\,H_2O + SiF_4,$$

(2) $$3\,SiF_4 + 3\,H_2O = H_2SiO_3 + 2\,H_2SiF_6,$$

müssen für $1\,SiO_2$ $12\,F$ berechnet werden.

Einfache wasserhaltige Arsenate.

Hörnesit.

Bestandteile: Mg, AsO_4, H_2O.

Nach Lösen in Salzsäure fällt man das Arsen durch Schwefelwasserstoff oder destilliert es nach P. Jannasch über (siehe Mimetesit). Im Filtrat bzw. Destillationsrückstand wird nach Eindampfen das Magnesium als Phosphat abgeschieden und als Pyrophosphat bestimmt (siehe Bd. I, S. 571).

Wasser. Die Bestimmung des Wassers geschieht durch Erhitzen im Porzellantiegel bis zur Gewichtskonstanz, ohne daß dabei allzu stark geglüht werden darf.

Pharmakolith.

Hauptbestandteile: Ca, AsO_4, H_2O.
Nebenbestandteile: Co, Fe. Mn, Mg.

Die Ausführung der Arsenbestimmung erfolgt wie bei Mimetesit. Im Filtrat bzw. Destillationsrückstand werden die übrigen Bestandteile in der üblichen Weise ermittelt.

40

Skorodit.

Bestandteile: Fe, AsO_4, H_2O.

Die Substanz löst sich in Salzsäure leicht. Die Ausführung der Analyse erfolgt analog wie bei Hörnesit.

Nickel- und Kobaltblüte.

Hauptbestandteile: Ni bzw. Co, AsO_4, H_2O.

Nebenbestandteile: Co bzw. Ni, Fe, Ca.

Die Substanz ist in Säuren leicht löslich.

Arsen. Bestimmung wie bei Hörnesit.

Eisen, Nickel, Kobalt. Zur Trennung des Eisens von Nickel und Kobalt benutzt man entweder die älteren Acetat- oder Succinatmethoden, welche darauf beruhen, daß möglichst neutrale Lösungen der Chloride der drei Metalle, denen reichlich Alkaliacetat oder -succinat zugesetzt ist, in verdünnter Lösung beim Erwärmen in Essigsäure und unlösliches basisches Ferriacetat bzw. -succinat zerlegt werden, während Nickel- und Kobaltacetat unzerlegt bleiben, oder man führt die Trennung durch Fällung mit reinstem Ammoniak aus, wodurch Eisen als Hydroxyd abgeschieden wird, während Kobalt und Nickel als komplexe Salze in Lösung bleiben.

Bei der Acetat- bzw. Succinatmethode, deren richtige Ausführung nicht gerade einfach ist, muß zur vollständigen Trennung die Fällung 5—6 mal wiederholt werden, wodurch ganz erhebliche Mengen Alkalisalze, manchmal auch etwas Eisen ins Filtrat übergeht; auch müssen mit Rücksicht auf vorhandenen Kalk erst Eisen, Nickel und Kobalt von diesem durch Ammoniumsulfid getrennt werden, was ebenfalls nicht gerade angenehm auszuführen ist.

Wesentlich bessere Erfahrungen habe ich bei der Trennung des Eisens von Kobalt und Nickel durch reinstes Ammoniak gemacht; als solches erwies sich das von C. A. F. Kahlbaum, Berlin, für »analytische Zwecke« gelieferte am geeignetsten. Man gießt die Lösung der Chloride in Ammoniak, welches mit dem gleichen Volumen Wasser verdünnt und mit Ammoniumchlorid versetzt ist, erwärmt kurze Zeit, bis der Niederschlag sich abgesetzt hat, filtriert durch ein großes Filter und wäscht gut mit Wasser aus. Die Fällung muß noch mehrere Male wiederholt werden, bis in einer Probe des Filtrats Schwefelwasserstoff keine Färbung mehr hervorruft. Es ist dies gewöhnlich nach der vierten oder fünften Fällung der Fall (bei Verwendung von Ammoniak anderer Herkunft als wie angegeben, wurde auch nach achtmaliger Fällung stets noch eine starke Dunkelfärbung durch Schwefelwasserstoff erhalten).

Eisen. Der Eisenniederschlag wird verascht und als Fe_2O_3 gewogen.

Nickel, Kobalt. Die Filtrate vom Eisen werden eingedampft. Die Ammoniumsalze durch Abrauchen mit Salpetersäure verjagt (siehe Bd. I, S. 214) und die so erhaltenen Nitrate durch Abdampfen mit Schwefelsäure in Sulfate übergeführt. Diese werden — wie Bd. I, S. 406 beschrieben — der Elektrolyse unterworfen, oder es wird, falls kein Kalk vorhanden ist und keine Elektrolyseneinrichtung zur Verfügung steht, schon aus der Nitratlösung Kobalt und Nickel durch Fällung mit Natronlauge zusammen abgeschieden, gewogen und wieder in warmer Salpetersäure gelöst.

Zur Trennung des Kobalts und Nickels gibt es mehrere empfehlenswerte Methoden:

1. Liebigs Cyankaliummethode. Nach Überführung in Doppelcyanide wird Nickel aus der stark alkalischen Lösung durch Zusatz von Bromwasser als Nickelhydroxyd abgeschieden, während das Kobalticyanid nicht gefällt und im Filtrat vom Nickel nach Zerstörung der Cyanverbindungen bestimmt werden kann.

Die oben erhaltene Lösung der Nickel- und Kobaltnitrate wird in einer größeren Porzellanschale mit einer frisch bereiteten Lösung von reinstem 99 %igem Cyankalium in Überschuß versetzt, bis der entstandene Niederschlag sich wieder gelöst hat. Zu dieser Lösung fügt man eine Auflösung von 5 g reinstem Ätznatron und läßt dann unter Umrühren so lange Bromwasser zutropfen, bis alles Nickel ausgefällt ist und kein weiterer Niederschlag mehr entsteht; dabei ist darauf zu achten, daß die Flüssigkeit stets alkalisch bleibt; sonst ist noch mehr Natronlauge zuzufügen.

Nickel. Nach Verdünnen mit kaltem Wasser filtriert man das Nickelhydroxyd ab und bestimmt es, wie früher Bd. I, S. 410 angegeben; die mitgerissene Kieselsäure ist in Abzug zu bringen.

Kobalt. Das Filtrat vom Nickel dampft man im Abzug (!) unter Zusatz von verdünnter Schwefelsäure (Vorsicht, Blausäuredämpfe!) möglichst weit ein, fügt noch etwas konz. Schwefelsäure hinzu und erhitzt die Schale auf dem Asbestteller,[1]) bis weiße Dämpfe von Schwefelsäure weggehen und die Masse nicht mehr braust. Nach dem Erkalten nimmt man mit verdünnter Schwefelsäure und warmem Wasser auf, filtriert von der abgeschiedenen Kieselsäure ab und bestimmt im Filtrat das Kobalt, wie Bd. I, S. 406 angegeben.

2. Methode von Tschugaeff-Brunck.[2])

Nickel wird mittels Dimethylglyoxim aus schwach ammoniakalischer oder natriumacetathaltiger Lösung quantitativ als Nickeloxim gefällt, Kobalt dagegen nicht.

Ausführung. Ist die Menge des Kobalts geringer oder gleich der Menge des Nickels, so verfährt man genau so, als wäre Nickel allein vorhanden; bei größeren Kobaltmengen verwendet man die doppelte bis dreifache Menge der alkoholischen Dimethylglyoximlösung zur Fällung.

Nickel. Die neutrale oder ganz schwach saure Salzlösung,[3]) die auf 0,05 bis höchstens 0,1 g Metall 100—200 ccm betragen soll, versetzt man bei Siedehitze (sonst ist der Niederschlag zu voluminös und schwer filtrierbar) mit der fünffachen Menge Dimethylglyoxim, die man als 1 %ige alkoholische Lösung anwendet[4]) und fügt hierauf Ammoniak zu, bis der Geruch desselben eben vorwaltet, sodann filtriert man den prächtig roten kristallinen Niederschlag so-

---

[1]) Zweckmäßig verwendet man hierzu ein mit einer Vertiefung versehenes Asbestdrahtnetz, auf welchem eine Asbestplatte mit einem der Schale entsprechenden kreisförmigen Ausschnitt liegt; diese Vorrichtung wirkt als Luftbad.

[2]) Tschugaeff-Brunck, Z. f. angew. Chem. 1907, 1848 und F. P. Treadwell, Quant. Analyse. 5. Aufl. S. 134 u. 109.

[3]) Bei stark sauren Lösungen neutralisiert man den größten Teil der Säure mit Kalilauge, fügt dann Dimethylglyoxim und dann Ammoniak oder auch Natriumacetat hinzu.

[4]) Das Volumen der alkoholischen Lösung darf nicht mehr als die Hälfte der zu fällenden wäßrigen Lösung betragen, weil sonst merkliche Mengen des Niederschlags gelöst würden.

fort durch einen Gooch-Neubauer-Platintiegel, wäscht mit heißem Wasser, saugt die Flüssigkeit möglichst ab und trocknet bei 110—120° bis zum konstanten Gewicht (etwa $^3/_4$ Stunden) und wägt; das Nickeloxim enthält 20,31 % Ni.

Kobalt. Das Kobalt erhält man aus der Differenz.

3. Nach der Kaliumnitritmethode von N. W. Fischer[1] in der Modifikation von O. Brunck.[2]

Kobalt wird durch eine konz. Lösung von Kaliumnitrat bei Zusatz von Essigsäure als unlösliches Kobaltikaliumnitrit gefällt, Nickel nicht.

Ausführung. Man dampft die überschüssige Säure enthaltende Lösung der Nitrate in einer Porzellanschale zur Trockne, versetzt den Rückstand mit 1—2 Tropfen verdünnter Salzsäure und 5—10 ccm Wasser. Dann gibt man zu der Lösung in der Schale tropfenweise reine Kalilauge, bis eben zur alkalischen Reaktion, löst den Niederschlag in möglichst wenig Eisessig, fügt die Hälfte des Volumens an 50%iger Kaliumnitritlösung[3] hinzu und hierauf etwa 10 Tropfen Essigsäure, rührt um und läßt 24 Stunden stehen. Die Fällung ist nach dieser Zeit fast immer beendet. Man überzeuge sich aber stets davon, indem man eine Probe des noch nicht mit Waschflüssigkeit verdünnten Filtrats mit noch einigen Kubikzentimetern Kaliumnitritlösung versetzt. Scheidet sich in dieser Probe nach einstündigem Stehen nichts mehr aus, so ist die Fällung beendet. Nachdem alle Flüssigkeit filtriert ist, spült man den in der Schale befindlichen Niederschlag mit dem Filtrat auf das Filter und wäscht mit einer 10%igen Kaliumacetatlösung aus, bis 1 ccm des Filtrats nach dem Ansäuern mit Essigsäure und Kochen mit 1 ccm 1%iger alkoholischer Dimethylglyoximlösung keine Nickelreaktion gibt, was nach viermaligem Auswaschen meist der Fall sein wird. Nun bringt man so viel von dem Niederschlag wie möglich in eine nicht zu kleine Porzellanschale, bedeckt mit einem Uhrglas, säuert sorgfältig mit Schwefelsäure an und erwärmt im Wasserbad, bis keine braunen Dämpfe mehr entweichen. Die am Filter noch haftende geringe Menge des Niederschlags wird durch Aufgießen von verdünnter warmer Schwefelsäure gelöst, die Lösung in die Schale zur Hauptmenge gebracht, im Wasserbade soweit als möglich verdampft und dann im Luftbade bis zum reichlichen Entweichen von Schwefelsäuredämpfen erhitzt. Nach dem Erkalten löst man den Rückstand in Wasser und bestimmt das Kobalt nach Bd. I, S. 406 elektrolytisch. Ist man für die elektrolytische Bestimmung nicht eingerichtet, so löst man den Nitritniederschlag in Salzsäure, kocht, um die salpetrigen Dämpfe zu vertreiben, und bestimmt in dieser Lösung das Kobalt nach Bd. I, S. 407.

Nickel. Die Menge des Nickels erhält man aus der Differenz.

Calcium. Das Calcium wird im Filtrat von Kobalt und Nickel durch Ammoniumoxalat gefällt und als CaO gewogen (siehe z. B. Bd. I, S. 217) bestimmt.

Pharmakosiderit.

Hauptbestandteile: Fe, AsO_4, H_2O.
Nebenbestandteile: Cu, K, PO_4.
Die Substanz löst sich in Salzsäure.

---

[1] N. W. Fischer, Pogg. Ann. 71, 545 (1847).
[2] O. Brunck, Z. f. angew. Chem. 1907, 1847 und F. P. Treadwell, Quant. Analyse S. 135.
[3] Das Kaliumnitrit des Handels enthält fast immer KOH und K_2CO_3, weshalb man mit Essigsäure neutralisieren muß. Unterläßt man dies, so wird der Kobaltniederschlag durch Nickel verunreinigt.

Arsen. Wie bei Mimetesit.

Kupfer. Bei Behandeln des Schwefelwasserstoffniederschlags mit Schwefelalkalien bleibt Kupfersulfid zurück, welches nach dem Abfiltrieren und Trocknen durch Glühen im offenen Tiegel in CuO übergeführt werden kann. Ebenso wird es nach Abdestillieren des Arsens nach P. Jannasch im Destillationsrückstand durch Schwefelwasserstoff gefällt.

Eisen. Im Filtrat vom Arsen bzw. Destillationsrückstand wird Eisen durch Ammoniak gefällt und durch Glühen in Oxyd übergeführt. Darin kann etwa vorhandene Phosphorsäure durch Auflösen in konzentrierter Salpetersäure durch Fällung mit Molybdän ermittelt werden.

Olivenit und Kupferarsenate.

Hauptbestandteile: Cu, AsO_4, H_2O.

Nebenbestandteile: PO_4, Cl, S.

Die Analyse erfolgt in analoger Weise wie bei Mimetesit angegeben.

Kupfer. Das als CuS abgeschiedene Kupfer wird entweder als Cu_2S durch Glühen im Wasserstoffstrom oder im Destillationsrückstand oder nach einer der anderen früher angegebenen Methoden (siehe Bd. I, S. 458 usf.) bestimmt.

Phosphorsäure. Im Filtrat vom Schwefelwasserstoffniederschlage wird Phosphorsäure durch Magnesiamixtur abgeschieden.

Chlor. Dies wird in besonderer Portion wie bei Mimetesit angegeben ermittelt.

Schwefel. Durch Auflösen des Minerals in rauchender Salpetersäure und Abdampfen mit Salzsäure wird in der mit Wasser verdünnten Lösung die gebildete Schwefelsäure durch Bariumchlorid in der üblichen Weise gefällt.

Komplexe Arsenate.

Arseniosiderit.

Bestandteile: Ca, Fe, AsO_4, H_2O.

Die Substanz ist in Salzsäure vollständig löslich. Die Ausführung der Analyse erfolgt analog Mimetesit.

Eisen wird durch Ammoniak gefällt, im Filtrat davon das Calcium als Calciumoxalat.

Wasser wird durch Glühen über dem Bunsenbrenner ermittelt.

Lirokonit.

Hauptbestandteile: Cu, Al, AsO_4, H_2O.

Nebenbestandteile: P_2O_5.

Das Mineral ist in Salpetersäure leicht löslich. Die Ermittelung des Arsens erfolgt wie bei Mimetesit; die Trennung vom Kupfer wie bei Olivenit. Im Filtrat vom Kupfer wird das Aluminium durch zweimalige Fällung mit Ammoniak abgeschieden und darin vorhandene Phosphorsäure durch Ausziehen mit starker Salpetersäure und Fällen mit Molybdän ermittelt.

Kupferglimmer.

Hauptbestandteile: Cu, Al, AsO_4, H_2O.

Nebenbestandteile: Fe_2O_3, P_2O_5.

Das Mineral ist in Salpetersäure löslich. Die Bestimmungen erfolgen wie bei Lirokonit. Ist Eisen zugegen, so muß der Ammoniakniederschlag mit Ätznatron geschmolzen werden (siehe Bd. I, S. 567).

Zeunerit.

Bestandteile: Cu, AsO_4, UO_2, H_2O.

Die Abscheidung und Trennung des Arsens vom Kupfer erfolgt wie bei Mimetesit bzw. Olivenit. Im Filtrat vom Kupfer wird das Uran durch Ammoniak gefällt (siehe Bd. I, S. 544).

Wasser wird durch Glühen im Porzellantiegel ermittelt.

Arsenate.

Von H. Leitmeier (Wien).

Einleitung.

Die Arsenatmineralien leitet man gleich den Phosphaten (mit Ausnahme des Hamlinits) von der Orthoarsensäure H_3AsO_4 ab (s. S. 596).

Es gibt unter den Arsenaten saure, normale und basische Salze dieser Säure. Ihre Anordnung erfolgt auch hier den allgemeinen Prinzipien dieses Handbuches folgend nach der Wertigkeit der Basen; zuerst kommen einfache Arsenate und dann komplexe; die letzteren sind im Vergleiche zu den komplexen Phosphaten gering an Zahl.

Überhaupt treten, was ihre Verbreitung und ihre Zahl in der Natur betrifft, die Arsenate sehr hinter den Phosphaten zurück; die Ursache dieser Erscheinung liegt wohl in der Genesis der beiden Säuren. Die Phosphorsäure bildet sich stellenweise sogar sehr reichlich bei der Zersetzung genannten Veränderung organischer Substanzen, und zahlreiche der wichtigsten Phosphate verdanken diesen Vorgängen ihr Dasein; dann ist die Phosphorsäure bei postvulkanischen Prozessen beteiligt, darauf deuten z. B. die Phosphate der Pegmatite. Die Arsensäure spielt in erster Linie bei der Bildung sulfidischer Erzlager eine Rolle und fast alle Arsenate des Mineralreichs sind Umwandlungsprodukte solcher Erze, bzw. die Arsensäure leitet von diesen ihren Ursprung her und verbindet sich mit anderen Metallen. Da diese Umwandlungsvorgänge sich größtenteils auf den Erzlagern selbst abspielen, ist das seltene Auftreten von Tonerdearsenaten erklärt, denn das Element Al ist auf diesen Lagerstätten relativ selten. Zahlreicher sind dagegen die Calciumarsenate — Calciumminerale, die ziemlich leicht zersetzbar sind, gehören zu den häufigsten Begleitmineralien der Erze —, dann kommen eine Reihe von Kupferarsenaten vor; Nickel- und Kobaltarsenate, von denen analoge Mineralien bei den Phosphaten gänzlich fehlen, kommen als Zersetzungsprodukte sulfidischer Erze nicht allzu selten vor. Reine Alkaliarsenate und auch Berylliumarsenate fehlen gänzlich, sowie es auch keine Ammoniumarsenate gibt.

Gleich wie bei den Phosphaten treten auch innerhalb der Arsenate isomorphe Reihen auf; manche dieser sind allerdings recht unsicher, da ein großer Teil der Arsenate nicht in meßbaren Kristallen auftritt und andererseits bei der Aufstellung der Formel die Bindungen oft willkürlich vorgenommen wurden, so daß die Übereinstimmung in der Formel häufig eine rein künstliche sein kann.

Trotz der genetischen Verschiedenheiten bilden die Arsenate auch mit den Phosphaten isomorphe Gruppen, auf die zum Teil schon bei den ersteren hingewiesen wurde.

Auch hier sind bei den einzelnen Basen wasserfreie und wasserhaltige Verbindungen stets getrennt behandelt worden. Innerhalb der einzelnen Gruppen sind stets zuerst die betreffenden reinen Arsenate und dann die noch andere Basen enthaltenden gebracht worden; dabei wird wieder nach der Basizität aneinandergereiht.

Magnesiumarsenate.

In der Natur gibt es nur zwei Magnesiumarsenate, den **Hoernesit** und den **Rösslerit**, die beide zu den wasserhaltigen Arsenaten gehören.

Bei den Calciumarsenaten wird eine Anzahl Arsenate zu behandeln sein, die neben Calcium größere oder geringere Mengen Magnesium enthalten.

Hoernesit.

Kristallisiert monoklin.

Analysen.

	1.	2.
δ	2,474	—
MgO	24,54	24,45
As_2O_5	46,33	46,45
H_2O	29,07	29,10
	99,94	100,00

1. Hoernesitkristalle; anal. K. v. Hauer bei A. Kenngott; J. k. k. geol. R.A. **11**, 10 (1860) und Sitzber. Wiener Ak. **40**, 18 (1860). Ref. N. JB. Min. etc. 1861, 331; auch C. F. Rammelsberg, Mineralchem. 1875, 341.

2. Theoretische Zusammensetzung berechnet von A. de Schulten; Bull. Soc. min. **26**, 85 (1903).

Das Mineral führt auf die **Formel:**

$$Mg_3(AsO_4)_2 \cdot 8H_2O \quad \text{oder} \quad 3MgO \cdot As_2O_5 \cdot 8H_2O,$$

der die unter Analyse 2 angegebenen Zahlen entsprechen.

Nach E. Bertrand[1]) enthielt Hoernesit von Nagyag in Ungarn etwas Kalk und Mangan.

Eigenschaften. Der natürliche Hoernesit bildet kristallinische, strahligsternförmige Partien (talkähnlich), aus denen freie Kristallenden herausragen. Das Mineral ist weiß, perlmutterglänzend, durchscheinend.

---

[1]) E. Bertrand, Bull. Soc. min. **5**, 307 (1882).

Die Härte ist 1.

Vor dem Lötrohre schmilzt es leicht zu einer weißen, hell leuchtenden Kugel; mit Kobaltsolution geglüht, wird es schön rosenrot.

Der Hoernesit ist in Säuren leicht löslich.

Synthese. A. de Schulten[1]) hat Hoernesitkristalle künstlich auf folgende Weise erhalten. Er erhitzte eine Lösung von 3,5 g $MgSO_4 . 7H_2O$ und 2 Liter Wasser in einem Kolben und fügte tropfenweise eine Lösung von 3 g $HNa_2AsO_4 . 7H_2O$ und 0,8 g Natriumbicarbonat in 1 Liter Wasser zu. Nach 15 Tagen hatten sich Hoernesitkristalle gebildet, die folgende Zusammensetzung besaßen:

$$
\begin{array}{llr}
\delta & \cdots\cdots\cdots & 2{,}609 \\
MgO & \cdots\cdots\cdots & 24{,}20 \\
As_2O_5 & \cdots\cdots\cdots & 46{,}70\ [2]) \\
H_2O & \cdots\cdots\cdots & 29{,}10 \\
\hline
& & 100{,}00
\end{array}
$$

Die Darstellung erfolgte ähnlich wie die des Bobierrits (s. S. 323). Die auf diese Weise erhaltenen Kristalle haben große Ähnlichkeit mit denen des ganz analog zusammengesetzten Bobierrits, mit dem der Hoernesit wahrscheinlich isomorph sein dürfte. Auch die optischen Eigenschaften der Kunstprodukte sind ähnlich.

Vorkommen. Der Hoernesit aus dem Banat kommt in kristallinem, graulich bis grünlichweißen Calcit eingewachsen vor.

Rösslerit.

Kristallisiert **monoklin prismatisch.** $a:b:c = 0{,}4473 : 1 : 0{,}2598$, $\beta = 85°34'$ nach K. Haushofer[3]) an künstlichen Kristallen.

Analysen.

	1.	2.
MgO	13,80	14,22
As_2O_5	39,66	40,16
H_2O	46,54	45,62
	100,00	100,00

1. Theoretische Zusammensetzung.
2. Rösslerit von Bieber in Hessen; anal. Delffs bei R. Blum, Jahrb. d. Wetterauer Gesellsch. 1861, 32. Ref. N. JB. Min. etc. 1861, 334.

Das Mineral führt auf die **Formel:**

$$HMgAsO_4 . 7H_2O \quad \text{oder} \quad 2MgO . As_2O_5 . 15H_2O.$$

Eigenschaften. Der Rösslerit ist ein vollständig selbständiger Mineraltypus und wahrscheinlich ist der **Wapplerit,** wie A. de Schulten gezeigt hat, ein Gemenge von Rösslerit mit einem Calciumarsenat. Er bildet kristallinische

---

[1]) A. de Schulten, Bull. Soc. min. **26**, 85 (1903).
[2]) Durch Differenz bestimmt.
[3]) K. Haushofer, Z. Kryst. **7**, 258 (1883). Wie die Kristalle dargestellt worden sind ist nicht angegeben.

Partien und dünne plattenförmige Massen von blätteriger, stengeliger, auch faseriger Struktur. Er ist im frischen Zustande farblos und durchsichtig; an der Luft verändert sich dieser durch Wasserverlust und das Mineral wird undurchsichtig, matt, weiß, angeblich auch weicher. Die Härte liegt zwischen 2 und 3. Die Dichte scheint an natürlichem Materiale noch nicht bestimmt worden zu sein. Für künstlichen Rösslerit gibt A. de Schulten[2] $\delta = 1,943$ an.

Die künstlichen Kristalle zeigen negative Doppelbrechung und kleinen Achsenwinkel, Dispersion $\varrho > v$.

Vor dem Lötrohre schmilzt der Rösslerit ziemlich leicht zu weißem Email; im Kölbchen gibt er viel Wasser ab; in Salzsäure ist er leicht löslich.

Synthese. Setzt man zu einer Lösung von 20 g $HNa_2AsO_4.7H_2O$, 10 g Ammoniumsulfat und 4 g Arsensäure von der Dichte $\delta = 1,35$ in 80 cm³ H_2O eine solche von 16 g Magnesiumsulfat in 100 cm³ Wasser zu, so erhält man nach A. de Schulten[1] Kristalle von Rösslerit neben solchen von Arsenstruvit. Um Rösslerit allein zu erhalten, muß man die Menge der angewendeten Arsensäure von 4 g auf 6 g erhöhen. Vgl. bei Wapplerit S. 648.

Vorkommen. Der Rösslerit kommt zusammen mit Pharmakolith und mit Kobaltblüte im Kupferletten, einer Formation des Kupferschiefers, vor.

Zersetzter Rösslerit.

Ein wasserärmeres Zersetzungsprodukt des Rösslerits hat G. Tschermak analysiert:

MgO	17,0
As_2O_5	49,1
H_2O	34,7
	100,8

3. Rösslerit von Joachimstal; anal. G. Tschermak, Sitzber. Wiener Ak. **56**, I, 827 (1867), Math. Nat. Klasse.

Dieses Mineral entspricht der **Formel**:

$$2 (MgO)HO . As_2O_5 . 8 H_2O.$$

Es liegt aber ein wasserärmeres Produkt vor. Die Kristalle waren trüb, weiß.

Vorkommen, Genesis und Paragenesis. Nach G. Tschermak kommt dieser Rösslerit zusammen mit Haidingerit und Pharmakolith vor; die Altersfolge ist: Haidingerit–Pharmakolith–Rösslerit, welch letzterer öfter von Pharmakolithnadeln durchspießt erscheint; diese Aufeinanderfolge entspricht der Löslichkeit und dem Wassergehalt. Die Basen dieser Arsenate dürften dem Braunspat, der auf den untersuchten Stufen auftritt entstammen, denn seine Rhomboeder sind an der Oberfläche angeätzt und zerstört.

Der hier erwähnte Haidingerit ist der von W. Haidinger beschriebene und von E. Turner analysierte (siehe S. 642).

---

[1] H. de Schulten, Bull. Soc. min. **26**, 101 (1903).

Calciumarsenate.

Die Calciumarsenate sind ziemlich zahlreich und es gibt wasserfreie und wasserhaltige. Die Aneinanderreihung erfolgt auch derart, daß zuerst die reinen Ca-Arsenate und dann die mit einer anderen zweiwertigen Base (nach dem Atomgewicht angeordnet) folgen.

Wasserfreie Calciumarsenate.

Svabit.

Kristallisiert hexagonal-pyramidal. $a:c = 1:0,7143$ nach Hj. Sjögren.[1])

Das Mineral ist isomorph mit Apatit (bzw. der Apatitgruppe), sowohl in kristallographischer, als auch chemischer Hinsicht, so daß man den Svabit als einen Arsenapatit bezeichnen könnte.

Analysen.

	1.	2.
δ	3,77	3,82
(Na_2O)	0,56	0,39
(K_2O)	0,30	0,28
MgO	0,52	3,90
CaO	42,07	37,22
MnO	0,26	0,19
FeO	0,08	0,14
PbO	3,02	4,52
P_2O_5	0,38	Spuren
As_2O_5	51,05	50,92
SO_3	0,69	0,57
Cl_2	0,12	0,08
F_2	1,99	2,80
H_2O	0,25	0,33
	101,29	101,34
$O = F_2, Cl_2$	− 0,87	− 1,20
	100,42	100,14

1. Svabit, derb-kristallinisch von Jakobsberg im Wermland; anal. R. Mauzeliu bei Hj. Sjögren, Bull. of the geol. Inst. Upsala **1**, 1 (1892); Geol. För. Förh. 1892; Ref. Z. Kryst. **24**, 145 (1895).

2. Svabit vom gleichen Fundorte; anal. wie oben.

In einer dritten Analyse wurde das Fluor nur qualitativ als vorhanden ermittelt:

[1]) Hj. Sjögren, Bull. of the geol. Inst. Upsala **1**, 1 (1892). Ref. Z. Kryst. **24**, 145 (1895).

3.

$$\delta \ \ldots \ldots \ldots \ 3,52$$

MgO 0,7

CaO 42,5

PbO . . . . . Spuren

Fe_2O_3 . . . . } 0,9

P_2O_5 . . . .

As_2O_5 52,2

Cl 0,1

F . . . . . . qualitativ als vorhanden nachgewiesen.

H_2O 1,0

(Ungelöst) . . . 2,1
_____
99,5

3. Kristallisierter Svabit von der Harstigsgrube bei Pajsberg in Schweden; anal. R. Mauzelius bei Hj. Sjögren, Geol. För. Förh. Stockholm **13**, 781 (1891). Ref. N. JB. Min. etc. 1893, II, 39.

Formel. Die Molekurlarverhältnisse der drei untersuchten Proben sind:

$$As_2O_5 + P_2O_5 : RO + R_2O : SO_3 + Cl_2 + F_2 + H_2O$$

Analyse 1	3	:	10,6	:	1,03
" 2	3	:	10,8	:	1,36
" 3	3	:	10,26	;	0,78

Die Analyse 3 wurde nur mit 0,14 g Substanz ausgeführt, das Fluor nur qualitativ untersucht; es kommt ihr daher am wenigsten Genauigkeit zu. Die größten Abweichungen finden sich bei der Fluor-Hydroxylgruppe, bei der kleine Fehler in der Analyse, die fast unvermeidlich sind, bereits merkbare Abweichungen im Molekularverhältnis nach sich ziehen. Aus diesem Grunde darf die Übereinstimmung der Analysen trotzdem als eine befriedigende bezeichnet werden. Sie führen auf die Formel

$$Ca_5FAs_3O_{12} \quad \text{oder} \quad CaF.Ca_4(AsO_4)_3,$$

in der Ca durch Pb, Mg, Fe und MnO innerhalb geringer Grenzen vertreten sein kann, während F in weiteren Grenzen durch OH und Cl ersetzt wird.

Die Formel ist vollkommen analog mit der des Apatits (Fluorapatits s. S. 335) und der Adelit ist daher ein Fluorapatit mit As statt P.

Eigenschaften. Der Svabit kommt teils in kristallinen, feinstrahligen, derben Massen, teils in prismatischen Kristallen vor. Die Kristalle sind farblos, die kristallinen Massen ebenfalls farblos oder gelblich gefärbt.

Die Härte ist ca. 5.

Der Svabit ist optisch einachsig; die Doppelbrechung ist schwach und von negativem Charakter.

Vor dem Lötrohre auf Kohle gibt er starken Arsengeruch.

In Säuren ist er leicht löslich.

Vorkommen. In der Harstigsgrube bei Pajsberg kommt der Svabit zusammen mit Schefferit, Granat, Brandtit und Sarkinit vor und gehört zur selben Generation wie Brandtit und Sarkinit. Bei Jakobsberg ist das Begleitmineral Hausmannit.

Berzeliit (Calcium-Magnesiumarsenat).

Kristallisiert regulär, hexakisoktaedrisch.

Synonyma: Berzelit, Kühnit.

Varietäten: Natronberzeliit und vielleicht auch der Pseudoberzeliit.

Analysen.

A. Ältere Analysen.

	1.	2.
MgO	15,68	15,61
CaO	23,22	20,96
MnO	2,13	4,26
As_2O_5	58,51	56,46
H_2O	0,30	2,95
	99,84	100,24

1. und 2. Berzeliit von Långbanshyttan; anal. H. Kühn, Ann. chem. Pharm. **34**, 311 und C. F. Rammelsberg, Mineralchem. 1875, 335.

B. Neuere Analysen.

	3.	4.	5.	6.	7.
δ	—	—	4,08	—	—
Na_2O	—	—	0,73	—	—
MgO . . .	16,95	17,01	10,10	16,12	13,00
CaO . . .	25,25	26,56	20,73	19,97	21,61
MnO . . .	Spuren	Spuren	8,40	5,68	3,28
As_2O_5 . . .	57,80	56,43	60,00	57,59	56,25
Pb . . .	Spuren	Spuren	—	—	—
Cl	Spuren	Spuren	—	—	—
(Ungelöst) . .	—	—	—	0,49	—
Verlust . . .	—	—	—	—	5,86
	100,00	100,00	99,96	99,85	100,00

3. Berzeliit von Mossgrufvan in Nordmarken; anal. L. J. Igelström, Geol. För. Förh. **7**, 101. Ref. Z. Kryst. **10**, 516 (1885).

4. Berzeliit vom gleichen Fundorte; verunreinigt mit Dolomit und Hausmannit; anal. wie oben.

5. Berzeliit von Långban; anal. G. Flink, Mitteil. d. Hochschule zu Stockholm; Bihang titl. K. Sv. Vet. Ak. Handl. **12**. Afd. II, 2. Ref. Z. Kryst. **13**, 402 (1888).

6. Honiggelber Berzeliit von Långban; anal. A. G. Högbom, Geol. För. Förh. **9**, 397 (1887). Ref. Z. Kryst. **15**, 106 (1889).

7. Berzeliit (Kühnit) von Långban; anal. A. H. Church, Min. Mag. **11**, 11 (1895) (Material nicht rein).

Analyse des Natron-Berzeliits.

	8.
δ	4,21
Na_2O	5,05
K_2O	0,09
MgO	0,72
CaO	18,34
MnO	21,41
FeO	0,38
As_2O_5	52,90
Sb_2O_5	Spuren
V_2O_5	0,24
H_2O	0,40
Cl	Spur
	99,53

8. Natron-Berzeliitkristalle von Långban; anal. R. Mauzelius bei Hj. Sjögren, Bull. of the geol. Inst. Upsala **2**, 39 (1894). Ref. Z. Kryst. **26**, 102 (1896).

Formel des Berzeliits. Für die Analyse 1, bei der sich As:R = 2:3,28 verhält, gab C. F. Rammelsberg die Formel

$$R_3As_2O_8,$$

machte aber gleichzeitig auf die geringe Übereinstimmung aufmerksam. Bei den neueren Analysen ist es auffällig, daß bei keiner, mit Ausnahme der von R. Mauzelius am Natron-Berzeliit ausgeführten, ein Wassergehalt angegeben wurde.

Die Analysen L. J. Igelströms führten ihn auf die von E. S. Dana aufgestellte Formel $(Ca, Mg, Mn)_{10}As_6O_{25}$, die aber von den meisten anderen Forschern nicht anerkannt wurde. Die Analyse 5 hat das Atomverhältnis

$$R:As:O = 2,9:2:7,9,$$

führt also auf die Formel $R_3As_2O_8$, worin R = 15 Ca, 11 Mg, 5 Mn und 1 Na ist.

A. Högbom gibt für seine Analyse (6) die Danasche Formel $10RO . 3As_2O_5$.

Hj. Sjögren macht darauf aufmerksam, daß, je nachdem man bei der Analyse 8 den Wassergehalt als an das negative Radikal gebunden betrachtet, oder an die Basen gebunden betrachtet, die Formel anders lautet. Das Molekularverhältnis ist:

$$As_2O_5 + Sb_2O_5 + V_2O_5 : RO + R_2O : H_2O = 0,23 : 0,73 : 0,02.$$

In der ersten Bindung ist die Formel zu schreiben $10RO . 3As_2O_5$, also nach dem Vorgehen E. S. Danas; in der zweiten Bindung erhält man die Rammelsbergsche Formel $R_3As_2O_8$, das einfache Orthoarsenat.

Obwohl sich die meisten Mineralogen für die letztere Schreibweise entschieden haben, scheint dennoch die andere Schreibweise gleichberechtigt zu sein.

Eigenschaften. Der Berzeliit kommt in Kristallen und kristallinen Massen von schwefelgelber bis orangeroter Farbe vor; er ist durchsichtig bis durchscheinend. Der Natron-Berzeliit ist auch feuerrot. Optisch ist er gewöhnlich vollkommen isotrop, doch finden sich nach E. Bertrand[1]) auch unbestimmt doppelbrechende Partien gemeinsam mit isotropen.

So wie die Dichteangaben spärlich und dabei variierend sind, findet man die Härte ebenfalls bald mit 5, bald mit 4—4,5 angegeben; letztere Zahlen wurden für den Natron-Berzeliit gefunden.

Vor dem Lötrohre ist das Mineral schmelzbar; die manganreicheren Berzeliitexemplare sind leichter schmelzbar als die manganärmeren. Auf Platinblech erhält man mit Soda die Manganreaktion. Das Mineral ist in Salpetersäure löslich.

Vorkommen. Der Berzeliit kommt auf Eisengruben in Kalkstein und dolomitischem Kalkstein, zusammen mit Hausmannit und Kalkspat vor und ist mit diesen Mineralien oft innig gemengt und schwer zu trennen. Als Begleitmineralien werden als die wichtigsten aufgezählt: Monimolit, Atopit, Ganomalit, Chondrarsenit, Hedyphan, Hyalophan, Braunit, Manganophyll, Kupfer, Barysilit, Tephroit, Manganosit, Pyrochroit, Rhodonit, Karyinit und andere mehr.

Pseudoberzeliit.

Dieses Arsenat unterscheidet sich vom Berzeliit dadurch, daß es doppelbrechend ist. V. Lindgren,[2]) der dieses Mineral aufstellte, hält auch L. J. Igel-

---

[1]) E. Bertrand, Bull. Soc. min. **7**, 31 (1884).
[2]) V. Lindgren, Geol. För. Förh. **5**, 552 (1881); Ref. Z. Kryst. **6**, 512 (1882).

ström gegenüber, der den Pseudoberzeliit für identisch mit dem Berzeliit und die Doppelbrechung für sekundär hielt, an der Selbständigkeit der von ihm aufgestellten Spezies fest.

Analyse.

$$\delta \quad . \quad . \quad . \quad . \quad . \quad . \quad . \quad 4{,}03{-}4{,}04$$

MgO	12,81
CaO	20,00
MnO	4,18
PbO	Spuren
(SiO_2)	0,68
As_2O_5	62,00
	99,67

Pseudoberzeliit von Långban; anal. L. W. Mc. Cay bei V. Lindgren, Geol. För. Förh. **5**, 552 (1881). Ref. Z. Kryst. **6**, 512 (1882).

Das Mineral entspricht der Berzeliit-Formel

$$R_3As_2O_8, \quad \text{worin} \quad R = 6\,Ca, \; 5\,Mg \; \text{und} \; 1\,Mn \; \text{ist.}$$

Eigenschaften. Das Mineral kommt nur derb vor; Farbe wie die des Berzeliits, auch die anderen physikalischen und chemischen Eigenschaften mit Ausnahme der optischen; diese hat E. Bertrand[1]) untersucht, der den Pseudoberzeliit völlig homogen und regelmäßig zweiachsig fand, mit

$$2E = 140^0 \, \text{ca.} \; \varrho < v.$$

Der Charakter der Doppelbrechung ist positiv; er hält das Mineral für wahrscheinlich rhombisch.

Leider können keine kristallographischen Untersuchungen gemacht werden, die die Verhältnisse völlig klar stellen würden; jedenfalls erscheint eine einfache Identifizierung kaum berechtigt.

Tilasit (Calcium-Magnesiumarsenat).

Kristallisiert vielleicht triklin.

Synonym: Fluoradelit.

Analyse.

$$\delta \quad . \quad . \quad . \quad . \quad . \quad . \quad 3{,}28$$

(Na_2O)	0,29
MgO	18,22
CaO	25,32
MnO	0,16
FeO	0,14
As_2O_5	50,91
H_2O	0,28
Cl	0,02
F	8,24
	103,58
O = F	− 3,47
	100,11

---

[1]) E. Bertrand, Bull. Soc. min. **7**, 31 (1884).

Tilasit aus dem Kalkstein von Långban; anal. R. Mauzelius bei Hj. Sjögren, Geol. För. Förh. Stockholm **17**, 268 (1895). Ref. Z. Kryst. **28**, 509 (1897) und N. JB. Min. etc. 1897, I, 25.

Formel. Das Molekularverhältnis in diesem Mineral ist:

$$\overset{II}{As_2O_5} : \overset{}{RO} + \overset{I}{R_2O} : F + Cl + H_2O = 0,97 : 4,00 : 1,02,$$

was auf die Formel führt:

$$CaAsO_4(MgF) \quad oder \quad [(Mg, Ca)F]AsO_4.$$

Dieses basische Arsenat entspricht in seiner Zusammensetzung dem Wagnerit (siehe S. 318), nur ist bei Tilasit der größere Teil des MgO durch CaO vertreten, was bei Wagnerit nur in geringem Ausmaß der Fall ist.

Vom Adelit (siehe S. 649) unterscheidet sich der Tilasit dadurch, daß bei ihm an Stelle des Hydroxyls das Fluor getreten ist, der Name Fluoradelit ist daher gut anwendbar.

Die Konstitution ist nach Hj. Sjögren:

$$F—Mg—O \diagdown \atop Ca \diagup O \atop O \diagup As{=}O.$$

Eigenschaften. Das Mineral kommt nicht in deutlich ausgebildeten Kristallen, sondern nur in kleinen Körnern vor. Die Farbe ist grau mit einem Stich ins Violette; das Mineral besitzt eine sehr deutliche Spaltrichtung.

Der Charakter der Doppelbrechung ist negativ; für die beiden Achsenwinkel wurde gefunden:

	$2H_a$	$2H_o$
für Rot =	98,40 =	110°28′
„ Gelb =	99,50 =	111°40′
„ Grün =	100,20 =	112°20′.

In seinen chemischen Eigenschaften ist es dem Adelit (S. 649) ähnlich.

Vorkommen. Tilasit kommt zusammen mit Calcit und gelbem Berzeliit in Långban vor und bildet mit diesen Adern in dem Hausmannit-führenden, dolomitischen Kalkstein.

Hier kann man auch den Adelit anreihen; da aber hier Mineralien mit Konstitutionswasser von denen mit Kristallwasser nicht getrennt werden, ist der Adelit bei den wasserhaltigen Arsenaten eingereiht worden.

Pyrrhoarsenit (Calcium-Manganarsenat).

Kristallisiert regulär.

Synonym: Pyrrharsenit, Mangan-Berzeliit.

Der Pyrrhoarsenit wird von manchen Autoren mit dem Berzeliit zusammengefaßt; der Pyrrhoarsenit würde dann ein manganreicher Berzeliit sein, bei dem ein Teil des Arsens durch Antimon vertreten ist.

Analysen.

δ	1.	2.	3.	3a.	4.
δ	—	—	4,01	4,01	—
MgO	3,58	3,50	7,53	8,00	3,33
CaO	18,68	18,35	18,54	17,50	15,55
MnO	17,96	19,18	14,12	15,03	28,38
FeO	Spuren	Spuren	—	—	Spuren
(Al_2O_3) . . .	Spuren	—	—	—.	—
As_2O_5 . . .	} 58,06	50,92	53,39	56,40	51,88
Sb_2O_5 . . .		2,60	2,90	3,07	—
CO_2	—	1,27	1,58	—	—
$(BaSO_4)$ . . .	—	3,96	1,36	—	—
Glühverl. (H_2O)	0,85	—	—	—	—
(Rückst. (SiO_2))	1,02	—	—	—	—
	100,15	99,78	99,42	100,00	99,14

1. Pyrrhoarsenit von der Mangangrube Sjögrufvan bei Grytthyttan, Bezirk Örebro, Schweden; anal. L. J. Igelström, Bull. Soc. min. **9**, 219 (1886).

2. Pyrrhoarsenit vom selben Fundorte, rotgelb; anal. A. G. Högbom, Geol. För. Förh. **9**, 397 (1887). Ref. N. JB. Min. etc. 1889, II, 43.

3. Pyrrhoarsenit von ebendort; reinere, lichter gelb gefärbte Varietät; anal. A. G. Högbom, wie oben.

3a. Analyse 3 nach Abzug des Unlöslichen und der dem CO_2-Gehalt entsprechenden Menge Dolomit auf 100% umgerechnet.

4. Pyrrhoarsenit vom gleichen Fundorte; anal. L. J. Igelström, Z. Kryst. **23**, 592 (1894).

Analyse eines Sb_2O_5-reichen Pyrrhoarsenits.

	5.
MgO	9,20
CaO	20,21
MnO	10,82
As_2O_5	53,23
Sb_2O_5	6,54
	100,00

5. Pyrrhoarsenit von Grytthyttan; anal. L. J. Igelsröm, N. JB. Min. etc. 1889, I, 50. Die Analyse ist nach Abzug einer nicht unbeträchtlichen Menge von beigemengtem Dolomit und etwas unlöslichem Materiale auf 100,00 umgerechnet worden.

Formel. Auf Grund seiner ersten Analyse schrieb L. J. Igelström diese:

$$(MgO, CaO, MnO)_3 \begin{cases} As_2O_5 \\ Sb_2O_5 \end{cases} \text{ also } \overset{II}{R}(As, Sb)_2O_8 .$$

A. G. Högboms Analyse (die reinere, Anal. 3) gibt einen Überschuß an Säure und kann nach ihm daher nicht als antimonhaltiger Berzeliit bezeichnet werden, da letzterer (siehe S. 537) Überschuß an Basen hat.

In seiner späteren Analyse (4) nimmt L. J. Igelström an, daß der Wert an As_2O_5 bei seiner Analyse zu gering, bei der A. G. Högboms zu hoch ausgefallen ist, er nimmt also Analysenfehler an, und bleibt der Schreibart als Orthoarsenat $3RO \cdot As_2O_5$ treu. In dieser Analyse fehlte Sb_2O_5 vollständig und L. J. Igelström weist danach mit Recht darauf hin, daß der Pyrrhoarsenit eine Abart des Berzeliits darstellt, der aber, wie hier bemerkt sei, auf Grund seiner doch immerhin beträchtlichen Verschiedenheit in dem Mengenverhältnis der Basen eine gewisse Selbständigkeit zukommt.

Bei der Diskussion seiner Analyse des antimonsäurereichen Pyrrhoarsenits (Anal. 5) erwägt L. J. Igelström die Möglichkeit, daß es sich um eine doppelsalzartige Bindung handeln könne und er weist auf den Atopit hin, in dem die Antimonsäure nach A. E. Nordenskiölds Untersuchungen ein Salz von der Zusammensetzung $2RO.Sb_2O_5$ bildet; L. J. Igelström nimmt nun an, daß diese Säure in den Pyrrhoarsenitmineralien als ein derartiges Silicat enthalten sei.

Er schrieb die Formel seiner Analyse 5:

$$10(Ca, Mg, Mn)_3As_2O_8 . Ca_2Sb_2O_7$$

und die der Analyse A. G. Högboms (3) entsprechende:

$$20(Ca, Mg, Mn)_3As_2O_8 . Ca_2Sb_2O_7 .$$

In seiner späteren Arbeit,[1]) in der er wieder auf die alte Darstellungsweise zurückkam, ist nicht angegeben, ob er diese Ansicht noch aufrecht erhält.

Eigenschaften. Der Pyrrhoarsenit bildet kristalline Massen von gelber bis roter Farbe, die sich auch optisch ganz analog dem Berzeliit verhalten.

Die Härte wird mit 4 angegeben, scheint somit etwas geringer zu sein, als die des Berzeliits.

Lötrohrverhalten. Während Berzeliit, je größer der Mangangehalt ist um so leichter schmelzbar ist, ist nach L. J. Igelströms[2]) Angabe der Pyrrhoarsenit, der doch bedeutend manganreicher ist als der Berzeliit, schwer schmelzbar. Beim Erhitzen mit dem Lötrohre gibt er neben Arsengeruch auch Antimonrauch. Sonst verhält er sich wie Berzeliit.

In Salzsäure ist der Pyrrhoarsenit leicht löslich.

Vorkommen. Der Pyrrhoarsenit findet sich, analog wie der Berzeliit, in Hausmannit. Das antimonsäurereiche Vorkommen (Analyse 5) kommt aber direkt in ziemlich reinem Dolomit, ohne andere Begleitmineralien vor. A. G. Högbom gibt als Begleiter auch Scheelit und Baryt an.

Wasserhaltige Calciumarsenate.

Haidingerit.

Kristallisiert rhombisch bipyramidal. Achsenverhältnis an natürlichen Kristallen: $a:b:c = 0,83910:1:0,49895$ nach W. Haidinger.[3]) Achsenverhältnis an künstlichen Kristallen: $a:b:c = 0,4273:1:0,4928$ nach A. de Schulten.[4])

[1]) L. J. Igelström, Z. Kryst. **23**, 592 (1894).
[2]) L. J. Igelström, N. JB. Min. etc. 1889, I, 50.
[3]) W. Haidinger, Pogg. Ann. **5**, 182 (1827).
[4]) A. de Schulten, Bull. Soc. min. **26**, 18 (1903).

Analyse.

Wir sind in bezug auf den sehr seltenen, natürlichen Haidingerit auf eine einzige sehr alte Analyse angewiesen.

	1.	2.
δ	2,848	—
CaO . . .	28,81	28,28
As_2O_5	56,87	58,07
H_2O . . .	14,32	13,65
	100,00	100,00

1. Haidingerit von nicht sicher bekanntem Fundorte (nach G. Tschermak mit größter Wahrscheinlichkeit von Joachimstal); anal. E. Turner, Edinb. Journ. Soc. 3, 308 (1825); auch Pogg. Ann. 5, 182 (1827) und C. F. Rammelsberg, Mineralchem. 1875, 339.

2. Theoretische Zusammensetzung berechnet von A. de Schulten (l. c.).

Die Analyse führt auf die **Formel:**

$$HCaAsO_4 . H_2O,$$

der die Zahlen unter Anal. 2 entsprechen.

Eigenschaften. Der Haidingerit bildet kristallinische Überzüge und Kristalle, farblos oder von weißer Farbe; durscheinend bis durchsichtig.

Die Härte ist $1^1/_2$ bis $2^1/_2$.

Der Charakter der Doppelbrechung ist nach A. Des Cloizeaux[1]) positiv, die Dispersion ist $\varrho > v$; nach ihm ist der von W. Haidinger (l. c.) gemessene Brechungsquotient der größte

$$N_\gamma = 1,67 .$$

Vor dem Lötrohre ist das Mineral leicht schmelzbar.

In Salpetersäure ist er leicht löslich.

Synthese. H. Debray[2]) hat durch Einwirkung von Arsensäurelösung auf Calciumcarbonat bei gewöhnlicher Temperatur ein kristallines Produkt erhalten, das er für reinen Haidingerit hielt, das aber nach den Untersuchungen A. de Schultens ein Gemenge von Pharmakolith mit Haidingerit war. Oberhalb 100° bildete sich kein Haidingerit, sondern ein Produkt $HCaAsO_4$. Beim Erhitzen von Calciumchlorid oder Calciumacetatlösung und Arsensäure auf 70—100° erhielt H. Goguel[3]) Haidingerit in dünnen rektangulären Tafeln. Bei höherer Temperatur (150—200°) bildete sich das Salz $HCaAsO_4$ in Kristallen, das auch H. Debray erhielt.

Schöne Kristalle erhielt dann A. de Schulten. Durch Zusammenbringen einer konzentrierten Lösung von 60 g $HNa_2AsO_4 . 7H_2O$, 60 g HCl und 20 g $CaCO_3$ erhielt er Kristalle von Haidingerit und Pharmakolith.

Um größere meßbare Kristalle zu erzielen, ging A. de Schulten in folgender Weise vor: 70 g Calciumcarbonat wurden in Salzsäure gelöst; dazu goß er eine konzentrierte Lösung von 218 g $HNa_2AsO_4 . 7H_2O$ und füllte Wasser bis zu 1 Liter auf; diese Lösung wurde auf 70° erhitzt und so lange unter Umrühren mit konzentriertem Ammoniak versetzt, bis ein geringer Nieder-

[1]) A. Des Cloizeaux, Ann. chim. phys. 61, 419 (1861) und C. R. 52, 44 (1861).
[2]) H. Debray, C. R. 52, 44 (1861) und Ann. chim. phys. 61, 419 (1861).
[3]) H. Goguel, Contrib. à l'étude des arsénates et antimonates crist. préparés par voie humide (Bordeaux 1894). Ref. Z. Kryst. 30, 205 (1899).

schlag blieb. Die Lösung wurde abfiltriert und zwischen 50 und 70° erwärmt und sehr langsam tropfenweise mit 0,6%igem Ammoniak versetzt. Nach 10 Tagen hatten sich bis 1 cm lange und 1 mm dicke prismatische Haidingeritkristalle gebildet, auch tafelige Kriställchen fanden sich. Achsenverhältnis siehe oben. Die Zusammensetzung war:

$$\delta \ldots \ldots \ldots \quad 2,967$$
$$CaO \ldots \ldots \quad 28,39$$
$$As_2O_5 \ldots \ldots \quad 57,90^{1)}$$
$$H_2O \ldots \ldots \quad \underline{13,71}$$
$$ 100,00$$

Durch die Untersuchungen der drei Forscher ist also das Existenzgebiet des Haidingerits ziemlich genau bekannt: Haidingerit bildet sich von gewöhnlicher Temperatur an bis zu 100°; bei gewöhnlicher Temperatur bilden sich Haidingerit und Pharmakolith gleichzeitig, welch letzterer ein engeres Existenzgebiet besitzt. Über 100° bildet sich das Salz $HCaAsO_4$ (siehe auch bei Pharmakolith S. 645).

Vorkommen. Der Fundort des Analysenmaterials ist nicht bekannt (vielleicht Joachimstal). Nach F. Sandberger[2] kommt Haidingerit in den Erzgängen von Wittichen auf Kobaltbeschlag zusammen mit anderen Arsenaten (Wapplerit, Pharmakolith, Arsenosiderit u. a.) vor (siehe bei Rösslerit S. 633).

Pharmakolith.

Kristallisiert monoklin prismatisch.

$a:b:c = 0,61373:1:0,36223$; $\beta = 83°13^{1}/_{4}{'}$ nach A. Schrauf[3] an natürlichen Kristallen.

$a:b:c = 0,6236:1:0,3548$; $\beta = 83°13{'}$ nach H. Dufet[4] an künstlichen Kristallen.

Synonyma: Arsenikblüte, Arsensaurer Kalk, Arsenicit, Hemiprismatischer Gipshaloid.

Analysen.

	1.	2.	3.	4.	5.
δ	—	—		2,535	—
MgO . .	—	—	Spuren	0,50 }	25,04
CaO. . .	25,00	23,59	24,18	23,90 }	
MnO . .	—	—	Spuren	—	—
CoO. . .	—	} 1,43	Spuren	—	—
FeO . .	—		Spuren	—	—
Fe_2O_3 . .	—	—	—	0,35	—
SiO_2. . .	—	—	—	0,70	—
P_2O_5 . . .	—	—	—	0,30 }	51,35
As_2O_5 . .	50,54	51,58	49,45	50,54 }	
H_2O. . .	24,46	23,40	36,37	23,80	24,00
	100,00	100,00	100,00	100,09	100,39

[1] Durch Differenz gerechnet.
[2] F. Sandberger, Untersuchungen über Erzgänge (Wiesbaden 1885), Heft 2. Ref. Z. Kryst. **13**, 416 (1888).
[3] A. Schrauf, Z. Kryst. **4**, 284 (1880).
[4] H. Dufet, C. R. **106**, 1238 (1888) und Bull. Soc. min. **11**, 187 (1888).

1. Pharmakolith von Wittichen im badischen Schwarzwalde; anal. M. H. Klapproth, Beiträge **3**, 281; siehe N. JB. Min. etc. 1868, 413.

2. Pharmakolith von Glücksbrunn in Thüringen; anal. C. F. Rammelsberg, Mineralchemie 1875, 339.

3. Pharmakolith von Wittichen im Schwarzwalde; anal. F. Petersen, Pogg. Ann. **134**, 86 (1868) und N. JB. Min. etc. 1868, 413.

4. Faseriger Pharmakolith von Markirch im Elsaß; anal. E. Jannettaz, Bull. Soc. min. **11**, 214 (1888).

5. Dieselbe Analyse nach Abzug des SiO_2 und des Fe_2O_3.

	6.	7.
CaO	27,04	24,89
As_2O_5	48,60	51,11
H_2O bei 100°. .	12,34 }	
H_2O über 100°.	12,15 }	24,00
	100,13	100,00

6. Pharmakolith von Völlegg bei Fischbach in Steiermark; anal. E. Hatle und H. Tauss, Verh. k. k. geol. RA. 1887, 226.

7. Theoretische Zusammensetzung nach C. F. Rammelsberg, l. c.

Formel. C. F. Rammelsberg schrieb die Formel

$$2HCaAsO_4 . 5H_2O,$$

der die unter Analyse 7 angeführten Zahlen entsprechen.

Da die Synthesen des Pharmakoliths Produkte liefern, die weniger Wasser enthalten, in allen übrigen Eigenschaften aber mit dem natürlichen Pharmakolith übereinstimmen, so daß vielleicht ein Teil des Wassers im natürlichen Mineral auf Verunreinigungen zurückzuführen ist (s. unten) würde die Formel dann lauten:

$$2HCaAsO_4 . 4H_2O \quad \text{oder} \quad HCaAsO_4 . 2H_2O.$$

Es wären neuere, sorgfältige Analysen erwünscht.

Pharmakolith verliert nach A. H. Church[1] im Vakuum $12,37\,^0/_0 = 3H_2O$ und zwischen 100 und 200° $3,11\,^0/_0 = 1H_2O$. Es bleibt $1H_2O$ zurück.

Eigenschaften. Das Mineral tritt teils in Kristallen, teils in kristallinen Massen und Überzügen auf, die farblos, aber meist weiß oder grau gefärbt sind; sie sind durchsichtig bis kantendurchscheinend.

Die Härte ist $2—2^1/_2$.

Optische Eigenschaften. Diese sind von A. Des Cloizeaux[2] untersucht worden; der Achsenwinkel beträgt:

$$2H_0 \text{ für Gelb} = 112° 20'.$$

Der Charakter der Doppelbrechung ist negativ. Die Dispersion der Achsen ist $\varrho > v$.

Über optische Eigenschaften siehe auch unten bei Synthese.

Der Pharmakolith ist in Säuren leicht löslich.

Vor dem Lötrohre schmilzt er unter Aufschäumen zu weißem Email; der geglühte Pharmakolith reagiert alkalisch.

Der Pharmakolith ist isomorph mit Gips.

$$HCaAsO_4 . 2H_2O \qquad CaSO_4 . 2H_2O$$

---

[1] A. H. Church, Min. Mag. **11**, 1 (1895).
[2] A. Des Cloizeaux, C. R. **106**, 1215 (1888); Bull. Soc. min. **11**, 192 (1888).

Nähere Beziehungen bestehen zwischen Pharmakolith und Brushit, die nicht

$$\overbrace{HCaAsO_4 \cdot 2H_2O} \quad \overbrace{HCaPO_4 \cdot 2H_2O}$$

nur in chemischer Zusammensetzung völlig übereinstimmen, kristallographisch einander sehr nahe stehen, sondern auch synthetisch auf gleiche Weise erhalten werden können (siehe unten und bei Brushit S. 387).

Synthese. H. Dufet[1]) erhielt durch langsames Diffundieren einer Lösung von Dinatriumarsenat und einer solchen von Calciumnitrat bis 5 mm große Kristalle, die bei der Analyse folgendes Resultat gaben:

	8.	9.
CaO	26,63	25,92
As_2O_5	52,65	53,25
H_2O	20,94	20,83
	100,22	100,00

Die unter 9. angeführten Zahlen geben die theoretische Zusammensetzung

$$2HCaAsO_4 \cdot 4H_2O.$$

Der künstliche Pharmakolith hat sonach einen geringeren Wassergehalt als der natürliche, woraus H. Dufet schloß, daß der höhere H_2O-Gehalt des natürlichen Minerals durch Verunreinigung hervorgerufen sein muß.

Das Parameterverhältnis aus der Berechnung der gemessenen Kristalle ist bereits S. 643 gegeben.

Die optischen Daten sind:

$$N_\alpha = 1,5825; \quad N_\beta = 1,5891; \quad N_\gamma = 1,5937 \text{ (für Na-Licht)}$$
$$2V = 79^0 30' \text{ (gerechnet)} = 79^0 24' \text{ (gemessen)}.$$

A. de Schulten[2]) hat auf folgende Weise Pharmakolithkristalle erhalten: Zu einer neutralen Lösung von 10 g $CaCO_3$ in HCl, die auf 200 cm³ verdünnt worden war, wurden 25 cm³ Salzsäure von der Dichte 1,04 und eine Lösung von 30 g des Salzes $HNa_2AsO_4 \cdot 7H_2O$ in 200 cm³ zugesetzt; aus der klaren Flüssigkeit setzten sich nach ca. 24 Stunden gut ausgebildete Pharmakolith-kristalle ab. Weniger gute Kristalle wurden dadurch erhalten, daß der amorphe Niederschlag, der durch Zusammenbringen einer Lösung von Chlorcalcium und einer solchen von Dinatriumarsenat entsteht, in Berührung mit der Lösung gelassen wurde und etwas Salzsäure zugesetzt wurde.

Die Analyse der Kristalle ergab 20,6°/₀ H_2O, also ebenfalls (wie bei H. Dufet) ein Salz entsprechend der Formel: $2HCaAsO_4 \cdot 4H_2O$. Die Dichte der Kristalle war $\delta = 2,754$.

Die Messungen an den künstlichen Kristallen und den natürlichen stimmen ziemlich gut überein. Das Existenzgebiet des Pharmakoliths liegt tiefer als das des wasserärmeren Haidingerits. Pharmakolith bildet sich nur aus Lösungen bis ca. 70°.

Daß sich der Haidingerit bei einer höheren Temperatur, der Pharmakolith bei gewöhnlicher Temperatur bildet, hat schon A. Frenzel[3]) aus der Art des Vorkommens geschlossen.

---
[1]) H. Dufet, C. R. **106**, 1238 (1888) und Bull. Soc. min. **11**, 187 (1888).
[2]) A. de Schulten, Bull. Soc. min. **26**, 18 (1903).
[3]) A. Frenzel, N. JB. Min. etc. 1874, 684.

Vorkommen. Der Pharmakolith ist ein Produkt von jüngeren Zersetzungs-vorgängen auf Erzlagern, vor allem Blei, Kupfer, Kobalt, aber auch Schwefel-kies-Lagerstätten. Dieser Genesis entsprechen auch die Begleitmineralien. Von der durch ihren Mineralreichtum bekannten Kupfer-, Kobalt-, Nickel-Lagerstätte in der Umgebung von Leogang bei Saalfelden in Salzburg fand man den Pharmakolith zusammen mit Malachit und Azurit als Verwitterungsprodukte der oberen Horizonte zugleich mit anderen Verwitterungsprodukten, wie Nickel-blüte und Kobaltblüte.[1]) Der Pharmakolith von Völleg (Anal. 6), der calcium-reich ist, kommt auf einem ziemlich zersetzten Gemenge von Pyrit, Magnet-kies, Arsenkies, Zinkblende, Bleiglanz, Quarz und Calcit vor. Der Pharmakolith hat sich wohl als Zersetzungsprodukt von Arsenkies und Calcit gebildet.[2])

Pikropharmakolith.

Kristallin; Kristallform nicht bekannt, vielleicht monoklin nach A. Frenzel.

Der Pikropharmakolith unterscheidet sich in chemischer Hinsicht vom Pharmakolith durch einen zwischen 3 und ca. 10 % schwankenden MgO-Gehalt und dadurch, daß er dem Pharmakolith gegenüber einen geringen Überschuß an RO besitzt, also etwas basischer ist.

Analysen.

	1.	2.	3.	4.
δ	—	—	2,583	
MgO	3,22	3,73	6,60	6,68
CaO	24,65	25,77	22,40	22,44
MnO	—	—	0,21	0,31
CoO	1,00	—	—	—
As_2O_5	46,97 [3])	46,93	47,48	47,73
H_2O bei 100°	} 23,98	13,00	11,60 }	} 23,17
H_2O über 100°		11,01	11,44 }	
Unlöslich . .	—	—	0,17	0,16
	99,82	100,44	99,90	100,49

1. Pikropharmakolith von Riechelsdorf; anal. F. Stromeyer, Gilb. Ann. **61**, 185 (1819) und C. F. Rammelsberg, Mineralchem. 1875, 340.
2. Pikropharmakolith von den Gruben Junge hohe Birke und Kröner zu Freiberg; anal. A. Frenzel, N. JB. Min. etc. 1873, 786.
3. u. 4. Pikropharmakolith, faserige Krusten, von Joplin; anal. F. A. Genth, Am. Journ. **40**, 204 (1890) und Z. Kryst. **18**, 591 (1891).

Analysen eines magnesiareichen Pikropharmakoliths.

	5.	5a.	5b.
CaO	20,29	19,78	19,27
MgO . . .	8,35	8,15	8,67
MnO . . .	0,14	0,29	0,41
As_2O_5 . . .	47,74	—	—
H_2O	—	24,38	24,11

5., 5a. u. 5b. Pharmakolith, traubenförmige Krusten, gemengt mit Kristallnadeln von Joplin; anal. F. A. Genth, l. c.

[1]) L. Buchrucker, Z. Kryst. **19**, 164 (1891).
[2]) E. Hatle u. H. Tauss, l. c.
[3]) Eine andere Bestimmung ergab 48,14 As_2O_5.

	6.	7.	8.
MgO	4,0	—	6,54
CaO	28,1	29,3	22,59
As_2O_5	46,2	48,1	47,60
H_2O	21,7	22,6	22,34
H_2O basisch . . .	—	—	0,93
	100,0	100,0	100,00

6. Theoretische Zusammensetzung nach C. F. Rammelsberg entsprechend der Analyse von F. Stromeyer (1), Mineralchem. 1875, 340.

7. Theoretische Zusammensetzung, berechnet von A. Frenzel (l. c.) für den Pharmakolith der Analyse 2.

8. Theoretische Zusammensetzung, berechnet von F. A. Genth (l. c.) für den Pikropharmakolith der Analyse 3 und 4.

Formel. C. F. Rammelsberg schrieb die Formel:

$$5(Ca_3As_2O_8 . 6H_2O) . Mg_3As_2O_8 . 6H_2O;$$

dieser Formel entspricht ein Verhältnis As : R : H_2O = 1 : 1,5 : 3; dies ist aber bei Analyse 1 nicht ganz der Fall, da dieses Verhältnis 1 : 1,3 : 3,24 ist.

A. Frenzel schrieb die Formel ohne Berücksichtigung des MgO:

$$5CaO . 2As_2O_5 . 12H_2O \quad oder \quad Ca_5As_4O_{15} . 12H_2O.$$

Nach F. A. Genth ist eine geringe Menge von basischem H an Stelle von Ca und Mg zugegen und er schrieb dementsprechend die Formel (Zahlen-Analyse 8):

$$(H_2, Ca, Mg)_3As_2O_8 . 6H_2O.$$

P. Groth[1]) schrieb die Formel, die er aber für noch nicht sichergestellt hält:

$$(Ca, Mg)_3(AsO_4)_2 . 6H_2O.$$

Entwässerung über H_2SO_4. Wenn man den Pikropharmakolith einen Monat über Schwefelsäure trocknen läßt, so gibt er 1 Mol. Wasser ab; F. A. Genth analysierte einen solchen entwässerten Pikropharmakolith, welche Probe von einem anderen Stück dieses Minerals von Joplin (Analyse 3 und 4) genommen wurde und die sich als noch magnesiareicher erwies:

	9.	10.
MgO	11,61	11,48
CaO	17,31	16,87
MnO	0,29	0,34
As_2O_5	50,60	50,51
H_2O	20,50	20,19
	100,31[2])	99,39

Dieser so entwässerte Pikropharmakolith würde der Formel:

$$(H_2, Ca, Mg)_3As_2O_8 . 5H_2O$$

entsprechen.

Eigenschaften. Der Pikropharmakolith bildet schneeweiße, traubige und nierenförmige Aggregate von seidenartig faseriger Struktur, seltener sind nadelige oder haarförmige Kriställchen.

---

[1]) P. Groth, Tab. Übers. 1898, 94.
[2]) Im Original steht 100,28% als Summe.

Die **Farbe** ist schneeweiß bis grau, sehr selten finden sich blaue Pikropharmakolithe.

Die **Härte** ist nicht angegeben; die Dichte ist nach F. A. Genth 2,583.

Vorkommen. Das Mineral kommt im Freiberger Revier auf Gneis und auch auf den Grubenzimmerungen, also als ganz junge Bildungen vor, der blaue Pikropharmakolith tritt gewöhnlich auf Kupferkies auf. Das Jopliner Mineral findet sich auf grobkörnigem Dolomit.

Wapplerit. (?)

Kristallisiert triklin pinakoidal. $a:b:c = 0,9007:1:0,2616.$ $\alpha = 90^0\,14'$, $\beta = 95^0\,20'$, $\gamma = 90^0\,11'$ nach P. Groth.[1]

$a:b:c = 0,9125:1:0,2660$, $\beta = 84^0\,35'$ nach A. Schrauf.[2]

A. Schrauf hielt den Wapplerit für wahrscheinlich monoklin, nach P. Groth ist er triklin, weicht aber außerordentlich wenig vom monoklinen System ab.

Analysen.

	1.	2.
MgO	8,29	7,35
CaO	14,19	15,60
As_2O_5	47,70	47,69
H_2O	29,40	29,49
	99,58	100,13

1. u. 2. Wapplerit von Joachimstal; anal. A. Frenzel, Tsch. min. Mit. 1874, 279; Beilage d. J. k. k. geol. R.A. **24**.

Die **Formel**, die für den Wapplerit gegeben wurde, lautet:

$$2\,CaO . As_2O_5 . 8\,H_2O \quad \text{oder} \quad H(Ca, Mg)AsO_4 . 3\tfrac{1}{2}\,H_2O.$$

Eigenschaften. Das Mineral bildet farblose bis weiße Kristalle. Die **Härte** ist $2-2\tfrac{1}{2}$; die **Dichte** ist mit 2,48 bestimmt worden. Der **Winkel der optischen Achsen** ist $2E = 55^0$.

Vorkommen. Das Mineral wurde in Joachimstal gefunden.

Der Wapplerit ist hier nur sehr kurz behandelt worden, da gegen seine Selbständigkeit nach den Untersuchungen A. de Schultens[3] gewichtige Bedenken vorliegen.

Er fand nämlich, daß die Wappleritkristalle, die A. Schrauf gemessen hat, Kristalle von Rösslerit waren und daß die Kristallform des künstlichen Rösslerits, den H. Haushofer dargestellt hatte, identisch mit derjenigen sei, die für den Wapplerit angegeben wird. Es ist nach ihm in der Tat sehr wahrscheinlich, daß der von A. Frenzel analysierte Wapplerit ein Gemenge eines Magnesiumarsenats mit Calciumarsenat gewesen ist.

Bei A. de Schultens Versuchen, Wapplerit darzustellen, erhielt er stets entweder Rösslerit oder Gemenge von Rösslerit und Pharmakolith. Da man keine isomorphen wasserhaltigen Calcium- und Magnesiumphosphate kennt, so müßte Wapplerit ein Doppelsalz sein. Viel wahrscheinlicher aber ist es, daß es sich um ein Gemenge handelt.

---

[1] P. Groth, Tab. Übers. (Braunschweig 1875), 95.
[2] A. Schrauf, Z. Kryst. **4**, 281 (1880).
[3] A. de Schulten, Bull. Soc. min. **26**, 99 (1903).

Es scheint mir nicht unwahrscheinlich, daß das Calciumarsenat Pharmakolith (oder Haidingerit) gewesen ist.

Wahrscheinlich ist demnach Wapplerit kein selbständiges Mineral; den Beweis könnten natürlich erst neue Analysen des Wapplerits erbringen, wie auch A. de Schulten ausführt.

Siehe bei Rösslerit S. 632.

Adelit (Calcium-Magnesiumarsenat).

Kristallisiert monoklin prismatisch.

$a:b:c = 1,0989:1:1,5642; \quad \beta = 73^0 15'$ nach Hj. Sjögren.[1]

Der Adelit wird zur Wagneritgruppe gestellt, die kristallographische Ähnlichkeit ist ziemlich groß, auch chemisch stehen sie sich ziemlich nahe, indem beim Arsenat Ca an Stelle des Mg beim Phosphat tritt, und das eine Hydroxyl, das andere Fluor enthält. Näher steht noch der Tilasit (Fluoradelit) (s. S. 638), bei dem an Stelle des Hydroxyls das Fluor tritt; man kann daher den Adelit zu den wasserfreien Calciumarsenaten stellen.

Analysen.

	1.	2.	3.
δ	—	3,76	—
MgO	17,05	17,90	19,25
CaO	25,43	24,04	23,13
MnO	1,64	0,48	1,27
FeO	—	0,08	0,09
CuO	—	0,32	—
BaO	Spur	0,23	—
PbO	0,39	2,79	2,41
Al_2O_3 . . . . }	0,30	—	—
Fe_2O_3 . . . . }		—	—
SiO_2	—	—	1,88
As_2O_5	50,04	50,28	48,52
H_2O	4,25	3,90	3,99
Cl	0,24	Spur	Spuren
SO_2	—	—	Spuren
Cu	0,26	—	—
	99,60	100,02	100,54
$O = Cl -$	0,05		
	99,55		

1. Adelit, derbe kristallinische Massen von der Kittelsgrube, Nordmarken (Wermland); anal. R. Mauzelius bei Hj. Sjögren, Geol. För. Förh. i. Stockholm **13**, 604 (1891). Ref. N. JB. Min. etc. 1893, II, 37.
2. Adelit von Långban (Wermland), derbe kristallinische Massen; anal. R. Mauzelius, wie oben.
3. Kristallisierter Adelit von der Jakobsberg-Grube (Wermland); anal. R. Mauzelius bei Hj. Sjögren. Bull. of the geol. Inst. Upsala **1**, 1 (1892); Geol. För. Förh. 1892. Ref. Z. Kryst. **24**, 146 (1895).

---

[1] Hj. Sjögren, Bull. of the geol. Inst. Upsala **1**, 1 (1892). Ref. Z. Kryst. **24**, 145 (1895).

Wahrscheinlich zum Adelit gehört auch ein bereits früher als berzeliitähnliches Mineral analysiertes Vorkommen:

$$\text{4.}$$

MgO	18,98
CaO	25,52
MnO	1,69
ZnO (?)	0,08
BaO	0,81
Al_2O_3 . . . . . Fe_2O_3	} 0,83
As_2O_5	49,73
Verlust (als H_2O) . .	2,36
	100,00

4. Berzeliitähnliches Mineral von der Mossgrube; anal. C. H. Lundström, Geol.
För. Förh. 7, 407. Ref. N. JB. Min. etc. 1893, II, 38.

Formel. Das Wasser entweicht erst bei sehr hoher Temperatur vollständig.
Die Molekularverhältnisse der ersten drei Analysen sind:

$$As_2O_5 : RO : H_2O + Cl$$

Analyse 1	0,97	4	1,08
„ 2	0,97	4	0,97
„ 3	1	4,08	1,05

Hj. Sjögren gibt für dieses basische Arsenat die Formel:

$$2\,CaO . 2\,MgO . As_2O_5 . H_2O \quad \text{oder} \quad CaAsO_4(MgOH).$$

Man kann sich die Bindung vorstellen:

In der Analyse 4 ist der vom Analytiker angegebene Verlust als H_2O
gerechnet; dann stimmt die Analyse einigermaßen mit denen am Adelit überein.
Man bekommt hier das Verhältnis:

$$9\,RO . 2\,As_2O_5 . H_2O,$$

während das der Analyse 1 und 2 war: $4\,RO . As_2O_5 . H_2O$.

Der hauptsächliche Unterschied ist im Wassergehalt gelegen, und Hj. Sjögren
läßt es unentschieden, ob dieses Mineral nur halb so viel Wasser führt, als
der Adelit, oder ob der geringe Wassergehalt eine beginnende Zersetzung anzeigt; wahrscheinlich handelt es sich um einen zersetzten Adelit.

Eigenschaften. Der Adelit tritt teils in kristallinischen, derben Massen
(Anal. 1 u. 2), teils (Anal. 3) in ziemlich undeutlich ausgebildeten Kristallen
von tafelförmigem und prismatischem Habitus auf; die Farbe ist grau bis graugelb, trübe, durchscheinend, Fettglanz bis Wachsglanz.

Die Dichte ist 3,71—3,76; die Härte des Minerals liegt ungefähr bei 5.

Optische Eigenschaften. Der Achsenwinkel ist für Na-Licht 58,47;
die Dispersion der Achsen ist $\varrho > v$. Der Charakter der starken Doppelbrechung
ist positiv.

Vor dem Lötrohre schmilzt der Adelit leicht zu einem grauen Email
(Arsenreaktion). In verdünnten Säuren ist er leicht löslich.

Vorkommen. Der Adelit ist ein seltenes Arsenat der Manganerzlagerstätten. In der Kittelsgrube kommt er in Begleitung einer großen Zahl von Manganmineralien innig gemengt mit mikroskopisch kleinen Magnetitkörnchen und Flittern von gediegem Kupfer vor. In Långban kommt er zusammen mit Braunit, Asbesthedyphan und manganhaltigem Calcit vor.

Brandtit (Calcium-Manganarsenat).

Kristallisiert triklin pinakoidal. $a:b:c = 2,20:1:1,44$; $\alpha = 89^0$, $\beta = 90\,^1/_2\,^0$, $\gamma = 89\,^1/_3\,^0$.[1])

Das Mineral ist isomorph mit Roselith und ist diesem auch chemisch analog zusammengesetzt.

Analyse.

δ	3,671
MgO	0,90
CaO	25,07
MnO	14,03
FeO	0,05
PbO	0,96
P_2O_5	0,05
As_2O_5	50,48
Cl	0,04
H_2O	8,09
Unlösl.	0,04
	99,71

Brandtit von der Harstigen-Grube bei Pajsberg im Wermland (Schweden); anal. G. Lindström, Geol. För. Förh. Stockholm **13**, 81 (1891). Ref. Z. Kryst. **23**, 154 (1894)

Formel. Das Molekularverhältnis aus dieser Analyse berechnet, ist:

$$\overset{\text{II}}{R}O : As_2O_5 : H_2O = 1 : 1,635 : 0,668 \text{ oder angenähert } 3:5:2,$$

was auf die Formel führt:

$$2\,CaO \cdot MnO \cdot As_2O_5 \cdot 2\,H_2O \quad \text{oder} \quad Ca_2MnAs_2O_8 \cdot 2\,H_2O.$$

Die Analogie mit dem isomorphen Roselith tritt deutlich hervor, sie haben beide die gleiche allgemeine Formel:

$$R_3As_2O_8 \cdot 2\,H_2O;$$

beim Roselith sind 2R das Ca und 1R das Co, beim Brandtit ist 1R das Mn, der Kalkgehalt ist der gleiche.

Eigenschaften. Der Brandtit kommt nur in wenig gut ausgebildeten Kristallen vor, gewöhnlich treten radialstrahlige, nierige, bündelartige Aggregate auf; das Mineral ist farblos (Kristalle) oder weiß, durchsichtig bis durchscheinend.

Die Härte liegt zwischen 5 und $5^1/_2$.

Vor dem Lötrohre schmilzt das Mineral ziemlich leicht zu einer braunen Schmelze; das Wasser entweicht erst oberhalb 225^0. Im Kölbchen gibt es unter Dekrepitieren das Wasser ab.

---

[1]) Nach P. Groth, Tabellar. Übersicht (Braunschweig 1898), 93.

In Salz- und Salpetersäure ist das Mineral leicht löslich.

Vorkommen und Genesis. Der Brandtit findet sich als Seltenheit in der Harstigsgrube zusammen mit gediegenem Blei, Baryt, Calcit, Karyopilit, Sarkinit, Flinkit, in offenen Spalten in Gängen eines dichten Kalksteines. Diese Gänge enthalten eine Reihe von Erzen, z. B. Magnetit und manganhaltige Silicate. A. Hamberg[1]) unterscheidet 3 Kristallisationsperioden. Bei der ersten bildeten sich wasserfreie Mangansilicate, bei der zweiten Kalkspat, Baryt und amorphe wasserhaltige Manganoxyd- und Manganoxydulsilicate und außerdem Blei, Barysilit, Hämatit und Galenit. In der dritten Periode bildete sich neben Sarkinit und etwas Cerussit und Bleiglanz der Brandtit. Dies ist noch nicht die jüngste Ausscheidung, da noch jünger der Manganocalcit (mit Agnolith) ist.

Roselith (Calcium-Kobalt-Magnesiumarsenat).

Kristallisiert triklin pinakoidal. $a:b:c = 0{,}45360:1:0{,}65604$; $\alpha = 90^0 34'$, $\beta = 91^0$, $\gamma = 89^0 20'$ nach A. Schrauf[2]) oder $2{,}2046:1:1{,}4463$; $\alpha = 89^0 0'$, $\beta\ 90^0 34'$, $\gamma = 89^0 20'$[3])

Analysen.

	1.	2.	2a.
δ	3,506	3,738	—
MgO . . .	4,3	4,8	4,3
CaO . . .	21,9	19,2	21,4
CoO . . .	(12,1)[4])	(15,9)[4])	12,3
As_2O_5 . . .	50,9	49,6	50,2
H_2O . . .	10,8	10,5	11,8
	100,0	100,0	100,0

1. Roselithkristalle von der Danielgrube bei Schneeberg in Sachsen; anal. A. Schrauf, Tsch. min. Mit. 142; Beil. d. J. k. k. geol. R.A. **24**, 1874.

2. Roselithkristalle von der Grube Rappold bei Schneeberg in Sachsen; anal. A. Schrauf, wie oben.

2a. Theoretische Zusammensetzung berechnet von A. Schrauf.

	3.	4.	5.	5a.	5b.
δ	3,46	3,550	3,561	—	—
MgO . . .	4,67	3,95	4,22	3,7	4,5
CaO . . .	23,72	24,93	25,17	25,5	22,9
CoO . . .	12,45	10,56	10,03	10,2	12,0
As_2O_5 . . .	49,96	52,93	52,41	52,4	52,4
H_2O . . .	9,69	8,35	8,22	8,2	8,2
	100,49	100,72	100,05	100,0	100,0

3. Roselith von Schneeberg in Sachsen; anal. Cl. Winkler, Journ. prakt. Chem. 10, 190 und N. JB. Min. etc. 1874, 870.

4. u. 5. Roselith vom gleichen Fundorte; anal. Cl. Winkler bei A. Weisbach, Jahrb. f. Berg- u. Hüttenw. im Königreich Sachsen 1877. Ref. N. JB. Min. etc. 1877, 407.

5a. Theoretische Zusammensetzung nach der Formel $Ca_{10}Co_3Mg_2As_5O_{40}$. $10\,H_2O$ berechnet von A. Weisbach.

5b. Theoretische Zusammensetzung nach der Formel $3RO$. As_2O_5 . $2\,H_2O$; berechnet von Cl. Winkler.

---

[1]) A. Hamberg, Z. Kryst. **17**, 257 (1890).
[2]) A. Schrauf, Tsch. min. Mit. 1874, 142. Beil. J. k. k. geol. R.A. **24**.
[3]) Nach P. Groth, Tabell. Übersicht (Braunschweig 1898), 93.
[4]) Aus der Differenz bestimmt.

Formel. A. Schrauf rechnete für Analyse 1 das Verhältnis:

$$CaO : MgO : CoO : As_2O_5 : H_2O = 7 : 2 : 3 : 8 : 10$$

und schrieb die Spezialformel:

$$Ca_7Mg_2Co_3As_8O_{3?} . 10 H_2O.$$

Für Analyse 2 ergab das Verhältnis:

$$CaO : MgO : CoO : As_2O_5 : H_2O = 6 : 2 : 4 : 8 : 10$$

und führte auf die Spezialformel:

$$Ca_6Mg_2Co_4As_8O_{32} . 10 H_2O \quad oder \quad 12 H_2O.$$

Die beiden Analysen entsprechen demnach der allgemeinen Formel:

$$R_3As_2O_8 . 3 H_2O.$$

Die Zahlen sind unter Analyse 2a gegeben.

Cl. Winkler führte seine Analyse 3 auf die Formel:

$$R_3As_2O_8 . 2 H_2O$$

zurück, welcher Formel auch A. Weisbach beistimmte (Zahlen unter Analyse 5b). Cl. Winklers abermalige Analysen (Anal. 4 u. 5) führten ihn zur Spezialformel:

$$Ca_{10}Co_3Mg_2As_{10}O_{40} . 10 H_2O,$$

der die allgemeine Formel mit $2 H_2O$ entspricht.

Da den Analysen Cl. Winklers, der mit größeren Mengen seine Analysen ausführte, auch größere Genauigkeit zukommt, so wurde die Formel mit 2 Molekülen Wasser allgemein angenommen, eine erneute analytische Untersuchung des Roseliths wäre aber wünschenswert.

Eigenschaften. Der Roselith bildet rote, durchsichtige bis durchscheinende Kristalle von der Härte $3^1/_2$. Die Angaben über die Dichte schwanken ziemlich bedeutend von 3,46 als niedersten Wert bis zu 3,738. Daraus kann vielleicht auf Verschiedenheit des Analysenmaterials geschlossen werden.

Über optische Untersuchungen scheint nichts bekannt geworden zu sein.

Vor dem Lötrohre schmilzt er leicht. Beim Erhitzen auf 100° wird Roselith tiefdunkelblau; beim Abkühlen nimmt er seine ursprüngliche Farbe wieder an. Bis zur schwachen Rotglut entweichen nach A. Schrauf 10 bis $11^1/_2^0/_0$, die übrige Wassermenge erst bei starker Rotglut; das Pulver bleibt dann graublau.

In Salzsäure ist das Mineral leicht löslich; die Lösung ist konzentriert blau, verdünnt rot.[1]

Vorkommen. Der Roselith kommt in Quarz eingewachsen vor.

Manganoxydularsenate.

Es existiert nur ein einziges wasserfreies natürliches Manganarsenat.

Während bei den Phosphaten alle Manganverbindungen stets mehr oder weniger Eisenoxydul enthalten haben, ist dies hier nicht der Fall, die Gruppe der Mangan-Eisenoxydularsenate fällt hier überhaupt weg; die den Mangan-

---

[1] Nach C. F. Rammelsberg, Min. Chem. 1875, 341.

arsenaten beigemengten FeO-Mengen sind fast stets gering und es scheint, daß hier im Gegensatz zu Carbonaten, Silicaten und Phosphaten die isomorphe Vertretung des MnO durch FeO selten ist, wie wir denn auch keine isomorphen MnO- und FeO-Arsenate kennen, wie dies bei den Phosphaten der Fall ist (siehe S. 413).

Wasserfreie Manganoxydularsenate.

Karyinit.

Kristallisiert wahrscheinlich rhombisch; $a:b:c = 0,86165:1:?$ nach H. Sjögren.[1]).

Synonym: Koryinit.

Analysen:

	1.	2.
δ	4,25	4,29
Na_2O	—	5,16
K_2O	—	0,37
MgO	4,25	3,09
CaO	16,40	12,12
MnO	15,82	18,66
FeO	0,54	18,66
BaO	—	0,54
PbO	10,52	1,03
P_2O_5	—	9,21
As_2O_5	47,17	0,19
V_2O_5	—	49,78
H_2O	—	Spur (?)
CO_2	3,86	0,53
Cl	0,07	—
Unlöslich	0,65	Spur
	99,28	100,68

1. Karyinit von Långban in Wermland (Schweden); anal. C. H. Lundström, Geol. För. Förh. Stockholm **2**, 178 (1874).
2. Karyinit vom gleichen Fundorte; anal. R. Mauzelius bei Hj. Sjögren, Bull. of the geol. Inst. Upsala **2**, 39 (1894). Ref. Z. Kryst. **26**, 101 (1896). Material war bei 110° getrocknet worden.

Formel. Die erste Analyse (Anal. 1) war nicht an reinem, sondern an mit Calcit und Berzeliit vermengtem Material durchgeführt worden. Analyse 2 führt auf das Molekularverhältnis:

$$As_2O_5 + P_2O_5 : \overset{II}{R}O + \overset{I}{R_2}O : H_2O = 0,217 : 0,698 : 0,30.$$

Die Analyse 1 führt, wenn man sie bezüglich der Verunreinigungen korrigiert zu einem ähnlichen Verhältnis, nur fehlen in dieser Analyse die Alkalien. Hj. Sjögren gibt folgende Formeln:

$R_{10}As_6O_{25}$, wenn man das H_2O als mit der Säure verbunden betrachtet.

$R_3As_2O_8$, wenn man das Wasser an die Basen bindet.

---

[1]) Hj. Sjögren, Bull. of the geol. Inst. Upsala **2**, 39 (1894). Ref. Z. Kryst. **26**, 101 (1896).

Eigenschaften. Der Karyinit kommt nicht in ausgebildeten Kristallen, sondern nur in derben, kristallinischen Partien vor, nur aus Spaltstücken wurde der Prismenwinkel zur Aufstellung obigen Parameterverhältnisses gemessen. Die Spaltbarkeit verläuft nach (110) und (010). Die Farbe des Minerals ist braun bis gelbbraun.

Die Härte ist 3—3$^1/_2$; die Dichte ist bereits angegeben.

Der Charakter der Doppelbrechung ist positiv. Der Winkel der optischen Achsen ist nach A. Des Cloizeaux:

$$2E = 41^0,$$

er kann aber auch größer sein. Die Dispersion ist $\varrho > v$.

Vorkommen. Der Karyinit wurde im dolomitischen Kalke von Långban mit Calcit und Berzeliit zusammen gefunden; er kommt auch mit Hedyphan zusammen vor.

Hj. Sjögren hat sein Auftreten und sein Verhalten dem Berzeliit gegenüber mikroskopisch untersucht und gefunden, daß der Karyinit sehr häufig von einem mehr oder weniger breiten Rande von Berzeliit umgeben ist, so daß er den Berzeliit als einen veränderten Karyinit betrachtete, indem Blei und Mangan weggeführt wurden und Calcium- und Magnesiumarsenat allein zurückblieben.

Hier sei ein nicht näher untersuchtes wasserfreies Arsenat angereiht, dessen Existenz noch nicht sichergestellt ist.

Chloroarsenian.

Kristallform: wahrscheinlich monoklin oder triklin.

Das Mineral besteht nach L. J. Igelström[1] aus Arsensäure (vielleicht As_2O_3) und MnO. Sb_2O_5 ist nicht enthalten, auch ist das Mineral wasserfrei. Quantitative Analyse liegt keine vor.

Eigenschaften. Der Chloroarsenian findet sich mit Basiliit (ein Antimonat) und füllt mit diesem Spalten im Hausmannit; er bildet kleine hellgrüne Körner oder Kristalle; er ist jünger als der Basiliit und beide sind Infiltrationsprodukte. Das Mineral ist in Salzsäure leicht löslich; es wird beim Glühen schwach, metallglänzend.

Vorkommen: Sjögrube, Gouv. Örebro, Schweden.

Wasserhaltige Manganoxydularsenate.

Sarkinit oder Polyarsenit.

Fast gleichzeitig wurde dasselbe Arsenat von L. J. Igelström als Polyarsenit und von A. Sjögren als Sarkinit beschrieben und später von G. Flink und A. Hamberg[2] die Identität der beiden Mineralien nachgewiesen. Dem

[1] L. J. Igelström, Z. Kryst. **22**, 468 (1894).
[2] G. Flink u. A. Hamberg, Geol. Fören. Förh. Stockholm **10**, 380 (1888). Ref. Z. Kryst. **17**, 431 (1890).

Namen Polyarsenit gebührt als dem zeitlich um weniges früher geprägtem die Priorität; trotzdem hat die Bezeichnung Sarkinit die öftere Anwendung gefunden und spätere Analysen sind an dem Sarkinitvorkommen ausgeführt worden.

Der Polyarsenit oder Sarkinit wird von manchen Autoren der Wagneritgruppe eingereiht; von den Mineralien dieser Gruppe steht er chemisch dem Triploidit am nächsten, entfernt sich aber kristallographisch nicht unbeträchtlich von allen Mineralien dieser Gruppe.

Kristallisiert monoklin, prismatisch. $a : b : c = 2,0013 : 1 : 1,5880$; $\beta = 62^0 14'$ nach G. Flink.[1])

Analysen.

	1.	2.	3.	4.	5.	6.
δ . . .	4,085	4,085	4,14–4,15	4,22	—	—
MgO . . .	0,77	0,73	0,98	0,38	0,28	—
CaO . . .	2,85	2,92	1,40	1,22	1,99	—
MnO . . .	49,88	50,47	51,60	51,92	50,91	53,39
FeO . . .	Spur	Spur	0,13	—	—	—
PbO . . .	—	—	0,25	—	—	—
P_2O_5 . . .	—	—	0,21	Spur	—	—
As_2O_5 . .	39,23	38,86	41,60	41,50	41,04	43,23
Sb_2O_5 . .	1,37	1,04	—	—	—	—
H_2O . . .	3,15	3,15	3,06	3,48	3,33	3,38
CO_2 . . .	3,51	3,51	0,76	—	1,80	—
Unlöslich .	—	—	0,38	—	0,93	—
	100,76	100,68	100,37	98,50	100,28	100,00

1. u. 2. Polyarsenit, von Sjögrufvan im Kirchspiel Grythyttan, Amtsbezirk Örebro; anal. H. G. Söderbaum bei L. J. Igelström, K. Sv. Vet. Akad. Handl. Öfversigt 1885, 257. Ref. Z. Kryst. **12**, 515 (1887).

3. Sarkinit von Pajsberg; anal. C. H. Lundström bei A. Sjögren, Geol. Fören. Förh. Stockholm **7**, 724 (1885). Ref. Z. Kryst. **12**, 514 (1887).

4. Sarkinit von Harstigen bei Pajsberg; anal. A. Hamberg bei G. Flink u. A. Hamberg, Geol. Fören. Förh. Stockholm **10**, 380 (1888). Ref. Z. Kryst. **17**, 431 (1890).

5. Sarkinit (Chondroarsenit) von Pajsberg; anal. R. Mauzelius bei Hj. Sjögren, Geol. Fören. Förh. Stockholm **28**, 401 (1906). Ref. Z. Kryst. **45**, 104 (1908); siehe unten bei Chondroarsenit.

6. Theoretische Zusammensetzung; berechnet von A. Hamberg, l. c.

Formel. Die Analysen führen auf die Formel:

$$(MnO)_4 As_2O_5 . H_2O,$$

die man nach Cleve[1]) deuten kann:

$$Mn\underset{O}{\overset{OH}{<}}$$
$$Mn\underset{O}{\overset{O}{<}}{>}As{=}O .$$

Eigenschaften. Das Mineral kommt teils derb, teils in Kristallen vor; die Farbe ist fleischrot bis rotgelb, die Kristalle sind rosarot; durchscheinend.

---

[1]) Zitiert nach G. Flink u. A. Hamberg, l. c.

Die Härte ist ca. 4—5; die Dichte wurde bereits angegeben.

Die Doppelbrechung ist stark und von negativem Charakter; der Achsenwinkel

$$2E = \text{ca. } 83^0.$$

Es ist ein sehr schwacher Pleochroismus vorhanden.

Vor dem Lötrohre dekrepitiert das Mineral, schmilzt aber leicht zu einer schwarzen Kugel. Mit Soda gibt es eine bräunliche Masse; neben dem Arsengeruch und zuweilen etwas Bleibeschlag tritt nach A. Sjögren auch ein anderer flüchtiger (vielleicht Antimon-)Beschlag auf. Beim Erhitzen wird nach A. Sjögren das ganz lichtrote Pulver zuerst grau, dann schwarz und bei starkem Glühen dunkelschwarzbraun.

In Salzsäure und Salpetersäure ist dieses Arsenat leicht löslich.

Vorkommen. Das Mineral kommt in Sjögrufvan mit Hämatostibit zusammen auf Calcitadern in einer Jakobsit- oder Magnetit-haltigen Tephroitmasse vor. In den Harstigsgruben bei Pajsberg kommt es auf offenen Spalten zusammen mit Brandtit, Baryt und Calcit vor.

Chondroarsenit.

L. J. Igelström hatte ein Arsenat untersucht und analysiert:

Analyse.

7.

MgO	2,05
CaO	4,86
MnO	51,59
As$_2$O$_5$	33,50
H$_2$O	7,00
	99,00

7. Chondroarsenit von Pajsberg im Wermland (Schweden); anal. L. J. Igelström, Öfversigt Vet. Akad. Handl. Stockholm **22**, 3. Ref. N. JB. Min. etc. 1866, 597.

L. J. Igelström gab dafür die Formel:

$$2(5\,MnO \cdot AsO_5) \cdot 5H_2O.$$

G. Flink[1] fand nun, daß die Kristallform vollständig mit Sjögrens Sarkinit übereinstimmt. Eine Neuanalyse ergab das Resultat der Anal. 5, S. 656 bei Polyarsenit. Der Chondroarsenit ist somit wahrscheinlich mit dem Polyarsenit identisch.

Es ist wahrscheinlich, daß L. J. Igelström ein zersetztes Material zur Analyse verwendet hatte.

Die Farbe ist gelb bis rotgelb; die Körner sind bedeutend weicher (als Sarkinit) und zerreiblich. Dies alles deutet auf eine Zersetzung hin und der Chondroarsenit wäre somit ein zersetzter (wasserreicherer und As$_2$O$_5$ ärmerer) Polyarsenit (Sarkinit).

Vorkommen. In kleinen Körnern in Baryt eingewachsen, der Adern im Hausmannit bildet.

---

[1] G. Flink bei Hj. Sjögren, Geol. Fören. Förh. **28**, 401 (1906). Ref. Z. Kryst. **45**, 104 (1908).

Xanthoarsenit.

Kristallform nicht bekannt.

Synonym: Xantharsenit.

Analysen.

	1.	2.
MgO	6,08	—
CaO	1,93	—
MnO	43,60	—
FeO	3,11	—
As_2O_5	33,26	34,58
H_2O	12,02	14,03
	100,00	

1. u. 2. Xanthoarsenit von Sjögrufvan, Kirchspiel Grythyttan, Gouvernement Örebro in Schweden; anal. L. J. Igelström, Övfers. af Vet. Akad. Förh. **7**, 99 (1884); Bull. Soc. min. **7**, 238 (1884).

Formel. Das Mineral enthält auch etwas P_2O_5. L. J. Igelström gibt die Formel:

$$5 RO(As, Sb)_2O_5 . 5H_2O \quad oder \quad 5(MnFe, MgCa)O . (As, Sb)_2O_5 . 5H_2O.$$

Der Xanthoarsenit steht also dem früher gefundenen Chondroarsenit (siehe S. 657) nahe.

W. C. Brögger[1]) gibt der Formel den Vorzug:

$$(Mn, Fe, Mg, Ca)_5 (OH)_4 (AsO_4)_2 . 3H_2O$$

in Analogie mit der des Cornwallits $Cu(OH)_4(AsO_4)_2 . 3H_2O$.

P. Groth[2]) schreibt die Formel:

$$(Mn, Mg, Fe, Ca) (AsO_4)_2 (Mn . OH)_4 2H_2O .$$

Eigenschaften. Das Mineral wurde nicht in Kristallen, sondern nur in Körnern und Adern gefunden; die Farbe ist schwefelgelb bis rotgelb.

Vor dem Lötrohre schmilzt der Xanthoarsenit leicht zu schwarzem Glase. Im Kölbchen färbt er sich beim Glühen nach der Wasserabgabe schwarz.

In Säuren ist das Mineral leicht löslich.

Vorkommen. Xanthoarsenit kommt zusammen mit Hausmannit in körnigem Urkalk vor, der Einlagerungen in feinkörnigem Gneis bildet.

Hämafibrit.

Kristallisiert **rhombisch**. $a:b:c = 0,5261:1:1,1502$ nach Hj. Sjögren.[3])

Synonym. L. J. Igelström nannte das Mineral Aimafibrit.

---

[1]) W. C. Brögger, Z. Kryst. **14**, 519 (1885). Ref. zu L. J. Igelströms Arbeit.
[2]) P. Groth, Tabellar. Übersicht (Braunschweig 1898), 96.
[3]) Hj. Sjögren, Z. Kryst. **10**, 127 (1885).

Analysen.

	1.	2.	3.	4.
MgO	—	2,00	0,41	—
CaO	—	1,50	—	—
MnO	57,94	46,98	58,02	57,11
FeO	0,79	4,65	0,25	—
As_2O_5	30,76	29,94	30,88	30,83
H_2O	12,01	14,93	12,01	12,06
	101,50	100,00	101,57	100,00

1. Hämafibrit (nichtkristallisiertes Material) von Nordmarken im Wermland; anal. L. J. Igelström, Geol. För. Förh. **4**, 210 (1884) u. Bull. Soc. min. **7**, 123 (1884).
2. Hämafibritkristalle von der Mossgrube auf dem Nordmarksfelde in Wermland; anal A. Sjögren bei Hj. Sjögren, Z. Kryst. **10**, 129 (1885), auch A. Sjögren, Öfv. af Ak. Förh. **8**, 3 (1884).
3. Hämafibritkristalle vom gleichen Fundorte; anal. C. H. Lundström bei Hj. Sjögren, wie oben.
4. Theoretische Zusammensetzung nach der von Hj. Sjögren gegebenen Formel.

Formel. L. J. Igelström gab dem von ihm entdeckten Hämafibrit die Formel:

$$2\,(3\,MnO \,.\, As_2O_5) \,.\, 7\,MnO \,.\, HO \,.\, 6\,HO \,.$$

Nach Hj. Sjögren ist die Analyse L. J. Igelströms nicht richtig; tatsächlich stand ersterem ja kristallisiertes, daher besseres Material zur Verfügung und L. J. Igelströms Analyse ist sicher die minder genaue; doch sind die Unterschiede recht beträchtlich.

Die unter Analyse 4 gegebenen Werte entsprechen der von Hj. Sjögren angegebenen Formel:

$$As_2Mn_6H_{10}O_{16} \,.$$

Das Wasser geht bei schwacher Erhitzung fort; dabei geht nach Untersuchungen Hj. Sjögrens die Hälfte des MnO in Mn_2O_3 und bei starkem Glühen in Mn_3O_4 über; es ist dies der an Wasser gebundene Teil; das übrige MnO, das nach seiner Ansicht mit As_2O_5 gebunden ist, bleibt unverändert. Darnach stellte er folgende rationelle Formel auf:

$$(3\,MnO \,.\, As_2O_5)\,(3\,MnO \,.\, 5\,H_2O) \,.$$

P. Groth[1]) hält den Beweis, daß es sich tatsächlich um eine Verbindung des normalen Salzes $Mn_3(AsO_4)_2$ mit dem Hydrat handelt, nicht für vollständig erbracht und schreibt die Formel:

$$AsO_4(Mn \,.\, OH)_3 H_2O \,.$$

Eigenschaften. Das Mineral ist selten kristallisiert, sondern kommt in rund-radialfaserigen Aggregaten vor. Die Farbe ist braunrot bis dunkelrot; das Mineral ist aber sehr häufig durch beginnende Zersetzung, der es sehr leicht unterliegt, braunschwarz bis tiefschwarz gefärbt.

Die Härte des Minerals ist ca. 3; die Dichte nach A. Sjögren 3,50—3,65.

Der Hämafibrit besitzt positive Doppelbrechung. Nach E. Bertrand[2]) ist der Winkel der optischen Achsen ungefähr:

$$2E = 70^0; \quad \varrho > v \,.$$

---

[1]) P. Groth, Tabell. Übersicht. (Braunschweig 1898), 96.
[2]) E. Bertrand, Bull. Soc. min. **7**, 124 (1884).

Vor dem Lötrohre schmilzt das Mineral leicht zu einer schwarzen Kugel. In feinen Splittern schmilzt es an der gewöhnlichen Flamme.

In Säuren ist es leicht löslich.

Vorkommen. Das Vorkommen der Manganphosphate von der Mossgrube ist von Hj. Sjögren eingehend studiert worden (das Resultat ist bei Allaktit S. 661 mitgeteilt). Der Hämafibrit tritt nicht wie Allaktit und Hämatolith als Spaltenausfüllung, sondern in Drusenräumen auf. Seine Matrix ist eine graugrüne, hauptsächlich aus Carbonaten und Manganoxyden, sowie Verwitterungsprodukten von Silicaten bestehende Masse.

Über die wahrscheinliche Entstehung des Hämafibrits siehe bei Allaktit S. 661, sowie auch über die begleitenden Mineralien.

Umwandlung. Der Hämafibrit wird sehr leicht von den Atmosphärilien zersetzt: er geht in ein schwarzes blätteriges Mineral über, das sehr wahrscheinlich Manganit (Manganoxydhydrat) ist, das den Raum des ursprünglichen Arsenats in den Drusenräumen einnimmt. Nach Hj. Sjögren ist dieser Umwandlungsprozeß unter dem Mikroskope leicht zu verfolgen; er fängt peripher an und geht konzentrisch nach innen, den Spaltrissen folgend.

Allaktit.

Kristallisiert monoklin prismatisch. $a:b:c = 0,6127:1:0,3338$; $\beta = 84^0\ 16\,{}^1/_2{}'$ nach Hj. Sjögren.

Analysen.

	1.	2.	3.	4.	5.
MgO . . .	0,55	0,36	1,34	1,37	—
CaO . . .	Spuren	0,48	2,01	1,53	—
MnO . . .	62,19	62,08	} 58,64	58,86	62,20
FeO. . . .	—	0,24		0,25	—
As$_2$O$_5$ . . .	28,76	28,16	29,10	28,89	28,79
H$_2$O . . .	8,97	8,86	8,97	9,02	9,01
	100,47	100,18	100,06	99,92	100,00

1. Allaktit von der Mossgrube auf dem Nordmarksfelde in Wermland; anal. A. Sjögren bei A. Sjögren, Vet. Ak. Öfv. Förh. **8**, 29 (1884) und Hj. Sjögren, Z. Kryst. **10**, 125 (1885).

2. Dasselbe Vorkommen; anal. C. H. Lundström bei A. Sjögren u. Hj. Sjögren, wie oben.

3. Allaktit von der Collegiigrube bei Långban; anal. A. Sjögren, Öfv. af Ak. Förh. 1897, 107. Ref. Z. Kryst. **15**, 107 (1889).

4. Allaktit vom selben Fundorte; anal. C. H. Lundström bei A. Sjögren, wie oben.

5. Theoretische Zusammensetzung nach der untenstehenden Formel, der Arbeit Hj. Sjögrens (l. c.) entnommen.

Formel. Der Allaktit entspricht der Zusammensetzung:

$$Mn_3O_6(AsO)_2 . 4\,Mn(OH)_2.$$

Das Wasser geht bei schwacher Rotglut fort; dabei gehen ${}^4/_7$ MnO in Mn$_2$O$_3$ über; A. und Hj. Sjögren[1]) nehmen an, daß es sich hierbei um das

---

[1]) Hj. Sjögren, Z. Kryst. **10**, 114 (1885).

MnO handle, das an das Wasser gebunden sei. Man kann darnach die Formel auf folgende Weise schreiben:

$$3\,MnO\,.\,As_2O_5\begin{cases}4\,MnO\\4\,H_2O\end{cases}.$$

Die von Hj. Sjögren angenommene Isomorphie mit Vivianit besteht weder in physikalischem noch in chemischem Sinne.[1]

Eigenschaften. Der Allaktit kommt am häufigsten in Kristallen von tafeligem Habitus vor.

Das Mineral ist stark trichroitisch, weshalb sich die Farbe schwer bestimmen läßt; bei Tageslicht zeigt es in dickeren Partien eine rotbraune Farbennuance, im durchfallenden Lichte erscheint es aber graugrün. In künstlichem Lichte ist die Farbe bei reflektiertem Lichte blutrot bis hyazinthrot. Der Allaktit ist durchsichtig.

Die Härte liegt zwischen 4—5, die Dichte ist 3,83—3,85.

Optische Eigenschaften. Der Allaktit besitzt starke Doppelbrechung von negativem Charakter; ein Brechungsquotient ergab:

	für Rot	für Gelb	für Violett
$N_\beta =$	1,778	1,786	1,795

Der wahre Achsenwinkel ist

$$V_\varrho = 9^0\,10' \qquad V_v = 6^0\,19'.$$

Die Dispersion der Achsen ($\varrho > v$) ist sehr groß.

Vor dem Lötrohre dekrepitiert das Mineral und ist fast unschmelzbar. Nach Entfernung des Wassers (bei Rotglut) wird das Mineral schwarz, bei starkem Glühen braun.

In Salzsäure ist Allaktit leicht, in Schwefel- und Salpetersäure schwerer löslich.

Vorkommen und Genesis. Der Allaktit kommt nach Hj. Sjögren in der Mossgrube in einer Gangbildung vor, die jünger ist als das Erzlager; diese Gangbildung enthält als primäre Mineralien: Calcit, dolomitischen Calcit, Rhodochrosit, Fluorit, Baryt, Magnetit, Hausmannit, Manganosit, Adelit, ein berzeliitartiges Mineral (s. Analyse 4 S. 650), ein Olivinmineral und Manganostilbit. Als sekundär treten auf: Calcit, Manganspat, Baryt, Jakobsit, Pyrochroit, Manganit, Allaktit, Hämafibrit, Hämadelphit (Diadelphit) und Synodelphit; diese sekundären Bildungen treten in Trümmern und Drusenräumen auf. Nach Hj. Sjögren ist der Allaktit, sowie die anderen drei Arsenate durch die Einwirkung von Arsensäure auf das Manganoxydul des Manganosit und Pyrochroit gebildet worden. Die Arsensäure stammt wahrscheinlich aus dem berzeliitartigen Minerale, das später zum Adelit gestellt wurde, das leicht zersetzlich ist (S. 650).

Der Allaktit ist von den vier Arsenaten, die als sekundäre Bildungen auf der Mossgrube auftreten, das widerstandsfähigste; es zeigt sich an ihm keine Spur von Veränderung oder Umwandlung.

---

[1] J. Krenner, Z. Kryst. **10**, 84 (1885). — C. F. Rammelsberg, N. JB. Min. etc. 1884, II, 72.

Der Allaktit von Långban kommt in einem manganhaltigen Baryt mit Calcit und einem aphroditähnlichen Mineral vor. Der Baryt enthält ca. 2 %/₀ MnO und Hj. Sjögren glaubt, daß es sich um eine einfache Ersetzung des BaO durch MnO handelt.

Synadelphit.

Kristallisiert rhombisch bipyramidal. $a : b : c = 0,8581 : 1 : 0,9192$; $\beta = 90^0\ 0'$ nach Hj. Sjögren.[1])

A. Hamberg[2]) erkannte, daß das Mineral rhombisch sei, während Hj. Sjögren es für monoklin hielt.

Das Mineral kommt auch amorph vor; es liegen also zwei Phasen, eine kristallisierte und eine amorphe vor.

Analysen.

	1.	2.
MgO	2,19	2,53
CaO	3,76	3,54
MnO	35,71	35,88
Al_2O_3	6,16	4,33
Mn_2O_3	11,79	11,79
Fe_2O_3	1,23	1,50
As_2O_5	29,31	29,06
H_2O	11,39	11,37
	101,54	100,00

1. Synadelphit von der Mossgrube auf dem Nordmarksfelde in Wermland; anal. A. Sjögren bei Hj. Sjögren, Z. Kryst. **10**, 146 (1885).
2. Theoretische Zusammensetzung.

Formel. Die berechneten Werte, die den beobachteten sehr nahe kommen, entsprechen der Formel

$$R_2O_3 . As_2O_5 . 5 (RO . H_2O),$$

worin $R_2O_3 = {}^2/_3 (Mn, Fe)_2O_3 + {}^1/_3 Al_2O_3$ und $RO = {}^4/_5 MnO + {}^1/_5 (Ca, Mg)O$ ist, man kann daher auch schreiben:

$$(Al, Fe, Mn)_2O_3 As_2O_5 . 5 (H_2MnO_2).$$

Der Synadelphit zerfält beim Erhitzen in zwei Verbindungen, von denen die eine ein normales Orthoarsenat $(Al, Fe, Mn)_2O_6(AsO)_2$ ist, das sich beim Glühen nicht verändert; die andere ist beim gelinden Glühen Mn_2O_3 und wird bei stärkerem Glühen zu Mn_3O_4 oxydiert. Dementsprechend wird auch die Farbe zuerst schwarz, dann bei stärkerem Erhitzen braun.

Eigenschaften. Der Synadelphit, den Hj. Sjögren zuerst beschrieben hat, kommt fast immer in Kristallen vor. Er ist meist dunkelbraun bis schwarzbraun gefärbt.

Die eingangs erwähnte amorphe, isotrope Phase ist im Aussehen der kristallinen ähnlich; die Analyse stimmte mit einer an der kristallisierten Form ausgeführten überein. Der amorphe Synadelphit bildet Krusten mit trauben- oder nierenförmiger Fläche an den Wänden der Drusenräume.

---

[1]) Hj. Sjögren, Z. Kryst. **10**, 143 (1885).
[2]) A. Hamberg, Geol. För. Förh. **11**, 212 (1889). Ref. Z. Kryst. **19**, 104 (1891).

Die Härte des Minerals ist $4\frac{1}{2}$; die Dichte 3,45—3,50.

Der Charakter der Doppelbrechung ist positiv, der Achsenwinkel ist ziemlich klein. Das Mineral ist schwach dichroitisch.

Vor dem Lötrohre schmilzt Synadelphit leicht zu einer schwarzen Kugel. Auf dem Platinblech gibt er die Manganreaktion.

Von Säuren wird er leicht gelöst.

Vorkommen und Genesis. Der Synadelphit kommt in Drusenräumen mit einer weißen Carbonatmasse vor, die von anderer Beschaffenheit ist als die, welche die Drusenräume umgibt. Die Kristalle sind öfters auf Schwerspat aufgewachsen. Bezüglich der Genesis und Paragenesis siehe S. 661 bei Allaktit.

J. A. Krenner[1]) fand auch Zinkblende auf Synadelphit von diesem Vorkommen, das das einzige bisher bekannte ist.

Umwandlung. Der Synadelphit wird ziemlich leicht von Atmosphärilien angegriffen; an der Luft oxydiert er sich, wie man im Dünnschliff verfolgen kann. Bei Wasseraufnahme wird das Mineral vollkommen schwarz und geht in Manganit über, eine Umwandlung, die längs der feinen Risse, von denen die Gesteinsmasse durchzogen wird, vor sich geht.

Flinkit.

Kristallisiert rhombisch bipyramidal. $a:b:c = 0,4131:1:0,7386$ nach A. Hamberg.[2])

Analysen.

	1.	2.
δ	3,87	—
MgO	1,7	—
CaO	0,4	—
MnO	35,8	38,17
Mn_2O_3	20,2	21,24
(Fe_2O_3) . . . . }	1,5	—
$((?)\,Al_2O_3)$		
As_2O_5	29,1	30,91
Sb_2O_5	2,5	—
H_2O	9,9	9,68
	101,1	100,00

1. Flinkit von der Grube Harstigen bei Pajsberg in Wermland; anal. A. Hamberg, Geol. För. Förh. **11**, 212 (1889). Ref. N. JB. Min. etc. 1890, II, 224 u. Z. Kryst. **19**, 102 (1891).

2. Theoretische Zusammensetzung, berechnet von A. Hamberg.

Formel und Konstitution. Das Molekularverhältnis nach der Analyse 1 ist

$$As_2O_5 + Sb_2O_5 : RO : R_2O_3 : H_2O = 0,14 : 0,55 : 0,14 : 0,55,$$

entspricht somit sehr genau dem Verhältnis:

$$4\,MnO \cdot Mn_2O_3 \cdot As_2O_5 \cdot 4\,H_2O,$$

---

[1]) J. A. Krenner, Z. Kryst. **17**, 517 (1890).
[2]) A. Hamberg, Geol. För. Förh. **11**, 212 (1889). Ref. Z. Kryst. **19**, 102 (1891)

welche Zahlen vielleicht folgendermaßen aufgefaßt werden können:

$$O = \overset{III}{As} - O - \overset{III}{Mn} \begin{cases} O - \overset{II}{Mn} - OH \\ <\overset{OH}{OH} \\ O - \overset{II}{Mn} - OH \end{cases}.$$

Darin wird $\overset{II}{Mn}$ zum Teil durch Ca und Mg, $\overset{III}{Mn}$ von $\overset{III}{Fe}$ (und Al?) und As durch Sb ersetzt.

Diese Zusammensetzung weicht nur wenig von der des Synadelphits (S. 662) $(5\,H_2O . 5\,MnO . Mn_2O_3 . As_2O_5)$ ab; eine Identifizierung ist aber wegen der kristallographischen Verschiedenheit ausgeschlossen. Ob Dimorphie vorliegt, würde sich wohl erst entscheiden lassen, wenn mehrere Analysen vorliegen würden; namentlich die Analyse des Flinkits, die nur an 0,046 g Material ausgeführt werden konnte, müßte durch neue bestätigt bzw. korrigiert werden.

Eigenschaften. Der Flinkit tritt nur in sehr kleinen, aber gut ausgebildeten Kristallen von tafeligem Habitus auf. Die Farbe ist grünbraun.

Die Härte des Flinkits ist etwas über 4 gelegen (Dichte siehe bei Analyse 1).

Der Charakter der Doppelbrechung ist positiv; der Winkel der optischen Achsen ist groß; Dispersion $\varrho < v$. Pleochroismus ist deutlich, orangebraun bis gelbgrün. In Salzsäure und Schwefelsäure ist der Flinkit leicht löslich; in Salpetersäure erwies er sich aber als unlöslich.

Vorkommen. Der Flinkit kommt in Hohlräumen des Kalksteins mit Karyophilit (siehe Bd. II, S. 732), Sarkinit, Brandtit, Ochrolit und auch Cerussit, Baryt und Calcit vor; in diesen Hohlräumen kommt auch gediegenes Blei vor. Die Bildung des Flinkits verlegte A. Hamberg[1] in die dritte Bildungsperiode der Harstiger Manganerzmasse, bei deren Bildung er drei Perioden unterscheidet. Jünger als der Flinkit und die ihn begleitenden Arsenate sind Bildungen von Manganocalcit.

Arseniopleit.

Kristallisiert wahrscheinlich trigonal.
Analysen.

	1.	2.	3.
MgO . . .	3,10	3,10	3,32
CaO . . .	8,11	8,11	9,31
MnO . . .	28,25	21,25	23,61
PbO . . .	4,48	4,48	3,73
Mn_2O_3 . . .	—	7,80	7,00
Fe_2O_3 . . .	3,68	3,68	3,55
As_2O_5 . . .	44,98	44,98	45,89
Sb_2O_5 . . .	Spur	—	—
H_2O . . .	5,67	4,54	3,59
Cl	Spur	—	—
	98,27	97,94	100,00

---

[1] A. Hamberg, Z. Kryst. **17**, 260 (1890).

1. Arseniopleit von Sjögrufvan, Kirchspiel Grythyttan, Gouvernement Örebro, Schweden; anal. L. J. Igelström, N. JB. Min. etc. 1888, II, 119; Bull. Soc. min. 11, 39 (1888).

2. Dieselbe Analyse mit Berücksichtigung des wahrscheinlichen Gehalts an Mangansesquioxyd.

3. Zahlen, gerechnet nach der unten stehenden Formel von L. J. Igelström.

Formel. Die Analyse 1 ergibt das Sauerstoffverhältnis:

$$As_2O_5 : \overset{II}{RO} + \overset{III}{R_2O_3} : H_2O = 15,6 : 11,3 : 4,0.$$

Das Verhältnis:

$$As_2O_5 : \overset{II}{RO} + \overset{III}{R_2O_3} + H_2O = 1 : 1.$$

Nach A. Sjögrens Vorgang bei Hämatolith, Hämafibrit und Synadelphit glaubt L. J. Igelström, es sei eiṅ Teil des Mangans an die Arsensäure gebunden und nicht beim Glühen oxydierbar; da das Mangan sich teilweise wahrscheinlich als Sesquioxyd im Mineral befindet, so nimmt L. J. Igelström die Zusammensetzung an, die unter 2 gegeben worden ist. Beweise hierfür werden indes nicht erbracht.

L. J. Igelström gibt dem Arseniopleit die Formel:

$$2 [\overset{II}{R_3}(O_3 . AsO)_2] . \overset{III}{R_2}(O_3 . AsO)_2 . 3 \overset{II}{RO} . 3 H_2O,$$

darin ist $R = Mn, Ca, Pb$ und Mg, $R_2 = Mn_2$ und Fe_2. Für den Spezialfall des vorliegenden Mineralindividuums nimmt er Werte an, die der Anal. 3 entsprechen.

Das Mineral bedarf näherer Untersuchung.

Eigenschaften. Der Arseniopleit kommt in Adern und kleinen Klumpen von spätig-blätteriger Struktur vor, ohne Kristalle zu bilden; die Färbung ist kirschrot, braunrot, undurchsichtig, aber in dünnen Blättchen mit blutroter Farbe durchsichtig. Er besitzt rhomboedrische Spaltbarkeit.

Die Härte des Minerals liegt zwischen 3 und 4.

Nach Untersuchungen E. Bertrands besitzt die Doppelbrechung positiven Charakter, das Mineral ist einachsig.

Vor dem Lötrohre dekrepitiert Arseniopleit, schmilzt aber ziemlich leicht zu einer schwarzen Kugel.

In Salzsäure und Salpetersäure ist er leicht löslich.

Vorkommen. Kommt in Adern zusammen mit Rhodonit in Dolomit, der Hausmannit enthält, vor, und zwar an der Seite der Adern gegen das Muttergestein zu; wenn er in kleinen Klumpen auftritt, so sitzen diese an der Seite der Adern gegen das Muttergestein hin fest angewachsen. In der Nähe, wenn auch nicht in unmittelbarer Berührung, tritt ein bleihaltiges, mimetesitartiges Mineral auf, ein Beweis, daß der Arseniopleit nicht das einzige Bleiarsenat der Lagerstätte ist.

Hämatolith.

Kristallisiert ditrigonal skalenoedrisch. $a : c = 1 : 0,8885$ nach Hj. Sjögren.[1]

Synonyma: Aimatolith, Diadelphit.

---

[1] Hj. Sjögren, Z. Kryst. **10**, 131 (1885).

Analysen.

	1.	2.	3.	4.
MgO	8,10	6,66	5,38	5,52
CaO	2,52	0,66	0,71	—
MnO	34,55	46,86	50,98	48,92
FeO	13,05	—	—	—
Al_2O_3	—	6,39 ⎫	8,61	7,58
Fe_2O_3	—	1,01 ⎭		1,23
As_2O_5 . . .	25,70	21,55	22,54	22,60
H_2O	16,08	13,93	14,02	14,15
(Unlöslich) . .	—	0,64	—	—
	100,00	97,70	102,24	100,00

1. Hämatolith von Nordmark im Wermlande; anal. L. J. Igelström, Geol. Fören. Förh. Stockholm **4**, 212 (1884); Bull. Soc. min. **7**, 121 (1884).
2. Diadelphitkristalle von der Mossgrube auf dem Nordmarksfelde in Wermland; anal. C. H. Lundström bei Hj. Sjögren, Z. Kryst. **10**, 142 (1885) auch A. Sjögren, Övfers. af Vet. Akad. Förh. **8**, 3 (1884).
3. Diadelphit vom selben Fundorte; anal. A. Sjögren, Övfers. af Vet. Akad. Förh. **8**, 3 (1884); auch bei Hj. Sjögren, Z. Kryst. **10**, 142 (1885).
4. Theoretische Zusammensetzung nach der Formel Hj. Sjögrens, von diesem berechnet.

Formel. L. J. Igelström berechnete aus seiner Analyse die Formel:

$$2(3MnO . As_2O_5) . 8MnO . (OH) . 6H_2O .$$

Eine Reihe anderer Analysen von A. Sjögren, C. H. Lundström, D. Hector, A. Högbom, von denen Hj. Sjögren nur zwei mitteilte, ergeben die Anwesenheit von Al_2O_3 und Fe_2O_3 in dem Mineral, woraus Hj. Sjögren schloß, daß man den Hämatolith nicht wie L. J. Igelström als ein Arsenat von Manganoxydul auffassen dürfe, sondern daß ein solches von Sesquioxyden vorliegt; er stellte folgende Formel auf:

$$(Al, Mn, Fe)_2O_3 . As_2O_5 . 8MnO_2H_2 .$$

Es ist aber bei den Analysen nicht mitgeteilt, ob auch analytisch Manganoxyd erhalten worden war.

Auch abgesehen davon zeigen die Analysen A. Sjögrens, C. H. Lundströms, L. J. Igelströms wenig Übereinstimmung, so daß man annehmen könnte, es seien verschiedene Mineralien vorgelegen.

Beim Glühen bildet wieder vgl. S. 662 der in obiger Formel an H_2O gebundene Teil des Mangans höhere Oxyde. Das Wasser entweicht schon bei niedriger Temperatur.

Eigenschaften. Der Hämatolith tritt immer kristallisiert auf, die Kriställchen sind stets sehr klein. Die Farbe ist nach L. J. Igelström, der den Hämatolith aufgefunden und erstmalig beschrieben hat, blutrot, nach Hj. Sjögren aber braunrot bis granatrot. Hj. Sjögren hält die Farbenangabe L. J. Igelströms für falsch. Da man aber doch bei einer derartigen Angabe sich nicht so leicht irrt, so ist dies ein Grund, der dafür spricht, daß der Diadelphit (wie ihn Hj. Sjögren nennt) und L. J. Igelströms Hämatolith nicht völlig ein und dasselbe Mineral waren. Nach diesen Farbenangaben erscheint es vielleicht nicht als ausgeschlossen, daß der Diadelphit ein oxydierter Hämatolith sein könnte.

Der Hämatolith ist außen oft oxydiert und dann schwarz und undurchsichtig.

Die Härte des Minerals liegt bei $3^1/_2$; die Dichte ist nach Hj. Sjögren 3,30—3,40.

Die optischen Eigenschaften scheinen nach Hj. Sjögren sehr variabel zu sein; der Charakter der ziemlich starken Doppelbrechung war stets negativ; der Achsenwinkel ist variabel, und im Inneren der Kristalle wurde auch völlkommene Einachsigkeit konstatiert. Der ordentliche Brechungsexponent wurde von ihm bestimmt mit

$$N_\omega = 1,723 \text{ für Rot und } N_\omega = 1,740 \text{ für Blau.}$$

Vor dem Lötrohre ist nach Hj. Sjögren das Mineral unschmelzbar.

Es ist in allen Mineralsäuren leicht löslich; Essigsäure greift es sogar an.

Vorkommen und Genesis. Es kommt (nach A. u. Hj. Sjögren) in Adern im Kalk vor, die sehr dünn sind, sich aber zuweilen zu drusenartigen Räumen erweitern. Hämatolith scheint bei der Zersetzung von Manganosit gebildet worden zu sein, aus dem durch Zufuhr von Arsensäure (siehe bei der Genesis von Allaktit, S. 661) teils Pyrochroit, teils Hämatolith entstanden ist. Die Hauptbegleitmineralien sind Magnetit, Jakobsit und Fluorit (Paragenesis siehe ebenfalls bei Allaktit).

Retzian.

Kristallisiert **rhombisch.** $a:b:c = 0,4414:1:0,7270$.

Analyse.   1.

δ	4,15
MgO	2,7
CaO	19,2
MnO	30,2
FeO	1,7
(PbO)	0,2
As_2O_5	24,4
(SiO_2)	0,5
H_2O	8,4
(Ungelöst)	4,3
Nicht identifiziert .	10,3 (seltene Erden)
	101,9

1. Retzian von der Mossgrube in Nordmarken; anal. R. Mauzelius bei Hj. Sjögren, Bull. of the geol. Inst. Upsala **2**, 39 (1894). Ref. Z. Kryst. **26**, 96 (1896).

Die zur Analyse verfügbare Menge war äußerst gering (0,0795 g). Später hat R. Mauzelins[1]) den nicht identifizierbaren Rückstand nochmals untersucht und festgestellt, daß er aus seltenen Erden, höchstwahrscheinlich Yttererden, besteht. Aber auch das gefundene MnO und CaO kann noch seltene Erden enthalten.

Die mitgeteilte Analyse ist auch nach der Identifizierung der 10,3 % zur Aufstellung einer **Formel** nicht verwertbar.

---

[1]) R. Mauzelius bei Hj. Sjögren, Geol. Fören. Förh. Stockholm **19**, 106 (1897). Ref. N. JB. Min. etc. 1898, II, 209.

Eigenschaften. Der Retzian kommt stets kristallisiert vor, er ist prismatisch, bisweilen tafelförmig. Die Färbung des Minerals ist nußbraun bis schokoladebraun, Glasglanz bis Fettglanz; er ist halbdurchsichtig. Die Härte ist ungefähr 4; die Dichte ist bereits angegeben. Das Mineral ist in Salzsäure leicht löslich. Es ist stark pleochroitisch: braunrot bis weingelb.

Vorkommen. Dieses überaus seltene Mineral kommt in kleinen Drusenräumen eines Braunit-Dolomitgesteins vor. Es wird begleitet von kleinen Jakobsit-Oktaedern, sowie von Krusten eines Carbonats; der Retzian ist jünger als diese.

Rhodoarsenian.

Kristallform: Nicht bestimmt.

Analysen.

	1.	2.
MgO	4,0	5,37
CaO	30,0	21,53
MnO	37,2	49,28
As_2O_5	9,2	12,17
CO_2		—
H_2O	} 19,6[1])	11,65
(Pb)	Spur	—
(Cl)	Spur	—
	100,0	100,00

1. Rhodoarsenian von der Sjögrube, Gouv. Örebro (Schweden); anal. L. J. Igelström, Z. Kryst. **22**, 469 (1894).
2. Da eine getrennte H_2O-Bestimmung 11,65% H_2O ergab, wurde der Calciumcarbonat berechnet und abgezogen; Umrechnung der Analyse 1 nach diesem Abzug auf 100%.

Daraus ergibt sich das Sauerstoffverhältnis:

$$As_2O_5 : CaO + MgO + MnO : H_2O = 4,24 : 19,44 : 10,96$$

und die **Formel:**

$$[10\,RO.As_2O_5].[10\,(RO.H_2O)]$$
$$R = Mn, Ca, Mg.$$

Der Rhodoarsenian entspricht daher in seiner Zusammensetzung dem Ferrostibian (Antimonat).

Eigenschaften. Das Mineral bildet rosenrote durchsichtige Kügelchen; die Härte ist 4. In Salzsäure ist Rhodoarsenian völlig und leicht löslich; beim Erhitzen an der Luft schwärzt er sich.

Vorkommen. Das Mineral ist in Arseniopleit eingewachsen und findet sich aber auch in arseniopleitführenden Gangtrümchen, die ein Gemenge von Rhodonit, Urdolomit (Dolomitkalkstein) und Barytfeldspat durchziehen; er wird noch von Pleonectit und Calcit begleitet; Arseniopleit und Pleonectit sind ältere, Rhodoarsenian und Calcit jüngere Bildungen; mit Calcit ist Rhodoarsenian so vermengt, daß er mechanisch nicht zu trennen ist.

---

[1]) Als Differenz bestimmt.

Hier seien zwei nur durch qualitative Untersuchungen bekannte Mangan-
arsenate angereiht.

Elfstorpit.

Kristallform: Vielleicht rhombisch.

Der Elfstorpit ist nach L. J. Igelström[1]) ein stark wasserhaltiges Mangan-
oxydularsenat mit hohem As_2O_5 (vielleicht As_2O_3 ?) - Gehalt. Zu einer quantitativen Analyse war zu wenig Material vorhanden.

Eigenschaften. Das Mineral bildet kristalline Partien oder kleine Kriställchen,
die deutlich spaltbar sind. Die Farbe ist blaßgelb, durchscheinend, die Härte
ist ungefähr 4.

Beim Erhitzen an der Luft wird das Mineral schwarz; es ist auf den Spaltflächen metallglänzend; in Salz- und Salpetersäure ist es leicht löslich.

Vorkommen. Der Elfstorpit sitzt in kleinen Calcitadern, die Stufen von
Basiliit und Tephroit durchziehen, begleitet von einem nicht näher bestimmten
Mineral, das kein As_2O_5 und Sb_2O_5 enthält.

Fundort: Sjögrube, Gouv. Örebro (Schweden).

Pleurastit.

Kristallsystem: Unbekannt.

Der Pleurastit ist nach L. J. Igelström,[2]) der das Mineral nur qualitativ
untersuchte, ein wasserhaltiges Arsenat von Manganoxydul mit einem hohen
Eisenoxydulgehalt; es dürfte ein basisches Arsenat sein, da es wenig Arsen
zu enthalten scheint; er enthält auch etwas Sb_2O_5.

Eigenschaften. Der Pleurastit tritt in Bändern auf und ist dem Jakobsit
äußerlich ähnlich; die Farbe ist blauschwarz, undurchsichtig, in Dünnschliff
erscheint es schwach blaßrot, besitzt halbmetallischen Glanz, es ist schwach
magnetisch; die Härte ist ca. 4.

In verdünnter Salzsäure ist das Mineral leicht löslich; auf der Kohle vor
dem Lötrohre schmilzt es leicht zu einer schwarzen metallischen Kugel;
durch Glühen an der Luft wird es tief schwarz.

Vorkommen. Mit Arseniopleit in der Sjögrube, Gouv. Örebro (Schweden).

Eisenoxydularsenate.

Es ist ein einziges Eisenoxydularsenat bekannt; in der Natur scheint der
Arsensäure selten Gelegenheit geboten zu sein, sich mit dem Fe zu verbinden,
da auch Eisenoxydarsenate nicht sehr häufig sind.

Symplesit.

Kristallisiert monoklin prismatisch. $a : b : c = 0,7806 : 1 : 0,6812$;
$\beta = 72^0 43'$ nach J. A. Krenner.[3]) Isomorph mit Vivianit.

---

[1]) L. J. Igelström, Z. Kryst. **22**, 468 (1894).
[2]) L. J. Igelström, Geol. Fören. Förhandl. **11**, 391 (1889) und N. JB. Min. etc.
1890, I, 253.
[3]) J. A. Krenner, Fermész. Füzedek. **10**, 83 (1886). Ref. Z. Kryst. **13**, 70 (1888).

Analyse.

Von diesem Mineral ist eine einzige, sehr alte Analyse bekannt geworden.

$$\delta \quad . \quad . \quad . \quad . \quad . \quad . \quad 2{,}964$$
$$\text{FeO} \quad . \quad . \quad . \quad . \quad . \quad 34{,}73$$
$$\text{As}_2\text{O}_5 \quad . \quad . \quad . \quad . \quad . \quad 37{,}84$$
$$\text{H}_2\text{O} \quad . \quad . \quad . \quad . \quad . \quad \underline{27{,}43}$$
$$100{,}00$$

Symplesit von Hüttenberg in Kärnthen; anal. E. Bořický, Verh. d. kais. russ. min. Ges. **3**; nach C. F. Rammelsberg, Mineralchemie 1875, 345.

Der Wassergehalt wurde von C. F. Plattner nur mit $24\,{}^2/_3\,{}^0/_0$ bestimmt. Die Analyse führte auf die **Formel**:

$$\text{Fe}_3(\text{AsO}_4)_2 \cdot 8\,\text{H}_2\text{O}.$$

Früher wurde die Formel des Minerals $\text{Fe}_3\text{As}_2\text{O}_8 \cdot 9\,\text{H}_2\text{O}$ angenommen.

Der Symplesit ist dem Vivianit analog zusammengesetzt und auch kristallographisch ihm sehr ähnlich. Auch dem Erythrin steht der Symplesit nahe. Siehe die Zusammenstellung bei den Kobaltarsenaten S. 677.

Eigenschaften. Der Symplesit bildet kleine büschelförmige, öfters kugelige Aggregate; die Farbe umfaßt alle Nuancen zwischen blau bis grün; gewöhnlich ist er meergrün gefärbt.

Die Härte ist $2^1/_2$—3. Die Dichte bestimmte noch C. Vrba[1]) mit $\delta = 2{,}889$. Der Charakter der Doppelbrechung ist negativ. Der Achsenwinkel beträgt nach J. A. Krenner[2])

$$2\,E = 107^0\,28' \text{ für Na-Licht.}$$

Das Mineral zeigt sehr starken Pleochroismus.

Vor dem Lötrohre ist Symplesit nach C. F. Plattner und A. Breithaupt[3]) leicht schmelzbar. Vor dem Schmelzen wird er braun. Das Wasser geht bei höheren Temperaturen (über 100°) aus der Verbindung. Man erhält auf Kohle den Zinkbeschlag.

Vorkommen. Der Symplesit wurde von A. Breithaupt als Neubildung auf Markasit, Nickelglanz und Siderit bei Lobenstein im Voigtlande gefunden. Ähnlich tritt er auch zu Wittichen im Schwarzwalde auf. In Felsöbanya kommt er auf porösem Hornstein, der eisenschüssig ist, vor.

Nickelarsenate.

Die Nickelarsenate erhalten fast stets geringe Mengen Kobalt. Über den Isomorphismus siehe bei den Kobaltarsenaten S. 677.

Wasserfreie Nickelarsenate.

Es können hier nur zwei ziemlich ungenau bekannte Mineralien angeführt werden, an denen nur provisorische Analysen ausgeführt worden sind.

---

[1]) C. Vrba, Z. Kryst. **15**, 208 (1889).
[2]) J. A. Krenner, Fermész. Füzedek. **10**, 83 (1886). Ref. Z. Kryst. **13**, 70 (1888).
[3]) A. Breithaupt u. C. F. Plattner, Journ. prakt. Chem. **10**, 501 (1837).

Xanthiosit.

Dieses Mineral wurde von seinem Entdecker und Analytiker, da die Materialmenge zu gering war, um bei der Analyse ein absolut sicheres Resultat zu geben, nicht benannt und erst später von Adam (in seinen Tabellen) dafür eine Name eingeführt.

Das Mineral ist nach Angabe des Entdeckers amorph.

Analysen.

	1.	1a.
δ . . .	4,982	—
NiO . . .	48,24	49,45
CoO . . .	0,21	—
CuO . . .	0,57	—
(Bi_2O_3) . .	0,62	—
As_2O_5 . .	50,53	50,55
P_2O_5 . . .	Spuren	—
	100,17	100,00

1. Von Johanngeorgenstadt; anal. C. Bergemann, Journ. prakt. Chem. **75**, 242 (1858).

1a. Theoretische Zusammensetzung.

Nach dieser Analyse ist das Sauerstoffverhältnis:

$$Ni : As = 10,22 : 17,54.$$

Daraus rechnet C. Bergemann die **Formel:**

$$Ni_3As_2O_8.$$

Der Xanthiosit stellt somit gewissermaßen einen wasserfreien Annabergit (Nickelocker) dar.

Eigenschaften. Das Mineral bildet amorphe Massen, die den Anschein erwecken, als ob sie zusammengefrittet wären (vielleicht entwässert?); die Farbe ist schwefelgelb mit einem Stich ins Grünliche.

Die Härte liegt bei 4.

Beim Erhitzen im Glasrohr gibt es keine Spur von Wasser ab; vor dem Lötrohre verhält es sich analog wie der Annabergit. Von Säuren wird dieses Arsenat nur sehr wenig und sehr langsam angegriffen.

Vorkommen. Es kommt zusammen mit dem Aërugit vor und bildet mit diesem scharfbegrenzte Lamellen, die häufig durch eine dünne Schicht eines nickeloxydulhaltigen Eisenoxyds getrennt sind. In dieser Masse kommen Kristalle von einem Nickeloxydul (Bunsenit) und gediegenes Wismut vor.

Aërugit.

Auch dieser Name ist erst später, von Adam gegeben worden.

Das Mineral ist teils kryptokristallin, teils amorph.

Analysen.

	1.	1a.
δ . . .	4,838	—
NiO . . .	62,07	61,99
CoO . . .	0,54	—
CuO . . .	0,34	—
(Fe_2O_3) . .	Spuren	—
(Bi_2O_3) . .	0,24	—
P_2O_5 . . .	0,14	—
As_5O_5 . .	36,57	38,01
	99,90	100,00

1. Von Johanngeorgenstadt; anal. C. Bergemann, Journ. prakt. Chem. **75,** 241 (1858).

2. Theoretische Zusammensetzung.

Das Sauerstoffverhältnis berechnete C. Bergemann:

$$Ni : As = 13,4 : 12,8;$$

daraus ergibt sich die **Formel:**

$$Ni_5As_2O_{10}.$$

Beim Glühen auf 100° entweicht nur eine geringe Spur, die als hygroskopische Feuchtigkeit gedeutet werden kann.

Eigenschaften. Der Aërugit bildet dunkelgrasgrüne Massen, die meist kristallinisch sind; an einzelnen Stellen geht diese Farbe ins Bräunliche über und das Mineral ist dann amorph und von matterem Aussehen.

Die Härte ist 4.

Beim Erhitzen im Glasrohre wird nichts abgegeben. Vor dem Lötrohre, vor dem das Mineral unschmelzbar ist, Arsengeruch; mit Soda in der Reduktionsflamme geschmolzen, wird Arsen abgeschieden und es bilden sich kleine Kügelchen von Arsennickel, die weiß, glänzend und magnetisch sind.

Durch Säuren (auch Schwefelsäure) wird der Aërugit nur sehr schwer zersetzt; es hinterbleibt stets ein Rückstand von tiefgrüner Farbe, der Nickeloxydul darstellen soll.

Vorkommen. Das Mineral kommt zusammen mit Xanthiosit vor, wie bei diesem angegeben ist.

Wasserhaltige Nickelarsenate.

Annabergit.

Synonym: Nickelblüte.

Kristallinisch, teils amorph.

Als **Varietäten** kann man Cabrerit und Dudgeonit ansehen; bei dem ersteren ist ein Teil des NiO durch MgO, beim letzteren durch CaO vertreten; diese beiden Varietäten werden am Schlusse getrennt behandelt werden.

Analysen.

A. Ältere Analysen.

	1.	2.	3.	4.	5.
(CaO)	—	—	Spuren	—	—
(FeO)	—	—	Spuren	1,10	2,21
CoO	2,5	} 37,35	1,53	Spuren	Spuren
NiO	36,2		36,20	36,10	35,00
(Fe$_2$O$_3$)	—	1,13	—	—	—
As$_2$O$_3$	—	—	—	0,52	—
As$_2$O$_5$	36,8	36,97	38,30	37,21	38,90
H$_2$O	24,5	24,32	23,91	23,92	24,02
(SO$_3$)	—	0,23	Spuren	—	Spuren
	100,0	100,00	99,94	98,85	100,13

1. Von Allemont; anal. P. Berthier, Ann. chim. phys. **13**, 52 (1820).
2. Von Riechelsdorf; anal. F. Stromeyer, Schweiggers Journ. **25**, 221 (1819).
3. Von der Grube Gottes Geschick bei Schneeberg in Sachsen; anal. C. Kersten, Pogg. Ann. **60**, 256 (1843).
4. Von der Grube Weißer Hirsch bei Schneeberg in Sachsen; anal. wie oben.
5. Von der Grube Adam Heber bei Schneeberg in Sachsen; anal. wie oben.

B. Neuere Analysen.

	6.	7.
(MgO) . . .	3,74	—
(CaO) . . .	3,51	—
CoO . . .	0,50	—
NiO . . .	32,64	37,46
As$_2$O$_5$ . . .	36,64	38,45
H$_2$O . . .	23,94	24,09
	100,97	100,00

6. Von der Gem Mine, Silver Cliff, Colorado; anal. F. A. Genth, Am. Phil. Soc. 1885. Ref. Z. Kryst. **12**, 491 (1887).
7. Theoretische Zusammensetzung.

Die Analysen führen zu der Formel:

$$Ni_3(AsO_4)_2 \cdot 8H_2O,$$

die unter Analyse 7 angegebenen Werte entsprechen ihr.

Das Ni ist öfter vertreten durch Fe, Ca und Mg. Annabergite, die reich an Ca und Mg sind, hat man als Dudgeonit und Cabrerit bezeichnet; Analyse 6 leitet zu ihnen hinüber; sie sind keine selbständigen Mineralien, sondern nur als Varietäten des Annabergits zu betrachten, jedenfalls gebührt dem Cabrerit die gleiche Selbständigkeit oder Unselbständigkeit wie dem Dudgeonit; bisher hat man allgemein den Cabrerit selbständig als Mineral geführt, den Dudgeonit aber nicht.

Eigenschaften. Der Annabergit bildet teils kristallinische, kugelige Überzüge, teils dichte amorphe, oft erdige Massen, von tiefgrüner, apfelgrüner bis gelblichgrüner, auch graugrüner, grauer und weißer Färbung. Es handelt sich bei diesem Minerale um zwei Modifikationen, eine kristallisierte und eine amorphe; Analyse 6 bezieht sich auf einen kristallisierten Annabergit.

Das Mineral ist in Säuren leicht löslich.

Vor dem Lötrohre schmilzt Annabergit leicht zu einer grauen Kugel, wobei sich Arsengeruch entwickelt. Im Kölbchen erhitzt, wird das Mineral dunkel, das Wasser entweicht. Mit Borax erhält man bei kobaltreichen Annabergiten zuerst die blaue Kobaltperle, dann die violettbraune Nickelperle.

Synthese. O. Ducru[1]) hat bei seinen Untersuchungen über die Synthese der Ammoniumarsenate von Kobalt und Nickel den Annabergit dadurch hergestellt, daß er auf dem Sandbade in Gegenwart von Triammoniumarsenat $(NH_4)_3AsO_4$ und freiem Ammoniak eine Lösung von Nickelchlorür behandelte. Die Kristalle hatten sich in 10—12 Tagen gebildet und ergaben bei der Analyse zweier Proben:

	1.	2.
Ni	29,43	29,22
AsO_4	46,55	46,18
H_2O	23,80	24,12
	99,78	99,52

Diese Zahlen stimmen sehr gut mit der Formel $Ni_3(AsO_4)_2 . 8 H_2O$ überein.

A. de Schulten[2]) erhielt Annabergitkristalle, indem er zu einer mit etwas H_2SO_4 angesäuerten Lösung von 4 g Nickelsulfat in 4 Liter Wasser, die er auf dem Sandbade im Kochkolben erhitzte, zuerst tropfenweise (in jeder Minute einen Tropfen), dann etwas rascher eine Lösung von 29 g des Salzes $HNa_2AsO_4 . 7 H_2O$ in 1 Liter Wasser zugoß. Nach ca. 50 Tagen hatten sich kleine Annabergitkriställchen gebildet, die bei der Analyse ergaben:

δ	3,300
NiO	37,46
As_2O_3	(38,18)[3])
H_2O	24,36
	100,00

Auch die kristallographischen und optischen Eigenschaften stimmten gut mit dem natürlichen Minerale überein. Die Annabergitkristalle waren weit schwerer zu erhalten, als die von Erithryn (s. S. 679).

Analysen.   **Dudgeonit.**

	8.	9.
CaO	9,32	9,65
CoO	0,76	—
NiO	25,01	25,86
As_2O_5	39,33	39,66
H_2O	25,01	24,83
	99,43	100,00

8. Von Pibble Mine in der Nähe von Creetown; anal. F. Heddle, Min. Mag. **8**, 200 (1889).

9. Theoretische Zusammensetzung.

---

[1]) O. Ducru, Ann. chim. phys. [7] **22**, 215 (1901).
[2]) A. de Schulten, Bull. Soc. min. **26**, 88 (1903).
[3]) Durch die Differenz bestimmt.

Der Dudgeonit entspricht der **Formel**

$$(Ni, Ca)_3 (AsO_4)_2 . 8 H_2O$$

oder für den speziellen Fall obiger Analyse:

$$(^2/_3 NiO + ^1/_3 CaO)_3 . As_2O_5 . 8 H_2O.$$

Analyse 9 gibt die entsprechenden Werte.
Der Dudgeonit ist ein CaO-haltiger Annabergit.

Eigenschaften. Das Mineral bildet graulichweiße, lockere Massen. Die Härte soll $3 - 3^1/_2$ betragen.

Vor dem Lötrohre schmilzt er nur unvollkommen zu einer glänzenden Schlacke.

In Säuren mit Ausnahme von H_2SO_4 leicht löslich; in dieser ist er nicht ganz löslich.

Vorkommen. Der Dudgeonit wurde in kleinen Höhlungen von Niccolit-stücken gefunden.

Cabrerit.

Kristallisiert monoklin prismatisch. $a:b:c = 0,82386:1:0,77677;$ $\beta = 106^0 29'$ nach A. Sachs.[1])

Analysen.
Die Analysen sind hier nach steigendem MgO-Gehalte angeordnet.

	10.	11.	12.	13.
δ	3,11	3,0104	2,92	2,96
MgO	4,64	6,16	6,94	9,29
FeO	2,01	1,10	—	—
CoO	Spur	Spur	1,49	4,06
NiO	28,72	26,97	25,03	20,01
As_2O_5 . . .	41,40	40,45	41,42	42,37
H_2O	23,11	25,26	25,78	25,80
	99,88	99,94	100,66	101,53

10. Aus den Galmeigruben von Laurium; anal. A. Damour bei A. Damour u. A. Des Cloizeaux, Bull. Soc. min. 1, 77 (1878).
11. Vom gleichen Fundorte, Kristalle; anal. A. Sachs, ZB. Min. etc. 1906, 198.
12. Aus der Sierra Cabrera in Spanien; anal. A. Frenzel, N. JB. Min. etc. 1874, 683.
13. Vom gleichen Fundorte; anal. H. Ferber, Bg.- u. hütt. Ztg. 1863, 306.

Beim Cabrerit ist das Sauerstoffverhältnis gleich dem Annabergit

$$As_2O_5 : RO : H_2O = 5:3:8.$$

Daher die **Formel**

$$R_3(PO_4)_2 . 8 H_2O,$$

worin R = Mg und Ni und in geringerer Menge CoO und FeO ist.

Eigenschaften. Der Cabrerit bildet kristalline Massen und auch äußerst selten meßbare Kriställchen; die Farbe ist apfelgrün; die Härte des Minerals ist gering ca. 1 (daraus kann geschlossen werden, daß die Härtebestimmung

---

[1]) A. Sachs, ZB. Min. etc. 1906, 198.

43*

beim Dudgeonit irrtümlich ist). Die Dichte fällt mit dem Gehalte an MgO (vgl. die Analysen).

Die optischen Eigenschaften hat A. Des Cloizeaux[1]) untersucht; er fand: Der Charakter der Doppelbrechung ist negativ; den Winkel der optischen Achsen bestimmte er mit

$$2H_{rot} = 105^0 30' — 106^0 32' \text{ für das Vorkommen von Laurium,}$$
$$2H_{rot} = 110^0 20' — 112^0 20' \text{ für das Vorkommen von Cabrera.}$$

Der Achsenwinkel ist somit bei den MgO reicheren Vorkommen größer, als bei den MgO ärmeren. Die Dispersion ist stark $\varrho > v$.

Beim Erhitzen entweicht nach A. Frenzel[2]) das Wasser zwischen 100 bis 400° vollständig, beim Glühen geht nichts mehr fort.

Vor dem Lötrohre und gegen Säuren verhält sich der Cabrerit wie Annabergit.

Synthese. A. de Schulten[3]) hat auf folgende Weise Cabrerit dargestellt: Er erwärmte eine Lösung von 6 g $HNa_2AsO_4.7H_2O$ in 2 Liter Wasser auf dem Wasserbade und gab tropfenweise eine Lösung von 3 g Magnesiumsulfat in 1 Liter Wasser dazu. Nach einigen Tagen bildeten sich kleine Kriställchen von Hörnesit (siehe S. 632). Gibt man nun wiederholt zu der $MgSO_4.7H_2O$-Lösung 100 ccm von einer Lösung von 4 g Nickelsulfat ($NiSO_4.7H_2O$) in 1 Liter Wasser hinzu, so wachsen diese Hörnesitkristalle weiter, färben sich grün und erweisen sich als Magnesiumnickelarsenat. Die Analyse ergab:

δ	2,288
MgO	18,40
NiO	9,03
As_2O_5	44,80[4])
H_2O	27,77
	100,00

Diese Zusammensetzung, die auf die **Formel** führt:

$$Ni_3(AsO_4)_2.8H_2O.4[Mg_3(AsO_4)_2.8H_2O]$$

ist nicht identisch mit dem Cabrerit; doch zeigt diese Synthese jedenfalls den Isomorphismus von Hörnesit mit Cabrerit, bzw. Annabergit; ob es sich hier um Schichtkristalle oder um homogene Mischungen handelt, wird nicht angegeben, doch scheint ersteres wahrscheinlich zu sein.

Vorkommen. In Laurium kommt das Mineral mit Adamin eingewachsen in einem eisenschüssigen, dolomitischen, mit Ton und Quarz gemengten Kalkstein vor. Ähnlich ist das Vorkommen von Spanien.

Hier könnte man auch zwei Nickelarsenate angeführt, deren Selbständigkeit und chemische Definition etwas unsicher ist; es sind dies der Xanthiosit und Aërugit, von denen das erste ein normales, das zweite ein basisches Arsenat ist, da sie aber nach den allerdings recht ungenauen Analysen wasserfrei sind, so sind sie den Einteilungsprinzipien dieses Handbuches folgend bereits S. 671 gebracht worden.

---

[1]) A. Des Cloizeaux und A. Damour, Bull. Soc. min. **1**, 76 (1878).
[2]) A. Frenzel, N. JB. Min. etc. 1874, 683.
[3]) A. de Schulten, Bull. Soc. min. **26**, 89 (1903).
[4]) Als Differenz bestimmt.

Forbesit.

Kristallisiert; Kristallform nicht bestimmt.

Analysen.

		1.	1a.
δ	. . .	3,086	—
NiO	. . .	19,71	18,4
CoO	. . .	9,24	9,2
As_2O_5	. .	44,05	42,5
H_2O	. . .	26,98	29,9
		99,98	100,0

1. 20 Meilen östlich vom Hafen Flamenco in der Wüste Atakama; anal. D. Forbes, Phil. Mag. **25**, 103 (1863).

1a. Theoretische Zusammensetzung.

Das Mineral führt auf die Formel:

$$2\,(Ni,\,Co)O \cdot As_2O_5 \cdot 9\,H_2O.$$

Da das Mineral nach dieser Formel für ein normales Arsenat ein RO zu wenig hat, kann man als saures Arsenat die **Formel** schreiben:

$$H_2(Ni,\,CO)_2As_2O_8 \cdot 8\,H_2O \quad \text{oder} \quad H(Ni,\,Co)AsO_4 \cdot 3^1/_2H_2O.$$

Eigenschaften. Der Forbesit bildet radialfaserige Aggregate von graulich-weißer, seidig glänzender Farbe; die Härte liegt zwischen 2 und 3.

Vor dem Lötrohre in der äußeren Flamme unschmelzbar, schmilzt er in der inneren Flamme zu einer unvollkommenen magnetischen Kugel; mit Borax Kobaltreaktion. Im Kölbchen wird er unter Wasserabgabe dunkel.

Vorkommen. Zusammen mit einem dem Xanthiosit ähnlichen und vielleicht mit ihm identischen, aber nicht näher untersuchten Mineral[1]) als Überzug auf kleinen Gängen in zersetztem Grünstein.

Kobaltarsenate.

Es ist nur ein Kobaltarsenat bekannt, das wasserhaltig und öfters nickelhaltig ist; es ist der Erythrin.

Dieses Mineral ist Glied einer durch sehr nahe kristallographische Verwandtschaft ausgezeichneten isomorphen Reihe, deren Glieder auch chemisch einander ziemlich nahe stehen:

Mineral	Formel	Kristallklasse	$a\ \ :b:\ c$	β
Bobierrit	$Mg_3(PO_4)_2 \cdot 8H_2O$	monoklin prismat.	6,76 : 1 : 0,74;	
Vivianit	$Fe_3(PO_4)_2 \cdot 8H_2O$	„ „	0,7498 : 1 : 0,7017;	$104^0\ 26'$
Hörnesit	$Mg_3(AsO_4)_2 \cdot 8H_2O$	„ „		
Symplesit	$Fe_3(AsO_4)_2 \cdot 8H_2O$	„ „	0,7806 : 1 : 0,6812;	$107^0\ 13'$
Erythrin	$Co_3(AsO_4)_2 \cdot 8H_2O$	„ „	0,7937 : 1 : 0,7356;	$105^0\ 9'$
Cabrerit	$(Ni, Mg, Co)_3(AsO_4)_2 \cdot 8H_2O$	„ „	0,82386 : 1 : 0,77672;	$106^0\ 29'$
Köttigit	$(Zn, Co, Ni)_3(AsO_5)_2 \cdot 8H_2O$	„ „	—	—

---

[1]) Vgl. H. Kenngott, Übers. d. mineral. Forschungen. 1862—1865, 46. Leipzig 1868.

Die Messungen am Bobierrit sind nur an künstlichen Kristallen ausgeführt worden.

Für den größten Teil dieser Mineralien ist der Isomorphismus auch durch A. de Schultens eingehende und umfassende synthetische Untersuchungen dargetan worden.

Mehrere Arsenate enthalten geringere Mengen Kobalt neben anderen Basen.

Erythrin.

Kristallisiert monoklin prismatisch. $a:b:c = 0,7937:1:0,7356$; $\beta = 105°9'$ nach A. Des Cloizeaux.

Synonyma: Kobaltblüte, Erythrit.

Analysen.

	1.	2.	3.	4.	5.	6.
δ	—	2,912	—	—	—	—
(CaO) . . .	—	—	—	0,42	8,00	—
FeO . . .	1,01	4,01	3,04	3,51	—	—
NiO . . .	—	—	3,71	11,26	—	—
CoO . . .	36,52	33,42	30,36	23,75	29,19	37,56
As$_2$O$_5$ . . .	38,43	38,30	38,10	36,42	38,10	38,40
H$_2$O . . .	24,10	24,08	(24,79)[1]	23,52	23,90	24,04
(SO$_3$) . . .	—	—	—	0,86	—	—
	100,06	99,81	100,00	99,74	99,19	100,00

1. Kobaltblüte von der Grube Wolfgang Maassen bei Schneeberg in Sachsen; anal. C. Kersten, Pogg. Ann. **60**, 151 (1893).
2. Kobaltblüte von der Rappoldfundgrube bei Schneeberg; anal. C. Kersten, wie oben.
3. Kobaltblüte von der Grube St. Anton bei Wittichen; anal. F. Petersen, Pogg. Ann. **134**, 86 (1868).
4. Kobaltblüte von Joachimstal; anal. J. Lindacker bei J. F. Vogl: Joachimstal 160; zitiert nach C. F. Rammelsberg, Mineralchemie 1875, 341.
5. Kobaltblüte von der Grube Daniel bei Schneeberg in Sachsen (kugelige Aggregate); anal. C. Kersten wie Analyse 1.
6. Theoretische Zusammensetzung.

Es sind keine neueren Analysen bekannt geworden.

Formel. .Die Analysen führen auf die Formel

$$Co_3(AsO_4)_2 . 8H_2O.$$

Die Zusammensetzung ist analog der des Vivanits; da die beiden auch in den kristallographischen Verhältnissen gut übereinstimmen, so sind die beiden Mineralien isomorph. Mit Symplesit (siehe S. 669), der mit Vivianit isomorph ist, ist auch die kristallographische Übereinstimmung noch größer.

Eigenschaften. Der Erythrin kommt in gut ausgebildeten nadeligen Kristallen, in kristallinen, öfter kugeligen und strahligen Aggregaten und auch in erdiger Form (Kobaltblüte) vor. Ob diese letztere amorph oder kristallisiert ist, wäre näher zu untersuchen. L. Buchrucker z. B. beschreibt amorphe Kobaltblüte von Leogang bei Saalfelden in Salzburg. Die Farbe der Kristalle ist rot, die der erdigen Abart rötlich und auch grau.

---

[1] Aus der Differenz gerechnet.

Die Härte ist gering; die der Kristalle liegt bei 2; die Dichte ist 2,9.

Optische Eigenschaften. Der Charakter der Doppelbrechung ist negativ; der Achsenwinkel ist nach A. Des Cloizeaux:

$$2H_{rot} = 104^0 41'; \quad 2H_{gelb} = 104^0 31'; \quad 2H_{blau} = 102^0 20'.$$

Die Brechungsquotienten sind nach P. Gaubert[1]) für Natriumlicht

$$N_\alpha = 1,6263; \quad N_\beta = 1,6614; \quad N_\gamma = 1,6986.$$

Die Doppelbrechung ist $N_\gamma - N_\alpha = 0,0723$.

Vor dem Lötrohre ist der Erythrin zu einer grauen Kugel schmelzbar; er gibt Co-Reaktion (Perle) und As-Reaktion; im Kölbchen erhitzt, wird er blau, wenn FeO zugegen ist, braungrün.

In Salzsäure mit blauer Farbe löslich, die beim Verdünnen rosenrot wird. Von Kalilauge wird das Pulver des Minerals teilweise zersetzt; der Rückstand ist schwarz. Durch Bromlauge wird Erythrin nach J. Lemberg[2]) langsam zu Oxyden zersetzt.

Synthese. O. Ducru[3]) hat auf folgende Weise Erythrin dargestellt: Wenn man Kobaltlösungen, die reichlich Ammonsalze und freies NH_3 enthalten, mit einem wasserlöslichen Arsensalz zusammenbringt, so bildet sich ein amorpher blaugefärbter Niederschlag, der beim Erwärmen allmählich kristallin und rot wird.

Bei zwei Analysen ergab sich die Zusammensetzung, die gut mit der Formel $Co_3(AsO_4)_2 . 8H_2O$ übereinstimmt:

	1.	2.
Co	29,56	29,49
AsO₄	46,94	46,44
H₂O	23,44	24,01
	99,94	99,94

A. de Schulten[4]) ging bei seiner Synthese des Erythrins vom Dinatriumarsenat aus, das er in sehr verdünnter Lösung mit der Lösung eines Kobaltsalzes fällte; der amorphe Niederschlag ging allmählich in einen kristallinen über; es bildeten sich kleine rosettenförmige Erythrinkriställchen.

Größere Kristalle erhielt er, als er auf dem Wasserbade im Kochkolben 2 g wasserfreies Kobaltsulfat in 3 Liter Wasser gelöst erhitzte, und in diese Lösung langsam eine Lösung von 2 g des Salzes $HNa_2AsO_4 . 7H_2O$ in 1 Liter Wasser eingoß. Alle Minuten wurden 12 Tropfen zugesetzt. Nach ca. 40 Tagen hatten sich prismatische Erythrinkristalle gebildet, die gemessen werden konnten. Die Analyse ergab:

δ	3,178
CoO	37,90
As₂O₅	38,15[5])
H₂O	23,95
	100,00

---

[1]) P. Gaubert, Bull. Soc. min. **30**, 107 (1907).
[2]) J. Lemberg, Z. Dtsch. geol. Ges. **46**, 788 (1894).
[3]) O. Ducru, Ann. chim. phys. [7] **22**, 190 (1901).
[4]) A. de Schulten, Bull. Soc. min. **26**, 87 (1903).
[5]) Als Differenz bestimmt.

Die Zahlen stimmen gut mit den Werten der Formel $Co_3(AsO_4)_2 . 8 H_2O$ überein.

Vorkommen. Der Erythrin ist ein ziemlich häufiges, sekundäres Bildungsprodukt auf Kobaltbergbauen und findet sich in den oberen Horizonten solcher Lagerstätten.

Kobaltbeschlag.

Dieser Bildungen sei anhangsweise hier Erwähnung getan.
Analysen.

	1.	2.
(CaO)	—	Spuren
FeO	2,10	—
CoO	16,60	18,30
NiO	Spuren	Spuren
As_2O_3	51,00	48,10
As_2O_5	19,10	20,00
H_2O	11,90	12,13
(SO_3)	Spuren	Spuren
	100,70	98,53

1. Von Schneeberg in Sachsen; anal. C. Kersten, Pogg. Ann. **60**, 262 (1843).
2. Von Annaberg; anal. wie oben.

Der Kobaltbeschlag ist ein Gemenge von Erythrin $[Co_3(AsO_4) . 8 H_2O]$ und Arsenolit (As_2O_3).

Kupferarsenate.

Die natürlichen Kupferarsenate sind alle wasserhaltig. Sie sind zahlreicher als die Kupferphosphate.

Nach P. Groth ist eines der wichtigsten hierher gehörigen Mineralien der Olivenit, Glied einer isomorphen Reihe, die er als rhombische Wagneritgruppe (Herderitgruppe) bezeichnet, deren kristallographische Übereinstimmung indessen eine ziemlich geringe ist; etwas besser ist die Übereinstimmung der auch chemisch einander nahestehenden:

				a : b : c
Libethenit . . .	$CuPO_4(Cu.OH)$	rhomb.	bipyr.	0,7019 : 1 : 0,9601
Adamin	$ZnAsO_4(Zn.OH)$	„	„	0,7158 : 1 : 0,9733
Olivenit	$CuAsO_4(Cu.OH)$	„	„	0,6726 : 1 : 0,9396

Kupfertonerdearsenate sind bei den komplexen Tonerdearsenaten eingereiht worden.

Die meisten Cu-Arsenate sind reine Verbindungen dieses Metalls, dazu kommen einige Calcium-Kupferarsenate. Ein Kupferarsenat, der Tirolit, besitzt eine heute noch nicht geklärte Zusammensetzung; er ist am Schlusse dieser Gruppe behandelt worden, da es noch ungewiß ist, ob die anderen Metalle, die er enthält, auf Verunreinigungen beruhen, oder ob sie zum Minerale selbst gehören.

Ein Kupfer-Wismutarsenat, der Mixit, ist bei den Wismutarsenaten im späteren eingereiht.

Chlorotil.

Kristallsystem nicht sicher bestimmt, wahrscheinlich rhombisch, nach A. Frenzel.

Analyse.
Die vorliegende Analyse ist nur eine provisorische.

$$
\begin{array}{ll}
CuO & \ldots \ldots \ 41 \\
As_2O_5 & \ldots \ldots \ 41 \\
H_2O & \ldots \ldots \ \underline{18} \\
& 100
\end{array}
$$

Von der Grube Eiserner Landgraf bei Schneeberg in Sachsen; anal. A. Frenzel, Tsch. min. Mit. 1875, 42. Beilage, J. k. k. geol. R.A. **25**.

Formel. Diese provisorische Analyse, die aber durch keine endgültige ersetzt worden ist, führt zur Formel:

$$3\,CuO.As_2O_5.6\,H_2O.$$

P. Groth[1]) schreibt sie

$$(Cu.OH)_3AsO_4.Cu(OH)_2$$

und glaubt, daß ein überbasisches Salz vorliegt.

Eigenschaften. Das Mineral tritt in zarten, haarförmigen Kriställchen und derben Partien auf, die blaßgrün bis smaragdgrün gefärbt und seidenglänzend sind.

Vorkommen. In Schneeberg sitzt der Chlorotil auf Quarz auf; in gleicher Weise kommt er auch in Zinnwald (in Begleitung von Scheelit) und an anderen Orten vor.

Olivenit.

Kristallisiert rhombisch bipyramidal. $a:b:c = 0{,}93961 : 1 : 0{,}672606$ nach H. S. Washington[2]). Isomorph mit Libethenit und Adamin.

Synonyma: Olivenerz, Pharmakochalcit.

Varietät: Holzkupfererz (faseriger Olivenit).

Analysen.

A. Ältere Analysen.

	1.	2.	3.	4.	5.	6.
δ	—	—	—	4,378	4,135	3,913
(FeO) . . .	—	—	—	—	—	3,64
CuO . . .	56,15	56,42	56,43	56,86	56,38	51,03
Fe_2O_3 . . .	—	—	—	—	Spuren	—
P_2O_5 . . .	—	—	3,36	3,43	5,96	1,00
As_2O_5 . .	40,66	39,85	36,71	34,87	33,50	40,50
H_2O . .	3,19	3,73	3,50	3,72	4,16	3,83
	100,00	100,00	100,00	98,88	100,00	100,00

1. Theoretische Znsammensetzung nach C. F. Rammelsberg, Miner. Chem. 1875, 349.
2. Aus Cornwall; anal. Richardson nach C. F. Rammelsberg, wie oben. (Mittel aus zwei Analysen.)

---

[1]) P. Groth, Tabellarische Übersicht. Braunschweig 1898, 92.
[2]) H. S. Washington, Am. Journ. **35**, 298 (1888).

3. Vom gleichen Fundorte; anal. F. v. Kobell, Pogg. Ann. **18**, 240.
4. Von ebenda; anal. A. Damour, Ann. chim. Phys. **13**, 412 (1845).
5. Von ebenda; anal. R. Hermann, Journ. prakt. Chem. **33**, 291 (1844).
6. Faseriger Olivenit (Holzkupfererz) vom gleichen Fundort; anal. wie oben.

B. Neuere Analysen.
Es ist eine einzige bekannt geworden.

	7.
(CaO)	0,16
CuO	55,40
(Fe$_2$O$_3$)	0,25
P$_2$O$_5$	0,06
As$_2$O$_5$	40,05
H$_2$O	3,39
Quarz	0,40
	99,71

7. Olivenit von der American Eagle Mine, Tintic District in Utah; anal. W. F. Hillebrand, Proc. Colorado Scient. Soc. **1**, 712. Ref. Z. Kryst. **11**, 286 (1886).

Formel. Die Formel, die C. F. Rammelsberg gibt, lautet:

$$Cu_4As_2O_9 . H_2O = \left\{ \begin{array}{l} Cu_3As_2O_8 \\ H_2CuO_2 \end{array} \right\}.$$

W. F. Hillebrands Analyse führt auf dieselbe Formel, er schreibt sie auch gleich. P. Groth schreibt sie seiner Libethenitformel entsprechend:

$$CuAsO_4(Cu . OH)$$

und reiht ihn zu den basischen wasserfreien Arsenaten ein.

Der Phosphorgehalt rührt von isomorph beigemengtem Libethenit her; diese beiden Mineralien stehen einander chemisch und kristallographisch nahe und die Annahme einer solchen isomorphen Mischbarkeit ist völlig gerechtfertigt.

Eigenschaften. Der Olivenit kommt in Kristallen und in kristallinischen, häufig faserigen Massen von grüner bis braungrüner Farbe vor; auch gelber Olivenit ist beschrieben worden.

Die Härte des Minerals liegt bei 3; die Dichte ist bereits angegeben.

Der Charakter der Doppelbrechung ist positiv. Der Winkel der optischen Achsen ist nach A. Des Cloizeaux:

	für rot	gelb	blau
2H$_a$ =	105,5	106,6	109,47.

Dispersion der Achsen tritt stark auf, $\varrho < v$.

Vor dem Lötrohre schmilzt Olivenit leicht (2° der Kobellschen Skala) zu einer kristallinischen Schmelze; auf Kohle mit Soda Kupferkorn; Arsenreaktion.

In Säuren und Ammoniak ist das Mineral löslich.

Vorkommen. Der Olivenit ist ein nicht seltenes Mineral der Kupferlagerstätten (sekundäres Bildungsprodukt) und hat die entsprechende Paragenesis.

Euchroit.

Kristallisiert rhombisch bipyramidal. $a:b:c = 0,6088 : 1 : 1,0379$ nach F. Haidinger.[1]).

[1]) F. Haidinger, Pogg. Ann. **5**, 165 (1825).

Analysen.

	1.	2.	3.	4.
δ	—	—	3,42	—
CuO . . .	48,09	46,97	47,26	47,1
P_2O_5	—	—	1,48	—
As_2O_5	33,22	34,42	30,90	34,2
H_2O . . .	18,39	19,31	19,28	18,7
(Unbestimmt) . .	—	—	1,08	—
	99,70	100,70	100,00	100,0

1. Von Libethen in Ungarn; anal. Fr. Wöhler, Liebenb. Ann. d. Chem. u. Pharm. **51**, 285 (1844).
2. Vom gleichen Fundorte; anal. H. Kühn, Liebenb. Ann. d. Chem. u. Pharm. **51**, 128 (1844).
3. Vom gleichen Fundorte; anal. A. H. Church, Min. Mag. **11**, 2 (1895).
4. Theoretische Zusammensetzung.

Formel. C. F. Rammelsberg[1]) schrieb die Formel:

$$4\,CuO.As_2O_5.7\,H_2O \quad \text{oder} \quad Cu_4As_2O_9.7\,H_2O = \begin{Bmatrix} Cu_3As_2O_8 \\ H_2CuO_2 \end{Bmatrix}.6\,H_2O\,.$$

A. H. Church hat die Dehydratation des Euchroits untersucht und gefunden, daß das Mineral verliert:

Im Vakuum	bei 100°	bei dunkler Rotglut	Totalwasser
1,22%	1,90%	16,16%	19,28%

Er nahm auch 1 Mol. Kupferhydroxyd an und schrieb die Formel:

$$3\,CuO.As_2O_5 . 6\,H_2O.CuO . H_2O,$$

oder in der Schreibweise P. Groths:[2])

$$CuAsO_4(Cu . OH).3\,H_2O\,.$$

Eigenschaften. Der Euchroit tritt in prismatischen Kristallen von smaragd-grüner Farbe auf.

Die Härte ist $3\frac{1}{4}$—4. Die Dichte $\delta = 3,39$—3,42.

Der Charakter der Doppelbrechung ist positiv; der Winkel der optischen Achsen ist nach A. Des Cloizeaux bei zwei verschiedenen Temperaturen bestimmt:

bei 17° $2E = 61° 11'$,

„ 86° $2E = 56° 8'$.

Die übrigen Eigenschaften stimmen mit Olivenit überein (s. S. 682).

Leukochalcit.

Dieses Arsenat wurde nur einmal und in sehr geringen Mengen gefunden; auch die Analyse ist nur eine beiläufige.

Kristallsystem unbekannt.

---

[1]) C. F. Rammelsberg, Mineralchemie 1875, 350.
[2]) P. Groth, Tabellarische Übersicht. Braunschweig 1898, 96.

Analysen.

	1.	2.
(MgO)	2,28	—
(CaO)	1,56	—
CuO	47,10	47,21
P_2O_5	1,60	—
As_2O_5	37,89	42,75
$H_2O (+ CO_2)$ . .	9,57	10,04
	100,00	100,00

1. Von der Grube Wilhelmine im Spessart; anal. Th. Petersen, N. JB. Min. etc. 1, 263 (1881).
2. Theoretische Zusammensetzung.

Die Analyse entspricht der **Formel:**

$$4\,CuO.As_2O_5.3\,H_2O.$$

Eigenschaften. Über diese ist nur wenig bekannt. Das Mineral bildet fast weiße, etwas ins Grüne spielende Nädelchen.

Beim Glühen werden die Kriställchen zuerst grün, dann unter Sintern grauschwarz und schmelzen schließlich zu schwarzem Glase.

Vorkommen. Nichts Näheres bekannt.

Trichalcit.

Dieses Mineral ist nur einmal untersucht worden und wegen geringer Materialmenge nur sehr mangelhaft.

Kristallsystem: nicht bekannt.

Analysen.

	1.	2.
CuO	44,19	42,68
P_2O_5	0,67	—
As_2O_5	38,73	41,20
H_2O	16,41	16,12
	100,00	100,00

1. Entweder aus Beresowsk oder aus der Turjinskischen Kupfergrube im Ural; anal. R. Hermann, Journ. prakt. Chem. 73, 213 (1858).
2. Theoretische Zusammensetzung nach C. F. Rammelsberg, Mineralchemie 1875, 348.

Formel. Die Analyse (1) entspricht dem Verhältnis:

$$CuO : As_2O_5 (P_2O_5) : H_2O = 3,22 : 5 : 5,27 = 3:5:5.$$

Daraus ergibt sich ein Orthoarsenat:

$$Cu_3(AsO_4)_2.5\,H_2O.$$

Eigenschaften. Der Trichalcit bildet sternförmig gruppierte Aggregate und dendritische Gebilde von spangrüner Farbe.

Die Härte ist zwischen 2 und 3; die Dichte wurde nicht bestimmt.

Im Kölbchen dekrepitiert das Mineral und färbt sich nach der Wasserabgabe dunkelbraun. Vor dem Lötrohre schmilzt es und reduziert sich auf Kohle zu metallischem Kupfer. In Säuren löst es sich sehr leicht in der Kälte.

Vorkommen. Der Trichalcit wurde von R. Hermann auf und eingewachsen in Fahlerz gefunden.

Erinit. [1)

Kristallinisch, Kristallsystem unbekannt.

Analysen.

	1.	2.	3.	4.	5.
(MgO) . . .	—	Spur	Spur	—	—
(CaO) . . .	—	0,32	0,51	0,43	—
CuO. . . .	59,44	57,67	57,51	56,56	57,43
ZnO. . . .	—	1,06	0,59	—	—
(Al_2O_3) . . .	1,77	—	—	—	—
(Fe_2O_3) . . .	—	0,14	0,20	0,85	—
P_2O_5 . . .	—	0,10	—	—	—
As_2O_5 . . .	33,78	33,53	31,91	32,07	32,54
H_2O. . . .	5,01	7,22	9,15	6,86	7,67
(SO_3) . . .	—	—	—	Spur	—
	100,00	100,04	99,87	96,77	97,64

1. Von Limerick in Island; anal. E. Turner, Phil. Mag. **4**, 154 (1828).
2. u. 3. Glasige Kruste von der Mammoth Mine, Tintic District in Utah; anal.
W. F. Hillebrand und H. S. Washington, Am. Journ. [3] **35**, 300 (1888).
4. u. 5. Anal. R. Pearce, Proc. Colorado scient. Soc. **2**, 150 (1886) und bei W. F.
Hillebrand und H. S. Washington, wie oben.

Formel. Nach W. F. Hillebrand ergeben sich folgende Molekularverhältnisse:

	(CuO, CaO, ZnO)	(As_2O_5, P_2O_5)	H_2O
Analyse 2	5,3	1	2,7
Analyse 3	5,3	1	3,7
Analyse 4 und 5 im Mittel	5,1	1	2,9

Das Material der Analyse 2 verlor über $0,78\,^0/_0$ H_2O bei 100^0 (davon
$0,67\,^0/_0$ über H_2SO_4). Bei 280^0 war der Verlust $1,14\,^0/_0$; es blieben also
$6,08\,^0/_0$ fest gebundenes Wasser. Bei Analyse 3 blieben in gleicher Weise
noch $5,93\,^0/_0$ H_2O fest gebunden. Bei der Berechnung der Analyse des
obigen Molekularverhältnisses wurde der Gesamtwassergehalt in Rechnung
gesetzt. Scheidet man das nur lose gebundene Wasser aus, so erhält man ein
Verhältnis, das ziemlich mit dem von E. Turner angegebenen übereinstimmt:

Für Analyse 1 $CuO : As_2O_5 : H_2O = 5 : 1 : 2$.

Die Formel kann man schreiben:

$$5\,CuO . As_2O_5 . 2\,H_2O \quad \text{oder} \quad Cu_5As_2O_{10} . 2\,H_2O = \begin{Bmatrix} Cu_3As_2O_8 \\ 2\,H_2CuO_2 \end{Bmatrix}.$$

P. Groth [2) schreibt die Formel

$$Cu(AsO_4)_2 . (Cu . OH)_4,$$

also als noch basischeres Arsenat.

Eigenschaften. Das Mineral findet sich als Überzug auf anderen Cu-Mine-
ralien, der aus kleinen Kriställchen besteht; die Farbe ist dunkelgrün bis grasgrün.

Die Härte des Minerals liegt zwischen $4^1/_2$ und 5. Die Dichte ist 4,043.
Im geschlossenen Röhrchen dekrepitiert der Erinit; vor dem Lötrohre schmilzt
er und gibt auf Kohle Cu. In Salpetersäure ist dieses Arsenat löslich.

[1) Auch ein Tonmineral (dessen Existenz übrigens noch nicht sicher steht) wurde
so benannt.
[2) P. Groth, Tabellarische Übersicht, Braunschweig 1898, 90.

Vorkommen. Der isländische Fundort ist nicht sichergestellt. In Utah findet Erinit sich häufig auf Olivenit; Begleiter sind Enargit, Baryt, Azurit und Klinoklas.

Cornwallit.

Kristallsystem: das Mineral ist amorph.
Analysen.

	1.	2.
δ	4,166	4,17
CuO	54,55	59,95
P_2O_5	2,15	2,71
As_2O_5	30,22	30,47
H_2O	13,02	8,23
	99,94	101,36

1. Von Cornwall; anal. Lesch, Abh. d. böhm. Ges. d. Wiss. 1846 nach C. F. Rammelsberg, Mineralchem. 1875, 350.
2. Aus Cornwall; anal. A. H. Church, Am. Journ. 6, 276 (1868). Ref. N. JB. Min. etc. 1869, 580. Mittel aus mehreren Analysen.

Formel. Die beiden Analysen weichen im Wassergehalt bedeutend voneinander ab. Für erstere erhält man die Formel:

$$Cu_5As_2O_{10}.5H_2O \quad \text{oder} \quad Cu(AsO_4)_2.(Cu.OH)_4.3H_2O,$$

für die Analyse 2 ergibt sich:

$$Cu_5As_2O_{10}.3H_2O \quad \text{oder} \quad Cu(AsO_4)_2.(Cu.OH)_4.H_2O.$$

Die Entscheidung muß einstweilen dahingestellt bleiben; neuere Untersuchungen sind nicht bekannt geworden und auch die älteren Angaben sind recht spärlich.
Eigenschaften. Der Cornwallit ist nach den Angaben von A. H. Church amorph. Die Farbe ist licht- bis dunkelgrün.
Die Härte liegt bei ca. $4^1/_2$.
Vorkommen. Er kommt gewöhnlich auf Olivenit vor.

Klinoklas.

Kristallisiert monoklin prismatisch. $a:b:c = 1,9069:1:3,8507; \beta = 80°50'$ nach Phillips.[1]
Synonyma: Abichit, Aphanesit, Clinoclasit, Siderochalcit, Strahlenerz, Strahlenkupfer, strahliges Olivenerz.
Analysen.
A. *Ältere Analysen.*

	1.	2.	3.
δ	4,359	—	4,312
(CaO)	0,50	—	—
CuO	60,00	61,22	62,80
(Fe_2O_3)	0,39	—	0,49
(SiO_2)	1,12	—	—
P_2O_5	0,64	0,65	1,50
As_2O_5	29,71	30,32	27,08
H_2O	7,64	7,81	7,57
	100,00	100,00	99,44

[1] Phillips, Ann. chim. phys. 13, 419 (1845).

1. Von Cornwall; anal. C. F. Rammelsberg, Pogg. Ann. **68**, 510 nach Mineral-chemie 1860, 378.

2. Dieselbe Analyse, nach Abzug der Verunreinigungen auf 100° umgerechnet; C. F. Rammelsberg, Mineralchemie 1875, 352.

3. Vom gleichen Fundorte; anal. A. Damour, Ann. chim. phys. **13**, 412 (1845).

B. Neuere Analysen.

	4.	5.	6.	7.	8.
CuO	62,44	61,68	61,22	62,72	62,6
(ZnO). . . .	0,05	—	—	—	—
(Fe$_2$O$_3$) . . .	0,12	—	—	—	—
(SiO$_2$). . . .	0,06	—	—	—	—
P$_2$O$_5$	0,05	—	—	—	—
As$_2$O$_5$	29,59	29,36	28,85	30,08	30,3
H$_2$O	7,72	7,31	7,27	7,20[1])	7,1
	100,03	98,35	97,34	100,00	100,0

4. Kugeliger Klinoklas von der Mammoth Mine, Tintic District in Utah; anal. W. F. Hillebrand bei W. F. Hillebrand und H. S. Washington, Am. Journ. [3] **35**, 305 (1888). Mittel aus zwei Analysen.

5. u. 6. Dasselbe Vorkommen; anal. R. Pearce bei F. W. Hillebrand und H. S. Washington, wie oben.

7. Von Cornwall (?), anal. A. H. Church, Min. Mag. **11**, 4 (1895).

8. Theoretische Zusammensetzung.

Das Mineral führt auf die **Formel**:

$$6\,CuO.As_2O_5.3\,H_2O \quad \text{oder} \quad Cu_6As_2O_{11}.3\,H_2O.$$

Da das Wasser erst bei höherer Temperatur entweicht, so kann man sie auch schreiben:

$$(Cu.OH)_3AsO_4.$$

Eigenschaften. Der Klinoklas tritt in Kristallen und in fächerförmigen oder kugeligen Aggregaten von faseriger Struktur auf. Die Farbe ist grün oder blaugrün.

Die Härte ist ca. $2^1/_2$—3; die Dichte wurde außer den bereits angegebenen Bestimmungen von W. F. Hillebrand und H. S. Washington mit 4,38, von R. Pearce mit 4,36 bestimmt.

Das Mineral besitzt negative Doppelbrechung; der Achsenwinkel ist nach A. Des Cloizeaux $2E = 134° 36'$ für grünes Licht.

Die Dispersion ist stark $\varrho < v$.

Der Klinoklas ist in Salpetersäure löslich.

Vor dem Lötrohre schmilzt er leicht, färbt die Flamme blaugrün und wird schwarz.

Vorkommen. Der Klinoklas kommt auf Kupferlagerstätten zusammen mit anderen Phosphaten und Arsenaten und mit Kupfermineralien vor.

Chalkophyllit.

Dieses Arsenat kann hier eingereiht werden, da sein geringer Tonerde-gehalt als noch nicht zum Mineral gehörig sicher steht.

---

[1]) Als Differenz bestimmt.

Kristallisiert trigonal (ditrigonal skalenoedrisch). $a:c = 1:2,5538$ nach A. Des Cloizeaux[1]). $a:c = 1:2,671$ nach C. Palache und H. E. Merwin[2]).

Synonyma: Kupferglimmer, blätteriges Olivenerz, Kupferphyllit, Tamarit.

Analysen.

	1.	2.	3.	4.	5.
δ	2,435	2,659	—	—	—
(FeO)	2,92	—	—	—	—
CuO	44,45	52,92	52,30	46,14	45,93
Al_2O_3	3,93[3])	1,80	2,13	5,97	4,74
Fe_2O_3	—	—	—	0,60	—
P_2O_5	—	1,29	1,56	—	—
As_2O_5	17,51	19,35	21,27	15,54	14,46
H_2O	31,19[4])	23,94	22,58	31,75[5])	28,26
SO_3	—	—	—	—	7,04
	100,00	99,30	99,84	100,00	100,43

1. Aus Cornwall; anal. R. Hermann, Journ. prakt. Chem. **33**, 295 (1844).
2. u. 3. Vom gleichen Vorkommen; anal. A. Damour, Ann. chim. phys. **13**, 413 (1845).
4. Von ebendort; anal. A. H. Church, Am. Journ. [2] **8**, 168 (1870).
5. Vom gleichen Fundorte; anal. E. G. J. Hartley, Z. Kryst. **31**, 591 (1899).

Formel und Konstitution. Die Analysen geben in manchen Beziehungen recht verschiedene Resultate. C. F. Rammelsberg[6]) hat das Atomverhältnis der Analysen 1—4 in folgender Weise berechnet:

	(As, P) : (Cu, Fe) : Al : H_2O		(As, P) : (Cu, Fe) : H_2O
Analyse 1	4 : 15,4 : 1 : 44,4		1 : 3,85 : 11,1
Analyse 2	10,4 : 37 : 1 : 74		1 : 3,56 : 7
Analyse 3	9,9 : 31,4 : 1 : 60		1 : 3,17 : 6
Analyse 4	2,3 : 10 : 1 : 30		1 : 4,3 : 13

Eine einheitliche Formel kann nicht gegeben werden.

R. Hermann gibt für seine Analyse (1) die Formel

$$Cu_8As_2O_{13} . 24H_2O,$$

dabei ist die Tonerde als fremde Beimengung abgezogen.

A. H. Church gibt für die Analyse 4 die Formel:

$$Cu_8Al_2 . As_2O_{16} . 24H_2O \text{ (oder } 25H_2O),$$

er bezieht somit die Tonerde in die Verbindung mit ein.

E. G. J. Hartley hat reine farblose Kristalle untersucht und auch nicht unbedeutende Al_2O_3-Mengen erhalten; die Tonerde kann nach ihm nicht einfach als fremde Beimengung betrachtet werden.

---

[1]) A. Des Cloizeaux, Ann. chim. phys. **13**, 420 (1845).
[2]) C. Palache u. H. E. Merwin, Am. Journ. [4] **28**, 537 (1909).
[3]) Phosphorsäure enthaltend.
[4]) Durch Glühverlust berechnet.
[5]) Aus der Differenz gerechnet, nicht bestimmt.
[6]) C. F. Rammelsberg, Mineralchemie 1875, 352.

P. Groth[1]) gibt die Formel:

$$(Cu.OH)_3AsO_4Cu(OH)_2 \cdot 3^1/_2 H_2O.$$

E. G. J. Hartley diskutierte seine Analyse weiter nicht. Nur fand er einen SO_3-Gehalt, der ganz erheblich ist; es läßt sich auch nicht sagen, ob dieser SO_3-Gehalt von den anderen Analytikern übersehen worden ist, oder ob nur das von E. G. J. Hartley untersuchte Mineral ein Sulfoarsenat ist, dem man dann eine besondere Stellung geben müßte.

Die Frage nach der chemischen Zusammensetzung des Chalkophyllits harrt noch der Lösung.

P. Gaubert[2]) fand, daß bei Temperaturen über 100^0 14% H_2O entweichen, ohne daß mit Ausnahme der Farbe, die etwas blässer wird, das Mineral sich verändert. Dieses Entwässerungsprodukt bleibt bis zur dunklen Rotglut unverändert. P. Gaubert schlägt für dieses Entwässerungsprodukt den Namen Metachalkophyllit vor. Den Rest des Wassers verliert dieses Produkt erst bei höherer Temperatur.

Eigenschaften. Dieses Mineral bildet blätterige, tafelige, glimmerartige (Kupferglimmer) Kristalle von smaragdgrüner Farbe.

Die Härte liegt bei 2, die Dichte ist bereits angegeben.

Der Charakter der Doppelbrechung ist negativ. Die Brechungsquotienten sind nach P. Gautier (l. c.):

$$N_\omega = 1,6323; \qquad N_\varepsilon = 1,5745; \qquad N_\omega - N_\varepsilon = 0,0578.$$

Die optischen Eigenschaften verändern sich nicht bei mittlerer Erhitzung.

Vor dem Lötrohre schmilzt es auf der Kohle; im Kölbchen dekrepitiert es mit Heftigkeit.

In Salzsäure, Salpetersäure und Ammoniak ist das Mineral leicht löslich.

Vorkommen. Es kommt auf Cuprit zusammen mit anderen Kupfermineralien, z. B. Malachit und Azurit vor.

Konichalcit.

Kristallform: Wahrscheinlich rhombisch nach L. Michel[3]).

Synonym: Conichalcit.

Analysen.

A. Ältere Analysen.

	1.	2.	3.	3a.
CaO . .	21,36	21,82	22,10	22,5
CuO . .	31,76	31,60	—	31,9
P_2O_5 . .	(8,81)[4])	—	9,10	9,5
As_2O_5 . .	30,68	32,41	—	30,8
V_2O_5 . .	1,78	—	—	—
H_2O . .	5,61	5,30	5,56	5,4
	100,00	—	—	100,1

---

[1]) P. Groth, Tabellarische Übersicht. Braunschweig 1898, 96.
[2]) P. Gaubert, Bull. Soc. min. **27**, 223 (1904).
[3]) L. Michel, Bull. Soc. min. **31**, 51 (1909).
[4]) Als Differenz bestimmt.

1—3. Von Hinojosa de Cordova in Andalusien; anal. F. W. Fritzsche, Pogg. Ann. **77**, 150 (1849).

3a. Theoretische Zusammensetzung nach der Formel C. F. Rammelsbergs, Min.-Chem. 1875, 349.

B. Neuere Analysen.

	4.	5.	6.
δ	—	—	4,15
MgO . . .	0,61	0,54	1,90
CaO . . .	19,67	19,79	23,10
CuO . . .	28,59	28,68	31,55
ZnO . . .	2,75	2,86	—
Fe_2O_3 . . .	0,45	0,36	0,40
P_2O_5 . . .	0,20	0,14	1,30
As_2O_5 . . .	39,80	39,94	36,40
H_2O . . .	5,55	5,52	5,15
CO_2 . . .	0,98	0,97[1]	—
Ag . . .	0,29	0,30	—
Quarz . . .	1,11	0,90	—
	100,00	100,00	99,80

4. Von der Eagle Mine im Tintic District in Utah; anal. G. S. Mackenzie, Min. Mag. **6**, 181 (1885).

5. Vom gleichen Fundorte; anal. W. F. Hillebrand, Proc. Colorado Scient. Soc. 1, 112. Ref. Z. Kryst. **11**, 286 (1886).

6. Von dem Kupferbergbau Maya-Tass, Provinz Akmolinsk in Westsibirien; anal. L. Michel, Bull. Soc. min. **31**, 51 (1909).

Eine Analyse bezieht sich wahrscheinlich auf Konichalcit, bei dem die Mengen von CuO und CaO im umgekehrten Verhältnisse stehen.

	7.
CaO	31,5
$CuO + H_2O$ . . .	29,9[1]
As_2O_5	38,6
	100,00

7. Weiße Nadeln. Von der Eagle Mine, Tintic District in Utah; anal. W. F. Hillebrand, wie Analyse. 5.

Formel. Nach den Analysen, die wechselnde Mengen von P_2O_5, As_2O_5 und V_2O_5 zeigen, dürfte es sich, wie C. F. Rammelsberg[2]) annimmt, um isomorphe Mischungen von Phosphaten, Arsenaten und Vanadaten handeln.

Von den neueren Analysen ist die Analyse 6, von L. Michel, die beste; bei den anderen ist stets ein Bestandteil aus der Differenz bestimmt worden. Analyse 5 wurde an sehr geringer Materialmenge ausgeführt und ist daher, wie der Analytiker selbst betont, das Resultat nicht ganz genau; in noch viel höherem Maße gilt dies von der Analyse 7, die mit weniger als 0,01 g ausgeführt wurde.

Aus den alten Analysen rechnete C. F. Rammelsberg:

$$2\,R_4(As, P, V)_2O_9 \cdot 3\,H_2O = 2\left\{ \begin{matrix} R_3(As, P, V)_2O_8 \\ H_2RO_2 \end{matrix} \right\} \cdot H_2O.$$

---

[1]) Aus der Differenz bestimmt.
[2]) C. F. Rammelsberg, Min.-Chem. 1875, 349.

F. W. Fritzsche band bei der Berechnung seiner Analyse alles CuO an As_2O_5 und alles CaO an P_2O_5.

Unter der Annahme, daß CuO mit CO_2 verbunden sei, rechnete W. F. Hillebrand aus seiner Analyse (5) das Verhältnis:

$$RO : As_2O_5 : H_2O = 4 : 4,72 : 1,64 \text{ angenähert} = 4 : 5 : 1,5,$$

dies entspricht der Formel:

$$(Cu, Ca)_3 As_2O_8 . H_2 CuO_2 . \tfrac{1}{2} H_2O.$$

Der Cu- und der CaO-Gehalt wechseln innerhalb weiter Grenzen. Nach Analyse 7, die allerdings nur als eine beiläufige gelten kann, scheint es auch Konichalcit zu geben, der mehr CaO als CuO besitzt; dies bedarf aber noch der genaueren Prüfung.

P. Groth schreibt die Formel:

$$(Cu, Ca)(Cu . OH)(As, P, V)O_4 . \tfrac{1}{4} H_2O,$$

die von der F. W. Hillebrands etwas abweicht und nicht auf Grund von analytischen Untersuchungen gegeben zu sein scheint.

Eigenschaften. Der Konichalcit bildet radialfaserige Aggregate von smaragdgrüner Farbe, die sehr an Malachit erinnern.

Die Härte liegt nach A. Breithaupt[1]) bei $5\tfrac{1}{2}$; die Dichte bestimmte er mit 4,123 (siehe auch bei Analyse 6, S. 690).

Nach L. Michel[2]) ist das Mineral optisch negativ, der Achsenwinkel $2E = $ ca. $88°$. Vor dem Lötrohre dekrepitiert es heftig und schmilzt zu einer roten Schlacke. Nach C. F. Rammelsberg gibt es mit Borax heiß ein gelbgrünes, kalt ein blaues Glas, mit Phosphorsalz unter Bleizusatz eine kalte grüne Perle in der inneren Flamme.

Von Säuren wird das Mineral gelöst.

Vorkommen. In Hinojosa kommt der Konichalcit auf Quarz und Hornstein, in Utah auf Enargit zusammen mit Olivenit und Chenevixit vor.

Lavendulan.

Kristallsystem nicht bestimmbar.

Analyse.	1.	2.
(CaO)	3,23	—
NiO	1,05	1,35
CoO	1,95	2,51
CuO	31,11	40,10
(Fe_2O_3)	6,38	—
As_2O_5	36,38	46,89
H_2O	7,09	9,13
Unlöslich . . .	11,61	—
	98,80	99,98

1. Aus Chile (näherer Fundort scheint nicht bekannt zu sein); anal. E. Goldsmith, Proc. Acad. of nat. sc. Philadelphia 1877. Ref. Z. Kryst. **3**, 99 (1879).
2. Dieselbe Analyse nach Abzug vom Unlöslichen, CaO und Fe_2O_3 auf 100% umgerechnet.

---

[1]) A. Breithaupt bei F. W. Fritzsche, l. c.
[2]) L. Michel, l. c.

44*

Formel. E. Goldsmith rechnete folgendes Verhältnis:

$$As_2O_5 : RO : H_2O = 5,4 : 3,02 : 2,7 \text{ angenähert} = 5 : 3 : 3$$

und daraus die Formel:

$$(Cu, Co, Ni)_3 As_2 O_8 . 3 H_2O.$$

Gegen diese Deutung wandte sich P. Groth,[1]) der hervorhebt, daß CaO als solches nicht beigemengt sein kann und daß Fe_2O_3 jedenfalls als Hydrat vorhanden ist und auch als solches in Abzug gebracht werden müsse. Er schreibt später[2]) die Formel:

$$Cu_3(AsO_4)_2 . 2 H_2O,$$

die jedenfalls wahrscheinlicher ist, die aber bei der Unreinheit des Analysenmaterials nur eine provisorische ist.

Eigenschaften. Der Lavendulan bildet derbe Massen und feine Kriställchen von lavendelblauer Farbe (daher·der Name).

Der Lavendulan von Annaberg ist amorph, wie A. Breithaupt[3]) angab, und bildet nierenförmige Gestalten von schaligem Bau; es gibt somit von diesem Minerale eine amorphe und eine kristallisierte Modifikation; allerdings ist die amorphe quantitativ nicht untersucht worden, so daß es noch nicht als vollkommen sichergestellt gelten kann, daß A. Breithaupts Lavendulan und das von E. Goldsmith analysierte Mineral auch wirklich dasselbe Mineral waren.

Die Härte liegt zwischen $2^1/_2$ und 3; die Dichte ist nach A. Breithaupt, der den Lavendulan zuerst fand, $\delta = 3,014$.

Vor dem Lötrohre Reaktionen auf As_2O_5, NiO, CoO und CuO.

Lavendulan ist vor dem Lötrohre sehr leicht schmelzbar, es entsteht eine schwarze, kristalline Schmelze.

Vorkommen. Der Lavendulan wurde zu Annaberg in Sachsen und in Chile gefunden; an letzterer Fundstelle kommt dieses seltene Mineral mit Erythrin zusammen in einem grauen trachytischen Gesteine vor, in dem es feine, unregelmäßige Adern bildet.

In Annaberg kommt es gangweise mit Speiskobalt, Quarz, Eisenkies und anderen Mineralien als große Seltenheit vor.

Tirolit.

Kristallform **rhombisch.** $a:b:c = 0,9325:1:?$ nach E. S. Dana[4]).
Synonyma: Kupferschaum, Kupaphrit, Tyrolit.
Analysen.
A. Ältere Analysen.

	1.	1a.	2.	2a.
δ	—	—	3,162	—
CuO . . .	43,88	50,82	50,06	56,83
As_2O_5 . . .	25,01	28,96	29,29	33,25
H_2O . . .	17,46	20,22	8,73	9,92
$CaCO_3$ . . .	13,65	—	11,92	—
	100,00	100,00	100,00	100,00

---

[1]) P. Groth im Referat zu E. Goldsmiths Arbeit, Z. Kryst. **3**, 99 (1879).
[2]) P. Groth, Tabellar. Übersicht. Braunschweig 1898, 94.
[3]) A. Breithaupt, Journ. prakt. Chem. **10**, 505 (1837).
[4]) E. S. Dana, Am. Journ. **39**, 273 (1890).

1. Von Falkenstein in Tirol; anal. F. v. Kobell, Pogg. Ann. **18**, 253 (1830).
1a. Dieselbe Analyse nach Abzug des $CaCO_3$ auf 100% umgerechnet.
2. Von Libethen;[1] anal. A. H. Church, Am. Journ. (2) **11**, 108 (1870).
2a. Dieselbe Analyse nach Abzug des $CaCO_3$ auf 100% umgerechnet.

B. Neuere Analysen.

	3.	4.	5.	6.	7.
δ . . .	3,27	—	—	—	—
(MgO) . .	0,05	—	0,04	—	—
CaO . . .	6,86	6,82	6,69	9,10	6,78
CuO . .	45,20	45,23	46,38	42,60	45,08
(ZnO) . .	—	0,04	Spuren	—	—
(Al_2O_3) . .	—	—	—	} 0,97	0,08
(Fe_2O_3) . .	—	—	—		
P_2O_5 . .	Spuren	—	Spuren	—	—
As_2O_5 . .	28,84	28,73	26,22	27,87	28,52
H_2O . .	17,26	—	17,57	16,23	17,21
SO_3 . . .	?	—	2,27	2,45	2,23
(Unlöslich) .	—	—	—	—	0,16
	98,21	—	99,17	99,22	100,06

3. u. 4. Aus der Mammoth Mine, Tintic District, Utah; anal. W. F. Hillebrand bei W. F. Hillebrand und H. S. Washington, Am. Journ. **35**, 301 (1888).
5. Vom gleichen Fundort; ausgesucht reinstes und bestkristallisiertes Material; anal. W. F. Hillebrand, wie oben.
6. Vom gleichen Fundorte; anal. R. Pearce bei W. F. Hillebrand und H. S. Washington, wie oben.
7. Von Utah (Mammoth Mine); anal. W. F. Hillebrand, Am. Journ. **39**, 271 (1890).

	8.	8a.
CuO	46,24	45,55
As_2O_5	27,07	26,42
$(CaCO_3)$ . . .	11,01	11,49
H_2O im Vakuum .	5,23	
bei 100° . .	2,40 } 15,68	16,54
H_2O Rest . . .	8,05	
	100,00	100,00

8. Tirolit (wahrscheinlich) von Falkenstein in Tirol; anal. A. H. Church, Min. Mag. **11**, 6 (1895).
8a. Theoretische Zusammensetzung, wobei das Carbonat als zum Mineral gehörig betrachtet wurde.

Formel und Konstitution. Über die Konstitution des Tirolits sind wir heute nicht viel besser orientiert als zur Zeit der alten Analysen. Die carbonathaltigen Arsenate der beiden ersten Analysen (man nannte das Mineral Kupferschaum) differieren im Wassergehalte. C. F. Rammelsberg[2] gibt die Formeln an:

$$Cu_5As_2O_{10} . 9H_2O \quad und \quad Cu_5As_2O_{10} . 4H_2O.$$

Er legte sich die Frage vor, ob das Carbonat wesentlicher Bestandteil des

---

[1] Nach neueren Untersuchungen (Min. Mag. **11**, 6 (1895) soll das Material nicht von Libethen, sondern von Falkenstein in Tirol stammen.
[2] C. F. Rammelsberg, Mineralchem. 1875, 351.

Minerals selbst oder Beimengung sei, ohne dazu selbst Stellung zu nehmen; im ersteren Falle würde die Formel lauten:

$$CaCO_3 . Cu_5As_2O_{10} . 9H_2O \text{ (bzw. } 4H_2O).$$

In neuerer Zeit hielt A. H. Church diese Ansicht für richtig und schrieb nach der Analyse 8 die Formel (Zahlen unter 8a):

$$\left.\begin{array}{l} Cu_3As_2O_8.2H_2O \\ CaCO_3 \\ 2Cu(OH)_2 \end{array}\right\} 4H_2O.$$

Bei den Analysen 3—7 handelt es sich um den SO_3-Gehalt und es ist die Frage zu beantworten, gehört das SO_3 zum Mineral, oder ist es von diesem, etwa als Gips, in Abzug zu bringen. Nimmt man diese Operation vor, so erhält man die Verhältniszahlen aus:

	Anal. 3 u. 4 im Mittel	Anal. 5	Anal. 6
$CuO(CaO)$ . . .	5,00	5,00	5,00
As_2O_5	0,94	0,84	0,90
H_2O	6,80	6,81	6,29

Diese Zahlen entsprechen nicht der Formel $5CuO . As_2O_5 . 9H_2O$.

Auffallend ist der in allen Analysen (des Vorkommens von Utah) konstante SO_3-Gehalt und es ist danach schwerlich auf Verunreinigungen, denen der SO_3-Gehalt zuzuschreiben wäre, zu schließen. Auch eine mikroskopische Untersuchung sprach gegen die Anwesenheit von Gips.

P. Groth[1]) schreibt die Formel:

$$Cu(Cu . OH)_4(AsO_4)_2 . 7H_2O.$$

Jedenfalls harrt die Frage nach der Zusammensetzung des Tirolits noch der Lösung.

Eigenschaften. Der Tirolit bildet nur sehr kleine, schuppenförmige, feintafelige oder auch blätterige Kriställchen; oft ist er so fein kristallin, daß er amorph aussieht.

Die Farbe ist grün, häufig mit einem Stich ins Bläuliche.

Die Härte ist gering, sie wird bald mit $1\frac{1}{2}$, bald mit 2 angegeben. Die Dichte ist bereits mitgeteilt.

Der Charakter der Doppelbrechung ist negativ; der Winkel der optischen Achsen ist nach E. S. Dana[2]) groß.

Vor dem Lötrohre dekrepitiert der Tirolit; er schmilzt zu einem grauen Glase; er gibt Kupferreaktion.

In Säuren ist Tirolit löslich; die carbonathaltigen Vorkommen von Tirol brausen beim Auflösen. In Ammoniak ist das Arsenat löslich, das Carbonat bleibt als unlöslicher Rückstand.

Vorkommen. Tirolit ist ein nicht so seltenes, aber stets nur spärlich auftretendes Mineral der Kupferlagerstätten. Häufig ist es in Fahlerzvorkommen Tirols, wo es gewöhnlich auf Calcit vorkommt; die Paragenesis ist die bekannte derartiger Kupferlagerstätten; gewöhnlich tritt es auch zusammen mit den Kupfercarbonaten (Malachit und Azurit) auf. Häufig kommt es auch auf dem in diesen Erzlagern auftretenden Baryt vor. In Utah soll der Quarz die Unterlage bilden.

---

[1]) P. Groth, Tabellarische Übersicht. Braunschweig 1898, 96.
[2]) E. S. Dana, Am. Journ. **39**, 273 (1890); bei W. F. Hillebrand u. E. S. Dana.

Zinkarsenate.

Adamin.

Kristallisiert rhombisch bipyramidal; $a:b:c = 0{,}704869 : 1 : 0{,}976427$ nach V. Rosický[1].

Der Adamin ist isomorph mit Libethenit und Olivenit; namentlich mit ersterem ist die Ähnlichkeit im Parameterverhältnis groß.

Synonym: Adamit.

Analysen.

A. Ältere Analysen.

	1.	2.	3.	4.
δ	4,338	4,352	—	—
(CaO)	—	—	—	0,87
(MnO)	Spur	—	—	—
(FeO)	1,48	—	—	—
CoO	—	5,16	3,92	0,52
CuO	—	1,75	—	23,45
ZnO	54,32	49,11	52,50	31,85
Fe_2O_3	—	Spuren	—	—
As_2O_5	39,95	39,24	38,50	39,85
H_2O	4,55	4,25	3,57	3,68
	100,30	99,51	98,49	100,22

1. Von Chañarcillo, Chile; anal. Ch. Friedel, C. R. **62**, 692 (1866); auch bei C. F. Rammelsberg, Min.-Chem. 1875, 344.
2. Vom Cap Garonne, Dep. du Var, Frankreich; anal. A. Damour, C. R. **67**, 1124 (1868); auch bei C. F. Rammelsberg, l. c.
3. Rosenrot, vom selben Fundorte; anal. F. Pisani, C. R. **70**, 1001 (1870).
4. Grün, das nämliche Vorkommen; anal. wie oben.

B. Neuere Analysen.

	5.	6.	7.	8.	8a.	9.
δ	—	—	4,484	—	—	—
(FeO)	0,18	—	Spuren	—	—	—
CuO	0,64	—	—	—	—	—
ZnO	55,97	55,79	56,98	48,45	56,04	56,6
As_2O_5	40,17	40,75	39,80	33,44	38,68	40,2
H_2O bei 120° } H_2O beim Glühen }	4,01	3,46[2]	3,22[2]	{ 0,15 / 4,42 }	5,28	3,2
(Rückstand)	—	—	—	11,04	—	—
	100,97	100,00	100,00	97,50[3]	100,00	100,0

5. Hellgrüne, kristallinische Warzen von Laurium; anal. C. Friedel bei A. Des Cloizeaux, Bull. Soc. min. **1**, 31 (1878).
6. Schwefelgelbe Kristalle von Mte. Valerio, Campiglia maritima; anal. P. Aloisi, Proc. Verb. Soc. Toscana, sc. nat. Pisa **17**, 4 (1907). Ref. Z. Kryst. **46**, 479 (1909).

---

[1] V. Rosický, Bull. internat. l'Acad. Bohême **13**, 1908. Ref. Z. Kryst. **48**, 656 (1911).
[2] Als Differenz bestimmt.
[3] Das Fehlende ist wahrscheinlich CaO oder MgO oder beides; es wurde nicht darauf geprüft.

7. Kristalle von der Insel Thasos; anal. V. Rosický, Bull. internat. de l'Acad. d. sc. Bohême **13**, 30 (1908). Ref. Z. Kryst. **48**, 656 (1911).

8. Bläulichgrün, von Reichenbach bei Lahr im Schwarzwalde; anal. W. Meigen bei V. Dürrfeld, Z. Kryst. **51**, 279 (1913).

8a. Dieselbe Analyse nach Abzug des Rückstandes auf 100,00% umgerechnet.

9. Theoretische Zusammensetzung, entsprechend der untenstehenden Formel.

Chemische Formel. Die Atomverhältnisse der 4 alten Analysen sind:

	As : R	H_2O : R	Zn : Co : Cu
Analyse 1 . . .	1 : 2,25	1 : 3,1	
Analyse 2 . . .	1 : 2,29	1 : 3,3	30 : 3 : 1
Analyse 3 . . .	1 : 2,55	1 : 4	14 : 1 : 1
Analyse 4 . . .	1 : 2,21	1 : 3,8	1,5 : — : 1

In Analyse 4 ist ein großer Teil des Zinks durch Kupfer ersetzt. C. F. Rammelsberg schrieb die Formel:

$$Zn_4As_2O_9 . H_2O = \begin{cases} Zn_3As_2O_8 \\ H_2ZnO_2 \end{cases},$$

doch stimmt nur 1 und 3 gut damit überein.

Die neueren, an reinerem Material ausgeführten Analysen stimmen viel besser mit dieser Formel, so namentlich Analyse 7.

Das Wasser entweicht erst beim Glühen, wie V. Dürrfeld bei Analyse 8 fand. P. Groth schreibt die Formel:

$$Zn(Zn . OH)AsO_4.$$

V. Dürrfeld schreibt die Formel:

$$Zn_3(AsO_4)_2Zn(OH)_2,$$

was der C. F. Rammelsbergs entspricht und mit den meisten Analysen im Einklang steht. Analyse 9 gibt die entsprechenden Werte.

A. de Schulten[1]) schrieb die Formel:

$$AsO_4 {\huge <} {\begin{matrix} Zn \\ ZnOH \end{matrix}}$$

Da in einigen Adaminen ein mehr oder weniger großer Teil Zn durch Co oder Cu ersetzt ist, bezeichnete A. Lacroix[2]) diese als Kobaltoadamin und Cuproadamin. Es würde Analyse 2 einem Kobalto-, Analyse 4 einem Cuproadamin entsprechen; besonders in Analyse 4 ist ein sehr großer Teil des ZnO durch das CuO ersetzt, so daß eine Abtrennung des dieser Analyse entsprechenden Adamins gewiß berechtigt erscheint, zumal auch die Farbe durch den CuO-Gehalt sehr beeinflußt wird. Es handelt sich dabei um isomorphe Vertretung, so daß z. B. Analyse 4 eine isomorphe Mischung von Adamin mit Olivenit darstellt.

Eigenschaften. Der Adamin tritt häufig in radialstrahligen Kristallaggregaten oder auch in kristallinischen Körnern auf; die Kristalle sind meist klein. Die Farbe ist sehr verschieden: farblos, gelbrosa, violett, grün (kupferhaltig).

---

[1]) A. de Schulten, Bull. Soc. min. **26**, 93 (1903).
[2]) A. Lacroix, Min. de France **4**, 425 (1910).

Die Härte des Minerals ist durchschnittlich $3^1/_2$; die Dichte ist nicht oft bestimmt worden; die der künstlichen Kristalle (siehe unten) beträgt $\delta = 4,475$; sie kann in Übereinstimmungen mit den Untersuchungen an natürlichen Kristallen mit $\delta = 4,4$ angegeben werden.

Optische Eigenschaften. Der Charakter der Doppelbrechung ist positiv; der mittlere Brechungsquotient ist nach V. Rosický[1]):

$$N_\beta = 1,728 \text{ für Natriumlicht.}$$

Der Achsenwinkel $2V = 82^0 57^2/_3'$. Die starke Dispersion ist $\varrho < v$.

Der Adamin schmilzt vor dem Lötrohre unter Bildung von Zinkbeschlag. Im Kölbchen dekrepitiert er. Die Boraxperle ist heiß gelb, kalt farblos.

In verdünnter Salzsäure ist der Adamin löslich.

Synthese. A. de Schulten[2]) hat Adamin dadurch hergestellt, daß er die künstlich erhaltenen Köttigitkristalle (siehe S. 698) in ihrer Mutterlauge erhitzte; die Köttigitkristalle gehen dabei in kleine Adaminkristalle über, doch sind diese unrein. Um reinen Adamin darzustellen, verfuhr A. de Schulten auf folgende Weise: Eine Lösung von 4,5 g des Salzes $ZnSO_4.7H_2O$ in 2 Liter Wasser wurde auf dem Wasserbade in einem Kolben erhitzt und tropfenweise eine Lösung von 3 g $HNa_2AsO_4.7H_2O$ in 1 Liter Wasser zugesetzt. Die Lösung des Zinksulfats war durch einen Tropfen H_2SO_4 vorher angesäuert worden. Nach 3 Wochen hatten sich am Boden des Kolbens glänzende Adaminkristalle gebildet.

Die Analyse ergab

δ	4,475
ZnO	56,74
As_2O_5	39,89[3])
H_2O	3,37
	100,00

Das Analysenresultat stimmt sehr gut mit der Formel des Adamins überein. Dadurch, daß er die dreifachen Materialmengen nahm und in die Lösung beim Kristallisationsbeginn vorher gebildete Adaminkristalle brachte, wurden die Kristalle so groß, daß sie meßbar waren. Sie stimmen äußerlich mit denen von Laurium überein.

Vorkommen. In Chañarcillo in Chile findet sich der Adamin auf eisenschüssigem Kalk, begleitet von Embolit; in Laurium und am Mte Valerio ist Limonit die Matrix. Am Cap Garonne kommt er in Malachit- und Kupferlasur-Gängen mit anderen Kupfererzen zusammen vor, die in Keupersandstein auftreten. In Reichenbach wurde er in Barytdrusen gefunden.

Köttigit.

Kristallisiert monoklin prismatisch.

---

[1]) V. Rosický, Bull. internat. de l'Acad. Bohême **13**, (1908). Ref. Z. Kryst. **48**, 656 (1911).
[2]) A. de Schulten, Bull. Soc. min. **26**, 93 (1903).
[3]) Als Differenz bestimmt.

Analysen.

	1.	2.
δ	3,1	—
(CaO)	Spuren	
NiO	2,00	—
CoO	6,91	—
ZnO	30,52	39,49
As_2O_5	37,17[1])	37,20
H_2O	23,40	23,31
	100,00	100,00

1. Von der Danielgrube bei Schneeberg in Sachsen; anal. O. Köttig, Journ. prakt. Chem. **48**, 185 (1849).

2. Theoretische Zusammensetzung, wenn alles RO als ZnO gerechnet wird.

Der Köttigit entspricht der **Formel:**

$$Zn_3(AsO_4)_2 . 8 H_2O.$$

Das Zn wird teilweise durch CoO und NiO vertreten.

Der Köttigit ist somit dem Erythrin und Symplesit nahe verwandt und wahrscheinlich isomorph, und ist wie dieser auch dem Vivianit analog zusammengesetzt, siehe bei den Kobaltarsenaten S. 677.

Eigenschaften. Das Mineral tritt als kristalline Krusten von stengeliger Struktur auf, die Kriställchen sind nicht isolierbar und zu klein, um Messungen zuzulassen. Die Farbe ist rot (karmesinrot) mit sammetartigem Schimmer.

Die Härte des Minerals liegt bei 3.

Vor dem Lötrohre schmilzt das Mineral leicht; es tritt Zinkbeschlag auf. Mit Borax bekommt man die Kobaltperle. Im Kölbchen färbt sich das Pulver lichtsmalteblau.

In verdünnten Säuren ist dieses Zinkarsenat leicht löslich.

Synthese. A. de Schulten[2]) hat den Köttigit auf folgende Weise dargestellt: Er vermischte eine Lösung von 4 g Zinksulfat in 2 Liter Wasser mit einer Lösung von 3 g $HNa_2AsO_4 . 7 H_2O$ in 1 Liter Wasser; es bildete sich ein amorpher Niederschlag, der sich in der Mutterlauge nach acht Tagen in Kristalle umwandelte, die Köttigit waren; sie sind wasserklar und gaben bei der Analyse:

δ	3,309
ZnO	39,50
As_2O_5	37,13[3])
H_2O	23,37
	100,00

Diese Zahlen entsprechen sehr gut der theoretischen Zusammensetzung.

Da der natürliche Köttigit von Schneeberg einen Teil des ZnO durch CoO ersetzt hat, versuchte A. de Schulten auch einen derartigen Köttigit synthetisch zu erhalten. Dies gelang ihm dadurch, daß er bei der einen Ausgangslösung an Stelle von 2 g Zinksulfat 1 g $ZnSO_4 . 7 H_2O$ und 1 g

---

[1]) Als Differenz bestimmt.
[2]) A. de Schulten, Bull. Soc. min. **36**, 93 (1903).
[3]) Aus der Differenz bestimmt.

$CoCl_2 . 6H_2O$ verwendete. Dieser Kobaltköttigit bildete rote Kristalle ganz so wie das Vorkommen von Schneeberg.

Vorkommen. Der Köttigit kommt auf einem Speiskobalt führenden Gang in der Nähe mit Zinkblende imprägnierter Grünsteinzüge in Tonschiefer vor. Er bildet Überzüge auf dem Tonschiefer und ist nach O. Köttig,[1]) der dieses Arsenat zuerst fand und beschrieb, durch Zersetzung der Zinkblende entstanden.

Barthit.

Von **M. Henglein** (Karlsruhe) und **W. Meigen** (Freiburg i. Br.).

Der Barthit wurde von den Verfassern beschrieben und benannt.[2]) Das Kristallsystem ist noch nicht näher bestimmt. Er ist anisotrop, zweiachsig.

Analyse.

CuO	8,5
ZnO	23,3
As_2O_5	64,0
P_2O_5	1,0
H_2O	3,2
(Unlösl. Rückst.) . .	1,1
	101,1

Verwandt wurden 0,3157 g Substanz, welche in Salpetersäure leicht löslich ist. Das Kupfer wurde elektrolytisch bestimmt, Arsen mit Magnesiamischung gefällt und als Magnesiumpyroarsenat gewogen.

Formel: $3ZnO . CuO . 3As_2O_5 . 2H_2O$. Man kann dies auch auffassen als $3Zn(AsO_3)_2 + Cu(OH)_2 + H_2O$. Es würde sich im wesentlichen um ein kupferhaltiges Zinkmetaarsenat handeln, wenn man die kleine Menge P_2O_5 zur Arsensäure zieht. Der unlösliche Rückstand rührt von anhaftendem Quarz her; sonst ist das Mineral leicht in verdünnter Salpetersäure löslich.

Physikalische Eigenschaften. Die Farbe ist grasgrün, der Strich weißlich-grün bis grau, die Härte 3. Die Dichte wurde bei 14° mit dem Pyknometer zu 4,19 bestimmt.

Paragenesis. Barthit kommt auf Drusen eines rötlichen bis violetten dolomitischen Kalksteins bei Guchab im Otavital in Deutsch-Südwestafrika vor und sitzt als jüngste Bildung neben wenig Calcit und Malachit in kleinen, höchstens 3 mm großen Kriställchen auf Quarz auf.

Bleiarsenate.

Von **H. Leitmeier** (Wien).

Die Bleiarsenate der Natur sind meist Chloroarsenate (Mimetesit); ein einziges wenig studiertes chlorfreies Mineral, der Bayldonit, der Cu enthält, ist bekannt.

---

[1]) O. Köttig, Journ. prakt. Chem. **48**, 183 (1849).
[2]) M. Henglein u. W. Meigen, ZB. Min. etc. 1914, 353.

Bayldonit (Kupfer-Bleiarsenat).

Kristallform nicht bestimmt.

Analyse.

	1.	2.	3.
δ	5,35	—	—
CuO	30,88	31,72	32,8
PbO	30,13	30,95	30,7
CaO ⎫ Fe$_2$O$_3$ ⎭	2,65 [1)	—	—
As$_2$O$_5$	31,76	32,62	31,6
H$_2$O	4,58	4,71	4,9
	100,00	100,00	100,0

1. Aus Cornwall; anal. A. H. Church, Journ. chem. Soc. **18**, 265 (1865).
2. Dieselbe Analyse nach Abzug des CaO + Fe$_2$O$_3$ auf 100,00 % umgerechnet.
3. Theoretische Zusammensetzung nach untenstehender Formel.

Bayldonit ist dem Pseudolibethenit (event. eine wasserreichere Varietät des Libethenits) (vgl. S. 434) analog zusammengesetzt und entspricht der **Formel:**

$$R_4As_2O_9 . 2H_2O,$$

worin R = Cu und Pb ist.

P. Groth [2]) schreibt die Formel auf Grund seiner rein theoretischen und spekulativen Bindungen:

$$(Cu, Pb)AsO_4 . (Cu . OH) . \tfrac{1}{2} H_2O.$$

Eigenschaften. Der Bayldonit, über den sehr wenig bekannt ist, bildet Konkretionen von grüner Farbe. Die Härte liegt bei $4\tfrac{1}{2}$.

Vor dem Lötrohre wird das Mineral schwarz (Wasserabgabe), schmilzt auf der Holzkohle und gibt nach dem Entweichen des Arsens Blei-Kupfer.

In Salpetersäure ist der Bayldonit nur schwer löslich.

Bleichloroarsenat.

Das Bleichloroarsenat, der Mimetesit, ist isomorph mit dem entsprechenden Phosphat, dem Pyromorphit und Vanadat, dem Vanadinit, und mit dem Calciumchlorophosphat (bzw. Fluorophosphat), dem Apatit und mit dem diesem entsprechenden Arsenat, dem Svabit. Zwischen diesen Komponenten gibt es eine Reihe von Mischungen, die teilweise auch mit Namen belegt worden sind. Einige dieser Mischungen sind z. B. zwischen den Komponenten Mimetesit und Pyromorphit in fast lückenloser Reihe auch künstlich dargestellt worden. Es sei hier eine Übersicht über diese Reihe gegeben.[3])

---

[1]) Als Differenz berechnet.
[2]) P. Groth, Tabell. Übersicht (Braunschweig 1898), 174.
[3]) Vgl. P. Groth, Tabellar. Übersicht. Braunschweig 1898, 87.

$$a:c$$

Apatit	$\begin{cases} Ca_5 F(PO_4)_3 \\ Ca_5 Cl(PO_4)_3 \end{cases}$	} Hexagonal pyramidal	$1:0,7346$
(Polysphärit)	(Pb, Ca)$_5$Cl(PO$_4$)$_3$	" "	$1:0,73544$
Pyromorphit	Pb$_5$Cl(PO$_4$)$_3$	" "	$1:0,72926$
Svabit	Ca$_5$(F, Cl, OH)(AsO$_4$)$_3$	" "	$1:0,7143$
(Kampylit)	Pb$_5$Cl[(As, P)O$_4$]$_3$	" "	$1:0,725$
Mimetesit	Pb$_5$Cl(AsO$_4$)$_3$	" "	$1:0,73147$
(Hedyphan)	(Ca, Pb)$_5$Cl(AsO$_4$)$_3$	" "	$1:0,7063$
Endlichit	Pb$_5$Cl[(As, V)O$_4$]$_3$	" "	$1:0,7495$ ca.
Vanadinit	Pb$_5$Cl(VO$_4$)$_3$	" "	$1:0,7122$

Namentlich R. Brauns[1]) hat auf die große kristallographische Ähnlichkeit der ersten Glieder (bis Mimetesit inkl.) hingewiesen.

Die in Klammern gesetzten Mischungen sind höchstwahrscheinlich isomorphe Mischungen, da eine Reihe von Übergangsgliedern bekannt sind. Endlichit ist, da er kristallographisch noch nicht abschließend untersucht ist, vielleicht ein Doppelsalz; dieser ist getrennt bei Vanadinit behandelt.

Mimetesit.

Kristallisiert hexagonal pyramidal. $a:c = 1:073147$.

Synonyma: Grünbleierz, Buntbleierz, Flockenerz, Traubenblei, Mimetit, arsensaures Blei.

Varietäten: Kampylit, Hedyphan, Pleonektit.

Analysen.

Die Analysen sind so angeordnet, daß zuerst die der reinen Mimetesite, also des reinen Bleichlorarsenats, dann die isomorphen Mischungen mit Pyromorphit, dem entsprechenden Chlorophosphat und dann die Mischungen mit dem entsprechenden Calciumarsenat angeführt sind; ähnlich ist beim Pyromorphit vorgegangen worden (S. 447). Innerhalb dieser Gruppen sind die Analysen nach dem Grade der Reinheit des untersuchten Materials aneinandergereiht.

1. Reines Bleichloroarsenat.

A. Ältere Analysen.

Die älteren Analysen sind hier nicht vollständig wiedergegeben; wenn von einem Vorkommen mehrere Analysen vorlagen, wurde stets die neuere gebracht.

	1.	2.	3.	4.
PbO	74,58	74,62	76,02	73,87
P$_2$O$_5$	0,14	0,38	0,62	0,79
As$_2$O$_5$	23,17	22,20	22,10	21,65
Cl	2,39	2,65	2,50	2,31
	100,28	99,85	101,24	98,62

---

[1]) R. Brauns, ZB. Min. etc. 1909, 263.

1. Von Phoenixville, Chester Co. Pennsylvanien, weiß und gelblich; anal. J. L. Smith, Am. Journ. (2) **20**, 248 (1855).

2. Von Horhausen; anal. P. A. Dufrénoy, Traité Min. **3**, 46.

3. Gelber Mimetesit von Johanngeorgenstadt; anal. L. Wöhler, Pogg. Ann. **4**, 167 (1825).

4. Von Cornwall; anal. P. A. Dufrénoy, wie Analyse 2.

B. Neuere Analysen.

	5.	6.	7.	8.	9.
δ	—	6,92	—	—	—
(CaO) . . .	—	—	—	—	0,46
PbO . . .	67,63	68,21	—	67,83	—
Pb	—	—	70,59	—	71,33
(SnO) . . .	—	—	1,67	—	0,75
P_2O_5 . . .	—	Spur	0,09	0,29	0,05
As_2O_5 . . .	23,06	23,41	24,70	22,89	24,78
Cl	—	—	2,43	—	2,43
$PbCl_2$ . . .	9,78	8,69	—	9,02	—
Glühverlust .	—	—	0,55	—	0,42
	100,47	100,31	100,03	100,03	100,22
— O = Cl			0,55		0,55
			99,48		99,67

5. Von Zacatecas in Mexico; anal. Plivot bei E. Jannettaz u. L. Michel, Bull. Soc. min. **4**, 200 (1881).

6. Von Richmond Mine, Eureka, Nevada; anal. F. A. Massie bei J. W. Mallet, Ch. N. **44**, 198—208 (1881). Ref. Z. Kryst. **9**, 629 (1884).

7. Mimetesit (pseudomorph nach Anglesit) von den Zinnerzgruben der Mina del Diablo und der Mina de San Antonio in der Sierra de Catatlan im Staate Durango in Mexico; anal. H. F. Keller bei F. A. Genth, Am. Phil. Soc. March. 1887, 18. Ref. Z. Kryst. **14**, 293 (1888); Mittel aus zwei an reinstem Material ausgeführten Analysen.

8. Gelb gefärbt von Bena e Padru (Ozieri), Sardinien; anal. A. Serra, R. Acc. d. Linc. **18**, 361 (1909). Ref. Z. Kryst. **50**, 479 (1912).

9. Das Material der Analyse 7; anal. F. A. Genth, wie bei Analyse 7; Mittel aus zwei Analysen.

	10.	11.
PbO . . .	68,09	67,29
P_2O_5 . . .	—	} 23,16
As_2O_5 . .	23,41	
$PbCl_2$ . .	7,49	9,55
	98,99	100,00

10. Von Johanngeorgenstadt (sehr rein); anal. E. Jannettaz u. L. Michel, Bull. Soc. min. **4**, 201 (1881).

11. Farblos, von der Kupfergrube von Bena e Padru in der Nähe von Ozieri (Sassari); anal. D. Lovisato, R. Acc. d. Linc. **13**, 43 (1904). Ref. Z. Kryst. **42**, 57 (1907). Vgl. Analyse 8.

II. Mimetesit mit Beimengungen von Bleichloroarsenat (Pyromorphit). Kampylit.

	12.	13.	14.	15.	16.
δ	—	—	6,653	7,218	—
(CaO) . . .	—	—	—	0,50	—
PbO . . .	67,75	72,25	76,14	76,47	75,12
P_2O_5 . . .	1,03	1,12	2,44	3,34	5,20
As_2O_5 . . .	21,16	22,88	19,58	18,47	9,28
V_2O_5 . . .	—	0,38	—	—	—
Cl	—	2,34	2,38	2,41	—
$PbCl_2$ . . .	9,06	—	—	—	9,85
	99,00	98,97	100,54	101,19	99,45

12. Von Johanngeorgenstadt; anal. E. Jannettaz u. L. Michel, Bull. Soc. min. 4, 201 (1881).

13. Gelb, von der Grube Azulaques bei La Blanca, Zacatecas, Mexiko; anal. Behrendt bei C. F. Rammelsberg, Mineralchem. 1875, 336.

14. Gelb, von der Grube Preobraschenski in Sibirien; anal. H. W. Struve, Verh. Petersb. Min. Ges. 1857.

15. Vom Caldbeckfall, Cumberland (Kampylit); anal. C. F. Rammelsberg, Pogg. Ann. 91, 316.

16. Mimetesit-Pyromorphit Schichtkristall, Cornvall; anal. E. Jannettaz und L. Michel, Bull. Soc. Min. 4, 202 (1881).

Eine Analyse, bei der das Chlor nicht bestimmt wurde, sei hier eingeschaltet:

	17.
PbO	72,54
As_2O_5	23,33
P_2O_5	1,00
	96,87

17. Von der Grube Kadainskij, SO. von Nertschinsk; anal. P. Nikolajew bei P. v. Jeremejew, Verh. russ. min. Ges. 22, 332 (1886). Ref. Z. Kryst. 13, 194 (1888).

III. Kalkhaltiger Mimetesit. Hedyphan.

Mimetesite mit höherem Kalkgehalt hat man auch als Hedyphan bezeichnet, doch scheint der nur eine Varietät des Pyromorphits bezeichnende Name nicht allgemein akzeptiert worden zu sein. Dem als Hedyphan bezeichneten Arsenat entspricht das Phosphat Nussierit, das auch nur eine Varietät des Pyromorphits darstellt (vgl. S. 450).

	18.	19.	20.	21.
δ	6,65	—	5,49	
CaO	3,46	8,31	10,50	14,09
(CuO)	—	0,96	—	—
PbO	63,25	68,46	57,45	51,03
Pb	7,49	—	—	—
P_2O_5	3,44	5,36	3,19	nicht best.
As_2O_5	19,65	12,06	28,51	22,78
V_2O_5	—	1,94	—	—
Cl	2,57	2,41	3,06	2,66
	99,86	99,50	102,71	—

18. Traubig, grau, von der Grube von Villevieille bei Pontgibaud, Puy-de-Dôme; anal. A. Damour, Bull. Soc. min. **6**, 84 (1883).

19. Gelb, erdig, von Mina grande bei Arqueros Chile; anal. Domeyko, Ann. Min. [4] **14**, 115.

20. Derber grauer Mimetesit von Långbanshyttan; anal. C. Kersten, Schweiggers Journ. **62**, 1.

21. Dasselbe Vorkommen anal. Michaelson, beide nach C. F. Rammelsberg, Mineralchemie 1875, 337.

Einen Hedyphan mit hohem Bariumgehalt beschrieb G. Lindström:

	22.	22a.
δ	5,82	—
(Na_2O) . .	0,15	0,15
(K_2O) . . .	0,09	0,09
MgO . . .	0,24	0,25
CaO . . .	8,99	7,85
BaO . . .	8,03	8,27
PbO . . .	49,44	41,01
Pb	—	9,17
(Fe_2O_3) . .	0,08	0,08
(CO_2) . . .	1,07	—
P_2O_5 . . .	0,53	0,55
As_2O_5 . . .	28,18	29,01
Cl	3,05	3,14
(Unlöslich) .	0,42	—
	100,27	99,57

22. Von Långban; anal. G. Lindström, Geol. För. Förh. **4**, 266. Ref. Z. Kryst. **4**, 526 (1880).

22a. Dieselbe Analyse nach Abzug des Unlöslichen und einer dem CO_2-Gehalte entsprechenden Menge von CaO und nachdem eine dem Cl-Gehalte entsprechende Menge PbO als Pb gerechnet wurde.

Ein Gemenge von Mimetesit mit Carbonaten hat W. Lindgren untersucht:

	23.
δ	5,85
CaO . . .	12,50
(ZnO) . . .	1,55
(MnO) . . .	1,11
PbO . . .	52,02
Al_2O_3 . . .	1,04
(Fe_2O_3) . .	Spuren
CO_2 . . .	10,99
(SiO_2) . . .	0,94
P_2O_5 . . .	0,64
As_2O_5 . . .	15,46
Cl	1,88
H_2O . . .	1,63
	99,76

23. Von Långban, mit Calcit, Hornblende und Berzeliit verunreinigt; anal. Kiutaro Iwaya bei W. Lindgren, Geol. För. Förh. **5**, 262. Ref. Z. Kryst. **6**, 511 (1882).

Daraus berechnete W. Lindgren:

	23 a.	23 b.
Bleiarsenat	57,88	82,63
Bleiphosphat	3,65	5,21
Calciumarsenat . . .	1,16	1,65
Bleichlorid.	7,36	10,50
Calciumcarbonat . . .	21,45	99,99
Mangancarbonat . . .	1,80	
Zinkcarbonat	2,39	
Tonerde	1,04	
Siliciumdioxyd . . .	0,94	
Wasser	1,63	
	99,30	

23 a. Die Berechnung des Gemenges.
23 b. Die Arsenat- und Phosphat-Bestandteile auf 100,00 % umgerechnet.

Formel und Konstitution.

Dem Mimetesit entspricht die Formel:

$$PbCl_2 . 3 Pb_3As_2O_8 \text{ oder } 3 Pb_3(AsO_4)_2 . PbCl_2 \text{ oder } Pb_5Cl(AsO_4)_3.$$

Die neueren Analysen an reinem Material, 5 und 6 S. 702, entsprechen diesen Zahlen recht gut.

Die meisten der angeführten Analysen entsprechen aber nicht ganz dieser Zusammensetzung, sondern das As_2O_5 ist vielfach durch P_2O_5 und das PbO durch CaO ersetzt. Zwischen Mimetesit und Pyromorphit konnte analytisch wie synthetisch eine Mischungsreihe konstatiert werden, von der allerdings E. Jannettaz und L. Michel[1] annehmen, daß es sich um keine eigentlichen isomorphen Mischkristalle handle, sondern daß Mimetesit und Pyromorphit Schichtkristalle bilden. Vgl. das Nähere hierüber bei Pyromorphit, S. 451. Für solche natürliche Mischungen wurde der Name Kampylit gebraucht.

Die kalkhaltigen Mimetesite scheinen in der Natur häufiger zu sein, als die kalkhaltigen Pyromorphite, die kalkreichen, Hedyphan genannten Varietäten weichen auch in den Kristallwinkeln ab, ohne daß deshalb der Hedyphan als selbständiges Mineral zu betrachten wäre.

Analyse 22 zeigt, daß auch das BaO das CaO ersetzen kann.

Eigenschaften.

Der Mimetesit tritt in meist kleineren Kristallen, häufig auch in derben Massen auf; sehr oft findet man ihn in traubigen Aggregaten. Das Achsenverhältnis des reinen Mimetesits ist S. 701 bereits angegeben; die kalkreichen Varietäten haben etwas andere Winkel; Hj. Sjögren[2] rechnete für Hedyphan von der Harstiggrube $a:c = 1:0,7063$.

Die große Ähnlichkeit der Winkelwerte des Mimetesits und Pyromorphits hat R. Brauns[3] hervorgehoben; siehe bei Pyromorphit, S. 452.

[1] E. Jannettaz u. L. Michel, Bull. Soc. min. 4, 196 (1881).
[2] Hj. Sjögren, Bull. of the Geol. Inst. Upsala 1, 1 (1892). Ref. Z. Kryst. 24, 141 (1895).
[3] R. Brauns, ZB. Min. etc. 1909, 263.

Die **Färbung** des Mimetesits ist verschieden; im reinsten Zustande ist er farblos; Analyse 10 und 11 beziehen sich auf farblose Vorkommen; meist ist er aber weiß oder gefärbt; es treten graue, braune, gelbe Farben auf; öfters ist er auch durch Beimengungen gefärbt, so z. B. der sibirische, Analyse 14, ist durch Pyrolusit oberflächlich schwarz gefärbt; durch Beimengungen des Vanadats kann er auch rotbraun werden. Die kalkreichen Varietäten sind meist lichter im Farbenton.

Die **Härte** des Mimetesits liegt bei $3^1/_2$.

Die Angaben der **Dichte** sind bei den einzelnen Analysen gebracht worden; die kalkreichen Mimetesite haben natürlich eine geringere Dichte. Doch gehen die Angaben sehr weit auseinander und es kann mit Sicherheit angenommen werden, daß manche Dichtebestimmung falsch ist. Als Beleg hierfür seien die Bestimmungen am Material der Analysen 14 und 15 angeführt; der Mimetesit der Analyse 14 ist reicher an PbO und soll eine geringere Dichte als der bleiärmere der Analyse 15 haben, eine der beiden Bestimmungen muß notwendig falsch sein.

F. Katzer[1]) bestimmte an einem Mimetesit von Hodowitz in Böhmen $\delta = 7,126$.

Optische Eigenschaften. Die Brechungsquotienten mehrerer Fundorte hat H. L. Bowman[2]) in verschiedenen Lichtsorten bestimmt:

			rotes	gelbes	blaues Licht
1. Mimetesit von Wheal Alfred	N_α	2,1236	2,1346	2,2053
	N_γ	2,1392	2,1488	2,2220
2. „ „ „ „	N_α	2,1178	2,129	—
	N_γ	2,1344	2,1475	—
3. „ „ Tintic, Utah	N_α	2,1178	2,1286	2,1750
	N_γ	2,1326	2,1443	2,1932

Danach ist die Doppelbrechung für gelbes Licht:

$$N_\gamma - N_\alpha = 0,014 - 0,017 \text{ im Durchschnitt.}$$

Der Charakter der Doppelbrechung ist nach den Untersuchungen H. L. Bowmans negativ, nach älteren Angaben positiv.

Häufig bestehen die Mimetesite aus optisch zweiachsigen Lamellen; so bestimmte H. L. Bowman einen Achsenwinkel an dem Mimetesit von Wheal Alfred (siehe oben 2): $2E = 62^0$.

Nach E. Bertrand[3]) ist der Achsenwinkel von P_2O_5 enthaltenden Mimetesiten kleiner, entsprechend der Mischung einer optisch einachsigen und einer zweiachsigen Komponente.

Doch gibt es nach den Untersuchungen P. v. Jereméjews[4]) auch phosphorsäurearmen Mimetesit, der vollständig einachsig war, wie er an einem Mimetesit vom Preobraženskajaschacht der Dmitrijewskygrube in Nertschinsk, der nach der Analyse P. D. Nikolajews nur 2,25 % P_2O_5 enthielt, konstatieren konnte; andere Vorkommen in der Nähe erwiesen sich als optisch zweiachsig. P. v. Jeréméjew ist der Ansicht, daß die optische Zwei-

---

[1]) F. Katzer, Tsch. min. Mit. **16**, 504 (1897).
[2]) H. L. Bowman, Min. Mag. **13**, 324 (1903).
[3]) E. Bertrand, Bull. Soc. min. **5**, 254 (1882).
[4]) P. v. Jereméjew, Verh. d. kais. russ. min. Ges. **22**, 312 (1886). Ref. Z. Kryst. **13**, 193 (1888).

achsigkeit einiger Mimetesite neben der Einachsigkeit anderer auf einer Molekularumlagerung der Substanz beruhe.

Durch diese Zweiachsigkeit erkannten E. Jannettaz und L. Michel[1]) die Schichtkristallnatur der auf analytischem Wege ermittelten Mischungen von Pyromorphit und Mimetesit.

Elektrische Eigenschaften. Nach W. G. Hankels[2]) Untersuchungen sind beim Mimetesit, gleich wie beim Pyromorphit, die Endflächen positiv, die Pyramiden und Prismenflächen negativ elektrisch (untersucht am Mimetesit von Johanngeorgenstadt).

Löslichkeit. Der Mimetesit ist in Salpetersäure und in Kalilauge löslich.

Lötrohrverhalten. Vor dem Lötrohre schmilzt der Mimetesit schwerer als der Pyromorphit, er gibt deutliche Arsenreaktion und bei Reduktion Bleikorn; die Schmelze erstarrt mit kristallisierter Oberfläche ähnlich wie bei Pyromorphit.

Synthese.

Mimetesit wurde von L. Michel[3]) auf folgende Weise dargestellt 3 Äquivalente Bleiarsenat wurden mit 1 Äquivalent $PbCl_2$ gemischt, und das Gemenge in einem Porzellantiegel, der in einem irdenen stand, und die beide hermetisch verschlossen waren, auf 1050° erhitzt. Über das Gemenge war etwas $PbCl_2$ darübergeschichtet; der Zwischenraum zwischen beiden Tiegeln war mit geglühter Magnesia ausgefüllt. Nach der Erhitzung wurde langsam abkühlen gelassen. In den Hohlräumen der Schmelze fanden sich dann bis zu 2 cm lange und meist 1 mm dicke hexagonale Prismen von Mimetesit; eine analytische Untersuchung ergab die Zusammensetzung:

	1.
δ	7,12
$Pb_3As_2O_8$	89,75
$PbCl_2$	9,92
	99,67

Diese Zusammensetzung entspricht der eines sehr reinen Mimetesits.

Gleich wie beim Pyromorphit (S. 454) wurden Mischkristalle mit dem entsprechenden Phosphat erhalten, indem an Stelle des Bleiphosphats ein wechselndes Gemenge von Bleiphosphat und Bleiarsenat verwendet wurde. Mehrere solcher Mischungen, die mit den bei Pyromorphit mitgeteilten eine fast lückenlose Mischungsreihe ergaben, wurden analysiert:

	2.	3.	4.	5.
δ	6,93	6,97	6,93	—
$Pb_3P_2O_8$	4,97	10,06	20,02	44,87
$Pb_3As_2O_8$	84,73	79,85	69,78	46,05
$PbCl_2$	10,03	8,98	10,07	9,79
	99,73	98,89	99,87	100,71

---

[1]) E. Jannettaz u. L. Michel, l. c.
[2]) W. G. Hankel, Abh. sächs. Gesellsch. d. Wiss. math.-nat. Kl. **12**, 551 (1882). Ref. Z. Kryst. **9**, 414 (1884).
[3]) L. Michel, Bull. Soc. min. **10**, 135 (1887).

Am schönsten durchsichtig waren die Kristalle der Analyse 3, die in ihrer Zusammensetzung der Kamphylit genannten Varietät entsprechen.

Bei Zusatz von sehr geringen Mengen Bleichromat traten gelbe Farben (0,03 auf 100), bei Zusatz etwas größerer Mengen (0,5 auf 100) orangerote Farben auf.

G. Lechartier[1]) hat dadurch Mimetesit dargestellt, indem er Bleiarsenat mit Bleichlorid im Überschusse bis zur lebhaften Rotglut nach dem Vorgehen von H. Sainte-Claire Deville und H. Caron[2]) erhitzte; beim Abkühlen bildeten sich Mimetesitkristalle.

Vorkommen und Genesis. Hierüber ist sehr wenig bekannt. Er kommt auf Bleiglanzlagerstätten in ähnlicher Weise wie der Pyromorphit vor; seine Matrix ist oft Limonit, tonige Substanzen, Quarz; aber auch in Carbonaten, z. B. in Smithsonit, wurde Mimetesit gefunden.

Nach F. A. Genth[3]) bildet der Mimetesit Pseudomorphosen nach Anglesit, siehe Analyse 7. G. vom Rath[4]) meint, daß es sich hier auch um Pseudomorphosen nach Bleiglanz handeln könne und läßt die Frage nach dem primären Minerale vorläufig noch offen.

Georgiadesit.

Kristallisiert rhombisch. $a : b : c = 0,5770 : 1 : 0,2228$ nach A. Lacroix und A. de Schulten.

Analysen.

	1.	2.
δ .	7,1	—
PbO	38,86	38,61
Pb	36,38	35,83
As_2O_5	12,49	13,28
Cl	12,47	12,28
	100,20	100,00

1. Aus den Schlackenhalden von Laurion in Griechenland; anal. A. de Schulten bei A. Lacroix u. A. de Schulten, C. R. **145**, 783 (1907) und Bull. Soc. min. **31**, 88 (1908).

2. Theoretische Zusammensetzung.

Formel. Die Analyse führt auf die Formel:

$$Pb_3(AsO_4)_2 . 3 PbCl_2.$$

Die Zusammensetzung ist ähnlich der des Mimetesits, die Mengenverhältnisse des Chlorids und des Phosphats sind aber hier die umgekehrten, so daß man den Georgiadesit auch zu den Chloriden stellen kann.

Eigenschaften. Der Georgiadesit bildet kleine Kristalle von prismatischem Habitus; die Farbe ist weiß oder gelbbräunlich mit harzigem Glanz. Die Härte liegt bei $3^1/_2$.

---

[1]) G. Lechartier, C. R. **65**, 172 (1867).
[2]) H. Sainte-Claire Deville u. H. Caron, C. R. **47**, 985 und Ann. chim. phys. (3) **67**, 447 (1863).
[3]) F. A. Genth, Am. Phil. Soc. 1887, 18. Ref. Z. Kryst. **14**, 293 (1888).
[4]) G. vom Rath, Sitzber. d. niederrhein. Ges. f. Nat. u. Heilk. 1886, 34. Ref. Z. Kryst. **13**, 594 (1888).

Der Charakter der Doppelbrechung ist positiv; der optische Achsenwinkel ist groß. Von kaltem Wasser wird er nicht angegriffen, löst sich aber leicht in Salpetersäure. Im Rohre schmilzt er leicht und gibt $PbCl_2$-Sublimat.

Vorkommen. Der Georgiadesit ist eine Neubildung der bleihaltigen Schlacken in der Nähe des Meerbusens von Kryssakia; der Bleigehalt steigt bis zu 15 % Pb. Es haben sich eine Reihe von Bleimineralien gebildet (wie Cerussit, Phosgenit, Matlockit, Anglesit u. a.), von denen der Georgiadesit der seltenste ist. Er tritt in einer glasigen Schlacke auf und A. Lacroix und A. de Schulten nehmen an, daß das Arsen von zersetztem Arsenkies stamme.

Arsenate von Tonerde und Eisenoxyd.

Die Anordnung dieser Gruppe wurde in Übereinstimmung mit dem Vorgehen bei den entsprechenden Phosphaten (siehe S. 456) durchgeführt.

Diese Arsenate treten an Anzahl und Verbreitung ganz bedeutend hinter die entsprechenden Phosphate zurück. Namentlich die

Tonerdearsenate

sind sehr wenig zahlreich. Die meisten hierher gehörigen Mineralien sind wasserhaltig, nur der Durangit ist wasserfrei.

Von allen Tonerdearsenaten existiert ein einziges

Reines Tonerdearsenat,

während alle übrigen komplexe Arsenate sind.

Liskeardit.

Kristallsystem nicht bekannt.

Analyse.

(CaO)	0,72
(CuO)	1,03
Al_2O_3	28,23
Fe_2O_3	7,64
As_2O_5	26,96
(SO_3)	1,11
H_2O über H_2SO_4	4,35
H_2O bei 100°	10,96
H_2O „ 120°	5,55
H_2O „ 140—190°	8,22
H_2O beim Glühen	4,97
	99,74

Von Liskeard in Cornwall; anal. W. Flight, Journ. chem. Soc. **43**, 140 (1883). Ref. Z. Kryst. **10**, 619 (1885).

Diese Zahlen führen auf die **Formel**:

$$(Al, Fe)AsO_4 \cdot 8 H_2O.$$

Eigenschaften und Vorkommen. Hierüber ist sehr wenig bekannt. Der Liskeardit bildet faserige Krusten von weißer, schwach grünlicher und bläulicher Farbe. Diese Krusten bilden Auskleidungen von Hohlräumen oder Überzüge auf Quarz und anderen Mineralien. Weitere Begleiter sind: erdiger Chlorit, Eisenkies, Kupferkies, Arsenopyrit und Skorodit.

Ein Mineral, das vielleicht Liskeardit war, beschrieb A. Lacroix[1]) aus der Grube Garonne bei Hyères. Es bildet grünlichweiße Krusten, die aus wahrscheinlich monoklinen Blättchen bestehen: $2E_a > 1150$, $\delta = 3,011$. Das Mineral trat dort nur sehr spärlich auf.

Komplexe Tonerdearsenate.

Hier sind alle Tonerdearsenate eingereiht, die neben dem Al_2O_3 noch eine ein- oder zweiwertige Base enthalten.

Wasserfreie Mineralien.

Durangit.

Kristallisiert monoklin prismatisch. $a:b:c = 0,77158:1:0,82499$; $\beta = 115^0 13'$ nach A. Des Cloizeaux.[2])

Analysen.

	1.	2.	3.	4.
δ	3,95	—	4,07	—
Li_2O . . .	0,81	0,70	0,65	0,8
Na_2O . . .	11,66	11,86	13,06	13,1
(MnO) . .	1,30	1,38	—	—
Al_2O_3 . . .	20,68	20,09	17,19	20,2
(Mn_2O_3) . .	—	—	2,08	—
Fe_2O_3 . . .	4,78	5,06	9,23	6,3
As_2O_5 . . .	55,10	53,22	53,11	54,4
F	nicht best.	nicht best.	7,67 (7,49)[3])	9,0
			102,99 (102,81)	103,8

1. u. 2. Durangit (helleres Material) von der Barranca-Zinngrube bei Coneto in Durango (Mexico); anal. G. J. Brush, Am. Journ. **48**, 179 (1869).

3. Durangit (dunkleres Material) vom gleichen Fundorte; anal. G. W. Hawes bei G. J. Brush, Am. Journ. **11**, 464 (1876).

4. Theoretische Zusammensetzung berechnet von C. F. Rammelsberg, Mineralchemie 1875, 338.

---

[1]) A. Lacroix, Bull. Soc. min. **24**, 27 (1901).
[2]) A. Des Cloizeaux, Ann. chim. phys. **4**, 404 (1875). Ref. N. JB. Min. etc. 1875, 412.
[3]) Diesen Wert ergab eine zweite Bestimmung.

Die **Formel** des Durangits ist:

$$(Na, Li)(Al, Fe)AsO_4F.$$

C. F. Rammelsberg bindet:

$$\overset{III}{R}AsO_4 . NaF.$$

P. Groth[1]) dagegen:

$$NaAsO_4 . AlF.$$

Der Durangit ist also das dem Amblygonit (siehe S. 484) analog zusammengesetzte Arsenat, mit dem Unterschiede, daß das überwiegende Alkali des Durangits Na ist, während beim Amblygonit dies Lithium ist; es gibt allerdings einen natriumreichen Amblygonit, den Natronambligonit W. T. Schallers[2]) (siehe S. 486):

Natronamblygonit . . . $NaPO_4[Al(OH, F)]$,
Durangit . . . . . . $NaAsO_4[AlF]$.

Der Durangit unterscheidet sich auch noch vom Amblygonit dadurch, daß er wasserfrei ist und daß, soweit unsere Kenntnis geht, das Fluor niemals durchs Hydroxyl ersetzt ist, wie das stets beim Phosphat teilweise der Fall ist. Allerdings sind die Durangitanalysen so sehr gegenüber denen am Amblygonit in der Minderzahl (auch fehlen neuere, sorgfältige Analysen), daß dieser Unterschied vielleicht nur ein vorläufiger ist.

Trotz der großen chemischen Ähnlichkeit fehlen die der physikalischen Eigenschaften. Das Kristallsystem des Natronamblygonits ist allerdings noch nicht bekannt. Nach P. Groth (l. c.) zeigt nur der Achsenwinkel β des Durangits eine gewisse Ähnlichkeit mit dem Winkel der b- und c-Achse des Amblygonits.

Eigenschaften. Der Durangit bildet kleine Kriställchen mit matten und rauhen Flächen; die Farbe ist orangegelb; die Härte liegt bei 5.

Die Dichte ist 4,0 im Mittel.

Optische Eigenschaften. Der Charakter der Doppelbrechung ist negativ; der Winkel der optischen Achsen beträgt nach A. Des Cloizeaux:[3])

$$\text{für Rot } 2H_a = 80^0 53',$$
$$\text{für Gelb } 2H_a = 80^0 49'.$$

Die Dispersion ist schwach $\varrho > v$.

Der Durangit ist in Schwefelsäure **löslich**; dabei entwickelt sich Fluorwasserstoff. Vor dem Lötrohre schmilzt er leicht zu einem gelben Glas und gibt ein weißes Sublimat. Im Kölbchen wird das Mineral schon bei niedriger Temperatur schwarz, beim Abkühlen tritt aber wieder die ursprüngliche Färbung auf.

Vorkommen. Durangit kommt zusammen mit Zinnstein und Topas in den Diluvialablagerungen von Durango vor.

[1]) P. Groth, Tabellarische Übersicht. Braunschweig 1898, 88.
[2]) W. T. Schaller, Z. Kryst. **49**, 234 (1911).
[3]) A. Des Cloizeaux, l. c.

Wasserhaltige komplexe Tonerdearsenate.

Unbenanntes Aluminiumarsenat.

Das Mineral ist amorph.

Analysen.

	1.	2.
(Na_2O)	} 0,12	0,13
(K_2O)		
MgO	Spuren	—
CaO	10,29	11,30
SrO	2,10	—
Al_2O_3	26,46	29,59
Fe_2O_3	0,64	0,72
(CO_2)	0,88	—
(SiO_2)	7,08	—
P_2O_5	0,94	1,05
As_2O_5	33,82	37,83
(SO_3)	0,27	—
F	0,21	0,23
Cl	Spur	—
H_2O	17,23	19,15
	100,04	100,00

1. Von der Sunshinemine, in dem Merkurdistrikte im Staat Utah; anal. F. Hillebrand bei F. W. Clarke, Journ. Washington. Acad. **2**, 516 (1912). Ref. N. JB. Min. etc. 1913, II, 34.

2. Dieselbe Analyse nach Abzug der SiO_2, SO_3 und CO_2 mit der den letzteren entsprechenden Mengen von SrO (Strontianit) und CaO (Gips) auf 100,00 umgerechnet.

F. W. Clarke untersuchte den Wasserverlust; es entwichen:

Über H_2SO_4	2,19 %
Bei 110°	3,22 „
Bei 280°	10,00 „
Unterhalb Rotglut	17,19 „

F. W. Clarke rechnete aus der Analyse 2 folgendes Molekularverhältnis:

$$Al_2O_3 + Fe_2O_3 : CaO : P_2O_5 + As_2O_5 : H_2O$$
$$0,3 \quad : 0,02 : \quad 0,17 \quad : 1,04$$

Er glaubt, daß dieses Arsenat entweder eine Mischung von Liskeardit und Berzeliit im Verhältnis 3 : 1 ist oder daß ein Doppelarsenat nach der **Formel:**

$$Ca_2(AlO_2H_2)_5 . (AsO_4)_3 . 5 H_2O$$

vorliegt.

Eigenschaften. Das amorphe Mineral ist weiß und vor dem Lötrohre unschmelzbar; es enthält etwas freie Kieselsäure, Gips und Strontianit beigemengt.

Es kommt zusammen mit Auripigment vor.

Lirokonit.

Kristallisiert monoklin prismatisch. $a:b:c = 1,3191:1:1,6808$;
$\beta = 88^0 32^5/_6'$ nach A. Des Cloizeaux.[1]

Synonyma: Linsenerz, Linsenkupfer, Lirokonmalachit, Chalkophacit.

Analysen.

Es sind nur ältere Analysen vorhanden, die vollständig sind.

	1.	1a.	2.	3.	4.
δ	—	—	2,985	2,964	—
CuO . . .	35,19	38,22	36,38	37,18	37,40
Al_2O_3 . . .	8,03	11,14	10,85	9,68	10,09
Fe_2O_3 . . .	3,41	—	0,98	—	—
(SiO_2) . . .	4,04	—	—	—	—
P_2O_5 . . .	3,61	3,92	3,73	3,49	3,24
As_2O_5 . . .	20,79	22,57	23,05	22,22	22,40
H_2O . . .	22,24	24,15	25,01	25,49	25,44
(Gangart) . .	2,95	—	—	—	—
	100,26	100,00	100,00	98,06	98,57

1. Von Cornwall; anal. Graf Trolle-Wachtmeister, Berzelius Jahresberichte **13**, 177; zitiert nach R: Hermann, siehe Analyse 2.

1a. Dieselbe Analyse nach Abzug der SiO_2 und der Gangart und Ersatz des Fe_2O_3 durch äquivalente Mengen Al_2O_3 auf 100% umgerechnet.

2. Reine Kristalle von Cornwall; anal. R. Hermann, Journ. prakt. Chem. **33**, 296 (1844).

3. u. 4. Gleiches Vorkommen; anal. A. Damour, Ann. chim. phys. **13**, 414 (1845).

Es folgt eine neuere Analyse, die unvollständig ist.

	5.
δ	2,97
CuO	36,73
P_2O_5	1,02
As_2O_5	23,85
H_2O im Vakuum . .	6,40
H_2O bei 100° . . .	9,85
	77,85

5. Von Cornwall; anal. A. H. Church, Min. Mag. **11**, 3 (1895).

Formel. Die Atomverhältnisse der älteren Analysen sind nach C. F. Rammelsberg:[2]

	As(P) : Cu : Al : H_2O
Analyse 1 . . .	2,8 : 5,63 : 1 : 16,4
Analyse 2 . . .	2,4 : 4,34 : 1 : 13,1
Analyse 3 und 4	2,5 : 4,85 : 1 : 14,6

---

[1] A. Des Cloizeaux, Propr. Opt. **2**, 71 (1859).
[2] C. F. Rammelsberg, Mineralchemie 1875, 352.

Aus den Analysen 2, 3 und 4 kann man die Formel ableiten:

$$Cu_{18}Al_8As_{10}O_{55} . 60 H_2O.$$

Bei der Analyse 5 fehlen die Tonerde und ein Teil des Wassers; die von A. H. Church für diese Analyse angegebene Formel hat daher gar keinen Wert.

P. Groth[1]) schreibt die Formel, die er allerdings nur für eine provisorische ansieht:

$$Al_4Cu_9(AsO_4)_5(OH)_{15} . 20 H_2O.$$

Da keine brauchbaren Untersuchungen über den Wassergehalt vorliegen, so hat diese Formel natürlich nur einen theoretischen Wert.

Eigenschaften. Der Lirokonit bildet Kristalle von oktaedrischem Habitus; die Farbe ist himmelblau, manchmal etwas ins Grünliche gehend.

Die Härte liegt zwischen 2 und $2^1/_2$.

Der Charakter der Doppelbrechung ist negativ. Der Winkel der optischen Achsen beträgt nach A. Des Cloizeaux:[2])

$$2E_{rot} = 132^0 54'; \qquad 2E_{gelb} = 132^0 57'; \qquad 2E_{blau} = 133^0 46'.$$

Beim Erhitzen färbt sich der Lirokonit dunkelgrün, beim Glühen wird er braun. Auf der Kohle schmilzt er vor dem Lötrohre zu einer Schmelze, aus der man leicht ein Kupferkorn erhält.

In Säuren und in Ammoniak löst er sich leicht.

Vorkommen. Auf Kupfererzlagern mit Malachit und anderen sekundären Produkten; das Muttererz ist häufig Kupferkies.

Coeruleit.

Kristallform nicht bestimmt.

Analyse.

δ	2,803
CuO	11,80
Al_2O_3	31,26
As_2O_5	34,56
H_2O	22,32
	99,94

Von der Grube Emma Luisa bei Huanaco, Provinz Taltal in Chile; anal. H. Dufet, Bull. Soc. min. **23**, 147 (1900).

Dieser Zusammensetzung entspricht die **Formel:**

$$CuO . Al_2O_3 . As_2O_5 . 8 H_2O.$$

Das Wasser entweicht erst bei Temperaturen über 100°; bei 180° entweichen erst 1,45% H_2O.

Eigenschaften. Der Coeruleit bildet kleine stäbchenförmige Kristalle von türkisblauer Färbung. Er löst sich in Salz- und Salpetersäure.

Vorkommen. Das Mineral findet sich im Ton einer Goldgrube zusammen mit Halloysit.

---

[1]) P. Groth, Tabellarische Übersicht. Braunschweig 1898, 98.
[2]) A. Des Cloizeaux, l. c.

Eisenoxydarsenate.

Diese Arsenate sind teils einfache Arsenate: Skorodit und Pharmakosiderit, teils komplexe Arsenate. Auch sie treten gegenüber den Phosphaten sehr zurück.

Reine Eisenoxydarsenate.

Die hierhergehörigen Mineralien sind alle wasserhaltig.

Unter diesen Mineralien bestehen zwischen dem Skorodit und dem analog zusammengesetzten Phosphat, dem Strengit, sehr ähnliche kristallographische Beziehungen:

Mineral	Formel	kristallisiert	$a:b:c$
Strengit	$FePO_4.2H_2O$	rhombisch bipyramldal	$0,8652:1:0,9827$
Skorodit	$FeAsO_4.2H_2O$	„ „	$0,8687:1:0,9536$

Es herrscht hier also vollständige Isomorphie.

Skorodit.

Dieses Mineral tritt in kristallinischer und amorpher Modifikation auf, wenigstens sind amorphe Sinter beschrieben und analysiert worden, welche die gleiche chemische Zusammensetzung besitzen.

Kristallisiert rhombisch bipyramidal; $a:b:c = 0,8687:1:0,9536.$[1]

Synonyma: Scorodit; die amorphen Abarten sind unter dem Namen Eisensinter, Arseniksinter beschrieben worden.

Analysen.

A. Ältere Analysen.

	1.	2.	3.	4.	5.	6.
δ	—	—	3,11	—	3,18	—
Fe_2O_3 . . .	34,6	33,00	31,89	32,74	34,85	33,20
P_2O_5	—	—	—	—	0,67	—
As_2O_5 . . .	49,8	52,16	50,95	51,06	50,78	50,96
H_2O	15,6	15,58	15,64	15,68	15,55	15,70
	100,0	100,74	98,48	99,48	101,85	99,86

1. Theoretische Zusammensetzung.
2. Skorodit von Graul bei Schwarzenberg in Sachsen; anal. A. Damour, Ann. chim. phys. **10**, 412 (1844).
3. Grüne Skoroditkristalle von Vaulry (Depart. Haute Vienne); anal. wie oben.
4. Bläuliche Kristalle von Cornwall; anal. wie oben.
5. Von Antonio Pereira in Brasilien; anal. J. J. Berzelius, Jahresb. **5**, 205.
6. Vom gleichen Vorkommen; anal A. Damour, wie Analyse 2.

	7.	8.
δ	—	2,50—3,00 [2]
Fe_2O_3	34,3	36,41
As_2O_5	49,6	48,05
H_2O	16,9	15,54
	100,8	100,00

[1] P. Groth, Tabellar. Übersicht. Braunschweig 1898, 95.
[2] Wegen der porösen Beschaffenheit des Minerals nicht genauer zu ermitteln.

7. Skorodit von Loaysa bei Marmato, N. Granada; anal. J. B. Boussingault; Ann. chim. phys. **41**, 337.

8. Arseniksinter von Nertschinsk, grün; anal. R. Hermann, Journ. prakt. Chem. **33**, 95 (1844).

B. Neuere Analysen.

	9.	10.	11.
δ	—	3,2	—
Fe_2O_3	35,7	34,44	34,94
SiO_2	—	—	Spuren
As_2O_5	50,0	51,00	48,79
SiO_2	—	—	Spuren
H_2O	14,5	14,52	16,27
	100,2	99,96	100,00

9. Skorodit von Peru; anal. A. Raimondi, Minéral. Pérou 228 (1875).

10. Oberflächlich schwarz gefärbter Skorodit von Ouro Preto in Brasilien; anal. J. da Costa Sena, Bull. Soc. min. **7**, 220 (1884).

11. Amorpher Skoroditsinter von den Joseph's Coat Springs beim Broad Creek, östlich vom Grand Cañon im Yellowstone National Park; anal. J. E. Whitfield bei A. Hague, Am. Journ. [3] **34**, 172 (1887).

Eine andere Skoroditbildung ähnlich der, welcher die Analyse 11 entspricht, war zur Hälfte mit SiO_2 vermengt und ergab bei der Analyse:

	12.
Al_2O_3	4,74
Fe_2O_3	18,00
SiO_2	49,83
As_2O_5	17,37
H_2O	10,62
	100,56

12. Kieselsäurereicher Skoroditsinter vom Constant Geysir im Norris Bassin des Yellowstone National Park; anal. J. E. Whitfield, wie oben Annalyse 11.

Formel. Die Analysen führen auf die Formel eines normalen Eisenoxydarsenats mit 4 Mol. Wasser:

$$Fe_2P_2O_8 . 4H_2O \quad oder \quad FePO_4 . 2H_2O.$$

Diese Zusammensetzung entspricht vollkommen dem Strengit, mit dem der Skorodit isomorph ist.

Es ist hervorzuheben, daß nach den Analysen zu schließen, das Mineral durch die geringe Menge fremder Bestandteile auffällt. Bei einem Mineral, das als Sinterbildung auftritt, pflegen sonst die Verunreinigungen sehr hoch zu sein; die Skoroditanalysen zeigen solche aber nur in Spuren; allerdings existieren keine neueren Analysen.

Eigenschaften. Die kristallisierte Modifikation kommt in kleinen Kriställchen, die bald prismatisch, bald pyramidal entwickelt sind und in Form kristalliner Krusten vor. Die amorphe, kolloide Modifikation bildet nierige, knollige Massen von meist erdiger Beschaffenheit. Die Farbe des Skorodits ist dunkelgrün, braungrün bis braun, aber auch ganz dunkle Varietäten treten auf.

Die Härte des Skorodits ist zwischen 3,5—4 gelegen; die amorphe Modifikation hat natürlich eine weit geringere Härte; die Dichte ist bereits bei den Analysen angegeben.

Optische Eigenschaften. Der Charakter der Doppelbrechung ist positiv. Der Achsenwinkel ist nach A. Des Cloizeaux:[1])

$$2E_{rot} = 130^0 58'; \quad 2E_{gelb} = 129^0 32'; \quad 2E_{blau} = 122^0 25'.$$

Der Skorodit ist in Salzsäure löslich und wird auch von Ammoniak teilweise aufgelöst; die salzsaure Lösung ist braun.

Vor dem Lötrohre schmilzt er unter Abgabe von Arsendämpfen zu einer grauen glänzenden Schlacke, die magnetisch ist. Im Glaskölbchen wird er unter Wasserabgabe gelb.

Synthese. Als erste haben L. Bourgeois und A. Verneuil[2]) den Skorodit künstlich dargestellt. Sie erhitzten in einer geschlossenen Röhre metallisches Eisen mit einer konzentrierten Arsensäurelösung auf 140—150°. Nach 8 Tagen hatten sich im Rohre neben Kristallen von arseniger Säure (As_2O_3) blaugrüne Skoroditkristalle gebildet, die bei der Analyse das folgende Resultat ergaben:

δ	3,28
Fe_2O_3	35,21
As_2O_5	49,61
H_2O	15,55
	100,37

Die kristallographischen Verhältnisse waren analog denen an natürlichen Kristallen. Auch die optischen Eigenschaften waren übereinstimmend.

Auf einem anderen Wege erhielt H. Metzke[3]) den Skorodit. 4 g eines Präparats der Zusammensetzung $Fe_2O_3 . 3 As_2O_5 . 17 H_2O$ wurden mit 10 g As_2O_5 und 20 g H_2O und 1 ccm H_2O_2 im zugeschmolzenen Rohre auf 150° erhitzt; dabei verwandelte sich das amorphe Ferriarsenat in kristallines Pulver, das die Zusammensetzung hatte:

Fe_2O_3	38,48
As_2O_5	55,03
H_2O	6,49 (Differenz)
	100,00

Da nun in diesen Körnern auch einige als Skorodit kristallographisch erkennbare Kriställchen waren, so nahm H. Metzke an, daß die Mischung aus $Fe_2O_3 . As_2O_5 . H_2O$ mit ca. 17% Skorodit bestanden habe.

Als er 5,5 g normales arsensaures Eisenoxyd ($Fe_2O_3 . As_2O_5 . 10 H_2O$) in 21 ccm 17%ige As_2O_5-Lösung auflöste und 4 Tage bei 70—80° im zugeschmolzenen Rohre erhitzte, wurde ein hellgrüner, kristalliner Niederschlag von folgender Zusammensetzung erhalten:

Fe_2O_3	33,81
As_2O_5	50,05
H_2O	16,14 (Differenz)
	100,00

---

[1]) A. Des Cloizeaux, Propr. Opt. **1**, 60 (1857) und N. Rech. propr. opt. 1867, 89.
[2]) L. Bourgeois und Verneuil, Bull. Soc. min. **3**, 32 (1880) und C. R. **90**, 223 (1880).
[3]) H. Metzke, N. JB. Min. etc. 1898, I, 169.

Es hatte sich somit Skorodit gebildet.

Ein ähnlich zusammengesetzter Niederschlag wurde auch beim Abdampfen einer mäßig salzsauren Lösung basischer Ferriarsenate erhalten, der bei feinster Verteilung eine grünlichweiße Färbung zeigte.

Vorkommen. Der Skorodit ist nicht allzu selten auf Erzlagern anzutreffen. Häufig ist er Zersetzungsprodukt anderer Arsenerze, namentlich des Arsenkieses; so ist z. B. der Skorodit von Antonio Pereira bei Ouro Preto nach E. Hussak[1]) bei der Zersetzung goldhaltigen Arsenkieses entstanden.

Im Yellowstone National Park wird der Skorodit nach A. Hague[2]) an mehreren Stellen als krustenförmiger Absatz aus heißen Quellen angetroffen (Analyse 11). Sie treten meist in und auf kieseligen Sintern auf, z. B. Geisirit (siehe Bd. II, S. 246). Die Analysen mehrerer solcher Geisirwässer haben einen nicht unbeträchtlichen Gehalt an As_2O_5 ergeben, und es ist, wie A. Hague ausführt, sehr wahrscheinlich, daß das Arsen des Skorodits aus diesen Wässern stammt, in die es infolge der Einwirkung überhitzten Wasserdampfes auf Rhyolith gelangte.

Loaisit.

Unter diesem Namen wurde ein neues Arsenat beschrieben, das die Zusammensetzung hat:

$$
\begin{array}{lr}
PbO & 0,4 \\
Fe_2O_3 & 34,3 \\
As_2O_5 & 49,6 \\
H_2O & 16,9 \\
\hline
& 101,2
\end{array}
$$

Von Marmato in Columbien; anal. R. L. Codazzi, Mineralizadores y minerales metálicos de Columbia, Bogota 1905; Ref. ZB. Min. etc. 1908, 182.

Dieses Mineral, über das mir keine näheren Daten bekannt geworden sind, stimmt chemisch vollständig mit dem Skorodit überein und die Zahlen der vorstehenden Analyse stehen in völliger Übereinstimmung mit dem Skorodit desselben Fundortes Analyse 7, S. 715. Wahrscheinlich wurde von R. L. Codazzi dieser Skorodit grundlos mit einem eigenen Namen belegt.

Pharmakosiderit.

Kristallisiert regulär, hexakistetraedrisch.

Synonym: Würfelerz.

Analysen.

Von den alten Analysen weisen einige bedeutende Unstimmigkeiten auf; es sei daher nur eine von J. J. Berzelius wiedergegeben:

	1.	2.
CuO	0,65	—
Fe_2O_3	39,20	40,0
P_2O_5	2,53	—
As_2O_5	37,82	43,1
H_2O	18,61	16,9
Rückstand	1,76	—
	100,57	100,0

[1]) E. Hussak, Tsch. Min. Mit. **14**, 395 (1894).
[2]) A. Hague, Am. Journ. [3] **34**, 172 (1887).

1. Pharmakosiderit unbekannten Fundortes; anal. J. J. Berzelius, Akad. Handl. Stockholm, 1824, 354; zitiert nach E. G. Hartley, Z. Kryst. **32**, 220 (1900).
2. Theoretische Zusammensetzung nach dieser Analyse.

Aus J. J. Berzelius' Analyse ergab sich die **Formel**:

$$4\,Fe_2O_3 \cdot 3\,As_2O_5 \cdot 15\,H_2O \quad \text{oder} \quad Fe_8As_6O_{27} \cdot 15\,H_2O;$$

P. Groth[1]) schreibt sie:

$$Fe(AsO_4)_3 \cdot (Fe \cdot OH)_3 \cdot 6\,H_2O.$$

E. G. J. Hartley hat später das Mineral neu untersucht und gefunden, daß alle Pharmakosiderite (die er untersuchte) Kalium in wechselnden Mengen enthalten; er hat mehrere Analysen ausgeführt:

	3.	4.	5.
δ	2,789		—
K_2O	—	—	4,54
Fe_2O_5	39,29	38,81	37,58
P_2O_5	2,04	2,06	1,20
As_2O_5 . . .	37,53	36,85	37,16
H_2O	19,63	19,63	18,85
	98,49	97,35	99,33
Defizit . .	1,51	2,65	
	100,00	100,00	

3.—5. Von Cornwall; anal. E. G. J. Hartley, Z. Kryst. **32**, 220 (1900).

Bei den ersten Analysen wurden Differenzen von verschiedener Größe gefunden, die auf den nicht bestimmten Kaliumgehalt zurückgeführt werden; E. G. J. Hartley fand, daß dieser Kaliumgehalt sehr schwankend sei. Die Pharmakosideritstufen von Königsberg in Ungarn ergaben eine ganz geringe Spur Kalium.

Bei der Aufstellung der Formel stieß E. G. J. Hartley auf die Schwierigkeit, das Verhältnis zwischen K_2O und Fe_2O_3 in irgend welchen molekularen Proportionen auszudrücken. Wenn man einen kaliumfreien Pharmakosiderit annimmt, kann man die Formel schreiben:

$$3\,Fe_2O_3 \cdot 2\,As_2O_5 \cdot 13\,H_2O \quad \text{oder} \quad FeAsO_4 \cdot Fe(OH) \cdot 5\,H_2O,$$

darin sind die 5 Moleküle Wasser (15,53 %), welche das Mineral bei 130° verlor (siehe unten bei Wasserverlust), als Kristallwasser ausgedrückt. Die entsprechenden Zahlen wären:

$$
\begin{aligned}
Fe_2O_3 &\quad . . . . . . \quad 40,88 \\
As_2O_5 &\quad . . . . . . \quad 39,18 \\
H_2O &\quad . . . . . . \quad 19,94 \\
&\hspace{3.5cm} \overline{100,00}
\end{aligned}
$$

Bezüglich des Kaliums kommt E. G. J. Hartley zu der Annahme, daß ein Teil des Wasserstoffs in den Hydroxylgruppen durch Kalium vertreten sei. Wäre Kalium in einem Kaliumarsenat vorhanden, etwa unter Bildung eines Doppelsalzes mit dem Eisenoxydarsenat, dann müßte in Vorkommen mit viel K_2O (also in Analyse 5) der Gehalt an As_2O_5 größer sein, als in solchen mit

---

[1]) P. Groth, Tabellar. Übersicht. Braunschweig 1898, 97.

weniger K_2O; tatsächlich ist aber das Verhältnis zwischen As_2O_5, Fe_3O_3 und H_2O in allen Analysen ein ziemlich konstantes.

Der Pharmakosiderit tritt innig mit Skorodit vermengt auf; der K-Gehalt stammt aber nicht von letzterem, der analytisch völlig frei von K_2O gefunden wurde. Daher kann man nach ihm die Formel schreiben:

$$2\,FeAsO_4 . Fe[O(H, K)]_3 . 5\,H_2O.$$

In einem Pharmakosiderit von Ujbánya in Ungarn fand A. Kalecsinsky[1]) qualitativ Thalium.

E. G. J. Hartley untersuchte auch die Art der Wasserabgabe:

	I.	II.
Wasserverlust in trockener Luft . .	1,60	0,84
" bei 100°	9,75	9,88
" " 136°	14,31	14,71
" " Glühen	19,65	19,42

er wurde also bei zwei Proben mit guter Übereinstimmung gefunden.

Eigenschaften. Der Pharmakosiderit kommt in gut ausgebildeten Kristallen von würfelförmigem Habitus vor; die Farbe ist sehr verschieden: meist grün, speziell olivengrün, aber oft gelbbraun, hyazinthrot, schwarzbraun und gelb.

Die Härte des Minerals liegt bei $2^1/_2$; die Dichte kann mit 2,8—2,9 angegeben werden. Der Pharmakosiderit zeigt häufg anomale Doppelbrechung. Der Brechungsquotient ist mit

$$N = 1,676$$

von P. Gaubert[2]) am Cornwaller Mineral bestimmt.

In Salzsäure ist das Mineral löslich; vor dem Lötrohre schmilzt es wie der Skorodit zu einer grauen, glänzenden Schlacke, die magnetisch ist.

Vorkommen. Der Pharmakosiderit wurde auf mehreren Erzlagerstätten gefunden; häufig ist er ein Zersetzungsprodukt von Fahlerzen oder anderen Arsenerzen. Der thaliumhaltige Pharmakosiderit von Ujbánya kommt auf Markasit und Pyrit vor. Das Arsen kann somit in der Erzmasse selbst vorhanden sein, oder auch von außen zugeführt werden. C. Vrba[3]) beobachtete am Pharmakosiderit von Pisek in Böhmen, der mit Arsenkies vorkommt, daß ersterer niemals auf Arsenkies unmittelbar aufsitzend angetroffen wird. Häufig ist auch arsenhaltiger Markasit das primäre Mineral, wie A. d'Achiardi[4]) in Calafuria bei Livorno fand.

Komplexe Eisenoxydarsenate.

Hierher gehört ein

Wasserfreies Eisenoxydarsenat.

Carminit (Blei-Eisenoxydarsenat).

Kristallisiert rhombisch.
Synonym: Karminspat.

[1]) A. Kalecsinsky, Jahrb. k. ungar. geol. L.A. 1888, 128. Ref. Z. Kryst. **17**, 522 (1890).
[2]) P. Gaubert, Bull. Soc. min. **30**, 104 (1907).
[3]) C. Vrba, Z. Kryst. **15**, 206 (1889).
[4]) A. d'Achiardi, Z. Kryst. **1**, 618 (1877).

Analyse.

Von diesem Mineral ist nur eine recht ungenaue Analyse bekannt geworden. Zuerst hat es F. Sandberger beschrieben.

	1.	2.
δ	4,105	—
PbO	24,55	23,5
Fe_2O_3	30,29	28,1
As_2O_5	49,11	48,4
	103,95	100,0

1. Von Horhausen in Nassau, Grube Luise; anal. R. Müller, Pogg. Ann. **103**, 345 (1858).
2. Theoretische Zusammensetzung.

Formel. Der Carminit hat die Zusammensetzung eines normalen Arsenats von Blei- und Eisenoxyd und führt zu der sehr komplizierten Formel:

$$Pb_3Fe_{10}As_{12}O_{48} \quad \text{oder} \quad Pb_3As_2O_8 \cdot 5\,Fe_2As_2O_8.$$

Doch erscheint diese Zusammensetzung bei der Ungenauigkeit der Analyse, die mit sehr geringer Materialmenge ausgeführt worden ist, noch keineswegs völlig sichergestellt.

Eigenschaften. Der Carminit bildet nadelige Aggregate von carmin- bis ziegelroter Farbe. Die Härte des Minerals ist etwas über 2 bis $2^1/_2$.

Nach A. Russel[1] liegt ein Brechungsindex des Minerals über 1,74; die Doppelbrechung ist stark und von positivem Charakter.

In Säuren ist das Mineral löslich.

Vor dem Lötrohre schmilzt der Carminit leicht zu einer stahlgrauen Kugel unter Entweichen von Arsendämpfen; mit Soda erhält man ein Bleikorn.

Vorkommen. In Horhausen kommt der Carminit mit Beudantit und Quarz auf Limonit vor. Nach W. F. Petterd[2] findet er sich als eiserne Hutbildung zu Magnet Silvermine in Tasmanien. In der Grube Hingston Down Consols, Calstock in Corwall bildet er nach A. Russel[1] Überzüge auf Skorodit, Quarz, Mimetesit, Chalkopyrit und Zinkblende; Begleitmineralien sind dort: Arsenkies, Covellin, Pharmakosiderit, Anglesit und Fluorit.

Alle anderen komplexen Eisenoxydarsenate sind

Komplexe wasserhaltige Eisenoxydarsenate.

Mazapilit.

Kristallisiert rhombisch bipyramidal. $a:b:c = 0,8617:1:0,9980$ nach G. A. König.

---

[1] A. Russel, Min. Mag. **15**, 285 (1910).
[2] W. F. Petterd, Papers and. Proc. Roy. Soc. Tasmania 1900—1901, 51. Ref. Z. Kryst. **42**, 392 (1907).
[3] G. A. König, Z. Kryst. **17**, 87 (1890) und Proc. Acad. Phil. 1888, 192.

Analyse.

$$\delta \ . \ . \ . \ . \ . \ . \ 3{,}582$$

$$
\begin{aligned}
CaO \ . \ . \ . \ . \ . \ &14{,}82 \\
Fe_2O_3 \ . \ . \ . \ . \ &30{,}53 \\
P_2O_5 \ . \ . \ . \ . \ &0{,}14 \\
As_2O_5 \ . \ . \ . \ &43{,}60 \\
Sb_2O_5 \ . \ . \ . \ &0{,}25 \\
H_2O \ . \ . \ . \ . \ &9{,}83 \\
\hline
&99{,}17
\end{aligned}
$$

Von der Grube „Jesus Maria" im Revier Mazapil des Staates Zacatecas in Mexico; anal. G. A. König, Z. Kryst. 17, 87 (1890) und Proc. Acad. Philadelphia 1888, 192.

Das Atomverhältnis wurde berechnet mit:

$$As_2O_5 \ : \ Fe_2O_3 \ : \ CuO \ : \ H_2O$$
$$1 \ : \ 1{,}06 \ : \ 1{,}45 \ : \ 3{,}07$$

Daraus ergibt sich die **Formel**:

$$\overset{III}{Ca_3Fe_2}(AsO_4)_4(FeO \cdot HO)_2 \cdot 5H_2O,$$

oder wie sie P. Groth[1]) schreibt:

$$Fe_4Ca_3(AsO_4)_4(OH)_6 \cdot 3H_2O \ .$$

Der Mazapilit steht in seiner chemischen Zusammensetzung dem Arseniosiderit sehr nahe, ist aber weniger basisch als dieser.

G. A. König hat die Dehydratation untersucht und gefunden, daß bei 360° die Hälfte des vorhandenen Wassers entweicht.

Eigenschaften. Das Mineral tritt in allseits ausgebildeten Kristallen auf; die Farbe ist schwarz bis dunkelbraun; keine Spaltbarkeit; der Glanz ist halbmetallisch; der Strich ist ockergelb gefärbt.

Die Härte ist $4^{1}/_{2}$.

In kalter Salzsäure ist der Mazapilit nur langsam, in heißer dagegen rasch löslich.

Vor dem Lötrohre schmilzt das Mineral zu einer schwarzen magnetischen Masse; im Kölbchen wird das Wasser abgegeben, ohne daß die ockergelbe Farbe sich verändert. Bei voller Rotglut wird es ziegelrot.

Vorkommen. Der Mazapilit kommt in einer Grundmasse von strahligem Aragonit und körnigem Calcit vor; in unmittelbarer Nähe der Mazapilitkristalle tritt in kleinen, warzenförmigen Gebilden Chrysokoll und Pharmakolith (beide nicht ganz sicher bestimmt) auf.

Arseniosiderit (Calcium-Eisenoxydarsenat).

Kristallisiert tetragonal oder hexagonal.

Synonym: Arsenokrokit.

---

[1]) P. Groth, Tabellarische Übersicht. Braunschweig 1898, 98.

Analysen.

	1.	2.	3.	4.
δ	3,52	3,88		3,36
(K_2O)	0,80	—	—	0,47
MgO	—			0,18
CaO	10,03	12,18	12,53	15,53
Mn_2O_3	1,35	—	—	—
Fe_2O_3	43,03	40,00	39,37	35,75
As_2O_5	35,69	39,16	38,74	39,86
H_2O	9,11	8,66	9,36	7,87
	100,01	100,00	100,00	99,66

    1. Von La Romanêche, Dept. Saône-et-Loire; anal. P. A. Dufrénoy, C. R. **16**, 22 (1843). 4% SiO_2 sind in Abzug gebracht.

    2. u. 3. Vom gleichen Vorkommen; anal. C. F. Rammelsberg, Pogg. Ann. **68**, 508 (1846). In Analyse 3 waren 3,57% SiO_2 enthalten, die vor der Umrechnung auf 100,00% abgezogen worden sind.

    4. Vom nämlichen Fundorte; anal. A. H. Church, Journ. chem. Soc. **26**, 102 (1873).

Eine neuere Analyse dieses Minerals konnte nicht gefunden werden.

Formel. C. F. Rammelsberg rechnete aus einer von seinen Analysen und der von A. H. Church folgende Atomverhältnisse:

$$\text{As} : \text{Fe} : \text{Ca} : H_2O \qquad\qquad \text{As} : \text{R} : H_2O$$

$$\begin{array}{llll} \text{Analyse 3} & 1,6 : 2,3 : 1 : 2,2 & \qquad 1 : 2 \;\; : 1,4 \\ \quad\quad\;\; \text{„} \quad\; 4 & 1,15 : 1,5 : 1 : 1,46 & \qquad 1 : 2,2 : 1,3 \end{array}$$

Er rechnete daraus für seine Analyse die Zusammensetzung:

$$2\,Ca_3As_2O_8 . 3\,Fe_2As_2O_8 . 4\,H_6Fe_2O_6$$

und für die von A. H. Church:

$$2\,Ca_3As_2O_9 . Fe_2As_2O_8 . 3\,H_6Fe_2O_6,$$

denen folgende Werte entsprechen:

	C. F. Rammelsberg	A. H. Church
CaO	11,9	18,4
Fe_2O_3	39,7	35,0
As_2O_5	40,7	37,7
H_2O	7,7	8,9
	100,0	100,0

Heute wird die Formel A. H. Churchs für die richtigere gehalten und P. Groth schreibt diesem entsprechend:

$$Fe_4Ca_3(OH)_9AsO_4.$$

Der Arseniosiderit enthält einen Überschuß an Eisen, der als Eisenhydroxyd gebunden gedacht wird; der Arseniosiderit, den A. H. Church analysiert hatte, enthielt weniger davon.

Die chemische Zusammensetzung dieses Minerals ist wohl als noch nicht sichergestellt zu betrachten.

Eigenschaften. Der Arseniosiderit bildet kleine kugelige Konkretionen von radialfaseriger Struktur; die Farbe ist gelb; er ist äußerlich dem Kakoxen sehr ähnlich, zu dem er aber chemisch gar keine Beziehungen hat.

Die Härte liegt bei $1\frac{1}{2}$—2.

Nach A. Lacroix[1]) ist er optisch einachsig, besitzt starke negative Doppelbrechung und starken Pleochroismus: rotbraun-hellgelb.

Vor dem Lötrohre schmilzt er leicht und verhält sich wie Skorodit.

Von Säuren wird er sehr leicht angegriffen.

Vorkommen. Das Mineral wurde auf verschiedenen Erzlagern gefunden. In La Romanêche kommt es auf Manganerzen vor; häufig ist es in dem körnigen Kalk von Auerbach auf Klüften mit Kobaltblüte und auf anderen Fundstätten.

F. Sandberger[2]) beschrieb Pseudomorphosen von Arseniosiderit nach Siderit, die in Neubulach bei Calw in Württemberg vorgekommen sind; diese Kristalle sind immer hohl. Sie sitzen auf stark zersetztem Fahlerz auf und F. Sandberger glaubt, daß aus diesem der Arsengehalt, der Kalk aber aus dem ursprünglichen Siderit stammt.

Sjögrufvit (Calcium-Mangan-Blei-Eisenoxydarsenat).

Kristallsystem nicht bestimmt.

Analyse.

$$
\begin{array}{lr}
CaO & 3,61 \\
MnO & 27,26 \\
(PbO) & 1,74 \\
Fe_2O_3 & 11,29 \\
As_2O_5 & 49,46 \\
H_2O & 6,81 \\
\hline
& 100,17
\end{array}
$$

Sjögrufvit von der Sjögrube, Gouv. Örebro in Schweden; anal. L. J. Igelström, Geol. För. Förh. **14**, 307 (1892) und Z. Kryst. **22**, 471 (1894).

Daraus ergibt sich die **Formel:**

$$2(RO)_3 . As_2O_5 . R_2O_3 . As_2O_5 . 6H_2O$$

oder

$$Fe(Mn, Ca, Pb)_3(AsO_4)_3 . 3H_2O.$$

Eigenschaften. Das Mineral findet sich in feinen Adern von hellgelber Farbe. Die Härte ist geringer als die des Granats; in dünnen Lamellen ist es mit blutroter Farbe durchscheinend. An der Luft oxydiert es sich rasch und wird dunkler.

Der Sjögrufvit ist magnetisch.

Vor dem Lötrohre schmilzt er leicht zu einer schwarzen Kugel, wobei sich Bleioxyd bildet; an der Luft geglüht, wird er schwarz; mit Soda am Platinblech erhält man starke Manganreaktion.

In kalter Salzsäure ist das Mineral leicht und vollständig löslich.

---

[1]) A. Lacroix, Bull. Soc. min. **9**, 3 (1886).
[2]) F. Sandberger, N. JB. Min. etc. 1886, I, 251.

Vorkommen. Der Sjögrufvit kommt zusammen mit Jakobsit und einem nicht näher bestimmten, blauschwarzen Mineral vor; der Sjögrufvit birgt Einschlüsse von Jakobsit.

Chenevixit.

Nicht deutlich kristallisiert.

Analysen.

	1.	2.	3.
(MgO) . . .	—	0,23	0,16
(CaO) . . .	0,34	0,55	0,44
CuO . . .	31,70	26,88	26,31
Al_2O_3 . . .	—	1,17	0,66
Fe_2O_3 . . .	25,10	26,94	27,37
P_2O_5 . . .	2,30	—	—
As_2O_5 . . .	32,20	34,62	35,14
H_2O . . .	8,66	9,25	9,33
(Quarz) . . .	—	0,71	0,40
	100,30	100,35	99,81

1. Von Cornwall; anal. F. Pisani, C. R. **62**, 690 (1866).
2. Von der Eagle Mine, Tintic District, Utah; anal. G. S. Mackenzie, Min. Mag. **6**, 1882 (1885).
3. Vom gleichen Fundorte; anal. W. F. Hillebrand, Proc. Color. Scient. Soc. **1**, 112. Ref. Z. Kryst. **11**, 287 (1886).

Formel. Die Sauerstoffverhältnisse sind:

$$RO + R_2O_3 : As_2O_5 : H_2O$$

Analyse 1 . .	6	: 5,35	: 3,3
„ 2 u. 3 .	6	: 5,23	: 3,5

Die Formel kann man schreiben:

$$Cu_2(FeO)_2 . As_2O_3 . 3H_2O.$$

Sie ist aber noch nicht sichergestellt.

Eigenschaften. Das Mineral kommt in derben (vielleicht amorphen) Massen vor, die Farbe ist olivengrün bis gelbgrün.

Die Härte liegt zwischen $3\frac{1}{2}$ und 4; die Dichte wird mit 3,9 angegeben.

Vor dem Lötrohre dekrepitiert der Chenevixit nicht, er schmilzt leicht zu einer schwarzen magnetischen Masse; auf Kohle erhält man ein Kupferkorn.

In Säuren ist das Mineral leicht löslich.

Vorkommen. Chenevixit ist ein seltenes Mineral einiger Kupferlagerstätten.

Miriquidit.

Kristallisiert trigonal. $a:c = 1:3,3630$ nach G. vom Rath.[1]

A. Frenzel,[2] der das Mineral untersuchte, konnte die Bestandteile nur qualitativ ermitteln; sie sind:

$$PbO, Fe_2O_3, As_2O_5, P_2O_5, \text{ und } H_2O.$$

Es dürfte eine sehr basische Verbindung vorliegen.

---

[1] G. vom Rath, N. JB. Min. etc. 1872, 939 und 1874, 673.
[2] A. Frenzel, N. JB. Min. etc. 1874, 673.

Eigenschaften. Das Mineral tritt in schwärzlichbraunen Kristallen und in derben Massen von gelblichbrauner, kastanienbrauner bis rötlichbrauner Farbe auf; es ist durchscheinend bis undurchsichtig.

Die Härte ist 4. Vor dem Lötröhre schmilzt der Miriquidit und gibt gelben Beschlag auf Kohle.

Vorkommen. Der Miriquidit wurde mit Limonit innig gemengt in Gesellschaft von Kupferglanz, Phosphorkupfer, Kupferuranit und Pyromorphit auf dem Alexander-Spatgang im Pucher-Richtschacht zu Schneeberg gefunden.

Wismutarsenate.

Die Wismutarsenate sind teils einfache, teils komplexe Arsenate, die alle Wasser enthalten.

Atelestit.

Kristallisiert monoklin prismatisch. $a:b:c = 0,92974:1:1,51227$; $\beta = 110^0 25'$ nach K. Busz.[1]

Analysen.

	1.	2.
δ	6,4	—
Fe_2O_3	0,51	
Bi_2O_3	82,41 }	83,9
As_2O_5	14,12	13,9
H_2O	1,92	2,2
	98,96[2]	100,0

1. Kristalle von der Grube Neuhilfe bei Schneeberg in Sachsen; anal. K. Busz, Z. Kryst. **15**, 625 (1889).
2. Theoretische Zusammensetzung.

Die Analyse ergibt die Zusammensetzung:

$$3 Bi_2O_3 . As_2O_5 . 2 H_2O \quad \text{oder} \quad Bi_3AsH_2O_8.$$

Man kann den Atelestit als ein Salz der Arsensäure auffassen, in dem 2H durch BiO_2, das dritte durch $Bi(OH)$ vertreten ist, und die **Formel** schreiben:

$$AsO\!\!\begin{array}{l}\diagup OBiO\\\!\!\!-\!OBi(OH)_2\\\diagdown OBiO\end{array}$$

oder man kann ihn als eine Molekularverbindung von Wismutarsenat und einem basischen Wismutoxyd auffassen:

$$BiAsO_4 . 2 BiO_2H.$$

Eigenschaften. Dieses sehr seltene Mineral bildet kleine schwefelgelbe Kriställchen, die die Härte zwischen 3 und 4 besitzen.

Vorkommen. Das Mineral wurde auf Wismutocker gefunden.

---

[1] K. Busz, Z. Kryst. **15**, 326 (1889).
[2] Summe im Original 98,99.

Rhagit.

Kristallform nicht bestimmt.

Analysen.

	1.	2.	3.
δ	6,82	—	—
(CaO)	0,50	—	—
(CoO)	1,47	—	—
(Al_2O_3) . . . }	1,62	—	—
(Fe_2O_3) . . .		—	—
Bi_2O_3	72,76	79,45	79,5
As_2O_5	14,20	15,50	15,6
H_2O	4,62	5,05	4,9
(Gangart) . . .	3,26	—	—
	98,43	100,00	100,0

1. Von der Grube Weißer Hirsch in Neustädtel bei Schneeberg; anal. Cl. Winkler, Journ. prakt. Chem. **118**, 190 (1874); auch bei A. Weisbach, N. JB. Min. etc. 1874, 302.
2. Die Hauptbestandteile auf 100 % umgerechnet.
3. Theoretische Zusammensetzung nach der von Cl. Winkler gegebenen Formel.

Die Zusammensetzung entspricht der **Formel**:

$$Bi_{10}As_4O_{25} . 8H_2O \quad \text{oder} \quad 5Bi_2O_3 . 2As_2O_5 . 8H_2O.$$

C. F. Rammelsberg nimmt 9 Moleküle Wasser an, doch stimmen die von Cl. Winkler angenommenen 8 Moleküle besser mit dem Analysenresultate.

Eigenschaften.[1]) Der Rhagit kommt meist in kleinen kugeligen und halbkugeligen, kristallinischen Gebilden vor, die unter dem Mikroskope doppelbrechend sind. Die Farbe ist lichtgelblichgrün bis wachsgelb, Kanten durchscheinend; die Härte ist bei 5 gelegen.

In Salzsäure ist das Mineral leicht, in Salpetersäure schwer löslich.

Vor dem Lötrohre schmilzt es; beim Erhitzen im Kölbchen zerfällt es unter Wasserabgabe zu einem isabellgelben Pulver.

Vorkommen. Der Rhagit kommt auf einem körnigen Produkt, das aus Quarzkörnern und Bismutit besteht, vor, und ist stets von Walpurgin, der jüngerer Bildung ist, begleitet.

Mixit (Kupfer-Wismutarsenat).

Kristallsystem noch zweifelhaft; vielleicht triklin oder monoklin. Das Mineral ist von A. Schrauf aufgefunden und analysiert worden.

Analysen.

A. des Mixit.

	1.	2.	3.	4.
(CaO)	0,83	—	—	—
(FeO)	1,52	—	—	—
CuO	44,23	43,06	42,34	44,08
Bi_2O_3	12,25	—	13,90	12,99
P_2O_5	1,05	—	—	—
As_2O_5	29,51	30,33	—	31,93
H_2O	11,06	11,09	11,08	11,00
	100,45			100,00

[1]) Nach A. Weisbach, N. JB. Min. etc. 1874, 302.

1.—3. Vom Geistergange in Joachimstal; anal. A. Schrauf, Z. Kryst. **4**, 278 (1880).
4. Theoretische Zusammensetzung von A. Schrauf berechnet.

B. eines mixitähnlichen Minerals.

	5.	6.	7.
(CaO)	0,26	0,26	3,19
CuO	43,89	43,88	50,50
ZnO	2,79	2,62	—
(Fe_2O_3) . . .	0,97	—	—
Bi_2O_3 . . .	11,14	11,22	—
(SiO_2)	0,36	0,48	—
P_2O_5	0,06	—	—
As_2O_5	27,78	28,79	27,50
H_2O	11,04	11,04	12,55
	98,29	98,29	

5. u. 6. Mixit (?) aus der Mammoth Mine, Tintic, District Utah; anal. W. F. Hillebrand bei W. F. Hillebrand u. H. S. Washington, Am. Journ. **35**, 298 (1888).
7. Dasselbe Vorkommen; anal. R. Pearce bei W. F. Hillebrand und H. S.
Washington, wie oben.

Formel. A. Schrauf rechnete aus einer Analyse die Formel:

$$Cu_{20}Bi_2As_{10}H_{44}O_{70},$$

die man auch schreiben kann (P. Groth):

$$BiCu_{10}(AsO_4)_5(OH)_8 . 7H_2O.$$

Bei 100^0 entwichen $4,08^0/_0$ H_2O, bei 175^0 $5,86^0/_0$.

Das von W. F. Hillebrand und H. S. Washington beschriebene und
analysierte Mineral (Analyse 5 u. 6) stimmt chemisch gut mit A. Schraufs
Mixit überein und führt zur gleichen Formel.

Eigenschaften. Der Mixit bildet faserige, seidenartige Büschel sehr feiner
Kriställchen von öfter kugeliger oder nieriger Oberfläche. Nach A. Schrauf
ist die Farbe smaragdgrün bis bläulichgrün; die Farbe des Mixits (?) von
Utah ist aber weißlich bis blaßgrünlich.

Auch die Dichten sind verschieden; A. Schrauf bestimmte am Vorkommen
von Joachimstal $\delta = 2,66$, das von Utah ergab $\delta = 3,79$. Nun hat A. Schrauf
allerdings nur eine sehr geringe Materialmenge (0,5) bei der (wahrscheinlich
pyknometrischen) Bestimmung verwendet. Dennoch ist ein so großer Fehler
kaum anzunehmen.

Die Härte des Mixits von Joachimstal ist 3—4.

Auch im optischen Verhalten sind die beiden verschieden; der Mixit von
Joachimstal zeigt ein Maximum der Auslöschungsschiefe von 6—9° gegen
die Prismenkanten; der Mixit von Utah soll nach Untersuchung von W. Cross,
wie W. F. Hillebrand und H. S. Washington angegeben, einheitliche, gerade
Auslöschung besitzen.

Jedenfalls kann man die beiden Mineralkörper nicht ohne weiteres
identifizieren.

In verdünnter Salpetersäure bedeckt sich Mixit nach A. Schraufs Untersuchungen fast momentan mit einer neugebildeten Schicht von Wismutarsenat,
das in dieser Säure vollkommen unlöslich ist; das Kupferarsenat geht ganz in
Lösung.

Vorkommen. Die Matrix des Mixits von Joachimstal bilden zersetzte Wismuterze und ebenfalls zersetzte Tennantite. Begleitmineralien sind: Speiskobalt, Kupfernickel, Wismutglanz, Kobaltblüte, Nickelblüte, Vitriole, Pittizit, Gips, Pharmakolith, Wapplerit, Wismutocker, Chalkolit und Bismutit, namentlich die beiden letzten bilden eine stets wiederkehrende Paragenesis.

Walpurgin.

Kristallisiert triklin pinakoidal. $a:b:c = 0,6862:1:?$; $\alpha = 70^0 44'$, $\beta = 114^0 8'$, $\gamma = 85^0 30'$ nach A. Weisbach.[1])

Synonym: Walpurgit.

Analysen.

	1.	2.	3.
Bi_2O_3	61,43	59,34	60,0
UO_3	20,29	20,54	22,4
As_2O_5	11,88	13,03	11,9
H_2O	4,32	4,65	5,7
	97,92	97,56	100,0

1. und 2. Von Neustädtel bei Schneeberg in Sachsen; anal. Cl. Winkler, Freiberger Jahrbuch 1873, 136; N. JB. Min. etc. 1873, 870 und Journ. prakt. Chem. 7, 6 (1873).
3. Theoret. Zusammensetzung nach C. F. Rammelsberg, Mineralchem. 1875, 354.

Leider ist von diesem Mineral keine neuere Analyse ausgeführt worden, die Aufschluß geben könnte, worin der Abgang in Cl. Winklers Analysen zu suchen sei; nach der theoretischen Zusammensetzung scheint zu wenig Uranoxyd gefunden worden zu sein.

Die **Formel** für den Walpurgin ist nach Cl. Winkler:

$$5\,Bi_2O_3(As_2O_5)\,.\,3\,U_2O_3(As_2O_5)\,.\,10\,H_2O,$$

nach C. F. Rammelsberg aber:

$$Bi_{10}U_3As_4O_{34}\,.\,12\,H_2O.$$

Er deutet den Walpurgin als eine Verbindung von arsensaurem Uranoxyd und basischem arsensauren Wismutoxyd und schreibt demgemäß die Formel:

$$(UO_2)_3As_2O_8\,.\,Bi_2As_2O_8\,.\,4\,H_6Bi_2O_6.$$

P. Groth[2]) schreibt die Formel:

$$Bi_{10}(UO_2)_3As_4O_{28}\,.\,10\,H_2O.$$

Um zu entscheiden, welche der Formeln und welcher Wassergehalt der richtige ist, wären neue Analysen nötig.

Eigenschaften. Der Walpurgin kommt in Kristallen vor, die spanförmig sind und etwas an Gips erinnern; die Farbe ist meist pomeranzengelb, auch honiggelb und strohgelb. Manche Flächen sind diamantglänzend.

Die Härte des Minerals ist $3^1/_2$; die Dichte ist nach A. Weisbach[3]) 5,8, späterhin hat er[4]) eine große Anzahl von Bestimmungen ausgeführt und

---

[1]) A. Weisbach, N. JB. Min. etc. 1877, 1.
[2]) P. Groth, Tabellar. Übersicht 1898, 99.
[3]) A. Weisbach, N. JB. Min. etc. 1871, 870.
[4]) Derselbe, N. JB. Min. etc. 1873, 316.

im Mittel 5,64 erhalten. In der Glühhitze nehmen die Walpurginkristalle eine braune Farbe an, beim Erkalten werden sie tief pomeranzengelb.

Vorkommen. Der Walpurgin kommt auf Uranpecherz mit: Trögerit, Uranosphärit, Zeunerit und Uranospinit vor; die Sukzession ist durch die Reihenfolge angegeben; Walpurgin und Trögerit sind nach A. Weisbach im allgemeinen die ältesten dieser Bildungen.

Uranarsenate.
Von A. Ritzel (Jena).

Trögerit.

Kristallographisch wurde dieses Mineral neuerdings genauer von V. Goldschmidt untersucht.[1]) Nach seinen Winkelmessungen kristallisiert es tetragonal. $a:c = 1:2,16$.

Die gelben Kristalle sind nach 0 tafelförmig ausgebildet. Die übrigen Flächen sind schmal und gestreift parallel den Kanten gegen (0). Die Spaltbarkeit ist vollkommen nach (0) und gut nach (010) oder nach einer Form der Zone (0 : 0 ∞) vielleicht P.

Im Widerspruch zu den Winkelmessungen ist der Trögerit optisch zweiachsig. Seine Doppelbrechung ist negativ. Man müßte ihn danach für monoklin halten. Wahrscheinlich ist der Trögerit tatsächlich wie oben angegeben tetragonal, verhält sich aber wie auch beispielsweise der Autunit optisch anomal. Die von V. Goldschmidt untersuchten Kristalle stammen aus der Grube „Weißer Hirsch" bei Schneeberg, wo sie zusammen mit Walpurgin und anderen Uranmineralien gefunden wurden. Nach der von Cl. Winkler[2]) ausgeführten Analyse hat der Trögerit folgende Zusammensetzung:

$$As_2O_5 \ . \ . \ . \ . \ . \ . \ 19,64$$
$$UO_3 \ . \ . \ . \ . \ . \ . \ 63,76$$
$$H_2O \ . \ . \ . \ . \ . \ . \ 14,81$$
$$\overline{\hphantom{AsO_5 . . . . . . } 98,21}$$

Danach ist das Mineral ein wasserhaltiges Uranarseniat von der Formel:

$$(UO_2)_3(AsO_4)_2 \ . \ 12 H_2O.$$

F. Bordas[3]) hat in dem Trögerit aus Sachsen Helium nachgewiesen. Wie aus allen Uranmineralien entweicht das Helium erst oberhalb 250° aus dem Trögerit.

Uranospinit.

Der Uranospinit ist das dem Autunit entsprechende Arseniat und ihm außerordentlich ähnlich. Er kristallisiert auch rhombisch, V. Goldschmidt[4]) hält ihn allerdings für tetragonal und tatsächlich ist *a* praktisch $= b$. A. Weis-

[1]) V. Goldschmidt, Z. Kryst. **31**, 468 (1899).
[2]) Cl. Winkler, Journ. prakt. Chem. **7**, 7 (1873).
[3]) F. Bordas, C. R. **146**, 896 (1908).
[4]) V. Goldschmidt, l. c.

bach[1]) gibt an: $a:b:c = 1\,ca:1:2,9136$. Der Uranospinit bildet sechseckige Tafeln, die ausgezeichnet nach der Basis spalten und eine grüne Farbe besitzen. Die Härte ist 2—3 und das spez. Gewicht 3,45. Optisch ist das Mineral zweiachsig. Die von Cl. Winkler[2]) künstlich dargestellten Kristalle sind dagegen nach V. Goldschmidt einachsig. Daher vermutet V. Goldschmidt, daß die natürlichen Kristalle optisch anomal und in Wirklichkeit tetragonal seien. Die hier angegebene Analyse stammt von Cl. Winkler.[3])

CaO 5,47
As_2O_5 19,37
UO_3 59,18
H_2O 16,19
100,21

Die **Formel** lautet entsprechend der des Autunits:

$$(UO_2)_2Ca(AsO_4)_2 + 8H_2O.$$

Zeunerit.

Zeunerit ähnelt dem Kupferuranit sehr und ist das diesem entsprechende Kupferuranarseniat. Er kristallisiert auch tetragonal: $a:c = 1:2,9125$.

An den tafeligen Kristallen sind besonders die Formen (001), (101) und (201) ausgebildet. Die Spaltbarkeit nach (001) ist vollkommen, nach (100) deutlich und die Doppelbrechung negativ. Die Farbe ist gras- bis apfelgrün, die Härte 2—2,5 und das spez. Gewicht 3,2. V. Goldschmidt[4]) beobachtete gesetzmäßige Verwachsungen von Zeunerit mit Trögerit. Nach Cl. Winkler,[5]) der das Mineral auch künstlich dargestellt hat, hat es folgende Zusammensetzung:

Analyse.

CuO 7,49
UO_3 55,86
As_2O_5 20,94
H_2O 15,68
99,97

Sulfoarsenate.

Von H. Leitmeier (Wien).

Bei den Arsenaten kennen wir im Gegensatz zu den Phosphaten keine Verbindungen mit Carbonaten (vielleicht der Tirolit?), Silicaten und Boraten. Nur einige Sulfoarsenate sind bekannt geworden.

Hierher könnte man auch den Beudantit stellen, da bei diesem (siehe namentlich bei den alten Anal. S. 588) Sulfophosphatanalysen angeführt sind, die

[1]) A. Weisbach, N. JB. Min. etc. 1873, 315.
[2]) Cl. Winkler, l. c.
[3]) Cl. Winkler, l. c.
[4]) V. Goldschmidt, l. c.
[5]) Cl. Winkler, l. c.

zeigen, daß es Beudantite gibt, die mehr As_2O_5 als P_2O_5 enthalten. A. Lacroix[1]) hat vorgeschlagen, die As_2O_5-freien Glieder als Corkit, die P_2O_5-freien Glieder als Beudantit zu bezeichnen. Da aber auf diese Teilung hin erst die anderen Eigenschaften der beiden Komponenten untersucht werden müßten (eine Analyse eines P_2O_5-freien Gliedes existiert überhaupt nicht), so ist in diesem Handbuche eine Trennung nicht durchgeführt worden. Nichtsdestoweniger soll aber auf die Berechtigung, den Beudantit hier zu behandeln, ausdrücklich hingewiesen sein.

Lindackerit.

Kristallisiert rhombisch.

Analyse.

(FeO)	2,90
NiO	16,15
CuO	36,34
As_2O_5	28,58
SO_3	6,44
H_2O	9,32
	99,73

Von der Eliaszeche in Joachimstal; anal. J. F. Vogl, J. k. k. geol. R.A. **3**, 552 (1853).

Diese Analyse führt ungefähr auf die **Formel:**

$$Ni_3Cu_6(OH)_4SO_4(AsO_4)_4 . 5 H_2O.$$

Eigenschaften. Das Mineral tritt in länglichen Tafeln, in kleinen nierenförmigen Aggregaten und als Überzug auf. Die Farbe ist span- bis apfelgrün; die Härte ist $2-2^1/_2$; die Dichte ist 2,0—2,5.

Im Kölbchen erhitzt, wird zuerst Wasser abgegeben; sodann bildet sich ein Sublimat von arseniger und schwefeliger Säure. Vor dem Lötrohre schmilzt Lindackerit zu einer schwarzen Masse.

In heißer Salzsäure ist das Mineral löslich.

Vorkommen. Der Lindackerit ist ein Zersetzungsprodukt von Erzmassen, die ein Gemenge von Nickel-Kobalt-Wismut-Kupfer und Zinkerzen bilden. Begleitet wird der Lindackerit von Kobaltblüte, Nickelblüte, Pittizit, Ganomalit u. a.

Lossenit.

Kristallform: Rhombisch bipyramidal. $a:b:c = 0,843:1:0,945$ nach L. Milch.[2])

Analysen.

	1.	2.	3.
PbO	10,63	10,91	10,94
Fe_2O_3	34,53	35,45	35,34
(SiO_2)	1,13	—	—
As_2O_5	33,44	34,33	33,87
SO_3	3,74	3,84	3,93
$(CaCO_3)$	1,46	—	—
H_2O chemisch geb. .	3,74	3,84	3,98
H_2O Kristallwasser .	11,81	12,12	11,93
	100,48	100,49	99,99

---

[1]) A. Lacroix, Min. de France **4**, 596 (1910).
[2]) L. Milch, Z. Kryst. **29**, 102 (1895).

1. Von Laurion in Griechenland; anal. F. Auerbach bei L. Milch, Z. Kryst. **24**, 102 (1895).

2. Dieselbe Analyse nach Abzug des $CaCO_3$ und SiO_2 auf die ursprüngliche Summe umgerechnet.

3. Theoretische Zusammensetzung.

Formel. L. Milch berechnete daraus die ziemlich komplizierte Zusammensetzung:

$$2 PbSO_4 . 6 As_2O_8(FeOH)_3 . 27 H_2O.$$

Die Zahlen unter Analyse 3 entsprechen dieser Formel.

Wenn man darin statt $27 H_2O$ nur $24 H_2O$ annimmt, so vereinfacht sich diese Formel in:

$$PbSO_4(FeOH)_9(AsO_4)_6 . 12 H_2O.$$

L. Milch gibt dieser letzteren Formel den Vorzug.

Eigenschaften. Diese sind nur mangelhaft bekannt gegeben worden. Der Lossenit bildet kleine Kriställchen von braunroter Farbe, die sehr ähnlich dem Skorodit sind (s. S. 715). Härte und Dichte sind nicht angegeben.

Der Charakter der Doppelbrechung ist positiv.

Vorkommen. Der Lossenit kommt auf einem drusigen, stark eisenschüssigen, quarzitischen Gestein vor. Die Kristalle sind von einer olivengrünen Verwitterungsschicht, oder einem Mantel von Eisenhydroxyd umgeben.

Pittizit.

Synonyma: Pittizit, Arseneisensinter, Eisensinter, Eisenpecherz Sideretin.

Analysen.

A. Ältere Analysen.

Es sind hier die ganz alten Analysen z. B. von M. Klaproth weggelassen worden.

	1.	2.	3.	4.	5.	6.
δ	—	—	—	—	—	2,398
(CuO) . . .	—	—	—	—	—	0,94
Fe_2O_3 . . .	33,73	34,85	54,66	58,00	32,54	29,27
As_2O_5 . . .	26,06	26,70	24,67	28,45	33,99	29,53
SO_3	10,04	13,91	5,20	4,36	7,28	13,84
H_2O bei 100^0 } H_2O üb. 100^0 }	29,25	24,54	15,47	12,59	24,92	{ 15,56 9,60
	99,08	100,00	100,00	103,40[1])	98,73	98,74

1. Von der Grube Christbescheerung bei Freiberg in Sachsen; anal. A. Stromeyer, Gilberts Ann. **61**, 181 (1843).

2. Brauner, durchsichtiger und harzähnlicher Pittizit von der Grube Stamm Asser bei Schwarzenberg in Sachsen; anal. C. F. Rammelsberg, Pogg. Ann. **62**, 139 (1844).

3. u. 4. Gelber, erdiger Pittizit vom Stieglitzstollen am Rathausberg bei Gastein in Salzburg; anal. C. F. Rammelsberg, Mineralchemie 1875, 355; 1860, 384.

5. Von Redruth; anal. A. H. Church, Ch. N. **24**, 136 (1871).

6. Blaßolivgrüner Pittizit von der Grube „Junge, hohe Birke" bei Freiberg in Sachsen; anal. A. Frenzel, N. JB. Min. etc. 1873, 787.

---

1) Summe im Original 100,00.

B. Neuere Analysen.

δ	7.	8.	9.
δ	—	2,475	2,489
(CaO)	—	Spuren	—
(CuO)	1,17	—	—
Fe_2O_3 löslich .	33,89	55,06	55,19
Fe_2O_8 unlöslich .	4,08	—	—
(SiO_2)	1,92	—	—
As_2O_5 . . .	39,65	26,13	25,91
SO_3	1,14	4,64	4,49
H_2O	18,24	14,29	14,48
(Rückstand) . .	—	0,12	0,23
	100,09	100,24	100,30

7. Kryptokristallinischer, brauner Pittizit von der Clarissa Mine, Tintic-District, Utah; anal. F. A. Genth, Am. Journ. [3] **40**, 205 (1890) und Z. Kryst. **18**, 592 (1891).

8. Gelber, weicher, stalaktitischer Pittizit vom Graphitbergbau bei Groß-Tresny in Mähren; anal. F. Kovář, Abh. böhm. Akad. **15** (1896). Ref. Z. Kryst. **31**, 524 (1899).

9. Brauner, härterer Pittizit vom gleichen Fundorte; anal. wie oben.

Formel. Für die alten Analysen wurden keine Formeln gegeben; C. F. Rammelsberg rechnete für Analyse 1—4 die Molekularverhältnisse aus:

$$SO_3 : As_2O_5 : Fe_2O_3 : H_2O$$

Analyse 1	1,1 :	1	: 1,9	: 14,4
„ 2	1,5 :	1	: 1,9	: 11,8
„ 3	1 :	1,65	: 5,2	: 13,3
„ 4	1 :	2,3	: 6,7	: 13

Der CuO-Gehalt der Analyse 6 beruht auf einer Beimengung von Kupfervitriol, das durch Wasser ausgezogen werden konnte.

F. A. Genth rechnete seine Analyse (7) auf reine Substanz um; der SO_3-Gehalt ist so klein, daß er ihn mit dem CuO zu Kupfervitriol vereinigt abzog, der Quarz und das unlösliche Eisenoxyd als Limonit wurden abgezogen und dann auf 100 % umgerechnet (7a); unter 7b sind die der von F. A. Genth aufgestellten Formel entsprechenden Zahlen wiedergegeben.

	7a.	7b.	Reines Material
Fe_2O_3	33,89	33,74	37,49
As_2O_5	39,65	38,80	43,11
H_2O	17,64	17,46	19,40
(Verunreinigung) . .	—	10,00	—
	100,00	100,00	100,00

daraus ergibt sich die Formel:

$$4 (Fe_2As_2O_8) . Fe_2(OH)_6 . 20 H_2O .$$

Dieses Vorgehen ist aber sehr willkürlich, namentlich die Bindung des Cu an SO_3 durch nichts begründet, als daß wenn man alles Cu an SO_3 bindet, nur ein geringer Rest von SO_3 bleibt, was selbstverständlich auch rein zufällig der Fall sein kann. Das CuO kann ebensogut auch als Kupfersilicat dem Arsenat beigemengt sein.

F. Kovář gibt als angenäherte Formel für Analyse 8 und 9:

$$4 FeAsO_4 . Fe(OH)_4 SO_4 . 6 Fe(OH)_3 . 3 H_2O .$$

P. Groth[1]) nimmt zur Aufstellung der Pittizitformel einen Arseneisensinter der P_2O_5 enthält und einen geringen Wassergehalt besitzt, dessen Zugehörigkeit zum Pittizit nicht sicher ist (soweit man überhaupt von einer Zugehörigkeit hier sprechen kann) und der vielleicht ein Gemenge darstellt (vgl. S. 737).

Eigenschaften. Die unter dem Namen Pittizit zusammengefaßten, sehr wechselnd zusammengesetzten Arsenverbindungen, von denen wahrscheinlich viele oder vielleicht alle Gemenge sind, sind amorphe Gebilde, die in feuchter Luft (in Stollen und Gruben) meist in plastischem Zustande angetroffen werden und an trockener Luft (Laboratorium) durch Wasserabgabe mehr oder minder rasch erhärten und oft auch zu erdiger Masse zerfallen. In den Gruben bilden sie häufig stalaktitische oder schalige Massen, die bei der Erhärtung dann diese Formen verlieren. Der Wassergehalt der in den Analysen angegeben wird, ist daher ein durchaus variabler; ein großer Teil des Wassers ist stets kapillar gebunden und hat mit der Konstitution des Minerals nichts zu tun. Aber auch das Verhältnis zwischen Fe_2O_3 und As_2O_5 ist ein in weiten Grenzen wechselndes, so daß überhaupt nicht von einer bestimmten Zusammensetzung des Pittizits gesprochen werden kann.

Nach Angabe F. A. Genths soll der Pittizit von Utah kryptokristallin sein. Er enthält aber CuO und SiO_2 und nur geringe Mengen SO_3, so daß er, wenn man als Pittizit ein Sulfoarsenat bezeichnet wissen will, vielleicht gar nicht hierher gehört, möglicherweise aber die Kristalloidform des Pittizits darstellt. Auch ein SO_3-freies, CaO-haltiges Arsenat ist als Pittizit (s. unten S. 736) bezeichnet worden. Wahrscheinlich stellen die Pittizit genannten Sulfoarsenate Gemenge verschiedener amorpher Zersetzungsprodukte von sulfidischen Arsenerzen dar und es kommt ihnen als solche kein einheitlicher Charakter zu.

Die Farbe des Pittizits ist sehr verschieden; gelb, braun bis schwarz sind die häufigsten Farbentöne; durch Verunreinigungen werden aber öfter andere Farben erzeugt, z. B. durch Kupfer bläuliche oder grünliche. In dünnen Splittern sind die nicht entwässerten Pittizite meist durchscheinend; hier treten auch rote Farben auf.

Die Härte ist natürlich nach der Konsistenz der Vorkommen durchaus variabel; die Härte der frischen Pittizite liegt zwischen 2 und 3; sie rückt bei den entwässerten natürlich auch auf 1 herunter.

Die Dichte ist ebenso wechselnd.

Unter dem Mikroskop ist der Pittizit stets isotrop; bei dem von Utah ist darüber nichts angegeben.

Vor dem Lötrohre verhalten sich diese Arsenate ähnlich dem Skorodit; es entweicht Schwefeldioxyd im geschlossenen Rohre und man erhält die Heparreaktion. In Salzsäure sind die Pittizite leicht löslich.

Vorkommen. Dieses Arsenat bildet meist ein Zersetzungsprodukt von sulfidischen Arsenerzen oder Arsen in geringen Mengen enthaltenden Sulfiden (z. B. Pyrit) und hat die diesen entsprechende Paragenesis.

Calcium-Eisenarsenat (Pittizit).

P. P. Pilipenko stellte ein Arsenat, das frei von Schwefelsäure war, das aber CaO enthielt, zum Pittizit.

---

[1]) P. Groth, Tab. Übers. 1898, 100.

	10.	11.	12.
CaO	4,86	7,00	8,46
Fe_2O_3	35,40	33,81	33,60
(CO_2)	0,52	0,75	0,33
(SiO_2)	3,92	4,33	5,11
As_2O_5	16,13	17,94	20,57
H_2O	39,43[1)	35,92[2)	31,93[3)
	100,26	99,75	100,00

10. Rotbrauner „Pittizit" von der Grube „6. Berikalskaya Plostschad", Kreis Mariinsk, Gouvernement Tomsk; anal. P. P. Pilipenko, Bull. Universität Tomsk 28, 1 (1907). Ref. Z. Kryst. 47, 289 (1910).

11. Schwarzer „Pittizit" vom gleichen Fundorte; anal. wie oben.

12. „Pittizit" zwischen den beiden vorstehenden; anal. wie oben.

Da das Mineral so bedeutende Mengen hygroskopisches Wasser enthält, wurden die drei Analysen auf Kristallisationswasser wie folgt umgerechnet:

	10a.	11a.	12a.
CaO	6,69	9,54	11,18
Fe_2O_3	48,71	46,07	44,38
(CO_2)	0,73	1,02	0,44
(SiO_2)	5,39	5,90	6,75
As_2O_5	22,19	24,45	27,17
H_2O	16,66	12,65	10,08
	100,37	99,63	100,00

Aus diesen Daten ergibt sich keine bestimmte Formel. P. P. Pilipenko gab eine approximative Formel:

$$3\,CaO \,.\, 5\,Fe_2O_3 \,.\, 2\,As_2O_5 \,.\, 13\,H_2O.$$

P. P. Pilipenko betrachtete dieses Mineral, das er wegen seiner physikalischen Eigenschaften zum Pittizit stellte, als eine unbestimmte Verbindung, die von zirkulierenden Lösungen verändert werden kann und ein nicht sicher differenziertes Zersetzungsprodukt von Arsenkies darstellt.

Eigenschaften. Dieses Arsenat ist amorph und hat kastanienbraune bis pechschwarze Farbe, in dünnen Splittern ist es blutrot durchscheinend. An der Luft verliert es Wasser, wird rissig und schließlich pulverig. An frischen Stücken ist die Härte 2—3, an getrockneten 1—2. Beim Einbringen in Wasser zerfällt es. Die Dichte ist (in Toluol bestimmt) 2,383.

Vorkommen. Dieses Arsenat ist, wie bereits erwähnt, ein Zersetzungsprodukt des Arsenkieses.

Nachdem dieses Arsenat kein SO_3 enthält, kann man es bei den komplexen Arsenaten (s. S. 721) von Fe_2O_3 einreihen; da es P. P. Pilipenko aber nach den Eigenschaften und nach der Genesis zum Pittizit stellte, ist es hier eingereiht worden.

Arseneisensinter.

Als Arseneisensinter wurde von E. Cohen eine stalaktitische SO_3-haltige Bildung beschrieben, von der nicht vom Autor angegeben wird, ob es sich

---

[1) Davon hygroskopisches Wasser 27,23 %.
[2)   "   "   "   26,64 „
[3)   "   "   "   24,70 „

um eine Verbindung oder ein Gemenge handelt; er kann als ein phosphor-säurehaltiger Pittizit gedeutet werden, er unterscheidet sich von diesem aber auch durch seinen geringen Wassergehalt.

Analysen.

	1.	2.
Fe_2O_3	48,86	50,55
P_2O_5	8,69	8,99
As_2O_5	20,72	21,43
SO_3	7,08	7,32
H_2O	11,31	11,70
Gangart	3,80	—
	100,46	99,99

1. Von der Grube „Vitriolbergwerk" bei Schriesheim in der Nähe von Heidelberg; anal. H. Kubacska bei E. Cohen aus E. W. Benecke u. E. Cohen, Geognost. Beschreib. d. Umgeb. von Heidelberg (Straßburg 1881). Ref. Z. Kryst. **7**, 404 (1883).
2. Theoretische Zusammensetzung nach untenstehender Formel.

Daraus wird die auf ein Gemenge deutende Formel berechnet:

$$\left. \begin{array}{l} 4\,H_6Fe_2O_6 \\ Fe_2S_3O_{12} \\ 2\,Fe_2P_2O_8 \\ 3\,Fe_2As_2O_8 \end{array} \right\} \cdot 9\,H_2O.$$

Dieser Sinter wird oft zum Pittizit gestellt und P. Groth[1]) gibt die Formel E. Cohens, die er schreibt:

$$Fe_{20}[(As, P)O_4]_{10}(SO_4)_3(OH)_{24} \cdot 9\,H_2O$$

als die des Pittizits an.

Eigenschaften. Die Stalaktiten sind schalig aufgebaut, hell leder- bis isabellgelb; sie sind hohl und in der Grube weich, erhärten aber an der Luft, vollkommen lufttrocken sind sie erdig. Sie sind in Säure löslich. Der größte Teil der Schwefelsäure läßt sich durch Kochen mit Wasser ausziehen. Der Arseneisensinter schmilzt vor dem Lötrohre zu einer gelben Kugel, die nicht magnetisch ist.

Vorkommen. Dieser Sinter ist eine sekundäre Bildung aus Pyrit.

Alle Angaben lassen darauf schließen, daß es sich hier um ein Gemenge handelt; es ist dieser Arseneisensinter daher nicht zu verwechseln mit dem Arseniksinter, auch Eisensinter genannt, der die amorphe Modifikation des Skorodits darstellt (vgl. S. 715).

Arsenite.

Ekdemit (Bleichloroarsenit).

Ein Bleichloroarsenit wurde unter dem Namen Ekdemit beschrieben und kurze Zeit später ein anderes unter dem Namen Heliophyllit, das die gleiche Zusammensetzung besitzt, sich aber kristallographisch und optisch unterscheidet. Untersuchungen haben aber gezeigt, daß ihre Identität sehr wahrscheinlich ist

---

[1]) P. Groth, Tabellar. Übersicht (Braunschweig 1898), 100.

und daß der Ekdemit gleichwie der Heliophyllit rhombisch sei und nur durch lamellare Zwillingsbildung anscheinend tetragonal sei. Auch der Ekdemit wurde auf Grund optischer Unterschiede in zwei verschiedene Mineralien zu zerlegen versucht, doch können diese Unterschiede auch auf optischen Anomalien beruhen. Diese Verhältnisse, namentlich die kristallographischen, sind aber noch keineswegs geklärt.

Kristallisiert rhombisch bipyramidal. $a:b:c = 0,96662 : 1 : 2,2045$ nach G. Flink.[1]

Synonym: Heliophyllit.

Analysen.

	1.	2.	3.	4.
δ	7,14	6,886	—	—
CaO	—	—	0,08	0,11
MnO . . . . . . ⎤	— ⎫			
FeO . . . . . . ⎦	— ⎭	0,54	0,07	0,16
PbO	83,45	80,70	81,03	80,99
As_2O_3	10,60	11,69	10,85	10,49
Sb_2O_3	—	—	0,56	1,38
Cl	8,00	8,00	8,05	7,96
	102,05	100,93	100,64	101,09
Cl = O	−1,80	1,80	1,80	1,79
	100,25	99,13	98,84	99,30

1. Ekdemit von Långban; anal. A. E. Nordenskjöld, Geol. För. Förh. **3**, 379 (1877). Ref. Z. Kryst. **2**, 306 (1878).
2. Heliophyllit auf Inesit von der Harstigsgrube bei Pajsberg; anal. G. Flink, Öfv. af Ak. Förh. Stockh. **45**, 574 (1888). Ref. Z. Kryst. **19**, 94 (1891).
3. und 4. Heliophyllit vom gleichen Fundorte; anal. A. Hamberg, Geol. För. Förh. **11**, 229 (1889). Ref. Z. Kryst. **19**, 107 (1891).

Konstitution und Formel. Für den Ekdemit gab A. E. Nordenskjöld die Formel:

$$Pb_5As_2O_8 . 2PbCl_2.$$

G. Flink führte den Heliophyllit zurück auf:

$$Pb_4As_2O_7 . 2PbCl_2.$$

Die entsprechenden Zahlen wären nach G. Flink:

	Heliophyllit	Ekdemit
PbO	81,28	83,54
As_2O_3	12,03	10,59
Cl	8,63	7,58

Wie man sieht, entspricht keine der Analysen ganz diesen Zahlen, sondern die einzelnen Werte liegen fast stets dazwischen.

A. Hamberg gab die zwischen diesen beiden liegende vermittelnde Formel:

$$Pb_9 . As_4O_{15} . 4PbCl_2 \quad \text{oder} \quad Cl_8Pb_{13}As_4O_{15}.$$

Die chemische Zusammensetzung ist daher noch nicht festgestellt.

---

[1] G. Flink, Öfv. af Ak. Förh. **45**, 574 (1888). Ref. Z. Kryst. **19**, 94 (1891).

P. Groth[1]) nimmt die Flinksche Formel als die einfachere, und nach seiner Ansicht daher wahrscheinlichere an und schreibt sie:

$$(PbCl)_4 Pb_2 O(AsO_3)_2 .$$

Nach G. Flinks Formel ist, wie P. Groth ausführt, der Ekdemit ein basisches Salz der Säure $As(OH)_3$, in der je ein Wasserstoff zweier Säuremoleküle durch die zweiwertige Gruppe $-Pb-O-Pb-$, die anderen vier durch PbCl vertreten sind; diese Deutung der Konstitution ist, namentlich bei der geringen Übereinstimmung der Analysen untereinander und der ebenso geringen Übereinstimmung mit der von P. Groth akzeptierten Formel noch sehr hypothetisch.

Eigenschaften. Der Ekdemit bildet meist derbe, grobkörnige Massen, Kristalle (des Heliophyllits) sind selten. Die Färbung ist hellgelb, öfters mit einem Stich ins Grüne. Die Härte des Ekdemits ist $2^1/_2$—3, die des Heliophyllits ist etwas niedriger und wurde mit 2 angegeben; auch die Dichten sind, wie bei den Analysen angegeben worden ist, etwas verschieden.

Optische Eigenschaften. Der Ekdemit ist nach A. E. Nordenskjöld optisch einachsig, während der Heliophyllit G. Flinks zweiachsig ist und starke Dispersion der Achsen zeigt $\varrho > v$. Nach A. Hamberg[2]) können Spaltblättchen des Heliophyllits aus einachsigen und aus zweiachsigen Partien bestehen; auch der Ekdemit A. E. Nordenskjölds ließ zweiachsige Streifen erkennen.

Vor dem Lötrohre schmilzt das Mineral leicht zu einer gelben Masse; es entweicht ein weißes Sublimat von Chlorblei. In Salpetersäure ist der Ekdemit leicht löslich, ebenso in warmer Salzsäure.

Vorkommen. Der Ekdemit kommt als derbe, grobblätterige Masse in gelbem, manganhaltigem Calcit eingesprengt vor; er bildet auch einen grüngelben kristallinischen Anflug. In der Harstigsgrube zu Pajsberg kommt das Mineral (Heliophyllit) auf Inesit (Rhodotilit) vor.

Trippkeit.

Kristallisiert tetragonal, ditetragonal-bipyramidal. $a:c = 1:1,0917$ nach G. vom Rath.[3])

Es konnte keine quantitative Analyse ausgeführt werden; nach qualitativen Untersuchungen von A. Damour[4]) konnte nachgewiesen werden, daß das Mineral eine Verbindung von Kupferoxyd mit arseniger Säure ($n CuO, As_2O_3$), also ein Arsenit sei.

Eigenschaften. Der Trippkeit bildet kleine, bläulichgrüne, lebhaft glänzende Kriställchen; nach A. Des Cloizeaux' Bestimmungen ist das Mineral optisch einachsig, positiv.

Im Glaskölbchen erhitzt, verändert Trippkeit bei niedriger Temperatur seine Farbe, verliert den bläulichen Farbenton und wird smaragdgrün; bei etwas erhöhter Temperatur wird die Farbe bräunlich; bei fortgesetztem Glühen wird das Mineral schließlich gelblichgrün.

---

[1]) P. Groth, Tabellar. Übersicht (Braunschweig 1898), 82.
[2]) A. Hamberg, Geol. För. Förh. **11**, 229 (1889). Ref. Z. Kryst. **29**, 107 (1891).
[3]) G. vom Rath bei A. Damour u. G. vom Rath, Bull. Soc. min. **3**, 175 (1880) und Z. Kryst. **5**, 245 (1880).
[4]) A. Damour, l. c.

Vor dem Lötrohre schmilzt es zu einer grünen Schlacke; in Säuren ist es leicht löslich.

Vorkommen. Der Trippkeit ist auf derbem Rotkupfererz aufgewachsen; der Fundort ist Copiapo in Chile. Begleitmineral ist Olivenit.

Hatchit.

Dieses chemisch nicht studierte Mineral ist vermutlich ein Blei-Sulphoarsenit. Es ist triklin. $a:b:c = 0,9787:1:1,1575$; $\alpha = 116^0 53^1/_2{}'$, $\beta = 85^0 12'$, $\gamma = 113^0 44^1/_2{}'$ nach R. H. Solly und G. F. Herbert Smith.[1] Die Kristalle sind bleigrau mit schokoladefarbigem Strich. Der Hatchit tritt auf Rathit von Lengenbach im Binnental auf.

Verbindungen von Phosphaten und Arsenaten.

Hier sind zwei Minerale eingereiht, die nahezu gleiche Mengen von Phosphorsäure und Arsensäure enthalten. Ob es sich bei dem ersteren, von dem der Autor annimmt, daß beide Basen in gleicher Weise an As_2O_5 und P_2O_5 gebunden sind, um ein Doppelsalz oder eine isomorphe Mischung handelt, kann in keiner Weise entschieden werden, um ein mechanisches Gemenge handelt es sich jedenfalls nicht, da das Mineral nur in Kristallen auftritt.

Das zweite, der Veszelyit, soll die eine der Basen an As_2O_5, die andere an P_2O_5 gebunden haben und es kann eine isomorphe Mischung von Libethenit und Adamin vorliegen.

Fermorit (Calcium-Strontium-Phosphat-Arsenat).

Kristallisiert hexagonal.
Analyse.

δ	3,518
CaO	44,34
SrO	9,93
P_2O_5	20,11
As_2O_5	25,23
F	0,83
H_2O	Spuren
Gangart	0,08
	100,52
$O = F_2$	0,35
	100,17

Aus Sitapar, Distrikt Chindwara, Central Provinces in Indien; anal. G. F. H. Smith u. G. T. Prior, Min. Mag. 14, 84 (1911).

Der Fermorit entspricht der **Formel**:

$$3\,[(Ca, Sr)_3(P, As)_2O_8]\, .\, Ca(OH, F)_2;$$

[1] R. H. Solly u. G. F. Herbert Smith, Londoner Min. Ges. 1912 und Min. Mag. 16, 287 (1912).

an Stelle des $Ca(OHF)_2$ kann wohl CaF_2 gesetzt werden, da der H_2O-Gehalt verschwindend klein ist.

Eigenschaften. Der Fermorit wurde in einem einzigen kristallisierten Individuum gefunden, welches drei Prismen zeigt. Die Farbe ist weiß, durchscheinend.

Die Härte ist 5. Optisch ist das Mineral einachsig und besitzt schwache Doppelbrechung von negativem Charakter. Brechungsquotient:

$$N_m = 1{,}660.$$

Der Fermorit ist in Salzsäure und Salpetersäure leicht löslich; in der Bunsenflamme ist er unschmelzbar.

Vorkommen. Dieses Arsenat findet sich in Manganerzadern, die aus Braunit, Hollandit, Pyrolusit und dem Fermorit bestehen.

Veszelyit (Kupfer-Zink-Phosphat-Arsenat).

Kristallisiert **triklin pinakoidal.** $a:b:c = 0{,}7101:1:0{,}9134$; $\alpha = 89^\circ 31'$, $\beta = 103^\circ 50'$, $\gamma = 89^\circ 34'$ nach A. Schrauf.[1]

Analyse.

	1.	2.
δ	3,531	—
CuO	37,34	37,69
ZnO	25,20	25,62
P_2O_5	9,01	7,48
As_2O_5	10,41	12,13
H_2O	17,05	17,08
	99,01	100,00

1. Veszelyit von Moravicza im Banat (Ungarn); anal. A. Schrauf, Z. Kryst. **4**, 33 (1880).
2. Theoretische Zusammensetzung nach der 2. Formel.

Formel. Zuerst war dieses Mineral auf Grund einer ungenauen Analyse von A. Schrauf[2] für ein Phosphat von der Zusammensetzung $4CuO \cdot P_2O_5 \cdot 5H_2O$ gehalten worden; aus Analyse 1 ergibt sich aber die theoretische Zusammensetzung (Zahlen unter 2) $9CuO \cdot 6ZnO \cdot P_2O_5 \cdot As_2O_5 \cdot 18H_2O$; die A. Schrauf deutete:

$$Zn_3As_2O_8 \cdot 3Zn(OH)_2 \cdot 3H_2O$$
$$Cu_3P_2O_8 \cdot 3Cu(OH)_2 \cdot 3H_2O$$
$$3Cu(OH)_2 \cdot 3H_2O.$$

Das Zinkarsenat wurde vom Kupferphosphat getrennt, um dadurch die Verwandtschaft mit Libethenit und Adamin noch deutlicher zu machen, die ja auch aus den nahen kristallographischen Beziehungen hervorgeht (Analogie der Winkelverhältnisse).

Bei der Analyse 1, die nur an geringen Materialmengen ausgeführt worden war, wurde über H_2SO_4 getrocknetes Pulver verwendet. Der Wasserverlust war folgender:

---

[1] A. Schrauf, Z. Kryst. **4**, 33 (1880).
[2] A. Schrauf, Anzeiger d. k. Akad. der Wissensch. 1874, 135.

$$
\begin{array}{llll}
\text{Bei } 150^0 & . & . & . & . & 2{,}30\,\%\\
\text{„ } 200^0 & . & . & . & . & 4{,}39\\
\text{„ Rotglut} & . & . & . & 17{,}05
\end{array}
$$

Bei der Entwässerung wurde die Substanz schwärzlichgrün.

Eigenschaften. Das Mineral bildet dünne Krusten, die aus einem körnigen Aggregate undeutlich kristallisierter Individuen bestehen. Die Farbe ist grünlich-blau; die Härte des Minerals liegt zwischen $3^1/_2$ und 4.

Vorkommen. Der Veszelyit kommt teils auf unzersetztem Granatfels, teils auf durch Zersetzung desselben entstandenem Limonit mit Chalcedon vor.

Hier wären nun die **Arsenide** zu behandeln. Wegen des genetischen Zusammenhanges mit den Sulfiden, sowie auch wegen der innigen chemisch-kristallographischen Beziehungen zu denselben erscheint es folgerichtiger, sie auch mit den Antimoniden, zusammen bei den Sulfiden zu behandeln.

(Der Herausgeber.)

ANTIMON, Sb.
Von **C. Doelter** (Wien).

Im Mineralreich ist Antimon in verschiedenen Verbindungen vorhanden. Außer dem gediegenen Antimon, kennen wir Oxyde und Salze der antimonigen Säure, sowie der Antimonsäure, ferner kommt das Antimon im Derbylit, welcher bei den Titanaten betrachtet wurde, vor.

Am wichtigsten sind die Verbindungen, in welchen Schwefel nebst Antimon an Metalle gebunden sind und dann mehrere reine Antimonide, wie Breithauptit, NiSb, oder isomorphe Mischungen mit Arsen, wie Arit, Dyskrasit.

Wegen der Analogie mit den Arseniden, namentlich aber mit den Sulfiden, da alle diese Verbindungen, wie auch jene des Schwefels Erze sind, empfiehlt es sich hier, der in der Mineralogie gebräuchlichen Einreihung zu folgen und die wenigen Antimonide, wie auch die Arsenide mit den Sulfiden zu vereinigen.

Ferner gibt es auch Salze der hypothetischen Sulf-antimonigen Säure, welche bei den Schwefelverbindungen betrachtet werden.

In diesen Verbindungen erscheint es wegen des Isomorphismus notwendig, das Arsen sowie das Antimon als Vertreter des Schwefels anzusehen.

Gediegen Antimon.
Von **H. Michel** (Wien).

Polymorph, in der Natur nur in der stabilsten, der rhomboedrischen Form auftretend (ditrigonal skalenoedrisch?)

$$a:c = 1:32362 \text{ (H. Laspeyres).}$$

Wenn deutliche Kristalle auftreten, überwiegt der rhomboedrische Habitus, doch sind die Kristalle häufig auch nach c (0001) taflig entwickelt; zumeist bildet das Antimon derbe körnige Aggregate, seltener sind blättrige oder stengelige Ausbildungsformen. Zwillingsbildungen sind außerordentlich verbreitet, polysynthetische Zwillinge nach e (01$\bar{1}$2), sowie einfache Schiebungen sind sehr häufig zu beobachten, die bisweilen eine leichte Teilbarkeit nach e (01$\bar{1}$2) hervorrufen.

Analysen.

	1.	2.	3.	4.
δ	6,72	6,20	—	—
Sb	98,00	95,15	96,36	99,89
As	—	4,85	3,63	0,02
Fe	0,25	—	—	Spur
Ag	1,00	—	0,01	—
	99,25	100,00	100,00	99,91

1. Gediegen Antimon von Andreasberg; anal. M. Klaproth, Beitr. **3**, 170 (1802).
2. Gediegen Antimon von Příbram, Segengottesgang; anal. Eschka, Bg.- u. hütt. Z. **13**, 23 (1862).
3. Gediegen Antimon von der Grube Perejil im Distrikt Macate in Peru; anal. A. Raimondi-Martinet, Min. Pérou 1878, 171.
4. Gediegen Antimon von der Dufferin Iron Grube, Madoc Township, Hastings Co., Ontario; anal. R. A. A. Johnston, Geolog. Surv. of Canada für 1900, **13**, R. 11—14.

Von den Vorkommen von der Brunswick Mine in York Co. liegen unvollständige Analysen vor, welche F. G. Kunz[1]) mitteilte, und die folgende Zahlen ergaben:

	Grobkörnige Varietät	Feinkörnige Varietät
As	0,86	0,47
Fe	0,11	0,34
Gangart	0,84	5,04

Der Rest war in beiden Fällen Sb; das spezifische Gewicht der grobkörnigen Varietät betrug $s = 6,606$ bei 15^0 C, das der feinkörnigen 6,693. Die Analysen führte J. L. Mackintosh aus.

Nach den Analysen sind immer Verunreinigungen vorhanden, die jedoch nur ganz geringfügig sein können, und zwar ist besonders As und Fe als Verunreinigung vorhanden.

Chemische Eigenschaften.

Salzsäure und verdünnte Schwefelsäure greifen das Antimon nicht an, dagegen ist es in Königswasser leicht zu Chlorür oder Chlorid löslich; Salpetersäure verwandelt das gediegene Antimon in ein weißes, unlösliches Pulver, das ein Gemenge von Sesquioxyd und Pentoxyd darstellt. Im gepulverten Zustande verbrennt es im Chlorgase ohne äußere Wärmezufuhr zu Antimonchlorid. Die Schmelze vermag Wasserstoffgas und Kohlenoxydgas zu absorbieren (nach H. Erdmann). Heiße Salzsäure löst unter Wasserstoffentwicklung das Antimon zu Antimontrichlorid; in heißer Schwefelsäure bildet sich weißes Antimonsulfat.

Vor dem Lötrohre einen starken weißen Beschlag gebend, der einen blauweißen Rand hat und aus Oktaedern oder rhombischen Nadeln besteht; über Schwefelammonium wird der Beschlag orangegelb, in der Reduktionsflamme verschwindet der Beschlag allmählich und färbt die Flamme schwach grünlichblau. Auch ein starker weißer Rauch, der bei der Beschlagbildung aufsteigt, ist charakteristisch; leicht schmelzbar, liefert das Antimon eine Kugel, die beim Absetzen des Lötrohres weiter glüht und Rauch entwickelt. Im offenen Rohr erhält man ein weißes Sublimat.

Von den Legierungen des Antimons sind die mit Zinn und Blei am bekanntesten; durch den Zusatz von Antimon wird die Duktilität dieser Metalle herabgemindert, die Legierungen sind als Letternmetall, Britanniametall technisch gut bekannt.

Physikalische Eigenschaften.

Außer der in der Natur vorkommenden rhomboedrisch kristallisierenden Modifikation gibt es noch mehrere polymorphe Formen, die im Anhange an diese beschrieben werden. Die Eigenschaften dieser Modifikationen, des gelben Antimons, des schwarzen Antimons und des explosiven Antimons sind unter

---

[1]) G. F. Kunz, Am. Journ. **30**, 275 (1885).

den so überschriebenen Kapiteln zu suchen. **Die folgenden Daten beziehen sich auf rhomboedrisches Antimon.**

Spektrum. Über das Geißlerrohrspektrum liegen Arbeiten von Herpertz, über das Bogenspektrum von H. Kayser und R. Runge, über das Bogen- und Funkenspektrum von F. Exner und E. Haschek vor, das Funkenspektrum hat T. R. Thalén geprüft. Die stärksten Emmissionslinien liegen bei 231,159, 238,371, 252,860, 259,815, 277,002, 287,801, 302,991, — 600,47, 607,92, 612,97 $\mu\mu$.

In der Knallgasflamme gibt nach W. N. Hartley[1]) Sb ein schönes Bandenspektrum mit wenig Linien.

Atomgewicht. Als wahrscheinlich richtigste Zahl für das Atomgewicht des Antimons kann man 120,0 nach R. Brauner[2]) annehmen; diese Zahl kann sich durch neue Bestimmungen wohl um einige wenige Einheiten der ersten Dezimale erhöhen.

Härte. 3—3,5, spröde, leicht zu pulvern.

Glanz. Metallglänzend.

Farbe. Zinnweiß, bläulichweiß bis grau, undurchsichtig. Das Pulver ist dunkler gefärbt, wird nach G. Spring[3]) bei Druck wieder glänzend.

Strich. Hauptfarbe braunes Hellgrau, Nebenfarbe lila, mit Schwefel verrieben gelbbraun.

Spaltbarkeit. Vollkommen spaltbar nach c (0001), deutlich nach s (02$\bar{2}$1), undeutlich nach a (11$\bar{2}$0); die Teilbarkeit nach dem Rhomboeder e (01$\bar{1}$2) wurde bereits erwähnt und ist nach O. Mügge[4]) wohl auf Gleitung zurückzuführen.

Bruch. Der Bruch von künstlich dargestelltem Antimon ändert sich je nach Reinheit und Abkühlungsgeschwindigkeit. Langsam erstarrtes und reines Sb hat einen blättrigen Bruch, rasch erstarrtes einen körnigen Bruch.

Dichte. Die Dichte wurde von R. F. Marchand und Th. Scheerer[5]) mit 6,715 für 16° C, von Schröder[6]) im Vakuum mit 6,697 für 3,9° C, mit 6,713 für 14° C von A. Matthiessen,[7]) mit 6,705 für 3,75° C von W. P. Dexter[8]) festgestellt. Interessant sind die Versuche, die von G. Spring[9]) sowie von G. W. A. Kahlbaum, K. Roth und P. Siedler[10]) gemacht wurden; sie bestimmten an starken Drucken ausgesetzten Proben die Dichte und zwar fand G. Spring die Dichte vor der Pressung mit $\delta = 6,675$ für 15,5° C, nach einer 3 wöchentlichen Pressung unter 20,000 Atmosphären für 15° C den Wert 6,733, nach einer abermaligen 3 wöchentlichen Pressung den Wert 6,740 für 16° C. G. W. A. Kahlbaum, K. Roth und P. Siedler wandten einen Druck von 10,000 Atmosphären an und fanden die Dichte vor der Pressung mit 6,6178 für 20° C, nach der Pressung mit 6,6909 für die gleiche Tem-

---

[1]) W. N. Hartley, Ch. N. **67**, 269.
[2]) R. Brauner, Zu R. Abegg, Handb. d. anorg. Chem. III, **3**, 571 (1907).
[3]) G. Spring, Ann. chim. phys. [5] **22**, 186 (1881).
[4]) O. Mügge, N. JB. Min. etc. 1, 183 (1886).
[5]) R. F. Marchand und Th. Scheerer, Journ. prakt. Chem. **27**, 207 (1842).
[6]) Schröder, Pogg. Ann. **106**, 226 (1859).
[7]) A. Matthiessen, Pogg. Ann. **110**, 21 (1860).
[8]) W. P. Dexter, Pogg. Ann. **100**, 567 (1857).
[9]) G. Spring, Ber. Dtsch. Chem. Ges. **16**, 2723 (1883).
[10]) G. W. A. Kahlbaum, K. Roth u. P. Siedler, Z. anorg. Chem. **29**, 177 (1902).

peratur. R. F. Marchand und Th. Scheerer hatten angegeben, daß ein Druck von 75,000 kg die Dichte nicht zu ändern vermöge und hatten vor der Pressung die Dichte 6,715, nach der Pressung 6,714 gefunden. Den Bestimmungen von G. W. A. Kahlbaum, K. Roth und P. Siedler kommt der größte Wert zu, weil sie an destilliertem Material gemacht wurden. Bei der Temperatur des Schmelzpunktes fand G. Quincke[1]) für die Dichte den Wert 6,620, Toepler[2]) den Wert 6,410, bei 698° beträgt nach J. M. Guinchant und H. Chrétien[3]) die Dichte 6,55, bei 1156° nach denselben 6,45. F. Nies und A. Winkelmann[4]) berichteten, daß Kugeln aus ungeschmolzenem Antimon auf einer Antimonschmelze schwimmen, und wenn sie untergetaucht werden, wieder emporsteigen; nach F. Marx dehnt sich das Antimon beim Schmelzen nicht aus, während M. Toepler[2]) die Volumänderung des Antimons beim Schmelzen mit 1,4°/₀ oder $K_λ = 0,0222$ ccm pro Gramm angibt. Die Dichte der natürlichen Vorkommen schwankt je nach der Reinheit zwischen 6,6 und 6,8.

Ausdehnungskoeffizienten. H. Kopp[5]) fand den kubischen Ausdehnungskoeffizienten zu 0,000033 für die Temperaturen 12 bis 13° und 41 bis 43°, A. Matthiessen[6]) zu 0,003161 für Temperaturen zwischen 0° und 100°; für die kubische Ausdehnung hat er folgende Beziehungen angegeben:

$$V_t = V_0(1 + 10^{-4}.0,2770 + 10^{-6}.0,0397\ t^2),$$

worin V_t das Volumen bei der Temperatur t bedeutet. Diese Werte wurden als Mittelwerte von je 3 Versuchen an 2 Stücken bei Temperaturen von 12°, 57°, 97°, und 11°, 61° und 98° erhalten; die Stücke waren, um vor chemischen Veränderungen geschützt zu sein, mit Gold überzogen. Die linearen Ausdehnungskoeffizienten sind öfters bestimmt worden, besonders hat H. Fizeau[7]) eingehende Daten ermittelt; er fand „an Rhomboedern von 117°40'" in der Richtung der Rhomboederachse für den Koeffizienten $α$ der linearen Ausdehnung den Wert 0,00001692 für 40° C, 0,00001683 für 50° C, in der Richtung senkrecht zur Rhomboederachse die Werte 0,00000882 für 40° C, 0,00000895 für 50° C, daraus ergibt sich ein mittlerer Wert für $α$ von 0,00001152 für 40° C und 0,00001158 für 50° C. Den Quotienten $\frac{Δα}{Δ\Theta}$ bestimmte er zu — 0,0000000094 für die Richtung der Rhomboederachse

und 40° C, für die Richtung senkrecht dazu beträgt $\frac{Δα}{Δ\Theta} = -$ 0,0000000134, daraus ergibt sich ein mittlerer Wert von — 0,0000000058; die Verlängerung der Längeneinheit bei der Erwärmung von 0° auf 100° berechnete er zu 0,001683 für die Richtung der Rhomboederachse und zu 0,000895 für die Richtung senkrecht dazu; der mittlere Wert beträgt 0,001158. Die Werte a und b in der Formel für die Längenänderung: $L = L_0(1 + a\Theta + b\Theta^2)$, worin L die Länge bei der Temperatur Θ darstellt, betragen für die Richtung der Rhomboederachse: $a = 0,0000173 0$, $b = -$ 0,0000000047, für die Richtung senkrecht dazu $a = 0,0000082 8$, $b = -$ 0,0000000067. Weitere Bestimmungen

---

[1]) G. Quincke, Pogg. Ann. **135**, 621 (1868).
[2]) M. Toepler, Ann. d. Phys. [3] **53**, 343 (1894).
[3]) J. M. Guinchant und H. Chrétien, C. R. **142**, 709 (1906).
[4]) F. Nies und A. Winkelmann, Pogg. Ann. **249**, 70 (1881).
[5]) H. Kopp, Ann. d. Chem. u. Pharm. **81**, 1 (1852); Pogg. Ann. **86**, 156 (1852).
[6]) A. Matthiessen, Pogg. Ann. **130**, 50 (1867).
[7]) H. Fizeau, C. R. **68**, 1125 (1869); Pogg. Ann. **138**, 26 (1869).

rühren von F. Crace-Calvert, R. Johnson und G. Cl. Lowe[1]) her, welche den Wert α zu $\alpha = 0,00098$ fanden. A. Matthiessen[2]) hat den linearen Ausdehnungskoeffizienten zu 0,00000976 angegeben (für 20° C).

A. Schrauf[3]) hat die Zahlen der Parameter und der Ausdehnungskoeffizienten in eine Beziehung zueinander gebracht, und zwar verhalten sich die Werte der Ausdehnungskoeffizienten für die Richtung in der Rhomboederachse und senkrecht dazu zueinander wie $3c$ zu $2a$, wenn a und c die Parameter darstellen; würde R des Antimons als $\frac{2}{3} \cdot R$ angenommen, so wäre das Verhältnis $c : a$ (C. Hintze).[4])

Spezifische Wärme. Über dieses Kapitel liegen außerordentlich viele Angaben vor. Soweit nicht anderes angegeben, gelten die hier angeführten Werte für die mittlere spezifische Wärme c. Die älteste Angabe rührt von P. L. Dulong und B. Petit[5]) her, sie fanden die Zahl 0,0507. V. Regnault[6]) bestimmte die spezifische Wärme zu 0,05078 für die Temperaturen zwischen 12° und 97° C., M. E. Bède[7]) zu 0,04861 für Temperaturen zwischen 13° und 106°, zu 0,04989 für 15—27,5°, zu 0,00573 für 12—209°, H. Kopp[8]) fand die Werte 0,0518 und 0,0528, R. Bunsen[9]) den Wert zwischen 0° und 100°, L. Lorenz[10]) bestimmte die spezifische Wärme bei 0° zu 0,05162, bei 50° zu 0,05174, bei 75° zu 0,05070, L. v. Pebal und H. Jahn[11]) zu 0,0495 zwischen 0° und $+33°$, zu 0,0486 zwischen 0° und $-21°$, zu 0,0496 zwischen 0° und $-76°$ und zu 0,0499 zwischen $-21°$ und $-76°$. A. Naccari[12]) fand die Werte 0,05004 für den Bereich zwischen 15° und 99°, 0,05027 für 18 bis 172°, 0,05070 für 22 bis 251°, 0,05157 für 21 bis 322° und bestimmte den Quotienten

$$\frac{dQ}{dt} = \gamma \text{ zu } 0,048896 + 16,718 . 10^{-6} \ (t - 15);$$

L. Schüz[13]) erhielt die Werte 0,05060 und 0,05192, J. Laborde[14]) den Wert 0,0509, U. Behn[15]) die Werte 0,0484 für den Bereich zwischen $+18°$ und $-79°$, 0,0472 zwischen $+18°$ und $-186°$ und 0,0462 zwischen $-79°$ und $-186°$, G. W. A. Kahlbaum, K. Roth und P. Siedler[16]) haben die spezifische Wärme an destilliertem Material zu 0,0497 gefunden, nach einer Pressung unter 10000 Atmosphären zu 0,0496. W. Gaede[17]) erhielt für Sb von der Dichte 6,627 die Werte 0,050248 bei 17,1°, 0,050558 bei 33°, 0,050823 bei 47,2°, 0,051028 bei

---

[1]) F. Crace-Calvert, R. Johnson und G. Cl. Lowe, Proc. Roy. Soc. **10**, 315 (1859—60).

[2]) A. Matthiessen, Pogg. Ann. **130**, 50 (1867); in G. Landolt-Börnsteins Tabellen, 4. Aufl. 341 (1912).

[3]) A. Schrauf, Z. Kryst. **12**, 374 (1887).

[4]) C. Hintze, Handbuch der Min. **1**, 115 (1904).

[5]) P. L. Dulong u. B. Petit, Ann. chim. phys. [2] **7**, 146 (1818).

[6]) V. Regnault, Pogg. Ann. **51**, 44, 213 (1840).

[7]) M. E. Bède, Mémoires couronnés et Mém. d. Savants Étr. publ. par. l'Acad. **27**, 1855—56.

[8]) H. Kopp, Ann. d. Chem. 3. Suppl.-Band 1864 und 1865.

[9]) R. Bunsen, Pogg. Ann. **141**, 1 (1870).

[10]) L. Lorenz, Wied. Ann. **13**, 422 (1891).

[11]) L. v. Pebal u. H. Jahn, Wied. Ann. **27**, 584 (1886).

[12]) A. Naccari, Atti della R. Acad. di Torino **23**, 107 (1887).

[13]) L. Schüz, Wied. Ann. **46**, 177 (1892).

[14]) J. Laborde, Journ. de physique [3] **5**, 547 (1896).

[15]) U. Behn, Ann. d. Phys. [4] **1**, 257 (1900).

[16]) G. W. A. Kahlbaum, K. Roth u. P. Siedler, Z. anorg. Chem. **29**, 177 (1902).

[17]) W. Gaede, Phys. Zeitschr. **4**, 105 (1902).

748 H. MICHEL, GEDIEGEN ANTIMON.

62,4°, 0,051160 bei 77,3°, 0,051321 bei 92,5°; H. John[1]) hat besonders eingehende Messungen durchgeführt und dabei nach der Mischungsmethode folgende Werte erhalten:

Spez. Wärme	Zwischen
0,049315	− 72 und 12,1—14,1°
0,049368	− 21 „ 14,7—15,4
0,049517	+ 55 „ 21,0—22,4
0,049804	+ 100 „ 23,8—24,5
0,049580	+ 150 „ 26,6—28,1
0,049940	+ 201 „ 22,5—26,9
0,050161	+ 254 „ 23,4—26,5
0,050205	+ 303 „ 22,3—26,0
0,050220	+ 350 „ 24,4—28,3
0,050336	+ 404 „ 18,7—26,3
0,050388	+ 447 „ 21,2—24,1
0,050496	+ 500 „ 25,8—27,3
0,050617	+ 550 „ 24,6—28,1
0,059724	+ 600 „ 26,1—27,5
0,050834	+ 625 „ 27,1—28,4

Allgemein gilt die Beziehung für die Temperaturen zwischen 22^0 und T^0.

$$c = 0,04941078 - 0,0_5 13097\,(T - 22) - 0,0_8 5171207\,(T - 22)^2 + 0,0_{10} 245733\,(T - 22)^3.$$

$$\frac{dQ}{dt} = \gamma = 0,04941078 = 0,0_5 26164\,(T - 22) - 0,0_7 155136\,(T - 22)^2 + 0,0_{10} 982932\,(T - 22)^3.$$

H. Schimpff[2]) fand für die Temperaturen zwischen 17^0 und 100^0 den Wert 0,0503, für 17^0 bis -79^0 den Wert 0,04825, für 17^0 bis -190^0 den Wert 0,04502. Th. W. Richards und F. G. Jackson[3]) ermittelten den Wert für Temperaturen zwischen $20,6^0$ und $-186,3^0$ zu 0,0469.

Oxydationswärme. Nach W. G. Mixter[4]) ist die Bildung von Sb_2O_3 aus $3\,[Sb] + 3\,(O)$ von einer Wärmetönung von 163,0 kg cal. pro Grammolekel begleitet; bei der Bildung von Sb_2O_4 aus $2\,[Sb] + 4\,(O)$ tritt eine Wärmetönung von +209,8 kg cal. und bei der Bildung von Sb_2O_5 aus $2\,[Sb] + 5\,(O)$ eine solche von +229,6 kg cal. ebenfalls pro Grammolekel auf.

Wärmeleitfähigkeit. Guter Wärmeleiter; die absolute Wärmeleitfähigkeit K wurde von A. Berget[5]) für den Bereich zwischen 0^0 und 30^0 zu 0,042, von L. Lorenz[6]) für 0^0 zu 0,0442 und für 100^0 zu 0,0396 gefunden. Der Temperaturkoeffizient α der Wärmeleitungsfähigkeit beträgt nach L. Lorenz[6]) für Sb $\alpha = -0,001041$. E. Jannetaz[7]) hat das Achsenverhältnis der Isothermellipse, welches der Quadratwurzel aus dem Verhältnis der Leitungsfähigkeiten gleich-

[1]) H. John, Vierteljahrschrift d. naturf. Ges. Zürich **53**, 186 (1908).
[2]) H. Schimpff, Z. f. phys. Chem. **71**, 257 (1910).
[3]) Th. W. Richards u. F. G. Jackson, Z. f. phys. Chem. **70**, 414 (1910).
[4]) W. G. Mixter, Am. Journ. [4] **28**, 108 (1909).
[5]) A. Berget, C. R. **110**, 76 (1890).
[6]) L. Lorenz, Vidensk. Selsk. Skriften, nat. og math. Afd. Kopenhagen (6) II, 37 (1881—86); Wied. Ann. **13**, 422, 582 (1881).
[7]) E. Jannetaz, Bull. Soc. min. **15**, 136 (1892).

kommt, angegeben zu $\sqrt{\dfrac{k\alpha}{k\gamma}} = 1{,}591$, worin $k\alpha$ die Wärmeleitungsfähigkeit in der Richtung der Basis, $k\gamma$ die in der Richtung der Hauptachse vorstellt. Das Antimon ist also thermisch negativ, die größere Achse geht der Basis parallel. Wird die Wärmeleitfähigkeit des Silbers gleich 100 gesetzt, so beträgt die des Antimons nach A. Matthiessen[1]) 26,5.

Schmelzpunkt. Zahlreiche ältere Bestimmungen wurden an unreinem Material durchgeführt und ergaben zu niedrige Werte; C. T. Heycock und F. H. Neville[2]) fanden 629,54⁰, A. Gautier[3]) 632⁰, R. Callendar[4]) 629,5⁰, L. Holborn und A. L. Day[5]) 630,5⁰, E. van Aubel[6]) 630⁰, H. Fay und H. E. Achley[7]) fanden als Erstarrungspunkt 624⁰, H. Chretien[8]) fand als Schmelzpunkt 628⁰; das Antimon ist einer großen Unterkühlung fähig und der Schmelzpunkt kann durch Zusätze sehr stark heruntergedrückt werden. So fand H. Pélabon[9]) die kryoskopische Konstante des geschmolzenen Antimons zu 1240.

Siedepunkt. Nach Carnelly und Williams[10]) siedet das Antimon bei gewöhnlichem Druck zwischen 1090⁰ und 1450⁰; bei 1437⁰ verdampft das Sb nach V. Meyer und H. Mensching[11]) lebhaft. Nach einer späteren Bestimmung von V. Meyer und H. Biltz[12]) liegt der Schmelzpunkt zwischen 1500⁰ und 1700⁰; es ist auch bei niederer Temperatur etwas flüchtig. Im Vakuum sind mehrfach Bestimmungen vorgenommen worden, so verflüchtigt sich nach E. Demarcay[13]) im Vakuum bei 292⁰ eine beträchtliche Menge, auch F. Krafft und L. Bergfeld[14]) beobachteten gleichfalls bei 290—292⁰ lebhafte Verflüchtigung im Vakuum des Kathodenlichtes, beim Steigen der Temperatur kommt ein deutlicherer Beschlag zustande. F. Krafft[15]) beobachtete bei 670⁰ im Vakuum einen reichlichen Beschlag, bei 775—780⁰ trat eine lebhafte Destillation ein.

Dampfdichte und Molekulargewicht. Nach Messungen von V. Meyer und H. Biltz[16]) beträgt die Dampfdichte bei 1437⁰ 12,31, bei 1572⁰ 10,74, bei 1640⁰ 9,78; für Sb_3 ist 12,43, für Sb_2 8,29 berechnet. Das Molekulargewicht ergibt sich für 1572⁰ mit 310, entsprechend $Sb_{2,96}$, für 1640⁰ mit 282, entsprechend $Sb_{2,68}$. J. M. Guinchant und H. Chretien[17]) fanden als Molekulargewicht des Sb in geschmolzenem Sb_2S_3 113. C. T. Heycock und Neville[18]) fanden durch Gefrierpunktserniedrigung in Cadmiumlösung den Wert Sb, in Bleilösung den Wert Sb_2.

---

[1]) A. Matthiessen, Ann. chim. phys. [3] **54**, 255 (1858).
[2]) C. T. Heycock u. F. H. Neville, Journ. chem. Soc. **67**, 186 (1895).
[3]) A. Gautier, C. R. **123**, 112 (1896).
[4]) R. Callendar, Phil. Mag. [5] **48**, 519 (1899).
[5]) L. Holborn u. A. L. Day, Ann. d. Phys. [4] **2**, 534 (1900).
[6]) E. van Aubel, C. R. **132**, 1266 (1901).
[7]) H. Fay u. H. E. Achley, Am. Journ. **27**, 95 (1902).
[8]) H. Chrétien, C. R. **142**, 1340 (1906).
[9]) H. Pélabon, C. R. **142**, 207 (1906).
[10]) Carnelley u. Williams, Journ. chem. Soc. **35**, 563 (1879).
[11]) V. Meyer u. H. Mensching, Ann. d. Chem. **240**, 321 (1887).
[12]) V. Meyer u. H. Biltz, Ber. Dtsch. Chem. Ges. **22**, 725 (1889).
[13]) E. Demarcay, C. R. **95**, 183 (1882).
[14]) F. Krafft u. L. Bergfeld, Ber. Dtsch. Chem. Ges. **38**, 258 (1905).
[15]) F. Krafft, Ber. Dtsch. Chem. Ges. **36**, 1704 (1903).
[16]) V. Meyer u. H. Biltz, Ber. Dtsch. Chem. Ges. **22**, 725 (1889).
[17]) J. M. Guinchant u. H. Chrétien, C. R. **138**, 1269 (1904).
[18]) C. T. Heycock u. F. H. Neville, Proc. chem. Soc. **49**, 158 (1890); **50**, 145 (1892).

H. v. Wartenberg[1]) fand für Sb bei der Temperatur 2070⁰. das Molekulargewicht zu 122—139.

Der „grüne Dampf" des Antimons ist nach G. Linck[2]) wahrscheinlich
fein verteiltes reguläres Antimon.

Thermoelektrisches Verhalten. Wie Th. Liebisch[3]) zusammengestellt hat,
fand J. Svanberg[4]), daß sich Stäbe parallel der kristallographischen Hauptachse negativer, Stäbe senkrecht zu dieser Richtung positiver als in irgend
einer anderen Richtung geschnittene Stäbe in der thermoelektrischen Reihe
erweisen; die thermoelektrische Kraft zwischen Stäben parallel und senkrecht
zur Hauptachse erweist sich als sehr bedeutend. Ein Stab in irgend einer
anderen Richtung oder ein Stab von körnig kristallinem Gefüge verhält sich
negativ gegenüber einem Stabe senkrecht zur Hauptachse, und positiv gegenüber
einem Stabe parallel der Hauptachse.

R. Franz[5]) hat die Thermoströme geprüft, welche beim Zusammenlegen
verschieden orientierter Würfel und Erwärmen der Berührungsfläche entstehen.
Fallen die Berührungsflächen der beiden Würfel in die Zone der Vertikalachse, so entsteht kein Thermostrom; kommt dagegen die Basis *c* mit irgend
einer dazu geneigten Fläche in Berührung, so entsteht ein Thermostrom, dessen
Maximum dann erreicht wird, wenn die Basis mit einer zur Hauptachse
parallelen Fläche zur Berührung kommt. Dabei fließt der Strom von jenem
Würfel, in dem die Richtung der Hauptachse der Stromrichtung parallel verläuft, zum anderen Würfel. Ch. Matteucci[6]) hat diese Angaben bestätigt,
A. Matthiessen[7]) wollte diese Erscheinungen quantitativ verfolgen, doch zeigen
die Zahlenangaben bedeutende Abweichungen.

W. H. Steele[8]) gibt die Thermokraft des Antimons gegen Platin für die
Temperatur von 100⁰ C mit 4,70 Millivolt an, wobei der Strom von der einen
auf 0⁰ gehaltenen Lötstelle zum Platin geht.

Elektrische Leitfähigkeit. Der reciproke Wert des in Ohm ausgedrückten
Widerstandes von einem Zentimeterwürfel (für Quecksilber bei 0⁰ = 1,063.10⁴)
beträgt für Antimon[9]):

$$
\begin{array}{lll}
\text{bei} - 190^0 & 9,56.10^4 \;\Big\} & \\
\quad\;\; - 79 & 3,568.10^4 \;\Big\} & \text{nach A. Eucken und G. Gehlhoff,}^{10}) \\
\qquad\;\;\; 0 & 2,565.10^4 \;\Big/ & \\
\qquad\;\;\; 0 & 2,61.10^4 & \text{nach A. Oberbeck und J. Bergmann,}^{11}) \\
\quad 0-30 & 2,48.10^4 & \text{nach A. Berget,}^{12})
\end{array}
$$

Schmelzpunkt, fest, 0,62.10⁴ nach L. de la Rive,[13])
flüssig 0,89.10⁴ nach L. de la Rive,[13])
860⁰ 0,83.10⁴ nach L. de la Rive.[13])

---

[1]) H. v. Wartenberg, Z. anorg. Chem. **56**, 320.
[2]) G. Linck, Ber. Dtsch. Chem. Ges. **32**, 894 (1899).
[3]) Th. Liebisch, Phys. Krystallographie 170 (1891).
[4]) J. Svanberg, C. R. **31**, 250 (1850); Pogg. Ann. Erg.-Bd. **3**, 153 (1853).
[5]) R. Franz, Pogg. Ann. **83**, 374 (1851); **85**, 388 (1852).
[6]) Ch. Matteucci, Ann. chim. phys. (3) **43**, 470 (1855).
[7]) A. Matthiessen, Pogg. Ann. **103**, 412 (1853).
[8]) W. H. Steele, Phil. Mag. [5[**37**, 218 (1894).
[9]) Werte nach H. Landolt-R. Börnsteins Tabellen, 4. Aufl., 1071 (1912).
[10]) A. Eucken u. G. Gehlhoff, Verh. d. Dtsch. phys. Ges. **14**, 169 (1912).
[11]) A. Oberbeck, u. J. Bergmann, Wied. Ann. **31**, 792 (1887).
[12]) A. Berget, C. R. **100**, 36 (1890).
[13]) L. de la Rive, C. R. **56**, 588 (1863).

Die elektrische Leitfähigkeit ist in folgender Weise von der Temperatur abhängig: $k_t = k_0 (1 + at + bt^2 + ct^3)$; die Zahlenwerte für a und b haben A. Matthiessen und M. v. Bose[1]) mit $a = -0,0039826$, $b = 0,000010364$ ermittelt. Der elektrische Leitungswiderstand in Ohm beträgt nach H. Landolt-Börnstein[2]) (der Widerstand eines Drahtes von 1 km Länge und 1 qmm Querschnitt beträgt $10^7 w$ Ohm) $10^7 w = 450$.

Verhalten im Magnetfelde. H. Knoblauch und J. Tyndall[3]) haben das Verhalten von verschieden orientierten Stäben von Antimon im Magnetfelde geprüft und gefunden, daß Antimon diamagnetisch negativ ist; diese Beobachtungen gelten nur für eisenfreie Kristalle, eine Beimengung von Eisen bewirkt ein abweichendes Verhalten. Es stellen sich Stäbe parallel der Hauptachse, die zwischen den zwei Polen eines Elektromagneten so aufgehängt sind, daß die Richtung der Hauptachse frei in der Horizontalebene schwingen kann, in die Verbindungsgerade der Pole; da Antimon diamagnetisch ist, folgt daraus, daß die Richtung der Hauptachse die der kleinsten diamagnetischen Induktion ist.

Magnetisierungszahl. St. Meyer[4]) bestimmte die Magnetisierungszahl mit $k = -2,28.10^{-6}$ für Antimon in Pulverform und $k = -33,1.10^{-6}$ für Antimon in kompaktem Zustande.

Atommagnetismus. St. Meyer[4]) fand die Zahl $k = -0,069.10^{-6}$ für Antimon in Pulverform und $k = -0,59.10^{-6}$ für Antimon in kompaktem Zustande.

Magnetische Susceptibilität. Diese wurde mehrfach bestimmt,[5]) und zwar ergibt sich die Größe $10^6 \varkappa_v$ mit $-3,8$ bis $-5,6$, die Größe $10^6 \varkappa_m$ mit $-0,57$ bis $-0,94$; ersteres ist die Susceptibilität, bezogen auf die Volumeinheit, letztere auf die Masseneinheit.

Brechungsindices und Absorptionsindices. G. Quincke,[6]) P. Drude,[7]) sowie G. Horn[8]) haben die Brechungsindices und Absorptionsindices gemessen und gefunden als Brechungsindices

	für die Linien	C	D	E	F	G des Spektrums
die Werte	N_ω (G. Quincke)	3,027	2,398	1,832	1,429	1,110
	N_ω (P. Drude)	3,17[9])	3,04	—	—	—
	N_ω (G. Horn)	2,965	2,571	1,962	1,578	1,246

als Absorptionsindices

	für die Linien	C	D	E	F	G
die Werte	k (G. Quincke)	1,490	1,899	2,329	2,762	2,937
	k (P. Drude)	1,56[9])	1,63	—	—	—
	k (G. Horn)	1,875	2,090	2,534	2,921	3,260

Die Dispersion des Antimons ist außerordentlich groß, die Dispersionskurve besitzt einen Wendepunkt.

---

[1]) A. Matthiessen und M. v. Bose in H. Landolt-R. Börnsteins Tabellen. 4. Aufl. 1090 (1912).
[2]) H. Landolt-R. Börnsteins Tabellen. 4. Aufl. 1118 (1912).
[3]) H. Knoblauch u. J. Tyndall, Pogg. Ann. **79**, 233; **81**, 481 (1850) auch in Th. Liebisch, Phys. Kryst. 1891, 191.
[4]) St. Meyer, Ann. d. Phys. [2] **68**, 325 (1899).
[5]) H. Landolt-R. Börnsteins Tabellen. 4. Aufl. 1241 (1912).
[6]) G. Quincke, Pogg. Ann. Jubelband, 336 (1874).
[7]) P. Drude, Ann. d. Phys. N. F. **39**, 481 (1890).
[8]) G. Horn, N. JB. f. Min. etc. Beil.-Bd. **12**, 341 (1899).
[9]) Für rotes Licht, dessen Wellenlänge etwas kleiner ist als die der Linie C.

Vorkommen in der Natur.

An sehr zahlreichen Fundorten auf Erzgängen in Begleitung von Silbererzen oder Antimonerzen, in Kalkspat, oft zusammen mit Antimonit vorkommend, bildet es meist dichte, feinkörnige oder blättrige Massen. Arsenerze sind
sehr häufige Begleiter des Antimons, die Paragenesis ist an einzelnen Fundorten
außerordentlich reich.

Künstliche Darstellung.

Im Hüttenbetrieb werden beim Schmelzen von Antimon sehr oft und
sehr leicht künstliche Kristalle von Antimon erhalten, an denen schon seit
langer Zeit kristallographische Messungen ausgeführt worden sind (G. Rose,
C. Marx, F. Hessel, Elsner, G. W. Zenger, H. Laspeyres). Von diesen
Beobachtungen sind am interessantesten die Beschreibungen eigentümlich ge-
strickter Formen, die durch Aneinanderreihung zahlreicher in der Größe abnehmender Rhomboeder nach ihren Endecken entstehen und als „Stern" auf
der Oberfläche des Regulus Antimonii beobachtet werden. J. P. Cooke[1])
erhielt durch Glühen von Antimonwasserstoff im Wasserstoffstrom Kristalle
von Antimon, Durocher[2]) reduzierte Antimonchlorür durch Wasserstoff bei
hoher Temperatur und fand hexagonale Prismen von Antimon vor. Aus einer
Lösung von Brechweinstein und Weinstein in Salzsäure und Wasser stellte
G. Gore[3]) ebenfalls kristallinisches Antimon dar.

Darstellung des Antimons für den Großbetrieb.

Von den zahlreichen im Großbetrieb verwendeten Methoden seien hier
nur einige wenige herausgegriffen, die in neuerer Zeit Verwendung finden.
Zumeist wird als Ausgangsprodukt Antimonglanz verwendet, der je nach Reinheit
durch Ausschmelzen von der begleitenden Gangart befreit, „gesaigert" wird
(Antimonium crudum). Durch Schmelzen mit Eisen unter Zusatz von geeig-
netem Schlackenmaterial sowie NaCl, Na_2CO_3, Na_2SO_4 und Kohle wird das
Antimon rein gewonnen. Auch durch Röstung des Antimonglanzes und Reduktion des Oxyds durch Kohle und Soda oder Na_2SO_4 wird metallisches
Antimon dargestellt. Das schön rote Antimonglas wird erhalten, wenn man
das Sb_2S_3 nicht vollkommen röstet und das Gemenge von Sb_2S_3 und Sb_2O_4
erhitzt. Auch auf wäßrigem Wege wird namentlich aus armen Erzen oder
Saigerrückständen metallisches Antimon dargestellt; es wird das Erz entweder mit
heißer HCl behandelt, aus der Lösung von $SbCl_3$ wird das Sb durch Fe oder
Zn ausgefällt und dann geschmolzen. Auch durch Behandlung mit Erdalkali-
sulfidlösungen oder Alkalisulfidlösungen und Ausfällen des Sb durch HCl aus
den Sulfantimonitlösungen werden Lösungen von $SbCl_3$ erhalten.

Das rohe Antimonmetall ist ungefähr 93—97%ig und wird durch Zusammenschmelzen mit Schwefelantimon und Soda gereinigt; Eisen, Kupfer,
Arsen gehen in die Schlacke, nur Blei ist auf diese Weise nicht zu entfernen.

Auf elektrolytischem Wege wird Antimon nach mehreren Verfahren gewonnen, deren Beschreibung hier zu weit führen würde (siehe K. Kraut-
J. F. Gmelin, Handbuch der anorg. Chemie III, 2, 649, 1908).

---

[1]) J. P. Cooke, Am. Journ. **31**, 191 (1861).
[2]) Durocher, C. R. **32**, 823 (1851).
[3]) G. Gore, Phil. Mag. **6**, 441 (1858).

Die in der Natur nicht vorkommenden polymorphen Modifikationen des Antimons.

Außer der rhomboedrischen Modifikation ist das Antimon noch in einer regulären gelben Form, in einer amorphen schwarzen Form und in einer sogenannten »explosiven« Form zu erhalten, die jedoch nicht in der Natur vorkommen.

Gelbes Antimon.

G. Linck[1]) vermutete die Existenz einer dem gelben Arsen entsprechenden regulären Antimonmodifikation im grünen Dampf des Antimons, als er das gelbe Arsen darstellte. In der Folgezeit haben A. Stock und O. Guttmann,[2]) sowie A. Stock und W. Siebert[3]) diese Modifikation gefunden und beschrieben. Man erhält sie, wenn man in flüssigen Antimonwasserstoff bei — 90° Luft oder Sauerstoff einleitet. Das bei dieser Temperatur ausfallende Antimon ist ein gelber Körper, der äußerst leicht in eine schwarze Form des Antimons übergeht; bei höheren Temperaturen schwärzt sich das gelbe Antimon sofort, ebenso bei Einwirkung des Lichtes. Es ist bedeutend instabiler als das gelbe Arsen und bedeutend schwieriger zu untersuchen, weil oberhalb — 90° sehr bald auch im Dunkeln eine Umwandlung zu schwarzem Antimon eintritt. Die Löslichkeit in Schwefelkohlenstoff ist bei — 90° sehr gering; steigt die Temperatur, so löst sich das abgeschiedene und bei niedriger Temperatur nicht gelöste gelbe Antimon mit intensiv gelber Farbe auf, es beginnt jedoch unmittelbar darauf die Abscheidung von schwarzem Antimon. A. Stock und W. Siebert haben gezeigt, daß die gelbe Farbe, die beim Erwärmen auftritt, nicht der Lösung von gelbem Antimon in Schwefelkohlenstoff zukommt, sondern der Umwandlung des gelben Antimons in schwarzes ihre Entstehung verdankt; und zwar ist die gelbe Flüssigkeit keine echte Lösung, sondern enthält nur unlösliches Antimon in kolloidem Zustande. Beim Filtrieren wird die Lösung farblos; die Löslichkeit ist in der Kälte sehr klein und wird erst bei einer Temperatur merklich, bei der die entstehende Lösung schon nicht mehr bestandfähig ist, sondern zunächst die gelbe, kolloide Lösung und dann den Niederschlag von rotem und unmittelbar darauf schwarz werdendem Antimon bildet.

Schwarzes Antimon.

A. Stock und W. Siebert[4]) haben eine schwarze Modifikation des Antimons gefunden, die durch Umwandlung aus der gelben Form, durch Einwirkung von Sauerstoff oder Luft auf flüssigen Antimonwasserstoff bei Temperaturen über — 90° und durch schnelle Abkühlung der Dämpfe des gewöhnlichen Antimons zu erhalten ist. Das schwarze Antimon ist amorph, hat eine Dichte von 5,3, ist chemisch aktiver, leichter flüchtig als das graue metallische Antimon und geht bei Erwärmen unter Luftabschluß in dieses über; diese Umwandlung erfolgt bei 400° momentan, erfolgt aber auch bei

[1]) G. Linck, Ber. Dtsch. Chem. Ges. **32**, 894 (1899).
[2]) A. Stock u. O. Guttmann, Ber. Dtsch. Chem. Ges. **37**, 899 (1904).
[3]) A. Stock u. W. Siebert, Ber. Dtsch. Chem. Ges. **38**, 3840 (1905).
[4]) A. Stock u. W. Siebert, l. c.

längerem Kochen ·mit Wasser und ist mit Wärmeentwicklung verbunden. Nach A. Stock und W. Siebert ist die Umwandlung monotrop.

Bereits früher hatten R. Böttger,[1]) P. Lebeau[2]) schwarz aussehende Modifikationen erhalten, doch liegen nach A. Stock und W. Siebert Gemische von schwarzem und grauem Arsen vor.

Explosives Antimon.

G. Gore[3]) entdeckte im Jahre 1855 eine Modifikation des Antimons, welche mit irgend einem harten Gegenstand gekratzt, explodiert, wobei Wärme entwickelt wird und weiße Nebel entstehen; es tritt auch durch lokale Erwärmung die Explosion ein. R. Böttger,[4]) F. Pfeifer[5]) haben später Beiträge zu der Frage der Ursachen dieser Explosionsfähigkeit geliefert, in letzter Zeit ist durch die Arbeiten von E. Cohen und W. E. Ringer,[6]) sowie von E. Cohen, E. Collins und Th. Strengers[7]) und E. Cohen und Th. Strengers[8]) die Natur dieser Modifikation aufgeklärt worden. Man erhält das explosive Antimon durch Elektrolyse von wäßrigen Lösungen von $SbCl_3$, $SbBr_3$, SbJ_3 in den wäßrigen Lösungen der korrespondierenden Halogenwasserstoffsäuren; als Kathode wird zweckmäßig ein Platindraht verwendet, als Anode ein Antimonstab; um den Platindraht bildet sich dann eine Schicht explosiven Antimons. Wie E. Cohen und seine Mitarbeiter eingehend nachgewiesen haben, sind die explosiven Formen des Antimons feste Lösungen von $SbCl_3$, $SbBr_3$, SbJ_3 in einer von ihnen α-Antimon genannten Modifikation; der Gehalt von $SbCl_3$, $SbBr_3$, SbJ_3 steht in keinem direkten Zusammenhang mit der Explosivität; es finden sich nach der Explosion dieselben Stoffe wieder, nunmehr in fester Lösung in gewöhnlichem Antimon. Die Menge der in fester Lösung beigemengten Stoffe schwankt; E. Cohen und seine Mitarbeiter geben zahlreiche Konzentrationen zahlenmäßig an. Bei der Elektrolyse von $SbBr_3$- und SbJ_3-Lösungen entsteht bei allen Konzentrationen explosives Antimon, $SbCl_3$-Lösungen liefern solches nur in dem Konzentrationsintervall von 10 bis 86% $SbCl_3$. Fällt die Konzentration unter 10 Gew.-Proz. $SbCl_3$, so entsteht ein Körper, den E. Cohen und Th. Strengers als „nichtexplosives" Antimon bezeichnen und der eine feste Lösung von $SbCl_3$ in gewöhnlichem Antimon darstellt. Das α-Antimon verhält sich dem gewöhnlichen Antimon gegenüber wie eine monotrope Modifikation.

Die Dichte schwankt je nach den in fester Lösung vorhandenen Stoffen; G. Gore gibt 5,74—5,83 an, F. Pfeifer 5,64—5,907; die spezifische Wärme des explosiven Antimons beträgt vor der Explosion 0,06312, nach der Explosion beträgt sie 0,0543, wie G. Gore angibt; L. v. Pebal und H. Jahn[9]) fanden die spezifische Wärme zu 0,0540 zwischen — 75° und — 21°, zu 0,0516 zwischen — 21° und 0°, zu 0,0559 zwischen 0° und + 38°. Die Explosionswärme fand L. v. Pebal für 1 g zu 21 cal., E. Cohen und Th. Strengers

[1]) R. Böttger, Z. phys. Ver. Frankfurt 1878/79, 16.
[2]) P. Lebeau, C. R. **134**, 231, 284 (1902).
[3]) G. Gore, Phil. Mag. [4] **9**, 73 (1855).
[4]) R. Böttger, Pogg. Ann. **97**, 334 (1856) und **104**, 292 (1858).
[5]) F. Pfeifer, Ann. d. Chem. **209**, 161 (1881).
[6]) E. Cohen u. W. E. Ringer, Z. f. phys. Chem. **47**, 1 (1904).
[7]) E. Cohen, E. Collins u. Th. Strengers, Z. f. phys. Chem. **50**, 291 (1905).
[8]) E. Cohen u. Th. Strengers, Z. f. phys. Chem. **52**, 129 (1905).
[9]) L. v. Pebal u. H. Jahn, Ann. d. Phys. **27**, 602 (1886).

geben 19,4 cal und 19,6 cal. an; ganz ähnliche Werte erhielten E. Cohen und Th. Strengers auf indirektem Wege durch Beobachtungen der Wärmetönungen von explosivem Antimon und explodiertem Antimon bei einzelnen Reaktionen. Die Umwandlung des explosiven Antimons in gewöhnliches ist mit einer Volumenabnahme von 0,0047 ccm pro Gramm verbunden; die Potentialdifferenz in einer Kette von explosivem Antimon aus 18%iger $SbCl_3$-Lösung und gewöhnlichem Antimon betrug 17,4 Millivolt. Das aus Lösungen von $SbBr_3$ und SbJ_3 gewonnene explosive Antimon ist weniger explosiv, sowie etwas leichter als das aus Lösungen von $SbCl_3$ enthaltene; zur Erzeugung der Explosion ist ein Erhitzen auf 120^0 ($SbBr_3$) und 170^0 (SbJ_3), oder Berühren mit einem glühenden Drahte nötig. Alle Arten von explosivem Antimon wandeln sich mit der Zeit in gewöhnliches Antimon um und verlieren ihre explosiven Eigenschaften.

Nach E. Jordis[1]) könnte das explosive Antimon eine Legierung von Antimon mit einer metallischen Modifikation von Cl sein, bei deren Umwandlung in die metalloide die Explosion und die Bildung von $SbCl_3$ stattfindet. A. Stock und W. Siebert[2]) vermuteten, daß ihr schwarzes Antimon mit dem explosiven Antimon identisch sein könnte.

Kolloides Antimon.

Wie A. Lottermoser[3]) ausführt, hat The Svedberg[4]) einen Isobutylalkohol des Antimons gewonnen, welcher im durchfallenden Lichte braunrot, im auffallenden Lichte schwarz erscheint und sich nur ungefähr 20 Stunden hält; auch ein Äthyläthrosol ist von ihm dargestellt worden.

Andere Modifikationen.

F. Hérard[5]) erhielt durch Erhitzen von Sb im Stickstoffstrom auf Dunkelrotglut ein Pulver, welches unter dem Mikroskop aus kleinen, rosenkranzartig gruppierten Kügelchen besteht; es enthält $98,7\%$ Sb, schmilzt bei 614^0 und hat eine Dichte von 6,22.

Das Verhältnis der Modifikationen zueinander.

Die stabilste Modifikation ist das rhomboedrische Antimon, die labilste das gelbe Antimon, das sich zunächst in das schwarze Antimon umwandelt; diese Umwandlung ist monotrop, ebenso die Umwandlung des schwarzen Antimons in das rhomboedrische. Auch die im explosiven Antimon vorliegende Modifikation α-Antimon ist labil, die Umwandlung zu rhomboedrischem Antimon ist gleichfalls monotrop. Das Endziel aller Umwandlungen ist stets das metallische, rhomboedrische Antimon; bei gewöhnlicher Temperatur sind alle anderen Modifikationen instabil.

[1]) E. Jordis, Z. f. Elektroch. **11**, 787 (1906).
[2]) A. Stock u. W. Siebert, l. c.
[3]) A. Lottermoser in R. Abegg, Handb. d. anorg. Chem. III, **3**, 578 (1907).
[4]) The Svedberg, Ber. Dtsch. Chem. Ges. **38**, 3619 (1905).
[5]) F. Hérard, C. R. **107**, 420 (1888).

48*

Antimonblei.

An künstlichen Kristallen aus der Hütte Münsterbusch wies H. Laspeyres[1]) nach, daß Blei und Antimon nicht isodimorph sind; er machte wahrscheinlich, daß das Blei als mechanische Beimengung vorhanden ist. C. Rammelsberg[2]) bezeichnet dagegen diese Kristalle als isomorphe Mischung von Blei und Antimon. Die Analysen von H. Laspeyres hatten folgende Zahlen ergeben:

	1.	2.
Pb	18,339	21,326
Fe	0,226	0,474
Zn	0,282	0,338
As	0,524	0,481
Sb	82,184	79,429
S	Spur	Spur
	101,555	102,048

Antimonoxyde.

Von H. Michel (Wien).

Ähnlich wie beim Arsen existieren zwar eine größere Anzahl von Oxyden, die chemisch darstellbar sind, in der Natur kommt jedoch nur das Antimontrioxyd vor, welches polymorph ist und in einer regulären Form, dem Senarmontit und einer rhombischen Form, dem Valentinit, auftritt. Das Antimontetroxyd kommt in wasserfreiem Zustande in der Natur als Cervantit vor, dieses Oxyd wird im Zusammenhang mit den wasserhaltigen Oxyden ähnlicher Zusammensetzung unter der Gruppe „Antimonocker" behandelt.

Antimontrioxyd (Sb_2O_3).

Nachdem F. Wöhler schon 1833 gezeigt hatte, daß das Antimontrioxyd dimorph sei und in einer regulären Form neben der rhombischen Modifikation auftreten könne, hat H. de Sénarmont 1851 das reguläre Oxyd in der Provinz Constantine in Algerien aufgefunden, E. S. Dana hat es Senarmontit genannt.

Senarmontit (Dana).

Synonym: Antimoine oxydé octaédrique (H. de Sénarmont).
Regulär, in oktaedrischen Kristallen, auch dicht, körnig.
Analysen.

	1.	2.
Sb	84,0	83,32
O	16,0	16,68
Pb	Spur	
	100,00	100,00

1. Senarmontit von Constantine; anal. Rivot, Ann. chim. phys. **31**, 504 (1851).
2. Theoretische Zusammensetzung.

[1]) H. Laspeyres, Z. Dtsch. geol. Ges. **27**, 608 (1875).
[2]) C. Rammelsberg, Krist.-phys. Chemie I, 110 (1881).

Chemische Eigenschaften. Ist in Wasser nahezu unlöslich, in Salzsäure löslich, gibt im Kölbchen ein Sublimat und ist hier wie vor dem Lötrohre leicht schmelzbar. Der Antimonrauch sowie der weiße Beschlag, der bei Behandlung in der Reduktionsflamme diese randlich bläulichgrün färbt, sind bezeichnende Merkmale.

A. Schuller[1]) hat durch Sublimationsversuche gezeigt, daß der Senarmontit nahezu reines Sb_2O_3 ist; die Sublimation ist vollständig, es bleibt kein Rückstand.

Physikalische Eigenschaften. Das Mineral ist metallglänzend bis fettglänzend, farblos bis grauweiß durchsichtig, besitzt weißen Strich, unebenen Bruch, ist sehr zerbrechlich und deutlich nach dem Oktaeder spaltbar. Beim Erhitzen wird das Mineral gelb, beim Erkalten wieder weiß. Die Härte liegt zwischen $2-2^1/_2$. Die Dichte beträgt $\delta = 5,22-5,30$ nach H. de Sénarmont, 5,20 nach A. Terreil, 5,57 nach F. Mohs; für künstliche Senarmontitkristalle ermittelte Boullay den Wert $\delta = 5,78$, A. Terreil den Wert $\delta = 5,11$, Playfair und J. Joule den Wert $\delta = 5,251$.

Die spezifische Wärme beträgt 0,090 09 für künstliche Kristalle bei Temperaturen zwischen $99-15^0$ nach V. Regnault,[2]) für geschmolzenes Sb_2O_3 hat F. Neumann[3]) den Wert 0,0927 für $17-19^0$ gefunden. Der kubische Ausdehnungskoeffizient beträgt nach H. Fizeau[4]) für 40^0 C

$$\alpha \text{ (cub)} = 0,000 025 01, \quad \frac{\varDelta \alpha}{\varDelta \Theta} = 0,000 000 064 3.$$

(nach K. Schulz, in Fortschr. der Min. etc. Jena **4**, 368 (1914)); Th. Liebisch[5]) gibt die von H. Fizeau erhaltenen Werte folgend wieder:

$$\alpha \text{ (lin)} = 0,000 019 63, \quad \frac{\varDelta \alpha}{\varDelta \Theta} = 0,000 000 005 7.$$

Die Lösungswärme in Flußsäure hat A. Guntz[6]) zu 9,5 cal. gefunden, durch Vergleich mit dem für Valentinit geltenden Wert 10,1 cal. kommt er zu dem Wert für die Umwandlungswärme, die 0,6 cal. beträgt. Das amorphe Antimonoxyd hat dieselbe Lösungswärme wie das rhombische. Der Senarmontit schmilzt bei schwacher Glühhitze zu einer gelblichgrauen Flüssigkeit, die erstarrte Schmelze hat asbestartige Struktur, ist seidenglänzend; bei höherer Temperatur verflüchtigt er sich leicht und sublimiert. Die Dampfdichte wurde von V. Meyer und H. Mensching[7]) bei 1560^0 mit $19,60-19,98$ gefunden, für das Molekül Sb_4O_6 berechnet sich dieselbe zu 19,90; H. Biltz[8]) wies nach, daß bei höheren Temperaturen eine Spaltung des Dampfes wahrscheinlich ist. Der Senarmontit leitet die Elektrizität nicht. Die Ätzfiguren mit erwärmter und nicht zu sehr verdünnter Salzsäure sind nach A. Grosse-Bohle[9]) gleichseitig-dreieckig begrenzte Eindrücke, die so auf den Oktaederflächen angeordnet erscheinen, daß sie mit ihren Spitzen gegen die

[1]) A. Schuller, Math. és term. tud. Ertesitö **6**, 163 (1884).
[2]) V. Regnault, Pogg. Ann. **53**, 60, 243 (1841).
[3]) F. Neumann, Pogg. Ann. **126**, 123 (1865).
[4]) H. Fizeau, C. R. **62**, 1101, 1133 (1866).
[5]) Th. Liebisch, Phys. Kryst. 1891, 92.
[6]) A. Guntz, C. R. **98**, 303 (1884).
[7]) V. Meyer u. H. Mensching, Ber. Dtsch. Chem. Ges. **12**, 1282 (1879).
[8]) H. Biltz, Z. f. phys. Chem. **19**, 385 (1896).
[9]) A. Grosse-Bohle, Z. Kryst. **5**, 229 (1881).

Kanten des Oktaeders gerichtet sind, jedoch verlaufen die Seiten den Oktaederkanten parallel.

Im Funkenspektrum des Senarmontits sind die Hauptlinien des Antimons, besonders im Rot, zu beobachten (A. de Gramont).[1]

Die Brechungsquotienten bestimmte A. Des Cloizeaux[2] zu $N = 2{,}073$
für rotes Licht und $N = 2{,}087$ für Natriumlicht. Über die optischen Anomalien, die am Senarmontit zu beobachten sind, liegen eine große Zahl von
Arbeiten vor; nach A. Des Cloizeaux[3] beobachtet man im konvergenten Lichte
Ringsysteme. Der Winkel der optischen Achsen nähert sich sehr 90[0], die
Achsenebene steht in der Regel senkrecht zu einer Rhombendodekaederfläche,
die Achsen treten fast senkrecht zu den Würfelflächen aus. E. Mallard[4]
erklärte den Senarmontit für pseudoregulär, ein Oktaeder besteht aus 48 triklinen Individuen; an Würfelflächen und Rhombendodekaederflächen beobachtete er Achtfelderteilung. A. Grosse-Bohle[5] beobachtete auf Würfel-,
Oktaeder- und Rhombendodekaederfläche Streifen sowie Felderteilung und
nimmt an, daß 12 monokline Einzelindividuen ein Oktaeder liefern. R. Prendel[6] hat eingehende Angaben über die optische Orientierung gemacht, und
kommt auf Grund seiner Beobachtungen zu dem Schluß, daß sechs rhombische
Individuen, welche nach einer Pyramidenfläche 111, mit den Parametern
$\sqrt{2} : 1 : \sqrt{2}$ verzwillingt sind, ein Oktaeder liefern. Die sechs Individuen sind
selbst wieder aus Zwillingslamellen aufgebaut. A. Schuller[7] kam auf Grund
des verschiedenen Verhaltens von Valentinit und Senarmontit beim Sublimieren
zu der Ansicht, daß beide chemisch verschieden seien, daß also nicht beide
Formen nur durch Verzwillingung der gleichen mindersymmetrischen Lamellen
entstehen können. R. Brauns[8] hat alle Ansichten zusammengefaßt, sie über-
prüft und kommt auf Grund seiner Beobachtungen zu dem Schluß, daß die
Annahme, es sei im Senarmontit eine rhombische Modifikation vorhanden,
sehr unwahrscheinlich ist, daß vielmehr der Senarmontit tatsächlich regulär sei,
sich jedoch in einem anomalen Zustand befinde; die Anomalien können durch
Druck dauernd erzeugt werden. Maßgebend für diese Anschauung waren Er-
hitzungsversuche, die ergaben, daß der Senarmontit beim Erwärmen isotrop
wird, beim Abkühlen jedoch isotrop bleibt. Durch Sublimation lassen sich
einfach-brechende reguläre Kristalle herstellen; es besteht also zweifellos Dimorphie. In der letzten Zeit hat J. Weber[9] sich mit dieser Frage beschäftigt, und ebenfalls einfach-brechende Oktaeder erhalten; aufhellende Senar-
montite entstehen nach ihm sowohl bei langsamem wie auch bei raschem Abkühlen.

Künstliche Darstellung.

Senarmontit ist durch Sublimation, durch Rösten von Antimonerzen, aus
Schmelzen von Antimon bei Luftzutritt leicht und oft erhalten worden;
namentlich im Hüttenbetriebe ist diese Darstellung oft geübt worden. Mehr-

[1] A. de Gramont, Bull. Soc. min. **18**, 232 (1895).
[2] A. Des Cloizeaux, Min. **2**, 330 (1893).
[3] A. Des Cloizeaux, Pogg. Ann. **126**, 410 (1865); **129**, 346 (1866).
[4] E. Mallard, Ann. min. X (1876).
[5] A. Grosse-Bohle, Z. Kryst. **5**, 222 (1881).
[6] R. Prendel, Tsch. Min. Mit. **11**, 7 (1889).
[7] A. Schuller, Math. es term. tud. Ertesitö 1886, 163.
[8] R. Brauns, Opt. Anomalien. Leipzig 1891, 190.
[9] J. Weber, Z. Kryst. **44**, 236 (1907).

fache technische Verfahren sind zur Darstellung des Sb_2O_3 aus gediegenem Antimon oder Antimonsulfid oder aus Salzen des Sb_2O_3 ausgearbeitet. Der Senarmontit bildet sich, wie A. Terreil[1]) zeigte und schon früher E. Mitscherlich, F. Wöhler, G. Rose gezeigt hatten, bei niederer Temperatur als der Valentinit; in einem Porzellanrohre wurden unter Durchleiten von trockener Luft 40 g Sb erhitzt; in der Nähe der Erhitzungsstelle bildete sich Valentinit, weiter weg davon Senarmontit, in der Mitte waren Valentinitkristalle zu beobachten, auf denen Senarmontitkristalle aufsaßen. Im Antimonbeschlag erkannte H. Fischer[2]) beide Modifikationen, und zwar bildet sich nach A. Schrauf[3]) bei der Abkühlung des geschmolzenen Antimons zuerst Valentinit, hernach Senarmontit bei niederer Temperatur. Auf wäßrigem Wege hat H. Debray[4]) schöne Kristalle erhalten, es ist nach ihm Senarmontit bei Temperaturen unter 100^0 zu erhalten, über 100^0 bildet sich Valentinit. E. Mitscherlich[5]) erhielt aus Lösungen von Antimonylkaliumtartrat durch Ammoniak, Kali- oder Natronlauge (nicht im Überschuß) oder durch Alkalicarbonate mikroskopische Oktaeder; der flockige Niederschlag, der sich in salzsauren Lösungen von $SbCl_3$ durch Alkalicarbonate bildet, wandelt sich beim Waschen und Trocknen in Oktaeder um. Durch Zusatz von heißer saurer Chloridlösung zu einer kochenden Lösung von Natriumcarbonat bildet sich das rhombische Oxyd. R. Pasteur[6]) hat frisch gefälltes Antimonoxychlorür mit einem Überschuß von Natriumcarbonat mehrere Tage digeriert und Kristalle von Senarmontit erhalten.

Vorkommen in der Natur. Die meisten natürlichen Vorkommen verdanken ihre Entstehung wohl oxydierenden Einwirkungen auf Antimon oder Antimonit; wieweit in der Natur auch die Bildung aus wäßrigen Lösungen oder durch Sublimation vorkommt, läßt sich schwer entscheiden. Zumeist sind Antimonerze (Antimon, Antimonocker, Antimonglanz) die Begleiter, nur selten (Nieddoris auf Sardinien) findet sich Senarmontit auf Quarz, Eisenspat aufsitzend; antimonhaltige Nickelerze begleiten dieses Vorkommen.

Valentinit (Haidinger).

Synonyma: Antimonblüte, Weißspießglanzerz, Antimonphyllit, Exitelit, Antimonspat.

M. Klaproth hat (1789) erkannt, daß dieses Mineral Antimonoxyd sei, bei A. Werner heißt es Weißspießglaserz, W. Haidinger hat es nach Basilius Valentinus benannt.

Rhombisch, säulenförmig, auch in büschelförmigen, fächerförmigen oder blättrigen Aggregaten, radialstrahlig angeordnet.

$$a:b:c = 0{,}391365:1 = 0{,}33666 \text{ (H. Laspeyres).}[7]$$

A. Brezina[8]) schreibt auf Grund einer anderen Flächenbezeichnung das Achsenverhältnis

$$a:b:c = 0{,}3925:1:0{,}4205.$$

[1]) A. Terreil, C. R. **62**, 302 (1866); Ann. chim. phys. [4] **7**, 350 (1866).
[2]) H. Fischer, Verh. k. k. geol. R.A. 1873, 255.
[3]) A. Schrauf, Z. Kryst. **20**, 433 (1892).
[4]) H. Debray, C. R. **58**, 1209 (1864).
[5]) E. Mitscherlich, Journ. prakt. Chem. **19**, 455 (1840).
[6]) R. Pasteur, Journ. Pharm. **13**, 395 (1848).
[7]) H. Laspeyres, Z. Kryst. **9**, 182 (1884).
[8]) A. Brezina, Ann. k. k. naturh. Hofm. Wien **1**, 135 (1886).

F. Millosevich[1]) kommt durch Messungen an Kristallen von S. Suergiu auf Sardinien zu dem Verhältnis

$$a:b = 0,391\,22:1;$$

die Vertikalachse wurde nicht ermittelt.

L. J. Spencer[2]) hat für Valentinit von Tatasi eine Fläche mit (554) nach H. Laspeyres als (111) angenommen und das Achsenverhältnis

$$a:b:c = 0,3938:1:0,4344$$

erhalten.

Analysen.

	1.	2.
δ	5,76	—
Sb	82,79	83,32
O (Differenz)	17,21	16,68
As	Spur	—
	100,00	100,00

1. Valentinit von Tatasi in Bolivien; anal. G. T. Prior, Min. Mag. **14**, 308 (1907).
2. Theoretische Zusammensetzung.

Eine von G. Suckow[3]) ausgeführte Analyse ergab, angeblich für Material von Wolfach in Baden die Zahlen:

Sb_2O_3 91,7, Sb 6,3, Fe_2O_3 1,2, SiO_2 0,8, Summe 100,0;

F. Sandberger[4]) vermerkt zu dieser Analyse, daß sie sich wegen des Gehaltes an metallischem Antimon schwer auf Wolfacher Material beziehen könne, wahrscheinlich habe Material von Allemont vorgelegen.

A. Schuller[5]) hat Valentinit von Příbram und von Algier untersucht und gefunden, daß ersterer nach seinem Verhalten bei der Sublimation nahezu reines Sb_2O_3 ist, nur blieb ein flockenartiger, sehr leichter Rückstand, der die ursprüngliche Form behielt und auch optisch anisotrop blieb. Da sich dieser Rückstand in Salzsäure leicht löste (für Senarmontit bezeichnend, während Valentinit unlöslich ist), schloß A. Schuller darauf, daß der Rest Senarmontit sei. Der Valentinit von Algier verhielt sich anders; im Vakuum verflüchtigt sich nur ein geringer Anteil, der dann in Salzsäure löslich ist, die Hauptmasse bleibt zurück, behält die ursprüngliche Form und gibt, mit reinem Antimon erhitzt, im Vakuum wiederum Sb_2O_3 ab. Daraus schließt A. Schuller, daß der Valentinit von Algier möglicherweise der Formel Sb_2O_4 entspricht.

Chemische Eigenschaften.

Valentinit wird von Reagenzien stärker angegriffen als Senarmontit; in Salzsäure ist jedoch Senarmontit löslich, der Valentinit unlöslich. Ammoniumsulfid färbt den Valentinit braun und löst ihn sodann; vor dem Lötrohre leicht schmelzbar, flüchtig, unter Bildung eines weißen Beschlages und Entwicklung von Antimonrauch.

[1]) F. Millosevich, R. Acc. d. Linc. **9**, I, 336 (1900).
[2]) L. J. Spencer, Min. Mag. **14**, 308 (1907).
[3]) G. Suckow, Verwitterung im Mineralr. 1848, 12.
[4]) F. Sandberger, N. JB. Min. etc. 1869, 316.
[5]) A. Schuller, Math. es term. tud. Ertesitö **6**, 163 (1888).

Physikalische Eigenschaften.

Das Mineral ist je nach dem Vorkommen weiß, farblos, gelblich, bräunlich, hellrot mit starkem Glanz, der auf der Ebene der Spaltbarkeit als Glasglanz oder manchmal als Diamantglanz zu bezeichnen ist, während die Prismen erster Art fettglänzend sind. Der Strich ist weiß, die Härte liegt zwischen 2 und 3. Die Spaltbarkeit ist vollkommen nach (110), die Spaltbarkeit nach (010) ist geringer.

Die Dichte wird mit 5,807 für das Vorkommen von Nieddoris auf Sardinien, mit 5,76 für Valentinit von Tatasi, von Fr. Mohs mit 5,56, von A. Terreil mit 5,70 angegeben; für künstlichen Valentinit gibt Boullay die Zahl 5,778, A. Terreil die Zahl 5,72 an. Die optische Orientierung gibt A. Des Cloizeaux[1]) folgend an: Achsenebene für rotes Licht gewöhnlich die Basis (001), der Achsenwinkel ist sehr klein, für blaues Licht die Längsfläche (010), während für gelbes Licht nahezu Einachsigkeit herrscht, Dispersion stark, $\varrho > v$; für andere Vorkommen (z. B. Příbram und Algerien) herrscht für rotes Licht nahezu Einachsigkeit, während für alle anderen Farben die Achsenebene senkrecht zur Basis verläuft, die Achsenwinkel sind klein, $\varrho < v$. Die erste Mittellinie verläuft parallel der a-Achse, der optische Charakter ist negativ. Bei Erwärmung auf etwa 75° nähern sich die Achsen für rotes Licht, während der Achsenwinkel für blaues Licht wächst. R. Brauns[2]) bestätigte diese Angaben, F. Millosevich[3]) fand an Valentinit von S. Suergiu die Achsenebene für rotes Licht parallel (001), für violettes Licht parallel (010), die Achsenwinkel sehr klein, die Dispersion $\varrho > v$; A. Pelloux[4]) fand an Valentinit von Cetine die Achsenebene parallel (001), den scheinbaren Achsenwinkel $2E =$ ungefähr 60°; für Material von Argentiera della Nurra fand A. Pelloux[5]) die gewöhnlichen optischen Eigenschaften. Valentinit leitet die Elektrizität nicht.

Künstliche Darstellung.

Beim Hüttenbetrieb, sowie auf Kohle vor dem Lötrohre werden leicht Valentinitkristalle erhalten; A. Arzruni[6]) hat hierfür ein Beispiel aus dem Antimonwerke Schlaining in Ungarn beschrieben. Dort hatten sich in den Röststadeln neben Senarmontit auch Valentinitkristalle gebildet. A. Terreils[7]) Versuche zur Bildung von Senarmontit und Valentinit wurden bei der künstlichen Darstellung des Senarmontits erwähnt. R. Brauns[8]) erhielt beim Erhitzen eines Spaltblättchens von Senarmontit bis zum beginnenden Schmelzen rings um das einfachbrechend gewordene Spaltblättchen lebhaft polarisierende Lamellen, ausgefranzt wie Schuppen von Schmetterlingsflügeln; in auffallendem Lichte sind sie trüb und grau, im durchfallenden hellbraun und von Spaltrissen durchzogen, zu denen die Blättchen parallel auslöschen. Die optischen Eigenschaften sind die des Valentinits. Ganz ebenso bilden sich aus ge-

[1]) A. Des Cloizeaux, Min. **2**, 332 (1893).
[2]) R. Brauns, Die opt. Anom. Leipzig 1891, 187.
[3]) F. Millosevich, R. Acc. d. Linc. **9**, 336 (1900).
[4]) A. Pelloux, R. Acc. d. Linc. **10**, 10 (1901).
[5]) A. Pelloux, R. Acc. d. Linc. (5) **13**, 34 (1904).
[6]) A. Azruni, Z. Kryst. **18**, 56 (1891).
[7]) A. Terreil, C. R. **62**, 302 (1866); Ann. chim. phys. [4] **7**, 350 (1866).
[8]) R. Brauns, Opt. Anom. Leipzig 1891, 186.

schmolzenem Valentinit solche künstliche Kristalle; aus geschmolzenem Antimon-oxyd (Senarmontit oder Valentinit) scheidet sich also die rhombische Modi-fikation aus. Sublimiert man Senarmontit, so erhält man zunächst reguläre Kristalle, erhitzt man stärker und länger, so entstehen mehr rhombische Kri-stalle, die dem Valentinit entsprechen; aus Valentinit bilden sich beim Subli-mieren zahlreiche rhombische Kristalle. In beiden Fällen waren im selben Präparat beide Modifikationen vorhanden.

J. Weber[1]) hat aus amorphem Sb_2O_3 durch Sublimation oktaedrische Kri-stalle wie auch spießige Kristalle erhalten, auch durch Erhitzen von Senarmontit erhielt er aus der Schmelze neben amorpher Masse und Oktaedern bei längerem Erhitzen auch spießigen Valentinit; aus geschmolzenem Valentinit kristallisiert Valentinit, in geringerer Menge Senarmontit. Bei erhöhter Temperatur nimmt die amorphe Substanz an Menge zu.

Auf wäßrigem Wege hat H. Debray[2]) Valentinit hergestellt, er bildet sich bei Temperaturen über 100°. Wenn Wasserdampf über Antimon geleitet wird, so zersetzt nach C. W. C. Fuchs[3]) letzteres bei starker Glühhitze das Wasser, es entwickelt sich Wasserstoff und es entstehen schöne Kristalle von rhombischem. Sb_2O_3. Gießt man eine kochend heiße salzsaure Lösung von $SbCl_3$ in eine kochend heiße Lösung von Alkalicarbonat, so erhält man nach E. Mitscherlich[4]) die rhombische Modifikation des Sb_2O_3. J. Weber[5]) hat über gepulverten Senarmontit und ebenso über gepulverten Valentinit Wasser-dampf geleitet und beim Eindampfen des in beiden Fällen bläulichen Filtrats jedesmal außer amorpher, weißer, undurchsichtiger Substanz Oktaeder sowie spießige Nadeln erhalten; es entstehen also auch beim Lösen einer Modifikation beide Formen nebeneinander.

Vorkommen in der Natur.

Der Valentinit tritt zumeist als Zersetzungsprodukt und Umwandlungs-produkt verschiedener Antimonerze auf Antimonerzgängen, in Begleitung von Bleiglanz, als Pseudomorphose nach Allemontit, jedoch auch in Quarzgeoden, in Gangquarz eingewachsen auf.

Das Verhältnis der beiden kristallinen Modifikationen des Sb_2O_3 zueinander.

Eine exakte Untersuchung über die Bildungsbedingungen des Senarmontits und des Valentinits sowie über ihre Existenzgebiete liegt nicht vor; für die Bildung des Valentinits ist, wie die Synthesen zeigen, höhere Temperatur nötig. Aus Schmelzen und Lösungen erhält man stets beide Modifikationen, dagegen ist die direkte Umwandlung einer Modifikation in die andere, ohne daß Schmelzung oder Lösung vorangegangen wäre, noch nicht beobachtet worden.

Anläßlich der Besprechung der optischen Anomalien des Senarmontits wurde erwähnt, daß mehrfach der Versuch gemacht wurde, Valentinit und Senarmontit als verschieden kompliziert verzwillingte Formen derselben in einem minder symmetrischen System kristallisierenden Primitivsubstanz auf-

[1]) J. Weber, Z. Kryst. **44**, 234 (1907).
[2]) H. Debray, C. R. **58**, 1209 (1864).
[3]) C. W. C. Fuchs, Die künstl. Min. 1872, 83.
[4]) E. Mitscherlich, Journ. prakt. Chem. **19**, 455 (1840).
[5]) J. Weber, Z. Kryst. **44**, 237 (1907).

zufassen; die neueren Untersuchungen sprechen eher für Polymorphie. A. Schuller will sogar eine chemische Verschiedenheit (mancher Valentinit soll Sb_2O_4 sein) annehmen.

Solange der Claudetit noch für rhombisch gehalten wurde, herrschte die Ansicht von einer Isodimorphie des As_2O_3 und Sb_2O_3; seit man erkannt hat, daß Claudetit monoklin ist, muß man diese Ansicht fallen lassen oder entsprechend modifizieren. Der Valentinit müßte entweder nach P. Groth als aus monoklinen Lamellen zusammengesetzt aufgefaßt werden, oder man müßte mit A. Schmidt die Auffindung einer monoklinen Modifikation von Sb_2O_3 und einer rhombischen Modifikation von As_2O_3 erwarten (vgl. „Claudetit“).

Amorphes Sb_2O_3.

Beim Schmelzen von Senarmontit und Valentinit erhält man, wie oben gezeigt wurde, ein amorphes Produkt neben dem kristallinen Anteil; dieses amorphe Produkt kommt in der Natur nicht vor. Es sublimiert beim Erhitzen, nimmt eine gelbe Farbe an, ist bei gewöhnlichem Drucke nicht zum Schmelzen zu bringen.

Antimonocker.

Von M. Henglein (Karlsruhe).

Synonyma: Cervantit, Stibiconit (Stiblith, Volgerit, Stibianit, Partzit, Stetefeldtit, Stibioferrit) und **Rivotit.**

Zu den Antimonockern stellen wir eine Anzahl von Mineralien, die sich hauptsächlich durch ihren Wassergehalt unterscheiden. Als Cervantit bezeichnen wir mit E. S. Dana den wasserfreien Antimonocker, während als Stibiconit die wasserhaltigen Varietäten zusammengefaßt sind. Je nach der Menge des Wassergehaltes und anderer Beimengungen sind in der Literatur besondere Mineralnamen aufgestellt worden. Diese sind jedoch vielfach zweifelhaft und mit großer Vorsicht zu behandeln.

Paragenesis. Die hier beschriebenen Antimonocker kommen als Umwandlungsprodukte von antimonhaltigen Mineralien, insbesondere der sulfidischen (Antimonit, Antimonfahlerz, Bournonit) häufig vor. Pseudomorphosen von Cervantit und Stibiconit, besonders nach Antimonglanz, wurden mehrfach beobachtet.

Cervantit (Spießglanzocker, Gelbantimonerz) kommt in wahrscheinlich rhombischen Nädelchen, sowie derb, als Überkrustung und pulverig vor. Die Farbe ist isabell- oder schwefelgelb, rosa bis weiß, der Strich gelblichweiß.

E. Bechi[1]) gibt vom Cervantit von Pereta in Toskana folgende Analyse:

O	. . . . .	19,47
Sb	. . . . .	78,83
Fe_2O_3	. . . .	1,25
Gangart	. . .	0,75
		100,30

---

[1]) E. Bechi, Am. Journ. **14**, 61 (1852).

Die chemische Formel ist Sb_2O_4, entsprechend $21,1\%$ O und $78,9\%$ Sb.

Cervantit ist auf Kohle leicht zu Metall reduzierbar, welches bei weiterem Blasen mit dem Lötrohre den Antimonoxydbeschlag liefert.

Die Härte liegt zwischen 4 und 5; die Dichte beträgt 4,08.

Stibiconit. Er hat fahlgelbe bis gelbe, auch weiße bis rötliche Farbe, und wurde von F. S. Beudant[1]) als selbständiges Mineral aufgestellt.

Analysen.

	1.	2.	3.
δ	5,28	5,58	5,07
O	19,54	19,85	20,00
Sb	75,83	76,15	75,00
H_2O	4,63	3,08	5,00
Unlösl. Rückst.	—	0,92	—
	100,00	100,00	100,00

1. Stibiconit (Stiblith) von Losacio, Spanien (?); anal. R. Blum und W. Delffs, Journ. prakt. Chem. **40**, 318 (1847).
2. Stibiconit von Sevier Co., Arkansas; anal. J. R. Santos, Chem. N. **36**, 167 (1877).
3. Stibiconit von Sonora in Mexico; anal. S. P. Scharples, Am. Journ. **20**, 423 (1880).

Die chemische Formel ist $Sb_2O_4 . H_2O$.

Als Stiblith bezeichnen R. Blum und W. Delffs[2]) einen Antimonocker (Analyse 1), dessen Wassergehalt nur sekundär beigemengt sein soll und der sich durch hohe Härte (5,5) auszeichnet. J. R. Santos hält den Stiblith für ein Gemenge von Cervantit und Stibiconit.

Volgerit (Cumengit) von weißer Farbe hat nach Cumenge die Zusammensetzung:

O	17,0
Sb	62,0
Fe_2O_3	1,0
H_2O	15,0
Gangart	3,0
	98,0

welche etwa der Formel $Sb_2O_5 . 4H_2O$ entspricht.

Der rotgelbe **Stibianit** hat nach W. H. Dougherty[3]) die Zusammensetzung:

Sb_2O_5	81,21	94,79
H_2O	4,46	5,21
Gangart	13,55	—
	99,22	100,00

welche auf die Formel $Sb_2O_5 . H_2O$ führt. Die Härte ist 5, die Dichte 3,67.

Partzit ist wohl ein Gemenge verschiedener Metalloxyde, namentlich von Cu_2O, Ag_2O und PbO mit Stibiconit von gelbgrüner bis dunkler Farbe.

---

[1]) F. S. Beudant, Min. **2**, 616 (1832).
[2]) R. Blum und W. Delffs, Journ. prakt. Chem. **40**, 318 (1847).
[3]) W. H. Dougherty bei E. Goldsmith, Proc. Ac. Philad. 1878, 154.

A. Arrents,[1]) der den Partzit von Blind Spring Mts. in Californien zuerst beschrieb, gibt die Härte zu 3—4, die Dichte zu 3,8 an.

Dem Partzit ähnlich scheint der **Stetefeldtit** zu sein, den E. Riotte[2]) beschreibt. Sein Gehalt an Ag beträgt über 23 %; eine Analyse gibt Stetefeldt. Diese sei aber wegen der Unwahrscheinlichkeit hier nicht angeführt. Stetefeldtit hat die Härte 4, die Dichte 4,12—4,24.

Der amorphe **Stibioferrit** E. Goldsmiths[3]) hat gelbe bis braune Farbe, hellgelben Strich; die chemische Analyse ergab:

$$\begin{array}{ll} Fe_2O_3 & 31,85 \\ SiO_2 & 8,84 \\ Sb_2O_5 & 42,96 \\ H_2O & 15,26 \\ Verlust & \underline{1,09} \\ & 100,00 \end{array}$$

Er ist in Salzsäure löslich, hat die Härte 4 und die Dichte 3,6. Stibioferrit kommt zu Santa Clara in Californien als Überzug vor. Arsenstibit ist nach Adam[4]) ein As_2O_3-haltiger Antimonocker.

Rivotit. H. Ducloux[5]) beschreibt eine amorphe, undurchsichtige, kompakte Masse von gelb- bis graugrüner Farbe und ebensolchem Strich von der Sierra del Cadi, Provinz Lerida.

Analyse.

$$\begin{array}{ll} CaO & Spuren \\ Ag_2O & 1,18 \\ CuO & 39,50 \\ Sb_2O_5 & 42,00 \\ CO_2 & \underline{21,00} \\ & 103,68 \end{array}$$

Die chemische Formel ist nach H. Ducloux $Sb_2O_5 + 4 \left.\begin{array}{l} Cu \\ Ag \end{array}\right\} OCO_2$.

Dieselbe ist aber nicht als sicher zu betrachten, da vielleicht ein Gemenge von Antimonocker mit Kupfercarbonat vorliegt.

Die Härte ist 3,5—4, die Dichte 3,55—3,62.

Analysenmethoden der Antimonate.

Von L. Moser (Wien).

Wenn auch einige Antimonate in 25 % iger oder stärkerer Salzsäure oder in Salpetersäure löslich sind, so kann dieser Weg der Aufschließung für die Antimonate nicht allgemein empfohlen werden, da er nur in ganz vereinzelten Fällen zum Ziele führt. So gelingt es z. B., den Stibiatil, Ferrostibian,

---

[1]) A. Arrents, Am. Journ. **43**, 362 (1867).
[2]) E. Riotte, Bg.- u. hütt. Z. **26**, 253 (1867).
[3]) E. Goldsmith, Proc. Ac. Philad. 1873, 366.
[4]) Adam bei A. Des Cloizeaux, Min. **2**, 334 (1893).
[5]) H. Ducloux, C. R. **78**, 1471 (1874).

Nadorit mit konzentrierter Salzsäure unter Zusatz von etwas Kaliumchlorat, den Ochrolith mit Salpetersäure und Weinsäure in Lösung zu bringen, vorausgesetzt, daß diese Mineralien im feinst gepulverten Zustande vorliegen. Die Operation wird am besten im Erlenmeyerkolben mit aufgesetztem Trichter in der Art ausgeführt, daß der Kolbeninhalt nicht bis zum Sieden erhitzt wird, weil sich sonst etwa vorhandenes Arsenchlorid verflüchtigen könnte und außerdem durch das Sieden eine zu rasche Verdünnung der Salzsäure bewirkt werden würde.   Nach vollständiger Entfernung des Chlors, welche am besten durch Einleiten von Kohlendioxyd vorgenommen wird, leitet man in die verdünnte Lösung der Chloride nach Zusatz von Weinsäure Schwefelwasserstoffgas bei 50⁰ so lange ein, bis alles Antimon als Sulfid gefällt ist, während Mangan und Eisen in Lösung bleiben (bei Stibiatil und Ferrostibian). Beim Nadorit scheidet sich auch noch Bleisulfid ab, seine Trennung von Antimontrisulfid geschieht durch Digerieren des Niederschlages in der Wärme mit Schwefelalkali, wodurch das letztere in Form seines Sulfosalzes in Lösung geht und durch Filtration vom Bleisulfid getrennt wird.   Die Bestimmung des Antimons in dem gefällten Sulfide kann auf folgende zwei Arten vorgenommen werden.

1. Bestimmung als Antimoniosulfid Sb_2S_3.

Der Niederschlag wird im Goochtiegel gesammelt, mit Wasser, Alkohol und Äther vollkommen gewaschen und schließlich wird er in einem kleinen Luftbade im Kohlensäurestrom auf 250—270⁰ so lange erhitzt, bis er in die schwarze körnige Modifikation übergegangen ist und keinen freien Schwefel mehr enthält.   Die Farbe des Antimontrisulfids muß rein schwarz sein; sollte sich an der Oberfläche desselben ein grauer bis weißer Beschlag zeigen, so war partielle Oxydation zu antimoniger Säure eingetreten, welche bei der erwähnten Temperatur flüchtig ist und so Anlaß zu Antimonverlusten gibt.   Es ist daher für das Gelingen der Bestimmung wesentlich, daß die angewandte Kohlensäure möglichst luftfrei ist.[1]

Der Gehalt an Antimon ergibt sich:

$$Sb_2S_3 \times 0,7142 = Sb.$$

2. Bestimmung als Sb_2O_4.

Das durch Fällung mittels Schwefelwasserstoff oder durch Ansäuern von Sulfosalzlösungen auf einem gewöhnlichen Filter erhaltene Schwefelantimon wird nach dem Trocknen möglichst vollständig vom Filter entfernt, letzteres für sich verascht und Asche samt Niederschlag in einen geräumigen Porzellantiegel gebracht, welcher mit einem durchlochten Uhrglase bedeckt ist.   Unter Lüftung desselben wird nun vorerst ganz wenig konzentrierte Salpetersäure ($D = 1,4$) zugegeben, der Vorgang mehrmals wiederholt, schließlich etwas rauchende Salpetersäure hinzugefügt, am Wasserbade bis zur Trockne eingedampft, wobei vollständige Oxydation des Schwefels eintritt und der Rückstand rein weiß wird.   Man erhitzt zuletzt über einem gewöhnlichen Brenner auf schwache Rotglut, wobei man Sorge tragen muß, daß eine Reduktion durch die Flammengase vermieden wird.   (Asbestring!)

$$Sb_2O_4 \times 0,7898 = Sb.$$

---

[1] Man erreicht dies in der Weise, daß man eine mit Natriumcarbonat alkalisch gemachte Ferrotartratlösung als Waschflüssigkeit vorschaltet.

3. Maßanalytische Bestimmung mittels n/10-Jodlösung.

Das Antimontri- oder -pentasulfid wird in konz. Salzsäure gelöst, die Lösung gekocht bis zur vollständigen Vertreibung des Schwefelwasserstoffs. Für die Bestimmung muß alles Sb als dreiwertiges Ion vorliegen. Man erreicht dies nach den Angaben von A. Kolb und R. Formhals[1]) am einfachsten dadurch, daß man mit schwefeliger Säure und Bromkalium im offenen Kolben längere Zeit erhitzt. Nach Verjagen der überschüssigen schwefeligen Säure fügt man Seignettesalz zu und übersättigt mit Natriumbicarbonat:

$$Sb_2O_3 + 4\,NaHCO_3 + 4\,J = Sb_2O_5 + 4\,NaJ + 4\,CO_2 + H_2O,$$

1 ccm n/10-Jodlösung entspricht 0,0072 g Sb_2O_3 oder 0,006 g Sb.

Die Bestimmung wird derart ausgeführt, daß man in möglichst verdünnter Lösung die Titration mit Jod und Stärkelösung als Indikator ausführt, bis die Flüssigkeit beim Umrühren den blauen Farbenton beibehält. Man kann auch einen Überschuß an Jodlösung anwenden und diesen mit n/10-As_2O_3-Lösung zurücktitrieren.

Mangan und **Eisen** sind in der salzsauren Lösung als Chloride im Filtrate von Schwefelantimon enthalten; nach Auskochen des gelösten Schwefelwasserstoffs wird die Lösung mit einigen Tropfen Salpetersäure oxydiert, um das gebildete Ferrosalz in die Ferristufe zu verwandeln und hierauf die Trennung der beiden Stoffe nach der basischen Acetatmethode durchgeführt. Das Eisen wird als Eisenoxyd Fe_2O_3 gewogen, während das Mangan nach Fällung desselben mit Bromwasser und Ammoniak als Mangansuperoxydhydrat am besten im Tiegel durch mehrmaliges Abrauchen mit Schwefelsäure in Mangansulfat verwandelt und als solches gewogen wird. Das Erhitzen des Mangansulfats geschieht am besten in einem kleinen Luftbade (größerer Porzellantiegel), in das mittels eines kleinen Nickeldrahtdreifußes der kleinere Tiegel mit Mangansulfat derart eingesetzt wird, daß beide Tiegelböden etwa 1 cm voneinander entfernt sind. Der äußere Tiegel kann auf schwache Rotglut erhitzt werden, ohne daß die Gefahr einer Dissoziation des Mangansulfats unter diesen Versuchsbedingungen besteht.

$$Fe_2O_3 \times 0,6994 = Fe. \qquad MnSO_4 \times 0,3638 = Mn.$$

Das Bleisulfid wird durch mehrmaliges Abrauchen mit Schwefel- und Salpetersäure in das Sulfat übergeführt, letzteres kann bis zur schwachen Rotglut erhitzt und als solches gewogen werden.

$$PbSO_4 \times 0,6831 = Pb.$$

Die meisten der erwähnten Mineralien sind in Säuren unlöslich und müssen daher durch Schmelzen mit Schwefel und Soda in Lösung gebracht werden. Am besten eignet sich hierzu ein möglichst homogenes Gemisch, welches aus gleichen Anteilen von Schwefel, Natrium- und Kaliumcarbonat besteht.

Die sehr fein gepulverte Probe (ca. 1 g) wird mit der 3- bis 4 fachen Menge dieses Aufschlußmittels innig gemengt in einen Porzellantiegel gebracht,

---

[1]) A. Kolb u. R. Formhals, Z. anorg. Chem. **58**, 189, 202 (1908).

das Gemisch noch mit einer Schicht von Natrium-Kaliumcarbonat überschichtet und der Tiegel mittels Deckel bedeckt. Das Erhitzen geschieht am besten derart, daß man vorerst die Wände des Tiegels anwärmt und erst nach 5—10′ auch den Boden erhitzt. Nach $^1/_2$—$^3/_4$ Stunden ist der Aufschluß in der Regel beendigt, man läßt erkalten und löst den Inhalt in warmem Wasser und filtriert. Das Filtrat enthält alles Antimon (eventuell auch Arsen und Zinn) als lösliches Sulfosalz, aus welchem es durch Zugabe von verdünnter Salzsäure als Sb_2S_3 ausgefällt und in der oben beschriebenen Weise bestimmt wird. Das Filtrat von Antimonsulfid enthält dann die vorhandene Kiesel-säure; durch Eindampfen der Lösung und Trocknen bei 115° kann sie als SiO_2 nach dem Glühen am Gebläse gewogen werden.

Sollte nach dem Aufschluß mit Alkalicarbonat-Schwefel viel in Wasser unlöslicher Rückstand hinterbleiben, so ist die Operation zu wiederholen. Jedenfalls bleiben die Sulfide von Pb, Cu, Ag, Hg, Fe, Mn und das Carbonat von Ca ungelöst zurück, da diese Stoffe keine löslichen Sulfosalze bilden. Je nach den vorhandenen Metallen werden dann spezielle Trennungsmethoden zum Ziele führen.

Da in Antimonmineralien sehr häufig Arsen vorhanden ist, so soll auf die genaue Ausführung dieser Trennung näher eingegangen werden. Hierzu eignet sich ein Verfahren, welches darauf beruht, daß eine Verflüchtigung des Arsens in salzsaurer Lösung bei Wasserbadtemperatur in Gegenwart von Methyl-alkohol im Luftstrome durchgeführt wird.[1])

Man bringt die Sulfide, welche nicht mehr als 0,22 g As enthalten sollen, in einen 300 ccm fassenden weithalsigen Kolben, löst sie in Salpetersäure unter Zusatz von Schwefelsäure und dampft letztere am Asbestteller bis auf einen kleinen Rest ab. Da das Arsen unter den Versuchsbedingungen nur in der dreiwertigen Form flüchtig ist, so werden nun 5—8 g Ferrosulfat als Re-duktionsmittel und 50 ccm konz. Salzsäure ($D = 1,19$) zugefügt. Der Kolben wird mit einem dreifach durchbohrten Kautschukpfropfen verschlossen, eine Bohrung dient zur Aufnahme des Lufteinleitungsrohres, eine zweite für die Aufnahme eines mit Glashahn absperrbaren Tropftrichters und die dritte zur Anbringung eines einfachen Destillieraufsatzes (Kugelform), wie er für die Ammoniakdestillation üblich ist. Der Kolben wird nun bis zum Ansatz des Halses in das Wasserbad getaucht, die Luftzufuhr durch einen Schrauben-quetschhahn abgestellt, der Kolbeninhalt nach ca. $^1/_2{}^h$ zum Kochen gebracht und 10′ darin erhalten. Als Vorlage wendet man zweckmäßig ein großes Becherglas an, in welches 200 ccm Wasser eingefüllt werden, die ständig durch frisches Wasser gekühlt werden. Es tritt Reduktion des Arseniions zu Arsenoion ein und nun erfolgt der erste Zusatz von 30 ccm Methylalkohol. Da beim Einfließenlassen desselben ein momentanes Abkühlen der heißen Flüssigkeit stattfindet, verhindert man ein mögliches Zurücksteigen der Vorlagenflüssigkeit durch kurze Einschaltung des Luftstromes. Es wird nun $^1/_4{}^h$ ohne, und $^1/_2{}^h$ im lebhaften Luftstrome gekocht, dann setzt man noch 20 ccm Methylalkohol zu, kocht $^1/_4{}^h$ und wiederholt denselben Vorgang, indem man noch $^1/_4{}^h$ erhitzt. Die Gesamtkochdauer beträgt $1^1/_2{}^h$, wobei ca. 1^h lang im Luftstrome erhitzt wird, in dieser Zeit geht alles Arsen in die Vorlage, während alles Antimon (und eventuell das Zinn) im Rückstande bleibt.

---

[1]) L. Moser und F. Perjatel, Monatsh. f. Chemie **33**, 449 (1912).

Die Bestimmung des Arsens erfolgt am einfachsten jodometrisch. Der Überschuß der Salzsäure wird am besten mit festem Natriumhydroxyd entfernt, dann schwach angesäuert, Natriumbicarbonat zugesetzt und die Titration so durchgeführt wie unter 3. beim Antimon beschrieben. Der Zusatz von Seignettesalz kann unterbleiben.

Das Antimon im Rückstande wird am einfachsten durch Schwefelwasserstoff gefällt und nach 1. oder 2. bestimmt.

Manche Erze lassen sich mit konzentrierter Schwefelsäure aufschließen, wenn unter bestimmten Bedingungen gearbeitet wird, die von A. H. Low[1]) ausgearbeitet wurden. Es wird 1 g des Erzes in einem Kjeldahlkolben von 150 ccm Inhalt mit 7 g $KHSO_4$, 0,5 g Weinsäure und 10 ccm konz. Schwefelsäure versetzt und zuerst vorsichtig über freier Flamme, dann mit der vollen Flamme eines Bunsenbrenners erhitzt, bis alle ausgeschiedene Kohle und auch der Schwefel vollständig oxydiert ist. Die Schmelze wird in dem schräg liegenden Kolben nach dem Erkalten mit 50 ccm Wasser, 10 ccm konz. Schwefelsäure und 3 g Weinsäure durch einige Minuten auf 80⁰ erhitzt. Nach Filtration vom Ungelösten, Waschen mit heißem Wasser wird das Filtrat auf 300 ccm verdünnt und Schwefelwasserstoff eingeleitet, wobei alles Arsen und Antimon als Trisulfide nebst den anderen durch Schwefelwasserstoff in saurer Lösung fällbaren Metallen ausfallen. Nun folgt die Extraktion der im Alkalisulfid unlöslichen Metallsulfide von Arsen und Antimon. Bei Anwesenheit geringer Mengen der ersteren genügt eine einmalige Extraktion, um Arsen und Antimon quantitativ als Sulfosalze in Lösung zu bringen. Das Filtrat wird in einem 300 ccm Kjeldahlkolben mit 3 g Kaliumhydrosulfat und 10 ccm konz. Schwefelsäure versetzt und zuletzt über freier Flamme so lange erhitzt, bis nur geringe Mengen freier Säure vorhanden sind. Die erkaltete Schmelze versetzt man mit 25 ccm Wasser und 10 ccm konz. Salzsäure und erwärmt bis zur vollständigen Lösung. Nach dem Abkühlen erfolgt ein Zusatz von 40 ccm ·konz. Salzsäure und Einleiten von Schwefelwasserstoff, wobei alles Arsen als Trisulfid gefällt, alles Antimon ins Filtrat geht. Das Filtrat wird mit dem doppelten Volumen Wasser verdünnt und nach Zusatz von Weinsäure die Fällung des Antimons, wie oben beschrieben, mit Schwefelwasserstoffgas vorgenommen und zur Wägung als Sb_2S_3 gebracht.

Es ist auch möglich, falls nicht mehr Antimon als 0,16—0,2 g vorliegen, das erhaltene Antimonsulfid elektrolytisch zu zersetzen und als Metall zu wägen. Hierzu wird das Sulfid in farblosem Schwefelnatrium gelöst und 50—70 ccm einer 25⁰/₀ igen Natriumsulfitlösung hinzugefügt, welche die Aufgabe hat, das Entstehen von Polysulfiden zu verhindern. Der Elektrolyt befindet sich in einer Classenschen Platinschale, welche als Kathode fungiert, die Stromstärke soll 0,25—0,3 Amp. und die Badspannung nicht über 2 Volt betragen. Der Niederschlag haftet unter diesen Arbeitsbedingungen ziemlich fest und kann nach Beendigung der Elektrolyse mit Wasser, Alkohol und Äther gewaschen werden.

Besser ist es, das Antimon als Amalgam nach dem Vorschlage Vortmanns abzuscheiden, weil dieses unbedingt fest haftet. Man nimmt am besten auf je einen Teil Antimon (nicht mehr wie 0,16 g Sb) 2 Teile Quecksilber. Das erstere muß in der Lösung in der höheren Oxydationsstufe vorhanden sein. Zu diesem Zweck wird vorerst mit Bromwasser oxydiert und

---

[1]) A. H. Low, Journ. Am. chem. Soc. **28**, 1715 (1906).

nach Verjagung des Überschusses von Brom, Natriumsulfid und etwas Natriumhydroxyd hinzugefügt und die Lösung der Elektrolyse unterworfen.

Statt der Klassenschale kann man auch vorteilhaft als Kathode die zuerst
von H. Paweck empfohlene Drahtnetzelektrode benutzen, immerhin ist die
elektrolytische Bestimmung des Antimons mit mancher Fehlerquelle behaftet
und ist ihr das maßanalytische Verfahren mit Jod bei weitem vorzuziehen.

Antimonate und Antimonite.
Von M. Henglein (Karlsruhe).

Calciumantimonate.

Atopit.

Regulär.
Analysen.

	1.	2.
(Na_2O) . . .	—	4,40
(K_2O) . . .	—	0,86
CaO . . .	18,05	17,65
MnO . . .	1,34	1,72
FeO . . .	3,04	2,54
Sb_2O_5 . . .	72,61	72,61
	95,04	99,78

1. u. 2. Atopit von Långban in Wermland; anal. A. E. Nordenskjöld, und zwar
1. mit Na_2CO_3 geschmolzen, 2. mit Wasserstoffgas reduziert. Das Mineral enthält auch
Spuren von Arsen.[1]

Chemische Formel. Infolge der Gegenwart verschiedener Basen entsprechen die Analysen nicht völlig der Formel $Ca_2Sb_2O_7$. A. E. Nordenskjöld
gibt die allgemeine Formel $\overset{II}{R}_2Sb_2O_7$ an. Da nicht unbeträchtliche Mengen
Natron enthalten sind, liegt nach P. Groth[2]) vielleicht ein Doppelsalz vor.

Chemisch-physikalische Eigenschaften. Atopit ist unlöslich in Säuren und
nur schwer durch Schmelzen mit Soda zersetzbar; durch Erwärmen im Wasserstoffgas wird die Antimonsäure leicht reduziert. Auf Kohle schmilzt Atopit
anfangs schwierig und gibt nach Reduktion zu metallischem Antimon den
weißen Antimonoxydbeschlag; zuletzt bleibt eine dunkle unschmelzbare
Schlacke übrig. Mit Soda auf Platin entsteht eine schwache Manganreaktion.

Die Härte ist 5,5—6, die Dichte 5,03.

Er ist halbdurchsichtig, fettglänzend und von gelb- bis harzbrauner Farbe.

Paragenesis. Atopit ist ein seltenes Mineral und kommt bei Långban
mit anderen Mangan- und Bleimineralien vor. Die in der Regel harzbraunen,
im Innern heller gefärbten oktaedrischen Kristalle sind in einem grauweißen
Hedyphan eingesprengt, welcher in kleinen Adern Rhodonit durchzieht.

---

[1]) A. E. Nordenskjöld, Geol. För. Förh. **3**, 376 (1876—77).
[2]) P. Groth, Phys. Krist. **2**, 788 (1908).

Romeït.

Synonym: Romeïn.

Tetragonal: $a:c = 1:1,0257$.

Die Kristallwinkel weichen nur wenig von denen des regulären Systems ab.

Analysen.

	1.	2.	3.
CaO	16,67	16,35	16,29
MnO	2,16	2,63	1,21
FeO	1,20	1,42	1,70
Sb_2O_3	79,31	78,60	36,82
(SiO_2)	0,64	0,97	0,96
Sb_2O_5	—	—	40,79
(Unlösl. Rückst.)	—	—	1,90
	99,98	99,97	99,67

1. u. 2. Romeït von Saint Marcel in Piemont; anal. A. Damour, Ann. Min. **20**, 251 (1841).

3. Ebendaher; anal. A. Damour, ebenda **3**, 183 (1853). Mittel aus drei Analysen.

Formel. Nach P. Groth[1]) wahrscheinlich $CaSb_2O_4$; A. Damour gibt auf Grund seiner Analyse (3) die Formel $3RO . Sb_2O_3 . Sb_2O_5 (R = Ca, Mn, Fe)$, entsprechend

RO	20,76
Sb_2O_3	37,65
Sb_2O_5	41,59
	100,00

Chemisch-physikalische Eigenschaften. Romeït ist unlöslich in Säuren; er ist schwer zu einer schwarzen Schlacke schmelzbar.

Die Härte ist 5,5, die Dichte 4,713.

Die Farbe ist hyazinthrot oder honiggelb.

Paragenesis. Romeït kommt bei S. Marcel in Piemont in Nestern oder Gruppen gehäuft im Feldspat oder im Marcelin mit Manganepidot, Quarz, Greenovit und Tremolit vor.

Schneebergit.

Schneebergit von der Blockleitner Halde am Schneeberg in Tirol wurde von A. Brezina[2]) beschrieben und so benannt. Eine quantitative Analyse liegt nicht vor. Als Hauptbestandteil fand H. Weidel[3]) Kalk und Antimon, daneben merkliche Mengen von Eisen und Spuren von Cu, Bi, Zn, Mg, SO_3.

A. Brezina hält den Schneebergit für vielleicht dimorph mit Romeït. Die $1/2$—1 mm großen Oktaeder sind honiggelb, durchsichtig und glas- bis demantglänzend. Nach P. Groth[4]) ist Schneebergit vielleicht identisch mit Atopit.

---

[1]) P. Groth, Übers. d. Min. 1889, 70.
[2]) A. Brezina, Verh. k. k. geol. R.A. 1880, 313.
[3]) H. Weidel, Verh. k. k. geol. R.A. 1880, 314.
[4]) P. Groth, Übers. d. Min. 1889, 73.

Chemisch-physikalische Eigenschaften. Schneebergit ist in Säuren unlöslich und nur durch fortgesetztes Schmelzen in kohlensaurem Natronkali aufschließbar. Vor dem Lötrohre ist er schmelzbar.

Die Härte ist 6,5, die Dichte 4,1.

Paragenesis. Schneebergit kommt nur auf Stufen nahe der Grenze von Kupferkies und Magnetit mit Anhydrit und Gips auf obengenannter Halde vor und scheint daselbst ein Neubildungsprodukt zu sein.

Manganantimonate.

Manganostibiit.

Die millimetergroßen rabenschwarzen Kristalle sind wahrscheinlich rhombisch.

Es liegt nur eine mit 0,54 g Substanz ausgeführte Analyse des Manganostibiits von Mossgrufvan in Wermland durch L. J. Igelström[1]) vor. Dort kommt das Mineral im Mangankalkspat vor.

Analyse.

CaO	3,62
MgO	3,00
FeO	5,00
MnO	55,77
As_2O_5	7,44
Sb_2O_5	24,09
	98,92

Formel. Der Analyse entsprechend $R_{10}(Sb, As)_2O_{15}$, wo $R = Mn$, Fe, Ca, Mg ist. L. J. Igelström glaubt aber richtiger $R_9(Sb, As)_2O_{14}$ annehmen zu dürfen.

Chemisch-physikalische Eigenschaften. Manganostibiit hat schwarze Farbe, fettigen Glanz und schokoladenbraunen Strich; er ist vollkommen opak.

Er schmilzt nur mit Soda und gibt auf Kohle den Antimonoxydbeschlag sowie den Geruch nach Arsensuboxyd. In der Boraxperle gibt er die rosa Manganfärbung; in Salzsäure ist er leicht und vollkommen zu einer durchsichtigen gelben Flüssigkeit löslich, während in Salpetersäure nur unvollständige Auflösung erfolgt.

Hämatostibiit.

Der Hämatostibiit ist nach dem optischen Befunde rhombisch; er wurde, aus der Eisenerzgrube Sjögrufvan im Bezirk Grythyttan in Örebro stammend, von L. J. Igelström[2]) beschrieben und analysiert.

---

[1]) L. J. Igelström, Öfv. af Ak. Förh. **4**, 89 (1884). Ref. Z. Kryst. **10**, 519 (1885).
[2]) L. J. Igelström, Bull. Soc. min. **8**, 143—145 (1885). Ref. Z. Kryst. **12**, 650 (1887).

Analyse.

$$\left.\begin{array}{l} \text{MgO} \quad . \quad . \quad . \quad . \\ \text{CaO} \quad . \quad . \quad . \quad . \end{array}\right\} \; 1{,}6$$

$$\text{FeO} \quad . \quad . \quad . \quad . \quad . \quad 9{,}5$$
$$\text{MnO} \quad . \quad . \quad . \quad . \quad 51{,}7$$
$$\underline{\text{Sb}_2\text{O}_5 \quad . \quad . \quad . \quad . \quad 37{,}2}$$
$$100{,}0$$

Die chemische Zusammensetzung ist also ähnlich der des Manganostibiits; nur der Eisengehalt ist höher. Die chemische **Formel** wäre: $8\,\text{RO}\,.\,\text{Sb}_2\text{O}_5$ oder $9\,\text{RO}\,.\,\text{Sb}_2\text{O}_5$.

Physikalische Eigenschaften. Hämatostibiit ist anscheinend schwarz, jedoch in dünnen Schichten blutrot durchsichtig. Die erste Mittellinie ist negativ und steht senkrecht zur vollkommenen Spaltbarkeit. Er hat kleinen Achsenwinkel und starken Dichroismus.

Paragenesis. Hämatostibiit findet sich mit Baryt und einer dem Chondroarsenit ähnlichen Substanz auf Klüften in derbem Tephroit, der mit verschiedenen anderen Manganmineralien in einem im Granulit eingelagerten Urkalk auf der Sjögrube in Örebro vorkommt.

Stibiatil.

Die prismatischen Kristalle sind nach L. J. Igelström[1]) wahrscheinlich monoklin. Von diesem wurde mit 0,4 g folgende approximative Analyse ausgeführt:

$$\text{FeO} \quad . \quad . \quad . \quad . \quad 26{,}00$$
$$\text{Mn}_2\text{O}_3 \quad . \quad . \quad . \quad 44{,}00$$
$$\underline{\text{Sb}_2\text{O}_5 + \text{H}_2\text{O} \quad . \quad . \quad 30{,}00}$$
$$100{,}00$$

Der Stibiatil ist somit ein wasserhaltiges Antimonat von Manganoxyd und Eisenoxydul.

Chemisch-physikalisches Verhalten. Vor dem Lötrohre schmilzt Stibiatil zu einer schwarzen Schlacke zusammen. Er löst sich schon in verdünnter Salzsäure auf; in konzentrierter Salzsäure wird die Lösung zuerst braunschwarz, herrührend von Manganoxyd; beim Erwärmen wird sie klar gelb.

Stibiatil hat rabenschwarze Farbe, ist metallglänzend, unmagnetisch und undurchsichtig auch in den kleinsten Körnchen. Die Härte ist 5—5,5.

Paragenesis. Nach L. J. Igelström ist Stibiatil immer in Polyarsenit eingewachsen und findet sich in Klumpen mit Tephroit und Calcit, die in der Hausmanniterzmasse der Sjögrube in Örebro Gänge und Adern von mehreren Zentimetern Mächtigkeit bilden.

Ferrostibian.

Ferrostibian ist nach L. J. Igelström[2]) wahrscheinlich monoklin. Derselbe gibt folgende Analyse des Minerals von der Sjögrube, Bezirk Grythyttan in Örebro, an:

---

[1]) L. J. Igelström, N. JB. Min. etc. 1890, I, 254.
[2]) L. J. Igelström, N. JB. Min. etc. 1890, I, 250.

$$
\begin{array}{ll}
\text{MnO} & 46{,}97 \\
\text{FeO} & 22{,}60 \\
\text{(Mg, Ca)CO}_3 & 2{,}14 \\
\text{SiO}_2 & 2{,}24 \\
\text{Sb}_2\text{O}_5 & 14{,}80 \\
\text{H}_2\text{O} & 10{,}34 \\
\hline
& 99{,}09
\end{array}
$$

Die Analyse ist die vollständigste von mehreren mit Mengen von 0,58 bis 1,50 g ausgeführte, die alle ein gut übereinstimmendes Resultat gaben. (Mg, Ca)CO$_3$ und SiO$_2$ sind wohl mikroskopische Verunreinigungen, wie sie L. J. Igelström im Dünnschliff beobachtete.

Formel. $(10\,\text{RO} \cdot \text{Sb}_2\text{O}_5) + 10\,(\text{RO} \cdot \text{H}_2\text{O})$, in der RO MnO und FeO bedeutet.

Chemische Eigenschaften. Ferrostibian löst sich in Salzsäure unter Zurücklassung von SiO$_2$, sowie von wenig Sb, Fe und Mn. In kleinen Proben gelatiniert er in der Kälte mit Salzsäure, wenn die Stückchen einen Tag in der Säure liegen. Wird er in der Wärme mit HCl digeriert, dabei der erhaltene Rückstand mit Soda geschmolzen, die so erhaltene Masse in HCl wieder gelöst und dies mehrere Male wiederholt, so bleibt zuletzt nur noch ein Rückstand von Kieselsäure. Die Lösung wird beim Erwärmen gelb.

In welcher Form Eisen und Mangan vorkommen, ist nicht sicher. L. J. Igelström glaubt, daß sie als Oxydule enthalten sind und sich bei der Auflösung weiter oxydiert haben. Antimon ist als Sb$_2$O$_5$ vorhanden, nach dem Verhalten des Minerals zum Schwefelwasserstoff zu urteilen. — Die Endung beim Namen Ferrostibian soll andeuten, daß nur Sb$_2$O$_5$ vorkommt.

Physikalische Eigenschaften. Ferrostibian ist schwarz und undurchsichtig, hat halbmetallischen Glanz und braunschwarzen Strich, der etwas ins Blaßrote geht. Zwei oder drei Spaltungsrichtungen sind vorhanden; doch ist das Mineral im Bruch körnig.

Die Härte ist 4.

Paragenesis. Ferrostibian ist in der Regel eingewachsen im derben, blättrigen Rhodonit mit dem bei Sjoegrufvan seltenen Manganophyll. Zuweilen sind auch diese beiden Mineralien in den größeren Ferrostibiankristallen eingewachsen.

Basiliit.

Das Kristallsystem ist unbestimmt; spaltbar.

Analyse von L. J. Igelström[1]).

$$
\begin{array}{ll}
\text{Mn}_2\text{O}_3 & 70{,}01 \\
\text{Fe}_2\text{O}_3 & 1{,}91 \\
\text{Sb}_2\text{O}_5 & 13{,}09 \\
\text{H}_2\text{O} & 15{,}00 \\
\hline
& 100{,}01
\end{array}
$$

---

[1]) L. J. Igelström, Z. Kryst. **22**, 470 (1894).

Formel. $(Mn_2O_3)_4 . Sb_2O_5 . 7 Mn_2O_3 . 3 H_2O$, nach P. Groth[1]) ein über-basisches Antimonat von nur dreiwertigem Mangan.

Chemisch-physikalische Eigenschaften. Die Substanz ist in Salzsäure löslich und wird beim Erhitzen an der Luft zunächst schwarz, dann rotbraun.

Basiliit hat schöne stahlblaue Farbe, ist metallglänzend und nur in dünnen Lamellen mit blutroter Farbe durchsichtig; der Strich ist dunkelbraun.

Paragenesis. Basiliit bildet blätterige Massen von mehreren Millimetern Größe in kleinen Drusen oder Bändern von 0,5 cm Breite und findet sich zusammen mit Hausmannit auf der Sjögrube in Örebro, Schweden.

Melanostibian.

Quadratisch oder orthorhombisch.

L. J. Igelström[2]) gibt die **Analyse:**

MgO	1,03
CaO	1,97
MnO	29,62
FeO	27,30
Sb_2O_3	37,50
H_2O	1,06
	98,48

woraus sich die Formel $Sb_2O_3 . 6 (Mn, Fe)O$ ergibt und nach P. Groth[3]) sich als 2 Mol. $Sb(OH)_3$ deuten ließe, deren Wasserstoff durch die zweiwertige Gruppe $-\overset{II}{R}-O-\overset{II}{R}-O$ (dreimal) ersetzt wäre.

Der Melanostibian ist nur sehr schwer in kochender, konzentrierter Salzsäure löslich, und zwar mit gelber Farbe.

Nach L. J. Igelström muß das Mangan als MnO enthalten sein, da nur am Anfang beim Einwirken von Säure dunkle Färbung, also eine oberflächliche Oxydation des Mn_2O_3, stattfindet. Vor dem Lötrohr ergibt sich das Antimon sehr leicht zu erkennen. Es ist als Sb_2O_3 vorhanden, da H_2S sofort Sb_2S_3 fällt, ohne daß es zu Schwefel oxydiert wird.

Physikalische Eigenschaften. Das vollkommen undurchsichtige Mineral hat rabenschwarze Farbe, kirschroten Strich und die Härte 4. Nach dem Glühen wird Melanostibian wenig magnetisch; er spaltet sehr gut nach der Basis und dem Prisma.

Paragenesis. Melanostibian findet sich in 1—2 cm breiten Adern in beinahe reinem Dolomit sowohl als blätterige Masse, als auch in kleinen Kriställchen, öfter auch in Zwillingen in der Sjögrube, Örebro in Schweden. Auch in Drusenräumen findet er sich frei auskristallisiert mit Calcit, teils auch ganz in diesem eingeschlossen.

---

[1]) P. Groth, Tab. Übers. 1898, 92.
[2]) L. J. Igelström, Z. Kryst. **21**, 246 (1893).
[3]) P. Groth, Tab. Übers. 1898, 82.

Lamprostibian.

Tetragonal.

Chemisch-physikalische Eigenschaften. Nach L. J. Igelström[1]) liegt im Lamprostibian ein wasserfreies FeO, MnO-Stibiat vor, das dem Melanostibian nahesteht und sich nur durch ein anderes Verhältnis der Bestandteile unterscheidet. L. J. Igelström konnte wegen Mangel an Substanz nur eine qualitative Untersuchung vornehmen.

Die Farbe ist bleigrau; in dünnen Lamellen ist Lamprostibian blutrot durchsichtig; die Härte ist 4, der Strich hochrot.

Paragenesis. Lamprostibian findet sich ebenfalls auf der Sjögrube im Bez. Örebro in Schweden in blätterigen Partien eingewachsen in rotem Mangansilicat, Calcit und Tephroit. In Drusenräumen kommt er mit einem nicht näher untersuchten Stibiat zusammen vor.

Chondrostibian.

L. J. Igelström[2]) beschreibt dieses wahrscheinlich reguläre Mineral und gibt die **Analyse:**

$$
\begin{array}{ll}
Mn_2O_3 & 33,13 \\
Fe_2O_3 & 15,10 \\
As_2O_5 & 2,10 \\
Sb_2O_5 & 30,66 \\
H_2O & 19,01 \\
\hline
& 100,00
\end{array}
$$

Die Analyse wurde mit 1,01 g ausgeführt und die Tephroitsubstanz in Abrechnung gebracht. Der Wassergehalt scheint in der Analyse zu hoch zu sein.

Chemisch-physikalische Eigenschaften.

Die chemische **Formel** ist $3R_2O_3 . Sb_2O_5 . 10H_2O$, worin $\overset{II}{R}_2O_3 = Mn_2O_3$ und Fe_2O_3 bedeutet und neben Sb_2O_5 noch wenig As_2O_5 vorhanden ist. Da das Mineral sehr schwach magnetisch ist, scheint ein Teil des Eisens als FeO in dem Mineral zu sein.

Chondrostibian läßt sich mit Salzsäure nur schwer aus der Gesteinsmasse herauslösen, wobei sich viel Chlor entwickelt. Das Mangan muß also als Mn_2O_3 zugegen sein. Die Lösung hat gelbliche Farbe.

Der Chondrostibian schmilzt sehr schwer zu einer schwarzen Masse und gibt nur wenig Arsenrauch. An der Luft geglüht, wird er schwarz unter Verlust von viel Wasser. Sonst ist er mit gelbroter Farbe durchsichtig, in größeren Körnern im reflektierten Licht dunkelbraunrot.

Paragenesis. Chondrostibian findet sich in der Manganerzgrube Sjögrufvan bei Grythyttan Bez. Örebro in Schweden, eingehüllt in Schwerspat, der blätterige Partien in einem Gemenge von Baryt, Calcit oder Dolomit und Tephroit bildet. Er ist somit die älteste Bildung. Manchmal tritt auch jüngerer Melanostibian auf, namentlich in reinen Adern des Gesteins.

---

[1]) L. J. Igelström, Z. Kryst. **22**, 467 (1894).
[2]) L. J. Igelström, Z. Kryst. **22**, 43 (1894).

Eisenoxydulantimonate.

Tripuhyit.

Mikrokristallin, anisotrop.

E. Hussak und G. T. Prior [1] haben den Tripuhyit zuerst beschrieben und benannt; sie geben folgende **Analyse:**

$$\delta \quad \ldots \ldots \quad 5,82$$

(CaO)	0,82
(Al$_2$O$_3$)	1,40
FeO	27,70
(TiO$_2$)	0,86
(SiO$_2$)	1,35
Sb$_2$O$_5$	66,68
Unbest. (Alkalien?)	1,19
	100,00

Tripuhyit von Tripuhy, Minas Geraës; anal. E. Hussak und G. T. Prior, l. c.

Formel. 2FeO . Sb$_2$O$_5$; die Oxydationsstufe des Eisens wurde von E. Hussak und G. T. Prior nicht bestimmt und FeO nur angenommen.

Chemisch-physikalische Eigenschaften. Tripuhyit ist in Salz- und Salpetersäure unlöslich und nur durch Erhitzen im Wasserstoffstrom zersetzbar. In der Bunsenflamme ist er unschmelzbar, wird aber geschwärzt und entwickelt Dämpfe von Antimonoxyd, welche die Flamme blaß grünblau färben.

Unter dem Mikroskop lassen sich die sonst matt grünlichen Aggregate als aus durchsichtigen, kanariengelben, nicht pleochroitischen Körnern von starker Licht- und Doppelbrechung zusammengesetzt erkennen. Der Strich des Minerals ist kanariengelb.

Die Dichte ist 5,82 bei 19° C.

Paragenesis. Tripuhyit kommt mit Lewisit und Derbylith in den zinnoberhaltigen Kiesen zu Tripuhy, Minas Geraës in Brasilien vor, welche in dem mit Itabirit zusammen vorkommenden Glimmerschiefer auftreten.

Bleiantimonate.

Monimolit.

Regulär; oktaedrischer und kubischer Typus.

Analysen.

	1.	2.	3.
δ	5,94	6,579	7,287
Na$_2$O . . .	—	0,54	—
CaO . . .	7,59	9,70	—
MgO . . .	3,25	0,56	—
MnO . . .	} 6,20	0,41	1,16
FeO . . .		5,38	5,57
PbO . . .	42,40	42,74	55,33
Sb$_2$O$_5$ . . .	40,29	40,51	38,18
	99,73	99,84	100,24

[1] E. Hussak und G. T. Prior, Min. Mag. 11, 302 (1897).

1. Monimolit von Pajsberg in Schweden; anal. L. J. Igelström, Ofv. Ak. Stockholm **22**, 227 (1865).

2. u. 3. Ebendaher; anal. G. Flink, Min. Notizen I, Mitt. d. Hochschule zu Stockholm, Bihang till k. Sv. Vet. Ak. Handl. **12**, Afd II, 35 (1887). Ref. Z. Kryst. **13**, 403 (1888).

Formel. Nach L. J. Igelström[1]) $R_4Sb_2O_9$, nach A. E. Nordenskjöld und G. Flink $R_3Sb_2O_3$. P. Groth[2]) stellt den Monimolit ebenfalls zu den normalen Salzen mit der Formel $Pb_3Sb_2O_8$.

Chemisch-physikalische Eigenschaften. G. Flink unterscheidet zwei Typen, die sowohl den physikalischen und chemischen Eigenschaften nach, als auch in der Kristalltracht verschieden sind.

Typus I ist im Dünnschliff vollkommen isotrop, durchscheinend mit gelbgrüner Farbe, im reflektierten Licht braungrün, hat muschligen Bruch mit Fettglanz, die Härte = 6, Dichte = 6,579. Ferner zeichnet sich dieser Typus durch den Kalkgehalt aus; er wird weder von Säuren noch von schmelzendem Alkalicarbonat angegriffen und muß zur Analyse im Wasserstoffstrom erhitzt werden. Auch hier ist die Reduktion unvollständig; doch ist die Substanz leicht in HNO_3 löslich. Vor dem Lötrohre schmilzt der Monimolit in dünnen Splittern langsam zu einer schwarzen blasigen Schlacke; auf Kohle wird er leicht zu Metall reduziert und gibt einen Beschlag von Antimon und Bleioxyd.

Typus II, entsprechend der Analyse 3, ohne Kalk, löst sich leicht in schmelzendem Alkalicarbonat. Im Dünnschliff ist dieser Typus wenig durchsichtig und zeigt eine äußere, wenig durchscheinende Zone mit Spuren von Doppelbrechung; der innere Kern ist isotrop. Dieser kalkfreie Monimolit hat starken Metallglanz und dunkelbraune bis schwarze Farbe. Der Bruch ist im Gegensatz zu Typus I splittrig, das Pulver zimtfarbig.

Paragenesis. Monimolit findet sich als Typus I in den Eisenerzen der Harstigsgrube bei Pajsberg auf kleinen Spalten und Adern, wovon die engsten mit einer dichten Monimolitmasse angefüllt sind. Auf den größeren Adern ist er auskristallisiert und von Magnetit, Tephroit und Hedyphan begleitet. Typus II ist ebendort auf ziemlich breiten Spalten an den Wänden auskristallisiert, die nachher mit Kalkspat ausgefüllt wurden. Außer von Tephroit und Hedyphan wird er von Richterit, gelbem Granat, sowie von Schuppen von Molybdänglanz oder Graphit begleitet.

Nadorit.

Rhombisch: $a:b:c = 0{,}7490:1:1{,}0310$ (G. Cesàro)[3]).

Abgesehen von der älteren Analyse von Flajolot[4]), der den Chlorgehalt übersehen und die Formel $Sb_2O_3 . 2PbO$ aufgestellt hatte, liegen folgende **Analysen** vor:

	1.	2.			3.
Pb . . .	26,27	23,78	Pb	. . .	51,60
Cl . . .	9,00	8,15	Sb	. . .	31,55
PbO . . .	27,60	28,99	O	. . .	8,00
Sb_2O_3 . .	37,40	37,44	Cl	. . .	8,85
	100,27	98,36			100,00

[1]) L. J. Igelström, Öfv. Ak. Stockholm **22**, 227 (1865).
[2]) P. Groth, Chem. Kryst. 1908, II, 816.
[3]) G. Cesàro, Bull. Soc. min. **11**, 44 (1888).
[4]) Flajolot, C. R. **71**, 237 (1870).

1. Nadorit vom Djebel Nador, Prov. Constantine in Algerien; anal. F. Pisani, C. R. **71**, 319 (1870).
2. Ebendaher; anal. Tobler bei M. Braun, Z. Dtsch. geol. Ges. **24**, 42 (1872).
3. Ebendaher; anal. Flajolot, ebenda **24**, 47 (1872).

Formel. $PbSb_2O_4 . PbCl_2$ oder nach P. Groth[1]) $SbO_2[PbCl]$ als Salz der antimonigen Säure $SbO . OH$ geschrieben, in der das Wasserstoffatom durch die einwertige Gruppe $PbCl_2$ ersetzt ist.

Chemisch-physikalische Eigenschaften. Nadorit ist in Salzsäure löslich und gibt auf Kohle einen Sb_2O_3-Beschlag, nach Reduktion von Blei einen solchen von PbO.

Die Farbe ist rauchbraun bis braungelb, der Strich grau, die Spaltbarkeit nach (100) vollkommen.

Der Charakter der Doppelbrechung ist positiv, die Dispersion stark, $\varrho > \upsilon$; spitze Bisektrix $\perp c$; die Ebene der optischen Achsen $\parallel$ (010). Der Achsenwinkel beträgt 145°.

Das spezifische Gewicht ist 7,02.

Die Härte ist 3,5—4.

Vorkommen und Genesis des Nadorits. Nadorit findet sich auf der Galmei-lagerstäte des Djebel Nador in Algerien in Drusen einer bleihaltigen Masse, welche Adern von gelber und grauer Farbe im braunen Galmei bildet.

Der Nadorit ist ein aus Lösungen abgesetztes sekundäres Mineral.

Synthese. G. Cesàro[2]) versuchte den Nadorit durch Erhitzen eines Gemisches von 1 g Bleioxyd und 0,778 g Antimonoxychlorür herzustellen. Er erhielt nach dem Erkalten eine kristallisierte Masse, welche er für Nadorit hielt.

Pseudomorphosen. Unter Luft und Wasserzutritt werden die Nadorit-kristalle, ohne ihre Gestalt zu ändern, öfter in eine undurchsichtige gelbe Masse verwandelt, welche dem Gelbbleierz ähnlich ist. Nach der Analyse von Flajolot setzt sich die Masse zusammen aus:

PbO	51,60
Sb_2O_3	5,40
Sb_2O_5	34,80
CO_2	4,25
H_2O	3,95
	100,00

Ochrolith.

Rhombisch: $a:b:c = 0,90502:1:2,0138$.

Analyse.

PbO	76,52
Sb_2O_3	17,59
Cl	7,72
	101,83

Ochrolith von Pajsberg in Schweden; anal. mit 0,1914 g nach Abzug von 5% Kalkspat von G. Flink, Öfv. Ak. Stockholm **46**, 5 (1889).

---

[1]) P. Groth, Übers. 1889, 70.
[2]) G. Cesàro, Bull. Soc. min. **11**, 51 (1888).

Formel. $Pb_4Sb_2O_7 . 2PbCl_2$ oder analog der Hambergschen Heliophyllit-formel $Sb_4O_{15}Cl_8Pb_{13}$.

Chemisch-physikalische Eigenschaften. Ochrolith ist in Salpetersäure löslich und enthält nach G. Flink noch Spuren von Eisenoxydul.

Er ist isomorph mit Heliophyllit, hat schwefelgelbe Farbe, manchmal mit Stich ins Graue. Die schwach kantendurchscheinenden Kristalle besitzen starken Demantglanz.

Paragenesis. Der Ochrolith kommt als seltenes Mineral in der Harstigs-grube bei Pajsberg in Schweden in Drusenräumen mit Baryt, Mimetesit, Eisen-glanz und anderen Mineralien vor und ist als eine Neubildung von zersetzten antimon- und bleihaltigen Mineralien anzusehen.

Bindheimit.

Amorph.

Synonyma: Bleiniere, Antimonbleispat, Stibiogalenit, Pfaffit.

Analysen.

	1.	2.	3.	4.	5.
PbO	61,83	48,843	47,045	46,68	43,94
CuO	—	0,844	—	—	—
Fe_2O_3	—	3,350	—	—	—
Sb_2O_5	31,71	41,127	42,216	42,44	46,70
As_2O_5	—	Spur	—	—	—
H_2O	6,46	5,429	11,197	11,98	6,625
	100,00	99,593	100,458	101,10	97,265

1. Bindheimit von Nertschinsk in Sibirien; anal. R. Hermann, Journ. prakt. Chem. **34**, 180 (1845); aufgeschlossen durch Schmelzen mit Schwefelnatrium und Natronhydrat.

2. Von der Grube Luise bei Horhausen; anal. C. Stamm bei F. Sandberger, Pogg. Ann. **10**, 618 (1857).

3., 4. und 5. Von Cornwall; anal. F. Heddle bei H. J. Brooke Phil. Mag. **12**, 126 (1856).

	6.	7.	8.	9.	10.
δ	—	—	4,73	—	5,01
K_2O	—	—	—	—	0,14
Na_2O	—	—	—	—	0,21
MgO	—	—	—	—	0,03
CaO	—	—	—	—	0,66
CuO	—	—	—	—	0,58
ZnO	—	—	—	—	0,18
PbO	40,73	40,89	40,35	45,38	49,50
Ag	—	0,33	—	0,04	0,29
Al_2O_3	—	—	—	4,05	—
Fe_2O_3	—	0,60	2,98	2,06	0,09
CO_2	—	—	—	—	3,35
Sb_2O_5	47,36	51,94	49,67	41,72	35,20
SiO_2	—	—	1,14	1,84	4,59
H_2O	11,91	4,58	5,98	5,00	5,86
Unlösl. Rückst.	—	1,66	—	—	—
	100,00	100,00	100,12	100,09	100,68

6. Bindheimit von Cornwall; anal. A. Dick bei H. J. Brooke, Phil. Mag. **12**, 126 (1856).

7. Von Nevada; anal. W. G. Mixter, King's Rep. G. Surv. 40 th. Par., **2**, 759 (1877).

8. Von Sevier Co., Arkansas; anal. F. P. Dunnington, Proc. Am. Assoc. 1877, 182.

9. Ebendaher; anal. Ch. E. Wait, Trans. Am. Inst. Mng. Eng. **8**, 51 (1880).

10. Von Secret Cañon, Nevada; Mittel aus zwei Analysen von W. F. Hillebrand, Proc. of the Col. Scient. Soc. **1**, 119 (1884). Ref. Z. Kryst. **11**, 287 (1886).

Das Mineral ist so unrein, daß eine bestimmte chemische Formel nicht aufgestellt werden kann. Analyse 1 führt annähernd auf die Formel $Pb_3Sb_2O_8 \cdot 4H_2O$; W. F. Hillebrand[1]) stellt die Formel $3PbO \cdot 2Sb_2O_5 \cdot 6H_2O$, unter Ausschluß des über H_2SO_4 entweichenden Wassers mit nur $4H_2O$, auf. P. Groth[2]) nimmt für die verhältnismäßig reinsten Varietäten ebenfalls diese Formel an, ebenso Ch. E. Wait.

Lötrohrverhalten. Bindheimit gibt, im Kölbchen erhitzt, Wasser ab und wird dunkler. Auf Kohle wird er zu einem Metallkorn reduziert, welches bei weiterem Blasen einen Beschlag von Antimonoxyd, antimonsaurem Bleioxyd und Bleioxyd in der Nähe liefert.

Physikalische Eigenschaften. Die Farbe von Bindheimit ist weiß, grau oder gelb; er ist opak bis durchscheinend.

Härte: 4—4,5.

Die Dichte ist infolge der verschiedenartigen Zusammensetzung ebenfalls Schwankungen unterworfen. R. Hermann gibt sie zu 4,6—4,76 an, F. Heddle von einer weißen Varietät von Cornwall zu 5,05, von einer braunen 4,707; W. F. Hillebrand gibt $\delta = 5,01$ an.

Vorkommen und Genesis. Bindheimit ist ein durch Zersetzung von Antimon- und Bleimineralien entstandenes Mineral, das nierenförmig von krummschaliger Absonderung, knollig und als Überzug, häufig auch erdig von verschiedenen Fundorten bekannt ist. Namentlich Jamesonit und Bournonit gehen durch Verwitterung in Bindheimit über.

Coronguit.

Dieses amorphe Mineral ist als ein durch Schwefel, Antimon, Silber und Blei verunreinigtes, wasserhaltiges Bleisilberantimonat oder als ein Gemenge von Antimonocker mit zersetzten, silberhaltigen Bleimineralien anzusehen. Eine **Analyse** von A. Raimondi[3]), nach Abzug der Verunreinigungen, ergab:

PbO	21,48
Ag_2O	7,82
Fe_2O_3	0,52
Sb_2O_5	58,97
H_2O	11,21
	100,00

[1]) W. F. Hillebrand, l. c.
[2]) P. Groth, Tab. Übers. 1898, 96.
[3]) A. Raimondi, Min. du Pérou 1878, 88.

Physikalische Eigenschaften. Die Farbe des Coronguit ist außen graugelb, innen dunkler.

Härte: 2,5—3.

Dichte: 5,05.

Coronguit kommt auf Gruben zu Corongo und Pasacancha in Peru vor.

Kupferantimonate.

Thrombolith.

Dieses amorphe Mineral wurde von A. Breithaupt und C. F. Plattner[1]) als Kupferphosphat bestimmt, wogegen A. Schrauf[2]) folgendes Analysenresultat erhielt:

$$
\begin{array}{ll}
CuO. \ldots \ldots & 39,44 \\
Fe_2O_3 \ldots \ldots & 1,05 \\
Sb_2O_5 \ldots \ldots & 6,65 \\
Sb_2O_3 \ldots \ldots & 32,52 \\
\text{Totalverlust } (Sb_2O_3?) . & 3,78 \\
H_2O \ldots \ldots & 16,56 \\
\hline
& 100,00
\end{array}
\left. \begin{array}{l} \\ \\ \end{array} \right\} Sb_2O_3 + Sb_2O_5 = 42,95
$$

Diesen Zahlen entspricht $10\,CuO \cdot 3\,Sb_2O_3 \cdot 19\,H_2O$; die Berechnung liefert:

$$
\begin{array}{ll}
10\,CuO \ldots & 39,464 \\
3\,Sb_2O_3 \ldots & 43,539 \\
19\,H_2O \ldots & 16,997 \\
\hline
& 100,000
\end{array}
$$

A. Schrauf hält es für diskutierbar, ob ein Gemenge gewässerter Oxyde oder eine wahre Kupferantimonoxydverbindung vorliegt. Doch scheint ihm letzteres, der Homogenität der Substanz nach wahrscheinlich.

Chemisch-physikalische Eigenschaften. Thrombolith ist unter dem Mikroskop gelbgrün, homogen und apolar. Die Dichte ist nach A. Breithaupt 3,381—3,401, nach A. Schrauf 3,668.

Das Mineral ist leicht schmelzbar zu einer schmutzig rötlichbraunen Masse und in Wasser fast ganz löslich, weshalb A. Schrauf annimmt, daß Sb_2O_3 den Hauptbestandteil bildet.

Genesis. Thrombolith kommt bei Rézbánya in Ungarn vor und bildet sich durch Oxydation des kupferantimonreichen Fahlerzes, wobei letzteres mit einer Hülle von Thrombolith umgeben wird.

Ammiolit, Barcenit, Taznit.

Diese Mineralien haben eine zweifelhafte Zusammensetzung und eine unsichere Stellung.

---

[1]) A. Breithaupt, Journ. prakt. Chem. **15**, 320 (1838).
[2]) A. Schrauf, Z. Kryst. **4**, 28 (1880).

Analysen von Ammiolit.

	1.	2.	3.
Hg	19,9	23,6	19,8
S	3,3	3,3	3,1
CuO	16,9	15,6	18,1
Fe_2O_3 . . .	2,2	3,1	1,1
Sb_2O_5 . . .	24,1	29,5	23,1
SiO_2	24,8	8,1	—
H_2O r. Verlust	8,8	16,9	—
	100,0	100,1	

Diese drei Analysen von J. Domeyko gibt E. S. Dana,[1]) während L. Rivot in einer ähnlichen Substanz fand: Sb 36,5, Cu 12,2, Hg 22,2, Te 14,8, SiO_2 2,5, Spuren von Fe und S, sowie O und einen Verlust von 11,8%. Es liegt hier vielleicht ein Gemenge von Kupferantimonat mit Coloradoit (HgTe) vor, während es sich nach den drei Analysen von J. Domeyko[2]) um ein Kupferantimonat, mit Zinnober und andern Verunreinigungen gemengt, handeln mag. Die Formel für das Kupferantimonat wäre $Cu_3Sb_2O_8$.

Der Ammiolit kommt auf vielen Gruben in Chile zusammen mit Quecksilberfahlerz vor; er hat eine tiefrote Farbe und bildet in der Regel ein erdiges Pulver.

Analyse von Barcenit[3]) von Huritzuco, Mexico.

Ca . . .	3,88
Hg . . .	20,75
S	2,82
Sb . . .	50,11
H_2O . .	4,73
O . . .	17,61
SiO_2 .	0,10
	100,00

Es liegt augenscheinlich, wie schon J. W. Mallet[4]) hervorhebt, ein Gemenge von HgS, Hg, Sb, einem Kalkantimonat und antimoniger Säure vor. Nach Abzug von Verunreinigungen stellt J. W. Mallet die Formel:

$$[Sb_2O_3 . 4 (RO)] . (Sb_2O_5)_5$$

auf, entsprechend einem normalen Antimonat $\overset{\text{I}}{R}SbO_3$. Dieselbe ist jedoch unsicher.

Nach P. Groth[5]) liegt im Barcenit wahrscheinlich ein Gemenge von antimonsaurem Quecksilber und Calcium mit Antimonsäurehydrat vor.

Chemisch-physikalische Eigenschaften. Barcenit ist unlöslich in Säuren, die Härte ist 5,5, die Dichte 5,34 bei 20° C. Die Farbe ist dunkelgrau bis schwarz, der Strich aschgrau mit Stich ins Grüne.

---

[1]) E. S. Dana, Syst. Min. 1892, 865.
[2]) J. Domeyko, An. Mines 6, 183 (1844).
[3]) Anal. J. R. Santos bei J. W. Mallet, Am. Journ. 16, 308 (1878).
[4]) J. W. Mallet, Am. Journ. 16, 309 (1878).
[5]) P. Groth, Tab. Übers. 1898, 96.

Als Taznit bezeichnet J. Domeyko[1]) ein amorphes, erdiges, gelbes Wismutarsenat und -antimonat, welches aus zersetzten Wismutsulfarsenaten und -sulfantimonaten entstand, aus den Gruben zu Tazna und Choroloque in Bolivien. Das Mineral ist stark verunreinigt, namentlich durch Wismutocker, so daß die bei E. S. Dana angegebene Analyse keine Bedeutung haben dürfte.

Eisenoxydantimonat.

Flajolotit.

Ein wasserhaltiges, basisches, antimonsaures Eisenoxyd, das amorph und einem Eisenton ähnlich ist und im Galmei des Hammam-Ubaël, südlich vom Djebel Nador in Algerien vorkommt, beschreibt Flajolot[2]); er gibt folgende chemische **Analyse:**

$$
\begin{array}{llr}
Fe_2O_3 & \ldots & 31,40 \\
Sb_2O_5 & \ldots & 63,50 \\
H_2O & \ldots & 5,10 \\
\hline
& & 100,00
\end{array}
$$

Formel. $Fe_2O_3 . Sb_2O_5 + \frac{3}{2} H_2O$.

A. Lacroix nannte es Flajolotit und gab eine neue **Analyse:**

$$
\begin{array}{llr}
Al_2O_3 & \ldots & 6,2 \\
Fe_2O_3 & \ldots & 28,0 \\
Sb_2O_5 & \ldots & 53,8 \\
SiO_2 & \ldots & 7,7 \\
H_2O & \ldots & 5,0 \\
\hline
& & 100,7
\end{array}
$$

Von Hammam, N'Baïl in Algier; anal. F. Pisani bei A. Lacroix, Min. France 4, 509 (1910).

Die **Formel** ist:

$$Fe_2O_3 . Sb_2O_5 . 1\frac{1}{2} H_2O.$$

Das Mineral bildet große, erdige Knollen von citronengelber Farbe und kommt zusammen mit Kalkspat vor.

Silicoantimonate.

Långbanit.

Von Hj. Sjögren (Stockholm).

Rhomboedrisch $a : c = 1 : 1,6437$[3]).

Dieses Mineral wurde 1888 von G. Flink entdeckt und benannt (Typus A). Dasselbe war schon früher in den Långbangruben beobachtet und schon

---

[1]) J. Domeyko, C. R. **85**, 977 (1877).
[2]) Flajolot, Z. Dtsch. geol. Ges. **24**, 49 (1872).
[3]) G. Flink, Z. Kryst. **13**, 1 (1888).

10 Jahre vorher von Hj. Sjögren, der auch eine partielle Analyse desselben (Typus *B*) mitgeteilt hatte, in einer Mitteilung im Geologischen Verein in Stockholm erwähnt worden.

Analysen.

	1.	2.	3.
CaO . . .	—	1,73	2,98
MgO . . .	—	0,53	0,40
FeO. . . .	10,32	3,10	4,27
MnO . . .	66,29[1])	65,44	60,72
SiO_2 . . .	10,88	9,58	8,75
Sb_2O_5 . . .	15,42	13,96	17,03
	102,91	94,34	94,15

1. Von Långban (Wermland); 0,4717 g mit Alkalicarbonat geschmolzen und anal. G. Flink, Z. Kryst. **13**, 3 (1888). G. Flink fand auch Spuren von CaO, Al_2O_3, Bi_2O_3.
2. u. 3. Ebendaher; verwendet wurden bei 2. 0,7704 g, bei 3. 0,7746 g; bei beiden Analysen wurde mit 25 % iger Salzsäure aufgeschlossen; bei 3. hinterblieb 0,86 % Rückstand; anal. H. Bäckström, Z. Kryst. **19**, 277 (1891).

	4.	5.	6.	7.	8.	9.
δ	4,66	4,73	4,84	—	—	4,60
Sb_2O_3 . . .	11,76	11,61	12,92	12,58	15,35	12,51
Fe_2O_3 . . .	14,15	14,31	4,33	3,44	4,75	13,98
SiO_2 . . .	12,23	11,32	8,95	9,58	8,75	12,82
MnO_2 . . .	26,15	27,12	35,15	35,06	33,61	24,36
MnO . . .	31,54	32,30	36,39	36,82	33,29	32,22
CaO . . .	2,24	2,04	1,95	1,73	2,98	2,40
MgO . . .	1,61	0,86	0,47	0,53	0,40	1,11
H_2O . . .	—	0,32	—	—	—	0,52
	99,68	99,88	100,16	99,74	99,13	99,92

4. u. 5. Långbanit, Typus *B*, aus Långban; anal. von R. Mauzelius bei Hj. Sjögren, Geol. För. Förh. **13**, 256 (1891); Bull. of the geol. Inst. Upsala **1**, 43 (1892).
6. Långbanit, Typus *A*, aus Långban; anal. R. Mauzelius bei Hj. Sjögren, Geol. För. Förh. **13**, 256 (1891); Bull. of the geol. Inst. Upsala **1**, 44 (1891).
7. u. 8. Långbanit, Typus *A*, aus Långban; anal. H. Bäckström, Geol. Fören Förh. **13**, 271 (1891).
9. Långbanit aus der Sjögrube; anal. R. Mauzelius, Bull. of the geol. Inst. Upsala **2**, 961 (1894).

In den Analysen 4 und 5 wurde das feinpulverisierte Mineral durch Schmelzen mit kohlensauren Alkalien zersetzt, worauf die Schmelze in HCl gelöst und die zurückgebliebene flockige Kieselsäure umgeschmolzen und gelöst wurde. In den übrigen Analysen wurde das Mineral direkt in HCl gelöst, wobei sich Chlor entwickelte, das höhere Oxydationsgrade von Mn aufweist. Aus der Lösung wurde Schwefelantimon mit H_2S gefällt, mit rauchender Salpetersäure oxydiert und als Sb_2O_3 gewogen. Dann wurden SiO_2, Fe, Mn, Ca und Mg auf gewöhnliche Weise bestimmt.

In den Analysen 4, 5, 6 und 9 wurde außerdem die Menge des freien Sauerstoffs nach dem R. Bunsenschen Verfahren durch Aufnahme des bei der Auflösung in HCl entwickelten Chlors in KJ und Titrierung an freiem Jod bestimmt. Der Wassergehalt ist durch direktes Wiegen bestimmt; der

---

[1]) Zahl korrigiert von H. Bäckström.

Glühverlust wird nämlich durch die Zersetzung des Manganoxyds bedeutend größer als der Wassergehalt.

Formel. Für die Aufstellung der Formel ist die Bestimmung des Oxydationsgrades des Mangans von entscheidender Bedeutung. G. Flink hatte in seiner Analyse angenommen, daß das Mangan als Oxydul und das Antimon als Antimonsäure enthalten sei. R. Mauzelius, der den Sauerstoffüberschuß bestimmte, fand, daß dieser in der Analyse 1: $3,50^0/_0$, 2: $3,70^0/_0$, 3: $5,03^0/_0$ und 6: $3,09^0/_0$ betrug, was in jedem Falle nahezu dem Unterschied zwischen den Sauerstoffgehalten in MnO und MnO_2 entspricht. Durch Vergleichung der molekularen Mengen fand er auch, daß die Quantitäten $SiO_2 + MnO_2$ genau der Summe von $MnO + CaO + MgO + H_2O$ für die Bildung der Gruppe $\overset{II}{R}\overset{IV}{R}O_2$ entsprechen.

Das Mineral ist deshalb aus den einander ersetzenden Bestandteilen $\underset{IV}{m}\,Sb_2O_3 + n\,Fe_2O_3 + p\,\overset{II}{R}\overset{IV}{R}O_3$ zusammengesetzt, wo $\overset{II}{R} = Mn$, Ca und Mg, $\overset{IV}{R} = Mn, Si$ ist.

Daß die genannten Bestandteile aber einander nicht in jeder beliebigen Proportion ersetzen, geht aus der untenstehenden Tabelle, welche die Molekularquoten bei den Analysen 1, 2, 3 und 6 ausweist, hervor.

	Långban			Sjögrube
	Typus A		Typus B	
	1.	2.	3.	6.
Sb_2O_3	41	40	45	43
Fe_2O_3	88	89	27	87
Mn_2O_3	312	317	407	297
$MnSiO_3$ . . .	124	132	102	141
$CaSiO_3$ . . .	40	36	35	43
$Mg . . . SiO_3$ . .	40	21	12	28

Besonders bemerkenswert ist die Übereinstimmung in der Zusammensetzung zwischen dem Mineral des Typus B Långban und der Sjögrube.

In chemischer Beziehung schließt sich der Långbanit nahe dem ebenfalls in Långban auftretenden Braunit an, der ebenfalls aus $m\,MnMnO_3 + n\,MnSiO_3 + p\,FeSiO_3 + q\,CaSiO_3 + r\,MgSiO_3$ zusammengesetzt ist; der einzige wesentliche Unterschied ist somit der Gehalt des Sb_2O_3 beim Långbanit.

Physikalische Eigenschaften. Der Långbanit ist eisenschwarz, undurchsichtig und hat starken Metallglanz. Er zeigt eine deutliche Spaltbarkeit parallel der Basenfläche. Härte über 6 und Eisengewicht, das im Verhältnis zum Antimongehalt schwankt, zwischen 4,66 und 4,92. Der Typus A zeigt eine holoedrische Entwicklung der Kristallform, und da dieser Typus der zuerst gefundene und beschriebene war, so wurde das Mineral erst zu dem hexagonalen System hingeführt; dann wurde der Typus C angetroffen, der vollkommen hemiedrisch ausgebildet ist. In kristallographischer Hinsicht weist Långbanit gewisse Beziehungen zur Hämatitgruppe auf, und die Vertikalachse c beim Långbanit verhält sich zu derselben Achse c' beim Hämatit wie $6:5$, d. h. $\frac{5}{6} = 1,3697$ entspricht $c' = 1,3656$. Die Kristallformen des Långbanits auf das Achsensystem für Hämatit berechnet, geben aber sehr komplizierte Zeichen. Infolge der generellen Übereinstimmung in der Formel $\overset{II}{R}\overset{IV}{R}O_3$ und des Umstandes, daß die c-Achse des Långbanits, halbiert, nahe mit der des Calcits[1]) übereinstimmt, hat man auch eine Verwandtschaft mit der Calcitgruppe vorgeschlagen.

Paragenesis. Långbanit ist bis jetzt nur zusammen mit Manganerzen der Långban- und Sjögrube gefunden worden. In Långban hat man zwischen drei Typen mit verschiedener Ausbildung und Vorkommen unterschieden; der Typus A kommt auf Rhodonit als holoedrisch ausgebildete Kristalle, in Kalkspat eingeschlossen, vor, der Typus B sind umkristallisierte Tafeln mit hexagonalen Begrenzungen, in dichten Schefferit eingeschlossen, der Typus C bestand aus rhomboedrischen Kristallen an kristallisierten Richterit und Schefferit angewachsen oder in Hedyphan eingeschlossen.

Der Långbanit von der Sjögrube ist unkristallisiert und kommt zusammen mit Rhodonit, Manganophyll, Braunit und feinkörnigem Calcit vor.

Arequipit.

Von **M. Henglein** (Karlsruhe).

Über Arequipit berichtet A. Raimondi,[2]) der ihn auf Grund einer qualitativen Analyse für ein wasserhaltiges Bleisilicoantimonat hält. In Salzsäure und Salpetersäure aufgelöst, bleibt ein Rückstand von SiO_2.

Die Farbe ist honiggelb.

Die Härte beträgt etwa 6.

Paragenesis. Arequipit kommt in der Viktoriagrube, Mt. de la Trinité bei Tibaya, Provinz Arequipa in Peru, mit silberhaltigen Bleierzen vor.

Das Mineral ist nur unvollständig untersucht. Es liegt möglicherweise ein Gemenge von Bleiniere mit Quarz vor.

Gediegen Wismut.

Von **H. Michel** (Wien).

Kristallisiert **trigonal-rhomboedrisch.** $a:c = 1:1,3036$ (nach G. Rose).[3])

Sowohl in körnigen und blätterigen Aggregaten als auch seltener in gut ausgebildeten Kristallen auftretend; sehr verbreitet sind gestrickte Formen, Zwillingsbildung nach $(01\bar{1}2)$ e sehr häufig. Nach O. Mügge[4]) sind einfache Schiebungen sehr leicht durch Schlag auf die Polkante des Rhomboeders zu erzeugen; die große Sprödigkeit des Wismuts wird von O. Mügge auf diese Gleitfähigkeit zurückgeführt.

---

[1]) H. Bäckström, Geol. För. Förh. **13**, 271 (1891).
[2]) A. Raimondi, Min. du Pérou 1878, 167.
[3]) G. Rose, Abh. Berl. Akad. 1849, 50.
[4]) O. Mügge, N. JB. Min etc. 1, 193 (1886).

Analysen.

	1.[1)	2.	3.	4.
δ	—	9,77—9,98	—	6,54—6,67
Bi	63,84	94,46	99,91	79,45
Te	—	5,09	0,04	—
As	—	0,38	—	—
Pb	28,65	—	—	—
Sb	—	—	—	0,35
Fe	2,46	—	Spur	—
S	5,18	0,07	—	18,61
SiO$_2$ . . .	—	—	—	0,19
	100,83	100,00	99,95	98,60

1. Von Nordmarksgruben; anal. H. Sjögren, Geol. För. Förh. Bd. IV, Nr. 4, 106.
2. Von Illampa in Südamerika; anal. D. Forbes, Phil. Mag. **29**, 4 (1869).
3. Vom Pic von Sorata in Südamerika; anal. F. A. Genth, Am. Journ. **27**, 247 (1859).
4. Aus den Goldwäschen am Anumaja in Transbaikalien; anal. Bjeloussow, Bull. de l'Acad. d. St. Pétersbourg **4**, 487 (1910).

Das Vorkommen vom Bispberger Grubenfeld in Schweden (westliche Seite), wurde von P. F. Cleve und Feilitzen[2]) untersucht und darin 91—95 % Bi sowie etwas Fe und S gefunden. Die Dichte betrug 9,1.

Das gediegene Wismut von Cumberland enthält 6,73 % Te und 6,43 S.

Chemische Eigenschaften.

An feuchter Luft oxydiert das Wismut oberflächlich, an trockener Luft unterbleibt die Oxydation; wird es bei Luftzutritt stark erhitzt, so verbrennt es mit schwacher, blauweißer Flamme, das Oxyd entweicht als dichter gelber Rauch. Konzentrierte Salpetersäure löst das Wismut auf, Salzsäure dagegen nicht.

Auf der Kohle entsteht ein gelber Beschlag, mit Soda auf Kohle erhält man ein sprödes, rötlichweißes Metallkorn. Wird Wismut mit Jodkalium und Schwefel auf Kohle geschmolzen, so erhält man einen starken roten Beschlag. Es ist leicht schmelzbar und verdampft bei längerer Erhitzung durch das Lötrohr.

Physikalische Eigenschaften.

Bis jetzt sind Modifikationen des Wismuts, welche dem gelben Arsen oder dem braunen, schwarzen Arsen und den analogen Antimonmodifikationen entsprechen würden, nicht aufgefunden worden. Doch vermutet G. Linck,[3] daß außer dem in der Natur vorkommenden Bi$_{III}$ noch ein Bi$_{II}$ und Bi$_I$ existenzfähig· wären, von denen je zwei Phasen, eine anisotrope und eine isotrope auftreten könnten.

Eine angeblich amorphe Modifikation, sowie das kolloide Wismut werden im Anhang an das rhomboedrische Wismut erwähnt werden. Nach den

---

[1]) Die Summe ist in dem Referat Z. Kryst. **3**, 203 so angegeben.
[2]) P. F. Cleve und Feilitzen, Journ. prakt. Chem. **86**, 384 (1862).
[3]) G. Linck, Z. anorg. Chem. **56**, 399 (1908).

neuesten Untersuchungen von E. Cohen und Th. Moesveld[1]) existieren eine
α- und eine β-Modifikation.

Spektrum. Das Emissionsspektrum des Wismuts ist durch Untersuchungen
von R. Thalén,[2]) H. Kayser und C. Runge,[3]) J. M. Eder und E. Valenta[4])
bekannt, ebenso das Funkenspektrum; im Atlas der Emissionsspektren ist das
Spektrum des Wismutbogens und Wismutfunkens von A. Hagenbach und
H. Konen beschrieben. Ein magnetisches Feld beeinflußt das Funkenspektrum,
wie J. E. Purvis[5]) feststellte. Die stärksten Emissionslinien liegen bei 222,83,
223,06, 227,66, 240,099, 280,974, 289,807, 293,841, 298,913, 302,474,
306,781, 472,27, 499,39, 512,45, 514,45, 520,90.

Atomgewicht. Auf $0 = 16$ bezogen ergibt sich nach den neueren Bestimmungen von Adie, Birkenbach, Mehler, J. Janssen, Kuzma das
Atomgewicht des Wismuts mit 208,0—208,1; die Werte schwanken innerhalb dieser Grenzen. R. Brauner[6]) nimmt 208,0 mit einer Unsicherheit
einiger Einheiten der ersten Dezimalstelle an; an dieser Zahl hat sich bis jetzt
nichts geändert. Eine neue Atomgewichtsbestimmung ist nach R. Brauner
sehr notwendig.

Farbe: Rötlichweiß bis silberweiß, oft oberflächlich oxydiert und bunt
angelaufen.

Glanz: In reinem Zustande metallglänzend, sonst oberflächlich matt.

Härte: 2—2,5, spröde.

Strich: Silberweiß bis rötlichweiß.

Spaltbarkeit: Vollkommen spaltbar nach c (0001), weniger gut nach (02$\bar{2}$1);
das Auftreten von einfachen Schiebungen wurde schon erwähnt.

Dichte. Ältere Angaben schwanken zwischen 9,65 und 10,05; H. Deville[7])
hat eine Abhängigkeit der Dichte mit der Abkühlungsgeschwindigkeit nachgewiesen, bei rasch gekühltem Bi erhielt er die Dichte $\delta = 9,677$, bei langsam
kristallisiertem Bi die Dichte $\delta = 9,935$; an reinem geschmolzenen Material hat
Ed. Classen[8]) die Dichte zu $\delta = 9,7474$ als Mittelwert erhalten; von G. W.
Kahlbaum, K. Roth und P. Siedler[9]) wurde die Dichte an destilliertem
Material zu $\delta = 9,7814$ für 4—20° gefunden.

G. Spring[10]) hat die Dichte bei starken Pressungen verfolgt; Wismut
von der Dichte 9,804 bei 13,5° besaß nach einer dreiwöchentlichen Pressung
unter einem Druck von 20000 Atmosphären eine Dichte von 9,856 bei 15°,
nach einer zweiten gleich starken und gleich langen Pressung besaß es eine
Dichte von $\delta = 9,863$ bei 15°; es nimmt also zunächst die Dichte zu, bleibt
aber dann ziemlich konstant. R. F. Marchand und Th. Scheerer[11]) haben
ähnliche Versuche angestellt und sind zu dem Schluß gekommen, daß die

[1]) E. Cohen u. Th. Moesveld, Z. f. phys. Chem. **85**, 419 (1913).
[2]) R. Thalén, Ann. chim. phys. [4] **18**, 235 (1869).
[3]) H. Kayser u. C. Runge, Pogg. Ann. [2] **52**, 102 (1894).
[4]) J. M. Eder u. E. Valenta, Sitzber. Wiener Ak. **118**, 511 (1909).
[5]) J. E. Purvis, Proc. Cambr. Phil. Soc. **13**, 82 (1905).
[6]) R. Brauner in R. Abegg, Handb. d. anorg. Chem. **3**, 3. T., 365 (1907).
[7]) H. Deville, C. R. **40**, 769 (1855).
[8]) Ed. Classen, Ber. Dtsch. Chem. Ges. **23**, 945 (1890).
[9]) G. W. Kahlbaum, K. Roth u. P. Siedler, Z. anorg. Chem. **29**, 177 (1902).
[10]) G. Spring, Ber. Dtsch. Chem. Ges. **16**, 2724 (1883).
[11]) R. F. Marchand u. Th. Scheerer, Journ. prakt. Chem. **27**, 209 (1842).

Dichte eher abnimmt als zunimmt, wenn das Material stark gepreßt wird; sie fanden bei Wismut von der Dichte $\delta = 9{,}783$ nach einem Druck von 50000 kg eine Dichte von $\delta = 9{,}779$, nach Pressung durch 75000 kg die Dichte $\delta = 9{,}655$ und nach Pressung durch 100000 kg die Dichte $\delta = 9{,}556$.

G. Spring[1]) hat weiters die Dichte von zu einem Draht ausgezogenem, also deformiertem Wismut zu $\delta = 9{,}8522$ bestimmt, während das angelassene Material eine kleinere Dichte zeigte; J. Johnston und L. H. Adams[2]) sind, ausgehend von diesen Angaben zu folgenden Resultaten gelangt: An drei Zylindern aus Wismut, die einem Druck von 15000 Atmosphären ausgesetzt wurden, fanden sie als Zahlenwerte der Dichte $\delta = 9{,}8012$, $9{,}7886$ und $9{,}8001$; das Material wurde hierauf durch Erhitzen in Paraffinöl und langsames Abkühlen angelassen und es ergaben sich nach 2stündigem Anlassen auf 240^0 die Zahlen $\delta = 9{,}8028$, $9{,}7898$ und $9{,}7971$, also Zahlen, die den Werten G. Springs teilweise entgegengesetzt sind. Die Zahlen sind auf Vakuum und 25^0 korrigiert. Dichtebestimmungen an Draht, der eine erhebliche Formveränderung des Materials darstellt, ergaben die Zahlen:

Vor dem Anlassen	nach 2stündigem Anlassen auf 230^0
δ 9,7693—9,7692	9,7767—9,7768

Diese Zahlen widersprechen den Annahmen von G. Spring sowie von G. T. Beilby,[3]) wonach durch die Deformation ein Teil des Materials in den amorphen Zustand übergeführt wurde, weil dann die Dichte in demselben Sinne sich ändern müßte wie beim Schmelzen. Eine Erklärung dieses Widerspruches ist durch die Auffindung der Enantiotropie des Wismuts gegeben (vgl. den diesbezüglichen Abschnitt weiter unten).

Im Gegensatz zu G. Spring und G. T. Beilby fanden Faust und G. Tammann,[4]) daß bei der Deformation eine Bildung kleiner Kristallite stattfindet. Nach J. Johnston[5]) sind übrigens beide Annahmen dadurch zu vereinen, daß die Kristallite in ersterem Falle sehr klein, im letzteren Falle nfolge anderer Versuchsbedingungen größer gewesen seien.

Zu den Werten für die Dichte ist zu bemerken, daß, wie E. Cohen und Th. Moeseveld betonen, sich die Zahlen größtenteils auf Gemische von α- und β-Wismut beziehen; interessant ist die Beobachtung von H. St. Claire-Deville, der den Zusammenhang zwischen Dichte und Abkühlungsgeschwindigkeit nachwies.

Das *flüssige Wismut* hat eine größere Dichte als das feste; G. Vicentini und D. Omodei[6]) fanden die Dichte des Bi in festem Zustande zu $\delta = 9{,}68$ beim Schmelzpunkte, die Dichte des geschmolzenen Bi zu $\delta = 10{,}004$. Roberts und Th. Wrightson[7]) fanden bei gewöhnlicher Temperatur $\delta = 9{,}82$, für Bi im flüssigen Zustand die Dichte 10,039. F. Nies und A. Winkelmann[8]) haben gefunden, daß der Wert des Verhältnisses der Dichten des Wismuts

[1]) G. Spring, Journ. chim. phys. 1, 593 (1903).
[2]) J. Johnston u. L. H. Adams, Z. anorg. Chem. 76, 295 (1912).
[3]) G. T. Beilby, Phil. Mag. [6] 8, 258 (1904).
[4]) Faust u. G. Tammann, Z. f. phys. Chem. 75, 108 (1911).
[5]) J. Johnston, l. c. 376.
[6]) G. Vicentini u. D. Omodei, Pogg. Ann. Beibl. 11, 230 (1887).
[7]) Roberts u. Th. Wrightson, Phil. Mag. (5) 13, 360 (1882).
[8]) F. Nies u. A. Winkelmann, Pogg. Ann. [2] 13, 64 (1881).

in flüssigem Zustande zu der in festem Zustande bei derselben Temperatur zwischen den Grenzwerten 1,0310 und 1,0497 liegt.

Ch. Lüdeking[1]) zeigte, daß das Maximum der Dichte einige Grade oberhalb des Schmelzpunktes erreicht wird, es liegt bei etwa $268-270^0$, zwischen der Temperatur des Schmelzpunktes und dieser Temperatur tritt eine Ausdehnung um 3% auf.

H. Siedentopf[2]) fand die Dichte des geschmolzenen Wismuts zu $\delta = 10,004$.

Thermische Eigenschaften.

Wärmeleitfähigkeit. Wismut ist ein schlechter Wärmeleiter; die absolute Wärmeleitfähigkeit K (C.G.S.) beträgt

bei der Temperatur		
0°	0,0177	nach L. Lorenz,[3])
100	0,0164	
− 186	0,0558	
− 79	0,0252	nach E. Giebe,[4])
18	0,0192	
18	0,0194	nach W. Jäger und H. Diesselhorst.[5])
100	0,0161	

Nach den Untersuchungen von E. Jannetaz[6]) ist Wismut thermisch negativ.

L. Perrot[7]) hat nach der H. de Sénarmontschen Methode in ähnlicher Weise wie L. Lownds die Wärmeleitung untersucht und fand folgende Werte:

Prisma	Spez. Gew.	$\dfrac{A_s}{A_p}$	$\dfrac{L_s}{L_p}$	$\dfrac{T_s}{T_p}$
I	9,848	1,144	1,308	2,00
II	9,887	1,187	1,408	1,85
III	9,851	1,179	1,390	2,10
Mittel	9,862	1,170	1,368	1,98

Es bedeuten A_s und A_p die zur Hauptachse senkrechte bzw. parallele Achse der isothermischen Kurve, L_s und L_p die entsprechenden Leitfähigkeiten, T_s, T_p die thermoelektrischen Kräfte (zwischen 10^0 und 100^0) in den zur Achse senkrechten und parallelen Richtungen. Es wurde weiter das Prisma III auch nach der Methode von J. Thoulet[8]) geprüft; es wurden auf das Prisma zwei Substanzen mit verschiedenen Schmelztemperaturen Θ' und Θ'' gestreut und das so bestreute Prisma auf eine Eisenplatte von α^0 gelegt; die verschiedene Zeit δ, die zwischen dem Schmelzbeginn der beiden Substanzen je nach der Lage des Prismas verstreicht, läßt sich als Maß für die Wärmeleitung in der zur Auflagefläche des Prismas senkrechten Richtung benutzen; wenn mit

1) Ch. Lüdeking, Pogg. Ann. [2] **34**, 21 (1888).
2) H. Siedentopf, Dissertat. (Göttingen 1897).
3) L. Lorenz, Pogg. Ann. [2] **13**, 422, 582 (1881).
4) E. Giebe, Dissert. Berlin 1903.
5) W. Jäger u. H. Diesselhorst, Abh. d. Phys.-Techn. Reichsanstalt **3**, 269 (1900).
6) E. Jannetaz, Bull. Soc. min. **15**, 136 (1892).
7) L. Perrot, Arch. d. Sc. phys. et nat. Genève **18**, 260 (1904).
8) Angegeben in Ann. chim. phys. [5] **26**, 261 (1882).

δ_s und δ_p die Zeiten δ für die Wärmeleitung in der zur Achse senkrechten bzw. parallelen Richtung bezeichnet, ergibt sich das Verhältnis $\frac{\delta_p}{\delta_s}$ im Mittel mit 1,3683. Vergleicht man diesen Wert mit dem nach der H. de Sénar-montschen Methode gefundenen Wert für das Verhältnis der Leitfähigkeiten $\frac{L_s}{L_p} = 1{,}390$, so ergibt sich, daß diese Verhältnisse annähernd gleich sind.

C. Cailler[1]) hat gezeigt, daß das Verhältnis $\frac{\delta_p}{\delta_s}$ nur dann als Maß für die Leitfähigkeiten angenommen werden kann, wenn das Verhältnis $\frac{hl}{k}$ einen sehr kleinen Wert annimmt ($l =$ Dicke des Prismas, $h =$ Koeffizient der äußeren Wärmeleitung, $k =$ Koeffizient der inneren Wärmeleitung).

F. M. Jäger[2]) hat nach der von W. Voigt vorgeschlagenen Methode das Verhältnis der thermischen Leitfähigkeiten senkrecht und parallel zur Achse mit 1,489 bestimmt; das Achsenverhältnis der Isothermellipse ergibt sich zu $\frac{A_s}{A_p} = 1{,}22$.

L. Lownds[3]) findet für das Verhältnis der Wärmeleitfähigkeiten normal zur Hauptachse der Wärmeleitfähigkeit senkrecht zur Achse die Zahl 1,42, das Achsenverhältnis der Isothermellipse ergibt sich zu $\frac{A_s}{A_p} = 1{,}19$.

Bei der Abkühlung orientieren sich nach F. E. Trouton[4]) Wismutkristalle so, daß die gegen die Abkühlungsfläche gerichteten Ecken Äquatorialecken der Rhomboeder sind; das steht im Einklang mit der größten Wärmeleitfähigkeit in den Richtungen senkrecht zur Hauptachse.

Der Temperaturkoeffizient α der Wärmeleitfähigkeit ($k_t = k(1 + \alpha t)$) beträgt nach L. Lorenz[5]) $- 0{,}0_3 7343$, nach W. Jäger und H. Diessel-horst[6]) $- 0{,}0_2 197$.

Die relative Wärmeleitfähigkeit, bezogen auf Silber $= 100$, gibt G. Wiedemann und R. Franz[7]) mit $r = 1{,}8$ an.

Die *absolute Temperaturleitfähigkeit* a^2 (cm^2 sec^{-1}) beträgt nach H. Kron-auer[8]) bei der Temperatur von $2{,}8^0$ 0,037, nach W. Jäger und H. Diessel-horst[9]) bei 18^0 0,0679, bei 100^0 0,0546, nach E. Giebe[10]) bei 18^0 0,0655, bei $- 79^0$ 0,0847, bei $- 186^0$ 0,1884; der Temperaturkoeffizient der Tem-peraturleitfähigkeit [$a_t^2 = a_0^2 (1 + \beta t)$] beträgt nach W. Jäger und H. Diessel-horst[9]) $\beta = - 0{,}0023$.

Spezifische Wärme: (Alle angeführten Daten beziehen sich, soweit nicht anders vermerkt, auf die mittlere spezifische Wärme.) V. Regnault[11]) fand

[1]) C. Cailler, Arch. d. Sc. phys. et nat. Genève **18**, 457 (1904).
[2]) F. M. Jäger, Arch. d. Sc. phys. et nat. Genève **22**, 240 (1907).
[3]) L Lownds, Ann. d. Phys. **9**, 677 (1902).
[4]) F. E. Trouton, Proc. Roy. Dubl. Soc. **8**, 691 (1898).
[5]) L. Lorenz, Wied. Ann. **13**, 422, 582 (1881).
[6]) W. Jäger u. H. Diesselhorst, Abh. d. Phys.-Techn. Reichsanstalt **3**, 269 (1900).
[7]) G. Wiedemann u. R. Franz, Pogg. Ann. **89**, 497 (1853).
[8]) H. Kronauer, Vierteljahrschrift Naturf. Ges. Zürich, **25**, 257 (1880).
[9]) W. Jäger u. H. Diesselhorst, Abh. d. Phys.-Techn. Reichsanstalt **3**, 269 (1900).
[10]) E. Giebe, Verh. d. Dtsch. phys. Ges. **5**, 60 (1903).
[11]) V. Regnault, Pogg. Ann. **51**, 44, 213 (1840).

als spezifische Wärme für Wismut 0,03084 für Temperaturen zwischen 15°
und 98°, C. C. Person[1]) den Wert 0,0363 für flüssiges Wismut bei Temperaturen zwischen 280° und 380°, M. E. Bède[2]) für gereinigtes Wismut den
Wert 0,02979 für Temperaturen zwischen 9° und 102°, Handelsware ergab
den Wert 0,02889 für 13° bis 106°, 0,03036 für 15° bis 175°, 0,03085 für
13° bis 205°. H. Kopp[3]) fand für gereinigtes Wismut die Werte 0,0292 und
und 0,0318, L. Lorenz[4]) bestimmte die spezifische Wärme zu 0,03013 bei 0°
(zwischen − 20° und + 20°), zu 0,03066 bei 50° (zwischen + 20° und
+ 78°), zu 0,03090 bei 75° (zwischen + 20° und + 131°); aus den beobachteten Werten berechnete er Werte für c bei 0° zu $c_0 = 0,03014$, für c bei
100° zu $c_{100} = 0,03116$. L. Schüz[5]) hat die Werte 0,03137 und 0,03004, je
nachdem er im Wasserdampfbad erhitzte oder im CO_2-Bade abkühlte, erhalten;
W. Voigt[6]) gibt als Werte für die spezifische Wärme das Produkt (0,0304 ±
0,0002) C_T an, worin C_T die spezifische Wärme des Wassers für die Temperatur T bedeutet, dieser Wert gilt für $T = 16,6$ (mittlere Temperatur des
Kalorimeterwassers) und für den Bereich zwischen 15° und 99°. F. A. Watermann[7]) fand den Wert 0,03055 zwischen 100° und der gewöhnlichen
Temperatur. E. Giebe[8]) berechnete die wahre spezifische Wärme γ mit
$\gamma = 0,0303$ bei 18°, mit $\gamma = 0,0296$ bei 79°, mit $\gamma = 0,0284$ bei − 186°;
den Wert c fand er zu 0,0295 für 18° bis − 186°; W. Jäger und
H. Diesselhorst[9]) bestimmten die wahre spezifische Wärme zu $\gamma = 0,0292$
bei 18° und $\gamma = 0,0303$ bei 100°. N. Stücker[10]) hat eingehende Daten
gegeben; die mittlere spezifische Wärme fand er mit 0,03024 zwischen 20°
und 100°, mit 0,03159 zwischen 20° und 150°, mit 0,03444 zwischen 20°
und 200°, mit 0,03716 zwischen 20° und 250; die wahre spezifische Wärme
läßt sich nach folgenden Formeln finden:

Formeln für γ	gültig zwischen
0,0338 + 0,000162 $(t − 125)$	125° und 175°
0,0338 + 0,000192 $(t − 125)$ − 0,0000006 $(t − 125)^2$	125 ,, 225
0,0302 + 0,000054 $(t − 60)$	60 ,, 125
0,0302 + 0,000101 $(t − 60)$	60 ,, 225

Nach diesen Formeln ergibt sich γ für 60° mit 0,03024, für 125° mit
0,03375, für 175° mit 0,04185, für 225° mit 0,04695.

Die mittlere spezifische Wärme wurde an destilliertem Material von
G. W. Kahlbaum, K. Roth und P. Siedler[11]) zu 0,0305 gefunden.

H. John[12]) hat für die mittlere spezifische Wärme zwischen 22° und $T°$
folgende Formel aufgestellt:

[1]) C. C. Person, Pogg. Ann. 74, 409, 509 (1849).
[2]) M. E. Bède, Mém. couronnés et Mém. des Savants Étrangers publ. par l'Acad.
Roy. 27 (1855—56).
[3]) H. Kopp, Ann. d. Chem. 3. Supplbd. (1864—65).
[4]) L. Lorenz, Ann. d. Phys. 13, 422 (1891).
[5]) L. Schüz, Ann. d. Phys. 46, 177 (1892).
[6]) W. Voigt, Ann. d. Phys. 49, 709 (1893).
[7]) F. A. Watermann, Phys. Rev. 4, 161 (1896).
[8]) E. Giebe, Verh. d. Dtsch. phys. Ges. 1903, 60.
[9]) W. Jäger u. H. Diesselhorst, Abh. d. Phys.-Techn. Reichsanstalt 3, 269 (1900).
[10]) N. Stücker, Sitzber. Wiener Ak. 114, IIa, 657 (1905).
[11]) G. W. Kahlbaum, K. Roth u. P. Siedler, Z. anorg. Chem. 29, 177 (1902).
[12]) H. John, Vierteljahrschrift Naturf. Ges. Zürich 53, 186 (1908).

$$c = 0{,}02956327 + 0{,}0_5304501124\,(T - 22) - 0{,}0_611519898\,(T - 22)^2$$
$$+ 0{,}0_945607\,(T - 22)^3,$$

für die wahre spezifische Wärme gilt die Formel:

$$\gamma = 0{,}02956327 + 0{,}0_5609\,(T - 22) - 0{,}0_63456\,(T - 22)^2$$
$$+ 0{,}0_818243\,(T - 22)^3.$$

Die mittlere spezifische Wärme c beträgt nach demselben Autor:

c	zwischen
0,029349	− 73 und 12,0—13,7°
0,029518	− 21 „ 14,1—17,6
0,029430	+ 51 „ 21,7—22,6
0,029636	+ 99 „ 22,1—22,6
0,029415	+150 „ 26,0—27,1
0,029347	+203 „ 22,3—27,5
0,029917	+251 „ 21,6—25,2
0,030231	+261 „ 22,0—25,2

O. Richter[1]) fand für Temperaturen zwischen 0° und 100° den Wert $c = 0{,}029928$.

A. Levi[2]) gibt den Wert $c = 0{,}03080$ für 99° bis 22° an, H. Schimpff[3]) fand die Werte 0,03031 für 17° bis 100°, 0,02854 für 17° bis − 79° und 0,02752 für 17° bis − 190°. Die wahre spezifische Wärme fand er bei 0° zu 0,0291°. Aus Daten von Einzelversuchen von Th. W. Richards und F. G. Jackson[4]) wurde von K. Schulz[5]) der Wert $c = 0{,}0284$ zwischen 18,7° und − 188,5° berechnet. Bei 50° absoluter Temperatur bestimmte J. Dewar[6]) die spezifische Wärme zu 0,0218. (Nähere Einzelheiten über die bei den einzelnen Bestimmungen angewendeten Versuchsanordnungen mögen in der Zusammenstellung von K. Schulz im dritten und vierten Band der Fortschritte der Mineralogie etc., Jena 1912 und 1913, eingesehen werden, der auch die hier wiedergegeben Daten entnommen sind.)

Die *wahre Atomwärme* bei 0° fand H. Schimpff[3]) zu 6,38 cal., Th. W. Richards und F. G. Jackson[4]) zu 5,91, bei 50° absoluter Temperatur beträgt die Atomwärme nach J. Dewar[6]) 4,54.

Die *Wärmestrahlung* hat O. Wiedeburg[7]) untersucht; für das für 100° gültige Emissionsvermögen s (bezogen auf das eines Metallschirmes von Zimmertemperatur als 0) gibt er die Zahl 2,78.

Die thermischen Ausdehnungskoeffizienten. H. Kopp[8]) fand den kubischen Ausdehnungskoeffizienten für 1° Temperaturerhöhung im Intervall zwischen 12° und 41° zu 0,000040; A. Matthiessen[9]) ermittelte die Beziehung $V_t = V_0\,(1 + 10^{-4} \times 0{,}3502\,\Theta + 10^{-6} + 0{,}0446\,\Theta^2)$ an Material, das

[1]) O. Richter, Diss. Marburg 1908.
[2]) A. Levi, Atti Ist. Veneto [2] **68**, 47, 345 (1908—09).
[3]) H. Schimpff, Z. f. phys. Chem. **71**, 257 (1910).
[4]) Th. W. Richards u. F. G. Jackson, Z. f. phys. Chem. **70**, 414 (1910).
[5]) K. Schulz, Fortschritte der Mineralogie etc. Jena **3**, 291 (1913).
[6]) J. Dewar, Proc. Roy. Soc. **89**, 158 (1912), ref. Chem. ZB. 1913, I, 1360.
[7]) O. Wiedeburg, Wied. Ann. **66**, 92 (1898).
[8]) H. Kopp, Pogg. Ann. **86**, 156 (1852).
[9]) A. Matthiessen, Pogg. Ann. **130**, 50 (1867).

sorgfältig gereinigt und durch einen Firnisüberzug gegen chemische Einflüsse des Wassers, in dem die Wägungen durchgeführt wurden, geschützt war; die angeführten Zahlen sind Mittelwerte mehrerer Versuche an zwei Stücken. Den mittleren kubischen Ausdehnungskoeffizienten für flüssiges Wismut haben G. Vicentini und D. Omodei[1]) zu $0{,}0_3120$ für das Intervall $271-300^0$ bestimmt. A. Hess[2]) hat die mittleren kubischen Ausdehnungskoeffizienten zu $0{,}000264$ für flüssiges Wismut ermittelt; beim Schmelzen dehnt sich das Wismut um $3{,}5^0/_0$ aus. Ch. Lüdeking[3]) gibt für das Intervall $270-303^0$ den mittleren kubischen Ausdehnungskoeffizienten zu $0{,}0_44425$ an.

A. Matthiesen[4]) hatte zwischen 0^0 und 100^0 den linearen Ausdehnungskoeffizienten zu $0{,}0_41316$ gefunden. W. Voigt[5]) gibt den linearen Ausdehnungskoeffizienten für Wismut bei 20^0 mit $0{,}00001575$ an, die Größen a und b in der Formel $l_t = l_0 (1 + a\Theta + b\Theta^2 + c\Theta^3)$ gibt er mit $a = 0{,}00001367$ und mit $b = 0{,}0_752$ an. Die linearen Ausdehnungskoeffizienten in den Richtungen parallel und senkrecht zur Hauptachse hat H. Fizeau[6]) bestimmt und gefunden:

bei	α mittlerer Wert	α parallel der Hauptachse	α senkrecht zur Hauptachse	$\dfrac{\Delta\alpha}{\Delta\Theta}$ parallel der Hauptachse	senkr. zur Hauptachse	a parallel der Hauptachse	senkrecht zur Hauptachse	b parallel der Hauptachse	senkr. zur Hauptachse	Berechnete Verlängerung der Längeneinheit bei der Erwärmung von 0^0 auf 100^0 parallel der Hauptachse	senkrecht zu Hauptachse
40^0	$0{,}0_41346$	$0{,}0_41621$	$0{,}0_41208$	$0{,}0_7209$	$0{,}0_7311$	$0{,}0_41537$	$0{,}0_41084$	$0{,}0_7104$	$0{,}0_7155$	$0{,}001642$	$0{,}00123$
50^0	$0{,}0_41374$	$0{,}0_41642$	$0{,}0_41239$	—	—	—	—	—	—	—	—

α ist der lineare Ausdehnungskoeffizient für die Ausdehnung bei der Temperaturerhöhung um 1^0 bei 40^0 (50^0).

Der lineare Ausdehnungskoeffizient in der Richtung senkrecht zu einer Rhomboederfläche wurde mit $\alpha = 0{,}0_41338$ gefunden, der berechnete Wert beträgt $0{,}0_41334$. E. Grüneisen[7]) fand den linearen Ausdehnungskoeffizienten für das Intervall -140^0 bis $+17^0$ zu $0{,}0_41297$, für das Intervall 17^0 bis 100^0 zu $0{,}0_41345$. G. Vicentini und D. Omodei[8]) geben für 270^0 den Wert $0{,}0_4132$ an. Auf den Zusammenhang zwischen thermischer Ausdehnung, Kompressibilität und Atomvolumen hat E. Grüneisen[9]) aufmerksam gemacht.

A. Schrauf[10]) hat auch hier auf die einfache Beziehung zwischen den Ausdehnungskoeffizienten und den Längen der Achsen-Abschnitte verwiesen;

[1]) G. Vicentini u. D. Omodei, Atti R. Acc. Torino 23, 38 (1887—88).
[2]) A. Hess, Ber. Dtsch. phys. Ges. 3, 403 (1906).
[3]) Ch. Lüdeking, Pogg. Ann. [2] 34, 21 (1881).
[4]) A. Mattiessen, Pogg. Ann. 86, 156 (1852).
[5]) W. Voigt, Ann. d. Phys. 49, 697 (1893).
[6]) H. Fizeau, Pogg. Ann. 138, 26 (1869).
[7]) E. Grüneisen, Z. f. Instrumentenkunde 27, 38 (1907).
[8]) G. Vicentini u. D. Omodei, Atti R. Acc. Torino 23, 38 (1887—88).
[9]) E. Grüneisen, Ann.d. Phys. [4] 26, 393 (1908).
[10]) A. Schrauf, Z. Kryst. 12, 375 (1887).

es gilt die Beziehung: α (parallel der Hauptachse) : α' (senkrecht zur Hauptachse) $= c : a$.

Schmelzpunkt. Der Schmelzpunkt des Wismuts wird schon durch sehr kleine Beimengungen verändert, der des käuflichen Metalls beträgt 260⁰. G. Ermann[1]) hat den Schmelzpunkt mit 265⁰, F. Rudberg[2]) mit 268,3⁰, C. C. Person[3]) mit 266,8—270,5⁰, v. Riemsdyk[4]) mit 268,3⁰, G. Vicentini[5]) mit 270,9⁰, A. Classen[6]) mit 264⁰ für ganz reines Material, C. T. Heycock und F. H. Neville[7]) mit 267,54⁰, H. Siedentopf[8]) mit 264⁰, R. Callendar[9]) mit 269,2⁰ angegeben, Eggink[10]) fand 271,5⁰. Den Erstarrungspunkt von bei 271⁰ schmelzendem Wismut gibt Ch. Lüdeking[11]) bei 260—261⁰; G. Grube[12]) gibt den Erstarrungspunkt mit 268⁰, G. J. Petrenko[13]) mit 269⁰, G. Mathewson[14]) mit 273⁰. Den gleichen Wert wie G. J. Petrenko, 269⁰, fanden K. Hüttner u. G. Tammann,[15]) sowie Smith[16]). G. Tammann[17]) hat für die Erniedrigung des Schmelzpunktes mit dem Druck p (in kg pro 1 cm²) die Beziehung aufgestellt: $\Delta\Theta = -0,00386 (p - 1)$.

John Johnston und L. H. Adams[18]) haben für verschiedenen Druck die Schmelzpunkte wie folgt angegeben:

Druck	Schmelzpunkt
Atmosphärendruck	270,7 ⁰
500 Atm.	267,71
1000 „	265,67
1550 „	264,04
2010 „	262,18

Die Veränderung des Schmelzpunktes bei Druck von 1000 Atmosphären beträgt allgemein $-3,56⁰$, die Volumänderung beim Schmelzen beträgt in cm³ pro Gramm $-0,003 42$.

Schmelzwärme. C. C. Person[19]) fand die Schmelzwärme bei 266,8⁰ zu 12,6 kg Cal. pro 1 kg oder 2,6 kg Cal. pro 1 Grammatom Bi, D. Mazotto[20]) gibt die zweite Zahl identisch mit der von C. C. Person, die erstere zu 12,6 kg Cal. an, J. Johnston und L. H. Adams[21]) fanden die Schmelzwärme zu 12,6 Cal. pro Gramm.

[1]) G. Ermann, Pogg. Ann. **20**, 283 (1830).
[2]) F. Rudberg, Pogg. Ann. **71**, 460 (1847).
[3]) C. C. Person C. R. **33**, 162 (1847).
[4]) v. Riemsdyk, Ch. N. **20**, 32 (1869).
[5]) G. Vicentini, Pogg. Beibl. **11**, 230 (1887).
[6]) A. Classen, Ber. Dtsch. Chem. Ges. **23**, 945 (1890).
[7]) C. T. Heycock u. F. H. Neville, Journ. chem. Soc. **65**, 69 (1894).
[8]) H. Siedentopf, Diss. Göttingen (1897).
[9]) R. Callendar, Phil. Mag. [5] **48**, 547 (1899).
[10]) Eggink, Z. f. phys. Chem. **64**, 492 (1908).
[11]) Ch. Lüdeking, Pogg. Ann. [2] **34**, 21 (1881).
[12]) G. Grube, Z. anorg. Chem. **49**, 84 (1906).
[13]) G. J. Petrenko, Z. anorg. Chem. **50**, 133 (1906).
[14]) C. H. Mathewson, Z. anorg. Chem. **50**, 188 (1906).
[15]) K. Hüttner u. G. Tammann, Z. anorg. Chem. **44**, 131 (1905).
[16]) Smith, Z. anorg. Chem. **56**, 109 (1908).
[17]) G. Tammann, Z. anorg. Chem. **40**, 54 (1904).
[18]) J. Johnston u. L. H. Adams, Am. Journ. **31**, 506 (1911).
[19]) C. C. Person, Pogg. Ann. **76**, 596 (1849).
[20]) D. Mazotto, Mem. del R.-Ist. Lomb. **16**, 1 (1891).
[21]) J. Johnston u. L. H. Adams, Am. Journ. **31**, 516 (1911).

Das *spontane Kristallisationsvermögen* hat E. Bekier[1]) geprüft und gefunden, daß die Größe der Kristallite mit wachsender Unterkühlung abnimmt.

Verdampfung und Siedepunkt. Die Angaben über den Siedepunkt schwanken. v. Riemsdyk[2]) gibt an, daß bei heller Rotglut die Verflüchtigung sehr gering sei, Carnelley und C. Williams[3]) setzen 1090^0 und 1450^0 als extreme Werte an, H. Mensching und V. Meyer[4]) beschreiben bei 1450^0 merkliche Verdampfung, H. Biltz und V. Meyer[5]) nehmen die Verdampfungstemperatur zwischen 1600^0 und 1700^0 an, C. Barus[6]) fand den Siedepunkt bei 1435^0; die neuesten Untersuchungen rühren von Greenwood[7]) her, der folgende Werte erhielt:

Druck	Verdampfungspunkt
760 mm	1420^0
102 „	1200
257 „	1310
6,3 Atm	1740
11,7 „	1950
16,5 „	2060

Im Vakuum findet nach H. Demarcay[8]) schon bei 292^0 erhebliches Verdampfen statt, nach A. Schuller[9]) destilliert das Bi beim Erhitzen im Vakuum schon bei beginnender Rotglut in kristallinisch erstarrenden Tröpfchen; F. Krafft[10]) gibt den Siedepunkt im Vakuum des Kathodenlichts zu 1050^0 an, bei rein grünem Kathodenlicht und einer Steighöhe des Dampfes von 50 mm fanden F. Krafft und P. Lehmann[11]) den Siedepunkt mit 993^0, bei 90 mm Steighöhe mit 1002^0, bei 140 mm Steighöhe mit 1009^0. Der Beginn der Verdampfung im Vakuum läßt sich, obwohl der Siedepunkt bei 1000^0 liegt, nach F. Krafft und L. Bergfeld[12]) unmittelbar beim Schmelzpunkt bei 268^0 feststellen. Bei der Destillation im Stickstoffstrom ist der Dampf des Bi nach Hérard[13]) grün gefärbt.

Die *kritische Temperatur* gibt C. M. Guldberg[14]) zu 4600^0 an.

Über die molekulare *Verdampfungswärme* und den Troutonschen Quotienten hat jüngst de Forcrand[15]) eine Untersuchung ausgeführt; E. v. Aubel[16]) hat das gleiche Thema bearbeitet, die Daten für die Verdampfungswärme sind der Arbeit von A. Wehnelt und Musceleanu[17]) entnommen.

---

[1]) E. Bekier, Z. anorg. Chem. **78**, 178 (1912).
[2]) v. Riemsdyk, Ch. N. **20**, 32 (1869).
[3]) Carnelley u. C. Williams, Journ. chem. Soc. **35**, 563 (1879).
[4]) H. Mensching u. V. Meyer, Ann. d. Chem. **240**, 325 (1887).
[5]) H. Biltz u. V. Meyer, Ber. Dtsch. Chem. Ges. **22**, 726 (1889).
[6]) C. Barus, Am. Journ. [3] **48** (1894); Landolt-Börnstein, 4. Aufl. 1912, 205.
[7]) Greenwood, Proc. Roy. Soc. A. **82**, 396 (1909); **83**, 483 (1910).
[8]) H. Demarcay, C. R. **95**, 183 (1882).
[9]) A. Schuller, Pogg. Ann. [2] **18**, 321 (1883).
[10]) F. Krafft, Ber. Dtsch. Chem. Ges. **36**, 1705 (1903).
[11]) F. Krafft u. P. Lehmann, Ber. Dtsch. Chem. Ges. **38**, 253 (1905).
[12]) F. Krafft u. L. Bergfeld, Ber. Dtsch. Chem. Ges. **38**, 257 (1905).
[13]) Hérard in Kraut-Gmelin, Handb. d. anorg. Chem. **3/2**, 941 (1907).
[14]) C. M. Guldberg, Z. phys. Chem. **1**, 234 (1887).
[15]) de Forcrand, C. R. **156**, 1648 (1912).
[16]) E. van Aubel, C. R. **156**, 456 (1912).
[17]) A. Wehnelt u. Musceleanu, Verh. Dtsch. phys. Ges. **14**, 1304 (1896).

Dampfdichte und Molekulargewicht. H. Biltz und V. Meyer[1]) haben die Dampfdichte zwischen 1600^0 und 1700^0 zu 10,125 und 11,983 gefunden; für das Molekül Bi berechnet sie sich zu 7,2, für Bi_2 zu 14,4. C. T. Heycock und Neville[2]) fanden nach der Erniedrigung des Erstarrungspunktes, die das Bi bei Cd und Sn als Lösungsmittel hervorrief, daß das Molekül einatomig sei; nach der analogen Erniedrigung bei Pb als Lösungsmittel ergab sich ein zweiatomiges Molekül. Nach Mac Phail Smith[3]) löst sich Bi in Hg einatomig auf, nach J. Traube[4]) hat Bi im flüssigen und im gasförmigen Zustande dasselbe Molekulargewicht. H. v. Wartenberg[5]) hat bei 2070^0 für Bi das Molekulargewicht zu 212—244 gefunden.

Magnetische und elektrische Eigenschaften.

Verhalten im Magnetfelde. Wismut ist stark diamagnetisch, negativ; es stellt sich also ein Stab, der parallel der Hauptachse geschnitten ist und so aufgehängt wird, daß die Hauptachse in der Horizontalebene frei schwingen kann, mit der Richtung der Hauptachse in die Richtung der Kraftlinien. J. Tyndall[6]) fand das Verhältnis der kleinsten zur größten Abstoßung wie 71 : 100, G. W. Hankel[7]) fand für dieses Verhältnis die Zahlen 67 : 100; im allgemeinen kann man die Werte für die Abstoßungen nach der Formel $90,7 + 45,3 \sin^2 \varphi$ berechnen, worin φ den Winkel der Hauptachse gegen die Kraftlinien bedeutet.

A. Leduc[8]) ließ geschmolzenes Wismut in genau kugeligen Ballons im elektromagnetischen Felde erstarren und beobachtete, daß die Kugel nach dem Erstarren dieselbe Stellung einnimmt, wenn sie frei drehbar aufgehängt wird, wie während der Erstarrung. Daraus wird der Schluß gezogen, daß beim Wachstum jeder einzelne Kristall sich so orientiert, wie es nach seiner Isolierung eine aus ihm geschliffene Kugel tun würde.

Die *Hauptmagnetisierungskoeffizienten* ϱ_1 und ϱ_2 parallel und senkrecht zur Hauptachse bestimmte W. W. Jaques[9]) nach der Methode von H. A. Rowland zu

$$\varrho_1 = -12554 . 10^{-12}, \qquad \varrho_2 = -14324 . 10^{-12}.$$

Die *Magnetisierungszahl* beträgt nach St. Meyer[10]) für gepulvertes Wismut

$$-5,25 \times 10^{-6}.$$

Mehrfach ist die *magnetische Suszeptibilität* bestimmt worden; es beträgt die Suszeptibilität (Landolt-Börnsteins Tabellen, 4. Aufl. 1912, 1245).

---

[1]) H. Biltz u. V. Meyer, Ber. Dtsch. Chem. Ges. **22**, 726 (1889).
[2]) C. T. Heycock u. Neville, Journ. chem. Soc. **61**, 888 (1892).
[3]) Mac Phail Smith, Am. chem. Journ. **36**, 124 (1906).
[4]) J. Traube, Ber. Dtsch. Chem. Ges. **31**, 1562 (1898).
[5]) H. v. Wartenberg, Z. anorg Chem. **56**, 320.
[6]) J. Tyndall, Pogg. Ann. **83**, 897 (1851).
[7]) G. W. Hankel, Sächs. Ges. d. Wiss. 1851, 99.
[8]) A. Leduc, C. R. **140**, 1022 (1905).
[9]) W. W. Jaques u. H. A. Rowland, Am. Journ. [3] **18**, 360 (1879).
[10]) St. Meyer, Monatsh. **20**, 369 (1899).

bei Temperaturen von	$10^6\, k_v$	$10^6\, k_m$	Autor
15°	−14	—	J. A. Fleming u. J. Dewar[1]
−182	−16	—	"
—	−14	—	A. v. Ettinghausen[2]
—	−13	—	Luigi Lombardi[3]
20	—	1,4	P. Curie[4]
273	—	−1,0	"
273 bis 405	—	−0,04	"
—	−12	—	A. P. Wills[5]
18	—	−1,4	K. Honda[6]
260	—	−1,0	"
flüssig > 270	—	−0,01	"
kristallisiert	—	1,39	G. Meslin[7]
geschmolzen	—	1,42	"

H. Kamerlingh Onnes und A. Perrier[8] haben kürzlich die *spezifische Suszeptibilität* bei niederen Temperaturen geprüft. M. Owen[9] hat sich mit der Abhängigkeit der Suszeptibilität von der Temperatur beschäftigt und das Wismut unter jene Gruppe von Elementen eingereiht, deren Suszeptibilität bei zunehmender Temperatur numerisch abnimmt; er prüfte die Abhängigkeit im Bereich zwischen − 170° bis 268°.

Die Werte für die *elektrische Leitfähigkeit* (reziproker Wert des in Ohm ausgedrückten Widerstandes von einem Zentimeterwürfel der Substanz, für Quecksilber bei 0° = 1,063 × 10⁴) sind folgende:[10]

	Temperatur	Leitfähigkeit	Beobachter
rein	−187,5°	2,457 × 10⁴	J. Dewar u. J. A. Fleming[11]
—	−58,6	1,197	"
—	19	0,884	"
—	60	0,750	"
—	−186	2,452	E. Giebe[12]
—	−79	1,196	"
—	18	0,861	"
—	0	0,929	L. Lorenz[13]
hart	0	0,920	E. van Aubel[14]
weich	0	0,926	"

---

[1] J. A. Fleming u. J. Dewar, Proc. Roy. Soc. **60**, 283 (1896); **63**, 311 (1898).
[2] A. v. Ettinghausen, Ann. d. Phys. **17**, 272 (1882).
[3] L. Lombardi, Mem. R. Acc. Torino [2] **47**, 1 (1897).
[4] P. Curie, C. R. **115**, 1292 (1892); **116**, 136 (1893).
[5] A. P. Wills, Phil. Mag. [5] **45**, 432 (1898).
[6] K. Honda, Ann. d. Phys. [4] **32**, 1027 (1910).
[7] G. Meslin, Ann. chim. phys. [8] **7**, 145 (1906).
[8] H. Kamerling Onnes u. A. Perrier, Koningl. Akad. van Wetensch. Amsterdam, Wisk. on Natk. Afd. **20**, 75. Ref. Chem. ZB. 1911, II, 340.
[9] M. Owen, Ann. d. Phys. [4] **37**, 657 (1912).
[10] Nach G. E. Leithäuser, in Landolt-Börnstein Tabellen, 4. Aufl. 1071 (1912).
[11] J. Dewar u. J. A. Fleming, Proc. Roy. Soc. **60**, 72 (1897).
[12] E. Giebe, Dissertat. Berlin (1903).
[13] L. Lorenz, Wied. Ann. **13**, 422, 582 (1881).
[14] E. van Aubel, Journ. phys. [3] **2**, 407 (1893).

	Temperatur	Leitfähigkeit	Beobachter
—	Zimmertemp.	0,830	F. A. Schulze[1]
—	18	0,840	W. Jäger u. H. Diesselhorst[2]
—	100	0,624	"
—	100	0,630	L. Lorenz[3]
fest	271	0,364	G. Vassura[4]
flüssig	271	0,781	"
—	358	0,737	L. de la Rive[5]
—	860	0,622	"
Draht bei 155° gepreßt	22	0,922	Ph. Lenard[6]
Draht im Magnetfeld bei 230° gepreßt	22	0,866	"
Draht im Magnetfeld von 11200 C.G.S.	22,6	0,719	"
Draht im Magnetfeld von 2750 C.G.S.	−187,5	0,525	J. Dewar u. J. A. Fleming[7]
"	19	0,830	"

Das Verhältnis der elektrischen Leitfähigkeiten senkrecht und parallel zur Achse hat E. v. Everdingen zu $\frac{\sigma_a}{\sigma_c} = 1,68$ gefunden, Ch. Matteucci[8] hat für dieses Verhältnis die Zahl 1,6 ermittelt.

A. Matthiessen und M. v. Bose[9] fanden, daß Drähte bei längerem Erhitzen auf 100° ihre Leitfähigkeit erheblich ändern und zwar verhalten sich die Leitfähigkeiten bei 0° und nach eintägigem Erhitzen auf 100° wie 1,2517 : 1,4494; bei noch längerem Erhitzen auf 100° findet nur mehr eine ganz unwesentliche Veränderung statt. Diese Beobachtung gab Anlaß zu der Untersuchung E. Cohens und Th. Moesvelds über die Polymorphie des Wismuts; kürzlich haben E. T. Northrup und V. A. Suydam[10] die Änderung des Widerstandes beim Schmelzen verfolgt, der Widerstand nimmt plötzlich ab.

Den Einfluß von Druck und Zug auf die elektrische Leitfähigkeit hat W. E. Williams[11] untersucht.

Der *elektrische Leitungswiderstand* w in Ohm für ein Kubikzentimeter beträgt für Wismut $10^7 w = 1200$.

Für die Abhängigkeit des elektrischen Widerstandes von der Temperatur gilt die Beziehung $w_t = w_0(1 + a\Theta + b\Theta^2 + c\Theta^3)$; die Größen a, b, c wurden gefunden zu (Werte nach Landolt-Börnsteins Tabellen 4. Aufl. 1083, 1912):

---

[1] F. A. Schulze, Ann. d. Phys. [4] **9**, 555 (1902).
[2] W. Jäger u. H. Diesselhorst, Abh. d. Phys.-Techn. Reichsanstalt **3**, 269 (1900).
[3] L. Lorenz, Wied. Ann. **13**, 422, 582 (1882).
[4] G. Vassura, Cim. [3] **31**, 25 (1892).
[5] L. de la Rive, C. R. **56**, 588 (1863); **57**, 698 (1863).
[6] Ph. Lenard, Wied. Ann. **39**, 619 (1890).
[7] J. Dewar u. J. A. Flemming, Proc. Roy. Soc. **60**, 72 (1897).
[8] Ch. Matteucci, C. R. **40**, 541, 913 (1855).
[9] A. Matthiessen u. M. v. Bose, Pogg. Ann. **115**, 353 (1862).
[10] E. F. Northrup u. V. A. Suydam, Journ. Franklin Inst. **175**, 153 (1912).
[11] W. E. Williams, Phil. Mag. [6] **13**, 635.

Temperaturbereich	a	b	c	Beobachter
0—100° (weich)	0,04429	—	—	E. van Aubel[1]
0—100° (hart)	0,00422	—	—	"
0—100° (bis 230° gepreßt)	0,00458	—	—	Ph. Lenard[2]
18—100°	0,00454	—	—	W. Jaeger und H. Diesselhorst[3]
0—271°	0,001176	$0,0_5532$	$0,0_71289$	G. Vicentini und D. Omodei[4]
0° (im Magnetfeld)	0,029	—	—	E. van Aubel[1]

Veränderung der Wärmeleitfähigkeit sowie der elektrischen Leitfähigkeit im Magnetfelde. L. Lownds[5] hat zuletzt nach der Sénarmontschen Methode die Wärmeleitfähigkeit im Magnetfelde bestimmt und für das Verhältnis der Wärmeleitfähigkeit normal zur Achse zu jener parallel zur Achse gefunden:

bei der Feldstärke H
0   1,42
4980 (C.G.S.) 1,80

Das Verhältnis der elektrischen Leitfähigkeit senkrecht zur Achse zu jener parallel der Achse ergibt sich

für die Feldstärke H
0   mit 1,78
4980 (C.G.S.) mit 1,87.

A. Righi[6] hatte früher angegeben, daß sich im Magnetfeld das thermische Leitvermögen in fast gleichem Maße wie das elektrische Leitvermögen verändere. Er fand in einem Felde von der Intensität von ungefähr 4570 Einheiten das Verhältnis der thermischen Leitfähigkeiten zu $\frac{k_1}{k} = 0,878$, worin k_1 die Leitfähigkeit im Felde bedeutet; das entsprechende Verhältnis der elektrischen Leitfähigkeiten fand er zu $\frac{r_1}{r} = 0,886$.

A. Leduc[7] hatte gleichzeitig mit A. Righi dieselben Resultate erhalten und außerdem einen dem Hallphänomen analogen Effekt beobachtet, indem in einer der Länge nach von einem Wärmestrom durchflossenen Platte die eine Breitseite wärmer, die andere kälter ist.

A. v. Ettingshausen[8] beobachtete, daß wohl eine Verminderung des thermischen Leitvermögens im Magnetfelde stattfinde, daß diese aber wesentlich geringfügiger sei, als die Abnahme des elektrischen Leitvermögens (z. B. 4 % gegen 28 %).

[1] E. van Aubel, C. R. **108**, 1102 (1889).
[2] Ph. Lenard, Wied. Ann. **39**, 619 (1890).
[3] W. Jaeger u. H. Diesselhorst, Abh. d. Phys. Techn. Reichsanstalt **3**, 269 (1900).
[4] G. Vicentini u. D. Omodei, Atti Por. **25**, 30 (1889/90).
[5] L. Lownds, Ann. d. Phys. **9**, 677 (1902).
[6] A. Righi, R. Acc. d. Linc. [4], III, **12**, 1 (1887); Gazz. chim. It. 1887, 358.
[7] A. Leduc, C. R. **104**, 1783 (1887).
[8] A. v. Ettingshausen, Anzeiger d. Wiener Ak. 1887, Nr. 21.

Über den Widerstand innerhalb und außerhalb des Magnet-
feldes verdanken wir E. v. Everdingen [1]) zahlreiche Untersuchungen, die (nach
einem Referat von K. Drucker in Z. f. phys. Chem. **42**, 114, 1903) folgend
zusammengefaßt werden können:

Außerhalb des Magnetfeldes können die Widerstände in kristallinischem
Wismut für alle Richtungen mit Hilfe eines Leitfähigkeitsrotationsellipsoids um
die Hauptachse (Achsenverhältnis ca. 5:3) gefunden werden.

An einem parallel zur Hauptachse gerichteten Magnetfelde tritt ein
Rotationsellipsoid auf, in einem senkrecht zu ihr stehenden ein dreiachsiges
Ellipsoid, in einem beliebigen Felde ebenfalls ein dreiachsiges Ellipsoid, dessen
Achsen durch Superposition der Änderung der Achsen der Hauptfälle erhalten
werden können.

Im allgemeinen werden im Magnetfelde die Widerstände eines Wismut-
plättchens in zwei zueinander senkrecht stehenden Richtungen in ungleichem
Maße zunehmen, woraus sich die Dissymmetrie des Hallphänomens erklärt.

Unter der Einwirkung von Radiumstrahlen wird nach R. Paillot [2]) ebenfalls der Widerstand einer Wismutspirale beträchtlich erhöht.

Über die Widerstandsveränderung von elektrolytischem Wismut bei tiefen
Temperaturen im magnetischen Felde handelt eine Arbeit von J. Dewar und
J. A. Fleming; [3]) der Widerstand einer Wismutspirale vergrößert sich, wie er-
wähnt, im elektrischen Felde. Bei tiefen Temperaturen vergrößert sich dieser
Einfluß immer mehr, gleichzeitig nimmt aber bei fallender Temperatur der
Widerstand des Wismuts außerhalb des Magnetfeldes ab; es wäre also beim
absoluten Nullpunkt das Wismut ein nahezu vollkommener Leiter und durch
Einbringen in ein hinreichend starkes Feld könnte es in einen nahezu nicht-
leitenden Körper verwandelt werden.

Die Widerstandszunahme im magnetischen Felde ist Gegenstand zahlreicher Untersuchungen von A. Righi und Harion, A. v. Ettinghausen,
P. Lenard, J. Dewar und A. Fleming, C. Carpini, L. Lownds und
anderen gewesen; bei sehr reinem Wismut beträgt diese Zunahme bis zu 30%.

Die *Veränderung des elektrischen Feldes im Magnetfeld* wurde zuletzt von
L. Lownds [4]) studiert, und zwar fand er für die prozentische Widerstandszunahme im Felde die Werte:

Feldstärke H (C.G.S.)	Parallel der Hauptachse			Senkrecht zur Hauptachse		
	prozentischer Widerstand bei der Temperatur von					
	$+25{,}5°$	$-79°$	$-186°$	$+14°$	$-79°$	$-186°$
2120	5,0	22,5	33,5	3,9	9,6	6,1
3120	9,2	37,7	44,2	7,3	14,2	9,7
3500	12,1	43,1	47,4	8,6	15,7	10,6
4980	19,8	62,1	56,5	14,3	21,5	11,4

Es wurde vor und nach der Erregung des Magnetfeldes ein Strom von der
gleichen Stärke J durch die Platte geschickt; wenn e_0 die Potentialdifferenz an zwei
Punkten der Platte vor der magnetischen Erregung, e dieselbe nachher ist, und w_0 und w

[1]) E. v. Everdingen, Versl. K. Akad. v. Wet. Amsterdam **9**, 448 (1900).
[2]) R. Paillot, C. R. **138**, 189 (1904).
[3]) J. Dewar u. J. A. Fleming, Proc. Roy. Soc. **60**, 72, 425 (1897).
[4]) L. Lownds, Ann. d. Phys. **9**, 677 (1902).

die entsprechenden Widerstände sind, dann ist $J = \dfrac{e_0}{w_0} = \dfrac{e}{w}$; die prozentische Wider-

standszunahme im Felde ist $= 100\,\dfrac{w - w_0}{w_0} = 100\,\dfrac{e - e_0}{e_0}$. Ist a der Querschnitt der

Platte und l die Entfernung zwischen den Elektroden der Platte, so ist $\varrho = \dfrac{w_0 a}{l}$ der spezifische Widerstand der Platte. [Nach dem Referat von J. Beckenkamp, Z. Kryst. **39**, 416 (1903)].

Dieser spezifische Widerstand der Platte wurde von L. Lownds für die Feldstärke $H = 0$ und verschiedene Temperaturen gefunden zu:

Parallel zur Hauptachse		Senkrecht zur Hauptachse	
Temperatur	ϱ (C.G.S.)	Temperatur	ϱ (C.G.S.)
15°	269 000	15°	151 000
− 79°	379 000	− 79°	135 000
−186°	243 000	−186°	86 000

F. Pallme König[1]) hat im Anschluß an Untersuchungen von P. Lenard und andern Untersuchungen über die Trägheit des Bi im Magnetfelde wie beim Stromdurchgange angestellt, weil die früheren Untersuchungen gezeigt hatten, daß die Widerstandsänderungen des Bi im Magnetfeld von der Benutzung von Gleichstrom oder Wechselstrom abhängig sei; es konnte keine Trägheit gegenüber der Magnetisierung, ebenso nur eine scheinbare Änderung des Ohmschen Widerstandes nachgewiesen werden.

R. Seidler[2]) hat im Anschlusse an die Untersuchung von F. Pallme König im stromdurchflossenen Wismutdraht eine EMK beobachtet und hierüber nähere Angaben gemacht. R. Geipel[3]) hat gezeigt, daß außer dieser einen EMK noch ein zweiter Effekt zu beobachten ist.

Den Einfluß der Temperatur und Quermagnetisierung auf den Gleichstromwiderstand hat F. C. Blake[4]) studiert, doch sind die Resultate noch nicht vollständig.

Halleffekt. Mit dem Hallschen Phänomen beschäftigte sich eine Untersuchung von A. v. Ettingshausen und W. Nernst.[5]) Die Hallkonstante hat E. v. Everdingen,[6]) dem zahlreiche Arbeiten über das Hallphänomen zu verdanken sind, bestimmt und gefunden, daß für eine Magnetkraft senkrecht zur Hauptachse die Konstante groß, für eine der Achse parallele Kraft jedoch klein ist; im ersten Fall ist der Effekt immer negativ, in letzterem Falle bei schwachem Felde negativ, bei stärkerem Felde positiv. Für eine willkürliche Richtung der Magnetkraft kann die Konstante mit Hilfe eines Rotationsellipsoids aus den für die Hauptfälle geltenden Werten berechnet werden. Namentlich hat sich E. v. Everdingen auch mit dem Hallphänomen bei niederen Temperaturen beschäftigt. Der Hallkoeffizient R hat folgende Werte nach E. v. Everdingen:[7])

¹) F. Pallme König, Ann. d. Phys. [4] **25**, 921 (1908). Ref. Chem. ZB. 1908, I, 1963.
²) R. Seidler, Ann. d. Phys. [4] **32**, 337 (1910). Ref. Chem. ZB. 1910, II, 58.
³) R. Geipel, Ann. d. Phys. [4] **38**, 149 (1912).
⁴) F. C. Blake, Ann. d. Phys. [4] **28**, 449. Ref. Chem. ZB. 1909, I, 1228.
⁵) A. v. Ettingshausen u. W. Nernst, Sitzber. Wiener Akad. **94**, 560 (1886).
⁶) E. v. Everdingen, Phys. Zeitschr. **2**, 585 (1901).
⁷) E. v. Everdingen, Versl. K. Ak. v. Wet. Amsterdam **8**, 218, 380 (1900); **9**, 181 (1900).

absolute Temperatur	Magnetfeld in C.G.S.-Einheiten					
	1000	2000	3000	4000	5000	6000
91°	62,2	55,0	49,7	45,8	42,6	40,1
183°	28,0	25,0	22,9	21,5	20,2	18,9
250°	17,0	16,0	15,1	14,3	13,6	12,9
284,3°	13,3	12,7	12,1	11,5	11,0	10,6
373°	7,28	7,17	7,00	6,95	6,84	6,72

L. Lownds[1]) hat zuletzt die Konstante für verschiedene Temperaturen und Feldstärken zahlenmäßig bestimmt; die Hauptachse liegt in der Kristallplattenebene, die magnetischen Kraftlinien verlaufen senkrecht zur Platte, der primäre Strom wurde parallel zur Hauptachse sowie senkrecht zur Hauptachse durch die Platte geschickt. Wenn in der Formel für die Größe der elektromotorischen Kraft $E = R\dfrac{JH}{d}$ J die Stärke des primären Stromes, H die Feldstärke in C.G.S., d die Dicke der Platte bedeutet, so sind die Werte für die Konstante R für verschiedene Temperaturen und Feldstärken folgende:

Primärstrom parallel zur Hauptachse:

H	$\Theta = -16°$	$\Theta = -79°$	$\Theta = -186°$
4980	−10,3	−3,16	+ 7,88
3500	−11,4	−5,92	+ 8,85
3120	−11,3	−6,92	+ 9,13
2120	−11,8	−9,60	+10,4

Primärstrom normal zur Hauptachse:

H	$\Theta = -16°$	$\Theta = -79°$	$\Theta = -186°$
4980	− 9,02	−2,38	+6,51
3500	− 9,97	−4,81	+7,51
3120	−10,1	−5,61	+7,62
2120	−10,4	−7,85	+8,87

J. Becquerel[2]) hat kürzlich eine Inversion des Hallphänomens im Wismut beobachtet, die er durch Superposition zweier galvanomagnetischer Effekte von entgegengesetzter Richtung deutete.

O. M. Corbino[3]) hat einen, dem Halleffekt ähnlichen Effekt beobachtet, bei welchem jedoch keine Änderung der Potentialverteilung, sondern eine solche der Stromlinien eintritt.

Einen *galvanomagnetischen Strom* beobachtete G. P. Grimaldi,[4]) als er von zwei in dieselbe Lösung getauchten Wismutelektroden die eine in ein starkes Magnetfeld brachte; der überaus schwache Strom fließt vom magneti-

[1]) L. Lownds, Ann. d. Phys. **9**, 677 (1902).
[2]) J. Becquerel, C. R. **154**, 1795 (1913).
[3]) O. M. Corbino, Atti R. Acc. d. Linc. [5] **20**, I, 342; Phys. Zeitschr. **12**, 561.
[4]) G. P. Grimaldi, Atti R. Acc. d. Linc. [4] **6**, 37 (1889).

sierten zum unmagnetisierten Wismut. E. v. Everdingen[1]) hat sich eingehend mit dem galvanomagnetischen Verhalten des Bi beschäftigt.

Thermomagnetisches Verhalten. Ältere Untersuchungen rühren von A. v. Ettinghausen und W. Nernst, Goldmammer, G. P. Grimaldi, A. Righi u. a. her; L. Lownds[2]) hat zuletzt sowohl den Longitudinaleffekt, als auch den Transversaleffekt bestimmt.

Der Longitudinaleffekt wurde folgendermaßen bestimmt: Es wurde die elektromotorische Kraft p gemessen, welche durch das magnetische Feld zwischen zwei Punkten der Wismutplatte erregt wird, deren Temperaturen t_1 und t_2 sind; es wird $p = (t_2 - t_1)n$ gesetzt und p negativ oder positiv gerechnet, je nachdem die durch das Feld erregte elektromotorische Kraft die Richtung des Wärmestromes oder die entgegengesetzte Richtung hat. Als Einheit für p wird das Mikrovolt angenommen. Der Transversaleffekt wird nach der Formel $q = -\beta \dfrac{dt}{dx} m$ bestimmt, wobei die positive x-Achse in die Richtung des Wärmestromes fällt; q ist die beobachtete elektromotorische Kraft zwischen zwei um β voneinander entfernten, auf einer Linie senkrecht zum Wärmestrom gelegenen Punkten und m eine Größe, welche, wie n beim Longitudinaleffekt, von der Feldstärke und der Mitteltemperatur abhängt, aber von dem Temperaturgefälle in erster Annäherung unabhängig ist. Die positive Richtung von q ist folgendermaßen definiert: Man stelle sich in die Richtung der magnetischen Kraft, so daß dieselbe vom Fuße nach dem Kopfe geht, und blicke in der Richtung des Wärmestromes, dann ist die positive elektromotorische Kraft von links nach rechts gerichtet. [Nach dem Referat von J. Beckenkamp, Z. Kryst. **37**, 520 (1903)]. Die mit keinem Vorzeichen versehenen Werte sind als positiv aufzufassen.

Werte für n (Longitudinaleffekt):

Feldstärke H (C.G.S.)	Hauptachse parallel dem Wärmestrom und senkrecht zu den Kraftlinien				Hauptachse senkrecht zum Wärmestrom und senkrecht zu den Kraftlinien			
	bei der Temperatur							
	53,3°	4,8°	−36,5°	−94,0°	53,7°	4,4°	−41,9°	−94,7°
6100	9,8	8,95	−12,8	−40,1	−2,06	−12,7	−22,3	−25,2
4940	7,8	8,35	−7,7	−33,2	−1,26	−9,9	−17,9	−21,6
3550	5,3	6,80	−2,85	−25,9	−0,42	−5,4	−12,1	−16,5
2375	2,9	4,50	−0,08	−17,5	−0,04	−2,3	−7,0	−12,1
1225	1,2	1,58	+0,71	—	+0,19	−0,92	−2,36	−5,1

Werte für m (Transversaleffekt):

Feldstärke H (C.G.S.)	Hauptachse parallel dem Wärmestrom und senkrecht zu den Kraftlinien				Hauptachse senkrecht zum Wärmestrom und senkrecht zu den Kraftlinien			
	bei der Temperatur							
	73°	3,4°	−57,4°	−140,5°	71,4°	2,9°	−58,0°	−131,2°
1225	−1,5	1,4	5,0	6,4	3,6	9,7	16,7	24,8
2375	−1,1	3,6	10,7	10,9	7,2	19,1	30,1	34,6
3550	−0,9	5,6	15,4	10,5	11,3	27,2	40,5	40,0
4940	−0,35	8,4	18,4	9,7	15,6	36,6	51,2	42,4
6100	+0,2	10,7	23,2	8,8	19,3	42,8	58,1	44,9

[1]) E. v. Everdingen, Versl. K. A. v. Wet. Leiden Nr. 42, 95 (1898).
[2]) L. Lownds, Ann. d. Phys. **6**, 146 (1901).

E. v. Everdingen[1]) hat die Koeffizienten der thermomagnetischen Potentialdifferenz und der thermomagnetischen Temperaturdifferenz bestimmt.

O. M. Corbino[2]) hat eine Rotation einer im Zentrum oder an der
Peripherie erwärmten Wismutscheibe im magnetischen Feld nachgewiesen und
hat diesen Effekt näher beschrieben. P. Senepa[3]) hat die Erscheinung gleichfalls verfolgt.

Die Veränderung der magnetischen Suszeptibilität mit der Temperatur ist
oben schon besprochen worden.

Thermoelektrisches Verhalten. Das thermoelektrische Verhalten ist völlig
analog dem des Antimons; Th. Liebisch[4]) hat die Resultate der Arbeiten
von J. Svanberg,[5]) R. Franz,[6]) Ch. Matteucci[7]) und A. Matthiessen[8])
zusammengestellt. Stäbe parallel der kristallographischen Hauptachse verhalten
sich nach J. Svanberg negativer, Stäbe senkrecht dazu positiver als in irgend
einer anderen Richtung geschnittene Stäbe in der thermoelektrischen Reihe;
die thermoelektrische Kraft zwischen Stäben parallel und senkrecht zur Hauptachse ist sehr bedeutend. Stäbe in anderer Richtung sowie Stäbe von kristallinem Gefüge verhalten sich negativ gegenüber einem Stabe senkrecht zur
Hauptachse, positiv gegenüber einem Stabe parallel der Hauptachse. R. Franz
prüfte die Thermoströme, welche beim Zusammenlegen verschieden orientierter
Würfel und Erwärmen der Berührungsflächen entstehen. Liegen die Berührungsflächen der beiden Würfel in der Zone der Vertikalachse, so entsteht
kein Thermostrom; kommt dagegen die Basis *c* mit irgend einer dazu geneigten Fläche in Berührung, so entsteht ein Thermostrom, dessen Maximum
dann erreicht wird, wenn die Basis mit einer zur Hauptachse parallelen Fläche
zur Berührung kommt. Dabei fließt der Strom von jenem Würfel, in dem
die Richtung der Hauptachse der Stromrichtung parallel verläuft zum anderen
Würfel. Ch. Matteucci hat diese Angaben bestätigt, A. Matthiessen wollte
die Erscheinungen quantitativ verfolgen, doch zeigen die Zahlen bedeutende
Abweichungen.

F. L. Perrot[9]) hat an homogenem Material eingehende Untersuchungen
über das thermoelektrische Verhalten gegenüber Kupfer angestellt und dabei
(nach dem Referat von J. Beckenkamp[10]) gefunden, daß die elektromotorische Kraft für einen Grad Temperaturdifferenz zwischen den beiden Kontakt-
stellen mit der Temperatur im Bereiche von 10—100° wächst; liegt die Haupt-
spaltfläche (0001) senkrecht zur Kontaktfläche, ist diese Zunahme stärker, als
wenn die Spaltfläche der Kontaktfläche parallel geht. Es nimmt also das Verhältnis der elektromotorischen Kräfte der zweiten Orientierung gegenüber der
ersten ab, wenn die Temperatur steigt. Trägt man die Temperaturdifferenzen
als Abszissen, die zugehörigen elektromotorischen Kräfte als Ordinaten auf,
so stellt die die Abhängigkeit der elektromotorischen Kraft von der Temperatur

[1]) E. v. Everdingen, Versl. K. A. v. Wet. Leiden Nr. 42, 95 (1898); sowie später
Versl. K. A. v. Wet. Amsterdam **7**, 484, 535 (1899).
[2]) O. M. Corbino, Atti R. Acc. d. Linc. [5] **20**, I, 569.
[3]) P. Senepa, ebenda [5]. **21**, II, 53. Ref. Chem. ZB. 1912, II, 1178.
[4]) Th. Liebisch, Phys. Kryst. 1891, 170.
[5]) J. Svanberg, C. R. **31**, 250 (1850); Pogg. Ann. Erg. Bd. **3**, 153 (1853).
[6]) R. Franz, Pogg. Ann. **83**, 374 (1851); **85**, 388 (1852).
[7]) Ch. Matteucci, Ann. chim. phys. (3) **43**, 470 (1855).
[8]) A. Matthiessen, Pogg. Ann. **103**, 412 (1853).
[9]) F. L. Perrot, C. R. **126**, 1194 (1898).
[10]) J. Beckenkamp, Z. Kryst. **32**, 540 (1900).

angebende Kurve eine Parabel dar, deren konvexe Seite nach der Abszisse gerichtet ist. Die absoluten Werte der elektromotorischen Kräfte weichen voneinander ab; für $t = 11^0$ wurde die elektromotorische Kraft in Volt gefunden:

für t'	30^0	50^0	70^0	95^0
bei Parallelstellung von (0001) und Kontaktfläche	0,00190	0,00396	0,00610	0,00899
bei Senkrechtstellung von (0001) und Kontaktfläche	0,00084	0,00185	0,00299	0,00447

Eine weitere Arbeit von F. L. Perrot[1]) behandelt die Ursachen, warum verschiedene durch Schmelzen des Materials erhaltene Prismen bei gleicher Stellung verschiedene Werte ergeben; so sind für 4 Prismen die Werte bei Parallelstellung 0,00965, 0,00919, 0,00969, 0,01057, bei Senkrechtstellung 0,00481, 0,00460, 0,00525, 0,00500, für die Temperaturdifferenz 11—100⁰ gefunden worden. F. L. Perrot sieht die Ursache in einer langsamen molekularen Veränderung des Materials, E. Cohen und Th. Moesveld[2]) machen darauf aufmerksam, daß hier wahrscheinlich eine Umwandlung von β-Wismut in α-Wismut vorliege.

L. Lownds[3]) hat für die thermoelektrische Kraft von Kupfer-Wismut folgende Beziehung aufgestellt.[4]) Wenn t_1 und t_2 die Temperaturen der beiden Lötstellen sind, e die thermoelektrische Kraft in Millivolt ist, so ist $e = \alpha (t_1 - t_2) + \beta (t_1^2 - t_2^2)$. Es ergab sich

für die Richtung senkrecht zur Hauptachse $\alpha - 48,32$; $\beta = 0,2988$,
für die Richtung parallel zur Hauptachse $\alpha = 130,2$; $\beta = 0,3504$.

Die thermoelektrische Kraft von Wismut gegenüber Platin in Millivolt ist gemessen und gerechnet worden und beträgt, wenn die eine Lötstelle auf 0^0, die andere auf 100^0 gehalten wird, nach W. Jäger und H. Diesselhorst[5]) — 6,52, nach J. Dewar und A. Fleming[6]) — 7,25, nach E. Wagner[7]) — 7,39; der Strom geht in der auf 0^0 gehaltenen Lötstelle vom Platin zum Wismut.[8])

K. Bädeker[9]) hat die thermoelektrische Kraft gegenüber Sb zwischen 20^0 und 22^0 gemessen und zu 100 Millivolt pro Grad gefunden.

Den Einfluß des Magnetismus auf die thermoelektrischen Eigenschaften des Wismuts hat G. Spadavecchia[10]) untersucht und zwar wird durch die Einwirkung eines starken magnetischen Feldes das thermoelektrische Vermögen des Wismuts geschwächt, wie G. P. Grimaldi[11]) feststellte.

[1]) F. L. Perrot, Arch. sc. phys. et nat. Genève 7, 149 (1899).
[2]) E. Cohen u. Th. Moesveld, Z. f. phys. Chem. 85, 427 (1913).
[3]) L. Lownds, Ann. d. Phys. 6, 146 (1901).
[4]) Nach dem Referat von J. Beckenkamp in Z. Kryst. 37, 521 (1903).
[5]) W. Jäger u. H. Diesselhorst, Abh. d. Phys.-Techn. Reichsanstalt 3, 269 (1900).
[6]) J. Dewar u. A. Fleming, Phil. Mag. [5] 40, 95 (1895).
[7]) E. Wagner, Ann. d. Phys. [4] 27, 955 (1908).
[8]) Daten nach Landolt-Börnsteins Tabellen, 4. Aufl. 1209 (1912).
[9]) K. Bädeker, Ann. d. Phys. [4] 22, 749 (1907).
[10]) G. Spadavecchia, Nuovo Cim. [4] 9, 432 (1898); [4] 10, 161 (1899).
[11]) G. P. Grimaldi, R. Acc. d. Linc. III, 3, 1 (1887).

Eine Wismut-Silber-Thermosäule hat W. W. Coblentz[1]) beschrieben; die thermoelektrische Kraft beträgt 89 Millivolt pro Grad. E. Siegel[2]) hat den Einfluß des Druckes auf die thermoelektrische Kraft von geschmolzenem Wismut untersucht, der beobachtete Effekt ist unvergleichlich geringer als bei festem Wismut.

Verhalten gegen Strahlungen.

Über die verschiedene Wirkung von H_2-Kanalstrahlen auf die Basisfläche und eine dazu senkrechte Fläche an Wismutkristallen haben A. Stark und G. Wendt[3]) Versuche angestellt und gefunden, daß die Basisfläche durch langsame Kanalstrahlen nicht merkbar, durch schnelle nur sehr wenig gerauht wird, während die dazu senkrechte Fläche durch langsame H_2-Kanalstrahlen etwa dreimal so stark wie die Basis zerstäubt wird.

Fluoreszenzröntgenstrahlung bei geeigneter Erregung wurde von J. Crosby Chapman[4]) beobachtet; die Homogenität der Strahlen läßt sich nachweisen.

Optische Eigenschaften.

Brechungsindizes: Die Brechungsindizes sind in der folgenden Tabelle zusammengestellt.

Beobachter	C	D	E	F	G
S. Haughton[5]) . .	1,17	—	—	—	—
G. Quincke[6]) . . .	1,824	1,315	1,155	1,079	0,9671
A. Kundt[7])	2,61[11])				2,13[13])
P. Drude[8])	2,07[11])	1,90	—	—	—
G. Horn[9])	1,841	1,670	1,563	1,466	1,385
P. A. Ross[10]) . . .	1,78[11])	1,92—1,98[12])			2,20—2,30[13])

Die *Absorptionsindizes k* sind folgende:

Beobachter	C	D	E	F	G
S. Haughton[5])	2,5	—	—	—	—
G. Quincke[6])	2,119	2,605	2,679	2,656	2,651
P. Drude[8])	1,9[11])	1,93	—	—	—
G. Horn[9])	2,493	2,492	2,459	2,418	2,640

[1]) W. W. Coblentz, Journ. Frankl. Inst. **172**, 559 (1911). Ref. Chem. ZB. 1912 I, 538.
[2]) E. Siegel, Ann. d. Phys. [4] **38**, 588 (1913).
[3]) A. Stark u. G. Wendt, Ann. d. Phys. [4] **38**, 921 (1913).
[4]) J. Crosby Chapman, Proc. Roy. Soc. London A, **86**, 439 (1911). Ref. Chem. ZB. 1912, II, 176; sowie Proc. Roy. Soc. **88**, 24 (1913).
[5]) S. Haughton, Phil. Trans. **153**, 87 (1863). Wert berechnet von W. Voigt, Ann. d. Phys. N. F. **23**, 104 (1884).
[6]) G. Quincke, Pogg. Ann. Jubelband 336 (1874).
[7]) A. Kundt, Wied. Ann. **34**, 469 (1888).
[8]) P. Drude, Wied. Ann. **39**, 481 (1890).
[9]) G. Horn, N. JB. Beil.-Bd. **12**, 335 (1899).
[10]) P. A. Ross, Phys. Rev. **33**, 549 (1911).
[11]) Für rotes Licht.
[12]) Für gelbes Licht.
[13]) Für blaues Licht.

W. Meyer[1]) hat für die Wellenlängen λ in $\mu\mu$ die Werte für k, n wie folgt gefunden:

λ	k	n
441,3	2,26	1,38
467,8	2,42	1,47
508	2,54	1,55
589,3	2,80	1,78
668	3,09	1,96

Das *Reflexionsvermögen R* in Prozenten der auffallenden Strahlung bei senkrechter Inzidenz haben E. Hagen und H. Rubens[2]) für das ultrarote Spektrum ermittelt und für verschiedene Wellenlängen folgende Zahlen gegeben:

λ $(\mu\mu)$	R
3000	71,7
4000	75,2
5000	77,2
7000	79,5
9000	81,4
11000	83,2
14000	81,6

Für das sichtbare Spektrum beträgt das Reflexionsvermögen:

λ			
431	58,5	nach	G. Quincke, l. c.
441,3	48,9 $\rbrace$	„	W. Meyer, l. c.
467,8	50,8		
486	62,0	„	G. Quincke, l. c.
508	52,2	„	W. Meyer, l. c.
527	64,6	„	G. Quincke, l. c.
589,3	54,3	„	W. Meyer, l. c.
589,3	65,2	„	P. Drude, l. c.
630	66,9	„	P. Drude, l. c.
656	70,8	„	G. Quincke, l. c.
668	57,2	„	W. Meyer, l. c.

Hurion[3]) wies nach, daß, wenn Licht durch eine Durchbohrung auf ein im Felde eines Elektromagneten befindliches Wismutplättchen auffällt, das reflektierte Licht bei jedesmaligem Kommutieren des Stromes eine regelmäßige Drehung um 18' im entgegengesetzten Sinne des positiven Stromes erfährt.

Die *spezifische Refraktion* wurde von H. Gladstone[4]) zu 0,154, die *Atomrefraktion* zu 32,0 angegeben; das *Refraktionsäquivalent* gibt E. v. Aubel[5]) zu 39,2[6]) an, daraus berechnet sich der Brechungsquotient zu 2,84.

---

[1]) W. Meyer, Ann. d. Phys. [4] **31**, 1017 (1910).
[2]) E. Hagen u. H. Rubens, Ann. d. Phys. [4] **1**, 352 (1900); **8**, 1 (1902); **11**, 873 (1903).
[3]) Hurion, C. R. **98**, 1257 (1884).
[4]) H. Gladstone, Proc. Roy. Soc. **60**, 140 (1896).
[5]) E. v. Aubel, Z. phys. Chem. **30**, 566 (1899).
[6]) Nach H. Gladstone, Journ. prakt. Chem. [2] **31**, 338 (1885).

Mechanische Eigenschaften.

Die Elastizitätsmoduln wurden von E. Grüneisen[1]) bestimmt, welcher den Modul E_{stat} zu 3250 in kg/mm² für gegossenes Wismut von der Dichte 9,78 angibt; der Modul E_{transv} wurde aus dem Grundtone des transversal mit freien Enden schwingenden Stabes gewonnen und zu 3390 in kg/mm² angegeben. Die absolute Festigkeit beträgt pro Gramm gegossenen Metalls 1315—2630 kg, für gehämmertes oder gewalztes Metall 1775—2650 kg, für hartgezogenen Draht 2745—5075 kg, für geglühten Draht 2170—2290 kg.

Nach Schulze[2]) und W. Voigt[3]) hat der Elastizitätsmodul den Wert $E = 3200$ (kg/mm²), der Torsionsmodul F den Wert $F = 1200—1400$ (kg/mm²), die Poissonsche Zahl $\mu = 0,33$, die Kompressibilität $\varkappa = 0,3 \times 0,10^{-5}$ (cm²/kg). Th. W. Richards[4]) hatte die mittlere Volumsänderung durch 0,987 Atm. zwischen 98,7 und $5 \times 98,7$ Atm. zu 2,8 gefunden.

Den „Fließdruck" bestimmten N. Kurnakow und S. Semtschushny[5]) zu $F = 21,0$ in kg pro mm² für Bi, bei einem Durchmesser des verwendeten Kolbens von 8,66 mm; nähere Einzelheiten mögen aus der Originalarbeit ersehen werden. H. Siedentopf[6]) hat an geschmolzenem Wismut die Oberflächenspannung bei der Schmelztemperatur zu α mg/mm = 43,78, deren Temperaturkoeffizient zu $\gamma = 0,000233$, die spezifische Kohäsion zu a^2 (mm²) = 8,755, deren Temperaturkoeffizient zu 0,000117, die molekulare Oberflächenenergie zu 0,50 bestimmt.

Die Enantiotropie des Wismuts (α-Wismut und β-Wismut).

In der allerletzten Zeit haben E. Cohen und A. L. Th. Moesveld[7]) durch dilatometrische und pyknometrische Untersuchung von Wismutproben bei 75⁰ einen Umwandlungspunkt gefunden; die Umwandlung ist enantiotrop. Die unterhalb 75⁰ stabile Modifikation wird als α-Wismut bezeichnet, sie wandelt sich unter starker Volumzunahme in die über 75⁰ stabile Modifikation, das β-Wismut, um; es zerfällt also das α-Wismut bei der Umwandlung zu β-Wismut. Es kann jedoch die Umwandlungstemperatur ganz beträchtlich (mehr als 70⁰) überschritten werden, ohne daß die Umwandlungsgeschwindigkeit meßbar wird; ebenso kann das β-Wismut unterhalb der Umwandlungstemperatur im metastabilen Zustand verharren.

Die Autoren wurden zu ihrer Untersuchung über dieses Thema angeregt durch Angaben über die Veränderung des elektrischen Leitfähigkeitvermögens bei Temperaturänderung, die A. Matthiessen und M. v. Bose[8]) gemacht hatten, und die hier unter dem Abschnitt „elektrische Leitfähigkeit" wiedergegeben wurden (S. 800). Zahlreiche Unstimmigkeiten in den Zahlenangaben über physikalische Eigenschaften des Wismuts finden nach E. Cohen und A. L. Th. Moesveld jetzt darin ihre Erklärung, daß die Beobachtungen an Gemengen von α- und β-Wismut angestellt wurden, ebenso lassen sich zahlreiche richtige

[1]) E. Grüneisen, Z. f. Instrumentenkunde 27, 38 (1907).
[2]) Schulze, Sitzber. Ges. Marburg 1903, 80, 94.
[3]) W. Voigt, Wied. Ann. 48, 674 (1893).
[4]) Th. W. Richards, Z. f. Elektroch. 13, 519. Ref. Chem. ZB. 1907, II, 1143.
[5]) N. Kurnakow u. S. Semtschushny, Journ. d. russ. phys. Ges. 45, 1004 (1912).
[6]) H. Siedentopf, Diss. Göttingen 1897. Ref. Z. phys. Chem. 24, 166 (1897).
[7]) E. Cohen u. A. L. Th. Moesveld, Z. f. phys. Chem. 85, 419 (1913).
[8]) A. Matthiessen u. M. v. Bose, Pogg. Ann. 115, 353 (1862).

Beobachtungen in der Literatur durch die Annahme einer enantiotropen Umwandlung verstehen; E. Cohen und A. L. Th. Moesveld besprechen eine Reihe solcher Fälle. Die physikalischen Konstanten werden nunmehr gesondert für beide Modifikationen zu bestimmen sein, wobei auf die geringe Umwandlungsgeschwindigkeit der beiden Modifikationen Rücksicht zu nehmen sein wird. Bei dieser Revision der physikalischen Konstanten werden eine Reihe von Zahlen, die offenbar durch Beobachtungen an reinem Material, das nur eine Modifikation enthält, gewonnen wurden, beibehalten werden, eine Reihe von Zahlen wird ausgemerzt werden und eine weitere Reihe von Zahlen wird hinzugefügt werden. Vorläufig liegen zahlenmäßige Angaben nur über die Dichte vor, und zwar fanden E. Cohen und A. L. Th. Moesveld die Zahlen:

$$9{,}804 \text{ bei } 25{,}25^0 \atop 9{,}783 \text{ bei } 76{,}65^0 \Big\} \quad \begin{matrix} \text{vor der (teilweisen?) Umwandlung durch} \\ 18 \text{stündiges Erhitzen auf } 250^0 \end{matrix}$$

und

$$9{,}732 \text{ bei } 25{,}25^0 \atop 9{,}712 \text{ bei } 76{,}65^0 \Big\} \quad \text{nach der Umwandlung.}$$

Ob in dem zur Untersuchung verwendeten Präparat eine vollständige Umwandlung des α-Wismut in β-Wismut eingetreten ist, wurde nicht angegeben; auf die Umwandlung β-Bi $\rightarrow$ α-Bi übt eine Chlorkaliumlösung einen beschleunigenden Einfluß aus, wenn man dafür Sorge trägt, daß feinzerteiltes Metall zugegen ist. Die elektrische Leitfähigkeit der β-Form ist eine bedeutend größere als die der α-Form (bei Zimmertemperatur). Andere Messungen sind noch ausständig, es schien daher geboten, vorläufig noch die durch die bisherigen Untersuchungen ermittelten Zahlen mitzuteilen.

Künstliche Darstellung.

Im Hüttenbetrieb erhält man oft aus dem Schmelzfluß künstliche Kristalle, namentlich bei Anwendung gewisser Kunstgriffe; so hat Quesneville[1] eine Methode angegeben, nach welcher in die Schmelze Salpeterstücke eingetragen werden, die dann bei größerer Hitze zersetzt werden und die zur Folge haben, daß sich an den Wandungen des Tiegels schöne Kristalle bilden. Drohm[2] hat durch Einhängen von Eisenstücken in einen Kessel mit g-e schmolzenem Wismut Kristalle erzielt, die sich an den Eisenstücken ansetzten; derartige aus dem Schmelzfluß erhaltene Kristalle sind oft Gegenstand kristallographischer Messungen gewesen (A. Nies, G. Rose, W. Haidinger, G. W. Zenger).

Auf nassem Wege ist Wismut ebenfalls zu erhalten, jedoch selten in guten Kristallen; F. Wöhler[3] schichtete auf eine Lösung von Wismutchlorid Salzsäure und dann Wasser und erhielt tafelige Kristalle, C. W. C. Fuchs[4] gibt an, daß durch metallisches Eisen oder Zink Wismut als kristallines Pulver aus einer Lösung von Wismutnitrat gefällt werde.

Elektrolytisch ist Wismut auf mehrfache Weise zu erhalten, als Kathode dient Reinwismut, als Anode edelmetallhaltiges Wismut, als Elektrolyt eine salpetersaure Wismutnitratlösung oder eine salzsaure Chloridlösung; die Stromdichte beträgt ca. 150—800 Amp./qcm.

---

[1] Quesneville, Schweigg. Journ. Chem. u. Phys. **60**, 378 (1830).
[2] Drohm, Oberrhein. geol. Ver. 52 (1896).
[3] F. Wöhler, Ann. Chem. u. Pharm. **85**, 253 (1853).
[4] C. W. C. Fuchs, Die künstl. Min. 1872, 26.

Künstliche Darstellung für den Großbetrieb.

Im Großbetrieb wird das Wismut sowohl durch Saigerung, als auch durch Reduzierung verschiedener Erze sowie des auf nassem Wege aus Wismutglätte erhaltenen Wismutoxychlorids dargestellt; bei der Saigerung verbleiben ziemlich wismutreiche Rückstände. Oxydische Erze reduziert man, ebenso das Wismutoxychlorid, das vorher mit gelöschtem Kalk oder Soda angerührt wird, um das Chlor an die anderen Basen zu bringen, getrocknet und geglüht wird. Das Wismutoxychlorid erhält man aus der Wismutglätte; aus der Wismutglätte wird durch Salzsäure Chlorblei und Chlorsilber abgeschieden, die saure Wismutchloridlösung wird mit Soda abgestumpft und dann mit Wasser stark verdünnt, worauf sich Wismutoxychlorid abscheidet. Das Rohwismut hat ca. 95% Wismut und wird von seinen Verunreinigungen, die zumeist Blei, Arsen, Antimon sind, durch Verschmelzen mit Wismutoxychlorid, Ätznatron und Salpeter raffiniert; ebenso wird das Wismut durch Elektrolyse raffiniert. Das Reinwismut hat ca. 99—99,8% Wismut.[1]

Die beigegebenen Abbildungen, die einer noch nicht veröffentlichten Arbeit des Herrn W. Herold in Wien mit dessen freundlicher Erlaubnis entnommen sind, zeigen die Struktur von reinstem Wismut, das nur ganz geringfügige Verunreinigungen enthielt; ich danke Herrn W. Herold bestens für die Überlassung der Bilder.

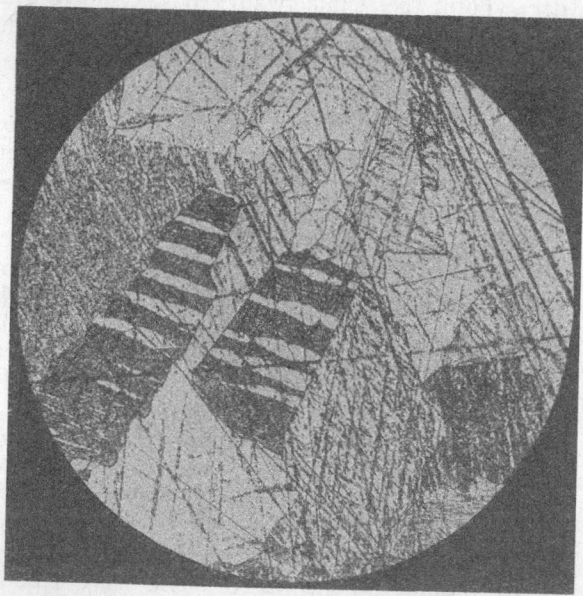

Fig. 13.   Geschmolzenes, reines Wismut (geätzt).

Fig. 13 stellt eine an einem gegossenen Wismutbarren angeschliffene polierte Fläche dar; geätzt wurde die Fläche mit Salpetersäure und Amylalkohol. Die Zwillingsbildung kommt scharf zum Ausdruck; welche von den beiden Modifi-

---

[1] Nach B. Neumann, Lehrb. d. chem. Technologie 1912, 537.

kationen E. Cohens und A. L. Th. Moesvelds die einzelnen Individuen darstellen, bleibt noch unsicher.

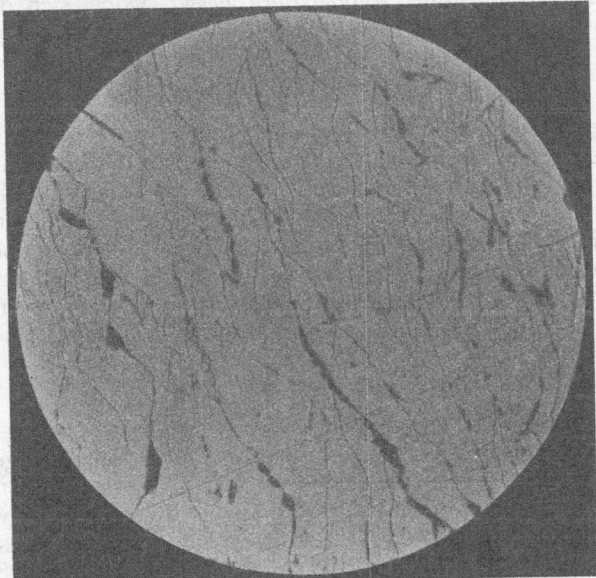

Fig. 14. Zerschlagenes, reines Wismut (ungeätzt).

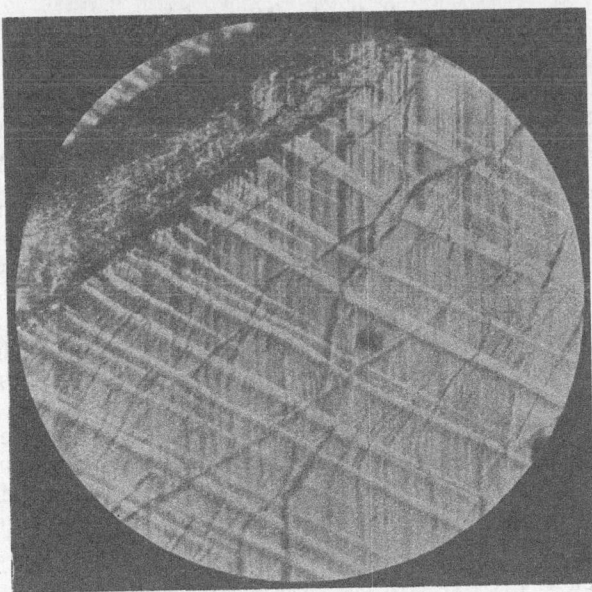

Fig. 15. Zerschlagenes, reines Wismut (geätzt).

Fig. 14 stellt das Gefüge eines im Tiegel geschmolzenen und darauf durch einen raschen, starken Hammerschlag zerschlagenen Stückes Wismut dar. Die

Bruchfläche war so glatt, daß eine Schlifffläche nicht angelegt werden mußte; das Präparat ist ungeätzt. An demselben Stück wurde ein Teil der Bruchfläche mit Salpetersäure und Amylalkohol geätzt, wobei sich das in Fig. 15 dargestellte Bild ergab. Auch hier kommt die Gleitfähigkeit gut zum Ausdruck.

Vorkommen und Paragenesis.

Die Hauptvorkommen von Wismut liegen in Südamerika (Bolivia), Sachsen, Australien, Österreich, geordnet nach der Ergiebigkeit der Vorkommen. Wismut tritt als Begleiter von Kobalt und Silbererzen, im sächsisch-böhmischen Erzgebirge auch auf den Zinnerzgängen auf, in Südwestafrika in topasführenden Quarzen; es ist auf Erzgängen in Granit, in Gneis, in Amphibolit, in Hornstein, in Sandstein zu finden, ist häufig auch mit Bleiglanz vergesellschaftet. Bemerkenswert sind Vorkommen in Schweden, wo Wismut in Granatmasse in Form von 2—3 cm großen Körnern auftritt. Nicht selten sind Vorkommen in körnigem Kalk.

Amorphes Wismut.

Wird Bi im Stickstoffstrome destilliert, so erhält man nach Hérard[1] ein graues staubfeines Pulver, das einen geringen Sauerstoffgehalt, 0,4 %, und ein anderes spezifisches Gewicht, $s = 9,483$, sowie einen Schmelzpunkt von 410° besitzt; unter dem Mikroskop stellt sich das Pulver als feine aneinandergereihte Kügelchen dar. E. Cohen und J. Olie[2] wiesen nach, daß diese „Modifikation" nur beim Erhitzen im sauerstoffhaltigen Stickstoffstrom entsteht, und keine allotrope Modifikation, sondern ein Gemenge von Bi und Bi_2O_3 ist.

Kolloides Wismut.

Nach L. Vanino und C. Treubert[3] erhält man kolloides Wismut, wenn man eine weinsäurehaltige alkalische Wismutlösung in alkalische Zinnchlorürlösung einträgt; die Flüssigkeit ist klar, von brauner Farbe. A. Lottermoser[4] erhielt einen feinen schwarzbraunen Niederschlag von kolloidem Wismut, indem er eine mit Ammoniumcitrat versetzte und mit NH_3 schwach alkalisch gemachte Lösung von $Bi(NO_3)_3$ mit einer in gleicher Weise behandelten Lösung von $SnCl_2$ reduzierte. A. Gutbier und G. Hofmeier[5] haben stark verdünnte Gummilösungen unter Zusatz von einigen Tropfen unterphosphoriger Säure erwärmt und beim Versetzen dieser Lösung mit einer Lösung von $BiCl_3$ eine braune Flüssigkeit erhalten, welche in heißem Zustande alle Eigenschaften einer kolloiden Lösung zeigte, jedoch beim Abkühlen allmählich farblos und klar wurde. The Svedberg[6] hat durch elektrische Zerstäubung von metallischem Wismut ein Äthylätherosol des Bi hergestellt.

Kolloides Wismut ist sehr oft erhalten worden, es sind einige der bekanntesten Methoden herausgegriffen worden; andere Methoden rühren von R. Schneider, Bredig, Billitzer, F. Ehrenhaft her; eine ausführliche Darstellung hat A. Lottermoser[7] in R. Abeggs Handbuch gegeben.

[1]) Hérard, C. R. 108, 293 (1889).
[2]) E. Cohen u. J. Olie, Z. f. phys. Chem. 61, 596 (1908).
[3]) L. Vanino u. C. Treubert, Ber. Dtsch. Chem. Ges. 32, 1072 (1899).
[4]) A. Lottermoser, Journ. prakt. Chem. [2] 59, 489 (1899).
[5]) A. Gutbier u. G. Hofmeier, Z. anorg. Chem. 44, 225 (1905).
[6]) The Svedberg, Ber. Dtsch. Chem. Ges. 38, 3618 (1905).
[7]) A. Lottermoser in R. Abegg, Handb. d. anorg. Chem. III, 3, 641 (1907).

Wismutoxyde.

Von H. Michel (Wien).

Von den zahlreichen dargestellten Oxyden des Wismuts, die in der chemischen Literatur beschrieben sind, tritt in der Natur nur das Wismuttrioxyd auf; das Wismutsuboxyd, Wismutoxydul, Wismuttetroxyd, Wismutpentoxyd, sowie die Zwischenglieder zwischen den letzteren, sind in der Natur nicht bekannt. Das natürliche Wismuttrioxyd ist meist durch fremde Beimengungen verunreinigt und weicht von dem künstlich dargestellten reinen Bi_2O_3 in vielfacher Beziehung ab.

Wismuttrioxyd. Wismutocker.

Synonyma: Bismit, Wismutblüte, Wismutanilin, Wismutkalk, vererdeter Wismut.

Natürliche Kristalle sind sehr selten, man reihte das Mineral nach Messungen, die an künstlichen Kristallen ausgeführt wurden, in das rhombische System ein; eine in der letzten Zeit von W. T. Schaller und F. L. Ransome[1] durchgeführte Untersuchung eines kristallisierten Vorkommens von Goldfield District in Nevada ergab jedoch, daß das Mineral nicht rhombisch, sondern wahrscheinlich rhomboedrisch kristallisiert. Die Länge der c-Achse ergab sich zu 0,5775.

Rhomboedrisch. $a:c = 1:0,5775$ (W. T. Schaller).

Als Überzug auf Wismuterzen, erdig, derb, blätterig, selten in Kriställchen.

Analysen.

	1.	2.	3.
δ	—	9,22	—
Bi_2O_3	96,5	96,70	17,04
As_2O_3	1,5	—	—
(As_2O_5) . . .	—	0,13	—
(Sb_2O_5) . . .	—	0,22	—
Fe_2O_3	—	—	0,36
(FeO)	—	0,16	—
(PbO)	—	0,55	—
(SO_3)	—	0,15	—
(HCl)	—	0,20	—
(CO_2)	—	0,68	—
H_2O	—	0,95	3,96
Unlöslich in HCl .	—	—	78,94
Brauneisenerz . .	2,0	—	—
	100,0	99,74	100,30

1. Von Ullersroith im Fichtelgebirge; anal. G. Suckow, Verwittr. Mineralr. 1848, 14.
2. Von Meymac, anal. Carnot, C. R. **79**, 478 (1874).
3. Vom Goldfield District in Nevada; anal. W. T. Schaller, Z. Kryst. **48**, 17 (1911).

---

[1] W. T. Schaller u. F. L. Ransome, Z. Kryst. **48**, 16 (1911).

Diese Analysen zeigen, daß der natürliche Wismutocker immer stark verunreinigt ist und deshalb kommt W. T. Schaller zu dem Schluß, daß reines Bi_2O_3 in der Natur nicht vorkommt; diese Ansicht wird damit gestützt, daß die Kristallform des künstlichen reinen Bi_2O_3 (rhombisch) nicht mit der des natürlichen Wismutockers übereinstimmt. (Freilich könnte das künstlich erhaltene reine Bi_2O_3 eine andere Modifikation darstellen.) Rogers hat dagegen Bismitkristalle beobachtet, die mit jenen des künstlichen Wismutoxyds identisch waren; doch ist für diese Kristalle nicht der Nachweis der chemischen Identität erbracht worden. Es bleibt also fraglich, ob reines Bi_2O_3 überhaupt in der Natur anzutreffen ist.

Chemisches Verhalten. In Salpetersäure leicht löslich, auf Kohle vor dem Löthrohre leicht reduzierbar, leicht schmelzbar.

Physikalische Eigenschaften. Das Mineral hat in kristallisiertem Zustande lebhaften Perlmutterglanz bis Diamantglanz, ist von silberweißer, bis grünlichgelber oder grauweißer Farbe, durchscheinend bis undurchsichtig; die erdigen Vorkommen sind sehr weich, zerreiblich, die Härte beträgt etwa 1,5, der Strich ist gelblichweiß.

In der Natur tritt das Mineral als Verwitterungsprodukt auf Wismuterzgängen in der Oxydationszone auf und bildet häufig Pseudomorphosen nach verschiedenen Wismuterzen.

Weitaus besser als das natürliche Bi_2O_3 ist das künstliche Bi_2O_3 bekannt, das sehr oft dargestellt wurde.

Künstliches Wismuttrioxyd.

Bi_2O_3 kann künstlich in mehreren Modifikationen hergestellt werden.

Rhombisches Bi_2O_3.

Durch Schmelzen des pulverförmigen Oxyds mit KOH erhält man gelbe, durchsichtige, prismatische und nach der c-Achse gestreckte Kristalle, an denen A. E. Nordenskiöld das Achsenverhältnis $a : b : c = 0,8166 : 1 : 1,0649$ beobachtete. Die Dichte dieser leicht zu erhaltenden Modifikation schwankt nach den verschiedenen Angaben zwischen 9,044 und 8,08, der Schmelzpunkt liegt bei 655—710°, die Schmelze ist gelblich und erstarrt kristallin. Die Bildungswärme des Bi_2O_3 hat W. G. Mixter[1]) zu 36,0 cal. bestimmt, die spezifische Wärme des künstlichen Bi_2O_3 wurde von O. Hauser und W. Steger[2]) zu 0,0568 für 20—100°, 0,0598 für 20—204°, 0,0604 für 20—312°, 0,0616 für 20—413°, 0,623 für 20—503° bestimmt.

Der Brechungsexponent wurde von A. Kundt[3]) an einem oxydierten Wismutprisma zu $N = 1,91$ für weißes Licht festgestellt.

Reguläres Wismutoxyd.

M. M. Pattison Muir und A. Hutchinson[4]) haben reguläres Wismutoxyd auf folgende Weise erhalten: Wenn aus einer salpetersauren Lösung durch

---

[1]) W. G. Mixter, Am. Journ. (4) **28**, 103 (1908).
[2]) O. Hauser u. W. Steger, Z. anorg. Chem. **80**, 1 (1913).
[3]) A. Kundt, Sitzber. Berliner Ak. 1888, 255.
[4]) M. M. Pattison Muir u. A. Hutchinson, Journ. of the Soc. chem. London **55**, 91 (1889).

Cyankalium Wismutoxydhydrat gefällt und mit Kalilauge gekocht wird, erhält man ein schwarzgraues Pulver, das durch Rotglut von den kohlenstoffhaltigen Verunreinigungen befreit werden kann. Es zeigen sich dann hellgelbe Tetraeder von Bi_2O_3 mit schmalen Hexaederflächen; die Dichte beträgt $\delta = 8,28$. Bei sehr langem Kochen gehen die Tetraeder in rhombische Nadeln über, die mit SiO_2 etwas verunreinigt sind.

W. Guertlers Modifikationen (I, II, III) des Wismutoxyds (Bi_2O_3).

W. Guertler[1]) hat beim Abkühlen eines durch Glühen von basischem Wismutnitrat erhaltenen und geschmolzenen Wismutoxyds beobachtet, daß die kristallisierte Masse, nachdem sie bereits nicht mehr leuchtend ist, bei einer konstanten Temperatur wiederum erglüht; dieses Erglühen beginnt an den peripheren Teilen der Masse und schreitet gegen das Innere derselben mit einer Geschwindigkeit fort, die von der Menge des verwendeten Bi abhängig ist. Die Kristallisation tritt bei 820 ± 2^0 auf, dann fällt die Temperatur bis auf 680 ± 2^0, es tritt bei dieser Temperatur das Erglühen der Substanz ein, die Temperatur steigt dabei wiederum bis 704 ± 4^0 und fällt sodann stark. In der beigegebenen Fig. 16 sind diese Temperaturen durch die Punkte a, b, c der Abkühlungskurve gegeben; die Abkühlungskurve wurde durch die Erhitzungskurve kontrolliert, die Punkte d und f bezeichnen den Beginn der Wärmeabsorption, die Punkte e und g bezeichnen das Ende dieser Prozesse.

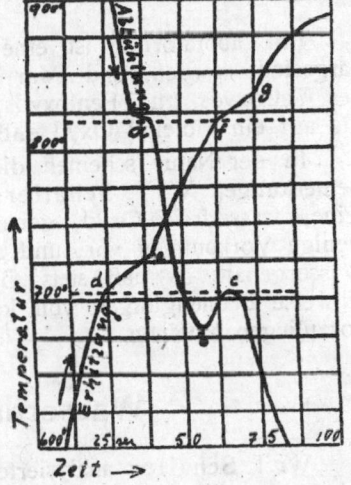

Fig. 16.
Abkühlungs- und Erhitzungskurve von Bi_2O_3 (nach W. Guertler).

Wesentlich andere Resultate erhielt W. Guertler, als er zum Schmelzen der Masse Porzellantiegel verwendete; die Schmelze kristallisierte in hellgelben Nadeln, der Schmelzpunkt wurde zunächst mit 860^0 gefunden, sank jedoch, je länger das Schmelzen fortgesetzt wurde, kontinuierlich bis auf 815^0 nach einem $1/_4$ stündigen Schmelzen. Die Analyse ergab nach dieser Zeit einen Gehalt an $1,3\%$ SiO_2. Die Beimischung von SiO_2 bewirkt also die Bildung dieser Modifikation.

Auf Grund dieser Versuche unterscheidet W. Guertler drei Modifikationen; die Modifikation I ist stabil bis zu 704^0, unterhalb dieser Temperatur ist die Modifikation II stabil. Die Modifikation III bildet sich bei Aufnahme von SiO_2 durch die Schmelze. Diese Modifikation hat keinen Umwandlungspunkt, sie ist stabiler als II, hat den höheren Schmelzpunkt und eine kleinere Lösungsgeschwindigkeit in verdünnter Salpetersäure und Schwefelsäure. Die Modifikation I ist bei gewöhnlichen Temperaturen niemals zu erhalten gewesen. Die Dichte der Modifikation II beträgt $8,20 \pm 0,10$, die der Modifikation III $8,55 \pm 0,05$.

---

[1]) W. Guertler, Z. anorg. Chem. **37**, 222 (1903).

Leider ist die Modifikation II nicht näher untersucht worden; die Modifikation III scheint mit der rhombischen Modifikation identisch zu sein, da sich auch die reguläre Modifikation bei längerem Kochen mit KOH, wobei aus den Gefäßen SiO_2 gelöst und von den Kristallen aufgenommen wird, in die rhombische Modifikation umwandelt. Das Wismutoxyd hat ähnlich wie das Bleioxyd die Fähigkeit, die kieselsäurehaltigen Schmelzgefäße stark anzugreifen, und daraus erklärt sich ohne weiteres, daß bei der künstlichen Darstellung des Wismutoxyds so oft die prismenförmig ausgebildete rhombische Modifikation erhalten wird.

Wismuthydroxyde.

Im Laboratorium ist eine große Anzahl von Hydroxyden des Wismuts dargestellt worden, und zwar gibt es sowohl Hydroxyde des Trioxyds, wie des Tetroxyds und Pentoxyds, wobei noch die Anzahl der Moleküle H_2O, die auf ein Molekül Oxyd entfallen, wechselt.

In der Natur scheinen diese Hydroxyde, wie aus den oben erwähnten Bemerkungen W. T. Schallers hervorgeht, häufiger vorzukommen als das reine, wasserfreie Oxyd, genauere Untersuchungen liegen jedoch nur über wenige Vorkommen vor, und auch diese führen zu keinem stöchiometrischen Wassergehalt, so daß stets Gemenge von verschiedenen Hydroxyden oder teilweise Beimengungen von kolloiden Ockern, von Adsorptionsverbindungen vorzuliegen scheinen.

Wasserhaltige Wismutocker.

W. T. Schaller analysierte einen Wismutocker vom angegebenen Fundorte und fand seine Zusammensetzung folgend:

Analyse.

	1.
Bi_2O_3	64,9
V_2O_5	0,8
Gangart, löslich in HNO_3 . .	9,5
Gangart, unlöslich in HNO_3 .	13,5
H_2O bei 107°	0,4
H_2O bei 240°	0,3
H_2O beim Glühen	11,4
	100,8

1. Von der Stewart Mine, San Diego (Californien); anal. W. T. Schaller, Z. Krist. **49**, 231 (1911).

Unter der Annahme, daß 3 % H_2O der Gangart angehören, kommt W. T. Schaller zu dem Schluß, daß das Hydroxyd $Bi_2O_3 . 3 H_2O$ vorliege. Die geringe Menge von Vanadin rührt wohl von einer Verunreinigung durch Pucherit her. Ein Gemenge von Wismuthydroxyd [$Bi(OH)_3$] mit Pucherit liegt nach einer Analyse von W. T. Schaller in dem gelben Wismutocker der Stewart Mine vor. Die **Analyse** ergab die Zahlen:

2.

Bi_2O_3	64,43
V_2O_3	12,11
Gangart, löslich in HNO_3	2,27
Gangart, unlöslich in HNO_3	17,63
H_2O bei 107°	0,32
H_2O bei 210°	0,24
H_2 beim Glühen	3,43
	100,43

2. Von der Stewart Mine, San Diego (Californien); anal. W. T. Schaller, Z. Krys 49, 230 (1911).

Man könnte aus dieser Zusammensetzung ein basisches Wismutvanada herauslesen, doch liegt nach W. T. Schaller ein Gemenge des oben be sprochenen grauen Wismutockers mit Pucherit vor. In ähnlicher Weise faf W. T. Schaller die meisten übrigen Proben aus den Minen von San Dieg als Gemenge verschiedener Wismutverbindungen auf.

Weitere **Analysen** sind von Vorkommen in Bolivia ausgeführt worder Die Zahlen sind folgende:

	3.	4.
Na_2O	0,55	0,96
K_2O	0,65	
CaO	1,52	—
CuO	0,62	—
Al_2O_3	2,38	0,45
Sb_2O_3	4,26	3,60
Fe_2O_3	3,12	1,59
Bi_2O_3	72,45	81,48
SiO_2	1,26	0,46
As_2O_5	6,30	1,71
Cl	2,25	9,09
S	0,19	—
H_2O	5,51	2,11
	101,06	101,45

3. Von Tazna in Bolivien, Gang Barrios, Falda, Rosario; anal. Lisitzin u Keller in A. W. Stelzner, Z. Dtsch. geol. Ges. 49, 139 (1897); nach Abzug vor 0,61 % O für die gefundenen Mengen von S und Cl wird die Summe 100,45.
4. Von Tazna in Bolivien; anal. dieselben, ebenda; nach Abzug von 2,06 % O fü das Cl wird die Summe 99,39.

Auch diese Analysen führen zu keinen stöchiometrischen Verhältnisse und sind von mannigfachen Beimengungen verunreinigt.

Physikalische Eigenschaften sind an den natürlichen wasserhaltigen Wismut ockern, die unter dem Mikroskop keine deutliche Kristallisation zeigen, nich ermittelt; künstlich kann man aus metallischem Wismut leicht das Hydroxyc erhalten, wenn das Wismut teilweise mit Wasser bedeckt ist und die Luft fre von Kohlensäure ist; aus dem Hydroxyd bildet sich dann das Oxyd in gelber kleinen Kristallen.[1]

In der Natur finden sich diese Ocker meist als Oxydationsprodukte von gedieger Wismut oder anderen Wismuterzen, sie sind nur in geringer Menge vorhanden

[1] C. W. C. Fuchs, Die künstl. Min. 1872, 101.

VANADIUM.

Von **R. Görgey** † und **H. Leitmeier** (Wien).

Vorkommen. Die extensive Verbreitung des Vanadiums in der Natur ist eine umgemein große, doch sind Lagerstätten mit größeren Anhäufungen vanadinhaltiger Substanzen nur ganz vereinzelt, wenn überhaupt, vorhanden. Die Anzahl der Minerale mit V als hervorragendem Bestandteil ist nicht groß, am wichtigsten sind hier die Salze der Vanadinsäure. Das geringe intensive Auftreten dieser Minerale hat es mit sich gebracht, daß es eine ganze Reihe von hierher gehörigen Mineralen gibt, deren chemische Zusammensetzung nur unvollkommen bekannt ist, oft haben wohl auch Verunreinigungen das klare Bild getrübt.

Es sind namentlich folgende Vanadinminerale zu unterscheiden: Vanadinocker, vielleicht V_2O_5; Alait, $V_2O_5 . H_2O$; Turanit, $V_2O_5 . 5CuO . 2H_2O$; Patronit, $V_2S_5 + nS$; Sulvanit, $3Cu_2S . V_2S_5$; Pucherit, $BiVO_4$; Vanadinit, $Pb_5Cl (VO_4)_3$; Descloizit, $R_2V_2O_8 . R(OH)_2$ (R = Pb, Zn). Hieran schließen sich noch die Mineralien mit noch nicht gesicherter Formel: Dechenit, PbV_2O_6, Eusynchit, $R_3V_2O_8$ (R = Pb, Zn), Brackebuschit, $R_3V_2O_8 + H_2O$ (R = Pb, Fe, Mn); Psittacinit, $R_3V_2O_8 . R(OH)_2 . H_2O$ (R = Pb, Cu); Mottramit, $5(CuPb)O . V_2O_5 + 2H_2O$; Volborthit, $(CuCaBa)_3(OH)_3VO_4 + 6H_2O$, Kalkvolborthit, $4(CuCa)O . V_2O_5 . H_2O$.[1]) Wegen der herrschenden Unsicherheit wird eine Anzahl dieser hier als eigene Spezies aufgeführten Mineralien vielfach zum Descloizit gestellt. Einige erst vor kürzerer Zeit bekannt gewordene Mineralien treten hinzu: Hewettit $H_2CaV_6O_{17} . 8H_2O$; Metahewettit $H_2CaV_6O_{17} . 8H_2O$; Pascoit $Ca_2V_6O_{17} . 11H_2O$.

Als V-reiche Mineralien wären noch zu erwähnen die beiden Uranminerale Carnotit, $2U_2O_3 . V_2O_5 . K_2O . 3H_2O$ und Ferghanit, $V_2O_5(UO)_3 . 6H_2O$ und der Vanadiumglimmer Roscoelith.

Die große Verbreitung des Vanadins in der Natur beruht nicht auf dem Vorkommen dieser vereinzelten spärlichen Mineralien, sondern auf dem wenn auch nur geringfügigen Vorhandensein desselben in vielen Gesteinen. So ist es ein konstanter Gemengteil in kieselsäurearmen Eruptiv- und metamorphen Gesteinen[2]) und wurde in zahlreichen Basalten, Laven (Vesuvlaven), aber auch in sedimentären Gesteinen, wie Kalkstein, Sandstein, in Tonen, endlich auch in Kohlen nachgewiesen. Das stete Vorhandensein von Vanadium in Torfmooren ist seit langem bekannt. Es bleibt in den genannten Gesteinen die Menge von V_2O_3 meist weit unter 0,1 % zurück. Nach W. F. Hillebrand ist es bei den

---

[1]) Eine Anzahl von Substanzen, die auf Grund alter unsicherer Angaben in der Literatur fortgeführt werden, wurden nicht berücksichtigt, so Argyllith, Chileit, Vanadiolith, Wicklovit.

[2]) A. A. Hayes, Proc. Am. Soc. **10**, 294 (1875). W. F. Hillebrand, Am. Journ. **20**, 461 (1898).

Eruptivgesteinen an das Vorkommen der dunklen Gemengteile, also der Minerale der Augit-, Amphibol und Glimmergruppe, gebunden, und zwar in Form von V_2O_3 die Sesquioxyde vertretend vorhanden, während es in den Sedimenten als V_2O_5 auftritt. Beispiel für solche Minerale, in denen Vanadium in erheblichen Mengen vorhanden ist, wären der schon erwähnte Glimmer Roscoelith, der grüne Vanadinpyroxen Lawronit und der zur Amphibolgruppe gehörige Ardennit. In Ägirin ist ein höherer Vanadingehalt konstatiert, s. Bd. II, 1, S. 2.

Bemerkenswert ist der häufige Gehalt an Vanadin bei Uranmineralien.

Sehr verbreitet ist ferner V in den primären Eisenerzen, meist zusammen mit Titan. So führten z. B. Magnetite aus Gabbros von Ost Ontario (untersucht wurden fünf Proben) Gehalte an V_2O_5 von 0,23—0,63 $^0/_0$,[1] und zwar zeigte sich durchwegs eine Proportionalität der Mengen von TiO_2 und V_2O_5 derart, daß auf $1 V_2O_5$ ca. $28 TiO_2$ kamen. Auch sekundäre Eisenerze, speziell solche, deren Entstehung im Zusammenhang mit Torfmooren steht, zeigen oft einen Gehalt an V.

Die Aschen von Kohlen sind oft auffallend reich an V. So enthielt z. B. die Asche einer Kohle von S. Rafael (Prov. Mendoza, Argentinien) (0,63 $^0/_0$ des Ausgangsmateriales) $38,22 ^0/_0$ V_2O_5.[1])

Durch seine weite Verbreitung gelangt das Vanadin dann auch in die technischen Produkte und hat speziell in der Stahlindustrie eine gewisse Bedeutung.

Die Analyse der Vanadinmineralien.

Von **Wilhelm Prandtl** (München).

Die natürlichen Vanadinverbindungen lassen sich vom chemischen Standpunkt aus in drei Gruppen teilen: die erste, verbreitetste, bilden die Mineralien, welche fünfwertiges Vanadin als Vanadinsäure bzw. Vanadat enthalten, wie z. B. Vanadinit $[VO_4]_3 ClPb_5$, Endlichit $[(As, V)O_4]_3 ClPb_5$, Descloizit $VO_4(Pb, Zn)[Pb . OH]$, Cuprodescloizit $VO_4(Pb, Cu, Zn)[Pb . OH]$, Volborthit $VO_4(Cu, Ca)[Cu . OH]$, Turanit $[VO_4]_2 Cu_5[OH]_4$,[2] Pucherit $VO_4 Bi$, Ferghanit $[VO_4]_2 U_3 . 6H_2O$,[3] Carnotit $[VO_4]_2 [UO_2]_2 (Ca, K_2)$, Vanadinocker und Alait,[1] beide Vanadinsäurehydrate, ferner der Ardennit, das Mangan-Tonerdesalz einer komplexen Kieselvanadin- bzw. Kieselarsensäure $[SiO_2]_{10} . (V, As)_2O_5 . [(Al, Fe)_2O_3]_5 . [(Mn, Mg, Ca, Fe)O]_{10} . [H_2O]_6$. In allen natürlichen Vanadaten kann ein Teil der Vanadinsäure durch Arsen- oder Phosphorsäure vertreten sein.

Die Mineralien der zweiten Gruppe enthalten das Vanadin an Schwefel gebunden: Patronit (Rizopatronit) $V_2S_5 + nS(?)$ und Sulvanit VS_4Cu_3. Die dritte und letzte Gruppe bildet der Roscoelith für sich, ein Glimmer, in dem ein großer Teil des Aluminiums durch dreiwertiges Vanadin ersetzt ist. In kleiner Menge sind Vanadinverbindungen in Gesteinen weit verbreitet.

Bei der Analyse dieser Mineralien und der vanadinführenden Gesteine handelt es sich darum, das Vanadin neben folgenden Stoffen zu erkennen und zu bestimmen: Blei, Kupfer, Wismut, Zink, Eisen, Aluminium, Mangan, Uran, Calcium, Magnesium, Kalium, Natrium, Schwefel, Phosphor-, Arsen-

[1] F. J. Pope, Bg.- u. hütt. Z. **58**, 556 (1899).
[2] K. Nenadkewitsch, Bull. Acad. St. Pétersbourg 1909, 185.
[3] J. Antipow, N. JB. Min. etc. 1909, II, 37.

und Kieselsäure, wozu bisweilen auch noch Molybdän- und Chromsäure kommen, da der für die technische Vanadingewinnung wichtige Patronit geringe Mengen Molybdän und viele vanadinhaltige Gesteine gleichzeitig Molybdän und Chrom enthalten.

Allgemeine Gesichtspunkte für die Trennung des Vanadins von seinen Begleitern liefern folgende chemische Tatsachen:

1. Beim Schmelzen mit Soda und einem Oxydationsmittel (Salpeter) geben alle Vanadinverbindungen wasserlösliches farbloses Alkalivanadat; durch oxydierende Sodaschmelze kann man daher das Vanadin trennen von allen Metallen, welche hierbei wasserunlösliche Carbonate oder Oxyde bilden, vor allem von Eisen, Calcium, Magnesium. Kieselsäure, Phosphor-, Arsen-, Chrom- und Molybdänsäure gehen beim Auslaugen der Schmelze mit der Vanadinsäure in die alkalische Lösung, ebenso ein großer Teil des Aluminiums als Aluminat und das Mangan als Manganat.

Farblose alkalische Vanadatlösungen färben sich beim Ansäuern gelb bis gelbrot unter Bildung von Hexavanadat; auf Zusatz von Wasserstoffsuperoxyd färbt sich eine schwefelsaure Vanadatlösung intensiv braunrot unter Bildung von Pervanadinsäure (empfindlichste Reaktion auf Vanadin).

2. Aus sauren Lösungen wird das Vanadin durch Schwefelwasserstoff nicht gefällt; war es in der Lösung ursprünglich im fünfwertigen Zustand vorhanden (Farbe der Lösung gelb oder, wenn teilweise reduziert, grün), so wird es durch den Schwefelwasserstoff unter Schwefelausscheidung und unter Blaufärbung der Lösung zu löslichem Vanadylsalz mit vierwertigem Vanadin reduziert. Durch Schwefelwasserstoff-Fällung in saurer Lösung läßt sich infolgedessen das Vanadin quantitativ trennen von allen durch Schwefelwasserstoff aus saurer Lösung fällbaren Metallen, im besonderen von Blei, Kupfer, Wismut, Arsen und Molybdän (Fällung unter Druck!).

Schwefelammonium in neutraler oder alkalischer Lösung eignet sich nicht zur Trennung des Vanadins von anderen Elementen, wohl aber zu seiner qualitativen Erkennung. Versetzt man eine Lösung, welche vier- oder fünfwertiges Vanadin enthält, mit Ammoniak und Schwefelammonium, so geht das Vanadin größtenteils mit brauner bis purpurroter Farbe als Sulfovanadat in Lösung; ein je nach den Bedingungen mehr oder weniger großer Teil bleibt aber als braunes amorphes Sulfid oder Oxysulfid ungelöst. Aus der Sulfovanadatlösung fällt beim Ansäuern ein amorphes braunes Sulfid aus, die Fällung ist aber nicht vollständig.

3. Von Stoffen, welche unter den Versuchsbedingungen keine oder nur schwer flüchtige Chloride bilden, wie z. B. von Blei, Kieselsäure, Erdalkalien und Alkalien, läßt sich das Vanadin leicht und vollständig trennen, indem man es in das leichtflüchtige Vanadinoxytrichlorid $VOCl_3$ (Siedepunkt 124°) überführt; dies geschieht am einfachsten, indem man das in einem Porzellanschiffchen und in einem Rohr aus schwer schmelzbarem Glas befindliche feingepulverte Mineral in einem mit Chlorwasserstoff beladenen trockenen Luftstrom erhitzt und das verflüchtigte Vanadin in einer mit Wasser oder Sodalösung beschickten Vorlage auffängt. Auch beim Erhitzen vanadinhaltiger Substanzen, für sich oder mit Kohle oder Schwefel gemengt, im Chlorstrom, ferner in einem Strom von Chlorschwefel- oder Tetrachlorkohlenstoffdämpfen wird das Vanadin verflüchtigt. Die Bildung von Vanadinoxytrichlorid, das sich in konzentrierter Salzsäure mit intensiv dunkelbrauner Farbe auflöst, läßt sich auch

als empfindlicher Nachweis von Vanadinsäure verwenden; betupft man eine Substanz, welche Vanadinsäure enthält, mit rauchender Salzsäure, so färbt sie sich intensiv braun, auf Zusatz von Wasser verschwindet die Färbung bzw. geht in Blaßblau über.

4. Aus Alkalivanadatlösungen, wie man sie z. B. durch oxydierende Sodaschmelze erhält, läßt sich die Vanadinsäure in Form unlöslicher Vanadate niederschlagen. Für die quantitative Trennung und Bestimmung der Vanadinsäure eignet sich am besten die Fällung als Mercuro- oder Bleivanadat, oder auch die als Ammoniummetavanadat. Lösungen, welche vierwertiges Vanadin als Vanadylsalz enthalten, z. B. die sauren Filtrate der Schwefelwasserstoff-Fällungen, lassen sich leicht und rasch in Vanadatlösungen überführen; zu diesem Zweck macht man die blauen Lösungen mit Ammoniak oder Alkalihydroxyd alkalisch, setzt unter Erwärmen chemisch reines Wasserstoffsuperoxyd (Perhydrol) so lange tropfenweise hinzu, bis die dunkle trübe Lösung hellgelb (Farbe der alkalischen Pervanadatlösungen) und klar wird und kocht dann, bis die Lösung unter Zerstörung der Persalze farblos geworden ist. Die Bedingungen für die quantitative Fällung der Vanadinsäure aus Alkalivanadatlösungen sind folgende:

a) Fällung als Mercurovanadat. Die alkalische Lösung wird mit Salpetersäure vorsichtig neutralisiert und mit neutraler Mercuronitratlösung tropfenweise gefällt. Zum Sieden erhitzen, absetzen lassen, mit mercuronitrathaltigem Wasser auswaschen. Der getrocknete Niederschlag hinterläßt beim Glühen unter Luftzutritt Vanadinpentoxyd V_2O_5.

b) Fällung als basisches Bleivanadat nach H. E. Roscoe.[1]) Die Vanadatlösung wird mit Essigsäure schwach angesäuert und mit Bleiacetat in der Hitze gefällt. Absetzen lassen, Niederschlag mit heißem Wasser auswaschen und dann in möglichst wenig verdünnter Salpetersäure lösen. Aus der Lösung wird das Blei entweder durch Eindampfen mit Schwefelsäure als Sulfat, oder durch Schwefelwasserstoff als Sulfid abgeschieden. Das bleifreie Filtrat liefert beim Eindampfen und Glühen des Rückstandes Vanadinpentoxyd; besser bestimmt man aber das Vanadin darin maßanalytisch mit Permanganat (s. unten S. 825).

c) Fällung als Ammoniummetavanadat, NH_4VO_3, nach F. A. Gooch und R. D. Gilbert.[2]) Die Fällung ist vollständig, wenn man die Lösung des Vanadats unter Zusatz von etwas Ammoniak mit gesättigter Ammoniumchloridlösung so weit eindampft, daß sich nach dem Erkalten eine kleine Menge Ammoniumchlorid ausscheidet, und alsdann 24 Stunden stehen läßt. Die Lösung muß schwach ammoniakalisch und farblos bleiben; zu große Mengen von abgeschiedenem Ammoniumchlorid sind durch vorsichtigen Zusatz von ·Wasser wieder in Lösung zu bringen. Der Niederschlag von Ammoniummetavanadat wird mit kaltgesättigter Ammoniumchloridlösung ausgewaschen und durch vorsichtiges Glühen in Vanadinpentoxyd übergeführt und gewogen oder titrimetrisch bestimmt.

Etwa vorhandene Kaliumsalze werden vom basischen Bleivanadat und vom Ammoniummetavanadat teilweise mitgerissen; bei Gegenwart von Kaliumsalzen müssen deshalb diese Niederschläge nach dem Auswaschen wieder gelöst

[1]) H. E. Roscoe, Ann. Chem. Pharm. Suppl. 8, 95 (1872).
[2]) F. A. Gooch u. R. D. Gilbert, Am. Journ. [4], 14, 205 (1902). — C. Hensen, Z. f. anal. Chem. 51, 237 (1912).

und nochmals gefällt werden. Säuren, welche schwerlösliche Mercuro- oder Bleisalze bilden, wie Phosphor-, Arsen-, Chrom- oder Molybdänsäure fallen zugleich mit der Vanadinsäure aus. Die häufig notwendige Trennung des Vanadins von der Phosphorsäure wird folgendermaßen ausgeführt:[1]) Die Vanadin- und Phosphorsäure enthaltende Flüssigkeit wird mit Salzsäure und Kaliumbromid destilliert. Das nach $V_2O_5 + 2HBr = V_2O_4 + H_2O + Br_2$ entwickelte Brom wird in Kaliumjodidlösung aufgefangen und titrimetrisch bestimmt. Darauf wird durch Eindampfen unter Zusatz von etwas Schwefelsäure die Chlor- und Bromwasserstoffsäure verjagt, der Rückstand mit Wasser aufgenommen und zur völligen Reduktion der Vanadinsäure noch mit etwas schwefeliger Säure gekocht. Dann fällt man aus der Lösung die Phosphorsäure mit Ammoniummolybdat in bekannter Weise nach dem Verfahren von R. Woy,[2]) nur wendet man eine etwas stärkere Ammoniummolybdatlösung an, die man erhält, indem man 75 g Ammoniummolybdat in 500 ccm Wasser löst und diese Lösung in 500 ccm Salpetersäure vom spez. Gewicht 1,2 gießt.

Anstatt der jodometrischen Bestimmung der Vanadinsäure kann man auch zuerst die Summe $V_2O_5 + P_2O_5$ gewichtsanalytisch ermitteln und dann darin die Phosphorsäure bestimmen; die Differenz ergibt das Vanadinpentoxyd. Man fällt beide Säuren aus neutraler Lösung mit Mercuronitrat aus, wäscht den Niederschlag mit verdünnter Mercuronitratlösung aus, glüht und wägt ihn. Der Glührückstand enthält das Vanadin wohl nicht als V_2O_5, wie gewöhnlich angenommen wird, sondern als Vanadylphosphat mit weniger Sauerstoff als einem Gemenge von V_2O_5 und P_2O_5 zukommt. Er wird mit Soda geschmolzen, die Schmelze in Wasser gelöst, mit Schwefelsäure angesäuert, mit schwefeliger Säure reduziert und zur Bestimmung der Phosphorsäure weiter behandelt, wie oben angegeben. Da die Gegenwart von Manganosalz die Fällung des Ammoniumphosphormolybdats nicht beeinträchtigt, dürfte es sich empfehlen, vor dessen Fällung das Vanadin mit Permanganat zu titrieren (s. unten), dann wieder mit schwefeliger Säure zu reduzieren usw.

Trennung des Vanadins von Aluminium. Aus Lösungen, welche Vanadinsäure enthalten, läßt sich die Tonerde durch einmalige Fällung mit Ammoniak aus heißer verdünnter Lösung nicht vanadinfrei erhalten; der ausgewaschene Niederschlag muß wieder gelöst und wiederholt gefällt werden. Es ist ratsam, das schließlich geglühte und gewogene Aluminiumoxyd durch Schmelzen mit Kaliumbisulfat aufzuschließen und in der Lösung der Schmelze etwa vorhandenes Vanadin titrimetrisch zu bestimmen.

Im vorstehenden ist die Trennung des Vanadins von allen Elementen, die in Vanadinmineralien vorkommen können, wenigstens im Prinzip angegeben worden, mit Ausnahme der Trennung vom Chrom und Uran. Einfache und zuverlässige Methoden für diese Trennungen scheinen noch nicht bekannt zu sein; in welcher Weise aber diese beiden Elemente neben Vanadin bestimmt werden können, ist aus den später angegebenen Analysenbeispielen zu ersehen.

Quantitative Bestimmung des Vanadins. Das auf die eine oder andere Art isolierte Vanadin kann, wie oben angegeben, als Pentoxyd zur Wägung gebracht werden; besser ist es aber, seine Menge auf maßanalytischem

[1]) Vgl. R. Holverscheit, Inaug.-Diss. Berlin 1890 und F. P. Treadwell, Quantitative Analyse, 6. Aufl. 1913, 263.
[2]) R. Woy, Chem. Ztg. 21, 442, 469 (1897).

Wege zu bestimmen. Von den einschlägigen Methoden ist am brauchbarsten die schon wiederholt erwähnte Titration mit Kaliumpermanganat in schwefelsaurer Lösung; sie beruht auf der Oxydation von Vanadylsalz, das man durch Reduktion schwefelsaurer Vanadatlösungen mit Schwefelwasserstoff oder mit schwefeliger Säure erhalten hat, zu Vanadinsäure, nach

$$10\,VOSO_4 + 2\,KMnO_4 + 7\,H_2O = 5\,V_2O_5 + 2\,KHSO_4 + 2\,MnSO_4 + 6\,H_2SO_4.$$

Mit fortschreitender Oxydation färbt sich die blaue Lösung grün, dann gelb; die Reaktion ist beendet, wenn die durch den Permanganatzusatz hervorgerufene Rosafärbung während einiger Minuten bestehen bleibt. Der Farbenumschlag geht nur in der Hitze so rasch vor sich, daß er gut erkennbar ist. Besondere Sorgfalt ist auf die völlige Entfernung des überschüssigen Reduktionsmittels zu verwenden. Man verfährt folgendermaßen: die heiße schwefelsaure Vanadinlösung wird so lange tropfenweise mit schwefeliger Säure versetzt oder mit Schwefelwasserstoff behandelt, bis sie rein blau geworden ist und nach Schwefeldioxyd bzw. Schwefelwasserstoff riecht; dann kocht man die Lösung unter Durchleiten von Kohlendioxyd oder Luft so lange, bis sich in den entweichenden Dämpfen kein SO_2 bzw. H_2S mehr nachweisen läßt. Der aus dem Schwefelwasserstoff ausgeschiedene Schwefel stört die Titration nicht. Nach ihrer Beendigung reduziert man die Lösung abermals und wiederholt die Titration, bis man übereinstimmende Werte gefunden. Der Oxydationswert der Permanganatlösung wird mittels einer reinen Vanadinlösung von bekanntem Gehalt ermittelt. Die Titration ist ohne Trennung des Vanadins auch bei Gegenwart solcher Stoffe ausführbar, die weder durch das Reduktionsmittel noch durch Permanganat verändert werden. J. R. Cain und J. C. Hostetter[1] empfehlen, bei Gegenwart von Molybdän, Titan oder Eisen die Vanadinsäure in konzentrierter, stark schwefelsaurer Lösung mit Wasserstoffsuperoxyd zu reduzieren und dessen Überschuß durch Erhitzen zu zerstören; dabei wird nur das Vanadin reduziert, während die genannten Stoffe unverändert bleiben.

Nachweis und Bestimmung von Vanadin in Gesteinen nach W. F. Hillebrand.[2]

5 g des feingepulverten Gesteins werden mit 20 g Natriumcarbonat und 3 g Natriumnitrat über dem Gebläse geschmolzen und die grüne Schmelze unter Zusatz von etwas Alkohol zur Reduktion des Manganats mit Wasser ausgezogen. Die filtrierte Lösung, welche Natriumvanadat neben Natriumphosphat, -arseniat, -chromat, -molybdat, -aluminat und -silicat enthalten kann, wird zur Abscheidung der größten Mengen Tonerde und Kieselsäure mit Salpetersäure möglichst genau neutralisiert und zur Trockene eingedampft. Ein Überschuß an Salpetersäure ist sorgfältig zu vermeiden, weil sonst die freiwerdende salpetrige Säure reduzierend auf Vanadat und Chromat einwirkt. Der Trockenrückstand wird mit Wasser ausgezogen; enthält das Unlösliche (Tonerde und Kieselsäure) noch Vanadin und Chrom, das bestimmt werden soll, so wird es nach dem Abrauchen mit Flußsäure und Schwefelsäure nochmals mit Soda geschmolzen, der mit Salpetersäure neutralisierte wäßrige Auszug der Schmelze aufgekocht, filtriert und mit dem ersten Auszug vereinigt. Die Lösung der Alkalisalze wird nun mit neutraler Mercuronitratlösung ausgefällt

[1] J. R. Cain u. J. R. Hostetter, Journ. Am. Chem. Soc. **34**, 274 (1912).
[2] W. F. Hillebrand, Am. Journ. [4], **6**, 209 (1898).

und zum Sieden erhitzt. Der ziemlich voluminöse Niederschlag kann enthalten: Mercurovanadat, -chromat, -phosphat, -arseniat, -molybdat. Er wird mit mercuronitrathaltigem Wasser ausgewaschen, getrocknet, vom Filter getrennt, in einem Platintiegel verascht und der Rückstand mit ganz wenig Soda geschmolzen. Ist der wäßrige Auszug der Schmelze durch Chromat gelb gefärbt, so wird in der filtrierten Lösung das Chrom kolorimetrisch durch Vergleich mit einer Chromatlösung von bekanntem Gehalt bestimmt. Dann behandelt man die mit Schwefelsäure schwach angesäuerte Lösung zur Entfernung von Molybdän und Arsen, sowie geringer Mengen Platin (aus dem Tiegel) in einer Druckflasche mit Schwefelwasserstoff. Der Sulfidniederschlag wird abfiltriert und auf seine Bestandteile geprüft; im Filtrat wird nach dem Wegkochen des Schwefelwasserstoffs das vorhandene Vanadin mit Permanganat titriert. Sind größere Mengen Chrom vorhanden, so muß an dem Permanganatverbrauch eine dem Chromgehalt entsprechende, empirisch festgestellte Korrektion angebracht werden, weil merkliche Mengen Permanganat zur Oxydation des Chromisalzes verbraucht werden.

Analyse von Vanadinit, Endlichit, Descloizit, Cuprodescloizit, Volborthit u. dgl. Mineralien.

Das feingepulverte Mineral wird bei Zimmertemperatur in verdünnter Salpetersäure gelöst und vom Ungelösten (Gangart) abfiltriert. Wenn sich aus der salpetersauren Lösung rotbraune Vanadinsäure ausgeschieden und beim Auswaschen des Ungelösten nicht wieder gelöst hat, so wäscht man den Rückstand noch mit warmem Wasser nach, das man durch einige Tropfen Natronlauge schwach alkalisch gemacht hat, und vereint dieses Waschwasser mit der salpetersauren Lösung. Aus dieser wird zuerst das Chlor mit Silbernitrat ausgefällt und als AgCl gewogen, oder man bestimmt es maßanalytisch durch Titration mit $\frac{1}{10}$ n.-AgNO$_3$-Lösung ohne Indikator. Aus dem Filtrat vom Chlorsilber wird das überschüssige Silber mit Salzsäure ausgefällt, das silberfreie Filtrat dampft man zur Entfernung der Salpeter- und Salzsäure und zur Abscheidung des Bleies mit Schwefelsäure ein, verdünnt dann mit Wasser und bestimmt das ausgeschiedene Bleisulfat in bekannter Weise. Das Filtrat davon wird mit Schwefelwasserstoff behandelt; ein etwa auftretender Niederschlag kann Arsen und Kupfer enthalten, welche in bekannter Weise getrennt und gewogen werden.

Das Filtrat vom Schwefelwasserstoffniederschlag wird nach dem Wegkochen des Schwefelwasserstoffs mit überschüssigem Natriumcarbonat und einigen Tropfen Perhydrol versetzt und erwärmt; erhält man eine klare, nach einigem Kochen farblose Lösung (Vanadinit, Endlichit), so enthält sie nur noch Vanadin- und möglicherweise Phosphorsäure. Man säuert sie mit Schwefelsäure an, reduziert mit schwefeliger Säure und titriert das Vanadin nach den Angaben auf S. 825 mit Permanganat; dann reduziert man die Lösung wieder mit schwefeliger Säure und fällt die Phosphorsäure mit Ammoniummolybdat nach R. Woy (siehe S. 824).

Gibt das Filtrat vom Schwefelwasserstoffniederschlag beim Behandeln mit Soda und Wasserstoffsuperoxyd einen Niederschlag, so kann Zink, Eisen, Mangan und Calcium vorhanden sein (Descloizit, Cuprodescloizit, Volborthit). Der Niederschlag wird abfiltriert, ausgewaschen, in möglichst wenig verdünnter Schwefelsäure gelöst und abermals durch überschüssige Sodalösung in der

Hitze gefällt. Das Lösen und Fällen des Niederschlages wiederholt man, bis
das Filtrat kein Vanadin mehr enthält. Die vanadin- und phosphorsäurehaltigen
Filtrate werden vereinigt, mit Schwefelsäure angesäuert und zur Bestimmung
von Vanadin und Phosphor, wie oben angegeben, behandelt. Der Niederschlag wird mit˙ Salzsäure gelöst und nach bekannten Methoden in seine
Bestandteile getrennt.

P. Jannasch und H. F. Harwood[1]) haben Vanadinit und Endlichit
folgendermaßen analysiert: das feingepulverte Mineral, das sich in einem
Porzellan- oder Quarzglasschiffchen befindet, wird in einem Verbrennungsrohre
unter Überleiten von Tetrachlorkohlenstoffdämpfen mäßig geglüht. Während
Bleichlorid und die Gangart im Schiffchen zurückbleiben, werden Vanadin
und Arsen verflüchtigt und sammeln sich in den mit verdünnter Salpetersäure und Wasser beschickten Vorlagen. Ihr Inhalt wird auf dem Wasserbade
eingedampft und mit verdünnter Schwefelsäure und einigen Tropfen schwefeliger
Säure aufgenommen. Die Lösung wird mit Schwefelwasserstoff von Arsen
befreit und nach dem Wegkochen des Schwefelwasserstoffs mit Permanganat
titriert. Bei Gegenwart von Phosphorsäure läßt sich die Vanadinsäure durch
Erhitzen im Tetrachlorkohlenstoffstrom nicht vollständig verflüchtigen, es hinterbleiben beträchtliche Mengen im Rückstand. Mischt man aber die Substanz
mit der vierfachen Menge Chlornatrium, so werden Vanadin- und Phosphorsäure quantitativ verflüchtigt.

Analyse von uranhaltigen Vanadaten (Carnotit).

Zur Bestimmung von Uran und Vanadin im Carnotit verfahren E.D.Campbell
und C. E. Griffin[2]) folgendermaßen: 0,3—0,5 g des Minerals werden in 40 ccm
verdünnter Schwefelsäure (1 : 5) oder in einer Mischung von Salpetersäure und
Schwefelsäure gelöst, die Lösung wird eingedampft, bis die gesamte Salpetersäure
und der größte Teil der Schwefelsäure verjagt ist, und dann mit Wasser verdünnt.
Aus dieser Lösung wird das Eisen durch Natriumcarbonat unter Zusatz einiger
Tropfen Wasserstoffsuperoxyd gefällt, der abfiltrierte und mit heißem Wasser
ausgewaschene Niederschlag wird wieder in wenig Schwefelsäure gelöst und
die Fällung mit Natriumcarbonat wiederholt. Die vereinigten Filtrate vom
Ferrihydroxyd, welche Uran und Vanadin enthalten, werden mit Schwefelsäure
angesäuert und mit schwefeliger Säure behandelt, wobei das Vanadin in die
vierwertige Stufe übergeführt wird, während Uranylverbindungen unverändert
bleiben. Nach der Titration des Vanadins mit Kaliumpermanganat reduziert
man die schwefelsaure Lösung mit Zink, oder besser, mit einer Aluminium-
drahtspirale, wobei das Vanadin in Vanadosalz mit zweiwertigem Vanadin, das
Uran in die UO_2-Stufe übergeht, und titriert wieder mit Permanganat. Die
Anzahl Kubikzentimeter Permanganatlösung, die zur Titration der mit Zink
oder Aluminium reduzierten Lösung verbraucht wurden, vermindert um
dreimal die Anzahl Kubikzentimeter, die zur Titration der mit schwefeliger
Säure behandelten Lösung erforderlich waren, ergibt die Menge Permanganat,
die nötig war, um das vorhandene Uran von der UO_2-Stufe zur UO_3-Stufe
zu oxydieren.

¹) P. Jannasch u. H. F. Harwood, Journ. prakt. Chem. **80**, 127; Z. f. anal.
Chem. **50**, 253 (1912).
²) E. D. Campbell u. C. E. Griffin, Journ. of Ind. and Engin. Chem. **1**, 661;
Z. f. anal. Chem. **51**, 252 (1912).

A. N. Finn[1]) löst eine Probe des Erzes, die nicht mehr als 0,25 g U_3O_8 enthalten soll, in verdünnter Schwefelsäure (1 : 5), verdampft bis zum Auftreten von Säuredämpfen, nimmt mit Wasser auf und befreit die Lösung durch wiederholte Fällung mit überschüssiger Soda von Eisen (s. oben). Die vereinigten Filtrate werden mit Schwefelsäure angesäuert, mit Ammoniumphosphat versetzt, zum Sieden erhitzt und in der Siedehitze mit Ammoniak versetzt. Man erhält einige Minuten im Kochen, filtriert das Uranylphosphat ab, wäscht mit heißem, etwas Ammoniumsulfat enthaltendem Wasser aus und bestimmt im Filtrat das Vanadin nach der Reduktion mit schwefeliger Säure durch Titration mit Permanganat. Den Niederschlag von Ammoniumuranylphosphat löst man in Schwefelsäure, reduziert mit granuliertem Zink und titriert die mittels der Saugpumpe durch Asbest filtrierte Lösung bei 60° mit Permanganat.

Beim Erhitzen von Carnotit im Tetrachlorkohlenstoffstrom nach P. Jannasch und H. F. Harwood (s. S. 827) werden die entstehenden Chloride von Eisen und Uran durch vorgelegte Glaswolle zurückgehalten, während sich das gesamte Vanadin im Destillat befindet; Eisen und Uran werden nach der Hydroxylaminmethode getrennt.

Analyse von Vanadinschwefelverbindungen (Patronit, Sulvanit).

Der Schwefel wird nach der Oxydation des Minerals mit Salpeter-Salzsäure oder durch Schmelzen mit Soda und Salpeter in der üblichen Weise als Bariumsulfat bestimmt. Das vom Barium befreite Filtrat wird weiter behandelt, wie die vom Chlorsilber befreite Lösung des Vanadinits (s. S. 826).

Bestimmung von dreiwertigem Vanadin in Silicaten (Roscoelith).

Das feingepulverte Silicat wird wie zur Bestimmung des Ferroeisens (s. den 1. Bd. dieses Werkes, S. 578) durch Erhitzen mit starker Schwefelsäure im zugeschmolzenen Rohr auf 180—200° aufgeschlossen und der Rohrinhalt mit Permanganat titriert. Die oxydierte Lösung kann dann nach J. R. Cain und J. C. Hostetter (s. S. 825) mit Wasserstoffsuperoxyd reduziert und abermals mit Permanganat titriert werden. Aus den beiden Titrationen läßt sich der Gehalt an dreiwertigem Vanadin und an Ferroeisen berechnen.

Vanadinoxyde.

Von R. Görgey † und H. Leitmeier (Wien).

Vanadinocker.[2])

Gelbliches, erdiges Pulver.

Chemische Zusammensetzung: Nach J. E. Teschemacher[3]) V_2O_5 (?).

Chemisch-physikalisches Verhalten: in Salpetersäure zu apfelgrüner Solution löslich, aus der sich beim Einengen rote kristallinische Produkte ausscheiden. Vor dem Lötrohre schwarz werdend.

---

[1]) A. N. Finn, Journ. Am. Chem. Soc. **28**, 1443; Z. f. anal. Chem. **51**, 252 (1912).

[2]) Th. L. Phipson bezeichnete unter diesem Namen einen 1,90% V_2O_5 enthaltenden Eisenocker, Journ. chem. Soc. London [2] 1, 244 1863.

[3]) J. E. Teschemacher, Am. Journ. 11, 233 (1851).

Künstlich:. Nach dem Schmelzen erstarrt V_2O_5 zu gelbroten Kristall-nadeln, die nach A. E. Nordenskiöld [1]) rhombisch kristallisieren. (Achsen-verhältnis: $a:b:c = 0{,}3832:1:0{,}9590$ A. E. Nordenskjöld; $\delta = 3{,}47{-}3{,}79$, A. Schafarik.)

Alaït. [2])

Dunkelblutrote, seidenglänzende, moosartige Aggregate.

Chemische Zusammensetzung: $V_2H_5 \cdot H_2O$; eine Analyse wurde nicht mitgeteilt.

Paragenesis und Vorkommen wie bei Turanit (siehe S. 832).

Vanadate.

Hewettit.

Kristallisiert wahrscheinlich rhombisch.

Analyse.		
Li_2O	. . . .	Spur
Na_2O	. . . .	0,15
CaO	. . . .	7,38
Fe_2O_3	. . . .	0,11
V_2O_5	. . . .	68,19
V_2O_4	. . . .	1,21
MoO_3	. . . .	1,56
H_2O	. . . .	21,33
Cl	. . . .	Spur
Unlösl.	. . . .	0,17
		100,10

Hewettit von Minasragra in Peru; anal. W. F. Hillebrand, H. E. Merwin und F. E. Wright, Z. Kryst. 54, 209 (1914).

Die Analyse ist an mit Wasserdampf gesättigtem Material ausgeführt worden.

Eigenschaften und Formel. Das Molybdän wurde als Calciummolybdat in fester Lösung im Mineral angenommen; gegen eine mechanische Beimengung einer Molybdänverbindung sprach die mikroskopische Untersuchung, die das Mineral als vollkommen homogen erscheinen ließ, und der Umstand, daß bei stufenweise aufeinanderfolgender Behandlung des (wasserlöslichen) Minerals mit heißem Wasser bis zur völligen Lösung die Auflösung des Molybdäns Schritt hält mit der des Vanadins.

Das V_2O_4 ist als solches von den Verfassern angenommen; die Menge wurde durch Titrieren mit Permanganat bestimmt.

Der Hewettit ist für Änderungen des Luftfeuchtigkeitsgrades ungemein empfindlich; der Wassergehalt schwankt in den verschiedenen Jahreszeiten um ein Beträchtliches. Durch die Entfernung des Gesamtwassers wird die Kristall-struktur nicht zerstört, und das Wasser kann wieder aufgenommen werden.

Über Schwefelsäure ist das Verhalten folgendes: bei 35° tritt ein Wasser-verlust von 10,65 % bei einer Erniedrigung der Dampfspannung von 17 mm

---

[1]) A. E. Nordenskiöld, Pogg. Ann. 112, 160 (1861).
[2]) K. Nenadkeritsch, Turanit und Alait, zwei neue Vanadinminerale, Bull. Ac. sc. St. Pétersbourg 1909, 185.

auf 7,4 mm ein. Die drei Forscher haben die Entwässerungskurven aufgenommen und dabei gefunden, daß bei allen untersuchten Punkten Gleichgewichtszustand in ca. 24 Stunden erreicht war. Verschiedene Temperaturen bei einem bestimmten Wasserdampfdruck im Exsiccator geben beträchtlichen Unterschied. Bei 35° und 12,7 mm Dampfdruck ist der Wasserverlust nahezu 8%, bei 25° dagegen kaum mehr als $1/2$% beim gleichen Druck. Bei Temperaturen über 100° wurde, nachdem über Schwefelsäure ca. 6 Moleküle Wasser verloren worden waren, nahe bei 250° ein Wasserverlust konstatiert, der beiläufig 2 Molekülen Wasser entspricht; bei 300 und 350° entweicht je ein halbes Molekül Wasser.

Durch Wasserverlust wird der Hewettit dunkler. Die Kristallstruktur wird nicht zerstört bis das letzte Molekül Wasser ausgetrieben ist.

W. F. Hillebrand, H. E. Merwin u. F. E. Wright betrachten das Mineral als Hydrohexavanadat und gaben ihm die Formel:

$$H_2CaV_6O_{17} . 8H_2O.$$

Ein sich ergebender Überschuß von 0,6 Molekülen Wasser wird als adsorbiert betrachtet.

Das Mineral tritt in Klumpen von mahagoniroter Farbe auf, die sich aus feinen Nadeln und Blättchen zusammensetzen. Die Dichte ist 2,554.

Brechungsquotienten für Lithiumlicht:

$$N_\alpha = 1,77; \qquad N_\beta = 2,18; \qquad N_\gamma = 2,35{-}2,4.$$

Es tritt kräftiger Pleochroismus auf.

Hewettit schmilzt leicht zu dunkelroter Flüssigkeit; in Wasser ist er schwer löslich.

Vorkommen. Hewettit ist ein Oxydationsprodukt des Patronites (Vanadinsulfid) und kommt nur an dessen Oberfläche vor.

Metahewettit.

Kristallisiert rhombisch.

Analyse.

Na_2O	0,08
K_2O	0,09
MgO	0,03
CaO	7,25
$Fe_2O_3 + Al_2O_3$ . . .	0,19
V_2O_3	0,35
V_2O_5	70,01
MoO_3	0,13
H_2O	21,30
Cl	Spur
SiO_2 . . . . . . }	0,80
Unlösl. . . . . . . }	
P_2O_5	Spur
	100,23 [1])

Metahewettit von Utah; anal. W. F. Hillebrand, H. E. Merwin u. F. E. Wright, Z. Kryst. 54, 218 (1914).

Das zur Analyse verwendete Material war an Wasserdampf gesättigt.

---

[1]) Enthält auch Spuren von Selen.

Chemische Eigenschaften und Formel. Im Metahewettit ist nach Ansicht der drei Autoren das Molybdän in der gleichen Weise enthalten, wie im Hewettit (S. 829).

Auch hier ist ein Vanadiumoxyd niedrigerer Oxydationsstufe angenommen worden, das als Bestandteil eines Silicats, das auch Aluminium und Kalium enthält, vorhanden sein dürfte, ihm gehört auch der K_2O-Gehalt des Minerals an. Auch hier, gleichwie beim Hewettit, ist der Wassergehalt sehr abhängig vom Feuchtigkeitsgrad der Umgebung. Der Hauptunterschied vom Hewettit liegt in der Entwässerungskurve. Der Metahewettit verliert bei 35° 10,65% H_2O bei einer Erniedrigung der Dampfspannung der Schwefelsäure von 17 mm auf 12,7 mm, also den doppelten Betrag wie beim Hewettit (s. S. 830). Auch beim Erhitzen auf Temperaturen über 100° ist der Wasserverlust ein anderer als beim Hewettit. Über hochkonzentrierter Schwefelsäure wurden 13,8% Wasser — ungefähr 6 Moleküle — ausgetrieben; beim Erhitzen zeigten sich bei 185°, bei 275° und 340° größere Wasserverluste, die ca. 2,3% bei jedem der drei Punkte betrugen, was je einem Molekül Wasser entspricht.

Farbenveränderung beim Erhitzen. Der Metahewettit wird dabei dunkler rot, bis das letzte Molekül H_2O zu entweichen beginnt; dann wird die Farbe heller und schließlich gelbbraun. Bei der letzten Veränderung zerbröckeln die Kristalle in ein kristallinisches Aggregat, das die Form der Originalkristalle beibehält.

Die Formel ist die des Hewettits, die von den drei Forschern

$$H_2CaV_6O_{17} \cdot 8H_2O \quad \text{oder} \quad CaO \cdot 3V_2O_5 \cdot 9H_2O$$

geschrieben wird, diese Verbindung ist also dimorph.

Das Mineral tritt in tafeligen Kristallen von rhombischem Habitus ($a:b = 0,65:1$) auf, die tiefrot (dunkler als der Hewettit) gefärbt sind, und in Form eines schwach glänzenden, erdigen Pulvers.

Die Dichte ist 2,554.

Brechungsquotienten für Lithiumlicht:

$$N_\alpha = 1,70; \quad N_\beta = 2,10; \quad 2V = 52° \text{ (berechnet).}$$

N_γ konnte nicht bestimmt werden.

Pleochroismus ist sehr intensiv.

In heißem Wasser ist das Mineral schwer löslich; vor dem Lötrohre schmilzt es leicht.

Vorkommen. Metahewettit bildet Imprägnationen im Sandstein, Überzüge der Sandsteinkörner und Ausfüllungen von Hohlräumen und Spalten. Er ist von Gips begleitet und es treten noch auf Selen und ein Hydrosilicat von Aluminium, Kalium und dreiwertigem Vanadium.

Pascoit.

Kristallisiert wahrscheinlich monoklin.

Analyse.

CaO	. . . .	12,6
MoO_3	. . . . . .	0,3
V_2O_5	. . . . . .	64,6
H_2O unter 100°	. . .	13,8
H_2O über 100°	. . .	7,8
Unbestimmt und Verlust		0,9
		100,0

Pascoit von Minasraga, Provinz in Peru; anal. W. F. Hillebrand, H. E. Merwin und F. E. Wright, Z. Kryst. **54**, 226 (1914).

Formel und Eigenschaften. Durch Exponieren über H_2SO_4 ist das gesamte unter 100° entweichende Wasser zu entfernen; bei ca. 300° ist der Wasserverlust ein vollständiger. Bei Zimmertemperatur tritt nur, wenn der Feuchtigkeitsgehalt der Luft fast auf Null sinkt, Wasserverlust ein.

Die Analyse führt annähernd auf die Formel:

$$Ca_2V_6O_{17} \cdot 11H_2O .$$

Das Mineral tritt in kleinen Körnern von dunkelorangeroter bis orangegelber Farbe auf; in dünnen Schuppen ist es durchscheinend.

Nach der Entwässerung ist die Farbe schmutziggelb; nach Wiederaufnahme von Wasser aus feuchter Luft wird das Mineral viel heller gelb, aber nicht mehr, wie ursprünglich, orange.

Die Dichte des Minerals ist 2,457; die Härte ungefähr $2^1/_2$.

Optische Eigenschaften. Der Charakter der starken Doppelbrechung ist negativ. Die Brechungsquotienten sind:

$$N_\alpha = 1,775; \quad N_\beta = 1,815; \quad N_\gamma = 1,825 .$$

Die Angaben sind genau bis auf $\pm 0,005$.

Der optische Achsenwinkel ist $2V_{Na} = 50,5° \pm 1°$; $2V_{Li} = 56° \pm 3°$. Dispersion gekreuzt und sehr stark.

Der Pascoit schmilzt leicht vor dem Lötrohre und ist in Wasser leicht löslich.

Vorkommen. Der Pascoit wurde als Neubildung an den Wänden einer Versuchsstrecke gefunden.

Turanit.[1]

Olivengrüne, nierenförmige Krusten und radialfaserige Aggregate.

Chemische Zusammensetzung: $V_2O_5 \cdot 5CuO \cdot 2H_2O$. Eine Analyse ist im Original nicht angegeben.

Paragenetische Verhältnisse und Vorkommen: In Hohlräumen von Malachit in einem von Uran- und Calciumvanadaten und Calciumuranaten durchtränkten, grobkörnigen Kalkstein der Lagerstätte Tjuja-Majun in den Vorbergen des Alai.

Volborthit.

Synonym: Knauffit.

Kleine sechsseitige Schuppen, meist nur erdiger Anflug.

Analysen.

	1.	1a.	2.	2a.
MgO	3,01	3,26	1,42	1,52
CaO	4,29	4,64	4,49	4,80
CuO	34,04	36,84	38,01	40,70
BaO	4,29	4,64	4,30	4,60
Al_2O_3	4,45	—	4,78	—
Fe_2O_3	1,77	—	0,45	—
SiO_2	1,38	—	1,36	—
V_2O_5	13,62	14,74	13,59	14,55
H_2O [2]	33,15	35,88	31,60	33,83
	100,00	100,00	100,00	100,00

[1] K. Nenadkeritsch, Bull. Ac. St. Pétersbourg 1909, 185.
[2] Aus der Differenz berechnet.

1. u. 2. Von Woskressenskoi (Gouv. Perm); anal. F. A. Genth, Am. Phil. Soc. Philadelphia **17**, 122 (1877).

1a. u. 2a. Dieselben Analysen nach Abzug der Verunreinigungen auf 100 gerechnet.

Die Analysen machten die Formel $(Cu, Ca, Ba)_3(OH)_3VO_4 + 6H_2O$ wahrscheinlich.

Kalkvolborthit.

Synonym: Calciovolborthit.

Kleinblätteriges bis pulveriges Material auf Psilomelan.

Der Kalkvolborthit besitzt eine ganz andere Zusammensetzung als der Volborthit, ist also keine Varietät des Volborthits.

Analysen.

	1.	2.	3.
MgO	0,50	0,87	0,92
CaO	12,28	17,40	16,65
MnO	0,40	0,53	0,52
CuO	44,15	38,90	38,27
V_2O_5	36,58	36,91	39,02
H_2O	4,62	4,62	5,05
Rückstand	0,10	0,77	0,76
	98,63	100,00	101,19

1—3. „Vanadinsaures Kupfer" von Friedrichsrode am Thüringer Wald; anal. H. Credner, Pogg. Ann. **74**, 546 (1848). — 1. Grünes Mineral, $\delta = 3,495$. 2. Hellgrünes Material, Mittel zweier Analysen. 3. Grünlichgraues Material, $\delta = 3,860$.

Aus diesen Analysen leitet C. F. Rammelsberg die Formel $R_4^{II}V_2O_9 + aq$ ab, oder $4(Cu, Ca)O . V_2O_5 . H_2O$ mit $Cu:Ca = 3:2$.

Chemisch-physikalisches Verhalten. Schmilzt auf Kohle leicht zu schwarzer, Kupferkörner enthaltenden Schlacke. Gibt in Salpetersäure grüne Auflösung.

Turkestanischer Volborthit.

Ein grünlichschwarzes Mineral, das sich in Form von Konkretionen auf Kalkstein im Ferghanagebiet auffand, ergab nach J. Antipow[1] folgende Zusammensetzung:

δ	3,45
CaO	20,40
$Al_2O_3 + Fe_2O_3$	2,80
CuO	29,45
SiO_2	1,10
MoO_3	0,23
V_2O_5	41,03
H_2O	4,55
	99,56

Daraus leitet J. Antipow die Formel $Ca_3Cu_3(VO_4)_4 + 2H_2O$ ab und bezeichnet das Mineral trotz der wesentlichen Unterschiede vom Volborthit als „Turkestanischer Volborthit".

---

[1] J. Antipow, Berg.-Journ. **4**, 255 ff. (1908). Ref. N. JB. Min. etc. 1909, II, 37.

Das Mineral besitzt die Härte 4 und ist nicht durch Salpetersäure, wohl aber durch kochende Salzsäure und Königswasser zersetzbar.

Kalkvolborthit-ähnliche Mineralien.

Ein dem Kalkvolborthit am nächsten stehendes Vanadat haben W. F. Hillebrand und H. E. Merwin beschrieben.

Analysen.

	1.	2.
Na_2O	} 0,7	0,2
K_2O		
MgO	0,3	0,5
CaO	3,9 [1]	15,3
CuO	48,4 [1]	37,1
BaO	2,7	2,3
Fe_2O_3	0,8	0,5
CO_2	2,4	0,9
SiO_2	0,6	0,7
P_2O_5	0,3	0,8
As_2O_5	1,1	17,2 [1]
V_2O_5	30,6 [1]	16,0 [1]
H_2O bis 105°	1,8	1,0
H_2O über 105°	6,4	4,3
Mn_3O_4	} [2]	
Co_3O_4	} —	3,2
Al_2O_3		
	100,0	100,0

1. Gelbgrünes Mineral vom Grande River Cañon, SO. Utah; anal. W. F. Hillebrand bei W. F. Hillebrand u. H. E. Merwin, Am. Journ. **35**, 441 (1913) u. Z. Kryst. **53**, 7 (1913).

2. Grünlichgelbe Varietät vom gleichen Fundorte; anal. wie oben.

Diese Analysenresultate sind nach Abzug von 30,6% von in sehr verdünnter Salpetersäure unlöslicher Substanz bei dem gelbgrünen Mineral, und 13,5% beim anderen Mineral durch Umrechnung auf 100% erhalten worden.

Nach W. F. Hillebrand und H. E. Merwin ist das Mineral der Anal. 2 durch Umwandlung aus dem der Anal. 1, wobei V_2O_5 teilweise durch As_2O_5 ersetzt wurde, hervorgegangen. Nimmt man CO_2 und SiO_2 als Bestandteile normaler Carbonate bzw. Metasilicate an, so ergeben sich folgende Molekularverhältnisse:

$$V_2O_5 : RO : H_2O \text{ (Gesamt)} : H_2O \text{ über } 105°$$

Analyse 1	1 : 3,73 : 2,6	: 2,03
„ 2	1 : 4,37 : 1,75	: 1,42

Eine nähere chemische Definition ließ sich namentlich wegen der starken Verunreinigung des Materials nicht geben; ebensowenig lassen sich nähere Schlüsse auf die Beziehungen der beiden Mineralien zueinander machen.

Eigenschaften. Das Mineral Analyse 1 bildet wahrscheinlich monokline Blättchen.

---

[1] Mittel aus zwei nahezu übereinstimmenden Werten.
[2] Nach gemeinsamer Fällung gewogen. Ursprünglicher Oxydations- bzw. Verbindungszustand nicht bekannt.

Brechungsquotienten für Na-Licht:

$N_\alpha = 2,01$; $N_\beta = 2,05$; $N_\gamma = 2,10$ (letzterer berechnet).

Achsenwinkel $2V = 68^0$ (Li-Licht); $2V = 83^0$ (Na-Licht); $2V = 19^0$ (Tl-Licht).

Der Charakter der Doppelbrechung ist für Rot positiv, für violettes Licht negativ. Es tritt starke geneigte Dispersion auf.

Das grünlichgelbe Mineral bildet Überzüge auf dem ersteren; $N_m = $ ca. 1,92.

Vorkommen. Beide Mineralien kommen in Form von Rosetten aus netzartigen Schüppchen auf Sandstein mit anderen Kupfermineralien vor, die wahrscheinlich Carbonate und Chrysokoll sind. Das arsenreichere Mineral bildet Pseudomorphosen nach dem Mineral der Analyse 1.

Vanadinit.

Synonyma: Vanadinbleispat, Vanadinspat.

Die arsenreiche Varietät wurde von F. A. Genth Endlichit genannt.

Kristallisiert hexagonal bipyramidal. $a:c = 1:0,7122$ (K. Vrba), ebenso für Endlichit von V. Goldschmidt gefunden.

Analysen.

	1.	2.	3.	4.	5.	6.
δ	6,886	6,863	—	—	—	—
CaO . . .	—	—	—	—	2,94	3,02
CuO . . .	—	—	—	—	0,15	—
ZnO . . .	—	—	—	—	0,08	—
PbO . . .	76,70	79,47	78,41	77,77	72,09	73,97
Fe_2O_3 . . .	—	—	—	—	0,46	—
P_2O_5 . . .	0,95	3,08	—	—	2,68	2,75
V_2O_5 . . .	17,41	16,98	19,24	18,57	(17,47)	17,92
Cl . . .	2,23	2,46	2,56	—	2,28	2,34
$SiO_2 + Al_2O_3$.	—	—	—	—	1,85	—
	97,29	101,99	100,21	—	100,00	100,00

1. Von Windischkappel; anal. C. F. Rammelsberg, Pogg. Ann. **98**, 249.
2. Von Beresow (Ural); anal. H. Struve, Verh. d. kais. russ. min. Ges. 1857.
3. u. 4. Von Südafrika; anal. N. St. Maskelyne, Ber. Dtsch. Chem. Ges. 1872, 992 (Analyse an sehr reinem Metalle).
5. Von Wanlockhead; anal. A. Frenzel, Tsch. min. Mit. **3**, 505 (1881).
6. Ebenda; nach Abzug der Verunreinigungen.

	7.	8.	9.	10.	11.	12.	13.
δ . . .	—	—	6,635	6,373	—	—	6,847
CaO . .	3,17	3,25	—	—	—	1,39	—
ZnO . .	0,59	—	0,94	2,48	2,91	—	—
PbO . .	72,46	74,22	76,73	74,22	74,58	79,18	77,28
Fe_2O_3 . .	1,78[1]	—	—	—	—	Spur	1,41
P_2O_5 . .	2,86	2,93	0,76	1,05	—	17,61	19,62
V_2O_5 . .	(16,72)	17,12	18,40	20,88	19,49	—	—
H_2O . .	—	—	—	—	0,52	—	—
Cl . . .	2,42	2,48	2,36	2,19	2,44	2,34	2,40
	100,00	100,00	99,19	100,82	99,94	100,52	100,71

[1]) Mit Al_2O_3 und SiO_2.

7. Wie Analyse 5 u. 6.

8. Ebenda; nach Abzug der Verunreinigungen.

9. Von Córdoba (Argentinien) braun; anal. C. F. Rammelsberg, Monatsb. Berl. Ak. 1880, 661.

10. Ebenda; gelb.

11. Von Córdoba (Argentinien); anal. A. Döring, Bol. ac. cienc. Buenos Aires 5, 498 (1883).

12. Von Undenäs (Schweden); anal. A. E. Nordenskjöld, Geol. För. Förh. 4, 267 (1879).

13. Von Arizona; anal. C. F. Rammelsberg, Mineralchem. Erg.-Bd. 1880, 252.

	14.	15.	16.	17.	18.	19.	20.
δ	—	6,862	6,572	—	7,109	—	6,78
CuO	—	—	—	—	0,18	—	—
ZnO	—	Spur	—	—		—	—
PbO	79,43	78,31	77,49	77,47	77,96	79,6	77,97
Fe_2O_3	—	—	0,48	—	0,04	—	—
P_2O_5	0,57	0,39	0,29	Spur	0,72	—	Spur
As_2O_5	0,24	1,33	3,06	4,30	Spur	—	
V_2O_5	17,37	17,74	16,98	17,16	18,64	16,7	19,55
Cl	2,39	2,49	2,41	2,46	2,69	2,5	0,95
H_2O	—	—	—	—	—	1,2	—
	100,00	100,26	100,71	101,39	100,23	100,0	98,47

14. Vom Lake Valley N. M. (Sierra Bella); anal. F. A. Genth, Z. Kryst. 10, 462 (1885).

15. Ebenda (Sierra Grande); anal. F. A. Genth, ebenda.

16. Von Oracle (Arizona); anal. F. A. Genth, Am. Phil. Soc. 22, 365 (1885).

17. Von Oracle (Arizona); anal. H. F. Keller, ebenda.

18. Von Yavapai Co. (Arizona); anal. F. A. Genth, l. c.

19. Von Leadhills; anal. N. Collie, Journ. chem. Soc. 1889,

20. Von Bena de Padru, Sassari; anal. C. Rimatori bei D. Lovisato, R. Acc. Linc. Rom. 13, 43 1904. Ref. Z. Kryst. 42, 57 (1907). Summe im Referat 98,97.

	21.	22.	23.	24.	25.
δ	—	6,864	6,88		—
CaO	0,34	—	—	—	—
PbO	73,48	79,15	69,30	68,61	78,17
P_2O_5	Spur	—	0,35	Spur	—
As_2O_5	13,52	10,73	2,60	2,03	—
V_2O_5	10,98	7,94	17,66	18,94	19,33
Cl	2,45	2,18	9,98[1]	9,73[1]	2,50
	100,77	100,00	99,89	99,31	100,00

21. u. 22. Endlichit von Valley Co.; anal. F. A. Genth, l. c.

23. Endlichit von Hillsboró (Neu Mexico); anal. P. Jannasch bei V. Goldschmidt, Z. Kryst. 32, 561 (1900). Dicktafelige Kristalle.

24. Endlichit von ebenda. Dünnstengelige Kristalle.

25. Theoretische Zusammensetzung nach der Formel $(PbCl)Pb_4V_3O_{12}$.

Aus den Analysen ergibt sich die chemische Zusammensetzung $Pb_5Cl(VO_4)_3$, wobei die Vanadinsäure zum Teil durch Arsen- oder Phosphorsäure isomorph vertreten sein kann. Im ersteren Falle liegt ein Übergangsglied zum Mimetesit der Endlichit, im letzteren eines zum Pyromorphit vor. Der Vanadinit gehört chemisch und kristallographisch in die Apatitgruppe und er ist mit Mimetesit, Apatit und Pyromorphit isomorph.

[1]) $PbCl_2$.

Eigenschaften. Vanadinit tritt in kleinen säulenförmigen Kristallen und in nierigen, auch faserigen Aggregaten auf. Die Farbe ist rot, gelb und braun. Die Härte des Minerals liegt bei 3, manchmal ist sie etwas geringer. Die bei den Analysen speziell angegebene Dichte beträgt im Mittel ca. 7. Der Charakter der Doppelbrechung ist negativ. Die Brechungsexponenten hat in neuerer Zeit H. L. Bowman[1]) bestimmt:

		C	D
Endlichit (Hillsboró)	$\begin{cases} N_\gamma \\ N_\alpha \end{cases}$	2,341 2,292	2,348 2,311
Vanadinit (Tuscon)	$\begin{cases} N_\gamma \\ N_\alpha \end{cases}$	2,354 2,299	

Vanadinit zeigt Pleochroismus: N_γ bräunlichrot, N_α bräunlichgelb.

Dekrepitiert im Kölbchen und schmilzt vor dem Lötrohre auf Kohle zu einer Kugel. In Salpetersäure leicht löslich (gelb), in Salzsäure ergibt sich unter Abscheidnng von Chlorblei eine grüne Lösung.

Zur Unterscheidung von Vanadinit und Endlichit gibt A. Lacroix[2]) folgende Reaktion an: Feines Pulver wird auf einem Objektträger mit HNO_3 behandelt; Vanadinit wird dabei tiefrot, während Endlichit nur hellrot wird.

Künstliche Darstellung. Die künstliche Darstellung zahlreicher Vanadate gelang H. Hautefeuille[3]) und A. Ditte.[4]) E. Weinschenk[5]) stellte Vanadinit auf wäßrigem Wege (bei 150—180⁰) dar, durch Vermengung von Chlorblei, Ammoniumvanadat und überschüssigem Chlorammonium.

Vorkommen und Paragenesis. In den Hutregionen von Bleierzlagerstätten als seltenes Mineral vorkommend, oft auf Kalkstein oder Dolomit aufgewachsen.

Descloizit.

Synonym: Rhombischer Vanadit.
Varietäten: Cuprodescloizit, Tritochorit, Ramirit, Schaffnerit.
Rhombisch. $a:b:c = 0,6368:1:0,8045$ (G. vom Rath).

Es existiert eine ganze Gruppe von Mineralen, die dem Descloizit mehr oder weniger nahestehen und deren chemische Zusammensetzung vielfach noch nicht geklärt ist. Eine Zusammenstellung dieser Minerale gibt F. Pisani[6]):

Descloizit (alte Analyse) .	V_2O_5 : (PbO, ZnO, MnO)	= 5 : 3,2
„ (neuere „) .	„ : (PbO, ZnO, MnO)	= 5 : 3,8
Cuprodescloizit	„ : (PbO, ZnO, CuO)	= 5 : 4,2
Psittacinit	„ : (PbO, CuO, ZnO)	= 5 : 3,6
Vanadat von Laurium . .	„ : (PbO, ZnO, CaO)	= 5 : 3,4
Mottramit	„ : (PbO, CuO, FeO)	= 5 : 5,7
Tritochorit	„ : (PbO, ZnO, CuO)	= 5 : 3,5
Eusynchit	„ : (PbO, ZnO)	= 5 : 3,2
Araeoxen	„ : (PbO, ZnO)	= 5 : 2,7
Brackebuschit	„ : (PbO, MnO, FeO, ZnO)	= 5 : 3,0

---

[1]) H. L. Bowman, Min. Mag. 13, 324 (1903).
[2]) A. Lacroix, Bull. Soc. min. 31, 46 (1908).
[3]) H. Hautefeuille, C. R. 77, 896 (1873).
[4]) A. Ditte, C. R. 96, 1048 (1883).
[5]) E. Weinschenk, Z. Kryst. 17, 489 (1890).
[6]) F. Pisani, Bull. Soc. min. 12, 41 (1889).

Es ergeben sich die Gruppen: Bleizinkvanadate (Descloizit, Eusynchit, Araeoxen), Bleikupfervanadate (Mottramit) und Zwischenglieder (Cuprodescloizit, Psittacinit, Tritochorit).

Analysen.

	1.	2.	3.	4.	5.	6.
δ	6,080	6,14	—	5,93	—	—
MnO . . .	1,16	0,40	0,77	0,24	0,49	2,74
FeO . . .	—	0,26	0,07	—	0,15	0,30
CuO . . .	—	0,02	0,40	—	1,10	0,87
ZnO . . .	16,60	17,02	17,56	11,41	17,41	13,91
PbO . . .	56,48	56,00	56,01	63,63	56,12	56,36
P_2O_5 . . .	—	} 0,27 {	0,30	0,05	—	0,04
As_2O_5 . .	—		—	—	0,20	0,50
V_2O_5 . . .	22,74	22,59	21,85	20,23	21,65	21,35
H_2O . . .	2,34	2,14	2,57	1,16	2,37	3,39
Cl	0,24	0,08	0,27	1,07	—	—
Unlöslich . .	—	0,31	0,78	1,26	—	—
	99,56	99,09	100,58	99,05	99,49	99,46

1. Von Córdoba (Argentinien), dunkelbraune Kristalle; anal. C. F. Rammelsberg, Sitzber. Berliner Ak. 1880, 656.
2. Von Córdoba (Argentinien), schwarz; anal. A. Döring, Bol. ac. cienc. Córdoba 5, 471 (1883).
3. Von Córdoba (Argentinien), grau; anal. A. Döring, ebenda.
4. Von Córdoba (Argentinien), gelb; anal. A. Döring, ebenda.
5. Von Lake Valley, Sierra Grande (Mexico), rote Kristalle; anal. F. A. Genth, Z. Kryst. 10, 464 (1885).
6. Von Lake Valley, Sierra Grande (Mexico), schwarze Kristalle; anal. F. A. Genth, ebenda.

	7.	8.	9.	10.	11.	12.
MgO . . .	0,06	0,03	—	—	—	—
CaO . . .	0,10	0,04	Spur	Spur	Spur	—
MnO . . .	—	—	1,16	0,65	0,46	4,56
FeO . . .	0,70	0,07	nicht best.	0,32	2,08	0,56
CuO . . .	1,15	1,05	—	—	—	1,21
ZnO . . .	15,94	17,73	19,52	16,86	15,80	13,15
PbO . . .	55,93	56,01	55,85	56,40	56,06	53,36
SiO_2 . . .	0,18	1,01	Spur	Spur	Spur	—
P_2O_5 . . .	0,27	0,26	—	—	—	—
As_2O_5 . . .	0,32	0,94	—	—	—	0,11
V_2O_5 . . .	20,80	20,44	20,50	22,69	22,50	23,05
H_2O . . .	4,37	2,45	2,58	2,48	2,39	2,27
Cl . . .	—	0,04	Spur	Spur	Spur	0,08
Unlöslich . .	—	—	—	—	—	0,78
	99,82	100,07	99,61	99,40	99,29	99,13

7. Von Beaverhead Co (Montana), orangegelb, dicht; anal. W. F. Hillebrand, Am. Journ. 37, 434 (1889).
8. Von Georgeton (Neu Mexico), orangegelb, dicht; anal. W.F.Hillebrand, ebenda.
9. Vom Obir (Kärnten), dunkle Kristalle; anal. A. Brunlechner, Carinthia 1892, Nr. 2.
10. Vom Obir (Kärnten), helle Kristalle; anal. A. Brunlechner, ebenda.
11. Vom Obir (Kärnten), derbe Krusten; anal. A. Brunlechner, ebenda.
12. Von Argentinien; anal. F. N. Guild, Z. Kryst. 49, 324 (1911).

	13.	14.	15.	16.	17.
δ	6,202	5,856	6,203	6,06	5,88
Na_2O	—	—	—	—	0,17
K_2O	—	—	—	—	0,10
MgO	—	—	—	—	0,04
CaO	—	—	—	—	1,01
FeO	0,06	—	—	—	Spuren
CuO	6,74	8,13	6,58	8,80	11,21
ZnO	12,24	12,62	12,70	11,40	4,19
PbO	54,93	54,03	54,52	53,90	57,00
CO_2	—	—	—	—	0,82
SiO_2	0,12	—	—	—	0,80
P_2O_5	0,18	0,17	0,13	—	0,19
As_2O_5	3,82	0,28	3,63	4,78	1,10
V_2O_5	18,95	22,47	19,99	17,40	19,79
H_2O	2,70	2,52	2,62	3,20	2,50
Cl	—	—	—	—	0,07
Unlöslich	—	—	—	—	0,67
	99,74	100,22	100,17	99,48	99,66

13. Cuprodescloizit von Zacatecas (Mexico); anal. S. L. Penfield, Am. Journ. 26, 364 (1883).
14. Cuprodescloizit von St. Luis Potosi; anal. C. F. Rammelsberg, Sitzber. Berliner Ak. 1881, 1215.
15. Cuprodescloizit von St. Luis Potosi; anal. J. A. Genth, Am. Phil. Soc. 24, 36 (1887).
16. Cuprodescloizit von Zacatecas (Mexico); anal. F. Pisani, Bull. Soc. min. 12, 39 (1889).
17. Cuprodescloizit von Tombstone (Arizona); anal. W. F. Hillebrand, wie 7.

	18.	19.	20.	21.	22.
δ	5,72	—	—	6,01—6,10	—
MnO	0,05	—	—	0,15²)	—
FeO	6,54¹)	—	—	—	—
CuO	13,13	11,64	17,05	8,69	7,04
ZnO	2,45	6,71	0,31	11,25	11,06
PbO	53,76	52,26	55,64	54,28	53,90
P_2O_5	0,18	—	0,24	1,83	—
As_2O_5	—	—	1,33	3,61	3,76
V_2O_5	19,87	23,02	21,21	19,85	24,41
H_2O	3,45	2,52	3,57	—	—
Unlösl.	—	—	0,17	—	—
	99,43	96,15³)	100,02⁴)	99,66	100,17

18. Cuprodescloizit von Ozieri (Provinz Sassari); anal. S. Manis bei D. Lovisato, R. Acc. d. Linc. (5a) 19, 326 (1910). Siehe auch eine Analyse von C. Rimatori bei D. Lovisato, R. Acc. d. Linc. 13, 93 (1904).
19. Cuprodescloizit von der Old Yuma Mine (Arizona); anal. F. N. Guild, wie 12.
20. Cuprodescloizit von der Stattuck Arizona Mine, Bisbee, Arizona; anal. R. C. Wells, Am. Journ. 36, 636 (1913).
21. Ramirit von Mexico; anal. M. Velasquez de Leon, Naturaleza 7, 65 (1884); nach J. Dana 1892, 787.
22. Tritochorit, Fundort unbekannt; anal. A. Frenzel, Tsch. min. Mit. 3, 506 (1881).

---

¹) Fe_2O_3.   ²) Mn_2O_3.   ³) Summe im Original 98,31.   ⁴) Inkl. 0,50 Cr_2O_3.

Aus den Analysen ergibt sich die chemische Zusammensetzung entsprechend der Formel $R_3V_2O_8 . R(OH)_2$ oder $4RO . V_2O_5 . H_2O$, wobei
$R = Pb, Zn$ ist, beiläufig im Verhältnis $1:1$. Die Formel ist analog denen
von Adamin, Libethenit und Olivenit. Manchmal tritt ein beträchtlicher Kupfer-
gehalt hinzu (Cuprodescloizit). Aus Analyse 20 ergibt sich die Zusammensetzung: $2PbO . 2CuO . V_2O_5 . H_2O$. Vanadinsäure ist nicht selten in erheblicher Menge durch Arsensäure, weniger durch Phosphorsäure ersetzt.

Eigenschaften. Der Descloizit bildet kleine Kriställchen von pyramidalem
oder prismatischem Habitus, oder er kommt in stalaktitischen, faserigen, auch
warzigen und radialfaserigen Aggregaten vor. Er tritt in verschiedenen
Farben auf: Kirschrot, rotbraun, braun, dunkelolivengrün mit Stich in Bronze,
schwarzbraun.

Die Härte des Minerals liegt bei $3^1/_2$; die mittlere Dichte ist ca. 6
siehe bei den Analysen.

Der Charakter der Doppelbrechung ist negativ; die optischen Eigenschaften
scheinen wenig bestimmt worden zu sein. Die Brechungsindices des Cupro-
descloizites liegen nach R. C. Wells (Anal. 20) über 1,74; die Doppelbrechung
beträgt nach seinen Bestimmungen 0,03—0,04.

Mit Borax erhält man, wenn das Mineral Cu-haltig ist, die grüne Kupferfarbe.

Vorkommen und Paragenesis. Ähnlich wie Vanadinit, häufig auch mit
diesem zusammen auftretend im Ausgehenden von Blei-Zinklagerstätten.

Dechenit.

Rhombisch. $a:b:c = 0,8354:1:0,6538$ (A. Grailich); sonst nierige,
dünnschalige Aggregate, rötlichgelb bis nelkenbraun.

Analysen.

	1.	2.	3.	4.
δ . . .	—	—	—	4,945
PbO . . .	52,92	53,72	50,57	55,70
V_2O_5 . .	47,16	46,10	49,27	45,12
	100,08	99,82	99,84	100,82

1. u. 2. Von Niederschlettenbach (Rheinbayern), rote Kristalle; anal. C. Bergemann, Pogg. Ann. **80**, 393 (1850).

3. Von Niederschlettenbach (Rheinbayern), gelbliche Kristalle; anal. C. Bergemann, ebenda.

4. Von Zähringen; anal. Nessler bei C. F. Rammelsberg, Min.-Chem.
1860, 311.

Chemische Formel PbV_2O_6, also neutrales vanadinsaures Blei; die Unsicherheit der Analysen und der Mangel an neueren Untersuchungen können
das Mineral nicht als gesichert gelten lassen.

Eusynchit.

Synonym. Araeoxen.
Kugelige Aggregate von gelblichroter Farbe.

Analysen.

	1.	2.	3.	4.	5.
δ . . .	5,596	—	—	—	—
CuO. . .	0,68	—	—	—	—
ZnO. . .	15,80	17,33	22,66	18,36	16,64
PbO. . .	57,66	58,35	57,06	53,26	55,65
P_2O_5 . .	1,14	Spur	—	—	1,91
As_2O_5 . .	0,50	—	—	10,66	Spur
V_2O_5 . .	(24,22)	24,32	20,28	17,04	22,25
H_2O . .	—	—	—	—	2,99
	100,00	100,00	100,00	99,32	99,44

1. Von Hotsgrund; anal. C. F. Rammelsberg, Sitzber. Berliner Ak. 1864, 40.
2. u. 3. Von Hofsgrund; anal. Czuduovicz, Pogg. Ann. **120**, 26 (1863); nach C. F. Rammelsberg, Min.-Chem. 1875, 92.
4. Araeoxen von Dahn; anal. C. Bergemann, N. JB. Min. etc. 1857, 397.
5. Vom Schauinsland im südöstlichen Schwarzwald; anal. J. Lang, Mitt. d. Gr. Bad. geol. L.A. 1903, 461. Ref. Z. Kryst. **55**, 99 (1915).

Aus den Analysen wurde $R_3V_2O_8$ mit $R = Pb, Zn$ abgeleitet. Beim Araeoxen ist V_2O_5 großenteils durch As_2O_5 ersetzt. Sehr unsichere Verbindungen.

Brackebuschit.

Monoklin? Gestreifte Prismen, schwarz, im durchfallenden Licht rot.

Analysen.

	1.	2.	3.
MnO . . .	4,77	5,54[1]	4,56
FeO . . .	4,65	5,78[2]	4,46
CuO . . .	0,42	—	0,41 (?)
ZnO . . .	1,29	—	1,23
PbO . . .	61,00	58,34	58,02
P_2O_5 . . .	0,18	} 0,17	—
As_2O_5 . . .	—		0,11
V_2O_5 . . .	25,32	24,22	24,74
H_2O . . .	2,03	1,94	2,43
Unlöslich . .	—	3,40	3,07
	99,66	99,39	100,32[3]

1. Von Córdoba (Argentinien); anal. A. Döring bei C. F. Rammelsberg, Z. Dtsch. geol. Ges. **32**, 711 (1880).
2. Von Córdoba (Argentinien); anal. A. Döring, Bol. ac. cienc. Córdoba **5**, 501 (1883).
3. Von Córdoba (Argentinien); anal. A. Döring, ebenda.

C. F. Rammelsberg leitete aus Analyse 1 die Formel $R_3V_2O_8 + H_2O$ ab, mit $R = Pb, Fe, Mn$ (im Verhältnis $4:1:1$).

---

[1] und Mn_3O_4.
[2] und Fe_2O_3.
[3] Dabei 1,29 $Fe_2O_3 + Mn_3O_4$.

Psittacinit.

Papageigrüne, kryptokristalline Krusten.

Analysen.

	1.	2.	3.	4.	5.	6.	7.
CaO	—	—	—	—	—	—	1,53
MnO	—	—	—	0,11	—	—	
CuO	18,44	16,10	16,29	17,19	17,54	18,34	18,40
ZnO	—	0,73	1,08	0,96	1,35	1,19	
PbO	53,19	51,53	49,25	49,71	53,70	53,24	50,75
Fe_2O_3	—	0,82	0,39	0,42	—	—	
CO_2	—	—	1,93	1,97	—	—	
P_2O_5	—	0,95	1,14	0,75	1,43	0,93	—
As_2O_5	—	0,34	0,29	0,07	0,37	0,09	—
V_2O_5	18,83	17,18	17,23	17,76	21,65	21,97	25,53
H_2O	9,54	5,83	4,14	4,44	3,96	4,24	4,25
Unlöslich	—	5,74	7,91	6,30	—	—.	—
	100,00	99,22	99,65	99,68	100,00	100,00	100,46

1. Von Montana; anal. F. A. Genth, Am. Journ. **12**, 35 (1876).
2.—4. Von Argentinien; anal. A. Döring, Bol. ac. cienc. Córdoba **5**, 506 (1883).
5. u. 6. Von Argentinien; anal. A. Döring bei C. F. Rammelsberg, Min.-Chem. 1886, 189.
7. Von Laurion; anal. F. Pisani, C. R. **92**, 1292 (1881).

F. A. Genth leitete die Formel: $3Pb_3V_2O_8 . Cu_3V_2O_8 . 6Cu(OH)_2 . 12H_2O$, C. F. Rammelsberg $R_3V_2O_8 . R(OH)_2 . H_2O$ oder $4RO . V_2O_5 . 2H_2O$ mit $R = Pb : Cu = 1 : 1$ ab.

Mottramit.

Rinden kleiner schwarzer Kristalle auf Klüften eines Keupersandsteins.

Analysen.

	1.	2.	3.	4
MgO	0,37	0,16	—	—
CaO	2,61	1,64	—	—
MnO				
FeO	} 2,52	2,52	—	—
ZnO				
CuO	19,72	18,48	21,02	20,48
PbO	50,49	51,45	56,12	56,95
SiO_2	0,87	1,25	—	—
V_2O_5	16,78	17,49	18,87	18,85
H_2O	3,63	3,63	3,99	3,72
H_2O (hygrosk.)	0,22	0,22	—	—
	97,21	96,84	100,00	100,00

1. u. 2. Alderley Edge, Andrews (Cheshire, England); anal. H. E. Roscoe, Proc. Roy. Soc. **25**, 111 (1876).
3. Aus dem Mittel von 1 u. 2 nach Abzug der Verunreinigungen auf 100 gerechnet.
4. Theoretischer Wert nach der Formel: $5(Cu, Pb)O . V_2O_5 + 2H_2O$ unter Annahme äquivalenter Mengen Cu und Pb.

H. E. Roscoe leitet aus obigen Analysen die Formel

$$(Pb, Cu)_3V_2O_8 + 2(Pb, Cu)(HO)_2$$

ab, analog den Mineralen Dihydrit $Cu_3P_2O_8 . 2Cu(OH)_2$ und Erinit $Cu_3As_2O_8 .$ $2Cu(OH)_2$. (Über die Zusammensetzung dieser beiden Arsenate s. S. 837).

C. F. Rammelsberg[1]) hält das Mineral wegen der Verunreinigungen und des Abgangs von 3% für unsicher und vermutet die Formel

$$R_3V_2O_8 . 3R(OH)_2 .$$

Chemisch-physikalisches Verhalten. $\delta = 5,894$ (H. E. Roscoe), $H = 3$, Strich gelb.

Unbenanntes neues Vanadat. [2])

Monoklin. $a:b:c = 0,48954:1:0,38372$; $\beta = 00°21,1'$ (V. Dürrfeld). Kleine, orangegelbe oder gelbbraune Nadeln mit Bleiglanz auf hornsteinartiger Gangart.

Eine unvollständige Analyse ergab $32,59\%$ PbO, die qualitative Prüfung V, Zn, H_2O. $\delta = 5,14$.

Pucherit.

Rhombisch. $a:b:c = 1,0962:1:0,9386$ (M. Websky). [3])

Analysen.

	1.	2.	3.	4.
Bi_2O_3	73,39	73,16	66,14	71,77
P_2O_5	—	1,34	—	—
As_2O_5	—	3,66	—	—
V_2O_5	27,31	22,19	25,80	28,23
H_2O bei 107° . .	—	—	0,21	—
H_2O bei 240° . .	—	—	0,32	—
H_2O beim Glühen	—	—	0,84	—
Unlösl. Gangart .	—	—	7,37	—
	100,70	100,35	100,68	100,00

1. A. Frenzel, Journ· prakt. Chem. **4**, 361 (1871).
2. A. Frenzel, N. JB· Min. etc. 1872, 514.
3. W. T. Schaller, Wismutocker von San Diego Co., Californien, Z. Kryst. **49**, 228 (1911). Erdiges gelbes Pulver, dessen Zusammensetzung nach Weglassung der Verunreinigungen genau der des Pucherits entspricht.
4. Theoretische Zusammensetzung von $BiVO_4$.

Aus seinen Analysen leitete A. Frenzel die chemische Formel $BiVO_4$ ab. Ein kleiner Teil der Vanadinsäure kann durch Arsen- und Phosphorsäure vertreten sein. Es ist der Versuch gemacht worden, gewisse Analogien mit den Mineralen Brookit und Columbit herauszufinden, mit welchen der Pucherit gewisse Formenähnlichkeit besitzt (M. Websky, W. C. Brögger).

---

[1]) C. F. Rammelsberg, Über die Vanadinerze aus dem Staat Córdoba in Argentinien, Z. Dtsch. geol. Ges. **32**, 713 (1880).

[2]) V. Dürrfeld, Über Kristalle eines wasserhaltigen Blei-Zink-Vanadinats von Reichenbach bei Lahr (Schwarzwald), Z. Kryst. **51**, 278 (1912).

[3]) Bezüglich des Achsenverhältnisses des Pucherits herrscht in der Literatur einige Verwirrung, weil mehrfach auf Angaben Frenzels zurückgegriffen wird und überdies von verschiedenen Autoren verschiedene Vertauschungen der Achsen und Verdopplungen der Achsenabschnitte vorgenommen wurden. Das obige Achsenverhältnis wurde nach der Originalangabe M. Webskys in der von ihm angegebenen Aufstellung neu umgerechnet (R. Görgey).

Chemisch-physikalisches Verhalten. Dekrepitiert heftig beim Erhitzen, schmilzt vor dem Lötrohre auf Kohle und beschlägt diese grünlichgelb; die tiefrote, salzsaure Lösung wird beim Stehen oder Eindampfen grün und gibt beim Verdünnen einen gelblichen Niederschlag.

$\delta = 6{,}249$ (A. Frenzel) H $= 4$. Rötlichbraun mit gelbem Strich, durchscheinend bis undurchsichtig, Diamantglanz. Über die optischen Eigenschaften siehe G. Cesàro, Bull. soc. Belg. 1905, 142.

Künstliche Darstellung. A. Frenzel[1]) erhielt durch Vermischen von Lösungen von Wismutoxyd und Chlorovanadin und Stehenlassen der Mischung im Exsiccator über Schwefelsäure braune, dicktafelige Kriställchen von Pucherit.

Paragenetische Verhältnisse. Kommt mit Zersetzungsprodukten von Wismutmineralien oft mit Uranmineralien zusammen zumeist auf quarz- und limonitführender Unterlage vor.

Genesis. Eine interessante Mitteilung macht A. Frenzel (nach Graff:[2]) Der Pucherschacht in Schneeberg, die Fundstelle der Pucheritkristalle, war ca. 200 Jahre unter Wasser gestanden; es wird nun mitgeteilt, daß „die Wässer der ganzen Umgebung des Pucherschachtes von Torfmooren herkommen, die alten Baue hauptsächlich mit solchen Torfmoorwasser erfüllt gewesen und in den Räumen der alten Baue und Zimmerung sich ziemlich viel Torfmoor abgesetzt hatte. Zudem hat sich Pucherit nur in der Nähe solcher mit Wasser erfüllten Baue gebildet, während trockene Stellen . . . keine Spur von Pucherit zeigten." A. Frenzel hatte in seiner ersten Publikation über Pucherit erwähnt, es könnte möglicherweise die Vanadinsäure des Pucherits aus Uranerzen stammen.

Uranvanadate.

Von **H. Leitmeier** (Wien)

Carnotit.

Kristallisiert wahrscheinlich rhombisch; manche halten ihn für hexagonal.

Analysen.

Das Mineral wurde zuerst von den Entdeckern C. Friedel und E. Cumenge analysiert.

	1.	2.	2a.
K_2O	10,97	11,16	10,37
CuO	Spuren	Spuren	—
BaO	Spuren	Spuren	—
PbO	Spuren	Spuren	—
Fe_2O_3	0,96	0,65	—
UO_3	64,70	62,46	63,54
V_2O_5	20,31	19,95	20,12
H_2O	5,19[3])	5,19	5,95
	102,13[4])	99,41[4])	99,98

1. u. 2. Lockere, gelbe Massen von Rock Creek in Montrose Co., Colorado; anal. C. Friedel u. E. Cumenge, C. R. **128**, 532 (1899) und Bull. Soc. min. **22**, 28 (1899).
2a. Theoretische Zusammensetzung nach der Formel $K_2O \cdot 2UO_3 \cdot V_2O_5 \cdot 3H_2O$.

[1]) A. Frenzel, N. JB. Min. etc. 1875, 680.
[2]) A. Frenzel, N. JB. Min. etc. 1872, 939.
[3]) Nur einmal bestimmt. [4]) Dazu Spuren von Radium und Polonium.

Sehr bald darauf analysierten W. F. Hillebrand und F. L. Ransome Carnotiterze verschiedener Zusammensetzung.

	3.	4.	5.	6.	7.	8.
Li_2O . . .	Spur	?	?	Spur	?	?
Na_2O . . .	0,14	0,09	0,07	0,13	0,02	0,01
K_2O . . .	6,52	6,73	6,57	5,46	5,11	1,51
MgO . . .	0,22	0,20	0,24	0,14	0,17	0,07
CaO . . .	3,34	2,85	2,57	1,86	1,85	1,64
CuO . . .	0,15	0,20	0,22	Spur	—	Spur
SrO . . .	0,02	?	?	Spur	Spur	?
BaO . . .	0,90	0,72	0,65	2,83	3,21	0,29
PbO . . .	0,13	0,25	0,18	0,07	—	0,09
Al_2O_3 . . .	0,09	?	0,08	0,29	?	0,08
Fe_2O_3 . . .	0,21	1,77	0,72	0,42	3,36	0,25
CO_2 . . .	0,56	0,33	—	—	—	—
SiO_2 . . .	0,15	0,06	0,13	0,20	—	0,07
TiO_2 . . .	0,03	0,10	?	?	—	0,06
P_2O_5 . . .	0,80	0,35	0,40	0,05	Spur	—
As_2O_5 . . .	Spur	0,25	—	—	—	—
V_2O_5 . . .	18,49	18,35	15,76	18,05	17,50	7,20
SO_3 . . .	—	0,12	0,18	—	—	0,04
MoO_3 . . .	0,18	0,23	0,18	0,05	—	—
UO_3 . . .	54,89	52,25	47,42	54,00	52,28	20,51
H_2O bei 105°	2,43	2,59	1,85	3,16	4,52	1,85
H_2O bei 350°	2,11	3,06	2,79	2,21	3,49	1,64
H_2O über 350°	—	—	—	—	—	0,19
Unlöslich . .	7,10	8,34	19,00	10,33		
	98,46	98,84	99,01	99,25		

3., 4. u. 5. Von Copper Prince Claim, Roc Creek im westlichen Colorado; anal. W. F. Hillebrand bei W. F. Hillebrand u. F. L. Ransome, Am. Journ. [4] **10**, 138 (1900).

6. u. 7. Vom Yellow Boy Claim, La Sal Creek im westlichen Colorado; anal. wie oben.

8. Vom Yellow Bird Claim, La Sal Creek; anal. wie oben.

Aus diesen 6 Analysen ergab sich folgende Zusammensetzung des Vanadats:

	3a.	4a.	5a.	6a.	7a.	8a.
Na_2O . . .	0,15	0,10	0,09	0,15	0,02	0,03
K_2O . . .	7,31	7,73	8,39	6,21	5,80	4,33
MgO . . .	0,25	0,23	0,31	0,16	0,19	0,20
CaO . . .	3,03	2,77	3,28	2,11	2,10	4,70
$BaO(SrO)$ . .	1,03	0,83	0,83	3,22	3,64	0,83
P_2O_5 . . .	0,90	0,40	0,51	0,06	—	—
As_2O_5 . . .	—	0,29	—	—	—	—
V_2O_5 . . .	20,72	21,09	20,12	20,54	19,85	20,62
UO_3 . . .	61,53	60,06	60,55	61,44	59,31	58,75
H_2O bis 105°	2,72	2,98	2,36	3,59	5,13	5,30
H_2O über 105°	2,36	3,52	3,56	2,52	3,96	5,24
	100,00	100,00	100,00	100,00	100,00	100,00

	9.	9a.
Na_2O	1,8	2,3
K_2O	5,2	6,6
MgO	Spur	Spur
CaO	1,0	1,3
PbO	1,3	1,7
Al_2O_3	5,7	—
Fe_2O_3	19,4	—
P_2O_5	Spur	Spur
V_2O_5	16,8	21,4
U_3O_8	47,8	60,8
UO_3	—	5,0
	99,0	99,1

9. Kristallines, gelbes Pulver von Radium Hill bei Olary, Süd-Australien; anal. T. Crook u. G. S. Blake, Min. Mag. **15**, 171 (1910). Analyse der geglühten Substanz, die in Salpetersäure gelöst wurde.

9a. Dieselbe Analyse, unter der Annahme, daß Tonerde und Eisenoxyd als Verunreinigungen zu betrachten sind, und unter Berücksichtigung des Wassergehaltes umgerechnet.

Zum Schluß folgen noch einige Analysen von Carnotiten, die sehr reich an Gangart (meist Quarz) waren und bei denen die Carnotitmenge nur aus dem Uran und Vanadingehalt erschlossen wurde.

	10.	11.	11a.	12.	12a.
K_2O	5,29	5,27	13,76	(1,6)[1]	(4,7)[1]
MgO	1,49	1,25	—	—	—
CaO	1,78	1,65	—	1,5	4,4
Fe_2O_3	5,65	5,47	14,70	6,1	—
UO_3	16,40	16,04	42,68	23,8	69,8
CO_2	1,05	1,05	—	—	—
V_2O_5	7,06	7,04	18,37	7,2	21,1
H_2O	4,13	4,13	10,49	10,5	—
Unlöslich (Quarz) .	57,26	57,49	—	49,3	—
	100,11	99,39	100,00	100,0	100,0

10. u. 11. Gelber, amorpher (?) Carnotit von Montrose in Colorado; anal. P. Jannasch u. H. F. Harwood, Journ. prakt. Chem. [2] **80**, 134 (1909).

11a. Nach Abzug der zufälligen Bestandteile erhaltene Mittelwerte.

12. Carnotit von Mench Chunk in Pennsylvanien; anal. E. T. Wherry, Am. Journ. [4] **33**, 575 (1912).

Die Analysen geben ziemlich in weiten Grenzen schwankende Werte; bei der Aufstellung der Formel wird man wohl nur Analysen in Betracht ziehen können, die an nach Möglichkeit (freilich ist diese Möglichkeit eine recht geringe) gereinigtem Materiale ausgeführt worden sind.

Analyse 12 ist an geglühter Substanz ausgeführt worden und der Wassergehalt nur angenommen worden; die Grundlage der Berechnung, der an sehr verunreinigtem Material ausgeführten Analyse war eine wasserfreie Substanz, außerdem ist gerade das wichtige und in den Analysen sehr verschieden angegebene Kalium nicht bestimmt worden. Bei Analyse 10 und 11 ist das

---

[1] Aus der Differenz bestimmt:

Fe_2O_3 des unreinen Ausgangsmaterials mit zum Carnotit gerechnet worden und auf diese Weise eine sehr große Eisenmenge dem Carnotit zugeschrieben worden; außerdem weisen diese beiden, allerdings nur zur Demonstration einer Analysenmethode ausgeführten Analysen einen sehr hohen K_2O-Gehalt auf, so daß man an der Carnotitnatur des Analysenmaterials zweifeln könnte, oder die Verteilung der Analysenzahl auf Carnotit und Verunreinigung (die ja stets mehr oder weniger willkürlich ist) für nicht zweckentsprechend halten kann. Auch der Wassergehalt ist ein sehr verschiedener.

E. Gleditsch[1]) fand in einem Carnotit, den sie auf seine Radioaktivität geprüft hatte, 0,03 % Li und 0,15 % Cu.

Formel. Die Entdecker dieses Minerals C. Friedel und E. Cumenge gaben dem Mineral die Formel:

$$K_2O . 2UO_3 . V_2O_5 . 3H_2O .$$

Auf Grund seiner Analysen schloß W. F. Hillebrand, daß man keine bestimmte Formel für den Carnotit geben könne und bezweifelt die Richtigkeit der Formel von C. Friedel und E. Cumenge. Er hält den Carnotit für kein einfaches Mineral, sondern für ein Gemenge verschiedener, nicht näher definierbarer Substanzen, die Kalk und Ba enthalten.

T. Crook und G. S. Blake schließen aus ihren Untersuchungen (Analyse 9), daß Carnotit ein wohldefiniertes Mineral sei, das auch physikalisch charakterisiert sei (s. unten) und sie bestätigen die von den Entdeckern gegebene Formel. Ihre Analyse stimmt auch mit der W. F. Hillebrands (3a, 4a, 5a) von Copper Prince Claim ziemlich gut überein.

Jedenfalls ist der Beweis, daß es sich in der Tat um ein homogenes Mineral handelt, bei einer Substanz, die so viele wenn auch an sich in bezug auf die Menge der einzelnen vielleicht geringfügige Verunreinigungen enthält, sehr schwer einwandfrei zu erbringen. Jedenfalls dürfte es aber wahrscheinlich sein, daß der Carnotit ein Kalium-Uranvanadat ist, das stets größere oder kleinere Mengen fremder Substanzen enthält, und daß die Formel von C. Friedel und E. Cumenge sehr wahrscheinlich ist. Daß man als Analysenmaterial keine ganz reine Substanz gewinnen kann, hängt ja mit der Art des Auftretens des Carnotits zusammen und W. F. Hillebrand[2]) hat gezeigt, daß eine Trennung durch Thouletsche Lösung nicht anwendbar sei, da ganz bedeutende chemische Umsetzungen dabei vor sich gehen.

Eigenschaften.

Der Carnotit tritt stets als pulverige, zuweilen erdige Masse auf, ist aber stets kristallinisch und besitzt eine citronengelbe Färbung. Über das Kristallsystem sind die Ansichten zwischen dem hexagonalen und rhombischen geteilt; nach T. Crook und G. S. Blake, die die physikalischen Eigenschaften des Carnotits näher untersucht haben, bildet er rhombische Tafeln mit einem spitzen Rhombenwinkel von 78°.

T. Crook und G. S. Blake haben auch die optischen Eigenschaften an dem von ihnen analysierten südaustralischen Material untersucht (Analyse 9);

---

[1]) E. Gleditsch, C. R. **146**, 331 (1908).
[2]) W. F. Hillebrand, Z. Kryst. **53**, 1. (1913).

die Doppelbrechung ist negativ; die optische Achsenebene ist parallel der kürzeren Diagonale der Rhombenflächen; senkrecht dazu tritt die spitze Bisektrix α aus. Achsenwinkel $2E$ ist ca. 90^0. Es ist deutlicher Pleochroismus wahrnehmbar.

Radioaktivität. R. J. Strutt[1]) bestimmte an unreinem, sandigem Carnotit von Montrose:

$5,27\,^1/_{10000000}\,\%$ Radiumbromid; $2,98\%$ U_3O_8 und $0,01$ ccm He pro Gramm.

B. B. Boltwood[2]) fand bei Untersuchung der Aktivität mit dem Elektroskop, daß sich der Radiumgehalt direkt proportional dem Urangehalt verhält. E. Gleditsch[3]) fand eine Aktivität von 0,52, bezogen auf Uranium.

Im Gegensatz zu B. B. Boltwood fanden W. Marckwald u. Al. S. Russel[4]) in zwei Carnotitproben einmal 92, das andere Mal nur 72% des theoretischen Radiumgehaltes.

Vor dem Lötrohre Reaktionen auf Uran und Vanadin. In Salpetersäure ist der Carnotit löslich, aber nicht mehr vollständig nach dem Glühen.

Vorkommen. In Montrose findet sich der Carnotit mit Quarzsand innig vermengt, in oberflächlichen Höhlungen eines Sandsteines. Nach W. F. Hillebrands[5]) Untersuchungen ist das Vanadin in sehr kleinen Mengen ungemein verbreitet in den dortigen Sandsteinen und Kalksteinen, auch in den massigen Gesteinen und F. L. Ransome[5]) führt die Genesis der Carnotite auf Konzentration des Vanadins durch Lösen und Wiederabsetzen zurück. Begleitmineralien sind Azurit, Malachit und Roscoelith.

Im Rio Blanco County, ebenfalls in Colorado, findet sich Carnotit als Überzug auf fossilem Holz und füllt Risse darin aus; nach H. S. Galen dürfte[6]) er sich auf wäßrigem Wege gebildet haben.

In Olary (Süd-Australien) kommt er in einem Gemenge von Ilmenit, Magnetit, Rutil und Tscheffkinit (letzterer fraglich) vor.[7])

Tjuiamunit (Tuyamayunit).

Dieses noch nicht näher untersuchte Vanadat wurde von K. A. Nenadkewitsch untersucht; er gab eine vorläufige Analyse:

$$
\begin{array}{ll}
\left.\begin{array}{l}
\text{CaO} \\
\text{SrO}
\end{array}\right\} & 5,99 \\
\text{UO}_3 & 63,09 \\
\text{V}_2\text{O}_5 & 21,00 \\
\text{H}_2\text{O} & 7,04
\end{array}
$$

Tjuiamunit von Tjuia-Muium, Ferghana, russisch Zentralasien; anal. K. A. Nenadkewitsch, Bull. Acad. St. Pétersbourg [6] **6**, 945 (1912). Ref. Chem. ZB. 1913, I, 326.

---

[1]) R. J. Strutt, Proc. Roy. Soc. **76**, 81 (1905) und Ch. N. **91**, 299 (1906).
[2]) B. B. Boltwood, Le Radium (Paris 1904), 45. Ref. Z. Kryst. **42**, 111 (1907).
[3]) E. Gleditsch, l. c.
[4]) W. Marckwald u. Al. S. Russel, Ber. Dtsch. Chem. Ges. **44**, 771 (1911).
[5]) W. F. Hillebrand u. F. L. Ransome, Am. Journ. [4] **10**, 120 (1900).
[6]) H. S. Galen, Bull. geol. Surv. U.S. **315**, 110 (1907).
[7]) F. Crook u. G. S. Blake, Min. Mag. **15**, 271 (1910).

Es enthält auch Tl.

Dieser Tjuiamunit hat eine citronengelbe Farbe und ist dem Turanit, mit dem er zusammen vorkommt, äußerlich sehr ähnlich.

W. F. Hillebrand[1]) führte Untersuchungen über die Trennung mittels der Thouletschen Lösung an einem Calciumcarnotit aus, der nach ihm mit dem Tjuiamunit (den er Tuyamayunit schreibt) identisch sein dürfte; nach ihm ist das vorliegende Mineral aber nur eine Varietät des Carnotits und kann als Calciumcarnotit bezeichnet werden. Seine Analyse ergab:

K_2O 0,24
CaO 5,20
CuO 4,16
BaO . . . .
Al_2O_3 . . . . . .
SiO_2 . . . . . . } 2,45[2])
P_2O_5 . . . . . .
V_2O_5 18,03
UO_3 53,71
H_2O und Verlust . . . 16,21
———
100,00

Calciumcarnotit vom Paradox Valley, Montrose Co. Colorado; anal. W. F. Hillebrand (l. c.).

Das Kupfer gehört nach W. F. Hillebrand einem Kupfervanadat an, das auch einen Teil des CaO enthalten dürfte.

Ferghanit.
Von A. Ritzel (Jena) †.

Das Mineral ist so benannt nach seinem Fundort Ferghana (Turkestan) und beschrieben von J. Antipow.[3]) Allerdings scheinen seine Angaben nicht sehr zuverlässig zu sein. Nach J. Antipow kommt der Ferghanit vor in schwefelgelben Körnern, die ausgezeichnet sind durch eine gute Spaltbarkeit. Die Härte ist wenig über 2, die Doppelbrechung gering und der Brechungsexponent klein. Das Mineral ist zweiachsig mit großem Achsenwinkel und fast ohne Pleochroismus. Die Analyse ergab folgendes Resultat:

δ 3,31

U_3O_8 77,00 oder UO 69,30
V_2O_5 17,60   17,60
Li_2O 1,22   1,22
H_2O 10,75   10,75
———   ———
106,57   98,87

Dies entspricht der Formel:
$$V_2O_5(UO_3) + 6H_2O.$$

Die Radioaktivität ist 8 (Uranoxyd = 1).

[1]) W. F. Hillebrand, Am. Journ. [4] 35, 440 (1913) und Z. Kryst. 53, 1 (1913).
[2]) Dabei auch Na_2O und MgO.
[3]) J. Antipow, Berg-Journ. 4, 255 (1908).

Vanadin-Kieselsauremineral.

Roscoelith.

Von H. Leitmeier (Wien).

Synonym: Vanadinglimmer.

Dieses Mineral ist nach den neueren Untersuchungen ein Glimmermineral, also ein Silicat; und zwar kann man es als einen Glimmer auffassen, von dem ein Teil des Aluminiums durch Vanadin ersetzt ist. Um alle Vanadin-verbindungen zusammenzustellen, wurde dieses Mineral hier und nicht bei den Silicaten behandelt.

Analysen.

	1.	2.	3.
δ	—	2,902	2,97
Li_2O	Spur	—	Spur
Na_2O	0,19	0,72	0,06
K_2O	7,59	8,25	10,37
MgO	2,00	1,96	1,64
CaO	—	0,61	—
FeO	1,67	—	1,60
Mn_2O_3 . . .	—	1,45	—
Al_2O_3 . . .	14,10	14,34	11,54
Fe_2O_3 . . .	—	1,04	
SiO_2 . . .	47,69	41,25	45,17
TiO_2	—	—	0,78
V_2O_3 . . .	20,56[1]	28,85[2]	24,01
H_2O . . .	4,96	3,06	4,69[3]
	98,76	101,53	99,86

1. Von El Dorado (Californien); anal. F. A. Genth, Am. Phil. Soc. **17**, 119 (1877) und Z. Kryst. **1**, 10 (1878).

2. Von Granit Creek, El Dorado (Californien); anal. H. E. Roscoe, Proc. Roy. Soc. **25**, 109 (1876).

3. Von der Stockslager Mine, am Granit Creek, El Dorado (Californien); anal. W. F. Hillebrand bei W. F. Hillebrand, H. W. Turner und F. W. Clarke, Am. Journ. **7**, 451 (1899).

Eine unvollständige Analyse mit 27,11 V_2O_5 findet sich bei E. S. Simpson.[4]

Eine Analyse eines Roscoeliths, bei dem Al_2O_3 mit dem V_2O_3 in um-gekehrtem Verhältnis steht, gab W. F. Hillebrand:

[1] V_6O_{11}.
[2] V_2O_5.
[3] Unter 280° 0,57.
[4] E. S. Simpson, Bull. geol. Surv. W. Australien **42**, 140 (1912).

4.

Na_2O	0,22
K_2O	8,84
MgO	0,92
CaO	0,44
BaO	1,35
Al_2O_3	22,55
Fe_2O_3	0,73
V_2O_3	12,84
(SiO_2)	46,06
H_2O bei 105^0 . . .	1,98
H_2O zwischen $105-300^0$	0,51
H_2O über 300^0 . . .	3,56
	100,00

4. Roscoelith von Placerville am San Miguelfluß, San Miguel Co. Colorado; anal. W. F. Hillebrand bei W. F. Hillebrand u. F. L. Ransome, Am. Journ. [4] **10**, 120 (1900).

Noch ärmer an Vanadin ist ein anderes Vorkommen von Colorado, das vom Autor als nicht ganz sicher zum Roscoelith gehörig bezeichnet wurde:

	5.	6.
Li_2O	Spur	Spur
Na_2O	0,94	0,94
K_2O	8,11	8,11
MgO	2,87	2,63
MnO	Spur	Spur
FeO	3,51	3,84
Al_2O_3	19,94	19,62
V_2O_3	8,44	7,78
SiO_2	57,15	56,74
H_2O	nicht best.	nicht best.
	100,96	99,66

5. Grünes, dem Roscoelith ähnliches Mineral von der Kystone- und Mountain-Lion-Grube im Magnoliadistrikt, Colorado; anal. F. A. Genth, Am. Phil. Soc. **17**, 119 (1877) und Z. Kryst. **2**, 11 (1878).

6. Dasselbe; Mittel aus Analyse 5 und 4 weiteren Partialanalysen; anal. wie oben.

Roscoelith ist stets mehr oder weniger verunreinigt und es mußten bei allen Mineralien, die untersucht worden sind, die Verunreinigungen chemisch oder mechanisch entfernt werden.

Formel und Konstitution. H. E. Roscoe schloß aus seiner Analyse auf die Zusammensetzung:

$$4\,AlVO_4 + K_4Si_9O_{20} + H_2O,$$

also eine Mischung eines Vanadats mit einem Silicat.

F. A. Genth, der die Oxydationsstufe des Vanadins untersuchte, fand $V_6O_{11} = 2\,V_2O_3$, V_2O_5, doch glaubte er, daß alles Vanadin im Roscoelith als V_2O_3 vorhanden sei. Er gibt die Formel:

54*

$$\overset{\text{I \ II III}}{R_2 R R_4 Si_{12} O_{32}} + 4 H_2 O,$$

$$\overset{\text{I}}{R} = K,$$

$$\overset{\text{II}}{R} = Mg:Fe = 2:1,$$

$$\overset{\text{III}}{R} = Al:V = 1:1.$$

Er faßt das Mineral also als Silicat auf.

Das Verhältnis der Analyse 3 entspricht nach F. W. Clarke[1]) der Formel:

$$H_{458} K_{220} Fe_{22} Mg_{41} Al_{226} V_{318} Si_{753} O_{2724},$$

darin ist H:K und Mg:Fe = 2:1.

Unter der Annahme, daß analog den Glimmern die Gruppen SiO_4 und $Si_3 O_8$ sich gegenseitig ersetzen können, vereinfacht sich diese Formel:

$$\overset{\text{I \quad II}}{R_{678} R_{63} Al_{226} V_{318} (SiO_4)_{536} (Si_3 O_8)_{71}}.$$

F. W. Clarke glaubt, daß das Mineral eine Molekularmischung der drei Verbindungen darstelle:

I

$$Al \begin{cases} SiO_4 \equiv FeK \\ SiO_4 \equiv MgH \\ SiO_4 \equiv MgH \end{cases}$$

II

$$Al \begin{cases} Si_3 O_8 \equiv KH_2 \\ Si_3 O_8 \equiv KH_2 \\ Si_3 O_8 \equiv Al \end{cases}$$

III

$$Al \begin{cases} SiO_4 \equiv KH_2 \\ SiO_4 \equiv V \\ SiO_4 \equiv V \end{cases}$$

Die drei Verbindungen sind im Verhältnis 21:22:159 zugegen, was ungefähr dem Verhältnis 1:1:8 entspricht.

Bei Abrechnung von TiO_2 und H_2O unter 280° auf 100 berechnet, ergaben sich die Werte unter A. Unter B ist die theoretische Zusammensetzung wiedergegeben.

	A.	B.
K_2O	10,53	10,81
MgO	1,66	1,72
FeO	1,63	1,55
Al_2O_3	11,73	11,62
V_2O_3	24,39	24,64
SiO_2	45,88	45,52
H_2O bei 280° . .	4,18	4,14
	100,00	100,00

Von den drei an der Zusammensetzung beteiligten Molekülen entspricht I dem Phlogopit, II einem Trisilicat-Alkalibiotit, und III einem Muscovit, dessen Al zu $^2/_3$ durch Va ersetzt ist.

Auch P. Groth[2]) nimmt die drei Verbindungen an:

$$H_2 KAlV_2 (SiO_4)_3,$$

$$H_4 K_2 Al_2 (Si_3 O_9)_3,$$

$$H_2 KFeMg_2 Al(SiO_4)_3.$$

[1]) F. W. Clarke, Am. Journ. 7, 451 (1899) und Z. Kryst. 34, 102 (1901).
[2]) P. Groth, Tabl. syst. Genève 1904, 132.

Für das dem Roscoelith nahestehende Mineral der Analysen 5 und 6 ergibt sich nach F. A. Genth das Verhältnis:

$$\overset{\text{I}}{R}{}_4\overset{\text{II}}{R}{}_3\overset{\text{III}}{R}{}_6Si_{24}O_{62} + x\,H_2O,$$

$$\overset{\text{I}}{R} = Na : K = 1 : 5,$$

$$\overset{\text{II}}{R} = Mg : Fe = 5 : 4,$$

$$\overset{\text{III}}{R} = Al : V = 4 : 1.$$

Man kann also schreiben:

$$(NaK)_4(MgFe)_3(AlV)_6Si_{24}O_{62} + x\,H_2O,$$

schreibt man daneben die verdoppelte Formel des Roscoeliths nach F. A. Genth, so erhält man:

$$K_4(MgFe)_2(AlV)_8Si_{24}O_{64} + 8\,H_2O,$$

daraus schließt F. A. Genth, daß eine Varietät des Roscoeliths vorlag, in der ein großer Teil des Vanadins durch Aluminium ersetzt ist.

Auffallend ist allerdings der Wassergehalt, der niederer als $0,75\%$ gefunden wurde. Das betreffende Vorkommen war gemengt mit gediegenem Tellur und Calaverit und Quarz; die Zahlen der Analysen 5 und 6 sind aus dem Gemenge berechnet, so daß ihnen wohl nur geringe Genauigkeit zukommt.

Eigenschaften. Der Roscoelith bildet glimmer- oder talkähnliche Aggregate von graugrüner bis olivengrüner Farbe. Die Härte ist nach H. E. Roscoe[1]) 1 nach F. E. Wright[2]) aber 2,5—3. Der Glanz ist lebhaft, metallbronzeähnlich. Die Spaltbarkeit ist nach (001) vollkommen, nach (010) gut.

Optische Eigenschaften. Diese wurden an ungewöhnlich gutem Material von F. E. Wright[2]) untersucht:

$$N_a = 1,610 \pm 0,003; \quad N_\beta = 1,685 \pm 0,003; \quad N_\gamma = 1,704 \pm 0,003,$$

$$2E = 42\text{---}69^{\,0} \text{ für Natriumlicht,}$$
$$2E = 34\text{---}60^{\,0} \text{ für Lithiumlicht.}$$

Der optische Charakter ist negativ. Achsendispersion $v > \varrho$; deutlicher Pleochroismus.

Genesis und Vorkommen. In den Goldlagerstätten am Granit Creek im Eldorado Co. und benachbarten Fundorten kommt der Roscoelith mit Gold in Quarzgängen vor; daneben treten Calcit und Eisensulfide auf. Die Lagerstätte liegt nahe am Kontakt von Granodiorit mit Schichtgesteinen. Nach H. E. Roscoe kommt es auf schmalen Spalten in plattigem Porphyr vor.

Der Roscoelith von Placerville in San Miguel findet sich im grauen Sandstein zusammen mit Carnotit. Nach W. F. Hillebrand (l. c.) ist das Vanadin

---

[1]) H. E. Roscoe, Proc. Roy. Soc. **25**, 109, (1876); Z. Kryst. **2**, 91 (1877).
[2]) F. E. Wright, Am. Journ. **38**, 305 (1914); N. JB. Min. etc. 1915, II, 315.

in geringer Menge in den Sandsteinen sehr verbreitet und F. L. Ransome glaubt, daß der Roscoelith sich durch Konzentration dieses Vanadingehalts gebildet habe.

Das grüne roscoelithähnliche Mineral vom Magnoliadistrikt kommt mit Tellur und Calaverit im Quarz vor.

Verbindungen von Arsen und Antimon (Wismut) mit Metallen.

Von C. Doelter (Wien).

Außer den oben beschriebenen Arsenaten und Antimonaten, gibt es auch noch Verbindungen dieser Elemente mit den Metallen: Kobalt, Nickel, Eisen und Platin. Es sind dies insbesondere Löllingit $FeAs_2$, Speiskobalt $(Co, Ni, Fe)As_2$, Chloanthit und Weißnickelkies $(Ni, Co)As_2$, Leukopyrit Fe_3As_4, endlich Sperrylith $PtAs_2$, welche der Kiesgruppe angehören, dann eine Reihe von Arseniden: Tesseralkies $CoAs_3$, Whitneyit Cu_9As, Algodonit Cu_6As, Domeykit Cu_3As.

Da diese Verbindungen zum Teil isomorph mit den analogen Schwefelverbindungen sind und besonders auch genetisch mit diesen Mineralien zusammenhängen, so sollen diese Verbindungen, trotzdem sie unserer Anordnung nach hier zu betrachten wären, im Zusammenhange mit den ähnlichen Schwefelverbindungen behandelt werden.

Die Elemente der ersten Vertikalreihe des periodischen Systems und ihre Verbindungen.

Von C. Doelter (Wien).

Die hier in Betracht kommenden Elemente reihen wir namentlich auf ihre Beziehungen in den Mineralverbindungen folgendermaßen an.

Erstens: H, Li, Na, K, Rb, Cs
und zweitens: Cu, Ag, Au.

Von diesen genannten Elementen kommen nur die unter II angeführten als Elemente (gediegene Metalle) in der Natur vor. Die übrigen kommen nur in Verbindungen vor. Von den unter I genannten Elementen haben wir weder Oxyde noch Sulfide in der Natur als selbständige Mineralien, nur der Wasserstoff bildet ein selbständiges Oxyd als Mineral. Mit Ausnahme von den beiden seltenen Elementen Rb und Cs sind die übrigen namentlich als Silicate, dann als Sulfate, Carbonate, Nitrate, auch Phosphate häufig und namentlich Na und K kommen überaus häufig in Mineralien vor.

Was die unter II genannten Elemente anbelangt, so sind ihre Verbindungen seltener. Gold ist in überaus wenigen Mineralien (außer gediegenem Gold) verbreitet und auch das Silber bildet nur wenig Verbindungen. Viel häufiger sind die des Kupfers, welches ja in Sulfiden und Analogen, dann in Oxyden, Sulfosalzen, Haloidsalzen und namentlich Carbonaten, Silicaten, Phosphaten und Arsenaten häufig vorkommt.

Wasser.

Von R. Kremann (Graz).

Das Wasser kommt in der Natur in allen drei Formarten oder Aggregat-zuständen vor. Gasförmig bildet es einen Bestandteil der Atmosphäre, im flüssigen Zustande bedeckt es teils als Meer den größten Teil der Erdober-fläche, teils kommt es als Regen oder in Form zirkulierender Gewässer, Seen, Flüsse, Quellen usw. auf derselben vor. Je nach den äußeren Temperatur-bedingungen erscheint Wasser in festem Zustande als Eis (oder Schnee) auf der Erdoberfläche, bzw. tritt es gesteinbildend an den Polen auf.

Das in der Natur vorkommende flüssige Wasser stellt jedoch fast nie einen chemisch einheitlichen Stoff vor, sondern enthält nach seinem Vor-kommen fremde Bestandteile aus der nächsten oder weiteren Umgebung, der es entstammt, meist in gelöstem Zustande.

Die Aufgabe der Beschreibung und Charakterisierung des Wassers in mineralogischem Sinne zerfällt daher naturgemäß in zwei Teile, einmal in die Behandlung der Eigenschaften des chemisch reinen Wassers, als des Haupt-bestandteiles des in der Natur vorkommenden Wassers, und der Betrachtung der natürlich vorkommenden Wässer. Eine eindeutige Charakteristik der letz-teren läßt sich naturgemäß im Hinblick auf die Fülle und Mannigfaltigkeit der fremden Bestandteile der natürlich vorkommenden Wässer nicht geben. Der zweite Teil unserer Aufgabe kann es daher nur sein, einzelne Gruppen natür-lich vorkommender Wässer nach ihrem Vorkommen und ihrer Entstehung zu charakterisieren und ihre Eigenschaften bzw. Eigenschaftsunterschiede gegen-über dem reinen Wasser in großen Zügen zu erörtern und so dem Leser ein Nachschlagewerk der Untersuchungen über die verschiedenen natürlich vor-kommenden Wässer zu bieten.

A. Das chemisch reine Wasser.

Kristallisiert: hexagonal oder trigonal.

1. Die Zusammensetzung des Wassers.

Das Wasser vom Verbindungsgewicht 18,02 bildet sich aus zwei Volum-teilen Wasserstoff und einem Volumteil Sauerstoff, bzw. aus zwei Gewichts-teilen Wasserstoff und sechzehn Gewichtsteilen Sauerstoff. Die Dichte des Wassers im dampfförmigen Zustande bei genügender Verdünnung, bezogen auf Sauerstoff = 32, wurde zu 18,0 bis 18,1 gefunden. Wir dürfen daher schließen, daß Wasserdampf das normale Molekulargewicht 18,02 besitzt. 1 Mol., das ist das in Grammen ausgedrückte Molekulargewicht, Wasser, be-trägt daher rund 18 g. Mit steigender Dichte des Wasserdampfes aber be-obachtet man steigende Assoziation der Moleküle, und das flüssige Wasser — ebenso wie viele Eisarten — bestehen, wie wir bei der Besprechung der Eigenschaften des Wassers noch sehen werden, aus Molekülen größeren Mole-kulargewichtes. Diese setzen sich also aus mehreren Einzelmolekülen zusammen.

2. Die Bildungswärme.

Bei der Bildung des Wassers aus den Elementen wird Wärme frei, und zwar ist diese Bildungswärme des Wassers naturgemäß verschieden, je nach

dem Aggregatzustand, in dem das aus den Elementen gebildete Wasser vorliegt. Dieselbe beträgt für 1 Mol., d. i. 18 g Wasser, für:

Gasförmiges Wasser	Flüssiges Wasser	Festes Wasser	
58100 cal. bei 0°	69000 cal. bei 0°	70400 cal. bei 0°	Nach M. Berthelot und E. Matignon, Ann. chim. phys. [6] **30**, 553 (1893).
52654 ± 693 cal.		--	E. Bose, Z. f. Elektroch. **7**, 672—675 (1901). Aus dem Mittelwert der Knallgas-kette 1,1392 ± 0,015 Volt. Einen gut übereinstim-menden Wert erhält auch G. Preuner, Z. phys. Chem. **42**, 50–58 (1903), aus den Gleichgewichtsmessun-gen von CO_2, CO und O, bzw. CO, CO_2, H_2 u. HO_2.
57500 cal.	67600 cal. bei 0°	—	M. de K. Thompson, Am. Journ. Chem. Soc. **28**, 731 bis 736 (1906), aus Potential-messungen berechnet.
	68360 cal. bei 0°	—	J. Thomsen, Thermochem. Unters. **52**, 1882.
	68430 cal. bei 0°	—	C. v. Than, Wied. Ann. **14**, 422 (1883).
	68250 cal. bei 0°	—	A. Schuller u. V. Wartha, Wied. Ann. **2**, 381 (1877).
—	7 300 bei −273°		Bildungswärme aus festem H und O. Mills, Ch. N. **105**, 18—21 (1912).

Die Bildungswärme des flüssigen Wassers nimmt pro Grad um 7,72 cal.
ab. Die Bildungswärme des Wasserdampfes ändert sich mit der Temperatur
bis 2000° nur wenig, nimmt dann aber merklich ab.

Unter Verwendung der Werte der mittleren Molekularwärmen des Wasserstoffs, Sauerstoffs und des Wasserdampfes bei konstantem Volumen von
A. Langen[1] läßt sich die Änderung der molekularen Bildungswärme von
Wasserdampf bei konstantem Druck Q_p mit der Temperatur T (absol. Temp.)
nach F. Haber und L. Brunner[2] durch die Beziehung:

$$Q_p = 57084 - 2,976\ T - 0,00125\ T^2$$

ausdrücken.

3. Bildung von Wasser aus Knallgas.

Bei gewöhnlicher Temperatur ist die Reaktionsgeschwindigkeit der Vereinigung von 2 Vol. H_2 und 1 Vol. O_2 eine ungemein langsame. Selbst bei
100° war nach V. Meyer und W. Raum[3] innerhalb von 218 Tagen eine

---

[1] A. Langen, Mitt. über Forschungsarbeiten auf dem Gebiete des Ingenieurwesens. Berlin 1903, Heft 8, 1.
[2] F. Haber u. L. Brunner, Z. f. Elektroch. **12**, 78 (1906).
[3] V. Meyer u. W. Raum, Sitzber. Berliner Ak. **28**, 2804 (1895).

merkliche Vereinigung nicht zu beobachten. Mit steigender Temperatur steigt aber die Reaktionsgeschwindigkeit der Knallgasbildung wie bei den meisten chemischen Reaktionen[1]), und bei 300[°] hatte sich je nach der Reaktionsdauer u. a. Bedingungen 0,4—9,5[°]/[0] der gesamten Menge verbunden.

Nachdem bei der Wasserbildung aus Knallgas Wärme frei wird, wird, wenn an einer Stelle des Gasgemisches (z. B. durch elektrische Funken) Temperaturerhöhung, damit gesteigerte Reaktionsgeschwindigkeit eintritt, durch die freie Wärme die Reaktionsgeschwindigkeit noch mehr gesteigert, die umgebenden Stellen werden ebenfalls erwärmt und die Reaktion der Wasserbildung setzt sich dann explosionsartig durch das gesamte Gasgemisch fort.

Je nach den äußeren Bedingungen liegt die Entzündungstemperatur, bei welcher explosive Vereinigung eintritt, zwischen 540—900[°]. Im allgemeinen nimmt mit sinkendem Druck die Entzündungstemperatur ab.[2])

Die Knallgasvereinigung wird durch eine Reihe von Stoffen, die wir „Katalysatoren" nennen, beschleunigt. Feuchtigkeit, also Spuren von Wasserdampf, beschleunigen die Wasserbildung aus Knallgas.[3]) Von Metallen wirkt vor allem Platin in Form von Blech, Schwamm und Mohr, und zwar so intensiv, daß Platinschwamm bei gewöhnlicher Temperatur Erhitzung des Knallgases bis zur Entzündungstemperatur bewirkt.[4]) Verunreinigungen, geringe Mengen von NH_3, SH_2, SO_2, CS_2, CO, J, Fette, setzen die Wirksamkeit von Platin herab.[5]) Ähnlich wie Platin wirken die übrigen Platinmetalle und Silber.[6]) Auch Kobalt, Nickel, Eisen und Kupfer wirken als Beschleuniger.[7]) Während Quecksilber unwirksam ist, katalysieren Kohle, Bimsstein, Porzellan, Bergkristall, Glas noch unterhalb 350[°].[8]) Auch Bariumhydroxyd, Alkalien, Mangansalze erhöhen die Reaktionsgeschwindigkeit zwischen 250 und 300[°].[9])

Die Wirkungsweise dieser Katalysatoren gestattet es, die Reaktionsgeschwindigkeit der Wasserbildung unter deren Einfluß, bzw. unter dem Einfluß der Gefäßwände, die nach oben Erwähntem beschleunigend wirken, zu untersuchen. Die Verschiedenartigkeit der Wirkungsweise dieser Katalysatoren erklärt auch die Verschiedenheit der Reaktionsmechanismen unter den verschiedenen Bedingungen der experimentellen Untersuchung.

Die langsame Verbrennung unterhalb der Entzündungstemperatur in erhitzten Porzellanröhren erfolgt nach M. Bodenstein[10]) als eine Reaktion dritter Ordnung[11]), während die Geschwindigkeit der Wasserbildung aus Knallgas unter dem Einfluß von Platin bestimmt wird durch den Diffusionsvorgang der reagierenden Stoffe und der Reaktionsprodukte an das Platin.[12])

---

[1]) Es ist im allgemeinen auch Abnahme der Reaktionsgeschwindigkeit mit steigender Temperatur denkbar, bislang aber nur ausnahmsweise beobachtet worden. (Skrabal).
[2]) Vgl. hierzu: E. Mitscherlich, Sitzber. Berliner Ak. **26**, 399 (1893). — A. B. Meyer u. F. Freyer, **25**, ebenda 622 (1892). — E. Mallard und H. le Chatelier, Ann. d. Min. [8] **4**, 274 (1883). — M. Bodenstein, Z. phys. Chem. **29**, 690 (1899). — K. G. Falk, Journ. Amer. Chem. Soc. **28**, 1527 (1906).
[3]) W. C. Baker, Proc. chem. Soc. **18**, 40 (1902).
[4]) F. W. Döbereiner, Journ. prakt. Chem. **1**, 114 (1834).
[5]) Schweiggers, Schweiggers Ann. **63**, 375.
[6]) L. Dulong u. L. J. Thenard, Ann. chim. phys. **23**, 440 (1823); **24**, 380 (1823).
[7]) W. Ch. Henry, Phil. Mag. **6**, 354; **9**, 324.
[8]) A. Grotthus, Gilberts Ann. **33**, 213 (1809); **58**, 345 (1818); **69**, 241 (1821).
[9]) M. Berthelot, C. R. **125**, 271 (1897).
[10]) M. Bodenstein, Z. f. phys. Chem. **29**, 665 (1899); **46**, 771 (1903).
[11]) Vgl. A. W. Rowe, Z. f. phys. Chem. **59**, 40 (1907).
[12]) C. Ernst, Z. f. phys. Chem. **37**, 448 (1901). — M. Bodenstein, ebenda **46**, 725 (1903).

4. Die Gleichgewichtskonstante des Wasserdampfes.

Die Vereinigung von Knallgas zu Wasser ist jedoch keine vollständig verlaufende Reaktion, sondern führt zu einem Gleichgewichtszustand, der bei tiefer Temperatur ganz auf der Wasserseite liegt. Erst bei hoher Temperatur wird die Dissoziation des Wasserdampfes merkbar.

Die Dissoziation des Wasserdampfes haben W. Nernst und H. v. Wartenberg[1]) bei verschiedenen Temperaturen bestimmt und finden:

Temp. (absol.)	Diss.-Grad in Vol.-%
1397°	0,0078
1480	0,0189
1561	0,034
2155	1,18
2257	1,77

Die Dissoziationskonstante des Wasserdampfes K ist außer von der Temperatur abhängig vom Druck, unter dem die beteiligten Stoffe stehen, und gegeben durch:

$$K = \frac{p_{H_2}^2 \cdot p_{O_2}}{p_{H_2O}^2}.$$

Um die Dissoziationskonstante als Temperaturfunktion darzustellen, muß die Abhängigkeit der Bildungswärme von der Temperatur eingeführt werden und benutzte W. Nernst[2]) den Ausdruck:

$$K = \frac{25050}{T} - 1,75 \log T - 0,00613\,T + 0,2.$$

Die freie Bildungsenergie des Wassers A, die maximale Arbeit, die bei der Wasserbildung geleistet werden kann, hat F. Haber[3]) unter Benutzung der oben gegebenen Formel für die Abhängigkeit der Bildungswärme von der Temperatur dargestellt durch die Gleichung:

$$A = 57066 + 2,974\,T \ln T - 0,00125\,T^2 - 4,56 \log^{10} \frac{p_{H_2O}}{p_H\,p_{O_2}^{1/2}} + 7,60\,T.$$

Beide Ausdrücke geben für die elektromotorische Kraft der Knallgaskette, die eine galvanische Kette: Elektrode (bespült mit H_2) wäßrige Lösung (mit O_2 bespülte) Elektrode darstellt, den identischen Wert von 1,223 Volt i. M.[4]), während nach E. Bose[5]) der Wert der Knallgaskette zwischen 1,1542 und 1,1242 Volt liegt.

Im ultravioletten Licht kommt es zwischen H_2 und O zu einem vom Druckgleichgewicht verschiedenen Lichtgleichgewicht.[6])

5. Die Zerlegung des Wassers.

Die Zerlegung des Wassers in seine Elemente erfordert, da bei seiner Bildung Energie frei wird, naturgemäß einen Energieaufwand. Derselbe kann

[1]) W. Nernst u. H. v. Wartenberg, Z. f. phys. Chem. 56, 534 (1906). — N. Kg. Wiss. Ges. Göttingen 1905, 35—45.
[2]) W. Nernst, Nachr. d. Göttinger Ges. d. W. 1906, Heft 1, 24.
[3]) F. Haber, Z. anorg. Chem. 51, 250 (1906).
[4]) F. Haber, Z. anorg. Chem. 51, 250 (1906).
[5]) Z. f. Elektroch. 7, 672—675 (1901).
[6]) J. Andrejew, Journ. Russ. Phys. Chem. Ges. 43, 1342—1364 (1911).

geeigneten chemischen Oxydations- oder Reduktionsreaktionen entnommen werden (s. weiter unten!), wobei aber Wasserstoff bzw. Sauerstoff an andere Elemente oder Verbindungen gebunden erscheinen. Will man das Wasser aber derart zerlegen, daß seine beiden Bestandteile im elementaren Zustande erhalten werden, so ist es am einfachsten, die nötige Energie in Form elektrischer Energie aufzuwenden, also durch Elektrolyse das Wasser zu zerlegen.

Hierbei entstehen fast immer in kleinerer oder größerer Menge Wasserstoffsuperoxyd und Ozon.

Da reines Wasser ein sehr kleines Leitvermögen hat, pflegt man bei der Elektrolyse geeignete Elektrolyte (H_2SO_4, Alkalien) zuzusetzen. Die dabei auftretende Polarisation hängt von den äußeren Bedingungen, wie Natur, Gestalt, Größe, Oberfläche der Elektroden, sowie von deren Veränderung während der Elektrolyse, den Konzentrationsänderungen der Elektrolyte während der Elektrolyse, der gegenseitigen Depolarisation der Elektroden durch die Elektrolysenprodukte oder andere fremde Stoffe, von der Temperatur usw., ungemein ab.

Da die elektromotorische Kraft der Wasserbildung aus den Elementen bei Atmosphärendruck bei ca. 1,22 Volt (s. oben!) liegt, sollten bei dieser Spannung aus Wasser sich die Elemente H_2 und O_2 in gasförmigem Zustande an den Elektroden abscheiden lassen. Infolge der Überspannung, die jedoch Sauerstoff an der Anode[1]) und Wasserstoff an der Kathode[2]) je nach dem Elektrodenmaterial und anderen Bedingungen, wie Temperatur und Stromdichte, in verschiedenem Maße zeigt, ist fast immer eine höhere Spannung nötig.

Nach M. le Blanc[3]) beträgt zwischen Platinelektroden bei Anwesenheit von Säuren und Basen unabhängig von deren Natur die Mindestspannung der Wasserzersetzung 1,88 Volt, die sich bei Anwendung von Salzen oft bis 2,2 Volt erhebt. Zur Durchführung einer praktisch gut verlaufenden Elektrolyse des Wassers werden daher Spannungen von 2,5—3 Volt notwendig sein.

6. Die elektrolytische Dissoziation des Wassers.

Wasser ist in geringem Grade elektrolytisch in positiv geladenen H·-Wasserstoff- und negativ geladenen Hydroxyl-Ionen OH′ dissoziiert. Zwischen dem Wasser und seinen Dissoziationsprodukten liegt das Dissoziationsgleichgewicht $H_2O \rightleftarrows H· + OH′$ vor. In untergeordnetem Maße dürfte OH′ dissoziiert sein in O″ + H′.[4])

Die elektrolytische Dissoziation des Wassers ist die Ursache des, wenn auch geringen, elektrischen Leitvermögens desselben. Geringe fremde Beimengung von Elektrolyten (Salzen, Säuren und Basen), sowie Radiumemanation vermehren die Leitfähigkeit des Wassers.[5]) Natürlich vorkommendes Wasser

[1]) A. Coehn u. Y. Osaka, Z. anorg. Chem. **34**, 86 (1903).
[2]) W. A. Caspari, Z. f. phys. Chem. **30**, 89 (1899). — E. Müller, Z. anorg. Chem. **26**, 1—89 (1901).
[3]) M. le Blanc, Z. f. phys. Chem. **8**, 299 (1891).
[4]) W. Nernst, Ber. Dtsch. Chem. Ges. **30**, 1555 (1897).
[5]) Ugo Grassi, R. Acc. d. Linc. [5] **14**, II, 281 (1905).

wird daher ein weitaus größeres Leitvermögen haben als reines Wasser. Nach J. Negreanu[1]) beträgt die Leitfähigkeit trinkbaren Wassers bei 18° zwischen 200 und 760 rezipr. Ohm. Das Leitvermögen reinen, destillierten Wassers ist etwa 1.10^{-6} bei 0°.[2]) Doch auch solches Wasser enthält noch Verunreinigungen, auf die das Leitvermögen anspricht.

Das reinste, an der Luftpumpe ausgekochte, im Vakuum destillierte und vor jeder Berührung mit Luft geschützte Wasser zeigt eine etwa 30 mal kleinere Leitfähigkeit. F. Kohlrausch und A. Heydweiller[3]) fanden für derart reines Wasser bei 18° den Wert $0,043.10^{-6}$ rezipr. Ohm pro Kubikzentimeter. Wegen den noch immer vorhandenen Verunreinigungen ist an diesem Wert eine aus dem Temperaturkoeffizienten geschätzte Korrektur anzubringen, so daß als wahrer Wert der Leitfähigkeit sich $0,0384 \times 10^{-6}$ berechnet.

Aus den von F. Kohlrausch[4]) angegebenen Wanderungsgeschwindigkeiten für $H^{\cdot}_{18} u = 318$ und für $OH'_{18} v = 174$, ergibt sich die Ionenkonzentration der Ionen des Wassers in Mol. pro Liter:

$$C_H = C_{OH'} = \frac{\varLambda}{\varLambda_\infty} = \frac{\varLambda}{u+v} = \frac{0,0384.10^{-3}}{318 + 174} = 0,78.10^{-7}.$$

Die Konzentration der H·- und OH'-Ionen und damit die Leitfähigkeit ist von der jeweiligen Temperatur abhängig.

Nach F. Kohlrausch und A. Heydweiller ist:

Temp.	$\varLambda \times 10^3$	$C_{H^{\cdot}} \times 10^7$
0°	0,0115	0,36
10	0,0223	0,57
18	0,0361	0,80
26	0,0567	1,10
50	0,169	2,44

Der Temperaturkoeffizient der Änderung der Wasserstoffionenkonzentration ergibt sich zu 0,041. Man erfährt denselben auch aus der Wärmetönung der Reaktion $H^{\cdot} + OH' = H_2O$, die sich aus der Wärmetönung Q bei der Neutralisation starker Säuren und Basen pro Mol. zu 13700 cal. bei $T_{absol.} = 291°$ aus der Beziehung

$$\frac{d \ln C_{H^{\cdot}}}{dT} = \frac{Q}{RT^2}$$

ergibt. Für 18° ist aus dieser Beziehung gleichfalls 0,041 gefunden worden.

Nach dem Massenwirkungsgesetz ist im Wasser und in verdünnten wäßrigen Lösungen das Produkt

$$C_{H^{\cdot}} \times C_{OH'} = \text{konstant} = K.$$

K ist die sogenannte Dissoziationskonstante des Wassers und ist nach den verschiedensten Methoden der physikalischen Chemie in gegenseitiger guter Übereinstimmung gefunden worden.

[1]) J. Negreanu, Bull. Soc. de Sc. d. Bucuresci 15, 271—281.
[2]) H. C. Jones u. E. C. Bingham, Amer. chem. Journ. 34, 481—554 (1905).
[3]) F. Kohlrausch u. A. Heydweiller, Z. f. phys. Chem. 14, 317 (1899).
[4]) F. Kohlrausch, Sitzber. Berliner Ak. 1901, 1026.

K	Temp.	Methode	Autor
$0,6 \times 10^{-14}$	18° }	Leitvermögen	F. Kohlrausch u. A. Heydweiller[1]
$1,1 \times 10^{-14}$	25 }		
$0,64 \times 10^{-14}$	18	elektromotorisch	W. Nernst u. W. Ostwald[2]
$1,19 \times 10^{-14}$	25	"	R. Löwenherz[3]
$1,14 \times 10^{-14}$	25	Salzhydrolyse	Sv. Arrhenius[4]
$1,45 \times 10^{-14}$	25	Aus d. Verseifung v. Methylacetat.	J. A. van Wijs[5]

Die Wasserstoffionenkonzentration und die Dissoziationskonstante bis zu den höchsten Temperaturen haben neuerdings A. A. Noyes, Y. Kato und R. B. Sosmann[6]) bestimmt und gefunden:

Temp. Θ	H·-Ionenkonz. 10^7	$K \cdot 10^{14}$
0	0,30	0,089
18	0,68	0,46
25	0,91	0,82
100	6,9	48,—
250	14,9	223,—
218	21,5	461,—
306	13,0	168,—

7. Wasser als Lösungsmittel.

Wasser ist ein mehr oder minder gutes Lösungsmittel für zahlreiche Stoffe. Die in Wasser löslichen Stoffe können wir in zwei Klassen teilen:

a) Solche, die im Wasser den normalen osmotischen Druck zeigen und die Leitfähigkeit des Wassers nur unwesentlich ändern. Wir bezeichnen diese als Nichtelektrolyte, z. B. Zucker, Harnstoff, wie überhaupt die meisten nicht sauren, alkalischen oder salzartigen organischen Stoffe. Verdünnte Lösungen solcher Stoffe zeigen gleichen osmotischen Druck, wenn die in ihnen gelösten Stoffe im Verhältnis ihrer Molekulargewichte aufgelöst sind. Dies macht sich dahin bemerkbar, daß sie dann den Gefrierpunkt des Wassers um gleich viel erniedrigen und den Siedepunkt des Wassers um gleich viel erhöhen.

In diesen Fällen gilt für die Gefrierpunktserniedrigung bzw. Siedepunktserhöhung $\Delta \Theta$ die Formel:

$$\Delta \Theta = \mp E \frac{g \cdot 100}{M G},$$

wo g die Gramm gelösten Stoffes und G die Gramm Wasser, M das Molgewicht des gelösten Stoffes bedeuten. E bedeutet die Gefrierpunktsdepression bzw. die Siedepunktserhöhung, welche einträten, wenn in 100 g Wasser 1 Mol. des betreffenden Stoffes gelöst wäre. Man kann E experimentell ermitteln oder aus der Formel

$$E = \frac{R T^2}{100 \, w}$$

berechnen, wo w die Schmelz- bzw. Verdampfungswärme von 1 g Wasser bedeutet. Es beträgt:

[1]) F. Kohlrausch u. A. Heydweiller, l. c.
[2]) W. Nernst, Z. f. phys. Chem. **14**, 155 (1894). W. Ostwald, ebenda **11**, 52 (1893).
[3]) R. Löwenherz, Z. f. phys. Chem. **25**, 283 (1896).
[4]) Sv. Arrhenius, Z. f. phys. Chem. **11**, 805 (1893).
[5]) J. J. A. van Wijs, Z. f. phys. Chem. **11**, 492; **12**, 514 (1893); **14**, 789 (1899).
[6]) A. A. Noyes, Y. Kato u. R. B. Sosmann, Journ. Amer chem. Soc. **32**, 154 (1900).

E für die Gefrierpunktsdepression 18,4 – 18,5.[1, 2])

E für die Siedepunktserhöhung 5,2.[1, 2])

Es kann ausnahmsweise vorkommen, daß organische Stoffe in Wasser gelöst Assoziation erleiden. In diesen Fällen ist der osmotische Druck kleiner, als sich aus dem Formelgewicht erwarten ließe, da die wirksame Molzahl verkleinert wird.[3])

Die Methode der Gefrierpunktsdepression, die gestattet, das Molgewicht von in Wasser gelösten Stoffen zu ermitteln, gestattet anderseits in andern Lösungsmitteln aus der durch Wasser bewirkten Gefrierpunktsdepression derselben, das Molgewicht des Wassers zu ermitteln. Es ergab sich, daß in verdünnten Lösungen — die ja hier in Betracht kommen —, in dissoziierenden Medien das Molgewicht des Wassers den normalen Wert von 18 aufweist, während in nicht dissoziierenden Medien selbst in verdünntem Zustande das Molgewicht des Wassers Werte bis 30, entsprechend also komplexen H_2O-Molekülen, aufweisen kann.[4]) Nach der gleichen Methode haben H. C. Jones und G. Murray[5]) gezeigt, daß das Molekulargewicht von Wasser in Essigsäure bei einer Verdünnung von 0,64 normal nur wenig größer ist, als der Zusammensetzung des Wassers entspricht, bei Konzentrationen von 12 normal etwas größer ist, als der Zusammensetzung $(H_2O)_2$ entspricht.

Aus den Löslichkeitskurven, den Kurven, die die Abhängigkeit der Schmelztemperatur eines Stoffes bei Zugabe eines zweiten, in unserem Falle von Wasser, darstellen, der drei isomeren Nitrophenole, ermittelten N. V. Sidgwick, W. J. Spurrel und Th. E. Davis[6]) die Assoziationsfaktoren des Wassers zu 3.2 bei 45°, 1,21 bei 95° und 1,22 bei 114°.

b) Solche Stoffe, wie Salze, Säuren oder Basen, die das Leitvermögen des Wassers mehr oder minder stark erhöhen und einen größeren osmotischen Druck, also größere Gefrierpunktsdepression, bzw. Siedepunktserhöhung des Wassers bewirken, als nach ihrem Formelgewicht zu erwarten wäre, bezeichnen wir als Elektrolyte. Diese stärkere Depression des Gefrierpunktes und Erhöhung des Siedepunktes, die symbath mit der Stärke des Leitvermögens geht, hat Sv. Arrhenius damit erklärt, daß die betreffenden Stoffe in Wasser teilweise oder vollkommen in zwei oder mehrere elektrisch geladene Ionen zerfallen, deren jedes osmotisch sich ebenso selbständig verhält wie ein Molekül, d. h. also ein binäres, vollständig elektrolytisch gespaltenes Salz wirkt so, als ob nicht ein Mol, sondern deren zwei aufgelöst worden wären, d. h. es bewirkt den doppelten osmotischen Druck des Lösungsmittels, die doppelte Depression des Gefrierpunktes bzw. Erhöhung des Siedepunktes, die z. B. ein Mol eines Nichtelektrolytes hervorrufen würde. In den wäßrigen Lösungen der Salze, Säuren und Basen liegt also ein elektrolytisches Dissoziationsgleichgewicht vor, etwa:

$$NaCl \rightleftharpoons Na^{\cdot} + Cl',$$

[1]) R. Abegg, Z. f. phys. Chem. 20, 221 (1896). — A. Ponsot, Bull. soc. chim. [3] 17, 395 (1897).

[2]) F. M. Raoult, Z. f. phys. Chem. 27, 617 (1898). — J. Roth, Z. f. phys. Chem. 63, 441—446 (1908).

[3]) C. J. Peddle u. W. E. J. Turner, Journ. chem. Soc. Lond. A 97, 1805 (1910); 99, 685—697 (1911).

[4]) G. Bruni u. M. Amadori, Gazz. chim. It. 40, II, 1—8 (1910).

[5]) H. C. Jones u. G. Murray, Amer. chem. Journ. 30, 193—205 (1908).

[6]) N. V. Sidgwick, W. J. Spurrel und Th. E. Davis, Journ. chem. Soc. 107, 1202—1213 (1915).

das sich mit steigender Verdünnung stets nach der Seite der Dissoziation verschiebt und von der Temperatur sowie von der Natur des Elektrolyten abhängig ist.

Während die meisten neutralen Salze in nicht zu konzentrierten Lösungen fast vollkommen elektrolytisch dissoziiert[1]) sind, finden wir in bezug auf Säuren und Basen die allerverschiedensten Abstufungen. Dem Grad der Dissoziation ist cet. parib. proportional die Konzentration der H·- bzw. OH′-Ionen. Deren Konzentration ist uns ein Maß für die Stärke der betreffenden Säuren und Basen. Die Kenntnis der H·-Ionenkonzentration ist von besonderer Bedeutung für die Charakteristik des Zustandes der sauren oder alkalischen Reaktion irgend einer Lösung. Ist die H·-Ionenkonzentration bei 25° größer, als 1.10^{-7} entspricht, ist die Lösung sauer; ist sie kleiner, so ist sie alkalisch. Die Titration einer Lösung unter Anwendung von Indikatoren gibt durchaus nicht immer einwandfrei die in der betreffenden Lösung vorliegende H·-Ionen- oder OH′-Ionenkonzentration, indem durch die Titration mit Alkali oder Säure ja stets eine Gleichgewichtsstörung eintritt. Dies ist z. B. der Fall, wenn in der Lösung hydrolytisch gespaltene Salze vorliegen.

8. Hydrolyse.

Kaliumcyanid z. B. ist in den wäßrigen Lösungen fast vollkommen in Ionen gespalten:

$$KCN \rightleftarrows K· + CN′.$$

Die Cyanionen CN′ vereinigen sich mit den H·-Ionen des Wassers zu undissoziierter Blausäure, weil diese Säure eine schwache Säure ist, deren H·-Ionenkonzentration einen kleineren Wert besitzt als das reine Wasser.

Im Hinblick auf die Konstanz der Dissoziationskonstante des Wassers muß also die OH′-Ionenkonzentration steigen. Würden wir aber mit einer Säure unter Anwendung eines Indikators titrieren, so würden infolge Gleichgewichtsstörung mehr OH′-Ionen verbraucht werden, als dem Gleichgewichtszustand einer wäßrigen KCN-Lösung entspricht. Aus dem Gesagten ist es ohne weiteres klar, daß in wäßrigen Lösungen die Salze schwacher Säuren und schwacher Basen, deren H·- bzw. OH′-Ionenkonzentration kleiner sind, als der Dissoziationskonzentration des Wassers entspricht, hydrolytisch gespalten sein werden, d. h. alkalisch bzw. sauer reagieren werden.

9. Chemische Reaktionen des Wassers.

Außer der Hydrolyse des Wassers, die zu einem Ionengleichgewicht führt, ist noch die Hydrolyse solcher Stoffe, die praktisch wenig dissoziiert sind, zu erwähnen, z. B. die Esterhydrolyse nach

$$CH_3.COCH_3 + H_2O \rightleftarrows CH_3CO.OH + CH_3OH,$$
(Methylacetat)   (Essigsäure) (Methylalkohol)

die gleichfalls zu einem Gleichgewichtszustand führt und demnach bei Wasserüberschuß zur vollständigen Verseifung führt.

---

[1]) Es ist daher ein glatter Unsinn, bei Mineralwasseranalysen den Gehalt an Natriumsulfat, Kaliumjodid usf. anzugeben, da bei diesen Konzentrationen nur Na·-, K·-, $SO_4″$-, J′-Ionen usf. vorhanden sind.

Oxydationsmittel setzen Sauerstoff aus dem Wasser in Freiheit, z. B.:

$$2H_2O + 2Cl_2 = 4HCl + O_2.$$

Reduktionsmittel setzen Wasserstoff aus dem Wasser in Freiheit, z. B.:

$$2H_2O + 2Na = 2NaOH + H_2.$$

Eine Reduktion des Wassers erfolgt auch unter dem Einfluß von ultra-violettem Licht[1], bzw. der an diesen reichen Sonnenstrahlen[2]), β-Strahlen des Radiums, sowie bei Einwirkung von α-Strahlen des Poloniums.[3])

Bei allen diesen Einflüssen scheint sich primär Wasserstoffsuperoxyd nach $2H_2O = H_2O_2 + H_2$ zu bilden.[4]) Diese Reaktion vollzieht sich auch im oberen Teil der an ultraviolettem Licht reichen Atmosphäre, d. h. es enthält Regen, sowie Schnee stets H_2O_2.

Sekundär und mit langsamer Reaktionsgeschwindigkeit zerfällt dann H_2O_2 in H_2O und O[5]), so daß bei allen erwähnten Reaktionen ein Gasgemisch resultiert, das mehr Wasserstoff enthält, als der Zusammensetzung des Knall-gases entspricht. So ergaben 0,1 g RaBr in Wasser gelöst in 100 Stunden 32 ccm Knallgas mit einem Überschuß von 5% H_2.[6]) Bei der Zersetzung von Wasser durch α-Strahlen des Poloniums ist nach K. Bergwitz[7]) das Ver-hältnis $O/H = \frac{1}{2,5}$ bis $\frac{1}{2,1}$.

10. Katalytische Wirkung des Wassers.

Bei vielen Reaktionen wirkt Anwesenheit von Wasser verändernd auf die Reaktionsgeschwindigkeit ein, wobei es rein katalytisch in kleinen Mengen, in größeren Mengen teils das Medium verändernd wirkt, teils die freie Energie der betreffenden Reaktion ändert.

Spuren von Wasserdampf beschleunigen, wie erwähnt, die Vereinigung von Knallgas zu Wasser[8]), die Verbrennung von Kohlenoxyd[9]), die Bildung und Zersetzung von Salmiak[10]), die Dissoziation des polymeren Kalomel-dampfes.[11]) Aber auch verzögernd kann Wasser wirken, wie z. B. beim Zer-fall der Oxalsäure in Lösung reiner Schwefelsäure[12]) usf.

11. Die Phasen des Wassers.

Während wir vom Wasser nur eine gasförmige und eine flüssige Phase kennen, kann das feste Wasser oder Eis in mehreren Zuständen oder Phasen vorkommen. Wir wollen zunächst die Gleichgewichtszustände des gewöhnlich

---

[1]) A. Tian, C. R. **152**, 1484—1485 (1911) (nur Strahlen unterhalb 190 $\mu\mu$ sind wirksam).

[2]) M. Kernbaum, Anz. d. Krakauer Akad. d. Wiss. 1911, 583—586. — Der-selbe, Le Radium **6**, 2, 25 u. 351.

[3]) K. Bergwitz, Phys. Z. **11**, 273—275 (1910).

[4]) H. Thiele, Ber. Dtsch. Chem. Ges. **40**, 1914—4916 (1907).

[5]) A. Tian, C. R. **152**, 1012—1014 (1911).

[6]) W. Ramsay, Journ. chem. Soc. **91**, 931—941 (1907).

[7]) K. Bergwitz, l. c.

[8]) J. H. van't Hoff, Études de dynamique chim. Amsterd. 1883, 59.

[9]) H. B. Dixon, Ch. N. **46**, 151 (1882); Ber. **8**, 2419 (1905).

[10]) H. B. Baker, Ch. N. **69**, 270 (1894). — R. E. Hughes, Phil. Mag. [5] **35**, 531 (1893).

[11]) H. B. Baker, Journ. chem. Soc. **77**, 646 (1906).

[12]) G. Bredig u. W. Fraenkel, Ber. Dtsch. Chem. Ges. **39**, 1756 (1906).

vorkommenden Eises, das man auch als Eis I bezeichnet, mit seiner flüssigen und gasförmigen Phase kurz skizzieren. Die Gleichgewichtsbedingungen bei derartigen heterogenen Gleichgewichten ordnet die Phasenregel, die bei einem Einstoffsystem, wie es das Wasser vorstellt, besagt: Eine Phase, die gasförmige, flüssige oder je eine feste, können bei beliebigem Druck und beliebiger Temperatur im Gleichgewicht vorkommen, d. h. wir haben zwei Freiheiten vor uns (divariante oder unvollständige Gleichgewichte).

Beim Gleichgewicht zweier Phasen (die gasförmige und flüssige; die gasförmige und je eine Eisart; die flüssige und je eine Eisart oder je zweier Eisarten) gehört zu jeder Temperatur ein ganz bestimmter Druck und umgekehrt. Wir haben nur mehr eine Freiheit in der Wahl der Bedingungen vor uns, (sogenannte univariante oder vollständige Gleichgewichte). Je drei Phasen des Wassers sind aber nur bei je einem bestimmten Druck- und Temperaturpaar im Gleichgewicht koexistent. Wir haben keine Freiheit in der Wahl von Druck oder Temperatur für ein solches System, wir sprechen also von einem nonvarianten System mit einem Tripelpunkt. Zu beachten ist, daß wir außer den stabilen Gleichgewichten noch instabile Gleichgewichte kennen (s. weiter unten).

Betrachten wir nun die Gleichgewichte zwischen der gasförmigen und flüssigen Phase des Wassers mit dem gewöhnlichen Eis I. Der Tripelpunkt dieser drei Phasen liegt bei

$$+ 0,0074\ ^{0}C.\ und\ 4,604\ mm\ Hg.$$

Wie beistehende schematische Figur, in der die Drucke als Ordinaten, die Temperaturen als Abszissen aufgetragen sind, es zeigt, gehen von diesem Tripelpunkt O drei Kurven aus:

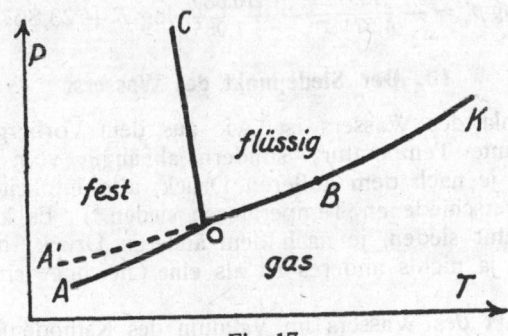

Fig. 17.

OBK die Kurve des vollständigen Gleichgewichtes zwischen Dampf und Wasser, die Dampfdruckkurve des Wassers,

AO die Kurve des vollständigen Gleichgewichtes zwischen Dampf und Eis, die Dampfdruckkurve von Eis I, und die Kurve

OC die Kurve des vollständigen Gleichgewichtes zwischen Eis I und Wasser, die Schmelzlinie des Eises, die die Änderung des Schmelzpunktes von Eis I mit dem Druck angibt.

Schon aus dem schematischen Verlauf sehen wir, daß mit steigendem Druck der Schmelzpunkt des Eises erhöht wird. Durch die drei Kurven werden zunächst drei Existenzfelder abgegrenzt, deren Bedeutung aus Fig. 17 ohne weiteres zu ersehen ist. Bemerkt soll nur noch werden, daß oberhalb und links des Feldes ACO die Existenzfelder der übrigen Eisarten zu liegen kommen und Feld OCK und AOK oberhalb des Punktes K, des kritischen Punktes, dem Endpunkt der Dampfdruckkurve bei 365° und ca. 200 Atm. kontinuierlich ineinander übergehen.[1])

12. Die Dampfdruckkurve des Wassers.

Die Gleichgewichtstemperaturen flüssig-gasförmig haben nach H. V. Regnault[2]), G. Magnus[3]) und L. Cailletet und E. Colardeau[4]) folgende Werte:

Temp.	Druck in mm Hg	Temp.	Druck in Atm.
0°	4,600	120°	1,16
5	6,534	145	4,10
10	9,165	160	6,10
20	17,391	180	9,90
30	31,548	200	15,40
50	91,982	250	40
75	288,517	300	87
90	525,45	350	178
100	760,00 = 1 Atm.	365	200 krit. Punkt

Die Abhängigkeit des Dampfdruckes von der Temperatur hat man durch verschiedene Interpolationsformeln darzustellen versucht. So gilt z. B. nach J. B. Goebel[5]) für den Dampfdruck des Wassers in der Nähe von 0°:

$$p = 0,4600 + 0,03293\,\Theta + 0,00105\,\Theta^2 + 0,0000167\,\Theta^3.$$

Nach W. Nernst[6]) läßt sich die Dampfspannung der einfachen Moleküle des Wassers in Abhängigkeit von der Temperatur darstellen durch die Beziehung[7]):

$$\log p' = -\frac{13512}{4,571\,T} - \frac{10,089}{1,985}\log T + 23,86774\,.$$

13. Der Siedepunkt des Wassers.

Der Siedepunkt des Wassers ist, wie aus dem Vorhergehenden ersichtlich, keine konstante Temperatur, sondern abhängig vom äußeren Druck. Wasser wird also je nach dem äußeren Druck, also implicite der Höhenlage eines Ortes, bei verschiedenen Temperaturen sieden.[8]) Es kann also Wasser bei jeder Temperatur sieden, je nach dem äußeren Druck, indem der Siedepunkt des Wassers ja nichts anderes ist als eine Gleichgewichtstemperatur fest-flüssig.

Der Siedepunkt des Wassers im Vakuum des Kathodenlichtes liegt nach E. Erdmann[9]) weit unterhalb des Gefrierpunktes. Nur in bezug auf die

[1]) J. Traube u. G. Teichner, Ann. d. Phys. [4] 13, 620—624 (1904), finden die krit Temp. zu + 374° C.
[2]) H. V. Regnault, Pogg. Ann. 67, 390 (1846); 85, 579 (1852).
[3]) G. Magnus, Pogg. Ann. 61, 222 (1844).
[4]) L. Cailletet u. E. Colardeau, Journ. de Phys. [2] 10, 133 (1891).
[5]) J. B. Goebel, Z. f. phys. Chem. 53, 213—224 (1905).
[6]) W. Nernst, Verh. Dtsch. Phys. Ges. 11, 313—327 (1909); 12, 565—571 (1910). — Vgl. H. Levy, ebenda 11, 328—335 (1909).
[7]) Eine Formel zur Berechnung des Sättigungsdruckes gibt neuerdings P. H. Hofbauer, Z. f. phys. Chem. 84, 764 (1913).
[8]) Siedepunkt des Wassers in Abhängigkeit von der Höhenlage: Earl of Berkeley u. M. P. Appleby, Proc. Roy. Soc. A 85, 477—489 (1911).
[9]) E. Erdmann, Z. angew. Chem. 17, 620—623.

Temperatur, bei der der Druck des Wasserdampfes dem äußeren Atmosphärendruck gleich wird, sprechen wir vom Siedepunkt schlechtweg. Dieser Siedepunkt ist bei verschiedenen Flüssigkeiten in einiger Annäherung eine korrespondierende Temperatur, d. h. bei verschiedenen Flüssigkeiten entsprechen ihre
Siedepunkte annähernd gleichen Bruchteilen ihrer kritischen Temperatur. Eine
Ausnahme macht Wasser, das, wie erwähnt, im flüssigen Zustande sich anormal
verhält, indem es nicht aus einfachen, sondern aus Polymolekülen besteht. So
zeigt denn auch Wasser in bezug auf eine Reihe von Beziehungen, die mit
dem Siedepunkt oder der kritischen Temperatur verknüpft sind, Abweichungen
vom normalen Verhalten:

a). Nach G. G. Longuinescu[1]) besteht zwischen der Zahl der Atome im
Molekül n und dem Siedepunkt einer Flüssigkeit T_σ die Beziehung:

$$\left(\frac{T_\sigma}{100\,D}\right)^2 = n,$$

(D = Dichte bei 0^0).

Bei Wasser ergibt sich n zu 14, während sich für das normale Molekulargewicht von 18 die Atomzahl 3 ergeben würde. Es müssen sich also mehr
als 4 Mol aneinander gelagert haben.

b) Der Quotient aus molekulärer Verdampfungswärme und absoluter Siedetemperatur Q/T ist bei normalen Flüssigkeiten konstant 20,6 i. M.[2]) (Troutonsche
Regel), während sich für Wasser der abweichende Wert von 25,9 ergibt.

c) Der Quotient aus kritischem Druck π_0 mal kritischem Volumen φ_0
durch die kritische Temperatur ϑ_n: $\frac{\pi_0 \varphi_0}{\vartheta_0}$ ist bei normalen Flüssigkeiten konstant
ca. 22 i. M.[3]); Wasser gibt den abweichenden Wert von 26,4.

d) Verschiedene Flüssigkeiten zeigen, wenn sie sich normal verhalten, bei
Eintritt bestimmter Atomgruppen im Molekül eine bestimmte Zunahme des
Siedepunktes. Im Hinblick hierauf müßte Wasser in Analogie mit Methyläther,
CH_3—O—CH_3, Siedep. — 23^0, und Schwefelwasserstoff, H_2S, Siedep. — 64^0,
bei — 100^0 sieden. Der um 200^0 höhere Siedepunkt erklärt sich durch
Polymolarität des flüssigen Wassers.[4])

14. Die Verdampfungsgeschwindigkeit des Wassers.

Wenn wir in der Natur oft Wasserdampfdrucke beobachten, welche nicht
den oben definierten Gleichgewichtszuständen entsprechen, so müssen wir bedenken, daß hier instabile Zustände vorliegen, indem die Verdampfungsgeschwindigkeit ein langsamer Diffusionsvorgang ist[5]), der nur langsam und
infolge sekundärer Störungen an verschiedenen Stellen in der Natur gar nicht
zu Gleichgewichtszuständen führt.

Die Verdampfungsgeschwindigkeit von Flüssigkeiten q[6]), d. i. die pro
Sekunde verdampfende Flüssigkeitsmenge, ist proportional dem Molgewicht M
und der $4/3$ Potenz der Maximaltension p.

$$q = KMp^{4/3}.$$

---

[1]) G. G. Longuinescu, Journ. de chim. phys. 1, 288, 296, 391 (1903); 6, 552 (1908).
[2]) Nach W. Nernst gilt genauer $Q/T = 0,007\,T$.
[3]) S. W. Young, Phil. Mag. [5] 34, 507 (1892).
[4]) H. M. Vernon, Ch. N. 64, 54 (1891).
[5]) K. Jablezynski u. S. Przemyski, Journ. de chim. phys. 10, 241—270 (1912).
[6]) P. Vaillant, C. R. 150, 213—216 (1910).

K ist 0,43 i. M. Bei Wasser ist $q \cdot 10^6 = 11,2$ und $K = 3 \times 0,43$, was also gleichfalls auf die Polymolekularität des Wassers hindeutet.

15. Verdampfungswärme.

Um flüssiges Wasser in Dampf überzuführen, müssen wir eine bestimmte Energiemenge zuführen. Sie ist abhängig von der Temperatur, bei der die Verdampfung stattfindet. Dieselbe beträgt für 1 g Wasser [1]):

bei Θ	l
0°	598,2 g cal. [2])
30	579,6
50	568,6
70	557,0 [3])
90	545,0
100	535,8 [4])

Für die Abhängigkeit der Verdampfungswärme von der Temperatur gilt nach F. Henning [5]) im Intervall 100—180° die Beziehung:

$$l = 538,46 - 0,6422 \, (\Theta - 100) - 0,000833 \, (\Theta - 100)^2,$$

zwischen 120—180° gilt noch genauer die lineare Beziehung:

$$l = 539,66 - 0,718 \, (\Theta - 100).$$

Die Verdampfungswärme steht in innerem Zusammenhange mit dem Verlauf der Dampfdruckkurve. Beziehen wir uns auf 1 Mol, d. i. 18 g Wasser, so ist $l \cdot 18 = L$, die molekulare Verdampfungswärme. Bezeichnen wir mit dp/dT die Änderung des Dampfdruckes des Wassers mit der Temperatur, mit V das Volumen von 1 Mol Wasserdampf, mit V' das Volumen von 1 Mol flüssigen Wassers, so gilt die Beziehung:

$$L \cdot = T (V - V') \, \frac{dp}{dT}.$$

Nach E. Leduc [6]) z. B. ist in der Nähe des Siedepunktes $dp/dT = 26,62$ mm Hg, woraus sich für $\Theta = 99,6$, $T = 372,6$ das spezifische Volumen des Wasserdampfes zu $V = 1700$ cm berechnet. Aus dem Zusammenhange der Verdampfungswärme des Wassers mit anderen Eigenschaften läßt sich wieder der Schluß auf Polymolekularität des Wassers ziehen (vgl. die oben erwähnte Troutonsche Regel). So ist z. B.

a) der Ausdruck $L/R \vartheta_o$ [7]) (ϑ_o kritische Temperatur absol.) für nicht assoziierte Substanzen 13,1—13,9; für assoziierte Stoffe, wie Wasser, ist er höher = 16,0.

---

[1]) Eine Tabelle über die Verdampfungswärme des Wassers zwischen 0° und 100° gibt A. W. Smith, Phys. Rev. **26**, 192 (1908).
[2]) Mittelwert der Beobachtung von C. Dieterici, Wied. Ann. **37**, 504 (1889). — H. V. Regnault, Mém. de Paris **21**, 728 (1877). — A. Winkelmann, Wied. Ann. **9**, 208, 358 (1880). — A. Svenson, Beibl. 356 (1896).
[3]) F. Henning, Ann. d. Phys. [4] **21**, 849—878.
[4]) Mittelwerte aus Bestimmungen von Th. Andrews, Quart. Journ. chem. Soc. Lond. **1**, 27 (1849); Pogg. Ann. **75**, 501 (1848). — C. Schall, Ber. Dtsch. Chem. Ges. **17**, 2199 (1884). — Dorothy Marshall u. W. Ramsay, Phil. Mag. [5] **41**, 38 (1896). — L. Kahlenberg, J. phys. chem. **5**, 215, 289 (1901). — T. W. Richards u. J. H. Mathews, J. Amer. chem. Soc. **33**, 863 (1911).
[5]) F. Henning, Ann. d. Phys. [4] **29**, 441—465 (1909).
[6]) E. Leduc, C. R. **144**, 1259—1261 (1907).
[7]) J. H. Hildebrand, J. amer. chem. Soc. **37**, 970—978 (1915).

b) Nach F. H. Lewis[1] gilt zwischen der Verdampfungswärme l, der absoluten Temperatur, dem Ausdehnungskoeffizienten α der Flüssigkeit, dem Kompressibilitätskoeffizienten β und der Dichte δ die Beziehung:

$$l = -\frac{T\alpha}{\delta\beta}.$$

Bei anormaler Flüssigkeit versagt sie, indem sich l für Wasser zu ca. 0 berechnet, statt des obigen Wertes.

16. Die Dampfdruckkurve des Eises und seine Schmelz- und Verdampfungswärme.

Die Dampfspannung des Eises beträgt nach W. Nernst[2]

Temp. Θ	-30°	-40°	-50°
p in mm Hg	0,291	0,0962	0,0301 [3]

Nach J. Goebel[4] ist die Dampfspannungskurve des Eises durch die Formel:

$$p = 0,45996 + 0,03741\,\Theta + 0,001895\,\Theta^2 + 0,0000716\,\Theta^3,$$

nach M. Thiesen[5] durch die Formel:

$$\log\frac{p}{p_0} = C\frac{\Theta}{T}$$

ausdrückbar, wo p_0 Dampfspannung bei 0°, Θ die Temp. in $^{\circ}$Cels. und T die absolute Temperatur bedeuten. C ist eine Temperaturfunktion:

$$C = 9,632\cdot(1 - 0,00036\,\Theta).$$

Auch die Formel:

$$\frac{\log p}{p_0} = 8,891\cdot\frac{\Theta}{252+\Theta}$$

entspricht den Beobachtungen.

Die molekulare Verdampfungswärme des Eises beträgt nach W. Nernst[6]

$$11938 + 3,5\,T - 0,0096\,T^2.$$

Die Schmelzwärme des Eises beträgt:

bei 0° pro 1 g

79,2 cal.	nach	E. Leduc[7]
79,15 „	„	H. V. Regnault[8]
80,03 „	„	R. Bunsen[9]
79,61 „	„	A. Bogojawlenski[10]
79,67 „	„	W. A. Roth[11]
79,63 „	„	H. C. Dickins, D. R. Harper u. N. S. Osborne[12]

---

[1] F. H. Lewis, Z. f. phys. Chem. **78**, 24 (1911).
[2] W. Nernst, Verh. Dtsch. Phys. Ges. **11**, 313—327 (1909).
[3] Zu gleichen Resultaten kommen K. Scheel u. W. Heuse, Ann. d. Phys. [4] **29**, 723—737 (1909), sowie L. Rolla, Atti R. accad. Linc. Roma [5] **18**, II, 465—473 (1909).
[4] J. Goebel, Z. f. phys. Chem. **53**, 213—224 (1905).
[5] M. Thiesen, Ann. d. Phys. [4] **29**, 1052—1062 (1909).
[6] W. Nernst, Verh. Dtsch. Phys. Ges. **11**, 313—327 (1909).
[7] E. Leduc, C. R. **142**, 46—48 (1906).
[8] H. V. Regnault, Ann. chim. phys. [3] **8**, 27 (1843); Pogg. Ann. **49**, 1844 (1840).
[9] R. Bunsen, Pogg. Ann. [4] **31**, 1870 (1834).
[10] A. Bogojawlenski, Schr d. Dorpater Natf. Ges. **13**, 1 (1904).
[11] W. A. Roth, Z. f. phys. Chem. **63**, 441 (1908).
[12] H. C. Dickinson, D. R. Harper u. N. S. Osborne, Journ. Frankl. Inst. **176**, 453—454.

17. Die Schmelzlinie des Eises.

Die Schmelzlinie des Eises ist jedoch nicht, wie die schematische Darstellung in Fig. 17 zeigt, eine Gerade, sondern nach G. Tammann[1]) gegen die Druckachse gekrümmt, indem bei höheren Drucken die Werte von $d\Theta/dp$ wachsen, wie folgende Tabelle es zeigt:

p	Θ	$-\dfrac{d\Theta}{dp}$
1	0	
336	— 2,5	0,0074
615	— 5,0	0,0090
890	— 7,5	0,0091
1155	— 10,0	0,0094
1410	— 12,5	0,0100
1625	— 15,0	0,0166
1835	— 17,5	0,0119
2042	— 20,0	0,0121
2200	— 21,1	0,0133

Diese Kurve mündet in den Tripelpunkt Eis I — Wasser — Eis III (s. Abschn. 18).

Der Einfluß ungleichförmigen Druckes.

Wird auf schmelzendes Eis, das unter Druck sich in einem Gleichgewichtszustand bei T^0 befindet, ein einseitiger Druck ausgeübt, so tritt eine Erniedrigung der Schmelztemperatur Θ ein. Ist durch Abschmelzen des Eises der Enddruck z_t, so ist $\Theta = 0{,}00036 z_t$.[2])

Nach G. Quincke[3]) treten beim langsamen Schmelzen des Eises in Blöcken von 1 m Höhe im Innern Inhomogenitäten und Streifen auf, herrührend von geringen Verunreinigungen. Dies hat nach Verf. Beziehung zur Struktur der Gletscher.[4])

18. Die übrigen Eisarten.

G. Tammann[5]) unterscheidet:

1. Die Gruppe des gewöhnlichen Eises mit dem gewöhnlichen hexagonalen, absolut stabilen Eis I und dem instabilen Eis IV. Letzteres ist weniger dichter als das gewöhnliche Eis I, aber ebenfalls dichter als Wasser. Es ist vielleicht identisch mit dem tetragonalen Eis von A. E. Nordenskjöld[6]) oder dem regulären Eis von P. Barendrecht.[7]) Diese Formen scheiden sich aus nicht komprimiertem Wasser ab.

2. Aus komprimiertem Wasser scheidet sich die Gruppe der dichteren Eisarten mit dem wahrscheinlich absolut stabilen Eis III und dem instabilen Eis II ab. P. Tschirwinsky[8]) vermutet, daß beide Eisarten regulär seien.

[1]) G. Tammann, Drudes Ann. d. Phys. **2**, 1 (1900).
[2]) E. Riecke, N. JB. Min. etc. 1912, 97—104.
[3]) G. Quincke, Proc. Roy. Soc. **76**, A, 431—439 (1905).
[4]) Siehe G. Quincke, „Über Eisbildung und Gletscherkorn", Ann. d. Phys. [4] **18**, 1—80 (1905).
[5]) G. Tammann, Z. anorg. Chem. **63**, 285—305 (1909); Z. f. phys. Chem. **72**, 609—621 (1911); Nachr. K. Ges. I. Wiss. Gött. 1911, 325—360.
[6]) A. E. Nordenskjöld, Ann. d. Phys. [2] **119**, 615 (1863).
[7]) A. P. Barendrecht, Z. f. phys. Chem. **20**, 240 (1896).
[8]) P. Tschirwinsky, N. JB. Min. etc. 1914, II, 349.

Da Wasser mit wachsendem Druck an Polymolekülen verarmt, so kann man annehmen, daß die sub 1 genannten Eisarten aus assoziierten Polymolekeln bestehen, die der 2. Gruppe aus nicht assoziierten Molekeln. Die Dichten von Eis III und II sind größer als die von Wasser und flüssiger Luft.

Eis III wird erhalten durch Komprimieren von Eis I auf 2500 kg zwischen — 20 und — 50°; es ist farblos, perluzid und besteht aus groben Kristalliten; das nicht absolut stabile Eis II wird hergestellt durch Kompression auf 2500 kg bei —80°. Die Schmelzkurve von Eis III liegt bei höherer Temperatur als die von Eis II.

Eis II neben Eis III und Eis IV neben Eis I sind nicht existenzfähig.

Es liegen folgende, sich nicht schneidende Gleichgewichtskurven vor:

Eis I $\rightleftarrows$ Eis III   Eis IV $\rightleftarrows$ Eis III   Eis I $\rightleftarrows$ Eis II .

Die Umwandlungskurve Eis IV $\rightleftarrows$ Eis II schneidet die Umwandlungskurve Eis I $\rightleftarrows$ Eis III.

Es liegen also nach G. Tammann die folgenden stabilen Tripelpunkte

				Temp.	Druck
Eis I	— Wasser	— Dampf		+ 0,0074°	4,604 mm Hg
Eis I	— Eis III	— Wasser		— 20,8	2040 kg/qcm

sowie die folgenden instabilen Tripelpunkte vor:

			Temp.	Druck
Eis I	— Eis II	— Wasser	— 22,4	22300 kg/qcm
Eis II	— Eis IV	— Wasser		
Eis III	— Eis IV	— Wasser		
Eis IV	— Wasser	— Dampf		

Späterhin hat G. Tammann[1]) bei Drucken von 2000—2500 kg/qcm außer den genannten Eisarten zwei weitere, den Eisarten I und III verwandte Formen I′ und III′ gefunden und mehrere andere Eisarten beschrieben. Es wurden folgende nonvariante Gleichgewichtspunkte realisiert:

			Temp.	Druck
Wasser	— Eis I′	— Eis III	— 21,8°	2025 kg/qcm
Wasser	— Eis I	— Eis III′	— 22,0	2150 "
Wasser	— Eis I′	— Eis III′	ca. — 21,5	2140 "
Eis I	— Eis II	— Eis III′	— 30,0	2195 "

F. B. Bridgeman[2]) meint, daß die Eisvaritäten von Eis I und III G. Tammanns noch nicht einwandfrei erwiesen seien. Hingegen hat er selbst noch zwei weitere Eissorten Eis V uud VI gefunden.[3]) Eis VI kann unter geeigneten Drucken oberhalb 0° bestehen. Alle Formen, mit Ausnahme des gewöhnlichen Eises, sind dichter als Wasser; das beobachtete Existenzgebiet von Eis VI ist fünfmal größer als das aller übrigen Modifikationen. Nach F. B. Bridgeman[4]) ist:

---

[1]) G. Tammann, Z. f. phys. Chem. **84**, 257—292 (1913).
[2]) F. B. Bridgeman, Z. f. phys. Chem. **86**, 513—524 (1913). — Derselbe, ebenda **89**, 252—253 (1914). — G. Tammann, Replik **88**, 57—62 (1914).
[3]) F. B. Bridgeman, Z. anorg. Chem. **77**, 377—455 (1913).
[4]) F. B. Bridgeman, J. Frankl. Inst. **177**, 315—332.

Eis I   10—13% leichter als Wasser,
Eis III   3% dichter   „   „
Eis II ist 22 mal   „   „   Eis I
Eis V „ 5,5 „   „   „   Eis III u. ca. 6% dichter als Wasser und
Eis VI „ 4%   „   „   Eis V.

Nach F. B. Bridgeman sind von den theoretisch möglichen 6 Tripel-punkten und 11 Umwandlungslinien ohne gasförmige Phase, 5 bzw. 10 reali-siert worden. Die Lage der Tripelpunkte ist die folgende:

	Temp.	Druck kg/qcm
Wasser — Eis I — Eis III	— 22,0°	2115
Eis II — Eis III — Eis I	— 34,7	2170
Eis V — Eis III — Wasser	— 17,0	3530
Eis V — Eis II — Eis III	— 24,3	3510
Eis VI — Eis V — Wasser	+ 0,16	6380

Beim absoluten Nullpunkt von Druck und Temperatur scheint die Identi-tät von Wasser und Eis I sicher, sowie die der übrigen Eisarten wahr-scheinlich. [1]

Außer den erwähnten, näher beschriebenen Eisarten hat G. Tammann noch einige andere (l. c.) beschrieben. Es ist die Existenz derartiger vieler polymorpher Modifikationen, die in der Hauptsache instabile Systeme darstellen, ganz verständlich, wenn wir an die Unzahl von Eisformen, die in der Natur vorkommen können, denken. So beobachtete z. B. J. Schukewitsch[2] 246 verschiedene Kristallformen von Schnee, die innerhalb von zwei Jahren in Petersburg niederfielen. Mehrere zentimetergroße, tafelförmige Eiskristalle hat L. Milch[3] beschrieben. Hemimorphe Eiskristalle, Pyramiden mit großer Grundfläche von 5—6 mm Kantenlänge hat bei Graupen im Erzgebirge Stecher[4] beobachtet.

Außer den besprochenen Zweiphasensystemen mit Eis, in denen wir die Grenzflächen zwischen den beiden Phasen makroskopisch erkennen können, ist noch eine ungemein innige Durchdringung beider Phasen unter enorm großer Oberflächenentwicklung derselben möglich. Wir kommen dann zu festen und flüssigen, suspensoiden bzw. kolloiden Eislösungen. P. v. Weimarn[5] sieht hier acht verschiedene kolloide Zustände voraus, und zwar:

Im flüssigen Dispersionsmittel koll. Eis,   koll. Wasser und koll. Schaum,
„ gasförmigen   „   „ Schnee, „ Nebel,
„ festen   „   „ Eis,   „ Wasser „   „ Wasserdampf.

Vermehrt wird die Zahl dieser Systeme durch das Auftreten der ver-schiedenen Eismodifikationen.

---

[1] L. Schames, Z. f. phys. Chem. 84, 369—378 (1913).
[2] J. Schukewitsch, Bull. Acad. St. Petersburg 1910, 291—302.
[3] L. Milch, N. JB. Min. etc. 1909, 532—536.
[4] Stecher, Z. f. Min. u. Geol. 1914; Zusammenfassende Berichte über chem. Beschaffenheit, Struktur u. physik. Verhalten von Meereis, Gletschereis und Seeeis, J. G. Buchanan, Roy. Inst. of Great Britain 1908, 3455.
[5] P. v. Weimarn, J. Russ. phys. chem. Ges., Phys. Thl. 42, 65—68 (1910); Zts. f. Chem. u. Ind. d. Koll. 6, 181—183; vgl. W. Ostwald, ebenda 6, 183—191.

19. Die Überschreitungserscheinungen.

In Fig. 17 sehen wir eine punktierte Linie *OA'*, welche die natürliche Fortsetzung der Dampfdruckkurve des Wassers darstellt. Sie entspricht den Dampfdrucken unterkühlten Wassers, also instabilen Gleichgewichtszuständen. Diese gehen beim Impfen mit Keimen der festen Phase (Eis I) in die stabilen Gleichgewichtszustände, wie sie der Kurve *OA* entsprechen, über. Dementsprechend sind, wie auch schon aus der Fig. 17 hervorgeht, die Dampfdrucke überkühlten Wassers größer als die des Eises bei gleicher Temperatur. Nach Julihn[1]) beträgt der Unterschied:

Temp.	Druckdifferenz in mm Hg
0	0
− 2,5°	0,083°
− 5,0	0,135
− 10,0	0,198
− 15,0	0,214
− 20,0	0,199

In bezug auf unterkühlte Flüssigkeiten unterscheidet man eine metastabile Grenze, bis zu der nur beim Impfen mit Keimen und nicht durch mechanische Reize (wie Schütteln, Kratzen mit einem Rührer usw.) Kristallisation erfolgt und das instabile Gebiet, in dem auch durch mechanische Reize Kristallisation eintritt. Ihre untere Grenze ist gegeben durch die tiefste Temperatur, bis zu der Wasser überhaupt unterkühlt werden kann (bis gegen − 20°).

Über die metastabile Grenze liegen verschiedene Daten vor, je nach der Art des ausgeübten Reizes.

Ohne Keime beim Schütteln kristallisiert Wasser bei − 1,9 i. M.[2]) In reinem Wasser beträgt nach H. Hartley und Mitarbeitern[3]) die höchste Temperatur, die bei der Eisbildung ohne Impfung beobachtet wurde, − 0,5°. Nach S. W. Young soll am besten ein Rührer aus Kupfer die Kristallisation begünstigen.[4]) Die lineare Kristallisationsgeschwindigkeit von unterkühltem Wasser zwischen − 2 und − 9° haben J. H. Walton und Roye Judd[5]) bestimmt.

Bei spontaner Kristallisation aus Lösungen scheiden sich nach Hartmann[6]) vier nach ihrem Aussehen verschiedene Kernarten ab, je nach Natur und der Konzentration der gelösten Stoffe und dem Grad der Unterkühlung.

20. Volumverhältnisse des Wassers.

a) Wasserdampf.

Nach A. Winkelmann[7]) beträgt die relative, auf Luft bezogene Dichte δ[8]) des gesättigten, also im Gleichgewichte mit flüssigem Wasser stehenden Wasserdampfes:

---

[1]) Julihn, Bih. d. Akad. Handl. **17**, I, 1.
[2]) H. A. Milos u. F. Isaac, Brit. Assoc. Rep. 1906, 522; Z. Kryst. **45**, 299 (1908).
[3]) H. Hartley u. Mitarbeiter, Proc. Chem. Soc. **24**, 70 (1876).
[4]) S. W. Young u. W. J. van Sicklen, „Über den mech. Reiz zur Kristall. des Wassers", J. amer. Chem. Soc. **35**, 1067—1078 (1913).
[5]) J. H. Walton u. Roye Judd, J. of Phys. Chem. **18**, 722—728 (1914).
[6]) Hatrmann, Z. anorg. Chem. **88**, 128—132 (1915).
[7]) A. Winkelmann, Wied. Ann. **9**, 208 (1880).
[8]) $\dfrac{\text{Dichte des gesätt. Wasserdampfes}}{\text{Dichte der Luft}}$ bei gleichem Druck u. Temp.

Druck in Atm.	Temp.	δ
0,5	81,7°	0,63357
1,0	100,0	0,64026
2,0	120,6	0,64838
3,0	133,9	0,65400
4,0	144,0	0,65860

Der vom normalen Molekulargewicht 18,02 geforderte Wert der relativen Dichte wäre $\delta = 0,6224$. Die Molekulargewichte des gesättigten Wasserdampfes wären aus der Dichte berechnet 19,06 — 18,33, was also auf Polymerisationserscheinungen des Wassers bereits im gesättigten Wasserdampf hindeutet.

b) Die Dichte des flüssigen Wassers hat bekanntlich bei $+ 4°$ C ein Maximum, also das Volumen der reziproke Wert der Dichte ein Minimum. Die Dichte von Wasser beträgt, bezogen auf die Wasserstoffskala, bei:

°C	Dichte	Volumen	
0,0	0,999868	1,000132	
4,0	1,000000	1,000000	Nach M. Thiesen, K. Scheel und
10,0	0,999727	1,000273	A. Diesselhorst, Wiss. Abh. Ph. T. R.
20,0	0,998230	1,001773	3, 69 (1900).
30,0	0,995673	1,004346	
50,0	0,98807	1,01207	
70,0	0,97781	1,02270	Nach M. Thiesen, Wiss. Abh. Ph. T. R.
90,0	0,96534	1,03590	4, 1 (1904).
100,0	0,95838	1,04343	
120,0	0,9434	1,0601	Mittelwerte der Bestimmungen von G. A.
160,0	0,9075	1,1019	Hirn, Ann. chim. phys. [4] 10, 32
200,0	0,8628	1,1590	(1866). — W. Ramsay u. S. Young,
240,0	0,809	1,236	Phil. Trans. 183, 108 (1893). — J. J.
280,0	0,75	1,38	Waterston, Phil. Mag. [4] 26, 116
320,0	0,66	1,51	(1863).
Krit. Temp.	0,335	2,985	D. A. Goldhammer, Z. f. phys. Chem. 71, 577 (1916).

Die kubische Ausdehnung des Wassers läßt sich durch die Formel

$$v_t = v_0 (1 + \alpha \Theta + \beta \Theta^2 + \gamma \Theta^3 + \delta \Theta^4)$$

ausdrücken, wo v_0 das Volumen bei $0°$ bedeutet und die Konstanten α, β, γ, δ folgende Werte haben:

Im Temp.-Intervall	α	β	γ	δ	Nach
0—80°	$- 0,0_4 53255$	$+ 0,0_6 761532$	$- 0,0_7 437217$	$0,0_9 164322$	Landesen, Schr. d. Natf. Ges. Univ. Dorpat 1900.
100—200°	$+ 0,0_3 108679$	$+ 0,0_5 30074$	$+ 0,0_8 2873$	$0,0_{11} 66457$	G. A. Hirn, Ann. chim. phys. [4] 10, 32 (1866).

Vgl. auch P. H. Hofbauer, Z. f. phys. Chem. 84, 762—763 (1913). H. Panebianco, Z. Kryst. 50, 496—97, schlägt für Wasser folgende Ausdehnungsformel vor:

$$v_t = v_0 (1 - 0,0_4 6807\ \Theta + 0,0_5 86697\ \Theta^2 - 0,0_6 26211\ \Theta^3) .$$

Der Ausdehnungskoeffizient des Wassers bis $200°$ ist von J. Meyer[1] ermittelt worden.

---

[1] J. Meyer, Festschrift W. Nernst, 278—301.

Für die Dichte δ gilt nach M. Thiesen, K. Scheel und A. Diesselhorst[1] im Intervall 0—40°:

$$\delta = 1 - \frac{(\Theta - 3,98)^2}{503570} \cdot \frac{\Theta + 283}{\Theta + 67,26},$$

nach M. Thiesen:[2]

$$\delta = 1 - \frac{(\Theta - 3,982)^2}{466700} \cdot \frac{(\Theta + 273)}{(\Theta + 67)} \cdot \frac{(350 - \Theta)}{(365 - \Theta)}.$$

Kompressibilität. Ist das Volumen V_1 einer Flüssigkeit beim Druck p_1 Atmosphären bei t^0 C V_2 dasjenige unter p_2 Atmosphären bei der gleichen Temperatur, ist der Kompressibilitätskoeffizient β_t bei der Temperatur t gegeben durch:

$$\beta_t = \frac{1}{V_1} \cdot \frac{V_1 - V_2}{p_1 - p_2}.$$

Es beträgt nach E. H. Amagat[3] $\beta \cdot 10^7$

zwischen bei $t^0 =$	0°	20°	50°	100°
1—100 Atm.	511	468	449	478
1—500	475	434	416	—
500—1000	416	380	366	—
1000—1500	358	309	375	—
1500—2000	324	278	300	—
2000—2500	292	275	275	—
2500—3000	261	257	254	—

Vgl. G. A. Hullet, Z. f. phys. Chem. **33**, 237—244 (1900), und Th. W. Richards und Mitarbeiter, J. Amer. Chem. Soc. **34**, 971—993 (1912).

Neben dem isothermen Kompressibilitätskoeffizienten β bestimmte D. Tyrer[4] den adiabatischen Kompressibilitätskoeffizienten für Wasser α bei Drucken zwischen 1—2 Atmosphären:

Temp.	$\alpha \cdot 10^7$	$\beta \cdot 10^7$
0°	502,5	502,8
70	424,5	452,9
100	429,0	418,8

Vgl. Th. Peczalski, C. R. **157**, 584—586 (1913).

Auch aus den Volumverhältnissen des Wassers läßt sich die Assoziation des Wassers ermitteln. Für Flüssigkeiten mit normalem Molekulargewicht M und der Dichte δ gilt nach J. Traube[5] die Beziehung:

$$\frac{M}{\delta} - \Sigma nc = 25,9,$$

wo n die Anzahl der Atome im Molekül und c Atomkonstante sind, die die Bedeutung des wahren Atomvolumens haben. So ist z. B.:

$$c:$$
$$\text{für Wasserstoff} \ldots \ldots \quad 8,1 \text{ ccm},$$
$$\text{„ Sauerstoff in Hydroxyl} \ldots \quad 2,3 \text{ ccm},$$

also für Wasser $\Sigma nc = 2 \times 3,1 + 2,3$ ccm $= 8,5$.

---

[1] M. Thiesen, K. Scheel u. A. Diesselhorst, Wied. Ann. **60**, 340 (1897); Wiss. Abh. d. Phys.-Techn. R.-A. **2**, 1 (1895); Z. f. Instrumentenkunde **16**, 49 (1896).
[2] M. Thiesen, Wiss. Abh. d. Ph. T. R. **4**, 1 (1903).
[3] E. H. Amagat, Ann. chim. phys. [6] **29**, 68, 505 (1893).
[4] D. Tyrer, Journ. chem. Soc. **103**, 1675—1688 (1913).
[5] J. Traube, Z. anorg. Chem. **8**, 3, 38 (1895); Ber. Dtsch. Chem. Ges. **28**, 2728, 2924 (1895); **29**, 1023 (1896); **30**, 265 (1897).

Ist $M/\delta - \varSigma n c$ kleiner als 25,9, so ist das Vorhandensein assoziierter Moleküle anzunehmen. Bei Verdoppelung des Molekulargewichtes wird diese Differenz $= 12,9$, bei Verdreifachung 8,6.

Aus den Volumverhältnissen ergibt sich für Wasser ein Assoziationsfaktor von ca. 3, d. i. also entsprechend dem 3fachen Molgewichte.

c) Eis.

Das spezifische Volumen des Eises beträgt bei 0^0 nach A. Hess[1]): 1,0236. Die Dichte des Eises beträgt:

bei 0^0 0,918   nach C. Brunner, Pogg. Ann. **64**, 113 (1845),
" "   0,922   "   Duvernoy,   "   " **117**, 455 (1863),
" "   0,91674   "   R. Bunsen,   "   " **141**, 3 (1870),
" "   0,9176   "   A. Leduc, C. R. **142**, 149—151 (1906),
" $- 188,7^0$ 0,92999   "   J. Dewar, Ch.N. **85**, 277–779, 288–290 (1902).

Der lineare Ausdehnungskoeffizient des Eises beträgt nach J. H. Vincent[2]) zwischen $- 10^0$ und 0^0: 0,0000507.

Der mittlere Ausdehnungskoeffizient zwischen 0^0 und $- 188,7^0$ nach J. Dewar (l. c.) 0,00008099 ist ein Viertel des Ausdehnungskoeffizienten des mittleren Ausdehnungskoeffizienten zwischen 0^0 und $- 10^0$ (halb so groß als der des Wassers zwischen 4^0 und 100^0), und für den absoluten Nullpunkt berechnet sich die Dichte des Eises zu 0,9368, das spez. Volumen zu 1,0675. Eis kann demnach nie so weit abgekühlt werden, daß es die geringste Dichte des Wassers erreicht, die bei 100^0 den Wert 0,9584 hat.

Nach Th. W. Richards und Cl. L. Speyer[3]) beträgt die Kompressibilität des Eises zwischen 100—500 Megabaren[4]) bei $- 7,03^0$: 0,000012, was ein Viertel der Kompressibilität des Wassers bei benachbarten Temperaturen entspricht. Den Elastizitätsmodul für beliebig orientiertes Eis findet K. R. Koch[5]) zu 626 kg/qcm.

21. Spezifische Wärme.

a) Wasserdampf. Nach kalorimetrischen Messungen beträgt nach L. Holborn und F. Henning[6]) die mittlere spezifische Wärme zwischen 100^0 und 800^0 C bei konstantem Druck $c_p = 0,4460 (1 + 0,000096 \Theta)$ cal. Aus Explosionsdrucken berechnete A. Langen[7]) c_p für Temperaturen von 1100^0 C aufwärts zu $c_p = 0,44 (1 + 0,00027 \Theta)$.

b) Die spezifische Wärme des flüssigen Wassers nimmt man als Einheit an. Man unterscheidet:

die Wärmemenge, die nötig ist, um 1 g Wasser zu erwärmen:

von 0^0 auf 1^0 C, die Nullpunkts-Kalorie,
von 0^0 auf 100^0, dividiert durch 100, die mittlere Kalorie,
von $14,5^0$ auf $15,5^0$, die 15^0-Kalorie.

[1]) A. Hess, Ber. Dtsch. Phys. Ges. **3**, 403—433 (1901).
[2]) J. H. Vincent, Proc. Roy. Soc. **69**, 422 (1902).
[3]) Th. W. Richards u. Cl. L. Speyer, Journ. amer. chem. Soc. **36**, 491—497 (1914); vgl. Z. anorg. Chem. **92**, 47—52 (1916).
[4]) 1 Megabare Druck von 1000000 Dynen auf 1 qcm = ca. 0,987 Atm.
[5]) K. R. Koch, Ann. d. Phys. [4] **41**, 709—727 (1913).
[6]) L. Holborn u. F. Henning, Drudes Ann. **18**, 739 (1905); **23**, 809 (1907).
[7]) A. Langen, „Mitt. über Forschungsarb. auf dem Gebiete des Ing.-Wesens". Berlin 1903, **8**, 1.

Die mittlere spezifische Wärme des Wassers ist nach C. Dieterici[1]) zwischen 0^0 und Θ^0 $\Theta = 100-300^0$ gegeben durch:

$$c_m = 1,0160 - 0,00030286\,\Theta + 0,000001434\,\Theta^2.$$

Die spezifische Wärme bei t^0 ist:

$$c_t = 1,0160 - 0,0006058\,\Theta + 0,000004302\,\Theta^2.$$

Die wahre spezifische Wärme des Wassers ist nach C. Dieterici[2]) in Bunsenkalorien zwischen 35^0 und 300^0 gegeben durch:

$$c_t = 0,99827 - 0,00010368\,\Theta + 0,0_5 20736\,\Theta^2.$$

Unter 35^0 gelten folgende Werte:

t	0^0	5^0	10^0	15^0	20^0	25^0	30^0	35^0
c	1,0075	1,0037	1,0008	0,9987	0,9974	0,9970	0,9971	0,9972

Formeln für die Abhängigkeit der spezifischen Wärme des Wassers haben übrigens u. a. noch gegeben Ch. Ed. Guillaume[3]) und A. L. Callendar.[4]) Weitere Bestimmungen über die spezifische Wärme des Wassers ausgedrückt in Joule liegen vor seitens W. R. Bousfield und W. E. Bousfield[5]), A. Cotty.[6]) Sehr genaue neue Bestimmungen über die Wärmekapazität A des Wassers und ihres Temperaturkoeffizienten α in $\frac{\text{Wattstunden}}{\text{Gramm-grad } C}$ liegen vor seitens W. Jaeger und H. v. Steinwehr.

Temp. in thermodynam. Skala	A	α
10	$4,1897_5$	$-2,96.10^{-4}$
20	4,1800	$-1,70.10^{-4}$
30	4,1755	$-0,43.10^{-4}$
40	4,1764	$+0,83.10^{-4}$
50	4,1825	$+2,10.10^{-4}$

c) Die spezifische Wärme des Eises beträgt:

zwischen	0^0 bis	$-78,4^0$	$0,424 \pm 0,002$	} nach F. G. Jackson[7])	
"	0	" -188	$0,337 \pm 0,001$		
"	0	" -185	0,3450	nach P. Nordmeyer u. A. Bernoulli[8])	
"	0	" -78	0,463	}	
"	-78	" -188	0,285	} nach J. Dewar[9])	
"	-188	" $-252,5$	0,146	}	
bei	-50		0,395	}	
"	-45		0,405		
"	-40		0,415		
"	-35		0,427	} nach A. Bogojawlenski[10])	
"	-30		0,440		
"	-25		0,455		
"	-20		0,475		
"	-15		0'500	}	

[1]) C. Dieterici, Ber. Dtsch. phys. Ges. 2, 228—233 (1904).
[2]) Derselbe, Ann. d. Phys. [4] 16, 593—620 (1905).
[3]) Ch. Ed. Guillaume, C. R. 159, 1483—1487 (1914)·
[4]) A. L. Callendar, Proc. Roy. Soc. A 86, 254—257 (1912).
[5]) W. R. Bousfield u. W. E. Bousfield, ebenda 85, 302—304 (1911);
[6]) A. Cotty, Ann. chim. phys. [8] 24, 282—288 (1911).
[7]) F. G. Jackson, Journ. amer. chem. Soc. 34, 1470—1480 (1912).
[8]) P. Nordmeyer u. A. L. Bernoulli, Ber. Dtsch. Phys. Ges. 5, 175—183 (1903).
[9]) J. Dewar, Proc. Roy. Soc. A 76, 325—340 (1905).
[10]) A. Bogojawlenski, Schr. d. Dorp. Natf. Ges. 13, 1—73.

Beziehen wir uns statt auf 1 g auf 1 Mol Wasser, so sprechen wir von Molekularwärme.   Nach J. Nernst und F. Koref[1]) läßt sich die Abhängigkeit der Molekularwärme von Eis von der Temperatur durch die Beziehung

$$8,47 + 0,0276\,\Theta - \frac{14,0}{\Theta}$$

ausdrücken.

22. Wärmeleitfähigkeit.

Die Wärmeleitfähigkeit des Eises beträgt nach Ch. H. Lees[2]) in CGS-Einheiten und absoluter Temperaturskala:

$T =$	120 ^{0}	180 ^{0}	240 ^{0}
Wärmeleitfähigkeit	0,0062	0,0058	0,0052

Über die Wärmeleitfähigkeit des Wassers, siehe R. Goldschmidt.[3])

23. Zähigkeit (Viscosität).

a) Wasser. Der absolute Wert der Zähigkeit von Flüssigkeiten im cm/g/sek-System kann aus der durch Kapillarröhren ausgeflossenen Menge nach der Formel:

$$\eta = \frac{\pi \cdot p \, r^4 \, t}{8\,l\,v}$$

berechnet werden, wenn p den zur Überwindung des Widerstandes nötigen Druck, l und r die Länge und den Radius des Kapillarrohres, v das ausgeflossene Flüssigkeitsvolumen und t die Ausflußzeit bedeuten.   Es beträgt die Viscosität des Wassers:

Temp.	η	
0 ^{0}	0,017928 [8])	⎫
10	0,01301 [4])	⎪
20	0,01086 [4])	⎪
25	0,008926 [5])	⎪
30	0,007998 [4])	⎪
40	0,006563 [4])	⎪
50	0,005500 [4])	⎬ Nach E. C. Bingham u. G. F. White[4])
		und R. Hosking[5])
60	0,004735 [4])	⎪
70	0,004075 [4])	⎪
75	0,003800 [5])	⎪
80	0,003570 [4])	⎪
90	0,003143 [4])	⎪
100	0,00284 [5])	⎭

Für diese Daten gilt nach R. Hosking eine Interpolationsformel

$$\eta_t = \frac{\eta_0}{1 + k_1\,\Theta + k_2\,\Theta^2},$$

wo k_1 und k_2 für jedes Temperaturintervall von 25 ^{0} zu berechnen sind. Die Viscosität unterkühlten Wassers haben G. F. White und R. H. Twing[6]) zu

[1]) J. Nernst u. F. Koref, Sitzber. Berliner Ak. 1910, 247—261, 262—282.
[2]) Ch. H. Lees, Proc. Roy. Soc. 74, 337—338 (1905).
[3]) R. Goldschmidt, Phys. Ztschr. 12, 417—424 (1911).
[4]) E. C. Bingham u. G. F. White, Z. f. phys. Chem. 80, 670—686 (1912).
[5]) R. Hosking, Phil. Mag. [6] 17, 502—520 (1909); ebenda [6] 18, 260—263 (1909).
[6]) G. F. White u. R. H. Twing, Amer. Chem. Journ. 50, 380—389 (1913).

Temp.	$-4,7^0$	$-7,23^0$	$-9,30^0$
η	0,02121	0,02341	0,02549

bestimmt.

Die relative Viscosität von Wasser für das Temperaturintervall von 0^0 bis 50^0 haben neuerdings auch E. Washburn und G. Y. Williams[1] bestimmt.

Außer der Viscosität wird neuerdings auch ihr reziproker Wert, die Fluidität φ, definiert, vgl. E. C. Bingham.[2]

Die Funktion der absoluten Temperatur T und Fluidität φ ist nach E. C. Bingham[3] gegeben durch:

$$T = 0,23275\,\varphi - \frac{8676,8}{\varphi + 120} + 309,17\,.$$

b) Die Viscosität des Eises ist als festen Stoffes naturgemäß enorm viel größer und abhängig von der Richtung im Kristall, in der wir sie betrachten. Nach R. M. Deeley[4] beträgt sie senkrecht zur optischen Achse ca. $2 . 10^{10}$ bei 0^0. Aus der Gletscherbewegung im Winter berechneten R. M. Deeley und P. H. Parr[5] die Viscosität von Eis $\eta = 147,7 . 10^{12}$ und $125 . 10^{12}$. Wenn die Viscosität eines Gletschers bei dieser Temperatur 6250 mal soviel beträgt, kann dies damit zusammenhängen, daß die optischen Achsen der Gletscherkristalle nach verschiedenen Richtungen laufen.

Über die innere Reibung des Eises (Newa-Eis und granuliertes Gletschereis vom Hinlereisferner in Tirol) siehe B. Weinberg.[6] und J. F. Main.[7]

Neben der inneren Reibung, der Viscosität des Eises kommt die Oberflächenreibung des Eises, die stark vom Druck abhängig ist, in Frage. Nach H. Morphy[8] ist bei schwachen Drucken der Reibungskoeffizient ziemlich groß: $0,36 \pm 0,1$ bis $-5,60$; bei großen Drucken sinkt er plötzlich auf die Hälfte und beträgt nur $0,17 \pm 0,1$.

Eis zeigt ein sehr rasches Ansteigen der Plastizität nach dem Schmelzpunkt hin (N. Slatowratski und G. Tammann[9]), so daß nach J. Dewar[10] Eis in der Nähe seines Schmelzpunktes in Drahtform gepreßt werden kann, ebenso bei -80^0 unter 50 Tonnen Druck, wobei es aber undurchsichtig wird, während bei tieferer Temperatur diese Fähigkeit verschwindet. Vgl. Plastizität des Eises.[11]

24. Das Brechungsvermögen für Licht- und Wärmewellen.

Der Brechungsexponent n des Wassers von 20^0 gegen Luft von 20^0 beträgt für Licht der verschiedensten Wellenlängen:

---

[1]) G. Y. Williams, Amer. chem. Journ. **35**, 737—750 (1906).
[2]) E. Bingham, Amer. chem. Journ. **43**, 287—309 (1910).
[3]) E. C. Bingham, ebenda **40**, 277—280 (1908).
[4]) R. M. Deeley, Proc. Roy. Soc. A **81**, 250—259 (1908).
[5]) R. M. Deeley u. P. H. Parr, Phil. Mag. [6] **26**, 85—111 (1913).
[6]) B. Weinberg, J. russ. phys. chem. Ges. **38**, Phys. Tl. 186—224, 250—281, 289—328, 329—364 (1906).
[7]) J. F. Main, Proc. Roy. Soc. **42**, 329 (1887).
[8]) H. Morphy, Phil. Mag. [6] **25**, 133—135 (1913).
[9]) N. Slatowratski u. G. Tammann, Z. f. phys. Chem. **53**, 341—348 (1905).
[10]) J. Dewar, Ch. N. **91**, 216—219 (1905).
[11]) Ann. d. Phys. [4] **36**, 449—492 (1889).

Licht der Linie folgenden Metalles	der Wellenlänge λ in $\mu\mu$	n	Licht der Linie folgenden Metalles	der Wellenlänge λ in $\mu\mu$	n
Cd	214,45	1,40397	Tl	535,05	1,33488
Au	267,61	1,36902	Na	589,31	1,33299
Al	308,23	1,35672	H α	656,29	1,33114
H	396,85	1,34352 [1]	Li	670,82	1,33079 [2]
H_γ	434,07	1,34032	K	768,24	1,32888
H_β	486,14	1,33714			

Ultrarote (Wärmestrahlen)		
	871	1,3270
	1028	1,3245 [3]
	1256	1,3210

Das spezifische Brechungsvermögen, die Beziehung zwischen dem Brechungsexponenten und der Dichte, drückt man aus durch

$$r_1 = \frac{n-1}{\delta} \text{ nach J. H. Gladstone}$$

oder

$$r_2 = \frac{n^2-1}{n^2+2} \cdot \frac{1}{\delta} \text{ nach Lorenz-Lorentz.}$$

Multipliziert man beide Ausdrücke mit dem Molekulargewicht, erhält man das molekulare Refraktionsvermögen: R_1 bzw. R_2.

Für Wasser in gasförmigem Zustande ergibt sich für Natriumlicht R_2 zu 3,282. Aus der Atomrefraktion des gasförmigen Sauerstoffs und Wasserstoffs berechnet sich für Wasserdampf $R_2 = 4,14$. [4])

Der Brechungsexponent des Wassers beim kritischen Punkt beträgt 1,102 nach E. van Aubel [5]), der des ordentlichen Strahles in Eis ist für Natriumlicht 1,30911 nach C. Pulfrich. [6])

Das Verhalten des Eises im ultraroten Teil des Spektrums, siehe Günther Bode. [7])

25. Brechungsvermögen elektrischer Wellen.

Für die längeren, elektrischen Wellen beträgt das elektrische Brechungsvermögen n, das durch den Quotienten $n = \lambda/\lambda'$ definiert ist (λ Wellenlänge in der Luft, λ' in der zu untersuchenden Flüssigkeit):

---

[1]) u. [2]) Mittelwerte der Bestimmungen von: H. Dufet, J. de phys. [2] **4**, 389 (1885). — C. Bender, Wied. Ann. **39**, 90 (1890). — P. Schult, Z. f. phys. Chem. **5**, 358 (1890). — J. W. Brühl, Ber. Dtsch. Chem. Ges. **24**, 1, 648 (1891). — H. Landolt, Pogg. Ann. **117**, 361 (1862). — R. Rühlmann, ebenda **132**, 186 (1867). — E. Wiedemann, ebenda **158**, 380 (1876). — A. Wüllner, ebenda **138**, 16 (1868) — V. S. M. v. d. Willigen, Arch. du Musée Teyler I, 115—238 (1868). — L. Lorenz, Wied. Ann. **11**, 82, 97, 100 (1880). — B. C. Damien, Diss. Paris 1881. — J. Kannonikoff, J. f. ph. Chemie II, F. **31**, 352 (1885). — E. Ketteler, Wied. Ann. **33**, 508 (1888). — B. Walter, Diss. Jena 1891, 31, 34; Wied. Ann. **46**, 424 (1892). — H. Th. Simon, Diss. Berlin 1894; Wied. Ann. **53**, 542 (1894). — E. Flatow, Diss. Berlin 1903; Ann. d. Phys. [4] 12, 85—106 (1803).

[3]) Nach H. Rubens, Wied. Ann. **45**, 253 (1895).
[4]) J. Brühl, Z. f. phys. Chem. **7**, 1 (1891); Science Progrèss **10**, 17 (1908). — Dulong, Ann. chim. phys. [8] **31**, 154 (1826).
[5]) E. van Aubel, Phys. Z. **14**, 302—303 (1913).
[6]) C. Pulfrich, Wied. Ann. **34**, 336 (1888).
[7]) Günther Bode, Ann. d. Phys. [4] **30**, 326—336 (1909).

	λ	n	Temp.	n^2	K	
	3,5 cm	6,54	17°	42,7	—	}Merczyng[1]
	4,5	6,88	17	47,3	—	
	55,5—68,5	8,955	17	80,26	80,9—81,1	A. Colley[2]
Wasser	sehr lange	9,0	—	81,00	—	H. Rukop[3]
	> ca. 10⁴	—	18	—	80,0	J. F. Smale[4]
	„	—	17	—	81,1	B. B. Turner[5]
	75	—	0	—	88,23	P. Drude[6]
Eis	ca. 5.10³	—	−18	—	3,1	R. Abegg[7]
	75	—	−90	—	1,76—1,88	A. Behn u. F. Kiebitz[8]
	—	—	0	1,71	1,71	E. Beaulard[9]

Falls keine oder eine nur unbedeutende Absorption eintritt, was bei Wasser bei genügend langen Wellen, von ca. 70 cm an, erfüllt ist, entspricht das Quadrat des Brechungsindex dieser langen elektrischen Wellen der Dielektrizitätskonstante: $K = n^2 = 81,7$ bei 17° (vgl. obige Tabelle).[10]

Mit steigender Temperatur nimmt die Dielektrizitätskonstante des Wassers stark ab. Ch. Niven.[11]

Temp.	0°	7°	33°	58,32°	83°
K	90,36	80,06	69,31	59,5	37,97

26. Elektrische Doppelbrechung des Wassers.

Wie alle isotropen Körper wird im elektrischen Feld auch Wasser doppelbrechend. Man nennt diese von J. Kerr[12] entdeckte Erscheinung: elektrische Doppelbrechung. Man erkennt ihr Vorhandensein daran, daß ein in das Wasser gesandter, linear polarisierter Lichtstrahl infolge eines Phasenunterschiedes der parallel und senkrecht zu den Kraftlinien schwingenden Komponenten elliptisch polarisiert austritt. Der Phasenunterschied ist dem Quadrate der Feldstärke, sowie der Länge der durchstrahlten Flüssigkeitsschicht proportional. Der Proportionalitätsfaktor (die Kerrsche Konstante B) ist für die Substanz charakteristisch. Drückt man die Länge der Schicht in Zentimetern, die Feldstärke in elektrostatischen Einheiten und den Phasenunterschied in Bruchteilen einer Wellenlänge aus, so ist die Konstante B für Schwefelkohlenstoff bei 20° und Licht von einer Wellenlänge von 680 $\mu\mu$ nach J. Lemoine[13] und O. D. Tauren[14] $3,70 \times 10^{-7}$. Von ungefähr der gleichen Größe ist nach R. Leiser[15] der Wert der Kerrschen Konstante für Wasser.

[1] Merczyng, Ann. d. Phys. [4] **34**, 1015—1025 (1911).
[2] A. Colley, Journ. Russ. **38**, Phys. Tl. 431—458 (1906); Phys. Z. **10**, 471—480 (1909).
[3] H. Rukop, Ann. d. Phys. [4] **42**, 489—532 (1913).
[4] J. F. Smale, Wied. Ann. **57**, 215 (1897).
[5] B. B. Turner, Z. phys. Chem. **35**, 185 (1900).
[6] P. Drude, Wied. Ann. **59**, 17 (1896).
[7] R. Abegg, Wied. Ann. **65**, 229 (1898).
[8] A. Behn u. F. Kiebitz, Diss. Leipzig 1904, 610.
[9] E. Beaulard, C. R. **144**, 904—906 (1907).
[10] P. Drude, Z. phys. Chem. **23**, 267—325 (1897).
[11] Ch. Niven, Proc. Roy. Soc. A **85**, 139—145 (1911).
[12] J. Kerr, Phil. Mag. [4] **50**, 337 (1875).
[13] J. Lemoine, C. R. **122**, 835 (1896).
[14] O. D. Tauren, Diss. Freiburg 1909.
[15] R. Leiser, „Elektr. Doppelbrechung der Kohlenstoffverb.", Abh. d. deutsch. Bunsenges. Nr. 4, Halle 1910.

27. Lichtabsorption und Farbe des reinen Wassers.

Während Wasser im ultravioletten und sichtbaren Teil des Spektrums transparent ist, tritt im ultraroten Teil eine starke und charakteristische selektive Absorption ein.[1]) Die wichtigsten Absorptionsbanden treten an den folgenden Stellen des Spektrums auf: ca. bei 1,5 μ, 2 μ, 3 μ, 4,75 μ, 6 μ. Die stärksten Absorptionsmaxima liegen vor bei den Wellenlängen für $\lambda = 3,07\ \mu$ und $\lambda = 6,15\ \mu$. Diese Maxima treten im Wasserdampf, nicht aber im Knallgas auf. Sie sind also dem Wassermolekül charakteristisch.[2]) In Schichten von mehreren Metern tritt in doppelt destilliertem und staubfreiem oder mit einem farblosen Elektrolyten wie z. B. Zinkchlorid optisch leer gemachten Wasser auch die Absorption der Lichtwellen des langwelligen Teiles des Spektrums (rot) stärker hervor, so daß infolge dieser Absorption die Farbe des Wassers blau erscheint. Die Farbe der natürlichen Wässer weicht infolge der in ihnen gelösten und suspendierten Stoffe von der des reinen Wassers ab (s. im folgenden S. 889ff.).

28. Der Magnetisierungskoeffizient.

Der Magnetisierungskoeffizient, bezogen auf die Masseneinheit, beträgt nach Pierre Weiss und A. Piccard[3]) $\chi = - 0,7193 . 10^{-6}$ bei 20^0, sein Temperaturkoeffizient $\alpha = + 0,00013$ bei 20^0; bei 22^0 ist $\chi = - 0,725 . 10^{-6}$ nach P. Sève.[4]) Der auf die Masseneinheit bezogene diamagnetische Koeffizient des Wassers beträgt bei 0^0 $0,7174 . 10^{-6}$ und nimmt mit steigender Temperatur ab, um bei 100^0 den konstanten Endwert $0,7228 . 10^{-6}$ zu erreichen. A. Piccard[5]) nimmt daher in Wasser ein temperaturvariables Gleichgewicht verschiedener Molekülarten an.

29. Magnetooptische Aktivität des Wassers.

In einem magnetischen Feld erhält Wasser, wie alle Flüssigkeiten, die Fähigkeit, die Ebene linear polarisierten Lichtes zu drehen. Man bezeichnet als absolutes magnetisches Drehungsvermögen ϱ die Drehung, die in einem magnetischen Feld von Einheitsstärke bei Durchquerung des linear polarisierten Lichtstrahles einer Schicht des Stoffes von der Längeneinheit bei bestimmter Temperatur erfolgt.

Für Wasser gilt im Temperaturintervall von 4^0 bis 98^0 nach J. W. Roger und W. Watson[6]) für ϱ die Formel:

$$\varrho = 0,01311 - 0,0_6 4\ \Theta - 0,0_7 4\ \Theta^2 .$$

30. Die Oberflächenspannung und Kohäsion des Wassers.

Die spezifische Oberflächenspannung des Wassers beträgt nach N. Bohr[7]) 73,23 Dynen/cm bei 12^0.[8]) Außer der spezifischen Oberflächenspannung

[1]) Julius, Akad. Amsterd. 1892. — J. Paschen, Wied. Ann. **53**, 334 (1894).
[2]) R. A. Houston, Proc. Roy. Soc. A **86**, 102—105 (1912).
[3]) Pierre Weiss u. A. Piccard, C. R. **155**, 1234—1237 (1912).
[4]) P. Sève, Ann. chim. phys. [8] **27**, 189—244 (1913).
[5]) A. Piccard, C. R. **155**, 1497—1499 (1912).
[6]) J. W. Roger u. W. Watson, Z. phys. Chem. **19**, 357 (1896).
[7]) N. Bohr, Proc. Roy. Soc. A **82**, 196 (1909).
[8]) Andere Bestimmungen: R. Magini, R. Acc. d. Linc. [5] **19**, II, 184—189 (1911). — Th. W. Richards u. Lestic B. Combs, Am. Journ. Chem. Soc. **37**, 1656—1676 (1915). — L. Gay, C. R. **156**, 1070—1072 (1913). — F. M. Jaeger, Proc. of the k. Akad. v. Wetensh. Amsterd. **17**, 329—480.

definiert man die molekulare Oberflächenenergie als Produkt von γ mit der $^2/_3$-Potenz des Molekularvolumens $M\,v$.

Für normale Stoffe gilt für die molekulare Oberflächenenergie nach W. Ramsay und J. Shields die Beziehung:

$$\gamma\,(M\,v)^{2/3} = k\,(\tau - d) \tag{1}$$

τ ist hier die Differenz der Meßtemperatur und der kritischen Temperatur und d eine für den betreffenden Stoff charakteristische Größe (bei den meisten Flüssigkeiten ca. 6). k ist eine für alle normalen Flüssigkeiten universelle Konstante vom Wert 2,12, die die Bedeutung des Temperaturkoeffizienten

$$\frac{d\,[\gamma\,(M\,v)^{2/3}]}{d\,\Theta} = 2,12 \tag{2}$$

hat. Bei Änderung der Molzahl durch Assoziation gilt obige Beziehung nicht, sondern es ist der beobachtete Temperaturkoeffizient der molekularen Oberflächenenergie gegeben durch:

$$\frac{d\,\gamma\,\left(\dfrac{M\,v}{x}\right)^{2/3}}{d\,\Theta} = k', \tag{3}$$

wo x den Assoziationsgrad der Flüssigkeit bedeutet und k' demgemäß kleiner ist als 2,12. Aus dieser Beziehung berechnet sich der Assoziationsgrad

$$x = \left(\frac{2,12}{k'}\right)^{2/3}. \tag{4}$$

Auf diesem Wege haben für verschiedene Temperaturintervalle W. Ramsay und J. Shields[1] den Assoziationsgrad von Wasser bestimmt:

Θ	$\dfrac{d\,[\gamma\,(M\,v^{2/3})]}{d\,\Theta}$	x	Θ	$\dfrac{d\,[\gamma\,(M\,v^{2/3})]}{d\,\Theta}$	x
0	0,87	3,81	70	1,06	2,83
10			80		
	0,89	3,68		1,07	2,79
20			90		
	0,93	3,44		1,11	2,66
30			100		
	0,98	3,18		1,12	2,61
40			110		
	0,99	3,13		1,16	2,47
50			120		
	1,02	3,00		1,16	2,4
60			130		
	1,03	2,96		1,21	2,32
70			140		

Bei dieser Berechnungsart ist aber, wie W. Ramsay[2] zeigte, die Änderung von x mit der Temperatur vernachlässigt worden, wodurch die Werte von x zu groß ausfallen. Für assoziierte Stoffe muß die Beziehung (1) zwischen Oberflächenspannung und Temperatur ersetzt werden durch:

$$\gamma\,(M\,v)^{2/3} = \frac{k\,(\tau - d)}{1 + M\,\tau}.$$

---

[1] W. Ramsay u. J. Shields, Z. f. phys. Chem. **12**, 433 (1893).
[2] W. Ramsay, Z. f. phys. Chem. **35**, 115 (1894).

Hier ist für Wasser:

k	d	M	Krit. Temp.
2,631	19,5	0,00218	358,1 ⁰

Der Assoziationsgrad ist dann gegeben durch:

$$x = \frac{2,121}{k} (1 + M\tau)^{2/3}.$$

Mittels dieser Beziehung erhält nun W. Ramsay folgende Werte für den Assoziationsgrad des Wassers:

Temp.	Assoziat.-Grad	Temp.	Assoziat.-Grad
0 ⁰	1,707	80 ⁰	1,463
20	1,644	100	1,405
40	1,582	120	1,346
60	1,523	140	1,289

Den Ausdruck

$$\frac{2\gamma}{\delta} = a^2$$

bezeichnen wir als die spezifische Kohäsion. $a^2 M$ ist die Molekularkohäsion. Beim Siedepunkt T_σ gilt nach P. T. Walden[1]) die Beziehung

$$\frac{M a^2}{T_\sigma} = \text{konst} = 1,162$$

für normale Flüssigkeiten. Für assoziierte ist die Konstante kleiner: k. Der Assoziationsgrad ergibt sich dann aus der Beziehung:

$$\frac{M, \text{ber.}}{M, \text{theor.}} = \frac{1,16}{k} = x.$$

Für Wasser ergibt sich $x = 1,98$.

Ebenso gilt beim Schmelzpunkt T_0,

$$\frac{M a^2}{T_0} = \text{konst} = 3,65$$

für monomolekulare Stoffe. Für assoziierte Stoffe ist der Assoziationsgrad

$$x = \frac{3,65}{k}.$$

Für Wasser ergibt sich $x = 3,58$.

31. Molekulare Konstitution des Wassers.

Bei Besprechung der verschiedenen physikalischen Eigenschaften haben wir bereits darauf verwiesen, daß das Wasser nicht aus einfachen Molekülen besteht, sondern aus höheren Molekülkomplexen, die sich aus mehreren einfachen Wassermolekülen vom Molekulargewicht 18 zusammensetzen. Auf die Assoziation deutet auch der Umstand, daß unter allen Stoffen, auch den assoziierten, Wasser ziemlich den höchsten Binnendruck hat.[2])

Auch die Benetzungswärme des Wassers an in Wasser unlöslichen Stoffen ist eine Funktion des Molekulargewichts. Wasser zeigt von allen unlöslichen Stoffen die größte Benetzungswärme, was gleichfalls auf Assoziation hindeutet.[3])

---

[1]) P. T. Walden, Z. phys. Chem. **65**, 129, 257 (1908).
[2]) P. T. Walden, Ebenda **66**, 385—444, (1909).
[3]) H. Gaudechon, C. R. **157**, 209—211 (1913).

Die verschiedenen z. T. oben erwähnten Methoden zur Ermittelung des Assoziationsgrades des Wassers haben zu verschiedenen Annahmen über die Konstitution des flüssigen Wassers geführt. Nach der Annahme von W. Röntgen ist das flüssige Wasser als eine Lösung von Eismolekülen $(H_2O)_x$ in flüssigem Wasser H_2O, von Eis in Hydrol aufzufassen.

J. Duclaux erhielt für x aus dem Einfluß der Temperaturänderung auf den Ausdehnungskoeffizienten $x = 9$ bis 11, aus dem Einfluß der Druckänderung auf den Ausdehnungskoeffizienten $x = 6$ bis 23, aus dem Vergleich der spezifischen Wärme festen Eises und flüssigen Wassers $x = 12$.

Das im Hydrol gelöste Eismolekül entspricht nach J. Duclaux[1] $(H_2O)_9$ oder $(H_2O)_{12}$.

Die Depolymerisationswärme des gelösten Eismoleküls beträgt 4000 cal. Ein Liter H_2O enthält bei 0^0 ca. 200 g Eis.

Die spezifische Wärme des gelösten Eises beträgt 0,62 cal., die des unpolymerisierten Wassers 0,99.

Nach A. Piccard ist bei 0^0 in Wasser 29,1 %, Eis, bei 100^0 1 %. Auf Grund dieser Annahme berechnet C. Chéneveau[2] aus dem Brechungsvermögen des Eises und des Wassers das der Hydrolmoleküle:

		δ	n	$\dfrac{n-1}{\delta}$	$\dfrac{n^2-1}{(n^2+2)\,\delta}$
Eis bei	0^0	0,9176	1,3095	0,3373	0,2097
Wasser bei	0^0	0,99987	1,3341	0,3341	0,2063
Wasser bei	100^0	0,95838	1,3182	0,3320	0,2019
Daraus berechnet sich für Hydrol bei	0^0	—	—	0,3228	0,2049
„ „ „ „ „ „	100^0	—	—	0,3319	0,2058

Aus der Übereinstimmung bei verschiedenen anderen Temperaturen sieht Chéneveau eine Stütze der Röntgenschen Hypothese.

Diese einfache Annahme scheint aber den Verhältnissen nicht Rechnung zu tragen und muß man im flüssigen Wasser jedenfalls ein temperaturvariables Gleichgewicht verschiedener Molekülarten annehmen. C. Barus[3] kommt auf Grund von Versuchen über die Verdampfung und Kondensation von kleinen Nebeltröpfchen in staubfreier Luft zum Schlusse, daß die Moleküle des flüssigen Wassers aus verschiedenen Bestandteilen zusammengesetzt sind, von denen die einen mehr, die anderen weniger flüchtig sind.

C. Gillet[4] schreibt alle Reaktionen des Wassers dem Hydrolmolekül zu. Ein Stoff ist löslich, weil er mit dem Hydromolekül des Wassers einen löslichen Stoff bildet, was unter Wärmeentwickelung geschieht. Anderseits wird hierdurch das Gleichgewicht $(H_2O)_2 \rightleftarrows 2\,H_2O$ gestört und es wird bei Spaltung der Dihydrolmoleküle Wärme verbraucht. Je nach Überwiegen des einen oder des anderen Vorganges wird nun der Lösungsvorgang mit Wärmeentwickelung oder -verbrauch verknüpft sein. Auch H. Schade[5] nimmt eine mit der Temperatur variable Gleichgewichtskonstante, Wasser $\rightleftarrows$ polymeres Wasser, an, bei der das polymere Wasser in kolloider Form erscheint. Während von Leon Schames[6] Wasser aus $(H_2O)_3$ und $(H_2O)_6$ Molekülen, Eis aus

[1] J. Duclaux, Journ. de Chim. Phys. 10, 73—109 (1912).
[2] C. Chéneveau, C. R. 156, 1972—1974 (1913).
[3] C. Barus, Am. Journ. [4] 25, 409—412 (1908).
[4] C. Gillet, Bull. Soc. Chim. Belg. 26, 415—418 (1893).
[5] H. Schade, Z. Koll. 7, 26—29.
[6] Leon Schames, Ann. d. Phys. [4] 38, 830—848 (1912).

6- und 12fachen Molekülen bestehend aufgefaßt wird, faßt W. Sutherland[1]) Wasser im allgemeinen als Mischung von Mol $(H_2O)_3$ und $(H_2O)_2$ auf; bei 15° z. B. $\frac{1}{3}(H_2O)_3$ und $\frac{2}{3}(H_2O)_2$ bei der kritischen Temperatur nur aus Molekülen $(H_2O)_2$. Eis besteht nur aus Molekülen $(H_2O)_3$. Nach W. R. Bousfield[2]) hingegen besteht das Wasser aus einfachen, doppelten und dreifachen Molekülen.

Von den Versuchen, die Neigung zur Assoziation durch eine geeignete Konstitutionsformel auszudrücken, erwähne ich die Annahme von J. W. Brühl,[3]) der in Analogie mit Wasserstoffperoxyd, dem er[4]) die Konstitutionsformel $HO\equiv O-H$, also 4wertigen Sauerstoff zugeschrieben hat, auch für Wasser 4wertigen Sauerstoff annimmt. Es käme Wasser also die Konstitution

$$H-\overset{|}{\underset{|}{O}}-H$$

zu, so daß also Wasser eine ungesättigte Verbindung wäre. Die nicht abgesättigten Sauerstoffvalenzen sind nach J. W. Brühl die Ursache sowohl der Dissoziationskraft des Wassers, als auch der Assoziation des Wassers.

Nach R. Forcrand[5]) hat Eis die Molgröße $(H_2O)_2$ oder $(H_2O)_{2,5}$ und enthält die Verbindung folgender Konstitution:

$$H=O \Big\langle \begin{matrix} H-O=H \\ H-O=H \end{matrix} \Big\rangle H \cdot$$

32. Kristallwasser.

Wasser verbindet sich mit sehr vielen Stoffen zu wasserhaltigen Verbindungen (Hydraten).

Die Existenz und den Existenzbereich von Kristallwasserhydraten im festen Zustande erfährt man am besten auf Grund der Phasenregel aus dem Löslichkeitsdiagramm. Jedem auftretenden Hydrat entspricht eine neue Löslichkeitskurve, die mit der Löslichkeitskurve des wasserfreien Salzes bzw. der des nächst wasserreicheren Hydrates einen mehr oder minder scharfen Knick bildet. Bei der diesem entsprechenden Konzentration und Temperatur liegt ein nonvarianter Gleichgewichtspunkt vor. Da in diesem bei einem Zweistoffsystem wie Salz—Wasser vier Phasen, Wasserdampf, Lösung und zwei feste Hydrate bzw. ein festes Hydrat und wasserfreies Salz vorliegen, bezeichnen wir einen solchen als Quadrupelpunkt.

Die Festigkeit, mit der das Wasser in derartigen Verbindungen gebunden ist, liegt innerhalb der weitesten Grenzen. Ein Maß derselben kann man im Partialdruck des Wasserdampfes sehen, der mit der betreffenden wasserhaltigen und wasserfreien Verbindung im Gleichgewicht steht. Man pflegt zu unterscheiden zwischen lose gebundenem Kristall-, chemisch gebundenem Konstitutions- und Kolloidwasser. Die gezogenen Grenzen sind hier sehr der Mode unterworfen und willkürlich. Wie z. B. P. Rohland[6]) betont, sollte man nur bei Stoffen, die nach Wasserabgabe gänzlich neue Eigenschaften zeigen, von Konstitutionswasser sprechen. Ein ganz vorzügliches Mittel, um zwischen

[1]) W. Sutherland, Phil. Mag. [6] 12, 20 (1906).
[2]) W. R. Bousfield, Z. f. phys. Chem. 53, 257—313 (1905).
[3]) J. W. Brühl, Ber. Dtsch. Chem. Ges. 30, 162—172 (1897).
[4]) J. W. Brühl, Ber. Dtsch. Chem. Ges. 28, 2847—2860 (1895).
[5]) R. Forcrand, C. R. 140, 764—767 (1905).
[6]) P. Rohland, Chem.-Ztg. 30, 103—105.

Kristall- und Konstitutionswasser zu unterscheiden, liegt in der Bestimmung der ultraroten Absorption des betreffenden wasserhaltigen Stoffes. Aus den Versuchen von V. Coblentz[1]) geht hervor, daß anhydrische Minerale und solche, welche chemisch gebundenes Wasser, das nur in Form von OH-Gruppen vorliegt, enthalten, keine weitere Absorption zeigen, während jene Stoffe, die ihrem chemischen Verhalten nach das Wasser als Kristallwasser enthalten, Spektren liefern, in denen die ultraroten Wasserbanden gut entwickelt sind.

Diese Beobachtungen können dazu dienen, um die Natur des Wassers in einem Mineral zu bestimmen. So verliert z. B. Talk: $H_2Mg_3Si_4O_{12}$ bei Rotglut Wasser. Da jedoch das Mineral die Wasserbanden nicht zeigt, so muß das so vertriebene Wasser chemisch gebunden gewesen sein, die Substanz also ein basisches Silicat darstellen. Serpentin $H_4(Mg, Fe)_3Si_2O_9$, das bei Rotglut das Wasser nicht verliert, zeigt die starke Absorptionsbande des Wassers bei $3\,\mu$ und enthält daher das Wasser in freiem Zustande.

Im Kristallwasser ist nach W. Sutherland[2]) festes Hydrol, wahrscheinlich ein festes Hydrosol, in einem besonderen Zustand enthalten.

Die Dielektrizitätskonstante sowohl für Wasser, Eis, Tri- und Dihydrol ist 80, während kristallwasserhaltige Salze fast die gleiche Dielektrizitätskonstante besitzen wie die wasserfreien Salze. Das Hydrol hat also keine dielektrische Aufnahmefähigkeit; ganz ähnlich verhält es sich mit dem Brechungsvermögen für sichtbare Wellenlängen.

Die spezifische Wärme der Kristallwasserhydrate berechnet sich zu 0,513, die des Eises zu 0,463—0,503. Die große spezifische Wärme erklärt sich nach Verfasser dadurch, daß ein Teil derselben die Dissoziationswärme des Trihydrols in Dihydrol ist.

A. Rosenstiehl[3]) zeigt am Beispiel von 179 Salzhydraten, daß alle Typen von 1—12 Mol H_2O vorkommen; von da an schreitet die Zahl der H_2O Mole nur um je 3 fort, um bei 24 Mol den Grenzwert zu erreichen. Von 4 Mol H_2O ab, findet man eine Reihe von Salzen, deren partielle Dehydratation auf gemeinsame Existenz von 2 Molarten des H_2O im gleichen Kristall hinweist. Am häufigsten findet sich nach A. Rosenstiehl Wasser in der Form $(H_2O)_3$ in den an Wasser reichsten Kristallmolekülen. Manchesmal findet sich das Mol $(H_2O)_4$ mit H_2O und $(H_2O)_2$ gemischt. Kristallwasser enthält also dieselben Gruppen wie das Wasser nach W. Röntgen.[4]) Rosenstiehl teilt die kristallwasserhaltigen Salze in folgende Gruppen:

Kristallhaltige Salze mit dem
Anfangsglied RH_2O und mit den Differenzen $(H_2O)_2$ z. B. $CuSO_4 . H_2O + 2\,(H_2O)_2$
„   „   „   „ $(H_2O)_3$ z. B. $MgSO_4H_2O + 2\,(H_2O)_3$
und als letztes Glied der Reihe
$Na_2CO_3 . H_2O + 3\,(H_2O)_3$

Anfangsglied $R(H_2O)_2$ „ „ „ „ $\left.\begin{array}{l}(H_2O)_2\\(H_2O)_3\end{array}\right\}$z. B. $SrO_2(H_2O)_2 + 2\,(H_2O)_3$

„ $R(H_2O)_3$ „ „ „ „ $(H_2O)_3$ z. B. die Alaune. Hierher gehören die meisten kristallwasserhaltigen Salze (77).

---

[1]) V. Coblentz, Physical Review **20**, 252 (1905); **22**, 1 (1905); **23**, 125 (1906) Journ. Franklin Inst. **172**, 309—335. Vgl. auch J. Koenigsberger, Wied. Ann. **61**, 703 (1897).
[2]) W. Sutherland, Z. f. Elektroch. **18**, 1—4, 36—38, 63—65, 101—103 (1912).
[3]) A. Rosenstiehl, C. R. **152**, 959—601 (1911).
[4]) W. Röntgen, Bull. soc. chim. [4] **9**, 291—295 (1911).

Theorien über die Art und Weise der Bindung von Kristallwasser.[1]

Die Wasseraufnahme in wasserhaltige Verbindungen ist meist mit Volum-änderung und Änderung des Wärmeinhaltes verbunden. So beträgt z. B. die Bildungswärme des Kristallwassers von $ZnSO_4.6H_2O$ aus $ZnSO_4.H_2O$ nach W. Nernst[2]) 10,0 cal.

Über die Schmelzwärme der Salzhydrate vgl. Ch. Leonhardt und A. Boutaric.[3]

Die kristallwasserhaltigen Salze existieren natürlich nicht nur im festen Zustande, sondern sind in den Lösungen, aus denen sie sich abscheiden, bereits vorgebildet. So sollen z. B. nach W. R. Bousfield[4]) in NaOH Lösungen

	bei	0°	20 Mol
	„	20	22 „
	„	40	26 „

Wasser mit 1 Mol NaOH verbunden sein. Bei KCl ergeben sich 12 Moleküle H_2O als Trabanten. Anderseits existieren gewiß in Lösungen von Salzen, die Hydrate im festen Zustande nicht geben, hydratisierte Salzmoleküle. Ver-schiedene Autoren, z. B. Harry C. Jones und H. P. Barret,[5]) V. J. Chambres und J. C. W. Frayer,[6]) Harry C. Jones und V. J. Chambres[7]) führen die abnorme Gefrierpunktserniedrigung im besonderen in konzentrierten Lösungen auf Hydratation in der Lösung zurück, und zwar soll ein Salz in Lösung mehr Wasser zu binden vermögen, als es aus der Lösung mitzunehmen vermag. Diese Annahmen sind oft gewiß ganz richtig, wenngleich hier andererseits oft infolge der Anwendung von Gesetzen, die nur für verdünnte Lösungen gelten, gesündigt worden ist.

Zu bemerken ist, daß in Lösung nicht nur die undissoziierten Salze als solche, sondern auch ihre Ionen für sich hydratisiert sind,[8]) vgl. E. Baur „Von den Hydraten in wäßriger Lösung".[9])

An den Ionen in wäßriger Lösung hat man zweierlei Arten von Wasser-anlagerungen zu unterscheiden:

a) Durch chemische Kräfte bedingte Wasseranlagerung (hydratisierte Ionen).

b) Mechanische Adhäsion des Wassers (hydradhärente Ionen).

Die Wasserhüllen um die Ionen setzen sich also zusammen aus Hydrat- und Adhäsionswasser.[10])

Anderseits geht aus neuen Untersuchungen von Harry C. Jones und J. E. L. Holmes hervor, daß das gebundene Kristallwasser stärker ionisiert zu sein scheint, als freies Wasser.[11])

---

[1]) J. Mc. Leod Brown, Ch. N. 109, 123 (1914).
[2]) W. Nernst, Sitzber. Berliner Ak. 1906, 934—940.
[3]) Ch. Leonhardt u. A. Boutaric, C. R. 158, 474—477 (1914).
[4]) W. R. Bousfield, Z. phys. Chem. 53, 257—317 (1905).
[5]) Harry C. Jones u. H. P. Barret, Ch. N. 91, 133—134 (1905); Am. chem. Journ. 33, 534—586 (1905).
[6]) V. J. Chambres u. J. C. W. Frayer, Ann. d. Chim. 23, 512—520 (1911).
[7]) Harry C. Jones u. V. J. Chambres, Am. Chem. Journ. 23, 89 (1900).
[8]) Harry C. Jones u. Mitarbeiter, Z. phys. Chem. 57, 244 (1906).
[9]) Ahrens Sammlg. 8 (1903).
[10]) H. Remy, Z. phys. Chem. 89, 467—488 und 529—569 (1914).
[11]) Harry C. Jones u. J. E. L. Holmes, Ch. N. 112, 73—74 (1915).

B. Das natürliche Wasser.

Das natürlich vorkommende Wasser unterscheidet sich vom reinen Wasser, wie bereits erwähnt, durch seinen Gehalt an fremden Stoffen, vornehmlich an Salzen. Je nach den Umständen zeigt natürliches Wasser einen größeren oder geringeren Gehalt an Gasen.

Im Hinblick auf die praktische Verwertung charakterisiert man die „Härte" des Wassers.

1. Die Härte eines Wassers wird durch den Gehalt an Carbonaten und Sulfaten von Calcium und Magnesium bedingt und gemessen durch die Seifenmenge, die eben gerade diese Salze in unlöslicher Form abscheidet. Man nennt die Härte des nicht gekochten Wassers „Gesamthärte", die eines gekochten „permanente" und den Unterschied beider „temporäre" Härte. Letztere ist durch den Gehalt an Bicarbonaten bedingt.

Man unterscheidet „Clark-" und „deutsche" Härtegrade. Es beträgt z. B. von

	Gesamte,	Temporäre,	Permanente
		Härte	
Seewasser	10,1	8,1	2,0 }[1]
Neckarwasser	16,2	11,7	4,5 }
Saalewasser (sehr hart)	28,0	9,0	18,0 }[2]
Eine kleinasiatische Quelle (sehr hart)	14,9	11,2	3,68 }
Regenwasser	6,2	3,0	3,2 [3]

Mit dem Gehalt an fremden Stoffen tritt eine Veränderung der Werte der im Abschnitt A charakterisierten Eigenschaften des reinen Wassers ein, deren Richtung aus dem dort Erwähnten ohne weiteres verständlich ist. Mit dem Salzgehalt tritt eine Depression des Gefrierpunktes bzw. Erhöhung des Siedepunktes des Wassers, eine Erhöhung der Leitfähigkeit eine Änderung von Dichte, Kompressibilität, innerer Reibung usw. ein, auf welche Eigenschaftsänderungen wir noch später fallweise zurückkommen werden.

2. Gelöste und suspendierte Stoffe in den natürlichen Gewässern erhöhen die Lichtabsorption auch in den kurzwelligen Teilen des Spektrums, weshalb neben Vertiefung der blauen Farbe auch das Auftreten von Blaugrün bis Gelb, ja selbst Rot beobachtet wird. Wie v. Aufsess („Farbe der Seen", Diss. München, 1903) ausführt, hat die Brechung des Lichtes keinen Einfluß auf die Änderung der blauen Farbe des Wassers, weil man grünes Wasser durch Auflösen von Ferrocarbonat und Kalkverbindungen, gelbes oder braunes Wasser durch Lösen von Humussubstanzen in reinem Wasser erzielen kann. W. Spring[4] vertritt die Ansicht, daß die Farbe des reinen Wassers blau ist und die Farbe infolge der Lichtbrechung an den im Wasser suspendierten Partikelchen je

---

[1] Bujard u. Metzner, Pharm. Zentralhalle **54**, 567—572; **5**, 92—95, 617—621.
[2] E. Abderhalden u. R. Hansliau, Z. physiolog. Chem. **80**, 1112—1120 (1912).
[3] Mittelwerte „Jurische Verunreinigung der Gewässer" 1890, 32. — S. Wolf, Journ. of the Soc. chem. Ind. **32**, 345—347.
[4] W. Spring, Arch. Sc. Phys. et nat. Genève [4] **25**, 217—227 (1908) u. Bull. acad. Roy. de Belg. Cl. d. sc. 1908, 262—272; Rec. Trav. chim. Pays-Bas **18**, 1—8 (1899) u. **25**, 32—39; N. JB. Min. etc. 1899, I, 99—104.

nach ihrer Natur modifiziert, bzw. zur Farblosigkeit kompensiert wird. Die gelbe oder rötliche Farbe der suspendierten Teilchen derselben bringt in Zusammenwirkung mit der blauen Grundfarbe des Wassers die verschiedenen grünen Nuancen der natürlichen Wässer zum Vorschein oder das Verschwinden jeder Färbung.

Nach W. Spring sind Kalkverbindungen nicht die Ursache der grünen Farbe, indem auch kalkhaltige Wässer blau sein können; sondern die grüne Farbe ist eine Folge der Lichtbrechung durch unsichtbare Partikelchen, deren Vorhandensein durch einen intensiven Lichtstrahl dargetan werden kann.

Die Kalkverbindungen wirken stark fällend auf die im Wasser vorhandenen Ferroverbindungen und mit diesen auf die Humussubstanzen, welch letztere die natürliche Farbe des Wassers stark verändern.[1]) Bei nicht blauen kalkhaltigen natürlichen Wässern ergibt sich ein Gleichgewichtszustand zwischen der reinigenden Wirkung ihrer Kalkverbindungen und dem beständigen Zuströmen der Humus- und Ferriverbindungen, welche für sich die blaue Farbe des Wassers unter ihrer braunen Farbe verschwinden lassen. Nach Untersuchungen von E. Bourcart[2]) über Wasser von acht Schweizer Seen[3]) in 500—2500 m Seehöhe, scheint ein Magnesiumgehalt die blaue Farbe des Wassers zu vertiefen (die Absorption in Rot und Gelb zu steigern).

Daß die Trübung, also die Reflexion kurzwelligen Lichtes an kleinen, suspendierten Teilchen sicher eine Rolle spielt, besonders bei der grünen Farbe der Meere in der Nähe der Küsten, ist sicher, vgl. R. Abegg.[4])

3. Meteorwasser. Von dem gesamten Wasservorrat der Erde, der etwa drei Viertel der Oberfläche derselben bedeckt, befindet sich ein erheblicher Teil in dampfförmigem Zustande in der Atmosphäre, aus welchen sich, je nach den Temperaturbedingungen Nebel, Tau und Regen oder Schnee, Reif und Hagel (Graupen) bilden, die wir Meteorwasser zu nennen pflegen. Die Menge dieses jährlich niederfallenden Meteorwassers ist im allgemeinen in den Tropen und in der Nähe der Meere am größten, im Norden am geringsten und im Gebirge größer als in der Ebene.

Das Meteorwasser enthält stets die Bestandteile der Luft, sowie der Umgebung der Niederfallsstelle in dem, ihren Löslichkeiten entsprechenden Verhältnisse. Regenwasser enthält im Durchschnitt an Gasen etwa 25—30 ccm Gas i. 1 L., das neben geringen Mengen der Edelgase (Helium, Argon usw.) rund 30% Sauerstoff, 60% Stickstoff und 10% Kohlensäure im Mittel enthält.[5]) Bei Gewittern enthält Regenwasser zuweilen Ozon, fast immer Wasserstoffsuperoxyd. Die übrigen Verunreinigungen betragen im allgemeinen $0,5—1\%$ und setzen sich zusammen aus festen Bestandteilen 83,2 v. H. organischem Kohlenstoff 2,1 v. H., organischem Stickstoff 0,5 v. H., Stickstoff in Form von Ammoniak, von Nitriten und Nitraten 0,2 v. H., sowie Chlor 13,2 v. H.[6])

---

[1]) W. Spring, Arch. Sc. Phys. et nat. Genève [4] **20**, 101—110 (1905); Bull. acad. Roy. de Belg. 1905, 300—310.

[2]) E. Bourcart, Arch. Sc. Phys. et nat. Genève [4] **17**, 169—185 (1904).

[3]) Vgl. „Über die Färbung der Schweizer Seen", A. H. Hayes, Sill. Am. Journ. [2] **49**, 186 (1870).

[4]) „Über die Farbe der Seen und Meere" Naturw., R. Abegg, Rundschau **13**, Nr. 14; „Über die Farbe und Durchsichtigkeit vom Meerwasser", Letalle, C. R. **145**, 732—733 (1907).

[5]) Reichardt, A. P. 1913, 206.

[6]) Nach Dammer, Handb. d. chem. Technol.

In den Tropen scheint der Ammoniakgehalt des Wassers größer als in gemäßigten Klimaten.[1]) Schnee enthält meist weniger der genannten Verunreinigungen, doch nimmt er beim Liegen aus dem Boden weitere Mengen derselben, im besonderen Ammoniak auf.[2]) Das Meteorwasser zeichnet sich auch durch eine durch Umstände bedingte Radioaktivität aus.[3]) Über die Radioaktivität des Eises in seinen verschiedenen natürlichen Formen (Schnee, Graupen, Natureis) berichtet Josef Jaufmann.[4])

Ein sehr großer Teil des Meteorwassers kehrt unmittelbar durch Verdunstung in die Atmosphäre zurück, mehr im Sommer, weniger im Winter. Das übrige sickert teilweise in den Boden, dringt in Spalten und Risse der Erdoberfläche und gelangt meist schon in geringer Tiefe auf undurchlässige Schichten, in denen es sich, je nach der Schichtenbildung in mehr oder minder horizontaler Richtung ausbreitet. Diese oft recht beträchtlichen Wassermengen bilden das sog. Grund- oder Unterwasser.[5]) Die Tiefe, in der das Grundwasser auftritt, ist verschieden; in ebenen Tälern findet es sich bisweilen wenige Meter, auf Anhöhen und Bergen oft Hunderte von Metern unter der Oberfläche.

4. Quell- und Brunnenwasser. Durch freien Abfluß durch Spalten, bzw. auch durch den Druck von oberirdischen Gewässern, tritt das Grundwasser in Form von Quellen zutage. Beim Durchsickern des Erdbodens nimmt das Wasser lösliche Stoffe, Salze und Gase, besonders Kohlensäure auf.[6]) Es hängt also die chemische Beschaffenheit des Quellwassers von der Natur des durchflossenen Erdreichs ab und die Temperatur der Quelle von der Tiefe, der es entstammt. Quellwässer, die eine höhere Temperatur als 24° zeigen, bezeichnen wir als Thermen, bzw. heiße Quellen.

Die gewöhnlichen Quellwässer enthalten neben geringen Mengen von Alkalisalzen und sauren Carbonaten des Mangans und Eisens, der Hauptsache nach Carbonate des Calciums (0,1—0,2 g im Liter) und Magnesiums (0,02 bis 0,13 g im Liter) und in geringen Mengen (0,01—0,05 g im Liter) Kieselsäure. Der Kieselsäuregehalt beträgt also meist nur wenige Prozent des gesamten Rückstandes (0,2—0,3 g im Liter) der gewöhnlichen Quellwässer.

Natürliche oder künstliche Vertiefungen, in denen sich das Grund- oder Quellwasser sammelt, das durch Schöpfen oder Pumpwerke entnommen wird, bezeichnen wir als Brunnen. Da bei längerer Berührung mit der umgebenden

---

[1]) A. Müntz u. V. Marsanow, C. R. **108**, 1062 (1889); **113**, 779 (1891); **114**, 184 (1892). — Über Regenwasser vgl. Jurisch, Verunr. d. Gewässer 1890, 32. — H. S. Shelton, Ch. N. **99**, 253—254 (1909. — J. Hudig, Versl. v. Landbouwkundige Onderzoekingen d. Rykslandbouwproefstation 1912. — W. P. Jorissen, Weckbl. **3**, 647—649. — E. Waller, Ch. N. **50**, 49 (1884). — Regen und Schneewasser der Südpolarregionen: A. Müntz u. E. Laine, C. R. **152**, 166—169 (1911).

[2]) Boussingault, C. R. **46**, 1175 (1858).

[3]) Radioakt. d. Regenw. u. Schnees: G. Constanzo u. C. Negro, Phys. Ztg. **7**, 359 u. 921—924 1906).

[4]) Josef Jaufmann, Meteorolog. Zs. **22**, 102—113 (1905).

[5]) Über Grundwassertheorien, Infiltrations-, Sicker- und Kondensationstheorie: Haedicke, Gesundheitsingenieur 1908. — E. Kohler, Z. prakt. Geol. **18**, 23—29 (1910). — Vgl. Vogler u. König, Wasser (Jena 1901). — Ch. Metzger, J. f. Gasbel. **52**, 470—479 (1909). — Scheelhaase, ebenda **54**, 665—675 (1911). — Grundwasser im hessischen Ried: A. Steuer, J. f. Gasbel. **52**, 799—806 (1909). — Untergrundwasser: A. Lane, Bull. geol. Soc. Am. **19**, 510—512. — N. JB. Min. etc. 1911, II, 53—54.

[6]) Schwankungen des Gehaltes der mineral. Begleitstoffe u. des Sauerstoffs in natürl. Gewässern: C. Weigelt u. H. Mehring, Chem. Ind. **31**, 472—486. — Quellen jurenile: O. Stutzer, Z. prakt. Geol. **18**, 346—351 (1910). — Quellen recente (He-Geh.), : Piutti, Le Radium **7**, 178—179.

Erde die Möglichkeit intensiverer Lösung gegeben ist, können sich hier geradezu Gleichgewichtszustände ausbilden und F. Dienert und Etrillard[1]) finden, daß die Brunnenwässer verschiedener Herkunft stets an $CaCO_3$ gesättigt sind. Ausgewählte Literatur über Brunnenwasser.[2])

Gelangt das Wasser in poröse Schichten, die sowohl nach oben als unten hin durch undurchlässige Schichten muldenförmig begrenzt sind, so steht das Wasser an den tiefen Stellen der Mulde unter einem starken hydrostatischen Druck, so daß es, wenn hier ein Bohrloch angelegt wird, unter mehr oder minder starkem Druck hervorbricht (Artesische Brunnen).[3])

Treten andere fremde Bestandteile in den Wässern auf, bzw. stärker hervor, so bezeichnen wir derartige Quellwässer als Mineralwässer. Wie die gewöhnlichen Quellwässer[4]) sind auch die Mineralquellen meist mehr oder minder radioaktiv.[5])

---

[1]) F. Dienert u. Etrillard, C. R. **142**, 1236—38 (1906).
[2]) Engl. Brunnenw.: H. M. Noad, Chem. Soc. Qu. J. **4**, 20 (1867). — Erlangen (64 Brunnenw.): H. Hilger, Arch. Pharm. [3] **13**, 416 (1878). — Fulda (Brunnenw.): W. Rullmann, Ber. d. Ver. f. Natk. in Fulda **3**, 23. — Grenelle bei Paris (Brunnen); Peligot, C. R. **44**, 193 (1857) u. J. pr. Chem. **71**, 393 (1857). — Holywell (Brunnen, Engl.): J. Barrat, Chem. Soc. Qu. J. **12**, 52 (1860). — Isergebiet (Quellen u. Brunnen): J. Stok(lasa, Chem. ZB. 1888, 686. — Biedem, ZB. Min. etc. **18**, 721. — Karakumwüste zw. Kaspi- u. Aralsee: C. Schmidt, Petersb. Acad. Bull. **28**, 250, 492 (1883). — Kopenhagen (Brunnen): Johnstrug, Jb. pr. Pharm. **17**, 286. — Leipzig (16 Kirchhofbrunnen): O. Bach, Journ. prakt. Chem. [2] **9**, 374 (1874). — London (Brunnenwasser): R. D. Thomson, Pharm. J. Trans. **16**, 27. — A. Campbell, Chem. Soc. Qu. J. **9**, 21 (1857). — Meiningen (Brunnenw.): A. v. Löseke, Arch. Pharm. [3] **11**, 1. — Münchener Brunnenw.: L. Aubry, Chem. ZB. 1870, 392. — Der Vorstädte: A. Vogel, Dingl. polyt. J. **167**, 134. — Niederländische Brunnenw.: J. W. Guming, Journ. prakt. Chem. **61**, 139 (1854). — Odergo Brunnenw.: M. Spica u. G. Halagiera, Gazz. chim. ital. **17**, 317 (1887). — Pondichéry (Brunnen): Ch. Bourclot, Bull. de Soc. Pharm. **18**, 345—350, Prag (Brunnen): A. Schaŕik, JB. d. Chem. 1873, 1242 u. F. Stolba, Chem. ZB. 1880, 633. — Ratcliff (Brunnen): O. Mitchel, Chem. Soc. Qu. J. **3**, 1 (1851). — Rotterdam (Brunnen): Müller, Arch. Pharm. [2] **49**, 10. — Veehuizen (Brunnen): H. F. Knijper, Scheik del tweeck stuk. Onderz. III. deel 48. — Wien)Brunnen): Sitzber. Wiener Ak. **36**, 202 (1859). — Wien, bei Josefstadt i. B., Brunnen: J. J. Pohl, Sitzber. Wiener Ak. **15**, 303 (1855).
[3]) Literatur über Artesische Brunnen von: Alabama, Art. Brunn. im südl., 300 Yard v. Mobile River: Reuben Haines, Proc. chem. Sc. Frankl. Inst. 167, I, 1894. — Algier, Art. Brunn. d. Prov. Konstantine: Desvaux, Ann. min. [5] **14**, 438 (1858). — Artes. Wasser v. Aquileja: A. N. Papež, Ztschr. f. Landw. Vers.-Wesen in Österr. **7**, 77—110. — Maison Lafitte, Artes. Brunn.: E. Peroun, C. R. **150**, 142—145 (1910). — Lafayette, Artes. Brunn. Amerika (Indiania): C. M. Withevill, Sill. Am. J. [2] **27**, 241 (1859).— London, Art. Br.: Abel Bowner, Chem. Soc. Qu. J. **1**, 97 (1849). — Louisville, Art. Br. Amerika (Kentucky): J. L. Smith, Sill. Am. J. [2] **27**, 174 (1859). — Osnabrück, Art. Br.: R. Kemper, Arch. Pharm. [2] **108**, 163. — Ostende, Art. Br.: de Kossinek, Bull. de l'acad. Roy. de Belgique sciences 1864, 389. — A. Gautier u. Ch. Moureu, J. Pharm. chim. [6] **25**, 321—326 (1907). — Passy, Art. Br.: A. P. Poggiale u. Lambert, C. R. **54**, 1062 (1862). — Petersburg, Art. Br.: H. Struve, Mém. de l'acad. imp. d. sc. de St. Petersb. [7] **8**, 11 (1865). — Szolnok in Ungarn, Art. Br.: A. v. Kalecsinsky. Mitt. d. chem. Labor. d. kgl. ung. geol. Anst. 7, 6—7 (1893). — Tunis, Art. Br.: de Lesseps, C. R. **104**, 272 (1887). — Wien, Art. Br. des Wien-Raaber Bahnhofes: Ph. Weselsky, Sitzber. Wiener Ak. **54** [2], 29 (1866). — Wien, Art. Br.: F. Ragsky, Ber. von Freund. d. Naturw. in Wien II, 121 u. III, 90.
[4]) F. Henrich, Z. f. angew. Chem. **22**, 385—391 (1909); **23**, 769—777 (1910). — F. Dienert u. E. Bouquet, C. R. **142**, 449—450, 883—885 (1906). — Die Quellw. von St. Joachimsthal, W. Petraschek, Verh. d. geol. R.A. Wien 1908, 365—391. — Unterird. Qu., F. Dienert u. E. Bouquet, C. R. **145**, 894—896 (1907).
[5]) B. B. Boltwood, Am. J. Science Silliman **18**, 378—387 (1904). — G. A. Bleuse, Phil. Mag. 9, 148—154 (1905). — R. Delkeskamp, Z. prak. Geol. **16**, 401—443 (1908). — C. Engler u. H. Sieveking, Z. f. Elektroch. 11, 714 (1905) u. Z. anorg. Chem. **53**, 1—25 (1907); Chem. Ztg. **31**, 811—813. — Waldmann u. Bela Szilard, Pharm. Post. **38**,

Wir können unterscheiden:

I. Alkalische Mineralwässer mit viel Na_2CO_3 und CO_2, wenig Erdalkalien, Na_2SO_4 und NaCl.

1. *Einfache Säuerlinge,* mit wenig festen Bestandteilen und nicht weniger als 400 ccm Kohlensäure im Liter:

Hierher gehören die Säuerlinge von Andersdorf[1]) in Mähren, Appollinaris, Brambach,[2]) (Quelle in Deutschland im sächsischen Vogtland), Chateauneuf,[3]) Puy de Dôme, Dorotheenau bei Karlsbad, Höppingen, Landskron, des Laacher Sees, Liebwerda, Marienbad (Marienquelle), Schmeks,[4]) die Sinnberger und Vernasserquelle.

2. *Alkalische Säuerlinge,* die viel Na_2CO_2 und CO_2 und wenig andere Salze enthalten.

Hierher gehören die Mineralwässer von Bilin, Borszek, Chaudes Aigues, Elöpatak, Fachingen[5]) in Nassau, Geilnau[6]) in Nassau, Mont Dore,[7]) Gieshübel in Nassau,[8]) Neuenahr,[9]) Preblau in Kärnten,[10]) Rodna, Tönnistein,[11]) Vichy $(32,3^0)$.[12])

3. *Alkalische muriatische Säuerlinge,* die neben Na_2CO_2 auch Chlornatrium enthalten:

Apatovač in Kroatien,[13]) Bagnoli,[14]) Ems (Krähnchen $35-37,5^0$),[15]) Gleichenberg in Steiermark (Klausen-, Konstantinquelle),[16]) Krankenheil bei Tölz in Oberbayern,[17]) Lu-

---

279—281. — R. J. Strutt, Proc. Roy. Soc. Lond. **73**, 171—197 (1904). — Von tiefen Brunnen u. Mineralwässern: H. Schlundt u. R. B. Moore, The Journ. of Phys. Chem. **9**, 320—342. (1905). — Von Quellwassergasen: S. Giuliano Toscana, Phys. Ztschr. **8**, 65—68 (1907). — W. P. Jorissen, Chem. Weekbl. **3**, 764—767. — P. Curie u. A. Lahorde, C. R. **138**, 1150—1153 (1904). — F. Henrich, Z. f. Elektroch. **13**, 393—400 (1907). — Über die Radioaktivität einzelner örtl. bestimmter Quellen (Mineralw.): siehe Literatur über Mineralquellen, wo den betreffenden Literaturangaben „Rad:" vorgesetzt ist.

[1]) E. Ludwig, Tsch. min. Mit. **6**, 150 (1885). — J. V. Melion, Verh. d. geol. R.A. 1880, 137.

[2]) H. Stohmann, Pharm. Zentralbl. **54**, 671—676. — M. Weidig, Ztbl. f. öff. Chem. **17**, 221—224 und H. Fresenius u. A. Czapski, Chem.-Ztg. **35**, 722—724

[3]) J. Lefort, J. pharm. [3] **27**, 241.

[4]) Scherfel, Sitzber. Wiener Ak. **17**, 449 (1855).

[5]) H. Fresenius, J. pr. Chem. **103**, 321, 425 (1868).

[6]) Derselbe, ebenda **72**, 1 (1857).   [7]) L. J. Thénard, C. R. **38**, 986 (1854).

[8]) F. Muck, J. pr. Ch. **96**, 459 (1865).

[9]) R. Bender, Arch. Pharm. **185**, 5.

[10]) E. Ludwig, Chem. ZB. 1890, 6, 75.

[11]) H. Fresenius, J. pr. Chem. **56**, 193, 206 (1852); Ch. N. **20**, 213 (1869). — W. Thörner, Chem. Ztg. **17**, 1411—1412. — B. Lepsius, Ber. Dtsch. Chem. Ges. 1888, 552 und Jahrb. f. Chem. 1869, 1281.

[12]) V. Henry, J. pharm. [3] **13**, 5; **29**, 413. — J. Lefort, J. pharm. [3] **16**, 14. — E. Baudrimont, J. pharm. [3] **29**, 337. — J. P. Bouquet, J. pharm. [3] **30**, 321; Ann. chim. phys. [3] **42**, 278 (1854). — A. Mallat, J. Pharm. Chim. [6] **2**, 200—203 (1895); [6] **13**, 515—518 (1901). — H. Voisin, Ann. min. [7] **16**, 488 (1879). — L. Moissenet, Ann. min. [5] **17**, 7 (1860). — De Gauvenain, C. R. **76**, 1063 (1873). — F. Parmentier, C. R. **115**, 125 (1892). — F. Jadin u. Astruc, C. R. **157**, 338–339 (1913). — A. Gautier, C. R. **157**, 820–825 (1913). — J. Bardet, C. R. **158**, 1278–1280 (1914). — H. Fonzes-Diacon u. Fabre, C. R. **157**, 1541—1542 (1913). — Rad: A. Laborde u. A. Lepope, C. R. **155**, 1202 (1912).

[13]) C. O. Cech, Ztsch. d. östr. Apoth.-Ver. 1880. — E. Ludwig, Tsch. min. Mit. [2] **4**, 519 (1892).

[14]) R. Nasini u. R. Salvadori. Gazz. chim. ital. **29**, II, 161—180 (1899).

[15]) H. Fresenius, Jhb. d. Ver. f. Natf., Nassau **7**, 145 (1851); J. pr. Chem. [2] **6**, 53 (1872). — Felsenquelle: Spengler, Vierteljahrschr. pr. Pharm. **96**, 234 u. H. Fresenius, J. pr. Chem. **97**, 1 (1866). — Victoria- u. Römerquelle: H. Fresenius, Jahrb. d. natw. Ver. f. Natk. **25** u. **26**, 347—362.

[16]) J. Gottlieb, Ber. Wiener Ak. [2] **49**, 351 (1864). — E. Ludwig, Wien. klin. Wochenschr. **9**, 3—5 und 25—26. — J. Gottlieb, Sitzber. Wiener Ak. [2] **56**, 836 (1867).

[17]) A. Barth, J. pr. Chem. **47**, 404 (1849). — H. Fresenius, J. pr. Chem. **58**, 156 (1853). — Wittstein, Vierteljahrsschr. pr. Pharm. II, 42.

hatschowitz in Österr.-Schlesien[1]) (auch jod- und bromhaltig), Roisdorf bei Bonn, Saczawnica, Selters und Weilbach in Nassau[2]) (auch lithiumhaltig).

II. Glaubersalzwässer mit viel Na_2SO_4 neben Alkalicarbonaten.

Hierher gehören: Bertrich, Franzensbad (Salzquelle), Karlsbad[3]) (Sprudel 74°, Mühlbrunnen 52,5°), Marienbad,[4]) Ofen,[5]) Rohitsch in Steiermark,[6]) Salzbrunn[7]) und Tarasp in der Schweiz, Kanton Graubünden.[8])

III. Eisen- oder Stahlwässer, mit nicht weniger als 0,06 g von Eisensalzen im Liter.

1. *Reine Eisensäuerlinge*, die nebenher wenig Salze und viel CO_2 enthalten: Altwasser, Berg in Württemberg,[9]) Brückenau,[10]) Châteldon,[11]) Freiwalde a. d. Oder,[12]) Hofgeismar in Kurhessen,[13]) Imnau, Langenschwalbach,[14]) Königswerth, Liebenstein in Thüringen,[15]) Marienbad[16]) (Ambros- und Karolquelle), Niederlangenau in Glatz,[17]) Rabbia (antica fonti),[18]) Radeberg,[19]) Reinerz,[20]) Royat im Dep. Puy de Dôme,[21]) Praywerth, Saratoga[22]) bei Newyork (auch Jod- und Schwefelquellen), Schandau,[23]) Schwendi-Kaltbad im Kanton Oberwalden,[24]) Spaa[25]) und Steben in Oberfranken.[26])

---

[1]) Ferstl, Jhrb. d. geol. R.A. Nr. 4, 683 (1853). — 4 Trinkquellen: C. v. John u. H. B. v. Foullon, Chem. ZB. 6, 772 (1890).

[2]) Will, Ann. Chem. Pharm. 81, 93 (1852). — R. Fresenius, J. pr. Chem. 83, 385 (1861); 70, 1 (1857).

[3]) Göttl, Östr. Ztg. f. Pharm. 1853, 253, 266; Vierteljahrsschr. pr. Pharm. 5, 161. — F. Ragsky, J. pr. Chem. 88, 378 (1863). — L. F. Bley, Arch. Pharm. [2] 18, 193. — H. Erdmann, J. pr. Chem. 88, 378 (1863). — J. J. Berzelius, Gilb. Ann. 74, 113 (1824). — E. Ludwig u. S. Mauthner, Tsch. min. Mit. [2] 2, 269 (1880). — Rad: A. Herrmann u. F. Pesendorfer, Phys. ZS. 6, 70—71 (1905). — J. Knett, Sitzber. Wiener Ak. 113, 753—762 (1904); N. JB. Min. etc. 1905, 343.

[4]) A. Dietl, Prag. med. Wochenschr. 33, 786. — Rudolfsquelle: A. Grimm, Wiener klin. Wochenschr. 13, 501—502. — Ambrosiusquelle: W. F. Gintl, J. pr. Chem. [2] 24, 25 (1881. — Ferdinandsbrunnen: W. F. Gintl, J. pr. Chem. [2] 20, 356 (1879). — Kreuzbrunnen: Th. Peters, Zts. f. Pharm. 1851, 23.

[5]) Lit. siehe unter: Bitterwässer.

[6]) Ferstl, Jb. geol. R.A. 1, 39 (1855). — A. Kauer, Sitzber. Wiener Ak. 37, 27 (1859). — M. Buchner, Sitzber. Wiener Ak. 71, II, 309 (1875). — E. Ludwig u. F. Zdarek, Wiener klin. Wochenschr. 22, Nr. 30 (1909). — H. Leitmeier, Z. Kryst. 47, 104—133 (1910).

[7]) Lit. siehe unter Brom- und Jodsalzquellen.

[8]) A. Husemann, N. Jahrb. d. Pharm. 38, 257; Arch. Pharm. [3] 6, 97 u. 395, 204 (?). — A. v. Planta, Ann. Chem. Pharm. 109, 157 (1859).

[9]) H. Fehling, Würtemb. natw. Jahrb. 13, 113.

[10]) J. Scherer, Ann. Chem. Pharm. 99, 257 (1856).

[11]) J. P. Bouquet, Ann. chim. phys. [3] 42, 278 (1854).

[12]) W. Lasch, J. pr. Chem. 63, 321 (1854). — [13]) Wigyers, Pharm. ZB. 1854, 934.

[14]) R. Fresenius, J. pr. Chem. 64, 335 (1855).

[15]) E. Reichardt, Arch. Pharm. [3] 2, 124 (1873). — J. v. Liebig, Ann. Chem. Pharm. 63, 221 (1847). — M. W. Thüring, Arch. Pharm. [2] 98, 257.

[16]) Lit. siehe unter Glaubersalzwässer.   [17]) Th. Poleck, J. pr. Chem. 52, 353 (1851).

[18]) J. Zehentner, Zts. d. Ferdinandeums, III. Folge, 57, Heft 1.

[19]) Augustenbad: W. Stein u. C. Bley, Arch. Pharm. [2] 119, 1.

[20]) R. Woy, Ztb. f. öff. Chem. 17, 181—192.

[21]) L. Moissenet, Ann. min. [5] 17, 7 (1860. — J. Lefort, J. Pharm. [3] 31, 84. — Lassignac, J. chim. méd. [3] 5, 489. — (Schwefelgehalt): A. Duboin, C. R. 128, I, 1469 (1899).

[22]) C. F. Chandler u. F. A. Cairus, Am. Chemist 4, 186. — A. H. Chester, Am. Chemist [2] 3, 93, 164, 202. — Leslie Russel Milford, J. of Ind. and Eng. 4, 593—595; 5, 24—26, 557—564; 6, 207—209. — Rad: R. B. Moore u. C. F. Wittemore, J. of Ind. and Eng. Chem. 6, 552—553.

[23]) H. Wackenroder u. E. Reichardt, Arch. Pharm. [2] 71, 22; [2] 35, 278. — Fleck, Geol. Spezialkarte des Königr. Sachsen. S.R. Königstein-Holmstein.

[24]) Bolley u. Schultz, Jahresb. d. Chem. 1859, 843.

[25]) E. Gérard u. H. Chaurin, C. R. 157, 302—304 (1913).

[26]) Gorup-Besanez, Ann. chim. Pharm. 89, 229; Ann. d. Pharm. 79, 50. — E. Reichardt, Arch. Pharm. [3] 2, 124 (1873).

2. *Alkalische und alkalisch-salinische Eisensäuerlinge* enthalten nebenher Na_2CO_3, Na_2SO_4 (und CO_2) in größeren Mengen.

Hierher gehören: Bartfeld,[1]) Birresborn,[2]) Cudowa, Elster, Fideris in Graubündten,[3]) Flinsberg in Schlesien,[4]) Franzensbad, Kochl in Bayern,[5]) Radein,[6]) und Vals-les-Baines.[7])

3. *Erdig saline Eisensäuerlinge*, die nebenher $CaCO_3$ und $CaSO_4$ enthalten.

Hierher gehören: Antogast,[8]) Bocklet, Charlottenbrunn, Contrexeville im Dep. Vogesen,[9]) Driburg,[10]) Freyersbach im Schwarzwald,[11]) Göppingen in Württemberg,[12]) Griesbach,[13]) Krynica bei Neu-Sandec in Galizien,[14]) Langenau bei Geroldsgrün,[15]) Lippa,[16]) Petersthal im Großh. Baden,[17]) Pyrmont,[18]) Recoara,[19]) Rippolsdau,[20]) Sanct Moritz im Oberengadin,[21]) Schuls in Graubünden[22]) und Wildungen.[23])

4. *Eisenwässer* mit $FeSO_4$:

Alexisbad im Anhaltischen,[24]) Muskau, Mitterbad in Tirol,[25]) Parad in Ungarn, Ratzes in Tirol, Ronneby in Schweden[26]) und Roufage.[27]

Von sonstigen Eisen- und Stahlquellen seien noch erwähnt die Wässer von: Actos (in Akarnanien in Griechenland,[28]) Barkowtschina bei Lebel, Kreis Witebsk,[29])

---

[1]) C. v. Hauer, Jb. geol. R.A. 1859, 137.
[2]) H. Vohl, Ber. Dtsch. Chem. Ges. 1876, 20; 1875, 611. — H. Fresenius, J. pr. Chem. [2] **14**, 61 (1876).
[3]) G. Nussberger, Schweizer Wochenschr. f. Chem. u. Pharm. **51**, 149—153.
[4]) Oberbrunnen: Th. Pallek, Ber. Dtsch. geol. Ges. 1879, 1902.
[5]) Pettenkofer, Arch. Pharm. [2] **55**, 180.
[6]) Giselaquelle: J. Holm, Heilmittel Revue **8**, 12.
[7]) de Castelnau, Ann. min. [8] **13**, 530 (1888. — Le Verière, ebenda 537. — A. Henry, Rep. chim. appl. I, 282. — Rad: Caspoul u. Jaubert de Beaujeu, C. R. **153**, 944—946 (1911).
[8]) R. Bunsen, Z. f. anal. Chem. **10**, 39 (1871).
[9]) O. Henry, J. pharm. [3] **35**, 250. — L. Dieulafait, C. R. **95**, 999 (1882). — L. Moissenet, Ann. min. [5] **17**, 7 (1860).
[10]) R. Fresenius, J. pr. Chem. **98**, 321 (1866). — Wiggers, Arch. Pharm. [2] **102**, 215.
[11]) K. Birnbaum, Ber. Dtsch. Chem. Ges. 1884, 1614. — R. Bunsen, Z. f. anal. Chem. **10**, 39 (1871).
[12]) H. Fehling u. C. Hell, Württemb. Jahresb. **37**, 152.
[13]) G. Rupp, Z. f. angew. Chem. 1891, 448; R. Bunsen, Z. f. anal. Chem. **10**, 39 (1871).
[14]) H. Dietrich, Min. petr. Mitt. [2] **3**, 439 (1881).
[15]) Gorup-Besanez, Ann. Ch. Pharm. **89**, 225 (1854).
[16]) M. Say, Sitzber. Wiener Ak. **13**, 457 (1854).
[17]) Nessler, F. Sandbergers geol. Beschr. der Sect. Oppenau **16**, 29 (1863).
[18]) C. Neuburg, Z. f. Baln. Klim. u. Kuorthyg. Jänner 1913. — Hugi, J. pr. Ch. **42**, 464 (1847). — R. Fresenius, J. pr. Ch. **95**, 151 (1865).
[19]) G. Bizio, Atti dell imp. reg Ist. Veneti di sc. litere et arti [3] **9**, 104, 273, 325. — Pietro Spica, Bull. chim. Farm. **37**, 385—390.
[20]) R. Bunsen, Z. f. anal. Chem. **10**, 39 (1871). — Will, Ann. chem. Pharm. **61**, 181 (1847).
[21]) A. Husemann, Arch. Pharm. [3] 97 u. 395. — A. v. Planta u. Kekule, Ann. chim. Pharm. **90**, 316 (1854). — E. Bockhard, Chem. ZB. 1892, 1039. — F. P. Treadwell, Arch. Pharm. [3] **26**, 314. — W. Gambel, Sitzber. Bayr. Ak. 1893, 1.
[22]) A. v. Planta, Ann. Chem. Pharm. **109**, 157 (1859).
[23]) R. Fresenius, J. pr. Chem. **79**, 385 (1860).
[24]) Th. Pusch, Arch. Pharm. [2] **140**, 1 (1869). — (Arsengehalt) H. Bley, Arch. Pharm. [2] **82**, 129.
[25]) L. v. Barth u. R. Wegscheider, Wien. klin. Wochenschr. 1891, Nr. 8. — J. C. Wittstein, Vierteljahrsb. Pharm. I, 47.
[26]) N. O. Hamberg, J. pr. Chem. **80**, 385 (1860).
[27]) J. Ch. Essener, Bull. Soc. chim. [3] **7**, 480 (1892).
[28]) J. Landerer, Russ. Z. f. Pharm. 1874.
[29]) C. Schmidt, Russ. Ctbl. f. Pharm. 1891, 81; Sitzber. d. Dorpater Natf. Ges. 1889, **9**, 2—19.

Bibra,[1]) Cusset,[2]) Doberau,[3]) Dornawatra,[4]) Dorna-Kadreny in der Bukowina[5]) (auch besonders arsenhaltig), Dinan (Côtes du Nord),[6]) Aix les Bains, Stahlquelle (Creuce),[7]) Karlsbrunn bei Freudenthal in Östr. Schlesien,[8]) Pont à Mousson,[9]) Preßburg (Ungarn),[10]) Raffanelo, Eisenqu. (Prov. Rom),[11]) Rastenburg,[12]) Stolypin (auch schwefelhaltig),[13]) Stettin (Stahlqu.),[14]) Trefriew (England) Eisenqu.,[15]) Weinheim (Stahlqu.),[16]) Wiesau (Oberpfalz).[17])

Die meisten Eisenwässer enthalten auch Arsen, dessen Mengen sich in einzelnen Fällen so steigern können, daß man von Arsenwässern[18]) spricht.

Hierher gehören außer einzelnen bei den Eisenquellen bereits erwähnten Quellen: Die ägyptischen Arsenquellen,[19]) die von Coust St. Etienne,[20]) von Levico,[21]) Orsola (Südtirol),[22]) Roncegno[23]) (mit 0,124 g As_2O_3 i. L.) und Vöslau.[24])

IV. Kochsalzquellen mit schwankendem Gehalt an Chlornatrium.

Man unterscheidet:

1. *Einfache Salzquellen* mit verhältnismäßig geringem Kochsalzgehalt:

Aachen (auch Schwefelquellen),[25]) Baden-Baden,[26]) Battaglia (47—60⁰),[27]) Bourbonne-les-Bains,[28]) Burtscheid (Deutschland, auch Schwefel 27—79⁰),[29]) Kannstadt (Württemberg,[30]) Heilbrunn (Oberbayern, mit etwas Borax, Jod und Brom),[31]) Homburg v. d.

---

[1]) M. Papp, Z. f. Natw. Halle 78, 353—368.
[2]) V. Henry, J. pharm. [3] 13, 5; [3] 29, 413. — J. P. Bouquet. Ann. chim. phys. [3] 42, 278 (1854).
[3]) F. Schultze, Arch. pharm. [2] 116, 176.
[4]) C. v. John, Verh. d. geol. R.A. 1876, 208. — C. v. Hauser u. C. v. John, Jb. geol. R.A. 1875, 197.
[5]) R. Pribram u. C. Langer, Jb. d. Bukow. Landesmus. 1903. — R. Pribram, ebenda (über den Arsengehalt).
[6]) Malaguti, J. Pharm. [3] 44.
[7]) E. Bonjeau, Bull. Soc. chim. Paris [3] 23, 405—407 (1900).
[8]) E. Ludwig, Min. petr. Mitt. [2] 4, 273 (1882).
[9]) L. Grandeau, Ann. chim. et phys. [3] 60, 479 (1860).
[10]) König Ferdinandsbad: P. Weselsky u. A. Bauer, Sitzber. Wiener Ak. 29, 585 (1858).
[11]) F. Manganini, Gazz. chim. ital. 17, 517 (1887).
[12]) Segensborn u. Friedrichsquelle: H. Ludwig, Journ. prakt. Chem. 104, 360 (1868).
[13]) C. Schmidt, Petersb. Akad. Bull. 11, 315 (1867); ebenda 12, 1 (1868).
[14]) R. Fresenius, Chem. ZB. 1884, 423.
[15]) Th. Carnelley, Ch. N. 31, 27 (1875).
[16]) G. Müller, N. JB. d. Pharm. 3, 205.
[17]) E. v. Gorup-Besanez, Ann. d. Chem. u. Pharm. 119, 240 (1861).
[18]) F. Raspe, Chem. ZB. 1887, 1154.
[19]) Landerer, Vierteljahrsschr. f. pr. Pharm. 7, 34.
[20]) T. L. Phipson, Ch. N. 60, 67 (1889).
[21]) E. Ludwig u. R. v. Zeynek, Wiener klin. Wochenschr. 11, 634—637.
[22]) C. F. Eichleiter, J. k. k. geol. R.A. 57, 529—534 (1907).
[23]) R. Nasini, M. G. Levi u. F. Ageno, Gazz. chim. ital. 39, II, 481—512 (1909). — M. Gaser u. W. Kalmann, Ber. Dtsch. Chem. Ges. 1888, 1687.
[24]) H. Siegmund u. P. Juhácz, Sitzber. Wiener Ak. 14 [2], 216 (1854). — M. Bamberger u. A. Landsiedel, Monatsh. f. Chem. 19, 114—115 (1898/99).
[25]) Kaiserquelle: V. Monheim, Arch. Pharm. [2] 126, 187. — Rad: F. Hinrichsen u. N. Sahlbohm, Ber. Dtsch. Chem. Ges. 35, 2607—2608 (1902). — P. Pooth, Chem. Ztg. 38, 310—315. — S-Quelle: J. v. Liebig, Ann. d. Chem. 79, 94 (1870).
[26]) Hauptstollenquellen: R. Bunsen, Jahrb. f. Chem. 1882, 1630. — Rad: C. Engler, Z. f. Elektroch. 11, 714—721 (1905). — R. Bunsen, Z. f. anal. Chem. 10, 39 (1871). — J. S. Muspratt, Pharm. d. Trans. 11, 151.
[27]) F. C. Schneider, Sitzber. Wiener Ak. 69, II, 55 (1874).
[28]) F. Rigaud, Ann. min. [7] 17, 349 u. 375 (1880).
[29]) R. Wildenstein, Journ. prakt. Chem. 85, 100 (1862).
[30]) Sigwart, Württemb. naturw. Jahrb. 15, 352.
[31]) Pettenkofer, Ann. d. Pharm. 77, 183 (1881. — Boraxgeh.: H. Ludwig, Arch. Pharm. [2] 94, 276 — Adelheidqu.: R. Pribram, Viertelj. pr. Pharm. 15, 182. — E. Egger, Chem. ZB. 1881, 664.

Höhe,[1]) Kissingen,[2]) Kronthal (Nassau),[3]) Luxeuil (21—53°, auch Eisengehalt),[4]) Mehadia,[5]) Mergentheim a. d. Tauber,[6]) Mondorf bei Luxemburg (25°),[7]) Niederborn i. E.,[8]) Neris-les-Bains Dep. Allier (49—53°),[9]) Neuhaus a. d. Saale,[10]) Nevada, Salzquellen der Silver Peak March,[11]) Paderborn,[12]) Siacca, Salz v. S.-Qu. 45° in Sizilien,[13]) Soden im Spessart,[14]) Termini Immerese in Sizilien (Palermo) 44°,[15]) Tusnad in Siebenbürgen,[16]) Wiesbaden (Kochbrunnen 69°).[17])

2. Soolquellen mit viel NaCl.

In Algier,[18]) Allendorf a. d. Werra,[19]) von Amerika,[20]) Basel (Schweiz),[21]) Cheshire,[22]) Clemenshall (Württemberg),[23]) Colberg,[24]) Cheltenham (auch S- u. Fe-haltig),[25]) Christian Malford bei Chippenham,[26]) Egestorffhall,[27]) Essen (Hannover),[28]) Frankenhausen (Thür.),[29])

---

[1]) R. Fresenius, Journ. prakt. Chem. 73, 83 (1858); 90, 36 (1863); 92, 956 (1864); [2] 7, 20 (1873). — S. Hofmann, N. JB. f. Pharm. 7, 52. — Figuier u. Mialhe, J. Pharm· [3] 13, 401. — J. Makay, Pharm. J. Trans. [3] 9, 506.

[2]) E. v. Gorup-Besanez, Journ. prakt. Chem. 17, 371 (1839). — J. v. Liebig, ebenda 69, 28 (1856). — F. Sandberger, N. JB. Min. etc. 1870, 642. — Rad: F. Jentsch, Phys. ZS. 8, 887—890 (1907); 9, 120 (1908).

[3]) J. Löwe, Jahresber. d. phys.Ver. in Frankfurt a. M. 1854—1855, 58; 1853—1854, 55.

[4]) Braconnout, J.chim.méd. [3] 7, 737. — Dormoy, Ann. Min. [6] 12, 461 (1867). — V. Henry, J. Pharm. [3] 29, 416. — F-Geh.: A. Gautier; C. R. 157, 820—825 (1913).

[5]) Herkulesbad: F. Ragsky, J. k. k. geol. R.A. 1851, II, 93. — F. A. Schneider u. J. Köttsdorfer, Sitzber. Wiener Ak. 64, II, 577 (1871).

[6]) J. v. Liebig, Journ. prakt. Chem. 69, 331 (1856).

[7]) v. Kerkhoff, Journ. prak. Chem. 43, 350 (1848).

[8]) Figuier u. Mialhe, J. pharm. [3] 13, 401; JB. f. Chem. 1, 1005 (1847). — Kosmann, J. Pharm. [3] 17, 43.

[9]) DeGouvenain, C. R. 76, 1063 (1873). — P.Charles, J. Pharm. chim. [6] 13, 562.

[10]) J. v. Liebig, Journ. prakt. Chem. 69, 331 (1856).

[11]) R. B. Dole, J. of Ind. and Eng. Chem. 5, 196—198.

[12]) Inselbad: E. v. Meyer, Journ. prakt. Chem. [2] 6, 53 (1872); 7, 181 (1873).

[13]) G. Abati, Gazz. chim. ital. 30, II, 855—860 (1900).

[14]) F. Moldenheim, Ann. Chem. Pharm. 97, 535 (1855). — W. Casselmann, Journ. prakt. Chem. 83, 385 (1861). — Figuier u. Mialhe, J. Pharm. [3] 13, 401.

[15]) E. Paternó u. G. Mazzara, Gazz. chim. ital. 9, 71 (1879).

[16]) Vgl. Soolquellen Siebenbürgen: F. Pošepny, J. k. k. geol. R.A. 21, 123 (1871).

[17]) Kochbrunnen: R. Fresenius, Unters. v. Mineralw. des Hzgt. Nassau I. Wiesbaden 1850; J. pr. Ch. [2] 9, 368 (1874); [2] 35, 122, 237 (1887); [2] 37, 465 (1888). — Philippi, Jhb. d. Ver. f. Natk. in Nassau 8, 90 (1852). — F. Vollbracht, ebenda 12, 411. — W. Valentin, ebenda 13, 28. — d'Orville u. W. Kalle, ebenda 13, 41. — Lindenborn u. Schukart, ebenda 13, 53. — O. Hjelt u. R. Röhr, ebenda 14, 436. — F. Carl, Journ. prakt. Chem. 70, 89 (1857). — G. Kerner, ebenda 70, 100 (1857). — Lade, Ann. chem. Pharm. 66, 170 (1848). — Figuier u. Mialhe, J. pharm. [3] 13, 401. — Rad: F. Henrich, Z. f. angew. Chem. 20, 272 (1909); 23, 1809 (1910) u. Monh. f. Chem. 27, 1259—1264 (1906/07; Z. anorg. Chem. 65, 117—135 (1910); Ber. Dtsch. Chem. Ges. 41, 4196—4209 (1908); Z. f. Elektroch. 15, 751—757 (1907); Z. prakt. Geol. 18, 85—94; Ch. Ztg. 30, 220—222. — F. Henrich u. G. Bugge, Z. f. angew.Chem. 18, 1011—1014. — E. Hintz u. R. Grünhut, Z. f. anal. Chem. 49, 25—42 (1910); Z. f. angew. Chem. 23, 1308—1311, 2125—2126 (1910).

[18]) F. Marigny, Ann. min. [5] 11, 667; 12, 653, 657 u.Ville, ebenda 12, 657 (1857).

[19]) E. Reichardt, Arch. Pharm. [3] 18, 187 (1881).

[20]) C. A. Gössmann, Am. Journ. [2] 49, 78 (1876). — Bay City: A. Winchell, ebenda [2] 34, 307 (1862). — Onondaja: C. A. Gössmann, ebenda [2] 42, 211 (1866). — T. W. Turrentine, J. of Ind. and Eng. Chem. 4, 828—833, 885—889; 7, 687—689.

[21]) G. Lunge u. L. Landolt, Korresp.-Bl. f. Schweizer-Ärzte. 1885.

[22]) A. B. Northcote, Phil. Mag. [4] 14, 457 (1857.

[23]) H. Fehling, Württembergische naturw. Jahreshefte 4, 36.

[24]) G. Bauk, Diss. Göttingen 1860, 36.

[25]) F. E. Thorpe, Ch. N. 70, 45 (1894) und J. Chem. Soc. 65, 772—782 (1894). — F. A. Abel u. Rowney, Chem. Soc. Qu. J. 1, 193 (1848). [27]) E. Lenssen, Journ. prakt. Chem. 80, 407 (1909). [28]) R. Kemper, Arch. Pharm. [2] 113, 9.

[26]) A. W. Hofmann, ebenda 13, 80 (1861).

[29]) H.Wackenroder, Arch.Pharm. [2] 71, 150. — A. Kromayer, ebenda [2] 114, 219.

57

Doelter, Handb. d. Mineralchemie. Bd. III.

Friedrichshall (Württemberg),[1]) Gmunden,[2]) Hall (in Tirol),[3]) Hall (Württemberg),[4]) Hallstadt (Ob.-Östr.),[5]) Hannover,[6]) Harzburg,[7]) Heldringen (Thüringen),[8]) Jaxtfeld, Ischl,[9]) am Jennisseyfluß,[10]) in Cammin (Pommern),[11]) Karlshafen (Kurhessen),[12]) Kiedrich,[13]) Kösen, Lautenthal,[14]) Luisenhall,[15]) Melle (bei Osnabrück),[16]) Nauheim (großer Sprudel 33⁰),[17]) Nonona (Rußland),[18]) Oeynhausen (bei Neusalzwerk in Westfalen),[19]) Orb (Bayern),[20]) Reichenhall (Oberbayern),[21]) Plaue (Thüringen),[22]) Salins,[23]) Saltsprings (in Neuschottland),[24]) Salzhausen (Oberhessen),[25]) Staraja Russa,[26]) Suhl (Thüringen),[27]) Sulz (Mecklenburg),[28]) Sulz (Württemberg),[29]) Sulza (Sachsen-Weimar),[30]) Tarentum (Pennsylvanien),[31]) Torda,[32]) Tscheleken (Insel im Kaspi-See),[33]) Werl (Westfalen),[34]) Wilhelmshall (bei Rottenmünster in Württemberg),[35]) Wittekind bei Halle a. d. Saale),[36]) in Westvirginien.[37])

3. *Jod- und bromhaltige Soolen,*[38]) die relativ mehr Jod und Brom enthalten:

---

[1]) H. Fehling, Württembergische naturw. Jahresh. **4**, 36.
[2]) R. Godeffroy, Z. f. östr. Apoth.-Ver. 1882.
[3]) L. Barth, Sitzber. Wiener Ak. **53** [2] 69 (1866).
[4]) H. Fehling, Württembergische naturw. Jahresh. **4**, 36.
[5]) A. Schrötter, Sitzber. Wiener Ak. **41**, 324 (1860).
[6]) Soolquelle am Westabh. d. Lindener Berges: Th. Bromeis, Ann. chem. Pharm. **69**, 115 (1949).
[7]) (Crodoquelle): R. Otto u. J. Tröger, Arch. d. Pharm. **237**, 149—160.
[8]) L. F. u. G. Bley, Arch. d. Pharm. [2] **115**, 1.
[9]) C. v. Hauer u. Horsinek, J. k. k. geoi. R.A. **13**, 4. Heft (1863); Sitzber. Wiener Ak. **5**, 6 (1850). — C. v. Hauer, Verh. k. k. geol. R.A. 1878, 123. — (Klebels bergquelle): H. Dietrich. J. k. k. geol. R.A. **43**, 275—289.
[10]) M. A. Novomejsky, Z. prakt. Geol. **16**, 159—161 (1908).
[11]) R. Bensemann, Chem. ZB. 1882, 186.
[12]) C. Sommer, Arch. Pharm. [2] **94**, 137.
[13]) H. Fresenius, Wiesbaden bei Kreidel 1900, 21.
[14]) G. Lattermann, Chem. ZB. 1892a, 649.
[15]) H. Ludwig, Arch. Pharm. [2] **143**, 20.
[16]) W. Thörner, Repert. d. anal. Chem. **3**, 22; Chem. Ztg. **17**, 1411—1412.
[17]) C. Bromeis, Jahresber. der Wetterauerschen Ges. **47**, 47 (1846). — Figuier u. Mialhe, J. Pharm. [3] **13**, 401; N. Jahrb. f. Pharm. **36**, 82. — F. Credner, Chem. ZB. 1889b, 166. — Lepsius u. Schott, Deutsche med. Wochschr. **26**, 403—407 (1900).
[18]) C. Knauss, N. Petersb. Akad. Bull. **2**, 313 (1860).
[19]) J. Bischof, Frorieps Notizen aus der Nat.- u. Heilk. 1849, Nr. 202; Pharm. ZB. 1854, 477.
[20]) Jos. Scherer, N. Jahrb. d. Pharm. **7**, 309.
[21]) A. Buchner, Repert. d. Pharm. [3] **6**, 30. — V. Wartha, N. Rep. d. Pharm. **15**, 77.
[22]) Siehe Arch. Pharm. [2] **89**, 53.
[23]) O. Reveil, Repet. chim. appl. III, 201.
[24]) How, Journ. prakt. Chem. **94**, 502 (1865).
[25]) W. Sonne u. A. Rucker, Z. f. angew. Chem. 1891, 212.
[26]) C. Schmidt, Arch. f. Natk. [1] **1**, 293.
[27]) E. Reichardt, Arch. Pharm. [3] **14**, 212 (1879); [2] **227**, 645 (1889).
[28]) Saline: F. Kock, Arch. Pharm. [3] **8**, 509. — A. Virck, Inaugural-Diss. (Rostock 1862).
[29]) H. Fehling, Württembergische naturw. Jahresh. **4**, 36.
[30]) F. Müller, Arch. Pharm. [2] **37**, 165.
[31]) E. Stieren, Vierteljahr. f. Pharm. **10**, 365.
[32]) J. Nuricsan, Földtani Közlöny **23**, 296—298.
[33]) Plohn, J. k. k. geol. R.A. 1879, 166 u. 186.
[34]) Dencke, Ann. chem. Pharm. **65**, 100 (1848).
[35]) H. Fehling, Württembergische naturw. Jahresh. IV. 36 (Soole bei Rottenmünster in Württemberg). — Derselbe, ebenda (Soole bei Schwenningen in Württemberg).
[36]) O. L. Erdmann, Journ. prakt. Chem. **46**, 313 (1849).
[37]) J. W. Mallet, Ch. N. **44**, 207 (1881).
[38]) Jodgeh.: St. Burgarzky u. Bela Horváth, Z. anorg. Chem. **63**, 184—196 (1909).

Hierher gehören die Soolen von:

Bassen in Siebenbürgen,[1]) Dürkheim,[2]) Elmen, Goczalkowitz, Hall in Ober-Öster.,[3]) Iwonicz in Galizien,[4]) Jasterzemb, Königsdorf, Kreuznach,[5]) Lippik in Slavonien,[6]) Partenkirchen in Oberbayern,[7]) Salzbrunn und Ober-Salzbrunn in Schlesien,[8]) Wildegg, Zaczon.

V. Bitterwässer, die vorwiegend Na_2SO_4 und $MgSO_4$ enthalten:

Alap (in Ungarn), Birmensdorf (Argau),[9]) Friedrichshall[10]) Galthofen (in Mähren), Gran, Ivanda, Jena,[11]) Laa[12]) (Niederöstr.), Ofen,[13]) Mülligen (Schweiz), Pullna, Saidschitz, Sedlitz und Windheim.[14])

VI. Erdige oder kalkige Wässer, hauptsächlich Kalksalze (Sulfate, Karbonate, Chloride) enthaltend:

Bath (England)[15]) Bormio (Italien),[16]) Leuk (Schweiz),[17]) Saxon (Kanton Wallis),[18]) Ussad (Pyrenäen), und Weißenburg (Kanton Bern).[19])

VII. Schwefelwässer,[20]) die **Sulfide** und **Schwefelwasserstoff,** gegebenenfalls auch Kalksalze enthalten:

---

[1]) Tolberth, Verh. u. Mitt. d. siebenb. Ver. f. Naturw. 1855, Nr. 7.
[2]) Maxqu. Arsenh.; Z. f. Nahr- u. Genußm. **23**, 56—59. — Geh. an Schwefelarsen: A. Schneider, Pharm. Zentralhalle **53**, 1147; Jahresber. f. Chem. 1884, 2033. — Rad.-Maxqu.: E. Ebler, Verh. d. naturw. med. Ver. Heidelberg **8**, 435—455; **9**, 87—115; Ber. Dtsch. Chem. Ges. **40**, 1804—1807 (1907); Z. f. angew. Chem. **21**, 737—738 (1908); Versammlungsber. d. oberrhein. geol. Ver. 1910, 25—44. — M. Levin, Phys. Z. **11**, 322—324 (1910). — E. Hintz (Arsengeh.), Z. f. Balneolog. **3**, 39—44 (1910/11. — E. Ebler u. M. Tellner, Z. anorg. Chem. **77**, 233—301 (1913).
[3]) Jodqu.: A. Effenberger, Sitzber. Wiener Ak. **51**, II, 521 (1865).
[4]) v. Radziscewski, Arch. Pharm. [3] **13**, 419 (1878).
[5]) Rad: Z. f. öff. Chem. **4**, 271—281.
[6]) Jodqu.: A. Kauer, Sitzber. Wiener Ak. **47** [2] 101 (1863).
[7]) Kanizerbrunnen: F. Homola, Journ. prakt. Chem. [2] **22**, 290 (1880). — Gutsquelle: G. C. Wittstein, Vierteljahresschau pr. Pharm. **21**, 228.
[8]) Th. Pollek, Breslau 1882, Jahrb. f. Chem. 1884, 2039. — J. v. Liebig, N. JB. d. Pharm. **9**, 336.
[9]) (Jodgeh.): Bolley, Ann. chem. Pharm. **86**, 51 (1853).
[10]) (Bitterw.): J. v. Liebig, Ann. chem. Pharm. **63**, 127 (1847). — B. Fischer, Berl. klin. Wochschr. **31**, 989—990.
[11]) (Bitterw.): Loetze, Arch. Pharm. [2] **72**, 3.
[12]) (Bitterw.): A. Kauer, J. k. k. geol. R.A. **20**, 117; Sitzber. Wiener Ak. **37**, 27 (1859).
[13]) (Bitterw): C. v. Hauer, Verh. k. k. geol. R.A. 1878, 301. — H. Vohl, Ber. Deutsch. chem. Ges. 1878, 1678. — M. Ballo, Ber. Dtsch. chem. Ges. 1878, 1902. — J. J. Pohl, Sitzber. Wiener Ak. **38**, 497. (1859). — Hunyadi János: A. Martin, N. Rep. d. Pharm. **20**, 387. — J. W. Biggart, Chem. Soc. Ind. J. **11**, 136. — R. Fresenius, Z.f. anal. Chem. **17**, 461 (1878). — Victoriabrunnen: M. Ballo. Russ. Z. f. Pharm. **22**, 68. — Hildegardbrunnen: M. Say, Sitzber. Wiener Ak. **13**, 218 (1854). — Déak Ferencz-Qu.: C. Than, Ann. chem. Pharm. **124**, 123 (1862).
[14]) (Bitterw.:) H. Stockmeier, Forschungsber. für Lebensmittel **1**, 106—107 (1894).
[15]) Königsbad: G. Merk u. Galloway, Phil. Mag. [3] **31**, 56 (1847). — Thermalqu.: Jorine Masson u. W. Ramsay, Journ. chem. Soc. **101**, 1370—1376 (1912).
[16]) Heilqu.: A. v. Planta, Ann. chem. Pharm. **115**, 330 (1860).—C. W. v. Gümbel, Chem. ZB. 1891, 566.
[17]) Lorenzqu. 51⁰: E. v. Fellenberg, Jahresber. f. Chem. 1859. — Balmqu.: E. v. Fellenberg, Berner Naturf. Ges. 1857, 49.
[18]) Rivier u. Fellenberg, Journ. prakt. Chem. **59**, 303 (1853). — O. Henry, Journ. pharm. [3] **30**, 172, 246. — Pyrame Morin, Arch. phys. nat. **23**, 44 (1853). — Derselbe, Journ. prakt. Chem. **78**, 1 (1859).
[19]) Stierlin, Journ. prakt. Chem. [2] **14**, 287 (1876) — E. v. Fellenberg, Journ. prakt. Chem. **42**, 467 (1847).
[20]) Beiträge zur Bildung; O. Hackl, Verh. k. k. geol. R.A. 1911, 380—385.

Abano (Euganäische Thermen), Aix-les-Bains (Savoyen),[1]) Amélie-les-Bains,[2])
Arasau (bei Kopal),[3]) Baden (N.-Ö.) (34[6]),[4]) Baden (Aargau), Bagnières de Luchon
(Pyrenäen),[5]) Barèges (Pyr.),[6]) Barzun (Pyr.),[7]) Belucha (im Altai),[8]) Boll Bruna (Therme
Kleinasien),[9]) Casteggio (Prov. Cremona),[10]) Cantets, Deutsch Altenburg (S-Therme),[11])
Eaux Bonnes (Pyr.),[12]) Eaux chaudes, Eilsen,[13]) Fumades (Arond. d'Alais),[14]) Großwardein,
Gurnigel-Bad (Kant. Bern),[15]) Harrogate (alte Schwefelquelle, Engl., auch Alaunqu.),[16])
Hechingen, Heustrich (Schweiz), Japan,[17]) Hechingen, Kolop,[18]) Langenbrücken (in Baden),[19])
Lavey (Schweiz)[20]) Le Prese (Graubünden),[21]) Lostorf (Solothurn),[22]) Nenndorf, Lippspringe,[23])
Meurchin (Pas-de-Calais, S-Therme),[24]) Monbarry (S-haltig),[25]) Montbrun (Dep. de Dôme),[26])
Oberdorf (Algäu),[27]) Oletti (Pyrénées orient.),[28]) Östringen (Baden),[29]) Porchow bei Chi-
lowo,[30]) Pystian, Rothenburg (a. d. Tauber),[31]) Reutlingen, San Daniele (Prov. Venedig),[32])
San Stefano (Therme),[33]) Schinznach (Aargau),[34]) Sebastianweiler, Seebruch (S-Qu.),[35]) Seon

---

[1]) C. Willm, C. R. **86**, 543 (1873); Bull. Soc. chim. [3] **29**, 291 (1903).
[2]) A. P. Poggiale, Journ. pharm. [3] **34**, 161.
[3]) C. Schmidt, N. Petersb. Akad. Bull. **28**, 487.
[4]) Thermalquelle: Lukas Waagen, Z. prakt. Geol. **22**, 84—97 (1914).
[5]) W. v. Filhol, C. R. **30**, 735 (1850); Instit. 1850, 387. — Rad-Therm.-Qu.:
Charles Moureau u. A. Lepape, C. R. **148**, 834—837 (1909). — W. v. Filhol,
Journ. Pharm. [3] **20**, 81. — F. Garrigou, C. R. **79**, 549 (1874).
[6]) Boullay u. Henry, Journ. Pharm. [3], 11, 177. [7]) Derselbe, ebenda.
[8]) (Rachmanowsche S.-Qu.): C. Schmidt, N. Petersb. Akad. Bull. **28**, 492 (1883).
[9]) L. Smith, Am. Journ. [2] **12**, 10 (1851).
[10]) A. u. G. de Negri, Gazz. chim. It. **8**, 120 (1878).
[11]) L. Burgerstein, Verh. k. k. geol. R.A. 1881, 289.
[12]) L. Marton, C. R. **74**, 968 (1872).
[13]) Schoof, Chem. ZB. 1863, 382; JB. f. Ch. **16**, 889 (1863). — C. R. Fresenius,
Journ. prakt. Chem. [2] **45**, 287 (1892).
[14]) A. Bechamp, C. R. **62**, 1088, 1034 (1866) u. **63**, 559 (1866). — (Rumaine-
u. Zoëquelle): Bull. Soc. chim. Paris [3] **33**, 998—1000 (1905).
[15]) Fellenberg, Jahresber. f. Chem. 1850, 623.
[16]) T. E. Thorpe, Phil. Mag. [5] **2**, 50 (1876). — (Alaunquelle): R. H. Davis, J. Chem.
Soc. **39**, 19 (1881). — (Imp. Chaly locati Saline Quelle): C. H. Bothamley, Jahrb. f.
Chemie 1881, 1450. — (Montpellier Strong Sulfurquelle): A. E. Welsar u. H. Ingle,
Jahrb. f. Chem. 1881, 1450. — (Boston Spa): C. L. Kennedy u. M. N. Johnstone,
Jahrb. f. Chem. 1881, 1450. — P. A. E. Richards, The Analyst **26**, 68—71. — R. H.
Davis, Ch. N. **13**, 302 (1866); Chem. Soc. J. [2] **11**, 1089.(1873). — S. Muspratt,
Ch. N. **15**, 244 (1867); **12**, 37 (1869); **9**, 181 (1864); **18**, 155, 195 (1868). — W. A. Hofmann, Chem. Soc. Qu. J. **7**, 161 (1855). — Th. Fairley, Ch. N. **30**, 151 (1874).
[17]) (H₂S-Quellen): R. v. Drasche, N. JB. Min. etc. 1879, 41.
[18]) B. v. Lengyel, Földtani Közleny **23**, 293—295.
[19]) R. Bunsen, Z. f. anal. Chem. **10**, 39 (1871). — Wandesleben, Ann. chem. Pharm.
87, 248. (1853).
[20]) (Rad): E. Sarasin, C. E. Guye u. J. Micheli, Arch. sc. phys. et nat. Genève
[4] **25**, 36—44 (1908).
[21]) (S-Qu.): J. C. Wittstein, Vierteljahrsschau f. Pharm. **7**, 369.
[22]) (S-Qu.): S. Brigel, N. Rep. Pharm. **22**, 75. — P. Balley u. S. Brigel, Poly-
tcchn. Ztg. 1865, 47.
[23]) (S-Qu.): Witting, Arch. Pharm. [2] **51**, 280.
[24]) (S-Therme): Gossart, J. Pharm. [4] **11**, 292; Ch. N. **21**, 214 (1870).
[25]) (S-Qu.): E. Schmidt, Schweizer chem. Wochenschr. f. Pharm. **33**, 369—370.
[26]) (S-Qu.): O. Henry, J. pharm. [3] **33**, 91.
[27]) (S.Qu.): L. A. Buchner, Journ. prakt. Chem. **104**, 360.
[28]) (S-Qu.): E. Wilm, C. R. **104**, 1178 (1887).
[29]) Wandesleben, N. Jahrb. f. Pharm. **3**, 123.
[30]) (S-Qu.): Casselmann, Russ. Z. f. Pharm. 1868, 77.
[31]) (S-Qu.): Freih. v. Bibra, Journ. prakt. Chem. **92**, 214 (1864).
[32]) (S-Qu.): G. Bizio, Gazz. chim. It. 1871, 322.
[33]) (S-Qu.): C. v. Hauer, J. k. k. geol. R.A. 1858, 689.
[34]) (S-Qu.): L. Dieulafait, C. R. **95**, 99(1882).—P. Bolley u. W. Schweitzer, Ann.
Chem. Pharm. **106**, 237 (1858).— A. Hartmann, Schweizer Wochenschr. f. chem. Pharm.
47, 3—5. [35]) (S-Qu.): E. Müller, Arch. Pharm. **186**, 16.

(Oberbayern),[1]) Smorgon (Rußland),[2]) Sophia,[3]) Spalato,[4]) Stackelberg (Kant. Glarus),[5]) Tabiano-Salsomaggiore,[6]) Trentschin-Töplitz (36—40°),[7]) Trescore,[8]) Uriage (u. Kochsalztherme (27°), Isère-les-Bains (S. u. Kochsalz) (27°),[9]) Utah (S-Therme),[10] Viterbo,[11]) Warasdin-Töplitz (S-Therme),[12]) Wipfeld, Wiesloch (Baden).[13])

Manche Quellen zeichnen sich durch einen besonderen Lithiumgehalt aus: So die obenerwähnten Quellen von Salzbrunn in Schlesien und Weilbach, ferner von Los Banctos in Chile (0,332 g im Liter),[14]) die Therme von Aßmannshausen (35°),[15]) die Kaiser Friedrichquelle in Offenbach,[16]) die Salvator-Quellen in Eperies, von Eau de Rex u. a. m.[17])

Nicht selten sind Alaunquellen. Außer der bereits erwähnten Alaunquelle in Harrogate, seien noch die Alaunquellen von Orchard[18]) und Rockbridge[19]) in Virginien erwähnt.

Seltener ist das Vorkommen von anderen Metallsalzen in größerem Betrage in den Quellen.[20])

Ozonhaltig sind die Wässer von Monte Amiata.[21])

Sehr viele Mineralwässer sind fluorhaltig.

Für die Wässer von Plombières z. B. hat dies schon Nicklès[22]) nachgewiesen. Während in verschiedenen Süßwässern nicht mehr als 0,6 mg Fluor im Liter enthalten sind,[23]) schwankt der Fluorgehalt in den Mineralwässern zwischen 0,15—6,32 mg im Liter; am reichsten an Fluorgehalt sind die aus Urgestein entspringenden Wässer.[24])

Thermen sind heiße Quellen. Wie oben erwähnt, bezeichnen wir solche Quellen als Thermen, deren Temperatur über 23—24° liegt. Es gehören hierher einmal Quellen, die sonst relativ weniger fremde Substanzen, etwa wie die gewöhnlichen Quellenwässer enthalten, als auch solche, die in ihrer Zusammensetzung zu den obenerwähnten Mineralwässern zählen, wie es durch Temperaturangabe oben ersichtlich gemacht wurde, oder andere Beimengungen enthalten.[25])

[1]) (S-Qu.): E. Egger, Chem. ZB. 1882.
[2]) (S-Qu.): C. Schmidt, Russ. ZB. f. Pharm. 1891, 81.
[3]) (S-Qu.): A. Theegarten, Russ. Z. f. Pharm. **22**, 818.
[4]) A. Vierthaler, Sitzber. Wiener Ak. **56**, II, 467 (1867).
[5]) (S-Qu.): Th. Simmler, Journ. prakt. Chem. **71**, 1 (1857).
[6]) (S-Qu.): R. Nasini u. C. Porlezza, R. Acc. d. Linc. Roma [5] **21**, II, 379—383 (1912). — Vitali, Chem. ZB. 1890a, 1075.
[7]) E. E. Lang, Verh. d. Ver. f. Naturk., Preßburg II, 1857, 2. Heft, 1. — F. C. Schneider, Sitzber. Wiener Ak. II, **69**, 72 (1874).
[8]) A. Albertoni, F. Lussmann u. M. Rota, Ann. chim. farm. [4] **8**, 69.
[9]) G. Massol, C. R. **147**, 844—846 (1908); Bull. Soc. chim. de France [4] **5**, 404—405 (1909). — Rad: Paul Besson, C. R. **147**, 848—850 (1908).
[10]) (S-Therme): C. Ochsenius, Z. Dtsch. geol. Ges. **34**, 365 (1882).
[11]) (S-Qu.): Poggiale, J. chem. méd. [3] **9**, 81.
[12]) (S-Therme): C. v. Hauer, J. k. k. geol. R.A. 1858, 165; Wiener klin. Wochenschr. **8**, 217—272, 309—310, 326—328.
[13]) (S-Qu.): G. F. Walz, N. JB. f. Pharm. **6**, 265.
[14]) Los Banctos in Chile: L. Darapsky, Chem. ZB. 1888, 264.
[15]) Aßmannshausen (Quelle 35°): C.R.Fresenius, Journ. prakt. Chem. [2] **16**, 278 (1877).
[16]) Lithiumquelle, Kaiser Friedrichqu.: C. Rüger, Chem. Ztg. 1892, 1124.
[17]) Eau de Rex: Östr. Z. f. Berg- u. Hüttenwesen 1878, 26.
[18]) Orchard, Alaunquelle: P. C. Tresh, Ch. N. **46**, 226 (1882).
[19]) Rockbridge (Virginien), Alaunqu.: M. B. Harden, Amer. Chemist **4**, 247.
[20]) Missouri, 2 Zinkhaltige Qu.: W. F. Hillebrand, Am. Journ. [3] **43**, 418 (1892).
[21]) Ozonhaltige Wässer: R. Nasini u. C.Porlezza, Gazz. chim. It. **43**, I, 176—197 (1913).
[22]) Ch. Lepierre, C. R. **128**, 1289—1291 (1899). — P. Carles, C. R. **144**, 37 (1907).
[23]) A. Gautier u. P. Clausmann, C. R. **158**, 1389—1895 (1914).
[24]) Dieselben, ebenda 1631—1640.
[25]) Heliumgehalt u. Erdgasgehalt in Thermalquellen: H. Siveking u. L. Lautenschläger, Phys. Z. **13**, 1043—1051 (1912).

Vor allem findet sich in vielen heißen Quellen ein größerer Gehalt an Kieselsäure, die in geringen Mengen in keinem Wasser, ausgenommen in Meteorwasser, ganz fehlt und hat man denselben auf die bei hoher Temperatur und hohem Druck erfolgende Einwirkung von Wasser auf Eruptivgesteine zurückgeführt. W. P. Headden[1]) hat jedoch in Quellwässern des San Louis-tales und im Oberlauf des Riogrande des North einen Kieselsäuregehalt ge-funden, der $25—40\%$ des Trockenrückstandes· beträgt. Ein solch hoher Ge-halt ist nach Verf. normal für Wässer, die mit Granit bezw. Feldspat in Be-rührung kommen.

Ist die Temperatur der heißen Quellen genügend hoch, entweicht aus ihnen das Wasser entsprechend dem hohen Dampfdruck in stärkerem Maße. Man nennt sie allgemein Fumarolen. Enthalten diese Quellen nur nicht-flüchtige Stoffe, wie Salze oder Kieselsäure, ist der ausströmende Wasser-dampf praktisch rein; z. B. bei den heißen Quellen Islands[2]) und Neusee-lands.[3]) Bei Anwesenheit flüchtiger Stoffe, wie Borsäure oder flüchtiger Schwefelverbindungen (SH_2, SO_2) sind diese in Dampfform dem Wasserdampf beigemengt, wie es der Fall ist bei den Soffionen Toscanas, bzw. den Solfa-taren von Puzzuoli.

Von den sonstigen Thermen seien erwähnt: Toscana Dampfqu.,[4]) Badenweiler $(26,4^\circ)$,[5]) Bagno $(41—44^\circ)$,[6]) Balaruc,[7]) Bou-Chater (Tunis),[8]) Burton in England,[9]) Comano in Südtirol,[10]) Djebel Achkel,[11]) Tunis,[12]) Erlenbad (23°),[13]) Eski Sher in Klein-asien,[14]) Garland-County, Radioakt. der heiß. Qu.,[15]) Hamman es Salahin bei der Oase Biskra in Algier,[16]) Hamman-Meschontin in Algier,[17]) Hierapolis in Kleinasien,[18]) Johannis-bad i. B.,[19]) Ischia, (radioaktiver als Joachimstal und Gastein),[20]) Krapina-Töplitz $(43,1^\circ)$,[21]) Kreslawka bei Dünaburg,[22]) Krozingen in Baden,[23]) Landek in Glatz $(17,5—29^\circ)$,[24])

---

[1]) Am. Journ. [4] 16, 169—184 (1903).

[2]) R. Bunsen, Ann. Chem. Pharm. 62, 48. (1847).—Bickell, daselbst 70, 290. (1849).

[3]) J. W. Mallet, Phil. Mag. [4] 5, 285 (1853); Journ. prakt. Chem. 59, 158 (1853).

[4]) G.Orosi, Journ. prakt. Chem. 42, 468 (1847); R. Nasini, F. Anderlini u. M. G. Levi, Gazz. chim. It. 37, I, 216—228 (1907).

[5]) R. Bunsen, Z. f. anal. Chem. 10, 39 (1871).

[6]) R. Nasini, E. Porlezza u. H. Storge, Annali chim. appl. 1, 42—62.

[7]) A. Béchamp, C. R. 51, 213 (1860). — Figuier u. Mialhe, J. Pharm. [3] 13, 401. — A. Béchamp u. A. Gautier, C. R. 52, 863 (1861).— M. de Serres u. L. Figuier, J. Pharm. [3] 16, 184.

[8]) Guyon, C. R. 53, 44 (1861).

[9]) P. C. Tresh, Ch. N. 46, 201 (1882); Journ. chem. Soc. 39, 388 (1881).

[10]) E. Ludwig u. R. v. Zeyneck, Wiener klin. Wochenschr. 9, 435—437.

[11]) Siehe J. Pharm. Chim. [6] 12, 261—262.

[12]) G. Lunge, Z. f. angew. Chem. 1889, 366.

[13]) R. Bunsen, Z. f. anal. Chem. 10, 39 (1871).

[14]) L. Smith, Am. Journ. [2] 12, 366 (1851).

[15]) Bertram B. Boltwood, Am. Journ. [4] 20, 128—132 (1905).

[16]) J. A. Müller, Ann. chim. phys. [6] 18, 140 (1889). — A. Nadon, C. R. 150, 1083—1084 (1910).

[17]) M. Braun, Z. Dtsch. geol. Ges. 29, 34.

[18]) L. Smith, Am. Journ. [2] 12, 366 (1851).

[19]) J. Redtenbacher, Arch. pharm. [2] 114, 279.

[20]) O. Scarpa, Gazz. chim. It. 40, II, 285—291. (1910). — Ch. Mène u. Rocca Tagliata, C. R. 66, 370 (1868). — R. Nasini u. M. G. Levi, R. Acc. d. Linc. [5] 17, II, 432—434 (1908). — T. L. Phipson, Ch. N. 10, 186 (1864).

[21]) C. v. Hauer, J. k. k. geol. R.A. 1858, 229.

[22]) M. Kubli, Russ. Z. f. Pharm. 24, 305.

[23]) P. Rupp, Z. f. Unters. d. Nähr- u. Genußm. 28, 425—426 (1913).

[24]) L. Meyer, Journ. prakt. Chem. 9, 1 (1836).

Liebenzell in Württemberg,[1]) Masino,[2]) Medaique,[3]) Mitterndorf in Steiermark,[4]) Monfalcone,[5]) Monte Irone,[6]) Montpellier,[7]) Mytilene in Kleinasien,[8]) Nancy, St. Marie,[9]) Neuhaus (35°), heiße Quelle beim Naiwaschasee,[10]) Otchan-Chairchan am Schneegebirge in der Mongolei,[11]) Ofen, Therme am Blocksberg,[12]) Parama de Ruiz bei Sudam,[13]) Plombières (19—65°),[14]) Ragaz-Pfäffers in der Schweiz (34—35°),[15]) Rocky-Moutains,[16]) Römerbad 37,5°, Saniba in Rußland,[17]) Saint Nectaire le Haut (18—46°),[18]) Salt Lake City,[19]) St. Agnese in Bagno di Romagna,[20]) Schlangenbad in der Schweiz (27—30,5°),[21]) Skalafanti,[22]) Stuben in Ungarn,[23]) Heiße Quellen der Südseeinseln,[24]) Teplitz-Schönau, Rad: (39—49,4°),[25]) Thermopylen in Griechenland,[26]) Tiberias in Kleinasien,[27]) Tibet, Thermen des Tantalagipfels,[28]) Tobelbad in Steiermark (25—29°),[29]) Topuszko (49—55°), Torre Annunziata bei Neapel (25°),[30]) Tüffer in Steiermark,[31]) Heiße Quellen von Turnas auf der Insel S. Miguel in den Azoren,[32]) Vöslau bei Wien,[33]) Warmbrunn in Schlesien (35—40,5°),[34]) Rad: Wiener südliche Thermenlinie,[35]) Wildbad Gastein (35—45°),[36])

[1]) H. Fehling, Württemb. naturw. Jahrb. 22, 129, 147, 159.

[2]) G. Bertoni, Bull. Chim. Pharm. 37, 551—553. — P. G. Pertazzi, Ann. chim. farm. [4] 8, 69.

[3]) Bouquet. Ann. chim. phys. [3] 42, 278 (1854).

[4]) A. Aigner, Mitt. d. naturw. Ver. f. Steierm. 1903, 201—279 u. N. JB. Min. etc. 1905, II, 398.

[5]) C. v. Hauer, J. k. k. geol. R.A. 1858, 497. — E. Ludwig u. Th. Panzer, Wiener klin. Wochschr. 13, 729—732.

[6]) R. Nasini u. F. Anderlini, Gazz. chim. It. 24, 327—342 (1894).

[7]) A. Moitcosier, C. R. 51, 636 ((1860).

[8]) L. Smith, Am. Journ. [2] 12, 366 (1851).

[9]) A. Gautier u. Ch. Moureu, C. R. 152, 546—558 (1911).

[10]) O. Mügge, N. JB. Min. etc. (Beil.-Bd.).

[11]) C. Schmidt, Jahresber. f. Chem. 1886, 2324.

[12]) M. Ballo, Verh. d. geol. R.A. Wien 1878, 1900.

[13]) B. Lewy, C. R. 24, 449 (1847).

[14]) L. Moissenet, Ann. min. [5] 17, 7 (1860). — O. Henry u. Shéritier, J. pharm. [3] 28, 333—408. — A. Brachet, C.R. 150, 145—148 u. 423—425 (1910); 146, 175—177 (1908).

[15]) L. A. Buchner, N. Rep. Pharm. 25, 238. — A. v. Planta-Reichenau, Ann. Chem. Pharm. 155, 161 (1870).

[16]) O. Löw, Z. d. Ges. f. Erdk. 1877. — L. D. Gall, Am. Journ. [2] 17, 129 (1854).

[17]) C. Schmidt, Sitzber. d. Dorpater Naturforsch.-Ges. 9, 1889, 12—19 u. Russ. Z. f. Pharm. 33, 1891, 50.

[18]) Garrigou, C. R. 84, 963 (1877). — L. J. Thénard, ebenda 39, 763 (1854). — A. Ferrail, Bull. soc. chim. séance 24. Februar 1860.

[19]) L. D. Gall, Am. Journ. [2] 17, 129. (1854). — C. T. Jackson, Proc. Bost. Soc. Nat. Hist. 1850, 224 und Am. Journ. [2] 10, 134 (1850).

[20]) A. Burgotti u. G. Anelli, Gazz. chim. It. 28, I, 329—356 (1898).

[21]) C. R. Fresenius, Ann. chem. Pharm. 83, 252 (1852).

[22]) E. Paternó, Gazz. chim. It. 21b, 40 (1891).

[23]) E. Lang, J. k. k. geol. R.A. 16, 185 (1868).

[24]) A. Liversidge, Ch. N. 42, 324 (1880).

[25]) A. Hauser, Phys. Z. 7, 593—594. (1906). — (Quellenabsätze): J. Stingl, Sitzber. Wiener Ak. II, 63, 325 (1871).

[26]) St. Jahn, Ber. Dtsch. Chem. Ges. 1878, 218.

[27]) Landerer, Arch. Pharm. [2] 63, 157. — L. Smith, Am. Journ. [2] 12, 366 (1851).

[28]) C. Schmidt, N. Petersb. Acad. Bull. 28, 9 (1883).

[29]) A. Ludwig, Sitzber. Wiener Ak. 51, 2, 521 /1865).

[30]) A. Piutti u. E. Commanducci, Atti d. R. Accad. delle sc. fis et mat. di Napoli 15, IIa.

[31]) Th. Wertheim, Sitzber. Wiener Ak. 42, 479 (1860).

[32]) L. Bernegau, Verh. d. Ges. d. Naturf. u. Ärzte 1903, II, 121—123.

[33]) E. Ludwig, Th. Panzer u. E. Zdarek, Tsch. min. Mit. 25, 157—178 (1906).

[34]) Th. Poleck, Jahresber. f. Chem. 1885, 2316.

[35]) H. Mache u. St. Meyer, Monatsh. f. Chem. 26, 891—897 (1906/05).

[36]) E. Ludwig u. Th. Panzer, Wiener klin. Wochenschr. 13, 617. — Tsch. min Mit. 19, 470 (1900). — C. v. Than, Wiener klin. Wochenschr. 16, 941—942. — F. Ullik Sitzber. Wiener Ak. 48, [2] 271 (1863). — C. Bohm-Henle u. Pfeifers, Z. f. ral. Med

Wildbad in Württemberg (38,4—40,5°),[1]) Wolkenstein im Erzgebirge (30°),[2]) Yalora in Kleinasien,[3]) und die Geysirquellen des Yellowston-National-Parks in Amerika.[4])

Weitere Literatur über Untersuchungen von Quellen und Mineralquellen:

Algerische: J. Ville, Ann. Min. [6] **7**, 157 (1865).

Amerikanische: F. W. Clarke, Bull. geol. Surv. U.S. **55**, 91, 92; **60**, 171 und R. B. Riggs, ebenda **55**, 91, 92; **60**, 172, 174. — J. E. Whitefield, ebenda **60**, 173. — L. G. Eakins, ebenda **60**, 172, 174. — (37 verschiedene): T. Sterry-Hunt, Am. Journ. [2] **39**, 176; (1865). — A. C. Peale, Bull. geol. Surv. U.S. 1886, Nr. 32.

Vom Antilibanon: Landerer, Arch. Pharm. [2] **63**, 151.

Von Argentinien: Prov. di Salta Huracatao tinka: F. Canzoneri, Gazz. chim. It. **21**b, 462 (1891).

Von den Azoren: San Miguel: F. Fouqué, C. R. **76**, 1361 (1873).

Von Baden (Großherzogt.): R. Bunsen, Beiträge zur Statistik der inn. Verwaltg. des Großh. Baden 11. Heft **30**, 43 u. 56; Sandbergers geol. Beschr. d. Sekt. Oppenau **16**, 29, 1863; N. Jahrb. Pharm. **2**, 190, 194.

Böhmische: A. Belohoubek, Verh. k. k. geol. R.A. 1880, 227 und St. Meyer und H. Mache: Rad: Monh. f. Chem. **26**, 595—625 (1905/06).

" (Nord): A. Bauer, Sitzber. Wiener Ak. **61**, II, 755 (1870). — E. Kittl, Verh. k. k. geol. R.A. 1881, 149.

" (Ost): C. v. John, J. k. k. geol. R.A. **48**, 375—388 (1848).

Bosnische: E. Ludwig, Chem. ZB. 1889, b, 264. — Vitriolquelle: E. Ludwig, Tsch. min. Mit. 1890 u. Chem. ZB. 1890, b, 468 u. 846.

Von der Bukowina: Torosiewicz, Rep. Pharm. **5**, 169.

Bulgarische: von Jukari-Banja: A. Theegarten, Russ. Z. f. Pharm. **28**, 65, 81. — Von Kujashevo: ebenda. — Von Monastir (Ekihi Lou): P. della Sudda, J. pharm. [3] **40**, 457.

Canadische: T. St. Hunt, Am. Journ. [2] **7**, 175 (1849); **8**, 364 (1849) u. [2] **11**, 174 (1851); Phil. Mag. [4] **16**, 378 (1858); C. R. **40**, 1348 (1855). — Caledonia: T. F. Hunt, Am. Journ. [2] **9**, 266 (1850). — St. Leonquelle: C. T. Chaudler u. H. A. Cairus, Am. Chemist. **6**, 241.

Von Costarica (18 Minqu.): A. v. Frantsius, N. JB. Min. etc. 1873, 496.

Von Ecuador: L. Dressel, ebenda 1877, 325.

Englische (Rad: Kings Well, Cron Spring, Hetling Spring): S. W. Ramsay, Ch. N. **105**, 133—135 (1912).

Vom Frankenjura: E. v. Gorup-Besanez, Ann. Chem. Pharm. Erg.-Bd. **8**, 230 (1872).

Französische (Spektogr. Unters.): Jacq. Bardet, C. R. **157**, 224—226 (1913).

Galizische: Torosiewicz, Rep. Pharm. [3] **5**, 169. — Karlsdorf (Stanislawaquelle): v. Duninwarovicz und J. Horowitz, Pharm. Post **32**, 295—297, 307—309.

Griechische: H. Jahn, Tsch. min. Mit. [2] **2**, 147. (1880). — Landerer, Arch. Pharm. [2] **67**, 30; [2] **75**, 290; Vierteljschr. pr. Pharm. **7**, 33. — Rad: T. Komneno, Pharm. Post **43**, 189—190. — A. K. Damberger, Pharm. Post **42**, 157, 1900. — Aidispos: A. K. Damberger, Öst. Chem.-Ztg. **1**, 357—358. — Amphiaräus (Äskulapbrunnen): Derselbe, J. Pharm. Chim. [6] **21**, 592—593. — Chios (Insel): Landerer, J. pharm. [3] **18**, 417. — Candia: Landerer, Arch. pharm. [2] **63**, 151. — Epidaurus (Äskulapbr.): A. K. Damberger, J. Pharm. chim. [6] **21**, 592—593. — Euböa: A. K. Damberger, Ber. Dtsch. Chem. Ges. 1892, 99—107. — Hermiane: Landerer, Arch. Pharm. [2] **64**, 273. — Mytilene, Landerer, J. Pharm. [3] **21**, 215. — Menthana (Piräus): A. K. Damberger:

---

[3] **8**, 231. — Wolf, Schmidts Jahrbuch d. ges. Med. **62**, 145. — Vorkommen von Argon und Helium in den Gasen der Therme: P. Ewers, Phys. Z. **7**, 224—225 (1906), infolge Ra-Gehalts.

[1]) H. Fehling, Württemb. naturw. Jahrb. **16**, 106; **22**, 129, 147, 159.
[2]) Seyferth, Ann. chem. Pharm. **85**, 373 (1853).
[3]) L. Smith, Am. Journ. [2] **12**, 366 (1851).
[4]) O. Kuntze, Jahrb. f. Chem. 1881, 1454. — F. A. Gooch u. J. E. Witfield, Ch. N. **59**, 113, 125, 153, 163. (1889). — H. Leffmann, Am. Journ. [3] **25**, 104 u. 351. (1883). — A. C. Peale, ebenda [3] **26**, 245 (1883). — Wasser der Todesschlucht (Death Gulch): G. B. Frankforter, Journ. amer. chim. Soc. **28**, 714—717 (1906). — Rad: H. Schlundt u. R. B. Moore, Bull. geol. Surv. U.S. 395, 35.

Ber. Dtsch. Chem. Ges. 1887, 3328. — Zanthe (Insel): Landerer, Arch. [2] 64, 275.

Graubündtener (Schweiz): A. v. Planta-Reichenau, Am. chem. Pharm. 136, 145 (1866); Ber. Dtsch. Chem. Ges. 1878, 1793.

Grönländische (Unotork): P. C. Laube, Sitzber. Wiener Ak. 68, 17 (1873).

Hessische: W. Sonne, Gewerbeblatt f. d. Großhzt. Hessen 1888, 333; Rad: Phys. Z. 7, 209–224 (1906).

Indische (salzreiche Qu.): J. W. Leather, Proc. Chem. Soc. 18, 127—128 und J. Chem. Soc. Lond. 81, 887—892 (1902).

Isländische: A. Damour, Ann. d. chim. phys. [3] 19, 470 (1847); K. Keilhack, Z. Dtsch. geol. Ges. 38, 408 (1886).

Reykir (Badhstofaqu.) }
Reykholl (Scriblaqu.) } Bickell, Ann. chem. Pharm. 70, 290 (1849).

Japanische: Rad (Hokuto, Taiwan): Masataro Hayakawa u. Tomonori Nakano, Z. anorg. Chem. 78, 183—190 (Mineralqu. v. Atami) (1913). — Lemoyne, C. R. 61, 988 (1865).

Javanische: A. Waitz, Arch. Pharm. [2] 59, 1. — A. Scharlée u. J. C. Bernalut-Moens, Naturk. Tijdschr. voor Neederl. Indië 26, 347. — Dessa Moloony, Dibbits Scheikundije Verh. en Onderzwekingen II, 2. Stok. Önderz. 174.

Von Kamtschatka: C. Schmidt, Petersb. Akad. Mem. 32.

Von Kärnten: J. Mitteregger, Jahrb. der nat.-hist. Landesmus. v. Kärnten 1862, 109; 12, 1 (1863).

Prevali (Römerqu.): A. Jolles, Z. f. Nährm. u. Hyg. 1892, 973.

Kaukasische: W. Petriew, J. Russ. Phys. Chem. Ges. 41, 667—670 (1909). — J. François, C. R. 82, 1245 (1876); 80, 1022 (1875). — J. Bazilowski, Ber. Dtsch. geol. Ges. 1884, 183. — E. Carstens, Sitzber. d. russ. Ärzte 1910, 9355. — Rad: P. Meser-nitzki, J. russ. Phys. Chem. Ges. 43, Phys. Teil 244—255 (1911). — H. Abich, Petersb. Akad. Bull. 11, 497 (1867).

Vom Libanon: Landerer, Arch. Pharm. [2] 63, 151.

Von Littauen: Rad: P. Mesernitzki, J. Russ. Phys. Chem. Ges. 43, Phys. Teil 244—255 (1811).

Von Madagaskar (Nord): O. Lemoine u. L. Lemoine, C. R. 139, 248–254 (1904).

Mährische (südöstl.): Metall. Rundschau 7, 65—68. — Rad: R. Ehrenfeld, Festschr. d. Landesoberrealsch. Brünn 136–154.

(Töplitz): S. Strul u. W. Holeček, Sitzber. Wiener Ak. [2] 53, 371 (1866).

Malaiische (Azer Eanas u. Azer Panas): E. Meunier, C. R. 110, 1083 (1890).

Mexikanische: E. G. Lambert, Ann. chim. phys. [4] 12, 309 (1867).

Von Neu-England (27 Quellen): S. Dana Hayes, Amer. Chemist [2] 1, 365.

Von Neu-Schottland: H. How, Ch. N. 9, 97 (1864).

Von Niederl. Indien: P. J. Maier, Naturverk. Tijds. voor Nederl. Indie Deel 21, 1; 22, 44; 23, 46, 378; 25, 213 u. 219; 24, 429.

Norwegische: Rad: E. Paulsson, Videnskap selskap ets Kiester I, Math.-nat. Kl. 1914, Nr. 8.

Oberfränkische: E. Späth, Chem. ZB. 1889b, 896.

Ostafrikanische (beim Kiwu-See, hydrocarbonatreich): F. Hundeshagen, Z. f. öffentl. Chem. 15, 201—205.

Österreichische: Rad: H. Mache u. St. Meyer, Phys. Ztschr. 6, 692—700 (1905).

Von Palästina: A. Friedmann, Chem. Z. 37, 1493—1494. — (Jericho-Elisaquelle): F. A. Genth, Ann. Chem. pharm. 110, 240 (1859).

Von Pennsylvanien (Nordwest): A. E. Robinson u. Ch. F. Mahery, Am. Journ. Chem. Soc. 18, 915—918 (1896).

Persische: W. Eichler u. Haensche, Bull. de la Soc. imp. d. nat. de Moscou 1862. — O. Lecomte cf. Ctbl. 1907—1911; J. Pharm. et chim. [6] 25, 377—378. — E. Tietze; J. k. k. geol. R.A. 25, 129. — R. Natterer u. A. Heider, Monatsh. f. Chem. 16, 629—673 (1895/96). — A. Goebel, Petersb. Akad. Bull. 17, 241 (1872). — (Maragha): O. Lecomte, J. Pharm. et Chim. [6] 26, 305.

Von den Philippinen (Monazithaltige Wässer): R. F. Bacon, The Philipp. J. of sc. 5, 267—280.

Portugiesische (fluorhaltig): Ch. Lepière, C. R. 128, 1289 (1899). — J. Ferreira da Silva, A. d'Aquiar, Bull. Soc. chim. Paris [3] 21, 887 (1899).

Von den Pyrenäen: E. Filhol, C. R. 41, 693 (1855). — O. Menzel, C. R. 146, 1126—1128 (1908). — (Schwefelwasser): Soubeiran, J. Pharm. [3] 33, 199, 266, 421 und 34, 37.

Rumänische: E. Giurgea, Bull. d. sc. l'acad. rumaine 2, 192—201, 216—219, 220—224, 303—310, 311—319; 3, 18—23, 54—61. — (Leitvermögen): 2, 171—179. — Th. Nikolau, Ann. scientifique de l'Univ. de Jassy 2, 166—168 (1903). — (Rad): Hurmuzescu u. N. Patriciu, ebenda 5, 159—165 (1908). — (Dorna Sava): R. Přibram, Jahrb. f. Chem. 1885, 2318. — (Slanik): G. Tschermak, Tsch. min. Mit. [2] 3, 315 (1881). — (Slanik, Rad): E. Severin u. Hurmuzescu, Ann. sc. de l'Univ. de Jassy 4, 85—86 (1906). — (Weihitza bei Jassy): S. Kónya, Sitzber. Ak. 61, II, 7 (1870).

Russische (Rad): A. Sokolow, J. russ. phys. chem. Ges. 37, Phys. Tl. 101—150 (1905).

Sächsische (Rad): M. Weidry, Z. f. öffentl. Chem. 18, 61—72

Von den Salomonsinseln: A. Liversidge, Ch. N. 62, 264 (1890).

Sardinische: J. G. Bornemann, C. R. 44, 831 (1857).

Von Savoyen: A. Delesse, Ann. min. [7] 19, 161. (1881). — (Rad): G. A. Blanc, Wiener Atti R. Acc. d. Linc. [5] 14, II, 322—328 (1905).

Schlesische (Rad): R. Ehrenfeld, Festschrift der Landesoberrealsch. Brünn 136.

Schwedische: J. G. Sjögren u. N. Sahlborn, Radio Arkiv Förkemi, Min. och Geol. 3, Nr. 2, 1—28. — (Carlstadt): A. Almèn, Ber. Dtsch. Chem. Ges. 1879, 1724. — (Fahlun, Fahlunbr.): Helleday, Öfv. af Ak. Förh. 1852, 193; Journ. prakt. Chem. 60, 56. (1853). —(Helsingborg): E. Erdmann,'Jahrb. d. Chem. 1879, 952. — (Sandefjord): A. u. H. Strecker, Ann. Chem. Pharm. 95, 177. (1855). — (Torpastallkälla bei Lilla Edet): N. J. Berlin, Öfv. af Ak. Förh. 1863, 221. — (Torpa, Salzqu.): E. Erdmann, Öfv. af Ak. Förh. 1854, Nr. 3, 81; Journ. prakt. Chem. 63, 314 (1854). — E. W. Olbers, ebenda 1854, Nr. 7, 219, 67; 64, 248.

Von der Schweiz: J. Wittlin, Ztbl. f. Bakt. u. Parasitenk. 3, II, 400—403. — (Rad): A. Schweizer, Arch. sc. phys. et nat. Genève [4] 30, 46—66 (1910); [4] 27, 256, 274 (1909). — J. v. Sury, Mitt. d. Natf.-Ges. Freiburg, Schweiz, Chem. II, 1—78.— A. Gockel, Chem. Ztg. 29, 1201.

Serbische: S. M. Losanitsch, Ber. Bex. 1887, 1144. — (Miroschewatz): A. Fornau, Z. östr. Apoth.-Ver. 43, 541—542. — (Raka Kragujewaz, manganhaltig): Marco T. Lecco, Östr. Chem. Ztg. 1, 54—55. — (Arandjelowaz): C. Schmidt, Mém. phys. et. chim. 10, 687.

Siebenbürgische (Büdös-Bálványos): E. Ludwig, Tsch. min. Mit. 1890; Jahrb. f. Chem. 1890, 2663. — F. Folberth, Verh. u. Mitt. d. siebenb. Ver. f. Natw. Hermannstadt, 11, 78.

Spanische: A. J. Ferreira da Silva u. A. d'Aquiar, Bull. soc. chim. Paris [3] 21, 887—890 (1899). — (Lugo und Guitiriz, Galicia, Fluorgehalt): J. Cesares, Z. anal. Ch. 34, 546—548 (1895).

Vom Taunus („Radioaktivität einiger Süßwasserquellen"): A. Schmidt, Phys. Z. 6, 34—37 (1905).

Von Thüringen: A. Kromayer, Arch. Pharm. [2] 115, 193.

Von Tirol: M. Bamberger u. K. Krüse, J. k. k. geol. R.A. 64, 189—214 (1914); Monatsh. f. Chem. 34, 1449—1467 (1914); (Rad) ebenda 29, 317—332 (1908/09); 32, 797—813 (1911); 34, 403—423 (1914).

Transkaukasische: F. K. Otten, Russ. Z. f. Pharm. 448.

Türkische: Landerer, Arch. Pharm. [2] 67, 30; 75, 290. — (Mekka, Zem-Zem, heilige Quelle): M. Greshoff, Rec. trav. chem. Pays-Bas [2] 1, 354—355 (1897). — C. A. Mitchell, Ch. N. 68, 303. (1893). — P. v. Rombourgh, Rec. Trav. chim. Pays-Bas 5, 265 (1886).

Von Venezuela (Küstengebiet): J. Boussingault, C. R. 91, 836 (1880).

Aus den Vogesen: F. Jadin u. A. Astruc, C. R. 158, 903—905. (1914). — (Rad): A. Brochet, C. R. 150, 291—293 (1910).

Von Vorarlberg: L. Kofler, Vierteljahrschr. pr. Pharm. 15, 161. — K. Zehenter, Ferdinandeums Z. [3] 1895. — (Rad): M. Bamberger u. K. Krüse, Das östr. Sanitätsw. 1914, 18.

Württembergische: C. Regelmann, N. JB. Min. etc. 1875, 545. — (Rad): K. R. Koch, Phys. Z. 7, 806—807 (1906); Ber. d. deutsch. Phys. Ges. 4, 446—448 (1907).

Grubenwässer.

In Bergwerken sammeln sich die sog. Grubenwässer an, die man als Quellen ansprechen kann, deren Wasser mit den löslichen Teilen oder Zersetzungsprodukten der Gesteine und Mineralien (Erze) mehr oder weniger

gesättigt ist. Je nach ihrer Beschaffenheit stellen sie ein völlig gutes Quellwasser oder etwa eine Salzsoole dar oder enthalten Sulfate und freie
Schwefelsäure (Dobran, Claraschacht).

Literatur über Grubenwässer:

A. C. Lane, N. JB. Min. etc. 1911, II, 208.
Von Dobran, Claraschacht: F. Stolba, Chem. ZB. 1888, 807.
" England, J. A. Philipps, Phil. Mag. [4] 47, 164 (1874),
" Empire chine, Pennsylvania: W. H. Baker, Dingl. polyt. Journ. 218, 267 (1875).
" Mercer County, West-Virginia: Amer. Chemist 5, 277.
" Roundwood: J. F. Cleeres u. J. C. Platts, Chem. Soc. Ind. 7, 729.
" Stellarton, Kohlenfelder Neuschottlands: How. Chem. Soc. J. [2] 8, 155 (1870).

Flußwasser.

Die durch Vereinigung der aus dem Meteorwasser entstandenen Quellen
und Bäche sammeln sich zu Flüssen und Strömen.

Das Wasser der aus der Eisregion stammenden Bäche und Flüsse ist
nicht sehr vom Regenwasser verschieden. Es enthält meist ca. 0,05 g fester
Substanz im Liter, hauptsächlich Alkalicarbonate und organische Stoffe. Durch
letztere erhält das Wasser eine bräunliche Färbung vornehmlich, wenn es Torfmoor[1]) entstammt.

Liegen die Gletscher auf Kalkstein, so sind die Gletscherbäche besonders
kalkhaltig.[2])

Im allgemeinen betragen im Mittel die gesamten festen Bestandteile des
Flußwassers 0,1 bis 0,2 g. Eine Steigerung dieser Menge tritt vornehmlich
ein, wenn die Flüsse industrielle Abwässer aufnehmen oder durch die Flut
der Meere gestaut werden.

Die festen Bestandteile setzen sich aus den mit den örtlichen Verhältnissen und äußeren Bedingungen wechselnden, im großen ganzen aber in
folgender Reihe abnehmenden Mengen folgender Stoffe zusammen, und zwar
aus: Calciumcarbonaten, Alkalisalzen, Magnesiumcarbonaten, Kieselsäure,
Schwefelsäure bzw. Sulfaten, Chloriden, Eisen- und Manganoxyden, hauptsächlich in Form von Carbonaten, organischen Substanzen, gelösten Gasen
wie Kohlensäure, Sauerstoff und Stickstoff, Luft neben Spuren der allerverschiedensten Stoffe.[3])

Die Flußwässer sind meist ärmer an Carbonaten als Quellwässer. Diese
enthalten die Carbonate von Calcium, Magnesium, Eisen und Mangan in Form
von Bicarbonaten gelöst, eventuell mit einem Überschuß an freier Kohlensäure. Beim Fließen der Flüsse geht sowohl freie Kohlensäure und damit
auch Kohlensäure der leicht löslichen Bicarbonate verloren und es scheiden
sich aus diesen zum Teil die schwerer löslichen neutralen Carbonate bzw.
Hydroxyde des betreffenden Metalles aus.

So vermindern sich im Verlaufe des Fließens bei den Flüssen, abgesehen
von der sog. Selbstreinigung der Flüsse, der Oxydation anorganischer und

---

[1]) Bäche des schottischen Hochlandes; Jurische Verunreinigungen der Gewässer 1890,
82. — Vgl. Säuregehalt der Moorwässer: K. Endell, Journ. prakt. Chem. [2] 82, 414—422.
(1910). — H. Stremme, Z. prakt. Geol. 16, 122 (1908). — C. Backofen u. H. Stremme,
Sprechsaal 44, 112—113. — Moorwässer von Schwartau, Z. f. öffentl. Chem. 21, 71—73.

[2]) Nach Pagenstecher enthält z. B. das Wasser der Lutschine beim Grindel-
waldgletscher bis 40 mg CaCO$_3$ im Liter.

[3]) Über den Zusammenhang der Flußwasser- und Gesteinsanalysen: H. S. Shelton,
Ch. N. 75—77. — J. G. McIntosh, ebenda 96. — Flußwasser: R. B. Dole, Ch. N.
103, 289—291 (1911).

organischer Stoffe durch Luftsauerstoff unter Mitwirkung organischer Lebewesen, die fremden Bestandteile in nach Umständen verschiedenem, oft ganz erheblichem Maße, bevor sie das Meer erreichen.

Literaturangaben über **Flußwasser**-Untersuchungen.

Acheron: Landerer, Rep. Pharm. [3] 6, 352.

Ahr: E. W. Dufert, Sitzber. d. niederrh. Ges. 1885.

Aller: H. Bekurts, Arch. d. Pharm. 232, 387—408 (1894).

Amazonenstrom: T. M. Reade, Am. Journ. [3] 29, 290 (1885).

Arve (bei Genf): L. Lossier, N. Arch. ph. nat. 62, 220 (1878). — B. Baëff, N. JB. Min. etc. 1895, I, 286.

Berounka (Böhmen): F. Stolba, Chem. ZB. 1888, 1807.

Bode: F. Focke, Rep. anal. Chem. 1887, 287.

Cam: J. E. Purris u. E. H. Blach, Proc. Cambr. Philos. Soc. 17, 353—368 (1912).

Cocytus: Landerer, Rep. Pharm. [3] 6, 352.

Dee: J. Smith, Chem. Soc. Qu. J. 4, 123 (1852).

Delavare: H. Wurtz, Am. Journ. [2] 22, 124, 301 (1856).

Dhuis: Poggiale, Journ. Pharm. 41, 265; Rep. chim. appl. 4, 174 und Bussy u. Buignet, ebenda S. 172.

Dniepr (bei Kiew): Lonatschensky-Potrounjaka, Bull. Soc. Chim. [3] 35, 206 (1906). — M. Ruby, Russ. Ztg. f. Pharm. 28, 35—49.
    „ (bei den Wasserfällen): Guillemin, Bull. geol. [2] 17, 234.

Dniestr (bei Odessa): Dragendorff, Pharm. Ztg. f. Russ. I, 385.

Don: J. Smith, Chem. Soc. Qu. J. 4, 123 (1852).

Donau (bei Greifenstein): J. F. Wolfbauer, Monatsh. f. Chem. 4, 417 (1883/84).

Doubs: E. Billot, J. chim. méd. [3] 9, 569.
    „ (bei Rivotti): Ch. Sainte Claire Deville, Ann. chim. phys. [3] 23, 32 (1848).

Dwina: C. Schmidt, N. Petersb. Akad. Bull. 20, 130 (1875).

Elbe: Kolkwitz u. F. Ehrlich, Z. Ver. tech. Zucker-Ind. 1907, 478—571 und Mitt. d. Prüf.-Amtes f. Wasservers. u. Abwässg. 1907, 9, 1—10. — Breitenlohner, Verh. k. k. geol. R.A. 1876, 174. — Niederstadt, Z. f. angew. Chem. 17, 1937—1940 (1904).
    „ (bei Lobositz i. B.): G. Irgany, Tsch. min. Mit. [2] 28, 1—76 (1909).
    „ (bei Magdeburg): Wendel, Z. f. öff. Ch. 13¹, 411—414; 18, 2—12, 122—127; 19, 143—145 und Z. f. angew. Chem. 26, 171—172 (1913). — M. Lehmann, Chem. Ztg. 36, 241.

Elster (bei Leipzig): O. Bock, J. pr. Ch. [2] 14, 140. — W. Stein, Schmidts Jahrb. der ges. Med. 70, 142.

Exe: Harapath, Gazz. chim. It. 1848, 429.

Fulda: W. Rullmann, Arch. Pharm. [3] 10, 150 (1877).

Garonne (bei Toulouse): Ch. Sainte Claire Deville, Ann. chim. phys. [3] 23, 32 (1848).

Gelber Fluß (Wasser entnommen an der Eisenbahnbrücke Hankow-Pecking 1905): Bloch, Bull. d. Sc. Pharmacol. 13, 255—256.

Ilm: H. Ludwig, Arch. Pharm. [2] 139, 3 (1869).

Ilz (Bayern): H. S. Johnson, Ann. chem. Pharm. 95, 226 (1855).

Isar: Wettstein, Vierteljschr. f. Pharm. 10, 342 (1861).

Iser (Bayern): J. J. Pohl, J. pr. Chem. 81, 53.

Isère bei Frenoble (Fluß und Bäche des Isèretales): Grange, Ann. chim. phys. [3] 24, 464 (1848).

Jordan: Boutron-Charlard u. O. Henry, J. Pharm. [3] 21, 161. — Landerer, Arch. Pharm. [2] 90, 154.

La Plata: T. M. Reade, Am. Journ. [3] 29, 290 (1885); — siehe Rio de la Plata.

Lea (Nebenfl. d. Themse): C.M.Tidy, Journ. chem. Soc. 37, 268 (1880); Ch. N. 40, 142 (1879).

Lerez (Rad): Jos. Muñoz del Castillo, Arch. sc. en phys. et nat. Genève [4] 25, 339—348 (1908).

Loire: St. Robinet u. J. Lefort, J. pharm. [4] I, 340. — Bobière, C. R. **43**, 400; Inst. 1856, 321.
„ (bei Orleans): Deville, Ann. chim. phys. [3] **23**, 32 (1848).

Maas: Müller, Arch. Pharm. [2] **49**, 10.
„ (bei Lüttich): W. Spring u. E. Prost, Lüttich 1884 Jhb. f. Chem. 1884, 2032.

Mahánadi: E. Nicholson, Journ. chem. Soc. [2] **11**, 229 (1873).

Main: J. Tillmann, Mitt. d. kgl. Prüf.-Amtes f. Wasservers. u. Abwässg. **12**, 195—212.
„ (bei Offenbach): C. Merz, VII. Bd. Offenb. Ver. f. Natk. 1866, 80.

Marne: Boutrond-Charlard u. O. Henry, J. Pharm. [3] **14**, 161.

Mississippi: J. B. Avequin, J. Pharm. [3] **32**, 288. —.T. M. Reade, Am. Journ. [3] **29**, 290 (1885). — Delta: E. Hilgard, Am. Journ. [3] **1**, 238, 356, 425 (1871).

Moldau: J. Stolba, Jahresb. d. Chem. 1873, 1233.

Mosel: M. Holz, Arch. Hyg. **25**, 309—320.

Niederländische: H. C. v. Ankum (Jodgeh.), Journ. prakt. Chem. **63**, 257 (1854). — J. W. Gunning, ebenda **61**, 139 (1854).

Nil: C. M. Tidy, Chem. Soc. J. **37**, 268 (1854) und Ch. N. **41**, 142 (1880). — J. A. Wanklyn, Ch. N. **32**, 207 (1875). — O. Popp, Am. Chem. Pharm. **155**, 394. — S. d'Abbadie, C. R. **88**, 1117 (1879).

Ocker: H. Bekurts, Arch. d. Pharm. **232**, 387—408 (1894).

Oder: H. Mehring, Landw. Vers.st. Breslau **67**, 465—480.

Odessa (Liman): Et. Barral, Bull. Soc. chim. [4] **15**, 630—634 (1914).

Ohio: E. Pheps, Journ. of Ind. and Eng. Chim. **6**, 682—684.

Om (bei Omsk): C. Schmidt, Mém. de l'accad. de St. Pétersb. **20**, 1 (1873).

Ottawa: T. S. Hunt, Phil. Mag. [4] **13**, 239 (1857).

Parana: J. J. J. Kyle, Ch. N. **38**, 28 (1878).

Parthe (bei Leipzig): O. Bock, Journ. prakt. Chem. [2] **14**, 140 (1876).

Passaie (Neu Jersey): H. Würtz, Amer. Chemist 1873, **4**, 99 u. 133.

Pleiße (bei Leipzig): O. Bock, Journ. prakt. Chem. [2] **14**, 140 (1876).

Potamae: J. G. Smith u. W. H. Fry, Journ. of Ind. and Eng. Chem. **5**, 1009—1011.

Radbuza (bei Pilsen): Fr. Kundrat, Chem. ZB. 1887, 172.

Regen (Bayern): H. S. Johnson, Am. chem. Pharm. **95**, 226.

Rhein: R. Lauterborn, Arb. d. Kais. Gesh.-Amtes **28**, 62—91, 532—548; **30**, 523—542; **32**, 35—38; **33**, 453—472; **36**, 239—259. — Marsson, ebenda **28**, 29—61, 92—124; 584—588; **30**, 543—592; **32**, 59—88; **33**, 473—499; **36**, 260—289.
„ (bei Bonn): siehe Verh. d. naturw. Ver. d. preuß. Rheinlande u. Westfalens **28**, 233.
„ (bei Cöln): H. Vohl, Dingl. polyt. J. **199**, 311 (1871).
„ (bei Emmerich): Müller, Arch. Pharm. [2] **49**, 10.
„ (bei Straßburg): Ch. Sainte Claire Deville, Ann. chim. phys. [3] **23**, 32.
„ Nebenflüsse: Neckar, Nahe, Lahn: E. Egger, Notizbl. d. V. f. Erdk. u. des geol. Landesamtes 1908, IV. Folge, **29**, 105—146.
„   „ Main, Ellebach, Graefenbach, Guldenbach: E. Egger, Notizbl. d. V. f. Erdk. u. des geol. Landesamtes, Darmstadt [4] **30**, 87—125.

Rhône: L. Lessoir, N. Arch. ph. nat. **62**, 220, 1880 (1878).
„ (bei Genf): Ch. Sainte Claire Deville, Ann. chim. phys. [3] **23**, 32 (1848).
„ Nebenflüsse: A. Binceau, C. R. **41**, 511; Instit. 1855, 347.

Rio grande: Aillaud, C. R. **95**, 104 (1882); — siehe La Plata.

Rio de la Plata (Uruguay): R. Schoeller, Ber. Dtsch. Chem. Ges. 1887, 1784. — J. Kyle, Ch. N. **33**, 28 (1876).

Saale: Ralkinitz u. F. Ehrlich, Z. Ver. d. techn. Zuckerind. 1907, 478—571 und Mitt. d. Prüf.-Amtes f. Wasservers. u. Abwässg. 1907, **9**, 1—110. — W. E. Reichardt Arch. Pharm. [3] **4**, 193.

Seille (bei Metz): M. Holz, Arch. Hyg. **25**, 309—320.

Seine: Peligot, C. R. **40**, 1121 (1855). — Poggiale, J. Pharm. [3] **28**, 321. — F. Boudet, ebenda [3] **40**, 346 u. 433.

Senegal: Abel Lahille, Bull. de Sc. Pharmacol. **17**, 139—140.

Severne: C. M. Tidy, Journ. chem. Soc. **37**, 268 (1880); Ch. N. **41**, 142 (1880).
„ (bei Worchester): A. B. Nortcote, Phil. Mag. [4] **34**, 249.
Shanon: C. M. Tidy, Journ. chem. Soc. **37**, 268 (1880).
Shenandoah: J. G. Smith u. W. H. Fry, Journ. of Ind. and Eng. Chem. **5**, 1009—1011.
Spree: Th. Wetzke, Dingl. polyt. Journ. **273**, 423 (1889).
St. Lorenzostrom: T. S. Hunt, Phil. Mag. [4], **13**, 239 (1857).
Suippe (Frankreich): E. J. Maumène, C. R. **31**, 270 (1850).
Suzon (bei Dijon): Derselbe, ebenda. — Ch. Sainte Claire Deville, Ann. chim. phys. [3] **23**, 33 (1848).
Teme (Engl.): C. M. Tidy, Journ. chem. Soc. **37**, 268 (1880); Ch. N. **41**, 142 (1880).
Themse (bei Twickenham): D. Clark, Chem. Soc. Qu. J. **1**, 155 (1849). — J. Ashley, ebenda **2**, 74 (1850). — E. T. Bennet, ebenda **2**, 295 (1850). — R. D. Thomson, ebenda **8**, 97 (1856). — C. M. Tidy, ebenda **37**, 268 (1880) und Ch. N. **41**, 142 (1880).—McLeod, Journ. chem. Soc. [2] **8**, 36 (1870); Phil. Mag. [4] **12**, 114 (1886).
Transkaukasiens Flüsse: F. K. Otten, Russ. Z. Pharm. **20**, 448.
Yang Tse bei Hankow Oktoho 1905: Bloch, Bull. de sc. Pharmacol. **13**, 255—256.
Yesle (Frankreich): E. J. Maumène, C. R. **31**, 270 (1850).
Yukon: F. W. Clarke, Am. Journ. Chem. Soc. **27**, 111—113 (1905).

Binnenseen. Wasserflächen, die nicht unmittelbar mit dem Weltmeer in Verbindung stehen, bezeichnen wir als Binnenseen. Zu solchen zählen wir nicht nur Wasseransammlungen größerer Flächenentwicklung, sondern auch die natürlichen Teiche[1]) und Sümpfe[2]) oder künstlichen Stauteiche, wie z. B. die Talsperrenwässer.[3])

Die Binnenseen erhalten ihren Zufluß aus dem Wasser der Oberfläche (Tagwässer), durch Quellen oder sind als Erweiterungen eines oder mehrerer Flüsse anzusehen.

Nach der Zusammensetzung unterscheidet man Süßwasser- und Salzseen. Zu ersteren gehören alle, welche kontinuierlichen Abfluß haben, zu letzteren hauptsächlich jene ohne Abfluß. Die Zusammensetzung der Seewässer ist daher sehr verschieden, je nachdem die Zunahme an festen Bestandteilen infolge Zuströmens von Wasser mit festen Bestandteilen und gleichzeitiger Verdampfung des Wassers, bzw. Lösung solcher vom Bodengrund oder die Abnahme der festen Bestandteile durch abfließendes Wasser, das feste Bestandteile gelöst enthält bzw. das Absetzen der festen Bestandteile überwiegt, kurz, je nach dem sich einstellenden Gleichgewichtszustand der verschiedenen Bedingungen, welche die Zusammensetzung der Wässer überhaupt bestimmen.

Manche Gebirgsseen, z. B. der Gérardmersee in den Vogesen,[4]) enthalten nur sehr geringe Mengen fester Bestandteile; häufig entspricht die Zusammensetzung derjenigen des Flußwassers derselben Gegend.

Die Salzseen sind ringsum abgeschlossene Becken, in welche Salzquellen einmünden oder deren Grundgestein Kochsalz bzw. andere Salze enthält. Zuweilen sind sie Abschnürungen von Meeren, die in den tieferen Bodensenkungen bei Hebung der Erdkruste als Meeresteile zurückblieben, wie das Kaspische Meer, der Aralsee, das Tote Meer.

Die Zusammensetzung des Wassers der Salzseen ist aus diesen Gründen die allerverschiedenste. Im Wasser des Kaspi- und des Aralsees, das an

---

[1]) Teichwässer: H. Mehring, Landw. Versuchst. Breslau **67**, 465—80.
[2]) Wasser supralittoraler Sümpfe: R. Legendre, C. R. **145**, 777—779 (1907).
[3]) A. Thienemann, Landw. Jahrb. **41**, 535—716. — Talsperrenwasser ist gegenüber Fluß-, Teich- und Seewasser, aus ähnlichen Gründen wie Flußwasser gegenüber Quellwasser, ärmer an gelösten Stoffen.
[4]) Stohmann-Kerl, Techn. Chem. **7**, 300.

und für sich durch relativ unbedeutenden Salzgehalt sich auszeichnet, überwiegens die Sulfate $MgSO_4$ und $CaSO_4$ und der $MgCl_2$-Gehalt ist gering. Im Wasser des Toten Meeres, dem überhaupt konzentriertesten Seewasser, überwiegen die Chloride und es stellt eine gesättigte Lösung von $NaCl$, $MgCl_2$ und $CaCl_2$ dar.

Literaturangaben über Binnensee-Untersuchungen.

Algerische Sumpfseen: H. le Chatelier, G. R. **84**, 396 (1877).

Amerikanische Salzseen der Becken von Lahontan Bonneville, Zentral- und Südcalifornien, Südnevada: J. W. Turzentinc, Journ. of Ind. and Eng. Chem. **5**, 19—29.

Annecysee: Monograph. L. Duparc, Arch. sc. phys. Genève III, **31**, 191 (1894).

Aralsee: C. Schmidt, N. Petersb. Acad. Bull. **20**, 130 (1875).

Ardjeschsee: H. Abich, Mém. de l'Acad. d. sc. St.-Petersb. **7**; Jahrb. f. Min. 1856, 694.

Badersee: E. Strasser, Forsch. Ber. über Lebensw. u. ihre Bez. zur Hygiene **3**, 89—97.

Baikalsee: C. Schmidt, Mélanges phys. et chim. **10**, 673 (1877).

Bakuseen: H. Trautschold, Z. Dtsch. geol. Ges. **26**, 256 (1874).

Balüktukulsee: C. Schmidt, N. Petersb. Acad. Bull. **28**, 473 (1883).

Barchatow-Bittersee: C. Schmidt, N. Petersb. Acad. Bull. **28**, 223 (1883.

Batalpachinsk-Salzsee: Russ. Kaukasus Engin. u. Chem. Ind. 1886, 167.

Bodensee: M. Biege, J. f. Gasbel. **49**, 282—84 (1906).

Boraxsee (Californ.): J. D. Whitney, Am. Journ. [2] **16**, 255 (1853).

Derkolsee (bei Konstantinopel): P. Spica, Gazz. chim. It. **12**, 555 (1882).

Durunsche-Höhle-See (Transkaspisch. Geb.): A. Stackmann, Russ. Zts. f. Pharm. **26**, 433, 449.

Erbsee: E. Strasser, Forsch.-Ber. über Lebensw. u. ihre Bez. zur Hygiene **3**, 89—97.

Gaukhanesee: K. Natterer u. A. Heider, Monath. f. Chem. **16**, 629—673 (1895/96.

Genfer See: F. A. Torel, Arch. phys. et nat. [3] **3**, 501 (1880).

Gérardmer See (Vogesen): Braconnet, Journ. chem. méd. [3] **6**, 65.

Gmundensee: R. Godeffroy, Jahresber. d. Chem. 1882, 1623.

Goulette-Salzteiche (Tunis): Th. Schloesing, C. R. **152**, 741—746 (1911).

Huacachinasee (Peru): M. Pozzi-Escot, Bull. Soc. chim. [4] **15**, 96 (1914).

Iletzk-Salzsee: C. Schmidt, N. Petersb. Acad. Bull. **28**, 217 (1883).

Ingolsee (Rußl.): St. S. Zaleski Tomsk 1891, 915; Russ. Ch.-Ztg. 1892, 594.

Issyk-Kul-See: C. Schmidt, N. Petersb. Acad. Bull. **28**, 234 (1883). — Russ. Ztg. f. Pharm. **21**, 878.

Jenisseiskseen: C. Schmidt, N. Petersb. Acad. Bull. **28**, 477 (1883).

Jochelsee: E. Strasser, Forsch. Ber. üb. Lebensw. u. ihre Bez. zur Hygiene **3**, 89—97.

Karabugassee: C. Schmidt, Mélanges phys. et chim. **10**, 525.

Kaspibassins, Salzseen des: W. P. Anikin, N. JB. Min. etc. 1900, I, 228—229.

Kaspisee: C. E. v. Baer, N. Petersb. Acad. Bull. **13**, 193 (1869) und A. Moritz, ebenda **14**, 161 (1870).

Katwel-Salzsee (Zentralafrika): A. Pappe u. H. Richmond, Journ. Chem. Soc. **9**, 734 (1890).

Klar-elfen-See (Schwed.): A. Alméjn, Ber. Dtsch. Chem. Ges. 1871, 750.

Knjalinscher See (bei Odessa): H. Theegarten, Russ. Ztg. f. Pharm. 1880, 714.

Königssee: C. W. Gümbel, N. JB. Min. etc. 1873, 302.

Kukunorsee: C. Schmidt, N. Petersb. Acad. Bull. **28**, 1 (1883); Russ. Ztg. f. Pharm. **21**, 44; Mélanges phys. et chim. **10**, 565.

Laacher See: R. Bender, Arch. Pharm. [3] **11**, 50 (1878).

Loch-Katarine-See: R. Wallace, Rep. Br. Assoc. 1862.

Mainaksee (Krim): N. Galcznow, N. Petersb. Acad. Bull. **17**, 567 (1872).

Nesamersajuschtschejesee: C. Schmidt, Jahrb. f. Chem. 1886.

Neuseeland, heiße Seen: du Ponteil, Ann. chem. pharm. **96**, 193 (1855).

Omskseen der Bittersalzlinie zwischen Omsk und Petropawlowsk: C. Schmidt, Mém. de l'Acad. de St. Petersb. **20**, 1.

Onegasee: C. Schmidt, N. Petersb. Acad. Bull. **28**, 242 (1883); Russ. Ztg. f. Pharm. **21**, 982.

Ontariosee: W. H. Ellis, Analyst 1882, 77.

Oregonsee (Kratersee): Walton v. Winkle u. N. N. Finkbiner, J. of Ing. and Eng. **5**, 198—199.

Ostindische Seen: R. Wallace, Ch. N. **27**, 205 (1873); Dingl. polyt. Journ. **210**, 477 (1873).

Owensee (Californ.): C. H. Stone u. F. M. Eaton, Journ. amer. chem. Soc. **28**, 1164—1170 (1906). — T. M. Chatard, Bull. geol. Surv. U.S. **55**, 93; **60**, 71.

Palici, Lago dei, bei Pelagonia auf Sicilien: D'Amato u. Figuera, Gazz. chim. It. **9**, 404 (1879).

Palicssee (in Ungarn): C. v. Hauer, J. k. k. geol. R.A. 1856.

Peipussee: C. Schmidt, N. Petersb. Acad. Bull. **16**, 177.

Petropawlowsk- und Präsowskajaseen der Bittersalz-Kosakenlinie: C. Schmidt, Mém. de l'Acad. de St. Petersb. **20**, 1.

Rachelsee (Bayern): H. J. Johnson, Ann. chem. Pharm. **95**, 226 (1855).

Sibirische, Ost-, Mineralseen: F. Ludwig, Z. prakt. Geol. **11**, 401—413 (1903).

Sough-Neagh-See v. Ulster: Hodges, Ch. N. **30**, 102 (1874).

Stolüpin-See: P. Pulitsch, Journ. prakt. Chem. [2] **35**, 360 (1887).

Suez-Bitterseen: H. Badin, Verh. k. k. geol. R.A. 1869, 287 u. 311. — F. v. Lesseps, Ann. chim. phys. [5] **3**, 129 (1874). — L. Durand-Claye, ebenda [5] **3**, 188 (1874).

Taal-Vulkan-Kraterseen: Raimond Ten Bacon, The Philippin J. of Sc. **2**, 125—126.

Theben-Natronsee: J. Dumas, C. R. **54**, 1221 (1862).

Thuner See: F. A. Forel, Arch. ph. et nat. [3] **3**, 501 (1880).

Tinaksee (Astrachan): N. Ssokolow, Journ. Russ. Phys. Chem. Ges. **43**, 436—439 (1911).

Tinetzky-Soolsee: C. Schmidt, N. Petersb. Acad. Bull. **20**, 130 (1875).

Totes Meer: B. Roux, C. R. **57**, 602 (1863). — A. Terreil, C. R. **61**, 1329 (1865). — L. Dieulafait, C. R. **94**, 1352 (1889). — R. T. Marchand, Journ. prakt. Chem. **47**, 253 (1849). — Th. J. und W. Herapath, Journ. Chem. Soc. **2**, 336 (1864). — J. C. Broth und A. Meikle, Narrative of the United States Exped. to the river Jordan and Dead Sea by F. Lynch, Philadelphia 1849, 509. — F. Moldenhauer, Ann. chem. Pharm. **97**, 357 (1856). — J. B. Boussingault, Ann. chim. phys. [3] **48**, 129 (1856). — A. Stutzer und A. Reich, Chem.-Ztg. **31**, 845; **36**, 107. — Boutron-Charlard u. O. Henry, Journ. Pharm. [3] **21**, 16. — F. A. Genth, Ann. Chem. Pharm. **110**, 240 (1859). — O. Schneider, Jahrb. f. Min. 1871, 532. — H. Fleck, Chem. Jahrb. 1881, 427. — Haiduschka, Ind. d. Apothekerztg. 1914, Nr. 11.

Tschadsee: A. Hichert, Bull. Soc. chim. [3] **33**, 310—322 (1905).

Turkjuilsee: C. Schmidt, Jahrb. f. Chem. 1886.

Ugandasee (Rotfärbung): J. E. Mackenzie und T. M. Tinlay, Ch. N. **105**, 193—194 (1912).

Urmiasee: H. M. Witt, Phil. Mag. [4] **11**, 257 (1856). — H. Abich, Mém. de l'Acad. de sc. de St. Petersb. **7**; N. JB. Min. etc. 1856, 694.

Utah-Salzsee: C. Ochsenius, Z. Dtsch. geol. Ges. **34**, 357 (1882). — H. Basset, Ch. N. **28**, 236 (1873); Liebigs Jahresber. 1873, 1232. — M. Cameron, Journ. Am. Chem. Soc. **27**, 113—116 (1905). — W. C. Ebaugh und W. M. Farlane, Journ. of Ind. and Eng. Chem. **2**, 454.

Walchensee: E. Strasser, Forsch. Ber. über Lebensw. u. ihre Bez. zur Hygiene **3**, 89—97.

Wesnersee (Schweden): A. Almén, Ber. Dtsch. Chem. Ges. 1871, 750.

Wetternsee („): ebenda.

Ziziknorsee: C. Schmidt, Jahrb. f. Chem. 1886.

Züricher See: F. Moldenhauer, Schweizer polyt. Zts. 1857, II, 52.

Meerwasser. Meerwasser[1] enthält in der Hauptsache NaCl 70—80 %/% des Gesamtrückstandes, dann Magnesiumchlorid zirka 10 %/%, Magnesiumsulfat

---

[1] J. Buchanan, Proc. Roy. Soc. 1874, 431. — W. Dittmar, The Physics and Chemistry of the Voyage of H. M. S. Challenger I, 1883. — F. Gibson, Ch. N. **60**, 204 (1889). — Ch. T. Jackson, Journ. prakt. Chem. **46**, 110 (1849). — H. R. Mill, Ch. N. **59**, 311. (1889). — W. E. Ringer, Chem. Weckblad **3**, 585—608. — B. Ronx, Ann. chim. phys. [4] **3**, 441 (1864). — E. Ruppin, Z. anorg. Chem. **69**, 232 (1911).— W. P. Jorissen, Phys.-chem. Unters. über d. Meerw. Chem. Weckblad **1**, 713—728, 729—739, 745—755, 761—770. — J. Walthers u. P. Schidlitz, Z. Dtsch. geol. Ges. **38**, 316 (1886).

5—6%, Calciumsulfat 4—5%, Chlorkalium 2—4%, Brommagnesium 1%,[1]) in geringen Mengen $CaCO_3$, $MgCO_3$, SiO_2,[2]) P_2O_5, Fl, Ba, Sr, Mn, As, Cu, Pb, Ag, Li, Jodide,[3]) Edelmetalle, Kohlenstoffverbindungen[4]) und Stickstoffverbindungen,[2]) Gase wie Luft und CO_2,[5]) wie denn alle Stoffe der Erdoberfläche in perzentuell geringen Mengen infolge der jahrtausendelangen Arbeit der Flüsse. Seinem Radiumgehalt 0,47 bis $1,5 . 10^{-12}$ g i. Ltr.,[6]) der mit seinem Thorgehalt $1,10^{-8}$ g i. Ltr.[7]) in Zusammenhang stehen dürfte, verdankt es seine Radioaktivität.[8])

Wenn auch von der Gesamtheit der Stoffe, die auf der Erde vorkommen, im Meerwasser jeder einzelne, abgesehen von den oben erwähnten Hauptbestandteilen, perzentuell in geringem Maße (Spuren) vertreten ist, so ist die absolute Menge dieser spurenhaft im Meerwasser vorkommenden Stoffe im Hinblick auf die große Masse des vorhandenen Meerwassers groß, und stellt das Meer ein ungeheures Reservoir aller dieser Stoffe dar. Das Beispiel mit Gold erörtere die Tatsache:

Ein Kubikmeter Seewasser enthält 0,005 g Gold. Bei der Annahme von 1200 Milliarden Kubikkilometer sind im gesamten Weltmeer rund 6 Billionen Kilogramm Gold, also das Zehnmillionenfache der jährlichen Golderzeugung der Welt, enthalten.

In der Tat hat man 1910 begonnen, bei Fire Island an der Küste von New Jersey durch geeignete Adsorptionsmittel an diesen Gold und andere Edelmetalle durch Überrieseln mit Meerwasser anzureichern und so Gold und Edelmetalle aus dem Meerwasser zu gewinnen, indem andere Verfahren der Goldgewinnung aus Meerwasser sich als zu unrentabel erwiesen.[9])

Je nach seiner Zusammensetzung führen die elektrolytischen Gleichgewichte der verschiedenen Salze unter Anwesenheit freier Säuren oder Basen zu einer Wasserstoffionenkonzentration, die von der des reinen Wassers verschieden ist. Nach den Angaben der verschiedensten Autoren[10]) liegt die Wasserstoffionenkonzentration zwischen $10^{-6,6}$ bis $10^{-8,6}$ (gegenüber 10^{-7} von reinem Wasser), d. h. je nach Umständen ist das Meerwasser alkalisch oder sauer. Das Wasser des Schwarzen Meeres scheint am sauersten zu sein.

Der Gesamtrückstand des Meerwassers beträgt 3—4%. Aus Meeren mit starken Zuflüssen, z. B. das Ostseewasser, enthält es weniger feste Bestandteile — zirka 0,7 bis 2%. Qualitativ sind aber die Bestandteile des Meeres aus verschiedenen Gegenden dieselben.

---

[1]) E. Bergelund, Ber. Dtsch. Chem. Ges. 1885, 2888.
[2]) Brandt, Wissensch. Meeresunters. N. F. 3, Abt. (1898). — Raben, ebenda 8 (1898).
[3]) A. Gautier, Bull. Soc. chim. [3] 21, 566—574 (1899); 21, 758—764 (1899).
[4]) M. Henze, Pflügers Arch. d. Phys. 123, 487—490. — Pütter, Z. f. allg. Physol. 7, 283, 321.
[5]) H. Tornoë, Journ. prakt. Chem. [2] 19, 401 (1879); 20, 44 (1879); Sitzber. Wiener Ak. II, 81, 924 (1880).
[6]) A. S. Eve, Phil. Mag. [6] 18, 102—107 (1909). — J. Joly, ebenda 18, 346—407 (1909).
[7]) Phil. Mag. [6] 17, 760—765 (1909).
[8]) P. Artmann, Verh. d. V. Int. Kong. f. Thalassoth. in Kolberg, 311—320.
[9]) Vgl. hierzu das D. R. P. Nr. 272654 Kl. 40a von E. Bauer u. O. Nagel: Edelmetalle aus dem Meer durch Adsorption an Stoffen mit großer Oberflächenentwicklung, wie Kohlenpulver, Kieselsäure etc., zu gewinnen.
[10]) W. Ringer, Chem. Weckblad 6, 113—123. — S. P. L. Sörensen u. S. Palitzsch, Biochem. Z. 24, 387—415; 37, 116—130.

An den Küsten nimmt der Salzgehalt stets ab, wächst aber mit zunehmender Tiefe.

Es ist klar, daß mit dem Salzgehalt das spezifische Gewicht des Meerwassers innig zusammenhängt;[1]) jedoch ist es nicht ganz einwandfrei, den Kochsalzgehalt des Meeres aus der Dichte (oder dem Halogengehalt) abzuleiten, etwa mit Hilfe sogenannter hydrographischer Tabellen, wie J. Thoulet und A. Chevallier[2]) zeigten.

Meerwässer gleicher Dichte bei 0^0 können ganz verschiedene Mengen von NaCl, $MgCl_2$, $MgSO_4$ enthalten.[3])

Wie die Dichte, so hängen die übrigen physikalischen Eigenschaften des Meerwassers mit dessen Salzgehalt zusammen und lassen sich geeignete Funktionen derselben vom Salzgehalt auffinden: So läßt sich z. B. nach E. Ruppin[4]) die Leitfähigkeit $\varkappa$ in Abhängigkeit von der Konzentration s des Meerwassers durch folgende Gleichung ausdrücken:

$$\text{bei } 0^0 \quad \varkappa_0 = 0,000978\,s - 0,0_5\,595\,s^2 + 0,0_7\,547\,s^3,$$
$$\varkappa_{15} = 0,001465\,s - 0,0_5\,978\,s^2 + 0,0_7\,876\,s^3,$$
$$\varkappa_{25} = 0,001823\,s - 0,0_4\,1276\,s^2 + 0,0_6\,1177\,s^3.$$

Setzt man die innere Reibung des Wassers bei $0^0 = 100$, so beträgt die innere Reibung des Meerwassers bei einem Salzgehalt s im Promille und der Temperatur Θ in ^{0}C nach O. Krümmel und E. Ruppin:[5])

Temp. Θ^0	Salzgehalt $s =$				
	5	10	20	30	40
0	100,9	101,7	103,2	104,5	105,9
5	73,8	74,5	75,8	77,2	78,5
10	64,3	64,0	66,2	—	68,8
20	56,8	57,4	58,0	59,9	61,1
30	45,4	46,0	46,5	48,1	49,1

Die Brechungsexponenten von Meerwasser für 15^0 und Wellen von 0,7950 bis 0,19335 μ hat J. W. Grifford[6]) ermittelt.

Nach Fait[7]) gilt für die Kompressibilität des Meerwassers:

$$\beta = 481 . 10^7 - 340 . 10^{-9}\,\Theta + 3 . 10^{-9}\,\Theta^2 \text{ bei niedrigem Druck,}$$
$$= 448 . 10^7 - 305 . 10^{-9}\,\Theta + 5 . 10^{-9}\,\Theta^2 \text{ bei 300 Atm.}$$

Im Vergleich hierzu gilt für β von frischem Brunnenwasser:

$$\beta = 520 . 10^7 - 355 . 10^{-9}\,\Theta + 3 . 10^{-9}\,\Theta^2 \text{ bei niedrigem Druck,}$$
$$= 490 . 10^7 - 355 . 10^{-9}\,\Theta + 5 . 10^{-9}\,\Theta^2 \text{ bei 300 Atm.}$$

[1]) Nach Gay-Lussac beträgt es im Mittel 1,0287.
[2]) J. Thoulet u. A. Chevallier, C. R. **134**, 1606—1607 (1902).
[3]) A. Chevallier, C. R. **140**, 902—904 (1905).
[4]) E. Ruppin, Z. anorg. Chem. **49**, 190—194 (1906).
[5]) O. Krümmel u. E. Ruppin, Wissensch. Meeresunters. N. F. **9**, 29—36 (1905).
[6]) J. W. Grifford, Proc. Roy. Soc. **78**, A. 406—409 (1907).
[7]) Fait, Wied. Beibl. **13**, 442 (1889); Nat. **36**, 382 (1887).

Die Veränderungen in der Zusammensetzung des Meerwassers beim Gefrieren untersuchte W. E. Ringer.[1]) Es scheidet mit dem Eis sich Na_2SO_4 und NaCl ab. Mit ersterem Salz liegt die eutektische Temperatur bei -0.7^0. Die fremden Bestandteile erniedrigen die eutektische Temperatur und es erfolgt die Abscheidung erst bei -8^0. Tritt zur Mutterlauge (durch Diffusion) frisches Wasser, wird Eis und Na_2SO_4 abgeschieden; für NaCl gilt das gleiche, nur ist hier der Unterschied zwischen eutektischer und Abscheidungstemperatur kleiner.

Literatur über Untersuchungen von Meerwasser bestimmter Örtlichkeit.

Meerwasser

der Chilenischen Küste u. Osterinsel, Rad.: W. Knoche, Phys. S. **13**, 112—115 (1912).
„ Concarneauschen Küste: R. Legendre, C. R. **148**, 668—670 (1909.
„ Guyanaküste: J. Dary, Edinb. new. phil. Journ. **44**, 43.
„ Holländischen Meerarme: F. Seelheim, Arch. néerland. **9**, 413 (1874).
„ Irischen See: Ch. N. **21**, 182 (1870).
„ Küste bei Beaufort (Nordcarolina): A.S.Wheeler, Am.Journ.Chem. Soc. **32**, 646(1910).
„ „ „ Havre: Figuier u. Mialhe, Journ. pharm. [3] **13**, 406.
„ „ „ Worthing: Mc Leod, Journ. chem. Soc. [2] **8**, 36 (1870).
„ Malakkastraße: C. Schmidt, Mélanges phys. et chim. **10**, 581 (1877).
„ Bab-el-Mandeb-Straße: C. Schmidt, ebenda.
des Canal La Manche: A. Chevallier, C. R. **146**, 46—48 (1908).
„ Atlantischen Ozeans: J. Hunter, Journ. chem. Soc. [2] VIII, **16**, 144 (1863). — A. Ermann, Pogg. Ann. **101**, 577 (1857). — P. King, Phil. Mag. [4] **13**, 523 (1857). — C. W. Gümbel, N. JB. Min. etc. 1870, 753. — C. J. S. Makin, Ch. N. **77**, 155—166 (1898). — C. Schmidt, Mélanges phys. et chim. **10**, 581 (1877).
  bei Dieppe: Rad.: J. Laub, Phys. Z. **14**, 81—83 (1913). — Usiglio, Ann. chim. phys. [3] **27**. — Th. Schloesing, C. R. **142**, 320 (1906).
„ Eismeeres: C. Schmidt, Mélanges phys. et chim. **10**, 581 (1877).
  bei der Murmanküste: Sitzber. d. Dorpater Natf. Ges. **9**, 2—19 (1889).
„ Südchinesischen Meeres: C. Schmidt, Mélanges phys. et chim. **10**, 581 (1877).
„ Bottnischen Meeres: E. Hjelt, Chem. ZB. 1888, 686.
der Ostsee: G. Karsten, Pogg. Ann., Jubelband, 1874, 506. — K. v. Baer, N. Petersb. Acad. Bull. IV, 119 (1862). — C. Schmidt, Mélanges phys. et chim. **10**, 581 (1877). — A. F. Sass, Journ. prakt. Chem. **48**, 251 (1849).
„ Nordsee: Müller, Arch. Pharm. [2] **49**, 10. — J. Kappel, Vierteljsch. f. pr. Chem. **9**, 87. — G. Karsten, Pogg. Ann., Jubelband, 1874, 506.
des Indischen Ozeans: C. Schmidt, Mélanges phys. et chim. **10**, 581 (1877).
„ Großen (od. Stillen) Ozeans, Rad.: J. Laub, Phys. Z. **14**, 81—83 (1913). — P. P. King, Phil. Mag. [4] **13**, 523 (1857).
„ Mittelländischen Meeres: A. Ermann, Pogg. Ann. **101**, 577 (1857). — Usiglio, Journ. prakt. Chem. **46**, 106 (1849). — K. Natterer, Monatsh. f. Chem. **12**, 323; „Chem. Unters. d. östl. Mittelmeeres" (Wien 1893), 1—24.
  bei Venedig: Calmai, Journ. prakt. Chem. **45**, 235 (1848).
  „ Griechenland: F. Wibel, Ber. Dtsch. Chem. Ges. 1873, 184.
  „ Spalato: A. Vierthaler, Sitzber. Wiener Ak. II, **56**, 479 (1867).
  „ Lussin piccolo in der Bucht von Cigale: Gegenbauer, Tsch. min. Mit. [2] **29**, 357—360 (1910).
  zwischen Bizerta und Marseille: Usiglio, Ann. chim. phys. [3] **27** (1849). — Th. Schloesing, C. R. **142**, 320—324 (1906).
  bei Tunis: Usiglio, ebenda. — Th. Schloesing, ebenda.
„ Roten Meeres: St. Robinet u. J. Lefert, C. R. **62**, 436 (1866). — K. Natterer, Monatsh. f.Chem. **21**, 1037 (1900/01). — C.Schmidt, Mélanges phys. et chim. **10**, 581 (1877).
„ Schwarzen Meeres: A. Burada, Ann. sc. Univ. Jassy **5**, 251—255 (1908).
„ Weißen Meeres: C. Schmidt, Mélanges phys. et chim. **10**, 581 (1877). — C. Knauss, N. St. Petersb. Acad. Bull. II, 309 (1860).

---

[1]) W. E. Ringer, Chem. Weckblad **3**, 233—249. Ältere Arbeiten über diesen Gegenstand: Weiprecht, Metamorphosen des Polareises (Wien 1879). — A. Erkmann, Origin of Currents. Öfvers. K. Vet. Ak. Förh. 1875, Nr. 7. — Petterson (On the Properties of Water and Sea — Sega Expeditionens.) Vetenskaplige Jaktageleser **2** (Stockholm 1883).

Zusätze und Berichtigungen.[1])

Rinkit.

Auf **S. 57** ist nach der Analyse des Rinkits von J. Lorenzen einzuschalten:

Eine neuere Analyse des Rinkits wurde von Chr. Christensen[2]) ausgeführt: die erhaltenen Resultate sind folgende:

Na_2O 8,53
CaO 22,93
FeO 0,12
$(Ce, La, Di)_2O_3$ . . . 23,33
SiO_2 26,89
TiO_2 5,42
ZrO_2 6,51
F 5,00
H_2O 3,82
——————
102,55
O äq. 2F 2,11
——————
100,44

Die neue Christensensche Analyse steht ebenfalls in gutem Einklang mit der allgemeinen Formel des Johnstrupits und des Mosandrits, weil die Formel

$$7,73\,(Na_2, Ca, Fe)O \cdot (Ce, La, Di)_2O_3 \cdot 8\,(Si, Ti, Zr)O_2$$

aus der Analyse folgt. Diese Formel kann man schreiben

$$\overset{II\ III}{R\,R_2}(Si, Ti, Zr)O_2 \cdot [6,63\,\overset{II}{R}O \cdot 7\,(Si, Ti, Zr)O_2].$$

Im letzten Silicat ist das Verhältnis $\overset{II}{R}O : SiO_2 = 1 : 1{,}06$, was sehr wenig vom theoretischen Werte der Metasilicate abweicht. Das Wasser gehört wahrscheinlich nicht zur Konstitution; über die Rolle des Wassers im Rinkit habe ich besondere Versuche unternommen, welche aber noch nicht abgeschlossen sind.

Zirkon.

Auf **S. 138** muß es bei den Analysen 51—53 (Zeile 15 von unten) anstatt Y_3O_3 richtig Y_2O_3 heißen.

---

[1]) Seit Drucklegung etwa über die betreffenden Mineralien erschienene Arbeiten wurden nicht mehr berücksichtigt.

[2]) In O. B. Böggild: Mineralogia groenlandica S. 269 (1905).

Apatit.

Auf **S. 328** ist bei der Unterschrift der Analyse 28 anstatt Freiburg richtig Freiberg zu setzen.

Auf **S. 329** in der Unterschrift der Analyse 47 muß es statt Tirol richtig Salzburg heißen.

Pyromorphit.

Auf **S. 455** bei dem Kapitel Umwandlung des Pyromorphites muß es Zeile 3 des 1. Abschnittes richtig heißen: . . . daß auch Pseudomorphosen von Bleiglanz nach Pyromorphit . . . usw.

Variscit.

Auf **S. 457** ist nach Analyse 8 die folgende Analyse einzuschalten:

$$
\begin{array}{ll}
\delta & 2{,}47 \\
Al_2O_3 & 33{,}29 \\
Fe_2O_3 & 1{,}71 \\
P_2O_5 & 42{,}27 \\
H_2O & 23{,}11 \\
\hline
& 100{,}38
\end{array}
$$

Hellgrüner Variscit von Gennarella, Gemeinde Villaputzo, Insel Sardinien; anal. A. Pelloux, Ann. d. Museo civico d. Storia Nat. de Genova 5, 470 (1912). Das Mineral war etwas zersetzt.

Redondit.

Auf **S. 462** muß es richtig heißen:

Zeile 6 von oben statt Analyse 13 richtig Analyse 14;
„ 7 „ „ „ „ 14 „ „ 15;
„ 7 „ „ „ „ 15 „ „ 16.

Coeruleolactin.

Auf **S. 472** muß bei Analyse 1 die Zahl für MgO mit 0,20 richtig gestellt werden.

Antimonblei.

Es ist auf **S. 756** nach den Analysen von Antimonblei einzufügen:

Die seither durchgeführte metallographische Bearbeitung des Systems Antimon—Blei hat, worauf Herr Dr. C. Schulz den Autor dieses Abschnittes freundlich aufmerksam gemacht hat, gezeigt, daß Antimon und Blei in festem Zustand nicht mischbar sind, und daß das Eutektikum bei 87% Pb und 13% Sb gelegen sei. Die eutektische Temperatur liegt bei 250°. Die einschlägige Literatur ist bei W. Gontermann[1]) zitiert, der die letzte Bearbeitung durchgeführt hat.

---

[1]) W. Gontermann, Z. anorg. Chem. **55**, 419 (1907).

Autorenregister.

Die Zahlen beziehen sich auf die Seiten.

Buchholz, Y. 576
Büchner, L. A. . . 223, 224, 226, 903
— M. A. 894, 898, 900
Buchrucker, L. 646, 678
Bücking, H. . . . 364, 365, 366, 367,
512, 513
Bugge, G. 897
Buguet, A. 512
Buignet 908
Bujard 889
Bunsen, R. . . 181, 620, 747, 869, 875,
895, 896, 900, 902, 904
Bunte 568
Burada, A. 915
Burgarzky, St. 898
Burgerstein, L. 900
Burgotti, A. 903
Busch, M. 266
Bussy 618, 908
Busz, K. . . 36, 60, 62, 65, 340, 446,
532, 726
Butler, F. H. 527
Butta, E. 538
Butzengeiger, H. J. 94

Caccarié 61
Caillet, C. 792
Cailletet, L. 866
Cain, J. R. 825
Cairus, F. A. 894, 904
Callendar, A. L. 877
— R. 175, 749, 796
Calmai 915
Calvert, F. 211
Cameron, F. K. 293, 384
— M. 912
Campani, G. 598, 610
Campbell, A. 892
— E. D. 827
— J. L. 527
Campo, A. del 113
Canghey, Mc J. 384
Canzoneri, F. 904
Carl, F. 897
Carles, P. 359, 901
Carnelley, Th. . . . 275, 284, 291, 293,
749, 797, 896
Carnot, A. 327, 328, 329, 333,
352, 353, 355, 359, 361, 367, 461, 467,
468, 487, 489, 491, 508, 509, 510, 587,
815
Caron, A. 24, 25
— H. 148, 319, 346, 454, 708
Carpini, C. 802
Carstens, E. 905
Carveth, H. R. 276, 284
Casoria, E. 491
Caspari, W. A. 859
Caspoul 895
Casselmann, W. 296, 897, 900
Castelnau, de 895
Castillo, J. M. del 908

Cathrein, A. 12, 47, 51, 59, 320
Cayeux, L. 360, 361
Cederström, A. 37
Cesares, J. 906
Cesàro, G. . . 402, 406, 440, 441, 442,
466, 469, 533, 534, 538, 542, 588, 778,
779, 844
Chambres, V. J. 888
Chandler, C. F. 136, 894, 904
Chapman, Crosby 808
Charles, P. 897
Charpentier, P. W. 188
Chatard, T. M. 12, 912
Chatelier, H. le . . 293, 586, 857, 911
Chatin, A. 359
Chaurin, H. 894
Chéneveau 885
Chesneau, G. . . 75, 81, 88, 250, 262
Chester, A. H. 457, 459, 894
Chevallier, A. 914, 915
Chrétien, H. 746, 749
Christensen, Chr. . . 55, 91, 92, 103,
161, 591
Christiansen, C. 294
Chroustschoff, K. v. . . 96, 112, 134,
148, 150, 257
Church, A. H. . . 144, 145, 438, 467,
496, 502, 503, 508, 535, 566, 573, 575,
636, 644, 683, 686, 687, 688, 693, 694,
699, 713, 714, 723, 733
Chydenius 228
Clack 288
Clarens 266
Clark, D. 198, 910
Clarke, F. W. . 55, 56, 60, 153, 156,
267, 283, 291, 294, 362, 509, 510, 512,
528, 712, 850, 852, 904, 910
Classen, A. 796
— Ed. 789
Classen-Cloernens 308
Claudet 615, 616
Claus, C. 357
Clausen, H. 278
Clausmann, P. 901
Cleeres, J. F. 907
Clement, J. 329
Clere, O. 452
Cleve, P. T. . . 151, 156, 160, 162, 164,
165, 169, 232, 656, 788
Cloernens 308
Clover, A. M. 278, 285, 295
Cobenzl, A. 176
Coblentz, V. 887
— W. W. 808
Cochran, M. H. 134, 135
Codazzi, R. L. 718
Coehn, A. 859
Cohen, E. . . 48, 175, 177, 736, 737,
754, 755, 789, 790, 800, 807, 810, 811,
813, 814
Colardeau, E. 866
Collet, L. 360
Colley, A. 881

Collie, N. 448, 836
Collier, P. 229
Collins, H. J. 506, 754
Colomba, L. 44, 162
Combs, Lestie B. 882
Commanducci, E. 903
Conechy, M. E. 599
Constanzo, G. 891
Contzen, J. 374, 375
Cooke, J. P. 138, 752
Coomaraswamy, A. K. 227, 342
Cooper, H. C. 295
Coppet, L. de 278, 295
Corbino, O. M. 804, 806
Corminbeuf, H. 479
Cornet, B. M. 359
Cornu, C. 275
— F. . . 406, 460, 470, 475, 529, 538
Corsi, A. 134, 252
Corson, H. P. 294
Cossa, A. . . . 261, 300, 324, 521, 525
Costa Sena, J. da 716
Cotty, A. 877
Couchet, Ch. 280
Crace-Calvert, F. 747
Credner, H. 62, 356, 359, 833,
                                   898
Crook, T. 42, 48, 846, 847
Crookes, W. . . 75, 110, 126, 192, 198,
                          200, 201, 308
Cumenge, E. 764, 844, 847
Cumming, A. C. 137, 143
Curie, P. u. M. 235, 799, 893
Curran, J. M. 509
Cusack, R. . 22, 34, 65, 183, 337, 406,
                               469, 513
Czapski, A. 893
Czuduovicz 841

Dabney 180
Da Costa Sena, J. 52
Dafert, F. W. . . . 266, 268, 270, 271,
                      274, 370, 377, 382
Dalmer, K. 187
Damberger, A. K. 904
Damien, B. C. 293, 880
Dammer, O. 310, 890
Damour, A. . . 16, 21, 28, 34, 35, 40,
   41, 70, 71, 112, 142, 144, 162, 197, 200,
   232, 258, 335, 398, 426, 458, 497, 518,
   520, 586, 675, 676, 682, 687, 695, 704,
              713, 715, 739, 771, 905
Dana, E. S. . 256, 419, 420, 422, 428,
   430, 431, 432, 449, 500, 501, 503, 614,
   615, 619, 637, 692, 694, 756, 763, 783,
                                   784
— J. D. . 61, 71, 166, 190, 275, 281,
   289, 309, 311, 314, 315, 316, 386, 388,
   393, 396, 397, 398, 400, 415, 416, 437,
      451, 479, 484, 490, 539, 540, 562
Danne, J. 453
Darapsky, L. 267, 273, 901

Dary, J. 915
Daubrée, G. A. . . 23, 36, 185, 186, 346
Davis, J. Th. 126
— R. H. 900
— Th. E. 862
Davison, J. M. 489, 490
Dawkins, W. B. 351
Day, A. L. 749
Debray, H. . . . 195, 198, 320, 346,
   350, 406, 429, 435, 443, 454, 616,
                           642, 759, 762
Deeley, R. M. 879
Defacqz, Ed. 13
Deichsel 526
Delafontaine, M. 127
Delesse, A. 61, 906
Delffs, W. 425, 632, 764
Delkeskamp, R. 892
Delvaux 537
Demarçay, E. 86, 749, 797
Dencke 898
Denison, R. D. 226
Dennis, L. M. 218
Dennstedt 301
Derby, O. A. 43, 565
Des Cloizeaux, A. . . . 21, 30, 34, 40,
   59, 71, 144, 166, 169, 317, 319, 397,
   398, 406, 429, 435, 441, 469, 484, 503,
   573, 574, 584, 611, 615, 616, 642, 644,
   655, 675, 676, 678, 679, 682, 683, 687,
   688, 695, 710, 712, 713, 714, 717, 739,
                           758, 761, 765
Desprez, G. 542
Desvaux 892
Deville, Ste. Claire . . 20, 23, 24, 25,
   148, 150, 175, 185, 197, 200, 319, 346,
   454, 600, 607, 708, 789, 790, 908, 909,
                                   910
Dewar, J. . . 599, 794, 799, 800, 802,
                   807, 876, 877, 879
Dewarda 266, 270
Dewey, F. P. 296, 331, 422
Dexter, W. P. 745
Diaz, B. 267, 272
Dick, A. 42, 781
Dickinson, H. C. 869
Diesselhorst, A. H. . . . 175, 209, 791,
   792, 793, 800, 801, 807, 874, 875
Diesterweg 526
Dieterici, C. 280, 868, 877
Dienert, F. 892
Dietl, A. 894
Dietrich, H. 895, 898
Dietze, A. 281
Dieulafait, L. 270, 895, 900, 912
Diller, J. S. 48, 51, 512
Ditte, A. . 278, 320, 346, 347, 348, 837
Dittler, E. 141, 364, 369, 455,
                                 538, 590
Dittmann, A. 182
Dittmar, W. 912
Dittrich, M. . . 9, 10, 180, 193, 215, 301,
                                 304, 619

Kohler, E. 891	Kuhn, H. 296, 434, 438, 616, 636, 683
Kohlmann, W. 180	Kundrat, Fr. 909
Kohlrausch, F. . . 275, 277, 278, 285,	Kundt, A. 808, 816
290, 292, 294, 860, 861	Kuntze, G. 904
Kohlschütter, V. 602	Kunz, G. F. . . . 513, 515, 531, 744
Kolb, G. 113	Kupffer, A. 359
— K. 767	Kurlbaum, F. 22, 403, 527
Kolbeck, F. . . . 111, 117, 230, 503,	Kurnakow, N. 810
511, 574	Kuźma 517, 789
Kolkwitz 908	Kusnezow, S. 554
Komneno, T. 904	Kyle, J. 909
König, G. A. . . 67, 95, 136, 140, 256,	
530, 532, 721, 722, 891	
— J. 330	Labillardière, H. 211
— Pallme 803	Laborde, A. 893
— Th. 49	— J. 747
— W. 38	Lacroix, A. . . 27, 33, 42, 44, 98, 104,
Königsberger, J. . . 21, 31, 35, 50, 180,	166, 182, 255, 257, 259, 260, 262, 319,
183, 344, 887	322, 352, 388, 389, 407, 423, 457, 458,
Konen, H. 598, 789	461, 469, 471, 484, 487, 489, 491, 492,
Konya, S. 906	494, 495, 512, 522, 524, 533, 541, 543,
Kopp, E. 464	544, 549, 574, 575, 578, 590, 696, 708,
— H. . . 146, 284, 746, 747, 793, 794	709, 710, 724, 732, 784, 837
Koref, F. 878	Lade 897
Korn, O. 197	Lahille, A. 909
— V. 308	Lainè, E. 265, 891
Kortright, F. L. 275	Lambert, E. G. 892, 905
Kormann 897	Landecker, M. . .75, 79, 81, 82, 85, 88, 91,
Kosmann, B. 470	Landerer . . . 895, 896, 903, 904, 905,
Koss, M. 213	906, 908
Kossinek de 892	Landolt, H. 599, 880
Köttlg, O. 698, 699	— L. 897
Köttnitz 389, 392, 393	Landolt-Börnstein . 175, 209, 277, 278,
Köttsdorfer, J. 897	284, 285, 289, 291, 294, 600, 747, 750,
Kovář, F. . . 47, 327, 415, 416, 417,	751, 798, 799, 800, 807
418, 476, 477, 527, 529, 734	Landsberger, W. 288
Kraatz-Koschlau, K. v. . . 23, 25, 29,	Landsiedel, A. 896
147, 345	Lane, A. C. 891, 856, 876
Krafft, F. 599, 749, 797	Lang, E. P. 901, 903
Kramer, J. 475	— O. 351
Kraus, E. H. . . 68, 560, 562, 563, 564	Lange, H. 104
Kraut, K. 381	Langen, A. 907
Kraut-Gmelin 600, 613, 797	Langer, C. 896
Kremann, R. . . . 278, 282, 286, 855	Larsen, E. S. 584
Kremers, P. 288	Lasaulx, A. v. . . . 17, 19, 30, 51, 495
Krenner, J. 661, 663, 669, 670	Lasch, W. 894
Kress, O. 556, 557	Laska, L. 356
Kretschmer, F. 478	Lasne, H. 481, 483
Kreutz, St. 280	Laspeyres, H. . . . 610, 743, 752, 756,
Krickmeyer, F. 275	759, 760
Kročker 357	Lassaigne, J. L. 336
Kroczek, A. 267, 272, 282	Lassignac 894
Kroeber, Ph. 178	Lattermann, G. 57, 340, 898
Kroll, A. 375	Laub, J. 915
Kromayer, A. 897, 906	Laube, P. C. 905
Kronauer, H. 792	Launay, L. de 352, 355
Krümmel, O. 914	Lautenschläger, L. 901
Krüse, K. 906	Lauterborn, R. 909
Krüss, G. 86, 105, 112, 199	Lazarevič, M. 538, 587
Kruft, L. 333, 334, 356	Leather, J. M. 905
Krusch, P. 187, 188	Lebeau, P. 754
Kubacska, H. 737	Leblanc, N. 280
Kubli, M. 902	Lecanu, B. 269

Sachregister.

Printed in the United States
By Bookmasters